Numerical Analysis
(Second Edition)

数值分析

（原书第2版）

（美）Timothy Sauer 著
乔治梅森大学

裴玉茹 马赓宇 译

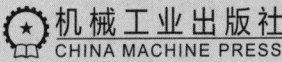
机械工业出版社
CHINA MACHINE PRESS

图书在版编目（CIP）数据

数值分析（原书第 2 版）/（美）萨奥尔（Sauer, T.）著；裴玉茹，马赓宇译. —北京：机械工业出版社，2014.10（2024.6 重印）

（华章数学译丛）

书名原文：Numerical Analysis, Second Edition

ISBN 978-7-111-48013-6

I. 数… II. ①萨… ②裴… ③马… III. 数值分析 – 研究 IV. O241

中国版本图书馆 CIP 数据核字（2014）第 216229 号

北京市版权局著作权合同登记　图字：01-2012-2652 号。

Authorized translation from the English language edition, entitled *Numerical Analysis*, 2E, 9780321783677 by Sauer, Timothy, published by Pearson Education, Inc., Copyright © 2012.

All rights reserved. No part of this book may be reproduced or transmitted in any form or by any means, electronic or mechanical, including photocopying, recording or by any information storage retrieval system, without permission from Pearson Education, Inc.

Chinese simplified language edition published by China Machine Press Copyright © 2014.

本书中文简体字版由 Pearson Education（培生教育出版集团）授权机械工业出版社在中国大陆地区（不包括香港、澳门特别行政区及台湾地区）独家出版发行。未经出版者书面许可，不得以任何方式抄袭、复制或节录本书中的任何部分。

本书封底贴有 Pearson Education（培生教育出版集团）激光防伪标签，无标签者不得销售。

本书介绍现代数值分析中的重要概念与方法，包括线性和非线性方程与方程组的求解、数值微分和积分、插值、最小二乘、常微分方程与偏微分方程的求解、特征值与奇异值的计算、随机数与压缩方法，以及优化技术。全书穿插介绍了收敛、复杂度、条件、压缩以及正交这几个数值分析中最重要的概念。

本书内容广泛，实例丰富，可作为自然科学、工程技术、计算机科学、数学、金融等专业人员进行教学和研究的参考书。

出版发行：机械工业出版社（北京市西城区百万庄大街 22 号　邮政编码：100037）

责任编辑：朱秀英	责任校对：殷　虹
印　　刷：北京机工印刷厂有限公司	版　　次：2024 年 6 月第 1 版第 16 次印刷
开　　本：186mm×240mm　1/16	印　　张：37.25
书　　号：ISBN 978-7-111-48013-6	定　　价：99.00 元

客服电话：(010) 88361066　68326294

版权所有・侵权必究
封底无防伪标均为盗版

译 者 序

我从 2007 年开始讲授工科院系本科生的数值分析课程，寻找一本好的教学参考书是一直以来的愿望．不同于面向数学专业的数值分析教学，工科学生一般难以从数值分析略显枯燥的数值方法介绍中获得乐趣．能够和实际问题有机结合，特别是与日常工程问题求解结合可以大大提高教学的效果以及学习乐趣．这本书恰恰具有这个特点，贯穿全书的实际工程问题分析是本书的一大亮点．

此外全书对于数值分析中的重要问题如正交、收敛等的不断强调也有利于有机地理解各个数值分析方法．

本书的前言、第 1～8 章、第 12～13 章和附录由裴玉茹翻译，第 9～11 章由马赓宇翻译，最后由裴玉茹统校全书．感谢在翻译过程中我们的家人和朋友所给予的支持和帮助．

由于译者能力有限，本书的翻译中难免出现错误，望读者指正．

裴玉茹
2014 年 6 月于畅春园

前 言

本书可以作为工科、理科、数学和计算机科学专业学生的教科书. 初等微积分和矩阵代数是数值分析课程的先修课程. 该书的首要目的在于构造并剖析科学和工程问题的求解算法, 其次是帮助读者在该领域中寻找某些重要的定理, 这些定理集成起来就构成当代数值和计算科学时下研究与发展的活跃领域.

数值分析学科中充溢着有用的理念. 本书尽力用大量明晰的技巧讲述该主题, 同时避免一些不相关的方法和概念. 为了更深入地理解, 读者需要学习的不仅仅是如何编码实现牛顿方法、龙格-库塔方法, 以及快速傅里叶变换, 而是必须领会那些重要的定理. 这些定理深深渗入数值分析学科, 并融入数值分析中关于精度和效率的重要概念.

收敛、复杂度、条件、压缩以及正交是数值分析中最重要的五个概念. 当提供足够多的计算资源时, 任何有价值的近似方法都必须能够收敛到正确的解. 该近似方法的复杂度是其使用计算资源的一种度量方式. 一个问题的条件, 或者对于误差放大的敏感性, 是知晓该问题受到攻击可能性的基础. 大量数值分析最新应用尽力以更短或者压缩的方式理解数据. 最后, 正交是许多算法中提升效率的关键, 特别是在条件也是算法中的一个方面, 或者数据压缩是算法的目标时.

在本书中, 当代数值分析中的五大概念使用加方框的方式重点强调, 利用这些概念对主题进行即时评述, 同时描述与该书其他部分出现的相同概念的其他表达方式非正式的联系. 我们希望以这样显式的方式强调五大概念, 可以如同希腊合唱团一般, 突出当前理论的重点.

我们都知道数值分析的理念对于现代工程和科学实践尤为重要, "事实验证"板块提供了利用数值方法解决重要的科学和技术问题的实例. 本书选择的这些扩展的应用贴合时代并贴近日常的体验. 尽管不可能(可能也不需要)提供这些问题的所有细节, 但事实验证还是尽量深入地展示一个技术或者算法如何利用少量的数学知识获得技术和功能上的巨大回报. 事实验证被证明是第 1 版中学生作业和项目的一个主要来源, 第 2 版中对其进行了扩展和详述.

新版特色. 第 2 版主要扩展了方程组求解方法. 在第 2 章中加入了楚列斯基(Cholesky)分解法求解对称的正定矩阵方程. 在第 4 章中针对大规模的线性系统, 加入对于 Krylov 方法(包括 GMRES 方法)的讨论, 以及对于对称和非对称问题的预条件的使用. 在新版中还加入了改进的格拉姆-施密特(Gram-Schmidt)正交法和 Levenberg-Marquardt 方法. 第 8 章中的 PDE 问题已被扩展到了非线性 PDE, 包括反应-扩散方程和模式形成. 为了提高可读性, 根据学生的反馈对于注释材料进行了修订, 并在整本书中加入新的习题和编程问题.

技术. MATLAB 软件工具包用于展示算法, 并作为学生作业和项目的平台. 在书中 MATLAB 代码的数量认真地调整过, 因为事实证明太多的代码往往有负面的作用. 在前面的章节中可以找到更多的 MATLAB 代码,以便读者在阅读的过程中循序渐进地熟悉 MATLAB 代码. 在某些提供更详细代码的章节(例如,插值、常微分和偏微分方程),则希望读者可以使用提供的代码作为起点进行开发和扩展.

在使用本书的过程中利用任何特定的计算平台并不重要,但是当前 MATLAB 在工科和理科院系中的使用越来越多,所以本书中使用 MATLAB 进行阐述. 在 MATLAB 中,所有数据接口问题,例如数据输入和输出、绘图等,可以一下子解决. 数据结构问题(例如研究稀疏矩阵时可能遇到的问题)可以通过使用适当指令对其进行规范化. MATLAB 还可以进行音频和图像文件的输入和输出. 由于 MATLAB 内嵌动画指令,很容易实现微分方程仿真. 以上这些通过其他方式也可以实现. 但是使用一个能在几乎所有操作系统上运行的工具包有助于简化细节,使得学生更专注于真正的数学问题. 附录 B 是 MATLAB 教程,可以作为入门介绍,或者用于熟悉 MATLAB 的学生参考.

本书网站 www.pearsonhighered.com/sauer 中包括所有书中的 MATLAB 程序,以及一些新的材料和更新供读者下载.

课程设计. 本书从一开始的基础、初级理论逐步过渡到更加复杂的概念. 第 0 章介绍有助于理解书中主要算法的基础知识. 部分教师喜欢从头开始,其他一些教师(包括作者)倾向于从第 1 章开始,并在需要的时候再讲述第 0 章中的部分内容. 第 1 章和第 2 章讨论各种形式方程的求解问题. 第 3 章和第 4 章主要讲述数据拟合、插值和最小二乘法. 第 5~8 章又回到了经典的连续数学问题的数值分析领域,包括:数值微分和积分,常微分和偏微分方程在初值条件和边值条件下的求解.

第 9 章讲述随机数(用于提供第 5~8 章问题的补充方法),包括:作为标准数值积分替代的蒙特卡罗方法,以及对应的随机微分方程,这些方法在模型中出现不确定性的情况下是必需的.

尽管压缩方法通常隐藏在插值、最小二乘、傅里叶变换的描述中,但压缩是数值分析的一个核心问题,我们在第 10 章和第 11 章中讲述现代压缩技术. 在第 10 章中,利用快速傅里叶变换从精确和最小二乘的观点实现三角插值. 在第 11 章中,强调了和语音压缩的联系,阐述了离散余弦变换——现代语音和图像压缩中的一个标准方法. 在第 12 章中,特征值与奇异值的描述用于强调其与数据压缩的联系,这在当前的应用中变得越来越重要. 第 13 章是对优化技术的一个简短描述.

该书通过精选章节,可用于一个学期的课程. 第 0~3 章是该领域中任何课程的基础. 一个学期的课程设计如下:

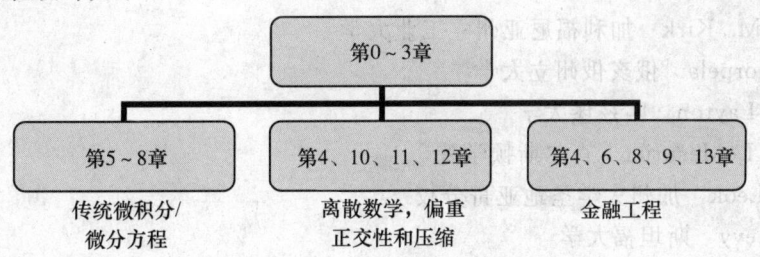

致谢

第 2 版要感谢很多人，包括选修过该课程的学生，他们曾经阅读过第 1 版并给出建议. 此外要特别感谢 Paul Lorczak、Maurino Bautista 和 Tom Wegleitner，他们帮助我避免了令人尴尬的失误. 还要大力感谢 Nicholas Allgaier、Regan Beckham、Paul Calamai、Mark Friedman、David Hiebeler、Ashwani Kapila、Andrew Knyazev、Bo Li、Yijang Li、Jeff Parker、Robert Sachs、Evelyn Sander、Gantumur Tsogtgerel 和 Thomas Wanner，他们提出了很多建议. William Hoffman、Caroline Celano、Beth Houston、Jeff Weidenaar 与 Brandon Rawnsley 这些在培生出版集团工作能力很强的人员，以及在 Integra-PDY 工作的 Shiny Rajesh 使得第 2 版的出版过程令人愉快. 最后，要感谢如下来自各个大学的读者，他们鼓励了这本书的出版并对第 1 版的改进提出了不可或缺的建议：

  Eugene Allgower 科罗拉多州立大学
  Constantin Bacuta 特拉华大学
  Michele Benzi 埃默里大学
  Jerry Bona 伊利诺伊大学芝加哥分校
  George Davis 佐治亚州立大学
  Chris Danforth 佛蒙特大学
  Alberto Delgado 布拉德利大学
  Robert Dillon 华盛顿州立大学
  Qiang Du 宾夕法尼亚州立大学
  Ahmet Duran 密歇根大学安娜堡分校
  Gregory Goeckel 长老会学院
  Herman Gollwitzer 德雷塞尔大学
  Don Hardcastle 贝勒大学
  David R. Hill 天普大学
  Hideaki Kaneko 欧道明大学
  Daniel Kaplan 玛卡莱斯特学院
  Fritz Keinert 爱荷华州立大学
  Akhtar A. Khan 罗彻斯特理工学院
  Lucia M. Kimball 本特利大学
  Colleen M. Kirk 加利福尼亚州立工业大学
  Seppo Korpela 俄亥俄州立大学
  William Layton 匹兹堡大学
  Brenton LeMesurier 查尔斯顿学院
  Melvin Leok 加州大学圣地亚哥分校
  Doron Levy 斯坦福大学

Shankar Mahalingam　加州大学河滨分校
Amnon Meir　奥本大学
Peter Monk　特拉华大学
Joseph E. Pasciak　得克萨斯 A&M 大学
Jeff Parker　哈佛大学
Steven Pav　圣地亚哥加州大学
Jacek Polewczak　加州州立大学
Jorge Rebaza　密苏里州立大学
Jeffrey Scroggs　北卡罗来纳州立大学
Sergei Suslov　亚利桑那州立大学
Daniel Szyld　天普大学
Ahlam Tannouri　摩根州立大学
JinWang　欧道明大学
BrunoWelfert　亚利桑那州立大学
Nathaniel Whitaker　麻省大学

目录

译者序
前言

第0章 基础知识 …………………… 1
0.1 多项式求值 …………………… 1
0.2 二进制数字 …………………… 5
0.2.1 将十进制转化为二进制 …… 5
0.2.2 将二进制转化为十进制 …… 6
0.3 实数的浮点表示 …………… 7
0.3.1 浮点格式 ………………… 7
0.3.2 机器表示 ………………… 10
0.3.3 浮点数加法 ……………… 12
0.4 有效数字缺失 ……………… 14
0.5 微积分回顾 ………………… 18
软件与进一步阅读 ………………… 21

第1章 求解方程 ………………… 22
1.1 二分法 ………………………… 22
1.1.1 把根括住 …………………… 22
1.1.2 多准？多快 ………………… 25
1.2 不动点迭代 …………………… 27
1.2.1 函数的不动点 ……………… 27
1.2.2 不动点迭代几何 …………… 30
1.2.3 不动点迭代的线性收敛 …… 31
1.2.4 终止条件 …………………… 36
1.3 精度的极限 …………………… 39
1.3.1 前向与后向误差 …………… 39
1.3.2 威尔金森多项式 …………… 42
1.3.3 根搜索的敏感性 …………… 43
1.4 牛顿方法 ……………………… 46
1.4.1 牛顿方法的二次收敛 ……… 47
1.4.2 牛顿方法的线性收敛 ……… 49
1.5 不需要导数的根求解 ………… 54
1.5.1 割线方法及其变体 ………… 54
1.5.2 Brent方法 …………………… 57
事实验证1 Stewart平台运动学 …… 59
软件与进一步阅读 ………………… 61

第2章 方程组 …………………… 62
2.1 高斯消去法 …………………… 62
2.1.1 朴素的高斯消去法 ………… 62
2.1.2 操作次数 …………………… 64
2.2 LU分解 ………………………… 69
2.2.1 高斯消去法的矩阵形式 …… 69
2.2.2 使用LU分解回代 …………… 71
2.2.3 LU分解的复杂度 …………… 73
2.3 误差来源 ……………………… 75
2.3.1 误差放大和条件数 ………… 75
2.3.2 淹没 ………………………… 80
2.4 $PA=LU$ 分解 ………………… 83
2.4.1 部分主元 …………………… 83
2.4.2 置换矩阵 …………………… 85
2.4.3 $PA=LU$ 分解 ……………… 86
事实验证2 欧拉-伯努利横梁 ……… 91
2.5 迭代方法 ……………………… 94
2.5.1 雅可比方法 ………………… 94
2.5.2 高斯-塞德尔方法和SOR …… 96
2.5.3 迭代方法的收敛 …………… 99
2.5.4 稀疏矩阵计算 ……………… 100
2.6 用于对称正定矩阵的方法 …… 105
2.6.1 对称正定矩阵 ……………… 105
2.6.2 楚列斯基分解 ……………… 106
2.6.3 共轭梯度方法 ……………… 109
2.6.4 预条件 ……………………… 113
2.7 非线性方程组 ………………… 118
2.7.1 多元牛顿方法 ……………… 118

2.7.2　Broyden 方法 …………… 120	4.3.1　格拉姆-施密特正交与
软件与进一步阅读 ……………………… 123	最小二乘 …………… 188
第 3 章　插值 124	4.3.2　改进的格拉姆-施密特正交 … 194
3.1　数据和插值函数 ………………… 124	4.3.3　豪斯霍尔德反射子 ……… 196
3.1.1　拉格朗日插值 …………… 125	4.4　广义最小余项(GMRES)
3.1.2　牛顿差商 ………………… 127	方法 …………………………… 201
3.1.3　经过 n 个点的 d 阶多项式	4.4.1　Krylov 方法 ……………… 201
有多少 ………………… 130	4.4.2　预条件 GMRES ………… 203
3.1.4　插值代码 ………………… 131	4.5　非线性最小二乘 ………………… 205
3.1.5　通过近似多项式表示函数 … 132	4.5.1　高斯-牛顿方法 ………… 205
3.2　插值误差 ………………………… 136	4.5.2　具有非线性参数的模型 … 208
3.2.1　插值误差公式 …………… 136	4.5.3　Levenberg-Marquardt 方法 … 210
3.2.2　牛顿形式和误差公式的	**事实验证 4　GPS、条件和非线性**
证明 …………………… 137	**最小二乘** …………… 212
3.2.3　龙格现象 ………………… 139	软件与进一步阅读 ……………………… 214
3.3　切比雪夫插值 …………………… 141	**第 5 章　数值微分和积分** 216
3.3.1　切比雪夫理论 …………… 141	5.1　数值微分 ………………………… 216
3.3.2　切比雪夫多项式 ………… 143	5.1.1　有限差分公式 …………… 216
3.3.3　区间的变化 ……………… 145	5.1.2　舍入误差 ………………… 219
3.4　三次样条 ………………………… 149	5.1.3　外推 ……………………… 221
3.4.1　样条的性质 ……………… 150	5.1.4　符号微分和积分 ………… 222
3.4.2　端点条件 ………………… 156	5.2　数值积分的牛顿-科特斯
3.5　贝塞尔曲线 ……………………… 160	公式 …………………………… 225
事实验证 3　利用贝塞尔曲线定义	5.2.1　梯形法则 ………………… 226
字体 ………………… 164	5.2.2　辛普森法则 ……………… 227
软件与进一步阅读 ……………………… 167	5.2.3　复合牛顿-科特斯公式 … 229
第 4 章　最小二乘 168	5.2.4　开牛顿-科特斯方法 …… 231
4.1　最小二乘与法线方程 …………… 168	5.3　龙贝格积分 ……………………… 234
4.1.1　不一致的方程组 ………… 168	5.4　自适应积分 ……………………… 237
4.1.2　数据的拟合模型 ………… 172	5.5　高斯积分 ………………………… 241
4.1.3　最小二乘的条件 ………… 176	**事实验证 5　计算机辅助建模中的**
4.2　模型概述 ………………………… 179	**运动控制** …………… 245
4.2.1　周期数据 ………………… 179	软件与进一步阅读 ……………………… 247
4.2.2　数据线性化 ……………… 182	**第 6 章　常微分方程** 248
4.3　QR 分解 ………………………… 188	6.1　初值问题 ………………………… 248

6.1.1 欧拉方法 …… 250
6.1.2 解的存在性、唯一性和连续性 …… 254
6.1.3 一阶线性方程 …… 256
6.2 IVP 求解器的分析 …… 258
6.2.1 局部和全局截断误差 …… 258
6.2.2 显式梯形方法 …… 262
6.2.3 泰勒方法 …… 264
6.3 常微分方程组 …… 266
6.3.1 高阶方程 …… 267
6.3.2 计算机仿真：钟摆 …… 268
6.3.3 计算机仿真：轨道力学 …… 271
6.4 龙格-库塔方法和应用 …… 276
6.4.1 龙格-库塔家族 …… 276
6.4.2 计算机仿真：Hodgkin-Huxley 神经元 …… 278
6.4.3 计算机仿真：Lorenz 方程 …… 281
事实验证 6 Tacoma Narrows 大桥 …… 283
6.5 可变步长方法 …… 286
6.5.1 龙格-库塔嵌入对 …… 286
6.5.2 4/5 阶方法 …… 288
6.6 隐式方法和刚性方程 …… 292
6.7 多步方法 …… 295
6.7.1 构造多步方法 …… 295
6.7.2 显式多步方法 …… 298
6.7.3 隐式多步方法 …… 301
软件与进一步阅读 …… 305

第 7 章 边值问题 …… 306
7.1 打靶方法 …… 306
7.1.1 边值问题的解 …… 306
7.1.2 打靶方法的实现 …… 309
事实验证 7 圆环的扭曲 …… 312
7.2 有限差分方法 …… 314
7.2.1 线性边值问题 …… 314
7.2.2 非线性边值问题 …… 316

7.3 排列与有限元方法 …… 321
7.3.1 排列 …… 321
7.3.2 有限元以及 Galerkin 方法 …… 323
软件与进一步阅读 …… 328

第 8 章 偏微分方程 …… 329
8.1 抛物线方程 …… 329
8.1.1 前向差分方法 …… 330
8.1.2 前向差分方法的稳定分析 …… 332
8.1.3 后向差分方法 …… 334
8.1.4 Crank-Nicolson 方法 …… 338
8.2 双曲线方程 …… 344
8.2.1 波动方程 …… 345
8.2.2 CFL 条件 …… 347
8.3 椭圆方程 …… 349
8.3.1 椭圆方程的有限差分方法 …… 351
事实验证 8 冷却散热片的热分布 …… 355
8.3.2 椭圆方程的有限元方法 …… 357
8.4 非线性偏微分方程 …… 366
8.4.1 隐式牛顿求解器 …… 367
8.4.2 二维空间中的非线性方程 …… 372
软件与进一步阅读 …… 378

第 9 章 随机数和应用 …… 380
9.1 随机数 …… 380
9.1.1 伪随机数 …… 381
9.1.2 指数和正态随机数 …… 385
9.2 蒙特卡罗模拟 …… 387
9.2.1 幂律和蒙特卡罗模拟 …… 387
9.2.2 拟随机数 …… 389
9.3 离散和连续布朗运动 …… 392
9.3.1 随机游走 …… 393
9.3.2 连续布朗运动 …… 394
9.4 随机微分方程 …… 397
9.4.1 有噪声的微分方程 …… 397
9.4.2 数值方法求解 SDE …… 399
事实验证 9 Black-Scholes 公式 …… 405
软件与进一步阅读 …… 407

第 10 章 三角插值和 FFT ……… 408
10.1 傅里叶变换 ……… 408
10.1.1 复数算术 ……… 408
10.1.2 离散傅里叶变换 ……… 410
10.1.3 快速傅里叶变换 ……… 413
10.2 三角插值 ……… 415
10.2.1 DFT 插值定理 ……… 415
10.2.2 三角插值函数的效率 ……… 418
10.3 FFT 和信号处理 ……… 421
10.3.1 正交性和插值 ……… 421
10.3.2 用三角函数进行最小二乘拟合 ……… 424
10.3.3 声音、噪声和滤波 ……… 427
事实验证 10 维纳滤波 ……… 429
软件与进一步阅读 ……… 431

第 11 章 压缩 ……… 432
11.1 离散余弦变换 ……… 432
11.1.1 一维 DCT ……… 432
11.1.2 DCT 变换和最小二乘近似 ……… 435
11.2 二维 DCT 和图像压缩 ……… 437
11.2.1 二维 DCT ……… 437
11.2.2 图像压缩 ……… 440
11.2.3 量化 ……… 443
11.3 霍夫曼编码 ……… 449
11.3.1 信息论和编码 ……… 449
11.3.2 JPEG 格式中的霍夫曼编码 ……… 452
11.4 改进的 DCT 和音频压缩 ……… 454
11.4.1 改进的 DCT ……… 455
11.4.2 位量化 ……… 460
事实验证 11 一个简单的音频编解码器 ……… 462
软件与进一步阅读 ……… 464

第 12 章 特征值与奇异值 ……… 465
12.1 幂迭代方法 ……… 465
12.1.1 幂迭代 ……… 466
12.1.2 幂迭代的收敛 ……… 468
12.1.3 幂迭代的逆 ……… 469
12.1.4 瑞利商迭代 ……… 470
12.2 QR 算法 ……… 472
12.2.1 同时迭代 ……… 472
12.2.2 实数舒尔形式和 QR 算法 ……… 475
12.2.3 上海森伯格形式 ……… 477
事实验证 12 搜索引擎如何评价页面质量 ……… 481
12.3 奇异值分解 ……… 484
12.3.1 找出一般的 SVD ……… 486
12.3.2 特例：对称矩阵 ……… 487
12.4 SVD 的应用 ……… 489
12.4.1 SVD 的性质 ……… 489
12.4.2 降维 ……… 490
12.4.3 压缩 ……… 492
12.4.4 计算 SVD ……… 493
软件与进一步阅读 ……… 494

第 13 章 最优化 ……… 496
13.1 不使用导数的无约束优化 ……… 497
13.1.1 黄金分割搜索 ……… 497
13.1.2 持续的抛物线插值 ……… 500
13.1.3 Nelder-Mead 搜索 ……… 502
13.2 使用导数的无约束优化 ……… 505
13.2.1 牛顿方法 ……… 505
13.2.2 最速下降 ……… 507
13.2.3 共轭梯度搜索 ……… 507
事实验证 13 分子形态和数值优化 ……… 509
软件与进一步阅读 ……… 511

附录 A 矩阵代数 ……… 512
附录 B MATLAB 介绍 ……… 518
部分习题答案 ……… 527
参考文献 ……… 558
索引 ……… 569

第 0 章 基础知识

> 本章介绍构成并有助于理解书中主要算法的基础知识,包括初等微积分和函数求值的一些基本思想,在现代计算机上运行机器算术的细节,并讨论因设计较差的计算而带来的有效数字缺失的问题.
>
> 在讨论了计算多项式的有效方法后,我们研究二进制数制系统、浮点数字的表达,以及舍入的通用法则. 在病态问题中,较小的舍入误差带来的影响可以被无限放大. 为了抑制这种有害影响,我们在本书余下的章节中反复讨论了这一主题.

本书的主要目的是阐述并讨论在计算机上求解数学问题的方法. 最基础的算术运算是加法和乘法. 它们同时也是计算多项式 $P(x)$ 在某个特定的 x 时对应值所需要的运算. 多项式成为众多我们将构造的计算技术的基础并不是一个巧合.

也正因为多项式的重要性,理解如何进行多项式的求值非常重要. 读者可能已经知道如何进行多项式的求值运算,并感到在如此简单的问题上花费时间简直可笑! 但是越是基本的操作,如果计算方式得当,从中获取的收益也就越大. 因而我们将思考如何尽可能有效地完成多项式的求值运算.

0.1 多项式求值

比如说,当 $x=1/2$ 时,怎么做才是计算下述多项式的最优方式?
$$P(x) = 2x^4 + 3x^3 - 3x^2 + 5x - 1$$
假设多项式的系数和 x 的值 $1/2$ 都已经保存在内存里,我们试图最小化求值过程中涉及的加法和乘法的计算次数,进而得到多项式的值 $P(1/2)$. 为了简化问题,我们忽略向内存中保存数字以及从内存中读取数字所花费的时间.

方法 1 最先想到的直接方法如下:
$$P\left(\frac{1}{2}\right) = 2*\frac{1}{2}*\frac{1}{2}*\frac{1}{2}*\frac{1}{2} + 3*\frac{1}{2}*\frac{1}{2}*\frac{1}{2} - 3*\frac{1}{2}*\frac{1}{2} + 5*\frac{1}{2} - 1 = \frac{5}{4}$$
(0.1)

需要进行的乘法计算的次数是 10,还要有 4 次加法计算. 其中的两次加法运算实际上是减法,但是减法运算可以看做是加上数字的负数,因而我们并不担心加法和减法之间的差异.

很显然还有比式(0.1)更好的方法. 我们可以事半功倍——通过消除给定输入 $1/2$ 的重复乘法计算节省运算. 更好的策略是先计算 $(1/2)^4$,保存部分乘积. 这对应下面的方法:

方法 2 首先找到输入数字 $x=1/2$ 的幂,保存幂的值用于后续的计算:
$$\frac{1}{2} * \frac{1}{2} = \left(\frac{1}{2}\right)^2$$

$$\left(\frac{1}{2}\right)^2 * \frac{1}{2} = \left(\frac{1}{2}\right)^3$$

$$\left(\frac{1}{2}\right)^3 * \frac{1}{2} = \left(\frac{1}{2}\right)^4$$

现在我们可以把所有项加起来:

$$P\left(\frac{1}{2}\right) = 2*\left(\frac{1}{2}\right)^4 + 3*\left(\frac{1}{2}\right)^3 - 3*\left(\frac{1}{2}\right)^2 + 5*\frac{1}{2} - 1 = \frac{5}{4}$$

现在只有关于 1/2 的三次乘法,以及其他的 4 次乘法运算.总体算起来,我们将乘法运算降低至 7 次,加法运算的次数仍然是 4 次保持不变.从 14 次到 11 次运算次数的减少真的是那么重要的性能提升吗?如果仅仅需要做一次运算,也许这并不是一个重要的改进.不管使用方法 1 还是方法 2,计算结果在手指离开键盘的同时都可以很快得到.但是,如果需要每秒对多个不同输入的 x 多次计算多项式对应的值,在我们需要信息的时候能够及时获取结果,不同方法的差异可能就显得非常关键.

方法 2 是对于四阶多项式计算的最好方法吗?难以想象可以再消除 3 次乘法计算,但实际上可以.下述方法是这类问题的最优的基本求解方法:

方法 3(嵌套乘法) 将多项式重写后,可以从内到外对多项式求值:

$$\begin{aligned} P(x) &= -1 + x(5 - 3x + 3x^2 + 2x^3) \\ &= -1 + x(5 + x(-3 + 3x + 2x^2)) \\ &= -1 + x(5 + x(-3 + x(3 + 2x))) \\ &= -1 + x*(5 + x*(-3 + x*(3 + x*2))) \end{aligned} \quad (0.2)$$

这里多项式是从前向后写,关于 x 的幂被分解为与余下的多项式的乘积.我们发现这样写多项式,并不需要额外的计算来进行多项式的重写,所有的系数保持不变.现在从内到外进行计算:

$$\text{乘法}\ \frac{1}{2}*2, \quad \text{加法}\ +3 \rightarrow 4$$

$$\text{乘法}\ \frac{1}{2}*4, \quad \text{加法}\ -3 \rightarrow -1$$

$$\text{乘法}\ \frac{1}{2}*-1, \quad \text{加法}\ +5 \rightarrow \frac{9}{2}$$

$$\text{乘法}\ \frac{1}{2}*\frac{9}{2}, \quad \text{加法}\ -1 \rightarrow \frac{5}{4} \quad (0.3)$$

这种方法被称为**嵌套乘法**或者**霍纳方法**,利用 4 次乘法和 4 次加法计算多项式的值.一般的 d 阶多项式可以通过 d 次乘法和 d 次加法求值.嵌套乘法和多项式算术中的综合除法关系密切.

多项式求值的例子体现了科学计算方法的所有主题的特征.第一,计算机在做简单计算的时候速度很快.第二,由于简单计算可能会被进行多次,尽可能有效地进行简单计算可能非常重要.第三,最好的计算方式可能不是显而易见的那种方法.在 20 世纪后五十年,在数值分析和科学计算领域,结合计算机硬件技术,对于常见问题已经开发了有效的求解方法.

虽然标准形式的多项式 $c_1+c_2x+c_3x^2+c_4x^3+c_5x^4$ 可以用嵌套的形式写为
$$c_1+x(c_2+x(c_3+x(c_4+x(c_5)))) \tag{0.4}$$
但是一些应用需要更加一般的形式. 特别是第 3 章的插值计算需要如下的形式：
$$c_1+(x-r_1)(c_2+(x-r_2)(c_3+(x-r_3)(c_4+(x-r_4)(c_5)))) \tag{0.5}$$
其中我们称 r_1, r_2, r_3 和 r_4 为**基点**. 需要注意的是，若设置式(0.5)中的参数 $r_1=r_2=r_3=r_4=0$，则变成式(0.4)中传统的嵌套形式.

下面的 MATLAB 代码实现了一般形式的嵌套乘法计算(参照式(0.3))：

```
%程序0.1 嵌套乘法
%使用霍纳方法以嵌套形式计算多项式的值
%输入：多项式的阶d,
%      d+1个系数构成的数组 c(第一个元素为常数项),
%      x坐标需要进行求值的x位置,
%      如果需要的话，还有d个基点构成的数组b
%输出：多项式在x点对应的值y
function y=nest(d,c,x,b)
if nargin<4, b=zeros(d,1); end
y=c(d+1);
for i=d:-1:1
  y = y.*(x-b(i))+c(i);
end
```

运行上面的 MATLAB 程序需要给出输入数据的值，包括多项式的阶数、系数、需要求值的点 x，以及基点数组. 例如，式(0.2)中的多项式在 $x=1/2$ 处利用如下 MATLAB 命令进行求值：

```
>> nest(4,[-1 5 -3 3 2],1/2,[0 0 0 0])

ans =

    1.2500
```

结果和我们前面手工计算的结果相同. 当执行以上命令时，nest.m 文件以及本书其他部分展示的 MATLAB 代码，必须是在 MATLAB 路径或者当前目录可访问路径下.

如果嵌套命令用于求解式(0.2)(其中所有基点为 0)，可以使用如下缩减形式的命令：

```
>> nest(4,[-1 5 -3 3 2],1/2)
```

使用该命令可以得到同样的结果，这是由于在 nest.m 中对于输入参数的设置. 如果输入参数的个数小于 4，基点被自动设置为 0.

由于 MATLAB 对于向量表达的无缝处理，嵌套命令可以同时估计一组 x 对应的多项式的值. 下面是一个示例：

```
>> nest(4,[-1 5 -3 3 2],[-2 -1 0 1 2])

ans =

    -15    -10    -1     6    53
```

最后，第 3 章中将出现的三阶插值多项式
$$P(x) = 1+x\left(\frac{1}{2}+(x-2)\left(\frac{1}{2}+(x-3)\left(-\frac{1}{2}\right)\right)\right)$$

(其中基点 $r_1=0$，$r_2=2$，$r_3=3$) 在 $x=1$ 的值可以通过下面命令计算得到

```
>> nest(3,[1 1/2 1/2 -1/2],1,[0 2 3])

ans =

     0
```

例 0.1 找出有效方法计算多项式 $P(x)=4x^5+7x^8-3x^{11}+2x^{14}$ 的值.

对于多项式的一些重写可以降低求值运算中的计算代价. 主要思想是将多项式分解为 x^5 和一个由 x^3 的整数幂构成的多项式的乘积：

$$P(x) = x^5(4+7x^3-3x^6+2x^9) = x^5 * (4 + x^3 * (7 + x^3 * (-3 + x^3 * (2))))$$

对于每个输入的 x，我们需要首先计算 $x*x=x^2$，$x*x^2=x^3$，以及 $x^2*x^3=x^5$. 这三个乘积以及关于 x^5 的乘积，与三阶多项式对应的三次乘法和三次加法，构成了原始多项式中每次求值的 7 次乘法和 3 次加法.

0.1 节习题

1. 将如下多项式重写为嵌套形式，并利用嵌套和非嵌套形式计算该多项式在 $x=1/3$ 时的值.

   (a) $P(x) = 6x^4 + x^3 + 5x^2 + x + 1$

   (b) $P(x) = -3x^4 + 4x^3 + 5x^2 - 5x + 1$

   (c) $P(x) = 2x^4 + x^3 - x^2 + 1$

2. 将如下多项式重写为嵌套形式，并计算该多项式在 $x=-1/2$ 时的值：

   (a) $P(x) = 6x^3 - 2x^2 - 3x + 7$

   (b) $P(x) = 8x^5 - x^4 - 3x^3 + x^2 - 3x + 1$

   (c) $P(x) = 4x^6 - 2x^4 - 2x + 4$

3. 计算 $P(x)=x^6-4x^4+2x^2+1$ 在 $x=1/2$ 时的值，其中将 $P(x)$ 转化为由 x^2 构成的多项式，并利用嵌套乘法计算.

4. 计算包含基点的嵌套多项式 $P(x)=1+x(1/2+(x-2)(1/2+(x-3)(-1/2)))$ 当 (a) $x=5$ 与 (b) $x=-1$ 时的值.

5. 计算包含基点的嵌套多项式 $P(x)=4+x(4+(x-1)(1+(x-2)(3+(x-3)(2))))$ 当 (a) $x=1/2$ 与 (b) $x=-1/2$ 时的值.

6. 如何根据给定 x 计算如下多项式的值，要求使用尽可能少的计算. 各自需要多少次的乘法和加法？

   (a) $P(x) = a_0 + a_5 x^5 + a_{10} x^{10} + a_{15} x^{15}$

   (b) $P(x) = a_7 x^7 + a_{12} x^{12} + a_{17} x^{17} + a_{22} x^{22} + a_{27} x^{27}$

7. 使用一般的嵌套乘法，需要多少次的乘法和加法来计算包含基点的 n 阶多项式的值？

0.1 节编程问题

1. 使用函数 nest 估计 $P(x)=1+x+\cdots+x^{50}$ 当 $x=1.00001$ 时的值.（使用 MATLAB 命令 ones 以节省键盘录入.）通过和等价表达式 $Q(x)=(x^{51}-1)/(x-1)$ 进行比较，找出误差.

2. 使用 nest.m 计算多项式 $P(x)=1-x+x^2-x^3+\cdots+x^{98}-x^{99}$ 当 $x=1.00001$ 时的值. 寻找更简单等价的表达式，并利用该表达式估计嵌套乘法的误差.

0.2 二进制数字

为了准备下一节中对于计算机算术的详细研究，我们需要理解二进制数字系统．十进制数字中使用的基数 10 被替换为 2，用于在计算机中保存数字并简化计算机中诸如乘法和加法等计算．整个过程颠倒过来，就可以得到输出的十进制的结果．在本节中，我们讨论二进制和十进制数字转化的方式．

二进制数字可以表示为：

$$\cdots b_2 b_1 b_0 . b_{-1} b_{-2} \cdots$$

其中每个二进制数字，或者位，要么是 0 要么是 1．基为 10 的数字等价于

$$\cdots b_2 2^2 + b_1 2^1 + b_0 2^0 + b_{-1} 2^{-1} + b_{-2} 2^{-2} \cdots$$

例如，十进制数字 4 以 2 为基可以表示为 $(100.)_2$，$3/4$ 可以表示为 $(0.11)_2$．

0.2.1 将十进制转化为二进制

十进制数字 53 记作 $(53)_{10}$，用于强调其使用 10 为基．将一个数转化为二进制，最简单的方式是将数字的整数部分和小数部分分别对待．十进制数字 $(53.7)_{10} = (53)_{10} + (0.7)_{10}$，我们将整数部分和小数部分分别转化为二进制，再把结果组合起来．

整数部分．在将十进制数转化为二进制数的过程中，将整数连续被 2 除保留余数．余数可能是 0 或者 1，从小数点开始进行记录（或者更准确地称作基数（radix））并向左移动．对于十进制数字 $(53)_{10}$，有如下计算

$$53 \div 2 = 26 \text{ 余 } 1$$
$$26 \div 2 = 13 \text{ 余 } 0$$
$$13 \div 2 = 6 \text{ 余 } 1$$
$$6 \div 2 = 3 \text{ 余 } 0$$
$$3 \div 2 = 1 \text{ 余 } 1$$
$$1 \div 2 = 0 \text{ 余 } 1$$

因而，十进制数可以转化为二进制数字 110101，记做 $(53)_{10} = (110101.)_2$．可以检查一下结果 $110101 = 2^5 + 2^4 + 2^2 + 2^0 = 32 + 16 + 4 + 1 = 53$．

小数部分．将前面的计算过程反过来就可以将十进制小数 $(0.7)_{10}$ 转化为二进制．将小数部分不断乘 2 并记录整数部分，从小数点开始并向右移动．

$$0.7 \times 2 = 0.4 + 1$$
$$0.4 \times 2 = 0.8 + 0$$
$$0.8 \times 2 = 0.6 + 1$$
$$0.6 \times 2 = 0.2 + 1$$
$$0.2 \times 2 = 0.4 + 0$$
$$0.4 \times 2 = 0.8 + 0$$
$$\vdots$$

注意到 4 步之后，整个过程出现重复，并且会以完全相同的形式无穷尽地重复下去. 因而
$$(0.7)_{10} = (0.1011001100110\cdots)_2 = (0.1\overline{0110})_2$$
其中上横线标记用于表示无穷重复的位数. 把两部分放在一起，我们得到
$$(53.7)_{10} = (110101.1\overline{0110})_2$$

0.2.2 将二进制转化为十进制

把二进制转化为十进制，最好仍将整数部分和小数部分分别计算.

整数部分. 如同前面我们可以简单地将 2 的幂叠加得到对应的十进制数. 二进制数 $(10101)_2$ 可以简单计算为
$$1 \cdot 2^4 + 0 \cdot 2^3 + 1 \cdot 2^2 + 0 \cdot 2^1 + 1 \cdot 2^0 = (21)_{10}$$

小数部分. 如果小数部分有限(有限的以 2 为基的展开)，则以相同方式进行. 例如
$$(0.1011)_2 = \frac{1}{2} + \frac{1}{8} + \frac{1}{16} = \left(\frac{11}{16}\right)_{10}$$

当小数部分不是以 2 为基的有限展开时，问题变得复杂. 将无穷重复的二进制小数转化为十进制有不同的方法. 一种简单的方法是利用 2 乘的平移性质.

例如，将 $x=(0.\overline{1011})_2$ 转化为十进制. 把 x 和 2^4 相乘，意味着在二进制中向左平移 4 位. 然后减去原始的 x：
$$2^4 x = 1011.\overline{1011}$$
$$x = 0000.\overline{1011}$$

相减得到
$$(2^4 - 1)x = (1011)_2 = (11)_{10}$$

然后求解 x，找出十进制数，得到 $x=(0.\overline{1011})_2=11/15$.

另外一个例子，假设分数部分没立即重复，例如 $x=0.10\overline{101}$. 和 2^2 乘平移到 $y = 2^2 x = 10.\overline{101}$. y 的分数部分，记做 $z=0.\overline{101}$，如前面所述进行计算：
$$2^3 z = 101.\overline{101}$$
$$z = 000.\overline{101}$$

因而，$7z=5$，$y=2+5/7$，$x=2^{-2}y=19/28$ 为十进制数. 为了检查结果，将十进制数 19/28 转化为二进制数，并和初始的 x 进行比较.

二进制数是计算机计算的基石，但是二进制数字很长并不利于人们理解. 有时利用基 16 可以更加容易表示数字. **十六进制数**用 16 个数字 0, 1, 2, ⋯, 9, A, B, C, D, E, F 表示. 每个十六进制数字可以用 4 位来表示. 因而 $(1)_{16}=(0001)_2$，$(8)_{16}=(1000)_2$，和 $(F)_{16}=(1111)_2=(15)_{10}$. 在下一节中，将会描述使用 MATLAB 的 `format hex` 指令表达机器数.

0.2 节习题

1. 计算十进制整数的二进制表达. (a) 64 (b) 17 (c) 79 (d) 227

2. 计算十进制整数的二进制表达. (a) 1/8 (b) 7/8 (c) 35/16 (d) 31/64
3. 将下面十进制数转化为二进制. 用上横线表示无穷的二进制小数位.
   (a) 10.5 (b) 1/3 (c) 5/7 (d) 12.8 (e) 55.4 (f) 0.1
4. 将下面十进制数转化为二进制.
   (a) 11.25 (b) 2/3 (c) 3/5 (d) 3.2 (e) 30.6 (f) 99.9
5. 找到 π 的前 15 位二进制表达.
6. 找到 e 的前 15 位二进制表达.
7. 将下面二进制数转化为十进制:
   (a) 1010101 (b) 1011.101 (c) 10111.$\overline{01}$ (d) 110.$\overline{10}$ (e) 10.$\overline{110}$ (f) 110.1$\overline{101}$ (g) 10.010 $\overline{1101}$
   (h) 111.$\overline{1}$
8. 将下面二进制数转化为十进制:
   (a) 11011 (b) 110111.001 (c) 111.$\overline{001}$ (d) 1010.$\overline{01}$ (e) 10111.$\overline{10101}$ (f) 1111.010001

0.3 实数的浮点表示

在本节中,我们将描述浮点数的计算机算术模型. 相关的模型有好几个,但是为了简化我们选择一个特定的模型并进行详尽描述. 我们选择的模型被称为 IEEE 754 浮点标准. 电子与电气工程师学会(IEEE)在工业标准的制定方面表现出积极的兴趣,其浮点算术格式成为计算机工业中单精度和双精度浮点算术的通行标准.

当使用有限精度的计算机内存来表示真实、无穷精度数字的时候,舍入误差不可避免. 尽管我们希望在长的计算中生成的较小的误差对于结果仅有较小的影响,但是事实表明在很多情况下这仅仅是一厢情愿. **简单算法,诸如高斯消去或者微分方程的求解方法,能够把极微小的误差放大到极大的规模**. 实际上,本书的一个主要议题就是要使读者意识到由于计算机造成的小误差使得计算面临不可靠的危险,并且要知道如何避免或最小化这样的危险.

0.3.1 浮点格式

IEEE 标准包含一组实数的二进制表示. 一个**浮点数字**包含三个部分: **符号**(十或者一)、**尾数**(包含一串有效数位)和一个**指数**,这些部分都在一个计算机**字**里.

有三种浮点数常用的精度级别: 单精度、双精度和扩展精度(也称为长双精度). 对于三种浮点数精度级别分配的数位分别是 32、64 和 80. 这些数位被分成如下不同的部分:

精度	符号	指数	尾数
单精度	1	8	23
双精度	1	11	52
长双精度	1	15	64

三种精度以相同的方式运行. **标准化**的 IEEE 浮点数表示为

$$\pm 1.bbb\cdots b \times 2^p \qquad (0.6)$$

其中 N 个 b 中的每个 b 是 0 或者 1,p 是一个 M 位的二进制数表示指数. 如式(0.6)所示的标准化意味着,主导数位(最左边的一位)必须是 1.

当一个二进制数用一个标准浮点数字表示的时候,它被称为"左对齐",意味着其中最左边的一个数位 1 被平移到小数点的左边,平移通过指数的变化进行补偿. 例如,一个十进制数 9,对应的二进制数 1001 保存为
$$+1.001 \times 2^3$$
平移 3 位,或者与 2^3 相乘,就可以将最左边的 1 平移到正确的位置.

为了一致描述三种精度的浮点数字,下面我们将专门对双精度格式进行大量讨论. 单精度和长双精度将以相同的方式进行处理,与双精度的主要差异仅仅在指数和尾数的长度 M 和 N. 大量 C 编译器和 MATLAB 所使用的双精度数字中,$M=11$,$N=52$.

1 的双精度表示为
$$+1.\boxed{0000000000000000000000000000000000000000000000000000} \times 2^0$$
其中有 52 位的尾数. 下一个比 1 大的浮点数是
$$+1.\boxed{0000000000000000000000000000000000000000000000000001} \times 2^0$$
或者 $1+2^{-52}$.

定义 0.1 **机器精度**对应的数字,记做 $\varepsilon_{\text{mach}}$,是 1 和比 1 大的最小浮点数之间的距离. 对于 IEEE 双精度浮点表示,
$$\varepsilon_{\text{mach}} = 2^{-52}$$

十进制数 $9.4=(1001.\overline{0110})_2$ 表示为如下的左对齐数字:
$$+1.\boxed{0010110011001100110011001100110011001100110011001100}\,110\cdots \times 2^3$$
其中的前 52 位表示为尾数. 新的问题又出现了:我们如何以有穷数位拟合用于表示 9.4 的无穷数位?

我们必须以某种方式对数字进行截断,并且在这个过程中仅仅引入较小的误差. 我们的方法被称为**截断**,通过简单丢弃在末端之外的数位来实现,也就是说,那些超过小数点右边第 52 位的数字直接被丢掉. 这种策略十分简单,但是由于这种方法通常会把结果向 0 的方向移动,所以它是一个有偏的方式.

另一种方法是**舍入**. 对于十进制,如果下一位的数字是 5 或者比 5 大,数字通常向上进位,否则舍去. 在二进制中,如果数位为 1,则向上进位. 具体来说,在双精度浮点数字中,小数点右边的第 53 位是一个重要数位,它也是第一个在给定数位空间之外的数位. IEEE 标准中执行的默认的舍入技术里,当第 53 位是 1 时,给第 52 位加 1(向上进位),当第 53 位是 0 时,第 52 位没有变化(舍去). 仅有一个例外,如果第 52 后面的数位是 10 000⋯,正好在向上进位和舍去的中间,我们依据如何使得第 52 位等于 0 来确定向上进位或者舍去的选择. (这里我们仅仅处理尾数,符号位并不起作用.)

为什么这里会有这种奇怪的例外情况?除去这种情况,规则意味着舍入得到的标准浮点数字和原始数字最接近——这也是它名字的由来,即**最近舍入法则**. 舍入造成的误差有同等可能生成向上或者向下的误差. 而这种例外情况中,有两个距离原始数字相等的舍入

浮点数字，采用的舍入方法不能表现出系统地向上或者向下的倾向．我们试图避免由于有偏的舍入造成在长计算中不想要的缓慢漂移．当出现这种平局问题，简单使得最后一位（第 52 位）的值为 0 的方法看起来十分随意，但是至少这样的选择没有表现出来对于向上或者向下的舍入倾向．习题 0.3 中的问题 8 解释了为什么在遇到平局时可以随意选择 0．

IEEE 舍入最近法则

对于浮点精度，如果在二进制数右边的第 53 位是 0，则向下舍去（在第 52 位后面截断）．如果第 53 位是 1，则向上进位（在第 52 位上加 1），除了在 1 右边的所有已知位都是 0，在这种情况下当且仅当第 52 位是 1 时在第 52 位上加 1．

对于前面讨论的数字 9.4，二进制数字右边的第 53 位是 1，后面还有其他非 0 的数位．根据舍入最近法则进行向上进位，或者在第 52 位上加 1．因而，表示 9.4 的浮点数字是

$$+1.\boxed{0010110011001100110011001100110011001100110011001101} \times 2^3 \qquad (0.7)$$

定义 0.2 将 IEEE 双精度浮点数字记做 x，利用舍入最近法则记做 $\mathrm{fl}(x)$．

在计算机算术中，实数 x 用一串数位 $\mathrm{fl}(x)$ 替换．根据这个定义，$\mathrm{fl}(9.4)$ 是数字的二进制表示 (0.7)．我们通过去掉最右边无穷长的数字尾巴 $0.\overline{1100} \times 2^{-52} \times 2^3 = 0.\overline{0110} \times 2^{-51} \times 2^3 = 0.4 \times 2^{-48}$ 得到浮点表达．并在舍入过程中加上 $2^{-52} \times 2^3 = 2^{-49}$．因而

$$\begin{aligned}
\mathrm{fl}(9.4) &= 9.4 + 2^{-49} - 0.4 \times 2^{-48} \\
&= 9.4 + (1 - 0.8) 2^{-49} \\
&= 9.4 + 0.2 \times 2^{-49}
\end{aligned} \qquad (0.8)$$

换句话说，利用双精度浮点数和舍入最近法则的计算机，当保存 9.4 时可能生成 0.2×2^{-49} 的误差．我们把 0.2×2^{-49} 称作**舍入误差**．

在这里重点是用于表示 9.4 的浮点数和 9.4 并不相等，尽管它们非常接近．为了度量它们之间的差异，我们使用误差的标准定义．

定义 0.3 令 x_c 是计算版本 x 的精确度量，则

$$\text{绝对误差} = |x_c - x|$$

$$\text{相对误差} = \frac{|x_c - x|}{|x|} \quad (\text{若 } x \text{ 的度量存在，即 } x \neq 0)$$

相对舍入误差

在 IEEE 机器算术模型中，$\mathrm{fl}(x)$ 的相对舍入误差不会比机器精度的一半大：

$$\frac{|\mathrm{fl}(x) - x|}{|x|} \leq \frac{1}{2} \varepsilon_{\text{mach}} \qquad (0.9)$$

对于数字 $x = 9.4$，我们算出式 (0.8) 对应的舍入误差，该误差满足式 (0.9)：

$$\frac{|\mathrm{fl}(9.4) - 9.4|}{9.4} = \frac{0.2 \times 2^{-49}}{9.4} = \frac{8}{47} \times 2^{-52} < \frac{1}{2} \varepsilon_{\text{mach}}$$

例 0.2 找出浮点数表示 $\mathrm{fl}(x)$ 以及对应的舍入误差，$x = 0.4$．

由于 $(0.4)_{10} = (0.\overline{0110})_2$，将二进制数左对齐得到

$$0.4 = 1.100\overline{110} \times 2^{-2}$$
$$= +1.\boxed{1001100110011001100110011001100110011001100110011001}$$
$$100110\cdots \times 2^{-2}.$$

因而，依据舍入法则，fl(0.4)是
$$+1.\boxed{1001100110011001100110011001100110011001100110011010} \times 2^{-2}$$

这里，在第 52 位上加了 1，由于二进制加法的进位使得第 51 位也发生了改变.

通过认真分析，我们在截断过程中舍弃 $2^{-53} \times 2^{-2} + 0.\overline{0110} \times 2^{-54} \times 2^{-2}$，并在舍入过程中加上 $2^{-52} \times 2^{-2}$. 因而，
$$\begin{aligned} \mathrm{fl}(0.4) &= 0.4 - 2^{-55} - 0.4 \times 2^{-56} + 2^{-54} \\ &= 0.4 + 2^{-54}(-1/2 - 0.1 + 1) \\ &= 0.4 + 2^{-54}(0.4) \\ &= 0.4 + 0.1 \times 2^{-52} \end{aligned}$$

注意到，舍入过程中对于 0.4 的相对误差是 $0.1/0.4 \times \varepsilon_{\mathrm{mach}} = 1/4 \times \varepsilon_{\mathrm{mach}}$，服从式(0.9). ◄

0.3.2 机器表示

到目前为止，我们已经描述了摘要中的浮点数表示. 现在我们将讲述更多关于如何在计算机中实现这种表示的细节. 同样，在本节中我们将讨论双精度浮点格式；其他格式具有相似的实现.

每个双精度浮点数字被分配了 8 字节，或者 64 位，来存储其对应的三个部分. 每个字都具有如下的形式

$$\boxed{s\,e_1e_2\cdots e_{11}b_1b_2\cdots b_{52}} \tag{0.10}$$

其中第 1 位保存了符号位，后面 11 位用于保存指数，再后面小数点后的 52 位保存尾数. 符号位是 0 表示正数，1 表示负数. 11 位的指数表示的正二进制整数，这些正数通过往指数上叠加 $2^{10} - 1 = 1023$ 得到，指数范围在 -1022 和 1023 之间. $e_1 \cdots e_{11}$ 覆盖了从 1 到 2046 之间对应的指数，由于特殊目的，这里没有使用 0 和 2047，我们在后面会讨论这些没有使用的指数.

数字 1023 称为双精度格式的**指数偏差**. 它用于把正和负指数转化为正的二进制数保存在指数位中. 对于单精度和长双精度，指数偏差位分别是 127 和 16 383.

MATLAB 的 format hex 使用 16 个连续的十六进制，或者 16 个基对应的数字表示式(0.10)中的 64 位机器数字. 因而，最前面的 3 个十六进制数字表示了指数和符号部分，后面的 13 位则包含尾数.

例如，数字 1，或者

$$1 = +1.\boxed{0000000000000000000000000000000000000000000000000000} \times 2^0$$

具有如下的双精度机器数字形式

| 0 | 01111111111 | 0000000000000000000000000000000000000000000000000000 |

一旦将 1023 加到指数部分,前三个十六进制数字对应

$$001111111111 = 3\text{FF}$$

因而浮点数字 1 的十六进制表达将变成 3FF0000000000000. 可以在 MATLAB 中键入 `format hex`,并键入数字 1 进行检查.

例 0.3 寻找实数 9.4 的十六进制机器数字表达.

从式 (0.7) 可知,符号位 $s=0$,指数为 3,小数点后面的 52 位是

| 0010 | 1100 | 1100 | 1100 | 1100 | 1100 | 1100 | 1100 | 1100 | 1100 | 1100 | 1100 | 1101 |

$$\rightarrow (2\text{CCCCCCCCCCCD})_{16}$$

向指数上添加 1023 得到 $1026 = 2^{10} + 2$,即 $(10000000010)_2$. 符号和指数部分结合在一起是 $(01000000010)_2 = (402)_{16}$,得到对应的十六进制形式 4022CCCCCCCCCCCD. ◂

现在我们回过头来看特殊的指数值 0 和 2047. 后者 2047,如果尾数位串都是 0 用于表示 ∞,否则表示 NaN,意味着"不是一个数字". 由于 2047 用 11 个 1 来表示,或者 $e_1 e_2 \cdots e_{11} = (111\ 1111\ 1111)_2$,Inf 和 -Inf 的前 12 位分别是 0111 1111 1111 和 1111 1111 1111. 余下的 52 位(尾数)都是 0. 机器数 NaN 也是由 1111 1111 1111 开始,但是具有非 0 的尾数. 总的来说,

机器数	例子	十六进制数
+Inf	1/0	7FF0000000000000
−Inf	−1/0	FFF0000000000000
NaN	0/0	FFFxxxxxxxxxxxxx

其中 x 表示不全为 0 的位.

特殊的指数 0,意味着 $e_1 e_2 \cdots e_{11} = (000\ 0000\ 0000)_2$,也表示对于标准浮点数字形式的背离. 在这种情况下,机器数字解释为非标准的浮点数字

$$\pm 0.\boxed{b_1 b_2 \cdots b_{52}} \times 2^{-1022} \tag{0.11}$$

换句话说,在这种情况下,最左边的数位不再被假设为 1. 这些非标准化数字称作**异常** (subnormal) 浮点数字. 通过更多的量级扩展了数字的表示范围. 因而,$2^{-52} \times 2^{-1022} = 2^{-1074}$ 是最小的可表达双精度数字. 它对应的机器字是

| 0 | 00000000000 | 0000000000000000000000000000000000000000000000000001 |

我们需要确切理解最小可表达数字 2^{-1074} 和 $\varepsilon_{\text{mach}} = 2^{-52}$ 之间的差异. 许多在 $\varepsilon_{\text{mach}} = 2^{-52}$ 以下的数字都是机器可表达的数字,尽管将这些数字加到 1 上可能没有什么影响. 而另一方面,在 2^{-1074} 以下的双精度数字完全不能被表示.

异常数字包括最重要的数字 0. 实际上,异常表达包括两个不同的浮点数字,+0 和

-0，在计算中它们被看做两个相同的实数. $+0$ 的机器表达具有符号位 $s=0$，指数位 $e_1\cdots e_{11}=00000000000$，52 个尾数都是 0；简单来说，所有 64 位都是 0. $+0$ 的十六进制表达是 0000000000000000. 对于数字 -0，所有位都完全相同，除了符号位 $s=1$. 对于 -0 的十六进制表达是 8000000000000000.

0.3.3 浮点数加法

机器加法首先对齐进行加法的两个数字的小数点位，接着相加，然后再次把结果保存为浮点数字. 相加由于在特定用途的加法寄存器中进行，因而本身可以更高的精度进行（以多于 52 位进行）. 在相加之后，必须通过舍入变回 52 位以存储二进制的机器数字.

例如，在 2^{-53} 上加 1 看起来如同如下表示：

$$1.\boxed{00\cdots0} \times 2^0 + 1.\boxed{00\cdots0} \times 2^{-53}$$

$$= 1.\boxed{0000000000000000000000000000000000000000000000000000} \times 2^0$$

$$+ 0.\boxed{0000000000000000000000000000000000000000000000000000}1 \times 2^0$$

$$= 1.\boxed{0000000000000000000000000000000000000000000000000000}1 \times 2^0$$

根据舍入法则，这将被保存为 $1.\times 2^0=1$，因而，$1+2^{-53}$ 和双精度 IEEE 算术中的 1 相等. 我们注意到，2^{-53} 是具有这种性质的最大的一个浮点数字；在计算机算术上，任何一个更大的数字加到 1 上会带来一个比 1 大的和.

在 IEEE 模型中，$\epsilon_{\text{mach}}=2^{-52}$ 并不意味着比 ϵ_{mach} 小的数字可以忽略. 只要它们在模型中是可表达的，假设这些数字不是和单位大小的数字进行相加或者相减，对这些数字进行计算也是精确的.

由于截断和舍入的存在，计算机算术有时可以给出令人惊讶的结果. 例如，如果一个具有双精度的计算机利用 IEEE 舍入最近法则保存 9.4，然后减去 9，然后再减去 0.4，结果竟然不是 0！在这个过程中发生了如下情形：首先，9.4 如前所示被保存为 $9.4+0.2\times 2^{-49}$. 当减去 9 的时候（注意到在计算机中 9 的表示没有任何误差），结果是 $0.4+0.2\times 2^{-49}$. 现在要求计算机减去 0.4（见例 0.2）对应的机器数 $\mathrm{fl}(0.4)=0.4+0.1\times 2^{-52}$，这会留下

$$0.2\times 2^{-49} - 0.1\times 2^{-52} = 0.1\times 2^{-52}(2^4-1) = 3\times 2^{-53}$$

而不是 0. 这个数字很小，和 ϵ_{mach} 量级相同，但是它们不是 0. 由于 MATLAB 的基本数据类型是 IEEE 精度数字，我们将在 MATLAB 中展示这个过程：

```
>> format long
>> x=9.4

x =

    9.40000000000000

>> y=x-9
```

```
    y =
        0.40000000000000
>> z=y-0.4
    z =
        3.330669073875470e-16
>> 3*2^(-53)
    ans =
        3.330669073875470e-16
```

例 0.4 计算双精度浮点的求和 $(1+3\times 2^{-53})-1$.

显而易见，在实数算术中结果为 3×2^{-53}. 但是，浮点算术的结果可能并不相同. 注意到 $3\times 2^{-53}=2^{-52}+2^{-53}$. 第一次相加为

$$1.\boxed{00\cdots 0}\times 2^0 + 1.\boxed{10\cdots 0}\times 2^{-52}$$

$$=1.\boxed{00000000000000000000000000000000000000000000000000000}\times 2^0$$

$$+0.\boxed{00000000000000000000000000000000000000000000000000001}1\times 2^0$$

$$=1.\boxed{00000000000000000000000000000000000000000000000000001}1\times 2^0$$

这又是一个对于舍入原则的例外情况. 由于求和之后的第 52 位是 1，我们必须向上进位，这意味着给第 52 位加 1. 计算之后，我们得到

$$+1.\boxed{00000000000000000000000000000000000000000000000000010}\times 2^0$$

这对应于 $1+2^{-51}$ 的表达. 因而，减 1 之后，结果变为 2^{-51}，这与 $2\varepsilon_{\text{mach}}=4\times 2^{-53}$ 的值相等. 又一次，我们注意到计算机算术和精确算术之间的差别. 使用 MATLAB 可以检查这个结果. ◀

在 MATLAB 中计算，或者在任意一个使用 IEEE 标准的浮点计算的编译器中的计算，都遵从在本节中描述的精度法则. 尽管浮点计算和精确算术不同，可以得到令人惊讶的结果. 这通常是可预测的. 最近舍入原则是一个典型的默认舍入原则，尽管如果愿意，可以通过使用不同编译器设置而采用其他的舍入原则. 比较不同舍入策略对应的结果，有时可作为一个非正式方式判断计算的稳定性.

单单一个小的舍入误差，或者相对 $\varepsilon_{\text{mach}}$ 大小的误差，可以把有意义的计算拉离正轨，这看起来十分令人惊讶. 在下节中我们引入一个处理该问题的机制. 更一般地，误差放大和误差条件的研究在第 1 章、第 2 章和后面的章节中常常出现.

0.3 节习题

1. 将下面基为 10 的数字转化为二进制，并使用舍入最近法则表示为一个浮点数字 $\text{fl}(x)$：
   (a) 1/4　(b) 1/3　(c) 2/3　(d) 0.9

2. 将下面基为 10 的数字转化为二进制，并使用舍入最近法则表示为一个浮点数字 $fl(x)$：
   (a) 9.5 (b) 9.6 (c) 100.2 (d) 44/7

3. 找出一个正整数 k，使得数字 $5+2^{-k}$ 可以用双精度浮点算术精确表示（没有舍入误差）？

4. 找出最大的整数 k，使得在双精度浮点算术中 $fl(19+2^{-k}) > fl(19)$.

5. 使用 IEEE 双精度浮点算术利用最近舍入法则手工计算下面的求和公式．（使用 MATLAB 检查计算结果．）
   (a) $(1+(2^{-51}+2^{-53}))-1$ (b) $(1+(2^{-51}+2^{-52}+2^{-53}))-1$

6. 使用 IEEE 双精度浮点算术利用最近舍入原则手工计算下面的求和计算：
   (a) $(1+(2^{-51}+2^{-52}+2^{-54}))-1$ (b) $(1+(2^{-51}+2^{-52}+2^{-60}))-1$

7. 把下面给定的数字用 MATLAB 格式的十六进制写出来．然后在 MATLAB 中检查结果．
   (a) 8 (b) 21 (c) 1/8 (d) $fl(1/3)$ (e) $fl(2/3)$ (f) $fl(0.1)$ (g) $fl(-0.1)$ (h) $fl(-0.2)$

8. 在双精度浮点算术中利用 IEEE 最近舍入法则，$1/3+2/3$ 是否精确等于 1？将需要使用习题 1 中的 $fl(1/3)$ 和 $fl(2/3)$．这个结果是否有助于解释为什么这个法则如此表达？如果不使用 IEEE 舍入，而仅仅截断 52 位后面的位数是否会得到相同的结果？

9. (a) 解释为什么使用 IEEE 双精度和 IEEE 最近舍入法则的计算机上通过计算 $(7/3-4/3)-1$ 可以确定机器精度．(b) $(4/3-1/3)-1$ 是否也可以确定 ε_{mach}？通过转化为浮点数字并进行机器算术来解释．

10. 在双精度浮点算术中确定是否 $1+x>1$，使用最近舍入法则．
    (a) $x=2^{-53}$ (b) $x=2^{-53}+2^{-60}$

11. 对于 IEEE 计算机，加法结合律是否成立？

12. 寻找 IEEE 双精度浮点表示 $fl(x)$，寻找与给定真实数字之间的差异 $fl(x)-x$．检查相对误差不大于 $\varepsilon_{mach}/2$．
    (a) $x=1/3$ (b) $x=3.3$ (c) $x=9/7$

13. 有 64 个双精度浮点数字，其对应的 64 位机器表示只有一个非零位．试图寻找所有数字中(a) 最大者，(b) 第二大者，(c) 最小者．

14. 使用 IEEE 双精度计算机算术，手工进行下面的操作，使用最近舍入原则．（使用 MATLAB 检查结果．）
    (a) $(4.3-3.3)-1$ (b) $(4.4-3.4)-1$ (c) $(4.9-3.9)-1$

15. 使用 IEEE 双精度计算机算术，手工进行如下操作．使用最近舍入原则．
    (a) $(8.3-7.3)-1$ (b) $(8.4-7.4)-1$ (c) $(8.8-7.8)-1$

16. 寻找 IEEE 双精度表示 $fl(x)$，寻找与给定真实数字之间的差异 $fl(x)-x$．检查相对误差不大于 $\varepsilon_{mach}/2$．
    (a) $x=2.75$ (b) $x=2.7$ (c) $x=10/3$

0.4 有效数字缺失

了解计算机算术的细节的好处在于我们在一个相对好的位置上理解计算机计算中可能出现的陷阱．有一个主要问题以多种形式出现，该问题是由于对近似相等的两个数字相减造成有效数字的位数减少．在这个问题的最简单形式里，这是一个清晰的描述．假设经过大量的努力，作为长计算中的一个部分，我们已经确定两个具有 7 位有效数位的数，现在需要对它们进行相减：

基础知识

$$\begin{array}{r} 123.4567 \\ -\ 123.4566 \\ \hline 000.0001 \end{array}$$

这个相减问题在开始的时候，有两个具有 7 位有效数位的数字，但是得到的结果却仅仅只有一位有效数位的精度。尽管这个问题十分容易理解，但是其他造成有效数位缺失的例子就更微妙了，在很多情况下可以通过重新构造计算来避免这个问题。

例 0.5 在三位小数的计算机上计算 $\sqrt{9.01}-3$。

这个例子依然简单，在这里仅仅作为示例。我们没有像在双精度 IEEE 标准格式中那样使用具有 52 位尾数的计算机，而是假设使用只有三位小数的计算机。使用三位计算机意味着整个过程中每个中间计算保存的浮点数只有三位尾数。问题中数据（9.01 和 3.00）都给定具有三位精度。由于我们将使用三位计算机，乐观的情况下，我们希望结果中也包含三位有效数字。（很显然，由于在整个计算中我们只使用三位数字，所以不能指望得到的有效数字比 3 位还多。）用手持计算器检查一下，我们发现正确的结果近似是 $0.001\ 666\ 2 = 1.6662 \times 10^{-3}$，使用三位计算机我们能得到多少位的正确数字？

事实表明，一个有效数位都没有得到。由于 $\sqrt{9.01} \approx 3.001\ 666\ 2$，当我们使用三位有效数字保存中间结果的时候得到 3.00。再减去 3.00，我们得到的最终结果是 0.00。我们的结果中没有一个有效数位是正确的。

令人惊讶的是，有一种方式即便是在这样的三位计算机上，也可以挽救这个计算。造成有效数字丢失的原因是我们显式地减去两个近似相等的数字 $\sqrt{9.01}$ 和 3。可以用代数重写表达式，以避免该问题。

$$\sqrt{9.01} - 3 = \frac{(\sqrt{9.01}-3)(\sqrt{9.01}+3)}{\sqrt{9.01}+3} = \frac{9.01-3^2}{\sqrt{9.01}+3}$$

$$= \frac{0.01}{3.00+3} = \frac{0.01}{6} = 0.001\ 67 \approx 1.67 \times 10^{-3}$$

这里，由于下一个数位是 6，我们通过向上进位把尾数的最后一位变为 7。使用这种方式我们得到所有的三位正确的数位，至少是通过舍入得到正确的三个数位。通过这个例子我们知道在计算中需要尽可能避免把两个近似相等的数字相减。

在前面例子中使用的方法本质上讲是一个小窍门。通过"共轭等式"进行相乘是一个进行计算重构的窍门。通常会使用一些特定的恒等式，例如三角等式。例如，当 x 接近 0 时计算 $1-\cos x$ 就可能会造成有效数字的缺失。让我们比较如下式子对一组输入数字 x 进行的计算

$$E_1 = \frac{1-\cos x}{\sin^2 x} \text{ 和 } E_2 = \frac{1}{1+\cos x}$$

我们通过对 E_1 的分子和分母同时乘上 $1+\cos x$，然后使用三角等式 $\sin^2 x + \cos^2 x = 1$。在无穷精度中，两种计算等价。但是 MATLAB 计算中的双精度数字时我们得到了如下的表：

x	E_1	E_2
1.000 000 000 000 00	0.649 223 205 204 76	0.649 223 205 204 76
0.100 000 000 000 00	0.501 252 086 288 58	0.501 252 086 288 57
0.010 000 000 000 00	0.500 012 500 208 48	0.500 012 500 208 34
0.001 000 000 000 00	0.500 000 124 992 19	0.500 000 125 000 02
0.000 100 000 000 00	0.499 999 998 627 93	0.500 000 001 250 00
0.000 010 000 000 00	0.500 000 041 386 85	0.500 000 000 012 50
0.000 001 000 000 00	0.500 044 450 291 34	0.500 000 000 000 13
0.000 000 100 000 00	0.499 600 361 081 32	0.500 000 000 000 00
0.000 000 010 000 00	0.000 000 000 000 00	0.500 000 000 000 00
0.000 000 001 000 00	0.000 000 000 000 00	0.500 000 000 000 00
0.000 000 000 100 00	0.000 000 000 000 00	0.500 000 000 000 00
0.000 000 000 010 00	0.000 000 000 000 00	0.500 000 000 000 00
0.000 000 000 001 00	0.000 000 000 000 00	0.500 000 000 000 00

右边的一列 E_2 中所有显示的数字都是准确的. 在 E_1 计算中, 由于两个近似相等的数字相减, 在 $x=10^{-5}$ 以下出现了明显的问题, 对于输入数字 $x=10^{-8}$ 或者更小的数字没有得到任何有效数字.

E_1 式子对于 $x=10^{-4}$ 已经有几个不正确的位, 当 x 下降, 这个问题变得更糟. 等价的式子 E_2 不需要对近似相等的数字相减, 就没有这样的问题.

二次方程通常面临有效数字缺失的问题. 只要知道存在有效数字缺失的问题, 同时知道如何重建等式就可以避免这个问题.

例 0.6 找到二次等式 $x^2+9^{12}x=3$ 的两个根.

首先在双精度算术中试图求解这个问题, 例如, 使用 MATLAB. 两个根都没有得到正确的结果, 除非我们知道有效数位缺失问题的存在, 并知道如何避免这个问题. 问题是要找到具有 4 位有效数位精度的根. 目前看起来这是个简单问题. 形如 $ax^2+bx+c=0$ 的二次方程的根用如下的二次等式的形式给出:

$$x = \frac{-b \pm \sqrt{b^2-4ac}}{2a} \tag{0.12}$$

对于我们的问题, 转化为

$$x = \frac{-9^{12} \pm \sqrt{9^{24}+4(3)}}{2}$$

使用负号得到根

$$x_1 = -2.824 \times 10^{11}$$

具有正确的 4 位有效数字. 对于正号的根

$$x_2 = \frac{-9^{12} + \sqrt{9^{24}+4(3)}}{2}$$

MATLAB 计算得到 0. 尽管正确的结果和 0 非常接近，但是结果中没有得到一个正确的有效数位，尽管用于定义问题的数字是精确的（具有无穷多正确的数位），尽管 MATLAB 以近似 16 位有效数字进行计算（这解释了 MATLAB 的机器精度是 $2^{-52} \approx 2.2 \times 10^{-16}$）. 我们该如何解释不能得到 x_2 的精确数位？

答案是有效数字的缺失. 很显然，相对来讲，9^{12} 和 $\sqrt{9^{24}+4(3)}$ 近似相等. 更精确地，作为保存的浮点数字它们的尾数不仅开始部分相似，而且是完全相同的. 当它们相减时，如二次公式所示，很显然结果是 0.

这种计算能避免吗？我们必须修复有效数字缺失的问题. 计算 x_2 的正确方式是重构二次公式：

$$x_2 = \frac{-b+\sqrt{b^2-4ac}}{2a} = \frac{(-b+\sqrt{b^2-4ac})(b+\sqrt{b^2-4ac})}{2a(b+\sqrt{b^2-4ac})}$$

$$= \frac{-4ac}{2a(b+\sqrt{b^2-4ac})} = \frac{-2c}{(b+\sqrt{b^2-4ac})}$$

在我们的例子中使用 MATLAB 代入 a, b, c，得到 $x_2 = 1.062 \times 10^{-11}$，这个结果具有题目所需的 4 位有效数字的精度.

这个例子告诉我们，当 a 与/或 c 相对于 b 非常小的时候，二次公式（0.12）必须小心使用. 更准确地说，若 $4|ac| \ll b^2$，则 b 和 $\sqrt{b^2-4ac}$ 在量级上相等，其中的一个根就会面临有效数位丢失的问题. 如果 b 在这种情况下是整数，则根必须以如下方式进行计算：

$$x_1 = -\frac{b+\sqrt{b^2-4ac}}{2a} \quad \text{与} \quad x_2 = -\frac{2c}{(b+\sqrt{b^2-4ac})} \quad (0.13)$$

注意到，两个公式都没有近似数相减的问题. 另一方面，如果 b 是负数，$4|ac| \ll b^2$，则两个根最好进行如下形式的计算：

$$x_1 = \frac{-b+\sqrt{b^2-4ac}}{2a} \quad \text{与} \quad x_2 = \frac{2c}{(-b+\sqrt{b^2-4ac})} \quad (0.14)$$

0.4 节习题

1. 指明对于什么值的 x 存在两个近似数相减的问题，并找到另外一种形式避免该问题.

    (a) $\dfrac{1-\sec x}{\tan^2 x}$　　(b) $\dfrac{1-(1-x)^3}{x}$　　(c) $\dfrac{1}{1+x} - \dfrac{1}{1-x}$

2. 计算方程 $x^2+3x-8^{-14}=0$ 的根，保留三位精度.
3. 解释如何尽可能精确地计算方程 $x^2+bx-10^{-12}=0$ 的两个根，其中 b 是一个比 100 大的数.
4. 证明公式(0.14).

0.4 节编程问题

1. 利用双精度算术（例如使用 MATLAB）计算如下式子，其中 $x=10^{-1}, \cdots, 10^{-14}$. 然后，使用另外一种形式的式子，避免两个近似相等的数字相减的问题，重复这个计算，然后对结果制表。报告对于每个 x 在原始表达中正确数位的个数。

(a) $\dfrac{1-\sec x}{\tan^2 x}$ (b) $\dfrac{1-(1-x)^3}{x}$

2. 寻找 p 的最小值，使得双精度计算 $x=10^{-p}$ 中没有正确的有效数位。（提示：首先确定表达式的极限 $x\to 0$。）

(a) $\dfrac{\tan x - x}{x^3}$ (b) $\dfrac{e^x + \cos x - \sin x - 2}{x^3}$

3. 以 4 位正确的有效数字计算 $a+\sqrt{a^2+b^2}$ 的值，其中 $a=-12\,345\,678\,987\,654\,321$，$b=123$。

4. 以 4 位正确的有效数字计算 $\sqrt{c^2+d}-c$ 的值，其中 $c=246\,886\,422\,468$，$d=13\,579$。

5. 考虑一个直角三角形，两条直角边长度是 $3\,344\,556\,600$ 和 $1.222\,222\,2$。斜边比最长的直角边长多少？给出至少具有 4 位正确数位的结果。

0.5 微积分回顾

在微积分中有一些重要的事实，对于后面的章节非常重要。中值定理和均值定理对于求解第 1 章中方程很重要。泰勒定理对于理解第 3 章中的插值也很重要，对于求解第 6 章、第 7 章和第 8 章中的微分方程也极为重要。

连续函数的图没有不连续的空隙。例如，如果函数对于一个 x 值是正的，而对于另一个值是负的，该函数必然在某个位置经过 0。这个事实是下一章方程求解的基础。第一个定理（如图 0.1a 所示）推广了这种观点。

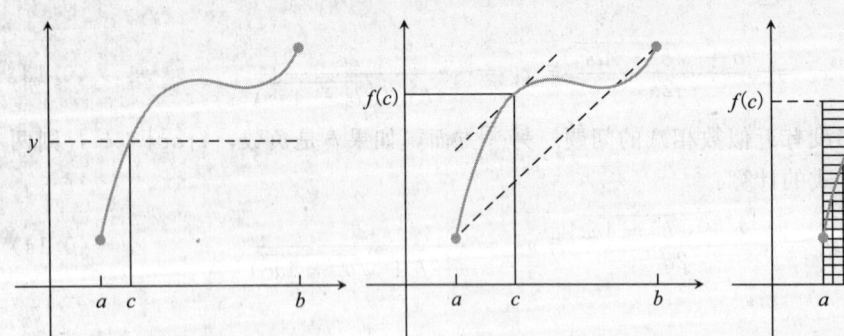

a) 根据定理 0.4（中值定理），对于任何在 $f(a)$ 和 $f(b)$ 之间给定的 y，$f(c)=y$

b) 由定理 0.6（均值定理）可知，函数 f 在 c 点的斜率等于 $(f(b)-f(a))/(b-a)$

c) 由定理 0.9（积分均值定理）可知，竖直方向的阴影面积和水平方向的阴影面积相等，在该情况下 $g(x)=1$

图 0.1 微积分中的三个重要定理。在 a 和 b 之间存在一点 c

定理 0.4（中值定理） 令 f 是区间 $[a,b]$ 上的一个连续函数，则 f 可以得到 $f(a)$ 和 $f(b)$ 之间的所有值。更准确地说，如果 y 是 $f(a)$ 和 $f(b)$ 之间的数，则存在数字 c，$a\leqslant c\leqslant b$，使得 $f(c)=y$。

例 0.7 $f(x)=x^2-3$ 在区间 $[1,3]$ 上的取值一定可以取到 0 和 1。

由于 $f(1)=-2$ 以及 $f(3)=6$,所有在 -2 和 6 之间的值,包括 0 和 1,一定可以出现在函数 f 上. 例如,设 $c=\sqrt{3}$,注意到 $f(c)=f(\sqrt{3})=0$,并且 $f(2)=1$.

定理 0.5(连续极限) 令 f 是 x_0 附近的一个连续函数,并假设 $\lim_{n\to\infty} x_n = x_0$. 则
$$\lim_{n\to\infty} f(x_n) = f(\lim_{n\to\infty} x_n) = f(x_0)$$
换句话讲,在一个连续函数中可以获得极限.

定理 0.6(均值定理) 令 f 是区间 $[a,b]$ 上的连续可微函数,则在 a 和 b 之间存在数字 c 使得 $f'(c)=(f(b)-f(a))/(b-a)$.

例 0.8 在区间 $[1,3]$ 上,对 $f(x)=x^2-3$ 使用均值定理.

该定理意味着由于 $f(1)=-2$,同时 $f(3)=6$,在区间 $(1,3)$ 上必存在数字 c 满足 $f'(c)=(6-(-2))/(3-1)=4$. 非常容易找到这样的 c. 因为 $f'(x)=2x$,对应的 $c=2$.

下面的定理是均值定理的特例.

定理 0.7(罗尔定理) 令 f 是区间 $[a,b]$ 上的连续可微函数,并假设 $f(a)=f(b)$,则在 a 和 b 之间存在数字 c,使得 $f'(c)=0$.

泰勒近似是我们将学习的许多计算技术的基础. 如果函数 f 在 x_0 点值已知,则函数 f 在附近点的很多信息也可以知道. 如果函数是连续的,则对于 x_0 附近的点 x,函数值 $f(x)$ 可以由 $f(x_0)$ 得到合理的近似. 但是,如果 $f'(x_0)>0$,则 f 在右边的近邻点具有更大的值,而在左边的近邻点具有更小的值,x_0 附近的斜率可由导数近似给出. 经过 $(x_0, f(x_0))$ 斜率为 $f'(x_0)$ 的直线,如图 0.2 所示,是一阶泰勒近似. 进而更高阶的导数可以得到小的矫正,并得到更高阶的泰勒近似. 泰勒使用在 x_0 点的所有导数给出函数在 x_0 点附近所有近似估计.

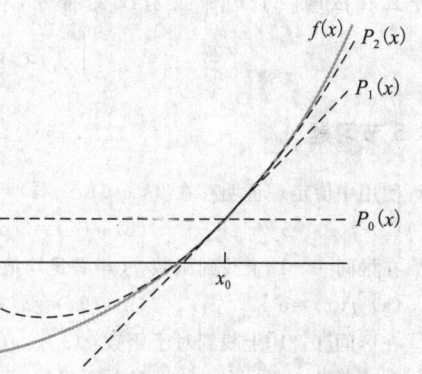

图 0.2 带有余项的泰勒定理. 使用实线表示函数 $f(x)$,在 x_0 附近使用 0 阶泰勒多项式(水平虚线),一阶泰勒多项式(斜虚线),以及二阶泰勒多项式(抛物线虚线)逐步得到更好的近似. $f(x)$ 和它的近似在 x 点的差异就是泰勒余项

定理 0.8(有余项泰勒定理) 令 x 和 x_0 是实数,并令 f 是 x 和 x_0 之间的 $k+1$ 阶连续可微函数,则在 x 和 x_0 之间存在数字 c,使得
$$f(x) = f(x_0) + f'(x_0)(x-x_0) + \frac{f''(x_0)}{2!}(x-x_0)^2 + \frac{f'''(x_0)}{3!}(x-x_0)^3 + \cdots$$
$$+ \frac{f^{(k)}(x_0)}{k!}(x-x_0)^k + \frac{f^{(k+1)}(c)}{(k+1)!}(x-x_0)^{k+1}$$

结果的多项式部分,$x-x_0$ 构成的最高 k 阶项,被称为以 x_0 为中心的函数 f 的 **k 阶泰勒多项式**. 最后一项称为**泰勒余项**. 当泰勒余项足够小时,泰勒定理给出了一般的平滑函数的多项式近似. 这对于计算机求解问题十分方便,如前所述,多项式的求值计算非常高效.

例 0.9 对于中心在 $x_0=0$ 的 $f(x)=\sin x$ 找出一个 4 阶泰勒多项式 $P_4(x)$. 计算使用 $P_4(x)$ 估计 $\sin x$ 时的最大可能的误差,其中 $|x|\leqslant 0.0001$.

很容易得到多项式 $P_4(x)=x-x^3/6$. 注意到这里没有 4 阶项,由于其对应的系数是 0. 余项是

$$\frac{x^5}{120}\cos c$$

该余项的绝对值不会大于 $|x|^5/120$. 对于 $|x|\leqslant 0.0001$,余项至多是 $10^{-20}/120$ 并且可能不可见,例如,当 $x-x^3/6$ 在双精度浮点中近似 $\sin 0.0001$. 使用 MATLAB 来检查对应的计算.

最后,均值定理的积分版本如图 0.1c 所示.

定理 0.9(积分均值定理) 令 f 是区间 $[a,b]$ 上的连续函数,令 g 是一个可积分函数,并且在区间 $[a,b]$ 中没有改变符号,则在 a 和 b 之间存在数字 c 使得

$$\int_a^b f(x)g(x)\mathrm{d}x = f(c)\int_a^b g(x)\mathrm{d}x$$

0.5 节习题

1. 使用中值定理证明存在 $0<c<1$, $f(c)=0$.
   (a) $f(x)=x^3-4x+1$ (b) $f(x)=5\cos\pi x-4$ (c) $f(x)=8x^4-8x^2+1$

2. 在区间 $[0,1]$ 上找到函数 $f(x)$ 满足均值定理的数字 c.
   (a) $f(x)=e^x$ (b) $f(x)=x^2$ (c) $f(x)=1/(x+1)$

3. 在区间 $[0,1]$ 上找到对于函数 $f(x)$、$g(x)$ 满足积分均值定理的数字 c.
   (a) $f(x)=x$, $g(x)=x$ (b) $f(x)=x^2$, $g(x)=x$ (c) $f(x)=x$, $g(x)=e^x$

4. 为以下函数找到 $x=0$ 时的二阶泰勒多项式:
   (a) $f(x)=e^{x^2}$ (b) $f(x)=\cos 5x$ (c) $f(x)=1/(x+1)$

5. 为以下函数找到 $x=0$ 时的 5 阶泰勒多项式:
   (a) $f(x)=e^{x^2}$ (b) $f(x)=\cos 2x$ (c) $f(x)=\ln(1+x)$ (d) $f(x)=\sin^2 x$

6. (a) 在点 $x=1$ 找到函数 $f(x)=x^{-2}$ 的 4 阶泰勒多项式.
   (b) 利用(a)的结果近似 $f(0.9)$ 和 $f(1.1)$.
   (c) 使用泰勒余项确定泰勒多项式的误差公式. 给出(b)部分两个近似的误差上界. (b)部分中的哪一个近似更加接近正确的值?
   (d) 使用计算器比较每个问题中实际误差和(c)部分中自己计算的误差上界.

7. 对于函数 $f(x)=\ln x$ 完成习题 6 的(a)~(d).

8. (a) 找出中心在 $x=0$ 的函数 $f(x)=\cos x$ 的 5 阶泰勒多项式.
   (b) 找到在区间 $[-\pi/4,\pi/4]$ 上使用 $P(x)$ 近似函数 $f(x)=\cos x$ 的误差上界.

9. 当 x 足够小时,对于 $\sqrt{1+x}$ 的一个常见近似是 $1+\frac{1}{2}x$. 使用函数 $f(x)=\sqrt{1+x}$ 的 1 阶泰勒多项式的余项确定形如 $\sqrt{1+x}=1+\frac{1}{2}x\pm E$ 的公式. 计算在近似 $\sqrt{1.02}$ 时对应的 E. 使用计算器比较实际的误差和估计的误差界 E.

软件与进一步阅读

浮点数计算的 IEEE 标准在 IEEE 754[1985]中发布。Goldberg[1991]和 Stallings[2003]论著中讨论了浮点数运算中的大量细节，Overton[2001]的论著中强调了 IEEE 754 标准。Wilknson[1994]和 Knuth[1981]的教科书对硬件和软件的发展都有深远的影响。

有多个特定于一般用途科学计算的软件包，其中大量软件包以浮点算术实现。Netlib（http://www.netlib.org）是由贝尔实验室、田纳西大学和橡树岭国家实验室维护的一个工具包。程序集中包含高质量 Fortran、C 和 Java 程序，但是它的支持较少。程序中的注释足以让用户来操作程序。

数值算法组（NAG）（http://www.nag.co.uk）将一个包含 1400 个用户可调用通用应用数学问题的程序投向市场。其中包含 Fortran 和 C 的程序，并且可以从 Java 程序中调用。NAG 包含共享内存和分布内存计算的库。

国际数学与统计库（IMSL）是 RogueWave 软件（www.roguewave.com）的产品，覆盖的领域和 NAG 库覆盖的领域类似。还包含 Fortran、C 和 Java 程序。它还提供 PV-WAVE，这是一种功能强大，具有数据分析和可视化能力的编程语言。

包括 Mathematica、Maple 和 MATLAB 的计算环境已经发展为包含大量前面描述的计算方法，并具有内嵌的编辑和图形界面。Mathematica（http://www.wolframresearch.com）和 Maple（www.maplesoft.com）由于独特的符号计算引擎变得引人注目。MATLAB 通过"工具箱"服务于许多科学与工程计算应用，工具箱使基础高质量软件得以应用在不同领域。

在这本书中，我们常常会展示基本算法的 MATLAB 实现。给出的 MATLAB 代码被用于教学目的。通常牺牲速度和可靠性使得代码结构清晰且具有较好的可读性。不熟悉 MATLAB 的读者应该从附录 B 开始；然后就可以很快写出自己的程序实现。

第 1 章 求解方程

最近出土的一个楔形平板显示古代巴比伦人可以正确计算 2 的平方根，并精确到小数点后 5 位．我们并不知道他们使用的技术，但是在本章中我们将介绍他们可能使用过的迭代技术，这种技术在现代计算中仍被用于计算平方根．

Stewart 平台是一个具有 6 个自由度的机器人，该平台可以极高的精度进行定位，最初由 Dunlop Tire 公司的 Eric Gough 在 20 世纪 50 年代发明，用于测试飞机的轮胎．现在它的应用领域从非常大的飞机的仿真器，到精度十分重要的医药和手术应用．求解前向动力学问题要求在给定支柱长度的条件下，确定平台的位置和方向．

事实验证 1 使用本章中介绍的方法求解 Stewart 平台的平面上的前向动力学问题．

方程求解是工程计算中最重要的问题之一．本章中介绍大量的迭代技术，确定方程 $f(x)=0$ 的解 x．这些方法在实践中非常重要，并且展示了科学计算中收敛和复杂度的核心地位．

为什么我们要了解多于一种方程求解方法？通常，方法的选择依赖于对函数 f 或者其导数求值所需的代价．如果 $f(x)=e^x-\sin x$，这可能花费不到百万分之一秒来计算 $f(x)$，如果需要也可以计算它的对应导数．如果 $f(x)$ 表示乙二醇溶液在 x 个大气压下对应的凝结温度，这样的函数的求值在一个装备不错的实验室可能都会花费相当多的时间，对于这个函数的导数计算也很困难．

除了引入不同的迭代计算方法，诸如二分法、不动点迭代和牛顿方法，我们还将分析它们的收敛速度和对应的计算复杂度．随后将展示更加复杂的函数求解方法，包括 Brent 方法，该方式结合了几种最好求解技术．

1.1 二分法

你如何在一个陌生的电话簿中找一个人名？如果搜索"Smith"，你可能会根据最好的猜测打开电话簿，比如在字母 Q，然后你可能翻过好多页到了字母 U．现在把 Smith 这个名字放到了一个大括号里，然后需要去找越来越小的括号，直到最后得到要找的名字．二分法对应这样的推理过程，尽可能有效地实施．

1.1.1 把根括住

定义 1.1 如果 $f(r)=0$，函数 $f(x)$ 在 $x=r$ 时有一个**根**．

求解方程的第一步是确定根是否存在．一种方式是看是否能把根括在一个区间中：在实数轴上寻找一个区间 $[a,b]$ 对应的一对函数值 $\{f(a),f(b)\}$，一个是正数，而另外一个是负数．这种情况也可以表达为 $f(a)f(b)<0$．如果 f 是一个连续函数，则存在一个根：a 和 b 之间存在 r，满足 $f(r)=0$．下面的中值定理 0.4 的推论中将总结这种现象．

定理1.2 令 f 是区间 $[a,b]$ 上的连续函数，满足 $f(a)f(b)<0$，则 f 在 a 和 b 之间存在一个根，也就是说，存在数字 r，满足 $a<r<b$ 以及 $f(r)=0$.

在图1.1中，$f(0)f(1)=(-1)(1)<0$. 在略小于 0.7 的地方有一个根. 用什么办法才能更精确地估计根的位置呢？

我们可以从函数的曲线大概看出解的位置. 用类似的方法，我们也可以设计一种数值求解方法. 一种不太可行的方法是，从左到右逐个检查所有区间，直到到达根的位置. 另一种更好的方法是，先大概确定根的位置，判断它是位于现有区间的左半部分还是右半部分. 然后再进一步细分根所在的区间，这样就能提高解的精度，类似于在电话簿中查找一个名字. 这种方法被称为二分法，见图1.2.

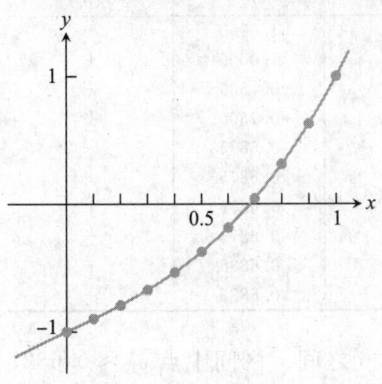
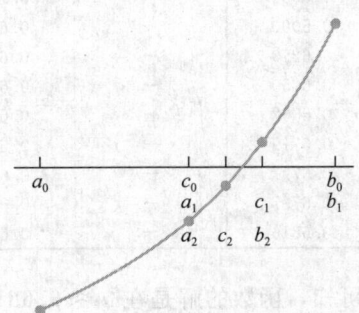

图1.1 $f(x)=x^3+x-1$ 的图. 函数在 0.6 和 0.7 之间有一个根

图1.2 二分法. 第一步，检查 $f(c_0)$ 的符号. 由于 $f(c_0)f(b_0)<0$, 令 $a_1=c_0$, $b_1=b_0$, 区间更新为右半部分 $[a_1,b_1]$. 第二步，区间进一步更新为 $[a_2,b_2]$

二分法

给定初始区间 $[a,b]$ 使得 $f(a)f(b)<0$
while $(b-a)/2 >$ TOL
    $c=(a+b)/2$
    if $f(c)=0$, **stop**, **end**
    if $f(a)f(c)<0$
        $b=c$
    else
        $a=c$
    end
end
最终的区间 $[a,b]$ 中包含一个根.
近似根为 $(a+b)/2$.

检查函数在区间中点 $c=(a+b)/2$ 位置的值. 由于 $f(a)$ 和 $f(b)$ 符号相反，所以 $f(c)$ 的取值要么满足 $f(c)=0$（这时我们已经找到根了）；要么和 $f(a)$ 或 $f(b)$ 其中的一个符号相反. 如果 $f(c)f(a)<0$，我们就可以确定解在区间 $[a,c]$ 上，新区间的长度变成了原来区间 $[a,b]$ 的一半. 反过来，如果 $f(c)f(b)<0$，同理新区间变为 $[c,b]$. 无论哪种情况，

每步操作都可以把根所在的区间长度减半. 循环使用这种操作就可以使解的精度越来越高.

在每一步中, 解的区间都会变得更小, 解的位置的不确定性也随之降低. 在这个过程中并不需要知道函数 f 的整个曲线. 我们只需要在必要的位置上计算函数的值.

例 1.1 利用二分法在区间 $[0, 1]$ 上找到函数 $f(x)=x^3+x-1$ 的解.

确认 $f(a_0)f(b_0)=(-1)(1)<0$, 则在这个区间上存在解. 区间的中点为 $c_0=1/2$. 第一步, 计算函数值 $f(1/2)=-3/8<0$, $f(1/2)f(1)<0$, 因此新区间选择 $[a_1, b_1]=[1/2, 1]$. 第二步, 计算 $f(c_1)=f(3/4)=11/64>0$, 则新区间选择 $[a_2, b_2]=[1/2, 3/4]$. 继续运算得到以下的一系列区间:

i	a_i	$f(a_i)$	c_i	$f(c_i)$	b_i	$f(b_i)$
0	0.0000	−	0.5000	−	1.0000	+
1	0.5000	−	0.7500	+	1.0000	+
2	0.5000	−	0.6250	−	0.7500	+
3	0.6250	−	0.6875	+	0.7500	+
4	0.6250	−	0.6562	−	0.6875	+
5	0.6562	−	0.6719	−	0.6875	+
6	0.6719	−	0.6797	−	0.6875	+
7	0.6797	−	0.6836	+	0.6875	+
8	0.6797	−	0.6816	−	0.6836	+
9	0.6816	−	0.6826	+	0.6836	+

从上表中可知, 函数的解是在 $a_9 \approx 0.6816$ 和 $c_9 \approx 0.6826$ 之间. 区间中点 $c_{10} \approx 0.6821$ 即是我们最终得到的根的最佳估计值.

虽然我们的目标是找到根的位置, 但是实际得到的是一个含有根的区间 $[0.6816, 0.6826]$; 换句话说, 根是 $r=0.6821\pm 0.0005$. 我们只能在其中选择一个估计值. 当然, 如果需要更高的精度, 通过增加二分法的迭代次数就能实现. ◀

二分法的每一步中我们都需要计算现有区间 $[a_i, b_i]$ 的中值点 $c_i=(a_i+b_i)/2$, 函数值 $f(c_i)$, 并比较符号. 如果 $f(c_i)f(a_i)<0$, 则 $a_{i+1}=a_i$, $b_{i+1}=c_i$, 反之, 如果 $f(c_i)f(a_i)>0$, 则 $a_{i+1}=c_i$, $b_{i+1}=b_i$. 每一步中都需要计算一次函数值并二分包含根的那部分区间, 使得区间长度变为原来的一半. 计算 c 和 $f(c)$ n 次之后, 我们一共计算函数值 $n+2$ 次, 而解的最佳估计是最终那个区间的中点. 算法可以写成以下 MATLAB 代码:

```
%程序1.1 二分法
%计算f(x)=0的近似解
%输入: 函数句柄f;a,b使得f(a)*f(b)<0,
%       以及容差tol
%输出: 近似解xc
function xc=bisect(f,a,b,tol)
if sign(f(a))*sign(f(b)) >= 0
   error('f(a)f(b)<0 not satisfied!')   %停止运行
end
fa=f(a);
fb=f(b);
while (b-a)/2>tol
   c=(a+b)/2;
   fc=f(c);
   if fc == 0                           %c是一个解, 完成
```

```
    break
  end
  if sign(fc)*sign(fa)<0   %a和c形成一个新的区间
    b=c;fb=fc;
  else                     %c和b形成新的区间
    a=c;fa=fc;
  end
end
xc=(a+b)/2;                %新的中点就是最优估计
```

要使用 bisect.m，首先需要定义 MATLAB 函数：

```
>> f=@(x) x^3+x-1;
```

这条命令实际上定义了一个"函数句柄"f，它可以作为另一个 MATLAB 函数的输入. 更多关于 MATLAB 函数和函数句柄的信息参考附录 B. 命令

```
>> xc=bisect (f,0,1,0.00005)
```

返回一个误差范围为 0.000 05 的解.

1.1.2 多准? 多快

假设 $[a,b]$ 是初始区间，在 n 次二分之后，得到的最终区间 $[a_n, b_n]$ 的长度为 $(b-a)/2^n$. 选择中点 $x_c = (a_n+b_n)/2$ 作为解的最优估计值，与真实值之间的误差不会超过区间长度的一半. 总之，n 步二分法操作后，我们得到

$$\text{求解误差} = |x_c - r| < \frac{b-a}{2^{n+1}} \quad (1.1)$$

以及

$$\text{函数计算次数} = n+2 \quad (1.2)$$

一种合理的衡量二分法效率的方法是看二分法每次计算函数值能够使精度提高多少. 在每一步中，即每次函数计算后，解的不确定性都会减少一半.

定义 1.3 如果误差小于 0.5×10^{-p}，解精确到小数点后 p 位.

例 1.2 用二分法求解函数 $f(x) = \cos x - x$ 在区间 $[0,1]$ 上的解，精确到小数点后 6 位.

首先确定需要多少次二分才能达到需要的精度. 根据公式 (1.1)，n 次后的误差为 $(b-a)/2^{n+1} = 1/2^{n+1}$. 参考精确到小数点后 p 位的定义，我们需要满足

$$\frac{1}{2^{n+1}} < 0.5 \times 10^{-6}$$

$$n > \frac{6}{\log_{10} 2} \approx \frac{6}{0.301} = 19.9$$

因而，需要 $n=20$ 步的迭代. 使用二分法，下表显示了运算的中间过程.

k	a_k	$f(a_k)$	c_k	$f(c_k)$	b_k	$f(b_k)$
0	0.000 000	+	0.500 000	+	1.000 000	−
1	0.500 000	+	0.750 000	−	0.100 000	−
2	0.500 000	+	0.625 000	+	1.750 000	−
3	0.625 000	+	0.687 500	+	0.750 000	−

(续)

k	a_k	$f(a_k)$	c_k	$f(c_k)$	b_k	$f(b_k)$
4	0.687 500	+	0.718 750	+	0.750 000	−
5	0.718 750	+	0.734 375	+	0.750 000	−
6	0.734 375	+	0.742 188	−	0.750 000	−
7	0.734 375	+	0.738 281	+	0.742 188	−
8	0.738 281	+	0.740 234	−	0.742 188	−
9	0.738 281	+	0.739 258	−	0.740 234	−
10	0.738 281	+	0.738 770	+	0.739 258	−
11	0.738 769	+	0.739 014	+	0.739 258	−
12	0.739 013	+	0.739 136	−	0.739 258	−
13	0.739 013	+	0.739 075	+	0.739 136	−
14	0.739 074	+	0.739 105	−	0.739 136	−
15	0.739 074	+	0.739 090	−	0.739 105	−
16	0.739 074	+	0.739 082	+	0.739 090	−
17	0.739 082	+	0.739 086	−	0.739 090	−
18	0.739 082	+	0.739 084	+	0.739 086	−
19	0.739 084	+	0.739 085	−	0.739 086	−
20	0.739 084	+	0.739 085	−	0.739 085	−

精确到小数点后 6 位的估计值为 0.739 085.

对于二分法而言，确定迭代次数十分简单——只要确定了期望的精度就可以通过公式(1.1)计算得到必需的迭代次数. 以后我们会了解到那些更有效的算法通常很难估计迭代次数和精度的关系，也不会有类似公式(1.1)这样的对应关系. 在那些情况下，我们需要明确给出"结束条件"，告诉算法在什么情况下停止操作. 即使对于二分法而言，计算机的算术精度也限制了解的最终精度. 这个问题我们会在 1.3 节具体分析.

1.1 节习题

1. 使用中值定理找到长度为 1 的区间包含如下方程的根.
   (a) $x^3=9$ (b) $3x^3+x^2=x+5$ (c) $\cos^2 x+6=x$
2. 使用中值定理找到长度为 1 的区间包含如下方程的根.
   (a) $x^5+x=1$ (b) $\sin x=6x+5$ (c) $\ln x+x^2=3$
3. 考虑习题 1 中的方程. 使用二分法两步找到和真实解误差在 1/8 以内的近似解.
4. 考虑习题 2 中的方程. 使用二分法两步找到和真实解误差在 1/8 以内的近似解.
5. 考虑方程 $x^4=x^3+10$.
   (a) 寻找长度为 1 的区间 $[a,b]$，其中包含方程的解.
   (b) 从区间 $[a,b]$ 开始，二分法需要计算多少步才能让解在 10^{-10} 以内？给出一个计算步数的整数结果.
6. 假设二分法从区间 $[-2,1]$ 开始，寻找函数 $f(x)=1/x$ 的根. 这种方法会收敛到一个实数吗？这个实数是根吗？

1.1 节编程问题

1. 使用二分法求解方程，精确到小数点后 6 位.

求解方程

    (a) $x^3=9$ (b) $3x^3+x^2=x+5$ (c) $\cos^2 x+6=x$

2. 使用二分法求解方程，精确到小数点后 8 位．
    (a) $x^5+x=1$ (b) $\sin x=6x+5$ (c) $\ln x+x^2=3$

3. 使用二分法寻找下列所有方程的解．使用 MATLAB 的 plot 命令画出函数并确定三个长度为 1 包含解的区间．找出精确到小数点后 6 位的根．
    (a) $2x^3-6x-1=0$ (b) $e^{x-2}+x^3-x=0$ (c) $1+5x-6x^3-e^{2x}=0$

4. 计算下列数字的平方根，要求使用二分法精确到小数点后 8 位，$x^2-A=0$，其中 A 是(a) 2，(b) 3，(c) 5．说明开始区间以及需要的步数．

5. 计算下列数字的立方根，要求使用二分法精确到小数点后 8 位，$x^3-A=0$，其中 A 是(a) 2，(b) 3，(c) 5．说明开始区间以及需要的步数．

6. 使用二分法计算方程 $\cos x=\sin x$ 在区间 $[0,1]$ 中的解，要求精确到小数点后 6 位．

7. 使用二分法找到两个实数 x，精确到小数点后 6 位，使得矩阵

$$A=\begin{bmatrix} 1 & 2 & 3 & x \\ 4 & 5 & x & 6 \\ 7 & x & 8 & 9 \\ x & 10 & 11 & 12 \end{bmatrix}$$

的值等于 1000．对于每个找到的解，通过计算矩阵对应的值进行测试，并报告使用计算得的 x 矩阵的值可以具有多少准确的小数位(在小数点后)．(在 1.2 节，我们将把这称为"向后误差"，该误差和近似解相关．)你可以使用 MATLAB 命令 det 计算矩阵的值．

8. 希尔伯特 Hilbert 矩阵是一个 $n\times n$ 矩阵，其对应的第 ij 个元素的值是 $1/(i+j-1)$．令 A 表示 5×5 希尔伯特矩阵．它最大的特征值是 1.567．使用二分法确定如何改变左上元素 A_{11}，使得 A 的最大特征值等于 π．确定 A_{11}，精确到小数点后 6 位．可以使用 MATLAB 命令 hilb、pi、eig 和 max 简化计算任务．

9. 寻找 $1m^3$ 水在一个半径为 $1m$ 的球形槽中所能够达到的高度．给出你的答案误差 $\pm 1mm$．（提示：首先注意到球体没有半满．下面 H 米的半径为 R 的半球的体积是 $\pi H^2(R-1/3H)$．）

1.2 不动点迭代

使用计算器或者计算机以一个任意初值开始不断计算函数 cos．也就是说，对于一个任意初值应用 cos 函数，然后对于结果再计算 cos，然后得到一个新结果，周而复始．（如果使用计算器，请确认 cos 函数计算使用的是弧度模式.）持续这个过程直到数字不再发生改变．结果会收敛到数字 0.739 085 133 2，至少会收敛到前面的 10 个小数位．在本节中，我们的目的是解释为什么这样的不动点迭代(FPI)计算的实例会收敛．当我们在解释这些的时候，也会讨论关于算法收敛的主要问题．

1.2.1 函数的不动点

通过余弦函数迭代得到的数字序列看起来会收敛到数字 r．后面再使用余弦函数也不会改变这个数字．对于输入，余弦函数的输出等于输入，或者 $\cos r=r$．

定义 1.4 当 $g(r)=r$，实数 r 是函数 g 的**不动点**．

数字 $r=0.739\ 085\ 133\ 2$ 是函数 $g(x)=\cos x$ 的近似不动点．函数 $g(x)=x^3$ 具有三个

不动点，$r = -1$，0 和 1.

我们使用例 1.2 中的二分法求解方程 $\cos x - x = 0$. 从不同的视角来看，不动点方程 $\cos x = x$ 和方程求解是一个相同的问题. 当输出和输入相等时，$\cos x$ 的不动点，同时也是方程 $\cos x - x = 0$ 的解.

一旦方程写做 $g(x) = x$，从一个初始估计 x_0 开始进行不动点迭代过程，对函数 g 进行迭代.

不动点迭代

$$x_0 = 初始估计$$
$$x_{i+1} = g(x_i), \text{ 其中 } i = 0, 1, 2, \cdots$$

因此，
$$x_1 = g(x_0)$$
$$x_2 = g(x_1)$$
$$x_3 = g(x_2)$$
$$\vdots$$

依此下去. 当进行无穷多步的迭代后序列 x_i 可能收敛，也可能不收敛. 但是，如果函数 g 是一个连续函数并且 x_i 收敛，比如说，收敛到一个数字 r，则 r 就是对应的不动点. 实际上，定理 0.5 意味着

$$g(r) = g(\lim_{i \to \infty} x_i) = \lim_{i \to \infty} g(x_i) = \lim_{i \to \infty} x_{i+1} = r \tag{1.3}$$

对函数 g 进行不动点迭代可以非常容易用 MATLAB 代码实现：

```
%程序1.2 不动点迭代
%计算g(x)=x的近似解
%输入：函数句柄g，初始估计x0,
%      迭代步数k
%输出：近似解xc
function xc=fpi(g, x0, k)
x(1)=x0;
for i=1:k
  x(i+1)=g(x(i));
end
xc=x(k+1);
```

定义 MATLAB 函数如下：

```
>> g=@(x) cos(x)
```

程序 1.2 的代码可以进行如下调用

```
>> xc=fpi(g,0,10)
```

其中初值为 0，进行 10 步不动点迭代.

不动点迭代求解了不动点问题 $g(x) = x$，但是我们主要对于求解方程感兴趣. 所有的方程 $f(x) = 0$ 都能转换为一个形如 $g(x) = x$ 的不动点迭代问题吗？答案是肯定的，而且可以不同方式转化. 例如，例 1.1 的求根方程

$$x^3 + x - 1 = 0 \tag{1.4}$$

能够重写为

$$x = 1 - x^3 \tag{1.5}$$

我们可以定义 $g(x) = 1 - x^3$. 或者，在式(1.4)中，x^3 可以独立出来得到

$$x = \sqrt[3]{1-x} \tag{1.6}$$

其中 $g(x) = \sqrt[3]{1-x}$. 作为第三种不那么显而易见的方式，我们还可以在等式(1.4)两边同时加上 $2x^3$ 得到

$$3x^3 + x = 1 + 2x^3$$
$$(3x^2 + 1)x = 1 + 2x^3$$
$$x = \frac{1+2x^3}{1+3x^2} \tag{1.7}$$

并定义 $g(x) = (1+2x^3)/(1+3x^2)$.

然后，我们来展示前面三种方式得到的函数 $g(x)$ 对应的不动点迭代. 我们要求解的方程是 $x^3 + x - 1 = 0$. 首先，我们考虑形式 $x = g(x) = 1 - x^3$. 任意选择的初始点是 $x_0 = 0.5$. 应用 FPI 得到如下结果：

i	x_i	i	x_i	i	x_i
0	0.500 000 00	5	0.998 873 38	9	1.000 000 00
1	0.875 000 00	6	0.003 376 06	10	0.000 000 00
2	0.330 078 13	7	0.999 999 96	11	1.000 000 00
3	0.964 037 47	8	0.000 000 12	12	0.000 000 00
4	0.104 054 19				

迭代没有收敛，并倾向于在数字 0 和 1 之间变化. 但是由于 $g(0) = 1$ 以及 $g(1) = 0$，0 和 1 都不是对应的不动点. 不动点迭代失败了，使用二分法，我们知道如果 f 是连续的，并且在初始区间上 $f(a)f(b) < 0$，我们必然可以看到迭代收敛到方程的根. 但对于 FPI，并不一定收敛.

第二种选择的函数是 $g(x) = \sqrt[3]{1-x}$. 我们保持相同的初始估计，$x_0 = 0.5$.

i	x_i	i	x_i	i	x_i
0	0.500 000 00	9	0.690 729 12	18	0.681 910 19
1	0.793 700 53	10	0.676 258 92	19	0.682 026 67
2	0.590 880 11	11	0.686 645 54	20	0.682 113 76
3	0.742 363 93	12	0.679 222 34	21	0.682 481 02
4	0.636 310 20	13	0.684 544 01	22	0.682 218 09
5	0.713 800 81	14	0.680 737 37	23	0.682 406 35
6	0.659 006 15	15	0.683 464 60	24	0.682 271 57
7	0.698 632 61	16	0.681 512 92	25	0.682 368 07
8	0.670 448 50	17	0.682 910 73		

这一次 FPI 成功收敛到 0.6823 附近.

最后，让我们使用不动点迭代形式 $x = g(x) = (1+2x^3)/(1+3x^2)$. 如同前面的一种方式，该迭代也收敛，但是收敛得更显著.

i	x_i	i	x_i	i	x_i
0	0.500 000 00	3	0.682 328 42	6	0.682 327 80
1	0.714 285 71	4	0.682 327 80	7	0.682 327 80
2	0.683 179 72	5	0.682 327 80		

在 4 次不动点迭代后就可以得到 4 位正确的数字，并且很快得到更多正确的数字．与前面的尝试相比，这个结果好得令人惊讶．我们的下一个目标是解释造成这种差异的原因．

1.2.2 不动点迭代几何

在前面一节中，我们找出对 $x^3+x-1=0$ 做不动点迭代的三种不同的方式，并得到了不同的结果．为了弄明白为什么 FPI 方法在一些情况下收敛，而在另外的一些情况下不收敛，看一下不动点迭代对应的几何非常有帮助．

图 1.3 显示了前面讨论的三个不同的函数 $g(x)$，以及在每种方式下的前面几步的迭代．对于每个函数 $g(x)$ 对应的不动点 r 都相同．在图中不动点表示为 $y=g(x)$ 和 $y=x$ 的交点．FPI 的每一步都可以用线段描画出来（1）垂直和函数相交，然后（2）水平和对角线 $y=x$ 相交．图 1.3 中垂直和水平方向的箭头描述了 FPI 中前进的方向．垂直箭头从 x 的值指向函数 g，表示 $x_i \to g(x_i)$．水平箭头表示在 y 轴上得到的结果 $g(x_i)$，并把它转换为在 x 轴上相同的值 x_{i+1}，并用于下一步中函数 g 的输入．上面的转换是通过从输出的 $g(x_i)$ 的高度画水平线与 $y=x$ 相交得到．不动点迭代的几何图示被称作 **cobweb** 图．

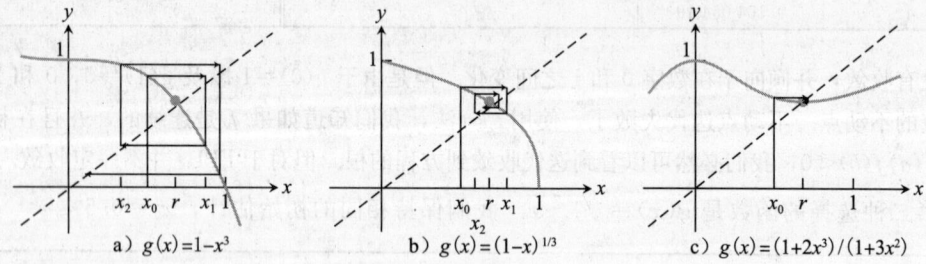

图 1.3 FPI 几何．不动点是 $g(x)$ 和对角线的交点．对于 $g(x)$ 的三个例子，显示了使用 FPI 的初始几步

在图 1.3a 中，路径从 $x_0=0.5$ 开始，然后移动到函数，再水平移动得到对角线上的点 $(0.875，0.875)$，这对应 $(x_1，x_1)$．然后，x_1 被 $g(x)$ 替换．再垂直移动到函数，这与对于 x_0 的操作方式相同．得到 $x_2 \approx 0.3300$，然后水平移动从 y 值到 x 值，我们以相同的方式计算 x_3，x_4，…．如同我们前面看到的，对应 $g(x)$ 的 FPI 的结果并不好——迭代的结果倾向于在 0 与 1 之间变化，而其中的哪一个也不是对应的不动点．

在图 1.3b 中进行的不动点迭代看起来更好一些．尽管这里的 $g(x)$ 和图 1.3a 中的 $g(x)$ 相似，但是它们之间有非常明显的差异，在下一节中，我们将对这个差异进行阐述．你可能想知道这个差异究竟是什么．什么使得图 1.3b 中的不动点迭代的螺线趋近不动点，而在图 1.3a 中逐渐远离不动点？图 1.3c 显示了一个快速收敛的例子．这个例子是否能帮助你的理解？如果你猜测这可能和函数 $g(x)$ 在不动点附近的斜率有关，那么你猜对了．

1.2.3 不动点迭代的线性收敛

通过观察算法尽可能简单的情况,对 FPI 的收敛性质进行解释. 图 1.4 显示了如下两个线性函数的不动点迭代 $g_1(x) = -\frac{3}{2}x + \frac{5}{2}$,$g_2(x) = -\frac{1}{2}x + \frac{3}{2}$. 在每个例子中,不动点都是 $x=1$,但是 $|g'_1(1)| = \left|-\frac{3}{2}\right| > 1$ 而 $|g'_2(1)| = \left|-\frac{1}{2}\right| < 1$. 从用于描述 FPI 的垂直和水平箭头,我们发现了差异的原因. 由于 g_1 在不动点附近的斜率大于 1,用于表示从 x_n 到 x_{n+1} 的垂直线段随着 FPI 的进行而上升. 结果是迭代过程"螺线状离开"了不动点 $x=1$,即使在初值 x_0 和不动点非常接近的情况下. 对于 g_2,情况正好反了过来:g_2 的斜率比 1 小,从 x_n 到 x_{n+1} 的垂直线段长度不断减小,FPI"螺线状接近"方程的解. 因而 $|g'(r)|$ 造成了收敛和发散之间的差异.

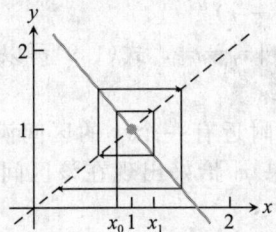 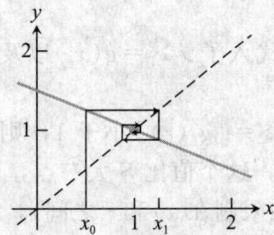

a) 如果线性函数的斜率绝对值大于1,初始接近的猜测会在不动点迭代过程中距离不动点越来越远,导致方法失败

b) 对于绝对值小于1的斜率,情况完全不同,并最终找到不动点

图 1.4 线性函数的 cobweb 图

以上是几何观点. 从方程本身来看,把函数 $g_1(x)$ 和 $g_2(x)$ 写做 $x-r$ 项的形式会有所帮助,其中 $r=1$ 对应不动点:

$$g_1(x) = -\frac{3}{2}(x-1) + 1$$

$$g_1(x) - 1 = -\frac{3}{2}(x-1)$$

$$x_{i+1} - 1 = -\frac{3}{2}(x_i - 1) \tag{1.8}$$

如果我们把 $e_i = |r - x_i|$ 作为第 i 步时的误差(指的是第 n 步时的最优估计到不动点之间的距离),从式(1.8)中可以看到 $e_{i+1} = 3e_i/2$,意味着每一步误差以近似 3/2 的速度在增加. 这就是发散.

对于 g_2 重复前面的代数计算,我们有

$$g_2(x) = -\frac{1}{2}(x-1) + 1$$

$$g_2(x) - 1 = -\frac{1}{2}(x-1)$$

$$x_{i+1} - 1 = -\frac{1}{2}(x_i - 1)$$

结果 $e_{i+1}=e_i/2$，意味着用到不动点距离度量的误差每一步乘上了 $1/2$。当步数不断增加时，误差变为 0。这是一种特定类型的收敛。

定义 1.5 令 e_i 表示迭代过程中第 i 步时的误差，如果
$$\lim_{i\to\infty}\frac{e_{i+1}}{e_i}=S<1$$
该方法被称为满足**线性收敛**，收敛速度为 S。

g_2 的不动点迭代线性收敛到了根 $r=1$，收敛速度 $S=1/2$。尽管由于 g_1 和 g_2 都是线性的，所以前面的讨论被简化了，但是相同的推理过程也适用于更加一般的连续可微函数 $g(x)$，其中不动点 $g(r)=r$，如下面的定理所示。

定理 1.6 假设函数 g 是连续可微函数，$g(r)=r$，$S=|g'(r)|<1$，则不动点迭代对于一个足够接近 r 的初始估计，以速度 S 线性收敛到不动点 r。

证明 令 x_i 表示第 i 步迭代。根据均值定理，在 x_i 和 r 之间存在 c_i，满足
$$x_{i+1}-r=g'(c_i)(x_i-r) \tag{1.9}$$
其中我们代入了 $x_{i+1}=g(x_i)$ 以及 $r=g(r)$。定义 $e_i=|x_i-r|$，式(1.9)可以写为
$$e_{i+1}=|g'(c_i)|e_i \tag{1.10}$$
如果 $S=|g'(r)|$ 小于 1，则通过替换 g'，在 r 附近有一个小的区间满足 $|g'(x)|<(S+1)/2$，这个值比 S 大一点，但仍然比 1 小。如果 x_i 恰好出现在该区间，则 c_i 也在该区间（值被限制在 x_i 和 r 之间），因而
$$e_{i+1}\leqslant\frac{S+1}{2}e_i$$
所以，误差以 $(S+1)/2$ 的速度下降，在后面的各步中也许会比该速度更好。这意味着 $\lim_{i\to\infty}x_i=r$，利用式(1.10)中的极限得到
$$\lim_{i\to\infty}\frac{e_{i+1}}{e_i}=\lim_{i\to\infty}|g'(c_i)|=|g'(r)|=S \qquad\blacksquare$$

根据定理 1.6，近似误差之间的关系
$$e_{i+1}\approx Se_i \tag{1.11}$$
在收敛过程中得到保持，其中 $S=|g'(r)|$。在习题 25 中可以看到该定理的一个变体。

定义 1.7 如果迭代方法对于一个足够接近 r 的初值能收敛到 r，该迭代方法被称为**局部收敛**到 r。

换句话说，如果存在近邻区间 $(r-\varepsilon, r+\varepsilon)$，其中 $\varepsilon>0$，使得近邻区间中的所有初始估计都可以收敛到 r，则该方法局部收敛到 r。定理 1.6 的结论是当 $|g'(r)|<1$ 时不动点迭代局部收敛。

定理 1.6 解释了前面对于 $f(x)=x^3+x-1=0$ 所进行的不动点迭代。我们知道根 $r\approx 0.6823$。对于 $g(x)=1-x^3$，导数 $g'(x)=-3x^2$ 在根 r 附近，FPI 运行误差 $e_{i+1}\approx Se_i$，其中 $S=|g'(r)|=|-3(0.6823)^2|\approx 1.3966>1$，所以误差会增加，没有收敛。$e_{i+1}$ 和 e_i 之间的这种误差关系仅仅在 r 附近得到保持，意味着不可能收敛到 r。

对于第二种方法，$g(x)=\sqrt[3]{1-x}$，对应的导数是 $g'(x)=1/3(1-x)^{-2/3}(-1)$，$S=|(1-0.6823)^{-2/3}/3|\approx 0.716<1$。定理 1.6 所描述的收敛和我们前面进行的计算一致。

对于第三种方法，$g(x)=(1+2x^3)/(1+3x^2)$，

$$g'(x)=\frac{6x^2(1+3x^2)-(1+2x^3)6x}{(1+3x^2)^2}=\frac{6x(x^3+x-1)}{(1+3x^2)^2}$$

$S=|g'(r)|=0$。这是 S 所能够达到的最小值，导致如图 1.3c 所示的极快的收敛。

例 1.3 解释为什么不动点迭代 $g(x)=\cos x$ 收敛。

这是在本章开始就提到会做出的解释。f 多次重复进行的余弦计算和 FPI $g(x)=\cos x$ 对应。根据定理 1.6，由于 $g'(r)=-\sin r \approx -\sin 0.74 \approx -0.67$ 的绝对值比 1 小，对应解 $r \approx 0.74$ 会把附近的初始猜测值吸引过来。

例 1.4 使用不动点迭代找出方程 $\cos x = \sin x$ 的根。

把该方程转化为不动点迭代的最简单方法是在方程左右两边同时加 x。我们可以把问题重写做

$$x+\cos x-\sin x=x$$

并定义

$$g(x)=x+\cos x-\sin x \qquad (1.12)$$

对 $g(x)$ 应用不动点迭代的结果在下表中显示。

i	x_i	$g(x_i)$	$e_i=|x_i-r|$	e_i/e_{i-1}
0	0.000 000 0	1.000 000 0	0.785 398 2	
1	1.000 000 0	0.698 831 3	0.214 601 8	0.273
2	0.698 831 3	0.821 102 5	0.086 566 9	0.403
3	0.821 102 5	0.770 619 7	0.035 704 3	0.412
4	0.770 619 7	0.791 518 9	0.014 778 5	0.414
5	0.791 518 9	0.782 862 9	0.006 120 7	0.414
6	0.782 862 9	0.786 448 3	0.002 535 3	0.414
7	0.786 448 3	0.784 963 2	0.001 050 1	0.414
8	0.784 963 2	0.785 578 3	0.000 435 0	0.414
9	0.785 578 3	0.785 323 5	0.000 180 1	0.414
10	0.785 323 5	0.785 429 1	0.000 074 7	0.415
11	0.785 429 1	0.785 385 4	0.000 030 9	0.414
12	0.785 385 4	0.785 403 5	0.000 012 8	0.414
13	0.785 403 5	0.785 396 0	0.000 005 3	0.414
14	0.785 396 0	0.785 399 1	0.000 002 2	0.415
15	0.785 399 1	0.785 397 8	0.000 000 9	0.409
16	0.785 397 8	0.785 398 3	0.000 000 4	0.444
17	0.785 398 3	0.785 398 1	0.000 000 1	0.250
18	0.785 398 1	0.785 398 2	0.000 000 1	1.000
19	0.785 398 2	0.785 398 2	0.000 000 0	

在这张表中可以看到很多有趣的现象。首先，迭代看起来会收敛到 0.785 398 2。由于 $\cos \pi/4=\sqrt{2}/2=\sin \pi/4$，所以方程 $\cos x-\sin x=0$ 的真实解是 $r=\pi/4 \approx 0.785 398 2$。第 4 列是"误差列"，它显示第 i 步时的最优估计 x_i 和实际不动点 r 之间的差异。这个差异在表的下方变得越来越小，这表明向不动点收敛。

注意到误差列里的样式。误差看起来是以常数因子下降，每个误差差不多是上一步误差

的 1/2. 更精确地说，在最后一列显示了连续误差之间的比例. 在表中的大部分，连续误差之间的比例 e_{k+1}/e_k 都趋近一个常数 0.414. 换句话说，我们看到了连续误差的线性收敛关系

$$e_i \approx 0.414 e_{i-1} \tag{1.13}$$

这恰恰是我们所期望的. 定理 1.6 意味着

$$S = |g'(r)| = |1 - \sin r - \cos r| = \left|1 - \frac{\sqrt{2}}{2} - \frac{\sqrt{2}}{2}\right| = |1 - \sqrt{2}| \approx 0.414 \quad \blacktriangleleft$$

细心的读者会发现在表的下端这种关系并不成立. 我们在计算误差 e_i 时仅仅使用 7 位有效数字表示不动点 r. 因而，相对误差 e_i 的精度在 e_i 接近 10^{-8} 的时候表现很差，相对误差 e_i/e_{i-1} 也变得不准确了. 如果我们使用更多有效数字表示 r，该问题就会消失.

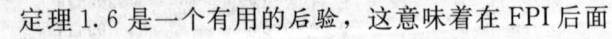 例 1.5 找出 $g(x) = 2.8x - x^2$ 对应的不动点.

函数 $g(x) = 2.8x - x^2$ 有两个不动点，分别是 0 和 1.8，手工使用 $g(x) = x$ 就可以通过不动点迭代进行求解，或者在图中找出 $y = g(x)$ 和 $y = x$ 的交点. 图 1.5 显示了初值 $x = 0.1$ 的 FPI 迭代对应的 cobweb 图. 对于这个例子，

$$\begin{aligned} x_0 &= 0.1000 \\ x_1 &= 0.2700 \\ x_2 &= 0.6831 \\ x_3 &= 1.4461 \\ x_4 &= 1.9579 \end{aligned}$$

可以被看做是和对角线的交点.

即使初始估计 $x_0 = 0.1$ 和不动点 0 很接近，FPI 依然会移向不动点 $x = 1.8$ 并在那里收敛. 两个不动点之间的差异在于函数 g 在 $x = 1.8$ 的斜率，$g'(1.8) = -0.8$，绝对值小于 1. 另一方面，函数 g 在 $x = 0$ 的斜率，$g'(0) = 2.8$，绝对值大于 1. $\blacktriangleleft$

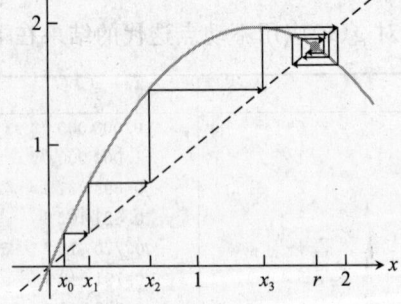

图 1.5 不动点迭代的 cobweb 图. 例 1.5 有两个不动点，分别是 0 和 1.8. 该图显示了从初始估计 0.1 开始的迭代. 使用 FPI 仅仅会收敛到 1.8

定理 1.6 是一个有用的后验，这意味着在 FPI 后面的计算中，我们知道根的位置并能一步步地计算误差. 该定理帮助解释为什么收敛率 S 如此取值. 如果能在计算开始之前就知道这个信息会更加有用. 如下个例题所示，在某些情况下我们能做到这一点.

例 1.6 使用 FPI 计算 $\sqrt{2}$.

一个古老的计算平方根的方法可以用 FPI 进行表达. 假设我们想找到 $\sqrt{2}$ 的前 10 位数位. 从初值 $x_0 = 1$ 开始. 这个估计显然太小，因而造成 $2/1 = 2$ 过大. 事实上，任何一个初始估计 $0 < x_0 < 2$，和 $2/x_0$ 一起可以生成包含 $\sqrt{2}$ 的区间. 正因为如此，我们可以使用二者的均值得到更好的估计：

$$x_1 = \frac{1 + \frac{2}{1}}{2} = \frac{3}{2}$$

现在重复该过程. 尽管 3/2 十分接近, 但对于 $\sqrt{2}$, 它显得太大了, 并且 $2/(3/2)=4/3$ 过于小. 像前面一样, 使用平均得到

$$x_2 = \frac{\frac{3}{2}+\frac{4}{3}}{2} = \frac{17}{12} = 1.41\overline{6}$$

该数字和 $\sqrt{2}$ 更加接近. 再一次, x_2 和 $2/x_2$ 包含了 $\sqrt{2}$.

后面的几步得到

$$x_3 = \frac{\frac{17}{12}+\frac{24}{17}}{2} = \frac{577}{408} \approx 1.414\,215\,686$$

通过计算器进行检查, 发现该估计和 $\sqrt{2}$ 之间的误差在 3×10^{-6}. 我们所使用的 FPI 如下:

$$x_{i+1} = \frac{x_i + \frac{2}{x_i}}{2} \tag{1.14}$$

注意到 $\sqrt{2}$ 是对应的不动点.

收敛 例 1.6 中使用的巧妙方法可以收敛到 $\sqrt{2}$, 仅仅使用 3 步就可以收敛到小数点后 5 位. 这种简单方法是数学历史中最古老的方法之一. 图 1.6a 楔形石板 YBC7289 在 1962 年发现于巴格达附近, 可追溯至公元前 1750 年. 其包含的 60 为基的面积为 2 的矩形边长的近似, 包括 (1)(24)(51)(10). 基为 10 时,

$$1 + \frac{24}{60} + \frac{51}{60^2} + \frac{10}{60^3} = 1.414\,212\,96$$

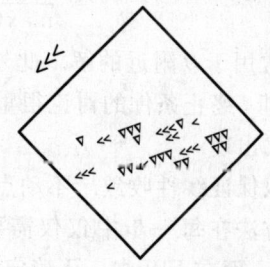

a) YBC7289 石板　　　　　　　b) 石板对应图示

图 1.6　古代对于 $\sqrt{2}$ 的计算. 巴比伦人以 60 为基进行计算, 但是有时使用 10 为基的表示. ⟨ 表示 10, ▽ 表示 1. 左上角 30 表示边的长度. 中间是 1, 24, 51 和 10, 表示 2 的平方根中前 5 个正确小数点后数位. 下面的数字 42, 25, 35 表示基为 60 的 $30\sqrt{2}$

> 我们并不知道巴比伦人的计算方法,但一些人猜测他们使用了例 1.6 中的计算,并使用他们常用的 60 作为基. 不管怎样,这种方法出现在公元一世纪亚历山大数学家海伦(Heron)所写的《度量论》(Metrica)的第一卷中,用于计算 $\sqrt{720}$.

在计算完成之前,我们需要决定该方法是否收敛. 根据定理 1.6,我们需要 $S<1$. 对于这个迭代,$g(x)=1/2(x+2/x)$,$g'(x)=1/2(1-2/x^2)$. 在不动点处求值得到

$$g'(\sqrt{2}) = \frac{1}{2}\left(1 - \frac{2}{(\sqrt{2})^2}\right) = 0 \tag{1.15}$$

所以 $S=0$. 我们的结论是 FPI 会收敛,而且速度很快.

习题 18 则是针对任意一个正整数计算平方根使用该方式是否会收敛的问题.

1.2.4 终止条件

同二分法不同,FPI 收敛到事先给定的容差所要求进行的步数预先是不可预测的. 没有如同二分法(1.1)所示的误差公式,必须决定何时终止算法,这称为**终止条件**.

对于一组容差 TOL,我们可能使用绝对终止条件

$$|x_{i+1} - x_i| < \text{TOL} \tag{1.16}$$

或者当解并不在 0 附近,使用相对误差条件

$$\frac{|x_{i+1} - x_i|}{|x_{i+1}|} < \text{TOL} \tag{1.17}$$

还有混合绝对/相对误差终止条件

$$\frac{|x_{i+1} - x_i|}{\max(|x_{i+1}|, \theta)} < \text{TOL} \tag{1.18}$$

其中 $\theta>0$,常常用于 0 附近的解. 此外,好的 FPI 代码应当在收敛失败的时候,设置最大迭代步数的限制. 终止条件的讨论很重要,并将在 1.3 节中讨论前向和后向误差的时候以更加复杂的形式出现.

二分法可以保证线性收敛. 不动点迭代仅仅是局部收敛,当不动点迭代收敛时,其线性收敛. 两种方法在每一步中仅仅需要进行一次函数求值. 二分法在每一步中可以去掉 1/2 的不确定性,而在 FPI 中,不确定性每步中会乘上 $S=|g'(r)|$. 因而,不动点迭代可能比二分法更快或者更慢,这依赖于 S 比 1/2 大还是小. 在 1.4 节中,我们将学习牛顿方法,它是 FPI 的一种改善方法,其中 S 被设计为 0.

1.2 节习题

1. 找出函数 $g(x)$ 的所有不动点.

    (a) $\dfrac{3}{x}$ (b) x^2-2x+2 (c) x^2-4x+2

2. 找出函数 $g(x)$ 的所有不动点.

(a) $\dfrac{x+6}{3x-2}$ (b) $\dfrac{8+2x}{2+x^2}$ (c) x^5

3. 证明1、2、3是下列函数 $g(x)$ 的不动点.

   (a) $\dfrac{x^3+x-6}{6x-10}$ (b) $\dfrac{6+6x^2-x^3}{11}$

4. 证明-1、0、1是下列函数 $g(x)$ 的不动点.

   (a) $\dfrac{4x}{x^2+3}$ (b) $\dfrac{x^2-5x}{x^2+x-6}$

5. 对于如下哪个函数 $g(x)$，$r=\sqrt{3}$ 是一个不动点?

   (a) $g(x)=\dfrac{x}{\sqrt{3}}$ (b) $g(x)=\dfrac{2x}{3}+\dfrac{1}{x}$ (c) $g(x)=x^2-x$ (d) $g(x)=1+\dfrac{2}{x+1}$

6. 对于如下哪个函数 $g(x)$，$r=\sqrt{5}$ 是一个不动点?

   (a) $g(x)=\dfrac{5+7x}{x+7}$ (b) $g(x)=\dfrac{10}{3x}+\dfrac{x}{3}$ (c) $g(x)=x^2-5$ (d) $g(x)=1+\dfrac{4}{x+1}$

7. 使用定理1.6确定 $g(x)$ 的不动点迭代是否局部收敛到给定的不动点 r.

   (a) $g(x)=(2x-1)^{1/3}$，$r=1$ (b) $g(x)=(x^3+1)/2$，$r=1$
   (c) $g(x)=\sin x+x$，$r=0$

8. 使用定理1.6确定 $g(x)$ 的不动点迭代是否局部收敛到给定的不动点 r.

   (a) $g(x)=(2x-1)/x^2$，$r=1$ (b) $g(x)=\cos x+\pi+1$，$r=\pi$
   (c) $g(x)=e^{2x}-1$，$r=0$

9. 找出每个不动点，并确定不动点迭代是否局部收敛.

   (a) $g(x)=\dfrac{1}{2}x^2+\dfrac{1}{2}x$ (b) $g(x)=x^2-\dfrac{1}{4}x+\dfrac{3}{8}$

10. 找出每个不动点，并确定不动点迭代是否局部收敛.

    (a) $g(x)=x^2-\dfrac{3}{2}x+\dfrac{3}{2}$ (b) $g(x)=x^2+\dfrac{1}{2}x-\dfrac{1}{2}$

11. 将每个方程用三种方式表达为不动点迭代 $x=g(x)$.

    (a) $x^3-x+e^x=0$ (b) $3x^{-2}+9x^3=x^2$

12. 考虑不动点迭代 $x\to g(x)=x^2-0.24$. (a) 你是否期望不动点迭代能求解出对应根-0.2，并精确到小数点后10位，该方法比二分法更快还是更慢? (b) 找到另外一个不动点. FPI是否会收敛到这个不动点?

13. (a) 找到函数 $g(x)=0.39-x^2$ 的所有不动点. (b) 对于哪个不动点，不动点迭代可以局部收敛?
    (c) FPI收敛到这个不动点比二分法的速度更快还是更慢?

14. 下面哪个不动点迭代收敛到 $\sqrt{2}$? 对收敛速度从最快到最慢进行排序.

    (A) $x\to\dfrac{1}{2}x+\dfrac{1}{x}$ (B) $x\to\dfrac{2}{3}x+\dfrac{2}{3x}$ (C) $x\to\dfrac{3}{4}x+\dfrac{1}{2x}$

15. 下面哪个不动点迭代收敛到 $\sqrt{5}$? 对收敛速度从最快到最慢进行排序.

    (A) $x\to\dfrac{4}{5}x+\dfrac{1}{x}$ (B) $x\to\dfrac{x}{2}+\dfrac{5}{2x}$ (C) $x\to\dfrac{x+5}{x+1}$

16. 下面哪个不动点迭代收敛到4的立方根? 对收敛速度从最快到最慢进行排序.

    (A) $g(x)=\dfrac{2}{\sqrt{x}}$ (B) $g(x)=\dfrac{3x}{4}+\dfrac{1}{x^2}$ (C) $g(x)=\dfrac{2}{3}x+\dfrac{4}{3x^2}$

17. 检查 1/2 和 −1 是 $f(x)=2x^2+x-1=0$ 的根. 孤立 x^2 项, 求解 x 找到函数 $g(x)$ 的两个候选. 哪一个根可以使用不动点迭代找到?

18. 证明例 1.6 的方法可以计算任何正数的平方根.

19. 使用例 1.6 的思想探索立方根的求解. 如果 x 是一个小于 $A^{1/3}$ 的预测, 则 A/x^2 将大于 $A^{1/3}$, 所以二者的平均相对于 x, 是更好的近似. 假设基于该事实进行不动点迭代, 使用定理 1.6 确定该方法是否会收敛到 A.

20. 通过平均加权, 改进习题 19 中的立方根求解方法. 对于某个固定数 $0<w<1$, 令 $g(x)=wx+(1-w)A/x^2$, w 的最优值是多少?

21. 考虑在 $g(x)=1-5x+\frac{15}{2}x^2-\frac{5}{2}x^3$ 上应用不动点迭代. (a) 证明 $1-\sqrt{3/5}$、1 和 $1+\sqrt{3/5}$ 是不动点.
    (b) 证明三个不动点都不是局部收敛. (编程问题 7 更深入地探索了这个问题.)

22. 证明初始估计 0、1、2 会趋向习题 21 的不动点. 对于接近这些数字的其他初始估计结果怎么样?

23. 假设 $g(x)$ 是连续可微函数, 函数 $g(x)$ 的不动点迭代只有三个不动点, $r_1<r_2<r_3$. 假设 $|g'(r_1)|=0.5$, $|g'(r_3)|=0.5$. 列出 $|g'(r_2)|$ 在该条件下的所有可能值.

24. 假设 g 是连续可微函数, 并且 $g(x)$ 的不动点迭代只有三个不动点, -3、1 和 2. 假设 $g'(-3)=2.4$, 并且 FPI 从一个足够接近不动点 2 的地方开始并收敛到 2. 寻找 $g'(1)$.

25. 证明定理 1.6 的变体: 如果 g 是连续可微函数, 在包含不动点的区间 $[a,b]$ 上, $|g'(x)|\leqslant B<1$, 则 FPI 从区间 $[a,b]$ 中的任意初始估计收敛到 r.

26. 证明连续可微函数 $g(x)$ 在闭合区间中满足 $|g'(x)|<1$, 则在这个区间中不可能有两个不动点.

27. 考虑 $g(x)=x-x^3$ 上的不动点迭代. (a) 证明 $x=0$ 是唯一不动点. (b) 证明若 $0<x_0<1$, 则 $x_0>x_1>x_2\cdots>0$. (c) 证明当 $g'(0)=1$ 时, FPI 收敛到 $r=0$. (提示: 使用每个有界单调函数收敛到一个极限的事实.)

28. 考虑 $g(x)=x+x^3$ 上的不动点迭代. (a) 证明 $x=0$ 是唯一不动点. (b) 证明当 $0<x_0<1$, 则 $x_0<x_1<x_2<\cdots$. (c) 证明当 $g'(0)=1$ 时, FPI 不能收敛. 同习题 27 一起, 这表明当 $|g'(r)|=1$ 时, FPI 可能收敛到点 r, 也可能发散.

29. 考虑方程 $x^3+x-2=0$, 其中根 $r=1$. 在两边同时加上 cx 项并除以 c 得到 $g(x)$. (a) 当 c 是多少时, FPI 可以局部收敛到 $r=1$? (b) 当 c 是多少时, FPI 收敛最快?

30. 假设对于二阶连续可微函数 $g(x)$ 使用不动点迭代, 对于一个不动点 r, 有 $g'(r)=0$. 证明若 FPI 收敛到 r, 则误差遵从 $\lim_{i\to\infty}(e_{i+1})/e_i^2=M$, 其中 $M=|g''(r)|/2$.

31. 在方程 $x^2+x=5/16$ 定义不动点迭代, 分离 x 项. 找到两个不动点, 确定哪一个初始估计通过迭代可以得到不动点. (提示: 画出 $g(x)$, 并画 cobweb 图.)

32. 找出所有初始估计对应的集合, 使得不动点迭代 $x\to 4/9-x^2$ 可以收敛到不动点.

33. 令 $g(x)=a+bx+cx^2$, 其中 a、b、c 是常数. (a) 指定一组常数 a、b、c, 其中 $x=0$ 是 $x=g(x)$ 的不动点并且不动点迭代局部收敛到 0. (b) 指定一组常数 a、b、c, 使得 $x=0$ 是 $x=g(x)$ 的不动点, 但是不动点迭代没有局部收敛到 0.

1.2 节编程问题

1. 使用不动点迭代求解下面的方程, 精确到小数点后 8 位.

(a) $x^3 = 2x + 2$ (b) $e^x + x = 7$ (c) $e^x + \sin x = 4$

2. 使用不动点迭代求解下面的方程, 精确到小数点后 8 位.

    (a) $x^5 + x = 1$ (b) $\sin x = 6x + 5$ (c) $\ln x + x^2 = 3$

3. 计算下面数字的平方根, 使用例 1.6 中的不动点迭代精确到小数点后 8 位: (a) 3, (b) 5. 写出使用的初始估计和所需要的迭代次数.

4. 计算下列数字的立方根, 使用不动点迭代精确到小数点后 8 位, 其中函数 $g(x) = (2x + A/x^2)/3$, A 是 (a) 2, (b) 3, (c) 5. 写出使用的初始估计和所需要的迭代次数.

5. 例 1.3 表明 $g(x) = \cos x$ 使用 FPI 可收敛. 对于函数 $g(x) = \cos^2 x$ 是否也成立? 找到不动点, 精确到小数点后 6 位, 报告 FPI 所需要的迭代次数. 使用定理 1.6 讨论局部收敛性.

6. 推导三种不同的 $g(x)$, 用不动点迭代计算 $f(x) = 0$, 精确到小数点后 6 位. 对于每个 $g(x)$ 运行并报告结果, 包括是否收敛或者发散. 每个方程 $f(x) = 0$ 有三个根. 如果需要的话推出更多的 $g(x)$, 直到利用 FPI 可以得到所有根. 对于每个收敛运算, 由误差 e_{i+1}/e_i 确定 S 的值, 并和式(1.11)中使用微积分得到的 S 比较.

    (a) $f(x) = 2x^3 - 6x - 1$ (b) $f(x) = e^{x-2} + x^3 - x$ (c) $f(x) = 1 + 5x - 6x^3 - e^{2x}$

7. 习题 21 考虑将不动点迭代用于 $g(x) = 1 - 5x + \frac{15}{2}x^2 - \frac{5}{2}x^3 = x$ 寻找初始估计, 使得 FPI 能够: (a) 在区间 $(0, 1)$ 中无穷循环; (b) 和(a)相同, 但是区间为 $(1, 2)$; (c) 无穷发散. (a) 和(b) 是混沌动力学的例子. 在所有三种情况中, FPI 都不能成功运行.

1.3 精度的极限

数值分析的一个目标是在给定的精度级别中估计结果. 使用双精度意味着我们使用 52 位精度(大约 16 位十进制数字)来保存和操作数字.

得到的答案里总能有 16 位正确的有效数字吗? 在第 0 章中已经表明, 计算二次方程的朴素算法可能丢失部分或者所有的有效数字. 一个改进的算法可以消除这种问题. 在本节中, 我们可以看到一些新的计算问题, 利用双精度计算机不能得到 16 位正确的有效数字, 即便使用最好的算法.

1.3.1 前向与后向误差

第一个例子表明在某种情况下, 铅笔和纸做得比计算机还好.

例 1.7 使用二分法计算函数 $f(x) = x^3 - 2x^2 + \frac{4}{3}x - \frac{8}{27}$ 的根, 精确到小数点后 6 位.

注意到 $f(0)f(1) = (-8/27)(1/27) < 0$, 所以中值定理保证在区间 $[0, 1]$ 中存在一个根. 根据例 1.2, 使用二分法 20 步就可以具有 6 位精度.

事实上, 不使用计算机, 很容易验证 $r = 2/3 = 0.666\,666\,666\cdots$ 是一个根:

$$f(2/3) = \frac{8}{27} - 2\left(\frac{4}{9}\right) + \left(\frac{4}{3}\right)\left(\frac{2}{3}\right) - \frac{8}{27} = 0$$

二分法可以得到多少位?

i	a_i	$f(a_i)$	c_i	$f(c_i)$	b_i	$f(b_i)$
0	0.000 000 0	−	0.500 000 0	−	1.000 000 0	+
1	0.500 000 0	−	0.750 000 0	+	1.000 000 0	+
2	0.500 000 0	−	0.625 000 0	−	0.750 000 0	+
3	0.625 000 0	−	0.687 500 0	+	0.750 000 0	+
4	0.625 000 0	−	0.656 250 0	−	0.687 500 0	+
5	0.656 250 0	−	0.671 875 0	+	0.687 500 0	+
6	0.656 250 0	−	0.664 062 5	−	0.671 875 0	+
7	0.664 062 5	−	0.667 968 8	+	0.671 875 0	+
8	0.664 062 5	−	0.666 015 6	−	0.667 968 8	+
9	0.666 015 6	−	0.666 992 2	+	0.667 968 8	+
10	0.666 015 6	−	0.666 503 9	−	0.666 992 2	+
11	0.666 503 9	−	0.666 748 0	+	0.666 992 2	+
12	0.666 503 9	−	0.666 626 0	−	0.666 748 0	+
13	0.666 626 0	−	0.666 687 0	+	0.666 748 0	+
14	0.666 626 0	−	0.666 656 5	−	0.666 687	+
15	0.666 656 5	−	0.666 671 8	+	0.666 687 0	+
16	0.666 656 5	−	0.666 664 1	0	0.666 671 8	+

令人惊讶的是,二分法在 16 步计算后停止了,其中 $f(0.666\,664\,1)=0$. 如果我们关注 6 位或者更多位的精度,这是一个严重的错误. 图 1.7 显示了问题的困难之处. 只要只用 IEEE 双精度标准,就有很多在根 $r=2/3$ 的 10^{-5} 范围以内的浮点数字对应的函数值为机器 0,因而它们有同等的权利被称为根! 而且问题可能变得更糟,尽管函数 f 单调增加,图 1.7b 甚至表明函数 f 的双精度值的符号常常是错的.

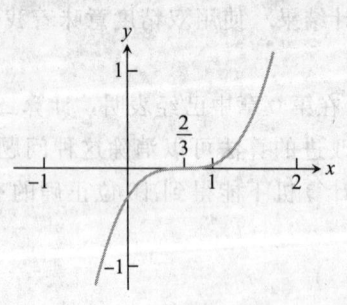
a) $f(x)=x^3-2x^2+4/3x-8/27$ 对应的曲线

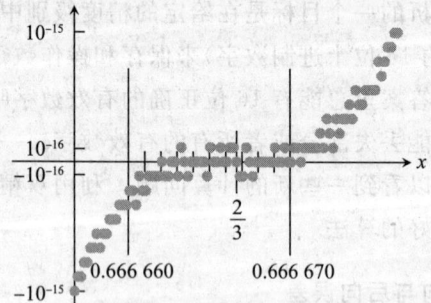
b) 在根 $r=2/3$ 附近对图 1.7a 进行放大。只要使用计算机,在 $2/3$ 的 10^{-5} 范围中有很多根。而我们知道 $2/3$ 是唯一解

图 1.7 函数在多个根附近的情况

图 1.7 表明问题不仅出在二分法里,而且出在双精度算术无法在根附近足够精确地计算函数 f. 任何其他依赖这种计算机算术的方法都可能失败. 对于这个例子,16 位精度甚至不能检查 6 位精度的候选解是否正确.

为了说服大家这不是二分法的问题,我们使用 MATLAB 的最高性能的多用途根求解器,fzero.m. 我们在本章的后面来讨论细节.

现在，我们仅仅需要把函数和初始估计输入函数．它也没有更幸运：

```
>> fzero('x.^3-2*x.^2+4*x/3-8/27',1)

ans =

    0.66666250845989
```

在这个例子中，所有方法都没能找到 5 位以上的正确数位的原因从图 1.7 中看得很清楚．以双精度进行计算时，任何方法中已知的信息就是函数．如果计算机算术中函数在一个非根的地方的值为 0，则没有什么方法可以修复这个问题．另一种陈述这个难点的方式为：在 y 轴上近似解可以足够接近真实解，但是它们在 x 轴上并不接近．

这些观察激发了一些重要的定义．

定义 1.8 假设 f 是一个函数，r 是一个根，意味着满足 $f(r)=0$．假设 x_a 是 r 的近似值．对于根求解问题，近似 x_a 的**后向误差**是 $|f(x_a)|$，**前向误差**是 $|r-x_a|$．

"后向"和"前向"的使用可能需要一些解释．我们的观点认为寻找根的过程在中间．问题是输入，解是输出：

$$\text{定义问题的数据} \to \boxed{\text{求解过程}} \to \text{解}$$

在本章中，"问题"是单变量的方程，"求解过程"是求解方程的算法：

$$\text{方程} \to \boxed{\text{方程求解器}} \to \text{解}$$

后向误差在左边或者输入一侧（问题数据）．这是我们需要对于问题（函数 f）改变的量使得方程平衡并输出近似解 x_a．这个量是 $|f(x_a)|$．前向误差是右边或者输出一侧（问题求解）．这是我们对于近似解要做的修正，该误差是 $|r-x_a|$．

例 1.7 的难点是，根据图 1.7，后向误差接近 $\varepsilon_{\text{mach}} \approx 2.2 \times 10^{-16}$，而前向误差大约为 10^{-5}．双精度数不能在机器精度的相对误差以下可靠计算，因为后向误差不能被可靠降低，同时前向误差也不能减小．

例 1.7 是一个非常特殊的例子，函数 f 在 $r=2/3$ 具有三阶根．注意到

$$f(x) = x^3 - 2x^2 + \frac{4}{3}x - \frac{8}{27} - \left(x - \frac{2}{3}\right)^3$$

这是一个关于多根的例子．

定义 1.9 假设 r 是可微函数 f 的根；也就是说，假设 $f(r)=0$．则如果 $0=f(r)=f'(r)=f''(r)=\cdots=f^{(m-1)}(r)$，但是 $f^{(m)}(r)\neq 0$，我们说函数 f 在 r 点具有 m **重根**．当多重性大于 1，我们说函数 f 在 r 点具有**重根**．当多重性等于 1 时，根被称为**单根**．

例如，由于 $f(0)=0$，$f'(0)=2(0)=0$，但是 $f''(0)=2\neq 0$，所以 $f(x)=x^2$ 在 $r=0$ 处具有二重根，或者双根．类似地，$f(x)=x^3$ 在 $r=0$ 处具有三重根，而 $f(x)=x^m$ 则具有 m 重根．例 1.7 在 $r=2/3$ 处具有三重根．

由于函数在多根附近十分平缓，前向和后向误差之间在近似解的附近存在很大的不一致．后向误差在垂直方向进行度量，通常比在水平方向度量的前向误差要小得多．

例 1.8 函数 $f(x)=\sin x - x$ 在 $r=0$ 处有三重根．找出近似根在 $x_c=0.001$ 处的前向

和后向误差.

零是函数的三重根，原因如下：
$$f(0) = \sin 0 - 0 = 0$$
$$f'(0) = \cos 0 - 1 = 0$$
$$f''(0) = -\sin 0 - 0 = 0$$
$$f'''(0) = -\cos 0 = -1$$

前向误差 FE$=|r-x_a|=10^{-3}$. 后向误差是一个常数，需要加到 $f(x)$ 上，使 x_a 成为一个根，即 BE$=|f(x_a)|=|\sin(0.001)-0.001|\approx 1.6667\times 10^{-10}$.

前向和后向误差的讨论与方程求解器的终止条件有关. 目的是找到根 r 满足 $f(r)=0$. 假设我们的算法可以生成一个近似解 x_a. 我们如何确定这个解有多好？

我们想到两种可能：1)使得 $|x_a-r|$ 足够小，2)使得 $|f(x_a)|$ 足够小. 当 $x_a=r$ 时，由于两种方式看起来都一样，所以做不出决定. 但是我们很少会如此幸运地遇到这种情况. 在更加典型的情况下，方法 1)和 2)不同，并分别对应前向和后向误差.

究竟前向误差还是后向误差更合适，这依赖于问题所处的环境. 如果我们使用二分法，两种误差都可观测到. 对于近似根 x_a，我们通过对 $f(x_a)$ 计算可以得到后向误差，前向误差不会大于当前区间一半的长度. 对于 FPI，由于我们没有括住的区间，选择会更加有限. 和前面一样，后向误差通过 $f(x_a)$ 可以知道，但是如果想知道前向误差，则需要知道真实解，而解正是我们试图要计算的未知项.

方程求解方法的终止条件可以基于前向或者后向误差. 还有其他相关的终止条件，诸如计算时间的上限. 问题的上下文对于我们的选择具有指导作用.

由于函数在多重根位置上 f' 为 0，所以在重根附近形状很平. 正因为如此，分离重根可能会遇到困难，这也正如我们已经证实的情况. 但是多重根问题仅仅是冰山一角. 没有多重根问题时也可能也会出现问题，正如下一节将要讲述的问题.

1.3.2 威尔金森多项式

一个难以进行数值求解的单根例子在威尔金森[1994]的论著中进行了讨论. **威尔金森多项式**是
$$W(x) = (x-1)(x-2)\cdots(x-20) \tag{1.19}$$
当把所有乘法展开，如下：
$$\begin{aligned}W(x) = & x^{20} - 210x^{19} + 20\,615x^{18} - 1\,256\,850x^{17} + 53\,327\,946x^{16} - 1\,672\,280\,820x^{15}\\ & + 40\,171\,771\,630x^{14} - 756\,111\,184\,500x^{13} + 11\,310\,276\,995\,381x^{12}\\ & - 135\,585\,182\,899\,530x^{11} + 1\,307\,535\,010\,540\,395x^{10} - 10\,142\,299\,865\,511\,450x^9\\ & + 63\,030\,812\,099\,294\,896x^8 - 311\,333\,643\,161\,390\,640x^7\\ & + 1\,206\,647\,803\,780\,373\,360x^6 - 3\,599\,979\,517\,947\,607\,200x^5\\ & + 8\,037\,811\,822\,645\,051\,776x^4 - 12\,870\,931\,245\,150\,988\,800x^3\\ & + 13\,803\,759\,753\,640\,704\,000x^2 - 8\,752\,948\,036\,761\,600\,000x\end{aligned}$$

$$+\ 2\ 432\ 902\ 008\ 176\ 640\ 000 \tag{1.20}$$

根是 1~20 之间的整数. 但是,当 $W(x)$ 根据(1.20)中它的未分解形式进行定义,它的求值计算会由于近似相等、大数字的消去而有损失. 为了观察这对于根求解带来的影响,通过输入(1.20)的非分解形式,或者从本书网站上获取,定义 MATLAB 的 m 文件 `wilkpoly.m`.

我们仍然使用 MATLAB 的 `fzero`. 为了使之尽可能简单,我们将一个真实解 $x=16$ 输入作为一个初始估计出:

```
>> fzero(@wilkpoly,16)

ans =

   16.01468030580458
```

令人惊讶的是,MATLAB 不能返回第二个正确的小数位,即使对于一个单根 $r=16$. 这是由于算法自身的缺陷,包括 `fzero` 和二分法都有相似的问题,这与不动点迭代和任何其他的浮点方法相似. 参考威尔金森工作中关于多项式这一部分,他在 1984 年写道:"对我个人而论,我把这看做在我的数值分析生涯里最惨痛的经历." $W(x)$ 的根很干净:整数 $x=1,\cdots,20$. 威尔金森惊讶于求解根过程中保存系数时很小的误差会对结果产生很大的影响,这个问题我们刚刚在前面的讨论中看到过.

如果使用(1.19)分解形式计算威尔金森多项式,求解精确根的问题就消失了. 当然,如果多项式在我们开始之前就分解好了,也就没有求根计算的必要了.

1.3.3 根搜索的敏感性

威尔金森多项式和例 1.7 中的三重根问题,由于相同的原因造成求解的困难——方程中小的求解误差造成求解根中的大误差. 如果在输入中是一个小误差,在这种情况下对问题进行求解,造成输出中的大问题,这样的问题被称为**敏感性**问题. 在本节中我们将量化误差,并引入误差放大因子和条件数概念.

为了理解究竟是什么造成了误差的放大,我们将建立公式以理解当方程改变时,根能移动多远. 假设问题是找到 $f(x)=0$ 的根 r,但是对输入做了一个小变化 $\epsilon g(x)$,其中 ϵ 很小. 令 Δr 是对应根中的变化,因而

$$f(r+\Delta r)+\epsilon g(r+\Delta r)=0$$

将 f 和 g 展开为一阶泰勒多项式

$$f(r)+(\Delta r)f'(r)+\epsilon g(r)+\epsilon(\Delta r)g'(r)+O((\Delta r)^2)=0$$

其中我们使用"大 O"标识 $O((\Delta r)^2)$ 代表包含 $(\Delta r)^2$ 项和 Δr 的更高阶项. 对于小的 Δr,$O((\Delta r)^2)$ 可以忽略,并得到

$$(\Delta r)(f'(r)+\epsilon g'(r))\approx -f(r)-\epsilon g(r)=-\epsilon g(r)$$

或者

$$\Delta r\approx \frac{-\epsilon g(r)}{f'(r)+\epsilon g'(r)}\approx -\epsilon\frac{g(r)}{f'(r)}$$

假设和 $f'(r)$ 相比,ϵ 很小,并且 $f'(r)\neq 0$.

根的敏感公式

假设 r 是函数 $f(x)$ 的根，并且 $r+\Delta r$ 是 $f(x)+\varepsilon g(x)$ 的根，则当 $\varepsilon \ll f'(r)$ 时，

$$\Delta r \approx -\frac{\varepsilon g(r)}{f'(r)} \tag{1.21}$$

例 1.9 估计 $P(x)=(x-1)(x-2)(x-3)(x-4)(x-5)(x-6)-10^{-6}x^7$ 的最大根。

令 $f(x)=(x-1)(x-2)(x-3)(x-4)(x-5)(x-6)$，$\varepsilon=-10^{-6}$，$g(x)=x^7$。如果没有 $\varepsilon g(x)$ 项，最大根是 $r=6$。问题是当我们加上这一项后，根发生了多少变化？

从敏感公式得到

$$\Delta r \approx -\frac{\varepsilon 6^7}{5!}=-2332.8\varepsilon$$

意味着在函数 $f(x)$ 中相对大小 ε 的输入误差，在根中被一个超过 2000 的因子放大。我们估计 $P(x)$ 的最大根是 $r+\Delta r=6-2332.8\varepsilon=6.0023328$。对 $P(x)$ 使用 `fzero` 我们得到正确的解 6.0023268。

例 1.9 中的估计足以告诉我们在根拟合的过程中误差如何放大。问题数据的第 6 位带来的误差给结果的第三位造成影响，意味着以误差放大因子 2332.8，将会造成丢失三位有效数字。给这个因子一个名字将有所帮助。对于一个一般算法生成的近似 x_c。我们定义它的

$$\text{误差放大因子}=\frac{\text{相对前向误差}}{\text{相对后向误差}}$$

前向误差指的是解的变化，该变化可以使得 x_a 准确，在根求解问题中前向误差对应 $|x_a-r|$，后向误差指的是输入中的变化，该变化使得 x_c 是正确的解。对于前向误差和后向误差有大量可以选择的方式，这依赖于我们想探索哪一种敏感性。用 $|f(x_a)|$ 改变常数项是一种选择，并在这一节的前面使用过，在敏感公式(1.21)对应于 $g(x)=1$ 项。更一般地，任何输入数据的变化都可以用于后向误差，诸如在例 1.9 中选择 $g(x)=x^7$。在求解根过程中的误差放大因子如下

$$\text{误差放大因子}=\left|\frac{\Delta r/r}{\varepsilon g(r)/g(r)}\right|=\left|\frac{-\varepsilon g(r)/(rf'(r))}{\varepsilon}\right|=\frac{|g(r)|}{|rf'(r)|} \tag{1.22}$$

其中在例 1.9 中为 $6^7/(5!6)=388.8$。

例 1.10 用根的敏感公式，研究在威尔金森多项式中，x^{15} 项中的变化对于根 $r=16$ 的影响。并对这个问题找出误差放大因子。

定义扰动函数 $W_\varepsilon(x)=W(x)+\varepsilon g(x)$，其中 $g(x)=-1\,672\,280\,820x^{15}$，注意到 $W'(16)=15!4!$（参见习题 7）。利用式(1.21)，根中的变化可以近似为

$$\Delta r \approx \frac{16^{15}\,1\,672\,280\,820\varepsilon}{15!4!} \approx 6.1432\times 10^{13}\varepsilon \tag{1.23}$$

就现实情况来讲，从第 0 章我们知道，对于每个保存的数字都有和机器精度同样阶的相对误差。在 x^{15} 项中的变化 $\varepsilon_{\text{mach}}$ 将使得根 $r=16$ 相对移动

$$\Delta r \approx (6.1432\times 10^{13})(\pm 2.22\times 10^{-16}) \approx \pm 0.0136$$

其对应根是 $r+\Delta r \approx 16.0136$，和 1.3.2 节中的差异并不大。当然，在威尔金森多项式中其

他关于 x 的幂对于误差的形成也有贡献,所以真实的情况会变得非常复杂. 但是敏感性公式使得我们可以看到大量误差放大背后的机制.

最后, 从式(1.22)可以计算误差放大因子

$$\frac{|g(r)|}{|rf'(r)|} = \frac{16^{15}\ 1\ 672\ 280\ 820}{15!4!16} \approx 3.8 \times 10^{12}$$

误差放大因子的重要性在于, 它告诉我们 16 位数位的操作精度在输入和输出的过程中会有多少位丢失. 对于误差放大因子是 10^{12} 的问题, 我们期望在计算过程中会丢掉 16 位中的 12 位有效数字, 从而在根中仅仅留下了 4 个有效数字, 这就是威尔金森近似 $x_c = 16.014\cdots$ 所面临的问题.

> **条件** 这是条件数第一次出现, 条件数也是误差放大度量的一种方式. 数值分析是对算法的研究, 算法把定义问题的数据作为输入, 对应的结果作为输出. 条件数指的是理论问题本身所带来的误差放大部分, 和用于求解问题的特定算法无关.
>
> 注意到条件数仅仅度量由于问题本身带来的误差放大, 这点很重要. 和条件一起, 还有一个平行概念, 即稳定, 稳定指的是由于算法小的输入误差造成的放大, 而不是问题本身. 如果一个算法在小的后向误差存在的时候, 总能给出一个近似解, 则称该算法是稳定的. 如果问题的条件好, 算法稳定, 我们可以期望同时具有小的后向误差和前向误差.

前面的误差放大例子表明根求解过程对于特定的输入变化的敏感性. 问题可能或多或少地敏感, 依赖于如何设计输入的变化. 问题的**条件数**定义为所有输入变化, 或者至少规定类型的变化所造成的最大误差放大. 条件数高的问题称为**病态**问题, 条件数在 1 附近的问题称为**良态**问题. 在第 2 章中讨论矩阵问题时, 我们将返回这个问题.

1.3 节习题

1. 找出下列函数的前向和后向误差, 其中根 3/4 的近似根是 $x_a = 0.74$:
   (a) $f(x) = 4x - 3$ (b) $f(x) = (4x - 3)^2$
   (c) $f(x) = (4x - 3)^3$ (d) $f(x) = (4x - 3)^{1/3}$

2. 找出下列函数的前向和后向误差, 其中根 1/3 的近似根是 $x_a = 0.3333$:
   (a) $f(x) = 3x - 1$ (b) $f(x) = (3x - 1)^2$
   (c) $f(x) = (3x - 1)^3$ (d) $f(x) = (3x - 1)^{1/3}$

3. (a) 找出函数 $f(x) = 1 - \cos x$ 在根 $r = 0$ 处的多重性. (b) 找出前向和后向误差, 近似根是 $x_a = 0.0001$.

4. (a) 找出函数 $f(x) = x^2 \sin x^2$ 在 $r = 0$ 处的重根. (b) 找出前向和后向误差, 近似根是 $x_a = 0.01$.

5. 找出前向和后向误差之间的关系, 并确定线性函数 $f(x) = ax - b$ 的根.

6. 令 n 是一个正整数. 定义正数 A 的 n 阶根是 $x^n - A = 0$. (a) 确定这是几重根. (b) 证明对于具有较小前向误差的近似的 n 阶根, 后向误差可近似表示为前向误差的 $nA^{(n-1)/n}$ 倍.

7. 令 $W(x)$ 是威尔金森多项式. (a) 证明 $W'(16) = 15!4!$. (b) 找到 $W'(j)$ 的类似公式, 其中 j 是 $1 \sim 20$ 之间的一个整数.

8. 令 $f(x) = x^n - ax^{n-1}$, 并设置 $g(x) = x^n$. (a) 使用敏感性公式预测函数 $f_\epsilon(x) = x^n - ax^{n-1} + \epsilon x^n$ 的非 0 根, 其中 ϵ 很小. (b) 找出非 0 根, 并同预测值进行对比.

1.3 节编程问题

1. 令 $f(x)=\sin x - x$。(a) 寻找 $r=0$ 对应的重根。(b) 使用 MATLAB 的 `fzero` 命令,初始估计 $x=0.1$,并确定根。`fzero` 报告的前向和后向误差是多少?
2. 对于函数 $f(x)=\sin x^3 - x^3$,进行问题 1 中的计算。
3. (a) 使用 `fzero` 找到函数 $f(x)=2x\cos x - 2x + \sin x^3$ 在区间 $[-0.1, 0.2]$ 中的根。报告前向和后向误差。(b) 以初始区间 $[-0.1, 0.2]$ 运行二分法。找到尽可能多的正确数位,并报告结论。
4. (a) 使用式 (1.21) 近似函数 $f_\epsilon(x)=(1+\epsilon)x^3 - 3x^2 + x - 3$ 在 3 附近的根,ϵ 是常数。(b) 令 $\epsilon = 10^{-3}$,找出实际的根,并与 (a) 部分的结果进行比较。
5. 使用式 (1.21) 近似函数 $f(x)=(x-1)(x-2)(x-3)(x-4)-10^{-6}x^6$ 在 $r=4$ 附近的根。找到误差放大因子。使用 `fzero` 检查该近似。
6. 使用 MATLAB 命令 `fzero` 找出威尔金森多项式在 $x=15$ 附近的根,x^{15} 系数的相对变化为 $\epsilon = 2 \times 10^{-15}$,这使得系数变得更小一点。和式 (1.21) 中精度进行比较。

1.4 牛顿方法

牛顿方法,也被称为牛顿-拉夫逊方法,通常比我们前面看到的线性收敛方法快得多。牛顿方法对应的几何图如图 1.8 所示。为了找到函数 $f(x)=0$ 的根,给定一个初始估计 x_0,画出函数 f 在 x_0 点的切线。用切线来近似函数 f,求出其与 x 轴的交点作为函数 f 的根,但是由于函数 f 的弯曲,该交点可能并不是精确解。因而,该步骤要迭代进行。

从几何图像中我们可以推出牛顿方法的公式。x_0 点的切线斜率可由导数 $f'(x_0)$ 给出。切线上的一点是 $(x_0, f(x_0))$。一条直线的点斜率方程是 $y - f(x_0) = f'(x_0)(x - x_0)$,因而切线和 x 轴的交点等价于在直线中令 $y=0$:

$$f'(x_0)(x - x_0) = 0 - f(x_0)$$

$$x - x_0 = -\frac{f(x_0)}{f'(x_0)}$$

$$x = x_0 - \frac{f(x_0)}{f'(x_0)}$$

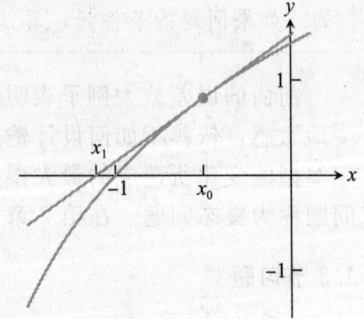

图 1.8 牛顿方法中的一步。从 x_0 开始,画出函数 $y=f(x)$ 的切线。和 x 轴的交点记做 x_1,这是对于函数根的下一个近似

求解 x 得到根的近似,我们称之为 x_1。然后,重复整个过程,从 x_1 开始,得到 x_2,等等,进而得到如下的迭代公式:

牛顿方法

$$x_0 = \text{初始估计}$$
$$x_{i+1} = x_i - \frac{f(x_i)}{f'(x_i)}, \quad i=0,1,2,\cdots$$

例 1.11 找出用于方程 $x^3 + x - 1 = 0$ 的牛顿方法公式。

由于 $f'(x)=3x^2+1$,公式如下

$$x_{i+1} = x_i - \frac{x_i^3+x_i-1}{3x_i^2+1} = \frac{2x_i^3+1}{3x_i^2+1}$$

从初始估计 $x_0=-0.7$ 开始,迭代公式得到

$$x_1 = \frac{2x_0^3+1}{3x_0^2+1} = \frac{2(-0.7)^3+1}{3(-0.7)^2+1} \approx 0.1271$$

$$x_2 = \frac{2x_1^3+1}{3x_1^2+1} \approx 0.9577$$

这些步骤在图 1.9 中以几何的方式显示. 更多的步骤如下表所示:

i	x_i	$e_i=\|x_i-r\|$	e_i/e_{i-1}^2
0	−0.700 000 00	1.382 327 80	
1	0.127 125 51	0.555 202 30	0.2906
2	0.957 678 12	0.275 350 32	0.8933
3	0.734 827 79	0.052 499 99	0.6924
4	0.684 591 77	0.002 263 97	0.8214
5	0.682 332 17	0.000 004 37	0.8527
6	0.682 327 80	0.000 000 00	0.8541
7	0.682 327 80	0.000 000 00	

仅仅 6 步之后,根就包含 8 位正确的数字. 关于误差以及它们变小的速度还有很多值得进一步描述. 在表中我们注意到一旦确定收敛, x_i 中正确的数位在每一步中近似翻倍. 我们在后面会看到,这就是"二次收敛"方法的一个特征.

1.4.1 牛顿方法的二次收敛

例 1.11 中的二次收敛,比我们前面在二分法和不动点迭代中看到的线性收敛速度要快. 现在需要如下一个新的定义.

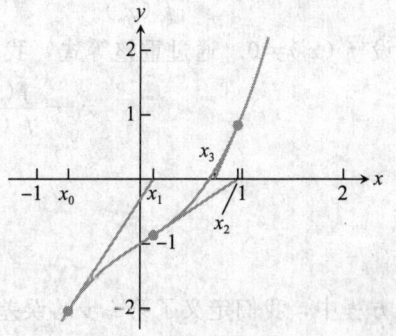

图 1.9　牛顿方法中的三步. 例 1.11 的图示. 从 $x_0=-0.7$ 开始,沿着切线方向画出牛顿方法的迭代. 该方法看起来会收敛到根　◀

定义 1.10　令 e_i 表示一个迭代方法第 i 步后得到的误差. 该迭代是**二次收敛**,如果满足下式

$$M = \lim_{i \to \infty} \frac{e_{i+1}}{e_i^2} < \infty$$

定理 1.11　令 f 是二阶连续可微函数,$f(r)=0$. 如果 $f'(r) \neq 0$,则牛顿方法局部二次收敛到 r. 第 i 步的误差 e_i 满足

$$\lim_{i \to \infty} \frac{e_{i+1}}{e_i^2} = M$$

其中
$$M = \frac{f''(r)}{2f'(r)}$$

证明 为了证明局部收敛，注意到牛顿方法是不动点迭代的一个特殊形式，其中
$$g(x) = x - \frac{f(x)}{f'(x)}$$
该函数的导数
$$g'(x) = 1 - \frac{f'(x)^2 - f(x)f''(x)}{f'(x)^2} = \frac{f(x)f''(x)}{f'(x)^2}$$
因为 $g'(r)=0$，根据定理1.6牛顿方法局部收敛.

为了证明二次收敛，我们使用另一种方式导出牛顿方法，并仔细观察在每步中生成的误差. 从误差中，我们想看到真实根和当前最优估计之间的差异.

定理0.8中的泰勒公式告诉我们在给定点和另一个近邻点之间的函数值的差异. 对于这两个点，我们使用根 r 和当前在第 i 步时的估计 x_i，第 i 步后，取两项后面的余项：
$$f(r) = f(x_i) + (r - x_i)f'(x_i) + \frac{(r-x_i)^2}{2}f''(c_i)$$
这里，c_i 在 x_i 和 r 之间. 由于 r 是根，因此，
$$0 = f(x_i) + (r - x_i)f'(x_i) + \frac{(r-x_i)^2}{2}f''(c_i)$$
$$-\frac{f(x_i)}{f'(x_i)} = r - x_i + \frac{(r-x_i)^2}{2}\frac{f''(c_i)}{f'(x_i)}$$
假设 $f'(x_i) \neq 0$. 通过重整等式，我们可以比较下一步的牛顿迭代结果和根：
$$x_i - \frac{f(x_i)}{f'(x_i)} - r = \frac{(r-x_i)^2}{2}\frac{f''(c_i)}{f'(x_i)}$$
$$x_{i+1} - r = e_i^2 \frac{f''(c_i)}{2f'(x_i)}$$
$$e_{i+1} = e_i^2 \left| \frac{f''(c_i)}{2f'(x_i)} \right| \tag{1.24}$$

在方程中，我们定义了第 i 步的误差是 $e_i = |x_i - r|$. 由于 c_i 在 r 和 x_i 之间，它会如同 x_i 一样收敛到 r，
$$\lim_{i \to \infty} \frac{e_{i+1}}{e_i^2} = \left| \frac{f''(r)}{2f'(r)} \right|$$
上面的式子满足二次收敛的定义. ■

我们推导的误差公式(1.24)可被看做
$$e_{i+1} \approx M e_i^2 \tag{1.25}$$
其中 $M = |f''(r)/2f'(r)|$，基于假设 $f'(r) \neq 0$. 由于估计结果 x_i 向 r 移动，并且由于 c_i 在 x_i 和 r 之间，随着牛顿方法收敛，该近似也会越来越好. 对于线性收敛方法，这个误差公式应该和 $e_{i+1} \approx S e_i$ 进行比较，FPI方法中 $S = |g'(r)|$，二分法中 $S = 1/2$.

尽管 S 的值对于线性收敛方法很关键，但是 M 的值并不那么重要，这是由于误差公式

中包含了上一步误差的平方. 一旦误差远小于1, 平方会带来进一步的减小; 只要 M 不是太大, 根据式(1.25)可以知道, 误差也会进一步下降.

回到例 1.11, 分析输出结果的表来验证这个误差率. 根据牛顿方法, 误差公式(1.25)右边一列表示这个比率是 e_i/e_{i-1}^2, 当迭代收敛到根, 该误差率趋近 M. 对于 $f(x) = x^3 + x - 1$, 导数为 $f'(x) = 3x^2 + 1$ 与 $f''(x) = 6x$; 最后在 $x_c \approx 0.6823$ 处得到 $M \approx 0.85$, 这和表右列中的误差率一致.

有了对于牛顿方法的新的理解, 我们可以更加全面地解释例 1.6 中的平方根计算. 令 a 是一个正数, 考虑利用牛顿方法寻找方程 $f(x) = x^2 - a$ 的根. 对于任意 a, 迭代如下

$$x_{i+1} = x_i - \frac{f(x_i)}{f'(x_i)} = x_i - \frac{x_i^2 - a}{2x_i} = \frac{x_i^2 + a}{2x_i} = \frac{x_i + \frac{a}{x_i}}{2} \quad (1.26)$$

这是例 1.6 使用的方法.

为了研究其对应的收敛性, 计算在根 $\sqrt{a}$ 的位置上的导数

$$f'(\sqrt{a}) = 2\sqrt{a}$$
$$f''(\sqrt{a}) = 2 \quad (1.27)$$

由于 $f'(\sqrt{a}) = 2\sqrt{a} \neq 0$, 收敛率为

$$e_{i+1} \approx M e_i^2 \quad (1.28)$$

牛顿方法是二次收敛方法, 其中 $M = 2/(2 \cdot 2\sqrt{a}) = 1/(2\sqrt{a})$.

1.4.2 牛顿方法的线性收敛

定理 1.11 并不意味着牛顿方法总能二次收敛. 回忆一下, 我们需要除去 $f'(r)$ 得到二次收敛. 这个假设十分重要. 下面的例子显示了一个牛顿方法不能二次收敛的实例.

例 1.12 使用牛顿方法找到 $f(x) = x^2$ 的实根.

这看起来像是个小问题, 因为我们知道有一个实根: $r = 0$. 但是常常对于一个我们透彻理解的例子使用一个新方法有启发意义. 牛顿方法公式如下

$$x_{i+1} = x_i - \frac{f(x_i)}{f'(x_i)} = x_i - \frac{x_i^2}{2x_i} = \frac{x_i}{2}$$

令人惊讶的是, 牛顿方法被简化到仅仅每步除2. 由于根是 $r = 0$, 我们有如下的牛顿迭代的表, 其中初值 $x_0 = 1$:

i	x_i	$e_i = |x_i - r|$	e_i/e_{i-1}
0	1.000	1.000	
1	0.500	0.500	0.500
2	0.250	0.250	0.500
3	0.125	0.125	0.500
⋮	⋮	⋮	⋮

牛顿方法收敛到了根 $r=0$. 误差公式是 $e_{i+1}=e_i/2$, 因而收敛是线性的, 收敛速度和常数 $S=1/2$ 成比例. ◀

对于 x^m 也有相似的结果, 其中 m 是正整数, 如下面例子所示.

例 1.13 使用牛顿方法寻找 $f(x)=x^m$ 的一个根.

牛顿公式如下:

$$x_{i+1} = x_i - \frac{x_i^m}{mx_i^{m-1}} = \frac{m-1}{m}x_i$$

> **收敛** 方程(1.28)和(1.29)表示在牛顿方法中, 到根 r 的两个不同的收敛率. 在单根位置上 $f'(r) \neq 0$, 并具有二次收敛速度, 或者更快的收敛, 该收敛遵从式(1.28). 在多重根位置上 $f'(r)=0$, 收敛是线性的, 并遵从式(1.29). 在后者问题的线性收敛中, 更慢的收敛速度使得牛顿方法和二分法以及 FPI 处于同一类.

唯一根为 $r=0$, 因而定义 $e_i=|x_i-r|=x_i$ 得到

$$e_{i+1} = Se_i$$

其中 $S=(m-1)/m$. ◀

这是牛顿方法在多重根上的一般情形的例子. 注意到多重根定义 1.9 和 $f(r)=f'(r)=0$ 等价. 正好是在这种情况下, 牛顿方法的误差公式中的导数失去了效力. 对于多重根有不同的误差公式. 我们已经见到的单项式的多重根模式代表了一般情况, 下面的定理 1.12 对此进行总结.

定理 1.12 假设在区间 $[a,b]$ 上, $(m+1)$ 阶连续可微函数 f 在 r 点有一个 m 阶多重根, 则牛顿方法局部收敛到 r, 第 i 步误差 e_i 满足

$$\lim_{i \to \infty} \frac{e_{i+1}}{e_i} = S \tag{1.29}$$

其中 $S=(m-1)/m$.

例 1.14 函数 $f(x)=\sin x+x^2\cos x-x^2-x$ 的重根 $r=0$, 计算多重性, 并估计利用牛顿方法精确到小数点后 6 位的收敛所需要的步数(使用 $x_0=1$).

很容易验证

$$f(x) = \sin x + x^2\cos x - x^2 - x$$
$$f'(x) = \cos x + 2x\cos x - x^2\sin x - 2x - 1$$
$$f''(x) = -\sin x + 2\cos x - 4x\sin x - x^2\cos x - 2$$

并且以上所有式子在 $r=0$ 的值都为 0. 而且三阶导数

$$f'''(x) = -\cos x - 6\sin x - 6x\cos x + x^2\sin x \tag{1.30}$$

满足 $f'''(0)=-1$, 所以根 $r=0$ 是一个三重根, 意味着多重性 $m=3$.

使用定理 1.12, 牛顿方法会线性收敛 $e_{i+1} \approx 2e_i/3$.

使用初始估计 $x_0=1$, 得到 $e_0=1$. 在收敛值附近, 误差在每一步中会下降 2/3. 所以, 精确到小数点后 6 位, 或者误差小于 0.5×10^{-6}, 所需步数的粗略估计通过求解下式可以得到

求解方程

$$\left(\frac{2}{3}\right)^n < 0.5 \times 10^{-6}$$

$$n > \frac{\log_{10}(0.5) - 6}{\log_{10}(2/3)} \approx 35.78 \tag{1.31}$$

大约需要 36 步. 表中显示了前面的 20 步.

i	x_i	$e_i = |x_i - r|$	e_i/e_{i-1}
1	1.000 000 000 000 00	1.000 000 000 000 00	
2	0.721 590 239 860 75	0.721 590 239 860 75	0.721 590 239 860 75
3	0.521 370 951 820 40	0.521 370 951 820 40	0.722 530 493 096 77
4	0.375 308 308 590 76	0.375 308 308 590 76	0.719 848 904 662 50
5	0.268 363 490 527 13	0.268 363 490 527 13	0.715 048 093 485 61
6	0.190 261 613 699 24	0.190 261 613 699 24	0.708 969 813 015 61
7	0.133 612 505 326 19	0.133 612 505 326 19	0.702 256 764 926 86
8	0.092 925 286 725 17	0.092 925 286 725 17	0.695 483 454 174 55
9	0.064 039 266 777 34	0.064 039 266 777 34	0.689 147 906 174 74
10	0.043 778 062 160 09	0.043 778 062 160 09	0.683 612 795 135 59
11	0.029 728 055 524 23	0.029 728 055 524 23	0.679 062 846 946 49
12	0.020 081 683 737 77	0.020 081 683 737 77	0.675 512 857 590 09
13	0.013 512 127 304 17	0.013 512 127 304 17	0.672 858 286 217 86
14	0.009 065 795 643 30	0.009 065 795 643 30	0.670 937 702 052 49
15	0.006 070 292 922 63	0.006 070 292 922 63	0.669 581 927 662 31
16	0.004 058 851 096 27	0.004 058 851 096 27	0.668 641 719 271 13
17	0.002 711 303 677 93	0.002 711 303 677 93	0.667 997 818 500 81
18	0.001 809 959 662 50	0.001 809 959 662 50	0.667 560 656 240 29
19	0.001 207 723 844 67	0.001 207 723 844 67	0.667 265 613 533 25
20	0.000 805 633 071 49	0.000 805 633 071 49	0.667 067 289 464 60

我们注意到右列中的误差收敛率和预测的 2/3 一致.

如果我们预先知道重根,牛顿方法的收敛可以通过少量的改进得到改善.

定理 1.13 如果在 $[a, b]$ 区间上 f 是 $(m+1)$ 阶连续函数,包含 $m>1$ 的多重根,则**改进的牛顿方法**

$$x_{i+1} = x_i - \frac{mf(x_i)}{f'(x_i)} \tag{1.32}$$

收敛到 r,并具有二次收敛速度.

回到例 1.14,我们使用改进的牛顿方法得到二次收敛速度. 5 步之后,会收敛到根 $r=0$,精确到小数点后 8 位:

i	x_i	i	x_i
0	1.000 000 000 000 00	3	0.000 246 541 437 74
1	0.164 770 719 582 24	4	0.000 000 060 722 72
2	0.016 207 337 711 44	5	−0.000 000 006 332 50

在这张表中有几处需要注意. 首先,直到第 4 步,在每一步中得到近似精确的数位翻

倍,可以观测到收敛到近似根的速度为二次.而在第 6、7…步中的精确数位的个数和第 5 步相同.牛顿方法不能收敛到机器精度的原因和 1.3 节相似,对于这点我们很熟悉.我们知道 0 是重根.当使用牛顿方法得到的后向误差在 ϵ_{mach} 附近的时候,前向误差等于 x_i,在数量级上要比后向误差大得多.

牛顿方法如同 FPI,可能不会收敛到根.下面的例子是一种可能不收敛的情况.

例 1.15 对函数 $f(x)=4x^4-6x^2-11/4$ 使用牛顿方法,初始估计 $x_0=1/2$.

由于函数是连续函数,在 $x=0$ 时取负值,并且对于 x 的大的正数和负数则取无穷大的正值,因此一定存在根.但是如图 1.10 所示,对于初始估计 $x_0=1/2$ 则找不到根.牛顿公式

$$x_{i+1}=x_i-\frac{4x_i^4-6x_i^2-\frac{11}{4}}{16x_i^3-12x_i} \tag{1.33}$$

通过替代得到 $x_1=-1/2$,进一步 $x_2=1/2$.牛顿方法在这个例子中,迭代的结果在 $1/2$ 和 $-1/2$ 之间变化,但是二者都不是根,所以求解根的过程失败.

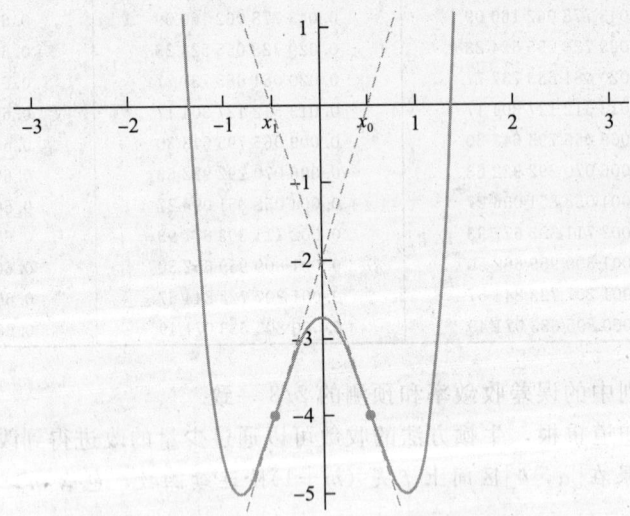

图 1.10 例 1.15 中牛顿方法求解失败.迭代在 $1/2$ 和 $-1/2$ 之间变化,并不能收敛到根

牛顿方法还有其他可能失败的方式.如果在任何迭代步中出现 $f'(x_i)=0$,显而易见,该方法就不能继续.还有其他的例子中迭代会发散到无穷(见习题 6)或者模仿随机数生成(见编程问题 13).尽管不是所有的初始估计都会收敛到根,定理 1.11 和定理 1.12 保证在每个根近邻中的初始估计收敛到根.

1.4 节习题

1. 应用牛顿方法迭代两步,初始估计 $x_0=0$.

    (a) $x^3+x-2=0$ (b) $x^4-x^2+x-1=0$ (c) $x^2-x-1=0$

2. 应用牛顿方法迭代两步,初始估计 $x_0=1$.

(a) $x^3+x^2-1=0$ (b) $x^2+1/(x+1)-3x=0$ (c) $5x-10=0$

3. 使用定理 1.11 或定理 1.12, 在利用牛顿方法收敛到给定根的过程中通过前一项的误差 e_i 估计误差 e_{i+1}. 收敛速度是线性的还是二次的?
    (a) $x^5-2x^4+2x^2-x=0$; $r=-1$, $r=0$, $r=1$ (b) $2x^4-5x^3+3x^2+x-1=0$; $r=-1/2$, $r=1$

4. 参照习题 3 估计误差 e_{i+1}.
    (a) $32x^3-32x^2-6x+9=0$; $r=-1/2$, $r=3/4$ (b) $x^3-x^2-5x-3=0$; $r=-1$, $r=3$

5. 考虑方程 $8x^4-12x^3+6x^2-x=0$. 对于两个解 $x=0$ 和 $x=1/2$, 不进行计算, 试确定二分法和牛顿方法哪一个会收敛更快(例如, 精确到小数点后 8 位).

6. 画出一个函数 f 以及对应的初始估计, 使得对应的牛顿方法发散.

7. 令 $f(x)=x^4-7x^3+18x^2-20x+8$. 牛顿方法是否会二次收敛到根 $r=2$? 确定 $\lim_{i\to\infty} e_{i+1}/e_i$, 其中 e_i 表示第 i 步的迭代误差.

8. 证明: 对于函数 $f(x)=ax+b$ 应用牛顿方法, 会在一步中收敛.

9. 证明对 $f(x)=x^2-A$ 应用牛顿方法, 会得到习题 1.6 中的迭代结果.

10. 找出对函数 $f(x)=x^3-A$ 应用牛顿方法得到的不动点迭代. 参看习题 1.2.10.

11. 使用牛顿方法构造二次收敛方法, 计算正数 A 的 n 阶根, 其中 n 是正整数. 证明二次收敛性.

12. 假设牛顿方法应用于 $f(x)=1/x$. 如果初始估计是 $x_0=1$, 找出 x_{50}.

13. (a) 函数 $f(x)=x^3-4x$ 其中一个根 $r=2$. 如果使用牛顿方法第 4 步后的误差 $e_i=x_i-r$ 是 $e_4=10^{-6}$, 估计 e_5. (b) 使用与(a)相同的方程, 应用到另一个根 $r=0$. (注意: 常用公式在这里没有用.)

14. 令 $g(x)=x-f(x)/f'(x)$ 表示函数 f 的牛顿方法迭代. 定义 $h(x)=g(g(x))$ 是牛顿方法相邻两步的结果, 则根据微积分的链式法, $h'(x)=g'(g(x))g'(x)$. (a) 如习题 1.15, 假设 c 是 h 的不动点, 但是 c 不是 g 的不动点. 请证明, 如果 c 是函数 $f(x)$ 的拐点, 即 $f''(x)=0$, 则不动点迭代 h 局部收敛于 c. 而且对于初始估计 c, 牛顿方法本身并不收敛到 f 的根, 而会得到一个振荡的序列 $\{c, g(c)\}$. (b) 验证(a)中的稳定振荡在例 1.15 中也出现过. 编程问题 14 将详细研究这个例子.

1.4 节 编程问题

1. 每个方程有一个根. 使用牛顿方法求近似根, 精确到小数点后 8 位.
    (a) $x^3=2x+2$ (b) $e^x+x=7$ (c) $e^x+\sin x=4$

2. 每个方程有一个实数根. 使用牛顿方法求近似根, 精确到小数点后 8 位.
    (a) $x^5+x=1$ (b) $\sin x=6x+5$ (c) $\ln x+x^2=3$

3. 使用牛顿方法尽可能精确地找到唯一根, 并确定根的多重性. 然后使用改进牛顿方法二次收敛到根. 报告每个方法中最优近似的前向和后向误差.
    (a) $f(x)=27x^3+54x^2+36x+8$ (b) $f(x)=36x^4-12x^3+37x^2-12x+1$

4. 对下面问题实施编程问题 3 中的步骤.
    (a) $f(x)=2e^{x-1}-x^2-1$ (b) $f(x)=\ln(3-x)+x-2$

5. 由一个高为 10m 的圆柱构成的发射井的顶部是一个半球, 体积 400m³. 确定发射井底部的半径, 精确到小数点后 4 位.

6. 一个 10cm 高的圆锥盛有 60cm³ 的冰淇淋, 其顶部是一个半球. 确定冰淇淋半球的半径, 精确到小数点后 4 位.

7. 在区间 $[-2, 2]$ 上考虑函数 $f(x)=e^{\sin^3 x}+x^6-2x^4-x^3-1$. 在这个区间上画出函数, 找出所有的三个根, 精确到小数点后 6 位. 确定哪一个根是二次收敛, 并找出线性收敛的根对应的多重性.

8. 对下面问题进行编程问题 7 中的步骤, 区间为 $[0, 3]$, 计算

$$f(x) = 94\cos^3 x - 24\cos x + 177\sin^2 x - 108\sin^4 x - 72\cos^3 x \sin^2 x - 65$$

9. 使用牛顿方法找出函数 $f(x)=14xe^{x-2}-12e^{x-2}-7x^3+20x^2-26x+12$ 在区间 $[0,3]$ 上的根. 对于每个根, 打印对应的迭代序列, 误差 e_i, 和收敛到非 0 极限的相关误差率 e_{i+1}/e_i^2 或者 e_{i+1}/e_i. 把该极限和由定理 1.11 中得到的期望 M 或者定理 1.12 中得到的 S 进行匹配.

10. 设 $f(x)=54x^6+45x^5-102x^4-69x^3+35x^2+16x-4$. 在区间 $[-2,2]$ 上画出函数, 使用牛顿方法找出该区间上所有的 5 个根. 对于哪些根, 牛顿方法线性收敛? 对于哪些根, 二次收敛?

11. 对于低温和低压中的气体的理想气体定律是 $PV=nRT$, 其中 P 是压强(单位 atm), V 是体积(单位 L), T 是温度(单位 K), n 是气体的摩尔数, $R=0.0820578$ 是气体的摩尔常数. 下面的 van der Waals 方程

$$\left(P+\frac{n^2 a}{V^2}\right)(V-nb)=nRT$$

涵盖了该假设不能成立的非理想情况. 使用理想气体定律计算一个初始估计, 然后使用牛顿方法求解 van der Waals 方程找出 1 摩尔氧气在 320K 温度, 15atm 压强下的体积. 对于氧气 $a=1.36L^2$-atm/mole^2, $b=0.003\,183$L/mole. 写出你的初始估计和具有 3 个有效数字的解.

12. 使用编程问题 11 中的数据找出 1mole 苯蒸气在 700K 温度, 20atm 压强下的体积. 对于苯蒸气, $a=18.0$ L^2-atm/mole^2, $b=0.1154$L/mole.

13. (a) 找出函数 $f(x)=(1-3/(4x))^{1/3}$ 的根. (b) 使用牛顿方法, 初始估计在根的附近, 画出前 50 步的迭代. 这是另外一种通过生成混乱的轨迹使得牛顿方法可能失败的情形. (c) 为什么定理 1.11 和定理 1.12 失效?

14. (a) 固定实数 $a, b>0$, 并使用选择的值画出函数 $f(x)=a^2x^4-6abx^2-11b^2$ 的图. 由于 $a=2, b=1/2$ 对应情况在例 1.15 已经出现, 所以不要使用 $a=2, b=1/2$. (b) 使用牛顿方法找出 $f(x)$ 的正根和负根. 然后找出正的初始估计区间 $[d_1, d_2]$, 其中 $d_2>d_1$, 对于哪一个牛顿方法: (c) 收敛到正根, (d) 收敛到负根, (e) 不收敛到任何根. 你的区间中不能包含任何初始估计 $f'(x)=0$, 这是由于此时牛顿方法没有定义.

1.5 不需要导数的根求解

除了重根, 牛顿方法比二分法和 FPI 方法的收敛速度更快. 它达到了这种更快的速度是因为使用了更多的信息, 尤其是通过函数导数得到的函数切线方向的信息. 在某些情况下, 可能难以计算导数.

在这种情况下, 割线方法是牛顿方法的一个非常好的替代. 它使用近似值割线替代了切线, 并且收敛速度差不多快. 割线方法的变体使用抛物线替换了直线, 抛物线可能具有垂直轴(Muller 方法)或者水平轴(逆二次插值). 本节最后描述 Brent 方法, 这是一种结合了迭代和括号方法的优良特征的混合方法.

1.5.1 割线方法及其变体

割线方法和牛顿方法近似, 但是使用差商替换了导数. 从几何上来看, 切线被通过前面两次估计点的直线替换. "割线"与 x 轴的交点被看做是新的估计.

在当前估计 x_i 处导数的近似可以写为差商

$$\frac{f(x_i)-f(x_{i-1})}{x_i-x_{i-1}}$$

使用这种近似直接替换牛顿方法中的 $f'(x_i)$, 就得到割线方法.

求解方程

割线方法

$$x_0, x_1 = 初始估计$$
$$x_{i+1} = x_i - \frac{f(x_i)(x_i - x_{i-1})}{f(x_i) - f(x_{i-1})}, \quad i = 1, 2, 3, \cdots$$

和不动点迭代以及牛顿方法不同，割线方法需要两个初始估计。

如果假设割线方法收敛到函数 f 的根 r，且 $f'(r) \neq 0$，近似误差关系

$$e_{i+1} \approx |\frac{f''(r)}{2f'(r)}| e_i e_{i-1}$$

成立并且

$$e_{i+1} \approx |\frac{f''(r)}{2f'(r)}|^{\alpha-1} e_i^\alpha$$

其中 $\alpha = (1+\sqrt{5})/2 \approx 1.62$（见习题 6）。割线方法以**超线性**的速度收敛到一个单根，意味着它在线性和二次收敛方法之间。

例 1.16 应用割线方法，初始估计 $x_0 = 0$，$x_1 = 1$，找出函数 $f(x) = x^3 + x - 1$ 的根。

由公式得到：

$$x_{i+1} = x_i - \frac{(x_i^3 + x_i - 1)(x_i - x_{i-1})}{x_i^3 + x_i - (x_{i-1}^3 + x_{i-1})} \quad (1.34)$$

如图 1.11 所示，初始估计 $x_0 = 0$，$x_1 = 1$，我们计算得到

$$x_2 = 1 - \frac{(1)(1-0)}{1+1-0} = \frac{1}{2}$$

$$x_3 = \frac{1}{2} - \frac{-\frac{3}{8}(1/2-1)}{-\frac{3}{8}-1} = \frac{7}{11}$$

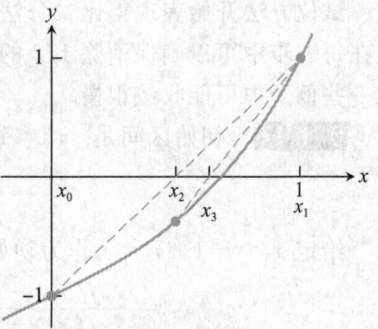

图 1.11 割线方法的两步。例 1.16 的图示。初始 $x_0 = 0$，$x_1 = 1$，其中割线方法的迭代过程用割线画出来

进一步的迭代可以生成下表：

i	x_i	i	x_i
0	0.000 000 000 000 00	5	0.682 020 419 648 19
1	1.000 000 000 000 00	6	0.682 325 781 409 89
2	0.500 000 000 000 00	7	0.682 327 804 359 03
3	0.636 363 636 363 64	8	0.682 327 803 828 02
4	0.690 052 356 020 94	9	0.682 327 803 828 02

割线方法有三种推广形式，它们也很重要。试位方法（或称为 **Regula Falsi**）和二分法相似，但是其中的中点被类似割线方法的近似所替换。给定区间 $[a, b]$，该区间包含根（假设 $f(a)f(b) < 0$），使用割线方法定义下一个点为

$$c = a - \frac{f(a)(a-b)}{f(a) - f(b)} = \frac{bf(a) - af(b)}{f(a) - f(b)}$$

但是和割线方法不同，由于点 $(a, f(a))$ 和 $(b, f(b))$ 在 x 轴的两侧，新的点保证在区间

$[a, b]$ 内. 根据 $f(a)f(c)<0$ 或者 $f(c)f(b)<0$, 分别选择新的区间 $[a, c]$ 或者 $[c, b]$, 新的区间仍然可以括住根.

试位方法

给定区间 $[a, b]$, 使得 $f(a)f(b) < 0$
for $i = 1, 2, 3, \cdots$
$$c = \frac{bf(a) - af(b)}{f(a) - f(b)}$$
if $f(c) = 0$, stop, end
if $f(a)f(c) < 0$
$\quad b = c$
else
$\quad a = c$
end
end

试位方法开始表现得比二分法和割线方法都要好, 具有二者最好的性质. 但是, 二分法在每一步中可以确保消除 1/2 的不确定性, 试位方法却没有能力做出这样的保证, 而且在一些例子中可能收敛很慢.

例 1.17 初始区间是 $[-1, 1]$, 使用试位方法找到如下函数的根 $r=0$:
$$f(x) = x^3 - 2x^2 + \frac{3}{2}x$$

给定 $x_0 = -1$, $x_1 = 1$ 作为初始区间, 我们计算新的点
$$x_2 = \frac{x_1 f(x_0) - x_0 f(x_1)}{f(x_0) - f(x_1)} = \frac{1(-9/2) - (-1)1/2}{-9/2 - 1/2} = \frac{4}{5}$$

由于 $f(-1)f(4/5) < 0$, 新的括住区间为 $[x_0, x_2] = [-1, 0.8]$. 这样就结束了第一步. 注意到第一步中解的不确定性减小的因子远小于 1/2. 如图 1.12b 所示, 以后连续进行的多步趋近到 $x=0$ 的速度很慢.

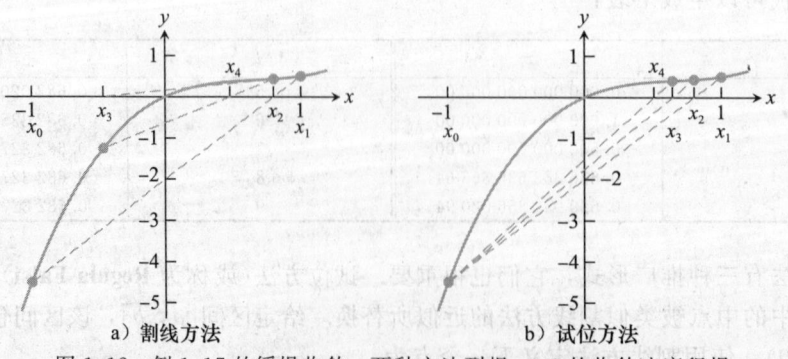

图 1.12 例 1.17 的缓慢收敛. 两种方法到根 $r=0$ 的收敛速度很慢

Muller 方法 是割线方法在不同方向的推广. 该方法不是计算经过先前两个点的直线和 x 轴的交点, 而是使用三个前面生成的点 x_0、x_1、x_2, 画出通过它们的抛物线 $y = p(x)$,

并计算抛物线和 x 轴的交点. 一般来讲, 抛物线会生成 0 个或者 2 个交点. 如果有两个交点, 接近上一步中的 x_2 的点会被选作 x_3. 通过简单的二次公式计算, 就可以确定两种可能. 如果抛物线和 x 轴不相交, 就会出现复数解. 能够处理复数代数的软件就可以计算对应的解. 我们不会继续探索这个问题, 尽管在这个方向的相关文献中有很多资源.

逆二次插值(IQI)是割线方法到抛物线的一种相近的泛化方法. 但是使用形如 $x=p(y)$ 的抛物线, 而不是 Muller 方法所使用的 $y=p(x)$. 我们的问题可以立刻求解: 这个抛物线和 x 轴只有一个交点, 所以从上一步中的三个估计 x_i、x_{i+1} 和 x_{i+2} 寻找 x_{i+3}, 这个过程中没有混淆.

经过三点 (a, A), (b, B), (c, C) 的二阶多项式 $x=P(y)$ 为

$$P(y) = a\frac{(y-B)(y-C)}{(A-B)(A-C)} + b\frac{(y-A)(y-C)}{(B-A)(B-C)} + c\frac{(y-A)(y-B)}{(C-A)(C-B)} \tag{1.35}$$

这是一个拉格朗日插值的例子, 在第 3 章中将进行讲述. 现在我们只要知道 $P(A)=a$, $P(B)=b$, $P(C)=c$ 就足够了. 用 $y=0$ 代入, 得到抛物线和 x 轴的交点. 经过重新组合与替代, 我们得到

$$P(0) = c - \frac{r(r-q)(c-b) + (1-r)s(c-a)}{(q-1)(r-1)(s-1)} \tag{1.36}$$

其中 $q=f(a)/f(b)$, $r=f(c)/f(b)$, $s=f(c)/f(a)$.

对于 IQI, 通过设置

$$a = x_i, b = x_{i+1}, c = x_{i+2}, A = f(x_i), B = f(x_{i+1}), C = f(x_{i+2})$$

下一步的估计 $x_{i+3}=P(0)$ 为

$$x_{i+3} = x_{i+2} - \frac{r(r-q)(x_{i+2}-x_{i+1}) + (1-r)s(x_{i+2}-x_i)}{(q-1)(r-1)(s-1)} \tag{1.37}$$

其中 $q=f(x_i)/f(x_{i+1})$, $r=f(x_{i+2})/f(x_{i+1})$, $s=f(x_{i+2})/f(x_i)$. 给定三个初始估计, IQI 方法对式(1.37)进行迭代, 使用最新的估计 x_{i+3} 替换最旧的估计 x_i. IQI 的另一种方式使用最新估计替换最近的三个估计中的后向误差最大的那个.

图 1.13 比较了 Muller 方法与逆二次插值的几何. 两种方法比割线方法的收敛速度都快, 这是由于更高阶的插值计算. 在第 3 章, 我们会更详细地研究插值. 割线方法的概念和推广, 以及二分法是 Brent 方法的重要组成部分, 该方法将在下节中进行描述.

1.5.2 Brent 方法

Brent 方法[Brent, 1973]是一种混合方法, 该方法使用前面介绍的迭代技术, 推出一个新的方法, 并保留前面方法中有用的性质. 如果能把二分法的保证收敛的性质以及更加复杂方法的快速收敛性质结合起来就好了. 这个方法最早是由 Dekker 和 Van Wijngaarden 在 20 世纪 60 年代提出来的.

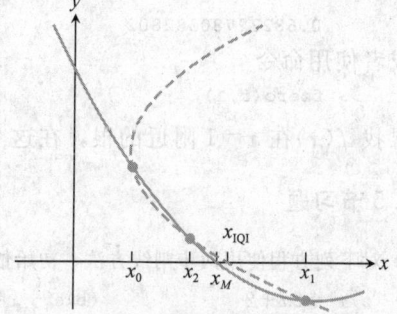

图 1.13 比较 Muller 方法以及逆向二次迭代方法. 前者由插值抛物线 $y=p(x)$ 确定; 后者由插值抛物线 $x=p(y)$ 确定

该方法用于连续函数 f，区间的边界是 a 和 b，同时 $f(a)f(b)<0$. Brent 方法记录当前点 x_i，该点具有最优的后向误差，同时有包含根的区间 $[a_i, b_i]$. 简单来讲，尝试使用逆二次方法，并在下述情况下，使用结果来替代 x_i、a_i、b_i 中的一个：(1) 后向误差得到改进；(2) 包含根的区间至少减小一半. 否则，尝试使用割线方法以实现相同的目的. 如果割线方法也失败了，则使用二分法，保证至少减少一半的不确定性.

MATLAB 的命令 fzero 可以实现 Brent 方法的一种形式，如果用户没有给定一个初始空间，该命令会提供一个预处理步骤，找到一个好的括住区间. 终止条件混合了前向和后向误差的标准. 当从 x_i 到一个新点 x_{i+1} 的变化小于 $2\varepsilon_{\text{mach}}\max(1, x_i)$ 或者后向误差 $|f(x_i)|$ 变成机器零，算法就会终止.

如果用户提供一个初始括住区间，则不进行预处理步骤. 下面使用命令输入函数 $f(x)=x^3+x-1$ 以及初始括住区间 $[0, 1]$，并且让 MATLAB 在每步迭代中显示部分结果：

```
>> f=@(x) x^3+x-1;
>> fzero(f,[0 1],optimset('Display','iter'))

Func-count        x               f(x)            Procedure
    1             0               -1              initial
    2             1               1               initial
    3             0.5             -0.375          bisection
    4             0.636364        -0.105935       interpolation
    5             0.684910        0.00620153      interpolation
    6             0.682225        -0.000246683    interpolation
    7             0.682328        -5.43508e-007   interpolation
    8             0.682328        1.50102e-013    interpolation
    9             0.682328        0               interpolation
Zero found in the interval: [0, 1].

ans=

    0.68232780382802
```

或者使用命令

```
>> fzero(f,1)
```

寻找 $f(x)$ 在 $x=1$ 附近的根，在这个过程中，首先确定括住区间，然后使用 Brent 方法.

1.5 节习题

1. 对下列方程使用两步割线方法，初始估计为 $x_0=1$, $x_1=2$.
   (a) $x^3=2x+2$ (b) $e^x+x=7$ (c) $e^x+\sin x=4$

2. 对习题 1 中的方程使用两步试位方法，初始区间为 $[1, 2]$.

3. 对习题 1 中的方程使用两步逆向二次插值方法. 初始估计 $x_0=1$, $x_1=2$, $x_2=0$，保留三次最近的迭代进行更新.

4. 一个商业渔夫想把网撒在温度是 10℃ 的水中. 从温度计上的线看到在水深 9m 时，温度是 8℃，水深 5m 时温度是 15℃. 使用割线方法找出温度 10℃ 时对应的最合适的水深.

5. 通过 $y=0$ 代入式 (1.35)，推导公式 (1.36).

6. 如果割线方法收敛到 r, $f'(r)\neq 0$, $f''(r)\neq 0$，则近似误差关系 $e_{i+1}\approx |f''(r)/(2f'(r))|e_i e_{i-1}$ 成立. 证

明如果极限 $\lim_{i\to\infty} e_{i+1}/e_i^\alpha$ 对于 $\alpha>0$ 成立，并且非 0，则 $\alpha=(1+\sqrt{5})/2$，$e_{i+1}\approx\left|(f''(r)/2f'(r))\right|^{\alpha-1}e_i^\alpha$。

7. 考虑下面 4 种计算 $2^{1/4}$，即 2 开 4 次方的方法。
   (a) 根据收敛速度从最快到最慢进行排序。并给出进行这样排序的原因。
      (A) 使用二分法 $f(x)=x^4-2$
      (B) 使用割线方法 $f(x)=x^4-2$
      (C) 使用不动点迭代 $g(x)=\dfrac{x}{2}+\dfrac{1}{x^3}$
      (D) 使用不动点迭代 $g(x)=\dfrac{x}{3}+\dfrac{1}{3x^3}$
   (b) 是否还有比以上方法收敛更快的方法？

1.5 节编程问题

1. 使用割线方法找出习题 1 中的一个(唯一)根。
2. 使用试位方法找出习题 1 中每个方程的根。
3. 使用逆向二次插值找出习题 1 中每个方程的根。
4. 令 $f(x)=54x^6+45x^5-102x^4-69x^3+35x^2+16x-4$，在区间 $[-2,2]$ 中画出函数，使用割线方法找出该区间中所有的 5 个根。哪些根是线性收敛？哪些根是超线性收敛？
5. 在习题 1.1.6 中，曾被问到二分法在区间 $[-2,1]$，函数 $f(x)=1/x$ 的解是多少。现在比较 fzero 得到的结果和二分法计算的结果。
6. (a) 如果使用 fzero 确定函数 $f(x)=x^2$ 在 1 附近的根会有什么结果(不使用一个括住区间)？解释结果。(b) 该问题对于 $f(x)=1+\cos x$ 在 -1 附近会得到什么结果？

事实验证 1　Stewart 平台运动学

一个 Stewart 平台包含 6 个可变长度的支杆，或者棱柱关节，用于支撑负载。棱柱关节通过气动或者水动的方式改变支杆的长度运转。作为一个 6 自由度的机器人，Stewart 平台可以放在任何地方，并趋向它能力范围之内的三维空间。

为了简化问题，本项目考虑 Stewart 平台的二维版本。该控制器由三个支杆控制的平面上的一个三角形平台构成，如图 1.14 所示。内部三角形表示平面 Stewart 平台，其对应的维数由三个长度 L_1、L_2、L_3 定义。令 γ 表示边 L_1 所对的角度。平台位置由三个长度 p_1、p_2、p_3 控制，这对应三个支杆变化的长度。

给定三个支杆的长度，找到平台位置，被称为控制器的前向，或者方向动力学问题。从名字可以看出来，在给定 p_1、p_2、p_3 后，计算 (x,y) 和 θ。由于有三个自由度，很自然地使用三个数字表示平台位置。对于运动规划，尽可能快地求解问题非常重要，一般需要实时。但是不幸的是，对于平面 Stewart 平台的前向运动学问题没有解析解。

当前最好的方法包括如图 1.14 所示，把几何形式降到一个方程，并使用本章介绍的求解器进行解

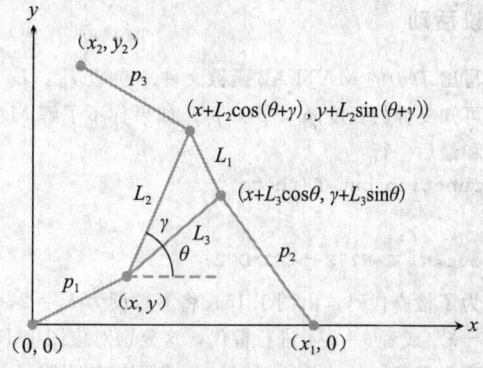

图 1.14　平面 Stewart 平台草图。前向动力学问题中使用 p_1、p_2、p_3 确定未知的 x、y、θ。

答. 你的工作是计算这个方程的导数并写代码进行求解.

在图 1.14 中使用简单的三角方法包含下面的三个方程：

$$p_1^2 = x^2 + y^2$$
$$p_2^2 = (x + A_2)^2 + (y + B_2)^2$$
$$p_3^2 = (x + A_3)^2 + (y + B_3)^2 \tag{1.38}$$

在方程中，

$$A_2 = L_3 \cos\theta - x_1$$
$$B_2 = L_3 \sin\theta$$
$$A_3 = L_2 \cos(\theta + \gamma) - x_2 = L_2[\cos\theta\cos\gamma - \sin\theta\sin\gamma] - x_2$$
$$B_3 = L_2 \sin(\theta + \gamma) - y_2 = L_2[\cos\theta\sin\gamma + \sin\theta\cos\gamma] - y_2$$

注意到式(1.38)求解了平面 Stewart 平台的逆向运动学问题，通过给定 x、y、θ，找出 p_1、p_2、p_3. 你的目的是求解前向问题，即给定 p_1、p_2、p_3，解 x、y、θ.

把式(1.38)中最后两个方程展开，并把第一个方程代入，得到

$$p_2^2 = x^2 + y^2 + 2A_2x + 2B_2y + A_2^2 + B_2^2 = p_1^2 + 2A_2x + 2B_2y + A_2^2 + B_2^2$$
$$p_3^2 = x^2 + y^2 + 2A_3x + 2B_3y + A_3^2 + B_3^2 = p_1^2 + 2A_3x + 2B_3y + A_3^2 + B_3^2$$

其中只要 $D = 2(A_2 B_3 - B_2 A_3) \neq 0$，$x$ 和 y 可以求解为

$$x = \frac{N_1}{D} = \frac{B_3(p_2^2 - p_1^2 - A_2^2 - B_2^2) - B_2(p_3^2 - p_1^2 - A_3^2 - B_3^2)}{2(A_2 B_3 - B_2 A_3)}$$
$$y = \frac{N_2}{D} = \frac{-A_3(p_2^2 - p_1^2 - A_2^2 - B_2^2) + A_2(p_3^2 - p_1^2 - A_3^2 - B_3^2)}{2(A_2 B_3 - B_2 A_3)} \tag{1.39}$$

用这些式子替换(1.38)第一个方程中的 x 和 y，乘上 D^2 得到如下的一个方程

$$f = N_1^2 + N_2^2 - p_1^2 D^2 = 0 \tag{1.40}$$

其中只有一个未知数 θ. (回忆一下 p_1，p_2，p_3，L_1，L_2，L_3，γ，x_1，x_2，y_2 都是已知的.) 如果找到 $f(\theta)$ 的根，对应的 x 和 y 可以从(1.39)解出来.

注意到 $f(\theta)$ 是关于 $\sin\theta$ 和 $\cos\theta$ 的多项式，所以，对于任何给定的根 θ，还有其他的根 $\theta + 2\pi k$，这些根对于平台也是等价的. 由于这个原因，我们把角度 θ 限制在区间$[-\pi, \pi]$. 可以看到 $f(\theta)$ 在这个区间上至多有 6 个根.

建议活动

1. 写出 $f(\theta)$ 的 MATLAB 函数文件. 参数 L_1，L_2，L_3，γ，x_1，x_2，y_2 为固定的常数，当给定姿态时，可知支杆的长度 p_1，p_2，p_3. 如果你不了解 MATLAB 函数文件，可以参考附录 B.5. 下面为第一行和最后一行：

```
function out=f(theta)
      :
      :
out=N1^2+N2^2-p1^2*D^2;
```

为了检查代码，由图 1.15，将参数设为 $L_1 = 2$，$L_2 = L_3 = \sqrt{2}$，$\gamma = \pi/2$，$p_1 = p_2 = p_3 = \sqrt{5}$. 然后，用 $\theta = -\pi/4$ 或者 $\theta = \pi/4$ 进行替代，这分别对应图 1.15a 和图 1.15b，使得 $f(\theta) = 0$.

2. 画出区间$[-\pi, \pi]$上的 $f(\theta)$. 你可以使用附录 B.5 中的 @符号为你的函数文件在画图命令中分配一个函数句柄，你可能还需要在算术运算前面加上"."使得操作矢量化，该计算在附录 B.2 中描述. 作为对你的工作的检查，应该在$\pm\pi/4$ 位置上有根.

3. 重新生成图 1.15. MATLAB 命令如下

```
>> plot([u1 u2 u3 u1],[v1 v2 v3 v1],'r'); hold on
>> plot([0 x1 x2],[0 0 y2],'bo')
```

将会画出一个红色三角形,三角形的顶点为(u1, v1),(u2, v2),(u3, v3),在支杆锚点(anchor) (0, 0),(0, x1),(x2, y2)上画上小圆,并且画出支杆.

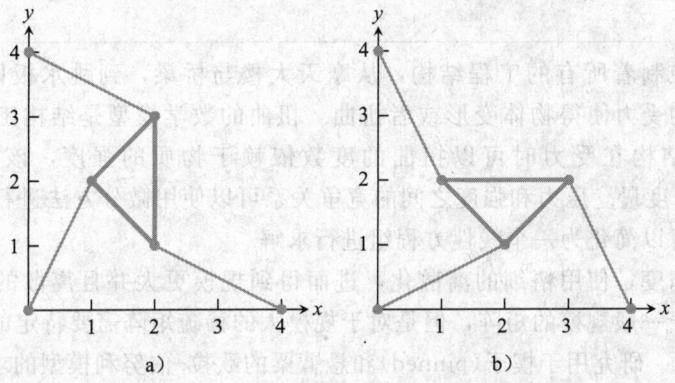

图 1.15 具有相等的臂长的平面 Stewart 平台的两个姿态. 每个姿态对应(1.38)的一个解,臂长分别为 $p_1 = p_2 = p_3 = \sqrt{5}$. 三角形的形状由 $L_1 = 2, L_2 = L_3 = \sqrt{2} \gamma = \pi/2$ 来定义

4. 求解平面 Stewart 平台的前向动力学系统,其中,$x_1 = 5, (x_2, y_2) = (0,6), L_1 = L_3 = 3, L_2 = 3\sqrt{2}, \gamma = \pi/4, p_1 = p_2 = 5, p_3 = 3$. 首先画出 $f(\theta)$. 使用方程求解技术找出 4 个位置,并画出这些位置. 通过验证 p_1、p_2、p_3 是图中支杆的长度,检查你的结果.
5. 将支杆长度改变为 $p_2 = 7$ 并重新求解问题. 对于这些参数,有 6 个姿态.
6. 找出支杆长度 p_2,其他参数和步骤 4 设置相同,使得其中只有两个姿态.
7. 计算 p_2 的区间,其他参数和步骤 4 设置相同,使得其中分别有 0、2、4 和 6 个姿态.
8. 推导并确定一个方程,来表示三维、6 自由度的 Stewart 平台前向动力系统. 写出 MATLAB 程序,并验证其用于求解前向动力系统. 参考 Merlet[2000]的论著可以找出对棱柱机械臂和平台的一个很好的介绍.

软件与进一步阅读

有多种算法可以用于确定非线性方程的解. 包括收敛速度慢,但是保证收敛的算法,例如二分法,以及具有更快的收敛速度,但是不能保证收敛的算法,包括牛顿方法及其变种. 根据是否需要方程的导数信息,方程求解方法可以分为两类. 二分法、割线方法以及逆向二次插值,在计算过程中仅仅需要黑盒子提供给定输入的函数值,而牛顿方法需要方程的导数. Brent 方法是个混合方法,结合慢速和快速收敛方法的好的特性,而且不需要导数计算. 由于这个原因,Brent 方法是最常用的一般方程求解方法,在大量综合的软件包中都包含这个方法.

MATLAB 的 fzero 命令实现了 Brent 方法,仅仅需要初始区间和一个初始值作为输入. IMSL 的 ZBREN 程序、NAG 的程序 c05adc,以及 netlib FORTRAN 的程序 fzero.f 都依赖这个基本的方法. MATLAB 的 roots 命令可以找出一个多项式的所有根,该命令使用完全不同的方法. 该方法计算伴随矩阵的所有特征值,构造得到的矩阵的特征值和多项式的所有根相同.

其他常常提到的算法基于 Muller 方法和拉格朗日方法,这些方法在正确的条件下,具有三次收敛速度. 更多细节可以参考 Traub[1964]、Ostrowski[1966]和 Householder[1970]关于方程求解的教科书.

第 2 章 方程组

> 物理定律控制着所有的工程结构,从摩天大楼与桥梁,到跳水板以及医疗设备. 静态或者动态的受力使得物体变形或者扭曲. 扭曲的数学模型是结构工程师工作桌上的基本工具. 结构在受力时可以扭曲的度数依赖于物质的强度,该强度使用杨氏(Young)模量来度量. 压力和强度之间的竞争关系可以使用微分方法进行建模,在离散化后,该方程可以简化为一个线性方程组进行求解.
>
> 为了提高精度,使用精细的离散化,进而得到规模更大并且离散的线性系统. 高斯消去法可用于一般规模的矩阵,但是对于规模大的稀疏矩阵需要特定的迭代算法.
>
> **事实验证 2** 研究用于楔子(pinned)和悬臂梁的欧拉-伯努利模型的求解方法.

在前一章,我们研究单变量方程的求解方法. 在本章中,我们将研究同时求解多个多变量方程. 我们的大部分注意力会放在未知变量个数和方程个数相同的问题上.

高斯消去法是求解合适规模的线性方程的有用工具. 本章首先介绍这一常见技术的有效并且稳定的版本. 然后我们的注意力会转向用于大规模系统的迭代技术. 最后,我们推出用于非线性方程的方法.

2.1 高斯消去法

考虑方程组

$$\begin{aligned} x+y &= 3 \\ 3x-4y &= 2 \end{aligned} \tag{2.1}$$

具有两个方程两个变量的系统可以从代数方面考虑,也可以从几何方面考虑. 从几何观点,每一个线性方程表示 xy 平面中的一条直线,如图 2.1 所示. 在点 $x=2$,$y=1$ 处两条直线相交,交点满足两个方程,这正是我们要寻找的解.

几何观点有助于我们可视化求解系统,但是为了计算具有很多精确数位的解,我们回到代数方法. 这种称为高斯消去法的方法,可以有效地求解具有 n 个未知数的 n 个方程. 在下面的几节中,我们将研究用于典型问题最优的高斯消去法.

2.1.1 朴素的高斯消去法

我们首先描述最简单的高斯消去法. 事实上,该方法过于简单,以至于有时难以完成求解,更不要说找到

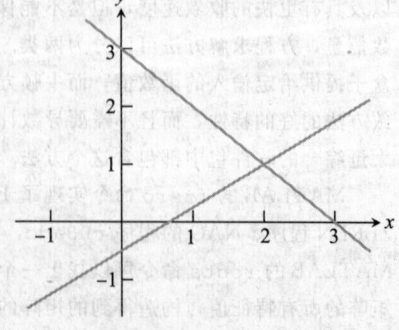

图 2.1 方程组的几何求解. (2.1)中每一个方程对应平面中的一条直线. 交点就是对应的解

精确解."朴素"方法的改进将会在下一节中进行介绍.

对于线性方程组系统可以施加三个有用的操作,使用该操作可以生成等价的系统. 这意味着二者具有等价解. 这些操作如下:

(1) 两个方程彼此交换位置.
(2) 在一个方程上加上或者减去另外一个方程的倍数.
(3) 对于一个方程乘上一个非零的常数.

对于方程(2.1),我们可以从第二个方程中减去第一个方程的3倍,从而从第二个方程中消去 x 变量. 从第二个方程中减去 $3 \cdot [x+y=3]$ 得到方程组

$$x+y=3$$
$$-7y=-7 \quad\quad (2.2)$$

从底部的方程开始,我们可以"从后向前"求解以得到所有的解,过程如下

$$-7y=-7 \rightarrow y=1$$

以及

$$x+y=3 \rightarrow x+(1)=3 \rightarrow x=2$$

因而(2.1)的解是 $(x, y)=(2, 1)$.

相同的消去过程可以在没有变量参与的情况下进行,把系统写成如下的表格形式:

$$\begin{bmatrix} 1 & 1 & | & 3 \\ 3 & -4 & | & 2 \end{bmatrix} \rightarrow 从第2行中减去第1行的3倍 \rightarrow \begin{bmatrix} 1 & 1 & | & 3 \\ 0 & -7 & | & -7 \end{bmatrix} \quad (2.3)$$

表格形式的优势在于在消去过程中隐藏了变量. 当表格左边的方块数组变成"三角"时,我们可以从底部开始,由后向前求解对应方程的解.

例 2.1 对表格形式应用高斯消去法求解三个未知数、三个方程的系统:

$$x+2y-z=3$$
$$2x+y-2z=3$$
$$-3x+y+z=-6 \quad\quad (2.4)$$

表格形式如下:

$$\begin{bmatrix} 1 & 2 & -1 & | & 3 \\ 2 & 1 & -2 & | & 3 \\ -3 & 1 & 1 & | & -6 \end{bmatrix} \quad (2.5)$$

需要两步消去第1列:

$$\begin{bmatrix} 1 & 2 & -1 & | & 3 \\ 2 & 1 & -2 & | & 3 \\ -3 & 1 & 1 & | & -6 \end{bmatrix} \rightarrow 从第2行中减第1行的2倍 \rightarrow \begin{bmatrix} 1 & 2 & -1 & | & 3 \\ 0 & -3 & 0 & | & -3 \\ -3 & 1 & 1 & | & -6 \end{bmatrix}$$

$$\rightarrow 从第3行中减去第1行的-3倍 \rightarrow \begin{bmatrix} 1 & 2 & -1 & | & 3 \\ 0 & -3 & 0 & | & -3 \\ 0 & 7 & -2 & | & 3 \end{bmatrix}$$

还需要一步消去第2列:

$$\begin{bmatrix} 1 & 2 & -1 & | & 3 \\ 0 & -3 & 0 & | & -3 \\ 0 & 7 & -2 & | & 3 \end{bmatrix} \rightarrow \text{第3行中减去第2行的} -\frac{7}{3} \text{倍} \rightarrow \begin{bmatrix} 1 & 2 & -1 & | & 3 \\ 0 & -3 & 0 & | & -3 \\ 0 & 0 & -2 & | & -4 \end{bmatrix}$$

返回方程组为

$$\begin{aligned} x + 2y - z &= 3 \\ -3y &= -3 \\ -2z &= -4 \end{aligned} \tag{2.6}$$

我们可以按 z, y, x 的顺序求解变量

$$\begin{aligned} x &= 3 - 2y + z \\ -3y &= -3 \\ -2z &= -4 \end{aligned} \tag{2.7}$$

后面的一个过程称为**回代**或者**后向求解**. 这是由于完成消去后, 方程组可以很容易地从最下面的一个方程开始求解. 对应的解为 $x = 3, y = 1, z = 2$.

2.1.2 操作次数

在本节中, 我们对高斯消去法中的两部分: 消去步骤和回代步骤的计算中涉及的计算次数进行估计. 为了进行估计, 把前面两个例子中讲述的高斯消去法写做一般的情况会有所帮助. 首先, 回忆两个整数求和对应的事实.

引理 2.1 对于任何正整数 n, (a) $1 + 2 + 3 + 4 + \cdots + n = n(n+1)/2$, (b) $1^2 + 2^2 + 3^2 + 4^2 + \cdots + n^2 = n(n+1)(2n+1)/6$.

关于 n 个未知数的 n 个方程的表格形式如下:

$$\begin{bmatrix} a_{11} & a_{12} & \cdots & a_{1n} & | & b_1 \\ a_{21} & a_{22} & \cdots & a_{2n} & | & b_2 \\ \vdots & \vdots & & \vdots & | & \vdots \\ a_{n1} & a_{n2} & \cdots & a_{nn} & | & b_n \end{bmatrix}$$

为了进行消去, 我们需要使用允许的行操作把矩阵的下三角部分都转换为 0.

我们可以使用循环进行消去

```
for j = 1 : n-1
    消去列j
end
```

其中, "消去列 j" 的意思是"使用行变换把 0 放在主对角线下的每个位置, 包括 $a_{j+1,j}$, $a_{j+2,j}$, $\cdots$, a_{nj}". 例如, 为了消去第 1 列, 需要把 0 放在 $a_{21}, \cdots, a_{n1}$ 的位置. 这可以写出如下的循环, 该循环在前面的循环内部:

```
for j = 1 : n-1
    for i = j+1 : n
        消去元素a(i,j)
    end
end
```

在这个双重循环的内部, 应用行操作把 a_{ij} 元素设置为 0. 例如, 第一个要消去的元素是

a_{21}. 为了做到这一点，假设 $a_{11} \neq 0$，第 1 行乘上 a_{21}/a_{11} 和第 2 行相减，前面的两行从

$$\begin{array}{cccc|c} a_{11} & a_{12} & \cdots & a_{1n} & b_1 \\ a_{21} & a_{22} & \cdots & a_{2n} & b_2 \end{array}$$

变为

$$\begin{array}{cccc|c} a_{11} & a_{12} & \cdots & a_{1n} & b_1 \\ 0 & a_{22} - \dfrac{a_{21}}{a_{11}}a_{12} & \cdots & a_{2n} - \dfrac{a_{21}}{a_{11}}a_{1n} & b_2 - \dfrac{a_{21}}{a_{11}}b_1 \end{array}$$

在这些计算中，需要一次除法（找到乘子 a_{21}/a_{11}），以及 n 步乘法和 n 步加法. 用于消去第 1 列中 a_{i1} 的行操作，即

$$\begin{array}{cccc|c} a_{11} & a_{12} & \cdots & a_{1n} & b_1 \\ \vdots & \vdots & & \vdots & \vdots \\ 0 & a_{i2} - \dfrac{a_{i1}}{a_{11}}a_{12} & \cdots & a_{in} - \dfrac{a_{i1}}{a_{11}}a_{1n} & b_i - \dfrac{a_{i1}}{a_{11}}b_1 \end{array}$$

需要相似的操作.

上面描述的过程中，只要 a_{11} 不是 0 就可以进行. a_{11} 和其他的 a_{ii} 在高斯消去中作为除数，这些数字称为**主元**. 正如我们前面所解释的，0 主元会使算法终止. 现在我们忽略这个问题，然后在 2.4 节中再认真考虑这个问题.

回到计算次数的统计，注意到每次在消去第 1 列中 a_{i1} 时使用 1 次除法、n 次乘法和 n 次加/减法，放在一起一共有 $2n+1$ 次运算. 把 0 放在第 1 列需要重复这 $2n+1$ 次运算 $n-1$ 次.

当第 1 列被消去后，主元 a_{22} 以相同的方式消去第 2 列以及余下的列. 例如，用于消去 a_{ij} 的行操作如下：

$$\begin{array}{ccccccc|c} 0 & 0 & a_{jj} & a_{j,j+1} & \cdots & a_{jn} & & b_j \\ \vdots & \vdots & \vdots & \vdots & & \vdots & & \vdots \\ 0 & 0 & 0 & a_{i,j+1} - \dfrac{a_{ij}}{a_{jj}}a_{j,j+1} & \cdots & a_{in} - \dfrac{a_{ij}}{a_{jj}}a_{jn} & & b_i - \dfrac{a_{ij}}{a_{jj}}b_j \end{array}$$

在我们的标记中，a_{22} 指的是经过第 1 列消去后在该位置上得到的数值，这和原始的 a_{22} 并不相同. 消去 a_{ij} 的操作需要 1 次除法、$n-j+1$ 次乘法以及 $n-j+1$ 次加/减法.

把这一步插入相同的双重循环中得到

```
for j = 1 : n-1
  if abs(a(j,j))<eps; error('zero pivot encountered'); end
  for i = j+1 : n
    mult = a(i,j)/a(j,j);
    for k = j+1:n
      a(i,k) = a(i,k) - mult*a(j,k);
    end
    b(i) = b(i) - mult*b(j);
  end
end
```

在这个代码段中有两点需要讨论. 第一，令 k 从 j 遍历到 n 会在 a_{ij} 位置生成 0；但是从 $j+1$ 遍历到 n 是最有效的代码. 后者不会在 a_{ij} 位置上放上 0，这些非 0 位置这恰好是我

们要消去数字的位置！尽管这看起来是一个错误，但是注意到在余下的高斯消去过程与回代过程中我们不会用到这些数值，因而实际上，从效率的观点上来看，在这些位置上放上 0 是一种浪费. 第二，我们使用 MATLAB 的 error 命令在遇到 0 主元的时候终止程序. 正如前面提到的，对于这种可能性，应该更加认真地对待，在 2.4 节讨论行置换时会再讨论这个问题.

我们可以数出来在高斯消去中所有计算的次数. 消去每个 a_{ij} 需要如下所示的操作次数，包含除法、乘法和加/减法：

$$\begin{bmatrix} 0 & & & & & \\ 2n+1 & 0 & & & & \\ 2n+1 & 2(n-1)+1 & 0 & & & \\ 2n+1 & 2(n-1)+1 & 2(n-2)+1 & 0 & & \\ \vdots & \vdots & \vdots & \ddots & \ddots & \\ 2n+1 & 2(n-1)+1 & 2(n-2)+1 & \cdots & 2(3)+1 & 0 \\ 2n+1 & 2(n-1)+1 & 2(n-2)+1 & \cdots & 2(3)+1 & 2(2)+1 & 0 \end{bmatrix}$$

以相反的顺序把所有的操作次数加起来更简单. 从右边开始，操作次数是

$$\sum_{j=1}^{n-1}\sum_{i=1}^{j} 2(j+1)+1 = \sum_{j=1}^{n-1} 2j(j+1)+j$$

$$= 2\sum_{j=1}^{n-1} j^2 + 3\sum_{j=1}^{n-1} j = 2\frac{(n-1)n(2n-1)}{6} + 3\frac{(n-1)n}{2}$$

$$= (n-1)n\left[\frac{2n-1}{3} + \frac{3}{2}\right] = \frac{n(n-1)(4n+7)}{6}$$

$$= \frac{2}{3}n^3 + \frac{1}{2}n^2 - \frac{7}{6}n$$

其中使用了引理 2.1.

1. 高斯消去法中消去步骤的操作次数.

n 个方程 n 个未知数的消去计算，可以在 $\frac{2}{3}n^3 + \frac{1}{2}n^2 - \frac{7}{6}n$ 次操作后完成.

一般来说，由于在不同的计算机处理器上实施的细节不同，计算次数对应的数量级比精确的操作次数更重要. 重要的是，执行运算的次数和算法所需的时间成比例. 一般地，我们在消去步骤中将进行 $\frac{2}{3}n^3$ 次操作. 当 n 很大时，这个估计相对准确.

在所有的消去完成后，表格变为上三角形式：

$$\begin{bmatrix} a_{11} & a_{12} & \cdots & a_{1n} & | & b_1 \\ 0 & a_{22} & \cdots & a_{2n} & | & b_2 \\ \vdots & \vdots & & \vdots & | & \vdots \\ 0 & 0 & \cdots & a_{nn} & | & b_n \end{bmatrix}$$

方程形式如下

$$a_{11}x_1 + a_{12}x_2 + \cdots + a_{1n}x_n = b_1$$
$$a_{22}x_2 + \cdots + a_{2n}x_n = b_2$$
$$\vdots$$
$$a_{nn}x_n = b_n \quad (2.8)$$

其中，a_{ij}指的是修正后的，而不是原始的矩阵元素．为了完成求解 x 的运算，我们必须进行回代过程，这可以通过简单重写(2.8)实现：

$$x_1 = \frac{b_1 - a_{12}x_2 - \cdots - a_{1n}x_n}{a_{11}}$$

$$x_2 = \frac{b_2 - a_{23}x_3 - \cdots - a_{2n}x_n}{a_{22}}$$

$$\vdots$$

$$x_n = \frac{b_n}{a_{nn}} \quad (2.9)$$

> **复杂度** 运算次数表明直接使用高斯消去法求解关于n个未知数的n个方程所需要的操作次数是$O(n^3)$，这对于求解大规模系统是一个非常有用的事实．例如为了计算$n=500$的方程组在一个特定的计算机上所花费的时间，我们可以求解一个$n=50$的方程组然后将时间乘上$10^3=1000$．

由于方程组是非 0 系数的三角形状，我们首先从底部开始，然后逐渐向上求解对应的方程．在这种方式下，再计算下一个位置变量时所需要的x_i的值已经知道了．操作计数如下：

$$1+3+5+\cdots+(2n-1) = \sum_{i=1}^{n}2i-1 = 2\sum_{i=1}^{n}i - \sum_{i=1}^{n}1 = 2\frac{n(n+1)}{2} - n = n^2$$

MATLAB 句法中，回代步骤如下：

```
for i = n : -1 : 1
  for j = i+1 : n
    b(i) = b(i) - a(i,j)*x(j);
  end
  x(i) = b(i)/a(i,i);
end
```

2. 高斯消去法中回代过程的操作次数．

n 个方程 n 个未知数的三角形系统的回代过程可以使用 n^2 次操作完成．

两种操作计数放在一起，表明高斯消去由两个不等同的部分组成：相对计算代价庞大的消去过程，和相对计算代价小的回代过程．如果忽略具有更低阶乘除法计算次数的部分，我们发现消去的操作次数是 $2n^3/3$，回代的操作次数则是 n^2．

我们将使用缩写的术语"大写 O"即相似数量级表示"算法的复杂度，"消去是一个 $O(n^3)$的算法，而回代的复杂度是 $O(n^2)$．

这种用法表明在 n 很大时，其中 n 的低阶在比较中可以忽略．例如，如果$n=100$，只有大约 1‰的高斯消去的计算花在回代步骤．总体来说，高斯消去用去 $2n^3/3+n^2 \approx 2n^3/3$

次的计算. 换句话说, 对于 n, 在复杂度计算中的低阶项对于算法运行时间的估计没有大的影响, 并可以忽略.

例 2.2 估计在一个规模为 500 个方程 500 个未知变量的系统中, 进行回代的时间代价, 已知该计算机系统中消去过程花了 1 秒时间.

由于我们知道消去计算比回代计算更加花费时间, 所以结果会是 1 秒的一小部分. 使用近似数字 $2(500)^3/3$ 作为消去步骤中乘法/除法计算的次数, $(500)^2$ 是回代过程的计算次数, 我们估计回代所花费的时间是

$$\frac{(500)^2}{2(500)^3/3} = \frac{3}{2(500)} = 0.003 \text{ 秒} \qquad \blacktriangleleft$$

该例子表明两点: 1) n 的更低阶的幂在算法次数统计中可以安全地忽略. 2) 高斯消去法的两部分在运行时间上可能差得很远, 全部的运行时间为 1.003 秒, 其中几乎所有的时间都被消去步骤所消耗. 下个例子则显示了第三个要点: 尽管回代时间有时可以忽略, 但它也可能是计算的一个重要的组成部分.

例 2.3 在特定的计算机上, 一个 5000×5000 三角矩阵的回代时间是 0.1 秒. 估计一下使用高斯消去法求解 3000 个方程 3000 个未知变量的一般系统所花费的时间.

计算机可以在 0.1 秒中进行 $(5000)^2$ 次操作, 或者做 $(5000)^2(10) = 2.5 \times 10^8$ 次操作/秒. 求解一个一般的(非三角)系统需要大约 $2(3000)^3/3$ 次操作, 这些操作可以在大约

$$\frac{2(3000)^3/3}{(5000)^2(10)} \approx 72 \text{ 秒}$$

完成. $\qquad \blacktriangleleft$

2.1 节习题

1. 使用高斯消去法求解方程组:
   (a) $\begin{array}{l} 2x-3y=2 \\ 5x-6y=8 \end{array}$
   (b) $\begin{array}{l} x+2y=-1 \\ 2x+3y=1 \end{array}$
   (c) $\begin{array}{l} -x+y=2 \\ 3x+4y=15 \end{array}$

2. 使用高斯消去法求解方程组:
   (a) $\begin{array}{l} 2x-2y-z=-2 \\ 4x+y-2z=1 \\ -2x+y-z=-3 \end{array}$
   (b) $\begin{array}{l} x+2y-z=2 \\ 3y+z=4 \\ 2x-y+z=2 \end{array}$
   (c) $\begin{array}{l} 2x+y-4z=-7 \\ x-y+z=-2 \\ -x+3y-2z=6 \end{array}$

3. 使用回代求解:
   (a) $\begin{array}{l} 3x-4y+5z=2 \\ 3y-4z=-1 \\ 5z=5 \end{array}$
   (b) $\begin{array}{l} x-2y+z=1 \\ 4y-3z=1 \\ -3z=3 \end{array}$

4. 求解表格形式
   (a) $\begin{bmatrix} 3 & -4 & -2 & | & 3 \\ 6 & -6 & 1 & | & 2 \\ -3 & 2 & -1 & | & -1 \end{bmatrix}$
   (b) $\begin{bmatrix} 2 & 1 & -1 & | & 1 \\ 6 & 2 & -2 & | & 8 \\ 4 & 6 & -1 & | & 5 \end{bmatrix}$

5. 使用高斯消去法的近似操作次数为 $2n^3/3$, 如果 n 乘上 3 倍, 需要花多长时间求解 n 个方程 n 个未知变量的系统?

6. 假设你的计算机做 5000 次方程回代需要 0.005 秒. 如果回代的近似操作次数为 n^2 以及消去的近似操

作次数为 $2n^3/3$，估计使用多长时间才能在该规模的问题上做一次完整的高斯消去．把你的结果舍入到最接近的秒数．
7. 假设一个给定的计算机需要 0.002 秒计算 4000×4000 的上三角矩阵方程的回代，估计求解 9000 个方程 9000 个未知变量的一般方程组需要多长时间．把你的结果舍入到最接近的秒数．
8. 如果一个 3000 个方程 3000 个未知变量的系统在一个给定的计算机上，使用高斯消去的时间是 5 秒，那么每秒可以做多少次相同规模的回代？

2.1 节编程问题

1. 把本节中所有的 MATLAB 程序代码段放在一起生成一个"朴素"的高斯消去法（不允许进行行交换）的完整 M 程序．使用该程序求解习题 2 中的问题．
2. 令 H 表示 $n \times n$ 的希尔伯特矩阵，其中 (i,j) 元素是 $1/(i+j-1)$．使用编程问题 1 中的 MATLAB 程序求解 $Hx=b$，其中 b 是一个元素全为 1 的向量，(a) $n=2$，(b) $n=5$，(c) $n=10$．

2.2 LU 分解

如果把表格形式的思想进一步扩展，可以得到方程组系统的矩阵形式．通过简化算法以及对应的分析，长远来看矩阵形式的计算可以节约时间．

2.2.1 高斯消去法的矩阵形式

系统 (2.1) 可以写做形如 $Ax=b$ 的矩阵形式，或者

$$\begin{bmatrix} 1 & 1 \\ 3 & -4 \end{bmatrix} \begin{bmatrix} x_1 \\ x_2 \end{bmatrix} = \begin{bmatrix} 3 \\ 2 \end{bmatrix} \quad (2.10)$$

我们一般将**系数矩阵**表示为 A，**右边向量**表示为 b．在方程组的矩阵形式中，我们把 x 解释为列向量，Ax 是矩阵与向量的乘法．我们希望找到 x，使得 Ax 等于向量 b．很显然，这与要求 Ax 和 b 在所有元素上一致是等价的，这也恰恰是原始的方程组系统 (2.1) 所要求的．

把方程组系统写做矩阵形式的优势在于我们可以使用矩阵运算，例如矩阵乘法，来记录高斯消去法的步骤．LU 分解是高斯消去法的矩阵形式．它包含把系数矩阵 A 写做下三角矩阵 L 和上三角矩阵 U 的乘积．LU 分解对应传统科学与工程领域的高斯消去法，其把一个复杂问题分解为简单部分．

定义 2.2 $m \times n$ 矩阵 L 是**下三角矩阵**，如果其对应元素满足 $l_{ij}=0$，其中 $i<j$．$m \times n$ 矩阵 U 是**上三角矩阵**，如果其对应元素满足 $u_{ij}=0$，其中 $i>j$．

例 2.4 计算 (2.10) 中矩阵 A 的 LU 分解．

消去步骤和前面的表格形式一样：

$$\begin{bmatrix} 1 & 1 \\ 3 & -4 \end{bmatrix} \to \text{第 2 行减去第 1 行的 3 倍} \to \begin{bmatrix} 1 & 1 \\ 0 & -7 \end{bmatrix} = U \quad (2.11)$$

差异是我们现在保存消去步骤中使用的乘子 3．注意到，我们定义的矩阵 U 是上三角矩阵，其中显示高斯消去的结果．定义 L 是 2×2 的下三角矩阵，其对角线元素全部是 1，并且 (2,1) 位置上的乘子为 3：

$$\begin{bmatrix} 1 & 0 \\ 3 & 1 \end{bmatrix}$$

然后验证

$$LU = \begin{bmatrix} 1 & 0 \\ 3 & 1 \end{bmatrix} \begin{bmatrix} 1 & 1 \\ 0 & -7 \end{bmatrix} = \begin{bmatrix} 1 & 1 \\ 3 & -4 \end{bmatrix} = A \qquad (2.12)$$

在解释上面的工作原理之前，首先用一个 3×3 例子来验证这些步骤.

例 2.5 找出矩阵 A 的 LU 分解

$$A = \begin{bmatrix} 1 & 2 & -1 \\ 2 & 1 & -2 \\ -3 & 1 & 1 \end{bmatrix} \qquad (2.13)$$

这个矩阵是系统 (2.4) 对应的系数矩阵. 消去过程和之前一样：

$$\begin{bmatrix} 1 & 2 & -1 \\ 2 & 1 & -2 \\ -3 & 1 & 1 \end{bmatrix} \to \text{第 2 行减去第 1 行的 2 倍} \to \begin{bmatrix} 1 & 2 & -1 \\ 0 & -3 & 0 \\ -3 & 1 & 1 \end{bmatrix}$$

$$\to \text{第 3 行减去第 1 行的 } -3 \text{ 倍} \to \begin{bmatrix} 1 & 2 & -1 \\ 0 & -3 & 0 \\ 0 & 7 & -2 \end{bmatrix}$$

$$\to \text{第 3 行减去第 2 行的 } -\frac{7}{3} \text{ 倍} \to \begin{bmatrix} 1 & 2 & -1 \\ 0 & -3 & 0 \\ 0 & 0 & -2 \end{bmatrix} = U$$

和前面的例子一样生成下三角矩阵 L，把 1 放在主对角线上，然后乘子按消去时它们所在的特定位置放在下三角矩阵中. 得到

$$L = \begin{bmatrix} 1 & 0 & 0 \\ 2 & 1 & 0 \\ -3 & -\frac{7}{3} & 1 \end{bmatrix} \qquad (2.14)$$

我们注意到，2 是矩阵 L 在 (2,1) 位置上的元素，这是由于它作为乘子消去矩阵 A 的 (2,1) 位置上的元素. 现在检查

$$\begin{bmatrix} 1 & 0 & 0 \\ 2 & 1 & 0 \\ -3 & -\frac{7}{3} & 1 \end{bmatrix} \begin{bmatrix} 1 & 2 & -1 \\ 0 & -3 & 0 \\ 0 & 0 & -2 \end{bmatrix} = \begin{bmatrix} 1 & 2 & -1 \\ 2 & 1 & -2 \\ -3 & 1 & 1 \end{bmatrix} = A \qquad (2.15)$$

这个过程可以得到 LU 分解是基于下三角矩阵的三个事实.

事实 1 令 $L_{ij}(-c)$ 表示下三角矩阵，其主对角线上的元素为 1，在 (i,j) 位置上的元素为 $-c$. 则 $A \to L_{ij}(-c)A$ 表示行运算"从第 i 行中减去第 j 行的 c 倍".

例如，乘法 $L_{21}(-c)$ 可得到

$$A = \begin{bmatrix} a_{11} & a_{12} & a_{13} \\ a_{21} & a_{22} & a_{23} \\ a_{31} & a_{32} & a_{33} \end{bmatrix} \to \begin{bmatrix} 1 & 0 & 0 \\ -c & 1 & 0 \\ 0 & 0 & 1 \end{bmatrix} \begin{bmatrix} a_{11} & a_{12} & a_{13} \\ a_{21} & a_{22} & a_{23} \\ a_{31} & a_{32} & a_{33} \end{bmatrix}$$

方　程　组

$$= \begin{bmatrix} a_{11} & a_{12} & a_{13} \\ a_{21}-ca_{11} & a_{22}-ca_{12} & a_{23}-ca_{13} \\ a_{31} & a_{32} & a_{33} \end{bmatrix}$$

事实 2　$L_{ij}(-c)^{-1}=L_{ij}(c)$.

例如,

$$\begin{bmatrix} 1 & 0 & 0 \\ -c & 1 & 0 \\ 0 & 0 & 1 \end{bmatrix}^{-1} = \begin{bmatrix} 1 & 0 & 0 \\ c & 1 & 0 \\ 0 & 0 & 1 \end{bmatrix}$$

使用事实 1 和事实 2,我们可以理解例 2.4 中的 LU 分解. 这是由于消去步骤可以表示为

$$L_{21}(-3)A = \begin{bmatrix} 1 & 0 \\ -3 & 1 \end{bmatrix}\begin{bmatrix} 1 & 1 \\ 3 & -4 \end{bmatrix} = \begin{bmatrix} 1 & 1 \\ 0 & -7 \end{bmatrix}$$

我们可以在两侧左乘 $L_{21}(-3)^{-1}$ 得到

$$A = \begin{bmatrix} 1 & 1 \\ 3 & -4 \end{bmatrix} = \begin{bmatrix} 1 & 0 \\ 3 & 1 \end{bmatrix}\begin{bmatrix} 1 & 1 \\ 0 & -7 \end{bmatrix}$$

这就是矩阵 A 的 LU 分解.

为了处理 $n>2$ 的 $n\times n$ 矩阵,我们还需要一个事实.

事实 3　下面的矩阵乘积成立.

$$\begin{bmatrix} 1 & & \\ c_1 & 1 & \\ & & 1 \end{bmatrix}\begin{bmatrix} 1 & & \\ & 1 & \\ c_2 & & 1 \end{bmatrix}\begin{bmatrix} 1 & & \\ & 1 & \\ & c_3 & 1 \end{bmatrix} = \begin{bmatrix} 1 & & \\ c_1 & 1 & \\ c_2 & c_3 & 1 \end{bmatrix}$$

基于这个事实可以将矩阵 L_{ij} 的逆放到一个矩阵中,并生成 LU 分解中的 L 矩阵. 对于例 2.5,

$$\begin{bmatrix} 1 & & \\ & 1 & \\ & \frac{7}{3} & 1 \end{bmatrix}\begin{bmatrix} 1 & & \\ & 1 & \\ 3 & & 1 \end{bmatrix}\begin{bmatrix} 1 & & \\ -2 & 1 & \\ -3 & & 1 \end{bmatrix}\begin{bmatrix} 1 & 2 & -1 \\ 2 & 1 & -2 \\ -3 & 1 & 1 \end{bmatrix} = \begin{bmatrix} 1 & 2 & -1 \\ 0 & -3 & 0 \\ 0 & 0 & -2 \end{bmatrix} = U$$

$$A = \begin{bmatrix} 1 & & \\ 2 & 1 & \\ & & 1 \end{bmatrix}\begin{bmatrix} 1 & & \\ & 1 & \\ -3 & & 1 \end{bmatrix}\begin{bmatrix} 1 & & \\ & 1 & \\ & -\frac{7}{3} & 1 \end{bmatrix}\begin{bmatrix} 1 & 2 & -1 \\ 0 & -3 & 0 \\ 0 & 0 & -2 \end{bmatrix}$$

$$= \begin{bmatrix} 1 & & \\ 2 & 1 & \\ -3 & -\frac{7}{3} & 1 \end{bmatrix}\begin{bmatrix} 1 & 2 & -1 \\ 0 & -3 & 0 \\ 0 & 0 & -2 \end{bmatrix} = LU \tag{2.16}$$

2.2.2　使用 LU 分解回代

既然我们把高斯消去法的消去步骤表示为 LU 分解,那么如何转化回代步骤?更重要的是,我们如何得到 x 的精确解?

一旦知道 L 和 U,问题 $Ax=b$ 可以写做 $LUx=b$. 定义新的"辅助"向量 $c=Ux$. 则回代是个两步的过程:

(a) 对于方程 $Lc=b$,求解 c.

(b) 对于方程 $Ux=c$,求解 x.

由于 L 和 U 是三角矩阵,两步的运算非常直接. 我们使用前面的两个例子进行验证.

例 2.6 使用(2.12)中的 LU 分解,求解系统(2.10).

系统(2.12)具有如下的 LU 分解:

$$\begin{bmatrix} 1 & 1 \\ 3 & -4 \end{bmatrix} = LU = \begin{bmatrix} 1 & 0 \\ 3 & 1 \end{bmatrix} \begin{bmatrix} 1 & 1 \\ 0 & -7 \end{bmatrix}$$

右侧向量 $b=[3, 2]$. 步骤(a)如下:

$$\begin{bmatrix} 1 & 0 \\ 3 & 1 \end{bmatrix} \begin{bmatrix} c_1 \\ c_2 \end{bmatrix} = \begin{bmatrix} 3 \\ 2 \end{bmatrix}$$

对应如下系统:

$$c_1 + 0c_2 = 3$$
$$3c_1 + c_2 = 2$$

从顶端开始,对应解是 $c_1=3$,$c_2=-7$.

步骤(b)如下:

$$\begin{bmatrix} 1 & 1 \\ 0 & -7 \end{bmatrix} \begin{bmatrix} x_1 \\ x_2 \end{bmatrix} = \begin{bmatrix} 3 \\ -7 \end{bmatrix}$$

对应如下系统:

$$x_1 + x_2 = 3$$
$$-7x_2 = -7$$

从底端开始,对应解是 $x_2=1$,$x_1=2$. 这和前面"经典"的高斯消去计算结果一致. ◀

例 2.7 使用(2.15)中的 LU 分解,求解系统(2.4).

系统(2.15)具有如下的 LU 分解:

$$\begin{bmatrix} 1 & 2 & -1 \\ 2 & 1 & -2 \\ -3 & 1 & 1 \end{bmatrix} = LU = \begin{bmatrix} 1 & 0 & 0 \\ 2 & 1 & 0 \\ -3 & -\frac{7}{3} & 1 \end{bmatrix} \begin{bmatrix} 1 & 2 & -1 \\ 0 & -3 & 0 \\ 0 & 0 & -2 \end{bmatrix}$$

$b=(3, 3, -6)$. $Lc=b$ 步骤如下:

$$\begin{bmatrix} 1 & 0 & 0 \\ 2 & 1 & 0 \\ -3 & -\frac{7}{3} & 1 \end{bmatrix} \begin{bmatrix} c_1 \\ c_2 \\ c_3 \end{bmatrix} = \begin{bmatrix} 3 \\ 3 \\ -6 \end{bmatrix}$$

对应如下系统:

$$c_1 = 3$$

方 程 组

$$2c_1 + c_2 = 3$$
$$-3c_1 - \frac{7}{3}c_2 + c_3 = -6$$

从顶部开始，对应的解是 $c_1 = 3$，$c_2 = -3$，$c_3 = -4$.

$Ux = c$ 步骤如下：

$$\begin{bmatrix} 1 & 2 & -1 \\ 0 & -3 & 0 \\ 0 & 0 & -2 \end{bmatrix} \begin{bmatrix} x_1 \\ x_2 \\ x_3 \end{bmatrix} = \begin{bmatrix} 3 \\ -3 \\ -4 \end{bmatrix}$$

对应如下系统：

$$x_1 + 2x_2 - x_3 = 3$$
$$-3x_2 = -3$$
$$-2x_3 = -4$$

从底向上求解得到 $x = [3, 1, 2]$.

2.2.3 LU 分解的复杂度

现在我们已经知道"如何"进行 LU 分解，对于"为什么"这样做还需要做一些讨论．经典的高斯消去法在消去计算过程中用到 A 和 b．这是当前我们见过的最费时的计算．现在假设我们要求解一组不同的问题，其中 A 相同，但是 b 不同．换句话说，这些问题具有如下表示

$$Ax = b_1$$
$$Ax = b_2$$
$$\vdots$$
$$Ax = b_k$$

其中右边的向量 b_i 不同．由于对每个问题我们都必须从头开始，经典的高斯消去法大约需要 $2kn^3/3$ 次的操作，其中 A 是 $n \times n$ 矩阵．使用 LU 方法，右边的向量 b 直到消去过程（$A = LU$ 分解）结束之后，才参与计算．通过把 b 从包含 A 的计算中孤立出来，我们可以仅仅进行一次消去过程，来求解前面的问题，后面还需要对于每个新的 b 做两次回代（$Lc = b$，$Ux = c$）．使用 LU 方法的近似操作次数是 $2n^3/3 + 2kn^2$．当 n^2 和 n^3 相比足够小（即当 n 很大）时，计算次数和经典高斯消去之间具有明显的差异.

甚至当 $k = 1$，使用 $A = LU$，相对于经典的高斯消去法，也不会带来额外的计算．尽管看起来有一次额外的回代过程，这个额外的回代过程并不是经典高斯消去过程的一部分，这部分额外的计算替代了在消去过程中 b 没有出现而节省的那一部分计算.

> **复杂度** 使用 LU 分解方法替代高斯消去法的主要原因是由于如下系统的大量存在：$Ax = b_1$，$Ax = b_2$……一般地，A 称为结构矩阵，依赖于机械和动力学系统的结构，b 对应"负载向量"．在结构工程中，负载向量对结构中的不同点施加力．解 x 则对应结构中由于特定组合而加载的应力．对于变化的 b 重复求解 $Ax = b$ 来测试潜在的结构设计．事实验证 2 分析了横梁负载．

如果所有的 b_i 在一开始都有，我们可使用相同的操作次数，同时求解 k 个问题. 但是在典型应用中，我们会被要求求解一部分 $Ax=b_i$ 问题，而另一部分问题的 b_i 这时候还不知道. LU 方法可以有效求解当前和未来的问题，只要它们对应的系数矩阵 A 相同.

例 2.8 假设需要 1 秒的时间，把 300×300 的矩阵 A 分解为 $A=LU$. 在下一秒中，多少形如 $Ax=b_1, \cdots, Ax=b_k$ 的系统可以被求解？

对于 b_i 的两次回代总共需要 $2n^2$ 次的计算. 进而每秒可以近似的 b_i 的个数是

$$\frac{\frac{2n^3}{3}}{2n^2} = \frac{n}{3} = 100$$ ◁

LU 分解使得有效进行高斯消去问题前进了一大步. 但是，并不是所有的矩阵都可以进行这样的分解.

例 2.9 证明 $A = \begin{bmatrix} 0 & 1 \\ 1 & 1 \end{bmatrix}$ 不能进行 LU 分解.

分解必须具有如下形式

$$\begin{bmatrix} 0 & 1 \\ 1 & 1 \end{bmatrix} = \begin{bmatrix} 1 & 0 \\ a & 1 \end{bmatrix} \begin{bmatrix} b & c \\ 0 & d \end{bmatrix} = \begin{bmatrix} b & c \\ ab & ac+d \end{bmatrix}$$

根据系数相等得到 $b=0$ 以及 $ab=1$，这是一个矛盾. ◁

并不是所有的矩阵都可以进行 LU 分解，这意味着在我们声称 LU 分解是一个一般的高斯消去算法之前，还有更多工作需要做. 在下节中将会讨论淹没相关的问题. 在 2.4 节中，介绍了 $PA=LU$，这可以解决所有的问题.

2.2 节习题

1. 找出给定矩阵的 LU 分解，并使用矩阵乘法进行检查.

    (a) $\begin{bmatrix} 1 & 2 \\ 3 & 4 \end{bmatrix}$ (b) $\begin{bmatrix} 1 & 3 \\ 2 & 2 \end{bmatrix}$ (c) $\begin{bmatrix} 3 & -4 \\ -5 & 2 \end{bmatrix}$

2. 找出给定矩阵的 LU 分解，并使用矩阵乘法进行检查.

    (a) $\begin{bmatrix} 3 & 1 & 2 \\ 6 & 3 & 4 \\ 3 & 1 & 5 \end{bmatrix}$ (b) $\begin{bmatrix} 4 & 2 & 0 \\ 4 & 4 & 2 \\ 2 & 2 & 3 \end{bmatrix}$ (c) $\begin{bmatrix} 1 & -1 & 1 & 2 \\ 0 & 2 & 1 & 0 \\ 1 & 3 & 4 & 4 \\ 0 & 2 & 1 & -1 \end{bmatrix}$

3. 使用 LU 分解求解方程组，并进行两步回代.

    (a) $\begin{bmatrix} 3 & 7 \\ 6 & 1 \end{bmatrix} \begin{bmatrix} x_1 \\ x_2 \end{bmatrix} = \begin{bmatrix} 1 \\ -11 \end{bmatrix}$ (b) $\begin{bmatrix} 2 & 3 \\ 4 & 7 \end{bmatrix} \begin{bmatrix} x_1 \\ x_2 \end{bmatrix} = \begin{bmatrix} 1 \\ 3 \end{bmatrix}$

4. 使用 LU 分解求解方程组，并进行两步回代.

    (a) $\begin{bmatrix} 3 & 1 & 2 \\ 6 & 3 & 4 \\ 3 & 1 & 5 \end{bmatrix} \begin{bmatrix} x_1 \\ x_2 \\ x_3 \end{bmatrix} = \begin{bmatrix} 0 \\ 1 \\ 3 \end{bmatrix}$ (b) $\begin{bmatrix} 4 & 2 & 0 \\ 4 & 4 & 2 \\ 2 & 2 & 3 \end{bmatrix} \begin{bmatrix} x_1 \\ x_2 \\ x_3 \end{bmatrix} = \begin{bmatrix} 2 \\ 4 \\ 6 \end{bmatrix}$

5. 求解方程 $Ax=b$，其中

方 程 组

$$A = \begin{bmatrix} 1 & 0 & 0 & 0 \\ 0 & 1 & 0 & 0 \\ 1 & 3 & 1 & 0 \\ 4 & 1 & 2 & 1 \end{bmatrix} \begin{bmatrix} 2 & 1 & 0 & 0 \\ 0 & 1 & 2 & 0 \\ 0 & 0 & -1 & 1 \\ 0 & 0 & 0 & 1 \end{bmatrix}, b = \begin{bmatrix} 1 \\ 1 \\ 2 \\ 0 \end{bmatrix}$$

6. 给定 1000×1000 矩阵 A，你的计算机使用 $A=LU$ 的分解方法，在 1 分钟里可以求解 500 个如下问题：$Ax=b_1, \cdots, Ax=b_{500}$。在这一分钟里，有多长时间花在分解 $A=LU$？通过舍入得到最接近的秒数。
7. 假设你的计算机每秒可以求解 1000 个如下问题 $Ux=c$，其中 U 是一个 500×500 的上三角矩阵。估计一下需要多长时间求解 5000×5000 的矩阵问题 $Ax=b$。结果使用分钟和秒表示。
8. 假设你的计算机在 0.1 秒可以求解 2000×2000 的线性方程组 $Ax=b$。估计一下使用 LU 分解方法求解 100 个具有 8000 个方程与 8000 个未知变量，并具有相同的系数矩阵的系统所需要的时间。
9. 令 A 是一个 $n \times n$ 矩阵。假设你的计算机使用 LU 分解可以求解 100 个如下问题 $Ax=b_1, \cdots, Ax=b_{100}$，花的时间和求解 $Ax=b_0$ 的时间一样。估计对应的 n。

2.2 节编程问题

1. 使用前一节中的高斯消去代码，写出将矩阵 A 作为输入，输出 L 和 U 的 MATLAB 代码。不允许使用行交换，在遇到 0 主元的时候程序应该终止运行。通过分解习题 2 中的矩阵验证你的代码。
2. 在编程问题 1 中的代码里加上两步回代，并求解习题 4 中的对应问题。

2.3 误差来源

  正如我们已经描述的，在高斯消去法中有两个潜在的误差来源。病态问题的概念和解对于输入数据的敏感性相关。我们将使用第 1 章中的后向和前向误差讨论条件数。在求解病态矩阵方程时，几乎没什么办法可以避免误差，因而能够尽可能识别并避免病态矩阵很重要。第二个误差来源的原因是淹没，在大部分问题中可以通过一个简单的修正，称为部分主元，进行避免，这部分将在 2.4 节中进行讨论。

  随后介绍向量和矩阵范数的概念，并用于度量误差的大小，在当前方程组中的误差用向量表示。我们将主重点关注一个叫做无穷范数的概念上。

2.3.1 误差放大和条件数

  在第 1 章中，我们发现部分方程求解问题在前向和后向误差之间有很大差异。对于线性方程组系统也是如此。为了量化误差，我们首先讲述向量的无穷范数概念。

  定义 2.3 向量 $x=(x_1, \cdots, x_n)$ 的**无穷范数**或者**最大范数**为 $\|x\|_\infty = \max |x_i|$，$i=1, \cdots, n$，即 x 所有元素中的最大绝对值。

  后向误差和前向误差和定义 1.8 相关。后向误差表示输入时候的差异，或者问题的数据一方，而前向误差表示在输出时候的差异，在算法解的一方。

  定义 2.4 令 x_a 是线性方程组 $Ax=b$ 的近似解。**余项**是向量 $r=b-Ax_a$。**后向误差**是余项的范数 $\|b-Ax_a\|_\infty$，**前向误差**是 $\|x-x_a\|_\infty$。

  例 2.10 找出近似解 $x_a=[1, 1]$ 的后向误差和前向误差，方程组如下：

$$\begin{bmatrix} 1 & 1 \\ 3 & -4 \end{bmatrix} \begin{bmatrix} x_1 \\ x_2 \end{bmatrix} = \begin{bmatrix} 3 \\ 2 \end{bmatrix}$$

正确的解是 $x=[2, 1]$. 使用无穷范数，后向误差是

$$\|b-Ax_a\|_\infty = \left\| \begin{bmatrix} 3 \\ 2 \end{bmatrix} - \begin{bmatrix} 1 & 1 \\ 3 & -4 \end{bmatrix} \begin{bmatrix} 1 \\ 1 \end{bmatrix} \right\|_\infty = \left\| \begin{bmatrix} 1 \\ 3 \end{bmatrix} \right\|_\infty = 3$$

前向误差是

$$\|x-x_a\|_\infty = \left\| \begin{bmatrix} 2 \\ 1 \end{bmatrix} - \begin{bmatrix} 1 \\ 1 \end{bmatrix} \right\|_\infty = \left\| \begin{bmatrix} 1 \\ 0 \end{bmatrix} \right\|_\infty = 1$$

在其他情况下，后向误差和前向误差可能具有不同的数量级.

例 2.11 找出近似解 $[-1, 3.0001]$ 的后向误差和前向误差，方程组如下

$$\begin{aligned} x_1 + x_2 &= 2 \\ 1.0001 x_1 + x_2 &= 2.0001 \end{aligned} \tag{2.17}$$

首先，计算精确解 $[x_1, x_2]$. 高斯消去包含步骤

$$\begin{bmatrix} 1 & 1 & | & 2 \\ 1.0001 & 1 & | & 2.0001 \end{bmatrix} \to \text{第2行减去第1行的1.0001倍} \to \begin{bmatrix} 1 & 1 & | & 2 \\ 0 & -0.0001 & | & -0.0001 \end{bmatrix}$$

求解得到的方程组

$$\begin{aligned} x_1 + x_2 &= 2 \\ -0.0001 x_2 &= -0.0001 \end{aligned}$$

得到解 $[x_1, x_2]=[1, 1]$.

后向误差是如下向量的无穷范数

$$b - Ax_a = \begin{bmatrix} 2 \\ 2.0001 \end{bmatrix} - \begin{bmatrix} 1 & 1 \\ 1.0001 & 1 \end{bmatrix} \begin{bmatrix} -1 \\ 3.0001 \end{bmatrix}$$

$$= \begin{bmatrix} 2 \\ 2.0001 \end{bmatrix} - \begin{bmatrix} 2.0001 \\ 2 \end{bmatrix} = \begin{bmatrix} -0.0001 \\ 0.0001 \end{bmatrix}$$

误差是 0.0001. 前向误差是如下向量差的无穷范数

$$x - x_a = \begin{bmatrix} 1 \\ 1 \end{bmatrix} - \begin{bmatrix} -1 \\ 3.0001 \end{bmatrix} = \begin{bmatrix} 2 \\ -2.0001 \end{bmatrix}$$

前向误差为 2.0001.

图 2.2 有助于理解为什么小的后向误差和大的前向误差可以同时存在. 即使"近似根"$(-1, 3.0001)$ 相对远离真实根 $(1, 1)$，这个近似根也几乎就位于两个直线上. 由于两条直线近似平行，所以出现这种情况也是可能的. 如果两条直线不平行，前向误差和后向误差将在同一个数量级上.

把余项表示为 $r=b-Ax_a$. 系统 $Ax=b$ 的**相对后向误差**定义为

$$\frac{\|r\|_\infty}{\|b\|_\infty}$$

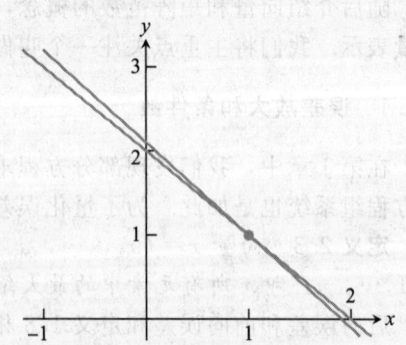

图 2.2 例 2.11 对应的几何表示. 系统 (2.17) 表示为直线 $x_2 = 2 - x_1$ 和 $x_2 = 2.0001 - 1.0001 x_1$，它们的交点在 $(1, 1)$. 点 $(-1, 3.0001)$ 差一点就在两条直线上，并对应一个近似解. 在图中，两条直线之间的差异被放大，它们实际上离得非常近

相对前向误差定义为

$$\frac{\|x-x_a\|_\infty}{\|x\|_\infty}$$

> **条件** 条件数的概念贯穿整个数值分析．在第 1 章讨论威尔金森多项式时，我们知道当给方程 $f(x)=0$ 一个小的扰动，如何求"解根过程"的误差放大因子．对于矩阵方程 $Ax=b$，也有相似的误差放大因子，最大可能的放大因子是 $\mathrm{cond}(A)=\|A\|\,\|A^{-1}\|$．

方程 $Ax=b$ 的误差放大因子是二者的比率，或者

$$\text{误差放大因子} = \frac{\text{相对前向误差}}{\text{相对后向误差}} = \frac{\dfrac{\|x-x_a\|_\infty}{\|x\|_\infty}}{\dfrac{\|r\|_\infty}{\|b\|_\infty}} \tag{2.18}$$

对于系统(2.17)，相对后向误差是

$$\frac{0.0001}{2.0001} \approx 0.00005 = 0.005\%$$

相对前向误差是

$$\frac{2.0001}{1} = 2.0001 \approx 200\%$$

误差放大因子是 $2.001/(0.0001/2.0001)=40\,004.0001$．

在第 1 章中，我们定义条件数的概念，条件数对应在预先定义的输入误差范围中最大的误差放大倍数．"预定义范围"依赖于上下文．现在我们对于当前线性方程组系统将更精确定义这个概念．对于一个固定的矩阵 A，考虑对不同向量 b 求解 $Ax=b$．在这个上下文中，b 是输入，对应的解 x 是输出．输入中小的变化对应 b 的小变化，这对应一个误差放大因子．我们做如下定义：

定义 2.5 方阵 A 的**条件数** $\mathrm{cond}(A)$ 为求解 $Ax=b$ 时，对于所有右侧向量 b，可能出现的最大误差放大因子．

令人惊讶的是，对于方阵有一个关于条件数的紧致的公式．和向量范数类似，定义 $n\times n$ 矩阵 A 的**矩阵范数**为

$$\|A\|_\infty = \text{每行元素绝对值之和的最大值} \tag{2.19}$$

即每行元素绝对值求和，并把 n 行求和的最大值作为矩阵 A 的范数．

定理 2.6 $n\times n$ 矩阵 A 的条件数是

$$\mathrm{cond}(A) = \|A\| \cdot \|A^{-1}\|$$

后面证明的定理允许我们计算例 2.11 的系数矩阵的条件数．根据(2.19)，矩阵

$$A = \begin{bmatrix} 1 & 1 \\ 1.0001 & 1 \end{bmatrix}$$

的范数为 $\|A\|=2.0001$．A 的逆为

$$A^{-1} = \begin{bmatrix} -10\,000 & 10\,000 \\ 10\,001 & -10\,000 \end{bmatrix}$$

对应的范数 $\|A^{-1}\| = 20\,001$. A 的条件数是

$$\text{cond}(A) = (2.0001)(20\,001) = 40\,004.0001$$

这正是我们在例 2.11 中看到的条件数，如此定义的条件数显然对应最糟的情况. 在这个系统中，对于任何其他的 b，误差放大因子将小于或者等于 40 004.0001. 习题 3 要求计算其他的误差放大因子.

条件数的重要性和第 1 章相同. 误差放大因子可能具有 $\text{cond}(A)$ 的数量级. 在浮点算术中，相对后向误差不可能小于 $\varepsilon_{\text{mach}}$，这是由于 b 的元素的存储已经引入了和 $\varepsilon_{\text{mach}}$ 差不多大的误差. 依据(2.18)，在求解 $Ax=b$ 可能出现的相关前向误差是 $\varepsilon_{\text{mach}} \cdot \text{cond}(A)$. 换句话讲，如果 $\text{cond}(A) \approx 10^k$，我们在计算 x 时，将丢掉 k 位数字精度.

在例 2.11 中，$\text{cond}(A) \approx 4 \times 10^4$，因而在双精度中求解 x 时，我们应该期望得到 $16-4=12$ 个正确数位. 我们可以通过引入 MATLAB 中的通用方程求解器"\"来验证.

在 MATLAB 中，反斜线命令 x= A \ b 使用最先进的 LU 分解方法求解线性方程组，我们将在第 2.4 节中进行描述. 现在，我们将它作为例子，来看看在浮点算术中我们从最好的算法可以得到什么结果. 下面的 MATLAB 命令可以得到例 2.10 的计算机解 x_a：

```
>> A = [1 1;1.0001 1]; b=[2;2.0001];
>> xa = A\b
xa =
    1.00000000000222
    0.99999999999778
```

和正确解 $x=[1,1]$ 相比，计算机求解有大约 11 个正确的数位，和条件数预测的结果相似.

希尔伯特矩阵 H 的元素是 $H_{ij}=1/(i+j-1)$，其对应的条件数非常大.

例 2.12 令 H 表示 $n \times n$ 希尔伯特矩阵. 使用 MATLAB 的 \ 命令从 $n=6$ 和 10 计算 $Hx=b$ 的解，其中 $b=H \cdot [1, \cdots, 1]^T$.

选择右侧的 b，使得对应的解向量中的所有 n 个元素都是 1，这使得前向误差的检查十分简单. MATLAB 使用无穷范数找出条件数，并计算解：

```
>> n=6;H=hilb(n);
>> cond(H,inf)
ans =
    2.907027900294064e+007
>> b=H*ones(n,1);
>> xa=H\b
xa =
    0.99999999999923
    1.00000000002184
    0.99999999985267
    1.00000000038240
    0.99999999957855
    1.00000000016588
```

条件数大约是 10^7，可以预计在最坏的情况下得到 $16-7=9$ 个正确的数位；在求解中

有大约 9 位正确的数位. 现在计算 $n=10$ 的情况：

```
>> n=10;H=hilb(n);
>> cond(H,inf)
ans =
    3.535371683074594e+013
>> b=H*ones(n,1);
>> xa=H\b
xa =
    0.99999999875463
    1.00000010746631
    0.99999771299818
    1.00002077769598
    0.99990094548472
    1.00027218303745
    0.99955359665722
    1.00043125589482
    0.99977366058043
    1.00004976229297
```

由于条件数是 10^{13}，在解中只出现 $16-13=3$ 个正确的数位.

对于比 10 大一点儿的 n，希尔伯特矩阵的条件数比 10^{16} 大，在求解 x_a 时不能保证具有正确的数位. ◀

对于病态问题即使最优的软件也可能无能为力. 提高精度会有所帮助；在扩展精度中 $\varepsilon_{\text{mach}} = 2^{-64} \approx 5.42 \times 10^{-20}$，我们开始计算时具有 20 位而不是 16 位. 但是，希尔伯特矩阵的条件数最终随着 n 的增长而快速变大，使得任何有意义的有限精度都变得无能为力.

幸运的是，大条件数的希尔伯特矩阵并不常见. n 个方程 n 个未知变量构成的良态线性系统通常在双精度中可以解到 $n=10^4$ 或者更大规模. 但同时，知道病态问题是否存在也很重要，而条件数有助于诊断病态问题是否出现. 在编程问题 1~4 还有更多关于误差放大和条件数的例子.

在本节中无穷范数以一种简单方式给向量定义了一个长度. 它是向量范数 $\|x\|$ 的一个例子，**向量范数**满足如下的属性：

(i) $\|x\| \geq 0$，当且仅当 $x=[0, \cdots, 0]$ 时等号成立.

(ii) 对于每个标量 α 和向量 x，$\|\alpha x\| = |\alpha| \cdot \|x\|$.

(iii) 对于向量 x、y，$\|x+y\| \leq \|x\| + \|y\|$.

此外，$\|A\|_\infty$ 是矩阵范数的例子，**矩阵范数**满足三个和上面相似的性质：

(i) $\|A\| \geq 0$，当且仅当 $A=0$ 时等号成立.

(ii) 对于每个标量 α 和矩阵 A，$\|\alpha A\| = |\alpha| \cdot \|A\|$.

(iii) 对于矩阵 A、B，$\|A+B\| \leq \|A\| + \|B\|$.

作为一个不同的例子，向量 $x=[x_1, \cdots, x_n]$ 的 1-范数是 $\|x\|_1 = |x_1| + \cdots + |x_n|$. $n \times n$ 矩阵 A 的矩阵 1-范数是 $\|A\|_1 =$ 最大绝对列和，即列向量的 1-范数的最大值. 关于这些范数定义的验证，可以参见习题 9 和习题 10.

刚刚讨论的误差放大因子、条件数和矩阵范数可用于定义任何向量或者矩阵范数. 我们将仅关注称为**算子范数**的矩阵范数，这意味着矩阵范数使用特定的向量范数进行定义

$$\|A\| = \max \frac{\|Ax\|}{\|x\|}$$

对于所有非零向量 x 取最大值. 然后, 根据该定义, 矩阵范数和相关的向量范数一致, 对于任意矩阵 A 和向量 x 满足

$$\|Ax\| \leqslant \|A\| \cdot \|x\| \tag{2.20}$$

(2.20)中定义的无穷范数 $\|A\|_\infty$ 不仅是矩阵范数, 而且是算子范数, 验证见习题 10 和习题 11.

该事实允许我们证明前面所讲的对于 cond(A) 的简单表示. 该证明对于无穷范数和任何算子范数都成立.

定理 2.6 的证明 我们使用等式 $A(x-x_a)=r$ 以及 $Ax=b$. 由相容性质(2.20),

$$\|x-x_a\| \leqslant \|A^{-1}\| \cdot \|r\|$$

以及

$$\frac{1}{\|b\|} \geqslant \frac{1}{\|A\|\|x\|}$$

把两个不等式放在一起得到

$$\frac{\|x-x_a\|}{\|x\|} \leqslant \frac{\|A\|}{\|b\|} \|A^{-1}\| \cdot \|r\|$$

表明 $\|A\|\|A^{-1}\|$ 是所有误差放大因子的上界. 第二, 通常可以取到这个上界. 选择 x 满足 $\|A\|=\|Ax\|/\|x\|$, 以及 r 满足 $\|A^{-1}\|=\|A^{-1}r\|/\|r\|$, 二者都可以根据算子矩阵范数的定义获得. 令 $x_a=x-A^{-1}r$, 因而 $x-x_a=A^{-1}r$. 对于特定选择的 x 和 r 还需要验证如下等式:

$$\frac{\|x-x_a\|}{\|x\|} = \frac{\|A^{-1}r\|}{\|x\|} = \frac{\|A^{-1}\|\|r\|\|A\|}{\|Ax\|} \qquad \blacksquare$$

2.3.2 淹没

经典高斯消去法的第二个主要误差来源可以用更加简单的方式来修正. 我们使用下面的例子来展示淹没.

例 2.13 考虑方程组

$$10^{-20}x_1 + x_2 = 1$$
$$x_1 + 2x_2 = 4$$

我们将三次求解这个方程组: 一次使用完全精度, 第二次模拟 IEEE 双精度算术进行求解, 第三次我们首先交换方程的顺序.

1. 精确解. 在表格形式中, 高斯消去过程如下

$$\begin{bmatrix} 10^{-20} & 1 & | & 1 \\ 1 & 2 & | & 4 \end{bmatrix} \to \text{第 2 行减去第 1 行的 } 10^{20} \text{ 倍} \to \begin{bmatrix} 10^{-20} & 1 & | & 1 \\ 0 & 2-10^{20} & | & 4-10^{20} \end{bmatrix}$$

底端的方程为

$$(2-10^{20})x_2 = 4-10^{20} \to x_2 = \frac{4-10^{20}}{2-10^{20}}$$

顶端的方程得到

$$10^{-20}x_1 + \frac{4-10^{20}}{2-10^{20}} = 1$$

$$x_1 = 10^{20}\left(1 - \frac{4-10^{20}}{2-10^{20}}\right)$$

$$x_1 = \frac{-2\times 10^{20}}{2-10^{20}}$$

精确解是

$$[x_1, x_2] = \left[\frac{2\times 10^{20}}{10^{20}-2}, \frac{4-10^{20}}{2-10^{20}}\right] \approx [2, 1]$$

2. IEEE 双精度. 计算机版本的的高斯消去有一些不同:

$$\begin{bmatrix} 10^{-20} & 1 & | & 1 \\ 1 & 2 & | & 4 \end{bmatrix} \to \text{第 2 行减去第 1 行的 } 10^{20} \text{ 倍} \to \begin{bmatrix} 10^{-20} & 1 & | & 1 \\ 0 & 2-10^{20} & | & 4-10^{20} \end{bmatrix}$$

IEEE 双精度中，$2-10^{20}$ 由于舍入等于 -10^{20}. 类似地，$4-10^{20}$ 也被保存为 -10^{20}. 现在底端的方程是

$$-10^{20}x_2 = -10^{20} \to x_2 = 1$$

顶端方程的机器算术版本为

$$10^{-20}x_1 + 1 = 1$$

因而 $x_1 = 0$. 得到的计算解是

$$[x_1, x_2] = [0, 1]$$

和真实解相比，这个解有非常大的相对误差.

3. IEEE 双精度，使用行交换. 我们改变了两个方程的顺序，重复进行高斯消去法的计算机版本的计算.

$$\begin{bmatrix} 1 & 2 & | & 4 \\ 10^{-20} & 1 & | & 1 \end{bmatrix} \to \text{第 2 行减去第 1 行的 } 10^{-20} \text{ 倍}$$

$$\to \begin{bmatrix} 1 & 2 & | & 4 \\ 0 & 1-2\times 10^{-20} & | & 1-4\times 10^{-20} \end{bmatrix}$$

在 IEEE 双精度中，$1-2\times 10^{-20}$ 保存为 1，$1-4\times 10^{-20}$ 保存为 1. 方程变为

$$x_1 + 2x_2 = 4$$
$$x_2 = 1$$

得到的计算解是 $x_1 = 2$，$x_2 = 1$. 很显然，这不是精确解，但是它具有大约 16 位的精确数位，这是我们使用 52 位浮点数字所能得到的最大精度.

前面的两次计算之间的差异很大. 第 3 种方法给出一个可以接受的结果，但是第 2 种方法却没有. 关于第 2 种方法为什么出了问题，经过分析发现问题出在消去过程中的乘子 10^{20}. 从底部的方程减去顶部方程的 10^{20} 倍，底部方程会被抑制，或者称为"swamp,". 尽

管初始的时候有两个独立的方程或者源信息,但是经过第 2 种计算的消去,这里仅仅留下了顶部方程的两个副本. 由于底部方程消失,出于所有实际的目的,我们不能指望计算结果可以满足底部的方程,实际上得到的解也不能满足对应的方程.

而另一方面,第 3 种方法,在消去过程中没有产生覆盖,因为乘子是 10^{-20}. 在消去之后,原始的两个方程仍然存在,并且变为三角形式. 结果是更加精确的近似解.

例 2.13 的主要意思是在高斯消去的过程中保证乘子尽可能小,同时避免淹没. 幸运的是,通过对朴素的高斯消去法的简单修正,可以使得高斯消去法中的乘子的绝对值不大于 1. 这种新的原则,包括在表格中明智的行交换,称为部分主元方法,在下一节中将进行详细的描述.

2.3 节习题

1. 对于下面的矩阵计算 $\|A\|_\infty$.

    (a) $A = \begin{bmatrix} 1 & 2 \\ 3 & 4 \end{bmatrix}$ (b) $A = \begin{bmatrix} 1 & 5 & 1 \\ -1 & 2 & -3 \\ 1 & -7 & 0 \end{bmatrix}$

2. 找出下述矩阵的条件数(无穷范数).

    (a) $A = \begin{bmatrix} 1 & 2 \\ 3 & 4 \end{bmatrix}$ (b) $A = \begin{bmatrix} 1 & 2.01 \\ 3 & 6 \end{bmatrix}$ (c) $A = \begin{bmatrix} 6 & 3 \\ 4 & 2 \end{bmatrix}$

3. 找出例 2.11 中方程组的如下的近似解 x_a 的前向和后向误差,以及误差放大因子(使用无穷范数):

    (a) $[-1, 3]$ (b) $[0, 2]$ (c) $[2, 2]$ (d) $[-2, 4]$ (e) $[-2, 4.0001]$

4. 找出 $x_1 + 2x_2 = 1$, $2x_1 + 4.01x_2 = 2$ 方程组在如下近似解时的前向和后向误差,以及误差放大因子:

    (a) $[-1, 1]$ (b) $[3, -1]$ (c) $[2, -1/2]$

5. 对于方程组 $x_1 - 2x_2 = 3$, $3x_1 - 4x_2 = 7$,在如下的近似解处,找出相对的前向和后向误差以及误差放大因子:(a) $[-2, -4]$ (b) $[-2, -3]$ (c) $[0, -2]$ (d) $[-1, -1]$ (e) 系数矩阵的条件数是多少?

6. 对于方程组 $x_1 + 2x_2 = 3$, $2x_1 + 4.01x_2 = 6.01$,在如下的近似解处,找出相对的前向和后向误差以及误差放大因子:(a) $[-10, 6]$,(b) $[-100, 52]$,(c) $[-600, 301]$,(d) $[-599, 301]$. (e) 系数矩阵的条件数是多少?

7. 计算 5×5 希尔伯特矩阵的 $\|H\|_\infty$.

8. (a) 找出方程组系数矩阵的条件数关于 $\delta > 0$ 的函数

    $$\begin{bmatrix} 1 & 1 \\ 1+\delta & 1 \end{bmatrix} \begin{bmatrix} x_1 \\ x_2 \end{bmatrix} = \begin{bmatrix} 2 \\ 2+\delta \end{bmatrix}$$

    (b) 找出近似解 $x_a = [-1, 3+\delta]$ 处的误差放大因子.

9. (a) 证明:无穷范数 $\|x\|_\infty$ 是向量范数. (b) 证明:1-范数 $\|x\|_1$ 是向量范数.

10. (a) 证明:无穷范数 $\|A\|_\infty$ 是矩阵范数. (b) 证明:1-范数 $\|A\|_1$ 是矩阵范数.

11. 证明:矩阵无穷范数是向量无穷范数的算子范数.

12. 证明:矩阵 1-范数是向量 1-范数的算子范数.

13. 对于习题 1 中的矩阵,找出满足 $\|A\|_\infty = \|Ax\|_\infty / \|x\|_\infty$ 的向量.

14. 对于习题 1 中的矩阵,找出满足 $\|A\|_1 = \|Ax\|_1 / \|x\|_1$ 的向量.

15. 找出矩阵 A 的 LU 分解:

$$A = \begin{bmatrix} 10 & 20 & 1 \\ 1 & 1.99 & 6 \\ 0 & 50 & 1 \end{bmatrix}$$

所需的最大数量级的乘子 l_{ij} 是多少?

2.3 节编程问题

1. 对于元素为 $A_{ij} = 5/(i+2j-1)$ 的 $n \times n$ 矩阵,令 $x = [1, \cdots, 1]^T$,$b = Ax$. 使用编程问题 2.1.1 的 MATLAB 程序或者 MATLAB 的反斜线命令计算双精度解 x_c. 找出 $Ax = b$ 的前向误差和误差放大因子的无穷范数,并与 A 的条件数进行比较:(a) $n = 6$ (b) $n = 10$.
2. 对于元素是 $A_{ij} = 1/(|i-j|+1)$ 的矩阵执行编程问题 1.
3. 令 A 是 $n \times n$ 的矩阵,元素是 $A_{ij} = |i-j| + 1$. 定义 $x = [1, \cdots, 1]^T$,$b = Ax$. 对于 $n = 100, 200, 300, 400, 500$,使用编程问题 2.1.1 中的 MATLAB 程序或者 MATLAB 的反斜线命令计算双精度的计算解 x_c. 对于每个解计算前向误差的无穷范数. 找出问题 $Ax = b$ 的 5 个误差放大因子,并和对应的条件数进行比较.
4. 对于元素是 $A_{ij} = \sqrt{(i-j)^2 + n/10}$ 的矩阵执行编程问题 3 中的步骤.
5. n 取多少,可以使得编程问题 1 中的解没有正确的有效数字?
6. 使用编程问题 2.1.1 中的 MATLAB 程序计算例 2.13 第 2 和第 3 种方法的双精度实现,并和课本中的理论解进行比较.

2.4 PA = LU 分解

由于两个严重的缺陷:0 主元以及淹没问题,之前我们考虑的高斯消去法称为"朴素"问题. 对于一个非奇异矩阵,二者通过改进算法都可以避免. 改进策略的重点是交换系数矩阵的行,该方法被称为部分主元.

2.4.1 部分主元

为了使用经典高斯消去法处理 n 个方程 n 个未知变量问题,第一步使用对角线元素 a_{11} 作为主元消去第一列. **部分主元**包含在每一步消去步骤之前的比较. 找到第一列中最大的一个元素,其对应行和主元行进行交换,在当前情况下,主元行是第一行.

换句话说,在高斯消去开始后,部分主元方法要求我们选择第 p 行,其中

$$|a_{p1}| \geqslant |a_{i1}|, \quad 1 \leqslant i \leqslant n \tag{2.21}$$

交换第 1 行和第 p 行. 然后和平常一样,消去第 1 列,这时候使用的是新版本的 a_{11} 作为主元. 用于消去 a_{i1} 的乘子如下:

$$m_{i1} = \frac{a_{i1}}{a_{11}}$$

$|m_{i1}| \leqslant 1$.

在算法中,每一次选择主元时都需要进行相同的检查. 当决定第 2 个主元时,我们使

用当前的 a_{22} 并检查在该元素下方的所有元素. 我们选择第 p 行满足
$$|a_{p2}| \geqslant |a_{i2}|$$
其中 $2 \leqslant i \leqslant n$, 如果 $p \neq 2$ 交换第 2 行和第 p 行. 在本步计算中不再包含第 1 行. 如果 $|a_{22}|$ 本身就是最大值, 则不需要进行行交换.

在消去过程中, 对每一列都实施相同的策略. 在消去第 k 列时, 找到第 p 行, $k \leqslant p \leqslant n$, 定位最大的 $|a_{pk}|$, 必要时交换第 p 行和第 k 行, 然后继续进行消去. 注意到使用部分主元方法保证所有乘子, 或者 L 的元素的绝对值不大于 1. 通过这种对于高斯消去方法所进行的小的改变, 例 2.13 中出现的淹没问题可以完全避免.

例 2.14 使用高斯消去的部分主元方法求解 (2.1) 方程组.

方程可以写成如下的表格形式:
$$\begin{bmatrix} 1 & 1 & | & 3 \\ 3 & -4 & | & 2 \end{bmatrix}$$

根据部分主元方法, 我们比较 $|a_{11}| = 1$ 和它下面的所有元素, 在这种情况下, 唯一的元素 $a_{21} = 3$. 由于 $|a_{21}| > |a_{11}|$, 我们必须交换第 1 行和第 2 行. 新的表格如下

$$\begin{bmatrix} 3 & -4 & | & 2 \\ 1 & 1 & | & 3 \end{bmatrix} \rightarrow 第 2 行减去第 1 行的 \frac{1}{3} 倍 \rightarrow \begin{bmatrix} 3 & -4 & | & 2 \\ 0 & \frac{7}{3} & | & \frac{7}{3} \end{bmatrix}$$

在回代之后, 对应的解是 $x_2 = 1$, $x_1 = 2$, 和我们前面计算的一致. 当我们第一次求解这个问题时, 乘子是 3, 但是使用部分主元策略时, 则不会出现这样的情况.

例 2.15 使用高斯消去的部分主元方法求解方程组:
$$x_1 - x_2 + 3x_3 = -3$$
$$-x_1 - 2x_3 = 1$$
$$2x_1 + 2x_2 + 4x_3 = 0$$

这个例子可以写为表格形式

$$\begin{bmatrix} 1 & -1 & 3 & | & -3 \\ -1 & 0 & -2 & | & 1 \\ 2 & 2 & 4 & | & 0 \end{bmatrix}$$

在部分主元方法中, 我们比较 $|a_{11}| = 1$ 与 $|a_{21}| = 1$ 以及 $|a_{31}| = 2$, 选择 a_{31} 作为新的主元. 这通过交换第 1 行和第 3 行实现:

$$\begin{bmatrix} 1 & -1 & 3 & | & -3 \\ -1 & 0 & -2 & | & 1 \\ 2 & 2 & 4 & | & 0 \end{bmatrix} \rightarrow 交换第 1 行和第 3 行 \rightarrow \begin{bmatrix} 2 & 2 & 4 & | & 0 \\ -1 & 0 & -2 & | & 1 \\ 1 & -1 & 3 & | & -3 \end{bmatrix}$$

$$\rightarrow 第 2 行减去第 1 行的 -\frac{1}{2} 倍 \rightarrow \begin{bmatrix} 2 & 2 & 4 & | & 0 \\ 0 & 1 & 0 & | & 1 \\ 1 & -1 & 3 & | & -3 \end{bmatrix}$$

$$\to \text{第 3 行减去第 1 行的} \frac{1}{2} \text{倍} \to \begin{bmatrix} 2 & 2 & 4 & | & 0 \\ 0 & 1 & 0 & | & 1 \\ 0 & -2 & 1 & | & -3 \end{bmatrix}$$

在消去第 2 列时，我们必须比较当前的 $|a_{22}|$ 和当前的 $|a_{32}|$. 由于后者更大，我们再一次进行行交换：

$$\begin{bmatrix} 2 & 2 & 4 & | & 0 \\ 0 & 1 & 0 & | & 1 \\ 0 & -2 & 1 & | & -3 \end{bmatrix} \to \text{交换第 2 行和第 3 行} \to \begin{bmatrix} 2 & 2 & 4 & | & 0 \\ 0 & -2 & 1 & | & -3 \\ 0 & 1 & 0 & | & 1 \end{bmatrix}$$

$$\to \text{第 3 行减去第 2 行的} -\frac{1}{2} \text{倍} \to \begin{bmatrix} 2 & 2 & 4 & | & 0 \\ 0 & -2 & 1 & | & -3 \\ 0 & 0 & \frac{1}{2} & | & -\frac{1}{2} \end{bmatrix}$$

注意到所有的乘子绝对值都比 1 小.

当前的方程非常容易求解，从如下方程

$$\frac{1}{2} x_3 = -\frac{1}{2}$$
$$-2 x_2 + x_3 = -3$$
$$2 x_1 + 2 x_2 + 4 x_3 = 0$$

我们得到其对应解为 $x = [1, 1, -1]$. ◀

注意到部分主元方法也可以解决 0 主元问题. 当遇到一个潜在的 0 主元，比如说，如果 $a_{11} = 0$，它立刻被当前列中的一个非零元素替换. 如果在当前主元位置以及下方的任何位置没有非零元素，则矩阵是奇异矩阵，在这种情况下以任何方式，高斯消去方法都不能得到解.

2.4.2 置换矩阵

在讲述 LU 分解方法可以利用行交换来处理高斯消去问题之前，我们将讨论置换矩阵的主要性质.

定义 2.7 **置换矩阵**是一个 $n \times n$ 的矩阵，其在每一行、每一列仅有一个 1，其他全部为 0.

等价地，置换矩阵 P 可以通过对 $n \times n$ 的单位矩阵应用任意的行交换（或者任意的列交换）得到. 例如

$$\begin{bmatrix} 1 & 0 \\ 0 & 1 \end{bmatrix}, \begin{bmatrix} 0 & 1 \\ 1 & 0 \end{bmatrix}$$

是仅有的两个 2×2 的置换矩阵，

$$\begin{bmatrix} 1 & 0 & 0 \\ 0 & 1 & 0 \\ 0 & 0 & 1 \end{bmatrix}, \begin{bmatrix} 0 & 1 & 0 \\ 1 & 0 & 0 \\ 0 & 0 & 1 \end{bmatrix}, \begin{bmatrix} 1 & 0 & 0 \\ 0 & 0 & 1 \\ 0 & 1 & 0 \end{bmatrix}$$

$$\begin{bmatrix} 0 & 0 & 1 \\ 0 & 1 & 0 \\ 1 & 0 & 0 \end{bmatrix}, \begin{bmatrix} 0 & 0 & 1 \\ 1 & 0 & 0 \\ 0 & 1 & 0 \end{bmatrix}, \begin{bmatrix} 0 & 1 & 0 \\ 0 & 0 & 1 \\ 1 & 0 & 0 \end{bmatrix}$$

是六个 3×3 的置换矩阵.

下一个定理描述在一个矩阵的左侧乘上置换矩阵会发生的情况.

定理 2.8（置换矩阵的基础定理） 令 P 是通过对单位矩阵实施一组特定的行交换后得到的一个 $n\times n$ 置换矩阵. 则对于任意的 $n\times n$ 矩阵 A，PA 对应于对矩阵 A 实施同样的行交换得到的结果.

例如，置换矩阵

$$\begin{bmatrix} 1 & 0 & 0 \\ 0 & 0 & 1 \\ 0 & 1 & 0 \end{bmatrix}$$

通过交换单位矩阵的第 2 行和第 3 行后得到. 在矩阵的左侧乘上这样的置换矩阵 P 相当于交换矩阵的第 2 行和第 3 行：

$$\begin{bmatrix} 1 & 0 & 0 \\ 0 & 0 & 1 \\ 0 & 1 & 0 \end{bmatrix} \begin{bmatrix} a & b & c \\ d & e & f \\ g & h & i \end{bmatrix} = \begin{bmatrix} a & b & c \\ g & h & i \\ d & e & f \end{bmatrix}$$

记住定理 2.8 的较好的方式是想象把 P 和单位矩阵 I 相乘：

$$\begin{bmatrix} 1 & 0 & 0 \\ 0 & 0 & 1 \\ 0 & 1 & 0 \end{bmatrix} \begin{bmatrix} 1 & 0 & 0 \\ 0 & 1 & 0 \\ 0 & 0 & 1 \end{bmatrix} = \begin{bmatrix} 1 & 0 & 0 \\ 0 & 0 & 1 \\ 0 & 1 & 0 \end{bmatrix}$$

有两种方式来看上面的这种等价：首先，作为单位矩阵相乘（我们在右侧得到置换矩阵）；其次，作为置换矩阵对于单位矩阵的行所进行的交换. 定理 2.8 的内容是通过和矩阵 P 相乘得到的行置换，与构造 P 所进行的行置换相同.

2.4.3 $PA=LU$ 分解

在本节中，我们把关于高斯消去所知道的一切组合起来，进行 $PA=LU$ 分解. 这是部分主元的高斯消去的矩阵形式. $PA=LU$ 分解是求解线性方程组的主要方法.

正如名字中所暗示的，$PA=LU$ 是对于矩阵 A 包含行交换的 LU 分解. 在部分主元中，开始的时候我们并不知道需要进行置换的列，所以我们必须谨慎地把行置换的信息加入分解中，我们需要记录高斯消去法中所有的主元. 首先，我们来看一个例子.

例 2.16 找出矩阵 A 的 $PA=LU$ 分解.

$$A = \begin{bmatrix} 2 & 1 & 5 \\ 4 & 4 & -4 \\ 1 & 3 & 1 \end{bmatrix}$$

首先，根据部分主元，第 1 行和第 2 行需要进行交换：

$$P = \begin{bmatrix} 0 & 1 & 0 \\ 1 & 0 & 0 \\ 0 & 0 & 1 \end{bmatrix}$$

$$\begin{bmatrix} 2 & 1 & 5 \\ 4 & 4 & -4 \\ 1 & 3 & 1 \end{bmatrix} \rightarrow 交换第1行和第2行 \rightarrow \begin{bmatrix} 4 & 4 & -4 \\ 2 & 1 & 5 \\ 1 & 3 & 1 \end{bmatrix}$$

我们将使用置换矩阵 P 记录所有进行的行置换. 现在我们进行两个行操作即

$$\rightarrow 第2行减去第1行的 \frac{1}{2} 倍 \rightarrow \begin{bmatrix} 4 & 4 & -4 \\ \boxed{\frac{1}{2}} & -1 & 7 \\ 1 & 3 & 1 \end{bmatrix}$$

$$\rightarrow 第3行减去第1行的 \frac{1}{4} 倍 \rightarrow \begin{bmatrix} 4 & 4 & -4 \\ \boxed{\frac{1}{2}} & -1 & 7 \\ \boxed{\frac{1}{4}} & 2 & 2 \end{bmatrix}$$

消去第1列. 我们现在做得和以前不一样, 没有仅仅在消去位置放上 0, 而是把 0 作为存储位置. 在位置 (i, j) 的每个 0 里, 保存用于消去该位置元素的乘子 m_{ij}. 这样做是有原因的. 使用该机制, 当使用更多的行交换, 乘子也可以和其对应的行在一起.

然后必须通过比较选择第2个主元. 由于 $|a_{22}| = 1 < 2 = |a_{32}|$, 在消去第2列之前必须进行行置换. 注意到先前的乘子随着置换出现了移动:

$$P = \begin{bmatrix} 0 & 1 & 0 \\ 0 & 0 & 1 \\ 1 & 0 & 0 \end{bmatrix} \rightarrow 交换第2行和第3行 \rightarrow \begin{bmatrix} 4 & 4 & -4 \\ \boxed{\frac{1}{4}} & 2 & 2 \\ \boxed{\frac{1}{2}} & -1 & 7 \end{bmatrix}$$

最后, 随着另一次的行操作, 消去过程结束了:

$$\rightarrow 第3行减去第2行的 -\frac{1}{2} 倍 \rightarrow \begin{bmatrix} 4 & 4 & -4 \\ \boxed{\frac{1}{4}} & 2 & 2 \\ \boxed{\frac{1}{2}} & \boxed{-\frac{1}{2}} & 8 \end{bmatrix}$$

这是最后一次消去. 现在我们可以输出 $PA = LU$ 分解:

$$\begin{bmatrix} 0 & 1 & 0 \\ 0 & 0 & 1 \\ 1 & 0 & 0 \end{bmatrix} \begin{bmatrix} 2 & 1 & 5 \\ 4 & 4 & -4 \\ 1 & 3 & 1 \end{bmatrix} = \begin{bmatrix} 1 & 0 & 0 \\ \frac{1}{4} & 1 & 0 \\ \frac{1}{2} & -\frac{1}{2} & 1 \end{bmatrix} \begin{bmatrix} 4 & 4 & -4 \\ 0 & 2 & 2 \\ 0 & 0 & 8 \end{bmatrix}$$

$$P \qquad\qquad A \qquad\qquad L \qquad\qquad U \qquad (2.22)$$

L 矩阵的元素在下三角矩阵(对角线以下)的 0 中，U 则对应上三角矩阵．最终(累计)的置换矩阵保存为 P．

使用 $PA=LU$ 求解方程组 $Ax=b$，这是 $A=LU$ 的一个小的变体．在方程 $Ax=b$ 两侧左乘 P，并如前所述进行处理：

$$PAx = Pb$$
$$LUx = Pb \qquad (2.23)$$

求解

$$1. Lc = Pb \text{ 得到 } c$$
$$2. Ux = c \text{ 得到 } x \qquad (2.24)$$

如前所述，计算的重点是计算中代价最大的部分．在当前问题中，该部分计算是要确定的 $PA=LU$，这部分计算不需要知道 b．由于是对系数矩阵的行置换 PA 做 LU 分解，那么在做回代之前有必要对于右侧的向量 b 做相同的置换．该置换过程可以通过在回代开始计算 Pb 得到．看到高斯消去的矩阵形式的值很明显：所有消去和主元的细节都自动保存在矩阵方程中．

例 2.17 使用 $PA=LU$ 分解，求解系统 $Ax=b$，其中

$$A = \begin{bmatrix} 2 & 1 & 5 \\ 4 & 4 & -4 \\ 1 & 3 & 1 \end{bmatrix}, b = \begin{bmatrix} 5 \\ 0 \\ 6 \end{bmatrix}$$

$PA=LU$ 分解可以从 (2.22) 得到．还需要进行两步回代．

1. $Lc = Pb$：

$$\begin{bmatrix} 1 & 0 & 0 \\ \frac{1}{4} & 1 & 0 \\ \frac{1}{2} & -\frac{1}{2} & 1 \end{bmatrix} \begin{bmatrix} c_1 \\ c_2 \\ c_3 \end{bmatrix} = \begin{bmatrix} 0 & 1 & 0 \\ 0 & 0 & 1 \\ 1 & 0 & 0 \end{bmatrix} \begin{bmatrix} 5 \\ 0 \\ 6 \end{bmatrix} = \begin{bmatrix} 0 \\ 6 \\ 5 \end{bmatrix}$$

从顶部开始，我们得到

$$c_1 = 0$$
$$\frac{1}{4}(0) + c_2 = 6 \Rightarrow c_2 = 6$$
$$\frac{1}{2}(0) - \frac{1}{2}(6) + c_3 = 5 \Rightarrow c_3 = 8$$

2. $Ux = c$：

$$\begin{bmatrix} 4 & 4 & -4 \\ 0 & 2 & 2 \\ 0 & 0 & 8 \end{bmatrix} \begin{bmatrix} x_1 \\ x_2 \\ x_3 \end{bmatrix} = \begin{bmatrix} 0 \\ 6 \\ 8 \end{bmatrix}$$

从底部开始，

$$8x_3 = 8 \Rightarrow x_3 = 1$$

方程组

$$2x_2 + 2(1) = 6 \Rightarrow x_2 = 2$$
$$4x_1 + 4(2) - 4(1) = 0 \Rightarrow x_1 = -1 \tag{2.25}$$

因而，解是 $x = [-1, 2, 1]$. ◀

例 2.18 使用部分主元的 $PA=LU$ 分解，求解系统 $2x_1 + 3x_2 = 4$, $3x_1 + 2x_2 = 1$. 在矩阵形式中，对应方程如下

$$\begin{bmatrix} 2 & 3 \\ 3 & 2 \end{bmatrix} \begin{bmatrix} x_1 \\ x_2 \end{bmatrix} = \begin{bmatrix} 4 \\ 1 \end{bmatrix}$$

首先我们忽略右侧的 b. 根据部分主元，必须交换第 1 行和第 2 行 (由于 $a_{21} > a_{11}$). 消去过程是

$$P = \begin{bmatrix} 0 & 1 \\ 1 & 0 \end{bmatrix}$$

$$A = \begin{bmatrix} 2 & 3 \\ 3 & 2 \end{bmatrix} \to \text{交换第 1 行和第 2 行} \to \begin{bmatrix} 3 & 2 \\ 2 & 3 \end{bmatrix}$$

$$\to \text{第 2 行减去第 1 行的 } \tfrac{2}{3} \text{ 倍} \to \begin{bmatrix} 3 & 2 \\ \boxed{\tfrac{2}{3}} & \tfrac{5}{3} \end{bmatrix}$$

因而，$PA=LU$ 分解如下

$$\begin{bmatrix} 0 & 1 \\ 1 & 0 \end{bmatrix} \begin{bmatrix} 2 & 3 \\ 3 & 2 \end{bmatrix} = \begin{bmatrix} 1 & 0 \\ \tfrac{2}{3} & 1 \end{bmatrix} \begin{bmatrix} 3 & 2 \\ 0 & \tfrac{5}{3} \end{bmatrix}$$
$$\quad P \qquad\quad A \qquad\qquad L \qquad\qquad U$$

第一次回代 $Lc = Pb$ 如下

$$\begin{bmatrix} 1 & 0 \\ \tfrac{2}{3} & 1 \end{bmatrix} \begin{bmatrix} c_1 \\ c_2 \end{bmatrix} = \begin{bmatrix} 0 & 1 \\ 1 & 0 \end{bmatrix} \begin{bmatrix} 4 \\ 1 \end{bmatrix} = \begin{bmatrix} 1 \\ 4 \end{bmatrix}$$

从顶部开始，我们得到

$$c_1 = 1$$
$$\tfrac{2}{3}(1) + c_2 = 4 \Rightarrow c_2 = \tfrac{10}{3}$$

第二次回代 $Ux = c$ 如下

$$\begin{bmatrix} 3 & 2 \\ 0 & \tfrac{5}{3} \end{bmatrix} \begin{bmatrix} x_1 \\ x_2 \end{bmatrix} = \begin{bmatrix} 1 \\ \tfrac{10}{3} \end{bmatrix}$$

从底部开始，我们得到

$$\tfrac{5}{3} x_2 = \tfrac{10}{3} \Rightarrow x_2 = 2$$
$$3x_1 + 2(2) = 1 \Rightarrow x_1 = -1 \tag{2.26}$$

因而，对应的解是 $x = [-1, 2]$. ◀

每一个 $n\times n$ 矩阵都具有一个 $PA=LU$ 分解. 我们简单遵循部分主元原则, 如果得到的主元是 0, 这意味着所有需要消去的元素都已经是 0 了, 因而这一列不需要任何操作.

到目前为止, 所有描述的技术在 MATLAB 中都已经实现. 我们所讨论过的关于高斯消去法最复杂的形式是 $PA=LU$ 分解. MATLAB 的 lu 命令接受方块系数矩阵 A 并返回 P、L 和 U. 后面的 MATLAB 脚本定义了例 2.16 中的矩阵并计算其对应的分解:

```
>> A=[2 1 5; 4 4 -4; 1 3 1];
>> [L,U,P]=lu(A)

L=
    1.0000         0         0
    0.2500    1.0000         0
    0.5000   -0.5000    1.0000

U=
    4    4   -4
    0    2    2
    0    0    8

P=
    0    1    0
    0    0    1
    1    0    0
```

2.4 节习题

1. 找出下面矩阵的 $PA=LU$ 分解(使用部分主元):

   (a) $\begin{bmatrix} 1 & 3 \\ 2 & 3 \end{bmatrix}$ (b) $\begin{bmatrix} 2 & 4 \\ 1 & 3 \end{bmatrix}$ (c) $\begin{bmatrix} 1 & 5 \\ 5 & 12 \end{bmatrix}$ (d) $\begin{bmatrix} 0 & 1 \\ 1 & 0 \end{bmatrix}$

2. 找出下面矩阵的 $PA=LU$ 分解(使用部分主元):

   (a) $\begin{bmatrix} 1 & 1 & 0 \\ 2 & 1 & -1 \\ -1 & 1 & -1 \end{bmatrix}$ (b) $\begin{bmatrix} 0 & 1 & 3 \\ 2 & 1 & 1 \\ -1 & -1 & 2 \end{bmatrix}$ (c) $\begin{bmatrix} 1 & 2 & -3 \\ 2 & 4 & 2 \\ -1 & 0 & 3 \end{bmatrix}$ (d) $\begin{bmatrix} 0 & 1 & 0 \\ 1 & 0 & 2 \\ -2 & 1 & 0 \end{bmatrix}$

3. 通过 $PA=LU$ 分解求解系统, 并实施两步回代.

   (a) $\begin{bmatrix} 3 & 7 \\ 6 & 1 \end{bmatrix}\begin{bmatrix} x_1 \\ x_2 \end{bmatrix} = \begin{bmatrix} 1 \\ -11 \end{bmatrix}$ (b) $\begin{bmatrix} 3 & 1 & 2 \\ 6 & 3 & 4 \\ 3 & 1 & 5 \end{bmatrix}\begin{bmatrix} x_1 \\ x_2 \\ x_3 \end{bmatrix} = \begin{bmatrix} 0 \\ 1 \\ 3 \end{bmatrix}$

4. 通过 $PA=LU$ 分解求解系统, 并实施两步回代.

   (a) $\begin{bmatrix} 4 & 2 & 0 \\ 4 & 4 & 2 \\ 2 & 2 & 3 \end{bmatrix}\begin{bmatrix} x_1 \\ x_2 \\ x_3 \end{bmatrix} = \begin{bmatrix} 2 \\ 4 \\ 6 \end{bmatrix}$ (b) $\begin{bmatrix} -1 & 0 & 1 \\ 2 & 1 & 1 \\ -1 & 2 & 0 \end{bmatrix}\begin{bmatrix} x_1 \\ x_2 \\ x_3 \end{bmatrix} = \begin{bmatrix} -2 \\ 17 \\ 3 \end{bmatrix}$

5. 写出一个 5×5 的矩阵 P, 在另一个矩阵左侧乘上 P 会使其对应的第 2 行和第 5 行交换.

6. (a) 写出一个 4×4 的矩阵 P, 在另一个矩阵左侧乘上 P 会使其对应的第 2 行和第 4 行交换.

   (b) 如果在右边乘上 P 会得到什么结果? 用一个例子来证实.

7. 改变最左边矩阵的四个元素使得矩阵乘法等式成立：

$$\begin{bmatrix} 0 & 0 & 0 & 0 \\ 0 & 0 & 0 & 0 \\ 0 & 0 & 0 & 0 \\ 0 & 0 & 0 & 0 \end{bmatrix} \begin{bmatrix} 1 & 2 & 3 & 4 \\ 3 & 4 & 5 & 6 \\ 5 & 6 & 7 & 8 \\ 7 & 8 & 9 & 0 \end{bmatrix} = \begin{bmatrix} 5 & 6 & 7 & 8 \\ 3 & 4 & 5 & 6 \\ 7 & 8 & 9 & 0 \\ 1 & 2 & 3 & 4 \end{bmatrix}$$

8. 找出习题 2.3.15 中的矩阵 A 的 $PA=LU$ 分解。所需的最大乘子 l_{ij} 是多少？

9. (a) 找出矩阵 $A = \begin{bmatrix} 1 & 0 & 0 & 1 \\ -1 & 1 & 0 & 1 \\ -1 & -1 & 1 & 1 \\ -1 & -1 & -1 & 1 \end{bmatrix}$ 的 $PA=LU$ 分解。

(b) 令 A 是一个与(a)中形式一致的 $n\times n$ 矩阵。描述 $PA=LU$ 分解矩阵的每一个元素。

10. (a) 假设 A 是一个 $n\times n$ 矩阵，元素 $|a_{ij}|\leqslant 1$，其中 $1\leqslant i,j\leqslant n$。证明：$PA=LU$ 分解中的矩阵 U 对于所有的 $1\leqslant i,j\leqslant n$，满足 $|u_{ij}|\leqslant 2^{n-1}$。见习题 9(b)。(b) 对于任意 $n\times n$ 矩阵 A，表达并证实类似的事实。

事实验证 2　欧拉-伯努利横梁

欧拉-伯努利横梁是材质在应力下扭曲的一个基本模型。通过离散化可以把微分系统转化为线性方程组。离散尺度越小，得到的方程组系统就越大。这个例子会给我们提供一个对于系统规模和科学计算中病态问题的非常有趣的实例研究。

在一个长度为 L 的横梁上，横梁垂直方向的偏移表示为函数 $y(x)$，其中 $0\leqslant x\leqslant L$。在计算中我们将使用 MKS 单位：米、千米、秒。偏移 $y(x)$ 满足欧拉-伯努利方程

$$EIy'''' = f(x) \tag{2.27}$$

其中 E 是材质的杨氏模量，I 是面积惯性模量。E 和 I 对于横梁都是常数。右侧的 $f(x)$ 是加载负荷，包括横梁重量，该重量以单位长度上受的力来表示。

微分方程的离散化技术将在第 5 章进行讲述，其中对于一个小的增量 h，四阶导数的合理近似是

$$y''''(x) \approx \frac{y(x-2h) - 4y(x-h) + 6y(x) - 4y(x+h) + y(x+2h)}{h^4} \tag{2.28}$$

离散化的近似误差和 h^2 成比例(见习题 5.1.21)。在我们的策略中，横梁被表示为许多长度为 h 的分段的组合，并对于每个分段应用微分方程的离散形式。

对于正数 n，令 $h=L/n$。考虑均匀分割的格子 $0=x_0<x_1<\cdots<x_n=L$，其中 $h=x_i-x_{i-1}$，$i=1,\cdots,n$。使用(2.28)中差分近似替换(2.27)中的微分方程，得到线性方程组系统，对于偏移 $y_i=y(x_i)$ 得到

$$y_{i-2} - 4y_{i-1} + 6y_i - 4y_{i+1} + y_{i+2} = \frac{h^4}{EI}f(x_i) \tag{2.29}$$

我们将推出 n 个方程，具有 n 个未知变量 $y_1,\cdots,y_n$。系数矩阵，即结构矩阵，将具有方程组左侧的系数。但是，注意到我们在横梁末端必须改变方程，并考虑边界条件。

跳水板就是一个横梁，它的一端系在支撑物上，而另一端是自由端。这被称为**钳制-自由**横梁或者有时称为**悬臂梁**。对于钳制(左)端和自由(右)端的边界条件如下：

$$y(0) = y'(0) = y''(L) = y'''(L) = 0$$

特别是，$y_0=0$。但是，注意到计算 y_1 为我们提出一个问题，对于微分方程(2.27)在点 x_1 应用(2.29)近似得到

$$y_{-1} - 4y_0 + 6y_1 - 4y_2 + y_3 = \frac{h^4}{EI}f(x_1) \tag{2.30}$$

其中 y_{-1} 没有定义. 我们必须在点 x_1 接近钳制端时, 使用不同的导数近似. 习题 5.1.22(a) 导出如下近似

$$y''''(x_1) \approx \frac{16y(x_1) - 9y(x_1+h) + \frac{8}{3}y(x_1+2h) - \frac{1}{4}y(x_1+3h)}{h^4} \quad (2.31)$$

当 $y(x_0) = y'(x_0) = 0$ 时该方程有效.

当前把近似称为"有效", 意味着离散化的近似误差和 h^2 成正比, 这与方程(2.28)中的情况一致. 理论上, 这意味着该方式下近似导数的误差, 对于足够小的 h, 会降低到 0. 该概念是第 5 章中讨论数值微分的焦点. 对于我们来说的结果是, 我们可以使用(2.31)的近似, 在 $i=1$ 处考虑端点条件, 得到

$$16y_1 - 9y_2 + \frac{8}{3}y_3 - \frac{1}{4}y_4 = \frac{h^4}{EI}f(x_1)$$

横梁自由的右端的计算稍微复杂一些, 这是由于我们必须在整个横梁上计算 y_i. 再一次, 我们需要在最后的两个点 x_{n-1} 和 x_n 使用不同的导数近似. 习题 5.1.22 给出如下近似

$$y''''(x_{n-1}) \approx \frac{-28y_n + 72y_{n-1} - 60y_{n-2} + 16y_{n-3}}{17h^4} \quad (2.32)$$

$$y''''(x_n) \approx \frac{72y_n - 156y_{n-1} + 96y_{n-2} - 12y_{n-3}}{17h^4} \quad (2.33)$$

当 $y''(x_n) = y'''(x_n) = 0$ 时该方程有效.

现在我们可以写出关于跳水板的 n 个等式和 n 个未知变量的方程组. 该矩阵方程包含了所有对于微分方程(2.27)在点 $x_1, \cdots, x_n$ 上的近似, 具有 h^2 的精度:

$$\begin{bmatrix} 16 & -9 & \frac{8}{3} & -\frac{1}{4} & & & & & \\ -4 & 6 & -4 & 1 & & & & & \\ 1 & -4 & 6 & -4 & 1 & & & & \\ & 1 & -4 & 6 & -4 & 1 & & & \\ & & \ddots & \ddots & \ddots & \ddots & \ddots & & \\ & & & 1 & -4 & 6 & -4 & 1 & \\ & & & & 1 & -4 & 6 & -4 & 1 \\ & & & & & \frac{16}{17} & -\frac{60}{17} & \frac{72}{17} & -\frac{28}{17} \\ & & & & & -\frac{12}{17} & \frac{96}{17} & -\frac{156}{17} & \frac{72}{17} \end{bmatrix} \begin{bmatrix} y_1 \\ y_2 \\ \\ \\ \vdots \\ \\ \\ y_{n-1} \\ y_n \end{bmatrix} = \frac{h^4}{EI} \begin{bmatrix} f(x_1) \\ f(x_2) \\ \\ \\ \vdots \\ \\ \\ f(x_{n-1}) \\ f(x_n) \end{bmatrix} \quad (2.34)$$

(2.34)中的结构矩阵 A 是一个**带状矩阵**, 意味着所有和对角线足够远的元素的值都是 0. 特别是矩阵元素 a_{ij} 除了 $|i-j| \leqslant 3$ 之外的值都为 0. 该带状矩阵的**带宽**是 7, 由于 $i-j$ 具有 7 个非零的元素 a_{ij}.

最后, 我们可以对钳制-自由矩阵进行建模. 我们考虑一个由道格拉斯杉制成的实木跳水板. 假设跳水板的长度是 $L=2$ 米, 30 厘米宽, 3 厘米厚. 道格拉斯杉的密度大约是 480kg/m^3. 1 牛顿力是 $1 \text{kg} \cdot \text{m/s}^2$, 该木材的杨氏模量大约是 $E=1.3 \times 10^{10}$ 帕斯卡, 或者牛顿/米^2. 横梁中心附近面积的惯性模量是 $wd^3/12$, 其中 w 是横梁宽度, d 是横梁的厚度.

开始时将计算没有负荷时横梁的偏移, 因而 $f(x)$ 仅仅表示横梁自身的重量, 单位是力每米. 因而 $f(x)$ 每米的质量 $480wd$ 乘上向下的重力加速度 $-g = -9.81 \text{m/s}^2$, 或者常量 $f(x) = f = -480wdg$. 读者应该检查一下 (2.27) 两侧的单位的匹配. f 是常数时 (2.27) 有解析解, 因而可以检查计算的结果.

在检查未加负荷的横梁代码之后, 将进一步对两种情况进行建模. 第一种情况下, 一个正弦负载(或者"堆")会被加在横梁上. 在这种情况下, 仍然有一个已知的解析解. 但是没有精确的导数近似, 因而,

你可以对误差进行建模，它是关于格子大小 h 的函数．对于大的 n，看一下条件问题的效果．然后，你将把跳水运动员放在横梁上．

建议活动

1. 写出定义 (2.34) 中结构矩阵 A 的 MATLAB 程序．然后，使用 MATLAB 的 \ 命令或者自己设计的代码，求解系统，得到偏移 y_i，使用 $n=10$ 作为网格大小．

2. 同时画出步骤 1 中的解和正确解，$y(x)=(f/24EI)x^2(x^2-4Lx+6L^2)$，其中 $f=f(x)$ 是上面定义的常数．在横梁末端检查误差，此时 $x=Lm$．在这种简单情况下，导数近似是正确的，因而你的误差接近机器舍入的结果．

3. 返回步骤 1 中的计算，对于 $n=10\cdot k$，其中 $k=1,\cdots,11$．对于每个 n 在 $x=L$ 时的误差制表，对于哪一个 n 这个误差最小？为什么这个误差在某一点后随着 n 增加？你可以再做一张关于 A 的条件数的表，该条件数对应一个关于 n 的函数，并有助于对最后一个问题的回答．对于一个大的 k 实施这个步骤，你可能需要让 MATLAB 把矩阵 A 保存为一个稀疏矩阵以避免完全消耗内存．使用命令 A= sparse(n,n) 初始化 A，就可以得到稀疏矩阵，其他操作和前面一样．我们将在下一节中更加详细地讨论稀疏矩阵．

4. 对横梁加上正弦压力．这意味着给受力项加上一个形如 $s(x)=-pg\sin\frac{\pi}{L}x$ 的函数．证明解

$$y(x)=\frac{f}{24EI}x^2(x^2-4Lx+6L^2)-\frac{pgL}{EI\pi}\left(\frac{L^3}{\pi^3}\sin\frac{\pi}{L}x-\frac{x^3}{6}+\frac{L}{2}x^2-\frac{L^2}{\pi^2}x\right)$$

满足欧拉-伯努利横梁方程以及钳制-自由边界条件．

5. 重新运行第 3 步中对于正弦负载的计算．（确保包含了横臂自身的重量．）设 $p=100\mathrm{kg/m}$，同时画出你的计算结果和正确的解．回答步骤 3 中的问题，并回答下面的问题：在 $x=L$ 点的误差和前面生成的 h^2 是否成比例？你可以在 log-log 图上画出误差与 h，来探求该问题．条件数起作用了吗？

6. 现在移除正弦负载并在横梁上加上 70kg 跳水员，在横梁的最后 20cm 保持平衡．你必须对 $f(x_i)$ 在单位长度加上力 $-g$ 乘上 70/0.2kg/m，$1.8\leqslant x_i\leqslant 2$，使用步骤 5 中找到的最优的 n 值，并再次求解问题．画出图并找出跳水板在自由端的偏斜度．

7. 如果我们把跳水板的自由端也固定，就得到钳制-钳制横梁，两端的边界条件相同 $y(0)=y'(0)=y'(L)=0$．它用于对下陷结构，例如桥梁，进行建模．从有微小差异的均匀步长格点开始 $0=x_0<x_1<\cdots<x_n<x_{n+1}=L$，其中 $h=x_i-x_{i-1}$，$i=1,\cdots,n$，找出具有 n 个方程 n 个未知变量的系统，用于确定 $y_1,\cdots,y_n$．（这和钳制-自由版本的模型类似，除了系数矩阵 A 的最后两行应该是前两行的反转．）对于正弦负载进行求解，并对于横梁中心 $x=L/2$ 回答步骤 5 中的问题．在正弦负载下的钳制-钳制横梁的精确解是

$$y(x)=\frac{f}{24EI}x^2(L-x)^2-\frac{pgL^2}{\pi^4 EI}\left(L^2\sin\frac{\pi}{L}x+\pi x(x-L)\right)$$

8. 更多探索的想法：如果跳水板的宽度加倍，跳水板的偏移该如何变化？如果跳水板的厚度加倍这种变化会更多还是更少？（两个板的质量相同．）如果横截面是圆形或者环形，但是面积和矩截面相同，最大偏移量会如何变化？（面积惯性模量对于半径为 r 的圆形截面是 $I=\pi r^4/4$，对于内半径为 r_1 外半径为 r_2 的环形截面的面积惯性模量是 $I=\pi(r_2^4-r_1^4)/4$．）找出对于 I 横梁的面积惯性模量．不同材质的杨氏模量已知并已经被制表．例如，钢材的密度是 $7850\mathrm{kg/m^3}$，它对应的杨氏模量大约是 2×10^{11} 帕斯卡．

欧拉-伯努利是一个相对简单、经典的模型．更多最近的模型考虑更加奇异的扭曲，例如 Timoshenko 横梁，其中横梁的截面与横梁的主轴可能不垂直．

2.5 迭代方法

高斯消去是一个包含 $O(n^3)$ 次有穷序列的浮点操作，并得到一个解。正因为如此，高斯消去被称为求解线性方程组的**直接**方法。理论上，直接方法在有穷步里可以得到精确解（当然在有穷精度的计算机上进行计算，只能得到近似解。正如我们在前面的章节中所见，精度的损失可以通过条件数进行度量。）直接方法和第 1 章讲过的根求解方法完全不同，这是由于第 1 章中的方法是迭代求解。

迭代方法也可以用来求解线性方程组系统。和不动点迭代类似，方法从初始估计开始，然后在每步中不断精化估计，最后收敛到解向量。

2.5.1 雅可比方法

雅可比(Jacobi)方法是方程组系统中的一种形式的不动点迭代。在 FPI 中，第一步是重写方程，进而求解未知量。雅可比方法以如下标准方式进行该重写步骤：求解第 i 个方程得到第 i 个未知变量。然后使用不动点迭代，从初始估计开始，进行迭代。

例 2.19 对系统 $3u+v=5$，$u+2v=5$ 使用雅可比方法。

首先求解第一个方程得到 u，求解第二个方程得到 v。我们将使用初始估计 $(u_0, v_0)=(0, 0)$。我们有

$$u = \frac{5-v}{3}$$
$$v = \frac{5-u}{2} \tag{2.35}$$

两个方程进行迭代：

$$\begin{bmatrix} u_0 \\ v_0 \end{bmatrix} = \begin{bmatrix} 0 \\ 0 \end{bmatrix}$$

$$\begin{bmatrix} u_1 \\ v_1 \end{bmatrix} = \begin{bmatrix} \dfrac{5-v_0}{3} \\ \dfrac{5-u_0}{2} \end{bmatrix} = \begin{bmatrix} \dfrac{5-0}{3} \\ \dfrac{5-0}{2} \end{bmatrix} = \begin{bmatrix} \dfrac{5}{3} \\ \dfrac{5}{2} \end{bmatrix}$$

$$\begin{bmatrix} u_2 \\ v_2 \end{bmatrix} = \begin{bmatrix} \dfrac{5-v_1}{3} \\ \dfrac{5-u_1}{2} \end{bmatrix} = \begin{bmatrix} \dfrac{5-5/2}{3} \\ \dfrac{5-5/3}{2} \end{bmatrix} = \begin{bmatrix} \dfrac{5}{6} \\ \dfrac{5}{3} \end{bmatrix}$$

$$\begin{bmatrix} u_3 \\ v_3 \end{bmatrix} = \begin{bmatrix} \dfrac{5-5/3}{3} \\ \dfrac{5-5/6}{2} \end{bmatrix} = \begin{bmatrix} \dfrac{10}{9} \\ \dfrac{25}{12} \end{bmatrix} \tag{2.36}$$

雅可比方法更多的步骤显示该方法将收敛，并得到解 [1, 2]。

现在假设方程以相反的顺序给出。

例 2.20 对系统 $u+2v=5$,$3u+v=5$ 使用雅可比方法.

首先求解第一个方程得到 u,求解第二个方程得到 v.

$$u = 5 - 2v$$
$$v = 5 - 3u \tag{2.37}$$

两个方程如前进行迭代,但是结果全然不同:

$$\begin{bmatrix} u_0 \\ v_0 \end{bmatrix} = \begin{bmatrix} 0 \\ 0 \end{bmatrix}$$

$$\begin{bmatrix} u_1 \\ v_1 \end{bmatrix} = \begin{bmatrix} 5 - 2v_0 \\ 5 - 3u_0 \end{bmatrix} = \begin{bmatrix} 5 \\ 5 \end{bmatrix}$$

$$\begin{bmatrix} u_2 \\ v_2 \end{bmatrix} = \begin{bmatrix} 5 - 2v_1 \\ 5 - 3u_1 \end{bmatrix} = \begin{bmatrix} -5 \\ -10 \end{bmatrix}$$

$$\begin{bmatrix} u_3 \\ v_3 \end{bmatrix} = \begin{bmatrix} 5 - 2(-10) \\ 5 - 3(-5) \end{bmatrix} = \begin{bmatrix} 25 \\ 20 \end{bmatrix} \tag{2.38}$$

在这种情况下,迭代发散,雅可比方法失效了.

由于雅可比方法并不总能成功得到解,了解该方法可以工作的条件有助于我们的理解.下面的定义给出一个重要的条件.

定义 2.9 $n \times n$ 的矩阵 $A = (a_{ij})$ 是**严格对角占优**矩阵,要求对于每个 $1 \leqslant i \leqslant n$, $|a_{ii}| > \sum_{j \neq i} |a_{ij}|$.换句话说,对角线元素在对应行占优,其对应值在数量上比该行其他元素的和还要大.

定理 2.10 如果 $n \times n$ 矩阵 A 是严格对角占优矩阵,则(1)A 是非奇异矩阵,(2)对于所有向量 b 和初始估计,对 $Ax = b$ 应用雅可比方法都会收敛到(唯一)解.

定理 2.10 指出,如果 A 是严格对角占优矩阵,则对方程 $Ax = b$ 应用雅可比方法,将对于每一个初始估计都收敛.该事实的证明在 2.5.3 节中给出.在例 2.19 中,开始时的系数矩阵是

$$A = \begin{bmatrix} 3 & 1 \\ 1 & 2 \end{bmatrix}$$

这是一个严格对角占优矩阵,由于 $3 > 1$,$2 > 1$.在这种情况下保证收敛.而在例 2.20 中,雅可比方法应用在矩阵

$$A = \begin{bmatrix} 1 & 2 \\ 3 & 1 \end{bmatrix}$$

该矩阵不是对角占优矩阵,对于收敛的保证也不存在.注意,严格对角占优仅仅是一个充分条件.不满足对角占优时,雅可比方法依然可能收敛.

例 2.21 确定矩阵

$$A = \begin{bmatrix} 3 & 1 & -1 \\ 2 & -5 & 2 \\ 1 & 6 & 8 \end{bmatrix}, B = \begin{bmatrix} 3 & 2 & 6 \\ 1 & 8 & 1 \\ 9 & 2 & -2 \end{bmatrix}$$

是否严格对角占优.

矩阵 A 是对角占优,这是因为 $|3|>|1|+|-1|$,$|-5|>|2|+|2|$,$|8|>|1|+|6|$. B 不是对角占优,因为,例如 $|3|>|2|+|6|$ 不成立. 但是如果 B 的第一行和第三行交换,B 是严格对角占优,并且雅可比方法保证收敛.

雅可比方法是不动点迭代的一种形式,令 D 表示 A 的主对角线矩阵,L 表示矩阵 A 的下三角矩阵(主对角线以下的元素),U 表示上三角矩阵(主对角线以上的元素),则 $A=L+D+U$,求解的方程变为 $Lx+Dx+Ux=b$. 注意,这里对于 L 和 U 的使用和 LU 分解中不同,当前 L 和 U 的主对角线元素都是零. 方程组 $Ax=b$ 可以写成如下不动点迭代形式:

$$Ax = b$$
$$(D+L+U)x = b$$
$$Dx = b-(L+U)x$$
$$x = D^{-1}(b-(L+U)x) \tag{2.39}$$

由于 D 是对角线矩阵,它的逆矩阵中主对角线元素是 A 的对角线元素的倒数. 雅可比方法就是 (2.39) 中的不动点迭代:

雅可比方法
$$x_0 = \text{初始向量}$$
$$x_{k+1} = D^{-1}(b-(L+U)x_k), k=0,1,2,\cdots \tag{2.40}$$

对于例 2.19,

$$\begin{bmatrix} 3 & 1 \\ 1 & 2 \end{bmatrix} \begin{bmatrix} u \\ v \end{bmatrix} = \begin{bmatrix} 5 \\ 5 \end{bmatrix}$$

(2.40) 的不动点迭代如下,其中 $x_k = \begin{bmatrix} u_k \\ v_k \end{bmatrix}$

$$\begin{bmatrix} u_{k+1} \\ v_{k+1} \end{bmatrix} = D^{-1}(b-(L+U)x_k)$$
$$= \begin{bmatrix} 1/3 & 0 \\ 0 & 1/2 \end{bmatrix} \left(\begin{bmatrix} 5 \\ 5 \end{bmatrix} - \begin{bmatrix} 0 & 1 \\ 1 & 0 \end{bmatrix} \begin{bmatrix} u_k \\ v_k \end{bmatrix} \right)$$
$$= \begin{bmatrix} (5-v_k)/3 \\ (5-u_k)/2 \end{bmatrix}$$

这和我们原来计算的版本一致.

2.5.2 高斯-塞德尔方法和 SOR

和雅可比方法紧密相关的迭代方法是**高斯-塞德尔**(Gauss-Seidel)方法. 高斯-塞德尔方法和雅可比方法的唯一差异是在前者中,最近更新的未知变量的值在每一步中都使用,即使更新发生在当前步骤. 回到例 2.19,我们发现高斯-塞德尔方法如下:

$$\begin{bmatrix} u_0 \\ v_0 \end{bmatrix} = \begin{bmatrix} 0 \\ 0 \end{bmatrix}$$

$$\begin{bmatrix} u_1 \\ v_1 \end{bmatrix} = \begin{bmatrix} \dfrac{5-v_0}{3} \\ \dfrac{5-u_1}{2} \end{bmatrix} = \begin{bmatrix} \dfrac{5-0}{3} \\ \dfrac{5-5/3}{2} \end{bmatrix} = \begin{bmatrix} \dfrac{5}{3} \\ \dfrac{5}{3} \end{bmatrix}$$

$$\begin{bmatrix} u_2 \\ v_2 \end{bmatrix} = \begin{bmatrix} \dfrac{5-v_1}{3} \\ \dfrac{5-u_2}{2} \end{bmatrix} = \begin{bmatrix} \dfrac{5-5/3}{3} \\ \dfrac{5-10/9}{2} \end{bmatrix} = \begin{bmatrix} \dfrac{10}{9} \\ \dfrac{35}{18} \end{bmatrix}$$

$$\begin{bmatrix} u_3 \\ v_3 \end{bmatrix} = \begin{bmatrix} \dfrac{5-v_2}{3} \\ \dfrac{5-u_3}{2} \end{bmatrix} = \begin{bmatrix} \dfrac{5-35/18}{3} \\ \dfrac{5-55/54}{2} \end{bmatrix} = \begin{bmatrix} \dfrac{55}{54} \\ \dfrac{215}{108} \end{bmatrix} \quad (2.41)$$

注意，高斯-塞德尔方法和雅可比方法的差异：对于 v_1 的定义中使用 u_1，而不是 u_0。我们看到该方法如同雅可比方法一样趋近于解[1, 2]，但是在使用相同步骤的情况下，该近似更加精确。如果收敛，高斯-塞德尔方法常常比雅可比方法收敛更快。定理 2.11 证实高斯-塞德尔方法和雅可比方法一样，只要系数矩阵是严格对角占优矩阵，该方法就收敛。

高斯-塞德尔方法可以写成矩阵形式，并和不动点迭代一致，其中将方程 $(L+D+U)x=b$ 拆为

$$(L+D)x_{k+1} = -Ux_k + b$$

注意，通过把矩阵 A 的下三角部分放在方程左侧，迭代使用了最近确定的元素 x_{k+1}，将方程进行重新组织，得到高斯-塞德尔方法。

高斯-塞德尔方法

$$x_0 = \text{初始向量}$$
$$x_{k+1} = D^{-1}(b - Ux_k - Lx_{k+1}), k = 0, 1, 2, \cdots$$

例 2.22 对如下系统应用高斯-塞德尔方法：

$$\begin{bmatrix} 3 & 1 & -1 \\ 2 & 4 & 1 \\ -1 & 2 & 5 \end{bmatrix} \begin{bmatrix} u \\ v \\ w \end{bmatrix} = \begin{bmatrix} 4 \\ 1 \\ 1 \end{bmatrix}$$

高斯-塞德尔迭代如下

$$u_{k+1} = \frac{4 - v_k + w_k}{3}$$

$$v_{k+1} = \frac{1 - 2u_{k+1} - w_k}{4}$$

$$w_{k+1} = \frac{1 + u_{k+1} - 2v_{k+1}}{5}$$

初始 $x_0 = [u_0, v_0, w_0] = [0, 0, 0]$，我们计算得到

$$\begin{bmatrix} u_1 \\ v_1 \\ w_1 \end{bmatrix} = \begin{bmatrix} \dfrac{4-0-0}{3} = \dfrac{4}{3} \\ \dfrac{1-8/3-0}{4} = -\dfrac{5}{12} \\ \dfrac{1+4/3+5/6}{5} = \dfrac{19}{30} \end{bmatrix} \approx \begin{bmatrix} 1.3333 \\ -0.4167 \\ 0.6333 \end{bmatrix}$$

$$\begin{bmatrix} u_2 \\ v_2 \\ w_2 \end{bmatrix} = \begin{bmatrix} \dfrac{101}{60} \\ -\dfrac{3}{4} \\ \dfrac{251}{300} \end{bmatrix} \approx \begin{bmatrix} 1.6833 \\ -0.7500 \\ 0.8367 \end{bmatrix}$$

系统严格对角占优,因而迭代会收敛到解$[2,-1,1]$.

连续过松弛(SOR)方法使用高斯-塞德尔的求解方向,并使用过松弛以加快收敛速度. 令 ω 是一个实数,并将新的估计中的每个元素 x_{k+1} 定义为 ω 乘上高斯-塞德尔公式和 $1-\omega$ 乘上当前估计 x_k 的平均. 数字 ω 被称为**松弛参数**,而当 $\omega>1$ 时被称为**过松弛**.

例 2.23 对例 2.22 的系统使用 SOR 方法,$\omega=1.25$.

连续过松弛得到

$$u_{k+1} = (1-\omega)u_k + \omega\frac{4-v_k+w_k}{3}$$

$$v_{k+1} = (1-\omega)v_k + w\frac{1-2u_{k+1}-w_k}{4}$$

$$w_{k+1} = (1-\omega)w_k + \omega\frac{1+u_{k+1}-2v_{k+1}}{5}$$

从 $[u_0, v_0, w_0] = [0, 0, 0]$ 开始,我们计算得到

$$\begin{bmatrix} u_1 \\ v_1 \\ w_1 \end{bmatrix} \approx \begin{bmatrix} 1.6667 \\ -0.7292 \\ 1.0312 \end{bmatrix}$$

$$\begin{bmatrix} u_2 \\ v_2 \\ w_2 \end{bmatrix} \approx \begin{bmatrix} 1.9835 \\ -1.0672 \\ 1.0216 \end{bmatrix}$$

在这个例子中,SOR 迭代比雅可比和高斯-塞德尔方法收敛更快,并收敛到 $[2,-1,1]$.

正如雅可比和高斯-塞德尔方法,另一种导出 SOR 的方法是将该系统看做不动点迭代. 问题 $Ax=b$ 可以写成 $(L+D+U)x=b$,乘上 ω 并重新组织方程,

$$(\omega L + \omega D + \omega U)x = \omega b$$

$$(\omega L + D)x = \omega b - \omega U x + (1-\omega)Dx$$

$$x = (\omega L + D)^{-1}[(1-\omega)Dx - \omega Ux] + \omega(D+\omega L)^{-1}b$$

方程组

> **连续过松弛(SOR)**
> $x_0 = $ 初始向量
> $x_{k+1} = (\omega L + D)^{-1}[(1-\omega)Dx_k - \omega U x_k] + \omega(D+\omega L)^{-1}b, k=0,1,2,\cdots$

当 $\omega=1$ 时，SOR 就是高斯-塞德尔方法，在连续欠松弛方法中，参数 ω 还可以比 1 小．

例 2.24 比较雅可比、高斯-塞德尔和 SOR 求解 6 个方程 6 个未知变量的方程组：

$$\begin{bmatrix} 3 & -1 & 0 & 0 & 0 & \frac{1}{2} \\ -1 & 3 & -1 & 0 & \frac{1}{2} & 0 \\ 0 & -1 & 3 & -1 & 0 & 0 \\ 0 & 0 & -1 & 3 & -1 & 0 \\ 0 & \frac{1}{2} & 0 & -1 & 3 & -1 \\ \frac{1}{2} & 0 & 0 & 0 & -1 & 3 \end{bmatrix} \begin{bmatrix} u_1 \\ u_2 \\ u_3 \\ u_4 \\ u_5 \\ u_6 \end{bmatrix} = \begin{bmatrix} \frac{5}{2} \\ \frac{3}{2} \\ 1 \\ 1 \\ \frac{3}{2} \\ \frac{5}{2} \end{bmatrix} \quad (2.42)$$

该问题的解是 $x=[1,1,1,1,1,1]$．使用三种方法，经过 6 步迭代得到的解向量 x_6，如下表所示：

雅可比	高斯-塞德尔	SOR	雅可比	高斯-塞德尔	SOR	雅可比	高斯-塞德尔	SOR
0.9879	0.9950	0.9989	0.9674	0.9969	1.0004	0.9846	1.0016	1.0009
0.9846	0.9946	0.9993	0.9674	0.9996	1.0009	0.9879	1.0013	1.0004

过松弛方法的参数 ω 被设为 1.1．SOR 在这个例子上看起来性能最好．

图 2.3 比较了例 2.24 中，对于不同 ω，6 步迭代后的无穷范数的误差，尽管没有通用的理论描述 ω 的最优选择，但是在当前例子中很显然有最好的选择．参看 Ortega[1972]中关于在一些常见的特例中最优 ω 的讨论．

2.5.3 迭代方法的收敛

在本节中我们证明雅可比和高斯-塞德尔方法对于严格对角占优矩阵收敛．这是定理 2.10 和定理 2.11 的内容．

雅可比方法可以写做

$$x_{k+1} = -D^{-1}(L+U)x_k + D^{-1}b \quad (2.43)$$

附录 A 中的定理 A.7 决定这类迭代的收敛．根据这个理论，我们需要知道谱半径 $\rho(D^{-1}(L+U))<1$ 以保证雅可比方法收敛．如下所示，这正是严格对角占优矩阵所包含的意思．

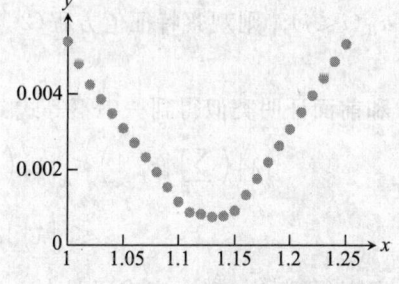

图 2.3 例 2.24 中，SOR 6 步迭代后关于过松弛参数 ω 的无穷范数误差．高斯-塞德尔对应 $\omega=1$．最小误差发生在 $\omega\approx 1.13$ 处

定理 2.10 的证明   令 $R=L+U$ 表示矩阵的非对角线部分. 为了检验 $\rho(D^{-1}R)<1$, 令 λ 是矩阵 $D^{-1}R$ 的特征值, 对应的特征向量是 v. 选择 v 使得 $\|v\|_\infty=1$, 因而对于一些 $1\leqslant m\leqslant n$, 元素 $v_m=1$, 而其他的元素不大于 1. (任何特征向量除去最大的元素都可以满足上面的向量要求. 任何常数乘上特征向量后依然是特征向量, 并具有相同的特征值.) 特征值的定义意味着

$$D^{-1}Rv = \lambda v \text{ 或者 } Rv = \lambda Dv$$

由于 $r_{mm}=0$, 把这个向量方程的第 m 个元素的绝对值去掉意味着

$$|r_{m1}v_1 + r_{m2}v_2 + \cdots + r_{m,m-1}v_{m-1} + r_{m,m+1}v_{m+1} + \cdots + r_{mn}v_n| = |\lambda d_{mm}v_m| = |\lambda||d_{mm}|$$

由于所有 $|v_i|\leqslant 1$, 左侧最多是 $\sum_{j\neq m}|r_{mj}|$, 根据严格对角占优假设, 其小于 $|d_{mm}|$. 这意味着 $|\lambda||d_{mm}|<|d_{mm}|$, 要求 $|\lambda|<1$. 由于 λ 是一个任意的特征值, 所以我们已经证明 $\rho(D^{-1}R)<1$. 现在附录 A 中的定理 A.7 意味着雅可比方法收敛到 $Ax=b$ 的解. 最后, 由于 $Ax=b$ 对于任意的 b 都有一个解, A 是一个非奇异矩阵.

把高斯-塞德尔方法写成 (2.43) 的形式得到

$$x_{k+1} = -(L+D)^{-1}Ux_k + (L+D)^{-1}b$$

很显然, 高斯-塞德尔方法是否收敛取决于矩阵

$$(L+D)^{-1}U \tag{2.44}$$

的谱半径是否小于 1. 下一个定理表明对于严格对角占优矩阵, 意味着特征值满足谱半径的要求. ∎

定理 2.11   如果 $n\times n$ 矩阵 A 是严格对角占优矩阵, 则 (1) A 是非奇异矩阵, (2) 对每一个向量 b 和初始估计, 对 $Ax=b$ 使用高斯-塞德尔方法收敛到解.

证明   令 λ 是 (2.44) 的特征值, 对应的特征向量是 v. 如同前面的证明, 选择特征向量使得 $v_m=1$ 且其他元素在数量上更小. 注意到 L 的元素是 a_{ij}, $i>j$, U 的元素是 $a_{ij}(i<j)$. 则观察特征值方程 (2.44) 的第 m 行,

$$\lambda(D+L)v = Uv$$

和前面证明类似得到一串不等式:

$$|\lambda|\left(\sum_{i>m}|a_{mi}|\right) < |\lambda|\left(|a_{mm}| - \sum_{i<m}|a_{mi}|\right) \leqslant |\lambda|\left(|a_{mm}| - \left|\sum_{i<m}a_{mi}v_i\right|\right)$$
$$\leqslant |\lambda||a_{mm}| + \sum_{i<m}a_{mi}v_i = \left|\sum_{i>m}a_{mi}v_i\right| \leqslant \sum_{i>m}|a_{mi}|$$

可以得到 $|\lambda|<1$, 完成证明. ∎

2.5.4 稀疏矩阵计算

基于高斯消去的直接方法, 通过有限步数的计算就可以得到解. 为什么我们要研究并使用迭代方法, 特别是迭代方法只能得到近似解, 并需要多步计算以得到收敛.

有两个主要的原因让我们使用诸如高斯-塞德尔这样的迭代方法. 两个原因都是基于如

下的事实：迭代方法中的一步计算，仅仅需要 LU 分解的浮点计算所需要时间的一小部分.
正如我们在本章前面所确立的，对于 $n \times n$ 的矩阵做一次高斯消去需要 n^3 次的操作. 雅可比方法的一步，仅需要大约 n^2 次的乘法（对于每个矩阵元素做一次乘法操作）以及大约相同数量的加法. 问题是需要多少步才能在用户提供的容差里得到收敛.

如果已知解的较好的近似，在这种特定的情况下支持使用迭代技术. 例如，假设知道 $Ax=b$ 的解，随后 A 与 b 同时或者单个仅仅发生小的变化. 我们可以想象一个动态系统，当 A 和 b 改变时，对 A 和 b 进行持续的度量，因而需要持续更新精确的解向量 x. 如果把前面问题的解作为新的相似问题的初始估计，使用雅可比或者高斯-塞德尔可以得到更快的收敛.

假设问题 (2.42) 中的 b 和最初的 $b=[2.5, 1.5, 1, 1, 1.5, 2.5]$ 相比发生微小变化，得到新的 $b=[2.2, 1.6, 0.9, 1.3, 1.4, 2.45]$. 我们检查后发现真实解从 $[1, 1, 1, 1, 1, 1]$ 变为 $[0.9, 1, 1, 1.1, 1, 1]$. 假设从前面的表中，在内存中已经有了高斯-塞德尔迭代的第 6 步 x_6，用于初始估计. 继续进行高斯-塞德尔迭代，其中使用新的 b 以及有帮助的初始估计 x_6，仅仅多做一步就可以得到好的结果. 后面的两步如下：

x_7	x_8	x_7	x_8	x_7	x_8
0.8980	0.8994	0.9659	0.9927	0.9971	1.0005
0.9980	0.9889	1.0892	1.0966	0.9993	1.0003

这种技术通常称为**修饰**，这是由于该问题从一个近似解开始，该近似解可能对应前面一个相关问题的解，然后仅仅修饰近似解使其更加精确. 修饰在实时应用中很常见，随着时间的流逝，数据会进行更新，因而相似的问题需要不断重复求解. 如果系统很大，时间很短，可能难以在给定的时间内进行完整的高斯消去或者仅仅进行回代. 如果解的变化不大，相对代价低的迭代方法的少数几步，当解随着时间流逝可能保持足够的精度.

第二个使用迭代方法的主要原因是用于求解稀疏的方程组. 当矩阵中的很多元素都是 0 系数矩阵被称为**稀疏矩阵**. 通常，对于稀疏矩阵中的 n^2 个矩阵元素，只有 $O(n)$ 个非零元素. 一个**完全**的矩阵恰恰相反，其中没有几个元素可以假设为 0. 对稀疏矩阵使用高斯消去经常会导致**填充**，这使得其中系数矩阵由于必要的行交换从稀疏变为不稀疏. 由于这个原因，高斯消去以及 $PA=LU$ 实现的效率对于稀疏矩阵变得可疑，在这种情况下迭代方法是一种合理的选择.

例 2.24 可以扩展为如下的稀疏矩阵。

例 2.25 雅可比方法求解例 2.24 中包含 100 000 个方程的版本.

令 n 是一个偶数，考虑 $n \times n$ 矩阵 A 对角线元素为 3，-1 出现在上对角线和下对角线，$1/2$ 出现在 $(i, n+1-i)$ 位置，其中 $i=1, \cdots, n$，除了 $i=n/2$ 以及 $n/2+1$. 对于 $n=12$，

$$A = \begin{bmatrix} 3 & -1 & 0 & 0 & 0 & 0 & 0 & 0 & 0 & 0 & 0 & \frac{1}{2} \\ -1 & 3 & -1 & 0 & 0 & 0 & 0 & 0 & 0 & 0 & \frac{1}{2} & 0 \\ 0 & -1 & 3 & -1 & 0 & 0 & 0 & 0 & 0 & \frac{1}{2} & 0 & 0 \\ 0 & 0 & -1 & 3 & -1 & 0 & 0 & 0 & \frac{1}{2} & 0 & 0 & 0 \\ 0 & 0 & 0 & -1 & 3 & -1 & 0 & \frac{1}{2} & 0 & 0 & 0 & 0 \\ 0 & 0 & 0 & 0 & -1 & 3 & -1 & 0 & 0 & 0 & 0 & 0 \\ 0 & 0 & 0 & 0 & 0 & -1 & 3 & -1 & 0 & 0 & 0 & 0 \\ 0 & 0 & 0 & \frac{1}{2} & 0 & 0 & -1 & 3 & -1 & 0 & 0 & 0 \\ 0 & 0 & \frac{1}{2} & 0 & 0 & 0 & 0 & -1 & 3 & -1 & 0 & 0 \\ 0 & \frac{1}{2} & 0 & 0 & 0 & 0 & 0 & 0 & -1 & 3 & -1 & 0 \\ 0 & \frac{1}{2} & 0 & 0 & 0 & 0 & 0 & 0 & 0 & -1 & 3 & -1 \\ \frac{1}{2} & 0 & 0 & 0 & 0 & 0 & 0 & 0 & 0 & 0 & -1 & 3 \end{bmatrix} \quad (2.45)$$

定义向量 $b = (2.5, 1.5, \cdots, 1.5, 1.0, 1.0, 1.5, \cdots, 1.5, 2.5)$,其中有 $n-4$ 次重复的 1.5 和 2 次重复的 1.0. 注意到,如果 $n=6$, A 和 b 定义了例 2.24 的系统. 对于一般的 n,系统的解为 $[1, \cdots, 1]$. A 中没有任何一行的非零元素的个数大于 4. 由于在 n^2 的元素中只有小于 $4n$ 的元素非零,我们可以称该矩阵为稀疏矩阵.

如果我们要求解这样的方程组,其中 $n = 100\,000$ 或者更大,可以选择什么方式来做? 把稀疏矩阵 A 看做一个完全矩阵意味着保存 $n^2 = 10^{10}$ 个元素,其中每个都是浮点双精度数,并需要 8 字节来保存. 注意到 8×10^{10} 字节大约是 80G 字节. 根据你的计算机配置,可能难以把所有 n^2 个元素放进 RAM.

不仅空间大小是个问题,时间也是一个问题. 高斯消去所需要的操作次数的数量级是 $n^3 \approx 10^{15}$. 如果你的计算机运行速度是几个 GHz (10^9 次时钟每秒),每秒进行浮点操作的次数大约是 10^8. 因而 $10^{15}/10^8 = 10^7$,是对高斯消去所需要的秒数的一个合理估计. 一年有 3×10^7 秒. 尽管这只是一个很粗略的估计,但是很显然对于这个问题不是一天就能干完的.

另一方面,一步迭代大约需要 $2 \times 4n = 800\,000$ 次操作,对于每个非零矩阵元素进行两次. 我们可以做大约 100 步雅可比迭代,所需的计算次数远小于 10^8,这在一个现代 PC 上,需要 1 秒或者更短的时间就可以完成. 对于刚才定义的系统,其中 $n = 100\,000$,后面的雅可比代码 jacobi.m 仅需要 50 步就可以从初始估计 $(0, \cdots, 0)$ 收敛到解 $(1, \cdots, 1)$,

精确到小数点后 6 位. 50 步迭代在一般计算机上需要的时间不到 1 秒.

```
% 程序2.1 稀疏矩阵生成
% 输入: n = 系统大小
% 输出: 稀疏矩阵 a, r.h.s. b
function [a,b] = sparsesetup(n)
e = ones(n,1); n2=n/2;
a = spdiags([-e 3*e -e],-1:1,n,n);    % a的元素
c=spdiags([e/2],0,n,n);c=fliplr(c);a=a+c;
a(n2+1,n2) = -1; a(n2,n2+1) = -1;     % 设置2个元素
b=zeros(n,1);                          % r.h.s. b的元素
b(1)=2.5;b(n)=2.5;b(2:n-1)=1.5;b(n2:n2+1)=1;
% 程序2.2 雅可比方法
% 输入: 完全矩阵或者稀疏矩阵 a, r.h.s. b,
%       雅可比迭代次数k
% 输出: 解x
function x = jacobi(a,b,k)
n=length(b);        % 确定n
d=diag(a);          % 提取a的对角线元素
r=a-diag(d);        % r为余项
x=zeros(n,1);       % 初始化向量x
for j=1:k           % 雅可比迭代的循环
  x = (b-r*x)./d;
end                 % 雅可比迭代循环结束
```

注意到前面的代码中一些有趣的方面. 程序 sparsesetup.m 使用 MATLAB 的 spdiags 命令, 把矩阵 A 定义为一个稀疏矩阵结构. 本质上, 这意味着把矩阵表示为一组三元数 (i,j,d), 其中 d 是矩阵 (i,j) 位置上的实数. 而不需要在内存中保存 n^2 个元素, 仅仅保存需要的元素. spdiags 命令拿出矩阵的一列, 并把它们放在主对角线上, 或者是主对角线的上侧对角线与下侧对角线.

MATLAB 的矩阵乘法命令可以无缝地对稀疏矩阵进行计算. 例如, 另一种处理代码的方式是使用 MATLAB 的命令 lu 直接求解系统. 但是, 对于那个例子, 即使 A 是稀疏矩阵, 从高斯消去中得到的上三角矩阵 U 会面临填充的问题. 例如, 从 $n=12$ 规模的矩阵 A 使用高斯消去法得到的上三角矩阵 U 为

$$\begin{bmatrix} 3 & -1.0 & 0 & 0 & 0 & 0 & 0 & 0 & 0 & 0 & 0 & 0.500 \\ 0 & 2.7 & -1.0 & 0 & 0 & 0 & 0 & 0 & 0 & 0 & 0.500 & 0.165 \\ 0 & 0 & 2.6 & -1.0 & 0 & 0 & 0 & 0 & 0 & 0.500 & 0.187 & 0.062 \\ 0 & 0 & 0 & 2.6 & -1.000 & 0 & 0 & 0 & 0.500 & 0.191 & 0.071 & 0.024 \\ 0 & 0 & 0 & 0 & 2.618 & -1.000 & 0 & 0.500 & 0.191 & 0.073 & 0.027 & 0.009 \\ 0 & 0 & 0 & 0 & 0 & 2.618 & -1.000 & 0.191 & 0.073 & 0.028 & 0.010 & 0.004 \\ 0 & 0 & 0 & 0 & 0 & 0 & 2.618 & -0.927 & 0.028 & 0.011 & 0.004 & 0.001 \\ 0 & 0 & 0 & 0 & 0 & 0 & 0 & 2.562 & -1.032 & -0.012 & -0.005 & -0.001 \\ 0 & 0 & 0 & 0 & 0 & 0 & 0 & 0 & 2.473 & -1.047 & -0.018 & -0.006 \\ 0 & 0 & 0 & 0 & 0 & 0 & 0 & 0 & 0 & 2.445 & -1.049 & -0.016 \\ 0 & 0 & 0 & 0 & 0 & 0 & 0 & 0 & 0 & 0 & 2.440 & -1.044 \\ 0 & 0 & 0 & 0 & 0 & 0 & 0 & 0 & 0 & 0 & 0 & 2.458 \end{bmatrix}$$

由于 U 变成完全矩阵，前面提到的内存约束又出现了，并成为一个求解的限制．在求解过程中需要 n^2 的内存来保存 U．使用迭代方法，在执行时间和存储方面，效率会得到数量级的提高．

2.5 节习题

1. 计算雅可比和高斯-塞德尔方法的前两步，初始向量是 $[0, \cdots, 0]$．

   (a) $\begin{bmatrix} 3 & -1 \\ -1 & 2 \end{bmatrix} \begin{bmatrix} u \\ v \end{bmatrix} = \begin{bmatrix} 5 \\ 4 \end{bmatrix}$ (b) $\begin{bmatrix} 2 & -1 & 0 \\ -1 & 2 & -1 \\ 0 & -1 & 2 \end{bmatrix} \begin{bmatrix} u \\ v \\ w \end{bmatrix} = \begin{bmatrix} 0 \\ 2 \\ 0 \end{bmatrix}$ (c) $\begin{bmatrix} 3 & 1 & 1 \\ 1 & 3 & 1 \\ 1 & 1 & 3 \end{bmatrix} \begin{bmatrix} u \\ v \\ w \end{bmatrix} = \begin{bmatrix} 6 \\ 3 \\ 5 \end{bmatrix}$

2. 对方程组重新组织，得到一个严格对角占优矩阵．使用雅可比和高斯-塞德尔方法做两步，初始向量是 $[0, \cdots, 0]$．

   (a) $\begin{array}{l} u+3v=-1 \\ 5u+4v=6 \end{array}$ (b) $\begin{array}{l} u-8v-2w=1 \\ u+v+5w=4 \\ 3u-v+w=-2 \end{array}$ (c) $\begin{array}{l} u+4v=5 \\ v+2w=2 \\ 4u+3w=0 \end{array}$

3. 在习题 1 的系统上使用 SOR 方法做两步．初始向量 $[0, \cdots, 0]$，$\omega=1.5$．

4. 在习题 2 的重新排列的系统上使用 SOR 方法做两步．初始向量 $[0, \cdots, 0]$，$\omega=1$ 和 1.2．

5. 令 λ 是一个 $n \times n$ 的矩阵 A 的特征值．(a) 证明 Gershgorin Circle 定理：存在一个对角线元素 A_{mm}，满足 $|A_{mm} - \lambda| \leqslant \sum_{j \neq m} |A_{mj}|$（提示：如定理 2.10 的证明一样，从满足 $\|v\|_\infty = 1$ 的特征向量 v 开始．）
(b) 证明严格对角占优矩阵没有 0 特征值．这是定理 2.10(1) 的另一个证明．

2.5 节编程问题

1. 使用雅可比方法求解稀疏系统，精确到小数点后 6 位（用无穷范数表示的前向误差），其中 $n=100$ 和 $n=100\,000$．正确解是 $[1, \cdots, 1]$．报告所需要的步数和后向误差．系统如下：

$$\begin{bmatrix} 3 & -1 & & & \\ -1 & 3 & -1 & & \\ & \ddots & \ddots & \ddots & \\ & & -1 & 3 & -1 \\ & & & -1 & 3 \end{bmatrix} \begin{bmatrix} x_1 \\ \vdots \\ \vdots \\ x_n \end{bmatrix} = \begin{bmatrix} 2 \\ 1 \\ \vdots \\ 1 \\ 2 \end{bmatrix}$$

2. 使用雅可比方法求解稀疏系统，精确到小数点后 3 位（用无穷范数表示的前向误差），其中 $n=100$．正确解是 $[1, -1, 1, -1, \cdots, 1, -1]$．报告所需要的步数和后向误差．系统如下：

$$\begin{bmatrix} 2 & 1 & & & \\ 1 & 2 & 1 & & \\ & \ddots & \ddots & \ddots & \\ & & 1 & 2 & 1 \\ & & & 1 & 2 \end{bmatrix} \begin{bmatrix} x_1 \\ \vdots \\ \vdots \\ x_n \end{bmatrix} = \begin{bmatrix} 1 \\ 0 \\ \vdots \\ 0 \\ -1 \end{bmatrix}$$

3. 重写程序 2.2 进行高斯-塞德尔迭代．求解例 2.24 中的问题验证你的工作．

4. 重写程序 2.2 进行 SOR．使用 $\omega=1.1$，再次验证例 2.24．

5. 执行编程问题 1 中的步骤，$n=100$．(a) 高斯-塞德尔方法，(b) SOR，$\omega=1.2$．

6. 执行编程问题 2 中的步骤，(a) 高斯-塞德尔方法，(b) SOR，$\omega=1.5$。
7. 使用编程问题 3 的程序，确定形如(2.38)的系统，使用高斯-塞德尔方法在 1 秒内所能够精确求解的系统最大规模。报告对于不同的 n 所需的时间，以及前向误差。

2.6 用于对称正定矩阵的方法

对称矩阵由于它们的特殊结构，和一般的矩阵相比，它们只有一半数量的独立元素，在线性方程组求解中占据一个有利的位置。这就提出了一个问题，形如 LU 的分解是否可以用一半的计算代价实现，并且仅仅使用一半的内存。对于对称正定矩阵，可以使用楚列斯基(Cholesky)分解实现这个目的。

对称正定矩阵还允许以一个非常不同的方式求解 $Ax=b$，该方式并不依赖于矩阵分解。这种新方法，被称为共轭梯度方法，对于大规模的稀疏矩阵非常有用，该方法也属于迭代方法。

本节首先定义对称正定矩阵的概念，然后显示所有的对称正定矩阵 A，使用楚列斯基分解方法，可分解为 $A=R^T R$，其中 R 是一个上三角矩阵。所以，问题 $Ax=b$ 可以使用两步回代进行求解，和非对称情况下的 LU 分解类似。在本节的最后我们介绍共轭梯度方法以及预条件。

2.6.1 对称正定矩阵

定义 2.12 如果 $A^T=A$，则 $n\times n$ 矩阵 A 是**对称矩阵**。如果对于所有向量 $x\neq 0$，$x^T Ax>0$，则矩阵 A 是**正定矩阵**。

例 2.26 证明矩阵 $A=\begin{bmatrix}2 & 2\\ 2 & 5\end{bmatrix}$ 是对称正定矩阵。

显然 A 是对称矩阵。为了证明它是正定矩阵，我们使用定义：

$$x^T Ax = \begin{bmatrix}x_1 & x_2\end{bmatrix}\begin{bmatrix}2 & 2\\ 2 & 5\end{bmatrix}\begin{bmatrix}x_1\\ x_2\end{bmatrix}$$
$$= 2x_1^2 + 4x_1 x_2 + 5x_2^2$$
$$= 2(x_1 + x_2)^2 + 3x_2^2$$

该式子总是非负，而且不可能为 0，除非 $x_2=0$ 以及 $x_1+x_2=0$，而这两个条件放在一起意味着 $x=0$。◂

例 2.27 证明对称矩阵 $A=\begin{bmatrix}2 & 4\\ 4 & 5\end{bmatrix}$ 不是正定矩阵。

用配方法计算 $x^T Ax$：

$$x^T Ax = \begin{bmatrix}x_1 & x_2\end{bmatrix}\begin{bmatrix}2 & 4\\ 4 & 5\end{bmatrix}\begin{bmatrix}x_1\\ x_2\end{bmatrix}$$
$$= 2x_1^2 + 8x_1 x_2 + 5x_2^2$$
$$= 2(x_1^2 + 4x_1 x_2) + 5x_2^2$$

$$= 2(x_1 + 2x_2)^2 - 8x_2^2 + 5x_2^2$$
$$= 2(x_1 + 2x_2)^2 - 3x_2^2$$

例如，令 $x_1 = -2$，$x_2 = 1$，使得结果小于 0，和正定矩阵的定义矛盾. ◀

注意到对称正定矩阵是非奇异矩阵，因为不存在非零向量 x 满足 $Ax = 0$. 此外，对于这类特殊的矩阵还有三个重要的性质.

性质 1 如果 $n \times n$ 矩阵 A 是对称矩阵，则 A 是正定矩阵，当且仅当所有特征值是正数.

证明 定理 A.5 指出，一组单位特征向量是正交向量，并张出 R^n 空间. 如果 A 是正定矩阵，对于非零向量 v，$Av = \lambda v$，则 $0 < v^T A v = v^T (\lambda v) = \lambda \|v\|_2^2$，因而 $\lambda > 0$. 另一个方面，如果 A 的所有特征值是正数，则写出任何一个非 0 的向量 $x = c_1 v_1 + \cdots + c_n v_n$，其中 v_i 是正交的单位向量，c_i 不全为 0. 则 $x^T A x = (c_1 v_1 + \cdots + c_n v_n)^T (\lambda_1 c_1 v_1 + \cdots + \lambda_n c_n v_n) = \lambda_1 c_1^2 + \cdots + \lambda_n c_n^2 > 0$，因而 A 是正定矩阵. ∎

在例 2.26 中 A 的特征值是 6 和 1. 例 2.27 中 A 的特征值近似是 7.77 和 -0.77.

性质 2 如果 A 是 $n \times n$ 对称正定矩阵，X 是一个满秩 $n \times m$ 矩阵，$n \geqslant m$，则 $X^T A X$ 是 $m \times m$ 对称正定矩阵.

证明 由于 $(X^T A X)^T = X^T A X$，所以矩阵对称. 为了证明正定，考虑一个非零的 m 维向量 v. 注意到 $v^T (X^T A X) v = (Xv)^T A (Xv) \geqslant 0$，由于矩阵 A 是正定矩阵，仅当 $Xv = 0$ 时等号成立. 由于 X 满秩，它的列向量线性无关，因而 $Xv = 0$ 意味着 $v = 0$. ∎

定义 2.13 方阵 A 的**主子矩阵**是一个方的子矩阵，其对角线元素是矩阵 A 的对角线元素.

性质 3 任何对称正定矩阵的主子矩阵也是对称正定矩阵.

证明 参见习题 12. ∎

例如，如果

$$\begin{bmatrix} a_{11} & a_{12} & a_{13} & a_{14} \\ a_{21} & a_{22} & a_{23} & a_{24} \\ a_{31} & a_{32} & a_{33} & a_{34} \\ a_{41} & a_{42} & a_{43} & a_{44} \end{bmatrix}$$

是对称正定矩阵，则

$$\begin{bmatrix} a_{22} & a_{23} \\ a_{32} & a_{33} \end{bmatrix}$$

也是对称正定矩阵.

2.6.2 楚列斯基分解

为了验证主要想法，我们从一个 2×2 的例子开始. 在这个例子中包含对所有重要问题的讨论，从简单例子到一般规模的扩展仅仅需要额外的记录.

考虑对称正定矩阵

$$\begin{bmatrix} a & b \\ b & c \end{bmatrix}$$

从对称正定矩阵的性质 3 我们知道 $a>0$. 并且我们知道矩阵 A 的值 $ac-b^2$ 是正的，这是由于矩阵的值为对应特征值的乘积，从性质 1 知道所有特征值都是正数，所以乘积也是正数. 使用上三角矩阵将矩阵 A 写做 $A=R^TR$ 意味着

$$\begin{bmatrix} a & b \\ b & c \end{bmatrix} = \begin{bmatrix} \sqrt{a} & 0 \\ u & v \end{bmatrix} \begin{bmatrix} \sqrt{a} & u \\ 0 & v \end{bmatrix} = \begin{bmatrix} a & u\sqrt{a} \\ u\sqrt{a} & u^2+v^2 \end{bmatrix}$$

我们希望检查如上的分解是否可能. 从我们对于矩阵的值的了解，左右两侧进行比较得到 $u=b/\sqrt{a}$ 以及 $v^2=c-u^2$. 注意，我们知道 $v^2=c-(b/\sqrt{a})^2=c-b^2/a>0$. 这也验证了 v 是一个实数，楚列斯基分解如下

$$A = \begin{bmatrix} a & b \\ b & c \end{bmatrix} = \begin{bmatrix} \sqrt{a} & 0 \\ \dfrac{b}{\sqrt{a}} & \sqrt{c-b^2/a} \end{bmatrix} \begin{bmatrix} \sqrt{a} & \dfrac{b}{\sqrt{a}} \\ 0 & \sqrt{c-b^2/a} \end{bmatrix} = R^TR$$

对于 2×2 对称正定矩阵成立. 楚列斯基分解不唯一，很显然，我们同样可以选择 $c-b^2/a$ 负的平方根作为 v.

下面的结论保证，相同的思想对于 $n\times n$ 情况也成立.

定理 2.14（楚列斯基分解定理） 如果 A 是 $n\times n$ 对称正定矩阵，则存在上三角 $n\times n$ 矩阵 R 满足 $A=R^TR$.

证明 我们通过对于矩阵大小 n 使用归纳法构造 R. $n=2$ 的情况前面已经解决. 考虑矩阵 A 分割为

$$A = \begin{bmatrix} a & b^T \\ b & C \end{bmatrix}$$

其中，b 是一个 $(n-1)$ 维的向量，C 是一个 $(n-1)\times(n-1)$ 子矩阵. 我们将使用分块乘法（见附录 A.2 节）进行简化. 如 2×2 的情况下一样，设 $u=b/\sqrt{a}$. 令 $A_1=C-uu^T$，定义可逆矩阵

$$S = \begin{bmatrix} \sqrt{a} & u^T \\ 0 & \\ \vdots & I \\ 0 & \end{bmatrix}$$

得到

$$S^T \begin{bmatrix} 1 & 0 & \cdots & 0 \\ 0 & & & \\ \vdots & & A_1 & \\ 0 & & & \end{bmatrix} S = \begin{bmatrix} \sqrt{a} & 0 & \cdots & 0 \\ & & & \\ u & & I & \\ & & & \end{bmatrix} \begin{bmatrix} 1 & 0 & \cdots & 0 \\ 0 & & & \\ \vdots & & A_1 & \\ 0 & & & \end{bmatrix} \begin{bmatrix} \sqrt{a} & u^T \\ 0 & \\ \vdots & I \\ 0 & \end{bmatrix}.$$

$$= \begin{bmatrix} a & b^{\mathrm{T}} \\ \hline b & uu^{\mathrm{T}} + A_1 \end{bmatrix} = A$$

注意到 A_1 对称正定. 这是由于, 根据性质 2, 如下矩阵也是对称正定的

$$\begin{bmatrix} 1 & 0 & \cdots & 0 \\ \hline 0 & & & \\ \vdots & & A_1 & \\ 0 & & & \end{bmatrix} = (S^{\mathrm{T}})^{-1}AS^{-1}$$

因而根据性质 3, $(n-1)\times(n-1)$ 主子矩阵 A_1 也是对称正定的. 通过归纳假设, $A_1 = V^{\mathrm{T}}V$, 其中 V 是上三角矩阵. 最后, 定义上三角矩阵

$$R = \begin{bmatrix} \sqrt{a} & u^{\mathrm{T}} \\ \hline 0 & & \\ \vdots & V & \\ 0 & & \end{bmatrix}$$

并检查

$$R^{\mathrm{T}}R = \begin{bmatrix} \sqrt{a} & 0 & \cdots & 0 \\ \hline u & & V^{\mathrm{T}} & \end{bmatrix} \begin{bmatrix} \sqrt{a} & u^{\mathrm{T}} \\ \hline 0 & & \\ \vdots & V & \\ 0 & & \end{bmatrix} = \begin{bmatrix} a & b^{\mathrm{T}} \\ \hline b & uu^{\mathrm{T}} + V^{\mathrm{T}}V \end{bmatrix} = A$$

完成证明. ∎

显式构造的定理证明, 对应于楚列斯基分解的标准算法. 矩阵 R 从外向里构造. 首先我们找到 $r_{11} = \sqrt{a_{11}}$, 并令 R 的最上面一行的其他元素为 $u^{\mathrm{T}} = b^{\mathrm{T}}/r_{11}$. 然后从 $(n-1)\times(n-1)$ 下主子矩阵中减去 uu^{T}, 然后进行相同的步骤, 填上矩阵的第 2 行. 重复进行这些步骤, 直到确定 R 的所有行. 根据定理, 在构造矩阵的每个阶段, 新生成的主子矩阵是正定矩阵, 因而根据性质 3, 矩阵的左上角元素是正的, 可以进行平方根操作. 该方法可以直接放到后面的算法里. 我们使用"冒号"表达子矩阵.

楚列斯基分解
for $k = 1, 2, \cdots, n$
  if $A_{kk} < 0$, **stop, end**
  $R_{kk} = \sqrt{A_{kk}}$
  $u^{\mathrm{T}} = \frac{1}{R_{kk}} A_{k,k+1:n}$
  $R_{k,k+1:n} = u^{\mathrm{T}}$
  $A_{k+1:n,k+1:n} = A_{k+1:n,k+1:n} - uu^{\mathrm{T}}$
end

结果中矩阵 R 是上三角矩阵, 满足 $A = R^{\mathrm{T}}R$.

方程组

例 2.28 找出如下矩阵的楚列斯基分解：

$$\begin{bmatrix} 4 & -2 & 2 \\ -2 & 2 & -4 \\ 2 & -4 & 11 \end{bmatrix}$$

R 的最上面一行是 $R_{11}=\sqrt{a_{11}}=2$，其他元素是 $R_{1,2:3}=[-2,2]/R_{11}=[-1,1]$：

$$R = \begin{bmatrix} 2 & -1 & 1 \\ & & \\ & & \end{bmatrix}$$

从 A 的 2×2 下主子矩阵中减去外积 $uu^T = \begin{bmatrix} -1 \\ 1 \end{bmatrix}\begin{bmatrix} -1 & 1 \end{bmatrix}$ 得到

$$\begin{bmatrix} & & \\ & 2 & -4 \\ & -4 & 11 \end{bmatrix} - \begin{bmatrix} & & \\ & 1 & -1 \\ & -1 & 1 \end{bmatrix} = \begin{bmatrix} & & \\ & 1 & -3 \\ & -3 & 10 \end{bmatrix}$$

现在我们在 2×2 的子矩阵中重复这个过程，找到 $R_{22}=1$ 以及 $R_{23}=-3/1=-3$：

$$R = \begin{bmatrix} 2 & -1 & 1 \\ & 1 & -3 \\ & & \end{bmatrix}$$

下面的 1×1 主子矩阵是 $10-(-3)(-3)=1$，因而 $R_{33}=\sqrt{1}$. 矩阵 A 的楚列斯基因子如下

$$R = \begin{bmatrix} 2 & -1 & 1 \\ 0 & 1 & -3 \\ 0 & 0 & 1 \end{bmatrix}$$

对于对称正定矩阵 A，求解 $Ax=b$，和 LU 分解的方式相同. 既然 $A=R^T R$ 是两个三角矩阵的乘积，我们需要求解下三角矩阵系统 $R^T c=b$ 和上三角系统 $Rx=c$ 来求解 x.

2.6.3 共轭梯度方法

共轭梯度方法的引入（Hestenes 和 Steifel，1952）将稀疏矩阵问题的迭代求解方法带入了一个新的时代. 尽管这种方法没有很快流行起来，但是一旦引入有效的预条件，其他方式难以处理的问题现在都可以解决了. 共轭梯度方法的成功应用带来了更多的技术进步以及迭代方法的一个新时代.

> **正交** 本书中我们第一次应用正交是以一种间接的方式求解一个和正交没有明显关系的问题. 共轭梯度方法在求解正定的 $n\times n$ 线性方程组中，持续地找出和消去 n 个正交的误差成分. 通过使用两两正交的余项确定的方向，可以降低算法的复杂度. 我们在第 4 章中将进一步讨论这个问题，在 GMRES 方法中的 culminating 方法，是共轭梯度法在非对称问题中的对应方法.

共轭梯度的思路依赖于内积思想的推广. 因为$(v, w)=(w, v)$, 以及对于标量α和β, 有$(\alpha v+\beta w, u)=\alpha(v, u)+\beta(w, u)$, 所以欧几里得内积$(v, w)=v^{\mathrm{T}}w$对称并对于输入$v$和$w$线性. 欧几里得内积也是正定的, 当$v\neq 0$时, $(v, v)>0$.

定义 2.15 令A是对称正定的$n\times n$矩阵. 对于两个n维向量v和w, 定义 A **内积**
$$(v, w)_A = v^{\mathrm{T}}Aw$$
当$(v, w)_A=0$时, 向量v和w为A**共轭**.

注意到新的内积定义继承了矩阵A的对称、线性、正定的性质. 由于A是对称矩阵, 因而A内积也是对称的: $(v, w)_A=v^{\mathrm{T}}Aw=(v^{\mathrm{T}}Aw)^{\mathrm{T}}=w^{\mathrm{T}}Av=(w, v)_A$. 如果$A$正定, 则$A$内积也是线性、对称正定矩阵, 并且
$$(v,v)_A = v^{\mathrm{T}}Av > 0$$
其中$v\neq 0$.

严格来讲, 共轭梯度方法是一个直接方法, 使用下面的有限步, 就可以得到对称正定系统$Ax=b$的解x:

共轭梯度方法

$x_0 = $ 初始估计
$d_0 = r_0 = b - Ax_0$
for $k = 0, 1, 2, \cdots, n-1$
　　if $r_k = 0$, **stop, end**
　　$\alpha_k = \dfrac{r_k^{\mathrm{T}} r_k}{d_k^{\mathrm{T}} A d_k}$
　　$x_{k+1} = x_k + \alpha_k d_k$
　　$r_{k+1} = r_k - \alpha_k A d_k$
　　$\beta_k = \dfrac{r_{k+1}^{\mathrm{T}} r_{k+1}}{r_k^{\mathrm{T}} r_k}$
　　$d_{k+1} = r_{k+1} + \beta_k d_k$
end

首先对该迭代进行一种非正式的描述, 然后是对定理2.16重要事实的证明. 共轭梯度方法在每一步中更新三个向量. 向量x_k是第k步时的近似解. 向量r_k表示近似解x_k的余项. 从定义看, r_0显然是这样的余项, 在迭代过程中, 注意到
$$Ax_{k+1} + r_{k+1} = A(x_k + \alpha_k d_k) + r_k - \alpha_k A d_k$$
$$= Ax_k + r_k$$
因而对k进行归纳得到$r_k=b-Ax_k$. 最后, 变量d_k表示用于更新x_k得到改进的x_{k+1}时所使用的新的搜索方向.

该方法能够成功的原因在于所有的余项都和前面的余项正交. 如果能做到所有的余项正交, 该方法搜索所有的正交方向, 在经过至多n步就可以得到余项为零的正确解. 实现所有余项的正交的关键在于选择搜索方向d_k, 并使之两两共轭. 共轭的概念推广了正交的概念, 并据此在算法的名字中也包含"共轭".

现在我们解释对于α_k和β_k的选择. 从先前余项向量所张的空间中选择方向向量d_k,

这可以从伪码中的最后一行看到. 为了保证下一余项向量和前面所有的余项向量都正交, 需要精确选择 α_k 使得新的余项 r_{k+1} 和方向 d_k 正交:

$$x_{k+1} = x_k + \alpha_k d_k$$
$$b - Ax_{k+1} = b - Ax_k - \alpha_k Ad_k$$
$$r_{k+1} = r_k - \alpha_k Ad_k$$
$$0 = d_k^T r_{k+1} = d_k^T r_k - \alpha_k d_k^T Ad_k$$
$$\alpha_k = \frac{d_k^T r_k}{d_k^T Ad_k}$$

这和算法中所写的 α_k 不同, 但是注意到 d_{k-1} 和 r_k 正交, 我们有

$$d_k - r_k = \beta_{k-1} d_{k-1}$$
$$r_k^T d_k - r_k^T r_k = 0$$

使得重写 $r_k^T d_k = r_k^T r_k$ 成立. 第二, 选择系数 β_k, 以保证 d_k 两两 A 共轭:

$$d_{k+1} = r_{k+1} + \beta_k d_k$$
$$0 = d_k^T Ad_{k+1} = d_k^T Ar_{k+1} + \beta_k d_k^T Ad_k$$
$$\beta_k = -\frac{d_k^T Ar_{k+1}}{d_k^T Ad_k}$$

如下面的(2.47)所示, 对于 β_k, 可以重写为算法中的简单形式.

下面的定理 2.16 证实所有共轭梯度迭代所生成的 r_k 彼此正交. 由于它们都是 n 维向量, 至多有 n 个 r_k 可以两两正交, 因而 r_n 或者前面的 r_k 必须为 0, 也就求解了 $Ax = b$. 因而至多 n 步后, 共轭梯度方法得到一个解. 理论上, 该方法是直接方法, 而不是迭代方法.

在转向共轭梯度方法保证成功的定理之前, 使用精确算术做一个例子, 这将会具有启发意义.

例 2.29 使用共轭梯度方法求解

$$\begin{bmatrix} 2 & 2 \\ 2 & 5 \end{bmatrix} \begin{bmatrix} u \\ v \end{bmatrix} = \begin{bmatrix} 6 \\ 3 \end{bmatrix}$$

使用上面的算法

$$x_0 = \begin{bmatrix} 0 \\ 0 \end{bmatrix}, r_0 = d_0 = \begin{bmatrix} 6 \\ 3 \end{bmatrix}$$

$$\alpha_0 = \frac{\begin{bmatrix} 6 \\ 3 \end{bmatrix}^T \begin{bmatrix} 6 \\ 3 \end{bmatrix}}{\begin{bmatrix} 6 \\ 3 \end{bmatrix}^T \begin{bmatrix} 2 & 2 \\ 2 & 5 \end{bmatrix} \begin{bmatrix} 6 \\ 3 \end{bmatrix}} = \frac{45}{6 \cdot 18 + 3 \cdot 27} = \frac{5}{21}$$

$$x_1 = \begin{bmatrix} 0 \\ 0 \end{bmatrix} + \frac{5}{21} \begin{bmatrix} 6 \\ 3 \end{bmatrix} = \begin{bmatrix} 10/7 \\ 5/7 \end{bmatrix}$$

$$r_1 = \begin{bmatrix} 6 \\ 3 \end{bmatrix} - \frac{5}{21} \begin{bmatrix} 18 \\ 27 \end{bmatrix} = 12 \begin{bmatrix} 1/7 \\ -2/7 \end{bmatrix}$$

$$\beta_0 = \frac{r_1^T r_1}{r_0^T r_0} = \frac{144 \cdot 5/49}{36+9} = \frac{16}{49}$$

$$d_1 = 12 \begin{bmatrix} 1/7 \\ -2/7 \end{bmatrix} + \frac{16}{49} \begin{bmatrix} 6 \\ 3 \end{bmatrix} = \begin{bmatrix} 180/49 \\ -120/49 \end{bmatrix}$$

$$\alpha_1 = \frac{\begin{bmatrix} 12/7 \\ -24/7 \end{bmatrix}^T \begin{bmatrix} 12/7 \\ -24/7 \end{bmatrix}}{\begin{bmatrix} 180/49 \\ -120/49 \end{bmatrix}^T \begin{bmatrix} 2 & 2 \\ 2 & 5 \end{bmatrix} \begin{bmatrix} 180/49 \\ -120/49 \end{bmatrix}} = \frac{7}{10}$$

$$x_2 = \begin{bmatrix} 10/7 \\ 5/7 \end{bmatrix} + \frac{7}{10} \begin{bmatrix} 180/49 \\ -120/49 \end{bmatrix} = \begin{bmatrix} 4 \\ -1 \end{bmatrix}$$

$$r_2 = 12 \begin{bmatrix} 1/7 \\ -2/7 \end{bmatrix} - \frac{7}{10} \begin{bmatrix} 2 & 2 \\ 2 & 5 \end{bmatrix} \begin{bmatrix} 180/49 \\ -120/49 \end{bmatrix} = \begin{bmatrix} 0 \\ 0 \end{bmatrix}$$

由于 $r_2 = b - Ax_2 = 0$，解是 $x_2 = [4, -1]$。◀

定理 2.16 令 A 为对称正定的 $n \times n$ 矩阵，$b \neq 0$ 是一个向量。在共轭梯度方法中，假设 $r_k \neq 0$，其中 $k < n$（如果 $r_k = 0$，方程已经求解）。则对于每个 $1 \leqslant k \leqslant n$，

(a) 后面 R^n 的三个子空间等价：

$$\langle x_1, \cdots, x_k \rangle = \langle r_0, \cdots, r_{k-1} \rangle = \langle d_0, \cdots, d_{k-1} \rangle$$

(b) 余项 r_k 两两正交 $r_k^T r_j = 0$，其中 $j < k$。

(c) 方向 d_k 两两 A 共轭 $d_k^T A d_j = 0$，其中 $j < k$。

证明 (a) 对于 $k=1$，注意到 $\langle x_1 \rangle = \langle d_0 \rangle = \langle r_0 \rangle$，因为 $x_0 = 0$。由定义知 $x_k = x_{k-1} + \alpha_{k-1} d_{k-1}$。这意味着通过归纳，$\langle x_1, \cdots, x_k \rangle = \langle d_0, \cdots, d_{k-1} \rangle$。相似地，利用 $d_k = r_k + \beta_{k-1} d_{k-1}$，表明 $\langle r_0, \cdots, r_{k-1} \rangle$ 等于 $\langle d_0, \cdots, d_{k-1} \rangle$。

对于 (b) 和 (c)，使用归纳。但 $k = 0$ 时不需要证明。假设 (b) 和 (c) 对于 k 成立，我们将证明 (b) 和 (c) 对于 $k+1$ 成立。对 r_{k+1} 的定义在左侧乘上 r_j^T：

$$r_j^T r_{k+1} = r_j^T r_k - \frac{r_k^T r_k}{d_k^T A d_k} r_j^T A d_k \tag{2.46}$$

如果 $j \leqslant k-1$，则使用归纳假设 (b)，可得到 $r_j^T r_k = 0$。由于 r_j 可以表达为 $d_0, \cdots, d_j$ 的组合，从归纳假设 (c) 得到 $r_j^T A d_k = 0$，并且 (b) 成立。另一方面，如果 $j = k$，则由于使用归纳假设 (c)，$d_k^T A d_k = r_k^T A d_k + \beta_{k-1} d_{k-1}^T A d_k = r_k^T$，由 (2.46) 知 $r_k^T r_{k+1} = 0$，这证明了 (b)。

既然 $r_k^T r_{k+1} = 0$，(2.46) 指出，对于 $j = k+1$，

$$\frac{r_{k+1}^T r_{k+1}}{r_k^T r_k} = -\frac{r_{k+1}^T A d_k}{d_k^T A d_k} \tag{2.47}$$

这与在 d_{k+1} 的定义的左侧乘上 $d_j^T A$ 一起得到

$$d_j^T A d_{k+1} = d_j^T A r_{k+1} - \frac{r_{k+1}^T A d_k}{d_k^T A d_k} d_j^T A d_k \tag{2.48}$$

如果 $j = k$，则利用矩阵 A 的对称性，从 (2.48) 知 $d_k^T A d_{k+1} = 0$。如果 $j \leqslant k-1$，则 $A d_j = (r_j - r_{j+1})/\alpha_j$（从 r_{k+1} 的定义可得到）与 r_{k+1} 正交，表明 (2.48) 右侧的第一项是零，使用归纳

假设，第二项也是零，这就完成了(c)的论证.

在例 2.29 中，注意到 r_1 和 r_0 正交，这与定理 2.16 所声明的一致. 这种正交性是共轭梯度法成功的关键：每个新的余项 r_i 和所有前面的 r_i 正交. 如果一个 r_i 是零，则 $Ax_i = b$，x_i 就是解. 否则，在 n 步循环后，r_n 和 n 个两两正交的向量 $r_0, \cdots, r_{n-1}$ 所张成的空间正交. 而 $r_0, \cdots, r_{n-1}$ 这 n 个向量是 R^n 空间中的所有正交向量. 因而 r_n 必须是零向量，所以 $Ax_n = b$.

共轭梯度法在某种方式上比高斯消去法简单. 例如，写出的代码看起来更简单，其中不需要担心高斯消去法中的行交换. 两种方法都是直接方法，在有限步骤后可以得到理论正确的解. 这就带来了两个问题：为什么共轭梯度法比高斯消去法好，以及为什么共轭梯度法常常被看做是迭代方法？

为了回答这两个问题，首先计算操作的次数. 在循环中走一轮需要一次矩阵-向量乘法 Ad_{n-1} 以及一些内积计算. 矩阵向量乘法本身在每一步中需要 n^2 次的乘法（以及相同数量的加法），在所有 n 步计算后需要 n^3 次的乘法. 和高斯消去的 $n^3/3$ 的计算次数相比，计算次数乘上了 3 倍，代价更大.

如果 A 是稀疏矩阵，这个问题就不同了. 假设对于 $n^3/3$ 次高斯消去操作，n 大得难以再进行高斯消去. 虽然高斯消去必须在所有步骤都完成才能得到解 x，但是共轭梯度方法在每一步中都给出一个解 x_i.

后向误差和余项的欧几里得长度，随着每一步下降，因而至少对于这种度量方式，Ax_i 在每一步变得和 b 越来越接近. 因而通过检测 r_i，可能得到一个足够好的 x_i，并不必做完 n 步. 在这种情况下，共轭梯度方法和迭代方法没有区别.

当 A 是一个病态矩阵时，由于对舍入误差累计的敏感性，这种方式的优势很快就消失了. 实际上，共轭梯度法在病态矩阵上性能比部分主元的高斯消去法还要差. 在当前，这种问题通过**预条件**得到缓解，主要是将问题转化为良态矩阵系统，然后再实施共轭梯度法. 我们将在下一节中讨论预条件的共轭梯度法.

共轭梯度法的名字来自于共轭梯度法实际进行的操作：在 n 维空间的二次抛物面的斜面上滑下来. 名字中"梯度"表示通过微积分寻找最速下降的方向，"共轭"不是表示单个步骤和其他步正交，而是表示余项之间的正交性质. 该方法的几何细节以及动因很有趣. 对此，Hestenes 和 Steifel[1952]最初的论文给出一个完整的描述.

例 2.30 对系统(2.45)使用共轭梯度法，$n = 100\,000$.

共轭梯度法 20 步后，计算解 x 和精确解 $(1, \cdots, 1)$ 之间的差异用向量的无穷范数度量，该误差小于 10^{-9}. 在 PC 上所需要的运行时间小于 1 秒.

2.6.4 预条件

通过使用预条件技术，可以使得诸如共轭梯度方法的迭代方法收敛速度加快. 迭代方法的收敛率通常直接或者间接依赖于系数矩阵 A 的条件数. 预条件方法的思想是降低问题中的条件数.

$n \times n$ 的线性方程组 $Ax = b$ 的预条件形式是
$$M^{-1}Ax = M^{-1}b$$
其中 M 是可逆的 $n \times n$ 矩阵,称为**预条件子**. 我们所要做的就是在方程两侧左乘上该矩阵. 预条件矩阵试图对矩阵 A 逆转,从而可以有效地降低问题的条件数. 概念上来讲,它试图同时做两件事:矩阵 M 应该(1)和矩阵 A 足够接近,(2)容易求逆. 这两个目的常常彼此对立.

和 A 最接近的矩阵就是 A 自身. 使用 $M = A$ 会把问题的条件数变为 1,但是一般 A 并不容易进行逆转,或者我们不想使用复杂的方法. 最容易求逆的矩阵是单位阵 $M = I$,但是它并不能降低条件数. 完美的预条件矩阵应该居于两种极端的中间,并同时具备二者好的性质.

一种特别简单的方式是**雅可比预条件子** $M = D$,其中 D 是 A 的对角线矩阵. D 的逆矩阵是 D 的元素的倒数. 例如在一个严格对角占优矩阵中,雅可比预条件子和 A 相似,同时非常容易求逆. 注意到,由 2.6.1 节中的性质 3,对称正定矩阵的每个对角线元素都严格为正. 因而计算倒数不是问题.

当 A 是 $n \times n$ 对称正定矩阵,我们将选择对称正定矩阵 M 作为预条件子. 回忆 2.6.3 节中的 M 内积 $(v, w)_M = v^T M w$. 现在很容易描述预条件的共轭梯度方法:使用预条件方程 $M^{-1}Ax = M^{-1}b$ 替换 $Ax = b$. 使用 $(v, w)_M$ 替换欧几里得内积. 使用原始的共轭梯度法的原因仍然成立,这是由于矩阵 $M^{-1}A$ 相对于新的内积仍然是对称正定矩阵.

例如,
$$(M^{-1}Av, w)_M = v^T A M^{-1} M w = v^T A w = v^T M M^{-1} A w = (v, M^{-1}Aw)_M$$

把 2.6.3 节中的算法转化为预条件版本,令 $z_k = M^{-1}b - M^{-1}Ax_k = M^{-1}r_k$ 是预条件系统的余项. 则

$$\alpha_k = \frac{(z_k, z_k)_M}{(d_k, M^{-1}Ad_k)_M}$$

$$x_{k+1} = x_k + \alpha d_k$$

$$z_{k+1} = z_k - \alpha M^{-1} A d_k$$

$$\beta_k = \frac{(z_{k+1}, z_{k+1})_M}{(z_k, z_k)_M}$$

$$d_{k+1} = z_{k+1} + \beta_k d_k$$

乘上 M 可以进行消减

$$(z_k, z_k)_M = z_k^T M z_k = z_k^T r_k$$

$$(d_k, M^{-1}Ad_k)_M = d_k^T A d_k$$

$$(z_{k+1}, z_{k+1})_M = z_{k+1}^T M z_{k+1} = z_{k+1}^T r_{k+1}$$

通过这些简化,预条件版本的伪代码如下.

预条件共轭梯度法
$x_0 = $ 初始估计
$r_0 = b - Ax_0$
$d_0 = z_0 = M^{-1}r_0$
for $k = 0, 1, 2, \cdots, n-1$
    if $r_k = 0$, **stop, end**
    $\alpha_k = r_k^T z_k / d_k^T A d_k$
    $x_{k+1} = x_k + \alpha_k d_k$
    $r_{k+1} = r_k - \alpha_k A d_k$
    $z_{k+1} = M^{-1} r_{k+1}$
    $\beta_k = r_{k+1}^T z_{k+1} / r_k^T z_k$
    $d_{k+1} = z_{k+1} + \beta_k d_k$
end

k 步迭代后方程 $Ax = b$ 的近似解是 x_k. 注意到并没有和 M^{-1} 进行显式的相乘. 由于相对简单的 M, 该乘法可以被适当的回代所取代.

雅可比预条件子是当前还在不断扩展和增长的可能选择的库中最简单的一个. 我们将描述另外一个系列的例子, 并且读者可以参考相关文献得到更加复杂的选择.

对称连续过松弛 (SSOR) 中, 预条件子定义如下:
$$M = (D + \omega L) D^{-1} (D + \omega U)$$
其中 $A = L + D + U$ 被分为下三角部分、对角线以及上三角部分. 如同 SOR 方法, ω 是一个在 0 和 2 之间的常数. 在特例中 $\omega = 1$, 这被称为**高斯-塞德尔预条件子**.

如果预条件子矩阵难以求逆, 一般就没什么用. 注意到 SSOR 预条件子定义为下三角矩阵和上三角矩阵的乘积 $M = (I + \omega L D^{-1})(D + \omega U)$, 因而方程 $z = M^{-1} v$ 可以通过两次回代求解.
$$(I + \omega L D^{-1}) c = v$$
$$(D + \omega U) z = c$$
对于稀疏矩阵, 两次回代所花的时间和非零元素的个数成比例. 换句话讲, 乘上 M^{-1} 并不比乘上 M 的计算复杂度高.

例 2.31 令 A 表示矩阵, 对角线元素 $A_{ii} = \sqrt{i}$, 其中 $i = 1, \cdots, n$, $A_{i,i+10} = A_{i+10,i} = \cos i$, $i = 1, \cdots, n-10$, 所有其他的元素都是 0. 令 x 是一个包含 n 个 1 的向量, 定义 $b = Ax$. 对于 $n = 500$, 使用共轭梯度法以三种方式求解 $Ax = b$: 不使用预条件, 使用雅可比预条件子, 使用高斯-塞德尔预条件子.

在 MATLAB 中矩阵定义为
```
A=diag(sqrt(1:n))+ diag(cos(1:(n-10)),10)
              + diag(cos(1:(n-10)),-10)
```

图 2.4 显示三种不同的方式. 即使对于例子中简单的矩阵, 没有使用预条件, 共轭梯度法收敛很慢. 非常容易使用的雅可比预条件子, 对求解有了显著的改善, 而使用高斯-塞德尔预条件子, 仅仅需要大约 10 步就可以得到机器精度.

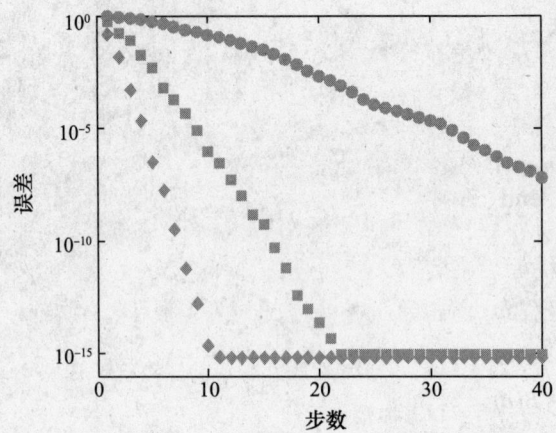

图 2.4 对于例 2.31 求解使用预条件的共轭梯度法的效率. 相对迭代步数，画出对应误差.
圆形：没有预条件子. 方形：雅可比预条件子. 菱形：高斯-塞德尔预条件子

2.6 节习题

1. 证明下面的矩阵是对称正定矩阵，把 $x^T A x$ 表示为平方和.

    (a) $\begin{bmatrix} 1 & 0 \\ 0 & 3 \end{bmatrix}$ (b) $\begin{bmatrix} 1 & 3 \\ 3 & 10 \end{bmatrix}$ (c) $\begin{bmatrix} 1 & 0 & 0 \\ 0 & 2 & 0 \\ 0 & 0 & 3 \end{bmatrix}$

2. 通过发现满足 $x^T A x < 0$ 的向量 x，证明下面的矩阵不是对称正定矩阵.

    (a) $\begin{bmatrix} 1 & 0 \\ 0 & -3 \end{bmatrix}$ (b) $\begin{bmatrix} 1 & 2 \\ 2 & 2 \end{bmatrix}$

    (c) $\begin{bmatrix} 1 & -1 \\ -1 & 0 \end{bmatrix}$ (d) $\begin{bmatrix} 1 & 0 & 0 \\ 0 & -2 & 0 \\ 0 & 0 & 3 \end{bmatrix}$

3. 使用楚列斯基分解把习题 1 中的矩阵表示为 $A = R^T R$.

4. 证明楚列斯基分解过程对于习题 2 中的矩阵失效.

5. 找出下面每一个矩阵的楚列斯基分解 $A = R^T R$.

    (a) $\begin{bmatrix} 1 & 2 \\ 2 & 8 \end{bmatrix}$ (b) $\begin{bmatrix} 4 & -2 \\ -2 & 5/4 \end{bmatrix}$ (c) $\begin{bmatrix} 25 & 5 \\ 5 & 26 \end{bmatrix}$ (d) $\begin{bmatrix} 1 & -2 \\ -2 & 5 \end{bmatrix}$

6. 找出下面每一个矩阵的楚列斯基分解 $A = R^T R$.

    (a) $\begin{bmatrix} 4 & -2 & 0 \\ -2 & 2 & -3 \\ 0 & -3 & 10 \end{bmatrix}$ (b) $\begin{bmatrix} 1 & 2 & 0 \\ 2 & 5 & 2 \\ 0 & 2 & 5 \end{bmatrix}$ (c) $\begin{bmatrix} 1 & 1 & 1 \\ 1 & 2 & 2 \\ 1 & 2 & 3 \end{bmatrix}$ (d) $\begin{bmatrix} 1 & -1 & -1 \\ -1 & 2 & 1 \\ -1 & 1 & 2 \end{bmatrix}$

7. 通过找出矩阵 A 的楚列斯基分解，以及后面的两次回代求解方程组.

    (a) $\begin{bmatrix} 1 & -1 \\ -1 & 5 \end{bmatrix} \begin{bmatrix} x_1 \\ x_2 \end{bmatrix} = \begin{bmatrix} 3 \\ -7 \end{bmatrix}$ (b) $\begin{bmatrix} 4 & -2 \\ -2 & 10 \end{bmatrix} \begin{bmatrix} x_1 \\ x_2 \end{bmatrix} = \begin{bmatrix} 10 \\ 4 \end{bmatrix}$

8. 通过找出矩阵 A 的楚列斯基分解，以及后面的两次回代求解方程组.

(a) $\begin{bmatrix} 4 & 0 & -2 \\ 0 & 1 & 1 \\ -2 & 1 & 3 \end{bmatrix} \begin{bmatrix} x_1 \\ x_2 \\ x_3 \end{bmatrix} = \begin{bmatrix} 4 \\ 2 \\ 0 \end{bmatrix}$ (b) $\begin{bmatrix} 4 & -2 & 0 \\ -2 & 2 & -1 \\ 0 & -1 & 5 \end{bmatrix} \begin{bmatrix} x_1 \\ x_2 \\ x_3 \end{bmatrix} = \begin{bmatrix} 0 \\ 3 \\ -7 \end{bmatrix}$

9. 证明：如果 $d > 4$，矩阵 $A = \begin{bmatrix} 1 & 2 \\ 2 & d \end{bmatrix}$ 正定.

10. 找出所有数字 d，使得 $A = \begin{bmatrix} 1 & -2 \\ -2 & d \end{bmatrix}$ 正定.

11. 找出所有数字 d，使得 $A = \begin{bmatrix} 1 & -1 & 0 \\ -1 & 2 & 1 \\ 0 & 1 & d \end{bmatrix}$ 正定.

12. 证明：对称正定矩阵的主子矩阵对称，并且正定. (提示：考虑一个合适的 X 并使用性质 2.)

13. 通过手工进行共轭梯度法求解问题.

(a) $\begin{bmatrix} 1 & 2 \\ 2 & 5 \end{bmatrix} \begin{bmatrix} u \\ v \end{bmatrix} = \begin{bmatrix} 1 \\ 1 \end{bmatrix}$ (b) $\begin{bmatrix} 1 & 2 \\ 2 & 5 \end{bmatrix} \begin{bmatrix} u \\ v \end{bmatrix} = \begin{bmatrix} 1 \\ 3 \end{bmatrix}$

14. 通过手工进行共轭梯度法求解问题.

(a) $\begin{bmatrix} 1 & -1 \\ -1 & 2 \end{bmatrix} \begin{bmatrix} u \\ v \end{bmatrix} = \begin{bmatrix} 0 \\ 1 \end{bmatrix}$ (b) $\begin{bmatrix} 4 & 1 \\ 1 & 4 \end{bmatrix} \begin{bmatrix} u \\ v \end{bmatrix} = \begin{bmatrix} -3 \\ 3 \end{bmatrix}$

15. 在一般的标量情况下，使用共轭梯度法求解 $Ax = b$，其中 A 是一个 1×1 矩阵. 找出 α_1、x_1，并证实 $r_1 = 0$ 以及 $Ax_1 = b$.

2.6 节编程问题

1. 写出共轭梯度法的 MATLAB 版本，并使用该程序求解如下系统：

(a) $\begin{bmatrix} 1 & 0 \\ 0 & 2 \end{bmatrix} \begin{bmatrix} u \\ v \end{bmatrix} = \begin{bmatrix} 2 \\ 4 \end{bmatrix}$ (b) $\begin{bmatrix} 1 & 2 \\ 2 & 5 \end{bmatrix} \begin{bmatrix} u \\ v \end{bmatrix} = \begin{bmatrix} 1 \\ 1 \end{bmatrix}$

2. 使用 MATLAB 版本的共轭梯度法，求解如下问题：

(a) $\begin{bmatrix} 1 & -1 & 0 \\ -1 & 2 & 1 \\ 0 & 1 & 2 \end{bmatrix} \begin{bmatrix} u \\ v \\ w \end{bmatrix} = \begin{bmatrix} 0 \\ 2 \\ 3 \end{bmatrix}$ (b) $\begin{bmatrix} 1 & -1 & 0 \\ -1 & 2 & 1 \\ 0 & 1 & 5 \end{bmatrix} \begin{bmatrix} u \\ v \\ w \end{bmatrix} = \begin{bmatrix} 3 \\ -3 \\ 4 \end{bmatrix}$

3. 使用共轭梯度法求解系统 $Hx = b$，其中 H 是 $n \times n$ 希尔伯特矩阵，b 是全为 1 的向量. (a) $n = 4$，(b) $n = 8$.

4. 使用共轭梯度法求解 (2.45) 的稀疏问题. (a) $n = 6$，(b) $n = 12$.

5. 使用共轭梯度法求解 (2.45)，$n = 100$，1000 以及 10 000. 报告最后余项的规模，以及所需的迭代步数.

6. 令 A 是 $n \times n$ 矩阵，$n = 1000$，元素 $A(i, i) = i$，$A(i, i+1) = A(i+1, i) = 1/2$，$A(i, i+2) = A(i+2, i) = 1/2$. (a) 使用 spy(A)，打印非零结构. (b) 令 x_e 是 n 个 1 组成的向量. 令 $b = Ax_e$，并使用没有预条件子的共轭梯度法和雅可比预条件子，以及高斯-塞德尔预条件子求解. 在图中比较三种方法相对于步数的运行结果误差.

7. 令 $n = 1000$. 使用编程问题 6 中的 $n \times n$ 矩阵 A，并加上非零元素 $A(i, 2i) = A(2i, i) = 1/2$，$1 \leqslant i \leqslant n/2$. 完成问题 6 中的步骤(a)和(b).

8. 令 $n = 500$，令 A 是 $n \times n$ 矩阵，对于所有 i，元素 $A(i, i) = 2$，$A(i, i+2) = A(i+2, i) = 1/2$，$A(i, i+4) = A(i+4, i) = 1/2$，并且 $A(500, i) = A(i, 500) = -0.1$，$1 \leqslant i \leqslant 495$. 完成问题 6 中的(a) 和(b).

9. 令 A 为编程问题 8 中的矩阵,但是对角线元素替换为 $A(i,i)=\sqrt[3]{i}$,完成问题 8 的(a)和(b)部分.

10. 令 C 是 195×195 矩阵块,其中对于所有的 i,$C(i,i)=2$,$C(i,i+3)=C(i+3,i)=0.1$,$C(i,i+39)=C(i+39,i)=1/2$,$C(i,i+42)=C(i+42,i)=1/2$. 定义 A 是 $n\times n$ 矩阵,$n=780$,矩阵的对角线由 4 个对角矩阵块 C 组成,并在上三角和下三角矩阵中放置矩阵块 $\frac{1}{2}C$. 完成问题 6 的(a)和(b)步骤,并求解 $Ax=b$.

2.7 非线性方程组

第 1 章中包含求解一个未知变量的方程,该方程通常是非线性方程. 在本章中,我们已经研究了方程组的求解,但是要求方程组是线性的. 结合非线性和"多于一个方程"的因素,大大提高了求解问题的难度. 本节中我们将描述牛顿方法及其变体,并用于求解非线性方程组.

2.7.1 多元牛顿方法

单变量的牛顿方法

$$x_{k+1} = x_k - \frac{f(x_k)}{f'(x_k)}$$

提供了多元牛顿方法的主要轮廓. 两种方法都是根据泰勒展开的线性近似推导得到,例如,令

$$\begin{aligned} f_1(u,v,w) &= 0 \\ f_2(u,v,w) &= 0 \\ f_3(u,v,w) &= 0 \end{aligned} \quad (2.49)$$

是三个非线性方程,具有三个未知变量 u、v、w. 定义向量值函数 $F(u,v,w)=(f_1,f_2,f_3)$,将(2.49)中的问题表示为 $F(x)=0$,其中 $x=(u,v,w)$.

单变量情况下函数导数 f' 现在对应的是**雅可比矩阵**,定义为

$$DF(x) = \begin{bmatrix} \frac{\partial f_1}{\partial u} & \frac{\partial f_1}{\partial v} & \frac{\partial f_1}{\partial w} \\ \frac{\partial f_2}{\partial u} & \frac{\partial f_2}{\partial v} & \frac{\partial f_2}{\partial w} \\ \frac{\partial f_3}{\partial u} & \frac{\partial f_3}{\partial v} & \frac{\partial f_3}{\partial w} \end{bmatrix}$$

在点 x_0 附近的向量值函数的泰勒展开是

$$F(x) = F(x_0) + DF(x_0) \cdot (x-x_0) + O(x-x_0)^2$$

例如,在 $x_0=(0,0)$ 附近函数 $F(u,v)=(e^{u+v},\sin u)$ 的线性展开是

$$F(x) = \begin{bmatrix} 1 \\ 0 \end{bmatrix} + \begin{bmatrix} e^0 & e^0 \\ \cos 0 & 0 \end{bmatrix} \begin{bmatrix} u \\ v \end{bmatrix} + O(x^2) = \begin{bmatrix} 1 \\ 0 \end{bmatrix} + \begin{bmatrix} u+v \\ u \end{bmatrix} + O(x^2)$$

牛顿方法基于线性近似,忽略 $O(x^2)$ 项. 正如在一维情况下,令 $x=r$ 是根,令 x_0 是当前估计. 则

方程组

$$0 = F(r) \approx F(x_0) + DF(x_0) \cdot (r - x_0)$$

或者

$$-DF(x_0)^{-1} F(x_0) \approx r - x_0 \tag{2.50}$$

因而，通过求解(2.50)得到 r，可以对根进行更好的近似.

> **多变量牛顿方法**
>
> $$x_0 = \text{初始向量}$$
> $$x_{k+1} = x_k - (DF(x_k))^{-1} F(x_k), k = 0, 1, 2, \cdots$$

由于计算矩阵逆的代价很大，我们使用技巧避免该计算. 在每一步中，不是按上面描述的过程，而是令 $x_{k+1} = x_k - s$，其中 s 是 $DF(x_k)s = F(x_k)$ 的解. 现在，仅仅需要在每步中使用高斯消去 ($n^3/3$ 次的乘法)，而不是计算矩阵的逆 (相对于高斯消去大约 3 倍的计算次数). 因而，对于多元牛顿方法的迭代步骤如下

$$\begin{cases} DF(x_k) s = -F(x_k) \\ x_{k+1} = x_k + s \end{cases} \tag{2.51}$$

例 2.32 使用牛顿方法，初始估计为 $(1, 2)$，找出如下方程组的解

$$v - u^3 = 0$$
$$u^2 + v^2 - 1 = 0$$

图 2.5 显示了一组点，在这些点上 $f_1(u, v) = v - u^3$ 和 $f_2(u, v) = u^2 + v^2 - 1$ 都为 0，以及它们的两个交点，交点对应方程组的解. 雅可比矩阵是

$$DF(u, v) = \begin{bmatrix} -3u^2 & 1 \\ 2u & 2v \end{bmatrix}$$

在第一步中，使用初始点 $x_0 = (1, 2)$，我们必须求解矩阵方程(2.51):

$$\begin{bmatrix} -3 & 1 \\ 2 & 4 \end{bmatrix} \begin{bmatrix} s_1 \\ s_2 \end{bmatrix} = -\begin{bmatrix} 1 \\ 4 \end{bmatrix}$$

解是 $s = (0, -1)$，因而第一步迭代过程 $x_1 = x_0 + s = (1, 1)$. 第二步要求求解

$$\begin{bmatrix} -3 & 1 \\ 2 & 2 \end{bmatrix} \begin{bmatrix} s_1 \\ s_2 \end{bmatrix} = -\begin{bmatrix} 0 \\ 1 \end{bmatrix}$$

解是 $s = (-1/8, -3/8)$，$x_2 = x_1 + s = (7/8, 5/8)$.

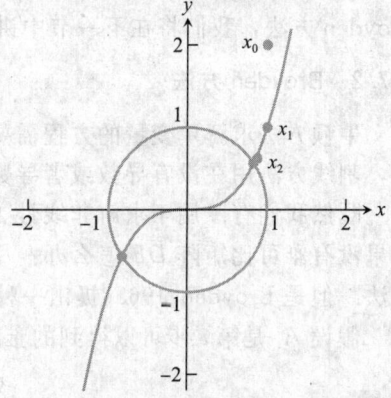

图 2.5 对例 2.32 使用牛顿方法. 对应的两个根是圆上的两个点. 牛顿方法过程中的点在 $(0.8260, 0.5636)$ 处近似收敛到解

图 2.5 显示了两个迭代. 后面的步骤得到下表:

步数	u	v	步数	u	v
0	1.000 000 000 000 00	2.000 000 000 000 00	4	0.826 040 108 170 65	0.563 619 773 502 84
1	1.000 000 000 000 00	1.000 000 000 000 00	5	0.826 031 357 732 41	0.563 624 162 131 63
2	0.875 000 000 000 00	0.625 000 000 000 00	6	0.826 031 357 654 19	0.563 624 162 161 26
3	0.829 036 348 267 12	0.564 349 112 426 04	7	0.826 031 357 654 19	0.563 624 162 161 26

小数点后精确数位个数翻倍是熟悉的二次收敛的特征,这在输出的序列中可以明显看到. 如图 2.5 所示, 方程的对称性表明, 如果 (u, v) 是一个解, 则 $(-u, -v)$ 也是解. 第二个解也可以通过使用附近的初始估计, 并应用牛顿方法迭代得到.

例 2.33 使用牛顿方法求解系统
$$f_1(u,v) = 6u^3 + uv - 3v^3 - 4 = 0$$
$$f_2(u,v) = u^2 - 18uv^2 + 16v^3 + 1 = 0$$

注意到 $(u, v) = (1, 1)$ 是一个解. 此外还有另外两组解. 雅可比矩阵如下

$$DF(u,v) = \begin{bmatrix} 18u^2 + v & u - 9v^2 \\ 2u - 18v^2 & -36uv + 48v^2 \end{bmatrix}$$

正如一维例子中所示, 使用牛顿方法能够找到哪个解取决于初始估计. 使用初始点 $(u_0, v_0) = (2, 2)$, 对前面的公式迭代得到下表:

步数	u	v	步数	u	v
0	2.000 000 000 000 00	2.000 000 000 000 00	4	1.000 033 678 665 06	1.000 022 437 720 10
1	1.372 580 645 161 29	1.340 322 580 645 16	5	1.000 000 001 119 57	1.000 000 000 578 94
2	1.078 386 812 004 43	1.053 801 232 649 84	6	1.000 000 000 000 00	1.000 000 000 000 00
3	1.005 349 688 965 20	1.002 692 618 715 39	7	1.000 000 000 000 00	1.000 000 000 000 00

其他的初始向量得到另外的两个解, 它们近似为 $(0.865\,939, 0.462\,168)$ 以及 $(0.886\,809, -0.294\,007)$. 参见编程问题 2.

如果可以计算雅可比矩阵, 牛顿方法是一个好的选择. 否则, 最好的替代方法就是 Broyden 方法, 我们将在下一节中讲述.

2.7.2 Broyden 方法

牛顿方法求解单变量的方程需要知道导数. 在第 1 章中对于该方法的讨论得到割线方法, 割线方法用在没有导数或者导数难以计算的时候.

既然我们有了用于求解非线性方程组 $F(x) = 0$ 的牛顿方法, 我们也面临同样的问题: 如果没有雅可比矩阵 DF 怎么办? 尽管没有直接的方法将用于方程的牛顿方法推广到割线方法. 但是 Broyden[1965]提出一种方法, 这通常被认为是次优的方法.

假设 A_i 是第 i 步可以得到的雅可比矩阵的最优近似, 并被用于生成

$$x_{i+1} = x_i - A_i^{-1} F(x_i) \tag{2.52}$$

为了在下一步中从 A_i 更新到 A_{i+1}, 我们注意到雅可比矩阵 DF 的导数, 满足

$$A_{i+1} \delta_{i+1} = \Delta_{i+1} \tag{2.53}$$

其中 $\delta_{i+1} = x_{i+1} - x_i$, $\Delta_{i+1} = F(x_{i+1}) - F(x_i)$. 另一方面, 我们没有任何关于 δ_{i+1} 的正交补向量更新的信息. 因而, 我们要求对于所有满足 $\delta_{i+1}^T w = 0$ 的 w,

$$A_{i+1} w = A_i w \tag{2.54}$$

同时满足 (2.53) 和 (2.54) 的矩阵如下:

$$A_{i+1} = A_i + \frac{(\Delta_{i+1} - A_i \delta_{i+1}) \delta_{i+1}^T}{\delta_{i+1}^T \delta_{i+1}} \tag{2.55}$$

Broyden 方法使用牛顿方法步骤 (2.52) 来推进当前的近似估计, 使用 (2.55) 更新雅可比矩

阵的近似. 总结来说，算法从初始估计 x_0 和初始近似雅可比 A_0 开始. 如果没有更好的选择，初始的雅可比矩阵可以使用单位阵.

> **Broyden 方法**
> $x_0 = $ 初始向量
> $A_0 = $ 初始矩阵
> **for** $i = 0, 1, 2, \cdots$
> $\qquad x_{i+1} = x_i - A_i^{-1} F(x_i)$
> $\qquad A_{i+1} = A_i + \dfrac{(\Delta_{i+1} - A_i \delta_{i+1}) \delta_{i+1}^{\mathrm{T}}}{\delta_{i+1}^{\mathrm{T}} \delta_{i+1}}$
> **end**
> 其中 $\delta_{i+1} = x_{i+1} - x_i$，$\Delta_{i+1} = F(x_{i+1}) - F(x_i)$

注意到牛顿类型的步骤通过求解 $A_i \delta_{i+1} = F(x_i)$ 进行，正如牛顿方法所做的那样. 和牛顿方法一样，Broyden 方法不保证收敛到根.

Broyden 方法的第二种方式避免相对代价较大的矩阵求解步骤 $A_i \delta_{i+1} = F(x_i)$. 由于我们最多在迭代过程中近似 DF 导数，我们也可以同样近似 DF 的逆，这正是牛顿步骤所需要的.

基于 $B_i = A_i^{-1}$，重做 Broyden 导数. 我们希望得到

$$\delta_{i+1} = B_{i+1} \Delta_{i+1} \tag{2.56}$$

其中 $\delta_{i+1} = x_{i+1} - x_i$，$\Delta_{i+1} = F(x_{i+1}) - F(x_i)$，并对于任何满足 $\delta_{i+1}^{\mathrm{T}} w = 0$ 的 w，也满足 $A_{i+1} w = A_i w$，或者

$$B_{i+1} A_i w = w \tag{2.57}$$

满足(2.56)和(2.57)的矩阵是

$$B_{i+1} = B_i + \dfrac{(\delta_{i+1} - B_i \Delta_{i+1}) \delta_{i+1}^{\mathrm{T}} B_i}{\delta_{i+1}^{\mathrm{T}} B_i \Delta_{i+1}} \tag{2.58}$$

不需要矩阵求解的迭代的新版本如下：

$$x_{i+1} = x_i - B_i F(x_i) \tag{2.59}$$

得到的算法称为 Broyden 方法 II.

> **Broyden 方法 II**
> $x_0 = $ 初始向量
> $B_0 = $ 初始矩阵
> **for** $i = 0, 1, 2, \cdots$
> $\qquad x_{i+1} = x_i - B_i F(x_i)$
> $\qquad B_{i+1} = B_i + \dfrac{(\delta_{i+1} - B_i \Delta_{i+1}) \delta_{i+1}^{\mathrm{T}} B_i}{\delta_{i+1}^{\mathrm{T}} B_i \Delta_{i+1}}$
> **end**
> 其中 $\delta_i = x_i - x_{i-1}$，$\Delta_i = F(x_i) - F(x_{i-1})$

首先，需要初始向量 x_0 和初始估计 B_0. 如果难以计算导数，可以使用 $B_0 = I$. Broyden方法 II 的一个可以察觉的缺点是，在一些应用中需要估计雅可比矩阵，但是这个

矩阵并不容易得到．矩阵 B_i 是对雅可比矩阵逆的估计．而 Broyden 方法 I 正相反，一直记录了 A_i 用来估计雅可比．正是由于这个原因，在一些圈子里，Broyden 方法 I 和方法 II 被分别称为"好的 Broyden"和"坏的 Broyden"．

两种版本的 Broyden 方法都超线性收敛(到单根)，比牛顿方法的二次收敛要慢一点．如果有雅可比的计算公式，通常使用 $DF(x_0)$ 的逆作为初始矩阵 B_0，这样通常可以加速收敛．

Broyde 方法 II 的 MATLAB 代码如下：

```
% 程序2.3 Broyden方法II
% 输入：初始向量x0,最大步数k
% 输出：解x
% 使用示例：broyden2(f,[1;1],10)
function x=broyden2(f,x0,k)
[n,m]=size(x0);
b=eye(n,n);              % 初始b
for i=1:k
    x=x0-b*f(x0);
    del=x-x0;delta=f(x)-f(x0);
    b=b+(del-b*delta)*del'*b/(del'*b*delta);
    x0=x;
end
```

例如，例 2.32 的方程组的解可以通过定义如下函数得到

```
>> f=@(x) [x(2)-x(1)^3;x(1)^2+x(2)^2-1];
```

对于 Broyden 方法 II 的调用如下：

```
>> x=broyden2(f,[1;1],10)
```

Broyden 方法的两种实现，在没有雅可比矩阵的时候都非常有用．这种情况的典型例子在事实验证 7 的管道扭曲问题中得到展示．

2.7 节习题

1. 找出如下函数的雅可比矩阵．
   (a) $F(u, v) = (u^3, uv^3)$
   (b) $F(u, v) = (\sin uv, e^{uv})$
   (c) $F(u, v) = (u^2+v^2-1, (u-1)^2+v^2-1)$
   (d) $F(u, v, w) = (u^2+v-w^2, \sin uvw, uvw^4)$

2. 使用泰勒展开找出 $L(x)$ 到 $F(x)$ 在 x_0 附近的线性近似．
   (a) $F(u, v) = (1+e^{u+2v}, \sin(u+v))$, $x_0 = (0, 0)$
   (b) $F(u, v) = (u+e^{u-v}, 2u+v)$, $x_0 = (1, 1)$

3. 在 uv 平面画出两条曲线，通过简单的代数找出所有的解．
   (a) $\begin{cases} u^2+v^2=1 \\ (u-1)^2+v^2=1 \end{cases}$
   (b) $\begin{cases} u^2+4v^2=4 \\ 4u^2+v^2=4 \end{cases}$
   (c) $\begin{cases} u^2-4v^2=4 \\ (u-1)^2+v^2=4 \end{cases}$

4. 对习题 3 的方程组使用两步牛顿方法，起始点为 $(1, 1)$．

5. 对习题 3 的方程组使用两步 Broyden 方法 I，起始点为 $(1, 1)$，使用 $A_0 = I$．

6. 对习题 3 的方程组使用两步 Broyden 方法 II，起始点为 $(1, 1)$，使用 $B_0 = I$．

7. 证明 (2.55) 满足 (2.53) 和 (2.54)．

8. 证明 (2.58) 满足 (2.56) 和 (2.57)．

2.7节编程问题

1. 使用合适的初始点，利用牛顿方法找出所有解．用习题3进行检查确保结果正确．

    (a) $\begin{cases} u^2+v^2=1 \\ (u-1)^2+v^2=1 \end{cases}$
    (b) $\begin{cases} u^2+4v^2=4 \\ 4u^2+v^2=4 \end{cases}$
    (c) $\begin{cases} u^2-4v^2=4 \\ (u-1)^2+v^2=4 \end{cases}$

2. 使用牛顿方法找出例2.31的三个解．
3. 使用牛顿方法找出如下方程组的两个解 $u^3-v^3+u=0$, $u^2+v^2=1$．
4. 使用牛顿方法找出如下三个方程的两个解．

$$2u^2-4u+v^2+3w^2+6w+2=0$$
$$u^2+v^2-2v+2w^2-5=0$$
$$3u^2-12u+v^2+3w^2+8=0$$

5. 使用多元牛顿方法找出三维空间中三个给定球的两个交点．(a)每个球的半径都是1，球心在(1,1,0)，(1,0,1)，以及(0,1,1)．(答案是(1,1,1)和(1/3,1/3,1/3))(b)每个球半径是5，球心在(1,-2,0)，(-2,2,-1)，以及(4,-2,3)．

6. 尽管三个球在三维空间中的一般交点是两个点，它也可能是唯一点．使用多元牛顿方法找出球心在(1,0,1)半径为$\sqrt{8}$、球心在(0,2,2)半径为$\sqrt{2}$、球心在(0,3,3)半径为$\sqrt{2}$的三个球的唯一交点．这个迭代仍然二次收敛吗？请解释．

7. 对习题3的方程组，使用Broyden方法Ⅰ，初始估计$x_0=(1,1)$，$A_0=I$．尽可能精确地报告解，以及所需要的步数．

8. 对习题3的方程组，使用Broyden方法Ⅱ，初始估计为(1,1)，$B_0=I$．报告尽可能精确的解，以及所需要的步数．

9. 使用Broyden方法Ⅰ找出编程问题5中的两个交点．
10. 使用Broyden方法Ⅰ找出编程问题6中的交点．你所能观测到的收敛率是多少？
11. 使用Broyden方法Ⅱ找出编程问题5中的两个交点．
12. 使用Broyden方法Ⅱ找出编程问题6中的交点．你所能观测到的收敛率是多少？

软件与进一步阅读

在数值线性代数中有很多优秀的教科书，包含Stewart[1973]和全面的参考材料Golub与Van Loan[1996]．Demmel[1997]和Trefethen与Bau[1997]为两本包含数值线性代数的现代技术的教科书．涵盖迭代技术的书包括Axelsson[1994]、Hackbush[1994]、Kelley[1995]、Saad[1996]、Traub[1964]、Varga[2000]、Young[1971]，以及Dennis与Schnabel[1983]．

LAPACK是一个全面的、公开的软件包，涵盖了高质量的矩阵代数计算程序，包含求解$Ax=b$、矩阵分解和条件数的方法．代码经过精心设计可以在现在计算机框架下进行移植，包含共享存储向量和并行处理器．这些内容可以参看Anderson等人[1990]的论著．

LAPACK的可移植性依赖于算法在书写方式上最大化使用了基本线性代数子程序(Basic Linear Algebra Subprograms, BLAS)．BLAS包括了基本的矩阵/向量计算，这些计算可以通过调整优化在特定的机器和框架上的性能．BLAS可以粗略地分为三个部分：1级，要求$O(n)$次的操作，例如点积的操作；2级，诸如矩阵/向量乘法的操作，$O(n^2)$次的操作；3级，包含全矩阵/矩阵乘法，具有$O(n^3)$的复杂度．

LAPACK上的DGESV函数，以双精度用$PA=LU$分解方法求解$Ax=b$，还有其他用于稀疏和带状矩阵的方法．参见www.netlib.org/lapack可以看到更多细节．LAPACK函数的实现也构成了MATLAB，以及其他IMSL与NAG的矩阵代数计算的基础．

第3章 插　值

多项式插值是一个古老的行为，但是关于插值的大量工业应用则开始于 20 世纪的三次样条的出现．受造船业和飞机制造业中实践的启发，工程师 Paulde Casteljau 和皮埃尔·贝塞尔在互为竞争对手的欧洲汽车制造业雪铁龙(Citroen)和雷诺(Renault)公司，以及随后的美国通用汽车公司，促使了当今称为三次样条和欧拉样条的发展．

尽管最初用于汽车的空气动力学研究，样条还有许多其他的应用，包括计算机排版．打印行业的革命是由 Xerox 公司的两个工程师带来的，他们成立了一个新公司叫做 Adobe，并在 1984 年发布了 PostScript^{TM} 语言．这引起了苹果公司的史蒂夫·乔布斯(Steve Jobs)的注意，他一直想找到一个途径控制新近发明的激光打印机．贝塞尔样条是一种简单的方式，可以用相同的数学曲线适应不同的字体，并具有多种打印机精度．后来，Adobe 以 PostScript 中许多基本的想法作为基础，生成一种更加灵活的格式，即 PDF(可移植文档格式)，这成为 21 世纪初期无所不在的文档格式．

事实验证 3 探讨了 PDF 文件如何使用贝塞尔样条来表示在任意字体中的打印字符．

数据的有效表达方式是推进科学问题理解的基础．最基本的方式中，使用多项式近似数据是进行数据压缩的一种方式．假设点(x, y)是给定函数 $y=f(x)$ 上的一点，(x, y)数据也可能从实验中得到，其中 x 表示温度，y 表示反应速率．一个实数函数可以表示无穷信息．在这组数据中找到一个多项式意味着使用规则来替换信息，这可通过有限步骤计算得到．尽管指望多项式在一个新输入点 x 可以精确表示函数并不现实，但是多项式的值可能与函数值足够接近，并解决实际问题．

本章介绍的多项式插值和样条插值是非常便利的工具，通过它们可以找出经过给定的所有点的函数．

3.1 数据和插值函数

如果宣称一个函数对一组点进行插值，则该函数经过这些点．假设采集了一组数据点(x, y)，例如$(0, 1)$，$(2, 2)$，以及$(3, 4)$．如图 3.1 所示，有一条抛物线可以经过这些点．称抛物线为经过这三点的二次插值多项式．

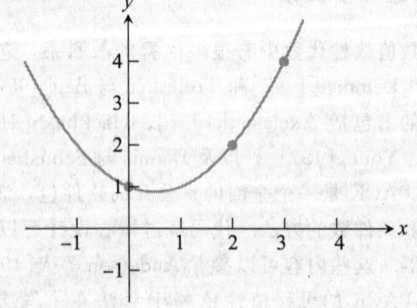

图 3.1　抛物线插值．使用函数 $P(x)=\frac{1}{2}x^2-\frac{1}{2}x+1$. 对点$(0, 1)$，$(2, 2)$和$(3, 4)$进行插值

定义 3.1　如果对于每个 $1 \leqslant i \leqslant n$，$P(x_i)=y_i$，则称函数 $y=P(x)$ **插值**数据点$(x_1$,

插 值

$y_1)$，…，(x_n, y_n).

注意，要求 P 是一个函数，即每个点 x 对应唯一的 y. 这对多项式可以插值的数据点 $\{(x_i, y_i)\}$ 提出限制，即 x_i 必须彼此不相同，才能保证函数经过这些点. 对于 y_i 则没有这样的限制.

首先，我们寻找一个插值多项式. 这样的多项式是否总是存在？假设这些点的 x 坐标不同，答案是肯定的. 不管给出多少点，总有某个多项式 $y=P(x)$ 能够经过所有点. 在本节中还会证明其他一些关于多项式的事实.

插值是求值的逆过程. 在多项式求值过程中（例如第 0 章的嵌套乘法），给出一个多项式，并要求对于一个给定的 x 值计算 y 值，即计算曲线上的点. 多项式插值的过程则恰恰相反：给出这些点，然后计算可以生成这些点的多项式.

> **复杂度** 我们为什么使用多项式？多项式常常用于插值，这是由于它们具有非常直观的数学性质. 关于对给定的数据点是否存在指定次数的多项式，有着简单的理论. 更重要的是，对于数字计算机，多项式是最基本的函数. 中央处理单元通常在硬件中有快速方法计算浮点数的加法和乘法，这些计算是计算多项式仅需要的两种计算. 复杂函数被近似为插值多项式，这样才能使用两种硬件操作进行计算.

3.1.1 拉格朗日插值

假设给定 n 个数据点 (x_1, y_1)，…，(x_n, y_n)，我们希望找到插值多项式. 有一个显式的插值多项式形式，称为拉格朗日插值公式，使用该公式，可以得到一个次数为 $d=n-1$ 的多项式插值这些点. 例如，假设给出三点 (x_1, y_1)，(x_2, y_2)，(x_3, y_3)，则多项式

$$P_2(x) = y_1 \frac{(x-x_2)(x-x_3)}{(x_1-x_2)(x_1-x_3)} + y_2 \frac{(x-x_1)(x-x_3)}{(x_2-x_1)(x_2-x_3)} + y_3 \frac{(x-x_1)(x-x_2)}{(x_3-x_1)(x_3-x_2)} \quad (3.1)$$

是这三个点的**拉格朗日插值多项式**. 首先，注意为什么这些点都在多项式曲线上. 当使用 x_1 替换 x 时，各项求值得到 $y_1+0+0=y_1$. 当使用 x_1 替换是第二和第三项时，由于值为 0，这些项都消失了. 选择第一项的分母，当 x_1 带入可以得到 y_1. 当代入 x_2 和 x_3 时情况类似. 当带入任何其他的数字替换 x，我们控制不了结果. 但是，我们的工作仅仅是插值三个点，也就是说，我们仅关注这三个点. 其次，注意到(3.1)是关于 x 的二次多项式.

例 3.1 在图 3.1 中找出数据点 $(0, 1)$，$(2, 2)$，$(3, 4)$ 的插值多项式.

将数据点代入拉格朗日公式(3.1)得到

$$\begin{aligned} P_2(x) &= 1 \frac{(x-2)(x-3)}{(0-2)(0-3)} + 2 \frac{(x-0)(x-3)}{(2-0)(2-3)} + 4 \frac{(x-0)(x-2)}{(3-0)(3-2)} \\ &= \frac{1}{6}(x^2-5x+6) + 2\left(-\frac{1}{2}\right)(x^2-3x) + 4\left(\frac{1}{3}\right)(x^2-2x) \\ &= \frac{1}{2}x^2 - \frac{1}{2}x + 1 \end{aligned}$$

对多项式进行检查，$P_2(0)=1$，$P_2(2)=2$，$P_2(3)=4$.

一般来说，如果我们有 n 个点 (x_1, y_1)，$\cdots$，(x_n, y_n). 对于 $1\sim n$ 之间的每个 k，定义 $n-1$ 次多项式

$$L_k(x) = \frac{(x-x_1)\cdots(x-x_{k-1})(x-x_{k+1})\cdots(x-x_n)}{(x_k-x_1)\cdots(x_k-x_{k-1})(x_k-x_{k+1})\cdots(x_k-x_n)}$$

L_k 具有一个有趣的性质，即 $L_k(x_k)=1$，而 $L_k(x_j)=0$，其中 x_j 是任何一个其他的数据点. 然后定义了 $n-1$ 次多项式

$$P_{n-1}(x) = y_1 L_1(x) + \cdots + y_n L_n(x)$$

这是对(3.1)中多项式直接的推广，并以相同的方式工作. 用 x_k 替代 x 得到

$$P_{n-1}(x_k) = y_1 L_1(x_k) + \cdots + y_n L_n(x_k) = 0 + \cdots + 0 + y_k L_k(x_k) + 0 + \cdots + 0 = y_k$$

可以看出该多项式满足设计要求.

我们构造了最多 $n-1$ 次的多项式经过 n 个点中的任何一个，这些点的 x_i 坐标不同. 有趣的是，这样的 $n-1$ 次多项式也是唯一的.

定理 3.2（多项式插值的主定理） 令 (x_1, y_1)，$\cdots$，(x_n, y_n) 是平面中的 n 个点，具有不同的 x_i 坐标. 则存在一个并且仅有一个 $n-1$ 次或者更低次的多项式 P 满足 $P(x_i)=y_i$，$i=1, \cdots, n$.

证明 存在性可以通过拉格朗日插值的显式公式得到. 为证明唯一性，假设存在两个这样的多项式，即 $P(x)$ 和 $Q(x)$，它们至多 $n-1$ 次并且都插值经过 n 个点. 也就是说，我们假设 $P(x_1)=Q(x_1)=y_1$，$P(x_2)=Q(x_2)=y_2$，$\cdots$，$P(x_n)=Q(x_n)=y_n$. 现在定义新的多项式 $H(x)=P(x)-Q(x)$. 显然，H 的次数也最多是 $n-1$，并且注意到 $0=H(x_1)=H(x_2)=\cdots=H(x_n)$；也就是说，$H$ 具有 n 个不同的过零点. 根据代数基本定理，一个 d 次的多项式最多具有 d 个过零点，除非它本身就是零多项式. 因而，H 是一个零多项式，$P(x)\equiv Q(x)$. 我们得到结论：仅有一个多项式 $P(x)$，其对应次数 $\leqslant n-1$，该多项式对 n 个点 (x_i, y_i) 进行插值.

例 3.2 找出 3 阶或者更低阶多项式对点 $(0, 2)$，$(1, 1)$，$(2, 0)$ 和 $(3, -1)$ 进行插值. 拉格朗日形式如下：

$$P(x) = 2\frac{(x-1)(x-2)(x-3)}{(0-1)(0-2)(0-3)} + 1\frac{(x-0)(x-2)(x-3)}{(1-0)(1-2)(1-3)}$$

$$+ 0\frac{(x-0)(x-1)(x-3)}{(2-0)(2-1)(2-3)} - 1\frac{(x-0)(x-1)(x-2)}{(3-0)(3-1)(3-2)}$$

$$= -\frac{1}{3}(x^3 - 6x^2 + 11x - 6) + \frac{1}{2}(x^3 - 5x^2 + 6x) - \frac{1}{6}(x^3 - 3x^2 + 2x)$$

$$= -x + 2$$

定理 3.2 指出仅存在一个 3 阶或者更低阶的多项式，但是这个多项式可能是，也可能不是 3 阶. 在例 3.2 中，数据点共线，因而多项式的阶数是 1，同时由定理 3.2 知道没有 2 阶或者 3 阶的多项式. 没有一个抛物线或者三次样条经过 4 个共线的点，这对于大家来讲可能是显然的事情，但是这里所讲的是这种情况产生的原因.

3.1.2 牛顿差商

前面一节描述的拉格朗日插值方法，使用其构造的方式得到唯一的多项式，该唯一性由定理3.2决定. 拉格朗日多项式也很直观，仅需看一眼，就知道它经过所有插值的点. 但是，拉格朗日很少用于计算，这是由于其他方法可以得到控制能力更强，同时计算代价更低的多项式.

牛顿差商给出插值多项式的一种简单形式. 正如拉格朗日形式的多项式，给定 n 个数据点，所得到的结果多项式至多 $n-1$ 阶. 定理3.2指出所有的插值多项式和拉格朗日多项式相同，仅仅是以不同的形式写出来.

差商的想法非常简单，但是首先需要掌握一些定义. 假设数据点来自函数 $f(x)$，因而我们的目的是插值 $(x_1, f(x_1))$，$\cdots$，$(x_n, f(x_n))$.

定义 3.3 用 $f[x_1\cdots x_n]$ 表示（唯一）多项式的 x^{n-1} 项的系数，该多项式插值 $(x_1, f(x_1))$，$\cdots$，$(x_n, f(x_n))$.

例3.1表明 $f[0\ 2\ 3]=1/2$，其中我们假设 $f(0)=1$，$f(2)=2$，$f(3)=4$. 当然，根据唯一性，所有由0、2、3置换的结果相同：$1/2=f[0\ 3\ 2]=f[3\ 0\ 2]$，等等. 使用这个定义，下面这个看起来全然不同的插值多项式成立（称为**牛顿差商公式**）：

$$P(x) = f[x_1] + f[x_1\ x_2](x-x_1) + f[x_1\ x_2\ x_3](x-x_1)(x-x_2)$$
$$+ f[x_1\ x_2\ x_3\ x_4](x-x_1)(x-x_2)(x-x_3)$$
$$+ \cdots + f[x_1\cdots x_n](x-x_1)\cdots(x-x_{n-1}). \tag{3.2}$$

而且，从上面定义得到的系数 $f[x_1\cdots x_k]$，可以由如下的递归计算得到，把所有的数据点放在表中：

$$\begin{array}{c|c} x_1 & f(x_1) \\ x_2 & f(x_2) \\ \vdots & \vdots \\ x_n & f(x_n) \end{array}$$

现在定义值都为实数的差商，

$$f[x_k] = f(x_k)$$

$$f[x_k\ x_{k+1}] = \frac{f[x_{k+1}] - f[x_k]}{x_{k+1} - x_k}$$

$$f[x_k\ x_{k+1}\ x_{k+2}] = \frac{f[x_{k+1}\ x_{k+2}] - f[x_k\ x_{k+1}]}{x_{k+2} - x_k}$$

$$f[x_k\ x_{k+1}\ x_{k+2}\ x_{k+3}] = \frac{f[x_{k+1}\ x_{k+2}\ x_{k+3}] - f[x_k\ x_{k+1}\ x_{k+2}]}{x_{k+3} - x_k} \tag{3.3}$$

等等. 两个重要的，但并不是显而易见的事实如下：(1) 由(3.2)给出的唯一的多项式插值 $(x_1, f(x_1))$，$\cdots$，$(x_n, f(x_n))$；(2) 系数可以根据(3.3)计算. 在3.2.2节中会给出相应的证明. 注意到差商公式给出嵌套的插值多项式. 它们本身就可以有效地计算.

牛顿差商

给定 $x = [x_1, \cdots, x_n], y = [y_1, \cdots, y_n]$

for $j = 1, \cdots, n$
$\quad f[x_j] = y_j$
end

for $i = 2, \cdots, n$
$\quad$ **for** $j = 1, \cdots, n+1-i$
$\quad\quad f[x_j \cdots x_{j+i-1}] = (f[x_{j+1} \cdots x_{j+i-1}] - f[x_j \cdots x_{j+i-2}])/(x_{j+i-1} - x_j)$
$\quad$ **end**
end

插值多项式如下：

$$P(x) = \sum_{i=1}^{n} f[x_1 \cdots x_i](x - x_1) \cdots (x - x_{i-1})$$

牛顿差商的递归定义可以组织为一个方便使用的表．对于三个点，表的形式如下

$$
\begin{array}{c|cccc}
x_1 & f[x_1] & & & \\
& & f[x_1\,x_2] & & \\
x_2 & f[x_2] & & f[x_1\,x_2\,x_3] \\
& & f[x_2\,x_3] & & \\
x_3 & f[x_3] & & &
\end{array}
$$

多项式(3.2)的系数可以从最顶端的三角形的边中读出来.

例 3.3 使用差商找出经过三个点 $(0，1)$，$(2，2)$，$(3，4)$ 的插值多项式.

使用差商定理，可以得到下表：

$$
\begin{array}{c|cccc}
0 & 1 & & & \\
& & \frac{1}{2} & & \\
2 & 2 & & \frac{1}{2} & \\
& & 2 & & \\
3 & 4 & & &
\end{array}
$$

该表计算如下：在不同列写下 x 和 y 坐标，然后从左到右计算下一列，得到形如(3.3)的差商．例如

$$\frac{2-1}{2-0} = \frac{1}{2}$$

$$\frac{2 - \frac{1}{2}}{3-0} = \frac{1}{2}$$

$$\frac{4-2}{3-2} = 2$$

完成差商三角形后，多项式系数 1、1/2、1/2 可以从表的顶端三角形中得到. 插值多项式可以写做

$$P(x) = 1 + \frac{1}{2}(x-0) + \frac{1}{2}(x-0)(x-2)$$

或者以如下的嵌套形式表示

$$P(x) = 1 + (x-0)\left(\frac{1}{2} + (x-2) \cdot \frac{1}{2}\right)$$

对于嵌套形式的基点（见第 0 章）分别是 $r_1 = 0$，$r_2 = 2$. 或者，我们可以做更多的代数计算，写出如下的插值多项式

$$P(x) = 1 + \frac{1}{2}x + \frac{1}{2}x(x-2) = \frac{1}{2}x^2 - \frac{1}{2}x + 1$$

这和前面的拉格朗日多项式一致. ◀

使用差商多项式，在计算初始的插值多项式后新加入的点，也可以非常容易地加入多项式中.

例 3.4 在例 3.3 的列表中加入第 4 个点 $(1, 0)$.

我们可以保留已经完成的计算，仅仅在底端加入新的一行：

0	1			
		$\frac{1}{2}$		
2	2		$\frac{1}{2}$	
		2		$-\frac{1}{2}$
3	4		0	
		2		
1	0			

结果则是在原来的多项式 $P_2(x)$ 中加入一项. 从三角形上面的一条边读出系数，新的 3 阶多项式如下：

$$P_3(x) = 1 + \frac{1}{2}(x-0) + \frac{1}{2}(x-0)(x-2) - \frac{1}{2}(x-0)(x-2)(x-3)$$

注意到 $P_3(x) = P_2(x) - \frac{1}{2}(x-0)(x-2)(x-3)$，因而在新的多项式中可以部分重用原来的多项式. ◀

比较在拉格朗日多项式中加入新点以及在差商多项式中加入新点的情况，我们发现非常有趣的现象. 当在拉格朗日多项式中加入一个新点时，必须从头开始计算，前面所有的计算都不能用. 而另一方面，在差商形式中，我们保留前面的工作，仅仅在多项式中加入一个新项. 因而，差商形式具有"实时更新"的性质，而拉格朗日多项式则没有这样的性质.

例 3.5 使用牛顿差商找出经过 $(0, 2)$，$(1, 1)$，$(2, 0)$，$(3, -1)$ 的插值多项式.

差商三角形如下：

```
0 | 2
  |   -1
1 | 1      0
  |   -1      0
2 | 0      0
  |   -1
3 | -1
```

从表中读出系数，我们得到如下的 3 阶或者更低阶的多项式
$$P(x) = 2 + (-1)(x-0) = 2 - x$$
这和例 3.2 一致，但是所需的计算更少.

3.1.3 经过 n 个点的 d 阶多项式有多少

定理 3.2 是插值多项式的主要定理，当 $0 \leqslant d \leqslant n-1$ 时，这个定理就可以回答该问题. 给定 $n=3$ 个点 $(0, 1)$，$(2, 2)$，$(3, 4)$，有一个 2 阶或者更低阶的多项式. 例 3.1 表明阶数是 2，没有 0 阶或者 1 阶的插值多项式经过这 3 个数据点.

有多少 3 阶多项式插值同样的 3 个点？从前面的讨论我们知道，有一种直接的方式来构造这样的多项式：加入第 4 个点. 扩展牛顿差商三角形得到新的顶端系数. 在例 3.4 中，加入点 $(1, 0)$. 得到的多项式

$$P_3(x) = P_2(x) - \frac{1}{2}(x-0)(x-2)(x-3) \tag{3.4}$$

经过问题中的三个点，并经过额外的新点 $(1, 0)$. 因而至少有一个 3 阶的多项式经过原来的三个点 $(0, 1)$，$(2, 2)$，$(3, 4)$.

当然，关于第 4 个点的选择有多种方式. 例如，如果保持 $x_4 = 1$ 不变，就仅仅从 0 开始改变 y_4，由于函数仅仅可以经过 x_4 点的一个 y 值，我们一定会得到一个不同的 3 阶插值多项式. 现在我们知道，由于对于每个 x_4 都有无穷选择的 y_4，并得到不同的多项式，所以有无穷多的 3 阶多项式经过 (x_1, y_1)，(x_2, y_2)，(x_3, y_3). 顺着这条思路，我们知道经过 n 个具有不同 x_i 值的点 (x_i, y_i) 的 n 阶多项式的个数无穷多.

(3.4) 还表明有更多直接的方式，可以构造经过 3 个点的 3 阶插值多项式. 不同于增加新点而得到 3 阶项对应的系数，为什么不仅仅写出一个任意的 3 阶系数？得到的多项式是否插值原来的 3 个点？答案是肯定的，由于 $P_2(x)$ 可以插值 3 个点，新加入的项在 x_1、x_2 和 x_3 的取值为 0. 因而没有必要构造牛顿差商. 任何如下的 3 阶形式

$$P_3(x) = P_2(x) + cx(x-2)(x-3)$$

其中 $c \neq 0$，都会经过 $(0, 1)$，$(2, 2)$，以及 $(3, 4)$. 这种方式可以对于给定的 n 个点，简单构造（无穷多）的多项式，阶数 $\geqslant n$，并在下个例子中得到验证.

例 3.6 有多少个 d 阶多项式经过 $(-1, -5)$，$(0, -1)$，$(2, 1)$，$(3, 11)$？对于

$0 \leqslant d \leqslant 5$ 中的每个 d 进行讨论.

牛顿差商三角形如下

$$\begin{array}{c|cccc} -1 & -5 \\ & & 4 \\ 0 & -1 & & -1 \\ & & 1 & & 1 \\ 2 & 1 & & 3 \\ & & 10 \\ 3 & 11 \end{array}$$

因而没有 0、1 或者 2 阶多项式,唯一的 3 阶多项式如下
$$P_3(x) = -5 + 4(x+1) - (x+1)x + (x+1)x(x-2)$$
对于任意 $c_1 \neq 0$,有无穷多的 4 阶插值多项式
$$P_4(x) = P_3(x) + c_1(x+1)x(x-2)(x-3)$$
以及对于任意 $c_2 \neq 0$,有无穷多的 5 阶多项式
$$P_5(x) = P_3(x) + c_2(x+1)x^2(x-2)(x-3)$$

3.1.4 插值代码

MATLAB 计算系数的程序 newtdd.m 如下:

```
%程序3.1 牛顿差商插值方法
%计算插值多项式的系数
%输入:x和y是包含n个数据点的x和y坐标的向量
%输出:嵌套形式的插值多项式系数c
%使用nest.m计算插值多项式
function c=newtdd(x,y,n)
for j=1:n
  v(j,1)=y(j);          % 填入牛顿三角形的y列
end
for i=2:n                % 对于第i列
  for j=1:n+1-i          % 从顶端到底端填入列元素
    v(j,i)=(v(j+1,i-1)-v(j,i-1))/(x(j+i-1)-x(j));
  end
end
for i=1:n
  c(i)=v(1,i);           % 从三角形顶端读
end                      % 输出系数
```

该程序可用于例 3.3 的数据点,返回系数 1、1/2、1/2. 这些系数可用于嵌套乘法的程序,并计算插值多项式在不同 x 值上的值.

例如,MATLAB 代码段

```
x0=[0 2 3];
y0=[1 2 4];
c=newtdd(x0,y0,3);
x=0:.01:4;
y=nest(2,c,x,x0);
plot(x0,y0,'o',x,y)
```

将得到图 3.1 所画出的图.

> **压缩** 这是我们在数值分析中第一次遇到压缩的概念. 首先, 插值可能看起来并不像压缩. 毕竟, 我们使用 n 个点得到 n 个系数(插值多项式的系数)作为输出. 在这个过程中究竟压缩了什么?
>
> 考虑从某些途径获取的数据点, 例如从 $y=f(x)$ 上大量的点中选出的代表点. 由 n 个点定义的 $n-1$ 阶多项式就是 $f(x)$ 的 "压缩形式", 在某种情况下, 由于计算目的, 这也是 $f(x)$ 的一种简单表示.
>
> 例如, 当计算器上的 sin 键被按下的时候发生了什么? 计算器由硬件进行加法和乘法, 但是如何计算数字的 sin? 不管怎么样, 该操作必须简化为多项式的求值计算, 这需要做与插值完全相同的操作. 通过选择在 sine 曲线上的点, 计算得到的插值多项式, 这就是 sine 函数的压缩形式.
>
> 由于 sine 函数并不是一个多项式, 这种形式的压缩是 "有损压缩", 意味着其中包含误差. 当函数 $f(x)$ 被多项式替代后会引入多少误差是下一节所要讲的内容.

现在我们已经有了 MATLAB 代码(newtdd.m)找出插值多项式的系数, 以及计算多项式值的程序(nest.m), 我们把它们放在一起, 可以得到多项式插值程序. 程序 clickinterp.m 使用 MATLAB 的图形功能画出并生成插值多项式, 如图 3.2 所示. MATLAB 的鼠标输入命令 ginput 用于帮助输入数据.

```
%程序3.2 多项式插值程序
%点击MATLAB图形窗口定位数据点
%继续,加入更多的点
%按return键结束程序
function clickinterp
xl=-3;xr=3;yb=-3;yt=3;
plot([xl xr],[0 0],'k',[0 0],[yb yt],'k');grid on;
xlist=[];ylist=[];
k=0;                              % 初始化计数器k
while(0==0)
  [xnew,ynew] = ginput(1);        % 获取鼠标点击
  if length (xnew) <1
    break                         % 如果按下return键,终止
  end
  k=k+1;                          % k计数器
  xlist(k)=xnew; ylist(k)=ynew;   % 在列表中加入新点
  c=newtdd(xlist,ylist,k);        % 得到插值系数
  x=xl:.01:xr;                    % 定义曲线的x坐标
  y=nest(k-1,c,x,xlist);          % 得到曲线的y坐标
  plot(xlist,ylist,'o',x,y,[xl xr],[0,0],'k',[0 0],[yb yt],'k');
  axis([xl xr yb yt]);grid on;
end
```

3.1.5 通过近似多项式表示函数

多项式插值的主要用途是多项式求值计算, 例如加减、乘法, 来替换函数复杂的

求值计算. 把这也可以作为一种形式的压缩: 复杂问题可以通过简单可计算的问题进行替换, 在精度上可能会有损失, 我们后面会进行分析. 下面从一个三角多项式的例子开始.

例 3.7 在区间 $[0, \pi/2]$ 上, 使用 4 个均匀采样的点插值函数 $f(x) = \sin x$.

在区间 $[0, \pi/2]$ 上压缩函数. 数据点等间距, 并生成差商三角形表. 表中的数字精确到小数点后 4 位:

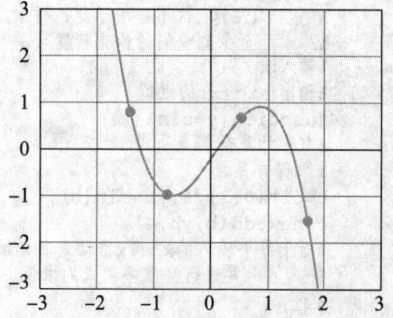

图 3.2 使用鼠标输入的插值程序 3.2. MATLAB 代码 click-interp.m 使用 4 个输入点的结果抓屏

0	0.0000		
		0.9549	
$\pi/6$	0.5000		-0.2443
		0.6990	-0.1139
$2\pi/6$	0.8660		-0.4232
		0.2559	
$3\pi/6$	1.0000		

3 阶的插值多项式为

$$P_3(x) = 0 + 0.9549x - 0.2443x(x - \pi/6) - 0.1139x(x - \pi/6)(x - \pi/3)$$
$$= 0 + x(0.9549 + (x - \pi/6)(-0.2443 + (x - \pi/3)(-0.1139))) \quad (3.5)$$

在图 3.3 中同时画出多项式函数和 sine 函数. 在这种精度级别, $P_3(x)$ 和 $\sin x$ 在区间 $[0, \pi/2]$ 上差异很小, 基本不能区分. 我们把 sine 曲线中无穷信息压缩到一小组保存的系数, 以及在 (3.5) 中进行的 3 次加法和 3 次乘法.

这个结果和计算器中 sin 键所得到的结果有多接近? 我们需要处理整个实数轴的输入. 但是由于 sine 函数的对称性, 我们已经完成最艰难的部分. 区间 $[0, \pi/2]$ 因而被称为 sine 函数的**基础域**, 从任何其他区间的输入可被归入该区间. 给定区间 $[\pi/2, \pi]$ 的输入 x, 我们发现计算 $\sin x$ 和 $\sin(\pi - x)$ 一样, 这是由于 sin 关于 $x = \pi/2$ 对称. 给定区间 $[\pi, 2\pi]$ 中的 x, 由于关于 $x = \pi$ 反对称, $\sin x = -\sin(2\pi - x)$. 最后, 由于 sin 函数在整个实数轴上, 重复它在区间 $[0, 2\pi]$ 中的行为, 我们可以首先对 2π 做模计算实数轴上的任意一个数对应的函数值. 这样得到对 sin 键一个直观的设计:

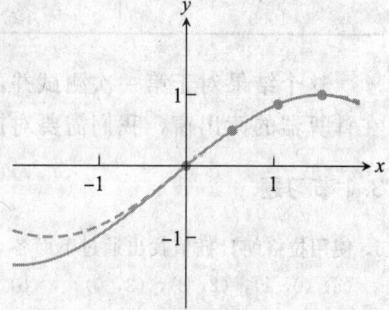

图 3.3 $\sin x$ 的 3 阶插值. 同时画出插值多项式(实线)和函数 $y = \sin x$ 曲线. 平均采样的插值节点是 $0, \pi/6, 2\pi/6$ 和 $3\pi/6$. 在 0 和 $\pi/2$ 之间的近似非常接近

```
%程序3.3 构造sin计算器键,#1尝试
%以3阶多项式近似sin曲线
%      (注意: 这不能用于建造桥梁,
%       至少到我们讨论完精度后.)
%输入:x
%输出:sin(x)的近似
function y=sin1(x)
%首先计算插值多项式
%   保存系数
b=pi*(0:3)/6;yb=sin(b);      %b保存基点
c=newtdd(b,yb,4);
%对于每个输入的x,将x移动到基础域
%       并进行插值多项式的求值
s=1;                          %纠正sin的符号
x1=mod(x,2*pi);
if x1>pi
  x1 = 2*pi-x1;
  s = -1;
end
if x1 > pi/2
  x1 = pi-x1;
end
y = s*nest(3,c,x1,b);
```

程序 3.3 中的大部分工作是把 x 替换到基础域. 然后用嵌套乘法估计 3 阶多项式. 如下是程序 3.3 的典型输出:

x	$\sin x$	$\sin1(x)$	误差
1	0.8415	0.8411	0.0004
2	0.9093	0.9102	0.0009
3	0.1411	0.1428	0.0017
4	-0.7568	-0.7557	0.0011
14	0.9906	0.9928	0.0022
1000	0.8269	0.8263	0.0006

这个结果对于第一次测试并不坏. 误差通常小于 1%. 为了得到足够精确的数位显示在计算器的读出窗, 我们需要对插值误差知道得更多一些, 这是下节讨论的主题.

3.1 节习题

1. 使用拉格朗日插值找出通过下面各点的多项式.
   (a) $(0, 1), (2, 3), (3, 0)$ (b) $(-1, 0), (2, 1), (3, 1), (5, 2)$ (c) $(0, -2), (2, 1), (4, 4)$

2. 使用牛顿差商找出习题 1 中各点的插值多项式, 并验证和拉格朗日插值多项式的一致性.

3. 经过 4 个点 $(-1, 3), (1, 1), (2, 3), (3, 7)$ 的 d 阶多项式有多少? 如果可能的话写出一个.
   (a) $d=2$ (b) $d=3$ (c) $d=6$

4. (a) 找出 3 阶或者更低阶多项式 $P(x)$, 其对应图经过 $(0, 0), (1, 1), (2, 2), (3, 7)$. (b) 找出两个其他的多项式 (任意阶) 经过这 4 个点. (c) 确定是否存在 3 阶或者更低阶的多项式 $P(x)$, 其对应的图经过 $(0, 0), (1, 1), (2, 2), (3, 7)$ 和 $(4, 2)$.

5. (a) 找出 3 阶或者更低阶的多项式 $P(x)$, 其对应的图经过 4 个点 $(-2, 8), (0, 4), (1, 2), (3, -2)$. (b) 描述一个其他的 4 阶或者更低阶的多项式经过 (a) 中的 4 个点.

插 值

6. 写出一个 5 阶多项式，对如下 4 个点进行插值：(1, 1)，(2, 3)，(3, 3)，(4, 4).

7. 找出 $P(0)$，其中 $P(x)$ 为 10 阶多项式，在 $x=1$，…，10 点为零并满足 $P(12)=44$.

8. 令 $P(x)$ 是 9 阶多项式，对应值在 $x=1$ 点为 112，在 $x=10$ 时的值为 2，在 $x=2$，…，9 时值为 0. 计算 $P(0)$.

9. 举例，或者解释为什么下述情况的例子不存在．(a) 一个 6 阶的多项式 $L(x)$，当 $x=1, 2, 3, 4, 5, 6$ 时值为 0，当 $x=7$ 时值为 10．(b) 一个 6 阶的多项式 $L(x)$，当 $x=1, 2, 3, 4, 5, 6$ 时值为 0，当 $x=7$ 时值为 10，当 $x=8$ 时值为 70.

10. 令 $P(x)$ 是 5 阶多项式. 当 $x=1, 2, 3, 4, 5$ 时值为 10，当 $x=6$ 时值为 15. 找出 $P(7)$.

11. 令 P_1，P_2，P_3，P_4 是抛物线 $y=ax^2+bx+c$ 上的 4 个不同点. 有多少三次（3 阶）多项式经过这 4 个点？解释你的答案.

12. 一个 3 阶多项式可以和一个 4 阶多项式有 5 个交点吗？解释.

13. 令 $P(x)$ 是 10 阶多项式，经过如下 11 个点：$(-5, 5)$，$(-4, 5)$，$(-3, 5)$，$(-2, 5)$，$(-1, 5)$，$(0, 5)$，$(1, 5)$，$(2, 5)$，$(3, 5)$，$(4, 5)$，$(5, 42)$. 计算 $P(6)$.

14. 写出 4 个非共线点 $(1, y_1)$，$(2, y_2)$，$(3, y_3)$，$(4, y_4)$，它们不在任何一个 3 阶的多项式上，其中 $y=P_3(x)$.

15. 写出 25 阶多项式经过点 $(1, -1)$，$(2, -2)$，…，$(25, -25)$，并具有常数项 25.

16. 列出所有 42 个多项式经过 11 个点 $(-5, 5)$，$(-4, 4)$，…，$(4, -4)$，$(5, -5)$，并具有常数项 42.

17. 估计的地球大气中的平均二氧化碳浓度如下表所示，单位是(ppm)，即一百万体积的空气中所含二氧化碳的体积数. 找出数据中 3 阶插值多项式，并使用该多项式估计二氧化碳在以下年份的浓度：(a) 1950 和(b) 2050. (1950 年的实际浓度是 310ppm.)

年	CO_2(ppm)	年	CO_2(ppm)
1800	280	1900	291
1850	283	2000	370

18. 在下表中列出不同温度中工业风扇的期望寿命. 估计 70℃时风扇的寿命，使用(a)从 3 个点估计的抛物线和(b) 4 个点估计的 3 阶多项式.

温度(℃)	小时 h(×1000)	温度(℃)	小时 h(×1000)
25	95	50	63
40	75	60	54

3.1 节编程问题

1. 使用下面的世界人口图估计 1980 年的人口，使用(a)从 1970 年到 1990 年估计的直线、(b)由 1960 年、1970 年和 1990 年估计得到的抛物线和(c)由所有 4 个点得到的三次样条. 与 1980 年的估计值 4 452 584 592 进行比较.

年	人口	年	人口
1960	3 039 585 530	1990	5 281 653 820
1970	3 707 475 887	2000	6 079 603 571

2. 写出程序 3.2 的 MATLAB 函数的另一个版本，其输入的 x 和 y 是长度相同的向量，而输出为画出的

插值多项式. 以这种方程, 输入的点可以比鼠标点选更精确. 通过重现图 3.2 检查你的程序.
3. 写出 MATLAB 函数 `polyinterp.m`, 其输入为一组插值点 (x, y) 和另一个 x_0, 输出为 y_0, y_0 对应插值多项式在 x_0 的取值. 文件的第一行为 `function y0= polyinterp(x,y,x0)`, 其中 x 和 y 是输入的数据点向量. 你的函数可以调用程序 3.1 中的 `newtdd` 以及第 0 章中的 `nest`, 这和程序 3.2 的结构相似, 但是没有图形. 证实你的函数可以工作.
4. 对程序 3.3 中 `sin1` 计算器键重新建模构造 `cos1`, `cosine` 函数计算键遵循相同原则. 首先确定 `cosine` 函数的基础域.
5. (a) 对于 sin 和 cos 的求和公式证明 $\tan(\pi/2-x)=1/\tan$. (b) 证明 $[0, \pi/4]$ 可用于 $\tan x$ 的基础域. (c) 设计 tangent 键, 遵循程序 3.3 的规则, 在基础域中使用 3 阶的插值多项式. (d) 由经验计算 tangent 键在区间 $[0, \pi/4]$ 的最大误差.

3.2 插值误差

我们的 sin 计算器键的精度依赖于图 3.3 中的近似. 有多接近? 我们展示的表格表明, 对于小部分例子, 前两位一般可靠, 但是后面的数位并不正确. 在本节中, 我们探索度量误差的方法, 并确定如何使得误差更小.

3.2.1 插值误差公式

假设从函数 $y=f(x)$ 开始, 并从该函数取点, 生成插值多项式 $P(x)$, 正如我们在例 3.7 中对函数 $f(x)=\sin x$ 上所作的操作. 在 x 点的**插值误差**是 $f(x)-P(x)$, 这是提供数据点的原始函数和插值多项式在 x 点的差异. 插值误差是图 3.3 中两条曲线在垂直方向的差异. 下一个定理给出插值误差的公式, 该公式常常难以精确计算, 但是至少可以给出一个误差界.

定理 3.4 假设 $P(x)$ 是 $n-1$ 或者更低阶的插值多项式, 其拟合 n 个点 (x_1, y_1), ..., (x_n, y_n). 插值误差是

$$f(x) - P(x) = \frac{(x-x_1)(x-x_2)\cdots(x-x_n)}{n!} f^{(n)}(c) \tag{3.6}$$

其中 c 在最小和最大的 $n+1$ 个数字 $x, x_1, \ldots, x_n$ 之间.

定理 3.3 的证明见 3.2.2 节. 我们可以使用定理得到例 3.7 中的 sin 键的精度. 从方程 (3.6) 得到

$$\sin x - P(x) = \frac{(x-0)\left(x-\frac{\pi}{6}\right)\left(x-\frac{\pi}{3}\right)\left(x-\frac{\pi}{2}\right)}{4!} f''''(c)$$

其中 $0 < c < \pi/2$. 4 阶导数 $f''''(c) = \sin c$ 在 0 和 1 之间变化. 最坏的情况下, $|\sin c|$ 也不大于 1, 因而我们可以得到插值误差的上界:

$$|\sin x - P(x)| \leqslant \frac{\left|(x-0)\left(x-\frac{\pi}{6}\right)\left(x-\frac{\pi}{3}\right)\left(x-\frac{\pi}{2}\right)\right|}{24} |1|$$

当 $x=1$ 时, 最坏情况下的误差是

$$|\sin 1 - P(1)| \leqslant \frac{\left|(1-0)\left(1-\frac{\pi}{6}\right)\left(1-\frac{\pi}{3}\right)\left(1-\frac{\pi}{2}\right)\right|}{24}|1| \approx 0.0005348 \quad (3.7)$$

由于我们使用 4 阶导数"最坏情况"的界,所以这是误差的上界. 注意到当 $x=1$ 时的实际误差是 0.0004,这在(3.7)给出的误差界内. 我们可以在插值误差公式的基础上做一些计算. 我们期望当 x 接近 x_i 的区间中心时的误差比接近区间端点时的误差要小,这是由于对应乘积中在区间中部会出现更小的项. 例如,我们比较前面的误差界和 $x=0.2$ 时的误差,该点和数据点区间的左端点接近. 在这种情况下,误差公式是

$$|\sin 0.2 - P(0.2)| \leqslant \frac{\left|(0.2-0)\left(0.2-\frac{\pi}{6}\right)\left(0.2-\frac{\pi}{3}\right)\left(0.2-\frac{\pi}{2}\right)\right|}{24}|1| \approx 0.00313$$

$|\sin 0.2 - P(0.2)| = |0.19867 - 0.20056| = 0.00189$

将近大了 6 倍. 对应地,实际误差更大,特别是
$$|\sin 0.2 - P(0.2)| = |0.19867 - 0.20056|$$
$$= 0.00189.$$

例 3.8 找出在 $x=0.25$ 和 $x=0.75$ 时,$f(x)=e^x$ 和经过 $-1,-0.5,0,0.5,1$ 点的插值多项式之间的差异的上界.

如图 3.4 所示,构造插值多项式并不足以找到界. 插值误差由公式(3.6)给出

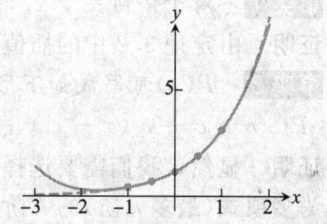

图 3.4 近似 $f(x)=e^x$ 的插值多项式. 点集 $-1,-0.5,0,0.5,1$ 的间距均匀. 实线是插值多项式

$$f(x) - P_4(x) = \frac{(x+1)\left(x+\frac{1}{2}\right)x\left(x-\frac{1}{2}\right)(x-1)}{5!}f^{(5)}(c)$$

其中 $-1 < c < 1$. 5 阶导数是 $f^{(5)}(c) = e^c$. 由于 e^x 随着 x 增加而增加,在区间的右端会出现极大,因而在区间 $[-1,1]$ 上,$|f^{(5)}| \leqslant e^1$. 对于 $-1 \leqslant x \leqslant 1$,误差公式变为

$$|e^x - P_4(x)| \leqslant \frac{(x+1)\left(x+\frac{1}{2}\right)x\left(x-\frac{1}{2}\right)(x-1)}{5!}e$$

当 $x=0.25$ 时,插值误差具有上界

$$|e^{0.25} - P_4(0.25)| \leqslant \frac{(1.25)(0.75)(0.25)(-0.25)(-0.75)}{120}e \approx 0.000995$$

当 $x=0.75$ 时,插值误差会变得更大:

$$|e^{0.75} - P_4(0.75)| \leqslant \frac{(1.75)(1.25)(0.75)(0.25)(0.25)}{120}e \approx 0.002323$$

再次注意到,在区间的中部,插值误差可能会变得更小.

3.2.2 牛顿形式和误差公式的证明

在本节中,我们解释两个前面使用的重要事实背后的原因. 首先,我们建造牛顿差商

形式的插值多项式,然后证明插值误差公式.

回忆我们到现在所学到的内容. 如果 $x_1, \cdots, x_n$ 是实数轴上 n 个不同的点,$y_1, \cdots, y_n$ 是任意值,从定理 3.2 可知,对于这些点仅有一个最高 $n-1$ 阶的插值多项 $P_{n-1}(x)$. 我们也知道拉格朗日插值公式给出这样的一个多项式.

关于牛顿差商公式能给出这样的一个多项式,我们还缺乏一个证明. 一旦我们证明了定理 3.5,我们将知道它和拉格朗日形式一致.

令 $P(x)$ 表示(唯一)插值 $(x_1, f(x_1)), \cdots, (x_n, f(x_n))$ 的多项式,如定义 3.3 所示,$f[x_1 \cdots x_n]$ 表示 $P(x)$ 的 $n-1$ 阶的系数. 因而,
$$P(x) = a_0 + a_1 x + a_2 x^2 + \cdots + a_{n-1} x^{n-1}$$
其中 $a_{n-1} = f[x_1 \cdots x_n]$,有如下两个显而易见的事实.

事实 1   对于任何关于 x_i 的排列 σ,$f[x_1 \cdots x_n] = f[\sigma(x_1) \cdots \sigma(x_n)]$.

证明   由定理 3.2 中的插值多项式的唯一性可知. ∎

事实 2 $P(x)$ 可写成如下形式:
$$P(x) = c_0 + c_1(x - x_1) + c_2(x - x_1)(x - x_2) + \cdots + c_{n-1}(x - x_1) \cdots (x - x_{n-1})$$

证明   显然,我们需要选择 $c_{n-1} = a_{n-1}$. 余下的 $c_{n-2}, c_{n-3}, \cdots, c_0$,则通过把 c_k 递归定义为多项式(最多 k 阶)的 k 阶项的系数得到
$$P(x) - c_{n-1}(x - x_1) \cdots (x - x_{n-1}) - C_{n-2}(x - x_1) \cdots (x - x_{n-2})$$
$$- \cdots - c_{k+1}(x - x_1) \cdots (x - x_{k+1})$$
(根据系数 c_{k+1} 的选择,这是一个至多 k 阶的多项式.) ∎

定理 3.5   令 $P(x)$ 是点集 $(x_1, f(x_1)), \cdots, (x_n, f(x_n))$ 的插值多项式,其中 x_i 不同,则

(a) $P(x) = f[x_1] + f[x_1 x_2](x - x_1) + f[x_1 x_2 x_3](x - x_1)(x - x_2) + \cdots + f[x_1 x_2 \cdots x_n](x - x_1)(x - x_2) \cdots (x - x_{n-1})$

(b) 对于 $k > 1, f[x_1 \cdots x_k] = \dfrac{f[x_2 \cdots x_k] - f[x_1 \cdots x_{k-1}]}{x_k - x_1}$

证明   (a) 我们必须证明 $c_{k-1} = f[x_1 \cdots x_k]$,$k = 1, \cdots, n$. 由定义,对于 $k = n$ 显然成立. 一般地,将 $x_1, \cdots, x_k$ 依次代入事实 2 中的 $P(x)$. 仅仅前 k 项非零. 我们得出结论:$P(x)$ 前 k 项足以插值 $x_1, \cdots, x_k$,因而由定义 3.2 以及插值多项式的唯一性,$c_{k-1} = f[x_1 \cdots x_k]$.

(b) 根据(a),$x_2, x_3, \cdots, x_{k-1}, x_1, x_k$ 的插值多项式是
$$P_1(x) = f[x_2] + f[x_2 x_3](x - x_2) + \cdots + f[x_2 x_3 \cdots x_{k-1} x_1](x - x_2) \cdots (x - x_{k-1})$$
$$+ f[x_2 x_3 \cdots x_{k-1} x_1 x_k](x - x_2) \cdots (x - x_{k-1})(x - x_1)$$
$x_2, x_3, \cdots, x_{k-1}, x_k, x_1$ 的插值多项式是
$$P_2(x) = f[x_2] + f[x_2 x_3](x - x_2) + \cdots + f[x_2 x_3 \cdots x_{k-1} x_k](x - x_2) \cdots (x - x_{k-1})$$
$$+ f[x_2 x_3 \cdots x_{k-1} x_k x_1](x - x_2) \cdots (x - x_{k-1})(x - x_k)$$
根据唯一性,$P_1 = P_2$. 令 $P_1(x_k) = P_2(x_k)$,并消去项得到
$$f[x_2 \cdots x_{k-1} x_1](x_k - x_2) \cdots (x_k - x_{k-1}) + f[x_2 \cdots x_{k-1} x_1 x_k](x_k - x_2)$$
$$\cdots (x_k - x_{k-1})(x_k - x_1) = f[x_2 \cdots x_k](x_k - x_2) \cdots (x_k - x_{k-1})$$

或者
$$f[x_2\cdots x_{k-1}x_1] + f[x_2\cdots x_{k-1}x_1x_k](x_k - x_1) = f[x_2\cdots x_k]$$
由事实1,这可以重写为
$$f[x_1\cdots x_k] = \frac{f[x_2\cdots x_k] - f[x_1\cdots x_{k-1}]}{x_k - x_1}$$
然后证明定理3.4的插值误差. 考虑在插值点集中加入一个点 x. 新的插值多项式如下:
$$P_n(t) = P_{n-1}(t) + f[x_1\cdots x_n x](t - x_1)\cdots(t - x_n)$$
在额外加入的点 x 处求值, $P_n(x) = f(x)$, 因而
$$f(x) = P_{n-1}(x) + f[x_1\cdots x_n x](x - x_1)\cdots(x - x_n) \tag{3.8}$$
这个公式对于所有的 x 都成立. 现在定义
$$h(t) = f(t) - P_{n-1}(t) - f[x_1\cdots x_n x](t - x_1)\cdots(t - x_n)$$
注意到由(3.8), $h(x)=0$ 以及 $0=h(x_1)=\cdots=h(x_n)$, 这是由于 P_{n-1} 在这些点对 f 插值. 由罗尔定理(见第0章), 在 $n+1$ 个点 $x, x_1, \cdots, x_n$ 中, 每对相邻点之间必然存在新点 $h'=0$, 有 n 个这样的点. 在每对点之间, 必然存在了一个新点, 其中 $h''=0$, 有 $n-1$ 个这样的点. 以这种方式继续, 必然有点 c, 满足 $h^{(n)}(c)=0$, 其中 c 在点集 $x, x_1, \cdots, x_n$ 的最小值和最大值之间. 注意
$$h^{(n)}(t) = f^{(n)}(t) - n!f[x_1\cdots x_n x]$$
由于多项式 $P_{n-1}(t)$ 的 n 阶导数是0. 代入 c 得到
$$f[x_1\cdots x_n x] = \frac{f^{(n)}(c)}{n!}$$
使用(3.8)可得到
$$f(x) = P_{n-1}(x) + \frac{f^{(n)}(c)}{n!}(x - x_1)\cdots(x - x_n)$$

3.2.3 龙格现象

如定理3.2所示, 多项式可以拟合任何数据点集. 但是, 多项式更倾向于某些形状. 通过测试程序3.2, 你可能可以更好地理解这一点. 测试等间距使得函数值为0的点, 其中 $x=-3, -2.5, -2, -1.5, \cdots, 2.5, 3$, 除了 $x=0$, 在那里将值设为1. 数据点在 x 轴平坦分布, 除了在 $x=0$ 点的一个三角形"突起", 如图3.5所示.

经过上面点集的多项式却不能像插值点集那样, 始终待在0和1之间. 这就是**龙格现象**的一个例子. 这通常用于描述极端的"多项式扭动", 常常和插值均匀分布的点集的高阶多项式相伴.

例3.9 对区间 $[-1, 1]$ 均匀分布点集插值 $f(x) = 1/(1 + 12x^2)$.

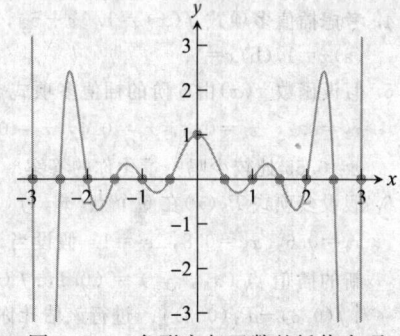

图3.5 三角形突起函数的插值多项式. 插值多项式的扭动必然比输入的数据点大得多

这被称为**龙格例子**. 这个函数和图 3.5 中三角形突起有相似的形状. 图 3.6 显示插值的结果。这是龙格现象的特征：多项式在插值区间的端点附近扭动.

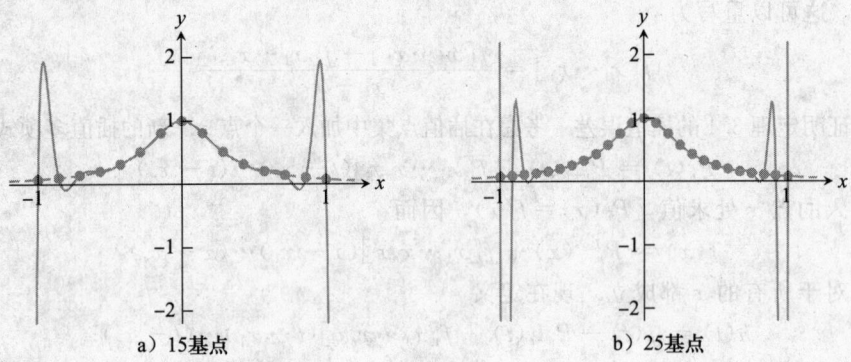

图 3.6　龙格例子. 例 3.9 龙格函数的插值多项式，和图 3.5 相似，在均匀分布的基点上的插值导致区间的端点上出现极端的变化

正如我们所看到的，龙格现象的例子在数据点区间端点外有非常大的误差. 解决这个问题的方法很直观：将一些插值点移动到区间的外面，在那里函数生成的点可以使拟合的效果更好. 我们将在下节中的切比雪夫插值看到如何实现这种方式.

3.2 节习题

1. (a) 找出 2 阶插值多项式 $P_2(x)$，多项式通过点 $(0, 0)$，$(\pi/2, 1)$，$(\pi, 0)$. (b) 计算 $P_2(\pi/4)$，这是对 $\sin(\pi/4)$ 的近似. (c) 使用定理 3.3 得出 (b) 中近似的误差界. (d) 使用计算器或者 MATLAB，比较实际误差和计算出来的误差界.
2. (a) 给定数据点 $(1, 0)$，$(2, \ln 2)$，$(4, \ln 4)$，找出 2 阶插值多项式. (b) 使用 (a) 的结果近似 $\ln 3$. (c) 使用定理 3.3 找出 (b) 中近似的误差界. (d) 比较实际误差和你的误差界.
3. 假设多项式 $P_9(x)$ 在 10 个均匀分布点 $x=0, 1/9, 2/9, 3/9, \cdots, 8/9, 1$，插值函数 $f(x)=e^{-2x}$. (a) 找出误差 $|f(1/2)-P_9(1/2)|$ 的上界. (b) 当 $P_9(1/2)$ 用来近似 e 时，可以保证多少个正确的小数位？
4. 考虑插值多项式 $f(x)=1/(x+5)$，插值节点 $x=0, 2, 4, 6, 8, 10$. 找出插值误差的插值上界：(a) $x=1$, (b) $x=5$.
5. 假设函数 $f(x)$ 由 5 阶的插值多项式 $P(x)$ 近似，插值多项式使用数据点 $(x_i, f(x_i))$，其中 $x_1=0.1$，$x_2=0.2$，$x_3=0.3$，$x_4=0.4$，$x_5=0.5$，$x_6=0.6$. 可以指望插值误差 $|f(x)-P(x)|$ 在 $x=0.35$ 或者 $x=0.55$ 处较少吗？量化你的答案.
6. 假设多项式 $P_5(x)$ 在 6 个点 $(x_i, f(x_i))$ 上插值函数 $f(x)$，其中 x 坐标 $x_1=0$，$x_2=0.2$，$x_3=0.4$，$x_4=0.6$，$x_5=0.8$，$x_6=1$. 假设当 $x=0.3$ 时的插值误差是 $|f(0.3)-P_5(0.3)|=0.01$. 当加入两个新的插值点 $(x_6, y_6)=(0.1, f(0.1))$ 以及 $(x_7, y_7)=(0.5, f(0.5))$，估计新的插值误差 $|f(0.3)-P_7(0.3)|$. 进行该估计你需要做什么假设？

3.2 节编程问题

1. (a) 使用差商方法找出 4 阶插值多项式 $P_4(x)$，插值数据 $(0.6, 1.433\,329)$，$(0.7, 1.632\,316)$，$(0.8,$

1.896 481)，(0.9，2.247 908)，以及(1.0，2.718 282)．(b)计算 $P_4(0.82)$ 和 $P_4(0.98)$．(c)前面的数据来自函数 $f(x)=e^{x^2}$．使用插值误差公式找出当 $x=0.82$，$x=0.98$ 时的误差上界，比较误差界和实际误差．(d)画出在区间$[0.5,1]$和$[0,2]$上实际的插值误差 $P(x)-e^{x^2}$．

2. 画出程序 3.3 在区间$[-2\pi,2\pi]$上 sin1 键的插值误差．

3. 全世界石油产量（百万桶每日）如下表所示．确定并画出经过这些点的 9 阶多项式．并使用该多项式估计 2010 年的石油产量．龙格现象在这个例子中出现了吗？以你的观点，插值多项式是描述这些数据好的模型吗？请解释．

年	百万桶每日($\times 10^6$)	年	百万桶每日($\times 10^6$)
1994	67.052	1999	72.063
1995	68.008	2000	74.669
1996	69.803	2001	74.487
1997	72.024	2002	74.065
1998	73.400	2003	76.777

4. 使用 3 阶多项式通过编程问题 3 的前 4 个点，估计 1998 年世界石油产量．龙格现象出现了吗？

3.3 切比雪夫插值

使用平均分布的点作为插值多项式的基点 x_i 很普遍．在很多情况下，用于插值的数据点仅以这种形式存在，例如当数据由相同时间间隔分布的仪器读取的数据所组成时．在其他情况下，例如 sine 键问题中，我们可以在认为合适的地方自由选取基点．事实证明，基点间距选取的方式对于插值误差有很大的影响．切比雪夫插值是一种特定最优的点间距选取方式．

3.3.1 切比雪夫理论

切比雪夫插值的动机是在插值区间上，提高对如下插值误差的最大值的控制

$$\frac{(x-x_1)(x-x_2)\cdots(x-x_n)}{n!}f^{(n)}(c)$$

从现在开始让我们把区间固定在$[-1,1]$．

多项式插值误差的分子

$$(x-x_1)(x-x_2)\cdots(x-x_n) \tag{3.9}$$

本身是一个关于 x 的 n 阶多项式，并在区间$[-1,1]$上具有极值．是否可能在区间$[-1,1]$找到特定的 $x_1,\cdots,x_n$ 使得(3.9)的最大值足够小？这被称为插值误差的最小最大问题．

例如，图 3.7a 显示当 $x_1,\cdots,x_9$ 均匀分布时的 9 阶多项式(3.9)．这个多项式在区间$[-1,1]$的端点取值趋向极大，这是龙格现象的一个表现．图 3.7b 显示相同的多项式(3.9)，但是点 $x_1,\cdots,x_9$ 以一种方式重新选择，在区间$[-1,1]$上补偿了多项式的大小．这些点根据定理 3.8 选择，下面很快就会讲到这个定理．

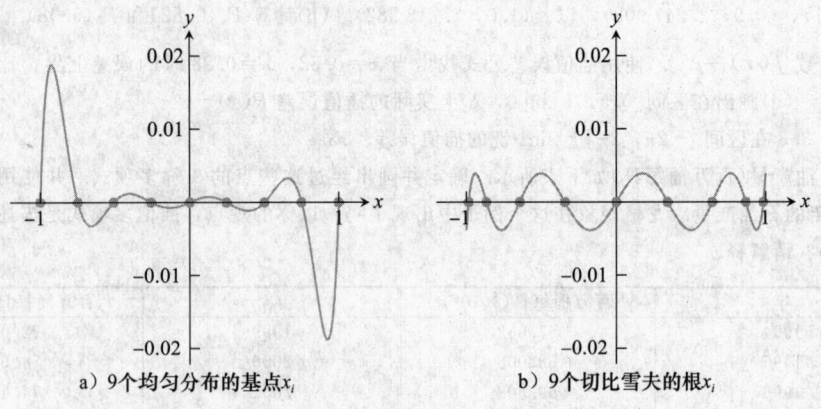

a) 9个均匀分布的基点 x_i b) 9个切比雪夫的根 x_i

图 3.7 插值误差公式的局部. 画出 $(x-x_1)\cdots(x-x_9)$

事实上，选择放置基点的精确位置是 $\cos\frac{\pi}{18}$，$\cos\frac{3\pi}{18}$，$\cdots$，$\cos\frac{17\pi}{18}$，这使得(3.9)中的最大绝对值等于 $1/256$，这是在区间 $[-1,1]$ 上 9 个点对应的最小值. 这种根据切比雪夫的定位，见如下定理.

定理 3.6 选择实数 $-1\leqslant x_1,\cdots,x_n\leqslant 1$，使得
$$\max_{-1\leqslant x\leqslant 1}|(x-x_1)\cdots(x-x_n)|$$
尽可能小，则
$$x_i=\cos\frac{(2i-1)\pi}{2n},\quad i=1,\cdots,n$$
对应的最小值是 $1/2^{n-1}$. 实际上，通过
$$(x-x_1)\cdots(x-x_n)=\frac{1}{2^{n-1}}T_n(x)$$
可以得到极小值，其中 $T_n(x)$ 表示 n 阶切比雪夫多项式.

当我们确定切比雪夫多项式的一些性质后，会给出定理的证明. 从定理中我们得到结论：如果区间 $[-1,1]$ 中的 n 个插值基点选在 n 阶切比雪夫插值多项式 $T_n(x)$ 根的位置，误差可以被最小化. 这些根如下
$$x_i=\cos\frac{\text{odd}\pi}{2n} \tag{3.10}$$
其中"odd"表示 $1\sim 2n-1$ 之间的奇数. 然后就可以保证对于区间 $[-1,1]$ 中所有 x，(3.9) 的绝对值小于 $1/2^{n-1}$.

选择切比雪夫的根作为插值的基点，在区间 $[-1,1]$ 中尽可能均匀地分散了插值误差. 我们将使用切比雪夫根作为基点的插值多项式叫做**切比雪夫插值多项式**.

例 3.10 在区间 $[-1,1]$ 中找出在 $f(x)=e^x$ 和 4 阶切比雪夫插值多项式之间的差异的最坏可能的误差界.

由插值误差多项式(3.6)知

插　值

$$f(x) - P_4(x) = \frac{(x-x_1)(x-x_2)(x-x_3)(x-x_4)(x-x_5)}{5!} f^{(5)}(c)$$

其中

$$x_1 = \cos\frac{\pi}{10}, x_2 = \cos\frac{3\pi}{10}, x_3 = \cos\frac{5\pi}{10}, x_4 = \cos\frac{7\pi}{10}, x_5 = \cos\frac{9\pi}{10}$$

是切比雪夫根，其中 $-1 < c < 1$。根据切比雪夫定理 3.6，对于 $-1 \leq x \leq 1$，

$$|(x-x_1)\cdots(x-x_5)| \leq \frac{1}{2^4}$$

并且，在区间 $[-1, 1]$ 上，$|f(5)| \leq e^1$。对于区间 $[-1, 1]$ 中所有的 x，插值误差

$$|e^x - P_4(x)| \leq \frac{e}{2^4 5!} \approx 0.001\,42$$

把结果和例 3.8 比较。切比雪夫插值对于所有区间的误差界仅仅比均匀插值区间中心的误差界大一点儿。在区间端点附近，切比雪夫误差更小。

回到龙格例 3.9，我们可以根据切比雪夫的方法选择插值点，消除龙格现象。图 3.8 表明在整个区间 $[-1, 1]$ 上，插值误差都变得更小。

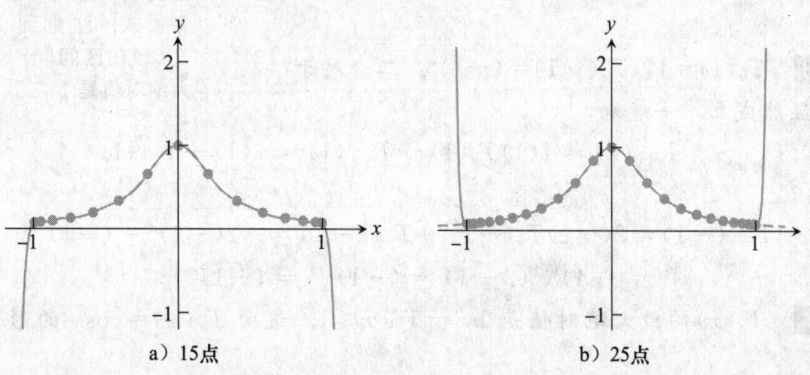

a) 15点　　　　　　b) 25点

图 3.8　使用切比雪夫节点的龙格例子的插值。同时画出龙格函数 $f(x) = 1/(1+12x^2)$ 和它的切比雪夫插值多项式。在区间 $[-1, 1]$ 上的误差在精度上可以忽略。图 3.6 中的多项式扭动消失了，至少看到在 -1 和 1 之间没有扭动

3.3.2　切比雪夫多项式

定义 n 阶**切比雪夫多项式** $T_n(x) = \cos(n \arccos x)$。不考虑该函数的外观，它对于每个 n 都是关于 x 的多项式。例如，当 $n=0$ 时，对应 0 阶多项式 1，当 $n=1$ 时我们得到 $T_1(x) = \cos(\arccos x) = x$。当 $n=2$ 时，回忆余弦求和公式 $\cos(a+b) = \cos a \cos b - \sin a \sin b$。令 $y = \arccos x$，因而 $\cos y = x$。则 $T_2(x) = \cos 2y = \cos^2 y - \sin^2 y = 2\cos^2 y - 1 = 2x^2 - 1$，这是一个 2 阶的多项式。一般地，注意到

$$T_{n+1}(x) = \cos(n+1)y = \cos(ny + y) = \cos ny \cos y - \sin ny \sin y$$

$$T_{n-1}(x) = \cos(n-1)y = \cos(ny - y) = \cos ny \cos y - \sin ny \sin(-y) \qquad (3.11)$$

由于 $\sin(-y) = -\sin y$，我们把前面的方程加起来得到

$$T_{n+1}(x) + T_{n-1}(x) = 2\cos ny \cos y = 2x T_n(x) \quad (3.12)$$

得到的关系如下:

$$T_{n+1}(x) = 2x T_n(x) - T_{n-1}(x) \quad (3.13)$$

这被称为切比雪夫多项式的**递归关系**. 从(3.13)可以得到如下事实.

事实1 T_n 是多项式. 我们显式地证明 T_0、T_1 和 T_2 都是多项式. 由于 T_3 是多项式 T_1 和 T_2 的组合, T_3 也是多项式, 对于所有 T_n, 这个论点都成立. 开始的几个切比雪夫多项式(见图3.9)如下:

$$T_0(x) = 1$$
$$T_1(x) = x$$
$$T_2(x) = 2x^2 - 1$$
$$T_3(x) = 4x^3 - 3x$$

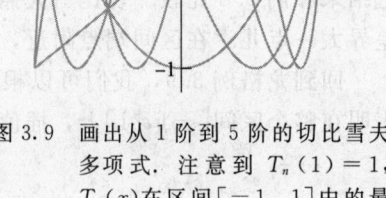

事实2 $\deg(T_n) = n$, 主导系数是 2^{n-1}. 对于 $n=1$ 和 2 显然成立, 递归关系将这个事实扩展到了所有的 n.

图 3.9 画出从1阶到5阶的切比雪夫多项式. 注意到 $T_n(1) = 1$, $T_n(x)$ 在区间 $[-1, 1]$ 中的最大绝对值是 1

事实3 $T_n(1) = 1$, $T_n(-1) = (-1)^n$. 二者对于 $n=1$ 和 2 显然成立, 一般地,

$$T_{n+1}(1) = 2(1)T_n(1) - T_{n-1}(1) = 2(1) - 1 = 1$$

以及

$$T_{n+1}(-1) = 2(-1)T_n(-1) - T_{n-1}(-1) = -2(-1)^n - (-1)^{n-1}$$
$$= (-1)^{n-1}(2-1) = (-1)^{n-1} = (-1)^{n+1}$$

事实4 $T_n(x)$ 的最大绝对值是 1, $-1 \leqslant x \leqslant 1$. 这由 $T_n(x) = \cos y$ 的形式立刻就能得到.

事实5 $T_n(x)$ 的所有过零点都在 $-1 \sim 1$ 之间, 见图 3.10. 实际上, 过零点是 $0 = \cos(n \arccos x)$ 的解. 由于 $\cos y = 0$, 当且仅当 $y = $ 奇数 $\cdot (\pi/2)$, 我们发现

$$n \arccos x = \text{odd} \cdot \pi/2$$

$$x = \cos \frac{\text{odd} \cdot \pi}{2n}$$

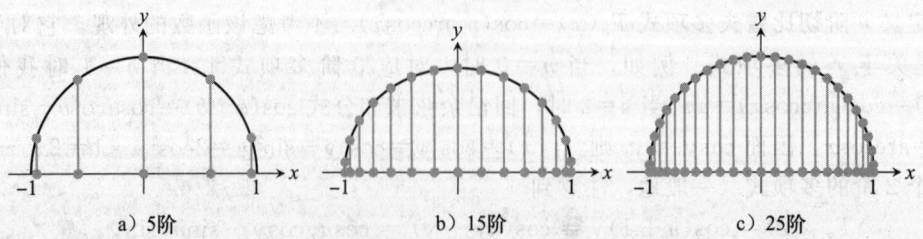

a) 5阶　　　　　　b) 15阶　　　　　　c) 25阶

图 3.10 切比雪夫多项式的过零点. 根是圆周上均匀分布点的 x 坐标

事实 6 $T_n(x)$ 在 -1 和 1 之间一共往返变化 $n+1$ 次. 实际上，这发生在 $\cos 0$，$\cos \pi/n$，$\cdots$，$\cos(n-1)\pi/n$，$\cos \pi$.

从事实 2 我们知道，多项式 $T_n(x)/2^{n-1}$ 为首一(具有主导系数 1)多项式. 根据事实 5，$T_n(x)$ 的所有根都是实数，我们可以以分解形式 $(x-x_1)\cdots(x-x_n)$ 表示 $T_n(x)/2^{n-1}$，其中 x_i 是定理 3.8 中的切比雪夫节点.

从这些事实我们得出切比雪夫定理.

定理 3.6 的证明 令 $P_n(x)$ 是首一多项式，在区间 $[-1,1]$ 上具有更小的极大值；换句话说，$|P_n(x)| < 1/2^{n-1}$，其中 $-1 \leqslant x \leqslant 1$. 这个假设导致矛盾. 因为 $T_n(x)$ 在 -1 和 1 之间变化 $n+1$ 次(事实 6)，在这 $n+1$ 个点上的误差 $P_n - T_n/2^{n-1}$ 在正负之间变化. 因而，$P_n - T_n/2^{n-1}$ 必须过 0 点 n 次；也就是说，它必须至少具有 n 个根. 这与事实矛盾，由于实际情况中 P_n 和 $T_n/2^{n-1}$ 是首一多项式，它们的差异多项式的阶数 $\leqslant n-1$. ∎

3.3.3 区间的变化

到目前，关于切比雪夫插值的讨论局限在区间 $[-1,1]$，这是由于定理 3.6 在这个区间上非常容易说明. 随后我们将方法推广到一般的区间 $[a,b]$.

移动基点使得它们在区间 $[a,b]$ 上的相对位置和在区间 $[-1,1]$ 上一致. 这可以通过如下两步实现：(1) 使用因子 $(b-a)/2$ 拉伸点(这是两个区间长度的比值)，(2) 将点平移 $(b+a)/2$，使得中心从 0 移动到区间 $[a,b]$ 的中心. 换句话讲，从原始点

$$\cos \frac{\text{odd}\pi}{2n}$$

移动到

$$\frac{b-a}{2}\cos \frac{\text{odd}\pi}{2n} + \frac{b+a}{2}$$

使用区间 $[a,b]$ 上新的切比雪夫基点 $x_1, \cdots, x_n$，插值误差公式中分子部分的上界也发生了改变，这是由于对因子 $x-x_i$ 拉伸 $(b-a)/2$. 结果最小最大值 $1/2^{n-1}$ 必须被替换为 $[(b-a)/2]^n/2^{n-1}$.

切比雪夫插值节点

在区间 $[a,b]$，

$$x_i = \frac{b+a}{2} + \frac{b-a}{2}\cos \frac{(2i-1)\pi}{2n}$$

$i = 1, \cdots, n$. 不等式

$$|(x-x_1)\cdots(x-x_n)| \leqslant \frac{\left(\frac{b-a}{2}\right)^n}{2^{n-1}} \quad (3.14)$$

在区间 $[a,b]$ 上成立.

下一个例子在一个一般区间中使用切比雪夫插值.

例 3.11 在区间 $[0, \pi/2]$ 找出 4 个切比雪夫基点进行插值,找出切比雪夫插值误差的上界,在区间中 $f(x) = \sin x$.

> **压缩** 如本节所示,切比雪夫多项式是将一般函数转化为少量浮点计算的一种好的方式,这可以简化计算. 并且容易得到误差上界,这个误差上界通常比均匀分布的插值的误差小,并且可以根据需要把它变得足够小.
>
> 尽管我们使用 sine 函数验证这个过程,可以在大多数计算器和封装软件中,采用不同的方式构造真正的"sine 键". sine 函数的特殊属性允许使用泰勒展开来近似,并做微小改变以纠正舍入误差. 由于 sine 是一个奇函数,在 0 附近的泰勒级数中的偶数项没有了,这使得计算非常有效.

这是第二次尝试. 我们使用例 3.7 中均匀分布的基点. 切比雪夫基点如下:

$$\frac{\frac{\pi}{2}-0}{2}\cos\left(\frac{\text{odd}\pi}{2(4)}\right)+\frac{\frac{\pi}{2}+0}{2}$$

或者

$$x_1 = \frac{\pi}{4}+\frac{\pi}{4}\cos\frac{\pi}{8}, x_2 = \frac{\pi}{4}+\frac{\pi}{4}\cos\frac{3\pi}{8}, x_3 = \frac{\pi}{4}+\frac{\pi}{4}\cos\frac{5\pi}{8}, x_4 = \frac{\pi}{4}+\frac{\pi}{4}\cos\frac{7\pi}{8}$$

由(3.14),当 $0 \leq x \leq \pi/2$ 时,插值误差的最坏情况是

$$|\sin x - P_3(x)| = \frac{|(x-x_1)(x-x_2)(x-x_3)(x-x_4)|}{4!}|f''''(c)| \leq \frac{\left[\frac{\frac{\pi}{2}-0}{2}\right]^4}{4!2^3}1 \approx 0.00198$$

对于这个例子,切比雪夫插值多项式对如下表中的多个点进行求值:

x	$\sin x$	$P_3(x)$	误差
1	0.8415	0.8408	0.0007
2	0.9093	0.9097	0.0004
3	0.1411	0.1420	0.0009
4	−0.7568	−0.7555	0.0013
14	0.9906	0.9917	0.0011
1000	0.8269	0.8261	0.0008

插值误差小于最坏情况下的误差上界. 图 3.11 把插值误差画成相对 x 的函数,区间为 $[0, \pi/2]$,和均匀区间的插值误差函数进行比较. 切比雪夫误差(虚线)要小一些,且在整个插值区间中分布更加均匀.

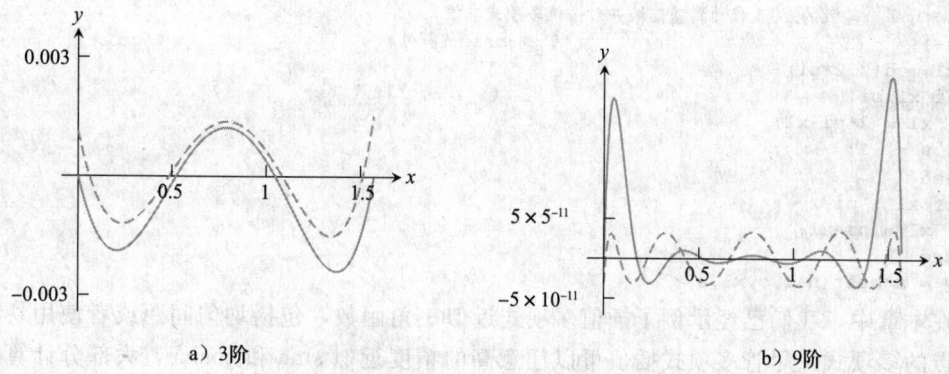

图 3.11 近似 $f(x)=\sin x$ 的插值误差. 对于 3 阶和 9 阶插值多项式的插值误差，均匀分布的基点（实线）以及切比雪夫基点（虚线）

例 3.12 设计 sine 键，其输出精确到小数点后 10 位.

得益于我们前面设置 sine 函数的基础域的工作，我们可以继续关注区间 $[0, \pi/2]$. 重复前面的计算，但是把基点的个数 n，作为一个需要确定的未知变量. 对于多项式 $P_{n-1}(x)$ 在区间 $[0, \pi/2]$ 上的最大插值误差是

$$|\sin x - p_{n-1(x)}| = \frac{|(x-x_1)\cdots(x-x_n)|}{n!}|f^{(n)}(c)| \leq \frac{\left(\frac{\frac{\pi}{2}-0}{2}\right)^n}{n!2^{n-1}}1$$

方程对于 n 并不容易求解，但是通过一小部分实验和误差发现，当 $n=9$ 时，误差界 $\approx 0.1224\times 10^{-8}$，当 $n=10$ 时，误差界 $\approx 0.4807\times 10^{-10}$. 后者满足精确到小数点后 10 位的要求. 图 3.11b 把切比雪夫插值多项式的实际误差和均匀间距的插值多项式进行比较.

在区间 $[0, \pi/2]$ 上切比雪夫的 10 个基点是 $\pi/4+(\pi/4)\cos(\text{odd}\,\pi/20)$. 该键可以设计为对 sine 保存基点对应的 10 个 y 值，并对于每次按键进行嵌套乘法求值.

后面的 MATLAB 代码 sin2.m 完成了前面的任务. 代码写的有些麻烦：我们需要在 10 个切比雪夫节点，做 10 次 sin 求值，以得到插值多项式在一个点上近似 sin. 当然，在实际的实现中，这些数字需要计算一次并保存下来.

```
%程序3.4 构造sin计算器键,#2尝试
%使用9阶多项式近似sin曲线
%输入: x
%输出: 近似sin(x),精确到小数点后10位
函数y=sin2(x)
%首先计算插值多项式
%保存系数
n=10;
b=pi/4+(pi/4)*cos((1:2:2*n-1)*pi/(2*n));
yb=sin(b);                    % 保存切比雪夫基点
c=newtdd(b,yb,n);
```

```
%对于每个输入的x,将x移动到基础域并对插值多项式求值
  s=1;                            % 纠正sin的符号
  x1=mod(x,2*pi);
  if x1>pi
    x1 = 2*pi-x1;
    s = -1;
  end
  if x1 > pi/2
    x1 = pi-x1;
  end
  y = s*nest(n-1,c,x1,b);
```

在本章中,我们已经示例了插值多项式近似三角函数,包括均匀间距或者使用切比雪夫节点的多项式. 尽管多项式插值可以任意高的精度近似 sine 和 cosine,大部分计算器使用一种更有效的方式,称为 CORDIC(坐标旋转数字计算机)算法(Volder[1959]). CORDIC 是一个基于复数算术非常完美的迭代方法,并可用于一些特定的函数. 多项式插值仍然是一个简单有用的技术,用于近似一般的函数,表示以及压缩数据.

3.3 节习题

1. 在下面给定区间中列出切比雪夫插值节点 $x_1, \cdots, x_n$.
    (a)$[-1, 1]$,$n=6$ (b)$[-2, 2]$,$n=4$ (c)$[4, 12]$,$n=6$ (d)$[-0.3, 0.7]$,$n=5$

2. 在习题 1 的给定区间和切比雪夫节点的基础上,计算 $|(x-x_1)\cdots(x-x_n)|$ 的上界.

3. 假设切比雪夫插值用在区间$[-1, 1]$上,找出 $f(x)=e^x$ 的 5 阶插值多项式 $Q_5(x)$. 使用插值误差公式找出最坏情况下对于误差 $|e^x-Q_5(x)|$ 的估计,这对于整个区间$[-1, 1]$中的 x 都有效. 当使用 $Q_5(x)$ 近似 e^x 可以精确到小数点后的多少位?

4. 回答习题 3 中同样的问题,但是区间是$[0.6, 1.0]$.

5. 当 3 阶切比雪夫插值多项式用于近似 $f(x)=\sin x$ 时,找出在区间$[0, 2]$的误差上界.

6. 假设你要使用切比雪夫插值找出 3 阶插值多项式 $Q_3(x)$,在区间$[3, 4]$上近似函数 $f(x)=x^{-3}$. (a)写下即将作为 Q_3 插值节点的(x, y). (b)找出对误差 $|x^{-3}-Q_3(x)|$ 的最坏估计,对$[3, 4]$中的所有 x 都成立. 当使用 $Q_3(x)$ 近似 x^{-3} 可以精确到小数点后的多少位?

7. 假设你在为计算器设计 ln 键,它可以显示小数点右边 6 位数字. 找出最小的阶数 d 使得在区间$[1, e]$ 的切比雪夫插值近似满足精度要求.

8. 令 $T_n(x)$ 表示 n 阶切比雪夫多项式. 找出公式计算 $T_n(0)$.

9. 确定如下的值:(a)$T_{999}(-1)$ (b)$T_{1000}(-1)$ (c)$T_{999}(0)$ (d)$T_{1000}(0)$ (e)$T_{999}(-1/2)$ (f)$T_{1000}(-1/2)$

3.3 节编程问题

1. 重新构造程序 3.3 在区间$[0, \pi/2]$的 4 个点上完成切比雪夫插值多项式. (代码中只有一行需要改变.) 然后在区间$[-2, 2]$上同时画出多项式以及 sine 函数.

2. 使用切比雪夫插值构造 MATLAB 程序估计 cosine 函数值,精确到小数点后 10 位. 从在基础域 $[0, \pi/2]$的插值开始,然后将你的答案扩展到输入为 -10^4 到 10^4. 你可能要使用本章中写过的 MATLAB代码.

3. 对于 $\ln x$ 完成编程问题 2 的步骤,输入 x 在 10^{-4} 和 10^4 之间. 使用$[1, e]$作为基本域. 保证 10 位正确

插　值　　　　　　　　　　　　　　　　　　　　　　　　　　　　　　　　　　　　　　149

数位的插值多项式的阶数是多少？你的程序首先要找到整数 k 满足 $e^k \leqslant x < e^{k+1}$，$xe^{-k}$ 位于基础域中. 验证你的程序的精度，把它和 MATLAB 的 log 命令进行比较.

4. 令 $f(x) = e^{|x|}$，通过同时在区间 $[-1, 1]$ 上画出两种类型的 n 阶多项式，其中 $n = 10, 20$，比较均匀间距的插值和切比雪夫插值. 对于均匀间距的插值，左右插值的基点为 -1 和 1. 以 0.01 的步长采样，对每种类型生成经验插值误差，并画出来进行比较. 在这个问题里是否可以看到龙格现象？

5. 对于函数 $f(x) = e^{-x^2}$ 完成编程问题 4 中的步骤.

3.4　三次样条

样条是另一种数据插值的方式. 在多项式插值中，多项式给出的单一公式满足所有数据点. 而样条则使用多个公式，其中每个都是低阶多项式，来通过所有数据点.

样条最简单的例子是线性样条，"把点连接起来"生成直线段. 假设给出一组这样的点 $(x_1, y_1), \cdots, (x_n, y_n)$，$x_1 < \cdots < x_n$. 线性样条包括 $n-1$ 个线段，并在相邻点对之间画出. 图 3.12a 在每组相邻的点对之间 $(x_i, y_i), (x_{i+1}, y_{i+1})$ 显示了线性样条，两点之间画的是线性函数 $y = a_i + b_i x$. 在图中给出的数据点是 $(1, 2), (2, 1), (4, 4)$ 和 $(5, 3)$，给定的线性样条由如下函数给出：

$$S_1(x) = 2 - (x-1) \text{ 在区间 } [1, 2] \text{ 上}$$
$$S_2(x) = 1 + \frac{3}{2}(x-2) \text{ 在区间 } [2, 4] \text{ 上}$$
$$S_3(x) = 4 - (x-4) \text{ 在区间 } [4, 5] \text{ 上} \tag{3.15}$$

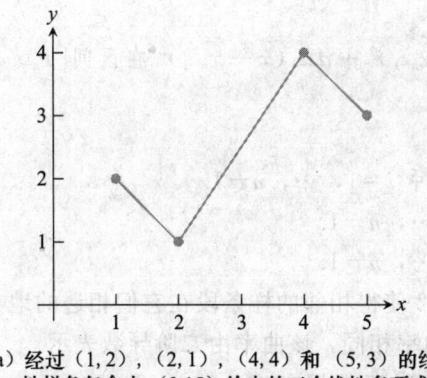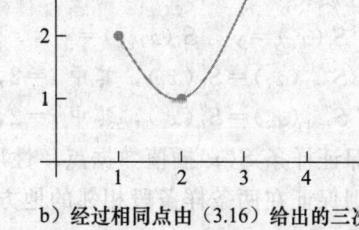

a) 经过 $(1,2), (2,1), (4,4)$ 和 $(5,3)$ 的线性样条包含由 (3.15) 给出的三个线性多项式　　b) 经过相同点由 (3.16) 给出的三次样条

图 3.12　经过 4 点的样条

线性样条可以成功地对任意的 n 个点集进行插值. 但是线性样条函数缺乏平滑. 三次样条则可以解决线性样条的这个缺点. 三次样条在两个数据点之间使用 3 阶(cubic)多项式替换线性样条两点之间的线性函数.

图 3.12b 是对相同点 $(1, 2), (2, 1), (4, 4)$ 和 $(5, 3)$ 进行三次样条插值的例子. 定义三次样条的方程如下

$$S_1(x) = 2 - \frac{13}{8}(x-1) + 0(x-1)^2 + \frac{5}{8}(x-1)^3 \text{ 在区间}[1,2] \text{ 上}$$

$$S_2(x) = 1 + \frac{1}{4}(x-2) + \frac{15}{8}(x-2)^2 - \frac{5}{8}(x-2)^3 \text{ 在区间}[2,4] \text{ 上}$$

$$S_3(x) = 4 + \frac{1}{4}(x-4) - \frac{15}{8}(x-4)^2 + \frac{5}{8}(x-4)^3 \text{ 在区间}[4,5] \text{ 上} \quad (3.16)$$

特别注意,在从一个 S_i 到下一个基点的平滑变化,基点也可称为纽结(knot),其中 $x=2$,$x=4$. 该性能通过调整相邻的样条段 S_i 和 S_{i+1} 实现,相邻的曲线段在节点上具有相同的 0 阶、1 阶和 2 阶导数. 下一节将讲述如何实现这个目标.

给定 n 个点 $(x_1, y_1), \cdots, (x_n, y_n)$,显然在这些数据点之间有且仅有一条线性样条. 这对于三次样条并不成立. 我们会发现通过这些点的三次样条数目无穷多. 当我们需要特定的样条时,需要添加额外的条件.

3.4.1 样条的性质

为了更加精确地定义三次样条的性质,我们做出如下的定义:假设给定 n 个点 $(x_1, y_1), \cdots, (x_n, y_n)$,其中 x_i 不同,并且升序. 通过点 $(x_1, y_1), \cdots, (x_n, y_n)$ 的**三次样条** $S(x)$ 是一组三次多项式

$$S_1(x) = y_1 + b_1(x-x_1) + c_1(x-x_1)^2 + d_1(x-x_1)^3 \text{ 在区间}[x_1,x_2] \text{ 上}$$
$$S_2(x) = y_2 + b_2(x-x_2) + c_2(x-x_2)^2 + d_2(x-x_2)^3 \text{ 在区间}[x_2,x_3] \text{ 上} \quad (3.17)$$
$$\vdots$$
$$S_{n-1}(x) = y_{n-1} + b_{n-1}(x-x_{n-1}) + c_{n-1}(x-x_{n-1})^2 + d_{n-1}(x-x_{n-1})^3 \text{ 在区间}[x_{n-1},x_n] \text{ 上}$$

并具有如下性质:

性质 1 $S_i(x_i) = y_i$,$S_i(x_{i+1}) = y_{i+1}$,其中 $i=1, \cdots, n-1$.

性质 2 $S'_{i-1}(x_i) = S'_i(x_i)$,其中 $i=2, \cdots, n-1$.

性质 3 $S''_{i-1}(x_i) = S''_i(x_i)$,其中 $i=2, \cdots, n-1$.

性质 1 保证样条 $S(x)$ 插值数据点. 性质 2 使得相邻的样条段在它们相遇的地方斜率相同,性质 3 则保证在两条样条段相邻的地方曲率相同,该曲率由二阶导数表示.

例 3.13 检查(3.16)中的 $\{S_1, S_2, S_3\}$ 对于数据点 $(1, 2)$,$(2, 1)$,$(4, 4)$,$(5, 3)$ 满足所有三次样条的性质.

我们将检查所有的三条性质.

性质 1. 有 $n=4$ 个点. 我们必须检查

$$S_1(1) = 2 \text{ 与 } S_1(2) = 1$$
$$S_2(2) = 1 \text{ 与 } S_2(4) = 4$$
$$S_3(4) = 4 \text{ 与 } S_3(5) = 3$$

根据方程(3.16)的定义,这些显然成立.

性质 2. 样条函数的 1 阶导数

$$S'_1(x) = -\frac{13}{8} + \frac{15}{8}(x-1)^2$$

$$S'_2(x) = \frac{1}{4} + \frac{15}{4}(x-2) - \frac{15}{8}(x-2)^2$$

$$S'_3(x) = \frac{1}{4} - \frac{15}{4}(x-4) + \frac{15}{8}(x-4)^2$$

我们必须检查 $S'_1(2) = S'_2(2)$,$S'_2(4) = S'_3(4)$,第一个是

$$-\frac{13}{8} + \frac{15}{8} = \frac{1}{4}$$

第 2 个是

$$\frac{1}{4} + \frac{15}{4}(4-2) - \frac{15}{8}(4-2)^2 = \frac{1}{4}$$

二者都检查通过.

性质 3. 二阶导数

$$S''_1(x) = \frac{15}{4}(x-1)$$

$$S''_2(x) = \frac{15}{4} - \frac{15}{4}(x-2) \tag{3.18}$$

$$S''_3(x) = -\frac{15}{4} + \frac{15}{4}(x-4)$$

我们必须检查 $S''_1(2) = S''_2(2)$ 和 $S''_2(4) = S''_3(4)$ 二者都成立. 因而(3.16)是三次样条.

从一组数据点构造样条意味着找出系数 b_i、c_i、d_i,使得性质 1~3 都成立. 在我们讨论如何确定样条的未知系数 b_i、c_i、d_i 时,我们首先来数一下定义一共有多少个条件. 性质 1 的前一半已经在(3.17)中体现;这意味着 S_i 的常数项必须为 y_i. 性质 1 的第 2 部分包含 $n-1$ 个不同的系数必须满足的方程,在这里系数是未知变量. 性质 2 和性质 3 都另外加上了 $n-2$ 个额外的方程,一共有 $n-1+2(n-2) = 3n-5$ 个独立的方程需要满足.

一共有多少个未知的系数?对于样条的每个局部 S_i 需要 3 个系数 b_i、c_i、d_i,一共需要的系数有 $3(n-1) = 3n-3$. 因而系数求解问题使用 $3n-5$ 个线性方程求解 $3n-3$ 个未知变量. 除非系统中有不一致的方程(实际上没有),该方程组待定,并有无穷多个解. 换句话说,有无穷多的三次样条通过任意的数据点集$(x_1, y_1), \cdots, (x_n, y_n)$.

样条的用户一般通过对 $3n-5$ 个方程组添加额外的方程来处理这种待定问题,得到的方程组中包含 m 个方程和 m 个未知变量,其中 $m = 3n-3$. 除了用户给定约束条件约束样条的形状,把问题域约束到唯一解也简化了计算以及对结果样条的描述.

最简单的添加两个约束条件的方法是在前面的 $3n-5$ 个约束的基础上,要求样条 $S(x)$ 在区间 $[x_1, x_n]$ 的两个端点上具有拐点. 在性质 1~3 的基础上添加了以下性质:

性质 4a(自然样条) $S''_1(x_1) = 0$,$S''_{n-1}(x_n) = 0$.

满足这两个附加条件的三次样条被称为**自然**三次样条. 注意到(3.16)是自然三次样条, 这从(3.18)可以简单地验证, 其中 $S_1''(1)=0$, $S_2''(5)=0$.

还有很多其他的方式给出额外的两个附加条件. 一般来说, 就像在自然样条里那样, 在样条左右两个端点给出额外的附加条件, 因而这种条件被称为**边界条件**. 我们将在下节中讨论这个问题, 现在我们则集中关注自然三次样条.

既然我们有了足够数量的方程, $3n-3$ 个方程包含 $3n-3$ 个未知变量, 我们可以写出 MATLAB 函数求解样条系数. 首先我们写出未知系数 b_i、c_i、d_i 对应的方程. 性质 1 的第 2 部分蕴含如下 $n-1$ 个方程:

$$y_2 = S_1(x_2) = y_1 + b_1(x_2-x_1) + c_1(x_2-x_1)^2 + d_1(x_2-x_1)^3$$
$$\vdots$$
$$y_n = S_{n-1}(x_n) = y_{n-1} + b_{n-1}(x_n-x_{n-1}) + c_{n-1}(x_n-x_{n-1})^2 + d_{n-1}(x_n-x_{n-1})^3 \tag{3.19}$$

性质 2 生成 $n-2$ 个方程,

$$0 = S_1'(x_2) - S_2'(x_2) = b_1 + 2c_1(x_2-x_1) + 3d_1(x_2-x_1)^2 - b_2$$
$$\vdots$$
$$0 = S_{n-2}'(x_{n-1}) - S_{n-1}'(x_{n-1}) = b_{n-2} + 2c_{n-2}(x_{n-1}-x_{n-2}) + 3d_{n-2}(x_{n-1}-x_{n-2})^2 - b_{n-1} \tag{3.20}$$

性质 3 包含 $n-2$ 个方程:

$$0 = S_1''(x_2) - S_2''(x_2) = 2c_1 + 6d_1(x_2-x_1) - 2c_2$$
$$\vdots$$
$$0 = S_{n-2}''(x_{n-1}) - S_{n-1}''(x_{n-1}) = 2c_{n-2} + 6d_{n-2}(x_{n-1}-x_{n-2}) - 2c_{n-1} \tag{3.21}$$

不用在当前的这种形式下求解方程, 而是通过解耦合可以使方程组得到极大的简化. 使用一些代数运算, 首先求解一个关于 c_i 的更小规模的方程组. 随后当 c_i 已知后, 通过显式公式计算 b_i 和 d_i.

引入额外的未知变量 $c_n = S_{n-1}''(x_n)/2$, 计算会更简单. 同时, 我们引入速记表示法 $\delta_i = x_{i+1} - x_i$, $\Delta_i = y_{i+1} - y_i$, 则(3.21)可用于求解系数

$$d_i = \frac{c_{i+1}-c_i}{3\delta_i}, \quad i=1,\cdots,n-1 \tag{3.22}$$

求解(3.19)可以得到 b_i

$$b_i = \frac{\Delta_i}{\delta_i} - c_i\delta_i - d_i\delta_i^2 = \frac{\Delta_i}{\delta_i} - c_i\delta_i - \frac{\delta_i}{3}(c_{i+1}-c_i) = \frac{\Delta_i}{\delta_i} - \frac{\delta_i}{3}(2c_i+c_{i+1}) \tag{3.23}$$

其中 $i=1,\cdots,n-1$.

把(3.22)和(3.23)代入(3.20), 得到下面的 $n-2$ 关于 $c_1,\cdots,c_n$ 的方程:

$$\delta_1 c_1 + 2(\delta_1+\delta_2)c_2 + \delta_2 c_3 = 3\left(\frac{\Delta_2}{\delta_2} - \frac{\Delta_1}{\delta_1}\right)$$
$$\vdots$$

插 值

$$\delta_{n-2}C_{n-2} + 2(\delta_{n-2} + \delta_{n-1})c_{n-1} + \delta_{n-1}c_n = 3\left(\frac{\Delta_{n-1}}{\delta_{n-1}} - \frac{\Delta_{n-2}}{\delta_{n-2}}\right)$$

使用自然样条条件(性质 4a)可以得到另外的两个方程：

$$S_1''(x_1) = 0 \rightarrow 2c_1 = 0$$
$$S_{n-1}''(x_n) = 0 \rightarrow 2c_n = 0$$

对于 n 个未知变量 c_i，一共给出了 n 个方程，可以写成矩阵形式

$$\begin{bmatrix} 1 & 0 & 0 & & & & \\ \delta_1 & 2\delta_1+\delta_2 & \delta_2 & & \ddots & & \\ 0 & \delta_2 & 2\delta_2+2\delta_3 & \delta_3 & & & \\ & \ddots & \ddots & \ddots & \ddots & & \\ & & & \delta_{n-2} & 2\delta_{n-2}+2\delta_{n-1} & \delta_{n-1} & \\ & & & 0 & 0 & 1 \end{bmatrix} \begin{bmatrix} c_1 \\ \vdots \\ c_n \end{bmatrix} = \begin{bmatrix} 0 \\ 3\left(\frac{\Delta_2}{\delta_2} - \frac{\Delta_1}{\delta_1}\right) \\ \vdots \\ 3\left(\frac{\Delta_{n-1}}{\delta_{n-1}} - \frac{\Delta_{n-2}}{\delta_{n-2}}\right) \\ 0 \end{bmatrix} \quad (3.24)$$

当从(3.24)获取 c_1，…，c_n 后，b_1，…，b_{n-1} 和 d_1，…，d_{n-1} 可以分别由(3.22)和(3.23)得到.

注意到(3.24)通常可以解出 c_i. 系数矩阵严格对角占优，由定理 2.10，对于 c_i 有唯一解，同样对于 b_i 和 d_i 也是如此. 因而我们已经证明了下面的定理.

定理 3.7 令 $n \geqslant 2$. 对于一组具有不同 x_i 的数据点 (x_1, y_1)，…，(x_n, y_n)，用于拟合这些点的自然三次样条曲线唯一.

自然三次样条

给定 $x = [x_1, \cdots, x_n]$，其中 $x_1 < \cdots < x_n$，$y = [y_1, \cdots, y_n]$

for $i = 1, \cdots, n-1$
    $a_i = y_i$
    $\delta_i = x_{i+1} - x_i$
    $\Delta_i = y_{i+1} - y_i$
end
求解(3.24) 得到 $c_1, \cdots, c_n$
for $i = 1, \cdots, n-1$
    $d_i = \dfrac{c_{i+1} - c_i}{3\delta_i}$
    $b_i = \dfrac{\Delta_i}{\delta_i} - \dfrac{\delta_i}{3}(2c_i + c_{i+1})$
end
自然三次样条如下：
$S_i(x) = a_i + b_i(x - x_i) + c_i(x - x_i)^2 + d_i(x - x_i)^3$，区间 $[x_i, x_{i+1}]$，其中 $i = 1, \cdots, n-1$.

例 3.14 找出通过 $(0, 3)$，$(1, -2)$ 和 $(2, 1)$ 的自然三次样条.

x 坐标是 $x_1 = 0$，$x_2 = 1$，$x_3 = 2$. y 坐标是 $y_1 = 3$，$a_2 = y_2 = -2$，$a_3 = y_3 = 1$，对应的差分 $\delta_1 = \delta_2 = 1$，$\Delta_1 = -5$，$\Delta_2 = 3$. 三对角线矩阵方式(3.24)如下：

$$\begin{bmatrix} 1 & 0 & 0 \\ 1 & 4 & 1 \\ 0 & 0 & 1 \end{bmatrix} \begin{bmatrix} c_1 \\ c_2 \\ c_3 \end{bmatrix} = \begin{bmatrix} 0 \\ 24 \\ 0 \end{bmatrix}$$

对应解是 $[c_1, c_2, c_3] = [0, 6, 0]$. 现在，由(3.22)和(3.23)可以得到

$$d_1 = \frac{c_2 - c_1}{3\delta_1} = \frac{6}{3} = 2$$

$$d_2 = \frac{c_3 - c_2}{3\delta_2} = \frac{-6}{3} = -2$$

$$b_1 = \frac{\Delta_1}{\delta_1} - \frac{\delta_1}{3}(2c_1 + c_2) = -5 - \frac{1}{3}(6) = -7$$

$$b_2 = \frac{\Delta_2}{\delta_2} - \frac{\delta_2}{3}(2c_2 + c_3) = 3 - \frac{1}{3}(12) = -1$$

因而，三次样条是

$$S_1(x) = 3 - 7x + 0x^2 + 2x^3 \text{ 在区间}[0,1] \text{ 上}$$

$$S_2(x) = -2 - 1(x-1) + 6(x-1)^2 - 2(x-1)^3 \text{ 在区间}[1,2] \text{ 上}$$

该计算的 MATLAB 代码如下. 对于不同(非自然)端点条件将在下节中讨论. (3.24)顶部和底部的两行被其他行替换.

```
% 程序3.5 计算样条系数
% 计算三次样条系数
% 输入：数据点的x,y向量
%      以及两个可选的额外点v1, vn
% 输出：系数矩阵b1,c1,d1;b2,c2,d2;...
function coeff=splinecoeff(x,y)
n=length(x);v1=0;vn=0;
A=zeros(n,n);              % 矩阵A是nxn
r=zeros(n,1);
for i=1:n-1                % 定义deltas
    dx(i)= x(i+1)-x(i); dy(i)=y(i+1)-y(i);
end
for i=2:n-1                % 加载A矩阵
    A(i,i-1:i+1)=[dx(i-1) 2*(dx(i-1)+dx(i)) dx(i)];
    r(i)=3*(dy(i)/dx(i)-dy(i-1)/dx(i-1)); % 右侧端点
end
% 设置端点条件
% 仅仅使用5对点中的一对：
A(1,1) = 1;                % 自然样条条件
A(n,n) = 1;
%A(1,1)=2;r(1)=v1;          % 曲率-相邻条件
%A(n,n)=2;r(n)=vn;
%A(1,1:2)=[2*dx(1) dx(1)];r(1)=3*(dy(1)/dx(1)-v1);   % 钳制
%A(n,n-1:n)=[dx(n-1) 2*dx(n-1)];r(n)=3*(vn-dy(n-1)/dx(n-1));
%A(1,1:2)=[1 -1];           % 对于n>=3的抛物线项条件
%A(n,n-1:n)=[1 -1];
%A(1,1:3)=[dx(2) -(dx(1)+dx(2)) dx(1)]; % 当 n>=4, 非纽结
%A(n,n-2:n)=[dx(n-1) -(dx(n-2)+dx(n-1)) dx(n-2)];
coeff=zeros(n,3);
coeff(:,2)=A\r;            % 求解系数c
for i=1:n-1                % 求解b和d
    coeff(i,3)=(coeff(i+1,2)-coeff(i,2))/(3*dx(i));
    coeff(i,1)=dy(i)/dx(i)-dx(i)*(2*coeff(i,2)+coeff(i+1,2))/3;
end
coeff=coeff(1:n-1,1:3);
```

我们已经列出其他端点条件的选择，尽管这些边界条件现在注释掉没有使用．在下一节中将会讨论不同的边界条件．另外一个 MATLAB 函数 splineplot.m，调用 splinecoeff.m 计算系数，然后画出三次样条曲线：

```
%程序3.6 画出三次样条
%从数据点计算并画出样条
%输入: x,y数据点向量，每段中画出的点数k
%输出: 在画出点上的x1, y1样条值
function [x1,y1]=splineplot(x,y,k)
n=length(x);
coeff=splinecoeff(x,y);
x1=[]; y1=[];
for i=1:n-1
    xs=linspace(x(i),x(i+1),k+1);
    dx=xs-x(i);
    ys=coeff(i,3)*dx;  % 使用嵌套乘法求值
    ys=(ys+coeff(i,2)).*dx;
    ys=(ys+coeff(i,1)).*dx+y(i);
    x1=[x1; xs(1:k)']; y1=[y1;ys(1:k)'];
end
x1=[x1; x(end)];y1=[y1;y(end)];
plot(x,y,'o',x1,y1)
```

图 3.13a 显示由 splineplot.m 生成的自然三次样条．

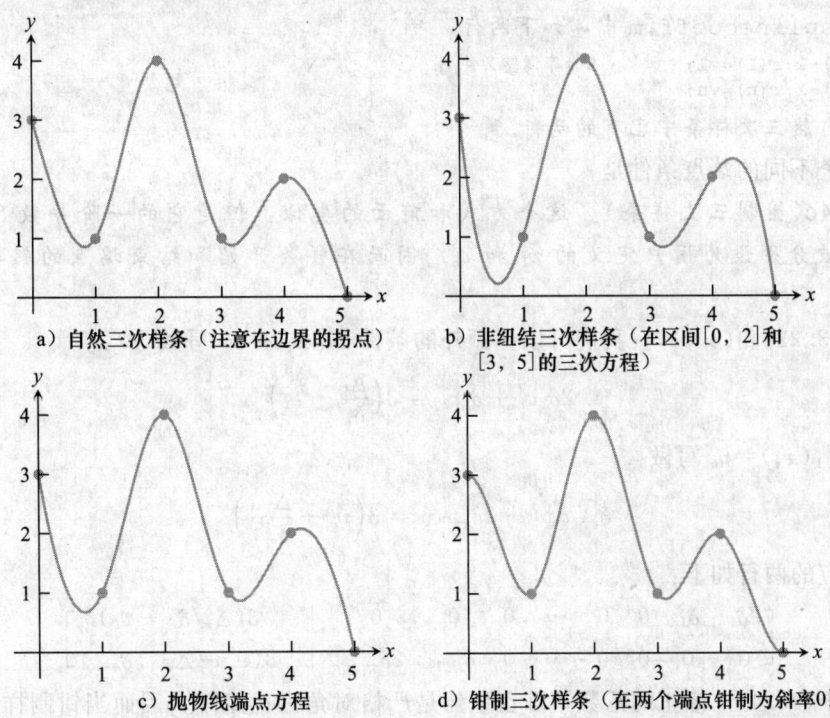

a) 自然三次样条（注意在边界的拐点）

b) 非纽结三次样条（在区间 $[0, 2]$ 和 $[3, 5]$ 的三次方程）

c) 抛物线端点方程

d) 钳制三次样条（在两个端点钳制为斜率0）

图 3.13 通过 6 个点的三次样条．该图由 splineplot(x,y,10) 生成，输入向量 x=[0 1 2 3 4 5], y=[3 1 4 1 2 0]

3.4.2 端点条件

性质 4a 定义的两个额外的方程被称为自然样条的"端点条件"。根据定理 3.9，这将满足性质 1 到 3 的所有样条的范围缩小为唯一的三次样条。实际上，对于性质 4 有很多不同的版本，表示其他版本的端点条件，对于这些条件也有类似的定理成立。在本节中，我们将讲述更多常用的三次样条端点条件。

性质 4b(曲率调整三次样条) 这种样条不同于自然三次样条，其中 $S_1''(x_1)$ 和 $S_{n-1}''(x_n)$ 都是由用户选择的任意值，而不是 0。这个选择和样条左端以及右端设置的曲率相关。对于(3.23)，它可以写成两个不同的方程

$$2c_1 = v_1$$
$$2c_n = v_n$$

其中 v_1, v_n 表示想要的值。端点条件对应表中的两列

$$\begin{bmatrix} 2 & 0 & 0 & 0 & 0 & \cdots & 0 & 0 & | & v_1 \\ 0 & 0 & 0 & 0 & 0 & \cdots & 0 & 2 & | & v_n \end{bmatrix}$$

并替代(3.24)中顶端和底端的自然样条的两行。注意，新的系数矩阵仍然是严格的对角占优矩阵，因而定理 3.9 的推广形式对于曲线适应样条也成立。(参见马上要讲的定理 3.10。)在 splinecoeff.m 中，如下两行

```
A(1,1)=2;r(1)=v1;        %曲率调整条件
A(n,n)=2;r(n)=vn;
```

必须替代自然三次样条中已有的两行。

下一个不同的端点条件是

性质 4c(钳制三次样条) 这个方式和前面的类似，但是它的一阶导数 $S_1'(x_1)$ 和 $S_{n-1}'(x_n)$ 被分别设为用户定义的 v_1 和 v_n。因而在样条开始和结束端点的斜率由用户控制。

使用(3.22)和(3.23)，我们可以把额外的条件 $S_1'(x_1)=v_1$ 写做

$$2\delta_1 c_1 + \delta_1 c_2 = 3\left(\frac{\Delta_1}{\delta_1} - v_1\right)$$

以及将 $S_{n-1}'(x_n)=v_n$ 写做

$$\delta_{n-1} c_{n-1} + 2\delta_{n-1} c_n = 3\left(v_n - \frac{\Delta_{n-1}}{\delta_{n-1}}\right)$$

表格中对应的两行如下：

$$\begin{bmatrix} 2\delta_1 & \delta_1 & 0 & 0 & \cdots & 0 & 0 & 0 & | & 3(\Delta_1/\delta_1 - v_1) \\ 0 & 0 & 0 & 0 & \cdots & 0 & \delta_{n-1} & 2\delta_{n-1} & | & 3(v_n - \Delta_{n-1}/\delta_{n-1}) \end{bmatrix}$$

注意，对于(3.24)，修正的系数矩阵也依然是严格对角占优矩阵，因而当钳制样条替换自然样条后，定理 3.9 也成立。在 splinecoeff.m 中，如下两行

```
A(1,1:2)=[2*dx(1) dx(1)];r(1)=3*(dy(1)/dx(1)-v1);
A(n,n-1:n)=[dx(n-1) 2*dx(n-1)];r(n)=3*(vn-dy(n-1)/dx(n-1));
```

必须被替换. 图 3.13 是钳制样条，其中 $v_1 = v_n = 0$.

性质 4d（抛物线端点的三次样条） 通过定义 $d_1 = 0 = d_{n-1}$，使得样条的起始和结束部分 S_1 和 S_{n-1} 至多 2 阶. 等价地，根据 (3.22)，我们可以要求 $c_1 = c_2$，$c_{n-1} = c_n$. 方程生成如下的两行表格：

$$\begin{bmatrix} 1 & -1 & 0 & 0 & 0 & \cdots & 0 & 0 & 0 & | & 0 \\ 0 & 0 & 0 & 0 & 0 & \cdots & 0 & 1 & -1 & | & 0 \end{bmatrix}$$

并替换 (3.24) 的顶行和底行. 假设数据点的个数 $n \geq 3$. （对于 $n=2$，见习题 19.）在这种情况下，通过用 c_2 替换 c_1，c_{n-1} 替换 c_n，我们发现矩阵方程简化为关于 $c_2, \cdots, c_{n-1}$ 的 $(n-2) \times (n-2)$ 的严格对角占优矩阵. 因而，定理 3.9 对于抛物线端点样条成立，其中假设 $n \geq 3$.

在 splinecoeff.m 中，如下两行必须被替换.

```
A(1,1:2)=[1 -1];            %抛物线项条件
A(n,n-1:n)=[1 -1];
```

性质 4e（非纽结三次样条） 新加入的两个方程是 $d_1 = d_2$，$d_{n-2} = d_{n-1}$，或者等价地 $S_1'''(x_2) = S_2'''(x_2)$，$S_{n-2}'''(x_{n-1}) = S_{n-1}'''(x_{n-1})$，由于 S_1 和 S_2 是 3 阶或者更低阶的多项式，要求它们的 3 阶导数在 x_2 点一致，而同时它们的 0 阶、1 阶和 2 阶导数在该点已经一致，这导致 S_1 和 S_2 是相同的 3 阶多项式. （通过 4 个系数定义三阶多项式，并定义了 4 个条件.）因而，不需要 x_2 作为基点：在整个区间 $[x_1, x_3]$ 的样条 $S_1 = S_2$ 相同的推导表明 $S_{n-2} = S_{n-1}$，因而不仅 x_2 是非纽结，而且 x_{n-1} 也是非纽结.

注意，$d_1 = d_2$ 意味着 $(c_2 - c_1)/\delta_1 = (c_3 - c_2)/\delta_2$，或者

$$\delta_2 c_1 - (\delta_1 + \delta_2) c_2 + \delta_1 c_3 = 0$$

并且相似地，$d_{n-2} = d_{n-1}$ 蕴含着

$$\delta_{n-1} c_{n-2} - (\delta_{n-2} + \delta_{n-1}) c_{n-1} + \delta_{n-2} c_n = 0$$

表格中的两行如下：

$$\begin{bmatrix} \delta_2 & -(\delta_1+\delta_2) & \delta_1 & 0 & \cdots & 0 & 0 & 0 & 0 & | & 0 \\ 0 & 0 & 0 & 0 & \cdots & 0 & \delta_{n-1} & -(\delta_{n-2}+\delta_{n-1}) & \delta_{n-2} & | & 0 \end{bmatrix}$$

在 splinecoeff.m 中，使用如下两行

```
A(1,1:3)=[dx(2) -(dx(1)+dx(2)) dx(1)];      %非纽结条件
A(n,n-2:n)=[dx(n-1) -(dx(n-2)+dx(n-1)) dx(n-2)];
```

图 3.13b 显示一个非纽结三次样条的例子，可以和图 3.13a 中通过这些点的自然三次样条相比.

如前所述，对于前面每个末端条件的选择，都存在和定理 3.7 相似的定理.

定理 3.8 假设 $n \geq 2$，则对于一组数据点 $(x_1, y_1), \cdots, (x_n, y_n)$，对任何性质 4a～4c 中的端点条件，有唯一的三次样条满足端点条件并拟合这些点. $n \geq 3$ 时的性质 4d 以及 $n \geq 4$ 时的性质 4e 也是这样.

MATLAB 的默认 spline 命令，当给定 4 个或者更多点时，生成非纽结样条. 令 x 和 y 是分别包含 x_i 和 y_i 数据值的向量. 则在另一个输入 x_0，非纽结样条的 y 坐标可以通过 MATLAB 命令计算

```
>> y0 = spline(x,y,x0);
```

如果 x_0 是 x 坐标向量，则输出 y_0 将是 y 坐标的对应向量，适合于画出对应曲线. 或者，如果输入向量 y 比 x 多出两个或者更多的输入，则计算钳制三次样条，其中使得 v_1 和 v_n 的值为 y 的第一个值和最后一个值.

3.4 节习题

1. 确认下面的方程是否生成三次样条.

   (a) $S(x) = \begin{cases} x^3 + x - 1 & x \in [0,1] \\ -(x-1)^3 + 3(x-1)^2 + 3(x-1) + 1 & x \in [1,2] \end{cases}$

   (b) $S(x) = \begin{cases} 2x^3 + x^2 + 4x + 5 & x \in [0,1] \\ (x-1)^3 + 7(x-1)^2 + 12(x-1) + 12 & x \in [1,2] \end{cases}$

2. (a) 检查样条条件
   $$\begin{cases} S_1(x) = 1 + 2x + 3x^2 + 4x^3 & x \in [0,1] \\ S_2(x) = 10 + 20(x-1) + 15(x-1)^2 + 4(x-1)^3 & x \in [1,2] \end{cases}$$

   (b) 不考虑(a)中的答案，确定当前的例子是否满足如下条件：自然，抛物线终止，非纽结.

3. 确定下面的三次样条中的 c. 考虑三个端点条件：自然，抛物线终止，非纽结，哪些可以满足？

   (a) $S(x) = \begin{cases} 4 - \dfrac{11}{4}x + \dfrac{3}{4}x^3 & x \in [0,1] \\ 2 - \dfrac{1}{2}(x-1) + c(x-1)^2 - \dfrac{3}{4}(x-1)^3 & x \in [1,2] \end{cases}$

   (b) $S(x) = \begin{cases} 3 - 9x + 4x^2 & x \in [0,1] \\ -2 - (x-1) + c(x-1)^2 & x \in [1,2] \end{cases}$

   (c) $S(x) = \begin{cases} -2 - \dfrac{3}{2}x + \dfrac{7}{2}x^2 - x^3 & x \in [0,1] \\ -1 + c(x-1) + \dfrac{1}{2}(x-1)^2 - (x-1)^3 & x \in [1,2] \\ 1 + \dfrac{1}{2}(x-2) - \dfrac{5}{2}(x-2)^2 - (x-2)^3 & x \in [2,3] \end{cases}$

4. 在下面的三次样条中找出 k_1, k_2, k_3. 三个端点条件：自然，抛物线终止，非纽结，哪些可以满足？

   $$S(x) = \begin{cases} 4 + k_1 x + 2x^2 - \dfrac{1}{6}x^3 & x \in [0,1] \\ 1 - \dfrac{4}{3}(x-1) + k_2(x-1)^2 - \dfrac{1}{6}(x-1)^3 & x \in [1,2] \\ 1 + k_3(x-2) + (x-2)^2 - \dfrac{1}{6}(x-2)^3 & x \in [2,3] \end{cases}$$

5. 有多少在区间 $[0,2]$ 上的自然三次样条经过给定点 $(0,0)$, $(1,1)$, $(2,2)$？显示一个这样的样条.

6. 找出抛物线终止的三次样条，通过数据点 $(0,1)$, $(1,1)$, $(2,1)$, $(3,1)$, $(4,1)$. 这个样条也是非纽结样条吗？是自然样条吗？

7. 求解方程 (3.24)，找出通过如下三点的自然三次样条：

   (a) $(0,0)$, $(1,1)$, $(2,4)$ (b) $(-1,0)$, $(1,1)$, $(2,4)$

8. 求解方程 (3.24)，找出通过如下三点的自然三次样条：

   (a) $(0,1)$, $(2,3)$, $(3,2)$ (b) $(0,0)$, $(1,1)$, $(2,6)$

9. 计算三次样条的 $S'(0)$ 和 $S'(3)$.
$$\begin{cases} S_1(x) = 3 + b_1 x + x^3 & x \in [0,1] \\ S_2(x) = 1 + b_2(x-1) + 3(x-1)^2 - 2(x-1)^3 & x \in [1,3] \end{cases}$$

10. 判断正误：给定 $n=3$ 个数据点，通过这些点的抛物线终止样条必然是非纽结样条.

11. (a) 有多少在区间 $[0,2]$ 的抛物线终止的三次样条通过数据点 $(0,2)$, $(1,0)$, $(2,2)$？展示一个这样的样条. (b) 对于非纽结回答相同的问题.

12. 对于给定数据 $(1,3)$, $(3,3)$, $(4,2)$, $(5,0)$ 有多少非纽结三次样条？展示一个这样的样条.

13. (a) 找出如下三次样条中的 b_1 和 c_3
$$S(x) = \begin{cases} -1 + b_1 x - \frac{5}{9} x^2 + \frac{5}{9} x^3 & x \in [0,1] \\ \frac{14}{9}(x-1) + \frac{10}{9}(x-1)^2 - \frac{2}{3}(x-1)^3 & x \in [1,2] \\ 2 + \frac{16}{9}(x-2) + c_3(x-2)^2 - \frac{1}{9}(x-2)^3 & x \in [2,3] \end{cases}$$
(b) 这是自然样条吗？(c) 这个样条满足"钳制"端点条件吗？两个钳制的值是多少？

14. 考虑三次样条
$$\begin{cases} S_1(x) = 6 - 2x + \frac{1}{2} x^3 & x \in [0,2] \\ S_2(x) = 6 + 4(x-2) + c(x-2)^2 + d(x-2)^3 & x \in [2,3] \end{cases}$$
(a) 找出 c. (b) 存在数字 d 使得样条是自然样条吗？如果存在，找出 d.

15. 三次样条可以同时是自然样条与抛物线终止样条吗？如果是，关于这样的样条还有哪些方面需要指出？

16. 是否(同时)存在自然、抛物线终止以及非纽结三次样条通过具有不同 x_i 的一组点 (x_1, y_1), $\cdots$, (x_{100}, y_{100})？如果是这样，给出原因. 如果不是这样，解释对于这 100 个点必须满足什么条件才能使得这样的样条存在.

17. 假设自然三次样条的最左端在区间 $[-1,0]$ 是常数函数 $S_1(x)=1$. 找出相邻段 $S_2(x)$ 在区间 $[0,1]$ 上的三种不同可能.

18. 假设一辆汽车在一条直线马路上行驶，从一点到另外一点，$t=0$ 时从静止开始，到 $t=1$ 完全停止. 在时间 0 和 1 之间对在这条马路上的行驶距离均匀采样. 哪一种三次样条(使用不同的端点条件)描述相对于时间的距离最合适？

19. 当 $n=2$ 时，定理 3.8 并不能解释抛物线终止三次样条. 讨论在这种情况下的三次样条的存在性和唯一性.

20. 当 $n=2$ 以及 $n=3$ 时，解释非纽结三次样条的存在性和唯一性.

21. 定理 3.8 指出只有一个非纽结样条通过任意给定的 x_i 不同的 4 个点. (a) 有多少非纽结样条可以通过具有不同 x_i 的 3 个点？(b) 找出通过 $(0,0)$, $(1,1)$, $(2,4)$，同时不是抛物线终止样条的非纽结三次样条.

3.4 节编程问题

1. 找出方程并画出自然三次样条插值如下数据点：
   (a) $(0,3)$, $(1,5)$, $(2,4)$, $(3,1)$ (b) $(-1,3)$, $(0,5)$, $(3,1)$, $(4,1)$, $(5,1)$

2. 找出并画出非纽结三次样条插值如下数据点：
   (a) $(0,3)$, $(1,5)$, $(2,4)$, $(3,1)$ (b) $(-1,3)$, $(0,5)$, $(3,1)$, $(4,1)$, $(5,1)$

3. 找出并画出三次样条 S，满足 $S(0)=1$, $S(1)=3$, $S(2)=3$, $S(3)=4$, $S(4)=2$，其中 $S''(0)=S''(4)=0$.

4. 找出并画出三次样条 S，满足 $S(0)=1$, $S(1)=3$, $S(2)=3$, $S(3)=4$, $S(4)=2$，并且 $S''(0)=3$, $S''(4)=2$.

5. 找出并画出三次样条 S，满足 $S(0)=1$, $S(1)=3$, $S(2)=3$, $S(3)=4$, $S(4)=2$, 并且 $S'(0)=0$, $S'(4)=1$.

6. 找出并画出三次样条 S，满足 $S(0)=1$, $S(1)=3$, $S(2)=3$, $S(3)=4$, $S(4)=2$, 并且 $S'(0)=-2$, $S'(4)=1$.

7. 在 5 个均匀分布的点上找出钳制三次样条插值 $f(x)=\cos x$，区间为 $[0, \pi/2]$，包含端点. 如果要最小化插值误差，对应 $S'(0)$ 与 $S'(\pi/2)$ 的最好选择是什么？在区间 $[0, 2]$ 画出样条和 $\cos x$.

8. 完成编程问题 7 的步骤，函数 $f(x)=\sin x$.

9. 找出钳制三次样条插值 $f(x)=\ln x$ 在区间 $[1, 3]$ 上 5 个均匀分布的点，包含端点. 依据经验找出区间 $[1, 3]$ 上的最大插值误差.

10. 找出编程问题 9 中的插值节点的个数，要求最大插值误差至多是 0.5×10^{-7}.

11. (a)考虑编程问题 3.1.1 中，通过世界人口数据的自然三次样条. 计算 1980 年的人口，并和真实人口比较. (b)使用线性样条，估计 1960 年和 2000 年的斜率，使用斜率找到通过这些点的钳制三次样条. 画出样条，估计 1980 年的人口. 自然和钳制样条哪种估计更准确？

12. 回忆习题 3.1.17 的二氧化碳问题. (a)找到并画出通过这些点的自然三次样条，估计 1950 年的 CO_2 浓度. (b)使用抛物线终止样条进行相同的分析. (c)使用非纽结样条和习题 3.1.17 的结果有什么差异？

13. 在一张图中，显示通过习题 3.2.3 中世界石油产量数据的自然、非纽结以及抛物线终止三次样条.

14. 从金融数据网站上收集连续 101 天的股票收盘价格. (a)画出 $x_0 = 0 : 5 : 100$ 的插值样条，y_0 表示股票在 5, 10, $\cdots$, 100 日的价格. 画出 20 阶插值多项式，$x = 0 : 1 : 100$，并和每日价格数据比较. 最大插值误差是多少？在你画的图中龙格现象明显吗？(b)画出自然三次样条，使用同样的数据插值节点 $0 : 5 : 100$，回答相同的两个问题. (c)比较数据表示的两种方式.

15. 编辑一组连续 121 小时的温度，这些数据连续 5 天从气象数据网站获取. 令 $x_0 = 0 : 6 : 120$ 表示小时，y_0 表示在 0, 6, 12, $\cdots$, 120 小时的温度. 完成编程问题 14 的步骤(a)~(c).

3.5 贝塞尔曲线

贝塞尔样条是一个允许用户控制节点处斜率的样条. 作为额外自由控制的代价，在节点处的一阶和二阶导数的平滑性不再能保证，而这种平滑性是前面三次样条本身就具有的性质. 贝塞尔样条适合不时出现角点(一阶导数不连续)和曲率突变(二阶导数不连续)的情况.

皮埃尔·贝塞尔在其为雷诺(Renault)汽车公司工作时有了这个创意. Paul de Casteljau 在与雷诺为竞争关系的汽车公司雪铁龙 Citroen 公司工作时也独立有了这个想法. 这在两家公司都认为是工业秘密，事实上在贝塞尔发表了他的研究后，大家才知道两家公司都进行了相同的研究. 今天贝塞尔曲线是计算机辅助设计和制造的奠基石.

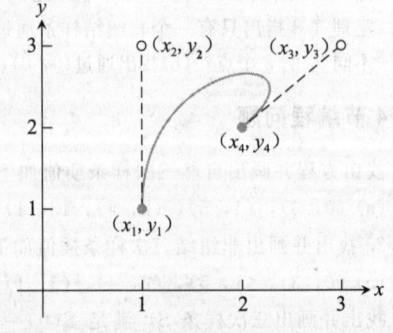

图 3.14 例 3.15 的贝塞尔曲线. 点 (x_1, y_1) 和 (x_4, y_4) 是样条点，而 (x_2, y_2) 和 (x_3, y_3) 是控制点

平面贝塞尔样条的每一段由 4 个点 (x_1, y_1), (x_2, y_2), (x_3, y_3), (x_4, y_4) 所确定. 第一个点和最后一个点是样条的起点和终点，中间的两个点是控制点，如图 3.14 所示. 曲线以切线方向 $(x_2 - x_1,$

$y_2 - y_1$)离开(x_1, y_1),并以切线方向$(x_4 - x_3, y_4 - y_3)$在(x_4, y_4)点结束. 满足这些条件的曲线以参数化形式表示$(x(t), y(t))$,其中$0 \leqslant t \leqslant 1$.

> **贝塞尔曲线**
> 给定端点(x_1, y_1),(x_4, y_4)
> 控制点(x_2, y_2),(x_3, y_3)
> 设
> $$b_x = 3(x_2 - x_1)$$
> $$c_x = 3(x_3 - x_2) - b_x$$
> $$d_x = x_4 - x_1 - b_x - c_x$$
> $$b_y = 3(y_2 - y_1)$$
> $$c_y = 3(y_3 - y_2) - b_y$$
> $$d_y = y_4 - y_1 - b_y - c_y$$
> 定义在$0 \leqslant t \leqslant 1$的贝塞尔曲线如下:
> $$x(t) = x_1 + b_x t + c_x t^2 + d_x t^3$$
> $$y(t) = y_1 + b_y t + c_y t^2 + d_y t^3$$

从方程中很容易检查前面一段中关于曲线的断言. 事实上,依据习题11,

$$x(0) = x_1$$
$$x'(0) = 3(x_2 - x_1)$$
$$x(1) = x_4$$
$$x'(1) = 3(x_4 - x_3)$$
(3.25)

相似的事实对于$y(t)$也成立.

例 3.15 找出贝塞尔曲线$(x(t), y(t))$通过点$(x, y) = (1, 1)$和$(2, 2)$,控制点为$(1, 3)$和$(3, 3)$.

4 个点为$(x_1, y_1) = (1, 1)$,$(x_2, y_2) = (1, 3)$,$(x_3, y_3) = (3, 3)$,以及$(x_4, y_4) = (2, 2)$. 由贝塞尔公式得出$b_x = 0$,$c_x = 6$,$d_x = -5$,$b_y = 6$,$c_y = -6$,$d_y = 1$. 贝塞尔样条

$$x(t) = 1 + 6t^2 - 5t^3$$
$$y(t) = 1 + 6t - 6t^2 + t^3$$

由控制点得到的曲线如图 3.14 所示.

贝塞尔曲线组合起来,可以拟合任意的函数值以及斜率. 由于在节点处的斜率可以由用户指定,这对于三次样条是一个提高. 但是,这种自由却是以平滑为代价的:来自两个不同方向的二阶导数在节点处一般不一致. 在一些应用中,这种不一致是一个优势.

在特殊情况下,控制点和端点一致,如下所示,样条就是简单的线段.

例 3.16 证明:当$(x_1, y_1) = (x_2, y_2)$,$(x_3, y_3) = (x_4, y_4)$时,贝塞尔样条是直线段.

贝塞尔公式表明方程如下:

$$x(t) = x_1 + 3(x_4-x_1)t^2 - 2(x_4-x_1)t^3 = x_1 + (x_4-x_1)t^2(3-2t)$$
$$y(t) = y_1 + 3(y_4-y_1)t^2 - 2(y_4-y_1)t^3 = y_1 + (y_4-y_1)t^2(3-2t)$$

其中 $0 \leqslant t \leqslant 1$. 样条中的每个点具有如下形式:

$$(x(t), y(t)) = (x_1 + r(x_4-x_1), y_1 + r(y_4-y_1)) = ((1-r)x_1 + rx_4, (1-r)y_1 + ry_4)$$

其中 $r = t^2(3-2t)$. 由于 $0 \leqslant r \leqslant 1$, 每个点都在 (x_1, y_1) 和 (x_4, y_4) 连接得到的线段上.

贝塞尔曲线很容易编程,常用于绘图软件中. 平面中的自由曲线可以看做参数曲线 $(x(t), y(t))$,并表达为贝塞尔样条. 下面的 MATLAB 自由绘制程序实现该方程. 用户点击鼠标一次,确定在平面中的起始点 (x_0, y_0),另外点击三次得到第一个控制点、第二个控制点和终点. 贝塞尔样条画在起点和终点之间,随后的三次鼠标点击可以继续延伸样条,后面的样条使用上一段的终点作为起点. MATLAB 命令 ginput 被用于读入鼠标位置. 图 3.15 显示 bezierdraw.m 运行的抓屏.

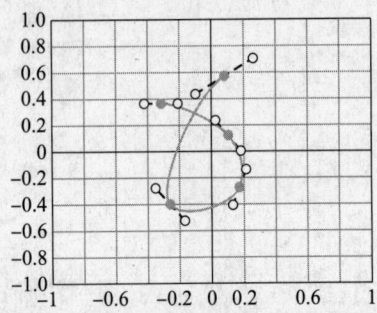

图 3.15 程序 3.7 构造的贝塞尔曲线. MATLAB 的代码 bezierdraw.m 的抓屏,包含在每个控制点的方向向量

```
% 程序3.7 使用贝塞尔样条的自由绘制程序
% 在MATLAB的图形窗口中点击得到第一个点,
% 然后再点击三次得到两个控制点和另外一个样条点
% 然后继续以每次3次点击得到三点,给曲线增加更多段
% 按下回车键终止程序
function bezierdraw
plot([-1 1],[0,0],'k',[0 0],[-1 1],'k');hold on
t=0:.02:1;
[x,y]=ginput(1);              % 进行一次鼠标点击
while(0 == 0)
   [xnew,ynew] = ginput(3);   % 另外三次鼠标点击
   if length(xnew) < 3
      break                   % 按下回车键,终止
   end
   x=[x;xnew];y=[y;ynew];     % 画出样条点和控制点pts;
   plot([x(1) x(2)],[y(1) y(2)],'r:',x(2),y(2),'rs')
   plot([x(3) x(4)],[y(3) y(4)],'r:',x(3),y(3),'rs')
   plot(x(1),y(1),'bo',x(4),y(4),'bo');
   bx=3*(x(2)-x(1)); by=3*(y(2)-y(1)); %样条方程...
   cx=3*(x(3)-x(2))-bx;cy=3*(y(3)-y(2))-by;
   dx=x(4)-x(1)-bx-cx;dy=y(4)-y(1)-by-cy;
   xp=x(1)+t.*(bx+t.*(cx+t*dx));       % 霍纳方法
   yp=y(1)+t.*(by+t.*(cy+t*dy));
   plot(xp,yp)                % 画出样条曲线
   x=x(4);y=y(4);             % 将上一段的最后一点作为第一点,继续
end
hold off
```

尽管我们的讨论局限于二维贝塞尔曲线，但是定义的方程可以很容易扩展到三维，并称为贝塞尔空间曲线。样条的每一段需要 4 个点 (x, y, z) —— 两个端点和两个控制点，这与二维情况一致。在习题中将会讨论贝塞尔空间曲线。

3.5 节习题

1. 找出一段由 4 个点定义的贝塞尔曲线 $(x(t), y(t))$.
   (a) $(0, 0)$, $(0, 2)$, $(2, 0)$, $(1, 0)$ (b) $(1, 1)$, $(0, 0)$, $(-2, 0)$, $(-2, 1)$
   (c) $(1, 2)$, $(1, 3)$, $(2, 3)$, $(2, 2)$

2. 对于下面的贝塞尔曲线找出起点、两个控制点和终点。
   (a) $\begin{cases} x(t) = 1 + 6t^2 + 2t^3 \\ y(t) = 1 - t + t^3 \end{cases}$ (b) $\begin{cases} x(t) = 3 + 4t - t^2 + 2t^3 \\ y(t) = 2 - t + t^2 + 3t^3 \end{cases}$
   (c) $\begin{cases} x(t) = 2 + t^2 - t^3 \\ y(t) = 1 - t + 2t^3 \end{cases}$

3. 找出三段贝塞尔构成三角形的三个边，三个顶点分别是 $(1, 2)$, $(3, 4)$, $(5, 1)$.

4. 构造 4 段贝塞尔样条生成正方形的 4 条边，边长为 5.

5. 描述用下面两段贝塞尔曲线所画出的字符：
   $(0, 2)(1, 2)(1, 1)(0, 1)$
   $(0, 1)(1, 1)(1, 0)(0, 0)$

6. 描述用下面三段贝塞尔曲线所画出的字符：
   $(0, 1)(0, 1)(0, 0)(0, 0)$
   $(0, 0)(0, 1)(1, 1)(1, 0)$
   $(1, 0)(1, 1)(2, 1)(2, 0)$

7. 找出一段贝塞尔样条，其在端点 $(-1, 0)$ 和 $(1, 0)$ 具有垂直切线，并经过 $(0, 1)$.

8. 找出一段贝塞尔样条，其在端点 $(0, 1)$ 具有水平切线，并在端点 $(1, 0)$ 具有垂直切线，并在 $t = 1/3$ 处经过 $(1/3, 2/3)$.

9. 找出一段由 4 个点定义的贝塞尔空间曲线 $(x(t), y(t), z(t))$.
   (a) $(1, 0, 0)$, $(2, 0, 0)$, $(0, 2, 1)$, $(0, 1, 0)$
   (b) $(1, 1, 2)$, $(1, 2, 3)$, $(-1, 0, 0)$, $(1, 1, 1)$
   (c) $(2, 1, 1)$, $(3, 1, 1)$, $(0, 1, 3)$, $(3, 1, 3)$

10. 对于下面的贝塞尔空间曲线找出节点和控制点。
    (a) $\begin{cases} x(t) = 1 + 6t^2 + 2t^3 \\ y(t) = 1 - t + t^3 \\ z(t) = 1 + t + 6t^2 \end{cases}$ (b) $\begin{cases} x(t) = 3 + 4t - t^2 + 2t^3 \\ y(t) = 2 - t + t^2 + 3t^3 \\ z(t) = 3 + t + t^2 - t^3 \end{cases}$
    (c) $\begin{cases} x(t) = 2 + t^2 - t^3 \\ y(t) = 1 - t + 2t^3 \\ z(t) = 2t^3 \end{cases}$

11. 证明 (3.25) 中的事实，并解释它们如何验证了贝塞尔公式。

12. 给定 (x_1, y_1), (x_2, y_2), (x_3, y_3), (x_4, y_4), 显示方程

$$x(t) = x_1(1-t)^3 + 3x_2(1-t)^2 t + 3x_3(1-t)t^2 + x_4 t^3$$
$$y(t) = y_1(1-t)^3 + 3y_2(1-t)^2 t + 3y_3(1-t)t^2 + y_4 t^3$$

给出具有端点 (x_1, y_1), (x_4, y_4) 和控制点 (x_2, y_2), (x_3, y_3) 的贝塞尔曲线.

3.5 节编程问题

1. 画出习题 7 中的曲线.
2. 画出习题 8 中的曲线.
3. 使用贝塞尔曲线画出字母. (a)W, (b)B, (c)C, (d)D.

事实验证 3 利用贝塞尔曲线定义字体

在本项目中,我们将解释如何使用二维贝塞尔曲线画出字母或者数字. 这可以通过对程序 3.7 中的 MATLAB 代码修改实现,或者通过写 PDF 文件.

为了能独立于打印机和图像设备,现代字体直接由贝塞尔曲线构造. 贝塞尔曲线是 20 世纪 80 年代出现的 PostScript 语言的基础, PostScript 画曲线的命令做出微小的修改并生成 PDF 格式. 这里有一个完整的 PDF 文件,该文件显示了我们在例 3.15 中讨论的曲线.

```
%PDF-1.7
1 0 obj
<<
/Length 2 0 R
>>
stream
100 100 m
100 300 300 300 200 200 c
S
endstream
endobj
2 0 obj
1000
endobj
4 0 obj
<<
/Type /Page
/Parent 5 0 R
/Contents 1 0 R
>>
endobj
5 0 obj
<<
/Kids [4 0 R]
/Count 1
/Type /Pages
/MediaBox [0 0 612 792]
>>
endobj
3 0 obj
<<
/Pages 5 0 R
/Type /Catalog
>>
endobj
xref
```

```
0 6
0000000000 65535 f
0000000100 00000 n
0000000200 00000 n
0000000500 00000 n
0000000300 00000 n
0000000400 00000 n
trailer
<<
/Size 6
/Root 3 0 R
>>
startxref
1000
%%EOF
```

模板文件中的不同行在绘制中起不同的作用。例如，第一行表明该文件是 PDF. 我们将关注在 stream 和 endstream 之间的行，这些行定义了贝塞尔曲线. move 命令(m)把当前绘制点定在(x, y)，该点由前面出现的两个数字定义，在当前例子中，该点为(100, 100). curve 命令(c)接受三个(x, y)点并构造贝塞尔样条，该曲线从当前画出的点开始，把三对点(x, y)当成两个控制点和一个终点. stroke 命令(S)则画出曲线.

文本文件 sample.pdf 可以从本书的网站下载. 如果使用 PDFviewer 打开该文件，会显示如图 3.14 所示的贝塞尔曲线. 默认的坐标会乘上 100 与 PDF 的规范匹配，这相当于 1 英寸中有 72 个单位. 一页纸大小宽 612 个单位，高 792 个单位.

当前使用贝塞尔曲线可以生成数百种不同字体的字符，显示在计算机屏幕或者打印机上. 当然，由于 PDF 通常包含很多字符，有捷径可通往预先定义的字体. 常用字体的贝齐尔曲线通常保存在 PDF 阅读器，而不是在 PDF 文件中. 我们现在忽略这个事实，并看看我们自己可以做什么.

从一个典型的例子开始. Times Roman 字体中大写 T 字符由下面的 16 条贝塞尔曲线构成. 每条曲线包含 $x_1\ y_1\ x_2\ y_2\ x_3\ y_3\ x_4\ y_4$ 来定义每一段的贝塞尔样条.

```
237 620 237 620 237 120 237 120;
237 120 237  35 226  24 143  19;
143  19 143  19 143   0 143   0;
143   0 143   0 435   0 435   0;
435   0 435   0 435  19 435  19;
435  19 353  23 339  36 339 109;
339 109 339 108 339 620 339 620;
339 620 339 620 393 620 393 620;
393 620 507 620 529 602 552 492;
552 492 552 492 576 492 576 492;
576 492 576 492 570 662 570 662;
570 662 570 662   6 662   6 662;
  6 662   6 662   0 492   0 492;
  0 492   0 492  24 492  24 492;
 24 492  48 602  71 620 183 620;
183 620 183 620 237 620 237 620;
```

为了生成字母 T 的 PDF 文件，我们需要在 stream/endstream 区域中添加上面模板文件的命令. 首先移动到起始点(237, 620)

```
237 620 m
```

然后使用命令画出第一段样条

```
237 620 237 120 237 120 c
```

随后还有 15 条 c 命令，并使用笔画命令(S)结束字符 T 的绘制，如图 3.16 所示. 注意，只有在第一步需要使用移动命令；下一个曲线命令使用当前上一段的终点作为贝塞尔曲线的起点，还需要 3 个点完成曲线命令. 下一段曲线也以相同的方式完成. 另外使用笔画的方式是 S，当图像完成后，f 将填充轮廓. 命令 b 将同时完成笔画和填充.

使用下面 21 条贝塞尔曲线完成数字 5(如图 3.17 所示):

```
149 597 149 597 149 597 345 597;
345 597 361 597 365 599 368 606;
368 606 406 695 368 606 406 695;
406 695 397 702 406 695 397 702;
397 702 382 681 372 676 351 676;
351 676 351 676 351 676 142 676;
142 676  33 439 142 676  33 439;
 33 439  32 438  32 436  32 434;
 32 434  32 428  35 426  44 426;
 44 426  74 426 109 420 149 408;
149 408 269 372 324 310 324 208;
324 208 324 112 264  37 185  37;
185  37 165  37 149  44 119  66;
119  66  86  90  65  99  42  99;
 42  99  14  99   0  87   0  62;
  0  62   0  24  46   0 121   0;
121   0 205   0 282  27 333  78;
333  78 378 123 399 180 399 256;
399 256 399 327 381 372 333 422;
333 422 288 468 232 491 112 512;
112 512 112 512 149 597 149 597;
```

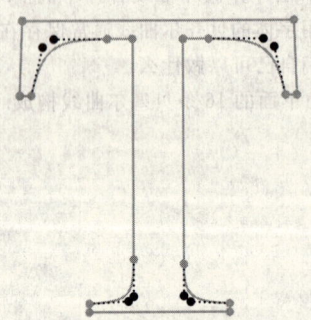 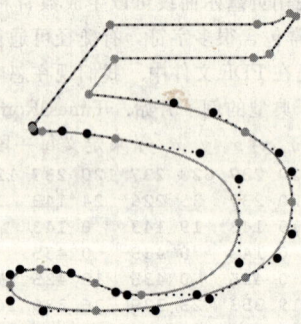

图 3.16 由贝塞尔样条构造的 Times-Roman 字符 T. 蓝色圆点是端点,黑色圆点是控制点

图 3.17 贝塞尔样条生成的 Times-Roman 字符 5. 蓝色圆点是端点,黑色圆点是控制点

建议活动

1. 使用 3.5 节的 bezierdraw.m 程序,画出你的名字的第一个大写字母.
2. 修改画图程序接受 $n \times 8$ 的数字矩阵,每一行表示一个贝塞尔样条. 使用这个程序画 Times-Roman 字体中的小写字母 f,使用下面的 21 段贝塞尔曲线:

```
289 452 289 452 166 452 166 452;
166 452 166 452 166 568 166 568;
166 568 166 627 185 657 223 657;
223 657 245 657 258 647 276 618;
276 618 292 589 304 580 321 580;
321 580 345 580 363 598 363 621;
363 621 363 657 319 683 259 683;
259 683 196 683 144 656 118 611;
118 611  92 566  84 530  83 450;
 83 450  83 450   1 450   1 450;
```

```
  1 450     1 450     1 418     1 418;
  1 418     1 418    83 418    83 418;
 83 418    83 418    83 104    83 104;
 83 104    83  31    72  19     0  15;
  0  15     0  15     0   0     0   0;
  0   0     0   0     0 260     0 260     0;
260   0   260   0   260  15   260  15;
260  15   178  18   167  29   167 104;
167 104   167 104   167 418   167 418;
167 418   167 418   289 418   289 418;
289 418   289 418   289 452   289 452;
```

3. 使用上面的模板和你喜欢的文本编辑器，写下能画出下面的小写 f 字母的 PDF 文件。程序从 m 命令开始移动到第一个点，随后是 21 个 c 命令和一个笔画填充命令。命令都在 stream 和 endstream 命令之间。在 PDF viewer 中打开你的文件进行检查。

4. 还有一些其他的 PDF 命令：

```
1.0 0.0 0.0 RG    % 笔划颜色设为红色
0.0 1.0 0.0 rg    % 把填充颜色设为绿色
2 w               % 笔划宽度设为2
b                 % 同时笔划和填充(S是笔划,f是填充,b同时做二者)
```

   颜色根据 RGB 规范进行设置，其中使用 3 个 0～1 之间的数字表示红、绿、蓝三种颜色的相对贡献。使用线性变化改变贝塞尔曲线的大小，并对结果进行旋转和扭曲。这些坐标命令通过 cm 命令完成。在曲线命令前使用

```
a b c d e f cm
```

   其中 a, b, c, d, e, f 为实数，使用如下系统对平面坐标进行变换
$$x' = ax + by + e$$
$$y' = cx + dy + f$$

   例如，使用 cm 命令，其中 $a=d=0.5, b=c=e=f=0$ 把大小降低 2 倍，当 $a=d=-0.5, b=c=0$, $e=f=400$ 时，将结果上下颠倒，并在 x、y 方向平移 400。其他选择可以实现旋转、对称以及扭曲原始的贝塞尔曲线。坐标变换是累计变换。在本步中，使用坐标系命令实现将小写 f 或者其他字符，改变尺寸、颜色以及进行扭曲。

5. 尽管字体信息很多年来都是一个秘密，但是现在一部分在网上已经公开。搜索其他字体，找出可以在 PDF 中画出你想要字母的贝塞尔曲线数据或者使用 bezierdraw.m。

6. 设计你自己的字母和数字。首先将图片画在纸上，保留任何可能有的对称。估计控制点，并根据结果进行修改。

软件与进一步阅读

   插值代码通常包括不同的部分用于生成和求值插值多项式。MATLAB 提供的 polyfit 和 polyval 命令分别用于这两个目的。MATLAB 命令 spline 默认计算非纽结样条，但是也可以计算其他常用的样条。命令 interp1 结合了许多一维插值选项。NAG 库包含程序 e01aef 和 e01baf 用于多项式和样条插值，IMSL 包含基于不同端点条件的样条命令。

   关于基本插值事实的典型参考文献是 Davis[1975]的论著，还可以参考 Rivlin[1981]和 Rivlin[1990]的论著，其中覆盖函数近似和切比雪夫插值。DeBoor[2001]对于样条的描述也很经典；还可参考 Schultz[1973]和 Schumaker[1981]的论著。关于计算机辅助建模和设计的应用可以参考 Farin[1990]以及 Yamaguchi[1988]的论著。CORDIC 方法对于一组特殊函数的近似可参考 Volder[1959]的论著。更多关于 PDF 文件的信息，可以参考《PDF 参考》第 6 版，该书由 Adobe 系统公司[2006]出版。

第 4 章 最小二乘

> 全球定位系统(GPS)是一个基于卫星的定位技术, 在任何时间对地球的任何点都可以提供精确的定位. 在短短的几年里, GPS 从飞行员、船长以及徒步者特定使用的导航系统, 发展到在日常汽车、手机以及 PDA 上的应用.
>
> 系统包含 24 个在精确轨道上的卫星, 发射同步信号. 地球上的接收器拾取信号, 找出其距离所有可见卫星的距离, 并使用这些数据通过三角测量的方式, 找出接收器对应的位置.
>
> **事实验证 4** 显示方程求解和最小二乘求解在位置估计上的应用.

最小二乘的概念可以追溯到高斯和勒让德在 19 世纪早期的工作. 最小二乘的使用渗透到现代统计和数据建模领域中. 回归和参数估计的关键技术成为科学和工程计算中的基本工具.

在本章中, 将引入法线(normal)方程, 并应用在不同的数据拟合问题中. 随后将会探索更加复杂的方法, 包括使用 QR 分解, 并进行非线性最小二乘问题的讨论.

4.1 最小二乘与法线方程

关于对最小二乘的需求来自两个不同的方向, 这分别来自我们第 2 章和第 3 章的学习. 在第 2 章中, 我们学习当方程解存在时, 如何找到 $Ax=b$ 的解. 在本章中, 我们将学习当解不存在的时候该怎么办. 当方程不一致时, 有可能方程的个数超过未知变量的个数, 答案是找到第二可能好的解: 即最小二乘近似.

第 3 章讨论如何找出多项式, 并精确拟合数据点. 但是如果有大量的数据点, 或者采集的数据点具有一定误差, 使用高阶多项式精确拟合一般不是个好方法. 在这种情况下, 使用简单模型近似数据是一种更合理的方式. 求解不一致的方程组以及近似拟合数据这两个问题, 一同驱动着最小二乘的发展.

4.1.1 不一致的方程组

写出一个没有解的方程组并不难. 考虑下面的三个方程, 其中含有两个未知变量:

$$\begin{aligned} x_1 + x_2 &= 2 \\ x_1 - x_2 &= 1 \\ x_1 + x_2 &= 3 \end{aligned} \tag{4.1}$$

该方程组的任何解必须满足第一和第三个方程, 但是显然做不到这点. 如果一个方程组无解, 它被称为**不一致**.

方程无解意味着什么? 可能系数不十分精确. 在很多情况下, 方程的个数比未知变量的个数要多, 使得解不可能满足所有的方程. 事实上, m 个方程 n 个未知变量的情况下通常无解，其中 $m>n$. 但是即便高斯消去不能求出不一致系统 $Ax=b$ 的解，我们也不该轻易放弃. 在这种情况下，另一种方式是找出与解最相似的向量 x.

如果我们选择"相似度"意味着欧氏距离相近，有一个直接的方法找到最接近的 x. 这个特殊的 x 称为**最小二乘解**.

对于失败的例 4.1，如果写成下面不同的形式，对于该方程无解的问题可以看得更清楚. 方程组 $Ax=b$ 的矩阵形式为

$$\begin{bmatrix} 1 & 1 \\ 1 & -1 \\ 1 & 1 \end{bmatrix} \begin{bmatrix} x_1 \\ x_2 \end{bmatrix} = \begin{bmatrix} 2 \\ 1 \\ 3 \end{bmatrix} \tag{4.2}$$

矩阵/向量乘法的另一种形式是如下的等价方程

$$x_1 \begin{bmatrix} 1 \\ 1 \\ 1 \end{bmatrix} + x_2 \begin{bmatrix} 1 \\ -1 \\ 1 \end{bmatrix} = \begin{bmatrix} 2 \\ 1 \\ 3 \end{bmatrix} \tag{4.3}$$

实际上，任何 $m \times n$ 方程组 $Ax=b$ 都可以看做是向量方程

$$x_1 v_1 + x_2 v_2 + \cdots + x_n v_n = b \tag{4.4}$$

其中把 b 看做是 A 的列向量 v_i 的线性组合，而对应的组合系数是 $x_1, \cdots, x_n$. 在我们当前的例子中，希望把 b 表示为另外两个三维向量的线性组合. 由于在 R^3 中两个三维向量的组合生成一个平面，方程(4.3)仅当 b 在这个平面上的时候才有解. 当我们试图求解 m 个方程 n 个未知变量的方程组时，通常都是这样的情况，其中 $m>n$. 太多的方程使得问题超定，并且方程组不一致.

图 4.1b 表明了如果解不存在时该如何做. 没有点对 x_1，x_2 可以满足(4.1)，但是在所有候选点构成的平面 Ax 中存在与 b 最接近的点. 特殊向量 $A\bar{x}$ 具有以下独特的事实：余项 $b-A\bar{x}$ 和平面 $\{Ax | x \in R^n\}$ 垂直. 我们将探索这个事实以找出 $\bar{x}$ 的公式，即最小二乘"解".

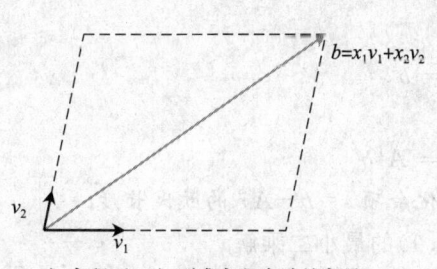
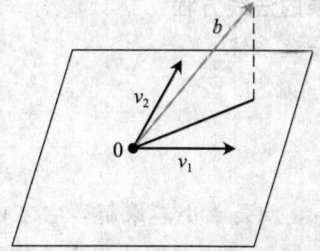

a) 方程（4.3）要求方程右端的向量 b，是列向量 v_1 和 v_2 的线性组合

b) 如果 b 在向量 v_1 和 v_2 定义的平面外，则无解. 最小二乘解 $\bar{x}$ 使得平面 Ax 中的组合向量 $A\bar{x}$ 欧氏距离的层面上与 b 最接近

图 4.1 三个方程两个未知变量的几何解

首先我们定义符号. $m \times n$ 矩阵 A 的**转置**概念 A^T，它是 $n \times m$ 矩阵，其对应行是矩阵

A 的对应列，顺序相同．两个矩阵求和的转置是转置的求和，$(A+B)^T = A^T + B^T$．两个矩阵乘积的转置是转置的乘积，但是顺序相反，即 $(AB)^T = B^T A^T$．

考虑垂直性质，如果两个向量的内积为 0，则对应的夹角是直角．对于两个 m 维的列向量 u 和 v，我们可以用矩阵乘法写出点积

$$u^T v = [u_1, \cdots, u_m] \begin{bmatrix} v_1 \\ \vdots \\ v_m \end{bmatrix} \tag{4.5}$$

如果使用一般的矩阵乘法 $u^T \cdot v = 0$，则向量 u 和 v 垂直，或者**正交**．

求解 $\overline{x}$ 的计算公式如下．我们已经知道

$$(b - A\overline{x}) \perp \{Ax \mid x \in R^n\}$$

把垂直性表示为矩阵的乘法，我们发现对于 R^n 上所有的 x，

$$(Ax)^T (b - A\overline{x}) = 0$$

使用前面关于转置的事实，我们可以重写该式子，即对于 R^n 上所有的 x，

$$x^T A^T (b - A\overline{x}) = 0$$

> **正交**　最小二乘基于正交．从一点到一个平面的最短距离，由一个到平面的正交线段表示．法线方程可以确定该线段，这表示最小二乘的误差．

意味着 n 维向量 $A^T(b - A\overline{x})$ 和 R^n 中其他的 n 维向量垂直，也包含它自身．仅有一种可能发生的情况：

$$A^T(b - A\overline{x}) = 0$$

下面的方程组定义了最小二乘问题的解：

$$A^T A \overline{x} = A^T b \tag{4.6}$$

方程组 (4.6) 被称为**法线方程**．它的解 $\overline{x}$ 是方程组 $Ax = b$ 的最小二乘解．

最小二乘的法线方程

对于不一致系统

$$Ax = b$$

求解

$$A^T A \overline{x} = A^T b$$

得到的 $\overline{x}$，就是最小二乘解，它可以最小化余项 $r = b - Ax$ 的欧氏长度．

例 4.1　使用法线方程找出不一致系统 (4.1) 的最小二乘解．

问题的矩阵形式 $Ax = b$ 如下：

$$A = \begin{bmatrix} 1 & 1 \\ 1 & -1 \\ 1 & 1 \end{bmatrix}, \quad b = \begin{bmatrix} 2 \\ 1 \\ 3 \end{bmatrix}$$

法线方程的组成成分如下：

$$A^T A = \begin{bmatrix} 1 & 1 & 1 \\ 1 & -1 & 1 \end{bmatrix} \begin{bmatrix} 1 & 1 \\ 1 & -1 \\ 1 & 1 \end{bmatrix} = \begin{bmatrix} 3 & 1 \\ 1 & 3 \end{bmatrix}$$

$$A^T b = \begin{bmatrix} 1 & 1 & 1 \\ 1 & -1 & 1 \end{bmatrix} \begin{bmatrix} 2 \\ 1 \\ 3 \end{bmatrix} = \begin{bmatrix} 6 \\ 4 \end{bmatrix}$$

法线方程

$$\begin{bmatrix} 3 & 1 \\ 1 & 3 \end{bmatrix} \begin{bmatrix} x_1 \\ x_2 \end{bmatrix} = \begin{bmatrix} 6 \\ 4 \end{bmatrix}$$

现在通过高斯消去法可以求解. 表格形式如下:

$$\begin{bmatrix} 3 & 1 & | & 6 \\ 1 & 3 & | & 4 \end{bmatrix} \rightarrow \begin{bmatrix} 3 & 1 & | & 6 \\ 0 & 8/3 & | & 2 \end{bmatrix}$$

通过求解得到 $\overline{x} = (\overline{x}_1, \overline{x}_2) = (7/4, 3/4)$.

把最小二乘解代入原来问题得到

$$\begin{bmatrix} 1 & 1 \\ 1 & -1 \\ 1 & 1 \end{bmatrix} \begin{bmatrix} \frac{7}{4} \\ \frac{3}{4} \end{bmatrix} = \begin{bmatrix} 2.5 \\ 1 \\ 2.5 \end{bmatrix} \neq \begin{bmatrix} 2 \\ 1 \\ 3 \end{bmatrix}$$

为了度量数据拟合的结果，我们计算最小二乘解 $\overline{x}$ 的余项

$$r = b - A\overline{x} = \begin{bmatrix} 2 \\ 1 \\ 3 \end{bmatrix} - \begin{bmatrix} 2.5 \\ 1 \\ 2.5 \end{bmatrix} = \begin{bmatrix} -0.5 \\ 0.0 \\ 0.5 \end{bmatrix}$$

如果余项是 0 向量，我们精确求解了原始系统 $Ax = b$. 否则，余项向量的欧氏长度是后向误差，这度量了 $\overline{x}$ 到解的距离.

至少有三种方式可以表示余项的大小. 向量的欧氏长度

$$\|r\|_2 = \sqrt{r_1^2 + \cdots + r_m^2} \tag{4.7}$$

由第 2 章中的范数定义，称为 2 范数. 平方误差

$$\text{SE} = r_1^2 + \cdots + r_m^2$$

以及平均平方根误差（误差平方均值的根）

$$\text{RMSE} = \sqrt{\text{SE}/m} = \sqrt{(r_1^2 + \cdots + r_m^2)/m} \tag{4.8}$$

也用于度量最小二乘的解误差. 三种表达紧密相关，即

$$\text{RMSE} = \frac{\sqrt{\text{SE}}}{\sqrt{m}} = \frac{\|r\|_2}{\sqrt{m}}$$

因而如果找出 $\overline{x}$ 可以使得其中一种度量最小，会使得所有三个都最小. 对于例 4.1，$\text{SE} = (0.5)^2 + 0^2 + (-0.5)^2 = 0.5$，误差的 2 范数是 $\|r\|_2 = \sqrt{0.5} \approx 0.707$，$\text{RMSE} = \sqrt{0.5/3} = 1/\sqrt{6} \approx 0.408$.

例 4.2 求解最小二乘问题

$$\begin{bmatrix} 1 & -4 \\ 2 & 3 \\ 2 & 2 \end{bmatrix} \begin{bmatrix} x_1 \\ x_2 \end{bmatrix} = \begin{bmatrix} -3 \\ 15 \\ 9 \end{bmatrix}$$

法线方程 $A^T A x = A^T b$ 如下

$$\begin{bmatrix} 9 & 6 \\ 6 & 29 \end{bmatrix} \begin{bmatrix} x_1 \\ x_2 \end{bmatrix} = \begin{bmatrix} 45 \\ 75 \end{bmatrix}$$

法线方程的解是 $\bar{x}_1 = 3.8$,$\bar{x}_2 = 1.8$. 余项是

$$r = b - A\bar{x} = \begin{bmatrix} -3 \\ 15 \\ 9 \end{bmatrix} - \begin{bmatrix} 1 & -4 \\ 2 & 3 \\ 2 & 2 \end{bmatrix} \begin{bmatrix} 3.8 \\ 1.8 \end{bmatrix} = \begin{bmatrix} -3 \\ 15 \\ 9 \end{bmatrix} - \begin{bmatrix} -3.4 \\ 13 \\ 11.2 \end{bmatrix} = \begin{bmatrix} 0.4 \\ 2 \\ -2.2 \end{bmatrix}$$

其对应的欧几里得范数是 $\|e\|_2 = \sqrt{(0.4)^2 + 2^2 + (-2.2)^2} = 3$. 该问题以不同于例 4.14 的方式进行求解. ◀

4.1.2 数据的拟合模型

令 $(t_1, y_1), \cdots, (t_m, y_m)$ 是平面上的一组点,我们通常称之为"数据点". 给定一类确定的模型,诸如直线 $y = c_1 + c_2 t$,我们可以寻找该模型的特定实例,在 2 范数的意义上最优拟合给定的数据点. 最小二乘思想的核心包括:在数据点上通过平方误差度量拟合的余项,并找出模型的参数使得该误差最小. 该标准如图 4.2 所示.

例 4.3 在找出可以最优拟合图 4.3 中的点集 $(t, y) = (1, 2)$,$(-1, 1)$ 和 $(1, 3)$ 的直线.

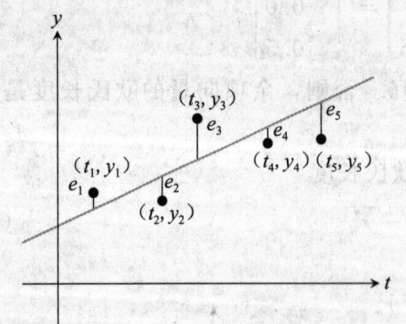
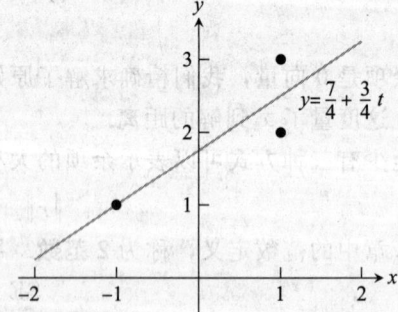

图 4.2 最小二乘用直线拟合数据. 最好的直线是使得平方误差 $e_1^2 + e_2^2 + \cdots + e_5^2$ 在所有直线 $y = c_1 + c_2 t$ 中尽可能小

图 4.3 例 4.3 中的最优直线. 在直线上方、下方以及直线内各有一点

模型为 $y = c_1 + c_2 t$,目的是找出最优的 c_1 和 c_2. 将数据点代入模型中

$$c_1 + c_2(1) = 2$$
$$c_1 + c_2(-1) = 1$$
$$c_1 + c_2(1) = 3$$

或者表示为矩阵形式，

$$\begin{bmatrix} 1 & 1 \\ 1 & -1 \\ 1 & 1 \end{bmatrix} \begin{bmatrix} c_1 \\ c_2 \end{bmatrix} = \begin{bmatrix} 2 \\ 1 \\ 3 \end{bmatrix}$$

我们知道该系统无解(c_1, c_2)，这有两个原因。首先，如果有解，则 $y = c_1 + c_2 t$ 将成为一条包含三个点的直线。但是很显然，这三个点不共线。第二，这个问题是在本章开始讨论的方程组(4.2)。我们当时注意到第一和第三个方程不一致，我们发现最小二乘意义上的最优解为$(c_1, c_2) = (7/4, 3/4)$。因而，最好的直线是 $y = 7/4 + 3/4 t$。

我们可以通过前面定义的统计估计拟合。数据点上的余项如下

t	y	直线	误差
1	2	2.5	−0.5
−1	1	1.0	0.0
1	3	2.5	0.5

对应的 RMSE 是 $1/\sqrt{6}$。

前面的例子表明了求解最小二乘数据拟合的三个步骤。

最小二乘数据拟合

给定一组数据点$(t_1, y_1), \cdots, (t_m, y_m)$。

步骤 1 **选择模型**。确定用于拟合数据的参数模型，例如 $y = c_1 + c_2 t$。

步骤 2 **强制模型拟合数据**。将数据点代入模型。每个数据点生成一个方程，其中的未知变量是模型参数，例如线性模型中的 c_1 和 c_2 为参数。这得到系统 $Ax = b$，其中未知变量 x 表示未知参数。

步骤 3 **求解法线方程**。参数的最小二乘解是法线方程 $A^T A x = A^T b$ 的解。

这些步骤在下面的例子中得到验证。

例 4.4 找出拟合图 4.4 中 4 个点$(-1, 1), (0, 0), (1, 0), (2, -2)$最好的直线和抛物线。

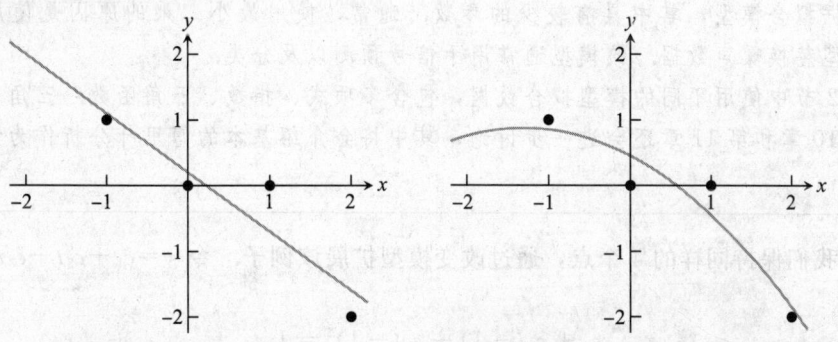

a) 最优直线$y = 0.2 - 0.9t$.RMSE是0.418 b) 最优的抛物线$y = 0.45 - 0.65t - 0.25t^2$.RMSE是0.335

图 4.4　对例 4.4 点集的最小二乘拟合

根据前面的程序,我们将使用如下 3 步:
(1) 如前,选择模型 $y=c_1+c_2t$.
(2) 强制模型拟合数据点

$$c_1+c_2(-1)=1$$
$$c_1+c_2(0)=0$$
$$c_1+c_2(1)=0$$
$$c_1+c_2(2)=-2$$

或者表示为矩阵形式,

$$\begin{bmatrix}1 & -1\\1 & 0\\1 & 1\\1 & 2\end{bmatrix}\begin{bmatrix}c_1\\c_2\end{bmatrix}=\begin{bmatrix}1\\0\\0\\-2\end{bmatrix}$$

(3) 法线方程如下:

$$\begin{bmatrix}4 & 2\\2 & 6\end{bmatrix}\begin{bmatrix}c_1\\c_2\end{bmatrix}=\begin{bmatrix}-1\\-5\end{bmatrix}$$

求解系数 c_1 和 c_2 得到最优直线 $y=c_1+c_2t=0.2-0.9t$.

余项是

t	y	直线	误差	t	y	直线	误差
-1	1	1.1	-0.1	1	0	-0.7	0.7
0	0	0.2	-0.2	2	-2	-1.6	-0.4

误差统计中,平方误差 $SE=(-0.1)^2+(-0.2)^2+(0.7)^2+(-0.4)^2=0.7$,$RMSE=\sqrt{0.7}/\sqrt{4}=0.418$.

> **压缩** 最小二乘是数据压缩的经典例子. 输入包含一组数据点,输出是一个尽可能好的数据拟合模型,其中具有较少的参数. 通常,使用最小二乘的原因是使用合理的底层模型替换噪声数据. 该模型通常用于信号预测以及分类.
>
> 在 4.2 节中使用不同的模型拟合数据,包含多项式、指数、三角函数. 三角函数的方法在第 10 章和第 11 章还会进一步讨论,其中将会介绍基本的傅里叶分析作为信号处理的入门.

然后,我们保持同样的 4 个点,通过改变模型扩展该例子. 令 $y=c_1+c_2t+c_3t^2$,代入数据点生成

$$c_1+c_2(-1)+c_3(-1)^2=1$$
$$c_1+c_2(0)+c_3(0)^2=0$$
$$c_1+c_2(1)+c_3(1)^2=0$$

$$c_1 + c_2(2) + c_3(2)^2 = -2$$

或者表示为矩阵形式

$$\begin{bmatrix} 1 & -1 & 1 \\ 1 & 0 & 0 \\ 1 & 1 & 1 \\ 1 & 2 & 4 \end{bmatrix} \begin{bmatrix} c_1 \\ c_2 \\ c_3 \end{bmatrix} = \begin{bmatrix} 1 \\ 0 \\ 0 \\ -2 \end{bmatrix}$$

这一次，法线方程包含 3 个未知变量 3 个方程：

$$\begin{bmatrix} 4 & 2 & 6 \\ 2 & 6 & 8 \\ 6 & 8 & 18 \end{bmatrix} \begin{bmatrix} c_1 \\ c_2 \\ c_3 \end{bmatrix} = \begin{bmatrix} -1 \\ -5 \\ -7 \end{bmatrix}$$

求解系数得到最优的抛物线 $y = c_1 + c_2 t + c_3 t^2 = 0.45 - 0.65t - 0.25t^2$. 下表中给出余项：

t	y	抛物线	误差	t	y	抛物线	误差
-1	1	0.85	0.15	1	0	-0.45	0.45
0	0	0.45	-0.45	2	-2	-1.85	-0.15

误差统计中，平方误差 $SE = (0.15)^2 + (-0.45)^2 + (0.45)^2 + (-0.15)^2 = 0.45$，$RMSE = \sqrt{0.45}/\sqrt{4} \approx 0.335$.

条件 因为输入数据被假定在最小二乘问题中具有误差，降低误差放大就变得极为重要. 我们已经提出了法线方程作为求解最小二乘的最直接方式，对于小型问题可以得到较好的结果. 但是条件数 $\text{cond}(A^T A)$ 近似为原始条件数 $\text{cond}(A)$ 的平方，这大大提高了该问题成为病态问题的可能. 更复杂的方法允许从 A 直接计算最小二乘，而不需要构造 $A^T A$. 这些方法基于 QR 分解，将在 4.3 节以及第 12 章中的奇异值分解中介绍.

MATLAB 的 `polyfit` 以及 `polyval` 命令不仅可以插值数据，而且可以使用多项式模型拟合数据. 对于 n 个数据点，`polyfit` 使用 $n-1$ 阶多项式，返回阶数为 $n-1$ 的多项式的系数. 如果输入阶数小于 $n-1$，`polyfit` 将找出该阶数对应的最小二乘估计. 例如，命令

```
>> x0=[-1 0 1 2];
>> y0=[1 0 0 -2];
>> c=polyfit(x0,y0,2);
>> x=-1:.01:2;
>> y=polyval(c,x);
>> plot(x0,y0,'o',x,y)
```

找出 2 阶多项式的最小二乘系数，并与例 4.4 给出的数据点同时画出.

例 4.4 表明最小二乘法并不仅仅局限在找出最好的直线. 通过扩展模型定义，我们可以拟合任何模型的系数，只要系数在模型中以线性的方式存在.

4.1.3 最小二乘的条件

我们已经看到最小二乘问题简化为求解法线方程 $A^T A \bar{x} = A^T b$。求解得到的最小二乘解 $\bar{x}$ 有多精确？这是一个关于法线方程的前向误差的问题。我们进行一个双精度的数值试验测试这个问题，并使用法线方程求解一个精确解已知的问题。

例 4.5 令 $x_1=2.0$, $x_2=2.2$, $x_3=2.4$, $\cdots$, $x_{11}=4.0$ 是区间 $[2,4]$ 上间隔均匀的点，并设 $y_i = 1 + x_i + x_i^2 + x_i^3 + x_i^4 + x_i^5 + x_i^6 + x_i^7$，其中 $1 \leqslant i \leqslant 11$。使用法线方程找出最小二乘多项式 $P(x) = c_1 + c_2 x + \cdots + c_8 x^7$ 拟合 (x_i, y_i)。

阶数为 7 的多项式拟合了 11 个数据点，这些点在 7 阶的多项式 $P(x) = 1 + x + x^2 + x^3 + x^4 + x^5 + x^6 + x^7$ 上。显然，正确的最小二乘解是 $c_1 = c_2 = \cdots = c_8 = 1$。把点代入模型 $P(x)$ 中，得到系统 $Ac = b$：

$$\begin{bmatrix} 1 & x_1 & x_1^2 & \cdots & x_1^7 \\ 1 & x_2 & x_2^2 & \cdots & x_2^7 \\ \vdots & \vdots & \vdots & & \vdots \\ 1 & x_{11} & x_{11}^2 & \cdots & x_{11}^7 \end{bmatrix} \begin{bmatrix} c_1 \\ c_2 \\ \vdots \\ c_8 \end{bmatrix} = \begin{bmatrix} y_1 \\ y_2 \\ \vdots \\ y_{11} \end{bmatrix}$$

系数矩阵 A 是**范德蒙**(Van der Monde)**矩阵**，其中第 j 列包含第 2 列元素的 $(j-1)$ 阶的幂。我们使用 MATLAB 求解法线方程：

```
>> x = (2+(0:10)/5)';
>> y = 1+x+x.^2+x.^3+x.^4+x.^5+x.^6+x.^7;
>> A = [x.^0 x x.^2 x.^3 x.^4 x.^5 x.^6 x.^7];
>> c = (A'*A)\(A'*y)
c=
   1.5134
  -0.2644
   2.3211
   0.2408
   1.2592
   0.9474
   1.0059
   0.9997

>> cond(A'*A)

ans=
   1.4359e+019
```

以双精度求解最小二乘的法线方程不能得到精确解。$A^T A$ 的条件数过大，难以在双精度算术中处理，即使原始的最小二乘问题条件还可以，但是这个法线方程是病态问题。很显然，对于法线方程求解最小二乘问题还有改进的空间。在例 4.15 中，开发一种新的方法避免了 $A^T A$ 的计算，我们将再回头看这个问题。

4.1 节习题

1. 对于下面的不一致系统，求解法线方程，找出最小二乘解，以及 2 范数误差：

最小二乘

(a) $\begin{bmatrix} 1 & 2 \\ 0 & 1 \\ 2 & 1 \end{bmatrix} \begin{bmatrix} x_1 \\ x_2 \end{bmatrix} = \begin{bmatrix} 3 \\ 1 \\ 1 \end{bmatrix}$ (b) $\begin{bmatrix} 1 & 1 \\ 2 & 1 \\ 3 & 1 \end{bmatrix} \begin{bmatrix} x_1 \\ x_2 \end{bmatrix} = \begin{bmatrix} 1 \\ 2 \\ 0 \end{bmatrix}$ (c) $\begin{bmatrix} 1 & 2 \\ 1 & 1 \\ 2 & 1 \\ 2 & 1 \end{bmatrix} \begin{bmatrix} x_1 \\ x_2 \end{bmatrix} = \begin{bmatrix} 3 \\ 3 \\ 3 \\ 2 \end{bmatrix}$

2. 找出下面问题的最小二乘解，以及 RMSE：

(a) $\begin{bmatrix} 1 & 1 & 0 \\ 0 & 1 & 1 \\ 1 & 2 & 1 \\ 1 & 0 & 1 \end{bmatrix} \begin{bmatrix} x_1 \\ x_2 \\ x_3 \end{bmatrix} = \begin{bmatrix} 2 \\ 2 \\ 3 \\ 4 \end{bmatrix}$ (b) $\begin{bmatrix} 1 & 0 & 1 \\ 1 & 0 & 2 \\ 1 & 1 & 1 \\ 2 & 1 & 1 \end{bmatrix} \begin{bmatrix} x_1 \\ x_2 \\ x_3 \end{bmatrix} = \begin{bmatrix} 2 \\ 3 \\ 1 \\ 2 \end{bmatrix}$

3. 找出如下不一致系统的最小二乘解：

$$\begin{bmatrix} 1 & 0 \\ 1 & 0 \\ 1 & 0 \end{bmatrix} \begin{bmatrix} x_1 \\ x_2 \end{bmatrix} = \begin{bmatrix} 1 \\ 5 \\ 6 \end{bmatrix}$$

4. 令 $m \geqslant n$，令 A 是 $m \times n$ 单位矩阵（主子矩阵 $m \times m$ 是单位矩阵），令 $b = [b_1, \cdots, b_m]$ 是一个向量. 找出 $Ax = b$ 的最小二乘解以及 2 范数误差.

5. 证明 2 范数是向量范数. 需要使用 Cauchy-Schwarz 不等式 $|u \cdot v| \leqslant \|u\|_2 \|v\|_2$.

6. 令 A 是 $n \times n$ 非奇异阵. (a) 证明 $(A^T)^{-1} = (A^{-1})^T$. (b) 令 b 是 n 维向量，则 $Ax = b$ 只有唯一解. 证明这个解满足法线方程.

7. 找出通过一组点的最优的直线，并计算 RMSE：

(a) $(-3, 3), (-1, 2), (0, 1), (1, -1), (3, -4)$
(b) $(1, 1), (1, 2), (2, 2), (2, 3), (4, 3)$.

8. 找出通过一组点的最优的直线，并计算 RMSE：

(a) $(0, 0), (1, 3), (2, 3), (5, 6)$ (b) $(1, 2), (3, 2), (4, 1), (6, 3)$
(c) $(0, 5), (1, 3), (2, 3), (3, 1)$.

9. 找出通过习题 8 中数据点的最优的抛物线，并比较 RMSE 和最优直线拟合的 RMSE.

10. 找出通过习题 8 中数据点的最优 3 阶多项式，并找出 3 阶插值多项式进行比较.

11. 假设对一个模型火箭的高度度量 4 次，度量的次数以及对应的高度是 $(t, h) = (1, 135), (2, 265), (3, 385), (4, 485)$，单位是秒和米. 拟合模型 $h = a + bt - 4.905t^2$ 估计物体最后可以达到的最大的高度，以及它何时返回地球.

12. 给定数据点 $(x, y, z) = (0, 0, 3), (0, 1, 2), (1, 0, 3), (1, 1, 5), (1, 2, 6)$，找出三维空间中的平面（模型 $z = c_0 + c_1 x + c_2 y$），能最优地拟合数据.

4.1 节编程问题

1. 对于下面的不一致系统，构造法线方程，计算最小二乘解以及 2 范数误差：

(a) $\begin{bmatrix} 3 & -1 & 2 \\ 4 & 1 & 0 \\ -3 & 2 & 1 \\ 1 & 1 & 5 \\ -2 & 0 & 3 \end{bmatrix} \begin{bmatrix} x_1 \\ x_2 \\ x_3 \end{bmatrix} = \begin{bmatrix} 10 \\ 10 \\ -5 \\ 15 \\ 0 \end{bmatrix}$ (b) $\begin{bmatrix} 4 & 2 & 3 & 0 \\ -2 & 3 & -1 & 1 \\ 1 & 3 & -4 & 2 \\ 1 & 0 & 1 & -1 \\ 3 & 1 & 3 & -2 \end{bmatrix} \begin{bmatrix} x_1 \\ x_2 \\ x_3 \\ x_4 \end{bmatrix} = \begin{bmatrix} 10 \\ 0 \\ 2 \\ 0 \\ 5 \end{bmatrix}$

2. 考虑编程问题 3.2.3 中世界石油产量数据. 找出通过 10 个数据点的最优的最小二乘(a)直线, (b)抛物线, 以及(c)三次曲线, 并计算拟合的 RMSE. 使用每个模型估计 2010 年的产量. 在 RMSE 度量下, 哪个模型表示数据最优?

3. 考虑编程问题 3.1.1 中的世界人口数据. 找出通过数据点的最优的最小二乘(a)直线, (b)抛物线, 并计算拟合的 RMSE. 在每个模型中, 估计 1980 年的人口, 哪个模型给出最优的估计?

4. 考虑习题 3.1.13 中的二氧化碳浓度数据. 找出通过数据点的最优的最小二乘(a)直线, (b)抛物线, 以及(c)三次曲线, 并计算拟合的 RMSE. 在每个模型中, 估计 1950 年的 CO_2 浓度.

5. 一个公司对一种新的软饮料在 22 个近似相同规模的城市中进行市场测试. 出售价格(美元)以及在城市中每周销售数量如下表:

城市	价格	销量/周	城市	价格	销量/周
1	0.59	3980	12	0.49	6000
2	0.80	2200	13	1.09	1190
3	0.95	1850	14	0.95	1960
4	0.45	6100	15	0.79	2760
5	0.79	2100	16	0.65	4330
6	0.99	1700	17	0.45	6960
7	0.90	2000	18	0.60	4160
8	0.65	4200	19	0.89	1990
9	0.79	2440	20	0.79	2860
10	0.69	3300	21	0.99	1920
11	0.79	2300	22	0.85	2160

(a) 首先, 公司想找出"需求曲线": 每个潜在价格可以销售的数量. 令 P 表示价格, S 表示每周销售数量. 找出在最小二乘意义上最优拟合表中数据的直线 $S = c_1 + c_2 P$. 找出法线方程和最小二乘直线系数 c_1, c_2. 同时画出最小二乘直线和数据点, 并计算均方误差根.

(b) 在研究了市场测试结果后, 公司将在全国设置唯一的销售价格 P. 给定每个饮料有 0.23 美元的制造成本, 全部利润(每个城市, 每周)是 $S(P-0.23)$ 美元. 使用前面最小二乘的近似结果找出公司利润最大化的销售价格.

6. 区间 $[0, 1]$ 上的抛物线 $y = x^2$ 的斜率是多少? 找出最优的通过区间上 n 个均匀分布的点的最小二乘直线, 该直线拟合抛物线(a)$n=10$ 和(b)$n=20$. 画出抛物线和直线. 当 $n \to \infty$ 时, 结果会是多少? (c) 找出函数 $F(c_1, c_2) = \int_0^1 (x^2 - c_1 - c_2 x)^2 dx$ 的最小值, 解释它与问题的关系.

7. 找出通过图 3.5 的 13 个数据点的最小二乘(a)直线和(b)抛物线, 以及拟合的 RMSE.

8. 令 A 是 $10 \times n$ 矩阵, 由 10×10 希尔伯特矩阵的前 n 列构成. 令 c 是 n 维向量 $[1, \cdots, 1]$, 设置 $b = Ac$. 使用法线方程求解最小二乘法问题 $Ax = b$: (a)$n=6$, (b)$n=8$, 并和正确的最小二乘解 $\bar{x} = c$ 比较. 可以精确到小数点后面几位? 使用条件数解释结果. (编程问题 4.3.7 还会讨论这个最小二乘问题.)

9. 令 $x_1, \cdots, x_{11}$ 是区间 $[2, 4]$ 上 11 个均匀分布的点, $y_i = 1 + x_i + x_i^2 + \cdots + x_i^d$. 使用法线方程计算最优的 d 阶多项式, 其中(a)$d=5$, (b) $d=6$, (c)$d=8$. 与例 4.5 比较. 可以精确到小数点后面几位? 使用条件数解释结果. (编程问题 4.3.8 还会讨论这个最小二乘问题.)

10. 下面的数据, 由美国经济分析委员会收集, 列出了美国 15 个选举年份中平均可使用的个人收入的年百分比变化. 同时, 也列出了美国投票支持执政党的总统候选人的选民的比例. 表的第一行说明收入从 1951 年到 1952 年增长 1.49%, 44.6% 选民支持执政的民主党的总统候选人 Adlai Stevenson. 找出最优的最小二乘线性模型计算执政党的选票，该票数作为收入的一个函数. 同时画出直线和 15 个数据点. 随着个人收入增长的每个百分点，执政党可以得到的选票会出现什么变化？

年份	收入变化(%)	现任投票(%)	年份	收入变化(%)	现任投票(%)
1952	1.49	44.6	1984	6.23	59.2
1956	3.03	57.8	1988	3.38	53.9
1960	0.57	49.9	1992	2.15	46.5
1964	5.74	61.3	1996	2.10	54.7
1968	3.51	49.6	2000	3.93	50.3
1972	3.73	61.8	2004	2.47	51.2
1976	2.98	49.0	2008	−0.41	45.7
1980	−0.18	44.7			

4.2 模型概述

前面的线性和多项式模型使用最小二乘拟合数据. 数据建模包含不同的模型，其中一些源自底层的物理定律，其他一些则基于经验因素.

4.2.1 周期数据

周期数据使用周期模型. 例如外层大气温度遵循大时间尺度的循环，包含由地球自转和绕太阳公转控制的每天和每年的循环. 在第一个例子中，使用正弦和余弦函数拟合每小时的温度数据.

例 4.6 使用周期模型拟合华盛顿特区在 2001 年 1 月记录的温度，如下表所示：

一日的时间	t	温度℃	一日的时间	t	温度℃
午夜 12 点	0	−2.2	正午 12 点	$\frac{1}{2}$	0.0
上午 3 点	$\frac{1}{8}$	−2.8	下午 3 点	$\frac{5}{8}$	1.1
上午 6 点	$\frac{1}{4}$	−6.1	下午 6 点	$\frac{3}{4}$	−0.6
上午 9 点	$\frac{3}{8}$	−3.9	下午 9 点	$\frac{7}{8}$	−1.1

我们选择模型 $y = c_1 + c_2 \cos 2\pi t + c_3 \sin 2\pi t$ 来匹配温度以 24 小时为周期的变化，至少在没有长期温度变化的情况下该周期性成立. 模型利用这个信息，并将该周期固定在 1 天，其中 t 的单位使用天. 在表中使用该单位列出 t 的取值.

把数据代入模型得到下面的超定线性方程组：

$$c_1 + c_2 \cos 2\pi(0) + c_3 \sin 2\pi(0) = -2.2$$

$$c_1 + c_2 \cos 2\pi\left(\frac{1}{8}\right) + c_3 \sin 2\pi\left(\frac{1}{8}\right) = -2.8$$

$$c_1 + c_2 \cos 2\pi\left(\frac{1}{4}\right) + c_3 \sin 2\pi\left(\frac{1}{4}\right) = -6.1$$

$$c_1 + c_2\cos2\pi\left(\frac{3}{8}\right) + c_3\sin2\pi\left(\frac{3}{8}\right) = -3.9$$

$$c_1 + c_2\cos2\pi\left(\frac{1}{2}\right) + c_3\sin2\pi\left(\frac{1}{2}\right) = 0.0$$

$$c_1 + c_2\cos2\pi\left(\frac{5}{8}\right) + c_3\sin2\pi\left(\frac{5}{8}\right) = 1.1$$

$$c_1 + c_2\cos2\pi\left(\frac{3}{4}\right) + c_3\sin2\pi\left(\frac{3}{4}\right) = -0.6$$

$$c_1 + c_2\cos2\pi\left(\frac{7}{8}\right) + c_3\sin2\pi\left(\frac{7}{8}\right) = -1.1$$

> **正交** 对于特定的基函数，最小二乘问题可以大大简化．例如例 4.6 和例 4.7 中的选择方式，使得法线方程已经是对角线形式．关于正交基的性质在第 10 章还有讨论．模型(4.9)是傅里叶展开．

对应的不一致矩阵等式是 $Ax=b$，其中

$$A = \begin{bmatrix} 1 & \cos 0 & \sin 0 \\ 1 & \cos\frac{\pi}{4} & \sin\frac{\pi}{4} \\ 1 & \cos\frac{\pi}{2} & \sin\frac{\pi}{2} \\ 1 & \cos\frac{3\pi}{4} & \sin\frac{3\pi}{4} \\ 1 & \cos\pi & \sin\pi \\ 1 & \cos\frac{5\pi}{4} & \sin\frac{5\pi}{4} \\ 1 & \cos\frac{3\pi}{2} & \sin\frac{3\pi}{2} \\ 1 & \cos\frac{7\pi}{4} & \sin\frac{7\pi}{4} \end{bmatrix} = \begin{bmatrix} 1 & 1 & 0 \\ 1 & \sqrt{2}/2 & \sqrt{2}/2 \\ 1 & 0 & 1 \\ 1 & -\sqrt{2}/2 & \sqrt{2}/2 \\ 1 & -1 & 0 \\ 1 & -\sqrt{2}/2 & -\sqrt{2}/2 \\ 1 & 0 & -1 \\ 1 & \sqrt{2}/2 & -\sqrt{2}/2 \end{bmatrix},\quad b = \begin{bmatrix} -2.2 \\ -2.8 \\ -6.1 \\ -3.9 \\ 0.0 \\ 1.1 \\ -0.6 \\ -1.1 \end{bmatrix}$$

法线方程 $A^\mathrm{T}Ac = A^\mathrm{T}b$ 如下

$$\begin{bmatrix} 8 & 0 & 0 \\ 0 & 4 & 0 \\ 0 & 0 & 4 \end{bmatrix}\begin{bmatrix} c_1 \\ c_2 \\ c_3 \end{bmatrix} = \begin{bmatrix} -15.6 \\ -2.9778 \\ -10.2376 \end{bmatrix}$$

很容易求解 $c_1 = -1.95$，$c_2 = -0.7445$，$c_3 = -2.5594$．在最小二乘意义上，该模型的最优解是 $y = -1.9500 - 0.7445\cos2\pi t - 2.5594\sin2\pi t$，其中 RMSE$\approx 1.063$．图 4.5a 比较了最小二乘拟合模型和实际每小时记录的温度数据．

▎**例 4.7** 使用改进模型拟合温度数据

$$y = c_1 + c_2\cos2\pi t + c_3\sin2\pi t + c_4\cos4\pi t \tag{4.9}$$

当前的方程组如下：

$$c_1 + c_2\cos2\pi(0) + c_3\sin2\pi(0) + c_4\cos4\pi(0) = -2.2$$
$$c_1 + c_2\cos2\pi\left(\frac{1}{8}\right) + c_3\sin2\pi\left(\frac{1}{8}\right) + c_4\cos4\pi\left(\frac{1}{8}\right) = -2.8$$
$$c_1 + c_2\cos2\pi\left(\frac{1}{4}\right) + c_3\sin2\pi\left(\frac{1}{4}\right) + c_4\cos4\pi\left(\frac{1}{4}\right) = -6.1$$
$$c_1 + c_2\cos2\pi\left(\frac{3}{8}\right) + c_3\sin2\pi\left(\frac{3}{8}\right) + c_4\cos4\pi\left(\frac{3}{8}\right) = -3.9$$
$$c_1 + c_2\cos2\pi\left(\frac{1}{2}\right) + c_3\sin2\pi\left(\frac{1}{2}\right) + c_4\cos4\pi\left(\frac{1}{2}\right) = 0.0$$
$$c_1 + c_2\cos2\pi\left(\frac{5}{8}\right) + c_3\sin2\pi\left(\frac{5}{8}\right) + c_4\cos4\pi\left(\frac{5}{8}\right) = 1.1$$
$$c_1 + c_2\cos2\pi\left(\frac{3}{4}\right) + c_3\sin2\pi\left(\frac{3}{4}\right) + c_4\cos4\pi\left(\frac{3}{4}\right) = -0.6$$
$$c_1 + c_2\cos2\pi\left(\frac{7}{8}\right) + c_3\sin2\pi\left(\frac{7}{8}\right) + c_4\cos4\pi\left(\frac{7}{8}\right) = -1.1$$

得到下面的法线方程：

$$\begin{bmatrix} 8 & 0 & 0 & 0 \\ 0 & 4 & 0 & 0 \\ 0 & 0 & 4 & 0 \\ 0 & 0 & 0 & 4 \end{bmatrix} \begin{bmatrix} c_1 \\ c_2 \\ c_3 \\ c_4 \end{bmatrix} = \begin{bmatrix} -15.6 \\ -2.9778 \\ -10.2376 \\ 4.5 \end{bmatrix}$$

解是 $c_1 = -1.95$，$c_2 = -0.7445$，$c_3 = -2.5594$，$c_4 = 1.125$，其中 RMSE≈ 0.705。图 4.5b 显示了扩展模型 $y = -1.95 - 0.7445\cos2\pi t - 2.5594\sin2\pi t + 1.125\cos4\pi t$，该模型大大改善了拟合。

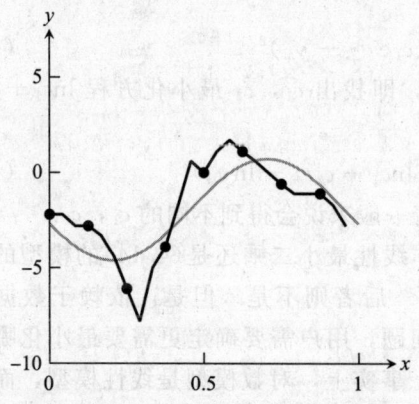 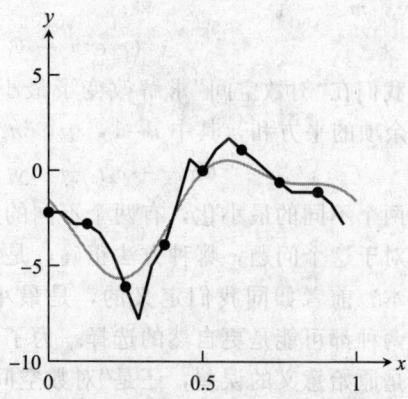

a) sinusoid 模型 $y=-1.95-0.7445\cos2\pi t-2.5594\sin2\pi t$ 表示为实线，以及2001年1月1日记录的温度

b) 改进的sinusoid模型 $y=-1.95-0.7445\cos2\pi t-2.5594\sin2\pi t+1.125\cos4\pi t$ 可以更近地拟合数据

图 4.5　例 4.6 中周期数据的最小二乘拟合

4.2.2 数据线性化

当人口的增长率和人口规模成比例时，意味着人口的指数增长．理想情况下，当增长环境不变，并且人口在环境负载规模以下时，这个模型可以很好地表示人口．

指数模型

$$y = c_1 e^{c_2 t} \tag{4.10}$$

不能直接进行最小二乘拟合，这是由于 c_2 在模型方程中不是线性的．一旦将数据点代入模型，求解的困难很明显：要求解的方程系数不是线性，不能表示为线性方程组 $Ax=b$．因而我们导出的法线方程不能使用．

有两种方式来处理这种非线性问题．难一些的方式是直接计算最小二乘误差，即求解非线性最小二乘问题．我们在 4.5 节回到这个问题．简单的方式是改变问题．不是求解原始的最小二乘问题，我们可以求解一个不同的问题，它和原始问题相关，但是对模型进行了"线性化"．

在指数模型(4.10)的情况下，通过应用自然对数可以将问题线性化：

$$\ln y = \ln(c_1 e^{c_2 t}) = \ln c_1 + c_2 t \tag{4.11}$$

注意到对于指数模型，$\ln y$ 相对于 t 线性．乍一看，我们仅仅将一个问题转换为另一个问题．c_2 系数在模型中是线性，但是 c_1 不是线性．然而，通过定义 $k=\ln c_1$，我们可以写出

$$\ln y = k + c_2 t \tag{4.12}$$

现在的两个系数 k 和 c_2 在模型中都是线性的．求解法线方程后，得到最优的 k 和 c_2，如果需要，我们可以找到对应的 $c_1 = e^k$．

注意到，我们摆脱原始的非线性问题的方式是改变问题．原始的最小二乘问题(4.10)是用来拟合数据，即找出 c_1，c_2，以最小化方程 $c_1 e^{c_2 t_i} = y_i$ 的余项的平方和，其中 $i=1,\cdots,m$．

$$(c_1 e^{c_2 t_1} - y_1)^2 + \cdots + (c_1 e^{c_2 t_m} - y_m)^2 \tag{4.13}$$

现在我们在"对数空间"求解改变了最小二乘误差，即找出 c_1，c_2 最小化方程 $\ln c_1 + c_2 t_i = \ln y_i$ 余项的平方和，其中 $i=1,\cdots,m$．

$$(\ln c_1 + c_2 t_1 - \ln y_1)^2 + \cdots + (\ln c_1 + c_2 t_m - \ln y_m)^2 \tag{4.14}$$

这是两个不同的最小化，有两个不同的解，意味着一般来说会得到不同的 c_1，c_2．

对于这个问题，哪种方法正确，是(4.13)的非线性最小二乘还是(4.14)的模型的线性化版本？前者如同我们定义的，是最小二乘问题．后者则不是．但是，依赖于数据上下文，两种都可能是更自然的选择．为了回答这个问题，用户需要确定更需要最小化哪种误差，是原始意义的误差，还是"对数空间"的误差．事实上，对数模型是线性模型，而且有时认为在对数变换把数据转化为线性关系后，才可以评价模型的拟合．

例 4.8 使用模型线性化用指数模型 $y=c_1 e^{c_2 t}$ 最小二乘拟合下面的世界汽车供应数据．

年份	汽车($\times 10^6$)	年份	汽车($\times 10^6$)
1950	53.05	1970	193.48
1955	73.04	1975	260.20
1960	98.31	1980	320.39
1965	139.78		

该数据描述给定年份里全球汽车装配数量. 定义时间变量 t 从 1950 年开始. 求解线性最小二乘问题得到 $k_1 \approx 3.9896$, $c_2 \approx 0.06152$. 由于 $c_1 \approx e^{3.9896} \approx 54.03$, 模型为 $y = 54.03 e^{0.06152 t}$. 对数线性模型的 RMSE 在对数空间中 ≈ 0.0357, 其中原始指数模型的 RMSE ≈ 9.56. 图 4.6 中画出最优模型与数据. ◀

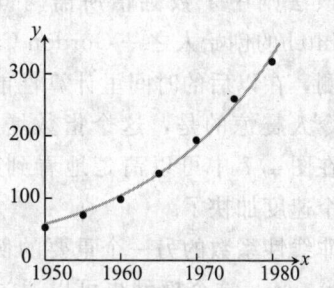

图 4.6 全球汽车供应数据的指数拟合, 其中使用线性化. 最优的最小二乘拟合是 $y = 54.03 e^{0.06152 t}$. 和图 4.14 比较

例 4.9 20 世纪 70 年代早期, Intel 中央处理单元中的晶体管数量如下表所示. 使用模型 $y = c_1 e^{c_2 t}$ 拟合数据.

CPU	年份	晶体管	CPU	年份	晶体管
4004	1971	2250	Pentium	1993	3 100 000
8008	1972	2500	Pentium II	1997	7 500 000
8080	1974	5000	Pentium III	1999	24 000 000
8086	1978	29 000	Pentium 4	2000	42 000 000
286	1982	120 000	ltanium	2002	220 000 000
386	1985	275 000	ltanium 2	2003	410 000 000
486	1989	1 180 000			

使用模型线性化(4.11)拟合数据. 线性化模型得到
$$\ln y = k + c_2 t$$
我们将令 $t = 0$ 对应 1970 年. 代入数据到线性化模型中得到
$$\begin{aligned} k + c_2(1) &= \ln 2250 \\ k + c_2(1) &= \ln 2250 \\ k + c_2(4) &= \ln 5000 \\ k + c_2(8) &= \ln 29\,000 \end{aligned} \tag{4.15}$$

矩阵方程是 $Ax = b$, 其中 $x = (k, c_2)$,
$$A = \begin{bmatrix} 1 & 1 \\ 1 & 2 \\ 1 & 4 \\ 1 & 8 \\ \vdots & \vdots \\ 1 & 33 \end{bmatrix}, \quad b = \begin{bmatrix} \ln 2250 \\ \ln 2500 \\ \ln 5000 \\ \ln 29\,000 \\ \vdots \\ \ln 410\,000\,000 \end{bmatrix} \tag{4.16}$$

法线方程 $A^TAx = A^Tb$ 为

$$\begin{bmatrix} 13 & 235 \\ 235 & 5927 \end{bmatrix} \begin{bmatrix} k \\ c_2 \end{bmatrix} = \begin{bmatrix} 176.90 \\ 3793.23 \end{bmatrix}$$

解为 $k \approx 7.197$,$c_2 \approx 0.3546$,得到 $c_1 = e^k \approx 1335.3$. 指数曲线 $y = 1335.3 e^{0.3546t}$,如图 4.7 所示. 该法则中个数翻倍所需时间 $\ln 2 / c_2 \approx 1.95$ 年. Intel 的创始人之一 Gordon C. Moore 在 1965 年预测,在以后的时间里计算性能每两年就会翻倍. 令人震惊的是,这个指数增长率保持了 40 年. 在图 4.7 中可以清楚地看到,从 2000 年开始这个速度加快了.

非线性系数的另一个重要的例子是**幂法则**模型 $y = c_1 t^{c_2}$,这个模型也可以通过对两侧对数进行线性化来简化问题:

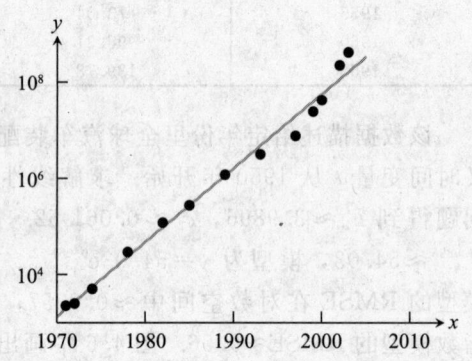

图 4.7 Moore 定律的半对数图. 相对于年份的 CPU 芯片上的晶体管数量

$$\ln y = \ln c_1 + c_2 \ln t = k + c_2 \ln t \tag{4.17}$$

将数据代入模型得到

$$k + c_2 \ln t_1 = \ln y_1 \tag{4.18}$$
$$\vdots$$
$$k + c_2 \ln t_n = \ln y_n \tag{4.19}$$

得到矩阵形式

$$A = \begin{bmatrix} 1 & \ln t_1 \\ \vdots & \vdots \\ 1 & \ln t_n \end{bmatrix}, \quad b = \begin{bmatrix} \ln y_1 \\ \vdots \\ \ln y_n \end{bmatrix} \tag{4.20}$$

法线方程可以确定 k 和 c_2,$c_1 = e^k$.

▎例 4.10▎ 使用线性化拟合给定的高度-体重数据,使用幂法则模型.

年龄在 2~11 岁之间男孩的身高数据来自疾病控制中心在 2002 年得到的美国国家健康与营养检查报告,如下表:

年龄(yrs)	身高(m)	体重(kg)	年龄(yrs)	身高(m)	体重(kg)
2	0.9120	13.7	7	1.2600	27.2
3	0.9860	15.9	8	1.3200	32.7
4	1.0600	18.5	9	1.3800	36.0
5	1.1300	21.3	10	1.4100	38.6
6	1.1900	23.5	11	1.4900	43.7

使用前面的策略,得到的关于体重-身高的幂法则模型是 $W = 16.3 H^{2.42}$. 该关系如图 4.8 所示. 由于重量和体积相关,系数 $c_2 \approx 2.42$ 可以看做是人的"有效维".

血液中的药物浓度 y 可以很好地由下面的模型描述:

$$y = c_1 t e^{c_2 t} \tag{4.21}$$

其中 t 表示药物服用后的时间. 模型特点是当药物进入血管后浓度出现一个明显上升，随后是一个缓慢的指数衰减. **半衰期**对应药物从峰值浓度降低到一半所花的时间. 通过在两侧使用自然对数，模型可以线性化：

$$\ln y = \ln c_1 + \ln t + c_2 t$$
$$k + c_2 t = \ln y - \ln t$$

其中我们设置 $k = \ln c_1$. 这样可得到矩阵方程 $Ax = b$，其中

$$A = \begin{bmatrix} 1 & t_1 \\ \vdots & \vdots \\ 1 & t_m \end{bmatrix}, \quad b = \begin{bmatrix} \ln y_1 - \ln t_1 \\ \vdots \\ \ln y_m - \ln t_m \end{bmatrix} \tag{4.22}$$

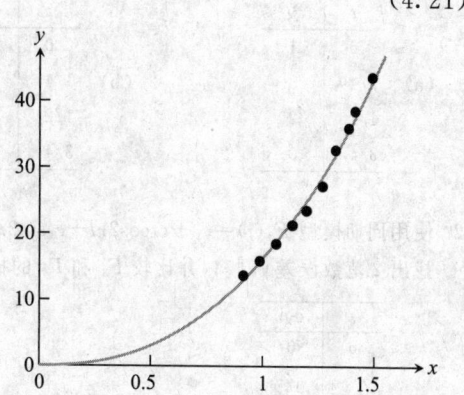

图 4.8 2～11 岁身高-体重的幂法则模型. 最优的拟合公式是 $W = 16.3 H^{2.42}$

求解法线方程得到 k 和 c_2，$c_1 = e^k$.

例 4.11 使用病人血液中测量的药物代谢物拟合模型(4.21)，数据如下表所示：

小时	度(ng/ml)	小时	度(ng/ml)	小时	度(ng/ml)
1	8.0	4	16.8	7	15.2
2	12.3	5	17.1	8	14.0
3	15.5	6	15.8		

求解法线方程得到 $k \approx 2.28$，$c_2 \approx -0.215$，$c_1 \approx e^{2.28} \approx 9.77$. 最优模型 $y = 9.77 t e^{-0.215 t}$，如图 4.9 所示. 从图中可知峰值时间以及半衰期时间.（见编程问题 5.）

模型的线性化改变了最小二乘问题，这个问题十分重要. 线性化版本的解能够最小化线性化问题中的 RMSE，但不一定能最小化原始问题的 RMSE，原始问题中通常会得到一组不同的优化参数. 如果参数被非线性引入模型，通常不能使用法线方程求解，我们需要非线性技术求解原来的最小二乘问题. 这通过 4.5 节中的高斯-牛顿方法求解，在那里我们再次使用全球汽车供应数据，并比较线性化的指数模型以及非线性形式的计算的结果.

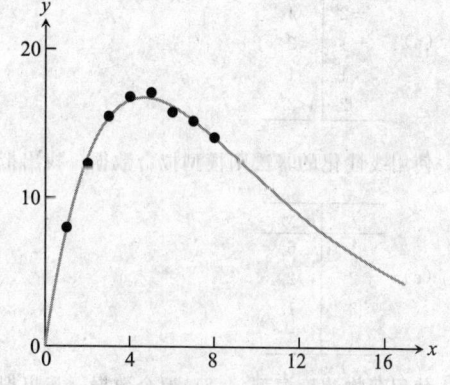

图 4.9 画出血液中的药物浓度. 模型(4.21) 表明在初始峰值后的指数衰减

4.2 节习题

1. 使用周期模型 $y = F_3(t) = c_1 + c_2 \cos 2\pi t + c_3 \sin 2\pi t$ 拟合数据. 找出 2 范数误差和 RMSE.

(a)

t	y
0	1
1/4	3
1/2	2
3/4	0

(b)

t	y
0	1
1/4	3
1/2	2
3/4	1

(c)

t	y
0	3
1/2	1
1	3
3/2	2

2. 使用周期模型 $F_3(t)=c_1+c_2\cos 2\pi t+c_3\sin 2\pi t$ 以及 $F_4(t)=c_1+c_2\cos 2\pi t+c_3\sin 2\pi t+c_4\cos 4\pi t$ 拟合数据. 找出 2 范数误差 $\|e\|_2$；并比较 F_3 和 F_4 的拟合.

(a)

t	y
0	0
1/6	2
1/3	0
1/2	−1
2/3	1
5/6	1

(b)

t	y
0	4
1/6	2
1/3	0
1/2	−5
2/3	−1
5/6	3

3. 使用线性化的指数模型拟合数据. 找出数据点 y_i 和最优模型 $c_1 e^{c_2 t_i}$ 之间的 2 范数差异.

(a)

t	y
−2	1
0	2
1	2
2	5

(b)

t	y
0	1
1	1
1	2
2	4

4. 使用线性化的指数模型拟合数据. 找出数据点 y_i 和最优模型 $c_1 e^{c_2 t_i}$ 之间的 2 范数差异.

(a)

t	y
−2	4
−1	2
1	1
2	1/2

(b)

t	y
0	10
1	5
2	2
3	1

5. 使用线性化的幂法则模型拟合数据. 找出拟合的 RMSE.

(a)

t	y
1	6
2	2
3	1
4	1

(b)

t	y
1	2
1	4
2	5
3	6
5	10

6. 使用药物浓度模型(4.21)拟合数据. 找出拟合的 RMSE.

(a)

t	y
1	3
2	4
3	5
4	5

(b)

t	y
1	2
2	4
3	3
4	2

4.2 节编程问题

1. 拟合日本 2003 年每月石油消耗数据，数据如下表所示，使用周期模型(4.9)，计算 RMSE：

月份	石油消耗(10^6 bbl/天)	月份	石油消耗(10^6 bbl/天)
一月	6.224	七月	4.994
二月	6.665	八月	5.012
三月	6.241	九月	5.108
四月	5.302	十月	5.377
五月	5.073	十一月	5.510
六月	5.127	十二月	6.372

2. 例 4.6 中的温度数据是从地下气象网站 www.wunderground.com 获取．找出你选择的地点、日期对应的每小时的温度数据，使用例题中的两个 sinusoidal 模型拟合．

3. 考虑编程问题 3.1.1 中的世界人口数据．使用线性化找出数据点最优的指数拟合．估计 1980 年的人口，找出估计误差．

4. 考虑习题 3.1.17 中二氧化碳浓度数据．找出 CO_2 浓度和基础值(279ppm)之间差异的最优指数拟合，使用线性化．估计 1950 年的 CO_2 浓度，找出估计误差．

5. (a)找出模型(4.21)获取最大浓度的时间．(b)使用方程求解器估计例 4.11 模型的半衰期．

6. 在服药后的每小时度量的药物的血液浓度数据在下表中给出．使用模型(4.21)拟合．找出估计的极大值以及半衰期．假设药物的有疗效范围是 $4 \sim 15$ ng/ml．使用你选择的方程求解器估计药物有效的时间．

小时	浓度(ng/ml)	小时	浓度(ng/ml)
1	6.2	6	13.5
2	9.5	7	13.3
3	12.3	8	12.7
4	13.9	9	12.4
5	14.6	10	11.9

7. 可以从本书网站下载的文件 windmill.txt，这是 60 个数字的列表，表示从 2005 年 1 月到 2009 年 12 月每月 Valley 城附近的 Minnkota 能源工程风力涡轮的兆瓦时．当前数据可以从 http://www.minnkota.com 获得．作为参考，一个典型的家庭每月使用 1 兆瓦时．

   (a) 找出一个以年为周期函数的粗略的能源输出模型．用方程(4.9)拟合数据，
   $$f(t) = c_1 + c_2 \cos 2\pi t + c_3 \sin 2\pi t + c_4 \cos 4\pi t$$
   其中 t 的单位是年，$0 \leqslant t \leqslant 5$，写出结果函数．

   (b) 对于 $0 \leqslant t \leqslant 5$，画出数据和模型函数．从模型中获取的数据特征是什么？

8. 可以从本书网站下载的文件 scrippsy.txt，这是 50 个数字的列表，表示大气二氧化碳浓度，单位为ppv，即每百万体积空气中所含二氧化碳的体积数，该数据记录 Mauna Loa，Hawaii 从 1961 到 2010 年中每年 5 月 15 日的情况．这个数据是由美国施克里普斯海洋学会的 Charles Keeling(Keeling 等人[2001])发起的采集数据的一部分．如同编程问题 4，减去基础值 279ppm，使用指数模型拟合数据．同时画出数据和指数模型，并报告 RMSE．

9. 可以从本书网站下载的文件 scrippsm.txt，这是 180 个数字的列表，表示大气二氧化碳浓度，单位为 ppv，即每百万体积空气中所含二氧化碳的体积数，数据为 Mauna Loa 火山从 1996 年 1 月到 2010 年 12

月的记录,这部分数据和编程问题 8 一样是从 Scripps 研究中获得.
(a) 对 CO_2 数据进行最小二乘拟合,使用模型

$$f(t) = c_1 + c_2 t + c_3 \cos 2\pi t + c_4 \sin 2\pi t$$

其中 t 的单位是月. 报告最优的拟合系数 c_i 和 RMSE 拟合误差. 画出从 1989 年 1 月到本年底的连续曲线,同时包含 180 个数据点.

(b) 使用你的模型预测 CO_2 在 2004 年 5 月,2004 年 9 月,2005 年 5 月,以及 2005 年 9 月的浓度. 这些月份倾向包含每年 CO_2 循环的极大和极小值. 实际记录的值分别是 380.63,374.06,382.45,以及 376.73ppv,报告在这 4 个点上的模型误差.

(c) 加上额外项 $c_5 \cos 4\pi t$ 并重做(a)和(b). 比较新的 RMSE 以及 4 个点上模型的误差.

(d) 使用额外项 $c_5 t^2$ 重复(c). 在模型中哪一项带来的改进最多,(c)还是(d)?

(e) 加上(c)和(d)中的两项,重做(a)和(b). 准备一个表总结你的结果,包含本问题中的各个部分,并尽量对该问题提供一个解释.

参见网站 http://scrippsco2.ucsd.edu 得到 Scripps 二氧化碳研究分析更多数据.

4.3 QR 分解

第 2 章中,使用 LU 分解求解矩阵方程. 由于分解对高斯消去进行编码,分解非常有用. 在本节中,我们引入 QR 分解作为求解最小二乘的方法,该方法优于法线方程.

以格拉姆-施密特(Gram-Schmidt)正交方式引入分解后,我们回到例 4.5,其中法线方程并不足以求解问题. 随后在本节中,引入豪斯霍尔德(House Holder)反射作为计算 Q 和 R 更有效的方法.

4.3.1 格拉姆-施密特正交与最小二乘

格拉姆-施密特方法是对一组向量正交化. 给定一组输入的 m 维向量,目的是找出正交坐标系统,获取由这些向量张成的空间. 更精确地讲,给定 n 个线性无关的输入向量,该方法计算 n 个彼此垂直的单位向量,张成和输入向量相同的子空间. 单位长度由欧几里得即 2 范数(4.7)进行定义,在第 4 章中都是按这种方式度量.

令 $A_1, \cdots, A_n$ 是 R^m 中的线性无关向量. 因而 $n \leqslant m$. 格拉姆-施密特方法首先将 A_1 除去它的长度获取单位向量. 定义

$$y_1 = A_1 \text{ 与 } q_1 = \frac{y_1}{\|y_1\|_2} \quad (4.23).$$

为了找到第 2 个单位向量,在 q_1 方向上的投影减去 A_2,并对结果规范化:

$$y_2 = A_2 - q_1(q_1^T A_2), \quad q_2 = \frac{y_2}{\|y_2\|_2} \quad (4.24)$$

然后 $q_1^T y_2 = q_1^T (A_2 - q_1(q_1^T A_2)) = q_1^T A_2 - q_1^T A_2 = 0$,因而 q_1 和 q_2 两两正交,如图 4.10 所示.

在第 j 步中定义

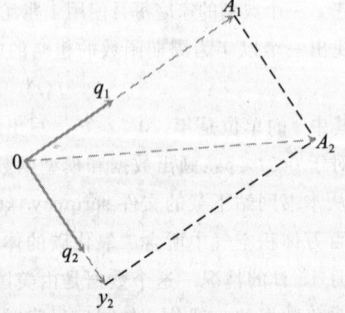

图 4.10 格拉姆-施密特正交. 输入向量 A_1 和 A_2,输出是单位正交集,包括 q_1 和 q_2. 第 2 个正交向量 q_2 通过从 A_2 减去 A_2 在 q_1 方向的投影得到,并进行规范化

$$y_j = A_j - q_1(q_1^T A_j) - q_2(q_2^T A_j) - \cdots - q_{j-1}(q_{j-1}^T A_j)$$
$$q_j = \frac{y_j}{\|y_j\|_2} \tag{4.25}$$

很显然，q_j 和前面生成的 $q_i(i=1,\cdots,j-1)$ 都垂直，这是由于从(4.25)可以得出
$$q_i^T y_j = q_i^T A_j - q_i^T q_1 q_1^T A_j - \cdots - q_i^T q_{j-1} q_{j-1}^T A_j = q_i^T A_j - q_i^T q_i q_i^T A_j = 0$$
其中引入假设，当 $i<j$ 时，q_i 两两正交。几何上来看，(4.25)对应从 A_j 减去 A_j 在前面确定的正交向量 $q_i(i=1,\cdots,j-1)$ 上的投影。余下的向量和 q_i 正交，通过除去自身长度变为单位向量，并作为 q_j。因而 $\{q_1,\cdots,q_n\}$ 包含彼此正交的向量，该向量所张的空间和 $\{A_1,\cdots,A_n\}$ 一致。

格拉姆-施密特正交的结果可以通过引入新的符号写成矩阵形式，用以表示上面计算的点积。定义 $r_{jj}=\|y_j\|_2$，$r_{ij}=q_i^T A_j$，则(4.23)和(4.24)可以写做
$$A_1 = r_{11} q_1$$
$$A_2 = r_{12} q_1 + r_{22} q_2$$

一般情况，(4.25)变为
$$A_j = r_{1j} q_1 + \cdots + r_{j-1,j} q_{j-1} + r_{jj} q_j$$
因而，格拉姆-施密特正交的结果可以写做矩阵形式
$$(A_1 | \cdots | A_n) = (q_1 | \cdots | q_n) \begin{bmatrix} r_{11} & r_{12} & \cdots & r_{1n} \\ & r_{22} & \cdots & r_{2n} \\ & & \ddots & \vdots \\ & & & r_{nn} \end{bmatrix} \tag{4.26}$$

或者 $A=QR$，其中 A 是包含列向量 A_j 的矩阵。我们把这称为**消减 QR 分解**；完整的形式在前面。关于 A_j 线性无关的假设保证主对角线系数 r_{jj} 非 0。相反地，如果 A_j 在 $A_1,\cdots,A_{j-1}$ 所张的空间中，则 A_j 在向量 $A_1,\cdots,A_{j-1}$ 上的投影构成整个向量 A_j，$r_{jj}=\|y_j\|_2=0$。

例 4.12 使用格拉姆-施密特正交找出消减 QR 分解
$$A = \begin{bmatrix} 1 & -4 \\ 2 & 3 \\ 2 & 2 \end{bmatrix}$$

令 $y_1 = A_1 = \begin{bmatrix} 1 \\ 2 \\ 2 \end{bmatrix}$，则 $r_{11} = \|y_1\|_2 = \sqrt{1^2+2^2+2^2} = 3$，第一个单位向量是
$$q_1 = \frac{y_1}{\|y_1\|_2} = \begin{bmatrix} \frac{1}{3} \\ \frac{2}{3} \\ \frac{2}{3} \end{bmatrix}$$

为找出第 2 个单位向量，令

$$y_2 = A_2 - q_1 q_1^{\mathrm{T}} A_2 = \begin{bmatrix} -4 \\ 3 \\ 2 \end{bmatrix} - \begin{bmatrix} \frac{1}{3} \\ \frac{2}{3} \\ \frac{2}{3} \end{bmatrix} 2 = \begin{bmatrix} -\frac{14}{3} \\ \frac{5}{3} \\ \frac{2}{3} \end{bmatrix}$$

$$q_2 = \frac{y_2}{\| y_2 \|_2} = \frac{1}{5} \begin{bmatrix} -\frac{14}{3} \\ \frac{5}{3} \\ \frac{2}{3} \end{bmatrix} = \begin{bmatrix} -\frac{14}{15} \\ \frac{1}{3} \\ \frac{2}{15} \end{bmatrix}$$

由于 $r_{12} = q_1^{\mathrm{T}} A_2 = 2$，$r_{22} = \| y_2 \|_2 = 5$，写做矩阵形式(4.26)的结果为

$$A = \begin{bmatrix} 1 & -4 \\ 2 & 3 \\ 2 & 2 \end{bmatrix} = \begin{bmatrix} 1/3 & -14/15 \\ 2/3 & 1/3 \\ 2/3 & 2/15 \end{bmatrix} \begin{bmatrix} 3 & 2 \\ 0 & 5 \end{bmatrix} = QR$$ ◄

由于在本节后面我们将提供一个更新的，或者"改进的"版本，所以当前版本的格拉姆-施密特我们称为"经典"方法.

经典格拉姆-施密特正交
令 $A_j (j=1, \cdots, n)$ 为线性无关向量.
for $j = 1, 2, \cdots, n$
　　$y = A_j$
　　for $i = 1, 2, \cdots, j-1$
　　　　$r_{ij} = q_i^{\mathrm{T}} A_j$
　　　　$y = y - r_{ij} q_i$
　　end
　　$r_{jj} = \|y\|_2$
　　$q_j = y / r_{jj}$
end

当方法成功运行后，通常会填满正交单位向量的矩阵，从而得到 R^m 完整的基，并实现"完全"的 QR 分解. 这可以通过在 A_j 中加上 $m-n$ 个额外的向量，因而 m 向量可以张成 R^m，并实现格拉姆-施密特方法. 考虑到由基 $q_1, \cdots, q_m$ 构成的 R^m 原始向量可以表达为

$$(A_1 | \cdots | A_n) = (q_1 | \cdots | q_m) \begin{bmatrix} r_{11} & r_{12} & \cdots & r_{1n} \\ & r_{22} & \cdots & r_{2n} \\ & & \ddots & \vdots \\ & & & r_{nn} \\ 0 & \cdots & \cdots & 0 \\ \vdots & & & \vdots \\ 0 & \cdots & \cdots & 0 \end{bmatrix} \quad (4.27)$$

最小二乘

这个矩阵方程是由原始输入向量构成的矩阵 $A=(A_1 \mid \cdots \mid A_n)$ 的**完全 QR 分解**. 注意，完全 QR 分解的矩阵规模：A 是 $m\times n$ 矩阵，Q 是 $m\times m$ 方阵，上三角矩阵 R 是 $m\times n$ 矩阵，和 A 的规模相同，在完全 QR 分解中的矩阵 Q 在数值分析中具有特殊的地位，并具有一个特殊的定义.

定义 4.1 当 $Q^T=Q^{-1}$，方阵 Q **正交**.

注意，方阵正交，当且仅当它的列向量是两两正交的单位向量(习题 9). 因而完全 QR 分解对应方程 $A=QR$，其中 Q 是正交方阵，R 是上三角矩阵，规模和矩阵 A 大小相同.

正交矩阵的关键特征是其保持了向量的欧几里得范数.

引理 4.2 如果 Q 是 $m\times m$ 正交矩阵，x 是 m 维向量，则
$$\|Qx\|_2 = \|x\|_2.$$

证明
$$\|Qx\|_2^2 = (Qx)^T Qx = x^T Q^T Q x = x^T x = \|x\|_2^2$$
∎

两个正交 $m\times m$ 矩阵的乘积仍然正交(习题 10). 使用格拉姆-施密特方法需要 m^3 次的乘法和除法，对 $m\times m$ 矩阵做 QR 分解，计算次数比 LU 分解的三倍还多，此外还有大约相同数量的加法(习题 11).

正交 第 2 章中，我们发现 LU 分解是对高斯消去中信息进行有效编码的方式. 以相同方式，QR 分解记录了矩阵正交化的信息，即构造一个正交集，张出由 A 的列向量构成的空间. 使用正交矩阵计算更好的原因是(1)根据定义它们很容易求逆，(2)由引理 4.2 知，它们不会放大误差.

例 4.13 找出矩阵 A 的完全 QR 分解：
$$A = \begin{bmatrix} 1 & -4 \\ 2 & 3 \\ 2 & 2 \end{bmatrix}$$

在例 4.12 中，我们找到正交单位向量，
$$q_1 = \begin{bmatrix} \frac{1}{3} \\ \frac{2}{3} \\ \frac{2}{3} \end{bmatrix}, q_2 = \begin{bmatrix} -\frac{14}{15} \\ \frac{1}{3} \\ \frac{2}{15} \end{bmatrix}$$

加上第三个向量 $A_3 = \begin{bmatrix} 1 \\ 0 \\ 0 \end{bmatrix}$ 得到

$$y_3 = A_3 - q_1 q_1^T A_3 - q_2 q_2^T A_3$$

$$= \begin{bmatrix} 1 \\ 0 \\ 0 \end{bmatrix} - \begin{bmatrix} 1/3 \\ 2/3 \\ 2/3 \end{bmatrix} \frac{1}{3} - \begin{bmatrix} -14/15 \\ 1/3 \\ -2/15 \end{bmatrix} \left(-\frac{14}{15}\right) = \frac{2}{225} \begin{bmatrix} 2 \\ 10 \\ -11 \end{bmatrix}$$

$q_3 = y_3 / \|y_3\| = \begin{bmatrix} 2/15 \\ 10/15 \\ -11/15 \end{bmatrix}$. 把这些部分放在一起，我们得到完全 QR 分解

$$A = \begin{bmatrix} 1 & -4 \\ 2 & 3 \\ 2 & 2 \end{bmatrix} = \begin{bmatrix} 1/3 & -14/15 & 2/15 \\ 2/3 & 1/3 & 2/3 \\ 2/3 & 2/15 & -11/15 \end{bmatrix} \begin{bmatrix} 3 & 2 \\ 0 & 5 \\ 0 & 0 \end{bmatrix} = QR$$

注意到对 A_3 的选择是任意的．任何和前两列线性无关的列向量都可以作为 A_3．比较这个结果和例 4.12 中的消减 QR 分解．◄

MATLAB 命令 qr 实现对 $m \times n$ 矩阵的 QR 分解．它没有使用格拉姆-施密特正交化，而是使用更加有效和稳定的方法，该方法将在下节中介绍．命令

```
>> [Q,R]=qr(A,0)
```

返回消减 QR 分解

```
>> [Q,R]=qr(A)
```

返回完全 QR 分解.

QR 分解有三个主要的应用．在这里我们将介绍其中的两个；第三个是用于特征值计算的 QR 算法，将在第 12 章介绍．

首先，QR 可用于求解 n 个方程 n 个未知变量的系统 $Ax = b$．分解 $A = QR$，方程 $Ax = b$ 变为 $QRx = b$ 与 $Rx = Q^T b$．假设 A 非奇异，上三角矩阵 R 的对角线元素非 0，因而 R 非奇异．三角回代可以得到解 x．如前所述，该方法比 LU 方法的计算代价大三倍还多．

第二种应用是关于最小二乘．令 A 是 $m \times n$ 矩阵，其中 $m \geq n$．为了最小化 $\|Ax - b\|_2$，使用引理 4.2 重写为 $\|QRx - b\|_2 = \|Rx - Q^T b\|_2$．欧几里得范数中的向量是

$$\begin{bmatrix} e_1 \\ \vdots \\ e_n \\ \hline e_{n+1} \\ \vdots \\ e_m \end{bmatrix} = \begin{bmatrix} r_{11} & r_{12} & \cdots & r_{1n} \\ & r_{22} & \cdots & r_{2n} \\ & & \ddots & \vdots \\ & & & r_{nn} \\ \hline 0 & \cdots & \cdots & 0 \\ \vdots & & & \vdots \\ 0 & \cdots & \cdots & 0 \end{bmatrix} \begin{bmatrix} x_1 \\ \vdots \\ x_n \end{bmatrix} - \begin{bmatrix} d_1 \\ \vdots \\ d_n \\ \hline d_{n+1} \\ \vdots \\ d_m \end{bmatrix} \quad (4.28)$$

其中 $d = Q^T b$．假设 $r_{ii} \neq 0$，则误差向量 e 上面的部分 $(e_1, \cdots, e_n)$ 可以通过回代变为 0．选择

x_i 使得误差向量下面部分没有受到影响；显然 $(e_{n+1}, \cdots, e_m) = (-d_{n+1}, \cdots, -d_m)$。因而，通过使用上面部分回代得到的 x 可以最小化最小二乘的解，最小二乘误差是 $\|e\|_2^2 = d_{n+1}^2 + \cdots + d_m^2$。

> **通过 QR 分解实现最小二乘**
> 给定 $m \times n$ 不一致系统
> $$Ax = b$$
> 找出完全 QR 分解 $A = QR$，令
> $$\hat{R} = R \text{ 的上 } n \times n \text{ 子矩阵}$$
> $$\hat{d} = d = Q^T b \text{ 的上面的 } n \text{ 个元素}$$
> 求解 $\hat{R}\bar{x} = \hat{d}$ 得到最小二乘解 $\bar{x}$.

例 4.14 使用完全 QR 分解求解最小二乘问题

$$\begin{bmatrix} 1 & -4 \\ 2 & 3 \\ 2 & 2 \end{bmatrix} \begin{bmatrix} x_1 \\ x_2 \end{bmatrix} = \begin{bmatrix} -3 \\ 15 \\ 9 \end{bmatrix}$$

我们需要求解 $Rx = Q^T b$，或者

$$\begin{bmatrix} 3 & 2 \\ 0 & 5 \\ \hdashline 0 & 0 \end{bmatrix} \begin{bmatrix} x_1 \\ x_2 \end{bmatrix} = \frac{1}{15} \begin{bmatrix} 5 & 10 & 10 \\ -14 & 5 & 2 \\ 2 & 10 & -11 \end{bmatrix} \begin{bmatrix} -3 \\ 15 \\ 9 \end{bmatrix} = \begin{bmatrix} 15 \\ 9 \\ \hdashline 3 \end{bmatrix}$$

最小二乘误差是 $\|e\|_2 = \|(0, 0, 3)\|_2 = 3$。使得上部分相等得到

$$\begin{bmatrix} 3 & 2 \\ 0 & 5 \end{bmatrix} \begin{bmatrix} x_1 \\ x_2 \end{bmatrix} = \begin{bmatrix} 15 \\ 9 \end{bmatrix}$$

其对应解是 $\bar{x}_1 = 3.8, \bar{x}_2 = 1.8$。这个最小二乘问题在例 4.2 中曾使用法线方程求解。

最后，回到例 4.5 的问题，该问题在法线方程中曾带来病态问题。

> **条件** 在第 2 章中，我们发现处理病态最好的方式是避免这些问题。例 4.15 是遵循这个建议的最好的例子。虽然例 4.5 中的法线方程是病态的，但是 QR 分解可以求解这个最小二乘问题，且不需要计算 $A^T A$。

例 4.15 使用完全 QR 分解求解例 4.5 的最小二乘问题。

法线方程并不能求解这个有 11 个方程 8 个未知变量的问题。我们使用 MATLAB 的 qr 命令以一种不同的方式求解：

```
>> x=(2+(0:10)/5)';
>> y=1+x+x.^2+x.^3+x.^4+x.^5+x.^6+x.^7;
>> A=[x.^0 x x.^2 x.^3 x.^4 x.^5 x.^6 x.^7];
>> [Q,R]=qr(A);
>> b=Q'*y;
```

```
>> c=R(1:8,1:8)\b(1:8)
c=
    0.99999991014308
    1.00000021004107
    0.99999979186557
    1.00000011342980
    0.99999996325039
    1.00000000708455
    0.99999999924685
    1.00000000003409
```

使用 QR 分解可以找到精确到小数点后第 6 位的解 $c=[1,\cdots,1]$. 该方法可以找到最小二乘解, 而不需要构造条件数大约是 10^{19} 的法线方程. ◀

4.3.2 改进的格拉姆-施密特正交

对于格拉姆-施密特的微小改进可以在机器计算中改进精度. 新算法称为改进的格拉姆-施密特方法, 与原始方法或者"经典"格拉姆-施密特算法在数学上等价.

改进的格拉姆-施密特正交

令 $A_j(j=1,\cdots,n)$ 是线性无关向量.

for $j=1,2,\cdots,n$
    $y=A_j$
    for $i=1,2,\cdots,j-1$
        $r_{ij}=q_i^T y$
        $y=y-r_{ij}q_i$
    end
    $r_{jj}=\|y\|_2$
    $q_j=y/r_{jj}$
end

与经典格拉姆-施密特唯一不同的是, A_j 被 y 在最内层循环中替换. 从几何上来讲, 例如当减去 A_j 在 q_2 方向的投影时, 应该减去 A_j 的余项 y 的投影, 在余项中 q_1 部分已经减掉了, 而不是将 A_j 自己投在 q_2 上. 改进的格拉姆-施密特是 4.4 节中 GMRES 算法中将使用的版本.

例 4.16 比较经典格拉姆-施密特和改进的格拉姆-施密特方法, 在近似平行的向量上, 以双精度计算

$$\begin{bmatrix} 1 & 1 & 1 \\ \delta & 0 & 0 \\ 0 & \delta & 0 \\ 0 & 0 & \delta \end{bmatrix}$$

其中 $\delta=10^{-10}$.

首先, 我们使用经典的格拉姆-施密特.

$$y_1 = A_1 = \begin{bmatrix} 1 \\ \delta \\ 0 \\ 0 \end{bmatrix}, \quad q_1 = \frac{1}{\sqrt{1+\delta^2}} \begin{bmatrix} 1 \\ \delta \\ 0 \\ 0 \end{bmatrix} = \begin{bmatrix} 1 \\ \delta \\ 0 \\ 0 \end{bmatrix}$$

注意到 $\delta^2 = 10^{-20}$ 是一个可接受的双精度数字，但是舍入后 $1+\delta^2=1$，则除去 $\|y_2\|_2 = \sqrt{\delta^2+\delta^2} = \sqrt{2}\delta$ 后，

$$y_2 = \begin{bmatrix} 1 \\ 0 \\ \delta \\ 0 \end{bmatrix} - \begin{bmatrix} 1 \\ \delta \\ 0 \\ 0 \end{bmatrix} q_1^T A_2 = \begin{bmatrix} 1 \\ 0 \\ \delta \\ 0 \end{bmatrix} - \begin{bmatrix} 1 \\ \delta \\ 0 \\ 0 \end{bmatrix} = \begin{bmatrix} 0 \\ -\delta \\ \delta \\ 0 \end{bmatrix}, \quad q_2 = \begin{bmatrix} 0 \\ -\frac{1}{\sqrt{2}} \\ \frac{1}{\sqrt{2}} \\ 0 \end{bmatrix}$$

完成经典的格拉姆-施密特，

$$y_3 = \begin{bmatrix} 1 \\ 0 \\ 0 \\ \delta \end{bmatrix} - \begin{bmatrix} 1 \\ \delta \\ 0 \\ 0 \end{bmatrix} q_1^T A_3 - \begin{bmatrix} 0 \\ -\frac{1}{\sqrt{2}} \\ \frac{1}{\sqrt{2}} \\ 0 \end{bmatrix} q_2^T A_3 = \begin{bmatrix} 1 \\ 0 \\ 0 \\ \delta \end{bmatrix} - \begin{bmatrix} 1 \\ \delta \\ 0 \\ 0 \end{bmatrix} = \begin{bmatrix} 0 \\ -\delta \\ 0 \\ \delta \end{bmatrix}, \quad q_3 = \begin{bmatrix} 0 \\ -\frac{1}{\sqrt{2}} \\ 0 \\ \frac{1}{\sqrt{2}} \end{bmatrix}$$

不幸的是，由于第 1 步中的双精度舍入，q_2 和 q_3 变得不正交：

$$q_2^T q_3 = \begin{bmatrix} 0 \\ -\frac{1}{\sqrt{2}} \\ \frac{1}{\sqrt{2}} \\ 0 \end{bmatrix}^T \begin{bmatrix} 0 \\ -\frac{1}{\sqrt{2}} \\ 0 \\ \frac{1}{\sqrt{2}} \end{bmatrix} = \frac{1}{2}$$

另一方面，改进的格拉姆-施密特则做得更好．当 q_1 和 q_2 以相同方式计算时，q_3 如下

$$y_3^1 = \begin{bmatrix} 1 \\ 0 \\ 0 \\ \delta \end{bmatrix} - \begin{bmatrix} 1 \\ \delta \\ 0 \\ 0 \end{bmatrix} q_1^T A_3 = \begin{bmatrix} 0 \\ -\delta \\ 0 \\ \delta \end{bmatrix}$$

$$y_3 = y_3^1 - \begin{bmatrix} 0 \\ -\frac{1}{\sqrt{2}} \\ \frac{1}{\sqrt{2}} \\ 0 \end{bmatrix} q_2^T y_3^1 = \begin{bmatrix} 0 \\ -\delta \\ 0 \\ \delta \end{bmatrix} - \begin{bmatrix} 0 \\ -\frac{1}{\sqrt{2}} \\ \frac{1}{\sqrt{2}} \\ 0 \end{bmatrix} \frac{\delta}{\sqrt{2}} = \begin{bmatrix} 0 \\ -\frac{\delta}{2} \\ -\frac{\delta}{2} \\ \delta \end{bmatrix}, \quad q_3 = \begin{bmatrix} 0 \\ -\frac{1}{\sqrt{6}} \\ -\frac{1}{\sqrt{6}} \\ \frac{2}{\sqrt{6}} \end{bmatrix}$$

现在 $q_2^T q_3 = 0$, 这正是我们想要的正交. 注意到经典和改进的格拉姆-施密特方法中, $q_1^T q_2$ 和 δ 的量级相同, 因而即使在改进的格拉姆-施密特方法中, 也为改善留有空间. 在下节中描述通过豪斯霍尔德反射的正交, 一般认为这种方式的计算更加稳定.

4.3.3 豪斯霍尔德反射子

尽管改进的格拉姆-施密特正交是计算矩阵的 QR 分解的有效方式, 但是这不是最好方式. 另一种方法是使用豪斯霍尔德反射, 这种方式需要更少的计算, 同时在舍入误差放大的意义上来讲这种方法也更稳定. 在本节中, 我们将定义反射, 并显示如何分解矩阵.

豪斯霍尔德反射子是正交矩阵, 通过 $m-1$ 维平面反射 m 维向量. 这意味着当每个向量乘上矩阵后, 长度保持不变, 使得豪斯霍尔德反射被称为移动向量的完美形式. 给定一个向量 x, 我们要重新找出一个相同长度的向量 w, 计算豪斯霍尔德反射得出矩阵 H 满足 $Hx = w$.

如图 4.11 所示, 原始方法非常清晰. 画出 $m-1$ 维平面二分 x 和 w, 并和连接它们的向量垂直. 然后通过该平面反射所有向量.

引理 4.3 假设 x 和 w 是具有相同欧几里得长度的向量, $\|x\|_2 = \|w\|_2$, 则 $w - x$ 和 $w + x$ 正交.

证明 $(w-x)^T(w+x) = w^T w - x^T w + w^T x - x^T x = \|w\|^2 - \|x\|^2 = 0$ ∎

定义向量 $v = w - x$, 考虑投影矩阵

$$P = \frac{vv^T}{v^T v} \quad (4.29)$$

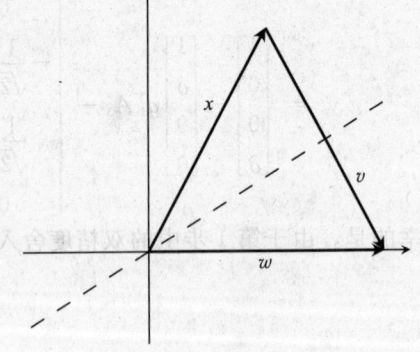

图 4.11 豪斯霍尔德反射子. 给定相同长度的向量 x 和 w, 通过它们之间角度二分(虚线)的反射使得二者置换

投影矩阵是一个矩阵, 满足 $P^2 = P$. 习题 13 要求读者验证(4.29)中的 P 是对称投影矩阵, 并且 $Pv = v$. 几何上来讲, 对于任何向量 u, Pu 是 u 在 v 上的投影. 图 4.11 提示, 如果我们从 x 中两次减去 Px, 可以得到 w. 为了验证这些, 令 $H = I - 2P$. 则

$$Hx = x - 2Px = w - v - \frac{2vv^T x}{v^T v} = w - v - \frac{vv^T x}{v^T v} - \frac{vv^T(w-v)}{v^T v} = w - \frac{vv^T(w+x)}{v^T v} = w \quad (4.30)$$

后面的等式来自引理 4.3, 这是由于 $w + x$ 与 $v = w - x$ 正交.

矩阵 H 被称为**豪斯霍尔德反射子**. 注意到 H 是对称(习题 14)并正交的矩阵, 因为

$$H^T H = HH = (I - 2P)(I - 2P) = I - 4P + 4P^2 = I$$

下面的定理将对上面的事实进行总结.

定理 4.4 (豪斯霍尔德反射子) 令 x 和 w 是向量, $\|x\|_2 = \|w\|_2$, 并定义 $v = w - x$. 则 $H = I - 2vv^T/v^T v$ 是对称正交矩阵, 并且 $Hx = w$.

例 4.17 令 $x = [3, 4]$, $w = [5, 0]$. 找出豪斯霍尔德反射子 H 满足 $Hx = w$.

令

$$v = w - x = \begin{bmatrix} 5 \\ 0 \end{bmatrix} - \begin{bmatrix} 3 \\ 4 \end{bmatrix} = \begin{bmatrix} 2 \\ -4 \end{bmatrix}$$

定义投影矩阵

$$P = \frac{vv^{\mathrm{T}}}{v^{\mathrm{T}}v} = \frac{1}{20} \begin{bmatrix} 4 & -8 \\ -8 & 16 \end{bmatrix} = \begin{bmatrix} 0.2 & -0.4 \\ -0.4 & 0.8 \end{bmatrix}$$

则

$$H = I - 2P = \begin{bmatrix} 1 & 0 \\ 0 & 1 \end{bmatrix} - \begin{bmatrix} 0.4 & -0.8 \\ -0.8 & 1.6 \end{bmatrix} = \begin{bmatrix} 0.6 & 0.8 \\ 0.8 & -0.6 \end{bmatrix}$$

检查 H 将 x 移动到 w, 或者相反：

$$Hx = \begin{bmatrix} 0.6 & 0.8 \\ 0.8 & -0.6 \end{bmatrix} \begin{bmatrix} 3 \\ 4 \end{bmatrix} = \begin{bmatrix} 5 \\ 0 \end{bmatrix} = w$$

$$Hw = \begin{bmatrix} 0.6 & 0.8 \\ 0.8 & -0.6 \end{bmatrix} \begin{bmatrix} 5 \\ 0 \end{bmatrix} = \begin{bmatrix} 3 \\ 4 \end{bmatrix} = x$$

在豪斯霍尔德反射子的第一个应用中，我们将推导 QR 分解的一个新的方式. 在第 12 章中，我们使用豪斯霍尔德反射子求解特征值问题，将矩阵转化为上海森伯格形式. 在两个应用中，我们使用反射子出于同一个目的：将列向量 x 移动到坐标轴，并以此将 0 放在矩阵中.

我们从矩阵 A 开始，希望写做形如 $A = QR$ 的方程. 令 x_1 是 A 的第一列. 令 $w = \pm (\|x_1\|_2, 0, \cdots, 0)$ 为第一个坐标轴上的向量，它们的欧几里得长度相同. （理论上哪种符号都可以. 为了数值稳定，一般将 x 的第一个元素选为正号，以避免在生成 v 的过程中出现两个近似相等的数字相减.）生成豪斯霍尔德反射子 H_1 并满足 $H_1 x = w$. 在 4×3 情况下，用 A 乘上 H_1 得到

$$H_1 A = H_1 \begin{bmatrix} \times & \times & \times \\ \times & \times & \times \\ \times & \times & \times \\ \times & \times & \times \end{bmatrix} = \begin{bmatrix} \times & \times & \times \\ 0 & \times & \times \\ 0 & \times & \times \\ 0 & \times & \times \end{bmatrix}$$

我们已经在 A 中引入一些 0. 我们希望继续这种方式直到 A 变为上三角；然后我们将得到 QR 分解中的 R. 找出豪斯霍尔德反射子 $\hat{H}_2$, 将包含 $H_1 A$ 第 2 列下面 $m-1$ 个元素的 $(m-1)$ 维向量移动到 $\pm(\|x_2\|_2, 0, \cdots, 0)$. 由于 $\hat{H}_2$ 是一个 $(m-1) \times (m-1)$ 矩阵，将 $\hat{H}_2$ 放到单位阵的下部分定义 H_2 为 $m \times m$ 矩阵.

$$\begin{bmatrix} 1 & 0 & 0 & 0 \\ 0 & & & \\ 0 & & \hat{H}_2 & \\ 0 & & & \end{bmatrix} \begin{bmatrix} \times & \times & \times \\ 0 & \times & \times \\ 0 & \times & \times \\ 0 & \times & \times \end{bmatrix} = \begin{bmatrix} \times & \times & \times \\ 0 & \times & \times \\ 0 & 0 & \times \\ 0 & 0 & \times \end{bmatrix}$$

上三角化中的一步就可以得到 $H_2 H_1 A$, 再进行一步得到

$$\begin{bmatrix} 1 & 0 & 0 & 0 \\ 0 & 1 & 0 & 0 \\ 0 & 0 & & \\ 0 & 0 & \hat{H}_3 & \end{bmatrix} \begin{bmatrix} \times & \times & \times \\ 0 & \times & \times \\ 0 & 0 & \times \\ 0 & 0 & \times \end{bmatrix} = \begin{bmatrix} \times & \times & \times \\ 0 & \times & \times \\ 0 & 0 & \times \\ 0 & 0 & 0 \end{bmatrix}$$

结果是
$$H_3 H_2 H_1 A = R$$
R 是一个上三角矩阵. 左边乘上豪斯霍尔德反射子的逆矩阵允许我们重写矩阵为
$$A = H_1 H_2 H_3 R = QR$$
其中 $Q = H_1 H_2 H_3$. 注意到 $H_i^{-1} = H_i$，这是由于 H_i 对称正交. 编程问题 3 要求写出使用豪斯霍尔德反射子的矩阵分解代码.

例 4.18 使用豪斯霍尔德反射子找出矩阵 A 的 QR 分解.
$$A = \begin{bmatrix} 3 & 1 \\ 4 & 3 \end{bmatrix}$$

我们需要找出豪斯霍尔德分解，将第一列 $[3, 4]$ 移动到 x 轴. 我们已经在例 4.17 找出这样的反射子 H_1，并且
$$H_1 A = \begin{bmatrix} 0.6 & 0.8 \\ 0.8 & -0.6 \end{bmatrix} \begin{bmatrix} 3 & 1 \\ 4 & 3 \end{bmatrix} = \begin{bmatrix} 5 & 3 \\ 0 & -1 \end{bmatrix}$$

在两侧左乘 $H_1^{-1} = H_1$，得到
$$A = \begin{bmatrix} 3 & 1 \\ 4 & 3 \end{bmatrix} = = \begin{bmatrix} 0.6 & 0.8 \\ 0.8 & -0.6 \end{bmatrix} \begin{bmatrix} 5 & 3 \\ 0 & -1 \end{bmatrix} = QR$$

其中 $Q = H_1^T = H_1$.

例 4.19 使用豪斯霍尔德反射子找到矩阵 A 的 QR 分解
$$A = \begin{bmatrix} 1 & -4 \\ 2 & 3 \\ 2 & 2 \end{bmatrix}$$

我们需要找出豪斯霍尔德反射子将第一列 $x = [1, 2, 2]$ 移动到向量 $w = [\|x\|_2, 0, 0]$. 令 $v = w - x = [3, 0, 0] - [1, 2, 2] = [2, -2, -2]$. 根据定理 4.4，我们有

$$H_1 = \begin{bmatrix} 1 & 0 & 0 \\ 0 & 1 & 0 \\ 0 & 0 & 1 \end{bmatrix} - \frac{2}{12} \begin{bmatrix} 4 & -4 & -4 \\ -4 & 4 & 4 \\ -4 & 4 & 4 \end{bmatrix} = \begin{bmatrix} \frac{1}{3} & \frac{2}{3} & \frac{2}{3} \\ \frac{2}{3} & \frac{1}{3} & -\frac{2}{3} \\ \frac{2}{3} & -\frac{2}{3} & \frac{1}{3} \end{bmatrix}$$

$$H_1 A = \begin{bmatrix} \frac{1}{3} & \frac{2}{3} & \frac{2}{3} \\ \frac{2}{3} & \frac{1}{3} & -\frac{2}{3} \\ \frac{2}{3} & -\frac{2}{3} & \frac{1}{3} \end{bmatrix} \begin{bmatrix} 1 & -4 \\ 2 & 3 \\ 2 & 2 \end{bmatrix} = \begin{bmatrix} 3 & 2 \\ 0 & -3 \\ 0 & -4 \end{bmatrix}$$

最小二乘

余下的步骤将向量 $\hat{x}=[-3,-4]$ 移动到 $\hat{w}=[5,0]$. 由定理 4.4 计算 $\hat{H}_2$ 得到

$$\begin{bmatrix} -0.6 & -0.8 \\ -0.8 & 0.6 \end{bmatrix} \begin{bmatrix} -3 \\ -4 \end{bmatrix} = \begin{bmatrix} 5 \\ 0 \end{bmatrix}$$

从而

$$H_2 H_1 A = \begin{bmatrix} 1 & 0 & 0 \\ 0 & -0.6 & -0.8 \\ 0 & -0.8 & 0.6 \end{bmatrix} \begin{bmatrix} \frac{1}{3} & \frac{2}{3} & \frac{2}{3} \\ \frac{2}{3} & \frac{1}{3} & -\frac{2}{3} \\ \frac{2}{3} & -\frac{2}{3} & \frac{1}{3} \end{bmatrix} \begin{bmatrix} 1 & -4 \\ 2 & 3 \\ 2 & 2 \end{bmatrix} = \begin{bmatrix} 3 & 2 \\ 0 & 5 \\ 0 & 0 \end{bmatrix} = R$$

在两侧左乘 $H_1^{-1} H_2^{-1} = H_1 H_2$ 得到 QR 分解:

$$\begin{bmatrix} 1 & -4 \\ 2 & 3 \\ 2 & 2 \end{bmatrix} = H_1 H_2 R = \begin{bmatrix} \frac{1}{3} & \frac{2}{3} & \frac{2}{3} \\ \frac{2}{3} & \frac{1}{3} & -\frac{2}{3} \\ \frac{2}{3} & -\frac{2}{3} & \frac{1}{3} \end{bmatrix} \begin{bmatrix} 1 & 0 & 0 \\ 0 & -0.6 & -0.8 \\ 0 & -0.8 & 0.6 \end{bmatrix} \begin{bmatrix} 3 & 2 \\ 0 & 5 \\ 0 & 0 \end{bmatrix}$$

$$= \begin{bmatrix} 1/3 & -14/15 & -2/15 \\ 2/3 & 1/3 & -2/3 \\ 2/3 & 2/15 & 11/15 \end{bmatrix} \begin{bmatrix} 3 & 2 \\ 0 & 5 \\ 0 & 0 \end{bmatrix} = QR$$

把这个结果和例 4.13 中的格拉姆-施密特正交比较. ◂

QR 分解对于给定的 $m \times n$ 矩阵 A 不唯一. 例如,定义 $D = \mathrm{diag}(d_1, \cdots, d_m)$,其中每个 d_i 或者是 $+1$ 或者 -1,则 $A = QR = QDDR$。我们检查知 QD 正交,DR 是上三角矩阵.

习题 12 要求对使用豪斯霍尔德反射子的 QR 分解的操作次数进行统计,结果为 $(2/3)m^3$ 次乘法以及相同数量的加法,这比格拉姆-施密特正交的计算代价低. 而且,豪斯霍尔德方法可以更好地得到单位正交向量以及具有更低的内存需求. 由于这些原因,该方法是将典型矩阵进行 QR 分解的常用方法.

4.3 节习题

1. 使用经典格拉姆-施密特正交找出下面矩阵的完全 QR 分解.

   (a) $\begin{bmatrix} 4 & 0 \\ 3 & 1 \end{bmatrix}$ (b) $\begin{bmatrix} 1 & 2 \\ 1 & 1 \end{bmatrix}$ (c) $\begin{bmatrix} 2 & 1 \\ 1 & -1 \\ 2 & 1 \end{bmatrix}$ (d) $\begin{bmatrix} 4 & 8 & 1 \\ 0 & 2 & -2 \\ 3 & 6 & 7 \end{bmatrix}$

2. 使用经典格拉姆-施密特正交找出下面矩阵的完全 QR 分解.

   (a) $\begin{bmatrix} 2 & 3 \\ -2 & -6 \\ 1 & 0 \end{bmatrix}$ (b) $\begin{bmatrix} -4 & -4 \\ -2 & 7 \\ 4 & -5 \end{bmatrix}$

3. 使用改进的格拉姆-施密特正交找出习题 1 中矩阵的完全 QR 分解.
4. 使用改进的格拉姆-施密特正交找出习题 2 中矩阵的完全 QR 分解.
5. 使用豪斯霍尔德反射子找出习题 1 中矩阵的完全 QR 分解.
6. 使用豪斯霍尔德反射子找出习题 2 中矩阵的完全 QR 分解.
7. 使用习题 2、4 或者 6 中的 QR 分解, 求解最小二乘问题.

(a) $\begin{bmatrix} 2 & 3 \\ -2 & -6 \\ 1 & 0 \end{bmatrix} \begin{bmatrix} x_1 \\ x_2 \end{bmatrix} = \begin{bmatrix} 3 \\ -3 \\ 6 \end{bmatrix}$ (b) $\begin{bmatrix} -4 & -4 \\ -2 & 7 \\ 4 & -5 \end{bmatrix} \begin{bmatrix} x_1 \\ x_2 \end{bmatrix} = \begin{bmatrix} 3 \\ 9 \\ 0 \end{bmatrix}$

8. 找出 QR 分解, 并使用它求解最小二乘问题.

(a) $\begin{bmatrix} 1 & 4 \\ -1 & 1 \\ 1 & 1 \\ 1 & 0 \end{bmatrix} \begin{bmatrix} x_1 \\ x_2 \end{bmatrix} = \begin{bmatrix} 3 \\ 1 \\ 1 \\ -3 \end{bmatrix}$ (b) $\begin{bmatrix} 2 & 4 \\ 0 & -1 \\ 2 & -1 \\ 1 & 3 \end{bmatrix} \begin{bmatrix} x_1 \\ x_2 \end{bmatrix} = \begin{bmatrix} -1 \\ 3 \\ 2 \\ 1 \end{bmatrix}$

9. 证明: 方阵正交, 当且仅当其对应的列向量是单位向量并两两正交.
10. 证明: 两个正交的 $m \times m$ 矩阵乘积仍然正交.
11. 证明: $m \times m$ 矩阵的格拉姆-施密特的正交需要大约 m^3 次的乘法和 m^3 次的加法.
12. 证明: 用于 QR 分解的豪斯霍尔德反射子方法需要大约 $(2/3)m^3$ 次乘法和 $(2/3)m^3$ 次加法.
13. 令 P 是 (4.29) 中定义的矩阵. 证明: (a) $P^2 = P$, (b) P 对称, (c) $Pv = v$.
14. 证明豪斯霍尔德反射子是对称矩阵.
15. 验证经典和改进的格拉姆-施密特方法数学等价 (具有完全相同的算术).

4.3 节编程问题

1. 写出实现经典格拉姆-施密特的 MATLAB 程序, 找出消减 QR 分解. 通过比较习题 1 中的矩阵分解与 MATLAB 的 qr(A,0) 命令或者其他等价命令, 检查你的代码. 根据 Q 和 R 元素符号, 该分解唯一.
2. 重做编程问题 1, 但是实现改进的格拉姆-施密特方法.
3. 重做编程问题 1, 但是实现豪斯霍尔德反射子方法.
4. 写出 MATLAB 程序实现 (a) 经典的格拉姆-施密特方法和 (b) 改进的格拉姆-施密特方法, 找出完全 QR 分解. 通过比较习题 1 中的矩阵分解和 MATLAB 的 qr(A) 命令或者其他等价命令, 验证你的工作.
5. 使用 MATLAB 的 QR 分解找出下面不一致系统的最小二乘解和 2 范数误差:

(a) $\begin{bmatrix} 1 & 1 \\ 2 & 1 \\ 1 & 2 \\ 0 & 3 \end{bmatrix} \begin{bmatrix} x_1 \\ x_2 \end{bmatrix} = \begin{bmatrix} 3 \\ 5 \\ 5 \\ 5 \end{bmatrix}$ (b) $\begin{bmatrix} 1 & 2 & 2 \\ 2 & -1 & 2 \\ 3 & 1 & 2 \\ 1 & -1 & 2 \end{bmatrix} \begin{bmatrix} x_1 \\ x_2 \\ x_3 \end{bmatrix} = \begin{bmatrix} 10 \\ 5 \\ 10 \\ 3 \end{bmatrix}$

6. 使用 MATLAB QR 分解找出下面不一致系统的最小二乘解和 2 范数误差:

(a) $\begin{bmatrix} 3 & -1 & 2 \\ 4 & 1 & 0 \\ -3 & 2 & 1 \\ 1 & 1 & 5 \\ -2 & 0 & 3 \end{bmatrix} \begin{bmatrix} x_1 \\ x_2 \\ x_3 \end{bmatrix} = \begin{bmatrix} 10 \\ 10 \\ -5 \\ 15 \\ 0 \end{bmatrix}$ (b) $\begin{bmatrix} 4 & 2 & 3 & 0 \\ -2 & 3 & -1 & 1 \\ 1 & 3 & -4 & 2 \\ 1 & 0 & 1 & -1 \\ 3 & 1 & 3 & -2 \end{bmatrix} \begin{bmatrix} x_1 \\ x_2 \\ x_3 \\ x_4 \end{bmatrix} = \begin{bmatrix} 10 \\ 0 \\ 2 \\ 0 \\ 5 \end{bmatrix}$

7. 令 A 为由 10×10 希尔伯特矩阵的前 n 列构成的 $10 \times n$ 矩阵. 令 c 是 n 维向量 $[1, \cdots, 1]$, $b = Ac$. 使用 QR 分解求解最小二乘问题 $Ax = b$: (a) $n = 6$, (b) $n = 8$, 并和正确的最小二乘解 $\bar{x} = c$ 比较. 可以精确到小数点后几位? 参看编程问题 4.1.8, 其中使用法线方程方法.

8. 令 $x_1, \cdots, x_{11}$ 是区间 $[2, 4]$ 上 11 个均匀分布的点, $y_i = 1 + x_i + x_i^2 + \cdots + x_i^d$. 使用 QR 分解计算最优的 d 阶多项式, 其中 (a) $d = 5$ (b) $d = 6$ (c) $d = 8$. 和例 4.5 以及编程问题 4.1.9 比较. 系数可以精确到小数点后多少位?

4.4 广义最小余项(GMRES)方法

在第 2 章中,我们知道共轭梯度方法可以看做是一种迭代方法,用于求解矩阵系统 $Ax = b$,其中 A 是对称方阵. 如果 A 不对称,则不能使用共轭梯度法. 但是有几种不同的方法可以用于求解非对称的矩阵 A. 其中最常见的方法是广义最小余项方法,或者缩写为 GMRES. 这种方法是求解大规模、稀疏、非对称线性方程组 $Ax = b$ 的好方法.

初看起来,在讨论最小二乘的章节中讨论线性方程组的求解十分奇怪. 为什么正交会影响看起来和它没什么关系的问题? 答案是基于我们第 2 章中已经发现的事实,具有近似平行列向量的矩阵通常可能是病态矩阵,这可能导致求解 $Ax = b$ 过程中的误差放大.

事实上,正交以两种方式加入 GMRES 方法. 首先,在每个迭代过程中使用最小二乘公式,最小化后向误差. 其次,更微妙地,在每步中搜索空间的基被重新正交化以消除病态问题中的不精确. GMRES 是在那些看起来和正交无关的场景使用正交的一个有趣的例子.

4.4.1 Krylov 方法

GMRES 属于 Krylov 方法. 这些方法依赖精确的 Krylov 空间的计算,该空间是向量 $\{r, Ar, \cdots, A^k r\}$ 所张的空间,其中 $r = b - Ax_0$ 是初始估计的余项. 由于向量 $A^k r$ 对于大的 k 倾向于一个共有方向,Krylov 空间的基必须认真计算. 找出 Krylov 空间精确的基需要正交化计算方法,例如格拉姆-施密特或者豪斯霍尔德反射子方法.

GMRES 的思想是在特殊矢量空间,即 Krylov 空间中寻找初始估计的 x_0 的改进, Krylov 空间由余项,和它与非奇异矩阵 A 的积所张成. 在该方法的第 k 步,我们加入 $A^k r$ 以扩大 Krylov 空间,重新对基进行正交化,然后通过最小二乘获取改进并加到 x_0 中.

广义最小余项方法

$x_0 =$ 初始估计
$r = b - Ax_0$
$q_1 = r / \|r\|_2$
for $k = 1, 2, \cdots, m$
　　$y = Aq_k$
　　for $j = 1, 2, \cdots, k$
　　　　$h_{jk} = q_j^T y$
　　　　$y = y - h_{jk} q_j$
　　end

$h_{k+1,k} = \|y\|_2$ （如果 $h_{k+1,k}=0$，跳过下一行，并在底端终止.）
$q_{k+1} = y/h_{k+1,k}$
最小化 $\|Hc_k - [\|r\|_2\, 0\, 0\, \ldots\, 0]^T\|_2$ 得到 c_k
$x_k = Q_k c_k + x_0$
end

迭代的 x_k 是系统 $Ax=b$ 的近似解．在伪代码的第 k 步中，矩阵 H 是个 $(k+1)\times k$ 矩阵．得到 c 的最小化步骤是一个 $k+1$ 个方程 k 个未知变量的最小二乘问题，可以使用本章中介绍的技术解决．代码中的矩阵 Q_k 是 $n\times k$ 的矩阵，其中包含 k 个单位正交的列向量 q_1，$\cdots$，q_k．如果 $h_{k+1,k}=0$，步骤 k 是最后一步，最小化可以得到 $Ax=b$ 的精确解．

> **正交**　GMRES 是我们关于 Krylov 方法的第一个例子，其依赖于 Krylov 空间的精确计算．我们发现第 2 章中矩阵中近似平行的列向量带来了病态问题．定义 Krylov 空间中的向量 $A^k r$ 随着 k 的增长倾向更加平行，因而 4.3 节中的正交化技术对于构造稳定、有效的算法如 GMRES 十分必要．

为了近似这个空间，最直接的方法不是最优的方法．向量 $A^k r$ 会渐进逼近计算特征值的相同方向，我们将在第 12 章中探索这个事实．为了生成 Krylov 空间有效的基 $\{r, Ar, \cdots, A^k r\}$，我们依赖简单的格拉姆-施密特正交方法．

首先 $q_1 = r/\|r\|_2$，将改进的格拉姆-施密特应用于 $\{r, Ar, \cdots, A^k r\}$，这在伪代码的内层循环进行．得到一个矩阵等式 $AQ_k = Q_{k+1} H_k$，或者

$$A \begin{bmatrix} | & & | \\ q_1 & \cdots & q_k \\ | & & | \end{bmatrix} = \begin{bmatrix} | & & | & | \\ q_1 & \cdots & q_k & q_{k+1} \\ | & & | & | \end{bmatrix} \begin{bmatrix} h_{11} & h_{12} & \cdots & h_{1k} \\ h_{21} & h_{22} & \cdots & h_{2k} \\ & h_{32} & \cdots & h_{3k} \\ & & \ddots & \vdots \\ & & & h_{k+1,k} \end{bmatrix}$$

这里 A 是 $n\times n$ 矩阵，Q_k 是 $n\times k$ 矩阵，H_k 是 $(k+1)\times k$ 矩阵．在大多数情况下，k 比 n 小得多．

Q_k 的列张了一个 k 维的 Krylov 空间，在该空间中搜索 x_{add} 来改进原始的估计 x_0．该空间的矢量写做 $x_{\text{add}} = Q_k c$．为了最小化原始问题 $Ax=b$ 的余项

$$b - A(x_0 + x_{\text{add}}) = r - Ax_{\text{add}}$$

意味着找出 c，并最小化

$$\|Ax_{\text{add}} - r\|_2 = \|AQ_k c - r\|_2 = \|Q_{k+1} H_k c - r\|_2 = \|H_k c - Q_{k+1}^T r\|_2$$

其中最后一个等式遵循标准正交的列具有范数保持的性质．注意到 $Q_{k+1}^T r = [\|r\|_2\, 0\, 0\, \cdots\, 0]^T$ 由于 $q_1 = r/\|r\|_2$，Q_{k+1} 除了第一列之外其他列都与 r 正交．现在最小二乘问题变为

$$\begin{bmatrix} h_{11} & h_{12} & \cdots & h_{1k} \\ h_{21} & h_{22} & \cdots & h_{2k} \\ & h_{32} & \cdots & h_{3k} \\ & & \ddots & \vdots \\ & & & h_{k+1,k} \end{bmatrix} \begin{bmatrix} c_1 \\ c_2 \\ \vdots \\ c_k \end{bmatrix} = \begin{bmatrix} \|r\|_2 \\ 0 \\ \vdots \\ 0 \end{bmatrix}$$

使用最小二乘解 c，得到原始问题 $Ax=b$ 第 k 个近似解 $x_k=x_0+x_{\text{add}}=x_0+Q_kc$.

GMRES 中不同子问题具有不同的规模。算法中具有最高计算代价的部分是最小二乘的计算，其最小化了 $k+1$ 个方程和 k 个未知变量的误差。在大多问题中，k 比整个问题的规模 n 要小得多。在特殊情况下 $h_{k+1,k}=0$，最小二乘问题变为方阵，x_k 则是精确解.

GMRES 的一个通常的特征是后向误差 $\|b-Ax_k\|_2$ 随着 k 单调下降。由于最小二乘问题第 k 步在 k 维 Krylov 空间中最小化 $\|r-Ax_{\text{add}}\|_2$ 得到 x_{add}。当 GMRES 运行下去，Krylov 空间逐步变大，因而下一个近似不会变差.

考虑上面的 GMRES 伪代码，其他一些实现也需要提一下。首先注意到，最小二乘求解极小值步骤仅当需要近似解 x_k 才需要。因而这一步并不总需要做，它仅用于监控到解收敛的进程。在极端情况下，最小二乘计算步骤可以从循环中拿出来，仅仅在结束的时候做一次，这是由于 $x_{\text{add}}=Q_kc$ 并不依赖前面的计算步骤。这对应在代码中将最后的 end 向上移动两行。其次，如果条件数是一个重要问题，在内环进行的格拉姆-施密特正交步骤可以用豪斯霍尔德正交替换，计算代价仅仅升高一点.

GMRES 的典型用途是用于大规模稀疏的 $n\times n$ 矩阵 A. 理论上，算法经过 n 步终止，只要 A 是非奇异矩阵就可以得到解 x. 在大多数情况下，目标是仅仅运行 k 步，k 比 n 要小得多。注意到矩阵 Q_k 是 $n\times k$ 矩阵，并不保证是稀疏矩阵。因而内存也可能限制 GMRES 方法中的步数 k.

这些条件导致算法的变种，称之为**重启 GMRES**. 如果 k 步迭代后没能足够趋近解，而且如果 $n\times k$ 矩阵 Q_k 变得大得难以处理，有一个简单想法：扔掉 Q_k 重新开始 GMRES 方法，使用当前的最优估计 x_k 作为新的 x_0.

4.4.2 预条件 GMRES

在预条件 GMRES 背后的概念和共轭梯度法非常相似。从非对称的线性方程组 $Ax=b$ 开始。我们试图求解 $M^{-1}Ax=M^{-1}b$，其中 M 是第 2 章中讨论的预条件子.

对前面一节中的 GMRES 伪代码不需要做什么变化。在预条件版本中，开始时的余项 $r=M^{-1}(b-Ax_0)$ 使 Krylov 空间的迭代步骤变为 $w=M^{-1}Aq_k$. 注意到这些步骤都不需要对 M^{-1} 进行显式定义。M^{-1} 可以通过回代完成，其中假设 M 是一个简单或者分解的形式。使用上述的这些变化，得到的算法如下.

预条件 GMRES
$x_0 =$ 初始估计
$r = M^{-1}(b - Ax_0)$
$q_1 = r/\|r\|_2$
for $k = 1, 2, \cdots, m$
$\quad w = M^{-1}Aq_k$
$\quad$ **for** $j = 1, 2, \cdots, k$
$\quad\quad h_{jk} = w^{\mathrm{T}}q_j$
$\quad\quad w = w - h_{jk}q_j$

```
end
h_{k+1,k} = ||w||_2
q_{k+1} = w/h_{k+1,k}
最小化 ||Hc_k - [||r||_2 0 0 ⋯ 0]^T||_2 得到 c_k
x_k = Qc_k + x_0
end
```

例 4.20 令 A 表示对角线元素 $A_{ii} = \sqrt{i}(i=1, \cdots, n)$ 的矩阵，$A_{i,i+10} = \cos i$，$A_{i+10,i} = \sin i$，其中 $i=1, \cdots, n-10$，其他元素为 0. 设 x 为 n 个 1 的向量，定义 $b = Ax$. 当 $n = 500$ 时，使用 GMRES 的三种方式求解 $Ax = b$：不使用预条件子，使用雅可比预条件子，使用高斯-塞德尔预条件子.

矩阵在 MATLAB 中定义为：
```
A=diag(sqrt(1:n))+diag(cos(1:(n-10)),10)
              +diag(sin(1:(n-10)),-10).
```

图 4.12 显示三种不同的结果. 没有预条件的 GMRES 收敛很慢. 使用雅可比预条件子有很大的改善，使用高斯-塞德尔预条件子的 GMRES 仅需 10 步就达到机器精度.

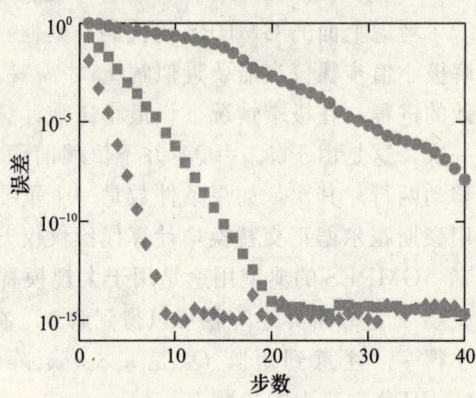

图 4.12 预条件 GMRES 方法求解例 4.20 的效率. 相对于步数画出误差. 圆形：没有预条件子. 方形：雅可比预条件子. 菱形：高斯-塞德尔预条件子. ◀

4.4 节习题

1. 对于下面的 A 和 $b = [1, 0, 0]^T$，求解 $Ax = b$，使用 GMRES，$x_0 = [0, 0, 0]^T$. 报告一直到正确解过程中所有的 x_k.

   (a) $\begin{bmatrix} 1 & 1 & 0 \\ 0 & 1 & 0 \\ 1 & 1 & 1 \end{bmatrix}$
   (b) $\begin{bmatrix} 1 & 1 & 0 \\ -1 & 1 & 2 \\ 0 & 0 & 1 \end{bmatrix}$
   (c) $\begin{bmatrix} 0 & 0 & 1 \\ 1 & 0 & 0 \\ 0 & 1 & 0 \end{bmatrix}$

2. 重复习题 1，$b = [0, 0, 1]^T$.

3. 令 $A = \begin{bmatrix} 1 & 0 & a_{13} \\ 0 & 1 & a_{23} \\ 0 & 0 & 1 \end{bmatrix}$. 证明：对于任意的 x_0 和 b，GMRES 经过两步，收敛到精确解.

4. 推广习题 3，证明对于 $A = \begin{bmatrix} I & C \\ 0 & I \end{bmatrix}$ 以及任意的 x_0 和 b，GMRES 在两步中收敛到精确解. 这里 C 是一个 $m_1 \times m_2$ 子矩阵，0 表示由 0 构成的 $m_2 \times m_1$ 矩阵，I 表示适当大小的单位阵.

4.4 节编程问题

1. 令 A 是 $n \times n$ 矩阵，$n = 1000$，对于在矩阵范围中所有的 i，元素
   $$A(i,i) = i, A(i,i+1) = A(i+1,i) = 1/2, A(i,i+2) = A(i+2,i) = 1/2$$
   (a) 用 spy(A) 打印非 0 结构. (b) 令 x_e 是 n 个 1 的向量. 设 $b = Ax_e$，使用没有预条件子的共轭梯度法，使用雅可比预条件子，使用高斯-塞德尔预条件子. 比较三次运行的误差，并相对于步数画出误差.

2. 令 $n = 1000$. 从编程问题 1 中的 $n \times n$ 矩阵 A 开始，加上非 0 元素 $A(i, 2i) = A(2i, i) = 1/2$，$1 \leqslant i \leqslant n/2$.

完成编程问题 1 中的(a)和(b).
3. 令 $n=500$,令 A 是 $n\times n$ 矩阵,对于所有 i 元素,$A(i,i)=2,A(i,i+2)=A(i+2,i)=1/2,A(i,i+4)=A(i+4,i)=1/2,A(500,i)=A(i,500)=-0.1$,其中 $1\leqslant i\leqslant 495$. 完成编程问题 1 中的(a)和(b).
4. 令 A 是编程问题 3 中的矩阵,但是对角线元素替换为 $A(i,i)=\sqrt[3]{i}$. 完成编程问题 1 中的(a)和(b).
5. 令 C 是 195×195 矩阵,其中的块对于所有的 i,$C(i,i)=2,C(i,i+3)=C(i+3,i)=0.1,C(i,i+39)=C(i+39,i)=1/2,C(i,i+42)=C(i+42,i)=1/2$,定义 A 是 $n\times n$ 矩阵,$n=780$,由 4 个对角排列的矩阵块 C 组成,在上对角线和下对角线则是 $\frac{1}{2}C$,完成编程问题 1 中的步骤(a)和(b),求解 $Ax=b$.

4.5 非线性最小二乘

线性方程组 $Ax=b$ 的最小二乘解最小化余项的欧几里得范数 $\|Ax-b\|_2$. 我们已经学到两种方法找出 $\bar{x}$,一种基于法线方程,另一种基于 QR 分解.

但是如果是非线性系统,两种方法都不能用. 在本节中,我们推导高斯-牛顿方法,求解非线性最小二乘问题. 除了展示该方法用于圆求交问题,我们还将高斯-牛顿方法应用到拟合具有非线性系数的模型问题中.

4.5.1 高斯-牛顿方法

考虑 m 个方程 n 个未知变量的方程组

$$r_1(x_1,\cdots,x_n)=0$$
$$\vdots$$
$$r_m(x_1,\cdots,x_n)=0 \tag{4.31}$$

误差的平方和表示为

$$E(x_1,\cdots,x_n)=\frac{1}{2}(r_1^2+\cdots+r_m^2)=\frac{1}{2}r^{\mathrm{T}}r$$

其中 $r=[r_1,\cdots,r_m]^{\mathrm{T}}$. 常数 1/2 被包含在定义里,以简化后面的模型. 为了最小化 E,我们令梯度 $F(x)=\nabla E(x)$ 为 0:

$$0=F(x)=\nabla E(x)=\nabla\left(\frac{1}{2}r(x)^{\mathrm{T}}r(x)\right)=r(x)^{\mathrm{T}}Dr(x) \tag{4.32}$$

注意到在这里我们使用点积法则计算梯度(见附录 A).

首先回忆多变量的牛顿方法,并将其应用在列向量函数 $F(x)^{\mathrm{T}}=(r^{\mathrm{T}}Dr)^{\mathrm{T}}=(Dr)^{\mathrm{T}}r$. 矩阵/向量积法则(参见附录 A)可用于得到

$$DF(x)^{\mathrm{T}}=D((Dr)^{\mathrm{T}}r)=(Dr)^{\mathrm{T}}\cdot Dr+\sum_{i=1}^{m}r_iDc_i$$

其中 c_i 是 Dr 的第 i 列. 注意到 $Dc_i=Hr_i$,r_i 的 2 阶偏导数矩阵或称为**海森**矩阵如下:

$$H_{r_i}=\begin{bmatrix}\frac{\partial^2 r_i}{\partial x_1\partial x_1} & \cdots & \frac{\partial^2 r_i}{\partial x_1\partial x_n}\\ \vdots & & \vdots\\ \frac{\partial^2 r_i}{\partial x_n\partial x_1} & \cdots & \frac{\partial^2 r_i}{\partial x_n\partial x_n}\end{bmatrix}$$

通过扔掉部分项可以简化牛顿方法. 不使用上面的 m 步求和,我们有如下的算法:

> **高斯-牛顿方法**
>
> 为了最小化
> $$r_1(x)^2 + \cdots + r_m(x)^2$$
>
> 令 $x^0 =$ 初始向量，
> **for** $k = 0, 1, 2, \cdots$
>
> $$A = Dr(x^k) \tag{4.33}$$
> $$A^T A v^k = -A^T r(x^k)$$
> $$x^{k+1} = x^k + v^k \tag{4.34}$$
>
> **end**

注意到高斯-牛顿的每步都暗示法线方程，其中的系数矩阵替换为 Dr. 高斯-牛顿求解了平方误差梯度的根. 尽管在最小化时，梯度必然是 0，但是收敛并不确定，因而方法可能收敛到极大值或者中间点. 在解释算法结果时必须小心.

下面的三个例子展示了高斯-牛顿方法以及第 2 章中多变量牛顿方法的使用. 两个相交的圆会有一个或者两个交点，除非两个圆重合. 平面中的三个圆一般没有公共的交点，在这种情况下，我们可以找出平面上在最小二乘意义上的距离交点最近的点. 对于三个圆，这是 3 个非线性方程 2 个未知变量 x、y 的问题.

例 4.21 显示如何使用高斯-牛顿方法求解这个非线性最小二乘问题. 例 4.22 以不同方式定义最优点：找出 3 个圆唯一的交点，允许它们的半径被一个公共量 K 所改变. 这是 3 个方程 3 个未知变量 x、y、K 的问题，不是最小二乘问题，可以使用多变量牛顿方法求解.

最后，例 4.23 加上第 4 个圆. 4 个方程 3 个未知变量 x、y、K 的问题又成为最小二乘问题，需要高斯-牛顿方法求解. 最后一个公式和 GPS 计算相关，具体见事实验证 4.

例 4.21 考虑中心在 $(x_1, y_1) = (-1, 0)$，$(x_2, y_2) = (1, 1/2)$，$(x_3, y_3) = (1, -1/2)$ 的平面上的三个圆，半径分别是 $R_1 = 1$，$R_2 = 1/2$，$R_3 = 1/2$. 使用高斯-牛顿方法找出一个点，该点到三个圆的距离的平方和最小.

圆如图 4.13a 所示. 点 (x, y) 最小化余项误差的平方和：

$$r_1(x, y) = \sqrt{(x-x_1)^2 + (y-y_1)^2} - R_1$$
$$r_2(x, y) = \sqrt{(x-x_2)^2 + (y-y_2)^2} - R_2$$
$$r_3(x, y) = \sqrt{(x-x_3)^2 + (y-y_3)^2} - R_3$$

它遵从一点 (x, y) 到圆心为 (x_1, y_1)，半径为 R_1 的圆的距离为 $|\sqrt{(x-x_1)^2+(y-y_1)^2} - R_1|$ 的事实（见习题 3）. $r(x, y)$ 的雅可比矩阵如下

$$Dr(x, y) = \begin{bmatrix} \dfrac{x-x_1}{S_1} & \dfrac{y-y_1}{S_1} \\ \dfrac{x-x_2}{S_2} & \dfrac{y-y_2}{S_2} \\ \dfrac{x-x_3}{S_3} & \dfrac{y-y_3}{S_3} \end{bmatrix}$$

其中 $S_i = \sqrt{(x-x_i)^2 + (y-y_i)^2}$, $i = 1, 2, 3$. 初值为 $(x^0, y^0) = (0, 0)$ 的高斯-牛顿插值, 收敛到 $(\bar{x}, \bar{y}) = (0.412\,891, 0)$, 7 步后精确到小数点后 6 位.

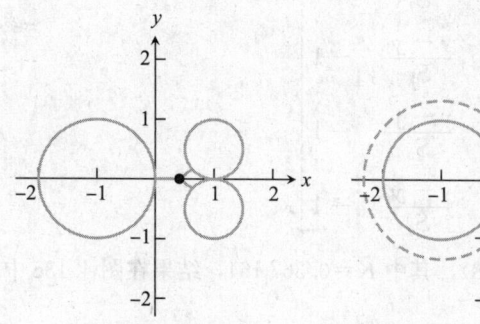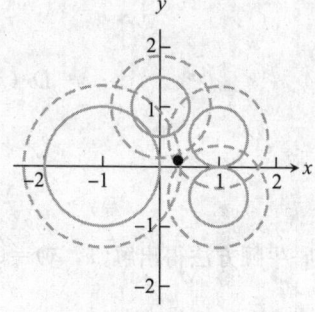

a) 使用高斯-牛顿方法找到最小二乘的接近交点

b) 使用多变量牛顿方法，由公共量扩大半径得到不同类型的接近交点

c) 使用高斯-牛顿方法，计算例4.23 的4个圆的最小二乘解点

图 4.13 三个圆的接近交点

关于三个圆的相关问题有不同的解. 不是直接去寻找交点，我们可以使用公共量扩大 (或者缩小)圆的半径，直到它们具有一个公共的交点. 这等价于求解系统

$$r_1(x,y,K) = \sqrt{(x-x_1)^2 + (y-y_1)^2} - (R_1 + K) = 0$$
$$r_2(x,y,K) = \sqrt{(x-x_2)^2 + (y-y_2)^2} - (R_2 + K) = 0$$
$$r_3(x,y,K) = \sqrt{(x-x_3)^2 + (y-y_3)^2} - (R_3 + K) = 0 \quad (4.35)$$

以这种方式确定的点 (x, y) 和例 4.21 最小二乘确定的点一般不同.

例 4.22 求解系统 (4.35) 得到 (x, y, K), 使用例 4.21 中的圆.

系统包含 3 个非线性方程 3 个未知变量，调用多变量牛顿方法，雅可比矩阵如下

$$Dr(x,y,K) = \begin{bmatrix} \dfrac{x-x_1}{S_1} & \dfrac{y-y_1}{S_1} & -1 \\ \dfrac{x-x_2}{S_2} & \dfrac{y-y_2}{S_2} & -1 \\ \dfrac{x-x_3}{S_3} & \dfrac{y-y_3}{S_3} & -1 \end{bmatrix}$$

牛顿方法可以在三步中得到解 $(x, y, K) = (1/3, 0, 1/3)$. 交点 $(1/3, 0)$ 和三个半径扩展了 $K = 1/3$ 的圆都在图 4.13b 中.

例 4.21 和例 4.22 显示了看待一组圆"接近交点"的两种不同的观点. 例 4.23 结合了两种不同的方法.

例 4.23 考虑中心在 $(-1, 0)$, $(1, 1/2)$, $(1, -1/2)$, $(0, 1)$ 的 4 个圆，半径分别是 $1, 1/2, 1/2, 1/2$. 找出点 (x, y) 以及常数 K, 使得从该点到 4 个半径以 K 变化的圆 (即 $1+K, 1/2+K, 1/2+K, 1/2+K$) 的距离平方和最小.

可以直接把前面的两个例子结合起来. 有 4 个方程 3 个未知变量 x、y、K. 最小二乘

余项和(4.35)相似，但是具有 4 项，雅可比矩阵如下

$$Dr(x,y,K) = \begin{bmatrix} \dfrac{x-x_1}{S_1} & \dfrac{y-y_1}{S_1} & -1 \\ \dfrac{x-x_2}{S_2} & \dfrac{y-y_2}{S_2} & -1 \\ \dfrac{x-x_3}{S_3} & \dfrac{y-y_3}{S_3} & -1 \\ \dfrac{x-x_4}{S_4} & \dfrac{y-y_4}{S_4} & -1 \end{bmatrix}$$

高斯-牛顿方法得出解$(\overline{x}, \overline{y}) = (0.311\,385,\ 0.112\,268)$，其中$\overline{K} = 0.367\,164$，结果在图 4.13c 中. ◀

和例 4.23 类似的在三维空间中球体的相交的计算，形成了全球定位系统（GPS）的数学基础. 见事实验证 4.

4.5.2 具有非线性参数的模型

高斯-牛顿方法的重要应用是拟合具有非线性系数的模型. 令$(t_1, y_1), \cdots, (t_m, y_m)$是数据点，$y = f_c(x)$是要进行拟合函数，其中$c = [c_1, \cdots, c_p]$是一组选择的参数，用以最小化余项的平方和

$$r_1(c) = f_c(t_1) - y_1$$
$$\vdots$$
$$r_m(c) = f_c(t_m) - y_m$$

(4.31)的特定情况被更一般地看待，以保证这里的特殊处理.

如果参数$c_1, \cdots, c_p$以线性的方式被引入模型，则这是一组关于c_i的线性方程，法线方程或者 QR 分解可以求解得到关于参数c的最优选择. 如果参数c_i在模型中是非线性，相同的处理得到一组关于c_i的非线性方程组. 例如，将模型$y = c_1 t^{c_2}$拟合到数据点(t_i, y_i)得到非线性方程

$$y_1 = c_1 t_1^{c_2}$$
$$y_2 = c_1 t_2^{c_2}$$
$$\vdots$$
$$y_m = c_1 t_m^{c_2}$$

由于c_2以非线性方式被引入模型，方程组不能写做矩阵形式.

在 4.2 节中，我们通过变换问题处理该问题：我们"线性化模型"，在模型两侧取对数，并使用最小二乘最小化对数形式的误差. 如果对数坐标是合适的坐标并最小化误差，这种做法很好.

但是为了求解原始的最小二乘问题，我们使用高斯-牛顿方法. 这用于最小化误差E，E是关于参数向量c的函数. 矩阵D_r是误差r_i关于参数c_j的偏导数矩阵，

$$(Dr)_{ij} = \frac{\partial r_i}{\partial c_j} = f_{c_j}(t_i)$$

有了这个信息,就可以实现高斯-牛顿方法(4.33).

例 4.24 使用高斯-牛顿方法拟合例 4.8 中的世界汽车产量数据,使用(非线性)指数方程.

找出数据最优的最小二乘拟合,得到指数模型,意味着找出 c_1, c_2 使得误差 $r_i = c_1 e^{c_2 t_i} - y_i (i=1, \cdots, m)$ 最小化 RMSE. 使用上一节的模型线性化,我们对于对数模型误差 $\ln y_i - (\ln c_1 + c_2 t_i)$ 最小化 RMSE. 在两种意义上最小化 RMSE 得到的 c_i 的值一般不同.

为了使用高斯-牛顿方法计算最优的最小二乘拟合,定义

$$r = \begin{bmatrix} c_1 e^{c_2 t_1} - y_1 \\ \vdots \\ c_1 e^{c_2 t_m} - y_m \end{bmatrix}$$

并相对 c_1 和 c_2 计算偏导数得到

$$Dr = -\begin{bmatrix} e^{c_2 t_1} & c_1 t_1 e^{c_2 t_1} \\ \vdots & \vdots \\ e^{c_2 t_m} & c_1 t_m e^{c_2 t_m} \end{bmatrix}$$

> **收敛** 最小二乘问题中的非线性带来额外的挑战. 法线方程以及 QR 方法只要系数矩阵 A 满秩都可以找到唯一解. 而对于非线性问题的高斯-牛顿迭代可能收敛到多个极小平方误差中的一个. 尽可能使用初始向量的合理近似,有助于收敛到绝对极小.

这个模型拟合了全球汽车产量数据,其中 t 的单位是年,从 1970 年开始,汽车产量单位是百万辆. 从初始估计 $(c_1, c_2) = (50, 0.1)$ 开始,(4.33)中的高斯-牛顿方法 5 步就可以得到具有 4 位精度的 $(c_1, c_2) \approx (58.51, 0.05772)$. 数据的最优最小二乘拟合是

$$y = 58.51 e^{0.05772 t} \tag{4.36}$$

RMSE 是 7.68,这意味着最小二乘意义上的平均的建模误差,对应 768 万辆汽车(见图 4.14).

最优模型(4.36)可以和如下最优的线性指数模型比较

$$y = 54.03 e^{0.06152 t}$$

该模型在例 4.8 中计算得到,将法线方程应用到线性化模型 $\ln y = \ln c_1 + c_2 t$. 线性化模型误差 r_i 的 RMSE 是 9.56,比(4.36)的 RMSE 大. 但是线性化模型最小化误差 $\ln y_i - (\ln c_1 + c_2 t_i)$ 的 RMSE,得到的值是 0.0357,也按要求比模型(4.36)得到的值 0.0568 要小. 每个模型都是对数据空间的最优拟合.

对于每个问题都有计算算法用于求解. 最

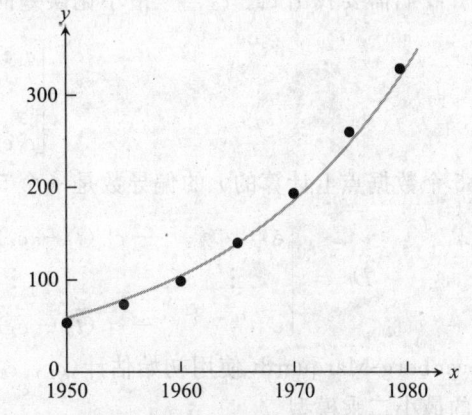

图 4.14 指数拟合全球汽车产量数据,不使用线性化. 最优最小二乘拟合是 $y = 58.51 e^{0.05772 t}$

小化 r_i 是标准的最小二乘问题，但是用户必须从数据的上下文决定是最小化误差还是对数误差更加合适.

4.5.3 Levenberg-Marquardt 方法

当最小二乘系数矩阵变为病态时将会面临挑战. 在例 4.5 中，当使用法线方程最小二乘求解 $Ax=b$ 时会遇到大的误差，这是由于 $A^{\mathrm{T}}A$ 具有大的条件数.

对于非线性最小二乘问题，情况通常会变得更糟. 很多定义得很好的模型得到了条件数很差的 Dr 矩阵. Levenberg-Marquardt 方法使用"正则化项"部分修复这个问题. 这可以看做是混合高斯-牛顿以及最速下降方法，后者将会在第 13 章介绍.

Levenberg-Marquardt 算法是高斯-牛顿方法的简单改进.

Levenberg-Marquardt 方法

最小化
$$r_1(x)^2 + \cdots + r_m(x)^2$$

令 $x^0 = $ 初始向量，$\lambda = $ 常数
for $k = 0, 1, 2, \cdots$
$$A = Dr(x^k)$$
$$(A^{\mathrm{T}}A + \lambda \mathrm{diag}(A^{\mathrm{T}}A))v^k = -A^{\mathrm{T}}r(x^k)$$
$$x^{k+1} = x^k + v^k$$
end

$\lambda = 0$ 的情况和高斯-牛顿方法相同. 提高正则化参数 λ 则增强了矩阵 $A^{\mathrm{T}}A$ 对角线元素的作用，这通常可以改善条件数，允许方法从一个比高斯-牛顿更宽的初始估计 x_0 开始，并实现收敛.

例 4.25 使用 Levenberg-Marquardt 将模型 $y = c_1 e^{-c_2(t-c_3)^2}$ 拟合到数据点
$$(t_i, y_i) = \{(1,3), (2,5), (2,7), (3,5), (4,1)\}.$$

我们需要找出 c_1、c_2、c_3 最小化误差向量的 RMSE

$$r = \begin{bmatrix} c_1 e^{-c_2(t_1-c_3)^2} - y_1 \\ \vdots \\ c_1 e^{-c_2(t_5-c_3)^2} - y_5 \end{bmatrix}$$

在 5 个数据点上计算的 r 的偏导数是一个 5×3 的矩阵：

$$Dr = \begin{bmatrix} e^{-c_2(t_1-c_3)^2} & -c_1(t_1-c_3)^2 e^{-c_2(t_1-c_3)^2} & 2c_1 c_2 (t_1-c_3) e^{-c_2(t_1-c_3)^2} \\ \vdots & \vdots & \vdots \\ e^{-c_2(t_5-c_3)^2} & -c_1(t_5-c_3)^2 e^{-c_2(t_5-c_3)^2} & 2c_1 c_2 (t_5-c_3) e^{-c_2(t_5-c_3)^2} \end{bmatrix}$$

Levenberg-Marquardt 使用初始估计 $(c_1, c_2, c_3) = (1, 1, 1)$，$\lambda$ 固定在 50，将会收敛到最优的最小二乘模型

$$y = 6.301 e^{-0.5088(t-2.249)^2}$$

在图 4.15 同时画出最优模型和数据点. 对应的高斯-牛顿方法从这个初始估计开始, 将会发散到无穷.

这个方法最初由 Levenberg[1944] 提出, 在高斯-牛顿方法的 $A^{\mathrm{T}}A$ 加入 λI 以改进对应的条件. 几年后, DuPont 的一位统计学家 D. Marquardt, 改进了 Levenberg 的提议, 将单位矩阵替换为 $A^{\mathrm{T}}A$ 的对角线矩阵(Marquardt[1963]).

尽管为了简单, 我们将 λ 看做常数, 但是该方法常常使用不同 λ 以适应问题. 一般的策略是在每个迭代步骤中, 只要余下的平方误差和在每步中降低就使用因子 10 连续降低 λ, 如果误差升高, 则拒绝当前步, 并以因子 10 升高 λ.

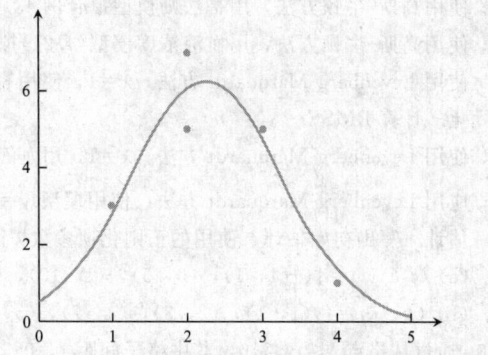

图 4.15 例 4.25 的模型拟合. 使用 Levenberg-Marquardt 方法找出最优最小二乘模型 $y = 6.301 e^{-0.5088 (t-2.249)^2}$, 以实线画出

4.5 节习题

1. 高斯-牛顿方法可用于找出 $\bar{x}$、$\bar{y}$ 使得到三个圆的距离的平方和最小. 使用初始向量 $(x_0, y_0) = (0, 0)$, 完成第一步找出 (x_1, y_1): (a) 圆心 $(0, 1)$, $(1, 1)$, $(0, -1)$, 所有半径为 1; (b) 圆心在 $(-1, 0)$, $(1, 1)$, $(1, -1)$, 所有半径为 1. (编程问题 1 要求解 $(\bar{x}, \bar{y})$.)
2. 多变量牛顿方法应用在(4.35)中求解习题 1 的三个圆问题, 完成该方法的第一步. 使用 $(x_0, y_0, K_0) = (0, 0, 0)$. (编程问题 2 要求解 (x, y, K).)
3. 证明: 从点 (x, y) 到圆 $(x-x_1)^2 + (y-y_1)^2 = R_1^2$ 的距离是 $|\sqrt{(x-x_1)^2 + (y-y_1)^2} - R_1|$.
4. 证明: 应用在线性系统 $Ax = b$ 的高斯-牛顿方法一步收敛到法线方程的解.
5. 找出将高斯-牛顿迭代应用在模型拟合问题时所需要的矩阵 Dr, 考虑有三个点 (t_1, y_1), (t_2, y_2), (t_3, y_3): (a) 幂法则 $y = c_1 t^{c_2}$, (b) $y = c_1 t e^{c_2 t}$.
6. 找出将高斯-牛顿迭代应用在模型拟合问题时所需要的矩阵 Dr, 考虑有三个点 (t_1, y_1), (t_2, y_2), (t_3, y_3): (a) 平移指数模型 $y = c_3 + c_1 e^{c_2 t}$, (b) 平移幂法则模型 $y = c_3 + c_1 t^{c_2}$.
7. 证明: (4.35) 中实数解 (x, y, K) 或者无穷多, 或者只有两个.

4.5 节编程问题

1. 应用高斯-牛顿方法找出点 $(\bar{x}, \bar{y})$ 使得到三个圆的距离平方和最小. 使用初始向量 $(x_0, y_0) = (0, 0)$. (a) 圆心 $(0, 1)$, $(1, 1)$, $(0, -1)$, 所有半径为 1; (b) 圆心 $(-1, 0)$, $(1, 1)$, $(1, -1)$, 所有半径为 1.
2. 对(4.35)系统应用多变量牛顿方法, 考虑编程问题 1 中的三个圆. 使用初始向量 $(x_0, y_0, K_0) = (0, 0, 0)$.
3. 如同例 4.23 找出点 (x, y) 以及距离 K, 最小化到半径以 K 增长的圆的距离的平方和. (a) 圆的圆心为 $(-1, 0)$, $(1, 0)$, $(0, 1)$, $(0, -2)$, 所有半径都为 1; (b) 圆的圆心为 $(-2, 0)$, $(3, 0)$, $(0, 2)$, $(0, -2)$, 所有半径都为 1.
4. 对下面的圆完成编程问题 3 中的步骤并画出结果:

(a) 圆心$(-2, 0)$, $(2, 0)$, $(0, 2)$, $(0, -2)$, $(2, 2)$, 半径分别为 1, 1, 1, 1, 2.
(b) 圆心$(1, 1)$, $(1, -1)$, $(-1, 1)$, $(-1, -1)$, $(2, 0)$, 半径为 1.

5. 使用高斯-牛顿方法，用幂法则模型拟合例 4.10 中的宽度-高度数据，不使用线性化. 计算 RMSE.

6. 使用高斯-牛顿方法，用血液浓度模型(4.21)拟合例 4.11 中的数据，不使用线性化.

7. 使用 Levenberg-Marquardt 方法，$\lambda=1$，使用幂法则模型拟合例 4.10 中宽度-高度数据，不使用线性化. 计算 RMSE.

8. 使用 Levenberg-Marquardt 方法，$\lambda=1$，用血液浓度模型(4.21)拟合例 4.11 中的数据，不使用线性化.

9. 应用 Levenberg-Marquardt 方法，使用模型 $y=c_1 e^{-c_2(t-c_3)^2}$，拟合下面的数据点，使用一个合适的初始估计. 写出初始估计、使用的正则化项参数 λ 以及 RMSE. 画出最优的最小二乘曲线以及数据点.
    (a) $(t_i, y_i)=\{(-1, 1), (0, 5), (1, 10), (3, 8), (6, 1)\}$
    (b) $(t_i, y_i)=\{(1, 1), (2, 3), (4, 7), (5, 12), (6, 13), (8, 5), (9, 2), (11, 1)\}$

10. 通过从格点 $0 \leqslant c_1 \leqslant 10$, 其中格子间距 1, $0 \leqslant c_2 \leqslant 1$, 其中格子间距 0.1, $c_3=1$, 确定的初始估计，进一步探讨例 4.25，对于哪一个点 Levenberg-Marquardt 方法会收敛到正确的最小二乘解. 使用 MATLAB 的 mesh 命令画出你的答案，1 代表收敛的初始估计，0 不收敛. 在 $\lambda=50$ 和 $\lambda=1$ 的情况下，以及 $\lambda=0$ 的高斯-牛顿情况下画出结果. 并对你发现的差异进行评论.

11. 应用 Levenberg-Marquardt 将模型 $y=c_1 e^{-c_2 t}\cos(c_3 t+c_4)$ 拟合到下面的数据点，使用一个合适的初始估计. 写出初始估计、使用的正则化项参数 λ 以及 RMSE. 画出最优的最小二乘曲线以及数据点. 该问题在相同的 RMSE 情况下有多个解，这是由于 c_4 仅由对 2π 求模确定.
    (a) $(t_i, y_i)=\{(0, 3), (2, -5), (3, -2), (5, 2), (6, 1), (8, -1), (10, 0)\}$
    (b) $(t_i, y_i)=\{(1, 2), (3, 6), (4, 4), (5, 2), (6, -1), (8, -3)\}$

事实验证 4 GPS、条件和非线性最小二乘

全球定位系统(GPS)包含 24 个携带原子钟的卫星，在海拔 20 200km 的轨道绕地球旋转. 6 个平面中的每一个平面都有 4 个卫星，相对极点倾斜 55°，每天旋转两周. 在任何时刻从地球的任何点，视线可以直接看到 5 个到 8 个卫星. 每个卫星只有一个简单的任务：从空间中预先定义的位置发射精心同步的信号，这些信号将被地球上的 GPS 所接收. 接收器使用这些信息以及一些数学模型（随后介绍），确定接收器精确的(x, y, z)坐标.

在给定的时刻，接收器从第 i 个卫星收集同步信号，并确定其传输时间 t_i，这是信号传输和接收时间的差. 信号的传输速度是光速 $c \approx 299\,792.458$km/s. c 乘上传输时间给出卫星到接收器的距离，把接收器放在球心是卫星的球面上，该球半径为 ct_i. 如果有三个卫星，则可知道三个球，其交点包含两个点，如图 4.16 所示. 一个交点是接收器的位置. 另一个交点通常远离地球表面，并可以安全忽略. 理论上，该问题可以消减为求解交点，这是三个球方程的公共解.

但是，在这个分析中有一个主要问题. 首先，尽管从卫星的传输时间使用机载的原子钟以纳秒度量，但是地面上一般廉价的接收器精度较差. 如果我们求解具有微小不正确时间的三个方程，计算位置的结果可能具有数公里的错误. 幸运的是，

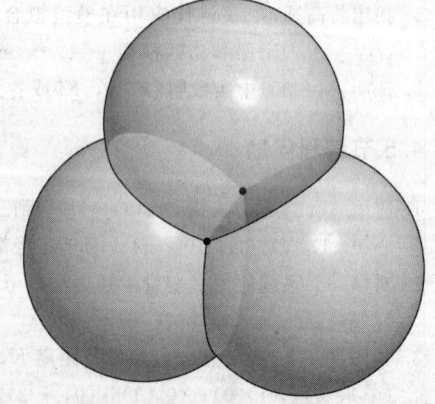

图 4.16 三个相交球. 一般地，仅有两个点位于所有球面上

有方法可以修正这个问题. 需要付出的代价是引入额外的卫星. 定义 d 为在(目前 4 个)卫星钟的同步时间和地面接收器钟之间的差异. 将卫星 i 的位置标注为 (A_i, B_i, C_i), 则真正的交点 (x, y, z) 满足

$$r_1(x,y,z,d) = \sqrt{(x-A_1)^2 + (y-B_1)^2 + (z-C_1)^2} - c(t_1-d) = 0$$
$$r_2(x,y,z,d) = \sqrt{(x-A_2)^2 + (y-B_2)^2 + (z-C_2)^2} - c(t_2-d) = 0$$
$$r_3(x,y,z,d) = \sqrt{(x-A_3)^2 + (y-B_3)^2 + (z-C_3)^2} - c(t_3-d) = 0$$
$$r_4(x,y,z,d) = \sqrt{(x-A_4)^2 + (y-B_4)^2 + (z-C_4)^2} - c(t_4-d) = 0 \quad (4.37)$$

求解位置变量 x, y, z, d. 由于已知 d, 求解系统不仅得到接收器位置, 而且得到来自卫星钟的正确时间. 因而 GPS 接收器的不精确性可以使用一个额外的卫星进行修正.

从几何上来讲, 四个卫星可能不具有公共点, 但是如果以正确量扩展或者收缩的半径 i, 就可能具有公共点. 系统(4.37)表示四个球体的交点, 是与(4.35)系统类似的三维系统, (4.35)系统表示平面上的三个圆的交点.

(4.37)系统可以看做具有两个解 (x, y, z, d). 方程可以等价地写成

$$(x-A_1)^2 + (y-B_1)^2 + (z-C_1)^2 = [c(t_1-d)]^2$$
$$(x-A_2)^2 + (y-B_2)^2 + (z-C_2)^2 = [c(t_2-d)]^2$$
$$(x-A_3)^2 + (y-B_3)^2 + (z-C_3)^2 = [c(t_3-d)]^2$$
$$(x-A_4)^2 + (y-B_4)^2 + (z-C_4)^2 = [c(t_4-d)]^2 \quad (4.38)$$

注意到通过从第一个方程中减去后面的三个方程, 得到三个线性方程. 每个线性方程可用于消去变量 x, y, z, 通过代入每个原始的方程, 得到具有唯一变量 d 的二次方程. 因而(4.37)系统具有至多两个实数解, 这两个解可以通过二次公式进行求解.

GPS 系统展开后又带来两个问题. 首先是(4.37)方程组系统的条件. 当卫星的位置在天空中过于接近, 关于 (x, y, z, d) 的求解是个病态问题.

第二个问题是信号的传输速度并不精确为 c. 信号传输经过 100km 的电离层以及 10km 的对流层, 其电磁性质会影响传输速度. 而且信号在到达地面上的接收器之前可能遇到障碍, 这种效应被称为多路(multipath)干扰. 如果这些障碍对于每个卫星路径具有相同的影响, 在(4.37)的右侧引入时间矫正 d 则会有所帮助. 但是一般地, 这种假设并不成立, 将需要我们增加从更多卫星获取的信息并考虑使用高斯-牛顿方法求解最小二乘问题.

考虑一个三维坐标系统, 其原点在地球中心(半径 $\approx$ 6370km). GPS 接收器将这些坐标转为经度和纬度, 以及海拔数据, 用于输出和更加复杂的使用全球信息系统(GIS)的绘图应用, 在这里我们不讨论这个问题.

建议活动

1. 使用多变量牛顿方法求解(4.37)系统. 找出接收器在近地球的位置 (x, y, z) 以及时间矫正 d, 此时已知的同步卫星的位置如下:
   (15 600, 7540, 20 140), (18 760, 2750, 18 610), (17 610, 14 630, 13 480), (19 170, 610, 18 390)单位为千米, 度量的时间间隔为 0.070 74, 0.072 20, 0.076 90, 0.072 42, 单位为秒. 设置初始的向量为 (x_0, y_0, z_0, d_0)=(0, 0, 6370, 0). 用作检查, 近似的位置为 (x, y, z)=(−41.772 71, −16.789 19, 6370.0596), d=−3.201 566×10^{-3}秒.

2. 写出 MATLAB 程序, 利用二次公式完成求解. 提示: 从(4.37)的第一个方程替换后面的三个方程得到三个线性方程, 具有四个未知量, $x\vec{u}_x + y\vec{u}_y + z\vec{u}_z + d\vec{u}_d + \vec{w} = 0$, 表示为向量形式. 以 d 表示的 x 的

公式可由下式得到
$$0 = \det[\vec{u}_y \mid \vec{u}_z \mid x\vec{u}_x + y\vec{u}_y + z\vec{u}_z + d\vec{u}_d + \vec{w}]$$
注意到行列式的值关于它的列线性，并且具有重复列的矩阵其对应的行列式的值为 0. 相似地，我们可以分别得到由 d 表示的关于 y 和 z 的公式，这可以代入(4.37)的第一个二次方程，生成只有一个变量的方程.

3. 如果有 MATLAB 的 Symbolic 工具箱(或者一个 symbolic 包，例如 Maple 或者 Mathematica 的工具包)，就可能以不同的方式实现步骤 2. 使用 syms 命令定义符号变量，使用 Symbolic 工具箱命令 Solve 求解同步方程. 使用 subs 以一个浮点数估计符号结果.

4. 现在开始对 GPS 问题的条件进行测试. 从球坐标(ρ, ϕ_i, θ_i)定义卫星位置(A_i, B_i, C_i)如下:
$$A_i = \rho \cos\phi_i \cos\theta_i$$
$$B_i = \rho \cos\phi_i \sin\theta_i$$
$$C_i = \rho \sin\phi_i$$

其中 $\rho = 26\,570$ 千米是固定值，$0 \leq \phi_i \leq \pi/2$ 以及 $0 \leq \theta_i \leq 2\pi (i = 1, \cdots, 4)$ 可以在取值范围内任意选择. 约束 ϕ 坐标使得四个卫星都在上半球. 令 $x = 0$, $y = 0$, $z = 6370$, $d = 0.0001$, 计算对应卫星的范围 $R_i = \sqrt{A_i^2 + B_i^2 + (C_i - 6370)^2}$ 以及飞行时间 $t_i = d + R_i/c$.

我们将特别定义误差放大因子适应这种情况. 卫星上的原子钟矫正精度在 10 纳秒，或者 10^{-8} 秒以内. 因而，研究以这种量级传输时间的变化产生的影响很重要. 令后向或者输入误差是单位为米的输入变化. 在光速的情况下，$\Delta t_i = 10^{-8}$ 秒对应 $10^{-8} c \approx 3$ 米. 令前向或者输出的误差为位置的变化 $\|(\Delta x, \Delta y, \Delta z)\|_\infty$ 单位也为米. 该误差由 t_i 的变化所导致. 然后我们将定义没有单位的
$$\text{误差放大因子} = \frac{\|(\Delta x, \Delta y, \Delta z)\|_\infty}{c \|(\Delta t_1, \cdots, \Delta t_m)\|_\infty}$$
该问题的条件数为误差放大因子的极大值，此时对应小 Δt_i (例如 10^{-8} 或者更小).

通过 $\Delta t_i = +10^{-8}$ 或者 -10^{-8} 改变前面每个定义的 t_i, 结果都不完全一样. 定义(4.37)的新解为 $(\bar{x}, \bar{y}, \bar{z}, \bar{d})$, 计算位置上的差异 $\|\Delta x, \Delta y, \Delta z\|_\infty$ 以及误差放大因子. 尝试 Δt_i 的不同变化. 找出的最大误差变化是多少米? 基于你已经计算的误差放大因子估计问题的条件数.

5. 现在重复步骤 4，使用更紧密分组的卫星. 选择所有的 ϕ_i 使得其位于其他卫星的 5% 范围之内，选择所有的 θ_i 使得其位于其他卫星的 5% 范围之内. 使用或者不使用和步骤 4 中相同的误差来求解问题. 找出最大的位置误差和误差放大因子. 比较当卫星紧密或者松散聚集时候的 GPS 问题的条件.

6. 确定 GPS 误差以及条件数是否可以通过增加卫星而降低. 返回步骤 4 中没有分组的卫星设置，并添加 4 个卫星. (在所有时刻和地球上的所有位置，5~12 个 GPS 卫星可见.) 设计高斯-牛顿迭代求解 8 个方程 4 个未知变量(x, y, z, d)的最小二乘问题. 最优的初始向量是多少? 找出最大的 GPS 位置误差，并估计条件数. 从 4 个未分组、4 个分组以及 8 个未分组卫星总结结果. 仅仅基于卫星信号，你期望哪种配置最优，单位为米的最大 GPS 误差是多少?

软件与进一步阅读

最小二乘近似可以追溯到 19 世纪早期. 和多项式插值类似，它可以被看做是一种有损数据压缩的形式，对于一个复杂有噪声的数据集找出一个简单的表达. 直线、多项式、指数函数以及幂定律为一般实现的模型. 周期函数调用三角表达，而这种方式做到极致会带来三角多项式插值以及三角多项式最小二乘拟合，这将在第 10 章进行讨论.

使用 4.2 节中的三个步骤，任何系数为线性的函数可用于拟合数据，这会得到法线方程的解．对于病态问题，不推荐使用法线方程，这是由于在这种情况下条件数会近似平方放大．在这种情况下倾向使用的矩阵分解方法即 QR 分解，以及在一些情况下，会用到在第 12 章中讲到的奇异值分解．Golub 与 Van Loan[1996]的论著是 QR 和其他矩阵分解的一本优秀的参考书．Lawson 与 Hanson[1995]的论著是最小二乘基础的一个较好的资源．对于线性和多回归的最小二乘拟合的统计方面的问题，在更特定的参考书 Draper 与 Smith[2001]，Fox[1997]，以及 Ryan[1997]中有相关的描述．

如果系统一致，MATLAB 的 `backslash` 命令用于 $Ax=b$ 将会得到高斯消去，在不一致的情况下，通过 QR 分解求解最小二乘问题．MATLAB 的 `qr` 命令基于 LAPACK 程序 DGEQRF．IMSL 提供 RLINE 程序求解最小二乘数据拟合．NAG 库的 E02ADF 程序实现多项式的最小二乘近似，这与 MATLAB 的 `polyfit` 相似．统计包，例如 S+、SAS、SPSS，以及 Minitab 实现不同的回归分析．

非线性最小二乘指的是模型中的拟合系数非线性．高斯-牛顿方法以及它的变种 Levenberg-Marquardt 方法是这种问题中倾向使用的工具，尽管不保证收敛，并且即便得到收敛，也不意味这是唯一最优解．参看 Strang 与 Borre[1997]的论著中对于 GPS 的介绍，以及从 Hoffman-Wellenhof 等人[2001]的论著中得到这个主题的一般信息．

第 5 章 数值微分和积分

> 计算机辅助制造依赖于对指定路径上的运动的精确控制. 例如, 数值控制下的车床和铣床机器依赖的参数曲线, 通常来自计算机辅助设计软件中的三次或者贝塞尔样条, 它们可以描述切割或者造型工具的路径. 在电影工业中, 计算机生成的动画、计算机游戏、虚拟现实应用面临相同的问题.
>
> **事实验证 5** 考虑任意参数路径上的速度控制问题. 对于路径参数, 为了以期望的速率遍历整个曲线, 将曲线进行重新参数化为弧长的函数. 在弧线长度积分中应用自适应积分, 并为实现这种控制提供有效的方式.

计算微积分解决的主要问题是计算函数的导数和积分. 处理这种问题有两种方式, 一种是数值计算, 一种是符号计算. 在本章中, 我们将讨论两种方式, 但是会更详细地讨论数值计算方法. 导数和积分都有明确的数学定义, 但是用户想要的答案的类型常常依赖于函数定义的方式.

形如 $f(x)=\sin x$ 的函数的导数是初等微积分中的问题. 如果函数属于已知的初等函数, 例如 $f(x)=\sin^3(x^{\tan x}\cosh x)$, 该函数的三阶导数可以很快地通过符号计算方法得到, 其中计算机实现了微积分的法则. 当答案可以表达为初等函数时, 对于反导数也成立.

实际上, 有另外两种方法表示函数. 函数可以定义为列表, 例如, 从实验度量获取的关于时间/温度的列表 $\{(t_1, T_1), \cdots, (t_n, T_n)\}$, 该数据可能在时间上等间距. 在这种情况下, 不可能利用初级微积分找出函数的导数或者积分. 此外, 函数可以定义为计算机仿真实验的输出, 其中实验的输入由用户指定. 在后面的两种情况下, 难以使用符号计算, 需要数值差分和积分来求解这样的问题.

5.1 数值微分

首先, 我们推出有限差分公式来近似微分. 在某些问题中, 这就是求解的目标. 在第 7 和第 8 章中, 这些公式用于常微分和偏微分问题的离散化.

5.1.1 有限差分公式

由定义, 如果极限存在, 函数 $f(x)$ 在 x 点的导数是

$$f'(x) = \lim_{h \to 0} \frac{f(x+h) - f(x)}{h} \tag{5.1}$$

这是得到在 x 点近似导数的有用公式. 泰勒定理指出, 如果 f 是二阶连续可微函数, 则

$$f(x+h) = f(x) + hf'(x) + \frac{h^2}{2}f''(c) \tag{5.2}$$

其中 c 在 x 和 $x+h$ 之间. 方程(5.2)包含下面的公式:

> **二点前向差分公式**
> $$f'(x) = \frac{f(x+h) - f(x)}{h} - \frac{h}{2}f''(c) \tag{5.3}$$
> 其中 c 在 x 和 $x+h$ 之间.

在有限计算中，我们不能使用(5.1)中的极限，但是当 h 很小时，(5.3)的商将近似导数. 我们使用(5.3)近似

$$f'(x) \approx \frac{f(x+h) - f(x)}{h} \tag{5.4}$$

并把(5.3)中的最后一项看做误差. 由于近似造成的误差和步长 h 成正比，我们可以通过使得 h 足够小，从而减小误差. 二点前向差分公式是近似一阶导数的一阶方法. 一般地，如果误差是 $O(h^n)$，我们把该公式称为 n 阶近似.

在我们将公式称为 "一阶" 的时候，微妙的一点是 c 依赖于 h. 一阶公式的想法是，当 $h \to 0$ 时，误差和 h 成正比. 当 $h \to 0$，c 是一个移动的目标，结果比例常数会跟着发生改变. 但是只要 f'' 连续，当 $h \to 0$ 时，这个比例常数 $f''(c)$ 趋近于 $f''(x)$，因而称该公式一阶是合理的.

> **收敛** 二点前向差分方法的误差公式 $-hf''(c)/2$ 有什么好处？我们试图近似 $f'(x)$，而 $f''(x)$ 可能难以获取. 有两种答案. 首先，在验证代码和软件时，一个好的检测是在一个完全求解的例子上运行，其中正确解已知，误差可以和期望误差比较. 在这种情况下，我们可能同时知道 $f''(x)$ 和 $f'(x)$. 其次，即使我们不能对整个公式求值，知道误差如何随着 h 的变化而翻倍也有好处. 公式是一阶的事实意味着把步长 h 减半，近似于把误差减半，即使我们没有办法计算精确的比例常数 $f''(c)/2$.

例 5.1 使用二点前向差分公式，$h = 0.1$，近似 $f(x) = 1/x$ 在 $x = 2$ 处的导数.
二点前向差分公式(5.4)的值为

$$f'(x) \approx \frac{f(x+h) - f(x)}{h} = \frac{\frac{1}{2.1} - \frac{1}{2}}{0.1} \approx -0.2381$$

当 $x = 2$ 时，在该近似和正确导数 $f'(x) = -x^{-2}$ 的值之间的差异是

$$-0.2381 - (-0.2500) = 0.0119$$

把这个误差和公式预测的误差 $hf''(c)/2$ 比较，其中 c 在 2 和 2.1 之间. 由于 $f''(x) = 2x^{-3}$，误差必然是在

$$(0.1)2^{-3} \approx 0.0125 \text{ 与 } (0.1)(2.1)^{-3} \approx 0.0108$$

之间，这与我们的结果一致. 但是我们通常难以得到这个信息.

可以使用更加高级的策略导出二阶公式. 根据泰勒定理，如果 f 三阶连续可微，则

$$f(x+h) = f(x) + hf'(x) + \frac{h^2}{2}f''(x) + \frac{h^3}{6}f'''(c_1)$$

$$f(x-h) = f(x) - hf'(x) + \frac{h^2}{2}f''(x) - \frac{h^3}{6}f'''(c_2)$$

其中 $x-h<c_2<x<c_1<x+h$. 上面的两个方程相减得到三点公式，具有显式的误差项：

$$f'(x) = \frac{f(x+h) - f(x-h)}{2h} - \frac{h^2}{12}f'''(c_1) - \frac{h^2}{12}f'''(c_2) \tag{5.5}$$

为了得到新公式更精确的误差项，我们将使用下面的定理：

定理 5.1（推广中值定理） 令 f 是区间 $[a, b]$ 上的连续函数. 令 $x_1, \cdots, x_n$ 是区间 $[a, b]$ 上的点，$a_1, \cdots, a_n > 0$，则在 a 和 b 之间存在数字 c 满足

$$(a_1 + \cdots + a_n)f(c) = a_1 f(x_1) + \cdots + a_n f(x_n) \tag{5.6}$$

证明 令 $f(x_i)$ 是 n 个函数值中的最小值，$f(x_j)$ 是 n 个函数值中的最大值. 则

$$a_1 f(x_i) + \cdots + a_n f(x_i) \leqslant a_1 f(x_1) + \cdots + a_n f(x_n) \leqslant a_1 f(x_j) + \cdots + a_n f(x_j)$$

意味着

$$f(x_i) \leqslant \frac{a_1 f(x_1) + \cdots + a_n f(x_n)}{a_1 + \cdots + a_n} \leqslant f(x_j)$$

由中值定理，在 x_i 和 x_j 之间存在一组 c，满足

$$f(c) = \frac{a_1 f(x_1) + \cdots + a_n f(x_n)}{a_1 + \cdots + a_n}$$

则(5.6)也满足.

定理 5.1 指出我们可以组合(5.5)中的最后两项，得到二阶公式：

三点中心差分公式

$$f'(x) = \frac{f(x+h) - f(x-h)}{2h} - \frac{h^2}{6}f'''(c) \tag{5.7}$$

其中 $x-h<c<x+h$.

例 5.2 使用三点中心差分公式，其中 $h=0.1$，近似函数 $f(x)=1/x$ 在 $x=2$ 处的导数. 对 f 使用三点中心差分公式，得到

$$f'(x) \approx \frac{f(x+h) - f(x-h)}{2h} = \frac{\frac{1}{2.1} - \frac{1}{1.9}}{0.2} \approx -0.2506$$

误差为 0.0006，比例 5.1 中用二点前向差分公式得到的结果要更精确.

用类似的方法可以得到更高阶差分的近似公式. 例如，函数 f 的泰勒展开为

$$f(x+h) = f(x) + hf'(x) + \frac{h^2}{2}f''(x) + \frac{h^3}{6}f'''(x) + \frac{h^4}{24}f^{(4)}(c_1)$$

$$f(x-h) = f(x) - hf'(x) + \frac{h^2}{2}f''(x) - \frac{h^3}{6}f'''(x) + \frac{h^4}{24}f^{(4)}(c_2)$$

其中 $x-h<c_2<x<c_1<x+h$，两项可以加起来消去一阶导数项，得到

$$f(x+h) + f(x-h) - 2f(x) = h^2 f''(x) + \frac{h^4}{24}f^{(4)}(c_1) + \frac{h^4}{24}f^{(4)}(c_2)$$

使用定理 5.1 组合误差项，并除去 h^2 得到下面的公式：

数值微分和积分

二阶导数的三点中心差分公式
$$f''(x) = \frac{f(x-h) - 2f(x) + f(x+h)}{h^2} - \frac{h^2}{12} f^{(4)}(c) \tag{5.8}$$
其中 c 位于 $x-h$ 和 $x+h$ 之间.

收敛性 随着 $h \to 0$, 二点和三点近似都会收敛到导数, 但是收敛速度并不一样. 该公式将两个近似相同的数字相减, 违反了浮点计算的基本法则, 但是这个过程不可避免, 导数计算传统上就是不稳定的计算. 对于一个非常小的 h, 如例 5.3 中舍入误差会影响计算.

5.1.2 舍入误差

到目前为止, 本章中的所有公式都违反了第 0 章中关于不能将两个近似相等的数字相减的规则. 这是数值差分计算的最大问题, 但是这个问题从本质上难以避免. 为了更好地理解这个问题, 考虑下面的例子:

例 5.3 近似 $f(x) = e^x$ 在 $x = 0$ 时的导数.

由 (5.4) 二点公式得到

$$f'(x) \approx \frac{e^{x+h} - e^x}{h} \tag{5.9}$$

由 (5.7) 三点公式得到

$$f'(x) \approx \frac{e^{x+h} - e^{x-h}}{2h} \tag{5.10}$$

下表中列出当 $x = 0$ 时这些公式的结果和在一个大范围中增加的步长 h, 以及和正确值 $e^0 = 1$ 相比的误差.

h	公式 (5.9)	误差	公式 (5.10)	误差
10^{-1}	1.051 709 180 756 48	$-0.051\ 709\ 180\ 756\ 48$	1.001 667 500 198 44	$-0.001\ 667\ 500\ 198\ 44$
10^{-2}	1.005 016 708 416 79	$-0.005\ 016\ 708\ 416\ 79$	1.000 016 666 749 99	$-0.000\ 016\ 666\ 749\ 99$
10^{-3}	1.000 500 166 708 38	$-0.000\ 500\ 166\ 708\ 38$	1.000 000 166 666 68	$-0.000\ 000\ 166\ 666\ 68$
10^{-4}	1.000 050 001 667 14	$-0.000\ 050\ 001\ 667\ 14$	1.000 000 001 666 89	$-0.000\ 000\ 001\ 666\ 89$
10^{-5}	1.000 005 000 006 96	$-0.000\ 005\ 000\ 006.96$	1.000 000 000 012 10	$-0.000\ 000\ 000\ 012\ 10$
10^{-6}	1.000 000 499 962 18	$-0.000\ 000\ 499\ 962\ 18$	0.999 999 999 973 24	$0.000\ 000\ 000\ 026\ 76$
10^{-7}	1.000 000 049 433 68	$-0.000\ 000\ 049\ 433\ 68$	0.999 999 999 473 64	$0.000\ 000\ 000\ 526\ 36$
10^{-8}	0.999 999 993 922 53	$0.000\ 000\ 006\ 077\ 47$	0.999 999 993 922 53	$0.000\ 000\ 006\ 077\ 47$
10^{-9}	1.000 000 082 740 37	$-0.000\ 000\ 082\ 740\ 37$	1.000 000 027 229 22	$-0.000\ 000\ 027\ 229\ 22$

首先, 当 h 下降时, 误差也随之下降, 对于二点差分公式 (5.4) 以及三点差分公式 (5.7), 这分别和期望误差 $O(h)$ 以及 $O(h^2)$ 一致. 但是注意到, 当 h 进一步减小, 近似则出现退化.

对于出现小的 h，近似的精度会发生损失的原因是有效数字的损失．两个公式都将近似相等的数字相减，会丢失有效数字，而且更糟的是，除以小的数字会放大误差．

为了更好地理解数值微分公式容易丢失有效数字的程度，我们将详细分析三点中心差分公式．将浮点的输入 $f(x+h)$ 记做 $\hat{f}(x+h)$，在相关项里，这和正确值 $f(x+h)$ 相差一个机器精度的高阶，对于当前的讨论，我们将假设函数值是 1 阶函数，因而相对和绝对误差近似相等．

由于 $\hat{f}(x+h) = f(x+h) + \varepsilon_1$，$\hat{f}(x-h) = f(x-h) + \varepsilon_2$，由于 $|\varepsilon_1|, |\varepsilon_2| \approx \varepsilon_{\text{mach}}$，在正确值 $f'(x)$ 和三点中心差分公式(5.7)机器版本之间的差异是

$$f'(x)_{\text{correct}} - f'(x)_{\text{machine}} = f'(x) - \frac{\hat{f}(x+h) - \hat{f}(x-h)}{2h}$$

$$= f'(x) - \frac{f(x+h) + \varepsilon_1 - (f(x-h) + \varepsilon_2)}{2h}$$

$$= \left(f'(x) - \frac{f(x+h) - f(x-h)}{2h} \right) + \frac{\varepsilon_2 - \varepsilon_1}{2h}$$

$$= (f'(x)_{\text{correct}} - f'(x)_{\text{formula}}) + \text{error}_{\text{rounding}}$$

我们可以把整体误差看做是在正确导数和正确近似公式之间的差异造成的截断误差，以及舍入误差的和，这些解释了机器实现公式中有效数字丢失的原因．舍入误差具有绝对值

$$\left| \frac{\varepsilon_2 - \varepsilon_1}{2h} \right| \leq \frac{2\varepsilon_{\text{mach}}}{2h} = \frac{\varepsilon_{\text{mach}}}{h}$$

其中 $\varepsilon_{\text{mach}}$ 表示机器精度．因而，$f'(x)$ 的机器近似误差的绝对值上界是

$$E(h) \equiv \frac{h^2}{6} f'''(c) + \frac{\varepsilon_{\text{mach}}}{h} \tag{5.11}$$

其中 $x-h < c < x+h$．之前我们仅仅考虑误差的第一项，即数学误差．前面表中的数据还要求我们同时考虑有效项的损失．

画出函数 $E(h)$ 具有很好的解释作用，如图 5.1 所示．$E(h)$ 的最小值发生在如下方程的解的位置．

$$0 = E'(h) = -\frac{\varepsilon_{\text{mach}}}{h^2} + \frac{M}{3} h \tag{5.12}$$

其中我们用 M 近似 $|f'''(c)| \approx f'''(x)$．求解(5.12)得到

$$h = (3\varepsilon_{\text{mach}}/M)^{1/3}$$

对于不断增长的步长 h，这给出了包括计算机舍入最小的整体误差．在双精度中，这大约是 $\varepsilon_{\text{mach}}^{1/3} \approx 10^{-5}$，和前面的表格一致．

三点中心差分公式将随着步长 h 的减小而提高精度，直到步长 h 降低到精度的立方根．当步长 h 超过这点继续减小，误差会再次升高．

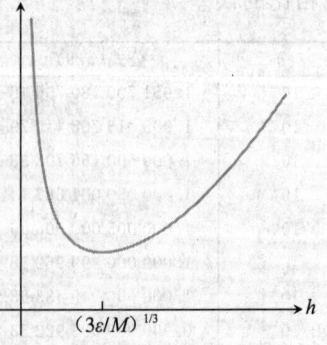

图 5.1 数值差分的舍入误差的效果．对于足够小的 h，误差主要由舍入误差控制

对于其他公式也可以得到舍入分析的相似结果．习题 18 要求读者分析二点前向差分公

式的舍入影响.

5.1.3 外推

假设我们有 n 阶公式 $F(h)$ 近似一个给定量 Q. 这个阶数意味着
$$Q \approx F(h) + Kh^n$$
其中 K 大约是我们感兴趣的 h 区间上个一个常数. 相关的例子是
$$f'(x) = \frac{f(x+h) - f(x-h)}{2h} - \frac{f'''(c_h)}{6}h^2 \tag{5.13}$$
其中我们强调位置点 c_h 在 x 和 $x+h$ 之间, 但是依赖 h. 即便 c_h 不是常数, 如果 f 合理平滑, 并且 h 的值不太大, 误差系数 $f'''(c_h)/6$ 不会与 $f'''(x)/6$ 差异太大.

在这种情况下, 简单的代数运算就可以将 n 阶公式变换为更高阶的公式. 因为我们知道公式 $F(h)$ 的阶数是 n, 再次使用 $h/2$ 替代公式中的 h, 我们的误差可以由常数乘上 h^n 变为常数乘上 $(h/2)^n$, 或者以因子 2^n 降低. 换句话说, 我们期望
$$Q - F(h/2) \approx \frac{1}{2^n}(Q - F(h)) \tag{5.14}$$

我们依赖 K 近似为常数的假设. 注意到 (5.14) 可用于求解问题中的 Q, 得到下面的公式:

> **n 阶公式的外推**
> $$Q \approx \frac{2^n F(h/2) - F(h)}{2^n - 1} \tag{5.15}$$

这是 $F(h)$ 的**外推**公式. 外推有时候也被称为**理查德森外推**, 相对于 $F(h)$, 可以给出对 Q 更高阶的近似. 为了理解原因, 假设 n 阶公式 $F_n(h)$ 可以写成
$$Q = F_n(h) + Kh^n + O(h^{n+1})$$
把步长 h 取半得到
$$Q = F_n(h/2) + K\frac{h^n}{2^n} + O(h^{n+1})$$
得到的外推版 $F_{n+1}(h)$ 将满足
$$F_{n+1}(h) = \frac{2^n F_n(h/2) - F_n(h)}{2^n - 1} = \frac{2^n(Q - Kh^n/2^n - O(h^{n+1})) - (Q - Kh^n - O(h^{n+1}))}{2^n - 1}$$
$$= Q + \frac{-Kh^n + Kh^n + O(h^{n+1})}{2^n - 1} = Q + O(h^{n+1})$$
因而, $F_{n+1}(h)$ 至少是 $n+1$ 阶近似 Q 的公式.

例 5.4 应用外推公式 (5.13).

我们从计算 $f'(x)$ 的二阶中心差分公式 $F_2(h)$ 开始. 从外推公式 (5.15) 得到一个关于 $f'(x)$ 的新公式
$$F_4(x) = \frac{2^2 F_2(h/2) - F_2(h)}{2^2 - 1} = \left[4\frac{f(x+h/2) - f(x-h/2)}{h} - \frac{f(x+h) - f(x-h)}{2h}\right]/3$$
$$= \frac{f(x-h) - 8f(x-h/2) + 8f(x+h/2) - f(x+h)}{6h} \tag{5.16}$$

这是五点中心差分公式. 前面的讨论保证了这至少是一个三阶的公式，事实上，由于消去了三阶误差项，这是一个四阶公式. 由检查知道 $F_4(h)=F_4(-h)$，误差对于 h 和 $-h$ 相等. 因而误差项仅和 h 的偶数阶项有关. ◀

例 5.5 对二阶导数公式(5.8)使用外推.

这次，误差仍然是二阶，因而外推公式(5.15)中使用 $n=2$. 外推公式如下：

$$F_4(x) = \frac{2^2 F_2(h/2) - F_2(h)}{2^2 - 1}$$

$$= \left[4 \frac{f(x+h/2) - 2f(x) + f(x-h/2)}{h^2/4} - \frac{f(x+h) - 2f(x) + f(x-h)}{h^2} \right]/3$$

$$= \frac{-f(x-h) + 16f(x-h/2) - 30f(x) + 16f(x+h/2) - f(x+h)}{3h^2}$$

由于和前面例子相同的原因，近似二阶导数公式的新方法是四阶方法. ◀

5.1.4 符号微分和积分

MATLAB 符号工具箱包含从符号函数获取符号导数的命令，下面显示了相关的命令：

```
>> syms x;
>> f=sin(3*x);
>> f1=diff(f)

f1=

3*cos(3*x)

>>
```

可以很容易获取三阶导数：

```
>>f3=diff(f,3)

f3=

-27*cos(3*x)
```

积分使用 MATLAB 符号命令 int：

```
>>syms x
>>f=sin(x)

f=

sin(x)

>>int(f)

ans=

-cos(x)

>>int(f,0,pi)

ans=

2
```

对于更加复杂的函数，MATLAB 的命令 pretty，可以显示结果，命令 simple 可以简化问题，如下面代码所示：

```
>>syms x

>>f=sin(x)^7

f=

sin(x)^7

>>int(f)

ans=

-1/7*sin(x)^6*cos(x)-6/35*sin(x)^4*cos(x)-8/35*sin(x)^2*cos(x)
    -16/35*cos(x)
>>pretty(simple(int(f)))
               3           5          7
    -cos(x) + cos(x)  - 3/5 cos(x)  + 1/7 cos(x)
```

当然，对于一些被积函数，无穷积分无法表示为基本函数．尝试函数 $f(x)=e^{\sin x}$ 就会看到 MATLAB 对这样的函数无能为力．在这种情况下，只有下节中的数值方式可以用来计算．

5.1 节习题

1. 使用二点前向差分公式近似 $f'(1)$ 并找出近似误差，其中 $f(x)=\ln x$，(a) $h=0.1$，(b) $h=0.01$，(c) $h=0.001$．
2. 使用三点中心差分公式近似 $f'(0)$，其中 $f(x)=e^x$，(a) $h=0.1$，(b) $h=0.01$，(c) $h=0.001$．
3. 使用二点前向差分公式近似 $f'(\pi/3)$，其中 $f(x)=\sin x$，并找出近似误差．找出误差项的界，证明近似误差在该界限以内，(a) $h=0.1$，(b) $h=0.01$，(c) $h=0.001$．
4. 完成习题 3 的步骤，使用三点中心差分公式．
5. 使用二阶导数的三点中心差分公式近似 $f''(1)$，其中 $f(x)=x^{-1}$，(a) $h=0.1$，(b) $h=0.01$，(c) $h=0.001$．找出近似误差．
6. 使用二阶导数的三点中心差分公式近似 $f''(0)$，其中 $f(x)=\cos x$，(a) $h=0.1$，(b) $h=0.01$，(c) $h=0.001$．找出近似误差．
7. 推出二点后向差分公式，近似 $f'(x)$，公式包含误差项．
8. 证明：一阶导数的二阶公式
$$f'(x) = \frac{-f(x+2h)+4f(x+h)-3f(x)}{2h} + O(h^2)$$
9. 推出一阶导数 $f'(x)$ 的二阶公式，表示为 $f(x)$，$f(x-h)$，以及 $f(x-2h)$．
10. 找出误差项以及以下近似公式的阶数
$$f'(x) = \frac{4f(x+h)-3f(x)-f(x-2h)}{6h}$$
11. 对二点前向差分公式，使用外推找出近似 $f'(x)$ 的二阶公式．
12. (a) 计算二点的前向差分公式近似 $f'(x)$，$f(x)=1/x$，其中 x 和 h 为任意数．
    (b) 减去正确值得到显式误差，并证明它和 h 成比例．
    (c) 使用三点中心差分公式重复(a)和(b)，现在误差应该和 h^2 成比例．
13. 推出二阶公式近似 $f'(x)$，仅仅使用数据 $f(x-h)$，$f(x)$，以及 $f(x+3h)$．

14. (a) 对习题 13 中推出的公式使用外推.
    (b) 通过近似 $f'(\pi/3)$ 验证新公式的阶数，$f(x)=\sin x$，其中 $h=0.1$ 以及 $h=0.01$.
15. 推出一阶公式近似 $f''(x)$，仅仅使用数据 $f(x-h)$，$f(x)$ 和 $f(x+3h)$ 来表示.
16. (a) 对习题 15 中推出的公式使用外推，得到 $f''(x)$ 的二阶公式.
    (b) 通过近似 $f''(0)$ 验证新公式的阶数，其中 $f(x)=\cos x$，$h=0.1$ 以及 $h=0.01$.
17. 推出二阶公式近似 $f'(x)$，仅仅使用数据 $f(x-2h)$，$f(x)$ 和 $f(x+3h)$ 来表示.
18. 找出 $E(h)$，这是一阶导数的二点前向差分公式的机器近似误差的上界. 使用(5.11)的推理过程. 找出对应 $E(h)$ 极小值的 h.
19. 证明：三阶导数的二阶公式
$$f'''(x) = \frac{-f(x-2h)+2f(x-h)-2f(x+h)+f(x+2h)}{2h^3} + O(h^2)$$
20. 证明：三阶导数的二阶公式
$$f'''(x) = \frac{f(x-3h)-6f(x-2h)+12f(x-h)-10f(x)+3f(x+h)}{2h^3} + O(h^2)$$
21. 证明：四阶导数的二阶公式
$$f^{(4)}(x) = \frac{f(x-2h)-4f(x-h)+6f(x)-4f(x+h)+f(x+2h)}{h^4} + O(h^2)$$
这个公式在事实验证 2 中用到.
22. 本习题验证在事实验证 2 中的横梁方程(2.33)和(2.34). 令 $f(x)$ 是 6 阶连续可微函数.
    (a) 证明：$f(x)=f'(x)=0$，则
    $$f^{(4)}(x+h) - \frac{16f(x+h)-9f(x+2h)+\frac{8}{3}f(x+3h)-\frac{1}{4}f(x+4h)}{h^4} = O(h^2)$$
    (提示：首先证明如果 $f(x)=f'(x)=0$，则
    $$f(x-h)-10f(x+h)+5f(x+2h)-\frac{5}{3}f(x+3h)+\frac{1}{4}f(x+4h) = O(h^6)$$
    然后应用习题 21.)
    (b) 证明：如果 $f''(x)=f'''(x)=0$，则
    $$f^{(4)}(x+h) - \frac{-28f(x)+72f(x+h)-60f(x+2h)+16f(x+3h)}{17h^4} = O(h^2)$$
    (提示：首先证明如果 $f''(x)=f'''(x)=0$，则
    $$17f(x-h)-40f(x)+30f(x+h)-8f(x+2h)+f(x+3h) = O(h^6)$$
    然后应用习题 21.)
    (c) 证明：如果 $f''(x)=f'''(x)=0$，则
    $$f^{(4)}(x) - \frac{72f(x)-156f(x+h)+96f(x+2h)-12f(x+3h)}{17h^4} = O(h^2)$$
    (提示：首先证明如果 $f''(x)=f'''(x)=0$，则
    $$17f(x-2h)-130f(x)+208f(x+h)-111f(x+2h)+16f(x+3h) = O(h^6)$$
    然后应用习题 21(b).)
23. 使用泰勒展开证明(5.16)是一个四阶公式.
24. $f'(x)$ 的二点前向差分公式中的误差项可以写成其他的形式. 证明另一个结果

$$f'(x) = \frac{f(x+h) - f(x)}{h} - \frac{h}{2}f''(x) - \frac{h^2}{6}f'''(c)$$

其中 c 在 x 和 $x+h$ 之间. 我们将使用该误差形式推导第 8 章中的 Crank-Nicolson 方法.

25. 探索外推命名的原因. 假设 $F(h)$ 是近似 Q 的 n 阶公式, 考虑 xy 平面中的点 $(Kh^2, F(h))$ 和 $(K(h/2)^2, F(h/2))$, 其中 x 轴是误差, y 轴是公式的输出. 找出通过两点的直线(误差和 F 之间最优的函数关系近似). 交点的 y 值是将误差外推为 0 时公式的值. 展示该外推值由公式(5.15)给出.

5.1 节编程问题

1. 如同 5.1.2 节中的表, 做 $f'(0)$ 三点中心差分公式的误差表, 其中 $f(x) = \sin x - \cos x$, 当 $h = 10^{-1}$, ..., 10^{-12}, 画出结果的图. 最小误差和理论上的期望一致吗?
2. 如同编程问题 1, 做出 $f'(1)$ 的三点中心差分公式的误差表, 其中 $f(x) = (1+x)^{-1}$.
3. 如同编程问题 1, 对 $f'(0)$ 做表, 并画出两点前向差分公式的误差, 其中 $f(x) = \sin x - \cos x$. 将你的结果和习题 18 推出的理论进行比较.
4. 做表, 并如同编程问题 3 画图, 但是近似 $f'(1)$, 其中 $f(x) = x^{-1}$, 将你的结果和习题 18 推出的理论进行比较.
5. 如同编程问题 1 画图, 近似 $f''(0)$, 对于函数(a) $f(x) = \cos x$, (b) $f(x) = x^{-1}$, 使用三点中心差分公式. 从机器精度来看, 最小值出现在什么地方?

5.2 数值积分的牛顿-科特斯公式

有穷积分的数值计算依赖大量我们已经见过的技术. 在第 3 和第 4 章中, 使用插值和最小二乘建模, 已经推出对一组数据点进行函数近似的方法. 我们将基于这两种思路讨论**数值积分**的方法.

例如, 对于定义在 $[a, b]$ 区间上的函数 f, 我们可以画出通过 $f(x)$ 的一些点的插值多项式. 由于估计多项式的有穷积分十分简单, 这个计算可以用于近似 $f(x)$ 的积分. 这就是近似积分的牛顿-科特斯(Newton Cotes)方法. 而且我们可以在高斯积分方法中使用近似积分, 找到低阶多项式在最小二乘的意义上很好的近似函数. 在本章中我们将介绍两种方法.

为了推出牛顿-科特斯公式, 我们需要知道三个简单定积分的值, 如图 5.2 所示.

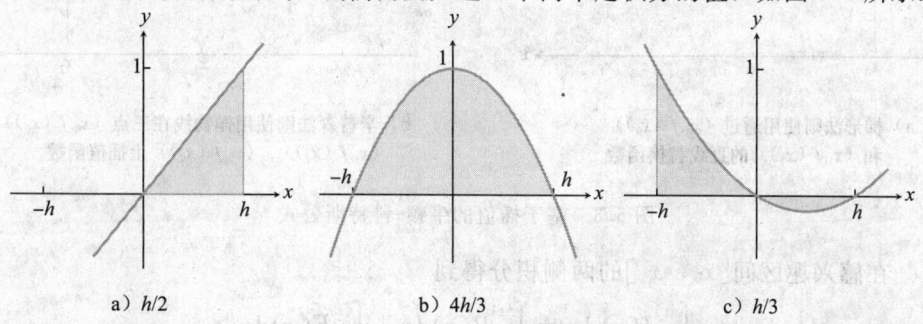

图 5.2 三个简单积分(5.17)、(5.18)和(5.19)

图 5.2a 显示在直线插值和数据点$(0,0)$,$(h,1)$之间的区域. 该区域是高为 1,基为 h 的三角形,因而面积是

$$\int_0^h \frac{x}{h} \mathrm{d}x = h/2 \tag{5.17}$$

图 5.2b 表示在抛物线 $P(x)$ 插值和数据点$(-h,0)$,$(0,1)$,$(h,0)$之间的区域,其面积为

$$\int_{-h}^h P(x)\mathrm{d}x = x - \frac{x^3}{3h^2} = \frac{4}{3}h \tag{5.18}$$

图 5.2c 表示在 x 轴和对于数据点$(-h,1)$,$(0,0)$,$(h,0)$进行的抛物线插值之间的区域,面积为

$$\int_{-h}^h P(x)\mathrm{d}x = \frac{1}{3}h \tag{5.19}$$

5.2.1 梯形法则

我们从基于插值的数值积分的最简单的应用开始. 令 $f(x)$ 是具有连续二阶导数的函数,定义在区间$[x_0, x_1]$上,如图 5.3a 所示. 用 $y_0 = f(x_0)$ 以及 $y_1 = f(x_1)$ 标记对应的函数值. 考虑 1 阶的插值多项式 $P_1(x)$ 通过(x_0, y_0)以及(x_1, y_1). 使用拉格朗日公式,得到具有误差项的插值多项式是

$$f(x) = y_0 \frac{x - x_1}{x_0 - x_1} + y_1 \frac{x - x_0}{x_1 - x_0} + \frac{(x - x_0)(x - x_1)}{2!} f''(c_x) = P(x) + E(x)$$

可以证明"未知点"c_x 连续依赖于 x.

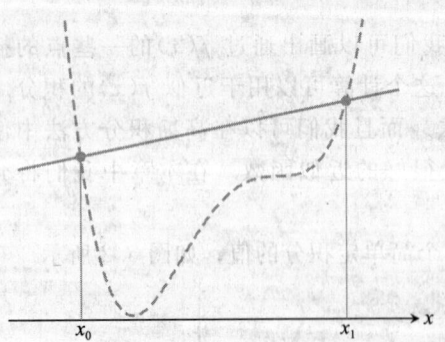
a) 梯形法则使用通过$(x_0, f(x_0))$ 和$(x_1, f(x_1))$的直线替换函数

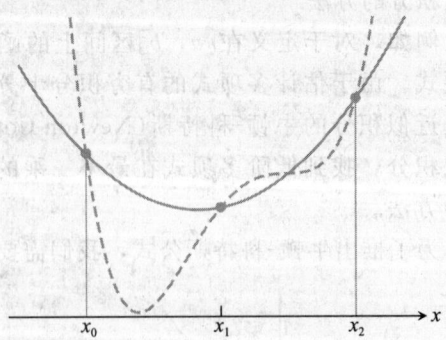
b) 辛普森法则使用抛物线在三点$(x_0, f(x_0))$,$(x_1, f(x_1))$,$(x_2, f(x_2))$上插值函数

图 5.3 基于插值的牛顿-科特斯公式

在感兴趣区间$[x_0, x_1]$的两侧积分得到

$$\int_{x_0}^{x_1} f(x)\mathrm{d}x = \int_{x_0}^{x_1} P(x)\mathrm{d}x + \int_{x_0}^{x_1} E(x)\mathrm{d}x$$

计算第一个积分得到

$$\int_{x_0}^{x_1} P(x)\mathrm{d}x = y_0 \int_{x_0}^{x_1} + \frac{x-x_1}{x_0-x_1} \mathrm{d}x + y_1 \int_{x_0}^{x_1} \frac{x-x_0}{x_1-x_0} \mathrm{d}x$$

$$= y_0 \frac{h}{2} + y_1 \frac{h}{2} = h \frac{y_0+y_1}{2} \qquad (5.20)$$

其中我们已经定义 $h = x_1 - x_0$ 是区间长度，并使(5.17)中的事实进行计算。例如，在第一个积分中替代 $w = -x + x_1$ 得到

$$\int_{x_0}^{x_1} \frac{x-x_1}{x_0-x_1} \mathrm{d}x = \int_h^0 \frac{-w}{-h}(-\mathrm{d}w) = \int_0^h \frac{w}{h} \mathrm{d}w = \frac{h}{2}$$

第二个积分，在替代 $w = x - x_0$ 后得到

$$\int_{x_0}^{x_1} \frac{x-x_0}{x_1-x_0} \mathrm{d}x = \int_0^h \frac{w}{h} \mathrm{d}w = \frac{h}{2}$$

公式(5.20)计算梯形面积，这就是法则命名的原因。

误差项是

$$\int_{x_0}^{x_1} E(x)\mathrm{d}x = \frac{1}{2!} \int_{x_0}^{x_1} (x-x_0)(x-x_1) f''(c(x)) \mathrm{d}x$$

$$= \frac{f''(c)}{2} \int_{x_0}^{x_1} (x-x_0)(x-x_1) \mathrm{d}x = \frac{f''(c)}{2} \int_0^h u(u-h) \mathrm{d}u = -\frac{h^3}{12} f''(c)$$

其中我们使用定理 0.9 积分均值定理。我们已经证明：

> **梯形法则**
> $$\int_{x_0}^{x_1} f(x)\mathrm{d}x = \frac{h}{2}(y_0+y_1) - \frac{h^3}{12} f''(c) \qquad (5.21)$$
> 其中 $h = x_1 - x_0$，c 在 x_0 和 x_1 之间。

5.2.2 辛普森法则

图 5.3b 展示了**辛普森法则**，除了梯形法则中的一阶公式被替换为了二阶，其他都与梯形法则相似。如前，我们可以把被积函数 $f(x)$ 作为插值抛物线和插值误差的和：

$$f(x) = y_0 \frac{(x-x_1)(x-x_2)}{(x_0-x_1)(x_0-x_2)} + y_1 \frac{(x-x_0)(x-x_2)}{(x_1-x_0)(x_1-x_2)}$$

$$+ y_2 \frac{(x-x_0)(x-x_1)}{(x_2-x_0)(x_2-x_1)} + \frac{(x-x_0)(x-x_1)(x-x_2)}{3!} f'''(c_x)$$

$$= P(x) + E(x)$$

积分得到

$$\int_{x_0}^{x_2} f(x)\mathrm{d}x = \int_{x_0}^{x_2} P(x)\mathrm{d}x + \int_{x_0}^{x_2} E(x)\mathrm{d}x,$$

其中

$$\int_{x_0}^{x_2} P(x)\mathrm{d}x = y_0 \int_{x_0}^{x_2} \frac{(x-x_1)(x-x_2)\mathrm{d}x}{(x_0-x_1)(x_0-x_2)} + y_1 \int_{x_0}^{x_2} \frac{(x-x_0)(x-x_2)\mathrm{d}x}{(x_1-x_0)(x_1-x_2)}$$

$$+ y_2 \int_{x_0}^{x_2} \frac{(x-x_0)(x-x_1)\mathrm{d}x}{(x_2-x_0)(x_2-x_1)} = y_0 \frac{h}{3} + y_1 \frac{4h}{3} + y_2 \frac{h}{3}.$$

设置 $h = x_2 - x_1 = x_1 - x_0$ 并使用(5.18)计算中间的积分，使用(5.19)计算第一项和第三项的积分。如果 $f^{(4)}$ 存在并连续，误差项计算如下（证明省略）：

$$\int_{x_0}^{x_2} E(x)\mathrm{d}x = -\frac{h^5}{90} f^{(4)}(c)$$

$c \in [x_0, x_2]$. 该推导可以得到辛普森法则：

辛普森法则

$$\int_{x_0}^{x_2} f(x)\mathrm{d}x = \frac{h}{3}(y_0 + 4y_1 + y_2) - \frac{h^5}{90} f^{(4)}(c) \tag{5.22}$$

其中 $h = x_2 - x_1 = x_1 - x_0$，$c$ 在 x_0 和 x_2 之间。

例 5.6 使用梯形法则和辛普森法则近似

$$\int_1^2 \ln x \mathrm{d}x$$

并找出近似的误差上界。

梯形法则估计

$$\int_1^2 \ln x \mathrm{d}x \approx \frac{h}{2}(y_0 + y_1) = \frac{1}{2}(\ln 1 + \ln 2) = \frac{\ln 2}{2} \approx 0.3466$$

梯形法则的误差是 $-h^3 f''(c)/12$，其中 $1 < c < 2$。由于 $f''(x) = -1/x^2$，误差最多是 $\frac{1^3}{12c^2} \leqslant \frac{1}{12} \approx 0.0834$.

换句话说，梯形法则表明

$$\int_1^2 \ln x \mathrm{d}x = 0.3466 \pm 0.0834$$

可以使用部分积分精确计算该问题的积分：

$$\int_1^2 \ln x \mathrm{d}x = x\ln x \big|_1^2 - \int_1^2 \mathrm{d}x = 2\ln 2 - 1\ln 1 - 1 \approx 0.386\,294 \tag{5.23}$$

梯形法则近似以及误差界与该结果一致。

辛普森法则估计

$$\int_1^2 \ln x \mathrm{d}x \approx \frac{h}{3}(y_0 + 4y_1 + y_2) = \frac{0.5}{3}\left(\ln 1 + 4\ln \frac{3}{2} + \ln 2\right) \approx 0.3858$$

辛普森法则的误差是 $-h^5 f^{(4)}(c)/90$，其中 $1 < c < 2$。由于 $f^{(4)}(x) = -6/x^4$，误差最多是

$$\frac{6(0.5)^5}{90 c^4} \leqslant \frac{6(0.5)^5}{90} = \frac{1}{480} \approx 0.0021$$

因而，辛普森法则表明

$$\int_1^2 \ln x \mathrm{d}x = 0.3858 \pm 0.0021$$

这个结果和正确值一致，并比梯形法则的近似更精确。

一种比较数值积分法则(如，梯形法则或者辛普森法则)的方式是比较误差项．该信息通过下面的定义得到表达：

定义 5.2 数值积分方法的**精度**是最大的整数 k，使用该积分方法可以得到所有 k 阶或者更低阶多项式积分的精确值．

例如，梯形法则的误差项 $-h^3 f''(c)/12$ 表明，如果 $f(x)$ 多项式是 1 阶或者更低阶，误差为 0，会得到精确的多项式积分．因而梯形法则的精度是 1．这从几何上来看很显然，因为直线以下的面积通过梯形可以精确计算．

对于辛普森法则的精度是 3 就不是那么明显，但这正是 (5.22) 中的误差项所表明的．这个令人惊讶的结果的几何解释是抛物线和三次样条在三个等间距点上相交，并在相同区间的积分和三次样条的积分一致(习题 17)．

例 5.7 找出 3 阶牛顿-科特斯公式的精度，该公式被称为**辛普森 3/8 公式**

$$\int_{x_0}^{x_3} f(x)\mathrm{d}x \approx \frac{3h}{8}(y_0 + 3y_1 + 3y_2 + y_3)$$

仅测试一系列单项式就足够了．我们将把细节留给读者．例如，当 $f(x) = x^2$ 时，我们检查

$$\frac{3h}{8}(x^2 + 3(x+h)^2 + 3(x+2h)^2 + (x+3h)^2) = \frac{(x+3h)^3 - x^3}{3}$$

后者是 x^2 在区间 $[x, x+3h]$ 上的精确积分．等式对于 1、x、x^2、x^3 都成立，但对于 x^4 不成立．因而，该公式的精度是 3．◂

梯形法则和辛普森法则都是"闭合"牛顿-科特斯公式的例子，由于它们包含对被积函数在区间端点上的求值计算．开牛顿-科特斯公式对于在区间端点难以求值的情况很有用，例如，在近似无穷积分的情况下．我们将在 5.2.4 节讨论开公式．

5.2.3 复合牛顿-科特斯公式

梯形和辛普森法则都局限在单一区间上进行操作．当然，由于积分在区间的所有子区间上具有可加性，我们可以通过除法把整个区间变为很多小区间再计算积分，在每个小区间上使用法则，然后再求和．这种策略被称为**复合数值积分**．

复合梯形法则是连续子区间(或 panel)上的梯形公式的求和．为了近似

$$\int_a^b f(x)\mathrm{d}x$$

考虑在水平轴上均匀划分的格子

$$a = x_0 < x_1 < x_2 < \cdots < x_{m-2} < x_{m-1} < x_m = b$$

其中对于所有 i，$h = x_{i+1} - x_i$，如图 5.4 所示．在每个子区间中，我们进行具有误差项的近似

$$\int_{x_i}^{x_{i+1}} f(x)\mathrm{d}x = \frac{h}{2}(f(x_i) + f(x_{i+1})) - \frac{h^3}{12} f''(c_i)$$

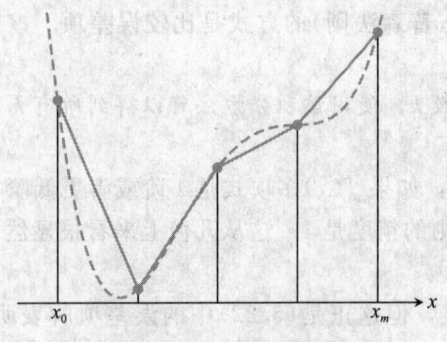
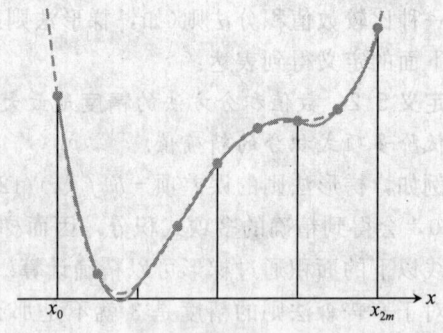

a）复合梯形法则在m个连续的子区间上对于梯形法则公式求和（实线）

b）复合辛普森法则使用辛普森法则也进行相同操作

图 5.4　牛顿-科特斯复合公式

假设 f'' 连续，把所有子区间求和（注意到在内部子区间上的重合）得到

$$\int_a^b f(x)\mathrm{d}x = \frac{h}{2}[f(a)+f(b)+2\sum_{i=1}^{m-1}f(x_i)] - \sum_{i=0}^{m-1}\frac{h^3}{12}f''(c_i)$$

根据定理 5.1，误差项可以写成

$$\frac{h^3}{12}\sum_{i=0}^{m-1}f''(c_i) = \frac{h^3}{12}mf''(c)$$

其中 $a<c<b$. 由于 $mh=(b-a)$，误差项是 $(b-a)h^2 f''(c)/12$，把所有误差项加起来，如果 f'' 在区间 $[a,b]$ 连续，则下面的公式成立：

复合梯形法则

$$\int_a^b f(x)\mathrm{d}x = \frac{h}{2}\left(y_0 + y_m + 2\sum_{i=1}^{m-1}y_i\right) - \frac{(b-a)h^2}{12}f''(c) \tag{5.24}$$

其中 $h=(b-a)/m$，c 在 a 和 b 之间.

复合辛普森公式也遵循如下策略. 考虑在水平轴上均匀划分的区间

$$a = x_0 < x_1 < x_2 < \cdots < x_{2m-2} < x_{2m-1} < x_{2m} = b$$

其中对于所有 i，$h=x_{i+1}-x_i$. 在每个长为 $2h$ 的区间 $[x_{2i}, x_{2i+2}]$ 上，$i=0,\cdots,m-1$，完成辛普森方法. 换句话说，被积函数 $f(x)$ 在每个子区间 x_{2i}、x_{2i+1} 以及 x_{2i+2} 上使用插值抛物线近似，然后积分并求和. 在子区间上具有误差项的公式如下：

$$\int_{x_{2i}}^{x_{2i+2}} f(x)\mathrm{d}x = \frac{h}{3}[f(x_{2i})+4f(x_{2i+1})+f(x_{2i+2})] - \frac{h^5}{90}f^{(4)}(c_i)$$

这一次，重叠仅仅出现在偶数的 x_j. 在所有区间求和，得到

$$\int_a^b f(x)\mathrm{d}x = \frac{h}{3}\left[f(a)+f(b)+4\sum_{i=1}^{m}f(x_{2i-1})+2\sum_{i=1}^{m-1}f(x_{2i})\right] - \sum_{i=0}^{m-1}\frac{h^5}{90}f^{(4)}(c_i)$$

根据定理 5.1，误差项可以写成

$$\frac{h^5}{90}\sum_{i=0}^{m-1}f^{(4)}(c_i) = \frac{h^5}{90}mf^{(4)}(c)$$

其中 $a<c<b$. 由于 $m\cdot 2h=(b-a)$，误差项是 $(b-a)h^4 f^{(4)}(c)/180$. 假设 $f^{(4)}$ 在 $[a,b]$ 上

连续，下式成立：

复合辛普森公式
$$\int_a^b f(x)\mathrm{d}x = \frac{h}{3}\left[y_0 + y_{2m} + 4\sum_{i=1}^{m} y_{2i-1} + 2\sum_{i=1}^{m-1} y_{2i}\right] - \frac{(b-a)h^4}{180}f^{(4)}(c) \quad (5.25)$$
其中 c 在 a 和 b 之间.

例 5.8 使用复合梯形法则和复合辛普森法则完成 $\int_1^2 \ln x\,\mathrm{d}x$ 的四段近似.

对于区间 $[1,2]$ 上的复合梯形法则，四段意味着 $h=1/4$. 近似如下：

$$\int_1^2 \ln x\,\mathrm{d}x \approx \frac{1/4}{2}\left[y_0 + y_4 + 2\sum_{i=1}^{3} y_i\right] = \frac{1}{8}[\ln 1 + \ln 2 + 2(\ln 5/4 + \ln 6/4 + \ln 7/4)] \approx 0.3837$$

误差至多为

$$\frac{(b-a)h^2}{12}|f''(c)| = \frac{1/16}{12}\frac{1}{c^2} \leqslant \frac{1}{(16)(12)(1^2)} = \frac{1}{192} \approx 0.0052$$

四段辛普森法则设置 $h=1/8$. 近似如下：

$$\int_1^2 \ln x\,\mathrm{d}x \approx \frac{1/8}{3}\left[y_0 + y_8 + 4\sum_{i=1}^{4} y_{2i-1} + 2\sum_{i=1}^{3} y_{2i}\right] = \frac{1}{24}[\ln 1 + \ln 2 + 4(\ln 9/8 + \ln 11/8 +$$
$$\ln 13/8 + \ln 15/8) + 2(\ln 5/4 + \ln 6/4 + \ln 7/4)] \approx 0.386\,292$$

这与 (5.23) 中的真实值 0.386 294 在小数点后 5 位一致. 事实上，误差不会大于

$$\frac{(b-a)h^4}{180}|f^{(4)}(c)| = \frac{(1/8)^4}{180}\frac{6}{c^4} \leqslant \frac{6}{8^4 \cdot 180 \cdot 1^4} \approx 0.000\,008 \quad \triangleleft$$

例 5.9 找出复合辛普森法则近似 $\int_0^\pi \sin^2 x\,\mathrm{d}x$，精确到小数点后 6 位对应的子区间个数 m 的值.

我们要求误差满足

$$\frac{(\pi-0)h^4}{180}|f^{(4)}(c)| < 0.5 \times 10^{-6}$$

由于 $\sin^2 x$ 的四阶导数是 $-8\cos 2x$，我们需要

$$\frac{\pi h^4}{180} 8 < 0.5 \times 10^{-6}$$

或者 $h < 0.0435$. 因而 $m = \text{ceil}(\pi/(2h)) = 37$ 就足够了. $\triangleleft$

5.2.4 开牛顿-科特斯方法

闭牛顿-科特斯方法诸如梯形法则和辛普森法则，需要积分区间端点上的函数值. 一些被积分函数在端点上有可以移除的奇点，使用开牛顿-科特斯方法可以更加容易处理，其中不使用在区间端点上的函数值. 下面的法则可以用于函数 f，其二阶导数 f'' 在区间 $[a,b]$ 上连续：

中点法则
$$\int_{x_0}^{x_1} f(x)\mathrm{d}x = hf(w) + \frac{h^3}{24}f''(c) \quad (5.26)$$

其中 $h=(x_1-x_0)$，w 是中点 $x_0+h/2$，c 在 x_0 和 x_1 之间．

中点法则也可用于减少所需函数求值的次数．与梯形法则相比，闭牛顿-科特斯方法具有相同的阶数，只需要一次函数求值，而不是两次．而且误差项是梯形法则误差项大小的一半．

式(5.26)的证明和推导梯形法则的过程一样．令 $h=x_1-x_0$．$f(x)$ 在区间中点 $w=x_0+h/2$ 的 1 阶泰勒展开如下：

$$f(x) = f(w) + (x-w)f'(w) + \frac{1}{2}(x-w)^2 f''(c_x)$$

其中 c_x 依赖于 x，并位于 x_0 和 x_1 之间．在两侧积分得到

$$\int_{x_0}^{x_1} f(x)dx = (x_1-x_0)f(w) + f'(w)\int_{x_0}^{x_1}(x-w)dx + \frac{1}{2}\int_{x_0}^{x_1} f''(c_x)(x-w)^2 dx$$

$$= hf(w) + 0 + \frac{f''(c)}{2}\int_{x_0}^{x_1}(x-w)^2 dx = hf(w) + \frac{h^3}{24}f''(c)$$

其中 $x_0 < c < x_1$．我们再次使用积分均值定理把二阶导数从积分中拿出来．这就完成了式(5.26)的推导．

对于复合形式的证明留给读者(习题 12)．

复合中点法则

$$\int_a^b f(x)dx = h\sum_{i=1}^{m} f(w_i) + \frac{(b-a)h^2}{24}f''(c) \tag{5.27}$$

其中 $h=(b-a)/m$，c 在 a 和 b 之间．w_i 是 $[a,b]$ 中 m 个相等子区间的中点．

例 5.10 使用复合中点法则，近似 $\int_0^1 \sin x/x\, dx$，$m=10$ 个子区间．

首先注意，如果对于 $x=0$ 没有特殊的处理，我们不能对该问题直接使用闭方法．可以直接应用中点方法．中点为 $0.05, 0.15, \cdots, 0.95$，所以复合中点法则得到

$$\int_0^1 f(x)dx \approx 0.1\sum_1^{10} f(m_i) = 0.946\,208\,58$$

精确到小数点后 8 位的解是 $0.946\,083\,07$．

另一个有用的开牛顿-科特斯法则是

$$\int_{x_0}^{x_4} f(x)dx = \frac{4h}{3}[2f(x_1) - f(x_2) + 2f(x_3)] + \frac{14h^5}{45}f^{(4)}(c) \tag{5.28}$$

其中 $h=(x_4-x_0)/4$，$x_1=x_0+h$，$x_2=x_0+2h$，$x_3=x_0+3h$ 并且 $x_0<c<x_4$．该法则具有 3 阶精度．习题 11 将其扩展到复合法则．

5.2 节习题

1. 应用复合梯形法则，$m=1, 2, 4$ 个子区间，近似积分．通过和微积分中的精确值比较计算误差．

   (a) $\int_0^1 x^2 dx$ (b) $\int_0^{\pi/2} \cos x\, dx$ (c) $\int_0^1 e^x dx$

2. 应用复合中点法则，$m=1, 2, 4$ 个子区间，近似习题 1 中的积分，报告误差．

3. 对于习题1中的积分，应用复合辛普森法则，$m=1,2,4$ 个子区间，报告误差.
4. 对积分应用复合辛普森法则，$m=1,2,4$ 个子区间，报告误差.

   (a) $\int_0^1 xe^x dx$ (b) $\int_0^1 \dfrac{dx}{1+x^2} dx$ (c) $\int_0^\pi x\cos x dx$

5. 应用复合中点法则，$m=1,2,4$ 个子区间，近似积分. 通过和微积分中的精确值比较计算误差.

   (a) $\int_0^1 \dfrac{dx}{\sqrt{x}}$ (b) $\int_0^1 x^{-1/3} dx$ (c) $\int_0^2 \dfrac{dx}{\sqrt{2-x}}$

6. 应用复合中点法则，$m=1,2,4$ 个子区间，近似积分.

   (a) $\int_0^{\pi/2} \dfrac{1-\cos x}{x^2} dx$ (b) $\int_0^1 \dfrac{e^x-1}{x} dx$ (c) $\int_0^{\pi/2} \dfrac{\cos x}{\frac{\pi}{2}-x} dx$

7. 应用开牛顿-科特斯法则(5.28)近似习题5的积分，报告误差.
8. 应用开牛顿-科特斯法则(5.28)近似习题6的积分.
9. 应用辛普森法则近似 $\int x^4 dx$，并证明近似误差和式(5.22)中误差项一致.
10. 利用牛顿差商插值多项式证明公式(a)(5.18)(b)(5.19).
11. 找出下面公式对于 $\int_{-1}^1 f(x)dx$ 的近似精确度：

    (a) $f(1)+f(-1)$ (b) $2/3[f(-1)+f(0)+f(1)]$ (c) $f(-1/\sqrt{3})+f(1/\sqrt{3})$

12. 找出 c_1, c_2, c_3，使得法则

    $$\int_0^1 f(x)dx \approx c_1 f(0)+c_2 f(0.5)+c_3 f(1)$$

    的精度大于1.（提示：用 $f(x)=1, x$ 和 x^2 替代.）你是否能认出结果所对应的方法？

13. 推出(5.28)法则的复合法则以及误差项.
14. 证明复合中点法则(5.27).
15. 找出4阶牛顿-科特斯法则(常常称为布尔法则)的精度

    $$\int_{x_0}^{x_4} f(x)dx \approx \dfrac{2h}{45}(7y_0+32y_1+12y_2+32y_3+7y_4)$$

16. 布尔法则的误差项和 $f^{(6)}(c)$ 成正比，使用下面的策略，找出精确的误差项：对于 $\int_0^{4h} x^6 dx$ 的复合布尔近似，找出近似误差，并使用 h 和 $f^{(6)}(c)$ 写出该误差.

17. 令 $P_3(x)$ 是三阶多项式，令 $P_2(x)$ 是在三点 $x=-h,0,h$ 的插值多项式. 证明 $\int_{-h}^h P_3(x)dx = \int_{-h}^h P_2(x)dx$. 这个事实和辛普森法则有什么关系？

5.2 节编程问题

1. 使用复合梯形法则，$m=16, 32$ 个子区间，近似定积分. 和正确积分比较并报告两个误差.

   (a) $\int_0^4 \dfrac{xdx}{\sqrt{x^2+9}}$ (b) $\int_0^1 \dfrac{x^3 dx}{x^2+1}$ (c) $\int_0^1 xe^x dx$ (d) $\int_2^3 x^2 \ln x dx$

   (e) $\int_0^\pi x^2 \sin x dx$ (f) $\int_2^3 \dfrac{x^3 dx}{\sqrt{x^4-1}}$ (g) $\int_0^{2\sqrt{3}} \dfrac{dx}{\sqrt{x^2+4}} dx$ (h) $\int_0^1 \dfrac{xdx}{\sqrt{x^4+1}}$

2. 应用复合辛普森法则计算编程问题1中的积分. 使用 $m=16$ 以及32，并报告误差.
3. 使用复合梯形法则，$m=16, 32$ 个子区间，近似定积分.

(a) $\int_0^1 e^{x^2} dx$ (b) $\int_0^{\sqrt{\pi}} \sin x^2 dx$ (c) $\int_0^{\pi} e^{\cos x} dx$ (d) $\int_0^1 \ln(x^2+1) dx$

(e) $\int_0^1 \dfrac{x dx}{2e^x - e^{-x}}$ (f) $\int_0^{\pi} \cos e^x dx$ (g) $\int_0^1 x^x dx$ (h) $\int_0^{\pi/2} \ln(\cos x + \sin x) dx$

4. 应用复合辛普森法则计算编程问题 3 中的积分，使用 $m=16$ 以及 32.

5. 使用复合中点法则计算习题 5 中的无穷积分，使用 $m=10, 100, 1000$. 并与正确值比较计算误差.

6. 应用复合中点法则计算习题 6 的无穷积分，使用 $m=16$ 以及 32.

7. 应用复合中点法则计算无穷积分

(a) $\int_0^{\pi/2} \dfrac{x}{\sin x} dx$ (b) $\int_0^{\pi/2} \dfrac{e^x - 1}{\sin x} dx$ (c) $\int_0^1 \dfrac{\arctan x}{x} dx$

其中 $m=16$ 以及 32.

8. 从 $x=a$ 到 $x=b$ 的曲线的弧长定义为 $y=f(x)$，由积分 $\int_a^b \sqrt{1+f'(x)^2} dx$ 确定. 使用复合辛普森法则，以 $m=32$ 个子区间近似曲线的长度

(a) $y=x^3$, 区间为 $[0,1]$ (b) $y=\tan x$, 区间为 $[0, \pi/4]$

(c) $y=\arctan x$, 区间为 $[0,1]$

9. 对于编程问题 1 中的积分，计算复合梯形法则的近似误差，其中 $h=b-a, h/2, h/4, \cdots, h/2^8$，并画出对应的误差. 做出 log-log 图，例如使用 MATLAB 的 `loglog` 命令. 该图的斜率是多少，这与理论一致吗？

10. 完成编程问题 9，但是使用复合辛普森法则而不是使用复合梯形法则.

5.3 龙贝格积分

在本节中，我们讨论计算定积分的有效方法，可以通过添加数据进行扩展，直到达到指定的精度. 龙贝格积分是对复合梯形法则应用外推的结果. 回忆 5.1 节，给定近似 M 的法则 $N(h)$，该法则依赖步长 h，如果知道法则的阶，则可以对法则进行外推. 方程 (5.24) 表明复合梯形法则是关于 h 的二阶法则. 使用外推可以得到（至少）三阶的法则.

更认真地检查梯形法则 (5.24) 的误差，它表明对于无穷可微函数 f，

$$\int_a^b f(x) dx = \dfrac{h}{2}(y_0 + y_m + 2\sum_{i=1}^{m-1} y_i) + c_2 h^2 + c_4 h^4 + c_6 h^6 + \cdots \quad (5.29)$$

其中 c_i 依赖 f 在 a 和 b 之间的高阶导数，而不依赖于 h. 例如，$c_2 = (f'(a) - f'(b))/12$. 由于在误差中没有奇次幂，使用外推会得到额外的好处. 由于没有奇次幂项，对复合梯形法则给出的二阶公式进行外推会得到 4 阶公式；对结果的 4 阶公式进行外推会得到 6 阶公式，以此类推.

外推包含公式对 h 以及半步长 $h/2$ 的计算. 预测我们前进的方向，定义如下的步长序列：

$$h_1 = b-a$$

$$h_2 = \dfrac{1}{2}(b-a)$$

$$\vdots$$

$$h_j = \dfrac{1}{2^{j-1}}(b-a) \quad (5.30)$$

需要近似的量是 $M = \int_a^b f(x) \mathrm{d}x$. 定义近似公式 R_{j1} 是使用步长 h_j 的复合梯形法则, 因而 $R_{j+1,1}$ 对应外推使 R_{j1} 步长减半的结果. 第二, 注意到公式的重合. R_{j1} 和 $R_{j+1,1}$ 中同时需要用到一些相同的函数求值 $f(x)$. 例如, 我们有

$$R_{11} = \frac{h_1}{2}(f(a) + f(b))$$

$$R_{21} = \frac{h_2}{2}(f(a) + f(b) + 2f\left(\frac{a+b}{2}\right)) = \frac{1}{2}R_{11} + h_2 f\left(\frac{a+b}{2}\right)$$

通过归纳证明(见习题 5), 对于 $j = 2, 3, \cdots,$

$$R_{j1} = \frac{1}{2}R_{j-1,1} + h_j \sum_{i=1}^{2^{j-2}} f(a + (2i-1)h_j) \tag{5.31}$$

方程(5.31)给出递增计算复合梯形法则的有效方法. 龙贝格积分的第二个特征是外推. 构造下表

$$\begin{matrix} R_{11} & & & & \\ R_{21} & R_{22} & & & \\ R_{31} & R_{32} & R_{33} & & \\ R_{41} & R_{42} & R_{43} & R_{44} & \\ \vdots & & & & \ddots \end{matrix} \tag{5.32}$$

其中我们定义第 2 列 R_{i2} 是第 1 列的外推:

$$R_{22} = \frac{2^2 R_{21} - R_{11}}{3}$$

$$R_{32} = \frac{2^2 R_{31} - R_{21}}{3}$$

$$R_{42} = \frac{2^2 R_{41} - R_{31}}{3} \tag{5.33}$$

第 3 列包含对于 M 的 4 阶近似, 因而可以进行外推

$$R_{33} = \frac{4^2 R_{32} - R_{22}}{4^2 - 1}$$

$$R_{43} = \frac{4^2 R_{42} - R_{32}}{4^2 - 1}$$

$$R_{53} = \frac{4^2 R_{52} - R_{42}}{4^2 - 1} \tag{5.34}$$

第 jk 项由如下公式给出(见习题 6):

$$R_{jk} = \frac{4^{k-1} R_{j,k-1} - R_{j-1,k-1}}{4^{k-1} - 1} \tag{5.35}$$

该表是下三角矩阵并可以向下向后无穷扩展. 对于定积分 M 的最优近似是 R_{jj}, 这是到目前为止计算的最右最下项, 该近似是 $2j$ 阶的近似. 龙贝格积分计算仅仅是循环写公式(5.31)和(5.35)的问题.

龙贝格积分

$$R_{11} = (b-a)\frac{f(a)+f(b)}{2}$$

for $j = 2, 3, \cdots$

$$h_j = \frac{b-a}{2^{j-1}}$$

$$R_{j1} = \frac{1}{2}R_{j-1,1} + h_j \sum_{i=1}^{2^{j-2}} f(a+(2i-1)h_j)$$

for $k = 2, \cdots, j$

$$R_{jk} = \frac{4^{k-1}R_{j,k-1} - R_{j-1,k-1}}{4^{k-1}-1}$$

end

end

MATLAB 代码是前面算法的直接实现.

```
% 程序 5.1 龙贝格积分
% 计算定积分近似
% 输入: MATLAB函数定义被积函数 f,
% a,b 积分区间, n=行数
% 输出: 龙贝格表r
function r=romberg(f,a,b,n)
h=(b-a)./(2.^(0:n-1));
r(1,1)=(b-a)*(f(a)+f(b))/2;
for j=2:n
  subtotal = 0;
  for i=1:2^(j-2)
    subtotal = subtotal + f(a+(2*i-1)*h(j));
  end
  r(j,1) = r(j-1,1)/2+h(j)*subtotal;
  for k=2:j
    r(j,k)=(4^(k-1)*r(j,k-1)-r(j-1,k-1))/(4^(k-1)-1);
  end
end
```

例 5.11 使用龙贝格积分近似 $\int_1^2 \ln x \, dx$.

我们使用 MATLAB 内嵌函数 `log`. 该函数句柄定义为 `@log`. 运行前面的代码得到

```
>> romberg(@log,1,2,4)

ans =

    0.34657359027997   0                  0                  0
    0.37601934919407   0.38583460216543   0                  0
    0.38369950940944   0.38625956281457   0.38628789352451   0
    0.38564390995210   0.38629204346631   0.38629420884310   0.38629430908625
```

注意到 R_{43} 和 R_{44} 在小数点后 6 位一致. 这是龙贝格方法收敛到定积分的正确值的信号. 和精确值 $2\ln 2 - 1 \approx 0.386\,294\,36$ 比较.

比较例 5.11 和例 5.8 的结果表明, 龙贝格积分第二列最后一项和复合辛普森法则的结果一致. 这不是一个巧合. 事实上, 龙贝格积分的第一列定义为连续的复合梯形法则项, 第二列是复合辛普森项. 换句话说, 复合梯形法则的外推是复合辛普森法则, 具体参见习题 3.

龙贝格积分的常用停止条件是计算新的一行直到相邻的对角线元素 R_{jj} 差异小于当前的容差.

5.3 节习题

1. 应用龙贝格积分找出 R_{33}, 计算积分.

    (a) $\int_0^1 x^2 \mathrm{d}x$ (b) $\int_0^{\pi/2} \cos x \mathrm{d}x$ (c) $\int_0^1 e^x \mathrm{d}x$

2. 使用龙贝格积分找出 R_{33}, 计算积分.

    (a) $\int_0^1 xe^x \mathrm{d}x$ (b) $\int_0^1 \frac{\mathrm{d}x}{1+x^2} \mathrm{d}x$ (c) $\int_0^\pi x\cos x \mathrm{d}x$

3. 证明对于复合梯形法则的 R_{11} 和 R_{21} 项进行外推, 得到复合辛普森法则(步长为 h_2) R_{22}.

4. 证明龙贝格积分的 R_{33} 项可以表达为习题 5.2.13 定义的布尔法则(步长为 h_3).

5. 证明公式(5.31).

6. 证明公式(5.35).

5.3 节编程问题

1. 使用龙贝格积分近似 R_{55} 来近似定积分. 和正确的积分比较, 并报告误差.

    (a) $\int_0^4 \frac{x\mathrm{d}x}{\sqrt{x^2+9}}$ (b) $\int_0^1 \frac{x^3 \mathrm{d}x}{x^2+1}$ (c) $\int_0^1 xe^x \mathrm{d}x$ (d) $\int_1^3 x^2 \ln x \mathrm{d}x$

    (e) $\int_0^\pi x^2 \sin x \mathrm{d}x$ (f) $\int_2^3 \frac{x^3 \mathrm{d}x}{\sqrt{x^4-1}}$ (g) $\int_0^{2\sqrt{3}} \frac{\mathrm{d}x}{\sqrt{x^2+4}} \mathrm{d}x$ (h) $\int_0^1 \frac{x\mathrm{d}x}{\sqrt{x^4+1}} \mathrm{d}x$

2. 使用龙贝格积分近似定积分. 作为终止条件, 继续运行直到两个相邻的对角线项差异小于 0.5×10^{-8}.

    (a) $\int_0^1 e^{x^2} \mathrm{d}x$ (b) $\int_0^{\sqrt{\pi}} \sin x^2 \mathrm{d}x$ (c) $\int_0^\pi e^{\cos x} \mathrm{d}x$ (d) $\int_0^1 \ln(x^2+1) \mathrm{d}x$

    (e) $\int_0^1 \frac{x\mathrm{d}x}{2e^x - e^{-x}}$ (f) $\int_0^\pi \cos e^x \mathrm{d}x$ (g) $\int_0^\pi x^x \mathrm{d}x$ (h) $\int_0^{\pi/2} \ln(\cos x + \sin x) \mathrm{d}x$

3. (a) 测试龙贝格积分的第二列. 如果它们是 4 阶近似, 误差相对步长 h 的 log log 图是什么样了? 对例 5.11完成该积分.

    (b) 测试龙贝格第三列的阶数.

5.4 自适应积分

到目前我们学到的积分近似方法都使用相等的步长. 一般来说, 小步长可以提高精度. 变化剧烈的函数将需要更多步, 因而带来更多的计算时间, 这是由于需要更小的步长跟踪函数所有的变化.

尽管我们有复合方法的误差公式, 但是直接使用这些公式计算满足给定容差对应 h 的值通常很困难. 公式中通常包含高阶的导数, 而高阶导数可能很复杂, 并难以在问题给定的区间中估计对应的值. 而且如果函数仅仅在一组点上知道值, 那么更高阶的导数可能算不出来.

第二个使用相同步长的复合公式的问题是,函数通常在定义域的某些部分变化剧烈,而在其他部分变化缓慢(见图 5.5). 满足前一部分容差的步长在后一部分就显得过于精细了.

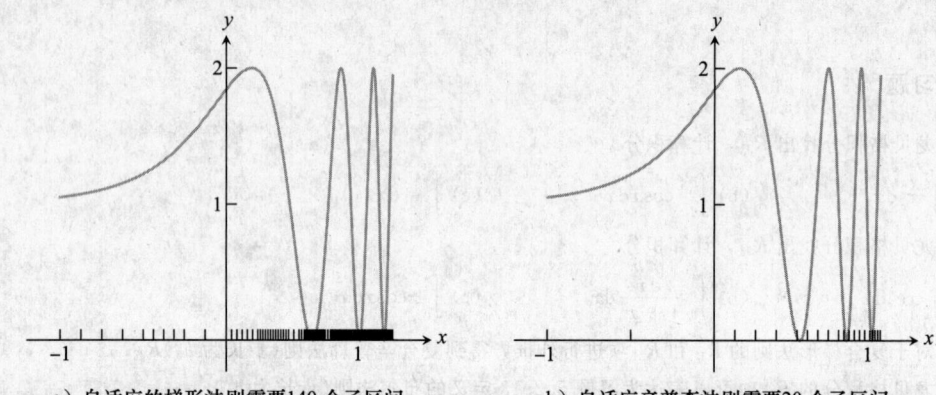

a) 自适应的梯形法则需要140 个子区间   b) 自适应辛普森法则需要20 个子区间

图 5.5 自适应积分应用在 $f(x)=1+\sin e^{3x}$ 上. 容差设置为 TOL=0.005

幸运的是,对于两个问题都有办法解决. 通过使用积分误差公式,可以在运算中推出一个标准,其步长对于特定的子空间适合. 这种方法称为**自适应积分**,其背后的想法和我们本章中研究过的外推方法思想很接近.

根据(5.21), 在区间 $[a, b]$ 上的梯形法则 $S_{[a,b]}$ 满足公式

$$\int_a^b f(x)\,\mathrm{d}x = S_{[a,b]} - h^3\frac{f''(c_0)}{12} \tag{5.36}$$

其中 $a < c_0 < b$, $h = b-a$. 令 c 是区间 $[a, b]$ 的中点, 我们将对两个半区间应用梯形法则, 使用相同的公式, 得到

$$\int_a^b f(x)\,\mathrm{d}x = S_{[a,c]} - \frac{h^3}{8}\frac{f''(c_1)}{12} + S_{[c,b]} - \frac{h^3}{8}\frac{f''(c_2)}{12} = S_{[a,c]} + S_{[c,b]} - \frac{h^3}{4}\frac{f''(c_3)}{12} \tag{5.37}$$

其中 c_1 和 c_2 分别在 $[a, c]$ 和 $[c, b]$ 中. 我们已经应用定理 5.1 得到误差项. 从(5.36)中减去(5.37)得到

$$S_{[a,b]} - (S_{[a,c]} + S_{[c,b]}) = -\frac{h^3}{4}\frac{f''(c_3)}{12} + h^3\frac{f''(c_0)}{12} \approx \frac{3}{4}h^3\frac{f''(c_3)}{12} \tag{5.38}$$

其中用到了 $f''(c_3) \approx f''(c_0)$ 的近似.

减去方程积分的精确值, 我们使用计算得到的项(近似)表示误差. 例如, 由(5.37)可知, 注意到在区间 $[a, b]$ 上 $S_{[a,b]} - (S_{[a,c]} + S_{[c,b]})$ 是积分公式 $S_{[a,c]} + S_{[c,b]}$ 误差的近似三倍. 因而我们可以检查前一个式子的值对于某些容差是否小于 3 * TOL, 这可以作为一个近似的方式, 以确定后者与真实积分之间的误差是否小于 TOL.

如果该条件没有满足, 我们可以再次细分. 既然有了在指定区间是否接受近似的标准, 我们可以对区间进行二分, 并在二分区间中继续应用该标准. 对于每一半区间, 要求的容差以因子 2 减小, 而误差(对于梯形法则)应该以因子 $2^3=8$ 减小, 因而足够多的二分

后，以自适应复合方式就可以满足原始的容差.

> **自适应积分**
>
> 对给定容差 TOL 近似 $\int_a^b f(x)\,\mathrm{d}x$：
>
> $$c = \frac{a+b}{2}$$
>
> $$S_{[a,b]} = (b-a)\frac{f(a)+f(b)}{2}$$
>
> **if** $\left| S_{[a,b]} - S_{[a,c]} - S_{[c,b]} \right| < 3 \cdot \text{TOL} \cdot \left(\frac{b-a}{b_{\text{orig}} - a_{\text{orig}}} \right)$
>
> 接受 $S_{[a,c]} + S_{[c,b]}$ 作为区间 $[a,b]$ 上的近似
> **else**
> 对于区间 $[a,c]$ 和 $[c,b]$ 递归重复上面的步骤
> **end**

MATLAB 编程策略以如下方式运行：建立一组子区间的列表，但是没有处理. 该列表初始包含一个区间 $[a,b]$. 一般地，选择该列表的最后一个区间并应用该标准. 如果满足，在子区间上的积分近似被加到积分和中，并把该区间从列表中去掉. 如果没有满足，在列表中的这个区间由两个子区间替换，将列表的长度加 1，我们移动到列表的最后一个区间，重复上面的过程. 下面的 MATLAB 代码实现这种策略：

```
% 程序 5.2 自适应积分
% 计算定积分的近似
% 输入:MATLAB 函数 f, 区间 [a0, b0]
% 容差 tol0
% 输出: 近似定积分
function int=adapquad(f,a0,b0,tol0)
int=0; n=1; a(1)=a0; b(1)=b0; tol(1)=tol0; app(1)=trap(f,a,b);
while n>0              % n 是当前列表结束的位置
    c=(a(n)+b(n))/2; oldapp=app(n);
    app(n)=trap(f,a(n),c);app(n+1)=trap(f,c,b(n));
    if abs(oldapp-(app(n)+app(n+1)))<3*tol(n)
        int=int+app(n)+app(n+1);      % 成功
        n=n-1;                         % 该区间操作完成
    else                                % 分成两个子区间
        b(n+1)=b(n); b(n)=c;           % 设置新区间
        a(n+1)=c;
        tol(n)=tol(n)/2; tol(n+1)=tol(n);
        n=n+1;                         % 到列表尾端，重复
    end
end

function s=trap(f,a,b)
s=(f(a)+f(b))*(b-a)/2;
```

例 5.12 使用自适应积分近似积分

$$\int_{-1}^{1} (1 + \sin e^{3x})\,\mathrm{d}x$$

图 5.5a 表明函数 $f(x)$ 自适应积分的结果，容差为 0.005. 尽管需要 140 个子区间，这些区间中仅有 11 个区间在"安静"(calm)区域 $[-1, 0]$ 中. 近似定积分是 2.502 ± 0.005. 在第二次运行中，我们改变容差为 0.5×10^{-4}，从 1316 个子区间中计算并得到结果 2.5008，具有小数点后 4 位可靠数字.

当然，梯形法则可以被更加复杂的法则替换. 例如，令 $S_{[a,b]}$ 在区间 $[a,b]$ 上表示辛普森法则(5.22)：

$$\int_a^b f(x)\,\mathrm{d}x = S_{[a,b]} - \frac{h^5}{90}f^{(4)}(c_0) \tag{5.39}$$

对 $[a,b]$ 的两个半区间使用辛普森法则得到

$$\int_a^b f(x)\,\mathrm{d}x = S_{[a,c]} - \frac{h^5}{32}\frac{f^{(4)}(c_1)}{90} + S_{[c,b]} - \frac{h^5}{32}\frac{f^{(4)}(c_2)}{90} = S_{[a,c]} + S_{[c,b]} - \frac{h^5}{16}\frac{f^{(4)}(c_3)}{90} \tag{5.40}$$

其中我们应用定理 5.1 来得到误差项. 从(5.39)减去(5.40)得到

$$S_{[a,b]} - (S_{[a,c]} + S_{[c,b]}) = h^5\frac{f^{(4)}(c_0)}{90} - \frac{h^5}{16}\frac{f^{(4)}(c_3)}{90} \approx \frac{15}{16}h^5\frac{f^{(4)}(c_3)}{90} \tag{5.41}$$

其中我们做出近似 $f^{(4)}(c_3) \approx f^{(4)}(c_0)$.

由于 $S_{[a,b]} - (S_{[a,c]} + S_{[c,b]})$ 现在是区间上的近似 $S_{[a,c]} + S_{[c,b]}$ 的误差的 15 倍，我们可以做一个新的标准

$$|S_{[a,b]} - (S_{[a,c]} + S_{[c,b]})| < 15 * \text{TOL} \tag{5.42}$$

并且如前进行处理. 传统上，一般将标准中的 15 替换为 10，这使得算法更加保守，图 5.5b 显示了在相同区间上自适应辛普森积分的应用. 近似积分是 2.500，使用的容差是 0.005，其中仅使用了 20 个子区间，相对于自适应梯形法则积分节省了很多. 将容差降低到 0.5×10^{-4}，得到的结果是 2.5008，其中使用 58 个子区间.

5.4 节习题

1. 手工使用自适应积分近似积分，使用梯形法则，容差 TOL=0.05. 找出近似误差.

   (a) $\int_0^1 x^2\,\mathrm{d}x$ (b) $\int_0^{\pi/2}\cos x\,\mathrm{d}x$ (c) $\int_0^1 \mathrm{e}^x\,\mathrm{d}x$

2. 手工使用自适应积分近似积分，使用辛普森法则，容差 TOL=0.01. 找出近似误差.

   (a) $\int_0^1 x\mathrm{e}^x\,\mathrm{d}x$ (b) $\int_0^1 \frac{\mathrm{d}x}{1+x^2}\,\mathrm{d}x$ (c) $\int_0^\pi x\cos x\,\mathrm{d}x$

3. 推出中点法则(5.26)的自适应积分方法. 首先找出满足子区间上容差的标准.

4. 对法则(5.28)推出自适应积分方法.

5.4 节编程问题

1. 使用自适应梯形积分近似定积分，容差 0.5×10^{-8}. 报告精确到小数点后 8 位的结果以及所需要的子区间的个数.

   (a) $\int_0^4 \frac{x\,\mathrm{d}x}{\sqrt{x^2+9}}$ (b) $\int_0^1 \frac{x^3\,\mathrm{d}x}{x^2+1}$ (c) $\int_0^1 x\mathrm{e}^x\,\mathrm{d}x$ (d) $\int_1^3 x^2\ln x\,\mathrm{d}x$

(e) $\int_0^\pi x^2 \sin x\, dx$ (f) $\int_2^3 \dfrac{x^3 dx}{\sqrt{x^4-1}}$ (g) $\int_0^{2\sqrt{3}} \dfrac{dx}{\sqrt{x^2+4}}dx$ (h) $\int_0^1 \dfrac{x\,dx}{\sqrt{x^4+1}}dx$

2. 修正 MATLAB 自适应梯形法则积分的代码,使用辛普森法则,以及(5.42)的标准,其中将 15 替换为 10. 近似例 5.12 中的积分,容差 0.005,并和图 5.5(b)比较. 需要多少个子区间?

3. 实现编程问题 1 的步骤,使用编程问题 2 中推出的自适应辛普森法则.

4. 实现编程问题 1 的步骤,使用习题 3 中推出的自适应中点法则.

5. 实现编程问题 1 的步骤,使用习题 4 中推出的自适应开牛顿-科特斯法则. 使用(5.42)的标准,其中将 15 替换为 10.

6. 使用自适应梯形积分近似定积分,容差为 0.5×10^{-8}.

(a) $\int_0^1 e^{x^2} dx$ (b) $\int_0^{\sqrt{\pi}} \sin x^2\, dx$ (c) $\int_0^\pi e^{\cos x} dx$ (d) $\int_0^1 \ln(x^2+1) dx$

(e) $\int_0^1 \dfrac{x\,dx}{2e^x - e^{-x}}$ (f) $\int_0^\pi \cos e^x\, dx$ (g) $\int_0^1 x^x\, dx$ (h) $\int_0^{\pi/2} \ln(\cos x + \sin x) dx$

7. 实现问题 6 的步骤,使用自适应辛普森积分.

8. 在正态分布均值周围,标准方差为 σ 的概率是

$$\dfrac{1}{\sqrt{2\pi}} \int_{-\sigma}^{\sigma} e^{-x^2/2} dx$$

使用自适应辛普森积分找出精确到小数点后 8 位,标准方差为(a)1,(b)2,(c)3 的概率.

9. 写出 MATLAB 函数 myerf.m,使用自适应辛普森法则计算

$$\text{erf}(x) = \dfrac{2}{\sqrt{\pi}} \int_0^x e^{-s^2} ds$$

对于任意输入的 x 精确到小数点后 8 位. 当 $x=1$,$x=3$ 时测试你的程序,和 MATLAB 的函数 erf 进行比较.

5.5 高斯积分

积分方法的精度是使用该方法能够精确对其计算积分的多项式的阶数. n 阶的牛顿-科特斯方法的精度是 n(对于奇数 n)以及 $n+1$(对于偶数 n). 梯形法则(当 $n=1$ 时的牛顿-科特斯方法)精度为 1. 辛普森法则($n=2$)对于最高三阶的多项式都完全成立.

为了实现精度,牛顿-科特斯法则在均匀分布的节点上使用 $n+1$ 个函数求值. 这个问题使得我们想起了在第 3 章中关于切比雪夫多项式的讨论. 牛顿-科特斯公式相对于它们的精度是最优的吗,或者是否可以推出功能更强大的公式? 特别地,如果不再要求进行求值计算的节点均匀分布,是否有更好的方法?

至少从精度的角度来看,有更强大且更复杂的公式. 我们从这些方法中拣一个最著名的方法在本节中讨论. 高斯积分具有 $2n+1$ 阶的精度,其中使用 $n+1$ 个点的时候,这个精度是牛顿-科特斯方法的两倍. 在高斯积分中,对于函数的求值不是在均匀分布的点上. 为了解释高斯积分如何工作,首先我们偏离主题讨论一下正交函数,这些函数不仅本身有趣,而且是由正交性而启发的数值方法的冰山一角.

定义 5.3 一组在区间 $[a,b]$ 上的非 0 函数 $\{p_0,\cdots,p_n\}$ 在区间 $[a,b]$ **正交**,当

$$\int_a^b p_j(x)p_k(x)\mathrm{d}x = \begin{cases} 0 & j \neq k \\ \neq 0 & j = k \end{cases}$$

定理 5.4 如果 $\{p_0, \cdots, p_n\}$ 是区间 $[a,b]$ 上多项式的正交集，其中 $\deg p_i = i$，则 $\{p_0, \cdots, p_n\}$ 是在区间 $[a,b]$ 由至多 n 个多项式所张的向量空间的基。

证明 我们必须证明张出向量空间的多项式线性无关。简单的归纳表明任意集合 $\{p_0, \cdots, p_n\}$，其中 $\deg p_i = i$，张出至多 n 维的向量空间。为了证明线性无关，我们将假设存在线性相关 $\sum_{i=0}^{n} c_i p_i(x) = 0$，并使用正交性假设证明所有 c_i 必须为 0。对于任意的 $0 \leqslant k \leqslant n$，由于 p_k 和除了自己的所有多项式正交，我们有

$$0 = \int_a^b p_k \sum_{i=0}^{n} c_i p_i(x) \mathrm{d}x = \sum_{i=0}^{n} c_i \int_a^b p_k p_i \mathrm{d}x = c_k \int_a^b p_k^2 \mathrm{d}x \tag{5.43}$$

因而 $c_k = 0$。∎

下个定理的证明略去。

定理 5.5 如果 $\{p_0, \cdots, p_n\}$ 在 $[a,b]$ 区间上是多项式的正交集，并且如果 $\deg p_i = i$，则 p_i 在区间 (a,b) 上有 i 个不同的根。

例 5.13 找出区间 $[-1, 1]$ 上三个正交的多项式。

我们猜测 $p_0(x) = 1$，$p_1(x) = x$ 是一个好的开始，这是由于

$$\int_{-1}^{1} 1 \cdot x \mathrm{d}x = 0$$

尝试 $p_2(x) = x^2$ 并不满足条件，由于它与 $p_0(x)$ 不正交：

$$\int_{-1}^{1} p_0(x) x^2 \mathrm{d}x = 2/3 \neq 0$$

正交 在第 4 章中，我们发现有限维向量的正交有助于定义和解决最小二乘问题。对于积分，我们需要无穷维中的向量正交，诸如单变量多项式的向量空间。一个基是单项式基为 $\{1, x, x^2, \cdots\}$。但是，更有用的基是同时正交的基。对于区间 $[-1,1]$ 上的正交性，关于基的正确的选择是勒让德多项式。

调整 $p_2(x) = x^2 + c$，我们发现只要 $c = -1/3$

$$\int_{-1}^{1} p_0(x)(x^2 + c)\mathrm{d}x = 2/3 + 2c = 0$$

经检查知 p_1 和 p_2 正交（见习题 7）。因而，集合 $\{1, x, x^2 - 1/3\}$ 在区间 $[-1, 1]$ 上正交。

例 5.13 中的三个多项式属于勒让德多项式集合。

例 5.14 证明勒让德多项式集

$$p_i(x) = \frac{1}{2^i i!} \frac{\mathrm{d}^i}{\mathrm{d}x^i}[(x^2 - 1)^i]$$

当 $0 \leqslant i \leqslant n$，在区间 $[-1, 1]$ 上正交。

首先注意到 $p_i(x)$ 是 i 阶多项式（可以看做 $2i$ 阶多项式的 i 阶导数）. 其次注意到当 $i<j$ 时，$(x^2-1)^j$ 的 i 阶导数可以被 (x^2-1) 除.

我们希望证明当 $i<j$ 时，积分

$$\int_{-1}^{1} [(x^2-1)^i]^{(i)} [(x^2-1)^j]^{(j)} \mathrm{d}x$$

为 0. 使用部分积分 $u=[(x^2-1)^i]^{(i)}$，以及 $\mathrm{d}v=[(x^2-1)^j]^{(j)}\mathrm{d}x$ 得到

$$uv - \int_{-1}^{1} v\mathrm{d}u = [(x^2-1)^i]^{(i)} [(x^2-1)^j]^{(j-1)} \Big|_{-1}^{1} - \int_{-1}^{1} [(x^2-1)^i]^{(i+1)} [(x^2-1)^j]^{(j-1)} \mathrm{d}x$$

$$= -\int_{-1}^{1} [(x^2-1)^i]^{(i+1)} [(x^2-1)^j]^{(j-1)} \mathrm{d}x$$

这是由于 $[(x^2-1)^j]^{(j-1)}$ 可被 (x^2-1) 除.

重复 $i+1$ 次部分积分后，我们得到

$$(-1)^{i+1} \int_{-1}^{1} [(x^2-1)^i]^{(2i+1)} [(x^2-1)^j]^{(j-i-1)} \mathrm{d}x = 0$$

这是由于 $(x^2-1)^i$ 的 $(2i+1)$ 阶导数是 0.

由定理 5.5，n 阶勒让德多项式在区间 $[-1, 1]$ 上有 n 个根 $x_1, \cdots, x_n$. 函数的高斯积分是在勒让德的根上对函数求值的简单线性组合. 我们使用近似多项式的积分来近似目标函数的积分，其中节点是勒让德多项式的根.

固定 n，令 $Q(x)$ 是在节点 $x_1, \cdots, x_n$ 上对被积函数 $f(x)$ 的插值多项式. 使用拉格朗日公式，我们可以得到

$$Q(x) = \sum_{i=1}^{n} L_i(x) f(x_i), \text{其中 } L_i(x) = \frac{(x-x_1)\cdots \overline{(x-x_i)} \cdots (x-x_n)}{(x_i-x_1)\cdots \overline{(x_i-x_i)} \cdots (x_i-x_n)}$$

在方程两侧积分得到表 5.1 的积分近似.

表 5.1 高斯积分系数. N 阶勒让德多项式(5.44)的根 x_i 以及系数 c_i

n	根 x_i	系数 c_i
2	$-\sqrt{1/3} = -0.577\ 350\ 269\ 189\ 63$ $\sqrt{1/3} = 0.577\ 350\ 269\ 189\ 63$	$1 = 1.000\ 000\ 000\ 000\ 00$ $1 = 1.000\ 000\ 000\ 000\ 00$
3	$-\sqrt{3/5} = -0.774\ 596\ 669\ 241\ 48$ $0 = 0.000\ 000\ 000\ 000\ 00$ $\sqrt{3/5} = 0.774\ 596\ 669\ 241\ 48$	$5/9 = 0.555\ 555\ 555\ 555\ 55$ $8/9 = 0.888\ 888\ 888\ 888\ 88$ $5/9 = 0.555\ 555\ 555\ 555\ 55$
4	$-\sqrt{\frac{15+2\sqrt{30}}{35}} = -0.861\ 136\ 311\ 594\ 05$ $-\sqrt{\frac{15-2\sqrt{30}}{35}} = -0.339\ 981\ 043\ 584\ 86$ $\sqrt{\frac{15-2\sqrt{30}}{35}} = 0.339\ 981\ 043\ 584\ 86$ $\sqrt{\frac{15+2\sqrt{30}}{35}} = 0.861\ 136\ 311\ 594\ 05$	$\frac{90-5\sqrt{30}}{180} = 0.347\ 854\ 845\ 137\ 45$ $\frac{90+5\sqrt{30}}{180} = 0.652\ 145\ 154\ 862\ 55$ $\frac{90+5\sqrt{30}}{180} = 0.652\ 145\ 154\ 862\ 55$ $\frac{90-5\sqrt{30}}{180} = 0.347\ 854\ 845\ 137\ 45$

高斯积分

$$\int_{-1}^{1} f(x)\mathrm{d}x \approx \sum_{i=1}^{n} c_i f(x_i) \quad (5.44)$$

其中

$$c_i = \int_{-1}^{1} L_i(x)\mathrm{d}x, i=1,\cdots,n$$

系数 c_i 的值放在如上所述的表中, 同时具有较高的精度. 表 5.1 中的值一直给到 $n=4$.

例 5.15 近似

$$\int_{-1}^{1} \mathrm{e}^{-\frac{x^2}{2}} \mathrm{d}x$$

使用高斯积分.

精确到小数点后 14 位的解是 1.711 248 783 784 30. 对于被积函数 $f(x) = \mathrm{e}^{-x^2}/2$, $n=2$ 的高斯积分近似是

$$\int_{-1}^{1} \mathrm{e}^{-\frac{x^2}{2}} \mathrm{d}x \approx c_1 f(x_1) + c_2 f(x_2) = 1 \cdot f(-\sqrt{1/3}) + 1 \cdot f(\sqrt{1/3}) \approx 1.692\,963\,449\,781\,23$$

$n=3$ 的近似是

$$\frac{5}{9} f(-\sqrt{3/5}) + \frac{8}{9} f(0) + \frac{5}{9} f(\sqrt{3/5}) \approx 1.712\,020\,245\,201\,91$$

$n=4$ 的近似是

$$c_1 f(x_1) + c_2 f(x_2) + c_3 f(x_3) + c_4 f(x_4) \approx 1.711\,224\,504\,599\,49$$

使用 4 次函数求值的近似比龙贝格近似的 R_{33} 更接近真实值, 而龙贝格积分使用了区间 $[-1,1]$ 上 5 个均匀分布点上的函数求值:

```
1.21306131942527   0                  0
1.60653065971263   1.73768710647509   0
1.68576223244091   1.72172275668367   1.71047180003091
```

下面的定理将解释高斯积分精度的秘密.

定理 5.6 高斯积分方法, 在区间 $[-1,1]$ 上使用 n 阶勒让德多项式, 具有 $2n-1$ 阶精度.

证明 令 $P(x)$ 为至多 $2n-1$ 阶的多项式. 我们将证明它可以使用高斯积分进行精确积分.

使用多项式长除, 有如下表示

$$P(x) = S(x)p_n(x) + R(x) \quad (5.45)$$

其中 $S(x)$ 与 $R(x)$ 为小于 n 阶的多项式. 注意到高斯积分对于多项式 $R(x)$ 精确相等, 这是由于它仅仅是 $n-1$ 阶插值多项式的积分, 与 $R(x)$ 相等.

在 n 阶勒让德多项式的根 x_i 处, $P(x_i) = R(x_i)$, 这是由于对于所有的 i, $p_n(x_i)=0$. 这意味着 P 与 R 的高斯积分近似相等. 但是它们的积分同时相等: (5.45) 积分给出

$$\int_{-1}^{1} P(x)\mathrm{d}x = \int_{-1}^{1} S(x)p_n(x)\mathrm{d}x + \int_{-1}^{1} R(x)\mathrm{d}x = 0 + \int_{-1}^{1} R(x)\mathrm{d}x$$

上式是由于定理 5.4, $S(x)$ 可以写成小于 n 阶的多项式的线性组合, 这与 $p_n(x)$ 正交. 由

于高斯积分对于 $R(x)$ 精确相等，这对于 $P(x)$ 也必然精确相等.

为了在一般区间 $[a,b]$ 上近似积分，这个问题需要变换到 $[-1,1]$ 区间. 通过替代 $t=(2x-a-b)/(b-a)$，我们发现非常容易检验

$$\int_a^b f(x)\,dx = \int_{-1}^1 f\Big(\frac{(b-a)t+b+a}{2}\Big)\frac{b-a}{2}\,dt \qquad (5.46)$$

我们使用一个例题来验证.

例 5.16 使用高斯积分，近似积分

$$\int_1^2 \ln x\,dx$$

由公式 (5.46)，

$$\int_1^2 \ln x\,dx = \int_{-1}^1 \ln\Big(\frac{t+3}{2}\Big)\frac{1}{2}\,dt$$

现在令 $f(t)=\ln((t+3)/2)/2$，使用标准根和系数. 当 $n=4$ 时，结果是 0.38629449693871，和正确值 $2\ln 2-1\approx 0.38629436111989$ 比较. 这比例 5.11 中使用 4 点的龙贝格积分更加精确.

5.5 节习题

1. 使用 $n=2$ 高斯积分，近似积分. 和正确值比较，给出近似误差
   (a) $\int_{-1}^1 (x^3+2x)\,dx$ (b) $\int_{-1}^1 x^4\,dx$ (c) $\int_{-1}^1 e^x\,dx$ (d) $\int_{-1}^1 \cos\pi x\,dx$

2. 使用 $n=3$ 的高斯积分，近似习题 1 中的积分，并给出误差.

3. 使用 $n=4$ 的高斯积分，近似习题 1 中的积分，并给出误差.

4. 改变变量，使用公式 (5.46) 的替换重写为区间 $[-1,1]$ 上的积分.
   (a) $\int_0^4 \dfrac{x\,dx}{\sqrt{x^2+9}}$ (b) $\int_0^1 \dfrac{x^3\,dx}{x^2+1}$ (c) $\int_0^1 xe^x\,dx$ (d) $\int_1^3 x^2\ln x\,dx$

5. 使用 $n=3$ 的高斯积分，近似习题 4 中的积分.

6. 使用 $n=4$ 的高斯积分，近似积分.
   (a) $\int_0^1 (x^3+2x)\,dx$ (b) $\int_1^4 \ln x\,dx$ (c) $\int_{-1}^2 x^5\,dx$ (d) $\int_{-3}^3 e^{-\frac{x^2}{2}}\,dx$

7. 证明：勒让德多项式 $p_1(x)=x$ 和 $p_2(x)=x^2-1/3$ 在区间 $[-1,1]$ 上正交.

8. 找出高到 3 阶的勒让德多项式并与例 5.13 比较.

9. 验证表 5.1 中的系数 c_i 和 x_i，阶数 $n=3$.

10. 验证表 5.1 中的系数 c_i 和 x_i，阶数 $n=4$.

事实验证 5　计算机辅助建模中的运动控制

计算机辅助建模与制造需要对预先定义的运动路径上的空间位置精确控制. 我们将展示使用自适应积分方法，求解这个问题的基本部分：均分，即把任意路径划分为等长的子路径.

在数控加工问题中，倾向于在路径上保持常数速度. 在每秒中，在机器材料界面上等长地前进. 在其他运动规划的问题中，包括计算机动画，可能需要更加复杂的前进曲线：一个伸向门把手的手在开始和结

束时的速度较低，在中间的速度较大．机器人以及虚拟现实应用中，要求构造参数曲线以及曲面并进行导航．构造在路径上较小的等长增长表，常常是首要的步骤．

假设给定参数路径 $P=\{x(t), y(t) \mid 0 \leqslant t \leqslant 1\}$．图 5.6 显示例子的路径

$$P = \begin{cases} x(t) = 0.5 + 0.3t + 3.9t^2 - 4.7t^3 \\ y(t) = 1.5 + 0.3t + 0.9t^2 - 2.7t^3 \end{cases}$$

这是定义在四点 $(0.5, 1.5)$，$(0.6, 1.6)$，$(2, 2)$，$(0, 0)$ 上的贝塞尔曲线（参见 3.5 节）．如图 5.6 所示，点通过均匀间距的参数 $t=0$，$1/4$，$1/2$，$3/4$，1 进行定义．注意到参数的等间距并不意味着曲线长度的等长．目标是应用积分方法将路径分为 n 段等长的曲线．

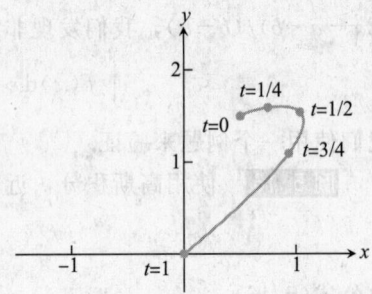

图 5.6　由贝塞尔样条给定的参数曲线．一般地，等间距的参数 t 并不能将路径分为等长的间隔

回忆微积分中从 t_1 到 t_2 的圆弧的长度为

$$\int_{t_1}^{t_2} \sqrt{x'(t)^2 + y'(t)^2}\, dt$$

仅在极少数情况下，这个积分可以得到一个解析解，而一般用自适应积分方法控制路径的参数化．

建议活动

1. 写出使用自适应积分的 MATLAB 函数，并计算从 $t=0$ 到 $t=T$ 的弧长，其中 $T \leqslant 1$．
2. 写出程序，使得对于任意在 $0 \sim 1$ 之间的输入 s，找出参数 $t^*(s)$，对应的弧长为 s．换句话说，从 $t=0$ 到 $t=t^*(s)$ 的弧长除以由 $t=0$ 到 $t=1$ 弧长值为 s．使用二分法定位点 $t^*(s)$，精确到小数点后 3 位．什么函数被设为 0？应该选择什么样的区间开始进行二分法？
3. 将图 5.6 中的路径分为等长的 n 个子路径，其中 $n=4$，以及 $n=20$．画出和图 5.6 类似的图，显示均匀分割．如果你的计算过慢，如同编程问题 5.4.2 中所建议的，考虑使用辛普森法则加速自适应积分．
4. 用牛顿方法替换步骤 2 中的二分法，重复步骤 2 和步骤 3．需要哪些导数？对于初始估计哪个是较好的选择？通过这种替换计算时间会降低吗？
5. 附录 A 展示了 MATLAB 中可用的动画命令．例如，如下命令：
```
set(gca,'XLim',[-2 2],'YLim',[-2 2],'Drawmode','fast',...
    'Visible','on');
cla
axis square
ball=line('color','r','Marker','o','MarkerSize',10,...
    'LineWidth',2, 'erase','xor','xdata',[],'ydata',[]);
```
定义了一个"球"对象，其位置 (x, y) 通过下面的命令定义：
```
set(ball,'xdata',x,'ydata',y); drawnow;pause(0.01)
```
将此行命令放入一个循环，改变 x 和 y，使得球在 MATLAB 图形窗口的路径上移动．

使用 MATLAB 的动画命令展示在路径上的移动，首先以原始参数 $0 \leqslant t \leqslant 1$ 的速度，然后以 $t^*(s)$ 所给出的（常数）速度，其中 $0 \leqslant s \leqslant 1$．

6. 对你选择的等长划分的路径进行实验．对于不同贝塞尔曲线的选择，做出设计以及初始化等操作．将其划分为等长的弧长段，并如同步骤 5 一样进行实验．
7. 写出程序，根据任意的**前进曲线** $C(s)$ 遍历路径 P，$0 \leqslant s \leqslant 1$，其中 $C(0)=0$，$C(1)=1$．目标是在曲线 C 上移动，使得关于路径的总弧长的比例 $C(s)$ 在 0 和 s 之间．例如，在路径上的常数速度表达为 $C(s)=s$．

尝试前进曲线 $C(s)=s^{1/3}$,$C(s)=s^2$,$C(s)=\sin s\pi/2$ 或者 $C(s)=1/2+(1/2)\sin(2s-1)\pi/2$.

参看 Wang 等人[2003]以及 Guenter 与 Parent[1990]的论著可以获取更多细节,以及在平面和空间中曲线重参数化的应用.

软件与进一步阅读

闭以及开牛顿-科特斯方法是用于近似定积分的基本工具. 龙贝格积分是一个加速版本. 大量商业软件实现包含某种形式的自适应积分. 数值差分和积分的经典教科书包含 Davis 与 Rabinowitz[1984], Stroud 与 Secrest[1966], Krommer 与 Ueberhuber[1998], Engels[1980], 以及 Evans[1993]的论著.

许多高效的积分实现技术基于 Fortran 公开的软件包 Quadpack(Piessens 等人[1983]开发)中的子程序,这些程序在 Netlib(www.netlib.org/quadpack)可以获取. Gauss-Kronrod 方法是基于高斯积分的自适应方法. Quadpack 分别提供非自适应方法 QNG 和自适应的方法 QAG,后者基于 Gauss-Kronrod. 在 IMSL 与 NAG 中的程序都基于 Quadpack 子程序. 例如,IMSL 中的 quadrature 类是以 java 来实现的.

MATLAB 的 quad 命令实现了自适应复合辛普森积分,dblquad 处理双精度积分. MATLAB 的 Symbolic 工具箱中的命令 diff 与 int 分别用于符号差分和积分.

只要积分域简单,多变量的函数积分可通过一种直接的扩展一维的方法实现;例如参看 Davis 与 Rabinowitz[1984]以及 Haber[1970]的论著. 对于一些复杂的定义域,则利用蒙特卡罗积分. 蒙特卡罗更容易实现,但是一般收敛更慢. 这个问题将在第 9 章中进一步讨论.

第 6 章 常微分方程

> 在 1940 年 11 月 7 日以前，世界第三长的悬浮桥——Tacoma Narrows 大桥，就已经因其在大风中明显的垂直摆动而闻名. 那天上午大约 11 点，大桥掉进了普吉湾(Puget Sound)中.
>
> 但是在大桥垮塌之前的运动主要是扭曲运动，从一侧扭向另外一侧. 这种运动，在那一天之前很少看到，在垮塌之前连续运动了大约 45 分钟. 扭曲运动最后大到足够折断支撑缆，大桥迅速地解体了.
>
> 关于垮塌的原因，建筑师和工程师从那时一直争论到现在. 由于空气动力学引起垂直方向的摆动，大桥就像机翼一样振动，但是对于严格的垂直方向的运动，大桥整体没有危险. 奇怪的是扭曲摆动是如何出现的.
>
> **事实验证 6** 提出一个微分方程模型，以探索扭曲摆动的可能原因.

微分方程是包含导数的方程. 形如
$$y'(t) = f(t, y(t))$$
的一阶微分方程表明数量 y 以当前时间和当前数量值表示的变化率. 微分方程用于建模、理解以及预测随着时间改变的系统.

大量有趣的方程没有解析解，这只能依赖于近似方法. 本章覆盖常微分方程(ODE)通过计算方法近似求解. 在介绍微分方程的思想后，将详细地描述和分析欧拉方法. 尽管由于过于简单，欧拉方法很少用于实际，但是欧拉方法很关键，这是由于大量关键问题都可以在这个方法简单的形式中轻松理解.

随后有更加复杂的方法，并探索微分方程有趣的例子. 可变步长策略对于有效求解十分重要，以及需要特殊方法求解的刚性方程问题. 本章最后介绍隐式和多步方法.

6.1 初值问题

许多对自然现象成功建模的物理法则都表示为微分方程. 牛顿(Isaac Newton)爵士写出的运动定律形如 $F=ma$, 这个方程建立了作用在物体上的复合力以及物体的加速度之间的联系, 加速度是关于物体位置的二阶导数. 实际上, 牛顿法则的假定, 以及为了写出这些公式而推出的框架(微积分), 组成了科学史上最重要的革命.

用一个简单的模型(称为 logistic 方程)对人口的变化进行建模
$$y' = cy(1-y) \tag{6.1}$$

其中 y' 表示相对于时间 t 的导数. 如果我们考虑 y 表示人口作为动物定居的负载能力的比例，那么我们期望 y 增长到负载能力附近，然后平缓变化. 微分方程(6.1)表明变化率 y' 和当前人口 y 与"剩余容量" $1-y$ 的乘积成正比. 因而, 当人口少(y 接近 0)以及人口在容量附近(y 接近 1)的时候变化率都很小.

常微分方程(6.1)是一个典型方程,原因是它具有无穷多的解 $y(t)$. 通过定义初始条件,我们可以找出无穷多解中我们感兴趣的那个.(在下节中我们将更加精确地得到解的存在和唯一性.)一阶常微分方程的**初值问题**包含方程和在指定区间 $a \leqslant t \leqslant b$ 上的初值条件

$$\begin{cases} y' = f(t,y) \\ y(a) = y_a \\ t \in [a,b] \end{cases} \tag{6.2}$$

将微分方程考虑为斜率场将有助于理解,如图 6.1a 所示. 方程(6.1)可以看做对任何当前值 (t, y) 定义的斜率. 如果我们使用箭头画出平面上每个点上的斜率,将得到微分方程的**斜率场**或者**方向场**,如果右侧 $f(t, y)$ 独立于 t,方程是**自主**的方程. 这种情况在图 6.1 中显然存在.

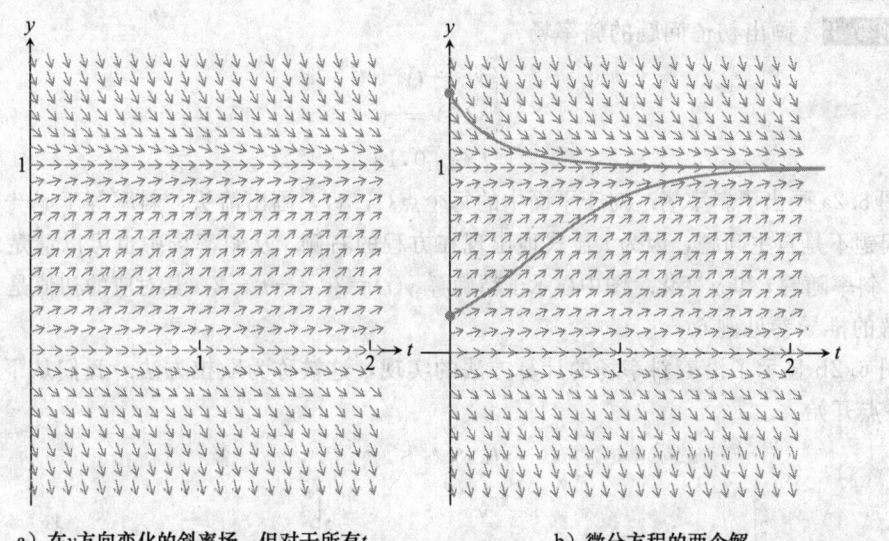

a) 在 y 方向变化的斜率场,但对于所有 t 是常数, 这是自主函数的定义

b) 微分方程的两个解

图 6.1 logistic 微分方程

当在斜率场中定出初始条件,就可以从无穷解中确定一个. 在图 6.1b 中,两个不同的解从两个不同的初值开始,初值分别为 $y(0)=0.2$ 与 $y(0)=1.4$.

方程(6.1)具有一个可以写成初等函数的解. 我们通过微分和替代进行检查,只要初始条件 $y_0 \neq 1$

$$y(t) = 1 - \cfrac{1}{1 + \cfrac{y_0}{1-y_0}e^{ct}} \tag{6.3}$$

就是如下初值问题的解

$$\begin{cases} y' = cy(1-y) \\ y(0) = y_0 \\ t \in [0,T] \end{cases} \tag{6.4}$$

解和图 6.1b 中箭头方向一致. 当 $y_0 = 1$ 时，解是 $y(t) = 1$，可以使用相同的方式验证.

6.1.1 欧拉方法

logistic 方程具有显式并且相当简单的解. 在更加一般的情况中，微分方程没有显式的解公式. 图 6.1 中的几何指出另外一种方式：通过跟随箭头计算"求解"微分方程. 从初始条件 (t_0, y_0) 开始，然后沿着在那里指定的方向. 在移动很小的距离后，在新点 (t_1, y_1) 重新计算斜率，根据新的斜率继续移动，重复这个过程. 在这个过程中将带来误差，这是由于在斜率计算中，不会沿着完全正确的斜率方向移动. 但是如果斜率变化足够缓慢，可能得到初值问题的解的一个足够好的近似.

例 6.1 画出初值问题的斜率场

$$\begin{cases} y' = ty + t^3 \\ y(0) = y_0 \\ t \in [0,1] \end{cases} \tag{6.5}$$

图 6.2a 画出了斜率场. 对于平面中的每个点 (t, y)，画出箭头，斜率等于 $ty + y^3$. 这个初值问题不是自主问题，因为 t 显式地出现在方程的右侧. 从斜率场中也可以清楚地看到这一点，斜率随着 t 和 y 变化. 图中显示了精确解 $y(t) = 3e^{t^2/2} - t^2 - 2$，其对应的初值是 $y(0) = 1$. 显式解的推导参见例 6.6. ◀

图 6.2b 显示了沿着斜率场的计算方法的实现，这被称为欧拉方法. 我们从下面的 $n+1$ 个格点开始

$$t_0 < t_1 < t_2 < \cdots < t_n$$

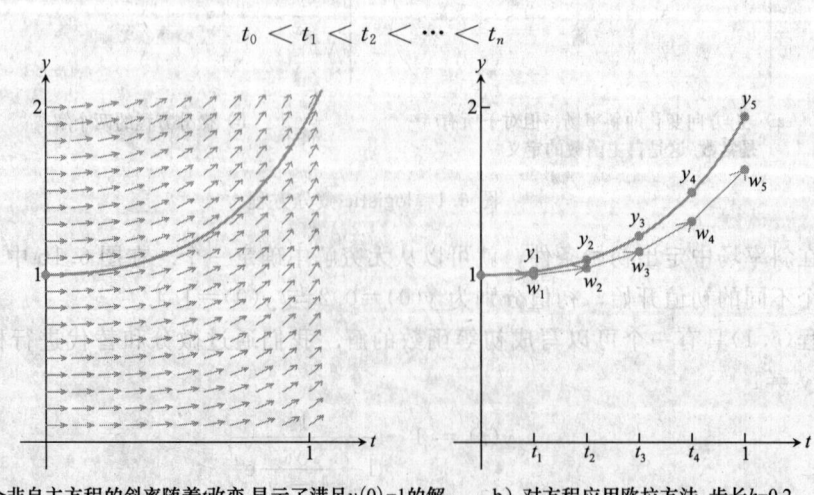

a) 一个非自主方程的斜率随着 t 改变. 显示了满足 $y(0)=1$ 的解   b) 对方程应用欧拉方法，步长 $h=0.2$

图 6.2 初值问题 (6.5) 的解

在 t 轴方向具有相同的步长 h. 在图 6.2b 中，选择 t 的值为

$$t_0 = 0.0 \quad t_1 = 0.2 \quad t_2 = 0.4 \quad t_3 = 0.6 \quad t_4 = 0.8 \quad t_5 = 1.0 \tag{6.6}$$

步长 $h = 0.2$.

开始时，$w_0 = y_0$. 在每个 t_i 沿着斜率场，得到在 t_{i+1} 的近似为

$$w_{i+1} = w_i + hf(t_i, w_i)$$

由于 $f(t_i, w_i)$ 表示解的斜率. 注意到 y 的变化是水平距离 h 乘上斜率. 如图 6.2b 所示，每个 w_i 是对解在 t_i 点的近似.

该公式表达如下：

欧拉方法

$$w_0 = y_0$$
$$w_{i+1} = w_i + hf(t_i, w_i) \tag{6.7}$$

例 6.2 对初值问题 (6.5) 应用欧拉方法，初值条件为 $y_0 = 1$.

微分方程的右侧是 $f(t, y) = ty + t^3$. 因而，欧拉方法对应如下迭代

$$w_0 = 1$$
$$w_{i+1} = w_i + h(t_i w_i + t_i^3) \tag{6.8}$$

使用格点 (6.6)，步长 $h = 0.2$，我们由 (6.8) 迭代计算近似解. 由欧拉方法给出的值 w_i 如图 6.2b 所示，并在下表中和真实值 y_i 进行比较.

步数	t_i	w_i	y_i	e_i	步数	t_i	w_i	y_i	e_i
0	0.0	1.0000	1.0000	0.0000	3	0.6	1.1377	1.2317	0.0939
1	0.2	1.0000	1.0206	0.0206	4	0.8	1.3175	1.4914	0.1739
2	0.4	1.0416	1.0899	0.0483	5	1.0	1.6306	1.9462	0.3155

这个表同时显示每一步中的误差 $e_i = |y_i - w_i|$. 这个误差倾向于从初始条件时候的误差为 0 增长到区间末端的最大值，尽管不一定总在末端得到最大值.

使用欧拉方法，步长为 $h = 0.1$ 会导致误差下降，从图 6.3a 可以明显看到. 再次使用公式 (6.8)，我们计算得到下面的值：

步数	t_i	w_i	y_i	e_i	步数	t_i	w_i	y_i	e_i
0	0.0	1.0000	1.0000	0.0000	6	0.6	1.1819	1.2317	0.0497
1	0.1	1.0000	1.0050	0.0050	7	0.7	1.2744	1.3429	0.0684
2	0.2	1.0101	1.0206	0.0105	8	0.8	1.3979	1.4914	0.0934
3	0.3	1.0311	1.0481	0.0170	9	0.9	1.5610	1.6879	0.1269
4	0.4	1.0647	1.0899	0.0251	10	1.0	1.7744	1.9462	0.1718
5	0.5	1.1137	1.1494	0.0357					

比较 $h = 0.1$ 时的计算误差 e_{10} 与 $h = 0.2$ 时的计算误差 e_5. 注意到将步长 h 减半得到对应的误差在 $t = 1.0$ 处近似减半.

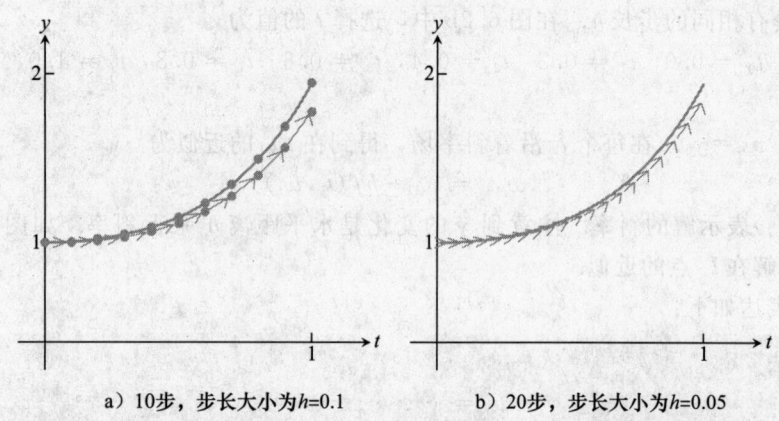

a) 10步,步长大小为$h=0.1$ b) 20步,步长大小为$h=0.05$

图 6.3 对IVP(6.5)使用欧拉方法. 和图 6.2 一样箭头显示欧拉步数,但是没有显示步长

在 MATLAB 中实现欧拉方法的代码如下,代码以类似模块的形式来写,用于强调三个重要的组成部分. 画图程序调用子程序执行欧拉方法的每一步,然后调用函数包含微分方程右侧的函数 f. 以这种形式,随后可以简单处理其他微分方程的右侧函数,也可以将欧拉方法替换为更加复杂的方法. 代码如下:

```
% 程序6.1 求解初值问题的欧拉方法
% 使用ydot.m计算微分方程右侧函数的值rhs
% 输入: 区间inter, 初值y0, 步数n
% 输出: 时间步t, 解y
% 使用示例: euler([0 1],1,10);
function [t,y]=euler(inter,y0,n)
t(1)=inter(1); y(1)=y0;
h=(inter(2)-inter(1))/n;
for i=1:n
  t(i+1)=t(i)+h;
  y(i+1)=eulerstep(t(i),y(i),h);
end
plot(t,y)

function y=eulerstep(t,y,h)
% 欧拉方法的一步
% 输入: 当前时间t, 当前值y, 步长h
% 输出: 在时间t+h的近似解
y=y+h*ydot(t,y);

function z=ydot(t,y)
% 微分方程右侧
z=t*y+t^3;
```

比较(6.5)在 $t=1$ 处的欧拉方法近似值和精确解,可以得到下表,将前面的结果扩展到 $n=5$ 以及 10:

步数 n	步长 h	误差 $t=1$	步数 n	步长 h	误差 $t=1$
5	0.200 00	0.3155	80	0.012 50	0.0233
10	0.100 00	0.1718	160	0.006 25	0.0117
20	0.050 00	0.0899	320	0.003 12	0.0059
40	0.025 00	0.0460	640	0.001 56	0.0029

从该表和图 6.3 及图 6.4 可以清楚看到两个事实.首先,误差非 0.由于欧拉方法使用有限步,每步的斜率的变化以及近似并不能精确地出现在解的曲线上.其次,误差随着步长的下降而下降,这从图 6.3 中可以看到.从表中发现误差看起来和步长 h 成正比;在下节中将会证实这个事实.

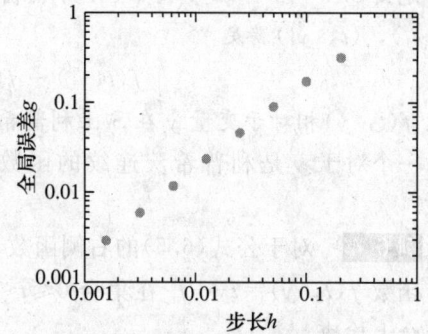

图 6.4 对于欧拉方法,误差是步长的函数. 公式(6.5)的近似解和正确解在 $t=1$ 处的差异在 log-log 图中的斜率是 1,对于小的 h,误差和步长 h 成正比

例 6.3 对于下面的初值问题,找出对应的欧拉方法的公式

$$\begin{cases} y' = cy \\ y(0) = y_0 \\ t \in [0,1] \end{cases} \quad (6.9)$$

对于 $f(t,y)=cy$,其中 c 是常数,欧拉方法给出

$$w_0 = y_0$$
$$w_{i+1} = w_i + hcw_i = (1+hc)w_i, i=1,2,3\cdots$$

方程 $y'=cy$ 的精确解可以通过**变量分离**的方法得到.假设 $y \neq 0$,两侧同时除以 y,分离变量,再组合,如下:

$$\frac{dy}{y} = cdt$$
$$\ln|y| = ct + k$$
$$|y| = e^{ct+k} = e^k e^{ct}$$

初始条件 $y(0)=y_0$ 意味着 $y=y_0 e^{ct}$.

在这个简单例子里,我们表明当步数 $n \to \infty$ 时,欧拉方法收敛到正确解.注意到

$$w_i = (1+hc)w_{i-1} = (1+hc)^2 w_{i-2} = \cdots = (1+hc)^i w_0$$

对于一个固定的 t 以及整数 n,设置步长 $h=t/n$.然后在 t 的近似值是

$$w_n = (1+hc)^n y_0 = \left(1+\frac{ct}{n}\right)^n y_0$$

经典公式指出

$$\lim_{n \to \infty} \left(1+\frac{ct}{n}\right)^n = e^{ct}$$

这表明,当 $n \to \infty$ 时,欧拉方法将会收敛到正确解.

6.1.2 解的存在性、唯一性和连续性

本节将介绍一些计算初值问题的方法的理论背景. 在我们计算问题的解之前, 如果知道(1)解存在(2)有唯一解, 将会很有帮助, 因而算法不会在求哪个解的问题上出现混淆. 在好的情况下, 初值问题只有唯一解.

定义 6.1 当存在常数 L (称为**利普希茨常数**)对矩形 $S=[a,b]\times[\alpha,\beta]$ 中的每对 (t,y_1), (t,y_2) 满足

$$|f(t,y_1)-f(t,y_2)|\leqslant L|y_1-y_2|$$

函数 $f(t,y)$ 相对于变量 y 在 S 上**利普希茨连续**.

一个对于 y 是利普希茨连续的函数也是关于 y 连续的函数, 但是这个函数不一定可微.

例 6.4 对于公式(6.5)的右侧函数 $f(t,y)=ty+t^3$ 找出利普希茨常数.

函数 $f(t,y)=ty+t^3$ 在集合 $0\leqslant t\leqslant 1$, $-\infty<y<\infty$ 上对于变量 y 是利普希茨连续. 在集合上检查

$$|f(t,y_1)-f(t,y_2)|=|ty_1-ty_2|\leqslant|t\|y_1-y_2|\leqslant|y_1-y_2| \qquad (6.10)$$

利普希茨常数为 $L=1$.

尽管定义 6.1 中指定集合 S 是一个矩形, 但一般地, S 可以是**凸集**, 该集合包含通过其中任意两点的线段. 如果函数 f 对于 y 连续可微, 偏导数 $\partial f/\partial y$ 的绝对值的极大值就是利普希茨常数. 根据均值定理, 对于每个固定的 t, 在 y_1 和 y_2 之间存在 c, 满足

$$\frac{f(t,y_1)-f(t,y_2)}{y_1-y_2}=\frac{\partial f}{\partial y}(t,c)$$

因而, L 可以取到集合中下式的极大值.

$$\left|\frac{\partial f}{\partial y}(t,c)\right|$$

利普希茨连续假设保证初值问题的解的存在性和唯一性. 可以参考 Birkhoff 与 Rota [1989]的论著得到下面定理的证明:

定理 6.2 假设 $f(t,y)$ 定义在集合 $[a,b]\times[\alpha,\beta]$ 并且 $\alpha<y_a<\beta$, 函数对于变量 y 是利普希茨连续, 则在 a 与 b 之间存在 c, 使得初值问题

$$\begin{cases} y'=f(t,y) \\ y(a)=y_a \\ t\in[a,c] \end{cases} \qquad (6.11)$$

有唯一解 $y(t)$. 而且, 如果 f 在 $[a,b]\times(-\infty,\infty)$ 是利普希茨连续, 则它在 $[a,b]$ 上存在唯一解.

仔细阅读定理 6.2 很重要, 特别是当目标是计算数值解时. 初值问题在包含初值的区间 $[a,b]\times[\alpha,\beta]$ 上满足利普希茨条件, 并不能保证在整个区间 $[a,b]$ 中存在关于 t 的解. 一个简单的原因是解可能超出了 y 的满足利普希茨常数有效的范围 $[\alpha,\beta]$. 最好的情况是,

在更短的区间$[a,c]$上存在解．这一点在下面例题中进行验证：

例 6.5 在哪个区间$[0,c]$上，初值问题具有唯一解？
$$\begin{cases} y' = y^2 \\ y(0) = 1 \\ t \in [0,2] \end{cases} \tag{6.12}$$

f关于y的偏导数是$2y$．利普希茨常数$\max|2y|=20$在集合$0 \leqslant t \leqslant 2$，$-10 \leqslant y \leqslant 10$上有效．定理 6.2 保证从$t=0$开始的解，并在某个区间$[a,c]$上存在，其中$c>0$，但是在整个区间$[0,2]$上并不保证有解．

实际上，微分方程(6.12)的解是$y(t)=1/(1-t)$，该解可以通过变量分解得到．这个解当t趋近 1 的时候会变成无穷．换句话讲，在区间$0 \leqslant t \leqslant c$上对于任意$0<c<1$都存在解，但对于大的$c$可能不存在解．这个例子解释了在定理 6.2 中$c$的作用：利普希茨常数 20 对于$|y| \leqslant 10$有效，但是解在$t$到达 2 之前就超出了 10．

定理 6.3 是常微分方程稳定(误差放大)的基本事实．如果微分方程右侧的函数的利普希茨常数存在，则随后的解是初值的利普希茨函数，新的利普希茨常数是原来的常数的指数．这是格朗沃尔不等式的一种形式．

定理 6.3 假设$f(t,y)$在集合$S=[a,b] \times [\alpha,\beta]$上关于$y$是连续的．如果$Y(t)$和$Z(t)$是微分方程
$$y' = f(t,y)$$
在S上的解，分别具有初值条件$Y(a)$和$Z(a)$，则
$$|Y(t)-Z(t)| \leqslant e^{L(t-a)}|Y(a)-Z(a)| \tag{6.13}$$

证明 如果$Y(a)=Z(a)$，由唯一解知，$Y(t)=Z(t)$，公式(6.13)显然满足．我们可以假设$Y(a) \neq Z(a)$，在这种情况下，对于区间所有的t，$Y(t) \neq Z(t)$，以避免和唯一性矛盾．

条件 在第 1 章和第 2 章中讨论了误差放大问题，用于度量小的输入变化对于解的影响．对于初值问题，类似地，定理 6.3 给出准确答案．当初值条件(输入数据)$Y(a)$变化到$Z(a)$，在输出t时刻后面的单元最大可能的变化，$Y(t)-Z(t)$，是关于t的指数，并对于初始条件变化线性．后者意味着我们可以说"条件数"对于固定t等于$e^{L(t-a)}$．

定义$u(t)=Y(t)-Z(t)$．由于$u(t)$要么严格正，要么严格负，并且由于(6.13)仅仅依赖于$|u|$，我们可以假设$u>0$．则$u(a)=Y(a)-Z(a)$，导数是$u'(t)=Y'(t)-Z'(t)=f(t,Y(t))-f(t,Z(t))$．利普希茨条件意味着
$$u' = |f(t,Y)-f(t,Z)| \leqslant L|Y(t)-Z(t)| = L|u(t)| = Lu(t)$$
因而$(\ln u)' = u'/u \leqslant L$．使用均值条件，
$$\frac{\ln u(t) - \ln u(a)}{t-a} \leqslant L$$

可以简化为

$$\ln \frac{u(t)}{u(a)} \leqslant L(t-a)$$

$$u(t) \leqslant u(a) e^{L(t-a)}$$

这就是想要的结果.

回到例 6.4,定理 6.3 意味着从不同初始值开始的解 $Y(t)$ 和 $Z(t)$ 在随后彼此分开的程度不会快于增倍因子 e^t,其中 $0 \leqslant t \leqslant 1$. 事实上,对于初值 Y_0 的解是 $Y(t) = (2+Y_0)e^{t^2/2} - t^2 - 2$,因而两个解之间的差异是

$$|Y(t) - Z(t)| \leqslant |(2+Y_0)e^{t^2/2} - t^2 - 2 - ((2+Z_0)e^{t^2/2} - t^2 - 2)| \leqslant |Y_0 - Z_0| e^{t^2/2} \tag{6.14}$$

由定理 6.3 知,当 $0 \leqslant t \leqslant 1$ 时,它小于 $|Y_0 - Z_0| e^t$.

6.1.3 一阶线性方程

一组容易求解的特定的常微分方程提供了 ODE 求解问题中具有指导意义的例子. 这组方程是一阶方程,其右侧是关于 y 的线性函数. 考虑初值问题

$$\begin{cases} y' = g(t)y + h(t) \\ y(a) = y_a \\ t \in [a,b] \end{cases} \tag{6.15}$$

首先注意到如果 $g(t)$ 在区间 $[a,b]$ 上连续,由定理 6.2 知,唯一解存在,使用 $L = \max_{[a,b]} g(t)$ 作为利普希茨常数. 可以使用技巧找到解,即对方程乘上"积分因子".

积分因子是 $e^{-\int g(t)dt}$,在方程两侧同时乘这个因子得到

$$(y' - g(t)y)e^{-\int g(t)dt} = e^{-\int g(t)dt} h(t)$$

$$(y e^{-\int g(t)dt})' = e^{-\int g(t)dt} h(t)$$

$$y e^{-\int g(t)dt} = \int e^{-\int g(t)dt} h(t) dt$$

可以求解为

$$y(t) = e^{\int g(t)dt} \int e^{-\int g(t)dt} h(t) dt \tag{6.16}$$

如果积分因子可以简单地表示,这种方法允许对一阶线性方程 (6.15) 显式求解.

例 6.6 求解一阶线性微分方程

$$\begin{cases} y' = ty + t^3 \\ y(0) = y_0 \end{cases} \tag{6.17}$$

积分因子是

$$e^{-\int g(t)dt} = e^{-\frac{t^2}{2}}$$

根据公式 (6.16),解是

$$y(t) = e^{\frac{t^2}{2}}\int e^{-\frac{t^2}{2}}t^3 dt = e^{\frac{t^2}{2}}\int e^{-u}(2u)du = 2e^{\frac{t^2}{2}}\left[-\frac{t^2}{2}e^{-\frac{t^2}{2}} - e^{-\frac{t^2}{2}} + C\right] = -t^2 - 2 + 2Ce^{\frac{t^2}{2}}$$

其中进行 $u=t^2/2$ 的替代。对于积分常数 C 求解得到 $y_0=-2+2C$，所以 $C=(2+y_0)/2$。因而

$$y(t) = (2+y_0)e^{\frac{t^2}{2}} - t^2 - 2$$

◀

6.1 节习题

1. 证明函数 $y(t)=t\sin t$ 是如下微分方程的解：
   (a) $y + t^2\cos t = ty'$ (b) $y'' = 2\cos t - y$ (c) $t(y''+y) = 2y' - 2\sin t$

2. 证明函数 $y(t)=e^{\sin t}$ 是如下初值问题的解：
   (a) $y' = y\cos t, y(0)=1$
   (b) $y'' = (\cos t)y' - (\sin t)y, y(0)=1, y'(0)=1$
   (c) $y'' = y(1-\ln y - (\ln y)^2), y(\pi)=1, y'(\pi)=-1$

3. 使用变量分离方法找出 IVP 的解，其中 $y(0)=1$，微分方程如下：
   (a) $y' = t$ (b) $y' = t^2 y$ (c) $y' = 2(t+1)y$
   (d) $y' = 5t^4 y$ (e) $y' = 1/y^2$ (f) $y' = t^3/y^2$

4. 找出 IVP 的解，其中 $y(0)=0$，一阶线性微分方程如下：
   (a) $y' = t+y$ (b) $y' = t-y$ (c) $y' = 4t - 2y$

5. 对习题 3 中的 IVP 问题使用欧拉方法，步长 $h=1/4$，区间为 $[0,1]$。列出 w_i，$i=0,\cdots,4$，通过和正确解比较，找出 $t=1$ 时的误差。

6. 对习题 4 中的 IVP 问题使用欧拉方法，步长 $h=1/4$，区间为 $[0,1]$。通过和正确解比较，找出 $t=1$ 时的误差。

7. (a) 证明对于每个 c，$y=\tan(t+c)$ 都是微分方程 $y'=1+y^2$ 的解。
   (b) 对于每个实数 y_0，在区间 $(-\pi/2, \pi/2)$ 上找出 c，使得初值问题 $y'=1+y^2$，$y(0)=y_0$ 具有解 $y=\tan(t+c)$。

8. (a) 证明对于每个 c，$y=\tanh(t+c)$ 都是微分方程 $y'=1-y^2$ 的解。
   (b) 对于区间 $(-1,1)$ 上的每个实数 y_0，找出 c，使得初值问题 $y'=1-y^2$，$y(0)=y_0$ 具有解 $y=\tanh(t+c)$。

9. 对于 $[0,1]$ 上的哪个初值问题，定理 6.2 保证具有唯一解？如果存在，找出利普希茨常数
   (a) $y' = t$ (b) $y' = y$ (c) $y' = -y$ (d) $y' = -y^3$

10. 画出习题 9 中微分问题的斜率场，并画出解的粗略近似，从初值条件 $y(0)=1$，$y(0)=0$，以及 $y(0)=-1$ 开始。

11. 找出习题 9 中初值问题的解。对于每个方程使用习题 9 中的利普希茨常数，如果可能，对于初值条件 $y(0)=0$ 和 $y(0)=1$ 形成的两个解，验证定理 6.3 的不等式。

12. (a) 证明：如果 $a\neq 0$，初值问题 $y'=ay+b$，$y(0)=y_0$ 的解是 $y(t)=(b/a)(e^{at}-1+y_0 e^{at})$。
    (b) 对于初值 y_0 和 z_0 分别得到的解 $y(t)$，$z(t)$，验证定理 6.3 的不等式。

13. 使用变量分离求解微分方程问题 $y'=y^2$，$y(0)=1$。

14. 求初值问题 $y'=ty^2$ 的解，$y(0)=1$。解存在的最大的区间 $[0,b]$ 是什么？

15. 考虑初值问题 $y'=\sin y$，$y(a)=y_a$，其中 $a\leqslant t\leqslant b$。
    (a) 在 $[a,b]$ 的哪个子区间上定理 6.2 保证唯一解？
    (b) 证明：$y(t)=2\arctan(e^{t-a}\tan(y_a/2))+2\pi[(y_a+\pi)/2\pi]$ 是初值问题的解，其中 $[\ ]$ 表示最大整数函数。

16. 考虑初值问题 $y'=\sinh y$，$y(a)=y_a$，$a\leqslant t\leqslant b$。

(a) 在$[a,b]$的哪个子区间上定理 6.2 保证唯一解?

(b) 证明 $y(t)=2\text{arctanh}(e^{t-a}\tanh(y_a/2))$ 是初值问题的解.

(c) 在哪个区间$[a,c)$存在解?

6.1 节编程问题

1. 在区间$[0,1]$上应用欧拉方法,步长 $h=0.1$,求解习题 3 的初值问题. 打印每一步的 t 值、欧拉近似值以及误差(相对于精确值).

2. 画出习题 3 的 IVP 问题在区间$[0,1]$上的欧拉方法的近似解,步长取 $h=0.1$,0.05,以及 0.025,同时画出精确解.

3. 画出习题 4 的 IVP 问题在区间$[0,1]$上欧拉方法的近似解,步长取 $h=0.1$,0.05,以及 0.025,同时画出精确解.

4. 对于习题 3 中的 IVP 问题,使用欧拉方法,当 $t=1$ 时,作误差关于 h 的函数的 log-log 图,$h=0.1\times 2^{-k}$,$0\leqslant k\leqslant 5$. 如图 6.4 使用 MATLAB 的 `loglog` 命令.

5. 对于习题 4 的 IVP 问题,使用欧拉方法,当 $t=1$ 时,作误差关于 h 的函数的 log-log 图,$h=0.1\times 2^{-k}$,$0\leqslant k\leqslant 5$.

6. 对于习题 4 的初值问题,使用欧拉方法,当 $t=2$ 时,作误差关于 h 的函数的 log-log 图,$h=0.1\times 2^{-k}$,$0\leqslant k\leqslant 5$.

7. 画出欧拉方法在$[0,1]$上的近似解,微分方程 $y'=1+y^2$,初值条件(a)$y_0=0$,(b)$y_0=1$,同时画出正确解(见习题 7). 使用步长 $h=0.1$ 以及 0.05.

8. 画出欧拉方法在$[0,1]$上的近似解,微分方程 $y'=1-y^2$,初值条件(a)$y_0=0$,(b)$y_0=-1/2$,同时画出正确解(见习题 8),使用步长 $h=0.1$ 与 0.05.

9. 计算$[0,4]$上欧拉方法的近似解,微分方程 $y'=\sin y$,初值条件(a)$y_0=0$,(b)$y_0=100$,使用步长 $h=0.1\times 2^{-k}$,$0\leqslant k\leqslant 5$. 画出当 $k=0$ 以及 $k=5$ 时的近似解,同时画出正确解(见习题 15),当 $t=4$ 时,作误差关于 h 的函数的 log-log 图.

10. 计算欧拉方法的近似解,微分方程 $y'=\sinh y$,初值条件(a)$y_0=1/4$,区间为$[0,2]$,(b)$y_0=2$,区间为$[0,1/4]$,使用步长 $h=0.1\times 2^{-k}$,$0\leqslant k\leqslant 5$. 画出当 $k=0$ 以及 $k=5$ 时的近似解,同时画出正确解(见习题 16),并在时间区间的末端作误差关于 h 函数的 log-log 图.

6.2 IVP 求解器的分析

图 6.4 显示了例 6.1 中欧拉方法的误差近似随着步长的减小一致下降. 这总是对的吗? 通过降低步长,误差是否能够想要多小就有多小? 对于欧拉方法的误差进行认真探索将说明一般 IVP 求解器的问题.

6.2.1 局部和全局截断误差

图 6.5 显示了一步求解器(诸如欧拉方法)求解初值问题

$$\begin{cases} y' = f(t,y) \\ y(a) = y_a \\ t \in [a,b] \end{cases} \quad (6.18)$$

的简图. 在第 i 步, 继承了前面步骤的累积误差并且可能放大, 同时会加上欧拉近似中新的误差. 更精确地, 我们定义**全局截断误差**为

$$g_i = |w_i - y_i|$$

这是 ODE 求解器(例如欧拉方法)近似和初值问题的精确解之间的差异. 我们还将定义**局部截断误差**, 或者一步误差为

$$e_{i+1} = |w_{i+1} - z(t_{i+1})| \tag{6.19}$$

这是区间上求解器的值与"单步初值问题"

$$\begin{cases} y' = f(t, y) \\ y(t_i) = w_i \\ t \in [t_i, t_{i+1}] \end{cases} \tag{6.20}$$

的正确解之间的差异. (我们使用 z 表示解, 这是由于 y 已经用于表示相同的初值问题的解, 其中具有精确的初值 $y(t_i) = y_i$.) 局部截断误差仅仅是单步中出现的误差, 把先前的近似解 w_i 作为初始点. 全局截断误差是从前面的 i 步得到的累积误差. 局部以及全局截断误差如图 6.5 所示. 在每步中, 新的全局误差是前面步骤放大的全局误差和本步中的新的局部误差的和. 由于误差放大, 全局误差不再是局部误差的简单求和.

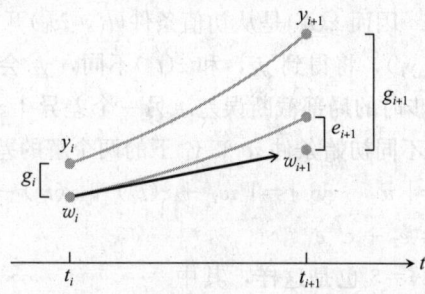

图 6.5 ODE 求解器的一步. 欧拉方法沿着向量场中从当前点到下个点 (t_{i+1}, w_{i+1}) 的斜率. 上面的曲线表示微分方程的真实解. 全局截断误差 g_{i+1} 是局部截断误差 e_{i+1} 与前面步中累积放大误差的和

例 6.7 找出欧拉方法的局部截断误差.

根据定义, 这是欧拉方法单步生成的误差. 假设前一步 w_i 正确. 精确求解初值问题 (6.20), 比较精确解 $y(t_{i+1})$ 和欧拉方法近似值.

假设 y'' 连续, 根据泰勒定理, 当 $t_{i+1} = t_i + h$ 时, 对于某些(未知) c 满足 $t_i < c < t_{i+1}$, 精确解是

$$y(t_i + h) = y(t_i) + hy'(t_i) + \frac{h^2}{2} y''(c)$$

由于 $y(t_i) = w_i$ 以及 $y'(t_i) = f(t_i, w_i)$, 这可以写成

$$y(t_{i+1}) = w_i + hf(t_i, w_i) + \frac{h^2}{2} y''(c)$$

同时欧拉方法指出

$$w_{i+1} = w_i + hf(t_i, w_i)$$

两个式子相减得到局部截断误差为

$$e_{i+1} = |w_{i+1} - y(t_{i+1})| = \frac{h^2}{2} |y''(c)|$$

c 是区间上的某点. 如果 M 是 y'' 在区间 $[a, b]$ 的上界, 则局部截断误差满足

$$e_i \leqslant Mh^2/2$$

现在我们来探索局部截断误差如何累积生成全局误差. 当初始条件是 $y(a) = y_a$, 全局

误差是 $g_0 = |w_0 - y_0| = |y_a - y_a| = 0$. 在一步后,没有前面步的累积误差,全局误差等于第一步的局部截断误差, $g_1 = e_1 = |w_1 - y_1|$. 如图 6.5 所示,两步后, g_2 分为局部误差和前面步的累积误差. 定义 $z(t)$ 是初值问题

$$\begin{cases} y' = f(t, y) \\ y(t_1) = w_1 \\ t \in [t_1, t_2] \end{cases} \tag{6.21}$$

的解. 因而 $z(t_2)$ 是从初值条件 (t_1, w_1) 开始的解的精确值. 注意到,如果我们使用初始条件 (t_1, y_1),将得到 y_2,和 $z(t_2)$ 不同, y_2 会在精确解的曲线上. 然后 $e_2 = |w_2 - z(t_2)|$ 是在 $i = 2$ 步时的局部截断误差. 另一个差异 $|z(t_2) - y_2|$ 由定理 6.3 给出,因为这是相同微分方程在不同初始条件 w_1、y_1 下的两个解的差异. 因此

$$g_2 = |w_2 - y_2| = |w_2 - z(t_2) + z(t_2) - y_2| \leqslant |w_2 - z(t_2)| + |z(t_2) - y_2| \leqslant e_2 + e^{Lh} g_1$$
$$= e_2 + e^{Lh} e_1$$

对于 $i = 3$ 也是这样,其中

$$g_3 = |w_3 - y_3| \leqslant e_3 + e^{Lh} g_2 \leqslant e_3 + e^{Lh} e_2 + e^{2Lh} e_1 \tag{6.22}$$

类似地,在第 i 步的全局截断误差满足

$$g_i = |w_i - y_i| \leqslant e_i + e^{Lh} e_{i-1} + e^{2Lh} e_{i-2} + \cdots + e^{(i-1)Lh} e_1 \tag{6.23}$$

在例 6.7 中,我们发现欧拉方法具有与 h^2 成正比的局部截断误差. 更一般地,假设局部截断误差对于某个整数 k 和常数 $C > 0$,满足

$$e_i \leqslant Ch^{k+1}$$

则

$$g_i \leqslant Ch^{k+1}(1 + e^{Lh} + \cdots + e^{(i-1)Lh}) = Ch^{k+1} \frac{e^{iLh} - 1}{e^{Lh} - 1} \leqslant Ch^{k+1} \frac{e^{L(t_i - a)} - 1}{Lh} = \frac{Ch^k}{L}(e^{L(t_i - a)} - 1) \tag{6.24}$$

注意局部截断误差如何与全局截断误差相关. 对于某些 k,局部截断误差和 h^{k+1} 成正比. 粗略来讲,全局截断误差"加上"与 h^{-1} 成正比的步数上的局部截断误差, h^{-1} 是步长的倒数. 因而全局误差和 h^k 成正比. 这是前面计算的一个主要发现,我们将在下面的定理中陈述这个发现.

收敛 定理 6.4 是单步微分方程求解器收敛的主要定理. 全局误差对于 h 的依赖表明,我们可以期望误差随着 h 的降低而降低,因而(至少在精确算术中)误差可以想要多小就多小. 这给我们带来另外一个要点:全局误差对于 b 的指数依赖. 随着时间增加,全局误差界可能变得很大. 对于大的 t_i,将全局误差保持足够小所需的步长 h 可能变得过小,并难以使用.

定理 6.4 假设 $f(t, y)$ 对于变量 y 具有利普希茨常数 L,初值问题(6.2)的解在 t_i 的值为 y_i,使用单步 ODE 求解器的近似值是 w_i,对于某个常数 C,以及 $k \geqslant 0$,局部截断误

差 $e_i \leqslant Ch^{k+1}$. 则对于每个 $a < t_i < b$，求解器的全局截断误差是

$$g_i = |w_i - y_i| \leqslant \frac{Ch^k}{L}(e^{L(t_i-a)} - 1) \tag{6.25}$$

如果当 $h \to 0$ 时 ODE 求解器满足(6.25)，那么称求解器是 k 阶的方法. 例 6.7 表明欧拉方法的局部截断误差的界是 $Mh^2/2$，因而欧拉方法的阶数是 1. 若对欧拉方法重新描述定理，得到下面的推论：

推论 6.5（欧拉方法收敛） 假设 $f(t, y)$ 对于变量 y 具有利普希茨常数 L，初值问题(6.2)使用欧拉方法的解在 t_i 的值为 y_i，近似值为 w_i. 令 M 是 $|y''(t)|$ 在区间 $[a, b]$ 上的上界，则

$$|w_i - y_i| \leqslant \frac{Mh}{2L}(e^{L(t_i-a)} - 1) \tag{6.26}$$

例 6.8 找出对例 6.1 应用欧拉方法的误差界.

在 $[0, 1]$ 区间上利普希茨常数是 $L = 1$. 既然已知解为 $y(t) = 3e^{t^2/2} - t^2 - 2$，可以确定二阶导数 $y''(t) = (t^2 + 2)e^{t^2/2} - 2$. 它的绝对值在区间 $[0, 1]$ 的界是 $M = y''(1) = 3\sqrt{e} - 2$. 推论 6.5 意味着当 $t = 1$ 时的全局截断误差必小于

$$\frac{Mh}{2L}e^L(1 - 0) = \frac{(3\sqrt{e} - 2)}{2}eh \approx 4.004h \tag{6.27}$$

通过实际的全局截断误差可以验证这个上界，如图 6.4 所示，对于小的 h，这大约是 h 的 2 倍. ◀

到目前为止，欧拉方法看起来极简单. 构造过程非常直观，由推论 6.5 知当步长减小误差也会降低. 但是对于更加复杂的 IVP 问题，很少使用欧拉方法. 有更加复杂的方法，其对应阶即公式(6.25)中 h 的幂，比 1 更大. 我们即将看到，这将大大减小全局误差. 在本节的最后，我们介绍无辜(innocent-looking)例子，其中需要对误差进行消减.

例 6.9 使用欧拉方法求解初值问题

$$\begin{cases} y' = -4t^3 y^2 \\ y(-10) = 1/10\,001 \\ t \in [-10, 0] \end{cases} \tag{6.28}$$

通过代入很容易验证精确解是 $y(t) = 1/(t^4 + 1)$. 这个解在感兴趣区域中表现正常. 我们将评估欧拉方法在 $t = 0$ 处的近似的值.

图 6.6 显示欧拉方法对解的近似，从下到上步长分别为 $h = 10^{-3}$，10^{-4} 和 10^{-5}. 当 $t = 0$ 时，正确解是 $y(0) = 1$. 即使最好的近似，从初始条件开始做一百万步，在 $t = 0$ 时的解也不正确. ◀

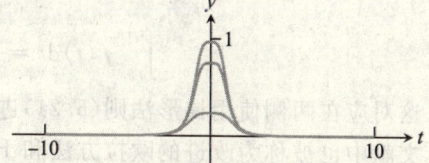

图 6.6 使用欧拉方法对例 6.9 近似. 从下到上步长分别是 $h = 10^{-3}$，10^{-4}，以及 10^{-5} 的近似解. 正确解是 $y(0) = 1$. 需要极小的步长才能得到合理的解

例题表明需要更加精确的方法在合理的计算量中得到精确的解. 本章余下的部分将致力于推导更加复杂的方法，其需要更少的步数，但是能得到相同或者更好的精度.

6.2.2 显式梯形方法

只要对于欧拉方法的公式做一个小的调整，就可以对精度有很大的提高．考虑下面由几何促发的方法：

显式梯形方法

$$w_0 = y_0$$
$$w_{i+1} = w_i + \frac{h}{2}(f(t_i,w_i) + f(t_i+h, w_i+hf(t_i,w_i))) \qquad (6.29)$$

对于欧拉方法，控制离散步的斜率 $y'(t_i)$ 从斜率场在区间 $[t_i, t_{i+1}]$ 的左端取出．对于梯形方法，如图 6.7 所示，该斜率被左侧的斜率 $y'(t_i)$ 以及右侧欧拉方法给出的 $f(t_i+h, w_i+hf(t_i,w_i))$ 的均值所替换．使用欧拉方法预测作为 w 的值，当 $t_{i+1}=t_i+h$ 时，估计斜率函数 f．在某种意义上，这是使用梯形方法对欧拉方法的预测进行校正，正如我们所展示的，这种方法得到的结果会更加准确．

梯形方法被称为显式方法是由于新点的近似值 w_{i+1} 可以使用前面的 w_i，t_i 以及 h 构成的显式公式来确定．欧拉方法也是一个显式的方法．

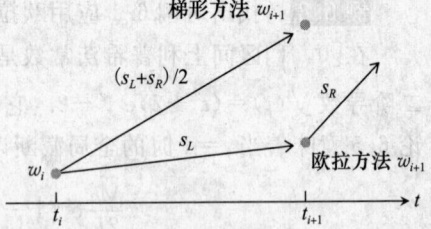

图 6.7 显式梯形方法一步的图解．对斜率 $S_L = f(t_i, w_i)$ 与 $S_R = f(t_i+h, w_i+hf(t_i, w_i))$ 进行平均，定义斜率并计算在 t_{i+1} 时的解

"梯形方法"命名的原因是，在一个特例中，当 $f(t, y)$ 独立于 y，该方法

$$w_{i+1} = w_i + \frac{h}{2}[f(t_i) + f(t_i+h)]$$

可以看做把积分的梯形法则近似 $\int_{t_i}^{t_i+h} f(t)dt$ 加到当前的 w_i．由于

$$\int_{t_i}^{t_i+h} f(t)dt = \int_{t_i}^{t_i+h} y'(t)dt = y(t_i+h) - y(t_i)$$

这对应在两侧使用梯形法则(5.21)进行积分，以求解微分方程 $y'=f(t)$．显式梯形方法在文献中也被称为改进的欧拉方法和 Heun 方法，但是我们使用更具有描述意义更容易记忆的名字，即显式梯形方法．

例 6.10 对初值问题(6.5)应用显式梯形方法．初值条件 $y(0)=1$．

公式(6.29)用于 $f(t, y) = ty + t^3$ 得到

$$w_0 = y_0 = 1$$
$$w_{i+1} = w_i + \frac{h}{2}(f(t_i, w_i) + f(t_i+h, w_i+hf(t_i, w_i)))$$
$$= w_i + \frac{h}{2}(t_i y_i + t_i^3 + (t_i+h)(w_i + h(t_i y_i + t_i^3)) + (t_i+h)^3)$$

使用步长 $h=0.1$，迭代得到下面的表：

步数	t_i	w_i	y_i	e_i	步数	t_i	w_i	y_i	e_i
0	0.0	1.0000	1.0000	0.0000	6	0.6	1.2323	1.2317	0.0006
1	0.1	1.0051	1.0050	0.0001	7	0.7	1.3437	1.3429	0.0008
2	0.2	1.0207	1.0206	0.0001	8	0.8	1.4924	1.4914	0.0010
3	0.3	1.0483	1.0481	0.0002	9	0.9	1.6890	1.6879	0.0011
4	0.4	1.0902	1.0899	0.0003	10	1.0	1.9471	1.9462	0.0010
5	0.5	1.1499	1.1494	0.0005					

比较例 6.10 的结果和使用欧拉方法的例 6.2 的结果对于相同问题的求解,结果令人震惊. 为了量化梯形方法在求解初值问题对于性能的改进,我们需要计算它的局部截断误差 (6.19).

局部截断误差是在单步上的误差. 从一个假设正确的点 (t_i, y_i) 开始,解在 t_{i+1} 的扩展可由泰勒展开得到

$$y_{i+1} = y(t_i + h) = y_i + hy'(t_i) + \frac{h^2}{2}y''(t_i) + \frac{h^3}{6}y'''(c) \tag{6.30}$$

c 在 t_i 和 t_{i+1} 之间,假设 y''' 连续. 为了将这些项和梯形方法比较,我们将以略微不同的方式来写上式. 对微分方程 $y' = f(t, y)$,使用链式法则在两侧对于 t 求微分:

$$y''(t) = \frac{\partial f}{\partial t}(t, y) + \frac{\partial f}{\partial y}(t, y)y'(t) = \frac{\partial f}{\partial t}(t, y) + \frac{\partial f}{\partial y}(t, y)f(t, y)$$

(6.30) 的新版本是

$$y_{i+1} = y_i + hf(t_i, y_i) + \frac{h^2}{2}\left(\frac{\partial f}{\partial t}(t_i, y_i) + \frac{\partial f}{\partial y}(t_i, y_i)f(t_i, y_i)\right) + \frac{h^3}{6}y'''(c) \tag{6.31}$$

我们希望把这个式子和显式梯形方法比较,使用二维泰勒定理展开

$$f(t_i + h, y_i + hf(t_i, y_i)) = f(t_i, y_i) + h\frac{\partial f}{\partial t}(t_i, y_i) + hf(t_i, y_i)\frac{\partial f}{\partial y}(t_i, y_i) + O(h^2)$$

梯形方法可以写成

$$w_{i+1} = y_i + \frac{h}{2}(f(t_i, y_i) + f(t_i + h, y_i + hf(t_i, y_i)))$$

$$= y_i + \frac{h}{2}f(t_i, y_i) + \frac{h}{2}\left(f(t_i, y_i) + h\left(\frac{\partial f}{\partial t}(t_i, y_i) + f(t_i, y_i)\frac{\partial f}{\partial y}(t_i, y_i)\right) + O(h^2)\right)$$

$$= y_i + hf(t_i, y_i) + \frac{h^2}{2}\left(\frac{\partial f}{\partial t}(t_i, y_i) + f(t_i, y_i)\frac{\partial f}{\partial y}(t_i, y_i)\right) + O(h^3) \tag{6.32}$$

> **复杂度** 相对于一阶方法,二阶方法是更加有效,还是更加无效?在每一步中,误差更小,但是计算任务更多,这是由于需要两次函数求值(对于 $f(t, y)$),而不是一次. 粗略的比较是:假设使用步长 h 进行近似,我们希望计算量加倍可以改善近似的性能. 对于相同数量的函数求值,我们可以 (a) 对于一阶方法的步长减半,全局误差乘上 $1/2$,或者 (b) 保持相同的步长,但是使用二阶方法,将定理 6.4 中的 h 替换为 h^2,从本质上是对全局误差乘上了 h. 对于小的步长 h,(b) 方法更好.

从(6.31)减去(6.32)得到局部截断误差
$$y_{i+1} - w_{i+1} = O(h^3)$$

定理 6.4 梯形方法的全局误差和 h^2 成正比，意味着该方法是二阶方法，与一阶的欧拉方法相比，例 6.9 表明，对于小的 h 这会带来很大的差异。

例 6.11 对例 6.9 应用梯形方法：
$$\begin{cases} y' = -4t^3 y^2 \\ y(-10) = 1/10\,001 \\ t \in [-10, 0] \end{cases}$$

对例 6.9 使用更加强大的方法，近似解可以得到很大的改进，例如，在 $x = 0$ 处。如图 6.8 所示，使用梯形方法获取正确值 $y(0) = 1$，误差在 0.0015 以内，其中步长 $h = 10^{-3}$。这比步长为 $h = 10^{-5}$ 的欧拉方法要好。使用梯形方法，当步长 $h = 10^{-5}$ 时，对于这个相对困难的初值问题得到 10^{-7} 阶的误差。

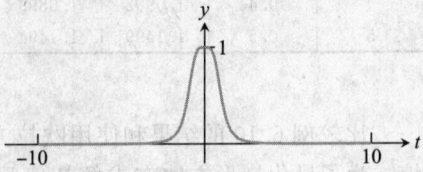

图 6.8 使用梯形方法对例 6.9 的近似。步长 $h = 10^{-3}$，注意到和图 6.6 中的欧拉方法相比精度有很大的改善

6.2.3 泰勒方法

到现在，我们已经学习了两种近似常微分方程解的方法。欧拉方法的阶数为 1，显然更优的梯形方法的阶数是 2。在本节中，我们将证明所有阶数的方法都存在。对于每个正整数 k，有一个 k 阶的泰勒方法，我们随后将进行讨论。

基本思想是直接利用泰勒展开。假设解 $y(t)$ 是 $(k+1)$ 阶连续可微的函数。给定在解曲线上的当前点 $(t, y(t))$，目标是对于某个步长 h，使用微分方程的信息，用 $y(t)$ 来表达 $y(t+h)$。$y(t)$ 关于 t 的泰勒展开如下

$$y(t+h) = y(t) + hy'(t) + \frac{1}{2}h^2 y''(t) + \cdots + \frac{1}{k!}h^k y^{(k)}(t) + \frac{1}{(k+1)!}h^{k+1} y^{(k+1)}(c) \tag{6.33}$$

其中 c 在 t 与 $t+h$ 之间。最后一项是泰勒余项。这个方程促发了下面的方法：

K 阶泰勒方法
$$w_0 = y_0$$
$$w_{i+1} = w_i + hf(t_i, w_i) + \frac{h^2}{2}f'(t_i, w_i) + \cdots + \frac{h^k}{k!}f^{(k-1)}(t_i, w_i) \tag{6.34}$$

主要的符号指的是 $f(t, y(t))$ 关于 t 的全导数。例如，
$$f'(t, y) = f_t(t, y) + f_y(t, y)y'(t) = f_t(t, y) + f_y(t, y)f(t, y)$$

我们使用标记 f_t 表示 f 关于 t 的偏导数，同样用 f_y 表示 f 关于 y 的偏导数。为了找出泰勒方法的局部截断误差，令 (6.34) 中，$w_i = y_i$，与 (6.33) 的泰勒展开比较得到
$$y_{i+1} - w_{i+1} = \frac{h^{k+1}}{(k+1)!} y^{(k+1)}(c)$$

我们得出 k 阶泰勒方法的局部截断误差是 h^{k+1}，根据定理 6.4 该方法是 k 阶方法。

一阶泰勒方法是

$$w_{i+1} = w_i + hf(t_i, w_i)$$

这正是欧拉方法. 二阶泰勒方法是

$$w_{i+1} = w_i + hf(t_i, w_i) + \frac{1}{2}h^2(f_t(t_i, w_i) + f_y(t_i, w_i)f(t_i, w_i))$$

例 6.12 对于一阶线性方程确定二阶泰勒方法

$$\begin{cases} y' = ty + t^3 \\ y(0) = y_0 \end{cases} \tag{6.35}$$

由于 $f(t, y) = ty + t^3$,

$$f'(t, y) = f_t + f_y f = y + 3t^2 + t(ty + t^3)$$

方法给出

$$w_{i+1} = w_i + h(t_i w_i + t_i^3) + \frac{1}{2}h^2(w_i + 3t_i^2 + t_i(t_i w_i + t_i^3))$$

◀

尽管二阶泰勒方法是二阶方法,注意到用户需要手工确定偏导数. 把这种方法和其他我们学到的方法比较,其中(6.29)仅仅需要调用函数计算 $f(t, y)$ 自身的值.

概念上,泰勒方法告诉我们任何阶的 ODE 方法都存在,如(6.34)所示. 但是,该方法由于计算公式中出现的函数 f 的偏导数,本身的性能也有损失. 由于可以推出相同阶但是不需要计算偏导数的方法,泰勒方法仅仅用于特定的用途.

6.2 节习题

1. 使用初始条件 $y(0) = 1$,步长 $h = 1/4$,在区间 $[0, 1]$ 使用梯形方法近似 $w_0, \cdots, w_4$. 通过与习题 6.1.3 中的正确值比较,找出当 $t = 1$ 时的误差.
   (a) $y' = t$ (b) $y' = t^2 y$ (c) $y' = 2(t+1)y$
   (d) $y' = 5t^4 y$ (e) $y' = 1/y^2$ (f) $y' = t^3/y^2$

2. 使用初始条件 $y(0) = 0$,步长 $h = 1/4$,在区间 $[0, 1]$ 使用梯形方法近似. 通过与习题 6.1.4 中的正确值比较,找出当 $t = 1$ 时的误差.
   (a) $y' = t + y$ (b) $y' = t - y$ (c) $y' = 4t - 2y$

3. 找出二阶泰勒方法计算下面微分方程的公式
   (a) $y' = ty$ (b) $y' = ty^2 + y^3$ (c) $y' = y\sin y$ (d) $y' = e^{yt^2}$

4. 对习题 1 中的初值问题,应用二阶泰勒方法. 使用步长 $h = 1/4$,在区间 $[0, 1]$ 上使用二阶泰勒方法近似. 通过与习题 6.1.3 中的正确值比较,找出当 $t = 1$ 时的误差.

5. (a) 证明(6.22). (b) 证明(6.23).

6.2 节编程问题

1. 在步长为 $h = 0.1$,区间为 $[0, 1]$ 的格子上应用显式梯形方法,计算习题 1 的初值问题. 打印每一步中的 t 值、近似值、全局截断误差.

2. 画出习题 1 中的 IVP 的近似解,区间为 $[0, 1]$,步长 $h = 0.1, 0.05$,以及 0.025,同时画出真实解.

3. 对于习题 1 中的 IVP,画出当 $t = 1$ 时显式梯形方法的全局截断误差,该误差为步长 h 的函数,$h = $

0.1×2^{-k}, $0 \leqslant k \leqslant 5$. 如图 6.4 使用 log-log 图.

4. 对于习题 1 中的 IVP，画出当 $t=1$ 时二阶泰勒方法的全局截断误差，该误差为步长 h 的函数，$h=0.1 \times 2^{-k}$，$0 \leqslant k \leqslant 5$.

5. 画出区间 $[0,1]$ 上梯形方法的近似解，微分方程 $y'=1+y^2$，初始条件(a) $y_0=0$，(b) $y_0=1$，同时画出精确解（见习题 6.1.7）. 使用步长 $h=0.1$ 和 0.05.

6. 画出区间 $[0,1]$ 上梯形方法的近似解，微分方程 $y'=1-y^2$，初始条件(a) $y_0=0$，(b) $y_0=-1/2$，同时画出精确解（见习题 6.1.8）. 使用步长 $h=0.1$ 和 0.05.

7. 画出区间 $[0,4]$ 上梯形方法的近似解，微分方程 $y'=\sin y$，初始条件(a) $y_0=0$，(b) $y_0=100$，使用步长 $h=0.1 \times 2^{-k}$，$0 \leqslant k \leqslant 5$. 画出当 $k=0$ 与 $k=5$ 时的近似解，同时画出精确解（见习题 6.1.15）. 当 $t=4$ 时，做出误差的 log-log 图，该误差是 h 的函数.

8. 计算梯形方法的近似解，微分方程 $y'=\sinh y$，初始条件(a) $y_0=1/4$，区间为 $[0,2]$，(b) $y_0=2$，区间为 $[0,1/4]$，使用步长 $h=0.1 \times 2^{-k}$，$0 \leqslant k \leqslant 5$. 画出当 $k=0$ 与 $k=5$ 时的近似解，同时画出精确解（见习题 6.1.16），在时间区间的末端做出误差的 log-log 图，该误差是 h 的函数.

6.3 常微分方程组

对于微分方程组的近似求解，可以通过对单个微分方程近似方法的简单扩展得到. 处理方程组大大地扩展了我们对于动态行为建模的能力.

求解常微分方程组的能力是科学和计算机仿真的核心问题. 在本节中我们引入两个物理系统：钟摆和轨道力学，对于这两个系统的仿真促使了大量 ODE 求解器的开发. 对于这些例子的研究会给读者提供关于求解器能力和局限的真实体验.

微分方程的**阶**指的是出现在方程中的最高阶导数. 一阶方程组形式如下

$$\begin{aligned} y_1' &= f_1(t, y_1, \cdots, y_n) \\ y_2' &= f_2(t, y_1, \cdots, y_n) \\ &\vdots \\ y_n' &= f_n(t, y_1, \cdots, y_n) \end{aligned}$$

在初值问题中，每个变量需要它们自己的初值.

例 6.13 对于两个一阶方程系统使用欧拉方法：

$$\begin{aligned} y_1' &= y_2^2 - 2y_1 \\ y_2' &= y_1 - y_2 - ty_2^2 \\ y_1(0) &= 0 \\ y_2(0) &= 1 \end{aligned} \tag{6.36}$$

检查方程组(6.36)的解是如下**向量值**函数

$$\begin{aligned} y_1(t) &= t\mathrm{e}^{-2t} \\ y_2(t) &= \mathrm{e}^{-t} \end{aligned}$$

当前，假设我们不知道解，使用欧拉方法. 对每个组元应用标量的欧拉方法公式，如下：

$$\begin{aligned} w_{i+1,1} &= w_{i,1} + h(w_{i,2}^2 - 2w_{i,1}) \\ w_{i+1,2} &= w_{i,2} + h(w_{i,1} - w_{i,2} - t_i w_{i,2}^2) \end{aligned}$$

图 6.9 显示了欧拉方法对于 y_1 和 y_2 的近似,同时画出了正确解. 实现该方法的 MATLAB 代码和程序 6.1 本质上一致,只有一些小的调整,在实现中将 y 作为一个向量:

```
% 程序6.2 欧拉方法的矢量版
% 输入: 区间 inter, 初始向量y0,步数n
% 输出: 时间步t, 解 y
% 使用示例: euler2([0 1],[0 1],10);
function [t,y]=euler2(inter,y0,n)
t(1)=inter(1); y(1,:)=y0;
h=(inter(2)-inter(1))/n;
for i=1:n
  t(i+1)=t(i)+h;
  y(i+1,:)=eulerstep(t(i),y(i,:),h);
end
plot(t,y(:,1),t,y(:,2));

function y=eulerstep(t,y,h)
% 单步欧拉方法
% 输入: 当前时间 t, 当前向量 y, 步长h
% 输出: 在时间 t+h的近似解向量
y=y+h*ydot(t,y);

function z=ydot(t,y)
%微分方程的右侧
z(1)=y(2)^2-2*y(1);
z(2)=y(1)-y(2)-t*y(2)^2;
```

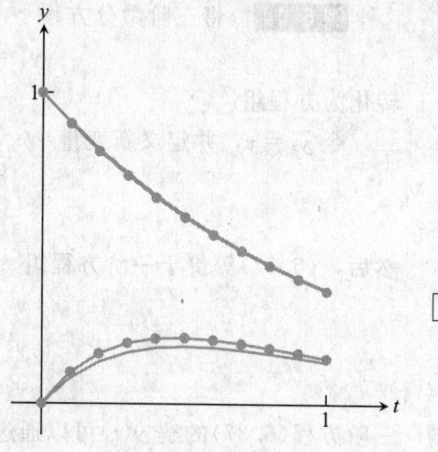

图 6.9 使用欧拉方法近似方程 (6.36). 步长 $h=0.1$. 上面的曲线是 $y_1(t)$,包含其近似解 $w_{i,1}$(圆点),下面的曲线是 $y_2(t)$ 以及 $w_{i,2}$

6.3.1 高阶方程

单个的高阶微分方程可以转化为一个方程组. 令

$$y^{(n)} = f(t, y, y', y'', \cdots, y^{(n-1)})$$

是 n 阶的常微分方程. 定义新的变量

$$y_1 = y$$
$$y_2 = y'$$
$$y_3 = y''$$
$$\vdots$$
$$y_n = y^{(n-1)}$$

注意到原始的常微分方程写成

$$y_n' = f(t, y_1, y_2, \cdots, y_n)$$

二者放在一起,

$$y_1' = y_2$$
$$y_2' = y_3$$
$$y_3' = y_4$$
$$\vdots$$
$$y_{n-1}' = y_n$$
$$y_n' = f(t, y_1, \cdots, y_n)$$

这些方程将 n 阶的微分方程转化为一阶微分方程组,该方程组可以使用欧拉或者梯形方法求解.

例 6.14 将三阶微分方程

$$y''' = a(y'')^2 - y' + yy'' + \sin t \tag{6.37}$$

转化为方程组.

令 $y_1 = y$,并定义新变量

$$y_2 = y'$$
$$y_3 = y''$$

然后,(6.37)等价于一阶方程组

$$\begin{aligned} y_1' &= y_2 \\ y_2' &= y_3 \\ y_3' &= ay_3^2 - y_2 + y_1 y_3 + \sin t \end{aligned} \tag{6.38}$$

三阶方程(6.37)的解 $y(t)$ 可以通过求解 $y_1(t)$, $y_2(t)$, $y_3(t)$ 的方程组(6.38)得到. ◁

由于可以将高阶方程转化为一阶方程组,我们将仅仅关注一阶方程组.同时注意到高阶方程组也可以相同的方式转化为一阶方程组.

6.3.2 计算机仿真:钟摆

图 6.10 显示一个钟摆在重力的作用下摆动.假设钟摆挂在刚性杆上,可以自由摆动 360 度.用 y 表示钟摆和垂直方向的夹角,因而 $y = 0$ 对应钟摆竖直向下.因而,y 和 $y + 2\pi$ 被认为是相同角度.

牛顿第二运动定律 $F = ma$ 可用于确定钟摆方程.钟摆的运动被限制在半径为 l 的圆周上,其中 l 是钟摆杆的长度.如果 y 以弧度度量,由于和圆相切的位置是 ly,则和圆相切的加速度项是 ly''.在运动方向的力是 $mg \sin y$.这是恢复力,意味着它的方向和变量 y 偏移的方向相反.控制无摩擦钟摆的方程是

$$mly'' = F = -mg \sin y \tag{6.39}$$

这是对于钟摆角度 y 的二阶微分方程.初始条件由初始角度 $y(0)$ 以及初始角速度 $y'(0)$ 给定.

设置 $y_1 = y$,引入新的变量 $y_2 = y'$,二阶方程转化为一阶方程组

$$\begin{aligned} y_1' &= y_2 \\ y_2' &= -\frac{g}{l} \sin y_1 \end{aligned} \tag{6.40}$$

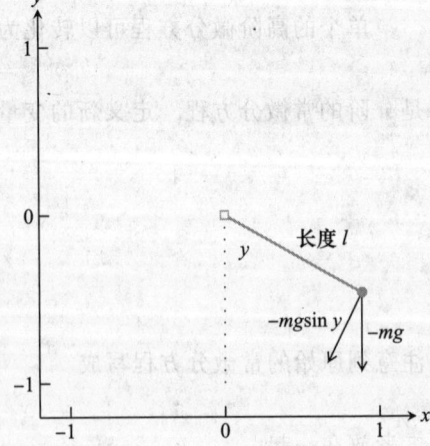

图 6.10 钟摆. 在切线方向的力是 $F = -mg \sin y$,其中 y 是钟摆和垂直方向的夹角

由于在右侧没有对 t 的依赖，则该方程组为自主方程组. 如果钟摆开始的位置垂直向右，$y_1(0)=\pi/2$, $y_2(0)=0$. 在 MKS 单位中，地球表面的重力加速度是 9.81 米/秒^2. 使用这些参数，我们可以检测欧拉方法是否适合做该问题的求解器.

图 6.11 显示欧拉方法使用两种不同步长对钟摆方程的近似. 钟摆杆的长度 $l=1$ 米. 更小的曲线表示 y 关于时间的函数，大的曲线对应瞬间角速度. 注意到角度为 0 表示钟摆在竖直方向，对应最大的正的或者负的角速度. 当钟摆摆动到最低点的时候，钟摆的运行速度最快. 当钟摆运行到右侧最远的位置时，对应小曲线的峰值，速度为 0，并由正变为负.

图 6.11 中可以明显看到欧拉方法能力不足. 步长 $h=0.01$ 显然太大了，甚至难以得到正确的定性解. 一个从速度 0 开始的无衰减钟摆会回到它的初始位置，并具有固定的周期，图 6.11a 中角度的大小一直增长，这违反了能量守恒. 如图 6.11b 再多做 10 倍的步数，至少会在视觉上改善了效果，但一共需要 10^4 步，这在钟摆的周期行为分析中是个相当大的数.

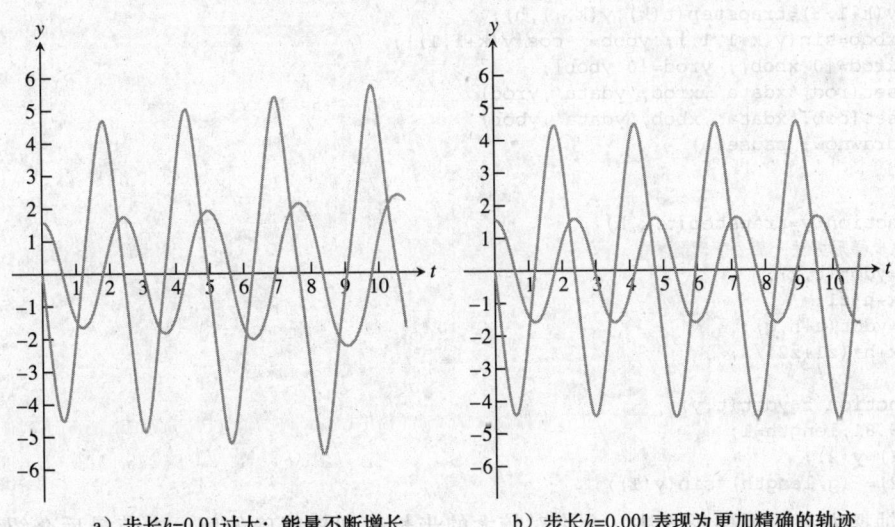

a) 步长 $h=0.01$ 过大；能量不断增长　　　　b) 步长 $h=0.001$ 表现为更加精确的轨迹

图 6.11　对 (6.40) 钟摆方程应用欧拉方法. 量值小的曲线是角度 y_1，单位是弧度；大量值的曲线是角速度 y_2

二阶 ODE 求解器，诸如梯形方法，以更低的代价改进精度. 我们将使用梯形方法重写 MATLAB 代码，并借此机会展示 MATLAB 做简单动画的能力.

下面的代码 pend.m 包含相同的微分方程信息，但是 eulerstep 被替换为 trapstep，并且引入变量 rod 和 bob 分别表示杆和钟摆. MATLAB 的 set 命令对变量赋以属性. drawnow 命令画出 rod 和 bob 变量. 注意到两个变量的消除模式都设为 xor，意味着当画出的变量在其他地方重画时，前面的位置被擦除. 图 6.10 是动画的抓屏. 代码如下：

```
% 程序6.3 钟摆动画程序
% 输入：时间区间inter,
%   初始值ic=[y(1,1) y(1,2)], 步数 n
% 调用单步方法, 诸如 trapstep.m
% 使用示例: pend([0 10],[pi/2 0],200)
function pend(inter,ic,n)
h=(inter(2)-inter(1))/n; % 画出所有几个点
y(1,:)=ic;                         % 输入y的初始条件
t(1)=inter(1);
set(gca,'xlim',[-1.2 1.2],'ylim',[-1.2 1.2], ...
    'XTick',[-1 0 1],'YTick',[-1 0 1], ...
    'Drawmode','fast','Visible','on','NextPlot','add');
cla;
axis square               % 将坐标轴比例设为1:1
bob=line('color','r','Marker','.','markersize',40,...
    'erase','xor','xdata',[],'ydata',[]);
rod=line('color','b','LineStyle','-','LineWidth',3,...
    'erase','xor','xdata',[],'ydata',[]);
for k=1:n
  t(k+1)=t(k)+h;
  y(k+1,:)=trapstep(t(k),y(k,:),h);
  xbob=sin(y(k+1,1)); ybob= -cos(y(k+1,1));
  xrod=[0 xbob]; yrod=[0 ybob];
  set(rod,'xdata',xrod,'ydata',yrod)
  set(bob,'xdata',xbob,'ydata',ybob)
  drawnow; pause(h)
end

function y=trapstep(t,x,h)
%单步梯形方法
z1=ydot(t,x);
g=x+h*z1;
z2=ydot(t+h,g);
y=x+h*(z1+z2)/2;

function z=ydot(t,y)
g=9.81;length=1;
z(1)=y(2);
z(2)=-(g/length)*sin(y(1));
```

对钟摆方程使用梯形方法, 允许对较大的步长得到较精确的解. 本节最后介绍关于一些对基本钟摆仿真的有趣变种. 在编程问题中鼓励读者进行实验.

例 6.15 衰减钟摆.

衰减力, 诸如阻力和摩擦力, 在模型中通常和速度成正比, 方向相反. 钟摆方程变为

$$y_1' = y_2$$
$$y_2' = -\frac{g}{l}\sin y_1 - dy_2 \tag{6.41}$$

其中 $d>0$ 是衰减系数. 和无衰减的钟摆不同, 会由于衰减造成能量的损失, 从任意的初始条件, 最后都到达有限平衡解 $y_1 = y_2 = 0$. 编程问题 3 要求运行衰减版的 pend.m. ◄

例 6.16 受力衰减钟摆.

对(6.41)加上一个时间依赖项表示对衰减钟摆的外力. 考虑在 y_2' 右侧加上正弦项

$A\sin t$，得到

$$y_1' = y_2$$
$$y_2' = -\frac{g}{l}\sin y_1 - dy_2 + A\sin t \tag{6.42}$$

例如，这可以认为是受到振荡磁场影响的钟摆模型.

当添加力后，大量的动态行为都变成可能. 对于微分方程的二维自治系统，Poincaré-Bendixson 定理（来自微分方程理论）指出轨迹都将趋向于规律运动，例如，如同钟摆最下位置的稳定平衡，或者像钟摆永远来回摆动的稳定周期循环. 附加的力使得系统非自治（可重写为三维的自治系统，但不是二维的自治系统），因而允许第三种类型的轨迹，即混乱轨迹.

令衰减系数 $d=1$，力系数 $A=10$，将会得到有趣的周期行为，将在编程问题 4 中探索. 将参数变动到 $A=15$，则带来混乱轨迹.

例 6.17 双钟摆.

双钟摆由两个简单钟摆组成，其中一个钟摆挂在另外一个钟摆上. 如果 y_1 和 y_3 是两个钟摆相对于垂直方向的角度，微分方程系统如下

$$y_1' = y_2$$
$$y_2' = \frac{-3g\sin y_1 - g\sin(y_1 - 2y_3) - 2\sin(y_1 - y_3)(y_4^2 - y_2^2\cos(y_1 - y_3))}{3 - \cos(2y_1 - 2y_3)} - dy_2$$
$$y_3' = y_4$$
$$y_4' = \frac{2\sin(y_1 - y_3)[2y_2^2 + 2g\cos y_1 + y_4^2\cos(y_1 - y_3)]}{3 - \cos(2y_1 - 2y_3)}$$

其中 $g=9.81$，两个杆的长度都是 1. 参数 d 表示旋转轴的摩擦. 当 $d=0$ 时，对于许多初始条件，双钟摆都表现为持续的非周期运动，这是一个令人着迷的观测. 参见编程问题 8.

6.3.3 计算机仿真：轨道力学

在第二个例子中，我们仿真轨道卫星的运动. 牛顿第二运动定律指出卫星的加速度 a 和施加在卫星上的力的关系是 $F=ma$，其中 m 是质量. 重力法则指出由质量为 m_2 的物体对质量为 m_1 的物体产生的力，由平方反比法则知

$$F = \frac{gm_1m_2}{r^2}$$

其中 r 是两个物体之间的距离. 但在**单体问题**中，一个物体相对于另外一个物体的作用力被认为可忽略，正如在小卫星绕着大行星转动的情况下. 这种简化使得我们可以忽略卫星对于行星的力，因而行星可认为是固定的.

把大物体放在原点，卫星的位置表示为 (x,y). 物体之间的距离是 $r=\sqrt{x^2+y^2}$，对于卫星的力指向中心，即大物体的方向. 方向向量是在该方向的单位向量，即

$$\left(-\frac{x}{\sqrt{x^2+y^2}}, -\frac{y}{\sqrt{x^2+y^2}}\right)$$

因而卫星受到的力

$$(F_x, F_y) = \left(\frac{gm_1m_2}{x^2+y^2}\frac{-x}{\sqrt{x^2+y^2}}, \frac{gm_1m_2}{x^2+y^2}\frac{-y}{\sqrt{x^2+y^2}}\right) \tag{6.43}$$

把这些力插入牛顿运动定律得到两个二阶方程

$$m_1 x'' = -\frac{gm_1m_2 x}{(x^2+y^2)^{3/2}}$$

$$m_1 y'' = -\frac{gm_1m_2 y}{(x^2+y^2)^{3/2}}$$

引入变量 $v_x = x'$, $v_y = y'$，允许将两个二阶方程降为一阶方程组：

$$x' = v_x$$

$$v_x' = -\frac{gm_2 x}{(x^2+y^2)^{3/2}}$$

$$y' = v_y$$

$$v_y' = -\frac{gm_2 y}{(x^2+y^2)^{3/2}} \tag{6.44}$$

下面的 MATLAB 程序 orbit.m 调用 eulerstep.m，然后画出卫星的轨道.

```
%程序6.4 单体问题的画图程序
%输入: 时间区间 inter,初始条件
% ic=[x0 vx0 y0 vy0],x位置,x速度,y位置,y速度,
% 步数n, 每个画出点p的步数
% 调用单步方法诸如 trapstep.m
% 使用示例: orbit([0 100],[0 1 2 0],10000,5)
function z=orbit(inter,ic,n,p)
h=(inter(2)-inter(1))/n;            % 画几个点
x0=ic(1);vx0=ic(2);y0=ic(3);vy0=ic(4);       % 初始条件
y(1,:)=[x0 vx0 y0 vy0];t(1)=inter(1);         % 生成y向量
set(gca,'XLim',[-5 5],'YLim',[-5 5],'XTick',[-5 0 5],'YTick',...
    [-5 0 5],'Drawmode','fast','Visible','on');
cla;
sun=line('color','y','Marker','.','markersize',25,...
    'xdata',0,'ydata',0);
drawnow;
head=line('color','r','Marker','.','markersize',25,...
    'erase','xor','xdata',[],'ydata',[]);
tail=line('color','b','LineStyle','-','erase','none', ...
    'xdata',[],'ydata',[]);
%[px,py]=ginput(1);         % 包含三条线
%[px1,py1]=ginput(1);       % 支持鼠标
%y(1,:)=[px px1-px py py1-py];      % 2次点击定义方向
for k=1:n/p
  for i=1:p
    t(i+1)=t(i)+h;
    y(i+1,:)=eulerstep(t(i),y(i,:),h);
  end
  y(1,:)=y(p+1,:);t(1)=t(p+1);
  set(head,'xdata',y(1,1),'ydata',y(1,3))
```

```
    set(tail,'xdata',y(2:p,1),'ydata',y(2:p,3))
    drawnow;
end

function y=eulerstep(t,x,h)
%one step of the Euler Method
y=x+h*ydot(t,x);

function z=ydot(t,x)
m2=3;g=1;mg2=m2*g;px2=0;py2=0;
px1=x(1);py1=x(3);vx1=x(2);vy1=x(4);
dist=sqrt((px2-px1)^2+(py2-py1)^2);
z=zeros(1,4);
z(1)=vx1;
z(2)=(mg2*(px2-px1))/(dist^3);
z(3)=vy1;
z(4)=(mg2*(py2-py1))/(dist^3);
```

运行 MATLAB 脚本 orbit.m 立刻显示了欧拉方法对该问题近似的局限. 图 6.12a 显示 orbit([0 100],[0 1 2 0],10 000,5) 的输出. 换句话说，我们在区间 $[a,b]=[0,100]$ 上沿着轨道，初始位置是 $(x_0,y_0)=(0,2)$，初始速度是 $(v_x,v_y)=(1,0)$，欧拉步长是 $h=100/10\ 000=0.01$.

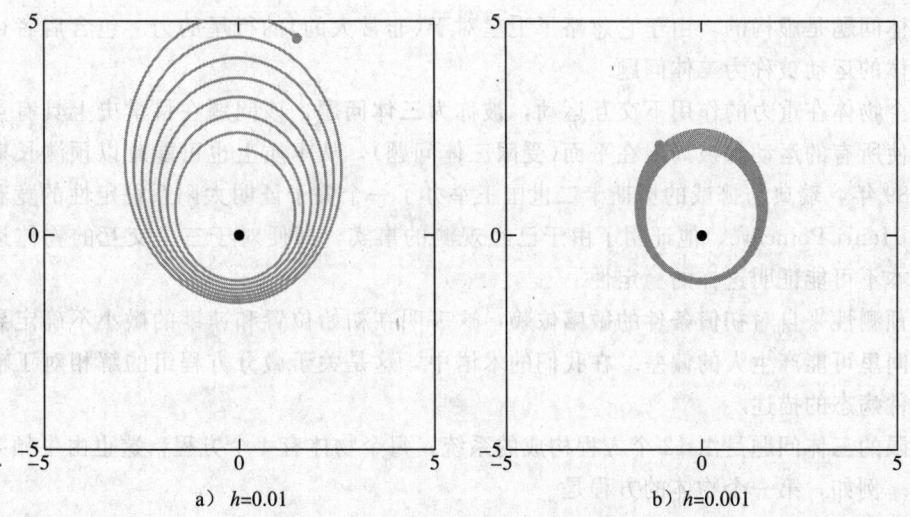

a) $h=0.01$ b) $h=0.001$

图 6.12 对单体问题应用欧拉方法

对于单体问题的解必须是圆锥曲线——椭圆、抛物线、双曲线. 图 6.12a 中看到的螺旋是数值假象，意味着由于计算误差而得到错误表示. 在这种情况下，欧拉方法的截断误差导致轨道不能闭合为一个椭圆. 如果使用因子 10 减小步长，$h=0.001$，如图 6.12b 所示结果得到改进. 可以清楚地看到，即使大大降低步长，还是有明显的累积误差.

推论 6.5 指出如果步长 h 足够小，欧拉方法在原则上可以得到想要的精度近似解. 但是图 6.6 和图 6.12 中结果表明该方法实际上具有严重局限.

图 6.13 清楚显示了在单体问题上的改进，这是由于用梯形方法替换欧拉方法. 通过在

前面的代码中使用 trapstep 替换 eulerstep 得到这张图.

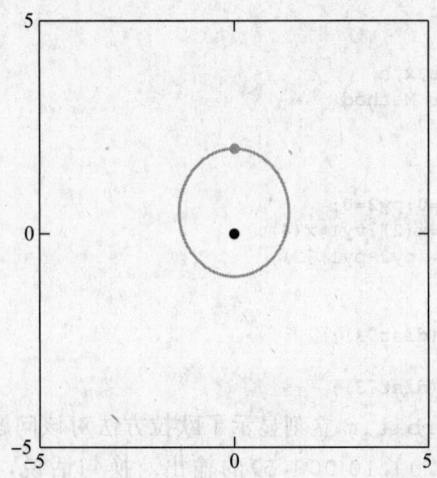

图 6.13 使用梯形方法近似单体问题. 步长 $h=0.01$. 轨道看起来闭合，至少对于图中可见的分辨率

单体问题是虚构的，由于它忽略了卫星对于(非常大的)的行星的力. 包含后者得到的两个物体的运动被称为二体问题.

三个物体在重力的作用下交互运动，被称为**三体问题**，该问题在科学史上具有重要地位. 即使所有的运动都被局限在平面(**受限**三体问题)，从本质上也可能难以预测长期的轨迹. 1889 年，瑞典与挪威的奥斯卡二世国王举办了一个关于证明太阳系稳定性的竞赛. 奖金给了 Henri Poincaré，他证明了由于已经观测的事实，即便对于三个交互的物体运动现象，根本不可能证明这样的稳定性.

非预测性来自对**初值条件的敏感依赖**，这表明在初始位置和速度的微小不确定导致在随后时间里可能产生大的偏差. 在我们的术语中，这是关于微分方程组的解相对于输入的初始条件病态的描述.

受限的三体问题是由 12 个方程构成的系统，每个物体有 4 个方程，这也由牛顿第二定律得到. 例如，第一个物体的方程是

$$\begin{aligned}
x_1' &= v_{1x} \\
v_{1x}' &= \frac{gm_2(x_2-x_1)}{((x_2-x_1)^2+(y_2-y_1)^2)^{3/2}} + \frac{gm_3(x_3-x_1)}{((x_3-x_1)^2+(y_3-y_1)^2)^{3/2}} \\
y_1' &= v_{1y} \\
v_{1y}' &= \frac{gm_2(y_2-y_1)}{((x_2-x_1)^2+(y_2-y_1)^2)^{3/2}} + \frac{gm_3(y_3-y_1)}{((x_3-x_1)^2+(y_3-y_1)^2)^{3/2}}
\end{aligned} \qquad (6.45)$$

第二和第三个物体，分别在 (x_2, y_2) 和 (x_3, y_3)，满足相似的方程.

编程问题 9 和 10 要求读者计算求解二体和三体问题. 后面的问题显示了对于初始条件的严重依赖.

6.3 节习题

1. 使用欧拉方法，步长 $h=1/4$，在区间 $[0，1]$ 上求解初值问题.

(a) $\begin{cases} y_1' = y_1 + y_2 \\ y_2' = -y_1 + y_2 \\ y_1(0) = 1 \\ y_2(0) = 0 \end{cases}$
(b) $\begin{cases} y_1' = -y_1 - y_2 \\ y_2' = y_1 - y_2 \\ y_1(0) = 1 \\ y_2(0) = 0 \end{cases}$
(c) $\begin{cases} y_1' = -y_2 \\ y_2' = y_1 \\ y_1(0) = 1 \\ y_2(0) = 0 \end{cases}$
(d) $\begin{cases} y_1' = y_1 + 3y_2 \\ y_2' = 2y_1 + 2y_2 \\ y_1(0) = 5 \\ y_2(0) = 0 \end{cases}$

通过与真实解比较，找出当 $t=1$ 时 y_1 和 y_2 的全局截断误差.

(a) $y_1(t) = e^t \cos t$，$y_2(t) = -e^t \sin t$
(b) $y_1(t) = e^{-t}\cos t$，$y_2(t) = e^{-t}\sin t$
(c) $y_1(t) = \cos t$，$y_2(t) = \sin t$
(d) $y_1(t) = 3e^{-t} + 2e^{4t}$，$y_2(t) = -2e^{-t} + 2e^{4t}$

2. 对习题 1 中的初值问题，应用梯形方法，$h=1/4$. 通过与真实解比较，找出当 $t=1$ 时的全局截断误差.

3. 将高阶常微分方程转化为一阶方程组.

(a) $y'' - ty = 0$（Airy 方程）
(b) $y'' - 2ty' + 2y = 0$（埃尔米特方程）
(c) $y'' - ty' - y = 0$

4. 对于习题 3 中初值问题使用梯形方法，$h=1/4$，使用 $y(0) = y'(0) = 1$.

5. (a) 证明 $y(t) = (e^t + e^{-t} + t^2)/2 - 1$ 是初值问题 $y''' - y' = t$ 的解，其中 $y(0) = y'(0) = y''(0) = 0$.
(b) 将微分方程转化成 3 个一阶方程.
(c) 使用欧拉方法，步长 $h=1/4$，近似区间 $[0，1]$ 上的解.
(d) 当 $t=1$ 时找出全局截断误差.

6.3 节编程问题

1. 对习题 1 中的初值问题使用欧拉方法，步长 $h=0.1$，$h=0.01$. 在区间 $[0，1]$ 上画出近似解和正确解，当 $t=1$ 时找出全局截断误差. 当 $h=0.01$ 时，误差的消减和欧拉方法的阶数一致吗？

2. 使用梯形方法完成编程问题 1.

3. 修改 pend.m 对衰减钟摆进行建模. 当 $d=0.1$ 时运行结果代码. 除了初值条件 $y_1(0)=\pi$，$y_2(0)=0$ 之外的初始条件，所有轨迹都随着时间的增长趋于竖直向下的位置. 检查例外的初始条件：这种仿真和理论一致吗？与物理钟摆一致吗？

4. 修改 pend.m 构造受力衰减的钟摆版本. 在如下情况中运行梯形方法：(a) 设置衰减 $d=1$，受力参数 $A=10$. 设置步长 $h=0.005$ 以及你选择的初始条件. 经过一些过渡行为，钟摆会进入稳定（周期）行为. 定性描述轨迹的行为. 尝试不同的初始条件. 所有解都会是"吸引"的周期轨迹吗？(b) 现在增加步长到 $h=0.01$，重复实验. 尝试初始条件 $[\pi/2, 0]$ 以及其他条件. 描述发生的情况，给出在这个步长下的自治行为的合理解释.

5. 运行编程问题 4 中的受力衰减钟摆，但是设置 $A=12$. 使用梯形方法，步长 $h=0.005$. 现在有两个周期吸引子，彼此互为镜像. 描述两个吸引轨迹，找出初始条件 $(y_1, y_2) = (a, 0)$ 以及 $(b, 0)$，其中 $|a-b| \leqslant 0.1$，它们被吸到不同的周期行为. 设 $A=15$，可以看到受力衰减钟摆的混沌运动.

6. 修改 pend.m 对具有振荡轴的衰减钟摆进行建模. 目标是探索参数共振现象，这样做导致翻转的钟摆变得稳定！

方程如下

$$y'' + dy' + \left(\frac{g}{l} + A\cos 2\pi t\right)\sin y = 0$$

其中 A 是受力强度. 令 $d=0.1$, 钟摆的长度是 2.5 米. 在力不存在时, 即 $A=0$, 向下的钟摆 $y=0$ 是稳定平衡的, 反转钟摆 $y=\pi$ 是不稳定平衡的. 尽可能精确地找出参数 A 的范围, 使得反转钟摆变得稳定. (当然, $A=0$ 范围太小了; 但是 $A=30$ 又太大了.) 对于你的测试使用初始条件 $y=3.1$, 如果钟摆不经过下面的位置, 将反转位置称为"稳定的".

7. 使用编程问题 6 中的参数设置展示参数共振的其他效果: 当具有振荡轴时, 稳定平衡可以变得不稳定. 找出使得这种情况发生时, 受力强度 A 最小的(正)值. 当钟摆最终走到了翻转的位置, 将向下的情况归类为不稳定.

8. 修改 pend.m 构造双钟摆. 对于第二个钟摆必须定义新的 rod 和 bob. 注意到第二个杆的转轴端和第一个杆的自由端一致: 第二个杆的自由端 (x,y) 可以使用简单的三角学进行计算.

9. 修改 orbit.m 求解二体问题. 设质量为 $m_1=0.3$, $m_2=0.03$, 画出初始条件 $(x_1,y_1)=(2,2)$, $(x_1',y_1')=(0.2,-0.2)$ 以及 $(x_2,y_2)=(0,0)$, $(x_2',y_2')=(-0.01,0.01)$ 下的轨迹.

10. 修改 orbit.m 求解三体问题. 设质量为 $m_1=0.3$, $m_2=m_3=0.03$. (a) 画出初始条件 $(x_1,y_1)=(2,2)$, $(x_1',y_1')=(0.2,-0.2)$, $(x_2,y_2)=(0,0)$, $(x_2',y_2')=(0,0)$ 以及 $(x_3,y_3)=(-2,-2)$, $(x_3',y_3')=(-0.2,0.2)$ 时的轨迹. (b) 将 x_1' 的初始条件改变为 0.20001, 比较结果中的轨迹. 这是敏感依赖在视觉上令人震惊的例子.

11. 一个惊人的三体八字形轨道由 C. Moore 在 1993 年发现. 在这种情况下, 三个质量相同的物体在一个八字形的环上互相追逐. 设置质量 $m_1=m_2=m_3=1$, 重力为 $g=1$. (a) 修改 orbit.m 画出初始条件 $(x_1,y_1)=(-0.970,0.243)$, $(x_1',y_1')=(-0.466,-0.433)$, $(x_2,y_2)=(-x_1,-y_1)$, $(x_2',y_2')=(x_1',y_1')$, $(x_3,y_3)=(0,0)$, $(x_3',y_3')=(-2x_1',-2y_1')$ 下的轨迹. (b) 轨迹对于初始条件的微小变化敏感吗? 探索以 10^{-k} 改变 x_3', 其中 $1\leq k\leq 5$. 对于每个 k, 确定八字形的模式是否可以保持, 或者是最终发生了突变.

6.4 龙格-库塔方法和应用

龙格-库塔方法是一组 ODE 求解器, 包含欧拉和梯形方法, 以及更加复杂的高阶方法. 在本节中, 我们介绍不同的单步方法, 应用这些方法对一些关键应用的轨迹进行仿真.

6.4.1 龙格-库塔家族

我们已经知道一阶的欧拉方法以及二阶的梯形方法. 除了梯形方法外, 还有其他龙格-库塔类型的二阶方法. 其中一个重要的方法是中点方法.

中点方法

$$w_0 = y_0$$

$$w_{i+1} = w_i + hf\left(t_i + \frac{h}{2}, w_i + \frac{h}{2}f(t_i,w_i)\right) \tag{6.46}$$

为了验证中点方法的阶, 我们必须计算它的局部截断误差. 当前面我们对梯形公式计算局部截断误差时, 我们发现(6.31)式子很有用:

$$y_{i+1} = y_i + hf(t_i,y_i) + \frac{h^2}{2}\left(\frac{\partial f}{\partial t}(t_i,y_i) + \frac{\partial f}{\partial y}(t_i,y_i)f(t_i,y_i)\right) + \frac{h^3}{6}y'''(c) \tag{6.47}$$

为了计算第 i 步的局部截断误差, 我们假设 $w_i = y_i$ 并计算 $y_{i+1} - w_{i+1}$. 重复使用对梯形方

法的泰勒级数展开，我们可以写出

$$w_{i+1} = y_i + hf\left(t_i + \frac{h}{2}, y_i + \frac{h}{2}f(t_i, y_i)\right)$$

$$= y_i + h\left(f(t_i, y_i) + \frac{h}{2}\frac{\partial f}{\partial t}(t_i, y_i) + \frac{h}{2}f(t_i, y_i)\frac{\partial f}{\partial y}(t_i, y_i) + O(h^2)\right) \quad (6.48)$$

比较(6.47)和(6.48)得到

$$y_{i+1} - w_{i+1} = O(h^3)$$

因而由定理6.4知中点方法是二阶方法.

右侧的每个函数的求值被称为方法的**阶段**(stage). 梯形方法和中点方法都是二阶段的二阶龙格-库塔方法家族中的成员. 形式如下：

$$w_{i+1} = w_i + h\left(1 - \frac{1}{2\alpha}\right)f(t_i, w_i) + \frac{h}{2\alpha}f(t_i + \alpha h, w_i + \alpha h f(t_i, w_i)) \quad (6.49)$$

其中$\alpha \neq 0$. 令$\alpha = 1$对应显式梯形方法，$\alpha = 1/2$对应中点方法. 习题5要求验证该类方法的阶数.

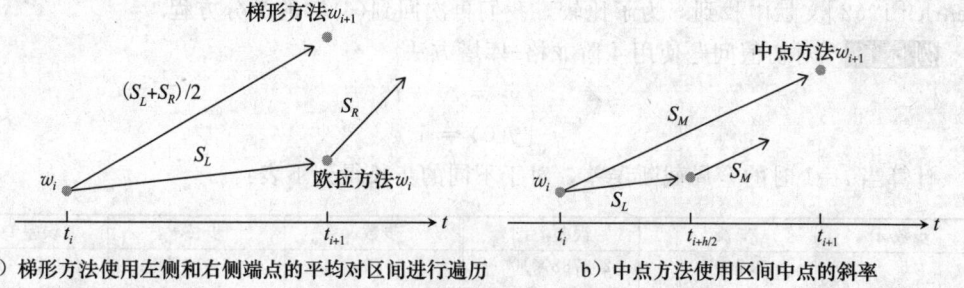

a) 梯形方法使用左侧和右侧端点的平均对区间进行遍历 b) 中点方法使用区间中点的斜率

图6.14 RK2家族的两个成员的概图

图6.14显示了梯形方法和中点方法背后的直观性. 梯形方法在区间的右端使用一步欧拉求值，估计那里的斜率，然后与左端的斜率平均. 中点方法使用一步欧拉移动到区间的中点，计算那里的斜率$f(t_i + h/2, w_i + (h/2)f(t_i, w_i))$，使用这个斜率从$w_i$移动到新的近似值$w_{i+1}$. 这些方法使用不同的方式求解相同的问题：获取一个比欧拉方法更好的斜率表示整个区间，而欧拉方式仅仅在区间的左端进行一次斜率估计.

收敛 4阶方法(例如RK4)的收敛性质，比到目前我们讨论的1阶和2阶方法要好得多，这里收敛的意思是在某个固定的时间t，ODE近似的(全局)误差可以在步长h趋近0时，能够以多快的速度到达0. 4阶意味着每次对区间减半，误差减小的因子是$2^4 = 16$，从图6.15可以清楚地看到.

有所有阶的龙格-库塔方法. 特别常见的例子是4阶方法.

4阶龙格-库塔方法(RK4)

$$w_{i+1} = w_i + \frac{h}{6}(s_1 + 2s_2 + 2s_3 + s_4) \quad (6.50)$$

其中
$$s_1 = f(t_i, w_i)$$
$$s_2 = f\left(t_i + \frac{h}{2}, w_i + \frac{h}{2}s_1\right)$$
$$s_3 = f\left(t_i + \frac{h}{2}, w_i + \frac{h}{2}s_2\right)$$
$$s_4 = f(t_i + h, w_i + hs_3)$$

这种方法的流行是由于它本身简单并且容易编程实现. 这是单步方法, 因而开始仅仅需要一个初始条件; 但是作为 4 阶方法, 它比欧拉方法或者梯形方法要精确得多.

在 4 阶龙格-库塔方法中 $h(s_1+2s_2+2s_3+s_4)/6$ 取代了欧拉方法的斜率. 这可以看做区间$[t_i, t_i+h]$中对解的斜率的改进后的估计. 注意到 s_1 是区间左端的斜率, s_2 是中点方法的斜率, s_3 是中点改进的斜率, s_4 是在右端 t_i+h 的近似斜率. 用于证明该方法的代数推导, 与我们对梯形与中点方法的推导类似, 但是阶数是 4 阶, 证明要长一些, 可以在如 Henrici[1962]文献中找到. 为了比较, 我们再次回到(6.5)的微分方程.

例 6.18 对初值问题使用 4 阶龙格-库塔方法

$$\begin{cases} y' = ty + t^3 \\ y(0) = 1 \end{cases} \tag{6.51}$$

计算当 $t=1$ 时的全局截断误差, 对于不同的步长得到下表:

步数 n	步长 h	误差 $t=1$	步数 n	步长 h	误差 $t=1$
5	0.200 00	2.3788×10^{-5}	80	0.012 50	3.4820×10^{-10}
10	0.100 00	1.4655×10^{-6}	160	0.006 25	2.1710×10^{-11}
20	0.050 00	9.0354×10^{-8}	320	0.003 12	1.3491×10^{-12}
40	0.025 00	5.5983×10^{-9}	640	0.001 56	7.2609×10^{-14}

与例 6.2 最后一个欧拉方法表进行比较. 差异非常明显, 并可以抵消 RK4 带来的额外复杂度, 该方法中每步中需要 4 次调用函数计算, 而欧拉方法每步仅需要计算一次函数的值. 图 6.15 显示了相同的信息, 其中展示了全局截断误差和 h^4 成正比的事实, 这正是我们对 4 阶方法的期望.

6.4.2 计算机仿真: Hodgkin-Huxley 神经元

在 20 世纪中期计算机处于它的早期发展阶段. 计算机一些早期的应用是帮助处理迄今难以计算的微分方程.

A. L. Hodgkin 与 A. F. Huxley 创立了计算神经科学, 对神经元提出了真实的点火模型. 即便是使用当时的初等计算机, 他们的模型也可以得到微分方程的近似解. 由于这个工作, 他们获得了 1963 年的诺贝尔生物学奖.

这个模型由 4 个耦合的微分方程组成, 其中一个对神经元内外的电压差异进行建模. 其他 3 个方程对离子通道中的激活级进行建模, 这交换了内外的钠离子与钾离子.

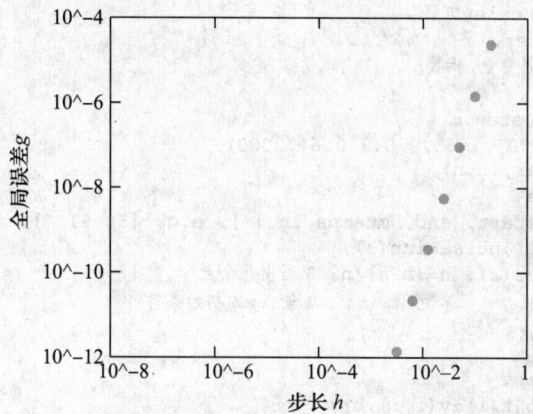

图 6.15 对于 4 阶龙格-库塔方法，误差相对于步长的函数．(6.5)的近似解与正确解在 $t=1$ 的差异，该差异在 log-log 图上斜率是 4，因而对于小的 h，误差和 h^4 成正比

Hodgkin-Huxley 方程如下：

$$Cv' = -g_1 m^3 h(v-E_1) - g_2 n^4 (v-E_2) - g_3(v-E_3) + I_{in}$$
$$m' = (1-m)\alpha_m(v-E_0) - m\beta_m(v-E_0)$$
$$n' = (1-n)\alpha_n(v-E_0) - n\beta_n(v-E_0)$$
$$h' = (1-h)\alpha_h(v-E_0) - h_{\beta h}(v-E_0) \tag{6.52}$$

其中

$$\alpha_m(v) = \frac{2.5 - 0.1v}{e^{2.5-0.1v} - 1}, \quad \beta_m(v) = 4e^{-v/18}$$

$$\alpha_n(v) = \frac{0.1 - 0.01v}{e^{1-0.1v} - 1}, \quad \beta_n(v) = \frac{1}{8}e^{-v/80}$$

或

$$\alpha_h(v) = 0.07 e^{-v/20}, \quad \beta_h(v) = \frac{1}{e^{3-0.1v} + 1}$$

系数 C 表示细胞的电容，I_{in} 表示从其他细胞来的输入电流．典型的系数值是电容 $C=1$ 微法，电导系数 $g_1=120$，$g_2=36$，$g_3=0.3$ 西门子，以及电压 $E_0=-65$，$E_1=50$，$E_2=-77$，$E_3=-54.4$ 毫伏．

v' 是单位面积电流的方程，单位是毫安/厘米^2，其他三个关于 m、n 以及 h 的激活方程没有单位．系数 C 是神经元薄膜的电容，g_1、g_2、g_3 是电导系数，E_1、E_2 以及 E_3 是"反向电位"这是形成当前输入和输出电流壁垒的电压值．

Hodgkin 与 Huxley 认真选择方程的形式与实验数据匹配，该数据是从鱿鱼的巨型轴索得到．他们还对模型找出合适的参数．尽管鱿鱼轴索的特定部分和哺乳动物的神经元不同，但该模型建立了对神经动力学的真实描述．更一般地，它对将连续输入传输到全部-或者-零响应的兴奋介质的例子也很有用．实现该模型的 MATLAB 代码如下：

```
% 程序6.5 Hodgkin-Huxley方程
% 输入: 时间区间 inter,
% ic=初始电压v和3门限变量,步数n
% 输出: 解 y
% 调用单步方法诸如rk4step.m
% 使用示例: hh([0,100],[-65,0,0.3,0.6],2000);
function y=hh(inter,ic,n)
global pa pb pulse
inp=input('pulse start, end, muamps in [ ], e.g. [50 51 7]: ');
pa=inp(1);pb=inp(2);pulse=inp(3);
a=inter(1); b=inter(2); h=(b-a)/n; %画出几个点
y(1,:)=ic;                          %输入y的初始条件
t(1)=a;
for i=1:n
  t(i+1)=t(i)+h;
  y(i+1,:)=rk4step(t(i),y(i,:),h);
end
subplot(3,1,1);
plot([a pa pa pb pb b],[0 0 pulse pulse 0 0]);
grid;axis([0 100 0 2*pulse])
ylabel('input pulse')
subplot(3,1,2);
plot(t,y(:,1));grid;axis([0 100 -100 100])
ylabel('voltage (mV)')
subplot(3,1,3);
plot(t,y(:,2),t,y(:,3),t,y(:,4));grid;axis([0 100 0 1])
ylabel('gating variables')
legend('m','n','h')
xlabel('time (msec)')

function y=rk4step(t,w,h)
%龙格-库塔4阶方法的一步
s1=ydot(t,w);
s2=ydot(t+h/2,w+h*s1/2);
s3=ydot(t+h/2,w+h*s2/2);
s4=ydot(t+h,w+h*s3);
y=w+h*(s1+2*s2+2*s3+s4)/6;

function z=ydot(t,w)
global pa pb pulse
c=1;g1=120;g2=36;g3=0.3;T=(pa+pb)/2;len=pb-pa;
e0=-65;e1=50;e2=-77;e3=-54.4;
in=pulse*(1-sign(abs(t-T)-len/2))/2;
% 在区间[pa,pb]对于脉冲muamps的平方脉冲输入
v=w(1);m=w(2);n=w(3);h=w(4);
z=zeros(1,4);
z(1)=(in-g1*m*m*m*h*(v-e1)-g2*n*n*n*n*(v-e2)-g3*(v-e3))/c;
v=v-e0;
z(2)=(1-m)*(2.5-0.1*v)/(exp(2.5-0.1*v)-1)-m*4*exp(-v/18);
z(3)=(1-n)*(0.1-0.01*v)/(exp(1-0.1*v)-1)-n*0.125*exp(-v/80);
z(4)=(1-h)*0.07*exp(-v/20)-h/(exp(3-0.1*v)+1);
```

如果没有输入,Hodgkin-Huxley神经元保持静默,电压近似为 E_0. 令 I_{in} 是长度为1毫秒的平方电流脉冲,强度是7毫安就足以导致一个刺突,如图 6.16 所示,这是巨大的电压去极化偏移. 运行程序 6.9, 检查 μA 不足以导致一个完全的刺突. 因而, 得到完全-或

常微分方程   281

者-零响应. 这种性质极大地放大了小的输入变化, 并可以解释在信息处理方面神经元的成功. 图 6.16b 显示如果输入电流持续, 神经元会在点火的同时出现多个刺突. 编程问题 10 是对虚拟神经元的阈值能力的探索.

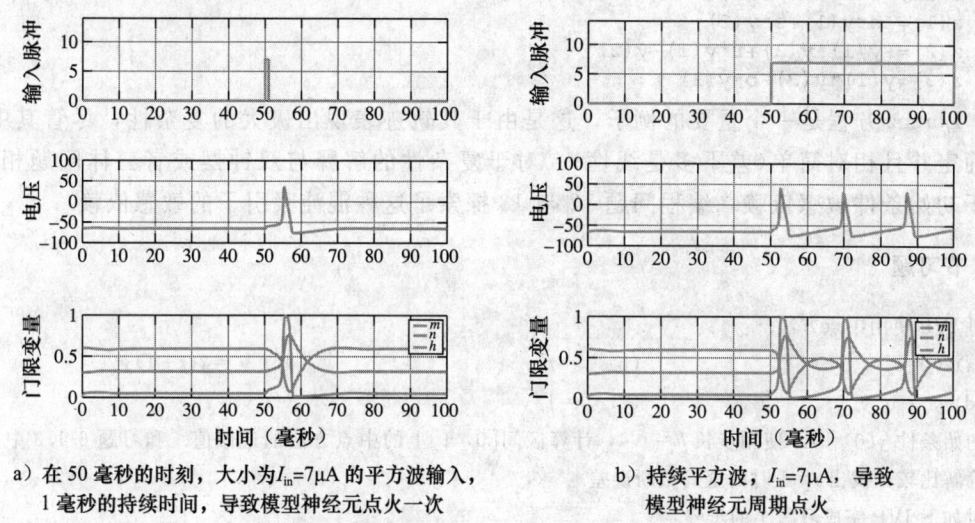

a) 在 50 毫秒的时刻, 大小为 $I_{in}=7\mu A$ 的平方波输入, 1 毫秒的持续时间, 导致模型神经元点火一次

b) 持续平方波, $I_{in}=7\mu A$, 导致模型神经元周期点火

图 6.16 Hodgkin-Huxley 程序的抓屏

6.4.3 计算机仿真: Lorenz 方程

在 20 世纪 50 年代后期, MIT 气象学家 E. Lorenz 得到一台当时首次出现的商用计算机. 这和冰箱一样大, 操作速度为每秒 60 次乘法. 这个前所未有的个人计算能力允许他推出, 并对气象模型求值, 和 Hodgkin-Huxley 方程相似, 该模型中包含一组微分方程, 并且不能获取解析解.

Lorenz 方程是微观大气模型的简化, 这是他设计用于研究 Rayleigh-Bénard 对流, 例如空气从下面的热介质(例如大地)到更高的冷介质(例如上层大气)的流体热运动的模型. 在这个二维大气模型中, 空气循环发展可以用下面的三个方程的系统描述:

$$\begin{aligned} x' &= -sx + sy \\ y' &= -xz + rx - y \\ z' &= xy - bz \end{aligned} \quad (6.53)$$

变量 x 表示顺时针循环速度, y 度量空气向上和向下运动速度的差异, z 表示在垂直方向严格线性温度剖面的偏差. Prandtl 数值是 s, Rayleigh 数值 r, b 是系统参数. 对于参数最常见的设置是 $s=10$, $r=28$, 以及 $b=8/3$. 这些设置用于图 6.17 中的轨迹, 使用 4 阶龙格-

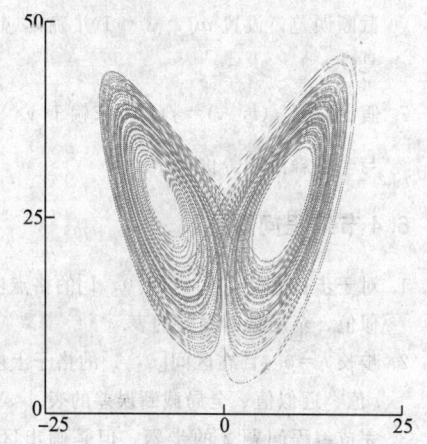

图 6.17 Lorenz 方程(6.53)的轨迹, 投影在 xz 平面. 参数设置为 $s=10$, $r=28$, 以及 $b=8/3$

库塔方法计算，用下面的代码描述微分方程.
```
function z=ydot(t,y)
%Lorenz 方程
s=10; r=28; b=8/3;
z(1)=-s*y(1)+s*y(2);
z(2)=-y(1)*y(3)+r*y(1)-y(2)
z(3)=y(1)*y(2)-b*y(3)
```

Lorenz 方程是一个重要的例子，这是由于其轨迹表现出极大的复杂性，尽管其中方程确定并且相对简单（差不多是线性）. 对于复杂性的解释与双钟摆或者三体问题相似：对于初始条件敏感依赖. 编程问题 12 与 13 探索了这种混沌吸引子的敏感依赖.

6.4 节 习题

1. 对 IVP 使用中点方法.
    (a) $y'=t$ (b) $y'=t^2 y$ (c) $y'=2(t+1)y$
    (d) $y'=5t^4 y$ (e) $y'=1/y^2$ (f) $y'=t^3/y^2$
   初始条件 $y(0)=1$. 使用步长 $h=1/4$，计算区间 $[0,1]$ 上的中点方法的近似值. 和习题 6.1.3 中的正确解比较，找出 $t=1$ 时的全局截断误差.

2. 对如下 IVP 完成习题 1 的步骤.
    (a) $y'=t+y$ (b) $y'=t-y$ (c) $y'=4t-2y$
   初始条件 $y(0)=0$. 精确解在习题 6.1.4 中.

3. 对习题 1 中的 IVP 应用 4 阶龙格-库塔方法，使用步长 $h=1/4$，计算在区间 $[0,1]$ 上的近似值. 与习题 6.1.3 中的正确解比较，找出 $t=1$ 时的全局截断误差.

4. 对习题 2 的 IVP 完成习题 3 的步骤.

5. 证明对于任意 $\alpha \neq 0$，(6.49) 方法都是 2 阶.

6. 考虑初值问题 $y'=\lambda y$，解是 $y(t)=y_0 e^{\lambda t}$. (a) 对于微分方程使用 RK4，由 w_0 计算 w_1. (b) 计算局部截断误差，设置 $w_0 = y_0 = 1$ 并确定 $y_1 - w_1$. 证明如 4 阶微分方法所期望的，局部截断误差的大小是 $O(h^5)$.

7. 假设右侧 $f(t,y) = f(t)$ 不依赖于 y. 证明在 4 阶龙格-库塔方法中 $s_2 = s_3$，对于积分 $\int_{t_i}^{t_i+h} f(s)ds$，RK4 与辛普森法则等价.

6.4 节 编程问题

1. 对于步长 $h=0.1$，区间 $[0,1]$ 的格点应用中点方法，计算习题 1 的初值问题. 打印每步中的 t 值、近似值、全局截断误差的表.

2. 步长 $h=0.1$，在区间 $[0,1]$ 的格子上应用 4 阶龙格-库塔方法，计算习题 1 的初值问题. 打印每步中的 t 值、近似值、全局截断误差的表.

3. 完成编程问题 2 的步骤，但是画出区间 $[0,1]$ 的近似解，步长 $h=0.1, 0.05, 0.025$，同时画出正确解.

4. 对于习题 2 的方程完成编程问题 2 的步骤.

5. 画出 4 阶龙格-库塔方法在区间 $[0,1]$ 上的近似解，微分方程为 $y'=1+y^2$，初始条件 (a) $y_0=0$,

(b) $y_0 = 1$,同时画出正确解(见习题6.1.7).使用步长 $h = 0.1$ 与 0.05.
6. 画出4阶龙格-库塔方法在区间$[0, 1]$上的近似解,微分方程 $y' = 1 - y^2$,初始条件(a) $y_0 = 0$,
   (b) $y_0 = -1/2$,同时画出正确解(见习题6.1.8).使用步长 $h = 0.1$ 以及 0.05.
7. 计算4阶龙格-库塔方法在区间$[0, 4]$上的近似解,微分方程为 $y' = \sin y$,初始条件(a) $y_0 = 0$,
   (b) $y_0 = 100$,使用步长 $h = 0.1 \times 2^{-k}$,$0 \leqslant k \leqslant 5$.画出 $k=0$ 以及 $k=5$ 时的近似解以及精确解(参见习题6.1.15),做出误差函数的 log-log 图,该误差是步长 h 的函数.
8. 计算4阶龙格-库塔方法的近似解,微分方程 $y' = \sinh y$,初始条件(a) $y_0 = 1/4$,区间$[0, 2]$,
   (b) $y_0 = 2$,区间$[0, 1/4]$,使用步长 $h = 0.1 \times 2^{-k}$,$0 \leqslant k \leqslant 5$.画出当 $k=0$ 以及 $k=5$ 时的近似解,同时画出精确解(见习题6.1.16),做出误差的 log-log 图,误差是步长 h 的函数.
9. 对于习题1中的IVP,如图6.4画出RK4方法当 $t=1$ 时的全局误差,该误差是 h 的函数.
10. 以默认参数考虑 Hodgkin-Huxley 方程(6.52).(a)使用1毫秒脉冲构造刺突,找出尽可能精确的最小阈值,单位毫安.(b)当脉冲是5毫秒时,结果会改变吗?(c)对脉冲的形状进行实验.相同面积的三角形脉冲和方形脉冲的结果相同吗?(d)讨论对于常数时间持续的输入的阈值是否存在.
11. 修改MATLAB的 `orbit.m` 程序,对Lorenz方程的解做出动画,使用4阶龙格-库塔方法,步长 $h = 0.001$.画出初始条件$(x_0, y_0, z_0) = (5, 5, 5)$对应的轨迹.
12. 从下面由两个相似初始条件得到的解,评价Lorenz方程的条件.考虑初始条件$(x, y, z) = (5, 5, 5)$以及和第一个初始条件之间的距离 $\Delta = 10^{-5}$ 的初始条件.使用4阶龙格-库塔方法计算两个轨迹,步长 $h = 0.001$,并计算在 $t=10$ 以及 $t=20$ 时间单元后的误差放大因子.
13. 如编程问题12,沿着Lorenz方程在两个近似相等的初始条件得到的轨迹.对于每个轨迹,构造二值的符号序列,其由0和1组成,当轨迹通过图6.17中"负 x"环的时候为0,当它通过正的环时为1.两个轨迹的符号序列在多少个时间单元上一致?

事实验证6　Tacoma Narrows 大桥

试图捕获Tacoma Narrows事故的数学模型由McKenna与Tuama[2001]提出.模型目的是解释为什么在严格垂直的力的作用下会出现扭曲,或者扭转,震动会被放大.

考虑在两个悬浮索之间的宽度为 $2l$ 的公路,如图6.18a所示.我们将考虑二维桥的断面,由于我们仅仅对侧面到侧面的运动感兴趣,在模型中忽略桥的长度的维度.在静止时,路面由于重力被悬挂在一个特定的高度.令 y 表示当前路面中心在它的平衡点之下的距离.

虎克定律假设线性响应,意味着施加的悬索的回复力和偏移成正比.令 θ 是路面和水平方向的夹角.有两个悬索,分别从平衡位置张开 $y - l\sin\theta$ 与 $y + l\sin\theta$.假设给定的黏性衰减项和速度成正比.使用牛顿法则 $F = ma$ 并用 K 表示虎克常数,对于 y 和 θ 的运动方程如下:

$$y'' = -dy' - \left[\frac{K}{m}(y - l\sin\theta) + \frac{K}{m}(y + l\sin\theta)\right]$$

$$\theta'' = -d\theta' + \frac{3\cos\theta}{l}\left[\frac{K}{m}(y - l\sin\theta) - \frac{K}{m}(y + l\sin\theta)\right]$$

但是,虎克定律是设计并用于弹簧的定律,其中的回复力在弹簧拉伸或者压缩时或多或少都相等.McKenna和Tuama假设悬索伸长拉动时使用更大的力,而在压缩推动时的力较小.(考虑极端例子下的弹簧.)将线性虎克定律中的回复力 $f(y) = Ky$ 替换为非线性力 $f(y) = (K/a)(e^{ay} - 1)$,如图6.18b所示.两个函数当 $y=0$ 时具有相同的斜率 K;但是对于非线性力,正的 y(拉长的悬索)导致比对应的负 y(缩短的悬索)更强的回复力.对前面的方程替换得到

$$y'' = -dy' - \frac{K}{ma}\left[e^{a(y-l\sin\theta)} - 1 + e^{a(y+l\sin\theta)} - 1\right]$$

$$\theta' = -d\theta' + \frac{3\cos\theta}{l}\frac{K}{ma}\left[e^{a(y-l\sin\theta)} - e^{a(y+l\sin\theta)}\right] \tag{6.54}$$

由于方程成立，状态 $y = y' = \theta = \theta' = 0$ 对应平衡．现在加上风．在 y 方程右侧加上受力项 $0.2W\sin\omega t$，其中 W 为风速，单位千米/小时．这使得桥面出现严格垂直的振荡．

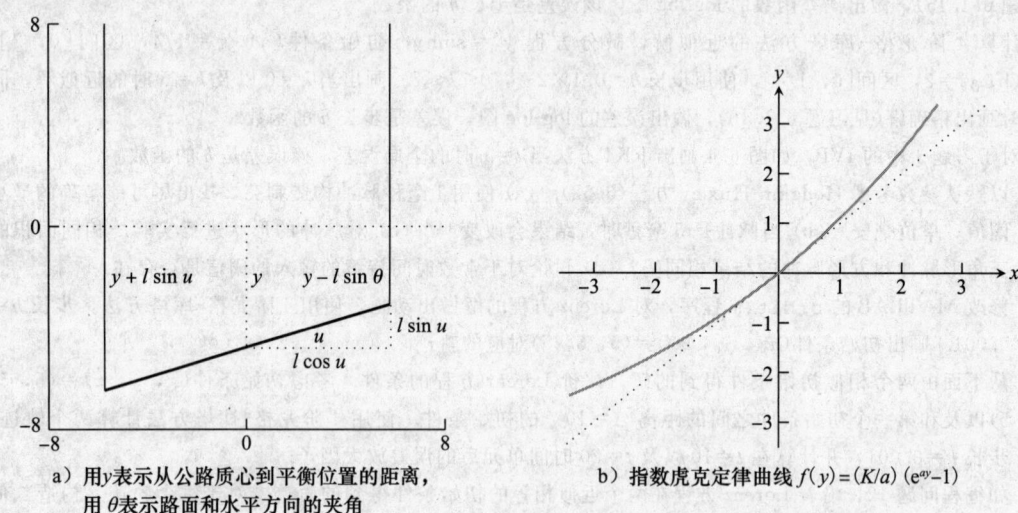

a) 用 y 表示从公路质心到平衡位置的距离，用 θ 表示路面和水平方向的夹角

b) 指数虎克定律曲线 $f(y) = (K/a)(e^{ay} - 1)$

图 6.18　Tacoma Narrows 大桥的 McKenna-Tuama 模型概图

可以对物理常数做出有用的估计．路面单腿长度的质量大约是 2500 千克，弹簧常数 K 估计大约是 1000 牛顿．路面大约 12 米宽．对于这个仿真，衰减系数是 $d=0.01$，虎克非线性系数是 $a=0.2$．一个观测者在大桥垮塌前一分钟内数到 38 次垂直方向的震动，设 $\omega = 2\pi(38/60)$．这些系数仅仅是猜测，但是它们足够表现和最后大桥垮塌之前证据照片中一致的运动．运行 (6.54) 模型的 MATLAB 代码如下：

```
%程序6.6 使用IVP求解器的大桥动画程序
%输入：时间区间 inter,
% ic=[y(1,1) y(1,2) y(1,3) y(1,4)],
% 步数 n, 画出 p的每个点的步数
%调用一步方法trapstep.m
%使用示例:tacoma([0 1000],[1 0 0.001 0],25000,5)
function tacoma(inter,ic,n,p)
clf                          % 清空图形窗口
h=(inter(2)-inter(1))/n;
y(1,:)=ic;                   % 输入y的初始条件
t(1)=inter(1);len=6;
set(gca,'XLim',[-8 8],'YLim',[-8 8],...
    'XTick',[-8 0 8],'YTick',[-8 0 8],...
    'Drawmode','fast','Visible','on','NextPlot','add');
cla;                         % 清空屏幕
axis square                  % 使得比率为1:1
road=line('color','b','LineStyle','-','LineWidth',5,...
    'erase','xor','xdata',[],'ydata',[]);
lcable=line('color','r','LineStyle','-','LineWidth',1,...
    'erase','xor','xdata',[],'ydata',[]);
```

```
rcable=line('color','r','LineStyle','-','LineWidth',1,...
    'erase','xor','xdata',[],'ydata',[]);
for k=1:n
  for i=1:p
    t(i+1)=t(i)+h;
    y(i+1,:)=trapstep(t(i),y(i,:),h);
  end
  y(1,:)=y(p+1,:);t(1)=t(p+1);
  z1(k)=y(1,1);z3(k)=y(1,3);
  c=len*cos(y(1,3));s=len*sin(y(1,3));
  set(road,'xdata',[-c c],'ydata',[-s-y(1,1) s-y(1,1)])
  set(lcable,'xdata',[-c -c],'ydata',[-s-y(1,1) 8])
  set(rcable,'xdata',[c c],'ydata',[s-y(1,1) 8])
  drawnow; pause(h)
  end

function y=trapstep(t,x,h)
%梯形方法的一步
z1=ydot(t,x);
g=x+h*z1;
z2=ydot(t+h,g);
y=x+h*(z1+z2)/2;

function ydot=ydot(t,y)
len=6;a=0.2; W=80; omega=2*pi*38/60;
a1=exp(a*(y(1)-len*sin(y(3))));
a2=exp(a*(y(1)+len*sin(y(3))));
ydot(1)=y(2);
ydot(2)=-0.01*y(2)-0.4*(a1+a2-2)/a+0.2*W*sin(omega*t);
ydot(3)=y(4);
ydot(4)=-0.01*y(4)+1.2*cos(y(3))*(a1-a2)/(len*a);
```

使用默认参数，运行 tacoma.m 来观测先前假想的现象. 如果路面夹角 θ 被设为任意非 0 的小角度，垂直方向的力导致 θ 最终长到一个极大的值，这导致路面的一个极大的扭曲. 有趣的是在方程中并没有扭曲方向的力；不稳定的"扭曲模式"会被垂直方向的力完全激发.

建议活动

1. 运行 tacoma.m，使用风速 $W=80$ 千米/小时，初始条件 $y=y'=\theta'=0$, $\theta=0.001$. 如果最终 θ 上的扰动逐渐消失，那么大桥在扭曲维度上是稳定的；如果 θ 角度比原始数值大得多则不稳定. 对于当前 W 的值，会发生哪种情况？
2. 使用 4 阶龙格-库塔方法替换梯形方法改进精度，同时加入新的图形窗口，画出 $y(t)$ 以及 $\theta(t)$.
3. 当 $W=50$ 千米/小时时，系统在扭曲方面是稳定的. 对于小的初始值找出放大因子. 即设 $\theta(0)=10^{-3}$，找出最大角度 $\theta(t)$ 相对于 $\theta(0)$ 的比率，$0 \leqslant t < \infty$. 对于初始角度 $\theta(0)=10^{-4}$，10^{-5}，…放大因子近似一致吗？
4. 对于小的扰动 $\theta(0)=10^{-3}$，找出最小风速 W，使得具有 100 或者更大的放大率. 可以对这个 W 定义一致放大率吗？
5. 设计并实现计算步骤 4 中计算最小风速的方法，误差在 0.5×10^{-3} 千米/小时以内. 你可能会使用第 1 章中的方程求解器.
6. 尝试 W 的更大值. 所有极小的初值最后都会大到引发灾难吗？
7. 提高衰减系数的结果是什么？对当前值加倍，并当 $\omega=3$ 时比较关键的 A. 对于设计，你可以提出可能的变动方法，使得大桥不容易出现扭曲吗？

这个项目是实验数学的一个例子．方程难以得到解析解，更难以证明定性结果的存在．装备了可靠的 ODE 求解器，我们对于不同的参数设置可以生成不同的轨迹，并展示该模型可以生成的现象．以这种方式，微分方程可以预测行为并解释工程与科学问题．

6.5 可变步长方法

直到现在，步长 h 在 ODE 求解器实现中一直是一个常数．但是，并没有原因说 h 在求解过程中不能改变．我们希望改变步长的一个原因是，问题的解会在缓慢变化的周期和迅速变化的周期之间移动．将固定步长变得足够小使其精确跟踪快速变化，意味着解的其他部分求解都会是令人难以忍受的缓慢．

在本节中，我们讨论控制 ODE 求解器步长的策略．最常见的方式是使用两个不同阶的求解方法，称为嵌入对（embedded pair）．

6.5.1 龙格-库塔嵌入对

可变步长方法的关键思想是检测当前步生成的误差．用户设置的容差在当前步必须能够满足．然后设计方法（1）如果超出容差，必须拒绝误差并将步长减小，或者（2）如果满足容差，接受步长并选择对于下一步适合的步长 h．关键是近似在每步中产生的误差．首先假设我们已经找到这样的方式并解释如何改变步长．

最简单改变步长的方式是将步长加倍或者减半，这依赖于当前的误差．与容差比较误差估计 e_i，或者相对误差估计 $e_i/|w_i|$．（在这里以及本节的余下部分，我们将假设要求解的 ODE 系统只包含一个方程．很容易将本节的思想扩展到高维．）如果不满足容差，使用等于 $h_i/2$ 的新步长重新进行该步．如果容差满足得过好，例如如果误差小于容差的 $1/10$．在接受本步后，会在下步中对步长加倍．

以这种方式，将自动调整步长保持（相对）局部截断误差在用户要求的层级附近．使用绝对误差还是相对误差依赖于上下文；一种好的通用技术是使用混合的 $e_i/\max(|w_i|, \theta)$ 与容差比较，其中常数 $\theta>0$，避免出现非常小的 w_i．

选择合适步长的更加复杂的方式与 ODE 求解器的阶数有关．假设求解器的阶数是 p，因而局部截断误差 $e_i = O(h^{p+1})$．令 T 是在每步中用户允许的相对容差．这意味着目的是保证 $e_i/|w_i| < T$．

如果目标 $e_i/|w_i| < T$ 可以满足，则接受本步，并需要估计下一步的步长．对于某个常数 c 假设

$$e_i \approx ch_i^{p+1} \tag{6.55}$$

满足容差的最优步长 h 是

$$T|w_i| = ch^{p+1} \tag{6.56}$$

对于 h 和 c，求解方程（6.55）和（6.56）得到

$$h_* = 0.8 \left(\frac{T|w_i|}{e_i} \right)^{\frac{1}{p+1}} h_i \tag{6.57}$$

其中我们加上了一个安全因子 0.8 使得方法更加保守. 因而下一个步长将设为 $h_{i+1}=h_*$.

另一方面, 如果使用相对误差没有满足目标 $e_i/|w_i|<T$, 则 h_i 被设为 h_* 进行第二次尝试. 由于安全因子, 这样做就足够了. 但是, 如果第二次尝试仍然不能满足目标, 则简单地将步长减半. 持续这样做直到满足目标. 正如对于通用目的的描述, 需要用 $e_i/\max(|w_i|,\theta)$ 替换相对误差.

已经描述的简单和复杂的方法都很大程度上依赖于对 ODE 求解器当前步误差的估计, $e_i=|w_{i+1}-y_{i+1}|$. 一个重要的约束是获取这样的估计而不需要大量的额外计算.

获取这种误差最常使用的方式是在运行当前感兴趣的 ODE 求解器的同时, 运行更高阶的 ODE 求解器. 更高阶方法对 w_{i+1} 的估计记做 z_{i+1}, 比原始的 w_{i+1} 更精确, 因而差异

$$e_{i+1} \approx |z_{i+1}-w_{i+1}| \tag{6.58}$$

用于估计当前步从 t_i 到 t_{i+1} 的误差.

沿着这个思路, 可以推出一些龙格-库塔方法"对", 一个是 p 阶, 另外一个是 $p+1$ 阶, 它们可以共享一些所需要的计算. 以这种方式, 可以使得步长控制的额外代价很低. 这样的一对通常被称为**嵌入龙格-库塔对**.

例 6.19 RK2/3, 龙格-库塔 2 阶/3 阶嵌入对的例子.

显式的梯形方法可以和 3 阶的 RK 方法组成嵌入对, 并用于步长控制. 设

$$w_{i+1} = w_i + h\frac{s_1+s_2}{2}$$

$$z_{i+1} = w_i + h\frac{s_1+4s_3+s_2}{6}$$

其中

$$s_1 = f(t_i,w_i)$$
$$s_2 = f(t_i+h,w_i+hs_1)$$
$$s_3 = f\left(t_i+\frac{1}{2}h,w_i+\frac{1}{2}h\frac{s_1+s_2}{2}\right)$$

在前面的方程中, w_{i+1} 是梯形步, z_{i+1} 表示 3 阶方法, 这需要 3 个龙格-库塔阶段. 3 阶方法仅仅是在微分方程的环境中, 用于数值积分的辛普森法则的一个应用. 由这两个 ODE 求解器, 对于两个近似值相减可以得到误差的估计:

$$e_{i+1} \approx |w_{i+1}-z_{i+1}| = \left|h\frac{s_1-2s_3+s_2}{3}\right| \tag{6.59}$$

使用这个局部截断误差的估计, 允许实现前面描述的任何一种步长控制策略. 注意到对于梯形方法的局部截断误差估计可以通过对于 f 的一次额外求值得到, 这次额外求值用于计算 s_3. ◀

尽管步长策略对于 w_{i+1} 可行, 但是使用更高阶的 z_{i+1} 继续做这步会更有意义, 因为已经得到了这个高阶估计. 这被称为**局部外推**.

例 6.20 Bogacki-Shampine 2 阶/3 阶嵌入对.

MATLAB 在命令 `ode23` 中使用不同的嵌入对. 令

$$s_1 = f(t_i,w_i)$$

$$s_2 = f\left(t_i + \frac{1}{2}h, w_i + \frac{1}{2}hs_1\right)$$

$$s_3 = f\left(t_i + \frac{3}{4}h, w_i + \frac{3}{4}hs_2\right)$$

$$z_{i+1} = w_i + \frac{h}{9}(2s_1 + 3s_2 + 4s_3)$$

$$s_4 = f(t+h, z_{i+1})$$

$$w_{i+1} = w_i + \frac{h}{24}(7s_1 + 6s_2 + 8s_3 + 3s_4) \tag{6.60}$$

可以检查 z_{i+1} 是一个 3 阶的估计. w_{i+1} 尽管具有 4 个阶段,但它是 2 阶方法. 对于步长控制所需的误差估计是

$$e_{i+1} = |z_{i+1} - w_{i+1}| = \frac{h}{72}|-5s_1 + 6s_2 + 8s_3 - 9s_4| \tag{6.61}$$

注意到 s_4 如果被接受,在下步中将变成 s_1,因而没有浪费的阶段,这是由于 3 阶的龙格-库塔方法至少需要 3 个阶段. 这种设计的 2 阶方法被称为 FSAL(First Same As Last). ◀

6.5.2 4/5 阶方法

例 6.21 Runge-Kutta-Fehlberg 4 阶/5 阶嵌入对.

$$s_1 = f(t_i, w_i)$$

$$s_2 = f\left(t_i + \frac{1}{4}h, w_i + \frac{1}{4}hs_1\right)$$

$$s_3 = f\left(t_i + \frac{3}{8}h, w_i + \frac{3}{32}hs_1 + \frac{9}{32}hs_2\right)$$

$$s_4 = f\left(t_i + \frac{12}{13}h, w_i + \frac{1932}{2197}hs_1 - \frac{7200}{2197}hs_2 + \frac{7296}{2197}hs_3\right)$$

$$s_5 = f\left(t_i + h, w_i + \frac{439}{216}hs_1 - 8hs_2 + \frac{3680}{513}hs_3 - \frac{845}{4104}hs_4\right)$$

$$s_6 = f\left(t_i + \frac{1}{2}h, w_i - \frac{8}{27}hs_1 + 2hs_2 - \frac{3544}{2565}hs_3 + \frac{1859}{4104}hs_4 - \frac{11}{40}hs_5\right)$$

$$w_{i+1} = w_i + h\left(\frac{25}{216}s_1 + \frac{1408}{2565}s_3 + \frac{2197}{4104}s_4 - \frac{1}{5}s_5\right)$$

$$z_{i+1} = w_i + h\left(\frac{16}{135}s_1 + \frac{6656}{12825}s_3 + \frac{28561}{56430}s_4 - \frac{9}{50}s_5 + \frac{2}{55}s_6\right) \tag{6.62}$$

可以检查 z_{i+1} 是一个 5 阶近似, w_{i+1} 是 4 阶近似. 用于步长控制的误差估计是

$$e_{i+1} = |z_{i+1} - w_{i+1}| = h\left|\frac{1}{360}s_1 - \frac{128}{4275}s_3 - \frac{2197}{75240}s_4 + \frac{1}{50}s_5 + \frac{2}{55}s_6\right| \tag{6.63}$$

◀

Runge-Kutta-Fehlberg 方法(RKF45)是当前最好的可变步长的单步方法. 给定前面的公式,实现起来简单. 用户必须设置相对容差 T 和初始步长 h. 在计算 w_1、z_1 和 e_1 后,

对 $i=1$ 做相对误差测试

$$\frac{e_i}{|w_i|} < T \tag{6.64}$$

如果成功，新的 w_1 被替换为局部外推的 z_1，程序移动到下一步. 另一方面，如果相对误差测试(6.64)失败，使用(6.57)中给定的步长 h 重新做该步，其中 $p=4$，这是用于生成 w_i 的方法的阶数.（如果重复失败，这通常不太可能，将做出步长减半的处理，直到成功通过测试.）在任何情况下，下一步的步长 h_1 需要由(6.57)来计算.

例 6.22 Dormand-Prince 4 阶/5 阶嵌入对.

$$s_1 = f(t_i, w_i)$$

$$s_2 = f\left(t_i + \frac{1}{5}h, w_i + \frac{1}{5}hs_1\right)$$

$$s_3 = f\left(t_i + \frac{3}{10}h, w_i + \frac{3}{40}hs_1 + \frac{9}{40}hs_2\right)$$

$$s_4 = f\left(t_i + \frac{4}{5}h, w_i + \frac{44}{45}hs_1 - \frac{56}{15}hs_2 + \frac{32}{9}hs_3\right)$$

$$s_5 = f\left(t_i + \frac{8}{9}h, w_i + h\left(\frac{19\,372}{6561}s_1 - \frac{25\,360}{2187}s_2 + \frac{64\,448}{6561}s_3 - \frac{212}{729}s_4\right)\right)$$

$$s_6 = f\left(t_i + h, w_i + h\left(\frac{9017}{3168}s_1 - \frac{355}{33}s_2 + \frac{46\,732}{5247}s_3 + \frac{49}{176}s_4 - \frac{5103}{18\,656}s_5\right)\right)$$

$$z_{i+1} = w_i + h\left(\frac{35}{384}s_1 + \frac{500}{1113}s_3 + \frac{125}{192}s_4 - \frac{2187}{6784}s_5 + \frac{11}{84}s_6\right)$$

$$s_7 = f(t_i + h, z_{i+1})$$

$$w_{i+1} = w_i + h\left(\frac{5179}{57\,600}s_1 + \frac{7571}{16\,695}s_3 + \frac{393}{640}s_4 - \frac{92\,097}{339\,200}s_5 + \frac{187}{2100}s_6 + \frac{1}{40}s_7\right) \tag{6.65}$$

可以检查 z_{i+1} 是 5 阶的近似，w_{i+1} 是 4 阶近似. 步长控制所需要的误差估计为

$$e_{i+1} = |z_{i+1} - w_{i+1}| = h\left|\frac{71}{57\,600}s_1 - \frac{71}{16\,695}s_3 + \frac{71}{1920}s_4 - \frac{17\,253}{339\,200}s_5 + \frac{22}{525}s_6 - \frac{1}{40}s_7\right| \tag{6.66}$$

再一次，使用局部外推，意味着该步使用 z_{i+1}，而不是 w_{i+1}. 注意到事实上 w_{i+1} 不需要计算，仅仅需要计算 e_{i+1} 用于误差控制. 这是一个 FSAL 方法，就像 Bogacki-Shampine 方法，由于如果步长被接受，s_7 在下步中变成了 s_1. 没有浪费的阶段；可以发现对于 5 阶的龙格-库塔方法至少需要 6 个阶段.

和刚才描述的大致相同，MATLAB 命令 ode45 使用 Dormand-Prince 嵌入对和步长控制. 如前描述，用户可以设置相对容差 T. 微分方程的右侧必须被定义为 MATLAB 函数. 例如，命令

```
>> opts=odeset('RelTol',1e-4,'Refine',1,'MaxStep',1);
>> [t,y]=ode45(@(t,y) t*y+t^3,[0 1],1,opts);
```

将求解例 6.1 的初值问题，初始条件 $y_0=1$，以及相对容差 $T=0.0001$. 如果没有设置参数 RelTol，将使用缺省的 0.001. 注意到输入到 ode45 的函数 f 必须是两个变量的函数，

在当前情况下是关于 t 和 y 的函数,即使其中一个在函数定义中缺失.

使用前面对于该问题的参数设置,ode45 的输出如下:

步数	t_i	w_i	y_i	e_i
0	0.000 000 00	1.000 000 00	1.000 000 00	0.000 000 00
1	0.540 212 87	1.179 468 18	1.179 463 45	0.000 004 73
2	1.000 000 00	1.946 178 12	1.946 163 81	0.000 014 31

如果使用相对容差 10^{-6},有如下的输出结果:

步数	t_i	w_i	y_i	e_i
0	0.000 000 00	1.000 000 00	1.000 000 00	0.000 000 00
1	0.215 062 62	1.023 934 40	1.023 934 40	0.000 000 00
2	0.430 125 24	1.105 744 41	1.105 744 40	0.000 000 01
3	0.686 077 29	1.325 356 58	1.325 356 53	0.000 000 05
4	0.911 922 46	1.715 151 56	1.715 151 44	0.000 000 12
5	1.000 000 00	1.946 163 94	1.946 163 81	0.000 000 13

由于局部外推,近似解更加满足相对容差,意味着即便步长设置对于 w_{i+1} 是足够的,当前使用 z_{i+1} 而不是 w_{i+1}. 这是当前我们可以得到的最好的结果;如果我们对 z_{i+1} 有误差估计,我们可以使用它来更好地调节步长,但是我们没有这样的估计. 我们还注意到求解正好在区间 $[0,1]$ 的终点结束,这是由于 ode45 检测到了区间的终点并对步长进行调整.

为了看 ode45 做的步长选择,我们需要使用 odeset 命令关掉一些基本的缺省设置. Refine 参数通常提高了求解值的数量,这超出了该方法所计算的解的数量. 如果使用结果来做图,可以做出更漂亮的图. 缺省值是 4,这样可以得到 4 倍点数的输出. MaxStep 参数对于步长 h 设置了上界,缺省是区间长度的十分之一. 对于两个参数使用缺省值,意味着会使用步长 $h=0.1$,在使用因子 4 对步长进行修正后,将会得到使用步长 0.025 的解. 事实上,如果不指定输出变量而运行命令,如下面的代码

```
>> opts=odeset('RelTol',1e-6);
>> ode45(@(t,y) t*y+t^3,[0 1],1,opts);
```

MATLAB 会自动在常数步长为 0.025 的格子上画出解,如图 6.19 所示.

另外一种定义右侧函数 f 的方式是生成函数文件,例如 f.m,并使用 @ 字符来指定函数句柄:

```
function y=f(t,y)
y=t*y+t^3;
```

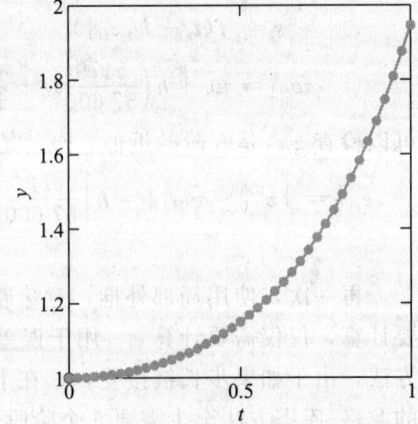

图 6.19 MATLAB 的 ode45 命令. 计算例 6.1 的初值问题的解,误差在 10^{-6} 以内

常微分方程

如下命令

```
>> [t,y]=ode45(@f,[0 1],1,opts);
```

使得 ode45 像前面一样运行. 如果微分方程中独立变量的个数升高, 这种使用函数文件的方式会很方便.

虽然似乎可变步长的龙格-库塔方法是 ODE 求解器中最好的一个, 但是仍然有几类方程它们也不能很好处理. 这里有一个特别简单但是使人烦恼的例子:

例 6.23 使用 ode45 求解初值问题, 相对容差是 10^{-4}:

$$\begin{cases} y' = 10(1-y) \\ y(0) = 1/2 \\ t \in [0, 100] \end{cases} \tag{6.67}$$

这可以通过下面三行 MATLAB 代码实现:

```
>> opts=odeset('RelTol',1e-4);
>> [t,y]=ode45(@(t,y) 10*(1-y),[0 100],.5,opts);
>> length(t)

ans=         1241
>>
```

由于步数看起来过大, 我们已经打印了步数. 初值问题的解很容易确定: $y(t) = 1 - e^{-10t}/2$. 当 $t > 1$ 时, 这个解已经在 1 处达到平衡, 并精确到小数点后 4 位, 而且它绝不会远离 1. 但是 ode45 以一个蜗牛的步长移动, 其中使用平均小于 0.1 的步长. 为什么对于这样一个温和的解选择保守的步长?

但看图 6.20 中 ode45 的输入就可以清楚地知道部分答案. 尽管解十分接近 1, 求解器在试图得到更接近的近似时, 持续地出现过调的情况. 这个微分方程是"刚性(stiff)"方程, 在下一节中我们将正式定义这个问题. 对于刚性方程, 一个不同的数值求解策略会大大提高求解效率.

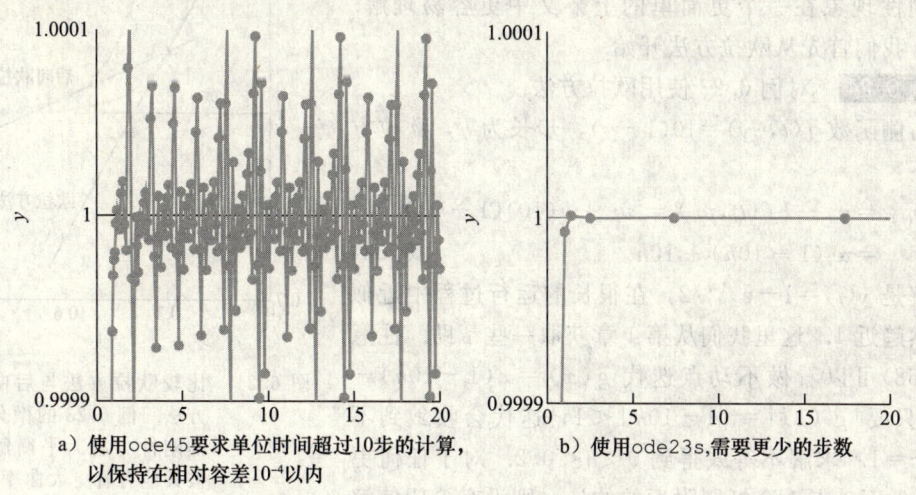

a) 使用ode45要求单位时间超过10步的计算, 以保持在相对容差10^{-4}以内

b) 使用ode23s,需要更少的步数

图 6.20 例 6.23 初值问题的数值解

例如, 注意到当使用 MATLAB 的刚性求解器在所需步数上的差异:

```
>> opts=odeset('RelTol',1e-4);
>> [t,y]=ode23s(@(t,y) 10*(1-y),[0 100],.5,opts);
>> length(t)

ans=
        39
```

图 6.20b 画出由 ode23s 得到的解. 只需要相对更少的点保持解在容差之内. 我们在下节中将探索如何构造方法来处理这类困难.

6.5 节编程问题

1. 画出 RK23 的 MATLAB 实现(例 6.19), 并用于近似习题 6.1.3 的 IVP 问题, 相对容差是 10^{-8}, 区间为 $[0, 1]$. 要求程序精确地在 $t=1$ 时停止. 报告使用的最大步长以及步数.
2. 比较编程问题 1 的结果和对相同问题应用 MATLAB 的 ode23 的结果.
3. 用 Runge-Kutta-Fehlberg 方法的 RKF45 完成编程问题 1.
4. 比较编程问题 3 的结果和应用 MATLAB 的 ode45 在相同问题上的结果.
5. 使用 MATLAB 的 RKF45 实现近似习题 6.3.1 系统的解, 相对容差为 10^{-6}, 区间 $[0, 1]$. 报告使用的最大步长与步数.

6.6 隐式方法和刚性方程

到目前为止我们所描述的微分方程的求解器都是**显式的**, 意味着对于新的近似 w_{i+1} 有一个由已知数据表示的显式公式, 已知数据包括 h、t_i 以及 w_i. 我们已经发现一些微分问题使用显式方法求解的结果很差, 首先要解释出现这种问题的原因. 在例 6.23 中, 一个复杂的可变步长的求解器看起来把大部分精力都花在正确解周围反复过调.

刚性现象在一个更简单的上下文中更容易理解. 据此, 我们首先从欧拉方法开始.

例 6.24 对例 6.23 使用欧拉方法.

右侧函数 $f(t, y) = 10(1-y)$, 步长为 h, 欧拉方法如下:
$$w_{i+1} = w_i + hf(t_i, w_i) = w_i + h(10)(1 - w_i)$$
$$= w_i(1 - 10h) + 10h \qquad (6.68)$$

由于解是 $y(t) = 1 - e^{-10t}/2$, 在很长的运行过程中近似解必然趋近 1. 这里我们从第 1 章获取一些帮助. 注意到 (6.68) 可以看做不动点迭代 $g(x) = x(1-10h) + 10h$. 只要 $|g'(1)| = |1-10h| < 1$, 迭代会收敛到不动点 $x=1$. 求解不等式得到 $0 < h < 0.2$. 对于任何更大的 h, 不动点 1 会抵制附近的估计, 则没有希望使解变得精确. ◄

图 6.21 是例 6.24 中发现这种情况的效果. 解非

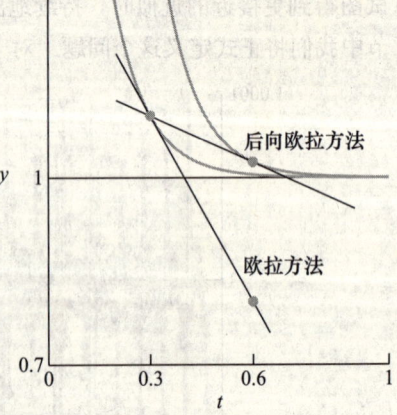

图 6.21 比较欧拉方法与后向欧拉方法. 例 6.23 的微分方程是刚性方程. 平衡解 $y=1$ 被其他有着更大曲率(更快变化的斜率)的解包围. 欧拉步会过调, 而后向欧拉步和系统动力学更加一致

常温和：当 $y=1$ 时会吸引到平衡．步长为 $h=0.3$ 的欧拉同样难以找到平衡，这是由于在解附近 h 区间的起点和终点斜率变化剧烈．这导致数值解过调．

具有这种性质的微分方程，即吸引解被附近的更快变化的解所包围，被称为**刚性方程**．这通常是系统具有多时间尺度的标志．定量地讲，这对应微分方程右侧函数 f 对于 y 的线性部分，这部分很大并且是负的．（对于方程组，这对应很大并且负的线性部分的特征值．）这个定义是相对的，但这是刚性的本质，即越负，步长就必须越小以避免过调．对于例 6.24，刚性通过估计在平衡解 $y=1$ 时的 $\partial f/\partial y = -10$ 进行度量．

一种求解问题的方式如图 6.21 所示，是从区间 $[t_i, t_i+h]$ 的右侧引入信息，而不仅仅依赖左侧的信息．这促发了下面欧拉方法变体的产生：

后向欧拉方法

$$w_0 = y_0$$
$$w_{i+1} = w_i + hf(t_{i+1}, w_{i+1}) \tag{6.69}$$

注意到差异：不同于欧拉方法使用步长区间左侧的斜率，后向欧拉则穿过区间使用右侧的斜率．

这种改进也带来相应的代价．后向欧拉是我们见到的第一个**隐式**方法的例子，意味着该方法对于新的近似 w_{i+1} 不能直接给出公式．作为替代，我们必须做工作来得到近似．对于例子 $y' = 10(1-y)$，后向欧拉方法给出

$$w_{i+1} = w_i + 10h(1 - w_{i+1})$$

使用少量代数推导后，可以描述为

$$w_{i+1} = \frac{w_i + 10h}{1 + 10h}$$

例如，设 $h=0.3$，后向欧拉方法给出 $w_{i+1} = (w_i+3)/4$．我们可以再次使用不动点迭代估计 $w \to g(w) = (w+3)/4$．在 1 有一个不动点，$g'(1) = 1/4 < 1$，证明收敛到真正的平衡解 $y=1$．不同于欧拉方法，步长 $h=0.3$，至少数值求解后可以得到正确的平衡．事实上，注意到不管取多大的步长，后向欧拉方法都会收敛到 $y=1$（习题 3）．

由于隐式方法，诸如后向欧拉方法，在刚性方程中表现出来更好的性能，值得再做更多的工作来估计下一步，即使它不能显式得到．例 6.24 中求解 w_{i+1} 并不难，这是由于微分方程是线性的，可能通过改变原始的隐式公式得到显式公式进行求值．但是一般地，并不可能这样做，我们需要使用更加间接的方式．

如果隐式方法留下一个非线性方程求解，我们需要参考第 1 章．不动点迭代和牛顿方法都常用于求解 w_{i+1}．这意味着有一个方程求解循环，在循环中推进微分方程．下一个例子表明这个过程如何实现．

例 6.25 对初值问题使用后向欧拉方法

$$\begin{cases} y' = y + 8y^2 - 9y^3 \\ y(0) = 1/2 \\ t \in [0,3] \end{cases}$$

这个方程和前面的例子一样，在 $y=1$ 具有平衡解．偏导数 $\partial f/\partial y = 1 + 16y - 27y^2$ 在

$y=1$ 时的值是 -10，认出这个函数是个适中的刚性问题。和前面的例子一样，对于 h 将有一个上界，使得欧拉方法成功求解。因而，鼓励我们使用后向欧拉方法

$$w_{i+1} = w_i + hf(t_{i+1}, w_{i+1}) = w_i + h(w_{i+1} + 8w_{i+1}^2 - 9w_{i+1}^3)$$

在 w_{i+1} 有一个我们需要求解的非线性问题，才能推进数值解。重命名 $z = w_{i+1}$，必须求解方程 $z = w_i + h(z + 8z^2 - 9z^3)$，或者对于未知的 z 求解

$$9hz^3 - 8hz^2 + (1-h)z - w_i = 0 \tag{6.70}$$

我们将使用牛顿方法展示这个过程。

首先使用牛顿方法，需要一个初始估计。我们想到有两种选择，前面近似的 w_i 和欧拉方法近似得到的 w_{i+1}。尽管后者也可以得到，这是由于欧拉方法是显式方法，但是对于刚性问题这可能并不是好的选择，如图 6.21 所示。在当前情况下，我们使用 w_i 作为初始估计。

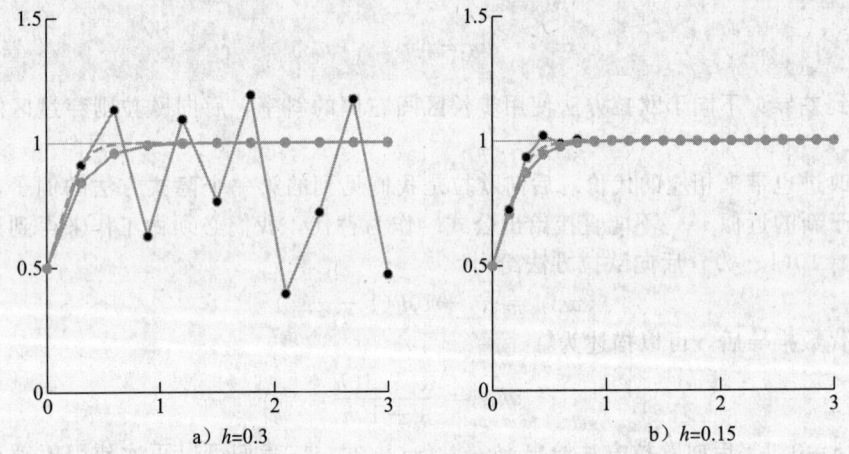

图 6.22 例 6.25 初值问题的数值求解。虚线是真实解。黑色圆点表示欧拉方法近似，蓝色圆点表示后向欧拉方法近似

组合(6.70)中的牛顿方法得到

$$z_{\text{new}} = z - \frac{9hz^3 - 8hz^2 + (1-h)z - w_i}{27hz^2 - 16hz + 1 - h} \tag{6.71}$$

在(6.71)求值后，用 z_{new} 替换 z 并重复进行。对于每个后向欧拉步，使用牛顿方法直到 $z_{\text{new}} - z$ 小于容差(比近似微分方程解的误差还要小)。

图 6.22 显示了两个步长的微分方程的解。而且显示了欧拉方法的数值解。显然在当前的刚性问题中，对于欧拉方法，$h=0.3$ 太大了。另一方面，当 h 减小到 0.15 时，两种方法的性能相当。

被称为刚性求解器的方法，诸如后向欧拉方法，允许在相对较大的步长中具有足够的误差控制，以及更好的效率。MATLAB 的 `ode23s` 是内嵌可变步长策略的更高阶的方法。

6.6 节习题

1. 使用初始条件 $y(0) = 0$，步长 $h = 1/4$，计算后向欧拉近似，区间 $[0, 1]$。与习题 6.1.4 中的正确解比

较，找出当 $t=1$ 时的误差．
   (a) $y'=t+y$ （b） $y'=t-y$ （c） $y'=4t-2y$
2. 找出所有的平衡解，以及平衡时的雅可比的值．方程是刚性方程吗？
   (a) $y'=y-y^2$ （b） $y'=10y-10y^2$ （c） $y'=-10\sin y$
3. 证明对于每个步长 h，对于例 6.24，当 $t_i\to\infty$ 时，后向欧拉近似解收敛到平衡解 $y=1$．
4. 考虑线性微分方程 $y'=ay+b$，$a<0$．(a) 找出平衡解．(b) 写出方程的后向欧拉方法．(c) 将后向欧拉看做一个不动点迭代，证明当 $t\to\infty$ 时，方法将收敛到平衡解．

6.6 节编程问题

1. 对于初值问题使用后向欧拉，使用牛顿方法作为求解器．用近似求解可以得到哪个平衡解？应用欧拉方法．对于 h 的哪个近似区间欧拉方法可以成功地收敛到平衡解？画出后向欧拉方法给出的近似解，以及使用非常多步的欧拉方法得到的解．

   (a) $\begin{cases} y'=y^2-y^3 \\ y(0)=1/2 \\ t\in[0,20] \end{cases}$ （b） $\begin{cases} y'=6y-6y^2 \\ y(0)=1/2 \\ t\in[0,20] \end{cases}$

2. 对于下面的初值问题，完成编程问题 1：

   (a) $\begin{cases} y'=6y-3y^2 \\ y(0)=1/2 \\ t\in[0,20] \end{cases}$ （b） $\begin{cases} y'=10y^3-10y^4 \\ y(0)=1/2 \\ t\in[0,20] \end{cases}$

6.7 多步方法

我们已经研究过的龙格-库塔方法家族包含单步方法，意味着新一步的 w_{i+1} 可基于微分方程和上一步的 w_i 得到．这是初值问题的灵魂，定理 6.2 保证从任意的 w_0 开始可以得到唯一解．

多步方法则给出不同的方式：使用除了 w_i 之外的知识帮助下一步的求解．这将带来 ODE 求解器的阶数和单步方法的阶数相同，但是大量必要的计算会被替换为求解过程中已经计算的值的插值．

6.7.1 构造多步方法

在第一个例子中，考虑下面的两步方法：

Adams-Bashforth 两步方法

$$w_{i+1} = w_i + h\left[\frac{3}{2}f(t_i,w_i) - \frac{1}{2}f(t_{i-1},w_{i-1})\right] \tag{6.72}$$

而如下二阶中点方法

$$w_{i+1} = w_i + hf\left(t_i+\frac{h}{2}, w_i+\frac{h}{2}f(t_i,w_i)\right)$$

需要在每步中对于 ODE 右侧函数 f 进行两次求值，Adams-Bashforth 两步方法仅要求一次新的求值(另外一个保存在上一步计算中). 我们随后将看到(6.72)也是一个二阶方法. 因而多步方法能以更小的计算代价得到相同的阶数, 常常在每步中仅仅需要对函数进行一次求值.

多步方法使用多个前面的 w 值, 需要以它们为起点. 对于一个 s 步方法的开始阶段一般需要使用单步方法 w_0 生成 $s-1$ 个值 $w_1, w_2, \cdots, w_{s-1}$, 然后才可以使用多步方法. Adams-Bashforth 两步方法(6.72)需要 w_1, 以及给出的初始条件 w_0, 才能开始. 下面的 MATLAB 代码使用梯形方法获得开始值 w_1.

```
% 程序6.7 多步方法
% 输入: 时间区间inter,
%   ic=[y0] 初始条件, 步数 n,
%   s=(多)步数, 例如, 对于两步方法为2
% 输出: 时间步t, 解y
% 调用多步方法, 如 ab2step.m
% 使用示例:[t,y]=exmultistep([0,1],1,20,2)
function [t,y]=exmultistep(inter,ic,n,s)
h=(inter(2)-inter(1))/n;
% 开始阶段
y(1,:)=ic;t(1)=inter(1);
for i=1:s-1                    % 开始阶段,使用单步方法
  t(i+1)=t(i)+h;
  y(i+1,:)=trapstep(t(i),y(i,:),h);
  f(i,:)=ydot(t(i),y(i,:));
end
for i=s:n                      % 多步方法循环
  t(i+1)=t(i)+h;
  f(i,:)=ydot(t(i),y(i,:));
  y(i+1,:)=ab2step(t(i),i,y,f,h);
end
plot(t,y)

function y=trapstep(t,x,h)
%6.2节中的单步梯形方法
z1=ydot(t,x);
g=x+h*z1;
z2=ydot(t+h,g);
y=x+h*(z1+z2)/2;

function z=ab2step(t,i,y,f,h)
%Adams-Bashforth两步方法的一步
z=y(i,:)+h*(3*f(i,:)/2-f(i-1,:)/2);

function z=unstable2step(t,i,y,f,h)
%不稳定的两步方法的一步
z=-y(i,:)+2*y(i-1,:)+h*(5*f(i,:)/2+f(i-1,:)/2);

function z=weaklystable2step(t,i,y,f,h)
%弱稳定的两步方法的一步
z=y(i-1,:)+h*2*f(i,:);

function z=ydot(t,y)     % 6.1节中的IVP
z=t*y+t^3;
```

图 6.23a 显示对初值问题(6.5)使用 Adams-Bashforth 两步方法的结果, 从本章前面来

看，使用步长 $h=0.05$ 在开始阶段应用梯形公式. 图 6.23b 显示了使用不同两步方法的结果. 它的不稳定问题是下节中对于稳定分析的主题.

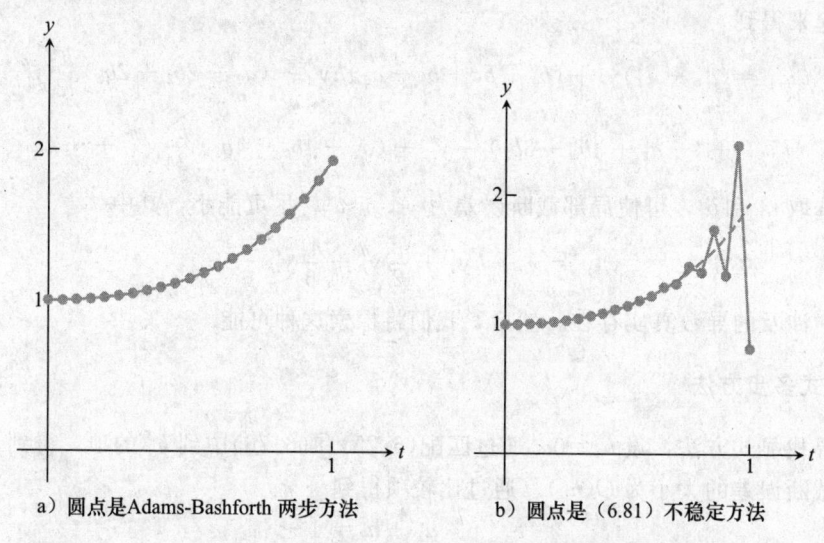

a) 圆点是 Adams-Bashforth 两步方法　　b) 圆点是 (6.81) 不稳定方法

图 6.23　对于 (6.5) IVP 问题应用两步方法. 虚线表示正确解. 步长 $h=0.05$

一般的 s 步方法形式如下

$$w_{i+1} = a_1 w_i + a_2 w_{i-1} + \cdots + a_s w_{i-s+1} + h[b_0 f_{i+1} + b_1 f_i + b_2 f_{i-1} + \cdots + b_s f_{i-s+1}] \quad (6.73)$$

步长是 h，我们使用方便的写法

$$f_i \equiv f(t_i, w_i)$$

如果 $b_0 = 0$，该方法是显式方法. 如果 $b_0 \neq 0$，该方法是隐式方法. 我们很快将讨论如何使用隐式方法.

首先，我们希望证明如何推导多步方法，以及哪种方法做得最好. 多步方法中的主要问题可以使用相对简单的两步方法的情况来解释，因而我们从两步方法开始. 一般的两步方法(设(6.73)中的 $s=2$)形式如下

$$w_{i+1} = a_1 w_i + a_2 w_{i-1} + h[b_0 f_{i+1} + b_1 f_i + b_2 f_{i-1}] \quad (6.74)$$

为了推出多步方法，我们需要参考泰勒定理，因为这个问题仍然是匹配解的泰勒展开中尽可能多的项. 余下的是局部截断误差.

我们假设所有前面的 w_i 都正确，即在 (6.74) 中，$w_i = y_i$ 以及 $w_{i-1} = y_{i-1}$. 微分方程指出 $y_i' = f_i$，因而所有项具有如下的泰勒展开：

$$\begin{aligned}
w_{i+1} = a_1 w_i &+ a_2 w_{i-1} + h[b_0 f_{i+1} + b_1 f_i + b_2 f_{i-1}] = a_1 [y_i] \\
&+ a_2 \left[y_i - h y_i' + \frac{h^2}{2} y_i'' - \frac{h^3}{6} y_i''' + \frac{h^4}{24} y_i'''' - \cdots \right] \\
&+ b_0 \left[h y_i' + h^2 y_i'' + \frac{h^3}{2} y_i''' + \frac{h^4}{6} y_i'''' + \cdots \right] \\
&+ b_1 \left[h y_i' \right.
\end{aligned}$$

$$+b_2\left[\quad hy_i' - h^2y_i'' + \frac{h^3}{2}y_i''' - \frac{h^4}{6}y_i'''' + \cdots\right]$$

把这些加起来得到

$$w_{i+1} = (a_1 + a_2)y_i + (b_0 + b_1 + b_2 - a_2)hy_i' + (a_2 - 2b_2 + 2b_0)\frac{h^2}{2}y_i''$$
$$+ (-a_2 + 3b_0 + 3b_2)\frac{h^3}{6}y_i''' + (a_2 + 4b_0 - 4b_2)\frac{h^4}{24}y_i'''' + \cdots \quad (6.75)$$

通过适当选取 a_i 和 b_i,可使局部截断误差为 $y_{i+1} - w_{i+1}$ 尽可能小,其中

$$y_{i+1} = y_i + hy_i' + \frac{h^2}{2}y_i'' + \frac{h^3}{6}y_i''' + \cdots \quad (6.76)$$

假设计算中涉及的导数真实存在. 然后,我们将探索这种可能.

6.7.2 显式多步方法

为了寻找显式方法,设 $b_0 = 0$. 通过匹配(6.75)和(6.76)中到 h^2 的项,得到二阶方法,使得局部截断误差的大小为 $O(h^3)$. 通过比较项得到

$$a_1 + a_2 = 1$$
$$-a_2 + b_1 + b_2 = 1$$
$$a_2 - 2b_2 = 1 \quad (6.77)$$

有 3 个方程 4 个未知变量,因而可以找出无穷多不同的二阶方法. (其中的一个解对应三阶方法,见习题 3.)注意到方程可以写成如下形式:

$$a_2 = 1 - a_1$$
$$b_1 = 2 - \frac{1}{2}a_1$$
$$b_2 = -\frac{1}{2}a_1 \quad (6.78)$$

局部截断误差是

$$y_{i+1} - w_{i+1} = \frac{1}{6}h^3 y_i''' - \frac{3b_2 - a_2}{6}h^3 y_i''' + O(h^4) = \frac{1 - 3b_2 + a_2}{6}h^3 y_i''' + O(h^4)$$
$$= \frac{4 + a_1}{12}h^3 y_i''' + O(h^4) \quad (6.79)$$

我们可以任意设置 a_1,正如我们刚才所显示的,任何选择都会得到二阶方法. 设置 $a_1 = 1$ 得到二阶 Adams-Bashforth 方法(6.72). 注意到由第一个方程知 $a_2 = 0$, $b_2 = -1/2$ 以及 $b_1 = 3/2$. 根据(6.79),局部截断误差是 $5/12 h^3 y'''(t_i) + O(h^4)$.

不同地,我们可以设置 $a_1 = 1/2$ 得到二阶两步方法,其中 $a_2 = 1/2$, $b_1 = 7/4$, $b_2 = -1/4$:

$$w_{i+1} = \frac{1}{2}w_i + \frac{1}{2}w_{i-1} + h\left[\frac{7}{4}f_i - \frac{1}{4}f_{i-1}\right] \quad (6.80)$$

这种方法的局部截断误差是 $3/8 h^3 y'''(t_i) + O(h^4)$.

> **复杂度** 多步方法相对于单步方法的优势很明显. 在前面少数步之后, 对于右侧的函数仅需要一次求值计算. 对于单步方法, 典型情况下需要进行多次的函数求值计算. 例如, 4 阶龙格-库塔方法每步需要四次求值计算, 而四阶 Adams-Bashforth 在开始阶段后仅需要一次求值计算.

第三种选择, $a_1 = -1$, 得到二阶两步方法

$$w_{i+1} = -w_i + 2w_{i-1} + h\left[\frac{5}{2}f_i + \frac{1}{2}f_{i-1}\right] \tag{6.81}$$

这被用于图 6.23b. (6.81)的失败得出一个重要的稳定性条件, 多步求解器必须满足这个条件. 考虑一个很简单的 IVP

$$\begin{cases} y' = 0 \\ y(0) = 0 \\ t \in [0,1] \end{cases} \tag{6.82}$$

对这个例子使用方法(6.81)得到

$$w_{i+1} = -w_i + 2w_{i-1} + h[0] \tag{6.83}$$

(6.83)的一个解$\{w_i\}$是$w_i \equiv 0$. 但是还有其他解. 将$w_i = c\lambda_i$代入(6.83)得到

$$c\lambda^{i+1} + c\lambda^i - 2c\lambda^{i-1} = 0$$
$$c\lambda^{i-1}(\lambda^2 + \lambda - 2) = 0 \tag{6.84}$$

这种循环相关的"特征多项式"$\lambda^2 + \lambda - 2 = 0$ 的解是 1 和 -2. 后者就是一个问题, 这意味着形如$(-2)^i c$是该方法对于常数c的解. 这允许小的舍入和截断误差迅速增长到可观测到的规模, 并使得计算失败, 如图 6.23 所示. 为了避免这种可能, 很重要的一点是特征多项式的根绝对值的界是 1. 这带来下面的定义.

定义 6.6 如果多项式 $P(x) = x^s - a_1 x^{s-1} - \cdots - a_s$ 的根的绝对值的界是 1, 任何绝对值为 1 的根是单根, 那么多步方法(6.73)**稳定**. 对于一个稳定方法, 如果 1 是唯一的一个绝对值为 1 的单根, 这种方法被称为**强稳定**; 否则它是**弱稳定**.

Adams-Bashforth 方法(6.72)的根为 0 和 1, 使之强稳定, 而(6.81)的根为 -2 和 1, 使之不稳定.

一般的两步方法的特征多项式使用(6.78)中的事实 $a_1 = 1 - a_2$, 得到

$$P(x) = x^2 - a_1 x - a_2 = x^2 - a_1 x - 1 + a_1 = (x-1)(x - a_1 + 1)$$

其对应根为 1 和 $a_1 - 1$. 回到(6.78), 我们可以找到弱稳定的二阶方法, 其中设置 $a_1 = 0$. 其对应根为 1 与 -1, 带来下面的弱稳定的二阶两步方法:

$$w_{i+1} = w_{i-1} + 2hf_i \tag{6.85}$$

例 6.26 对如下初值问题使用强稳定方法(6.72), 弱稳定方法(6.85), 以及不稳定方法(6.81):

$$\begin{cases} y' = -3y \\ y(0) = 1 \\ t \in [0,2] \end{cases} \tag{6.86}$$

解是曲线 $y=e^{-3t}$. 我们将使用程序 6.7 来看解的走向, 其中 `ydot.m` 变为
```
function z=ydot(t,y)
z=-3*y;
```
`ab2step` 被三个调用(`ab2step`, `weaklystable2step` 以及 `unstable2step`)中的一个所替换.

图 6.24 显示当步长 $h=0.1$ 时的三个近似. 弱稳定和不稳定方法看起来开始紧密沿着真实解, 然后迅速地偏离了正确解. 减小步长并不能消除问题, 尽管这可能使得出现不稳定的时间延迟.

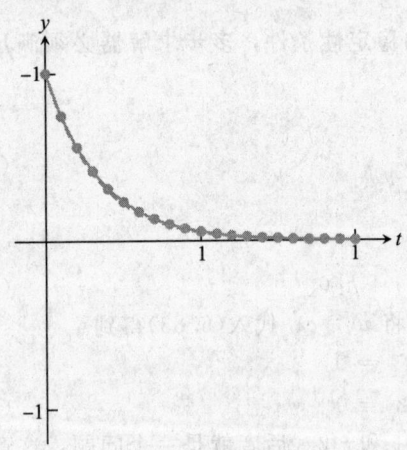
a) Adams-Bashforth 方法

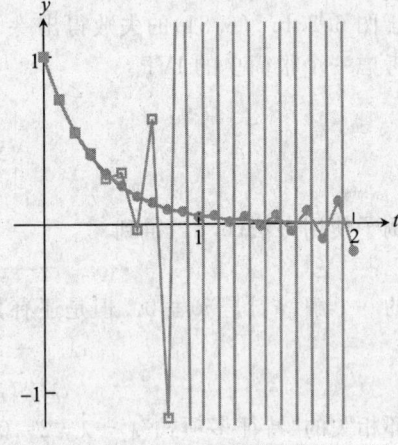
b) 弱稳定方法 (圆点) 和不稳定方法 (方形)

图 6.24 对于问题 IVP(6.86), 比较二阶两步方法

再介绍两个定义, 我们可以描述多步方法的求解器的定理.

定义 6.7 如果一个多步方法阶至少为 1 阶, 则该方法**一致**. 如果 $h\to 0$, 对于每个 t, 近似解都收敛到精确解, 则该方法**收敛**.

定理 6.8(Dahlquist) 假设初值正确. 多步方法(6.73)收敛, 当且仅当它稳定并一致.

Dahlquist 定理的证明参看 Hairer 与 Wanner[1996]的论著. 定理 6.8 告诉我们如果要避免图 6.24b 中对于二阶两步方法的灾难, 可以简单地通过检查方法的稳定性得到.

特征多项式的一个根必须为 1(见习题 6). Adams-Bashforth 方法属于那些根都是 0 的情况. 由于这个原因, Adams-Bashforth 更高阶方法被认为是最稳定的两步方法.

使用更多步可以推导更高阶方法, 这和前面对于两步方法的推导相似. 习题 13 和 14 要求验证下面的方法严格稳定:

Adams-Bashforth 三步方法(三阶)

$$w_{i+1} = w_i + \frac{h}{12}[23f_i - 16f_{i-1} + 5f_{i-2}] \tag{6.87}$$

Adams-Bashforth 四步方法(四阶)

$$w_{i+1} = w_i + \frac{h}{24}[55f_i - 59f_{i-1} + 37f_{i-2} - 9f_{i-3}] \tag{6.88}$$

6.7.3 隐式多步方法

当(6.73)中的系数 b_0 非 0，该方法是隐式方法．最简单的二阶隐式方法(见习题 5)是隐式梯形方法：

隐式梯形方法(二阶)
$$w_{i+1} = w_i + \frac{h}{2}[f_{i+1} + f_i] \tag{6.89}$$

如果 f_{i+1} 项用 f 的值来替换，其中 f 求值使用欧拉方法"预测"的 w_{i+1}，该方法就变成了显式梯形方法．隐式梯形方法也称为 Adams-Moulton 单步方法，和下面类似．一个两步隐式方法的例子是 Adams-Moulton 两步方法：

Adams-Moulton 两步方法(三阶)
$$w_{i+1} = w_i + \frac{h}{12}[5f_{i+1} + 8f_i - f_{i-1}] \tag{6.90}$$

在显式方法和隐式方法之间有很大差异．第一，和显式方法的情况不同，仅仅使用前面的两步，就可以得到稳定的三阶隐式方法．第二，隐式方法对应的局部截断误差更小．但是另一方面，隐式方法有自身的困难，即需要额外的处理计算隐式部分．

由于这些原因，隐式方法通常用于"预测-矫正"对中的矫正．同时使用相同阶的隐式和显式方法．每步是显式方法的预测和隐式方法的矫正的组合，其中隐式方法使用预测的 w_{i+1} 来计算 f_{i+1}．预测-矫正方法大约使用两倍的计算代价，这是由于在预测和矫正过程中都需要对微分方程右侧的函数 f 进行求值．但是，通常获取的精度和稳定性使得这个代价完全值得．

一个简单的预测-矫正方法包含 Adams-Bashforth 两步显式方法作为预测，以及 Adams-Moulton 单步隐式方法作为矫正．二者都是二阶方法．MATLAB 代码看起来和前面的 Adams-Bashforth 代码相似，但是加上了额外的矫正代码：

```
% 程序6.8 Adams-Bashforth-Moulton二阶p-c
% 输入：时间间隔inter,
%   ic=[y0] 初始条件
%   步数n, 对于显式方法(多)步数s
% 输出：时间步 t, 解y
% 调用多步方法，例如ab2step.m 以及 am1step.m
% 使用示例: [t,y]=predcorr([0 1],1,20,2)
function [t,y]=predcorr(inter,ic,n,s)
h=(inter(2)-inter(1))/n;
% 开始阶段
y(1,:)=ic;t(1)=inter(1);
for i=1:s-1                  % 开始阶段，使用单步方法
  t(i+1)=t(i)+h;
  y(i+1,:)=trapstep(t(i),y(i,:),h);
  f(i,:)=ydot(t(i),y(i,:));
end
for i=s:n                    % 多步方法循环
  t(i+1)=t(i)+h;
  f(i,:)=ydot(t(i),y(i,:));
```

```
        y(i+1,:)=ab2step(t(i),i,y,f,h);   % 预测
        f(i+1,:)=ydot(t(i+1),y(i+1,:));
        y(i+1,:)=am1step(t(i),i,y,f,h);   % 矫正
    end
    plot(t,y)

    function y=trapstep(t,x,h)
    %6.2节中梯形方法的一步
    z1=ydot(t,x);
    g=x+h*z1;
    z2=ydot(t+h,g);
    y=x+h*(z1+z2)/2;

    function z=ab2step(t,i,y,f,h)
    %Adams-Bashforth两步方法的一步
    z=y(i,:)+h*(3*f(i,:)-f(i-1,:))/2;

    function z=am1step(t,i,y,f,h)
    %Adams-Moulton单步方法的一步
    z=y(i,:)+h*(f(i+1,:)+f(i,:))/2;

    function z=ydot(t,y)    % IVP
    z=t*y+t^3;
```

Adams-Moulton 两步方法和前面的显式方法的推导相似. 重做(6.77)中的方程, 但是不需要 $b_0 = 0$. 由于现在有一个额外的参数(b_0), 我们可以使用两步方法匹配(6.75)与(6.76)直到 3 阶项, 局部截断误差在 h^4 项中. 与(6.77)类似

$$
\begin{aligned}
a_1 + a_2 &= 1 \\
-a_2 + b_0 + b_1 + b_2 &= 1 \\
a_2 + 2b_0 - 2b_2 &= 1 \\
-a_2 + 3b_0 + 3b_2 &= 1
\end{aligned}
\tag{6.91}
$$

满足这些方程得到三阶两步隐式方法.

可以写成如下关于 a_1 的方程:

$$
\begin{aligned}
a_2 &= 1 - a_1 \\
b_0 &= \frac{1}{3} + \frac{1}{12}a_1 \\
b_1 &= \frac{4}{3} - \frac{2}{3}a_1 \\
b_2 &= \frac{1}{3} - \frac{5}{12}a_1
\end{aligned}
\tag{6.92}
$$

局部截断误差是

$$
y_{i+1} - w_{i+1} = \frac{1}{24}h^4 y_i'''' - \frac{4b_0 - 4b_2 + a_2}{24}h^4 y_i'''' + O(h^5) = \frac{1 - a_2 - 4b_0 + 4b_2}{24}h^4 y_i'''' + O(h^5)
$$

$$
= -\frac{a_1}{24}h^4 y_i'''' + O(h^5)
$$

只要 $a_1 \neq 0$, 该方法的阶是三阶. 由于 a_1 是一个自由参数, 有无穷多的三阶两步方法. 选

择 $a_1 = 1$，得到 Adams-Moulton 两步方法．习题 8 要求验证该方法强稳定．习题 9 探索 a_1 的其他选择．

注意到，另外一个特殊的选择，即 $a_1 = 0$．从局部截断误差，我们注意到这个两步方法具有四阶．

Milne-Simpson 方法

$$w_{i+1} = w_{i-1} + \frac{h}{3}[f_{i+1} + 4f_i + f_{i-1}] \tag{6.93}$$

习题 10 要求你检查该方法仅仅是弱稳定方法．由于这个原因，它对于误差放大很敏感．

隐式梯形方法(6.89)和 Milne-Simpson 方法(6.93)，这些具有提示性的名字应该使得读者回想起第 5 章中的积分公式．事实上，尽管我们没有强调这种方式，但所讲述的许多种多步方法都可以另一种方式，即通过积分近似插值得到，和数值积分的方法非常类似．

该方法背后的基本思想是微分方程 $y' = f(t, y)$ 可以在区间 $[t_i, t_{i+1}]$ 上进行积分得到

$$y(t_{i+1}) - y(t_i) = \int_{t_i}^{t_{i+1}} f(t, y) \mathrm{d}t \tag{6.94}$$

使用数值积分方法来近似(6.94)中的积分，得到一个多步的 ODE 方法．例如，使用第 5 章的数值积分的梯形法则得到

$$y(t_{i+1}) - y(t_i) = \frac{h}{2}(f_{i+1} + f_i) + O(h^2)$$

这是 ODE 的二阶梯形方法．如果我们使用辛普森法则近似积分，结果

$$y(t_{i+1}) - y(t_i) = \frac{h}{3}(f_{i+1} + 4f_i + f_{i-1}) + O(h^4)$$

是四阶的 Milne-Simpson 方法(6.93)．本质上，我们使用多项式和积分近似 ODE 的右侧，这和数值积分中所做的一样．通过变换插值的阶和插值点的位置，这种方法可以扩展到发现大量我们已经讲过的多步方法．尽管这种方式是推导多步方法的更加几何的方法，但是它对于得到的 ODE 求解器的稳定性却没有任何特别的说明．

通过扩展先前的方法，可以推出高阶的 Adams-Moulton 方法，在每种情况下 $a_1 = 1$：

Adams-Moulton 三步方法（四阶）

$$w_{i+1} = w_i + \frac{h}{24}[9f_{i+1} + 19f_i - 5f_{i-1} + f_{i-2}] \tag{6.95}$$

Adams-Moulton 四步方法（五阶）

$$w_{i+1} = w_i + \frac{h}{720}[251f_{i+1} + 646f_i - 264f_{i-1} + 106f_{i-2} - 19f_{i-3}] \tag{6.96}$$

这些方法多用于预测-矫正方法，同时使用相同阶的 Adams-Bashforth 预测方法．编程问题 9 和 10 要求给出实现该想法的 MATLAB 代码．

6.7 节习题

1. 对于如下 IVP 应用 Adams-Bashforth 两步方法：

(a) $y'=t$　(b) $y'=t^2y$　(c) $y'=2(t+1)y$　(d) $y'=5t^4y$　(e) $y'=1/y^2$　(f) $y'=t^3/y^2$

初始条件 $y(0)=1$. 使用步长 $h=1/4$，区间$[0,1]$. 使用显式梯形方法构造 w_1. 使用习题 6.1.3 中的正确解，找出当 $t=1$ 时的全局截断误差.

2. 对于下面的 IVP 完成习题 1 的步骤.

(a) $y'=t+y$　(b) $y'=t-y$　(c) $y'=4t-2y$

初始条件 $y(0)=0$. 使用习题 6.1.4 中的正确解，找出当 $t=1$ 时的全局截断误差.

3. 找出一个三阶两步显式方法. 该方法稳定吗？
4. 找出二阶两步显式方法，其对应的特征多项式在 1 处具有双根.
5. 证明隐式梯形方法(6.89)是二阶方法.
6. 解释为什么显式或者隐式 s 步方法的特征多项式，当 $s \geqslant 2$ 时，必然在 1 处有根.
7. (a) 对于哪个 a_1，存在强稳定的二阶两步显式方法？(b) 对于弱稳定的这类方法回答相同的问题.
8. 证明 Adams-Moulton 两步隐式方法的系数满足(6.92)并且该方法强稳定.
9. 对于下面的两步隐式方法找出阶数以及对应的稳定性类型：

(a) $w_{i+1}=3w_i-2w_{i-1}+\dfrac{h}{12}[13f_{i+1}-20f_i-5f_{i-1}]$

(b) $w_{i+1}=\dfrac{4}{3}w_i-\dfrac{1}{3}w_{i-1}+\dfrac{2}{3}hf_{i+1}$

(c) $w_{i+1}=\dfrac{4}{3}w_i-\dfrac{1}{3}w_{i-1}+\dfrac{h}{9}[4f_{i+1}+4f_i-2f_{i-1}]$

(d) $w_{i+1}=3w_i-2w_{i-1}+\dfrac{h}{12}[7f_{i+1}-8f_i-11f_{i-1}]$

(e) $w_{i+1}=2w_i-w_{i-1}+\dfrac{h}{2}[f_{i+1}-f_{i-1}]$

10. 从(6.92)推出 Milne-Simpson 方法(6.93)，并证明这是四阶弱稳定方法.
11. 找出二阶两步弱稳定的隐式方法.
12. Milne-Simpson 方法是四阶两步隐式弱稳定方法，有三阶两步隐式弱稳定方法吗？
13. (a) 找出对于三阶三步显式方法所需要的 a_i，b_i 的条件(和(6.77)类似). (b) 证明 Adams-Bashforth 三步方法满足这些条件. (c)证明 Adams-Bashforth 三步方法强稳定. (d)找出弱稳定的三阶三步显式方法，并验证性质.
14. (a) 找出对于四阶四步显式方法所需要的 a_i，b_i 的条件(和(6.77)类似). (b) 证明 Adams-Bashforth 四步方法满足这些条件. (c) 证明 Adams-Bashforth 四步方法是强稳定方法.
15. (a) 找出对于四阶三步隐式方法所需要的 a_i，b_i 的条件(和(6.77)类似). (b) 证明 Adams-Moulton 三步方法满足这些条件. (c) 证明 Adams-Moulton 三步方法是强稳定方法.

6.7 节编程问题

1. 修改 exmultistep.m 程序，对习题 1 中的 IVP 应用 Adams-Bashforth 两步方法. 使用步长 $h=0.1$，计算在区间$[0,1]$上的近似. 打印表格，包括 t 值、近似值、在每步中全局截断误差的值.
2. 修改 exmultistep.m 对习题 2 中的 IVP 应用 Adams-Bashforth 两步方法. 使用步长 $h=0.1$，计算在区间$[0,1]$上的近似值. 打印表格，包括 t 值、近似值、全局截断误差在每步中的值.
3. 完成编程问题 2 的步骤，使用不稳定的两步方法(6.81).
4. 完成编程问题 2 的步骤，使用 Adams-Bashforth 三步方法. 使用 4 阶龙格-库塔方法计算 w_1 和 w_2.

5. 画出 Adams-Bashforth 三步方法在区间 $[0,1]$ 上的近似解，微分方程为 $y'=1+y^2$，初始条件 (a) $y_0=0$，(b) $y_0=1$，同时画出精确解 (参见习题 6.1.7). 使用步长 $h=0.1$ 与 0.05.

6. 画出 Adams-Bashforth 三步方法在区间 $[0,1]$ 上的近似解，微分方程为 $y'=1-y^2$，初始条件 (a) $y_0=0$，(b) $y_0=-1/2$，同时画出精确解 (参见习题 6.1.8). 使用步长 $h=0.1$ 与 0.05.

7. 计算 Adams-Bashforth 三步方法在区间 $[0,4]$ 上的近似解，微分方程 $y'=\sin y$，初始条件 (a) $y_0=0$，(b) $y_0=100$，使用步长 $h=0.1\times 2^{-k}$，其中 $0\leqslant k\leqslant 5$. 画出当 $k=0$ 以及 $k=5$ 时的近似解，以及精确解 n (参见习题 6.1.15)，画出误差关于步长 h 的函数的 log-log 图.

8. 计算 Adams-Bashforth 三步方法的近似解，微分方程 $y'=\sinh y$，初始条件 (a) $y_0=1/4$，区间 $[0,2]$，(b) $y_0=2$，区间 $[0,1/4]$，步长 $h=0.1\times 2^{-k}$，其中 $0\leqslant k\leqslant 5$. 画出 $k=0$ 与 $k=5$ 时的近似解以及精确解 (参见习题 6.1.16)，画出误差关于 h 的函数的 log-log 图.

9. 将程序 6.8 改为三阶预测-矫正方法，使用 Adams-Bashforth 三步方法以及 Adams-Moulton 两步方法，步长为 0.05. 同时画出 IVP(6.5) 的近似解与精确解，区间为 $[0,5]$.

10. 将程序 6.8 改为三阶预测-矫正方法，使用 Adams-Bashforth 四步方法以及 Adams-Moulton 三步方法，步长为 0.05. 同时画出 IVP(6.5) 的近似解与精确解，区间为 $[0,5]$.

软件与进一步阅读

传统常微分方程基础可以从 Blanchard 等人[2002]，Boyce 与 DiPrima[2008]，Braun[1993]，Edwards 与 Penny[2004]，以及 Kostelich 与 Armbruster[1997]的论著获取. 许多书讲授 ODE 的基础，并包含大量计算和图形的帮助；我们提到 ODE Architect[1999]是一个非常好的例子. Polking[1999]中 MATLAB 的代码是学习与可视化 ODE 概念的一个非常好的方式.

为了补充单步和多步数值方法求解常微分方程的教学，还有大量中级和高级的教科书. Henrici[1962]与 Gear[1971]的论著就是经典. 当前的 MATLAB 方式可以参看 Shampine 等人[2003]的论著. 其他推荐的教科书如下：Iserles[1996]，Shampine[1994]，Ascher 与 Petzold[1998]，Lambert[1991]，Dormand[1996]，Butcher[1987]，以及两卷 Hairer 等人[1993]的论著与 Hairer 与 Wanner[1996]的论著.

有大量高级的软件可用于求解 ODE. 使用 MATLAB 求解器的细节可以从 Shampine 与 Reichelt[1997]和 Ashino 等人[2000]的论著中获取. 龙格-库塔类型的可变步长方法通常可以成功求解非刚性或者温和刚性问题. 除了 Runge-Kutta-Fehlberg 以及 Dormand-Prince，经常使用 Runge-Kutta-Verner 的变种，这是一个 5 阶/6 阶的方法. 对于刚性问题，使用后向差分方法和外推方法来求解.

IMSL 包含双精度函数 DIVPRK，这是基于 Runge-Kutta-Verner 方法，DIVPAG 方法可以求解多步 Adams 类型的方法，这可以处理刚性问题. NAG 库提供一个驱动程序 D02BJF，该程序运行标准的龙格-库塔步骤. 多步驱动器为 D02CJF，其包含 Adams 类型的程序并具有误差控制. 对于刚性问题，推荐使用 D02EJF 程序，其中用户可以选择是否指定雅可比以获取快速计算.

Netlib 库包含 Fortran 程序 RKF45，其对应 Runge-Kutta-Fehlberg 方法，程序 DVERK 则对应 Runge-Kutta-Verner 方法. Netlib 的 ODE 包中包含几个多步方法的程序. 程序 VODE 处理了刚性问题.

ODEPACK 程序包是一个公开的 Fortran 代码，其实现了 ODE 求解器，该程序由劳伦斯利弗莫尔(Lawrence Livermore)国家实验室(LLNL)开发. 基本求解器 LSODE 以及其变种适用于刚性和非刚性问题. 该程序可以免费从 LLNL 网站 http://www.llnl.govCASC/odepack 得到.

第7章 边值问题

> 地下和海底的管道必须设计得可以忍受外界环境的压力. 管道越深, 泄漏失误所造成的代价就越大. 连接北海平台和海岸的石油管线的深度大约 70 米. 由于天然气的重要性不断提高以及轮船运输的危险和代价可能会导致建设国际天然气管线. 太平洋中部的深度超过 5 千米, 其中 7000psi 的静水压力要求对管道材质和建造技术进行革新, 以避免压力造成的扭曲.
>
> 管道扭曲(pipe buckling)理论是大量应用的核心, 从建筑物支撑到冠状动脉支架. 当直接进行实验代价昂贵并且困难时, 扭曲的数值模型非常有价值.
>
> **事实验证 7** 描述了一个管道的圆环横截面, 并检查何时管道的压力造成的扭曲会发生, 以及如何发生.

第 6 章描述了计算初值问题(IVP)解的方法, 初值问题包含微分方程和在求解区间的左端点定义的初始数据. 我们所描述的方法都是"前进"技术, 近似解从左侧开始, 然后前进, 并相对于变量 t 独立. 如果为微分方程提供边值数据, 其中边值数据在求解区间的两个端点都提供, 则出现两个同等重要的问题.

第 7 章描写边值问题(BVP)的近似解. 方法有三种类型. 首先, 描述打靶方法, 这结合了第 6 章的 IVP 求解器以及第 1 章中的方程求解方法. 然后, 探索有限差分方法, 将微分方程和边值条件转化为线性或者非线性方程组进行求解. 最后一节关注排列方法和有限元方法, 通过使用初等基函数表示解, 并求解问题.

7.1 打靶方法

第一类方法将边值问题转化为初值问题, 其中确定与给定的边值条件一致的缺失的初值条件. 结合我们在第 1 章和第 6 章已经描述的方法进行求解.

7.1.1 边值问题的解

一般的二阶边值问题要求解

$$\begin{cases} y'' = f(t, y, y') \\ y(a) = y_a \\ y(b) = y_b \end{cases} \quad (7.1)$$

区间 $a \leqslant t \leqslant b$, 如图 7.1 所示. 在第 6 章中, 我们学习了典型平滑条件下的微分方程, 具有无

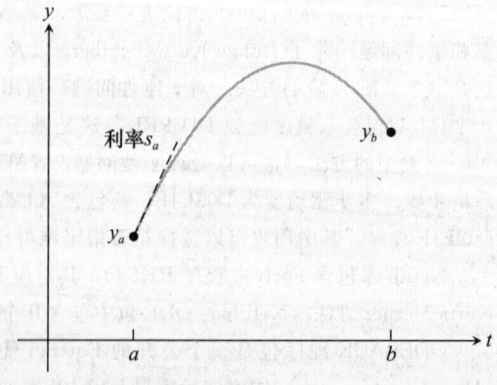

图 7.1 比较 IVP 和 BVP. 在初值问题中, 初值 $y_a = y(a)$ 以及初始斜率 $s_a = y'(a)$ 在问题的局部进行定义. 而在边值问题中, 定义了边值 y_a 与 y_b, s_a 则未知

穷多解，需要额外的数据来确定一个特定解．(7.1)中的方程为二阶方程，需要两个额外的约束．对于解 $y(t)$ 在 a 和 b 处给出边值条件．

为了帮助直观思考，考虑抛射体，移动时满足二阶微分方程 $y''(t)=-g$，其中 y 是抛射体高度，g 是重力加速度．如同初值问题，唯一指定的初始位置和速度确定了抛射体的运动．另一方面，可以满足时间间隔 $[a,b]$ 以及位置 $y(a)$ 和 $y(b)$．后者的问题，即边值问题，在这种情况下也有唯一解．

例 7.1 找出抛射体的最大高度，该物体从 30 米高的建筑抛出，4 秒后到达地面．

微分方程从牛顿第二定律 $F=ma$ 中推出，其中重力 $F=-mg$，$g=9.81$ 米/秒^2．令 $y(t)$ 是时间 t 时刻的高度．轨迹可以表达为如下 IVP 的解

$$\begin{cases} y''=-g \\ y(0)=30 \\ y'(0)=v_0 \end{cases}$$

或者如下 BVP 的解

$$\begin{cases} y''=-g \\ y(0)=30 \\ y(4)=0 \end{cases}$$

由于不知道初始速度 v_0，我们必须求解边值问题．积分两次后得到

$$y(t)=-\frac{1}{2}gt^2+v_0 t+y_0$$

使用边值条件得到

$$30=y(0)=y_0$$
$$0=y(4)=-\frac{16}{2}g+4v_0+30$$

这包含 $v_0\approx 12.12$ 米/秒．解轨迹是 $y(t)=-\frac{1}{2}gt^2+12.12t+30$．现在很容易使用微积分找到轨迹的最大值，大约是 37.5 米．

例 7.2 证明 $y(t)=t\sin t$ 是如下边值问题的解

$$\begin{cases} y''=-y+2\cos t \\ y(0)=0 \\ y(\pi)=0 \end{cases} \quad (7.2)$$

函数 $y(t)=t\sin t$ 如图 7.2 所示．由于

$$y''(t)=-t\sin t+2\cos t$$

函数满足微分方程．检查边值条件得到 $y(0)=0\sin 0=0$，$y(\pi)=\pi\sin\pi=0$．

边值问题的存在性和唯一性理论比初值问题的对应理论复杂．看起来合理的 BVP 可能没有解或者有无穷多的解，这种情况对于 IVP 很少见．

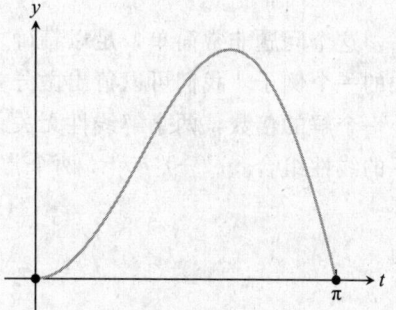

图 7.2　BVP(7.2)的解．画出解 $y(t)=t\sin t$，以及边值 $y(0)=0$ 和 $y(\pi)=0$

存在性和唯一性的情况和马戏团中的真人大炮在重力作用下的轨迹类似. 假设炮弹具有固定的炮口速度, 但是大炮的角度可以改变. 任何初始的位置和角度可以确定地球重力作用下的轨迹. 对于初值问题, 对应解总是存在, 并且唯一. 边值问题则具有不同的性质. 如果用于截获表演者的网超出的大炮的范围, 解不存在. 而且, 对于任何在大炮范围内的边值条件, 存在两个解, 一个较短路程(大炮的发射角度小于 $45°$), 一个较长的路程(大炮的发射角度大于 $45°$), 这违反了唯一性. 下面两个例子证明对于一个非常简单的微分方程可能出现的情况.

例 7.3 证明边值问题

$$\begin{cases} y'' = -y \\ y(0) = 0 \\ y(\pi) = 1 \end{cases}$$

无解.

微分方程具有一组二维的解, 由线性独立的 $\cos t$ 与 $\sin t$ 构成. 方程所有的解必须具有形式 $y(t) = a\cos t + b\sin t$. 代入第一个边值条件, $0 = y(0) = a$ 意味着 $a = 0$ 以及 $y(t) = b\sin t$. 第二个边值条件 $1 = y(\pi) = b\sin\pi = 0$ 导致矛盾. 所以该问题无解, 不具有存在性. ◀

例 7.4 证明边值问题

$$\begin{cases} y'' = -y \\ y(0) = 0 \\ y(\pi) = 0 \end{cases}$$

有无穷多解.

检查发现 $y(t) = k\sin t$ 是微分方程的解, 对于每个实数 k 都满足边值条件. 对于这个问题没有唯一解. ◀

例 7.5 找出如下边值问题的所有解

$$\begin{cases} y'' = 4y \\ y(0) = 1 \\ y(1) = 3 \end{cases} \tag{7.3}$$

这个问题非常简单, 足以精确求解, 但是非常有趣, 可以作为我们后面的 BVP 求解方法的一个例子. 我们可以猜出微分方程的两个解, $y = e^{2t}$ 和 $y = e^{-2t}$. 由于一个解并不是另外一个解的倍数, 两个解线性无关; 因而, 从初等微分方程理论知, 该微分方程的解是如下的线性组合 $c_1 e^{2t} + c_2 e^{-2t}$. 两个常数 c_1 和 c_2 通过强制如下两个边值条件进行求解

$$1 = y(0) = c_1 + c_2$$

与

$$3 = y(1) = c_1 e^2 + c_2 e^{-2}$$

求解这些常数得到解:

$$y(t) = \frac{3 - e^{-2}}{e^2 - e^{-2}} e^{2t} + \frac{e^2 - 3}{e^2 - e^{-2}} e^{-2t} \tag{7.4}$$

◀

7.1.2 打靶方法的实现

通过找出具有相同解的 IVP, 使用打靶方法求解 BVP(7.1). 在这个过程中生成一系列的 IVP, 收敛到正确解. 这个序列从初始值 y_a 和对斜率 s_a 的初始估计开始. 求解满足初始斜率的 IVP, 和边值 y_b 进行比较. 通过实验和误差比较, 改进初始斜率, 直到边值满足. 为了给该方法更正式的表达, 定义下面的函数:

$$F(s) = \begin{cases} y_b \text{ 与 } y(b) \text{ 之间的差异, 其中 } y(t) \\ \text{是 IVP 的解, 初值条件为} \\ y(a) = y_a \text{ 与 } y'(a) = s. \end{cases}$$

如图 7.3 所示, 使用该定义, 边值问题被消减为求解方程

$$F(s) = 0 \tag{7.5}$$

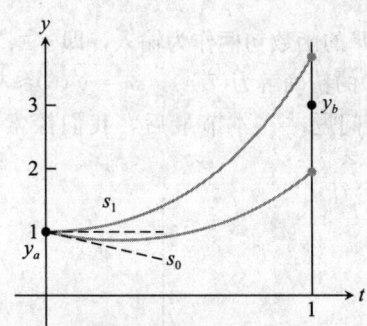

a) 为求解BVP, 求解初值条件为 $y(a)=y_a$, $y'(a)=s_0$ 的IVP, 初始估计为 s_0. $F(s_0)$ 的值是 $y(b)-y_b$. 然后选择新的 s_1, 重复该过程, 目标是对于 s, 求解 $F(s)=0$

b) 使用Matlab 的命令ode45与根 s^*, 画出 BVP (7.7)的解

图 7.3 打靶方法

第 1 章中的方程求解方法现在可用于求解方程. 可以选择二分法或者更加复杂的 Brent 方法. 需要找到 s 的两个值, 称为 s_0 和 s_1, 保证 $F(s_0)F(s_1)<0$. 然后 s_0 和 s_1 可以括住(7.5)的解区间, 根 s^* 可以使用方程求解器, 在需要的容差中确定根. 最后, 可以得到 BVP(7.1)的解(例如, 通过第 6 章的 IVP 求解器), 该解对应如下初值问题的解

$$\begin{cases} y'' = f(t, y, y') \\ y(a) = y_a \\ y'(a) = s^* \end{cases} \tag{7.6}$$

我们将在下个例子中显示 MATLAB 对打靶方法的实现.

例 7.6 使用打靶方法, 求解边值问题

$$\begin{cases} y'' = 4y \\ y(0) = 1 \\ y(1) = 3 \end{cases} \tag{7.7}$$

写出如下一阶微分方程组，才能使用 MATLAB 的 IVP 求解器 ode45：
$$y' = v$$
$$v' = 4y \qquad (7.8)$$

写出函数文件 F.m 表示(7.5)中的函数：

```
function z=F(s)
a=0;b=1;yb=3;
ydot=@(t,y) [y(2);4*y(1)];
[t,y]=ode45(ydot,[a,b],[1,s]);
z=y(end,1)-yb; % end意味着解y的最后一个元素
```

计算 $F(-1) \approx -1.05$ 以及 $F(0) \approx 0.76$，如图 7.3a 所示．因而在 -1 和 0 之间存在 F 的解．运行方程求解器，例如第 1 章中的 bisect.m 或者 MATLAB 命令 fzero，开始区间为 $[-1, 0]$，找出要求精度范围内的解 s．例如，

```
>> sstar=fzero(@F,[-1,0])
```

返回近似值 -0.4203．（回忆 fzero 要求函数 F 的函数句柄作为输入，即 @ F．）然后可以画出解，该解对应初值问题的解（参见图 7.3b）．(7.7)的精确解为(7.4)，$s^* = y'(0) \approx -0.4203$． ◀

对于常微分方程组，可以有多种形式的边值问题．在本节最后，我们探索一种可能形式，读者可参考习题和事实验证 7 得到更多的例子．

例 7.7 使用打靶方法求解下面的边值问题

$$\begin{cases} y_1' = (4 - 2y_2)/t^3 \\ y_2' = -e^{y_1} \\ y_1(1) = 0 \\ y_2(2) = 0 \\ t \in [1,2] \end{cases} \qquad (7.9)$$

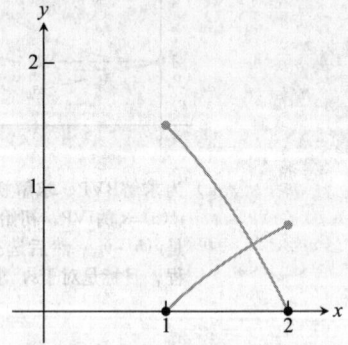

图 7.4 例 7.7 使用打靶方法的解．显示了曲线 $y_1(t)$ 与 $y_2(t)$．黑色圆点表示给定的边界数据

如果有初始条件 $y_2(1)$，这将是一个初值问题．我们将使用打靶方法确定未知的 $y_2(1)$，如果例 7.6 使用 MATLAB 程序 ode45 求解初值问题．定义函数 $F(s)$ 为末端条件 $y_2(2)$，其中使用初始条件 $y_1(1) = 0$ 以及 $y_2(1) = s$ 求解 IVP．目标是求解 $F(s) = 0$．

注意到解被 $F(0) \approx -3.97$ 与 $F(2) \approx 0.87$ 括住．应用 fzero(@ F,[0 2]) 找出 $s^* = 1.5$．使用 ode45，初值条件为 $y_1(1) = 0$，$y_2(1) = 1.5$，得到图 7.4 中所描述的解．精确解是 $y_1(t) = \ln t$，$y_2(t) = 2 - t^2/2$． ◀

7.1 节习题

1. 证明线性 BVP 的解．

(a) $\begin{cases} y'' = y + 2e^t \\ y(0) = 0 \\ y(1) = e \end{cases}$ (b) $\begin{cases} y'' = (2 + 4t^2)y \\ y(0) = 1 \\ y(1) = e \end{cases}$ (c) $\begin{cases} y'' = -y + 2\cos t \\ y(0) = 0 \\ y\left(\dfrac{\pi}{2}\right) = \dfrac{\pi}{2} \end{cases}$ (d) $\begin{cases} y'' = 2 - 4y \\ y(0) = 0 \\ y\left(\dfrac{\pi}{2}\right) = 1 \end{cases}$

分别为(a) $y=te^t$,(b) $y=e^{t^2}$,(c) $y=t\sin t$,(d) $y=\sin^2 t$

2. 证明 BVP 的解.

(a) $\begin{cases} y''=\dfrac{3}{2}y^2 \\ y(1)=4 \\ y(2)=1 \end{cases}$ (b) $\begin{cases} y''=2yy' \\ y(0)=0 \\ y\left(\dfrac{\pi}{4}\right)=1 \end{cases}$ (c) $\begin{cases} y''=-e^{-2y} \\ y(1)=0 \\ y(e)=1 \end{cases}$ (d) $\begin{cases} y''=6y^{\frac{1}{3}} \\ y(1)=1 \\ y(2)=8 \end{cases}$

分别为(a) $y=4t^{-2}$,(b) $y=\tan t$,(c) $y=\ln t$,(d) $y=t^3$.

3. 考虑边值问题

$$\begin{cases} y''=-4y \\ y(a)=y_a \\ y(b)=y_b \end{cases}$$

(a) 找出微分方程的两个线性无关解. (b) 假设 $a=0$, $b=\pi$. y_a, y_b 必须满足什么条件才能使得解存在? (c) 和(b)相同的问题, 其中 $b=\pi/2$. (d) 和(b)相同的问题, 其中 $b=\pi/4$.

4. 作为二阶边值问题的解表示抛射体的高度, 物体从 60 米高的建筑物中抛出, 5 秒后到达地面. 然后求解边值问题, 找出抛射体所能达到的最大高度.

5. 找出 BVP $y''=ky$, $y(0)=y_0$, $y(1)=y_1$ 的所有解, 其中 $k \geq 0$.

7.1 节编程问题

1. 使用打靶方法, 求解线性 BVP. 首先找出区间 $[s_0, s_1]$ 来括住解. 使用 MATLAB 命令 `fzero` 或者二分法找出解. 在指定区间画出近似解.

(a) $\begin{cases} y''=y+\dfrac{2}{3}e^t \\ y(0)=0 \\ y(1)=\dfrac{1}{3}e \end{cases}$ (b) $\begin{cases} y''=(2+4t^2)y \\ y(0)=1 \\ y(1)=e \end{cases}$

2. 对于如下 BVP 完成编程问题 1 的步骤.

(a) $\begin{cases} 9y''+\pi^2 y=0 \\ y(0)=-1 \\ y\left(\dfrac{3}{2}\right)=3 \end{cases}$ (b) $\begin{cases} y''=3y-2y' \\ y(0)=e^3 \\ y(1)=1 \end{cases}$

3. 使用打靶方法求解非线性 BVP. 找出可以括住解的区间 $[s_0, s_1]$, 并使用方程求解器找出并画出解.

(a) $\begin{cases} y''=18y^2 \\ y(1)=\dfrac{1}{3} \\ y(2)=\dfrac{1}{12} \end{cases}$ (b) $\begin{cases} y''=2e^{-2y}(1-t^2) \\ y(0)=0 \\ y(1)=\ln 2 \end{cases}$

4. 对于非线性 BVP 完成编程机问题 3 的步骤.

(a) $\begin{cases} y''=e^y \\ y(0)=1 \\ y(1)=3 \end{cases}$ (b) $\begin{cases} y''=\sin y' \\ y(0)=1 \\ y(1)=-1 \end{cases}$

5. 使用打靶方法求解非线性边值问题的方程组. 使用例 7.7 的方法.

(a) $\begin{cases} y_1' = 1/y_2 \\ y_2' = t + \tan y_1 \\ y_1(0) = 0 \\ y_2(1) = 2 \end{cases}$
(b) $\begin{cases} y_1' = y_1 - 3y_1 y_2 \\ y_2' = -6(ty_2 + \ln y_1) \\ y_1(0) = 1 \\ y_2(1) = -\dfrac{2}{3} \end{cases}$

事实验证 7 圆环的扭曲

边值问题是结构计算的自然模型. 7 个微分方程构成的系统组成圆环的模型, 压缩系数为 c, 从各个方向而来的静水压力为 p. 为了简单, 该模型没有量纲, 假设环半径为 1, 在没有外在压力的情况下水平和竖直方向对称. 尽管进行了简化, 该模型对于研究**扭曲现象**, 或者圆环形状的塌陷十分有用. 这个例子以及其他结构的边值问题可以在 Huddleston[2000] 中看到.

该模型仅仅解释了左上**四分之一**圆环, 其他部分可以通过对称进行补全. 独立变量 s 表示在圆环原始轴线上的弧长, 从 $s = 0$ 到 $s = \pi/2$. 在由圆环长度 s 所指定的点上的依赖变量如下.

$y_1(s) = $ 轴线相对于水平方向的角度

$y_2(s) = x$ 坐标

$y_3(s) = y$ 坐标

$y_4(s) = $ 变形轴线上的弧长

$y_5(s) = $ 内部轴向力

$y_6(s) = $ 内部法向力

$y_7(s) = $ 弯曲模量

图 7.5a 显示了圆环和开始的 4 个变量. 边值问题(例如, 参见 Huddleston[2000])为

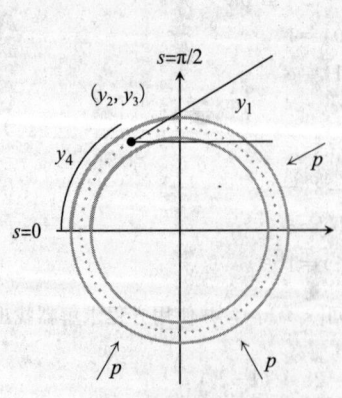
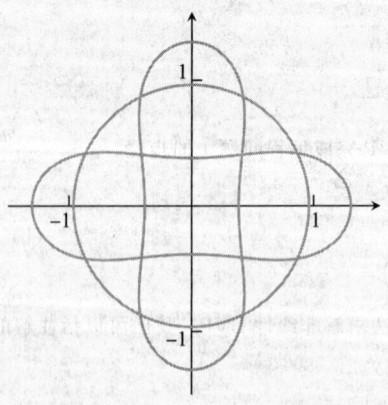

a) s 变量表示在圆环左上四分之一沿着虚线的轴线方向的弧长

b) BVP 当参数为 $c=0.01$, $p=3.8$ 时的三个不同解. 两个扭曲解稳定

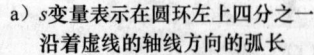

图 7.5 扭曲圆环概图

$y_1' = -1 - cy_5 + (c+1)y_7$ $\qquad y_1(0) = \dfrac{\pi}{2}$ $\qquad y_1\left(\dfrac{\pi}{2}\right) = 0$

$y_2' = (1 + c(y_5 - y_7))\cos y_1$ $\qquad\qquad\qquad\qquad y_2\left(\dfrac{\pi}{2}\right) = 0$

$y_3' = (1 + c(y_5 - y_7))\sin y_1$ $\qquad y_3(0) = 0$

$$y_4' = 1 + c(y_5 - y_7) \qquad\qquad y_4(0) = 0$$

$$y_5' = -y_6(-1 - cy_5 + (c+1)y_7)$$

$$y_6' = y_7 y_5 - (1 + c(y_5 - y_7))(y_5 + p) \qquad y_6(0) = 0 \qquad y_6\left(\frac{\pi}{2}\right) = 0$$

$$y_7' = (1 + c(y_5 - y_7))y_6$$

当无压力($p=0$)时，注意到 $y_1 = \pi/2 - s$，$(y_2, y_3) = (-\cos s, \sin s)$，$y_4 = s$，$y_5 = y_6 = y_7 = 0$ 是解. 这个解是完美的四分之一圆，这对应完美对称的圆环.

事实上，对于任意参数 c 和 p，下面是对于边值问题的圆形解：

$$y_1(s) = \frac{\pi}{2} - s$$

$$y_2(s) = \frac{c+1}{cp + c + 1}(-\cos s)$$

$$y_3(s) = \frac{c+1}{cp + c + 1}\sin s$$

$$y_4(s) = \frac{c+1}{cp + c + 1}s$$

$$y_5(s) = -\frac{c+1}{cp + c + 1}p$$

$$y_6(s) = 0$$

$$y_7(s) = -\frac{cp}{cp + c + 1} \tag{7.10}$$

当压力从 0 开始增长，圆的半径降低. 当压力参数 p 继续增加，对于圆环有一个**分支点**，或者称为可能状态的改变. 在数学上，环的圆形形状可能保持，但是不稳定，意味着小的扰动可能导致圆环变成另一种可能的配置形状（BVP 的解），该形状对应的解也是稳定的.

如果压力 p 在分支点，或者**关键压力** p_c 以下，只有(7.10)的解存在. 当 $p > p_c$ 时，BVP 存在三个可能的解，如图 7.5b 所示. 超过关键压力，圆环不稳定状态的情况和逆钟摆（编程问题 6.3.6）或事实验证 6 中没有扭曲的大桥相似.

关键压力依赖于圆环的**压缩系数**. 参数 c 越小，圆环的压缩越小，它由原始形状的压缩转化为另外一种形状对应的关键压力越低. 你的工作是使用打靶方法结合 Broyden 方法找出关键压力 p_c 以及圆环在压力的作用下得到的扭曲形状.

建议活动

1. 证明(7.10)对于每个压缩系数 c 和压力 p，都是 BVP 的解.
2. 设压缩系数 c 是一个适当大小的数，$c=0.01$. 使用打靶方法求解 BVP，压力 $p=0$ 以及 3. 在打靶方法中的函数 F 使用三个缺失的初始值（$y_2(0)$，$y_5(0)$，$y_7(0)$）作为初始值，三个最终的值（$y_1(\pi/2)$，$y_2(\pi/2)$，$y_6(\pi/2)$）作为输出. 第 2 章中的多变量求解器 BroydenⅡ可用于求解 F 的根. 和(7.10)正确解相比. 注意，对于 p 的两个值，Broyden 方法的不同初始条件都得到相同的解轨迹. 当 p 从 0 升高到 3 时，半径减小多少？
3. 画出步骤 2 的解. 曲线（$y_2(s)$，$y_3(s)$）表示左上四分之一圆环. 使用水平和垂直对称画出整个圆环.
4. 改变压力 $p=3.5$，求解 BVP. 注意得到的解依赖于 Broyden 方法的初始条件. 画出得到的所有不同的解.

5. 找出关键压力 p_c，压缩系数 $c=0.01$，精确到小数点后 2 位。当 $p>p_c$ 时，有三个不同的解。当 $p<p_c$ 时，只有一个解(7.10)。
6. 对于缩小的压缩系数 $c=0.001$ 完成步骤 5。现在的圆环更加脆弱。p_c 随着缩小的压缩参数的变化和你的直觉一致吗？
7. 对于升高的压缩系数 $c=0.05$ 完成步骤 5。

7.2 有限差分方法

有限差分方法背后的基本思想是使用离散近似，替换微分方程中的导数，并且估计格点上的值，得到方程组。微分方程的离散化方法也可用于第 8 章的 PDE。

7.2.1 线性边值问题

令 $y(t)$ 是一个至少四阶连续的函数。在第 5 章中，我们推出一阶导数的离散近似

$$y'(t) = \frac{y(t+h) - y(t-h)}{2h} - \frac{h^2}{6} y'''(c) \tag{7.11}$$

对于二阶导数

$$y''(t) = \frac{y(t+h) - 2y(t) + y(t-h)}{h^2} + \frac{h^2}{12} f''''(c) \tag{7.12}$$

二者的误差都和 h^2 成正比。

有限差分方法包含使用离散版本替换微分方程中的导数，并求解得到的更简单的代数方程获取正确值 y_i 的近似 w_i，如图 7.6 所示。边界条件则在需要的时候代入方程组中。

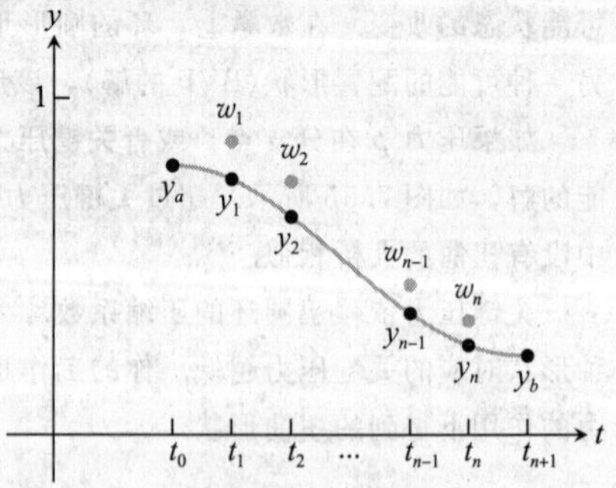

在代入后，有两个可能的解。如果原来的边值问题是线性的，则得到的方程组也是线性的，可以通过高斯消去或者迭代方法求解。如果原来的问题是非线性的，得到的代数系统也是非线性代数系统，需要更加复杂的方式进行求解。我们从一个线性的例子开始。

例 7.8 使用有限差分求解 BVP(7.7)

$$\begin{cases} y'' = 4y \\ y(0) = 1 \\ y(1) = 3 \end{cases}$$

图 7.6 BVP 的有限差分方法。通过求解线性方程组，在离散点 t_i 求解正确值 y_i 的近似估计 w_i，$i=1, \cdots, n$

考虑微分方程的离散形式 $y''=4y$。使用二阶导数的中心差分形式。在 t_i 处的有限差分形式如下

$$\frac{w_{i+1} - 2w_i + w_{i-1}}{h^2} - 4w_i = 0$$

或者等价地

$$w_{i-1} + (-4h^2 - 2)w_i + w_{i+1} = 0$$

当 $n=3$ 时，区间大小 $h=1/(n+1)=1/4$，有三个这样的方程。插入边界条件 $w_0=1$，

$w_4 = 3$，我们得到下面的方程组，求解 w_1, w_2, w_3：

$$1 + (-4h^2 - 2)w_1 + w_2 = 0$$
$$w_1 + (-4h^2 - 2)w_2 + w_3 = 0$$
$$w_2 + (-4h^2 - 2)w_3 + 3 = 0$$

代入 h 得到三对角线矩阵方程

$$\begin{bmatrix} -\frac{9}{4} & 1 & 0 \\ 1 & -\frac{9}{4} & 1 \\ 0 & 1 & -\frac{9}{4} \end{bmatrix} \begin{bmatrix} w_1 \\ w_2 \\ w_3 \end{bmatrix} = \begin{bmatrix} -1 \\ 0 \\ -3 \end{bmatrix}$$

使用高斯消去求解方程组得到三个点上解的近似为 1.0249, 1.3061, 1.9138. 下表显示解在 t_i 的近似值 w_i 和正确解的值 y_i 的对比（注意到边界条件 w_0 和 w_4 预先知道并且不需要计算）：

i	t_i	w_i	y_i
0	0.00	1.0000	1.0000
1	0.25	1.0249	1.0181
2	0.50	1.3061	1.2961
3	0.75	1.9138	1.9049
4	1.00	3.0000	3.0000

误差的阶数是 10^{-2}. 为了得到更小的误差，我们需要使用更大的 n. 一般地，$h = (b-a)/(n+1) = 1/(n+1)$，三对角线矩阵方程如下

$$\begin{bmatrix} -4h^2-2 & 1 & 0 & \cdots & 0 & 0 & 0 \\ 1 & -4h^2-2 & 1 & 0 & 0 & 0 & 0 \\ 0 & 1 & \ddots & 0 & 0 & 0 & 0 \\ \vdots & & & \ddots & & & \vdots \\ 0 & 0 & 0 & \ddots & 1 & 0 & 0 \\ 0 & 0 & 0 & & -4h^2-2 & 1 & 0 \\ 0 & 0 & 0 & \cdots & 0 & 1 & -4h^2-2 \end{bmatrix} \begin{bmatrix} w_1 \\ w_2 \\ w_3 \\ \vdots \\ \\ w_{n-1} \\ w_n \end{bmatrix} = \begin{bmatrix} -1 \\ 0 \\ 0 \\ \vdots \\ 0 \\ 0 \\ -3 \end{bmatrix}$$

当加上更多的子区间，我们期望近似值 w_i 与对应的 y_i 更加接近.

有限差分方法的潜在的误差来源是中心差分公式的截断误差，以及在求解方程组时带来的误差. 对于大于机器的平方根的步长 h，前者的误差占优. 误差是 $O(h^2)$，因而我们期望随着子区间 $n+1$ 升高，误差降低为 $O(n^{-2})$.

我们对于问题(7.7)测试了这种期望. 图 7.7 显示当 $t = 3/4$ 时，对于不同子区间的数量 $n+1$ 的解对应的误差 E 的量级. 在 log-log 图中，误差作为子区间个数的函数，其本质

上是一条斜率为-2的直线，意味着$\log E \approx a + b\log n$，其中$b=-2$；换句话说，与我们预期一致，误差$E \approx Kn^{-2}$.

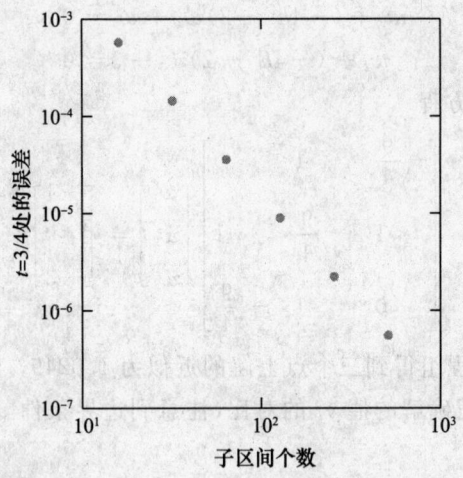

图7.7 有限差分方法收敛. 例7.8中，当$t_i = 3/4$时，画出相对于区间个数n的误差$|w_i - y_i|$. 斜率是-2，证实了误差是$O(n^{-2}) = O(h^2)$

7.2.2 非线性边值问题

当对非线性微分方程使用有限差分方法时，就得到非线性代数方程组，并需要对其求解. 在第2章中，我们使用多变量牛顿方法求解这个方程组. 我们展示了使用牛顿方法近似求解下面的非线性边值问题.

例7.9 使用有限差分求解非线性BVP

$$\begin{cases} y'' = y - y^2 \\ y(0) = 1 \\ y(1) = 4 \end{cases} \tag{7.13}$$

在t_i点微分方程的离散形式为

$$\frac{w_{i+1} - 2w_i + w_{i-1}}{h^2} - w_i + w_i^2 = 0$$

或者

$$w_{i-1} - (2+h^2)w_i + h^2 w_i^2 + w_{i+1} = 0$$

$2 \leqslant i \leqslant n-1$，第一个和最后一个方程如下

$$y_a - (2+h^2)w_1 + h^2 w_1^2 + w_2 = 0$$

$$w_{n-1} - (2+h^2)w_n + h^2 w_n^2 + y_b = 0$$

其中包含了边界条件信息.

收敛 图 7.7 证明了有限差分方法的二阶收敛. 这从使用二阶知识(7.11)和(7.12)可以得到. 关于阶的知识允许我们如同第 5 章一样使用外推. 对于任何固定的 t 和步长 h, 从有限差分方法得到的近似 $w_h(t)$ 关于 h 二阶, 并可以使用简单公式外推. 编程问题 7 和 8 探索了加速收敛的可能.

求解边值问题的离散版本意味着求解 $F(w)=0$, 我们使用牛顿方法进行求解. 多变量牛顿方法对应迭代 $w^{k+1} = w^k - DF(w^k)^{-1} F(w^k)$. 一般地, 完成迭代的最好方式是求解方程 $DF(w^k) \Delta w = -F(w^k)$ 中的 $\Delta w = w^{k+1} - w^k$.

函数 $F(w)$ 如下

$$F \begin{bmatrix} w_1 \\ w_2 \\ \vdots \\ w_{n-1} \\ w_n \end{bmatrix} = \begin{bmatrix} y_a - (2+h^2)w_1 + h^2 w_1^2 + w_2 \\ w_1 - (2+h^2)w_2 + h^2 w_2^2 + w_3 \\ \vdots \\ w_{n-2} - (2+h^2)w_{n-1} + h^2 w_{n-1}^2 + w_n \\ w_{n-1} - (2+h^2)w_n + h^2 w_n^2 + y_b \end{bmatrix}$$

其中 $y_a = 1$, $y_b = 4$. F 的雅可比矩阵 $DF(w)$ 为

$$\begin{bmatrix} 2h^2 w_1 - (2+h^2) & 1 & 0 & \cdots & & 0 \\ 1 & 2h^2 w_2 - (2+h^2) & \ddots & & \ddots & \\ 0 & 1 & & 1 & & 0 \\ \vdots & & \ddots & & \ddots & \\ & & & 2h^2 w_{n-1} - (2+h^2) & & 1 \\ 0 & \cdots & 0 & & 1 & 2h^2 w_n - (2+h^2) \end{bmatrix}$$

雅可比矩阵的第 i 行由第 i 个方程对每个 w_j 的偏导数(F 的第 i 个元素)确定.

图 7.8a 显示使用多变量牛顿方法求解 $F(w)=0$ 的结果, 其中 $n=40$. MATLAB 代码

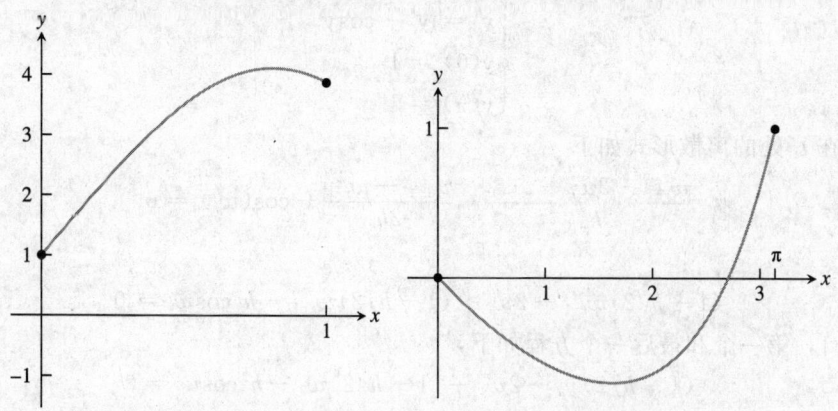

a) 牛顿方法收敛后, 例7.9 的解, 其中 $n=40$ b) 对于例7.10在同样条件下的解

图 7.8 使用有限差分方法的非线性 BVP 的解

在程序 7.1 中给出. 使用牛顿方法, 20 步就足以得到机器精度以内的收敛.

```
% 程序7.1 BVP非线性有限差分方法
% 使用多变量牛顿方法求解非线性方程
% 输入: 区间inter, 边值bv, 步数n
% 输出: 解w
% 使用示例: w=nlbvpfd([0 1],[1 4],40)
function w=nlbvpfd(inter,bv,n);
a=inter(1); b=inter(2); ya=bv(1); yb=bv(2);
h=(b-a)/(n+1);              % h是步长
w=zeros(n,1);               % 初始解数组w
for i=1:20                  % 牛顿方法的循环
  w=w-jac(w,inter,bv,n)\f(w,inter,bv,n);
end
plot([a a+(1:n)*h b],[ya w' yb]);  % 画出w和边值

function y=f(w,inter,bv,n)
y=zeros(n,1);h=(inter(2)-inter(1))/(n+1);
y(1)=bv(1)-(2+h^2)*w(1)+h^2*w(1)^2+w(2);
y(n)=w(n-1)-(2+h^2)*w(n)+h^2*w(n)^2+bv(2);
for i=2:n-1
    y(i)=w(i-1)-(2+h^2)*w(i)+h^2*w(i)^2+w(i+1);
end

function a=jac(w,inter,bv,n)
a=zeros(n,n);h=(inter(2)-inter(1))/(n+1);
for i=1:n
  a(i,i)=2*h^2*w(i)-2-h^2;
end
for i=1:n-1
  a(i,i+1)=1;
  a(i+1,i)=1;
end
```

例 7.10 使用有限差分求解非线性边值问题

$$\begin{cases} y'' = y' + \cos y \\ y(0) = 1 \\ y(\pi) = 1 \end{cases} \tag{7.14}$$

微分方程在 t_i 处的离散形式如下

$$\frac{w_{i+1}-2w_i+w_{i-1}}{h^2} - \frac{w_{i+1}-w_{i-1}}{2h} - \cos(w_i) = 0$$

或者

$$(1+h/2)w_{i-1} - 2w_i + (1-h/2)w_{i+1} - h^2\cos w_i = 0$$

$2 \leqslant i \leqslant n-1$, 第一个和最后一个方程如下,

$$(1+h/2)y_a - 2w_1 + (1-h/2)w_2 - h^2\cos w_1 = 0$$
$$(1+h/2)w_{n-1} - 2w_n + (1-h/2)y_b - h^2\cos w_n = 0$$

其中 $y_a = 0$, $y_b = 1$. n 个方程的左侧形成矢量值函数

$$F(w) = \begin{bmatrix} (1+h/2)y_a - 2w_1 + (1-h/2)w_2 - h^2\cos w_1 \\ \vdots \\ (1+h/2)w_{i-1} - 2w_i + (1-h/2)w_{i+1} - h^2\cos w_i \\ \vdots \\ (1+h/2)w_{n-1} - 2w_n + (1-h/2)y_b - h^2\cos w_n \end{bmatrix}$$

F 的雅可比矩阵 $DF(w)$ 如下

$$\begin{bmatrix} -2+h^2\sin w_1 & 1-h/2 & 0 & \cdots & 0 \\ 1+h/2 & -2+h^2\sin w_2 & \ddots & \ddots & \vdots \\ 0 & 1+h/2 & \ddots & 1-h/2 & 0 \\ \vdots & \ddots & \ddots & -2+h^2\sin w_{n-1} & 1-h/2 \\ 0 & \cdots & 0 & 1+h/2 & -2+h^2\sin w_n \end{bmatrix}$$

下面的代码可以插入程序 7.1 中，并对边值信息做适当改变，就可以处理非线性边值问题：

```
function y=f(w,inter,bv,n)
  y=zeros(n,1);h=(inter(2)-inter(1))/(n+1);
  y(1)=-2*w(1)+(1+h/2)*bv(1)+(1-h/2)*w(2)-h*h*cos(w(1));
  y(n)=(1+h/2)*w(n-1)-2*w(n)-h*h*cos(w(n))+(1-h/2)*bv(2);
  for j=2:n-1
    y(j)=-2*w(j)+(1+h/2)*w(j-1)+(1-h/2)*w(j+1)-h*h*cos(w(j));
  end

function a=jac(w,inter,bv,n)
  a=zeros(n,n);h=(inter(2)-inter(1))/(n+1);
  for j=1:n
    a(j,j)=-2+h*h*sin(w(j));
  end
  for j=1:n-1
    a(j,j+1)=1-h/2;
    a(j+1,j)=1+h/2;
  end
```

图 7.8b 显示了得到的曲线解 $y(t)$.

7.2 节编程问题

1. 使用有限差分方法近似线性 BVP，其中 $n=9, 19, 39$.

(a) $\begin{cases} y'' = y + \dfrac{2}{3}e^t \\ y(0) = 0 \\ y(1) = \dfrac{1}{3}e \end{cases}$
(b) $\begin{cases} y'' = (2+4t^2)y \\ y(0) = 1 \\ y(1) = e \end{cases}$

同时画出近似解和精确解 (a) $y(t) = te^t/3$, (b) $y(t) = e^{t^2}$，并在另一个半 log 图中显示误差，其中误差是关于 t 的函数.

2. 使用有限差分方法近似线性 BVP，其中 $n=9, 19, 39$.

(a) $\begin{cases} 9y'' + \pi^2 y = 0 \\ y(0) = -1 \\ y\left(\dfrac{3}{2}\right) = 3 \end{cases}$
(b) $\begin{cases} y'' = 3y - 2y' \\ y(0) = e^3 \\ y(1) = 1 \end{cases}$

同时画出近似解和精确解(a) $y(t)=3\sin\dfrac{\pi t}{3}-\cos\dfrac{\pi t}{3}$，(b) $y(t)=\mathrm{e}^{3-3t}$，并在另一个半 log 图中显示误差，其中误差是关于 t 的函数.

3. 使用有限差分方法近似非线性边值问题，$n=9, 19, 39$.

(a) $\begin{cases} y''=18y^2 \\ y(1)=\dfrac{1}{3} \\ y(2)=\dfrac{1}{12} \end{cases}$ (b) $\begin{cases} y''=2\mathrm{e}^{-2y}(1-t^2) \\ y(0)=0 \\ y(1)=\ln 2 \end{cases}$

同时画出近似解和精确解(a) $y(t)=1/(3t^2)$，(b) $y(t)=\ln(t^2+1)$，并在另一个半 log 图中显示误差，其中误差是关于 t 的函数.

4. 使用有限差分方法近似非线性 BVP 问题，$n=9, 19, 39$.

(a) $\begin{cases} y''=\mathrm{e}^y \\ y(0)=1 \\ y(1)=3 \end{cases}$ (b) $\begin{cases} y''=\sin y' \\ y(0)=1 \\ y(1)=-1 \end{cases}$

5. (a) 找出 BVP 的解析解 $y''=y$，$y(0)=0$，$y(1)=1$.

(b) 完成方程的有限差分方法，当 $n=15$ 时画出近似解.

(c) 比较精确解以及近似解，画出当 $t=1/2$ 时，误差相对于步数 n 的 log-log 图，其中 $n=2^p-1$，$p=2, \cdots, 7$.

6. 使用有限差分方法求解非线性 BVP，$4y''=ty^4$，$y(1)=2$，$y(2)=1$. 画出当 $n=15$ 时的近似解. 比较近似解和精确解 $y(t)=2/t$，做出 $t=3/2$ 时，误差关于步数 n 的 log-log 图，其中 $n=2^p-1$，$p=2, \cdots, 7$.

7. 外推编程问题 5 中的近似解. 对公式 $N(h)=w_h(1/2)$ 使用理查德森外推(5.1 节)，该公式是步长 h 的有限差分近似. 使用当 $h=1/4, 1/8, 1/16$ 时的近似，外推和精确的 $y(1/2)$ 能有多接近？

8. 外推编程问题 6 中的近似解. 使用公式 $N(h)=w_h(3/2)$，这是步长为 h 时的有限差分近似. 使用当 $h=1/4, 1/8, 1/16$ 时的近似，外推和精确的 $y(3/2)$ 有多接近？

9. 使用有限差分方法求解非线性边值问题 $y''=\sin y$，$y(0)=1$，$y(\pi)=0$. 画出当 $n=9, 19, 39$ 时的解.

10. 使用有限差分求解方程

$$\begin{cases} y''=10y(1-y) \\ y(0)=0 \\ y(1)=1 \end{cases}$$

画出 $n=9, 19, 39$ 时的近似.

11. 求解

$$\begin{cases} y''=cy(1-y) \\ y(0)=0 \\ y(1/2)=1/4 \\ y(1)=1 \end{cases}$$

其中 $c>0$，精确到小数点后 3 位. (提示：考虑固定三个边值条件中的两个而形成的 BVP. 令 $G(c)$ 是在第三个边值条件上的差异，使用二分法求解 $G(c)=0$.)

7.3 排列与有限元方法

和有限差分方法相似,排列和有限元方法背后的思想是将边值问题消减为一组可求解的代数方程. 但是,并不是通过使用有限差分替换微分方程中的导数进行离散化,而是对于解给出函数形式,其对应的参数使用该方法拟合.

选择一组基函数 $\phi_1(t),\cdots,\phi_n(t)$,它们可能是多项式、三角函数、样条,或者其他简单函数. 然后考虑可能的解

$$y(t) = c_1\phi_1(t) + \cdots + c_n\phi_n(t) \tag{7.15}$$

找出近似解的问题被简化为确定 c_i 的值. 我们将考虑两种不同的方式找出系数.

排列方法是将(7.15)代入边值问题,并估计在格点上的值. 这种直接方法,将问题消减为求解关于 c_i 的方程组,如果原始问题是线性的,方程组也是线性的. 每个点给出一个方程,求解方程组得到 c_i,这是插值的一种类型.

第二种方式是有限元方式,该方法中将拟合视为最小二乘问题而不是插值问题. 使用 Galerkin 投影最小化(7.15)和精确解在平方误差意义上的差异. 在第 8 章会再次讨论有限元方式,用于求解偏微分方程中的边值问题.

7.3.1 排列

考虑 BVP

$$\begin{cases} y'' = f(t,y,y') \\ y(a) = y_a \\ y(b) = y_b \end{cases} \tag{7.16}$$

选择 n 个点,从边值点 a 开始,在 b 点结束,即

$$a = t_1 < t_2 < \cdots < t_n = b \tag{7.17}$$

排列方法将(7.15)中的候选解代入(7.16)的微分方程中,并估计微分方程在格点(7.17)上的值,得到关于 n 个未知变量 $c_1,\cdots,c_n$ 的方程.

开始我们尽可能简单,选择基函数 $\phi_j(t)=t^{j-1}$,其中 $1\leqslant j\leqslant n$. 解的形式如下

$$y(t) = \sum_{j=1}^{n} c_j\phi_j(t) = \sum_{j=1}^{n} c_j t^{j-1} \tag{7.18}$$

我们将写出关于 n 个未知变量 $c_1,\cdots,c_n$ 的 n 个方程. 第一个和最后一个方程是边值条件:

$$i = 1: \sum_{j=1}^{n} c_j a^{j-1} = y(a)$$

$$i = n: \sum_{j=1}^{n} c_j b^{j-1} = y(b)$$

余下的 $n-2$ 个方程来自微分方程在 t_i 上的求值,其中 $2\leqslant i\leqslant n-1$. 将微分方程 $y''=f(t,y,y')$ 应用到 $y(t) = \sum_{j=1}^{n} c_j t^{j-1}$ 得到

$$\sum_{j=1}^{n}(j-1)(j-2)c_j t^{j-3} = f\left(t, \sum_{j=1}^{n} c_j t^{j-1}, \sum_{j=1}^{n} c_j(j-1)t^{j-2}\right) \tag{7.19}$$

在 t_i 点求值得到 n 个方程,然后求解 c_i. 如果微分方程是线性的,则关于 c_i 的方程组也是线性的,并可以求解. 我们使用下面例子来展示该方法.

例 7.11 使用排列方法求解边值问题

$$\begin{cases} y'' = 4y \\ y(0) = 1 \\ y(1) = 3 \end{cases}$$

如下的第一个和最后一个方程是边值条件

$$c_1 = \sum_{j=1}^{n} c_j \phi_j(0) = y(0) = 1$$

$$c_1 + \cdots + c_n = \sum_{j=1}^{n} c_j \phi_j(1) = y(1) = 3$$

其他 $n-2$ 个方程来自 (7.19),形式如下

$$\sum_{j=1}^{n}(j-1)(j-2)c_j t^{j-3} - 4\sum_{j=1}^{n} c_j t^{j-1} = 0$$

在每个 i 对应的 t_i 处求值得到

$$\sum_{j=1}^{n}\left[(j-1)(j-2)t_i^{j-3} - 4t_i^{j-1}\right]c_j = 0$$

n 个方程形成线性方程组 $Ac = g$,其中系数矩阵 A 定义为

$$A_{ij} = \begin{cases} 1 \ 0 \ 0 \ \cdots \ 0 & \text{第 } i=1 \text{ 行} \\ (j-1)(j-2)t_i^{j-3} - 4t_i^{j-1} & \text{第 } i=2 \text{ 到 } n-1 \text{ 行} \\ 1 \ 1 \ 1 \ \cdots \ 1 & \text{第 } i=n \text{ 行} \end{cases}$$

$g = (1, 0, 0, \cdots, 0, 3)^T$. 一般使用等间距格点

$$t_i = a + \frac{i-1}{n-1}(b-a) = \frac{i-1}{n-1}$$

求解 c_j 后,我们得到近似解 $y(t) = \sum c_j t^{j-1}$.

当 $n=2$ 时,方程组 $Ac = g$ 如下

$$\begin{bmatrix} 1 & 0 \\ 1 & 1 \end{bmatrix} \begin{bmatrix} c_1 \\ c_2 \end{bmatrix} = \begin{bmatrix} 1 \\ 3 \end{bmatrix}$$

对应解 $c = [1, 2]^T$. 近似解 (7.18) 是直线 $y(t) = c_1 + c_2 t = 1 + 2t$. 当 $n=4$ 时,计算得到近似解 $y(t) \approx 1 - 0.1886 t + 1.0273 t^2 + 1.1613 t^3$. 图 7.9 显示了当 $n=2$ 以及 $n=4$ 时的解. 当 $n=4$ 时,近似解已经非常接近 (7.4) 中的真实解,如图 7.3b 所示. 通过提高 n 可以得到更大的精度. ◀

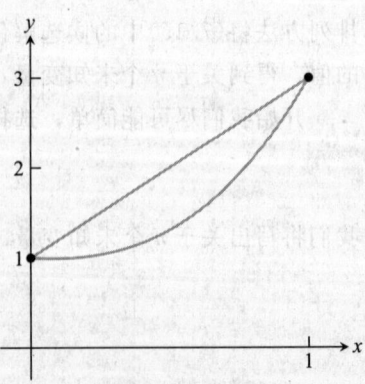

图 7.9 例 7.11 线性 BVP 使用排列方法的解. 显示了当 $n=2$(上面的曲线)以及 $n=4$(下方)时的曲线

例 7.11 中求解 c_i 的方程组是线性的,这是由于原始

的微分方程也是线性的. 非线性边值问题也可以通过排列方法, 以相似的方式进行求解. 牛顿方法用于求解得到的非线性方程组, 这和有限差分方法一致.

尽管我们已经展示的排列方法, 由于简单的原因使用单项式作为基函数, 但是还有很多其他更好的选择. 并不推荐使用多项式的基函数. 由于排列本质上是对解进行插值, 使用多项式作为基使得该方法易于出现龙格现象(第3章). 单项式基元 t_j 彼此不正交的事实使得线性方程组的系数矩阵当 n 很大时, 会出现病态. 当使用切比雪夫多项式的根作为求值点的位置而不是使用等分点时, 可以改进条件.

在排列方法中选择三角函数作为基带来了傅里叶分析以及**谱方法**, 这在边值方程和偏微分方程中都大量应用. 这是一个"全局"的方法, 其中对于 t 的一个非常大的范围中, 基函数非 0, 但是具有很好的正交性质. 我们将在第 10 章研究离散的傅里叶近似.

7.3.2 有限元以及 Galerkin 方法

选择样条函数作为基函数带来**有限元方法**. 在这种方法中, 每个基函数仅在 t 的一个小区间上非 0. 有限元方法大量用于高维情况下的 BVP 和 PDE, 特别是当存在不规则的边界条件的情况下, 其中使用标准的基函数做参数化变得困难.

在排列方法中, 我们假设函数形式 $y(t) = \sum c_i \phi_i(t)$, 并求解系数 c_i, 其中强制解满足边值条件, 并在离散点上完全满足微分方程. 而 Galerkin 方法最小化微分方程在解上的平方误差. 这带来关于 c_i 的一个不同的方程组.

选择有限元方法近似 BVP
$$\begin{cases} y'' = f(t, y, y') \\ y(a) = y_a \\ y(b) = y_b \end{cases}$$

的解 y, **余项** $r = y'' - f$, 需要使得微分方程两侧的差尽可能小. 和第 4 章的最小二乘方法类似, 这可以通过选择 y 使得余项与潜在解的向量空间正交得到.

对于区间 $[a, b]$, 定义平方可积分的函数对应的向量空间

$$L^2[a, b] = \left\{ \text{区间}[a,b]\text{上的函数} \quad y(t) \mid \int_a^b y(t)^2 \, dt \text{ 存在并有穷} \right\}$$

L^2 函数空间具有**内积**

$$\langle y_1, y_2 \rangle = \int_a^b y_1(t) y_2(t) \, dt$$

内积具有如下性质:

1. $\langle y_1, y_1 \rangle \geqslant 0$.
2. 对于标量 α、β, $\langle \alpha y_1 + \beta y_2, z \rangle = \alpha \langle y_1, z \rangle + \beta \langle y_2, z \rangle$.
3. $\langle y_1, y_2 \rangle = \langle y_2, y_1 \rangle$.

当 $\langle y_1, y_2 \rangle = 0$ 时, 两个函数 y_1 与 y_2 在 $L^2[a, b]$ 上**正交**. 由于 $L^2[a, b]$ 是无限维的向量空间, 我们通过有限计算, 不能得到余项 $r = y'' - f$ 与所有 $L^2[a, b]$ 正交. 但是我们

可以使用已有的计算资源，选择基和 L^2 张得尽可能一致．令 $n+2$ 个基函数的集合表示为 $\phi_0(t),\cdots,\phi_{n+1}(t)$，我们将在后面对其定义．

Galerkin 方法包含两个主要思想．第一个是最小化 r，其中强制其在 L^2 内积的意义上与基函数正交．这意味着强制 $\int_a^b (y''-f)\phi_i(t)\mathrm{d}t=0$，或

$$\int_a^b y''(t)\phi_i(t)\mathrm{d}t = \int_a^b f(t,y,y')\phi_i(t)\mathrm{d}t \tag{7.20}$$

其中 $0\leqslant i\leqslant n+1$．(7.20) 形式被称为边值问题的**弱形式**．

Galerkin 方法的第二个思想是部分使用积分消去二阶导数．注意到

$$\begin{aligned}\int_a^b y''(t)\phi_i(t)\mathrm{d}t &= \phi_i(t)y'(t)\Big|_a^b - \int_a^b y'(t)\phi_i'(t)\mathrm{d}t \\ &= \phi_i(b)y'(b)-\phi_i(a)y'(a)-\int_a^b y'(t)\phi_i'(t)\mathrm{d}t\end{aligned} \tag{7.21}$$

同时使用(7.20)以及(7.21)对于每个 c_i 得到一组方程

$$\int_a^b f(t,y,y')\phi_i(t)\mathrm{d}t = \phi_i(b)y'(b)-\phi_i(a)y'(a)-\int_a^b y'(t)\phi_i'(t)\mathrm{d}t \tag{7.22}$$

以如下函数形式求解 c_i

$$y(t) = \sum_{i=0}^{n+1} c_i\phi_i(t) \tag{7.23}$$

Galerkin 方法的两个思想使其可以方便地使用极简单的函数作为有限元 $\phi_i(t)$．我们将仅仅介绍分段线性 B 样条函数，读者可以参考文献了解更加精巧的函数选择．

从 t 轴上的数据格点 $t_0<t_1<\cdots<t_n<t_{n+1}$ 开始．对于 $i=1,\cdots,n$ 定义

$$\phi_i(t) = \begin{cases} \dfrac{t-t_{i-1}}{t_i-t_{i-1}} & \text{当 } t_{i-1}<t\leqslant t_i \text{ 时} \\ \dfrac{t_{i+1}-t}{t_{i+1}-t_i} & \text{当 } t_i<t<t_{i+1} \text{ 时} \\ 0 & \text{其他} \end{cases}$$

同时定义

$$\phi_0(t)=\begin{cases}\dfrac{t_1-t}{t_1-t_0} & \text{当 } t_0\leqslant t<t_1 \text{ 时}\\ 0 & \text{其他}\end{cases} \quad \text{与} \quad \phi_{n+1}(t)=\begin{cases}\dfrac{t-t_n}{t_{n+1}-t_n} & \text{当 } t_n<t\leqslant t_{n+1} \text{ 时}\\ 0 & \text{其他}\end{cases}$$

如图 7.10 所示的分段线性帐篷(tent)函数 ϕ_i 满足下面有趣的性质：

$$\phi_i(t_j) = \begin{cases} 1 & \text{当 } i=j \text{ 时} \\ 0 & \text{当 } i\neq j \text{ 时}\end{cases} \tag{7.24}$$

对于一组数据点 (t_i,c_i)，定义**分段线性 B 样条**

$$S(t) = \sum_{i=0}^{n+1} c_i\phi_i(t)$$

从(7.24)可知 $S(t_j) = \sum_{i=0}^{n+1} c_i\phi_i(t_j) = c_j$．因而，$S(t)$ 是分段线性方程，并对数据点 (t_i,c_i)

插值. 换句话说，y 坐标就是系数！这将简化解的插值(7.23)。c_i 不仅仅是系数，也是在格点 t_i 处的解.

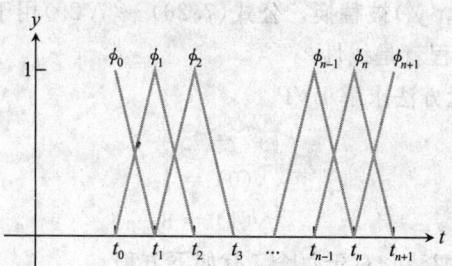

图 7.10 分段线性 B 样条的有限元. 每个 $\phi_i(t)$，其中 $1 \leqslant i \leqslant n$，支持从 t_{i-1} 到 t_{i+1} 的区间

> **正交** 从第 4 章我们看到点到平面的距离在点到平面的垂线方向上最小. 该平面是用于近似点的候选，它们二者之间的距离就是近似误差. 这个关于正交的简单事实在数值分析中无处不在. 这是最小二乘近似的核心，也是用于边值问题和偏微分方程的 Galerkin 方法的基础，也是高斯积分(第 5 章)、压缩(见第 10 章和第 11 章)，以及特征值问题的解(第 12 章)的基础.

现在我们说明如何计算 c_i，并求解 BVP(7.16). 第一个和最后一个 c_i 通过排列方法可以得到：

$$y(a) = \sum_{i=0}^{n+1} c_i \phi_i(a) = c_0 \phi_0(a) = c_0$$

$$y(b) = \sum_{i=0}^{n+1} c_i \phi_i(b) = c_{n+1} \phi_{n+1}(b) = c_{n+1}$$

对于 $i=1, \cdots, n$，使用有限元方程(7.22)：

$$\int_a^b f(t, y, y') \phi_i(t) dt + \int_a^b y'(t) \phi_i'(t) dt = 0$$

或者代入函数形式 $y(t) = \sum c_i \phi_i(t)$

$$\int_a^b \phi_i(t) f\left(t, \sum c_j \phi_j(t), \sum c_j \phi_j'(t)\right) dt + \int_a^b \phi_i'(t) \sum c_j \phi_j'(t) dt = 0 \quad (7.25)$$

注意到(7.22)的边界项为 0，其中 $i=1, \cdots, n$.

假设格点均匀分布，步长为 h. 我们将需要下面的积分，其中 $i=1, \cdots, n$：

$$\int_a^b \phi_i(t) \phi_{i+1}(t) dt = \int_0^h \frac{t}{h}\left(1 - \frac{t}{h}\right) dt = \int_0^h \left(\frac{t}{h} - \frac{t^2}{h^2}\right) dt = \frac{t^2}{2h} - \frac{t^3}{3h^2}\bigg|_0^h = \frac{h}{6} \quad (7.26)$$

$$\int_a^b (\phi_i(t))^2 dt = 2\int_0^h \left(\frac{t}{h}\right)^2 dt = \frac{2}{3}h \quad (7.27)$$

$$\int_a^b \phi_i'(t) \phi_{i+1}'(t) dt = \int_0^h \frac{1}{h}\left(-\frac{1}{h}\right) dt = -\frac{1}{h} \quad (7.28)$$

$$\int_a^b (\phi_i'(t))^2 \,dt = 2\int_0^h \left(\frac{1}{h}\right)^2 dt = \frac{2}{h} \tag{7.29}$$

一旦微分方程 $y'' = f(t, y, y')$ 被替换，公式(7.26)～(7.29)用于简化(7.25)。只要微分方程是线性的，对于 c_i 的方程就是线性．

例 7.12 使用有限元方法求解 BVP

$$\begin{cases} y'' = 4y \\ y(0) = 1 \\ y(1) = 3 \end{cases}$$

将微分方程代入到(7.25)，对于每个 i 有如下方程

$$0 = \int_0^1 \left(4\phi_i(t)\sum_{j=0}^{n+1} c_j\phi_j(t) + \sum_{j=0}^{n+1} c_j\phi_j'(t)\phi_i'(t)\right)dt = \sum_{j=0}^{n+1} c_j\left[4\int_0^1 \phi_i(t)\phi_j(t)\,dt + \int_0^1 \phi_j'(t)\phi_i'(t)\,dt\right]$$

使用 B 样条关系(7.26)～(7.29)，其中 $i=1,\cdots,n$，以及关系 $c_0 = f(a)$，$c_{n+1} = f(b)$，我们发现方程为

$$\left[\frac{2}{3}h - \frac{1}{h}\right]c_0 + \left[\frac{8}{3}h + \frac{2}{h}\right]c_1 + \left[\frac{2}{3}h - \frac{1}{h}\right]c_2 = 0$$

$$\left[\frac{2}{3}h - \frac{1}{h}\right]c_1 + \left[\frac{8}{3}h + \frac{2}{h}\right]c_2 + \left[\frac{2}{3}h - \frac{1}{h}\right]c_3 = 0$$

$$\vdots$$

$$\left[\frac{2}{3}h - \frac{1}{h}\right]c_{n-1} + \left[\frac{8}{3}h + \frac{2}{h}\right]c_n + \left[\frac{2}{3}h - \frac{1}{h}\right]c_{n+1} = 0 \tag{7.30}$$

注意到我们有 $c_0 = y_a = 1$，$c_{n+1} = y_b = 3$．因而方程的矩阵形式是对称的三对角形式

$$\begin{bmatrix} \alpha & \beta & 0 & \cdots & 0 \\ \beta & \alpha & \ddots & \ddots & \vdots \\ 0 & \beta & \ddots & \beta & 0 \\ \vdots & \ddots & \ddots & \alpha & \beta \\ 0 & \cdots & 0 & \beta & \alpha \end{bmatrix} \begin{bmatrix} c_1 \\ c_2 \\ \vdots \\ c_{n-1} \\ c_n \end{bmatrix} = \begin{bmatrix} -y_a\beta \\ 0 \\ \vdots \\ 0 \\ -y_b\beta \end{bmatrix}$$

其中

$$\alpha = \frac{8}{3}h + \frac{2}{h}, \quad \beta = \frac{2}{3}h - \frac{1}{h}$$

回忆曾在第 2 章中用过的 MATLAB 命令 `spdiags`，我们可以写出一个稀疏形式的实现，该方式非常紧致：

```
% 程序7.2 线性BVP的有限元解
% 输入：区间inter, 边值bv, 步数n
% 输出：解的值 c
% 使用示例：c=bvpfem([0 1],[1 3],9);
function c=bvpfem(inter,bv,n)
a=inter(1); b=inter(2); ya=bv(1); yb=bv(2);
h=(b-a)/(n+1);
alpha=(8/3)*h+2/h; beta=(2/3)*h-1/h;
e=ones(n,1);
```

```
M=spdiags([beta*e alpha*e beta*e],-1:1,n,n);
d=zeros(n,1);
d(1)=-ya*beta;
d(n)=-yb*beta;
c=M\d;
```

当 $n=3$ 时，MATLAB 代码得到如下的 c_i：

i	t_i	$w_i=c_i$	y_i	i	t_i	$w_i=c_i$	y_i
0	0.00	1.0000	1.0000	3	0.75	1.8955	1.9049
1	0.25	1.0109	1.0181	4	1.00	3.0000	3.0000
2	0.50	1.2855	1.2961				

在 t_i 处的近似解 w_i 的值为 c_i，和精确值 y_i 相比，误差大约是 10^{-2}，和有限差分方法的误差规模相似．事实上，图 7.11 显示了使用更大的 n 值运行有限元方法，得到的收敛曲线和图 7.7 中使用有限差分的曲线几乎一样，证明 $O(n^{-2})$ 的收敛．

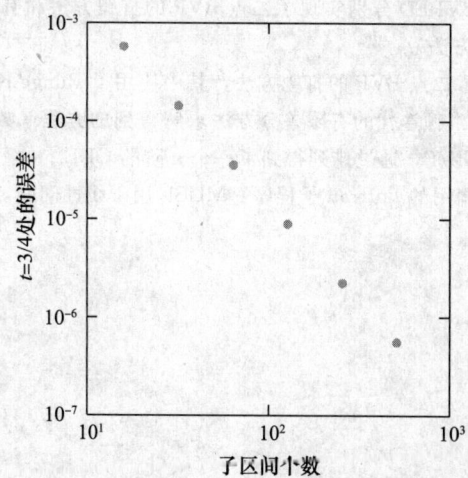

图 7.11　有限元方法的收敛．相对于子区间的个数 n，画出例 7.12 在 $t_i=3/4$ 处相对于子区间个数 n 的误差 $|w_i-y_i|$．根据斜率，误差是 $O(n^{-2})=O(h^2)$

7.3 节编程问题

1. 使用排列方法，当 $n=8, 16$ 时，近似线性边值问题的解．

(a) $\begin{cases} y''=y+\dfrac{2}{3}e^t \\ y(0)=0 \\ y(1)=\dfrac{1}{3}e \end{cases}$ (b) $\begin{cases} y''=(2+4t^2)y \\ y(0)=1 \\ y(1)=e \end{cases}$

同时画出近似解和精确解 (a) $y(t)=te^t/3$，(b) $y(t)=e^{t^2}$，并在另一张半 log 图中显示关于 t 的误差函数．

2. 使用排列方法，当 $n=8, 16$ 时，近似线性边值问题的解．

(a) $\begin{cases} 9y'' + \pi^2 y = 0 \\ y(0) = -1 \\ y\left(\dfrac{3}{2}\right) = 3 \end{cases}$ (b) $\begin{cases} y'' = 3y - 2y' \\ y(0) = e^3 \\ y(1) = 1 \end{cases}$

同时画出近似解和精确解(a) $y(t) = 3\sin\pi t/3 - \cos\pi t/3$,(b) $y(t) = e^{3-3t}$,并在另一张半 log 图中显示关于 t 的误差函数.

3. 使用有限元方法完成编程问题 1 中的步骤.
4. 使用有限元方法完成编程问题 2 中的步骤.

软件与进一步阅读

在很多关于常微分方程的教科书中都讨论了边值问题. Ascher 等人[1995]的论著是对 ODE 边值问题技术的全面论述,其中包含本章中没有讲述的多次打靶方法. 其他关于打靶方法以及求解 BVP 的有限差分方法的论述包含 Keller[1968],Bailey 等人[1968],以及 Roberts 与 Shipman[1972]的论著.

IMSL 的程序 BVPMS 与 BVPFD 分别实现了二点 BVP 的打靶方法和有限差分方法. BVPFD 使用了可变阶、可变步长的有限差分方法.

NAG 程序 D02HAF 实现了二点 BVP 的打靶方法,其中使用了 Runge-Kutta-Merson 方法以及牛顿迭代. 程序 D02GAF 实现了利用牛顿迭代的有限差分方法求解得到的方程. 数值微分可用于计算雅可比矩阵. 最后 D02JAF 求解了线性 BVP,通过排列得到了一个 n 阶的 ODE.

Netlib 库包含了个用户可调用的 Fortran 子程序:MUSL 用于线性问题,MUSN 用于非线性问题. 每个子程序都基于打靶方法.

第 8 章 偏微分方程

8086 中央处理单元由 Intel 公司制造．在 20 世纪 70 年代，其速度为 5MHz，所需要的能量小于 5 瓦．今天，芯片的运行速度增长了数百倍，芯片消耗的能量大于 50 瓦．为了避免过高温度可能破坏处理器，使用水槽或者风扇进行散热非常重要．冷却问题是扩展摩尔定律从而得到更快的处理速度的一个持续的障碍．

使用抛物线 PDE 可以很好地对散热时间过程建模．当热达到平衡时，用椭圆方程对稳态分布进行建模．

事实验证 8 显示如何对一个简单的散热片进行建模，使用椭圆偏微分方程，其中具有热对流边界条件．

偏微分方程是包含多个变量的微分方程．这个主题很宽泛，我们只讨论有两个独立变量的方程，形如

$$Au_{xx} + Bu_{xy} + Cu_{yy} + F(u_x, u_y, u, x, y) = 0 \tag{8.1}$$

其中偏导数使用下标 x 与 y 表示对应的独立变量，u 表示解．如同在热方程中有一个变量表示时间，我们倾向于称独立变量为 x 与 t．

根据(8.1)中主导阶项，解具有完全不同的性质．具有两个独立变量的二阶 PDE 分类如下：

1) $B^2 - 4AC = 0$，抛物线
2) $B^2 - 4AC > 0$，双曲线
3) $B^2 - 4AC < 0$，椭圆

一个实际的差异是抛物线和双曲线方程定义在开区间．变量的边界条件，大多数情况下指的是时间变量，其定义在区间的一个端点上，从该边界出发并进行方程的求解．而另一方面，椭圆方程通常由在闭合区间的完整边界上的边界条件进行定义．我们将对于每种类型研究一些例子，并展示用已有的数值方法进行近似求解．

8.1 抛物线方程

热方程

$$u_t = Du_{xx} \tag{8.2}$$

表示在一维均质杆上测量的温度 x．常数 $D > 0$ 被称为**扩散系数**，该系数表示构成杆的材质的热扩散性质．热方程对从更高浓度的区域扩散到更低浓度的区域的热扩散现象进行建模．独立变量是 x 和 t．

我们使用变量 t 而不是(8.2)中的 y，这是由于 t 表示时间．从前面的定义，我们有 $B^2 - 4AC = 0$，因而方程是抛物线方程．这个方程被称为热方程，它是**扩散方程**的一个例

子，扩散方程对物质扩散进行建模．在材料科学中，相同的方程被称为Fick第二定律，描述了介质中的物质扩散．

和ODE的情况类似，PDE(8.2)有无穷多解，需要额外条件才能确定特定的解．第6章和第7章分别处理初值条件和边值条件的ODE问题．为了恰当地定义PDE，可以使用初值条件和边值条件的组合．

对于热方程，一个直接的分析会指出应该需要哪些条件．为了唯一确定一种情况，我们需要知道杆子上的初始温度分布，以及随着时间推移，杆子的末端会发生什么．在有限区间上定义的方程具有如下形式

$$\begin{cases} u_t = Du_{xx} & \text{对于所有} a \leqslant x \leqslant b, t \geqslant 0 \\ u(x,0) = f(x) & \text{对于所有} a \leqslant x \leqslant b \\ u(a,t) = l(t) & \text{对于所有} t \geqslant 0 \\ u(b,t) = r(t) & \text{对于所有} t \geqslant 0 \end{cases} \quad (8.3)$$

其中杆的区间为$a \leqslant x \leqslant b$．扩散系数$D$控制热传输的速度．在区间$[a, b]$上，函数$f(x)$给出杆上的初始温度分布，而函数$l(t), r(t)$，其中$t \geqslant 0$，给出了末端的温度．这里我们使用初值条件$f(x)$和边值条件$l(t)$以及$r(t)$的混合来确定PDE的唯一解．

8.1.1 前向差分方法

使用有限差分方法近似偏微分方程的解，这和前面两章中的思路一致．思想是在独立变量空间中放置网格，并对PDE离散化．连续问题变成有限方程构成的离散问题．如果PDE是线性的，则离散方程也是线性的，可以使用第2章中的方法进行求解．

为了在区间$[0, T]$上对热方程进行离散化，我们考虑如图8.1，其中点构成的一个格子，或者网格．实心圆表示从初值和边值条件中已知的解$u(x, t)$．空心圆是网格点，这些格点通过这种方法将被填充．我们将使用$u(x_i, t_j)$表示精确解．(x_i, t_j)处的近似解表示为w_{ij}．令M和N为在x和t方向所有的步数，令$h = (b-a)/M$，$k = T/N$是x与t方向的步长．

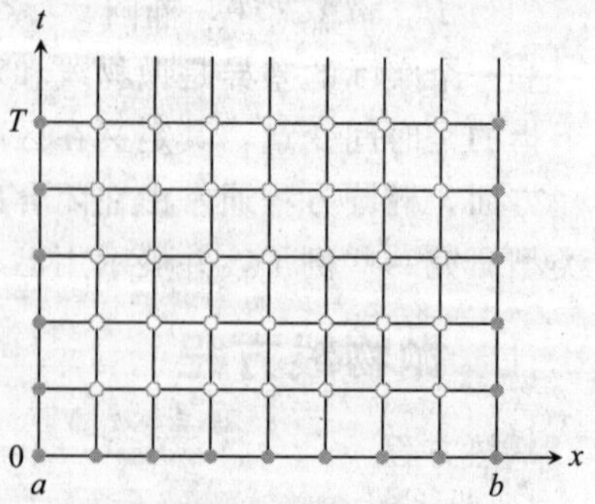

可以使用第5章的离散公式近似在x和t方向的导数．例如，使用中心差分公式，关于x的二阶导数如下

$$u_{xx}(x,t) \approx \frac{1}{h^2}(u(x+h,t) - 2u(x,t) + u(x-h,t)) \quad (8.4)$$

误差$h^2 u_{xxxx}(c_1, t)/12$；对于时间变量的一阶导数的前向差分公式得到

$$u_t(x,t) \approx \frac{1}{k}(u(x,t+k) - u(x,t)) \quad (8.5)$$

图8.1 有限差分模型网格．填充圆形表示已知的初始和边界条件．未填充圆表示需要确定的未知的值

其中误差$ku_{tt}(x, c_2)/2$，$x-h < c_1 < x+h$，$t < c_2 < t+h$．代入点(x_i, t_j)处的热方程中

得到

$$\frac{D}{h^2}(w_{i+1,j} - 2w_{ij} + w_{i-1,j}) \approx \frac{1}{k}(w_{i,j+1} - w_{ij}) \tag{8.6}$$

局部截断误差为 $O(k)+O(h^2)$. 正如我们对于常微分方程的研究，只要方法是稳定的，从局部截断误差可以很好地了解全局误差. 我们将在描述实现细节后，探索有限差分方法的稳定性. 注意到初始条件和边界条件给出已知的值 $w_{i0}(i=0,\cdots,M)$ 以及 w_{0j} 与 $w_{Mj}(j=0,\cdots,N)$，这对应于图 8.1 中矩形的侧边和底边. 离散版本(8.6)可以通过时间步进来求解. 重写(8.6)得到

$$w_{i,j+1} = w_{ij} + \frac{DK}{h^2}(w_{i+1,j} - 2w_{ij} + w_{i-1,j}) = \sigma w_{i+1,j} + (1-2\sigma)w_{ij} + \sigma w_{i-1,j} \tag{8.7}$$

其中我们定义 $\sigma = DK/h^2$. 图 8.2 显示了包含在(8.7)中的网格点，常被称为该方法的**模板**(stencil).

由于是从前面已知的值确定新值(关于时间的新值)的方式，前向差分方法(8.7)是**显式**方法. 非显式的方法称为**隐式**方法. 方法的模板表明当前方法是显式方法，在矩阵形式中，我们可以得到在 t_{j+1} 时刻的值 $w_{i,j+1}$，计算矩阵乘法，$w_{j+1} = Aw_j + s_j$，或者

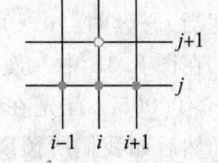

图 8.2 前向差分方法模板. 空心圆表示 $w_{i,j+1}$，可以通过(8.7)中的实心圆点 $w_{i-1,j}$、w_{ij} 和 $w_{i+1,j}$ 来确定

$$\begin{bmatrix} w_{1,j+1} \\ \vdots \\ w_{m,j+1} \end{bmatrix} = \begin{bmatrix} 1-2\sigma & \sigma & 0 & \cdots & 0 \\ \sigma & 1-2\sigma & \sigma & \ddots & \vdots \\ 0 & \sigma & 1-2\sigma & \ddots & 0 \\ \vdots & \ddots & \ddots & \ddots & \sigma \\ 0 & \cdots & 0 & \sigma & 1-2\sigma \end{bmatrix} \begin{bmatrix} w_{1j} \\ \vdots \\ w_{mj} \end{bmatrix} + \sigma \begin{bmatrix} w_{0,j} \\ 0 \\ \vdots \\ 0 \\ w_{m+1,j} \end{bmatrix} \tag{8.8}$$

这里，矩阵 A 是 $m \times m$ 的矩阵，其中 $m = M-1$. 右侧的向量 s_j 表示问题的侧边条件，在当前情况下指的是在杆末端的温度.

求解简化为迭代的矩阵公式，这允许一行一行地填充图 8.1 中的空心圆点，迭代矩阵形式为 $w_{j+1} = Aw_j + s_j$，和第 2 章描述的线性方程组的迭代相似. 在第 2 章中我们知道迭代方法的收敛依赖于矩阵的特征值. 在当前的问题中，利用矩阵的特征值分析误差的放大.

考虑 $D=1$ 时的热方程，初始条件 $f(x) = \sin^2 2\pi x$，边界条件中对于所有的 t，$u(0,t) = u(1,t) = 0$. 程序 8.1 中的 MATLAB 代码实现(8.8)的计算.

```
% 程序8.1 热方程的前向差分方法
% 输入:空间区间[xl,xr], 时间区间[yb,yt],
%      空间步数M, 时间步数N
% 输出:解w
% 使用示例:w=heatfd(0,1,0,1,10,250)
function w=heatfd(xl,xr,yb,yt,M,N)
f=@(x) sin(2*pi*x).^2;
l=@(t) 0*t;
r=@(t) 0*t;
D=1;                          % 扩散系数
h=(xr-xl)/M; k=(yt-yb)/N; m=M-1; n=N;
sigma=D*k/(h*h);
```

```
a=diag(1-2*sigma*ones(m,1))+diag(sigma*ones(m-1,1),1);
a=a+diag(sigma*ones(m-1,1),-1);       % 定义矩阵a
lside=l(yb+(0:n)*k); rside=r(yb+(0:n)*k);
w(:,1)=f(xl+(1:m)*h)';                % 初始条件
for j=1:n
  w(:,j+1)=a*w(:,j)+sigma*[lside(j);zeros(m-2,1);rside(j)];
end
w=[lside;w;rside];                    % 加上边界条件
x=(0:m+1)*h;t=(0:n)*k;
mesh(x,t,w')                          % 解w的三维图
view(60,30);axis([xl xr yb yt -1 1])
```

初始的温度峰值会随着时间进行扩散,得到类似图 8.3a 的图. 在那张图中,使用公式 (8.8),沿着杆的步长为 $h=0.1$,在时间轴上的 $k=0.004$,显式前向差分方法(8.7)给出如图 8.3a 的近似解,证明在一个时间单位后,在近似平衡处有一个平滑的热流动. 这和杆的温度当 $t\to\infty$ 时,$u\to 0$ 的情况对应.

在图 8.3b 中,使用稍微大一点的步长 $k>0.005$. 首先在开始的时候有热凸起,然后如我们所预期的开始消亡;但是更多的时间步后,近似过程中产生的小的误差被前向差分方法放大,导致解偏离了正确的零平衡. 这是求解过程的问题,也是方法不稳定的信号. 如果允许仿真过程继续进行,误差会继续放大,并且没有边界. 因而这限制我们将时间步 k 设置得很小,以保证收敛.

8.1.2 前向差分方法的稳定分析

在前面热方程仿真中出现的奇怪的情况,已经把我们带到问题的核心. 在使用前向差分方法求解偏微分方程时,通过误差控制找出有效步长,已变为高效求解的关键问题.

正如前面研究的 ODE 情况,包含有两种类型的误差. 离散化本身由于近似导数就带来截断误差. 我们从泰勒公式(8.4)和(8.5)知道这种误差的大小. 另外,还有由于方法自身造成的误差放大. 为了探索

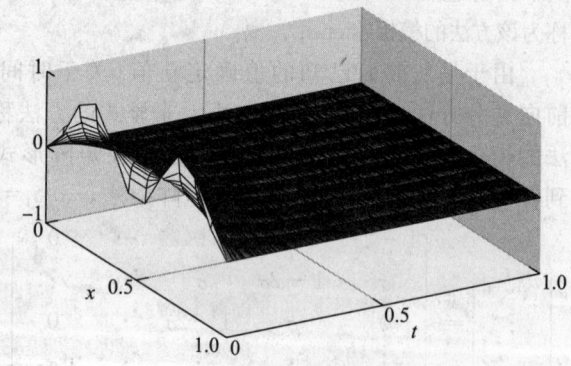

a) 对于步长 $k=0.0040$ 前向差分方法稳定

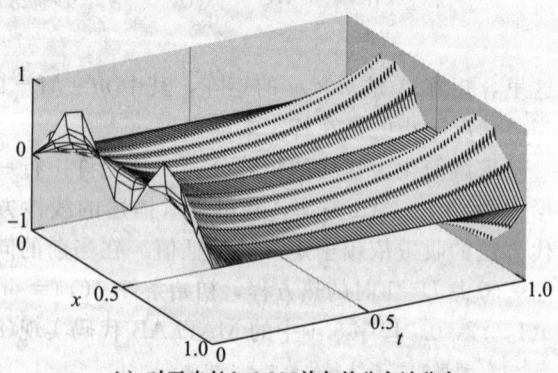

b) 对于步长 $k>0.005$ 前向差分方法稳定

图 8.3 使用程序 8.1 的前向有限差分方法近似的热方程(8.2). 扩散参数 $D=1$,初始条件 $f(x)=\sin^2 2\pi x$. 空间步长 $h=0.1$

这种放大,我们需要更细致地看有限差分方法如何工作. 冯·诺依曼(Von Neumann)稳定分析度量了误差放大,或者扩大. 对于一个稳定方法,必须选择步长使得放大因子不大于 1.

令 y_j 是满足方程(8.8) $y_{j+1}=Ay_j+s_j$ 的精确解,令 w_j 是计算得到的近似值,满足

$w_{j+1} = Aw_j + s_j$. 误差 $e_j = w_j - y_j$ 满足

$$e_j = w_j - y_j = Aw_{j-1} + s_{j-1} - (Ay_{j-1} + s_{j-1}) = A(w_{j-1} - y_{j-1}) = Ae_{j-1} \tag{8.9}$$

附录 A 中的定理 A.7 指出为了保证误差 e_j 不被放大,我们必须要求谱半径 $\rho(A)<1$. 这种要求对于有限差分方法中的步长 h 和 k 提出限制. 为了确定这种限制,我们需要知道对称三对角矩阵的特征值的信息.

考虑下面的基本例子:

$$T = \begin{bmatrix} 1 & -1 & 0 & \cdots & 0 \\ -1 & 1 & -1 & \ddots & \vdots \\ 0 & -1 & 1 & \ddots & 0 \\ \vdots & \ddots & \ddots & \ddots & -1 \\ 0 & \cdots & 0 & -1 & 1 \end{bmatrix} \tag{8.10}$$

定理 8.1 (8.10)矩阵 T 的特征向量是(8.12)中的向量 v_j, 其中 $j=1,\cdots,m$, 对应的特征值为 $\lambda_i = 1 - 2\cos\pi j/(m+1)$.

证明 首先,回忆三角学中的正弦求和公式. 对于任意整数 i 和实数 x, 我们可以对下面的两个方程求和

$$\sin(i-1)x = \sin ix \cos x - \cos ix \sin x$$
$$\sin(i+1)x = \sin ix \cos x + \cos ix \sin x$$

得到

$$\sin(i-1)x + \sin(i+1)x = 2\sin ix \cos x$$

重写可以得到

$$-\sin(i-1)x + \sin ix - \sin(i+1)x = (1-2\cos x)\sin ix \tag{8.11}$$

图 8.11 可以看做与 T 矩阵乘法. 固定整数 j, 定义向量

$$v_j = \left[\sin\frac{j\pi}{m+1}, \sin\frac{2\pi j}{m+1}, \cdots, \sin\frac{m\pi j}{m+1} \right] \tag{8.12}$$

注意到该模式:如同在(8.11)中,元素形如 $\sin ix$, 其中 $x = \pi j/(m+1)$. 现在(8.11)意味着

$$Tv_j = \left(1 - 2\cos\frac{\pi j}{m+1}\right)v_j \tag{8.13}$$

其中 $j=1,\cdots,m$, 这展示了 m 个特征值和特征向量. ∎

当 j 从 $m+1$ 开始,向量 v_j 开始重复,因而如预期正好有 m 个特征值(见习题 6). T 所有的特征值都在 -1 和 3 之间.

定理 8.1 可用于找出任何三对角矩阵的特征值,其中的主对角线和上对角线是常数. 例如(8.8)中的矩阵 A 可以表示为 $A = -\sigma T + (1-\sigma)I$. 根据定理 8.1, A 的特征值是 $-\sigma(1-2\cos\pi j/(m+1)) + 1 - \sigma = 2\sigma(\cos\pi j/(m+1) - 1) + 1$, 其中 $j=1,\cdots,m$. 这里使用如下事实:矩阵加上单位阵的倍数对矩阵特征值所产生的平移量,就是乘上的倍数.

现在应用定理 A.7 的标准. 由于对于给定的 $x = \pi j/(m+1)$, 满足 $-2 < \cos x - 1 < 0$, 其中 $1 \leqslant j \leqslant m$, A 的特征值范围是 $-4\sigma + 1 \sim 1$. 假设扩散系数为 $D>0$, 我们需要限制

$\sigma<1/2$ 以保证 A 的所有特征值的绝对值都小于 1, 即 $\rho(A)<1$.

我们可以使用冯·诺依曼稳定分析来陈述结果.

定理 8.2 对于(8.2)热方程中所应用的前向差分方法, 令 h 是空间步长, k 为时间步长, 其中 $D>0$. 如果 $\dfrac{Dk}{h^2}<\dfrac{1}{2}$, 前向差分方法稳定.

我们的分析证实了在图 8.3 中的观测. 通过定义, 在图 8.3a 中 $\sigma=Dk/h^2=(1)(0.004)/(0.1)^2=0.4<1/2$. 而在图 8.3b 中 k 稍微大于 0.005, 导致 $\sigma>(1)(0.005)/(0.1)^2=1/2$, 可以观测到误差放大. 显式前向差分方法被称为**条件稳定**, 这是由于它的稳定性依赖于步长的选择.

8.1.3 后向差分方法

不同于前面的方法, 有限差分可以使用隐式方法来做, 这在误差放大方面具有更好的性质. 如前, 我们使用中心差分公式替换热方程中的 u_{xx}, 但是这一次我们使用后向差分公式近似 u_t,

$$u_t = \frac{1}{k}(u(x,t)-u(x,t-k)) + \frac{k}{2}u_{tt}(x,c_0)$$

其中 $t-k<c_0<t$. 我们的动机来自第 6 章, 通过使用(隐式)后向欧拉方法, 改进了(显式)欧拉方法的稳定性质, (隐式)后向欧拉方法使用后向差分.

使用差分公式替代在点 (x_i, t_j) 的热方程得到

$$\frac{1}{k}(w_{ij}-w_{i,j-1}) = \frac{D}{h^2}(w_{i+1,j}-2w_{ij}+w_{i-1,j}) \tag{8.14}$$

局部截断误差为 $O(k)+O(h^2)$, 和前向差分方法给出的误差相同. 方程(8.14)重写为

$$-\sigma w_{i+1,j}+(1+2\sigma)w_{ij}-\sigma w_{i-1,j}=w_{i,j-1}$$

其中 $\sigma=Dk/h^2$, 并写成 $m\times m$ 的矩阵方程

$$\begin{bmatrix} 1+2\sigma & -\sigma & 0 & \cdots & 0 \\ -\sigma & 1+2\sigma & -\sigma & \ddots & \vdots \\ 0 & -\sigma & 1+2\sigma & \ddots & 0 \\ \vdots & \ddots & \ddots & \ddots & -\sigma \\ 0 & \cdots & 0 & -\sigma & 1+2\sigma \end{bmatrix} \begin{bmatrix} w_{1j} \\ \vdots \\ \vdots \\ w_{mj} \end{bmatrix} = \begin{bmatrix} w_{1,j-1} \\ \vdots \\ \vdots \\ w_{m,j-1} \end{bmatrix} + \sigma \begin{bmatrix} w_{0j} \\ 0 \\ \vdots \\ 0 \\ w_{m+1,j} \end{bmatrix} \tag{8.15}$$

程序 8.1 仅做较小变化就可以改为**后向差分方法**.

```
% 程序8.2 对于热方程的后向差分方法
% 输入:空间区间[xl,xr],时间区间[yb,yt],
%       空间步数M,时间步数N
% 输出:解w
% 使用示例:w=heatbd(0,1,0,1,10,10)
function w=heatbd(xl,xr,yb,yt,M,N)
f=@(x) sin(2*pi*x).^2;
l=@(t) 0*t;
```

```
r=@(t) 0*t;
D=1;                                % 扩散系数
h=(xr-xl)/M; k=(yt-yb)/N; m=M-1; n=N;
sigma=D*k/(h*h);
a=diag(1+2*sigma*ones(m,1))+diag(-sigma*ones(m-1,1),1);
a=a+diag(-sigma*ones(m-1,1),-1);    % 定义矩阵a
lside=l(yb+(0:n)*k); rside=r(yb+(0:n)*k);
w(:,1)=f(xl+(1:m)*h)';              % 初始条件
for j=1:n
  w(:,j+1)=a\(w(:,j)+sigma*[lside(j);zeros(m-2,1);rside(j)]);
end
w=[lside;w;rside];                  % 加上边界条件
x=(0:m+1)*h;t=(0:n)*k;
mesh(x,t,w')                        % 解w的三维图
view(60,30);axis([xl xr yb yt -1 2])
```

例 8.1 对热方程应用后向差分方法

$$\begin{cases} u_t = u_{xx} & \text{对于所有 } 0 \leqslant x \leqslant 1, t \geqslant 0 \\ u(x,0) = \sin^2 2\pi x & \text{对于所有 } 0 \leqslant x \leqslant 1 \\ u(0,t) = 0 & \text{对于所有 } t \geqslant 0 \\ u(1,t) = 0 & \text{对于所有 } t \geqslant 0 \end{cases}$$

使用步长 $h=k=0.1$，我们得到如图 8.4 的近似解. 和图 8.3 中前向差分方法的性能相比，其中 $h=0.1$，k 必须非常小才能避免不稳定. ◀

隐式方法能改善性能的原因是什么？对后向差分方法的稳定分析和显式方法相似. 后向差分方法(8.15)可以看做是矩阵迭代

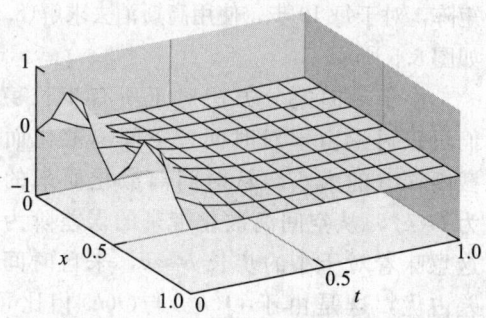

图 8.4 例 8.1 使用后向差分方法的近似. 扩散系数 $D=1$，步长为 $h=0.1$，$k=0.1$

$$w_j = A^{-1} w_{j-1} + b$$

其中

$$A = \begin{bmatrix} 1+2\sigma & -\sigma & 0 & \cdots & 0 \\ -\sigma & 1+2\sigma & -\sigma & \ddots & \vdots \\ 0 & -\sigma & 1+2\sigma & \ddots & 0 \\ \vdots & \ddots & \ddots & \ddots & -\sigma \\ 0 & \cdots & 0 & -\sigma & 1+2\sigma \end{bmatrix} \tag{8.16}$$

如同在对前向差分方法的冯·诺依曼稳定分析，相关的量是矩阵 A^{-1} 的特征值. 由于 $A = \sigma T + (1+\sigma)I$，由引理 8.1 可知矩阵 A 的特征值为

$$\sigma\left(1 - 2\cos\frac{\pi j}{m+1}\right) + 1 + \sigma = 1 + 2\sigma - 2\sigma\cos\frac{\pi j}{m+1}$$

A^{-1} 的特征值是倒数. 为了保证 A^{-1} 的谱半径小于 1，我们需要

$$|1 + 2\sigma(1 - \cos x)| > 1 \tag{8.17}$$

由于 $1 - \cos x \geqslant 0$ 以及 $\sigma = Dk/h^2 > 0$，这对于所有的 σ 都是正确的. 因而，隐式方法对于所有的 σ，所有选择的步长 h 和 k 都稳定，这是**无条件稳定**的定义. 因而步长可以设得相对

较大,在设置步长时,仅仅需要考虑局部截断误差.

定理 8.3 用于(8.2)热方程的后向差分方法中,令 h 是空间步长,k 是时间步长,其中 $D>0$. 对于任意 h 和 k,后向差分方法稳定.

例 8.2 应用后向差分方法求解热方程

$$\begin{cases} u_t = 4u_{xx} & \text{对于所有 } 0 \leqslant x \leqslant 1, 0 \leqslant t \leqslant 1 \\ u(x,0) = e^{-x/2} & \text{对于所有 } 0 \leqslant x \leqslant 1 \\ u(0,t) = e^t & \text{对于所有 } 0 \leqslant t \leqslant 1 \\ u(1,t) = e^{t-1/2} & \text{对于所有 } 0 \leqslant t \leqslant 1 \end{cases}$$

检查知道正确解为 $u(x,t)=e^{t-x/2}$. 设 $h=k=0.1$,$D=4$,可知 $\sigma = Dk/h^2 = 40$. 矩阵 A 是 9×9 的矩阵,对于每 10 步,使用高斯消去求解(8.15),解如图 8.5 所示.

由于后向差分方法对于所有步长稳定,我们可以讨论由于对时间、空间离散化而带来的截断误差的大小. 从时间离散化而来的误差阶为 $O(k)$,从空间离散化带来的误差阶为 $O(h^2)$. 这意味着对于小的步长 $h \approx k$,来自时间步的误差占优,这是由于 $O(h^2)$ 与 $O(k)$ 相比可忽略. 换句话说,后向差分方法的截断误差可以粗略表示为 $O(k)+O(h^2) \approx O(k)$.

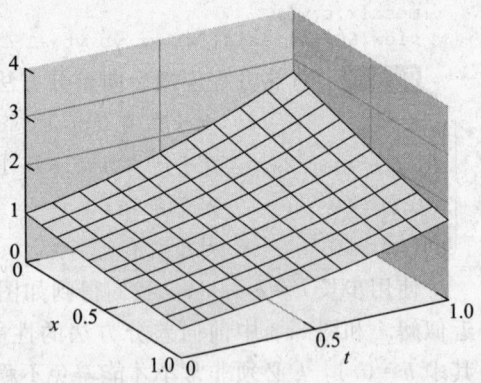

图 8.5 使用后向差分方法近似例 8.2 的解. 步长为 $h=0.1$,$k=0.1$

为了验证结论,我们使用隐式有限差分方法生成例 8.2 的解,其中固定 $h=0.1$,有一系列递减的 k. 下表显示在 $(x,t)=(0.5,1)$ 处的误差随着 k 线性减小;即当 k 减半时,误差也减半. 如果降低步长 h,计算量会升高,但是对于给定的 k 误差看起来相同.

h	k	$u(0.5, 1)$	$w(0.5, 1)$	误差
0.10	0.10	2.117 00	2.120 15	0.003 15
0.10	0.05	2.117 00	2.118 61	0.001 61
0.10	0.01	2.117 00	2.117 33	0.000 33

我们对热方程所施加的边界条件被称为**狄利克雷**(Dirichlet)边界条件. 该条件定义了解 $u(x,t)$ 在域边界上的值. 在最后一个例子中,狄利克雷条件 $u(0,t)=e^t$ 与 $u(1,t)=e^{t-1/2}$ 在域 $[0,1]$ 的边界上设置所需要的温度. 考虑作为热传导模型的热方程,这对应于将边界的温度保持为规定的量.

一种不同类型的边界条件对应于绝缘边界. 这里没有定义温度,但是假设热不能传出边界. 一般地,**诺依曼**边界条件定义了边界导数的值. 例如,在问题域 $[a,b]$ 上,对于所有的 t 要求 $u_x(a,t)=u_x(b,t)=0$ 为绝缘,即无流量边界. 一般地,边界条件设置为零,则称为**同质**边界条件.

偏微分方程

例 8.3 应用后向差分方法求解同质诺依曼边界条件热方程

$$\begin{cases} u_t = u_{xx} & \text{对于所有 } 0 \leqslant x \leqslant 1, 0 \leqslant t \leqslant 1 \\ u(x,0) = \sin^2 2\pi x & \text{对于所有 } 0 \leqslant x \leqslant 1 \\ u_x(0,t) = 0 & \text{对于所有 } 0 \leqslant t \leqslant 1 \\ u_x(1,t) = 0 & \text{对于所有 } 0 \leqslant t \leqslant 1 \end{cases} \tag{8.18}$$

回忆第 5 章中一阶导数的二阶公式

$$f'(x) = \frac{-3f(x) + 4f(x+h) - f(x+2h)}{2h} + O(h^2) \tag{8.19}$$

这个公式在 x 两侧的值都不知道的情况下非常有用. 对于诺依曼边界条件恰好就是这种情况. 因而我们将使用二阶近似

$$u_x(0,t) \approx \frac{-3u(0,t) + 4u(0+h,t) - u(0+2h,t)}{2h}$$

$$u_x(1,t) \approx \frac{-u(1-2h,t) + 4u(1-h,t) - 3u(1,t)}{-2h}$$

将导数近似设置为零,将公式变为

$$-3w_0 + 4w_1 - w_2 = 0$$

$$-w_{M-2} + 4w_{M-1} - 3w_M = 0$$

这些公式被加到方程的非边界部分. 注意到当我们从狄利克雷边界变到诺依曼边界,新的特点是我们需要求解两个边界点 w_0 和 w_M. 这意味着对于狄利克雷条件,后向差分方法的矩阵大小是 $m \times m$,其中 $m = M - 1$. 当我们移动到诺依曼边界条件,$m = M + 1$,矩阵变大了一点儿. 这个细节从程序 8.3 可以看到. 诺依曼条件对第一个和最后一个方程进行了替换.

```
% 程序8.3 热方程的后向差分方法
%     使用诺依曼边界条件
% 输入:空间区间[xl,xr],时间区间[yb,yt],
%      空间步数M,时间步数N
% 输出:解w
% 使用示例:w=heatbdn(0,1,0,1,20,20)
function w=heatbdn(xl,xr,yb,yt,M,N)
f=@(x) sin(2*pi*x).^2;
D=1;                              % 扩散系数
h=(xr-xl)/M; k=(yt-yb)/N; m=M+1; n=N;
sigma=D*k/(h*h);
a=diag(1+2*sigma*ones(m,1))+diag(-sigma*ones(m-1,1),1);
a=a+diag(-sigma*ones(m-1,1),-1); % 定义矩阵a
a(1,:)=[-3 4 -1 zeros(1,m-3)];   % 诺依曼条件
a(m,:)=[zeros(1,m-3) -1 4 -3];
w(:,1)=f(xl+(0:M)*h)';           % 初始条件
for j=1:n
  b=w(:,j);b(1)=0;b(m)=0;
  w(:,j+1)=a\b;
end
x=(0:M)*h;t=(0:n)*k;
mesh(x,t,w')                     % 解w的三维图
view(60,30);axis([xl xr yb yt -1 1])
```

图 8.6 显示程序 8.3 的结果. 使用诺依曼条件,边界值不再固定为 0,解进行浮动以

满足初始数据值的要求，这些数据则通过扩散进行平均，即乘上了1/2.

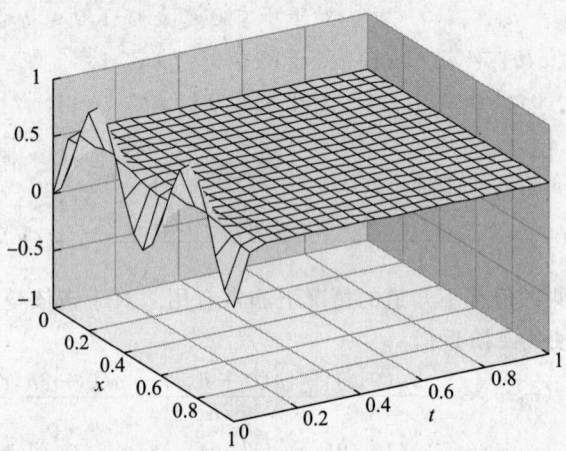

图 8.6 使用后向差分方法的诺依曼问题(8.18)的近似解. 步长为 $h=k=0.05$

8.1.4 Crank-Nicolson 方法

到目前为止，我们对于热方程的方法包含一个有时候稳定的显式方法，和总是稳定的隐式方法．两种方法当稳定时的误差都是 $O(k+h^2)$. 时间步长 k 需要足够小以获取好的精度．

Crank-Nicolson 方法是显式方法和隐式方法的结合，也是无条件稳定方法，误差为 $O(h^2)+O(k^2)$. 公式看起来更加复杂，但是考虑到提高的精度和保证的稳定性，这种复杂也是值得的．

Crank-Nicolson 对于时间导数使用后向差分公式，并均匀组合前向差分近似和后向差分近似．例如对于热方程(8.2)，使用如下的后向差分公式替换 u_t

$$\frac{1}{k}(w_{ij} - w_{i,j-1})$$

使用混合差分替换 u_{xx}

$$\frac{1}{2}\left(\frac{w_{i+1,j} - 2w_{ij} + w_{i-1,j}}{h^2}\right) + \frac{1}{2}\left(\frac{w_{i+1,j-1} - 2w_{i,j-1} + w_{i-1,j-1}}{h^2}\right)$$

再次设置 $\sigma = Dk/h^2$，我们可以重新组织热方程近似，形如

$$2w_{ij} - 2w_{i,j-1} = \sigma[w_{i+1,j} - 2w_{ij} + w_{i-1,j} + w_{i+1,j-1} - 2w_{i,j-1} + w_{i-1,j-1}]$$

或者

$$-\sigma w_{i-1,j} + (2+2\sigma)w_{ij} - \sigma w_{i+1,j} = \sigma w_{i-1,j-1} + (2-2\sigma)w_{i,j-1} + \sigma w_{i+1,j-1}$$

这带来如图 8.7 所示的模板.

设 $w_j = [w_{1j}, \cdots, w_{mj}]^T$，在矩阵形式中，Crank-Nicolson 方法为

$$Aw_j = Bw_{j-1} + \sigma(s_{j-1} + s_j)$$

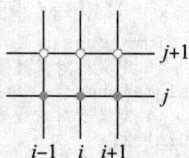

图 8.7 Crank-Nicolson 方法的网格点. 在每个时间步,空心圆是未知量,而实心圆是从上步得到的已知量

其中

$$A = \begin{bmatrix} 2+2\sigma & -\sigma & 0 & \cdots & 0 \\ -\sigma & 2+2\sigma & -\sigma & \ddots & \vdots \\ 0 & -\sigma & 2+2\sigma & \ddots & 0 \\ \vdots & \ddots & \ddots & \ddots & -\sigma \\ 0 & \cdots & 0 & -\sigma & 2+2\sigma \end{bmatrix},$$

$$B = \begin{bmatrix} 2-2\sigma & \sigma & 0 & \cdots & 0 \\ \sigma & 2-2\sigma & \sigma & \ddots & \vdots \\ 0 & \sigma & 2-2\sigma & \ddots & 0 \\ \vdots & \ddots & \ddots & \ddots & \sigma \\ 0 & \cdots & 0 & \sigma & 2-2\sigma \end{bmatrix}$$

$s_j = [w_{0j}, 0, \cdots, 0, w_{m+1,j}]^T$ 使用 Crank-Nicolson 求解热方程得到如图 8.8 的结果,其中步长 $h=0.1$, $k=0.1$. MATLAB 代码见程序 8.4.

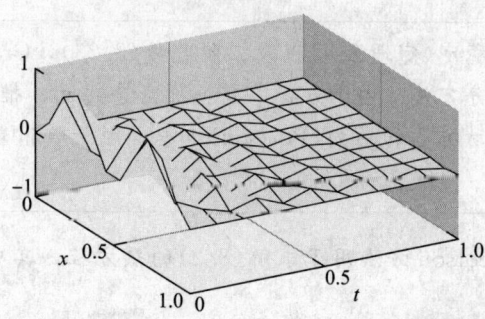

图 8.8 使用 Crank-Nicolson 方法的热方程(8.2)的近似解. 步长 $h=0.1$, $k=0.1$

```
% 程序8.4 Crank-Nicolson方法
%       使用狄利克雷边界条件
% 输入: 空间区间[xl,xr],时间区间[yb,yt],
%       空间步数M,时间步数N
% 输出: 解w
% 使用示例: w=crank(0,1,0,1,10,10)
function w=crank(xl,xr,yb,yt,M,N)
f=@(x) sin(2*pi*x).^2;
l=@(t) 0*t;
r=@(t) 0*t;
D=1;                         % 扩散系数
h=(xr-xl)/M;k=(yt-yb)/N;     % 步长
```

```
sigma=D*k/(h*h); m=M-1; n=N;
a=diag(2+2*sigma*ones(m,1))+diag(-sigma*ones(m-1,1),1);
a=a+diag(-sigma*ones(m-1,1),-1);      % 定义三对角线矩阵a
b=diag(2-2*sigma*ones(m,1))+diag(sigma*ones(m-1,1),1);
b=b+diag(sigma*ones(m-1,1),-1);       % 定义三对角线矩阵b
lside=l(yb+(0:n)*k); rside=r(yb+(0:n)*k);
w(:,1)=f(xl+(1:m)*h)';                % 初始条件
for j=1:n
    sides=[lside(j)+lside(j+1);zeros(m-2,1);rside(j)+rside(j+1)];
    w(:,j+1)=a\(b*w(:,j)+sigma*sides);
end
w=[lside;w;rside];
x=xl+(0:M)*h;t=yb+(0:N)*k;
mesh(x,t,w');
view (60,30); axis([xl xr yb yt -1 1])
```

为了探索 Crank-Nicolson 的稳定性，我们必须找出矩阵 $A^{-1}B$ 的谱半径，其中 A 和 B 由前面段落给定．再次，问题矩阵可以写成关于 T 的形式．注意到 $A=\sigma T+(2+\sigma)I$，$B=-\sigma T+(2-\sigma)I$．对 T 的第 j 个特征向量 v_j 乘上 $A^{-1}B$ 得到

$$A^{-1}Bv_j = (\sigma T+(2+\sigma)I)^{-1}(-\sigma\lambda_j v_j+(2-\sigma)v_j) = \frac{1}{\sigma\lambda_j+2+\sigma}(-\sigma\lambda_j+2-\sigma)v_j$$

其中 λ_j 是 T 与 v_j 相关的特征值．$A^{-1}B$ 的特征值为

$$\frac{-\sigma\lambda_j+2-\sigma}{\sigma\lambda_j+2+\sigma} = \frac{4-(\sigma(\lambda_j+1)+2)}{\sigma(\lambda_j+1)+2} = \frac{4}{L}-1 \tag{8.20}$$

其中 $L=\sigma(\lambda_j+1)+2>2$，这是由于 $\lambda_j>-1$．(8.20) 的特征值因而在 -1 和 1 之间．Crank-Nicolson 方法和隐式有限差分一致，为无条件稳定方法．

> **收敛** 由于无条件稳定(定理 8.4)以及二阶收敛(8.23)，Crank-Nicolson 是用于求解热方程方便的有限差分方法．由于方程中有一阶偏导数 u_t，推导这个方法并不直观．对于本章后面讨论的波动方程和泊松(Poisson)方程，由于仅出现二阶导数，会更容易找到二阶稳定的方法．

定理 8.4 Crank-Nicolson 方法用于求解 (8.2) 的热方程，其中 $D>0$，对于任何步长 $h,k>0$，该方法都稳定．

在本节最后，我们推导 Crank-Nicolson 方法的截断误差，即 $O(h^2)+O(k^2)$．除了无条件稳定，对于热方程 $u_t=Du_{xx}$，这种截断误差使得该方法一般优于前向差分和后向差分方法．

需要下面的 4 个方程用于推导．我们假设对于解 u 存在更高阶的导数．从习题 5.1.24 知，我们有后向差分公式

$$u_t(x,t) = \frac{u(x,t)-u(x,t-k)}{k} + \frac{k}{2}u_{tt}(x,t) - \frac{k^2}{6}u_{ttt}(x,t_1) \tag{8.21}$$

其中 $t-k<t_1<t$，并假设偏导数存在．相对于变量 t 展开 u_{xx} 的泰勒级数，得到

$$u_{xx}(x,t-k) = u_{xx}(x,t) - ku_{xxt}(x,t) + \frac{k^2}{2}u_{xxtt}(x,t_2)$$

其中 $t-k<t_2<t$，或者

$$u_{xx}(x,t) = u_{xx}(x,t-k) - ku_{xxt}(x,t) - \frac{k^2}{2}u_{xxtt}(x,t_2) \tag{8.22}$$

对于二阶导数的中心差分公式有

$$u_{xx}(x,t) = \frac{u(x+h,t)-2u(x,t)+u(x-h,t)}{h^2} + \frac{h^2}{12}u_{xxxx}(x_1,t) \tag{8.23}$$

以及

$$u_{xx}(x,t-k) = \frac{u(x+h,t-k)-2u(x,t-k)+u(x-h,t-k)}{h^2} + \frac{h^2}{12}u_{xxxx}(x_2,t-k) \tag{8.24}$$

其中 x_1 和 x_2 在 x 和 $x+h$ 之间.

将前面的 4 个方程代入热方程

$$u_t = D\left(\frac{1}{2}u_{xx} + \frac{1}{2}u_{xx}\right)$$

其中我们将右侧分为两个部分. 策略是使用(8.21)替换左侧，右侧的前半部分为(8.23)，右侧的后半部分为(8.22)，结合起来为(8.24). 如下

$$\frac{u(x,t)-u(x,t-k)}{k} + \frac{k}{2}u_{tt}(x,t) - \frac{k^2}{6}u_{ttt}(x,t_1)$$

$$= \frac{1}{2}D\left[\frac{u(x+h,t)-2u(x,t)+u(x-h,t)}{h^2} + \frac{h^2}{12}u_{xxxx}(x_1,t)\right]$$

$$+ \frac{1}{2}D\left[ku_{xxt}(x,t) - \frac{k^2}{2}u_{xxtt}(x,t_2)\right.$$

$$\left. + \frac{u(x+h,t-k)-2u(x,t-k)+u(x-h,t-k)}{h^2} + \frac{h^2}{12}u_{xxxx}(x_2,t-k)\right]$$

因而，和差商相关的误差是余项

$$-\frac{k}{2}u_{tt}(x,t) + \frac{k^2}{6}u_{ttt}(x,t_1) + \frac{Dh^2}{24}[u_{xxxx}(x_1,t)+u_{xxxx}(x_2,t-k)]$$

$$+ \frac{Dk}{2}u_{xxt}(x,t) - \frac{Dk^2}{4}u_{xxtt}(x,t_2)$$

这个式子可以通过事实 $u_t = Du_{xx}$ 进行简化. 例如，注意到 $Du_{xxt} = (Du_{xx})_t = u_{tt}$，这使得误差中第一和第四项都可以消去. 截断误差为

$$\frac{k^2}{6}u_{ttt}(x,t_1) - \frac{Dk^2}{4}u_{xxtt}(x,t_2) + \frac{Dh^2}{24}[u_{xxxx}(x_1,t)+u_{xxxx}(x_2,t-k)]$$

$$= \frac{k^2}{6}u_{ttt}(x,t_1) - \frac{k^2}{4}u_{tt}(x,t_2) + \frac{h^2}{24D}[u_{tt}(x_1,t)+u_{tt}(x_2,t-k)]$$

关于 t 的泰勒展开

$$u_{tt}(x_2,t-k) = u_{tt}(x_2,t) - ku_{ttt}(x_2,t_4)$$

使得截断误差等于 $O(h^2)+O(k^2)+$ 高阶项. 我们总结认为，Crank-Nicolson 方法为热方程的二阶无条件稳定方法.

为了显示 Crank-Nicolson 方法的快速收敛性，我们回到例 8.2 的方程. 同时参看编程问题 5 和 6 探索收敛率.

例 8.4 对如下热方程应用 Crank-Nicolson 方法

$$\begin{cases} u_t = 4u_{xx} & \text{对于所有 } 0 \leqslant x \leqslant 1, 0 \leqslant t \leqslant 1 \\ u(x,0) = e^{-x/2} & \text{对于所有 } 0 \leqslant x \leqslant 1 \\ u(0,t) = e^t & \text{对于所有 } 0 \leqslant t \leqslant 1 \\ u(1,t) = e^{t-1/2} & \text{对于所有 } 0 \leqslant t \leqslant 1 \end{cases} \quad (8.25)$$

下表验证从前面计算预测的误差收敛率为 $O(h^2)+O(k^2)$. 正确解 $u(x,t) = e^{t-x/2}$ 在 $(x,t)=(0.5,1)$ 处求值为 $u=e^{3/4}$. 注意到当步长 h 和 k 减半，误差可以使用因子 4 进行消减. 和例 8.2 中的表进行比较.

h	k	u(0.5, 1)	w(0.5, 1)	误差
0.10	0.10	2.117 000 02	2.117 067 65	0.000 067 63
0.05	0.05	2.117 000 02	2.117 016 89	0.000 016 87
0.01	0.01	2.117 000 02	2.117 000 69	0.000 000 67

总结来说，我们对于抛物线方程引入三种数值方法，其中热方程是我们主要求解的例子. 前向差分方法是最直观的方法，后向差分方法无条件稳定，但是精度和前向差分方法相同. Crank-Nicolson 方法无条件稳定，并在时间和空间上具有二阶精度. 尽管热方程具有代表性，还有大量的抛物线方程可以使用这些方法进行求解.

一个重要的领域是关于生物种群数量时空进化的扩散方程. 考虑在某个地形地带生活的物种群（细菌、草原犬等.）的数量. 首先简单地将面片定义为线段 $[0, L]$. 我们将使用偏微分方程对 $u(x, t)$ 建模，这对应每个点的数量密度，其中 $0 \leqslant x \leqslant L$. 数量向外扩散，和热扩散相似，如果可能的话，会从高密度区域扩散到低密度区域. 它们也可能生长或者死亡，如下面的例子所示.

例 8.5 考虑和生长率成正比的扩散方程

$$\begin{cases} u_t = Du_{xx} + Cu \\ u(x,0) = \sin^2 \dfrac{\pi}{L} x & \text{对于所有 } 0 \leqslant x \leqslant L \\ u(0,t) = 0 & \text{对于所有 } t \geqslant 0 \\ u(L,t) = 0 & \text{对于所有 } t \geqslant 0 \end{cases} \quad (8.26)$$

在时刻 t 以及位置 x 的数量密度表示为 $u(x,t)$. 我们使用狄利克雷边界条件表示种群不能在面片 $0 \leqslant x \leqslant L$ 以外生活.

这可能是**反应-扩散**方程最简单的例子. 扩散项 Du_{xx} 导致种群在 x 方向扩散，而反应项 Cu 贡献了数量增长率 C. 由于狄利克雷边界条件，当种群到达边界时就会被抹去. 在反应-扩散方程中，在扩散的平滑趋势和反应贡献的增长之间有一个竞争. 种群是存活下来还是走向灭绝，依赖于扩散参数 D 和增长率 C 之间的竞争，以及面片的大小 L.

使用 Crank-Nicolson 求解问题. 方程的左侧替换为

$$\frac{1}{k}(w_{ij} - w_{i,j-1})$$

右侧混合了前向和后向差分

$$\frac{1}{2}\left(D\frac{w_{i+1,j} - 2w_{ij} + w_{i-1,j}}{h^2} + Cw_{ij}\right) + \frac{1}{2}\left(D\frac{w_{i+1,j-1} - 2w_{i,j-1} + w_{i-1,j-1}}{h^2} + Cw_{i,j-1}\right)$$

设 $\sigma = Dk/h^2$，可以重写

$$-\sigma w_{i-1,j} + (2 + 2\sigma - kC)w_{ij} - \sigma w_{i+1,j} = \sigma w_{i-1,j-1} + (2 - 2\sigma + kC)w_{i,j-1} + \sigma w_{i+1,j-1}$$

和 Crank-Nicolson 方法用于前面的热扩散方程相比，仅仅需要从矩阵 A 的对角线中减去 kC，并在矩阵 B 的对角线中加上 kC。这带来程序 8.4 中两行的变化。

图 8.9 显示对 (8.26) 应用 Crank-Nicolson 方法的结果，其中系数 $D=1$，面片 $[0, 1]$。当选择 $C=9.5$，原始的种群密度长时间后趋近于零。当 $C=10$ 时，种群繁盛。尽管这超出我们这里讨论的范围，模型也显示只要

$$C > \pi^2 D/L^2 \tag{8.27}$$

种群就会存活下来。在我们的情况下，$C > \pi^2$，这个数值在 9.5 和 10 之间，解释了图 8.9 中看到的结果。对生物种群建模，通常反向使用信息：给定已知的种群生长率以及扩散率，研究种群存活的生态学家想知道可以支持这个种群数量的最小区域的大小。

编程问题 7 和 8 进一步探索反应-扩散模型。非线性反应-扩散模型是 8.4 节的重点。

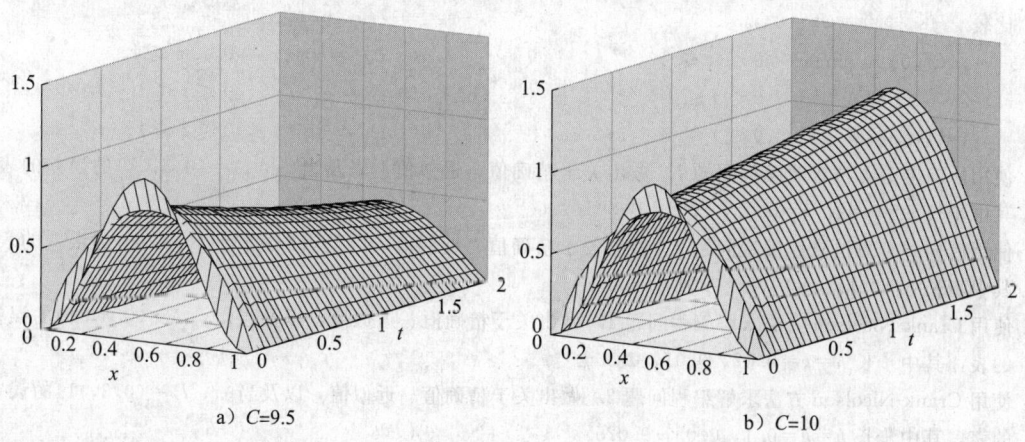

a) $C=9.5$ b) $C=10$

图 8.9 使用 Crank-Nicolson 方法近似方程 (8.26) 的解。参数为 $D=1$，$L=1$，步长为 $h=k=0.05$

8.1 节习题

1. 证明函数 (a) $u(x, t) = e^{2t+x} + e^{2t-x}$，(b) $u(x, t) = e^{2t+x}$ 是热方程 $u_t = 2u_{xx}$ 的解，具有如下指定的初值条件：

(a) $\begin{cases} u(x,0) = 2\cosh x & 0 \leqslant x \leqslant 1 \\ u(0,t) = 2e^{2t} & 0 \leqslant t \leqslant 1 \\ u(1,t) = (e^2 + 1)e^{2t-1} & 0 \leqslant t \leqslant 1 \end{cases}$ (b) $\begin{cases} u(x,0) = e^x & 0 \leqslant x \leqslant 1 \\ u(0,t) = e^{2t} & 0 \leqslant t \leqslant 1 \\ u(1,t) = e^{2t+1} & 0 \leqslant t \leqslant 1 \end{cases}$

2. 证明函数 (a) $u(x, t) = e^{-\pi t}\sin\pi x$，(b) $u(x, t) = e^{-\pi t}\cos\pi x$ 是热方程 $\pi u_t = u_{xx}$ 的解，具有如下指定的初值条件：

(a) $\begin{cases} u(x,0) = \sin\pi x & 0 \leqslant x \leqslant 1 \\ u(0,t) = 0 & 0 \leqslant t \leqslant 1 \\ u(1,t) = 0 & 0 \leqslant t \leqslant 1 \end{cases}$ (b) $\begin{cases} u(x,0) = \cos\pi x & 0 \leqslant x \leqslant 1 \\ u(0,t) = e^{-\pi t} & 0 \leqslant t \leqslant 1 \\ u(1,t) = -e^{-\pi t} & 0 \leqslant t \leqslant 1 \end{cases}$

3. 证明：如果函数 $f(x)$ 是三阶多项式，则 $u(x,t) = f(x) + ctf''(x)$ 是初值问题 $u_t = cu_{xx}$，$u(x,0) = f(x)$ 的解.

4. 如果 $c<0$，对于热方程使用后向差分方法是否无条件稳定？请解释.

5. 验证特征值方程(8.13).

6. 证明(8.12)中的非零向量 v_j，对于所有的整数 m，不考虑符号变化仅仅包含 m 个不同的向量.

8.1 节编程问题

1. 求解方程 $u_t = 2u_{xx}$，其中 $0 \leqslant x \leqslant 1$，$0 \leqslant t \leqslant 1$，使用下面的初值条件和边值条件，使用前向差分方法，步长为 $h = 0.1$ 以及 $k = 0.002$. 使用 MATLAB 的 mesh 命令画出近似解. 如果使用 $k > 0.003$ 会发生什么？与习题 1 中的精确解比较.

(a) $\begin{cases} u(x,0) = 2\cosh x & 0 \leqslant x \leqslant 1 \\ u(0,t) = 2e^{2t} & 0 \leqslant t \leqslant 1 \\ u(1,t) = (e^2+1)e^{2t-1} & 0 \leqslant t \leqslant 1 \end{cases}$ (b) $\begin{cases} u(x,0) = e^x & 0 \leqslant x \leqslant 1 \\ u(0,t) = e^{2t} & 0 \leqslant t \leqslant 1 \\ u(1,t) = e^{2t+1} & 0 \leqslant t \leqslant 1 \end{cases}$

2. 考虑方程 $\pi u_t = u_{xx}$，其中 $0 \leqslant x \leqslant 1$，$0 \leqslant t \leqslant 1$，具有如下的初值和边值条件. 设步长 $h = 0.1$. 对于多大的步长 k，前向差分方法稳定？使用前向差分方法，其中步长 $h = 0.1$，$k = 0.01$，与习题 2 中的精确解比较.

(a) $\begin{cases} u(x,0) = \sin\pi x & 0 \leqslant x \leqslant 1 \\ u(0,t) = 0 & 0 \leqslant t \leqslant 1 \\ u(1,t) = 0 & 0 \leqslant t \leqslant 1 \end{cases}$ (b) $\begin{cases} u(x,0) = \cos\pi x & 0 \leqslant x \leqslant 1 \\ u(0,t) = e^{-\pi t} & 0 \leqslant t \leqslant 1 \\ u(1,t) = -e^{-\pi t} & 0 \leqslant t \leqslant 1 \end{cases}$

3. 使用后向差分方法求解编程问题 1. 做出关于精确值、近似值，以及当 $(x,t) = (0.5,1)$ 的误差的表，其中步长 $h = 0.02$，$k = 0.02, 0.01, 0.005$.

4. 使用后向差分方法求解编程问题 2. 做出关于精确值、近似值，以及当 $(x,t) = (0.3,1)$ 的误差的表，其中步长 $h = 0.1$，$k = 0.02, 0.01, 0.005$.

5. 使用 Crank-Nicolson 方法求解编程问题 1. 做出关于精确值、近似值，以及当 $(x,t) = (0.5,1)$ 的误差的表，其中步长 $h = k = 0.02, 0.01, 0.005$.

6. 使用 Crank-Nicolson 方法求解编程问题 2. 做出关于精确值、近似值，以及当 $(x,t) = (0.3,1)$ 的误差的表，其中步长 $h = k = 0.1, 0.05, 0.025$.

7. 设 $D = 1$，找出最小的 C 使得(8.26)的种群在区域$[0, 10]$可以长时间存活. 使用 Crank-Nicolson 方法求近似解，并尝试验证你的结果和步长选择无关. 和(8.27)中的存活率结果比较.

8. 在(8.26)的种群问题中，设 $C = D = 1$，使用 Crank-Nicolson 方法找出允许种群存活的最小区域的大小. 和法则(8.27)比较.

8.2 双曲线方程

双曲线方程对显式方法的约束较小. 在本节中的代表性的双曲线方程即波动方程的例子中，探索有限差分方法的稳定性. 将介绍 CFL 条件，一般来说，这是 PDE 求解器稳定的必要条件.

8.2.1 波动方程

考虑偏微分方程

$$u_{tt} = c^2 u_{xx} \tag{8.28}$$

其中 $a \leqslant x \leqslant b$, $t \geqslant 0$. 和(8.1)中的一般形式相比,我们计算 $B^2 - 4AC = 4c^2 > 0$,因而这个方程是双曲线方程. 这个例子被称为**波动方程**,波动速度为 c. 需要定义如下典型的初值和边值条件以得到唯一解.

$$\begin{cases} u(x,0) = f(x) & \text{对于所有 } a \leqslant x \leqslant b \\ u_t(x,0) = g(x) & \text{对于所有 } a \leqslant x \leqslant b \\ u(a,t) = l(t) & \text{对于所有 } t \geqslant 0 \\ u(b,t) = r(t) & \text{对于所有 } t \geqslant 0 \end{cases} \tag{8.29}$$

和热方程的例子相比,由于方程有对于时间的高阶导数,则需要额外的初始条件. 直观来讲,波动方程描述了在 x 方向的扩散波的时间演化. 为了定义在这个过程中发生了什么,我们需要知道在每一点上波的初始形状和初始速度.

波动方程可以对于大量现象进行建模,从太阳大气中的电磁波到小提琴弦的震动. 方程包含振幅 u,对于小提琴来说,表示琴弦的物理偏移. 对于在空气中传播的声波,u 表示局部气压.

我们将对波动方程(8.28)应用有限差分方法并分析其稳定性. 有限差分方法在如图 8.1 的格点上运行,和抛物线的情况相同. 格点为 (x_i, t_j),其中 $x_i = a + ih$, $t_j = jk$,步长为 h 和 k. 和前面一样,我们将解 $u(x_i, t_j)$ 的近似表示为 w_{ij}.

为了离散化波动方程,使用中心差分公式(8.4)替换关于 x 和 t 方向的二阶偏导数:

$$\frac{w_{i,j+1} - 2w_{ij} + w_{i,j-1}}{k^2} - c^2 \frac{w_{i-1,j} - 2w_{ij} + w_{i+1,j}}{h^2} = 0$$

设 $\sigma = ck/h$,我们可以在下个时间步求解,并写出离散方程如下:

$$w_{i,j+1} = (2 - 2\sigma^2)w_{ij} + \sigma^2 w_{i-1,j} + \sigma^2 w_{i+1,j} - w_{i,j-1} \tag{8.30}$$

由于需要前面两个时刻,$j-1$ 与 j 的值,公式(8.30)不能用于第一个时间步. 这与 ODE 多步方法的初始阶段相似. 为了解决这个问题,我们可以引入三点中心差分公式近似开始时解 u 的导数:

$$u_t(x_i, t_j) \approx \frac{w_{i,j+1} - w_{i,j-1}}{2k}$$

在第一步 (x_i, t_1) 中代入初始数据得到

$$g(x_i) = u_t(x_i, t_0) \approx \frac{w_{i1} - w_{i,-1}}{2k}$$

或者换句话说,

$$w_{i,-1} \approx w_{i1} - 2kg(x_i) \tag{8.31}$$

将(8.31)代入有限差分公式(8.30),当 $j=0$ 时得到

$$w_{i1} = (2 - 2\sigma^2)w_{i0} + \sigma^2 w_{i-1,0} + \sigma^2 w_{i+1,0} - w_{i1} + 2kg(x_i)$$

这可以用于求解 w_{i1}，得到

$$w_{i1} = (1-\sigma^2)w_{i0} + kg(x_i) + \frac{\sigma^2}{2}(w_{i-1,0} + w_{i+1,0}) \tag{8.32}$$

公式(8.32)用于第一步．这是初始速度信息 g 参与计算的方式．对于随后的步数，使用公式(8.30)．由于对于时间和空间的导数都使用二阶公式，有限差分方法的误差为 $O(h^2) + O(k^2)$（见编程问题 3 和 4）．

以矩阵项写下有限差分方法，定义

$$A = \begin{bmatrix} 2-2\sigma^2 & \sigma^2 & 0 & \cdots & 0 \\ \sigma^2 & 2-2\sigma^2 & \sigma^2 & \ddots & \vdots \\ 0 & \sigma^2 & 2-2\sigma^2 & \ddots & 0 \\ \vdots & \ddots & \ddots & \ddots & \sigma^2 \\ 0 & \cdots & 0 & \sigma^2 & 2-2\sigma^2 \end{bmatrix} \tag{8.33}$$

初始方程(8.32)可以写成

$$\begin{bmatrix} w_{11} \\ \vdots \\ w_{m1} \end{bmatrix} = \frac{1}{2}A \begin{bmatrix} w_{10} \\ \vdots \\ w_{m0} \end{bmatrix} + k \begin{bmatrix} g(x_1) \\ \vdots \\ g(x_m) \end{bmatrix} + \frac{1}{2}\sigma^2 \begin{bmatrix} w_{00} \\ 0 \\ \vdots \\ 0 \\ w_{m+1,0} \end{bmatrix}$$

(8.30)随后的步数可以写成

$$\begin{bmatrix} w_{1,j+1} \\ \vdots \\ w_{m,j+1} \end{bmatrix} = A \begin{bmatrix} w_{1j} \\ \vdots \\ w_{mj} \end{bmatrix} - \begin{bmatrix} w_{1,j-1} \\ \vdots \\ w_{m,j-1} \end{bmatrix} + \sigma^2 \begin{bmatrix} w_{0j} \\ 0 \\ \vdots \\ 0 \\ w_{m+1,j} \end{bmatrix}$$

插入余下的额外数据，两个方程写成

$$\begin{bmatrix} w_{11} \\ \vdots \\ w_{m1} \end{bmatrix} = \frac{1}{2}A \begin{bmatrix} f(x_1) \\ \vdots \\ f(x_m) \end{bmatrix} + k \begin{bmatrix} g(x_1) \\ \vdots \\ g(x_m) \end{bmatrix} + \frac{1}{2}\sigma^2 \begin{bmatrix} l(t_0) \\ 0 \\ \vdots \\ 0 \\ r(t_0) \end{bmatrix}$$

(8.30)随后的步骤由下式给出

$$\begin{bmatrix} w_{1,j+1} \\ \vdots \\ w_{m,j+1} \end{bmatrix} = A \begin{bmatrix} w_{1j} \\ \vdots \\ w_{mj} \end{bmatrix} - \begin{bmatrix} w_{1,j-1} \\ \vdots \\ w_{m,j-1} \end{bmatrix} + \sigma^2 \begin{bmatrix} l(t_j) \\ 0 \\ \vdots \\ 0 \\ r(t_j) \end{bmatrix} \tag{8.34}$$

例 8.6 对波动方程应用显式有限差分方法,波动速度 $c=2$,初始条件 $f(x)=\sin\pi x$, $g(x)=l(x)=r(x)=0$.

图 8.10 显示了波动方程的近似解,其中 $c=2$. 显式有限差分方法是条件稳定方法;必须认真选择步长以避免求解器的不稳定. 图 8.10a 显示了稳定的选择,其中 $h=0.05$, $k=0.025$,图 8.10b 显示了不稳定的选择,其中 $h=0.05$,$k=0.032$. 对于波动方程应用显式有限差分方法,当时间步长 k 相对于空间步长 h 过大时,该方法不稳定.

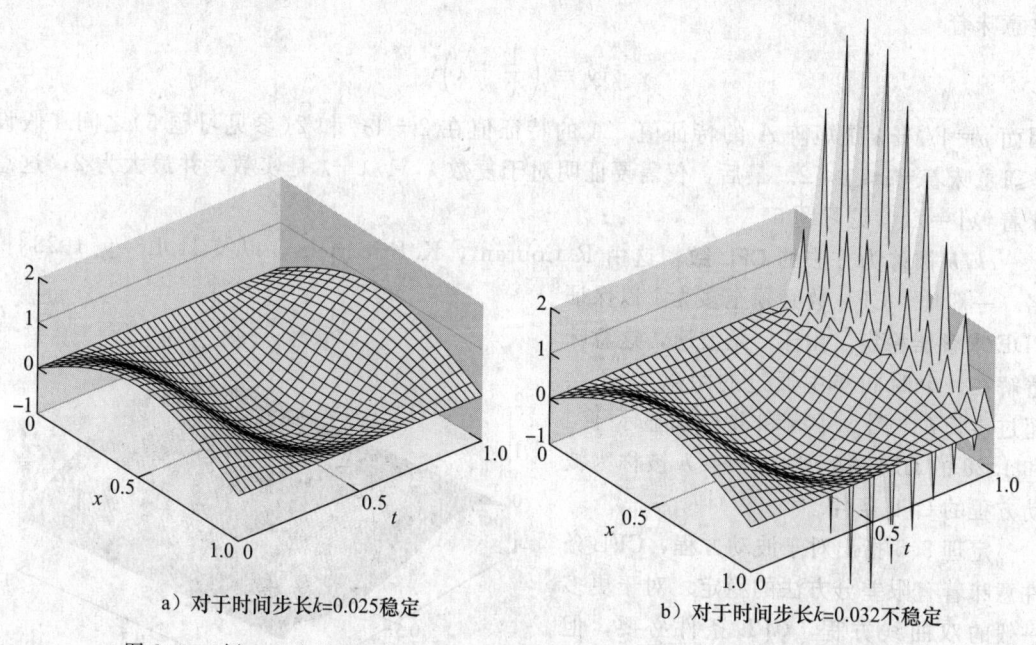

a) 对于时间步长 $k=0.025$ 稳定　　　　b) 对于时间步长 $k=0.032$ 不稳定

图 8.10 例 8.6 波动方程,使用显式有限差分方法近似. 空间步长是 $h=0.05$

8.2.2 CFL 条件

矩阵形式允许我们分析用于波动方程的显式有限差分方法的稳定性特征. 如定理 8.5 的分析结果,可以解释图 8.10.

定理 8.5 如果 $\sigma=ck/h\leqslant 1$,则应用于波动方程的有限差分方法稳定,其中波速 $c>0$.

证明 方程(8.34)的向量形式如下

$$w_{j+1} = Aw_j - w_{j-1} + \sigma^2 s_j \tag{8.35}$$

其中 s_j 是边界条件. 由于 w_{j+1} 同时依赖于 w_j 和 w_{j-1},为了研究误差放大,我们将(8.35)重写为

$$\begin{bmatrix} w_{j+1} \\ w_j \end{bmatrix} = \begin{bmatrix} A & -I \\ I & 0 \end{bmatrix} \begin{bmatrix} w_j \\ w_{j-1} \end{bmatrix} + \sigma^2 \begin{bmatrix} s_j \\ 0 \end{bmatrix} \tag{8.36}$$

该方法可以看做单步递归方法. 只要矩阵

$$A' = \begin{bmatrix} A & -I \\ I & 0 \end{bmatrix}$$

的特征值的绝对值的界为 1，该方法的误差就不会放大．

令 $\lambda \neq 0$，$(y, z)^T$ 是矩阵 A' 的特征值/特征向量，因而

$$\lambda y = Ay - z$$
$$\lambda z = y$$

这意味着

$$Ay = \left(\frac{1}{\lambda} + \lambda\right) y$$

因而 $\mu = 1/\lambda + \lambda$ 是矩阵 A 的特征值．A 的特征值在 $2 - 4\sigma^2$ 和 2（参见习题 5）之间．假设 $\sigma \leqslant 1$ 意味着 $-2 \leqslant \mu \leqslant 2$．最后，仅需要证明对于复数 λ，$1/\lambda + \lambda$ 是实数，并最大为 2，这意味着 $|\lambda| = 1$（参见习题 6）．

ck/h 被称为方法的 **CFL 数**，这由 R. Courant，K. Friedrichs，以及 H. Lewy[1928] 得名．一般地，CFL 数必须至多为 1 以保证 PDE 求解器稳定．由于 c 是波速，这意味着解在一个时间步中通过的距离 ck 不会超过步长 h．图 8.10a 和 b 分别显示了 1 和 1.28 的 CFL 数．约束 $ck \leqslant h$ 被称为波动方程的 **CFL 条件**．

定理 8.5 指出对于波动方程，CFL 条件意味着有限差分方法的稳定．对于更多一般的双曲线方程，CFL 条件必要，但并不足以保证稳定．参见 Morton 和 Mayers[1996] 的论著可以得到更多的细节．

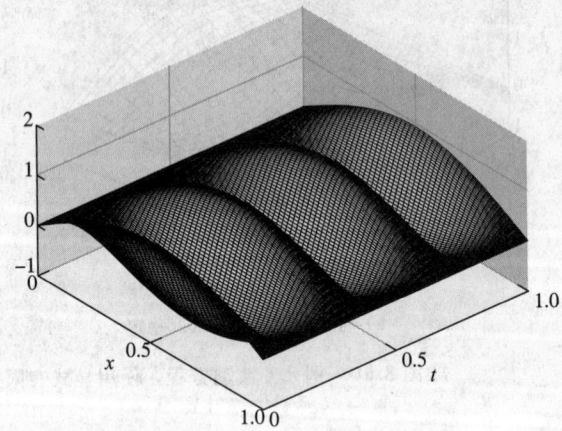

图 8.11 对于波动方程的显式有限差分方法，$c = 6$．步长 $h = 0.05$，$k = 0.008$ 满足 CFL 条件

波动方程中的波速参数 c 控制扩散的速度．图 8.11 显示了当 $c = 6$，正弦波初始条件在一个时间单元中震动三次，震动速度是 $c = 2$ 的情况下的三倍．

8.2 节习题

1. 证明函数(a) $u(x, t) = \sin \pi x \cos 4\pi t$，(b) $u(x, t) = e^{-x-2t}$，(c) $u(x, t) = \ln(1 + x + t)$ 是波动方程的解，具有如下的初值-边值条件：

(a) $\begin{cases} u_{tt} = 16 u_{xx} \\ u(x, 0) = \sin \pi x & 0 \leqslant x \leqslant 1 \\ u_t(x, 0) = 0 & 0 \leqslant x \leqslant 1 \\ u(0, t) = 0 & 0 \leqslant t \leqslant 1 \\ u(1, t) = 0 & 0 \leqslant t \leqslant 1 \end{cases}$

(b) $\begin{cases} u_{tt} = 4 u_{xx} \\ u(x, 0) = e^{-x} & 0 \leqslant x \leqslant 1 \\ u_t(x, 0) = -2 e^{-x} & 0 \leqslant x \leqslant 1 \\ u(0, t) = e^{-2t} & 0 \leqslant t \leqslant 1 \\ u(1, t) = e^{-1-2t} & 0 \leqslant t \leqslant 1 \end{cases}$

偏微分方程

(c) $\begin{cases} u_{tt} = u_{xx} \\ u(x,0) = \ln(1+x) & 0 \leqslant x \leqslant 1 \\ u_t(x,0) = 1/(1+x) & 0 \leqslant x \leqslant 1 \\ u(0,t) = \ln(1+t) & 0 \leqslant t \leqslant 1 \\ u(1,t) = \ln(2+t) & 0 \leqslant t \leqslant 1 \end{cases}$

2. 证明函数(a) $u(x, t) = \sin\pi x \sin 2\pi t$, (b) $u(x, t) = (x+2t)^5$, (c) $u(x, t) = \sinh x \cosh 2t$ 是波动方程的解，具有如下的初值-边值条件：

(a) $\begin{cases} u_{tt} = 4u_{xx} \\ u(x,0) = 0 & 0 \leqslant x \leqslant 1 \\ u_t(x,0) = 2\pi\sin\pi x & 0 \leqslant x \leqslant 1 \\ u(0,t) = 0 & 0 \leqslant t \leqslant 1 \\ u(1,t) = 0 & 0 \leqslant t \leqslant 1 \end{cases}$ (b) $\begin{cases} u_{tt} = 4u_{xx} \\ u(x,0) = x^5 & 0 \leqslant x \leqslant 1 \\ u_t(x,0) = 10x^4 & 0 \leqslant x \leqslant 1 \\ u(0,t) = 32t^5 & 0 \leqslant t \leqslant 1 \\ u(1,t) = (1+2t)^5 & 0 \leqslant t \leqslant 1 \end{cases}$

(c) $\begin{cases} u_{tt} = 4u_{xx} \\ u(x,0) = \sinh x & 0 \leqslant x \leqslant 1 \\ u_t(x,0) = 0 & 0 \leqslant x \leqslant 1 \\ u(0,t) = 0 & 0 \leqslant t \leqslant 1 \\ u(1,t) = \frac{1}{2}\left(e - \frac{1}{e}\right)\cosh 2t & 0 \leqslant t \leqslant 1 \end{cases}$

3. 证明 $u_1(x, t) = \sin\alpha x \cos c\alpha t$ 与 $u_2(x, t) = e^{x+ct}$ 是波动方程(8.28)的解.

4. 证明：如果 $s(x)$ 二阶可微，则 $u(x, t) = s(\alpha x + c\alpha t)$ 是波动方程(8.28)的解.

5. 证明(8.33)中矩阵 A 的特征值在 $2 - 4\sigma^2$ 与 2 之间.

6. 令 λ 是复数.

    (a) 证明如果 $\lambda + 1/\lambda$ 是一个实数，则 $|\lambda| = 1$ 或者 λ 是实数.

    (b) 证明如果 λ 是实数，且 $|\lambda + 1/\lambda| \leqslant 2$，则 $|\lambda| = 1$.

8.2 节编程问题

1. 使用有限差分方法，求解习题 1 中的初值-边值问题，其中 $0 \leqslant x \leqslant 1$, $0 \leqslant t \leqslant 1$, $h = 0.05$, $k = h/c$. 使用 MATLAB 的 mesh 命令画出解.

2. 使用有限差分方法，求解习题 2 中的初值-边值问题，其中 $0 \leqslant x \leqslant 1$, $0 \leqslant t \leqslant 1$, $h = 0.05$, k 足够小可以满足 CFL 条件. 画出解.

3. 对于习题 1 的波动方程，做出当 $(x, t) = (1/4, 3/4)$ 时近似值和误差的表，其中误差是步长 h 的函数，$h = ck = 2^{-p}$，其中 $p = 4, \cdots, 8$.

4. 对于习题 2 中的波动方程，做出当 $(x, t) = (1/4, 3/4)$ 时近似值和误差的表，其中误差是步长 h 的函数，$h = ck = 2^{-p}$，其中 $p = 4, \cdots, 8$.

8.3 椭圆方程

上一节处理了时间相关的方程．扩散方程对于热流建模，是时间的函数，波动方程则分析了波的运动．椭圆方程是本节讨论的重点，该方程对稳定状态建模，例如热在一个平面区域的稳态分布，其边界被设定为特定温度，就可以使用椭圆方程建模．由于时间通常不是椭圆方程的因子，我们将使用 x 和 y 表示独立变量.

定义 8.6 令 $u(x, y)$ 是二阶可微函数，定义 u 的**拉普拉斯方程**（Laplacian）为
$$\Delta u = u_{xx} + u_{yy}$$
对于一个连续函数 $f(x, y)$，偏微分方程
$$\Delta u(x, y) = f(x, y) \tag{8.37}$$
被称为**泊松方程**（Poisson equation）. 如果泊松方程中 $f(x, y) = 0$，则称为**拉普拉斯方程**（Laplace equation）. 拉普拉斯方程的解称为**调和函数**.

和(8.1)中的一般形式相比，我们计算 $B^2 - 4AC < 0$，因而泊松方程是椭圆方程. 为确定唯一解所需要的额外条件，一般是边界条件，通常使用两种一般形式的边界条件. 狄利克雷边界条件定义在解 $u(x, y)$ 的区域 R 边界 ∂R 的值. 诺依曼边界条件指定了在边界上的方向微分 $\partial u / \partial n$，其中 n 表示向外单位法向量.

例 8.7 证明 $u(x, y) = x^2 - y^2$ 是拉普拉斯方程在 $[0, 1] \times [0, 1]$ 上的解，其中狄利克雷边界条件如下

$$u(x, 0) = x^2$$
$$u(x, 1) = x^2 - 1$$
$$u(0, y) = -y^2$$
$$u(1, y) = 1 - y^2$$

拉普拉斯方程是 $\Delta u = u_{xx} + u_{yy} = 2 - 2 = 0$. 对于单位方块的底部、上部、左、右的边界条件可以通过代入方便检验.

泊松方程和拉普拉斯方程在经典物理中无处不在，它的解表示势能. 例如，电场 E 是电力势能 u 的梯度，即
$$E = -\nabla u$$
电场的梯度和电荷密度 ρ 的变化相关，由麦克斯韦方程
$$\nabla E = \frac{\rho}{\varepsilon}$$
其中 ε 是电容率. 把两个方程放在一起得到如下对于势能 u 的泊松方程
$$\Delta u = \nabla(\nabla u) = -\frac{\rho}{\varepsilon}$$
零电荷的特例中势能满足拉普拉斯方程 $\Delta u = 0$.

势能的其他情况使用泊松方程建模. 机翼在低速时候的空气动力，也被称为不可压缩无旋流，是拉普拉斯方程的解. 由物质密度 ρ 分布所形成的重力势能 u 满足泊松方程
$$\Delta u = 4\pi G\rho$$
其中 G 表示重力常数. 一个稳态的热分布，例如当时间 $t \to \infty$ 时热方程所达到的平衡，可以使用泊松方程建模. 在事实验证 8 中，泊松方程的变体用于对冷却散热片的热分布建模.

我们引入两种方法求解椭圆方程. 第一个是有限差分方法，和抛物线与双曲线方程中的情况相似. 第二种方法推广了第 7 章中求解边值问题的有限元方法. 在大多数我们考虑

偏微分方程

的椭圆方程的情况中，问题域都是二维，这带来了额外的记录代价.

8.3.1 椭圆方程的有限差分方法

我们将求解在平面上的矩形$[x_l, x_r]\times[y_b, y_t]$上的泊松方程$\Delta u=f$，狄利克雷边界条件如下

$$u(x,y_b)=g_1(x)$$
$$u(x,y_t)=g_2(x)$$
$$u(x_l,y)=g_3(y)$$
$$u(x_r,y)=g_4(y)$$

点的矩形网格如图 8.12a 所示，在水平方向使用$M=m-1$步，在垂直方向使用$N=n-1$步. 在x和y方向的网格大小分别是$h=(x_r-x_l)/M$和$k=(y_t-y_b)/N$.

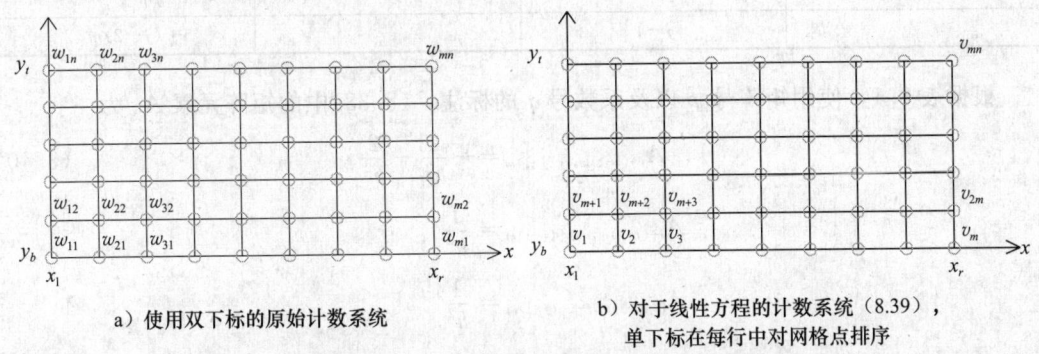

a) 使用双下标的原始计数系统

b) 对于线性方程的计数系统 (8.39)，单下标在每行中对网格点排序

图 8.12 泊松方程有限差分求解的网格，具有狄利克雷边界条件

有限差分方法包含使用差商近似导数. 中心差分公式(8.4)可用于拉普拉斯算子的二阶导数. 泊松方程$\Delta u=f$具有如下有限差分形式

$$\frac{u(x-h,y)-2u(x,y)+u(x+h,y)}{h^2}+O(h^2)$$
$$+\frac{u(x,y-k)-2u(x,y)+u(x,y+k)}{k^2}+O(k^2)=f(x,y)$$

可以写做关于近似解$w_{ij}\approx u(x_i, y_j)$的如下形式

$$\frac{w_{i-1,j}-2w_{ij}+w_{i+1,j}}{h^2}+\frac{w_{i,j-1}-2w_{i,j}+w_{i,j+1}}{k^2}=f(x_i,y_j) \tag{8.38}$$

其中 $x_i=x_l+(i-1)h,\ y_j=y_b+(j-1)k$，其中$1\leqslant i\leqslant m,\ 1\leqslant j\leqslant n$.

由于w_{ij}的方程是线性的，我们将构造矩阵求解mn个未知变量. 这带来了记录的问题：我们需要对双索引的未知变量重新标记，以形成线性顺序. 图 8.12b 显示了对于解的不同的计数系统，其中设

$$v_{i+(j-1)m}=w_{ij} \tag{8.39}$$

然后，我们将构造矩阵A以及向量b满足$Av=b$，并求解v，然后再变换回在矩形格

子上的解 w. 由于 v 是长度为 mn 的向量，A 为 $mn \times mn$ 矩阵，每个格点都有自己对应的线性方程.

由定义，A_{pq} 是 $Av=b$ 第 p 个方程的第 q 个线性系数. 例如，(8.38)表示格点(i,j)上的方程，根据(8.39)，我们称方程序号为 $p=i+(j-1)m$. (8.38)中关于 $w_{i-1,j}$, w_{ij}, … 的系数也根据(8.39)进行排序，在表8.1中将这些数放在一起.

表8.1 对于二维域的转化表. 格点(i,j)的方程编号为 p，对于不同的 q，它的系数是 A_{pq}，p 与 q 在表的右列给出，这是(8.39)的简单图示

x	y	方程序号 p	系数序号 q
i	j	$i+(j-1)m$	$i+(j-1)m$
$i+1$	j	—	$i+1+(j-1)m$
$i-1$	j	—	$i-1+(j-1)m$
i	$j+1$	—	$i+jm$
i	$j-1$	—	$i+(j-2)m$

根据表8.1，使用矩阵号 p 以及系数号 q 的标注，(8.38)中的矩阵元素 A_{pq} 为

$$A_{i+(j-1)m, i+(j-1)m} = -\frac{2}{h^2} - \frac{2}{k^2} \tag{8.40}$$

$$A_{i+(j-1)m, i+1+(j-1)m} = \frac{1}{h^2}$$

$$A_{i+(j-1)m, i-1+(j-1)m} = \frac{1}{h^2}$$

$$A_{i+(j-1)m, i+jm} = \frac{1}{k^2}$$

$$A_{i+(j-1)m, i+(j-2)m} = \frac{1}{k^2}$$

方程的右手侧对应于(i,j)是

$$b_{i+(j-1)m} = f(x_i, y_j)$$

这些 A 和 b 的元素对于图8.12格子的内部点成立，其中 $1<i<m$, $1<j<n$.

每个边界点也需要一个方程. 由于我们假设狄利克雷边界条件，这些方程很简单.

底侧 $w_{ij} = g_1(x_i)$ 其中 $j=1, 1 \leqslant i \leqslant m$
顶侧 $w_{ij} = g_2(x_i)$ 其中 $j=n, 1 \leqslant i \leqslant m$
左侧 $w_{ij} = g_3(y_i)$ 其中 $i=1, 1<i<n$
右侧 $w_{ij} = g_4(y_i)$ 其中 $i=m, 1<i<n$

狄利克雷条件通过表8.1转化为

底侧 $A_{i+(j-1)m, i+(j-1)m} = 1, b_{i+(j-1)m} = g_1(x_i)$ 其中 $j=1, 1 \leqslant i \leqslant m$
顶侧 $A_{i+(j-1)m, i+(j-1)m} = 1, b_{i+(j-1)m} = g_2(x_i)$ 其中 $j=n, 1 \leqslant i \leqslant m$
左侧 $A_{i+(j-1)m, i+(j-1)m} = 1, b_{i+(j-1)m} = g_3(y_j)$ 其中 $i=1, 1<j<n$
右侧 $A_{i+(j-1)m, i+(j-1)m} = 1, b_{i+(j-1)m} = g_4(y_j)$ 其中 $i=m, 1<j<n$

A 和 b 所有的元素都是 0. 线性方程组 $Av=b$ 可以使用第 2 章中的近似方法求解. 我们将在下个例子中展示标注系统.

例 8.8 应用有限差分方法 $m=n=5$，近似求解拉普拉斯方程 $\Delta u=0$，区间为 $[0,1]\times [1,2]$，狄利克雷边界条件如下：

$$u(x,1) = \ln(x^2+1)$$
$$u(x,2) = \ln(x^2+4)$$
$$u(0,y) = 2\ln y$$
$$u(1,y) = \ln(y^2+1)$$

有限差分方法的 MATLAB 代码如下：

```
% 程序8.5 对于2维泊松方程的有限差分方法求解器
%        在矩形域上具有狄利克雷边界条件
% 输入:矩形域[xl,xr]x[yb,yt]，具有MxN空间步
% 输出:包含解的值的矩阵w
% 使用示例:w=poisson(0,1,1,2,4,4)
function w=poisson(xl,xr,yb,yt,M,N)
f=@(x,y) 0; % 定义输入函数数据
g1=@(x) log(x.^2+1); % 定义边界值
g2=@(x) log(x.^2+4); % 显示例8.8
g3=@(y) 2*log(y);
g4=@(y) log(y.^2+1);

m=M+1;n=N+1; mn=m*n;
h=(xr-xl)/M;h2=h^2;k=(yt-yb)/N;k2=k^2;
x=xl+(0:M)*h; % 设置网格值
y=yb+(0:N)*k;
A=zeros(mn,mn);b=zeros(mn,1);
for i=2:m-1 % 内部点
  for j=2:n-1
    A(i+(j-1)*m,i-1+(j-1)*m)=1/h2;A(i+(j-1)*m,i+1+(j-1)*m)=1/h2;
    A(i+(j-1)*m,i+(j-1)*m)=-2/h2-2/k2;
    A(i+(j-1)*m,i+(j-2)*m)=1/k2;A(i+(j-1)*m,i+j*m)=1/k2;
    b(i+(j-1)*m)=f(x(i),y(j));
  end
end
for i=1:m % 底部和顶部的边界点
  j=1;A(i+(j-1)*m,i+(j-1)*m)=1;b(i+(j-1)*m)=g1(x(i));
  j=n;A(i+(j-1)*m,i+(j-1)*m)=1;b(i+(j-1)*m)=g2(x(i));
end
for j=2:n-1 % 左侧和右侧的边界点
  i=1;A(i+(j-1)*m,i+(j-1)*m)=1;b(i+(j-1)*m)=g3(y(j));
  i=m;A(i+(j-1)*m,i+(j-1)*m)=1;b(i+(j-1)*m)=g4(y(j));
end
v=A\b; % 以v标记求解
w=reshape(v(1:mn),m,n);  % 从v转化为w
mesh(x,y,w')
```

我们将使用正确解 $u(x,y)=\ln(x^2+y^2)$ 与在方块网格的近似点比较. 由于 $m=n=5$，网格的大小为 $h=k=1/4$.

求解得到下面 9 个内部点上 u 的值：

$$w_{24} = 1.1390 \quad w_{34} = 1.1974 \quad w_{44} = 1.2878$$

$$w_{23} = 0.8376 \quad w_{33} = 0.9159 \quad w_{43} = 1.0341$$
$$w_{22} = 0.4847 \quad w_{32} = 0.5944 \quad w_{42} = 0.7539$$

在图 8.13a 中画出近似解 w_{ij}，这与在相同点上的真实解 $u(x, y) = \ln(x^2 + y^2)$ 一致.

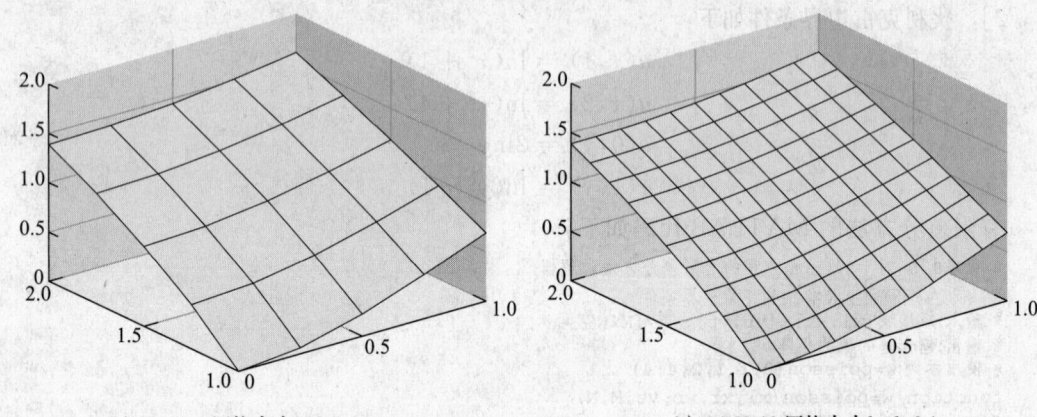

a) $M=N=4$,网格大小$h=k=0.25$ b) $M=N=10$,网格大小$h=k=0.1$

图 8.13 对于例 8.8 的 PDE 的有限差分方法

$$u\left(\frac{1}{4}, \frac{7}{4}\right) = 1.1394 \quad u\left(\frac{2}{4}, \frac{7}{4}\right) = 1.1977 \quad u\left(\frac{3}{4}, \frac{7}{4}\right) = 1.2879$$
$$u\left(\frac{1}{4}, \frac{6}{4}\right) = 0.8383 \quad u\left(\frac{2}{4}, \frac{6}{4}\right) = 0.9163 \quad u\left(\frac{3}{4}, \frac{6}{4}\right) = 1.0341$$
$$u\left(\frac{1}{4}, \frac{5}{4}\right) = 0.4855 \quad u\left(\frac{2}{4}, \frac{5}{4}\right) = 0.5947 \quad u\left(\frac{3}{4}, \frac{5}{4}\right) = 0.7538$$

由于使用了二阶有限差分公式，有限差分方法 poisson.m 的误差关于 h 和 k 都是二阶. 当 $h=k=0.1$ 时，图 8.13b 显示了更加精确的近似解. MATLAB 代码 poisson.m 是在一个矩形域上，但是可以修改并转化到更加一般的域上.

在另外的一个例子中我们使用拉普拉斯方程计算势能.

例 8.9 在方形$[0, 1] \times [0, 1]$上找出静电势能，假设在内部没有电荷，边界条件如下:

$$u(x, 0) = \sin \pi x$$
$$u(x, 1) = \sin \pi x$$
$$u(0, y) = 0$$
$$u(1, y) = 0$$

势能 u 为满足具有狄利克雷边界条件的拉普拉斯方程. 在 poisson.m 中使用步长 $h=$

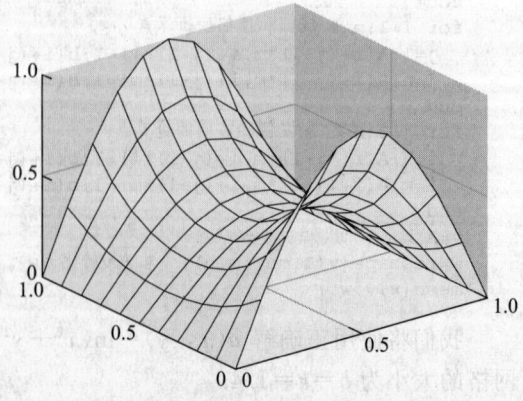

图 8.14 用拉普拉斯方程计算静电势能. 边界条件在例 8.9 中设置

$k=0.1$ 即 $M=N=10$ 得到图 8.14.

事实验证 8　冷却散热片的热分布

热槽用于将一个点上生成的多余热量去掉. 在这个项目中,将对矩形散热片上的热槽的稳态分布进行建模. 热能将从侧面进入散热片. 主要目的是设计散热片的尺寸使得在安全的范围里稳定.

散热片的形状是薄矩形板,大小为 $L_x \times L_y$,宽度为 σ 厘米,其中 σ 相对很小. 由于散热片很薄,我们可以使用 $u(x,y)$ 表示温度,并在厚度维视其为常数.

热以下面三种方式移动:传导,对流,辐射. 传导指的是在相邻分子之间传递能量,这可能是由于电子的运动,在传导中分子自身发生运动. 辐射中能量通过光子传播,在这里我们不讨论辐射.

传导根据傅里叶第一定律通过可导物质进行:

$$q = -KA\,\nabla u \tag{8.41}$$

其中 q 为每单位时间热能(以瓦特度量),A 是材质的横截面积,∇u 是温度的梯度. 常数 K 称为材质的**导热系数**. 传导由牛顿冷却定律控制,

$$q = -HA(u - u_b) \tag{8.42}$$

其中 H 为比例常数,称为**对流传热系数**. u_b 是周围流体(在当前情况下是空气)的环境温度,或者**整体**(bulk)**温度**.

散热片为矩形 $[0, L_x] \times [0, L_y]$,在 z 方向 σ 厘米,如图 8.15a 所示. 在散热片内部的典型的 $\Delta x \times \Delta y \times \delta$ 盒子中的能量平衡指的是每单位时间进入盒子的能量和离开盒子的能量相同,该盒子与 x 和 y 轴方向平齐. 通过 $\Delta y \times \delta$ 两个侧面以及 $\Delta x \times \delta$ 两个侧面进入盒子的热流是由传导产生的,通过 $\Delta x \times \Delta y$ 两个侧面离开盒子的热流是由对流产生的,于是得到稳态方程

$$-K\Delta y \delta u_x(x,y) + K\Delta y \delta u_x(x+\Delta x, y) - K\Delta x \delta u_y(x,y) + K\Delta x \delta u_y(x, y+\Delta y) - 2H\Delta x \Delta y u(x,y) = 0 \tag{8.43}$$

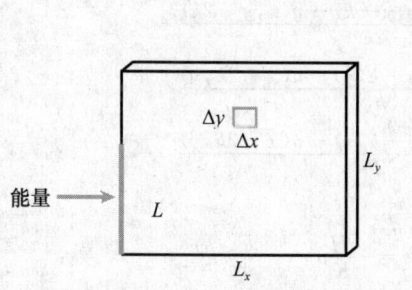
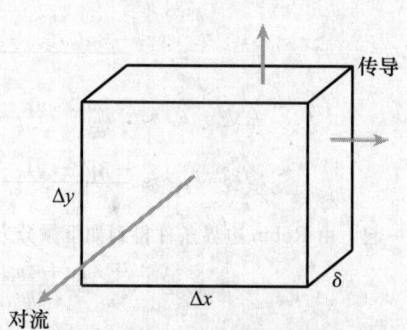

a) 在散热片的左端在区间 $[0, L]$ 发生的能量输入

b) 在一个小的内部盒子里在 x 方向和 y 方向上发生的能量传播,以及在空气界面上发生的对流

图 8.15　事实验证 8 的散热片

这里,为方便起见我们已经设置整体温度 $u_b = 0$,因而,u 表示散热片温度和环境温度之间的差异.

除以 $\Delta x \Delta y$ 得到

$$K\delta \frac{u_x(x+\Delta x, y) - u_x(x,y)}{\Delta x} + K\delta \frac{u_y(x, y+\Delta y) - u_y(x,y)}{\Delta y} = 2Hu(x,y)$$

在极限中当 $\Delta x, \Delta y \to 0$ 时,得到椭圆偏微分方程

$$u_{xx} + u_{yy} = \frac{2H}{K\delta}u \tag{8.44}$$

相似的陈述意味着**对流**边界条件

$$Ku_{\text{normal}} = Hu$$

其中 u_{normal} 是相对于外法线方向 $\vec{n}$ 的偏导数。对流边界条件被称为 Robin 边界条件，其中包含函数值及其导数。最后，我们假设能量根据傅里叶定律从一侧进入散热片，

$$u_{\text{normal}} = \frac{P}{L\delta K}$$

其中 P 是总能量，L 是输入的长度。

在步长分别为 h 和 k 的离散网格上，有限差分近似(5.8)可用于近似 PDE(8.44) 如下：

$$\frac{u_{i+1,j} - 2u_{ij} + u_{i-1,j}}{h^2} + \frac{u_{i,j+1} - 2u_{ij} + u_{i,j-1}}{k^2} = \frac{2H}{K\delta}u_{ij}$$

这个离散化用于内部点 (x_i, y_j)，其中对于整数 m, n，$1 < i < m$，$1 < j < n$。散热片的边服从使用一阶导数近似的 Robin 条件

$$f'(x) = \frac{-3f(x) + 4f(x+h) - f(x+2h)}{2h} + O(h^2)$$

为了对散热片的边应用近似，注意到外法线方向变为

$$\text{底边} \quad u_{\text{normal}} = -u_y$$
$$\text{顶边} \quad u_{\text{normal}} = u_y$$
$$\text{左边} \quad u_{\text{normal}} = -u_x$$
$$\text{右边} \quad u_{\text{normal}} = u_x$$

第二，注意到上面的具有二阶精度的一阶导数近似如下：

$$\text{底边} \quad u_y \approx \frac{-3u(x,y) + 4u(x,y+k) - u(x,y+2k)}{2k}$$
$$\text{顶边} \quad u_y \approx \frac{-3u(x,y) + 4u(x,y-k) - u(x,y-2k)}{-2k}$$
$$\text{左边} \quad u_x \approx \frac{-3u(x,y) + 4u(x+h,y) - u(x+2h,y)}{2h}$$
$$\text{右边} \quad u_x \approx \frac{-3u(x,y) + 4u(x-h,y) - u(x-2h,y)}{-2h}$$

把这些放在一起，由 Robin 边界条件得到如下微分方程：

$$\text{底边} \quad \frac{-3u_{i1} + 4u_{i2} - u_{i3}}{2k} = -\frac{H}{K}u_{i1}$$

$$\text{顶边} \quad \frac{-3u_{in} + 4u_{i,n-1} - u_{i,n-2}}{2k} = -\frac{H}{K}u_{in}$$

$$\text{左边} \quad \frac{-3u_{1j} + 4u_{2j} - u_{3j}}{2h} = -\frac{H}{K}u_{1j}$$

$$\text{右边} \quad \frac{-3u_{mj} + 4u_{m-1,j} - u_{m-2,j}}{2h} = -\frac{H}{K}u_{mj}$$

如果假设能量沿着散热片的左边进入，由傅里叶定律得到方程

$$\frac{-3u_{1j} + 4u_{2j} - u_{3j}}{2h} = -\frac{P}{L\delta K} \tag{8.45}$$

需要求解 mn 个方程，其中包含 mn 个未知变量 u_{ij}，$1 \leq i \leq m$，$1 \leq j \leq n$。

假设散热片由铝构成，铝的导热系数为 $K=1.68\text{W/cm℃}$（瓦特每厘米摄氏度）．假设对流传热系数 $H=0.005\text{W/cm}^2\text{℃}$，房间温度是 $u_b=20℃$．

建议活动

1. 散热片的大小为 2 厘米×2 厘米，1 毫米厚．假设能量为 5 瓦特的输入沿着整个左侧输入，这就如同散热片被贴在侧边长为 $L=2$ 厘米的 CPU 芯片上来扩散能量．求解 PDE(8.44)，其中在 x 和 y 方向分别使用 $M=N=10$ 步．使用 mesh 命令画出得到的在 xy 平面上的热分布．散热片的最大温度是多少(℃)？
2. 提高散热片的尺寸为 4 厘米×4 厘米．和前面的步骤相似，沿着散热片左侧区间[0，2]输入 5 瓦特的能量．画出结果的分布，找出最大温度．增大 M 和 N 进行试验．解有多大的变化？
3. 找出 4 厘米×4 厘米散热片最大可以扩散的热量，同时使得最大温度小于 80℃．假设整体温度是 20℃，和步骤 1 和 2 类似，能量输入沿着 2 厘米的侧面．
4. 使用铜的散热片替换铝的散热片，铜的导热系数为 $K=3.85\text{W/cm℃}$．找出 4 厘米×4 厘米散热片最大可以扩散的热量，以及最优的 2 厘米能量输入的位置，同时使得最大温度小于 80℃．
5. 画出最大可以被步骤 4(保持最大温度小于 80℃)所扩散的能量，该能量作为导热系数的函数，其中 $1\leqslant K\leqslant 5\text{W/cm℃}$．
6. 对于水冷散热片，重做第 4 步．假设水的对流传热系数为 $H=0.1\text{W/cm}^2\text{℃}$，环境水温保持在 20℃．
7. 从散热片的右端切下矩形的缺口，重做步骤 4．缺口的散热片相对于原始的散热片会扩散更多还是更少的能量？

对于桌面和笔记本电脑设计制冷散热片是个非常有趣的工程问题．为了扩散更多的热能，在小空间中需要一些散热片，并使用风扇增强散热片边上的对流．对于复杂的散热片的几何形状添加风扇，将仿真推向了真实的流体动力学，这是现代应用数学非常重要的领域．

8.3.2 椭圆方程的有限元方法

已知求解偏微分方程的更灵活的方法来自 20 世纪中期的结构工程领域．有限元方法将微分方程转化为不同的等价物，这被称为方程的弱形式，并使用函数空间中强大的正交思想获取稳定计算．即使当底层的几何非常复杂时，得到的线性方程组系统在结构矩阵上对称．

我们将使用 Galerkin 方法的有限元，这和第 7 章中常微分方程的边值问题一样．该方法用于 PDE 问题的步骤相同，尽管需要更多的记录．考虑椭圆方程的狄利克雷边界问题

$$\Delta u + r(x,y)u = f(x,y) \text{ 在区域 } R \text{ 上}$$
$$u = g(x,y) \text{ 在区域 } S \text{ 上} \qquad (8.46)$$

其中解 $u(x,y)$ 定义在平面的 R 区间，该区间使用分段线性闭合曲线 S 定义．

和第 7 章一样，我们将使用区域 R 上的 L^2 函数空间．令

$$L^2(R)\left\{=(R \text{ 上的函数} \phi(x,y) \middle| \iint_R \phi(x,y)^2 \mathrm{d}x\mathrm{d}y \text{ 存在并有界})\right\}$$

使用 $L_0^2(R)$ 表示 $L^2(R)$ 的子空间，包含在区域 R 边界 S 上值为零的函数．

目标是最小化椭圆方程(8.46)的平方误差，其中强制余项 $\Delta u(x,y)+r(x,y)u(x,y)-f(x,y)$ 和子空间 $L^2(R)$ 正交．令 $\phi_1(x,y),\cdots,\phi_P(x,y)$ 是 $L^2(R)$ 的元素．正交假

设具有如下形式

$$\iint_R (\Delta u + ru - f)\phi_p \mathrm{d}x\mathrm{d}y = 0$$

或者对于每个 $1 \leqslant p \leqslant P$

$$\iint_R (\Delta u + ru)\phi_p \mathrm{d}x\mathrm{d}y = \iint_R f\phi_p \mathrm{d}x\mathrm{d}y \tag{8.47}$$

形式(8.47)被称为椭圆方程(8.46)的**弱形式**.

部分积分的版本需要应用包含在下面事实中的 Galerkin 方法：

定理 8.7(格林第一等式) 令 R 使用分段光滑曲线 S 定义. 令 u 和 v 为平滑函数, 令 n 为边界上的向外单位法线. 则

$$\iint_R v\Delta u = \int_S v\frac{\partial u}{\partial n}\mathrm{d}S - \iint_R \nabla u \cdot \nabla v$$

方向导数可以如下方式计算

$$\frac{\partial u}{\partial n} = \nabla u \cdot (n_x, n_y)$$

其中 (n_x, n_y) 表示区域 R 的边界 S 上的向外单位法向量. 格林第一等式应用到弱形式(8.47)得到

$$\int_S \phi_p \frac{\partial u}{\partial n}\mathrm{d}S - \iint_R (\nabla u \cdot \nabla \phi_p)\mathrm{d}x\mathrm{d}y + \iint_R ru\phi_p \mathrm{d}x\mathrm{d}y = \iint_R f\phi_p \mathrm{d}x\mathrm{d}y \tag{8.48}$$

有限元方法的本质是将

$$w(x,y) = \sum_{q=1}^P v_q \phi_q(x,y) \tag{8.49}$$

替代偏微分方程的弱形式中的 u, 然后确定未知常数 v_q. 假设当前 ϕ_p 属于 $L_0^2(R)$, 即 $\phi_p(S) = 0$. 将形式(8.49)代入(8.48)得到

$$-\iint_R \Big(\sum_{q=1}^P v_q \nabla\phi_q\Big) \cdot \nabla\phi_p \mathrm{d}x\mathrm{d}y + \iint_R r\Big(\sum_{q=1}^P v_q \phi_q\Big)\phi_p \mathrm{d}x\mathrm{d}y = \iint_R f\phi_p \mathrm{d}x\mathrm{d}y$$

对于 $L_0^2(R)$ 中的每个 ϕ_p. 分解出常数 v_q 得到

$$\sum_{q=1}^P v_q \Big[\iint_R \nabla\phi_q \cdot \nabla\phi_p \mathrm{d}x\mathrm{d}y - \iint_R r\phi_q\phi_p \mathrm{d}x\mathrm{d}y\Big] = -\int_R f\phi_p \mathrm{d}x\mathrm{d}y \tag{8.50}$$

对于 $L_0^2(R)$ 中的每个 ϕ_p, 我们推出了关于未知变量 $v_1, \cdots, v_P$ 的方程. 在矩阵形式中, 方程为 $Av = b$, 其中矩阵 A 以及 b 的第 p 行为

$$A_{pq} = \iint_R \nabla\phi_q \cdot \nabla\phi_p \mathrm{d}x\mathrm{d}y - \iint_R r\phi_q\phi_p \mathrm{d}x\mathrm{d}y \tag{8.51}$$

$$b_p = -\iint_R f\phi_p \mathrm{d}x\mathrm{d}y \tag{8.52}$$

现在我们已经准备好对有限元 ϕ_p 选择显式函数并计算. 和第 7 章一样, 选择线性 B 样条, 这是定义在平面三角形上关于 x、y 的分段线性函数. 在矩形区域 R 选择矩形格点 (x_i, y_j) 进行三角化. 我们将重用上一节中的 $M \times N$ 的格子, 如图 8.16a 所示, 其中我们设 $m = M+1$, $n = N+1$. 和前面一样, 我们将使用 h 和 k 分别表示在 x 和 y 方向上的步长. 图 8.16b 显示了我们将使用的矩形的三角化.

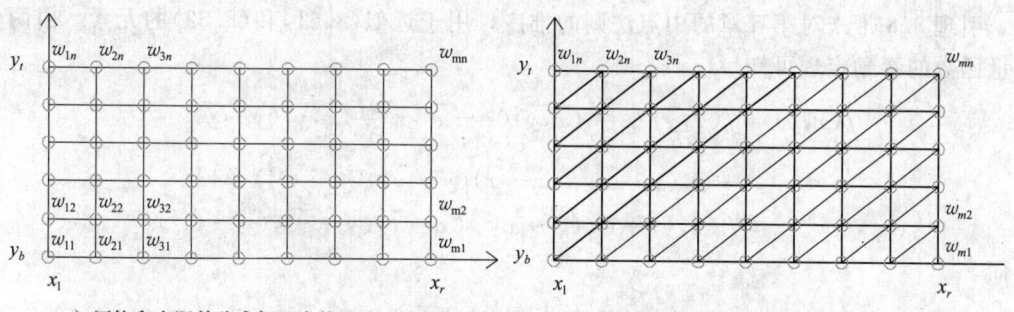

a) 网格和有限差分求解器中使用的网格相同

b) 区域的一种可能的三角化. 每一个内部点都是6个不同三角形的顶点

图 8.16 椭圆方程的有限元求解器, 具有狄利克雷边界条件

我们从 $L^2(R)$ 选择有限元函数 ϕ_p, 得到 $P=mn$ 个分段线性函数, 每个函数在图 8.16a 的一个格点上的值为1, 在其他的 $mn-1$ 个格点上的值为0. 换句话讲, 对于其他的格点 (x_i', y_j'), ϕ_1, $\cdots$, ϕ_{mn} 由等式 $\phi_{i+(j-1)m}(x_i, y_j)=1$ 以及 $\phi_{i+(j-1)m}(x_i', y_j')=0$ 确定, 而在图 8.16b 中的每个三角形上线性. 我们再次使用表 8.1 中的计数系统. 每个 $\phi_p(x, y)$ 在除了三角形边之外都可微, 因而得到一个黎曼可积函数 $L^2(R)$. 注意到对于矩形 R 上的每个非边界点 (x_i, y_j), $\phi_{i+(j-1)m}$ 属于 $L_0^2(R)$. 而且, 由于 (8.49) 的假设, 它们满足

$$w(x_i, y_j) = \sum_{i=1}^{m} \sum_{j=1}^{n} v_{i+(j-1)m} \phi_{i+(j-1)m}(x_i, y_j) = v_{i+(j-1)m}$$

其中 $i=1, \cdots, m$, $j=1, \cdots, n$. 因而, 一旦求解 $Av=b$, 就可以在 (x_i, y_j) 处找出正确解的近似 w. 这种方便求解的性质就是对有限元函数使用 B 样条的原因.

我们还需要计算矩阵 (8.51) 和 (8.52) 的元素, 并求解 $Av=b$. 为了求解这些元素, 我们汇集了一些在平面上的 B 样条的一些事实. 分段线性函数的积分使用二维中点法则很容易计算. 定义平面区域的**重心** (barycenter) 为点 $(\bar{x}, \bar{y})$

$$\bar{x} = \frac{\iint_R x \, dx \, dy}{\iint_R 1 \, dx \, dy}, \bar{y} = \frac{\iint_R y \, dx \, dy}{\iint_R 1 \, dx \, dy}$$

如果 R 是三角形, 对应顶点为 $(x_1, y_1)(x_2, y_2)(x_3, y_3)$, 则重心为 (参见习题 8)

$$\bar{x} = \frac{x_1 + x_2 + x_3}{3}, \bar{y} = \frac{y_1 + y_2 + y_3}{3}$$

引理 8.8 在平面区域 R 上的线性函数 $L(x, y)$ 的平均值是 $L(\bar{x}, \bar{y})$, 即在重心处的值. 换句话说, $\iint_R L(x, y) \, dx \, dy = L(\bar{x}, \bar{y}) \cdot \text{area}(R)$.

证明 令 $L=(x, y)=a+bx+cy$, 则

$$\iint_R L(x, y) \, dx \, dy = \iint_R (a+bx+cy) \, dx \, dy = a \iint_R dx \, dy + b \iint_R x \, dx \, dy + c \iint_R y \, dx \, dy$$

$$= \text{area}(R) \cdot (a + b\bar{x} + c\bar{y})$$

引理 8.8 带来对第 5 章的中点法则的推广，用于近似(8.51)和(8.52)的元素. 由两个变量函数的泰勒定理可知

$$f(x,y) = f(\overline{x},\overline{y}) + \frac{\partial f}{\partial x}(\overline{x},\overline{y})(x-\overline{x}) + \frac{\partial f}{\partial y}(\overline{x},\overline{y})(y-\overline{y})$$
$$+ O((x-\overline{x})^2, (x-\overline{x})(y-\overline{y}), (y-\overline{y})^2)$$
$$= L(x,y) + O((x-\overline{x})^2, (x-\overline{x})(y-\overline{y}), (y-\overline{y})^2)$$

因而，

$$\iint_R f(x,y)\mathrm{d}x\mathrm{d}y = \iint_R L(x,y)\mathrm{d}x\mathrm{d}y + \iint_R O((x-\overline{x})^2, (x-\overline{x})(y-\overline{y}), (y-\overline{y})^2)\mathrm{d}x\mathrm{d}y$$
$$= \text{area}(R) \cdot L(\overline{x},\overline{y}) + O(h^4) = \text{area}(R) \cdot f(\overline{x},\overline{y}) + O(h^4)$$

其中 h 是 R 的**对角线**，即 R 中两点的最大距离，在那里我们使用引理 8.8. 这是二维的中点法则.

> **二维中点法则**
>
> $$\iint_R f(x,y)\mathrm{d}x\mathrm{d}y = \text{area}(R) \cdot f(\overline{x},\overline{y}) + O(h^4) \tag{8.53}$$
>
> 其中$(\overline{x},\overline{y})$是有界区域的重心，$h = \text{diam}(R)$.

中点法则表示使用有限元方法具有 $O(h^2)$ 的收敛性，我们仅需要通过计算重心上被积函数的值，来近似(8.51)和(8.52)中的积分. 对于 B 样条函数 ϕ_p，其计算特别简单. 下面两个引理的证明会在习题 9 与 10 中讨论.

引理 8.9 令 $\phi(x,y)$ 为三角形 T 上的线性函数，顶点为 (x_1,y_1), (x_2,y_2), (x_3,y_3)，满足 $\phi(x_1,y_1)=1$, $\phi(x_2,y_2)=0$, $\phi(x_3,y_3)=0$，则 $\phi(\overline{x},\overline{y})=1/3$.

引理 8.10 令 $\phi_1(x,y)$ 与 $\phi_2(x,y)$ 为三角形 T 上的线性函数，顶点为 (x_1,y_1), (x_2,y_2), (x_3,y_3)，满足 $\phi_1(x_1,y_1)=1$, $\phi_1(x_2,y_2)=0$, $\phi_1(x_3,y_3)=0$, $\phi_2(x_1,y_1)=0$, $\phi_2(x_2,y_2)=1$, $\phi_2(x_3,y_3)=0$. 令 $f(x,y)$ 是二阶可微分函数. 设

$$d = \det\begin{bmatrix} 1 & 1 & 1 \\ x_1 & x_2 & x_3 \\ y_1 & y_2 & y_3 \end{bmatrix}$$

则

(a) 三角形 T 的面积为 $|d|/2$

(b) $\nabla\phi_1(x,y) = \left(\dfrac{y_2-y_3}{d}, \dfrac{x_3-x_2}{d}\right)$

(c) $\iint_T \nabla\phi_1 \cdot \nabla\phi_1 \mathrm{d}x\mathrm{d}y = \dfrac{(x_2-x_3)^2 + (y_2-y_3)^2}{2|d|}$

(d) $\iint_T \nabla\phi_1 \cdot \nabla\phi_2 \mathrm{d}x\mathrm{d}y = \dfrac{-(x_1-x_3)(x_2-x_3) - (y_1-y_3)(y_2-y_3)}{2|d|}$

(e) $\iint_T f\phi_1\phi_2 \mathrm{d}x\mathrm{d}y = f(\overline{x},\overline{y})|d|/18 + O(h^4) = \iint_T f\phi_1^2 \mathrm{d}x\mathrm{d}y$

(f) $\iint_T f \phi_1 \, dxdy = f(\overline{x},\overline{y})|d|/6 + O(h^4)$

其中$(\overline{x},\overline{y})$是$T$的重心，$h = \mathrm{diam}(T)$。

现在我们可以计算矩阵A的元素。考虑顶点(x_i, y_j)，该点不在矩形的边界S上。则$\phi_{i+(j-1)m}$属于$L_0^2(R)$，根据(8.51)矩阵元素$A_{i+(j-1)m,i+(j-1)m}$由两个积分组成，其中$p=q=i+(j-1)m$。被积分函数在如图8.17所示的6个三角形之外为0。三角形的水平和竖直边分别为h与k，对于第一个积分，分别从第一个三角形到第六个三角形求和，我们可以使用引理8.10(c)对6个部分求和

$$\frac{k^2}{2hk} + \frac{h^2}{2hk} + \frac{h^2+k^2}{2hk} + \frac{k^2}{2hk} + \frac{h^2}{2hk} + \frac{h^2+k^2}{2hk}$$
$$= \frac{2(h^2+k^2)}{hk} \tag{8.54}$$

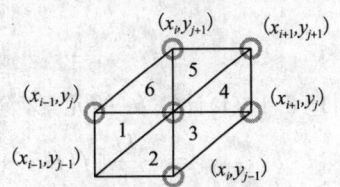

图 8.17　图 8.16b 的内部点(i, j)的细节。每个内部点(x_i, y_j)周围有6个三角形，序号如图所示。B样条函数$\phi_{i+(j-1)m}$线性，在中心的值为1，在6个三角形之外都为0

对于(8.51)的第二个积分，我们使用引理8.10(e)。同样，积分在6个三角形外为0。6个三角形的重心为

$$B_1 = \left(x_i - \frac{2}{3}h, y_j - \frac{1}{3}k\right)$$

$$B_2 = \left(x_i - \frac{1}{3}h, y_j - \frac{2}{3}k\right)$$

$$B_3 = \left(x_i + \frac{1}{3}h, y_j - \frac{1}{3}k\right)$$

$$B_4 = \left(x_i + \frac{2}{3}h, y_j + \frac{1}{3}k\right)$$

$$B_5 = \left(x_i + \frac{1}{3}h, y_j + \frac{2}{3}k\right)$$

$$B_6 = \left(x_i - \frac{1}{3}h, y_j + \frac{1}{3}k\right) \tag{8.55}$$

第二个积分$-(hk/18)[r(B_1) + r(B_2) + r(B_3) + r(B_4) + r(B_5) + r(B_6)]$加上(8.54)与(8.55)，

$$A_{i+(j-1)m,i+(j-1)m} = \frac{2(h^2+k^2)}{hk} - \frac{hk}{18}[r(B_1) + r(B_2) + r(B_3) + r(B_4) + r(B_5) + r(B_6)] \tag{8.56}$$

对引理8.10的相似使用(参见习题12)得到

$$A_{i+(j-1)m,i-1+(j-1)m} = -\frac{k}{h} - \frac{hk}{18}[r(B_6) + r(B_1)]$$

$$A_{i+(j-1)m,i-1+(j-2)m} = -\frac{hk}{18}[r(B_1) + r(B_2)]$$

$$A_{i+(j-1)m, i+(j-2)m} = -\frac{h}{k} - \frac{hk}{18}[r(B_2) + r(B_3)]$$

$$A_{i+(j-1)m, i-1+(j-1)m} = -\frac{k}{h} - \frac{hk}{18}[r(B_3) + r(B_4)]$$

$$A_{i+(j-1)m, i+1+jm} = -\frac{hk}{18}[r(B_4) + r(B_5)]$$

$$A_{i+(j-1)m, i+jm} = -\frac{h}{k} - \frac{hk}{18}[r(B_5) + r(B_6)] \tag{8.57}$$

使用引理 8.10(f) 计算 b_p 的元素,这意味着对于 $p = i + (j-1)m$,

$$b_{i+(j-1)m} = -\frac{hk}{6}[f(B_1) + f(B_2) + f(B_3) + f(B_4) + f(B_5) + f(B_6)] \tag{8.58}$$

对于边界上的有限元,$\phi_{i+(j-1)m}$ 不属于 $L_0^2(R)$. 将使用方程

$$A_{i+(j-1)m, i+(j-1)m} = 1$$

$$b_{i+(j-1)m} = g(x_i, y_j) \tag{8.59}$$

保证狄利克雷边界条件 $v_{i+(j-1)m} = g(x_i, y_j)$,其中 (x_i, y_j) 是边界点.

有了这个公式,可以非常直观得到 MATLAB 对于矩形上狄利克雷边界条件的有限元求解器. 该程序包含使用(8.56)~(8.59)设置矩阵 A 和向量 b,并求解 $Av = b$. 尽管在代码中使用 MATLAB 的反斜线操作,在真实应用中可能会将其替换为第 2 章中的稀疏求解器.

```
% 程序8.6 二维PDE的有限元求解器
% 在矩形上具有狄利克雷边界条件
% 输入:矩形域[xl,xr]×[yb,yt]有M×N空间步
% 输出:保存解的值的矩阵w
% 使用示例:w=poissonfem(0,1,1,2,4,4)
function w=poissonfem(xl,xr,yb,yt,M,N)
f=@(x,y) 0; % 定义输入函数数据
r=@(x,y) 0;
g1=@(x) log(x.^2+1) ; % 定义底部的边值条件
g2=@(x) log(x.^2+4); % 顶部
g3=@(y) 2*log(y); % 左侧
g4=@(y) log(y.^2+1); % 右侧
m=M+1; n=N+1; mn=m*n;
h=(xr-xl)/M; h2=h^2; k=(yt-yb)/N; k2=k^2; hk=h*k;
x=xl+(0:M)*h; % 设置网格的值
y=yb+(0:N)*k;
A=zeros(mn,mn); b=zeros(mn,1);
for i=2:m-1 % 内点
 for j=2:n-1
  rsum=r(x(i)-2*h/3,y(j)-k/3)+r(x(i)-h/3,y(j)-2*k/3)...
      +r(x(i)+h/3,y(j)-k/3);
  rsum=rsum+r(x(i)+2*h/3,y(j)+k/3)+r(x(i)+h/3,y(j)+2*k/3)...
      +r(x(i)-h/3,y(j)+k/3);
  A(i+(j-1)*m,i+(j-1)*m)=2*(h2+k2)/(hk)-hk*rsum/18;
  A(i+(j-1)*m,i-1+(j-1)*m)=-k/h-hk*(r(x(i)-h/3,y(j)+k/3)...
                +r(x(i)-2*h/3,y(j)-k/3))/18;
  A(i+(j-1)*m,i-1+(j-2)*m)=-hk*(r(x(i)-2*h/3,y(j)-k/3)...
                +r(x(i)-h/3,y(j)-2*k/3))/18;
  A(i+(j-1)*m,i+(j-2)*m)=-h/k-hk*(r(x(i)-h/3,y(j)-2*k/3)...
                +r(x(i)+h/3,y(j)-k/3))/18;
```

```
   A(i+(j-1)*m,i+1+(j-1)*m)=-k/h-hk*(r(x(i)+h/3,y(j)-k/3)...
                        +r(x(i)+2*h/3,y(j)+k/3))/18;
   A(i+(j-1)*m,i+1+j*m)=-hk*(r(x(i)+2*h/3,y(j)+k/3)...
                        +r(x(i)+h/3,y(j)+2*k/3))/18;
   A(i+(j-1)*m,i+j*m)=-h/k-hk*(r(x(i)+h/3,y(j)+2*k/3)...
                        +r(x(i)-h/3,y(j)+k/3))/18;
   fsum=f(x(i)-2*h/3,y(j)-k/3)+f(x(i)-h/3,y(j)-2*k/3)...
         +f(x(i)+h/3,y(j)-k/3);
   fsum=fsum+f(x(i)+2*h/3,y(j)+k/3)+f(x(i)+h/3,y(j)+2*k/3)...
         +f(x(i)-h/3,y(j)+k/3);
   b(i+(j-1)*m)=-h*k*fsum/6;
  end
end
for i=1:m % boundary points
  j=1;A(i+(j-1)*m,i+(j-1)*m)=1;b(i+(j-1)*m)=g1(x(i));
  j=n;A(i+(j-1)*m,i+(j-1)*m)=1;b(i+(j-1)*m)=g2(x(i));
end
for j=2:n-1
  i=1;A(i+(j-1)*m,i+(j-1)*m)=1;b(i+(j-1)*m)=g3(y(j));
  i=m;A(i+(j-1)*m,i+(j-1)*m)=1;b(i+(j-1)*m)=g4(y(j));
end
v=A\b; % 以v计数公式求解
w=reshape(v(1:mn),m,n);
mesh(x,y,w')
```

例 8.10 应用有限元方法近似拉普拉斯方程 $\Delta u=0$ 在区域 $[0,1]\times[1,2]$ 的解，其中 $M=N=4$，具有如下狄利克雷边界条件：

$$u(x,1)=\ln(x^2+1)$$
$$u(x,2)=\ln(x^2+4)$$
$$u(0,y)=2\ln y$$
$$u(1,y)=\ln(y^2+1)$$

由于 $M=N=4$，需要求解 $mn\times mn$ 的线性方程组。25 个方程中的 16 个是对边界条件求值。求解 $Av=b$ 得到

$$w_{24}=1.1390 \quad w_{34}=1.1974 \quad w_{44}=1.2878$$
$$w_{23}=0.8376 \quad w_{33}=0.9159 \quad w_{43}=1.0341$$
$$w_{22}=0.4847 \quad w_{32}=0.5944 \quad w_{42}=0.7539$$

和例 8.8 的结果一致．◀

例 8.11 应用有限元方法近似求解椭圆狄利克雷问题，其中 $M=N=16$，

$$\begin{cases} \Delta u+4\pi^2 u=2\sin 2\pi y \\ u(x,0)=0 & 0\leqslant x\leqslant 1 \\ u(x,1)=0 & 0\leqslant x\leqslant 1 \\ u(0,y)=0 & 0\leqslant y\leqslant 1 \\ u(1,y)=\sin 2\pi y & 0\leqslant y\leqslant 1 \end{cases}$$

我们定义 $r(x,y)=4\pi^2$，$f(x,y)=2\sin 2\pi y$．由于

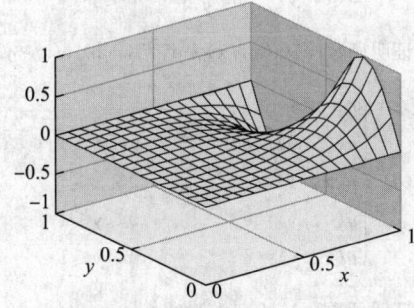

图 8.18 例 8.11 的有限元解．$[0,1]\times[0,1]$ 上的最大误差是 0.023

$m=n=17$,格点是 17×17,意味着矩阵 A 为 289×289 的矩阵. 和正确解 $u(x, y) = x^2\sin 2\pi y$ 相比,可以在最大误差为 0.023 的范围内求解. 近似解 w 如图 8.18 所示.

8.3 节习题

1. 证明 $u(x, y) = \ln(x^2 + y^2)$ 是拉普拉斯方程的解,其中具有例 8.8 的狄利克雷边界条件.

2. 证明:(a) $u(x, y) = x^2 y - 1/3 y^3$,(b) $u(x, y) = 1/6 x^4 - x^2 y^2 + 1/6 y^4$ 是调和函数.

3. 证明函数(a) $u(x, y) = e^{-\pi y}\sin\pi x$,(b) $u(x, y) = \sinh\pi x\sin\pi y$ 是拉普拉斯方程的解,具有如下指定的边界条件:

(a) $\begin{cases} u(x, 0) = \sin\pi x & 0\leqslant x\leqslant 1 \\ u(x, 1) = e^{-\pi}\sin\pi x & 0\leqslant x\leqslant 1 \\ u(0, y) = 0 & 0\leqslant y\leqslant 1 \\ u(1, y) = 0 & 0\leqslant y\leqslant 1 \end{cases}$ (b) $\begin{cases} u(x, 0) = 0 & 0\leqslant x\leqslant 1 \\ u(x, 1) = 0 & 0\leqslant x\leqslant 1 \\ u(0, y) = 0 & 0\leqslant y\leqslant 1 \\ u(1, y) = \sinh\pi\sin\pi y & 0\leqslant y\leqslant 1 \end{cases}$

4. 证明函数(a) $u(x, y) = e^{-xy}$,(b) $u(x, y) = (x^2 + y^2)^{3/2}$ 是指定泊松方程的解,具有如下指定的边界条件:

(a) $\begin{cases} \Delta u = e^{-xy}(x^2 + y^2) \\ u(x, 0) = 1 & 0\leqslant x\leqslant 1 \\ u(x, 1) = e^{-x} & 0\leqslant x\leqslant 1 \\ u(0, y) = 1 & 0\leqslant y\leqslant 1 \\ u(1, y) = e^{-y} & 0\leqslant y\leqslant 1 \end{cases}$ (b) $\begin{cases} \Delta u = 9\sqrt{x^2 + y^2} \\ u(x, 0) = x^3 & 0\leqslant x\leqslant 1 \\ u(x, 1) = (1 + x^2)^{3/2} & 0\leqslant x\leqslant 1 \\ u(0, y) = y^3 & 0\leqslant y\leqslant 1 \\ u(1, y) = (1 + y^2)^{3/2} & 0\leqslant y\leqslant 1 \end{cases}$

5. 证明函数(a) $u(x, y) = \sin\dfrac{\pi}{2}xy$,(b) $u(x, y) = e^{xy}$ 是指定椭圆方程的解,具有给定的狄利克雷边界条件:

(a) $\begin{cases} \Delta u + \dfrac{\pi^2}{4}(x^2 + y^2)u = 0 \\ u(x, 0) = 0 & 0\leqslant x\leqslant 1 \\ u(x, 1) = \sin\dfrac{\pi}{2}x & 0\leqslant x\leqslant 1 \\ u(0, y) = 0 & 0\leqslant y\leqslant 1 \\ u(1, y) = \sin\dfrac{\pi}{2}y & 0\leqslant y\leqslant 1 \end{cases}$ (b) $\begin{cases} \Delta u = (x^2 + y^2)u \\ u(x, 0) = 1 & 0\leqslant x\leqslant 1 \\ u(x, 1) = e^x & 0\leqslant x\leqslant 1 \\ u(0, y) = 1 & 0\leqslant y\leqslant 1 \\ u(1, y) = e^y & 0\leqslant y\leqslant 1 \end{cases}$

6. 证明函数(a) $u(x, y) = e^{x+2y}$,(b) $u(x, y) = y/x$ 是指定椭圆方程的解,具有给定的狄利克雷边界条件:

(a) $\begin{cases} \Delta u = 5u \\ u(x, 0) = e^x & 0\leqslant x\leqslant 1 \\ u(x, 1) = e^{x+2} & 0\leqslant x\leqslant 1 \\ u(0, y) = e^{2y} & 0\leqslant y\leqslant 1 \\ u(1, y) = e^{2y+1} & 0\leqslant y\leqslant 1 \end{cases}$ (b) $\begin{cases} \Delta u = \dfrac{2u}{x^2} \\ u(x, 0) = 0 & 1\leqslant x\leqslant 2 \\ u(x, 1) = 1/x & 1\leqslant x\leqslant 2 \\ u(1, y) = y & 0\leqslant y\leqslant 1 \\ u(2, y) = y/2 & 0\leqslant y\leqslant 1 \end{cases}$

7. 证明函数(a) $u(x, y) = x^2 + y^2$,(b) $u(x, y) = y^2/x$ 是指定椭圆方程的解,具有给定的狄利克雷边界条件:

(a) $\begin{cases} \Delta u + \dfrac{u}{x^2+y^2} = 5 \\ u(x,1) = x^2+1 & 1 \leqslant x \leqslant 2 \\ u(x,2) = x^2+4 & 1 \leqslant x \leqslant 2 \\ u(1,y) = y^2+1 & 1 \leqslant y \leqslant 2 \\ u(2,y) = y^2+4 & 1 \leqslant y \leqslant 2 \end{cases}$

(b) $\begin{cases} \Delta u - \dfrac{2u}{x^2} = \dfrac{2}{x} \\ u(x,0) = 0 & 1 \leqslant x \leqslant 2 \\ u(x,2) = 4/x & 1 \leqslant x \leqslant 2 \\ u(1,y) = y^2 & 0 \leqslant y \leqslant 2 \\ u(2,y) = y^2/2 & 0 \leqslant y \leqslant 2 \end{cases}$

8. 证明三个顶点分别为 (x_1, y_1), (x_2, y_2), (x_3, y_3) 的三角形的重心是
$$\bar{x} = (x_1+x_2+x_3)/3, \quad \bar{y} = (y_1+y_2+y_3)/3$$

9. 证明引理 8.9.
10. 证明引理 8.10.
11. 推出 (8.55) 的重心坐标.
12. 推导矩阵 (8.57) 的元素.
13. 显示在矩形 $[0,L] \times [0,H]$ 具有狄利克雷边界条件 $T = T_0$ 的拉普拉斯方程,其中在三个边 $x=0$, $x=L$, $y=0$ 上 $T = T_1$, 在边 $y=H$ 上 $T = T_1$, 方程具有如下解

$$T(x,y) = T_0 + \sum_{k=0}^{\infty} C_k \sin\frac{(2k+1)\pi x}{L} \sinh\frac{(2k+1)\pi y}{L}$$

其中

$$C_k = \frac{4(T_1 - T_0)}{(2k+1)\pi \sinh\dfrac{(2k+1)\pi H}{L}}$$

8.3 节编程问题

1. 使用有限差分方法,求解习题 3 的拉普拉斯方程问题,其中 $0 \leqslant x \leqslant 1$, $0 \leqslant y \leqslant 1$, $h = k = 0.1$. 使用 MATLAB 的 mesh 命令画出解.
2. 使用有限差分方法,求解习题 4 中的泊松方程问题,其中 $0 \leqslant x \leqslant 1$, $0 \leqslant y \leqslant 1$, $h = k = 0.1$. 画出解.
3. 使用有限差分方法,其中 $h = k = 0.1$, 近似方形 $0 \leqslant x, y \leqslant 1$ 上的静电势能,使用拉普拉斯方程,具有如下指定的边值条件

(a) $\begin{cases} u(x,0) = 0 & 0 \leqslant x \leqslant 1 \\ u(x,1) = \sin\pi x & 0 \leqslant x \leqslant 1 \\ u(0,y) = 0 & 0 \leqslant y \leqslant 1 \\ u(1,y) = 0 & 0 \leqslant y \leqslant 1 \end{cases}$

(b) $\begin{cases} u(x,0) = \sin\dfrac{\pi}{2}x & 0 \leqslant x \leqslant 1 \\ u(x,1) = \cos\dfrac{\pi}{2}x & 0 \leqslant x \leqslant 1 \\ u(0,y) = \sin\dfrac{\pi}{2}y & 0 \leqslant y \leqslant 1 \\ u(1,y) = \cos\dfrac{\pi}{2}y & 0 \leqslant y \leqslant 1 \end{cases}$

4. 使用有限差分方法, $h = k = 0.1$ 近似方形 $0 \leqslant x, y \leqslant 1$ 上的静电势能,使用拉普拉斯方程,具有指定的边值条件. 画出解.

(a) $\begin{cases} u(x,0) = 0 & 0 \leqslant x \leqslant 1 \\ u(x,1) = x^3 & 0 \leqslant x \leqslant 1 \\ u(0,y) = 0 & 0 \leqslant y \leqslant 1 \\ u(1,y) = y^2 & 0 \leqslant y \leqslant 1 \end{cases}$

(b) $\begin{cases} u(x,0) = 0 & 0 \leqslant x \leqslant 1 \\ u(x,1) = x\sin\dfrac{\pi}{2}x & 0 \leqslant x \leqslant 1 \\ u(0,y) = 0 & 0 \leqslant y \leqslant 1 \\ u(1,y) = y & 0 \leqslant y \leqslant 1 \end{cases}$

5. 净水压力可以表示为水压头，即使用等价的高度为 u 的水柱生成压力．在一个地下水库中，静态的地下水流满足拉普拉斯方程 $\Delta u=0$．假设水库大小为2千米×1千米，在水库边界上水表高度为

$$\begin{cases} u(x,0)=0.01 & 0\leqslant x\leqslant 2 \\ u(x,1)=0.01+0.003x & 0\leqslant x\leqslant 2 \\ u(0,y)=0.01 & 0\leqslant y\leqslant 1 \\ u(1,y)=0.01+0.006y^2 & 0\leqslant y\leqslant 1 \end{cases}$$

单位为千米．计算水库中心的头 $u(1,1/2)$．

6. 在一个加热铜板上的稳态温度 u 满足泊松方程 $\Delta u=-\dfrac{D(x,y)}{K}$，其中 $D(x,y)$ 为 (x,y) 处的能量密度，K 是热传导参数．假设板子形状为矩形，大小为 $[0,4]$ 厘米 $\times [0,2]$ 厘米，其边界保持常温30℃，能量以常数速率 $D(x,y)=5$ 瓦特/厘米^3 生成．铜的热传导系数为 $K=3.85$ 瓦特/厘米℃．(a) 画出板子上的温度分布．(b) 找出中心点的 $(x,y)=(2,1)$ 的温度．

7. 对于习题3的拉普拉斯方程3，做出有限差分当 $(x,y)=(1/4,3/4)$ 时的近似值和误差的表，误差为步长 h 的函数，$h=k=2^{-p}$，其中 $p=2,\cdots,5$．

8. 对于习题4中的泊松方程，做出有限差分当 $(x,y)=(1/4,3/4)$ 时的近似值和误差的表，误差为步长 h 的函数，$h=k=2^{-p}$，其中 $p=2,\cdots,5$．

9. 使用有限元方法，求解习题3中的拉普拉斯方程问题，$0\leqslant x\leqslant 1$，$0\leqslant y\leqslant 1$，$h=k=0.1$．使用 MATLAB 的 mesh 命令画出解．

10. 使用有限元方法，求解习题4中的泊松方程问题，$0\leqslant x\leqslant 1$，$0\leqslant y\leqslant 1$，$h=k=0.1$．画出解．

11. 使用有限元方法，求解习题5中的椭圆偏微分方程，$h=k=0.1$．画出解．

12. 使用有限元方法，求解习题6中的椭圆偏微分方程，$h=k=1/16$．画出解．

13. 使用有限元方法，求解习题7中的椭圆偏微分方程，$h=k=1/16$．画出解．

14. 使用有限元方法，求解具有狄利克雷边界条件的椭圆偏微分方程，$h=k=0.1$．画出解．

(a) $\begin{cases} \Delta u+\sin\pi xy=(x^2+y^2)u \\ u(x,0)=0 & 0\leqslant x\leqslant 1 \\ u(x,1)=0 & 0<x<1 \\ u(0,y)=0 & 0\leqslant y\leqslant 1 \\ u(1,y)=0 & 0\leqslant y\leqslant 1 \end{cases}$
(b) $\begin{cases} \Delta u+(\sin\pi xy)u=e^{2xy} \\ u(x,0)=0 & 0\leqslant x\leqslant 1 \\ u(x,1)=0 & 0\leqslant x\leqslant 1 \\ u(0,y)=0 & 0\leqslant y\leqslant 1 \\ u(1,y)=0 & 0\leqslant y\leqslant 1 \end{cases}$

15. 对于习题5中的椭圆方程，做出当 $(x,y)=(1/4,3/4)$ 有限元方法近似值和误差的表，误差是步长 h 的函数，$h=k=2^{-p}$，其中 $p=2,\cdots,5$．

16. 对于习题6中的椭圆方程，做出有限元方法最大误差的 log-log 图，误差是步长 h 的函数，$h=k=2^{-p}$，其中 $p=2,\cdots,6$．

17. 对于习题7中的椭圆方程，做出有限元方法最大误差的 log-log 图，误差是步长 h 的函数，$h=k=2^{-p}$，其中 $p=2,\cdots,6$．

18. 求解具有习题13中狄利克雷边界条件的拉普拉斯方程，$[0,1]\times[0,1]$，$T_0=0$，$T_1=10$，使用(a) 有限差分近似，(b) 有限元方法．做出在矩形特定位置的误差 log-log 图，误差是步长 h 的函数，$h=k=2^{-p}$，其中 p 尽可能大，解释在求解这些位置上的精确解时所做出的简化．

8.4 非线性偏微分方程

在本章前面一节中，已经分析并应用有限差分和有限元方法求解了线性的 PDE．对于

非线性问题，还需要额外的处理使得前面的方法可以使用.

为了使问题具体化，我们关注 8.1 节中的隐式后向差分方法，以及其对于非线性扩散方程的应用. 对于其他已经学习过的方法也可以做出相似的改变，并用于非线性方程.

8.4.1 隐式牛顿求解器

我们在一个典型的非线性例子上展示该方法

$$u_t = uu_x = Du_{xx} \tag{8.60}$$

该方程称为 **Burgers 方程**. 该方程由于 uu_x 的乘积项，所以为非线性方程. 这个椭圆方程的名字来自 J. M. Burgers(1895—1981)，该方程是液体流动的简化模型. 当扩散系数 $D=0$ 时，它被称为逆 Burgers 方程，当设置 $D>0$ 时，则对应于对该模型加上黏度.

和 8.1 节中的热方程一样，将微分方程进行离散化. 考虑图 8.1 所示的格点. 我们将在 (x_i, t_j) 处的近似解表示为 w_{ij}. 令 M 和 N 为在 x 和 t 方向步数的总和，令 $h=(b-a)/M$, $k=T/N$ 是 x 和 t 方向的步长. 对 u_t 使用后向差分，对其他项使用中心差分得到

$$\frac{w_{ij} - w_{i,j-1}}{k} + w_{ij}\left(\frac{w_{i+1,j} - w_{i-1,j}}{2h}\right) = \frac{D}{h^2}(w_{i+1,j} - 2w_{ij} + w_{i-1,j})$$

或者

$$w_{ij} + \frac{k}{2h}w_{ij}(w_{i+1,j} - w_{i-1,j}) - \sigma(w_{i+1,j} - 2w_{ij} + w_{i-1,j}) - w_{i,j-1} = 0 \tag{8.61}$$

其中设置 $\sigma = Dk/h^2$. 注意到由于出现变量 w 的二次项，不能直接显式或者隐式求解 $w_{i+1,j}$, w_{ij}, $w_{i-1,j}$. 因而我们调用第 2 章的多变量牛顿方法进行求解.

为了更清楚地解释实现过程，将(8.61)中的未知变量表示为 $z_i = w_{ij}$. 在时间步 j, 对于 m 个未知变量 $z_1, \cdots, z_m$ 尝试求解方程

$$F_i(z_1, \cdots, z_m) = z_i + \frac{k}{2h}z_i(z_{i+1} - z_{i-1}) - \sigma(z_{i+1} - 2z_i + z_{i-1}) - w_{i,j-1} = 0 \tag{8.62}$$

注意到最后一项 $w_{i,j-1}$ 可以从上步知道，在本步中为已知量.

使用合适的边界条件替换第一个和最后一个方程. 例如，对于具有狄利克雷边界条件的 Burgers 方程

$$\begin{cases} u_t + uu_x = Du_{xx} \\ u(x,0) = f(x) \quad \text{其中 } x_l \leqslant x \leqslant x_r \\ u(x_l,t) = l(t) \quad \text{对于所有 } t \geqslant 0 \\ u(x_r,t) = r(t) \quad \text{对于所有 } t \geqslant 0 \end{cases} \tag{8.63}$$

我们将加上方程

$$\begin{aligned} F_1(z_1, \cdots, z_m) &= z_1 - l(t_j) = 0 \\ F_m(z_1, \cdots, z_m) &= z_m - r(t_j) = 0 \end{aligned} \tag{8.64}$$

现在有 m 个非线性代数方程以及 m 个未知变量.

为了应用多变量牛顿方法，我们需要求解雅可比矩阵 $DF(\vec{z}) = \partial \vec{F}/\partial \vec{z}$. 根据(8.62)和(8.64)将得到三对角线形式

$$\begin{bmatrix} 1 & 0 & \cdots & & & \\ -\sigma - \dfrac{kz_2}{2h} & 1+2\sigma + \dfrac{k(z_3-z_1)}{2h} & -\sigma - \dfrac{kz_2}{2h} & & & \\ & -\sigma - \dfrac{kz_3}{2h} & 1+2\sigma + \dfrac{k(z_4-z_2)}{2h} & -\sigma + \dfrac{kz_3}{2h} & & \\ & & \ddots & \ddots & \ddots & \\ & & -\sigma - \dfrac{kz_{m-1}}{2h} & 1+2\sigma + \dfrac{k(z_m-z_{m-2})}{2h} & -\sigma + \dfrac{kz_{m-1}}{2h} \\ & & \cdots & & 0 & 1 \end{bmatrix}$$

通常，DF 的最上面和最下面一行将依赖于边界条件. 一旦构造了 DF，可以使用如下的多变量牛顿迭代方法求解 $z_i = w_{ij}$.

$$\vec{z}^{K+1} = \vec{z}^K - DF(\vec{z}^K)^{-1} F(\vec{z}^K) \tag{8.65}$$

例 8.12 使用后向差分方程和牛顿迭代求解 Burgers 方程

$$\begin{cases} u_t + uu_x = Du_{xx} & \\ u(x,0) = \dfrac{2D\beta\pi\sin\pi x}{\alpha + \beta\cos\pi x} & \text{其中 } 0 \leqslant x \leqslant 1 \\ u(0,t) = 0 & \text{对于所有 } t \geqslant 0 \\ u(1,t) = 0 & \text{对于所有 } t \geqslant 0 \end{cases} \tag{8.66}$$

后面是对于狄利克雷边界条件的牛顿求解器的 MATLAB 代码，其中我们已经设置 $\alpha = 5$，$\beta = 4$. 程序对于每个时间步使用三次牛顿迭代. 对于典型问题这就足够了，但是对于困难的情况可能需要更多的次数. 注意到在牛顿迭代中使用了高斯消去或者其他等价方法，通常无须进行显式的矩阵求逆.

```
% 程序8.7 Burgers方程的隐式牛顿求解
% 输入：空间区间[xl,xr],时间区间[tb,te],
%      空间步数M,时间步数N
% 输出：解w
% 使用示例：w=burgers(0,1,0,2,20,40)
function w=burgers(xl,xr,tb,te,M,N)
alf=5;bet=4;D=.05;
f=@(x) 2*D*bet*pi*sin(pi*x)./(alf+bet*cos(pi*x));
l=@(t) 0*t;
r=@(t) 0*t;
h=(xr-xl)/M; k=(te-tb)/N; m=M+1; n=N;
sigma=D*k/(h*h);
w(:,1)=f(xl+(0:M)*h)';          % 初始条件
w1=w;
for j=1:n
   for it=1:3                    % 牛顿迭代
      DF1=zeros(m,m);DF2=zeros(m,m);
      DF1=diag(1+2*sigma*ones(m,1))+diag(-sigma*ones(m-1,1),1);
```

```
        DF1=DF1+diag(-sigma*ones(m-1,1),-1);
        DF2=diag([0;k*w1(3:m)/(2*h);0])-diag([0;k*w1(1:(m-2))/(2*h);0]);
        DF2=DF2+diag([0;k*w1(2:m-1)/(2*h)],1)...
            -diag([k*w1(2:m-1)/(2*h);0],-1);
        DF=DF1+DF2;
        F=-w(:,j)+(DF1+DF2/2)*w1;        % 使用引理8.11
        DF(1,:)=[1 zeros(1,m-1)];        % 对于DF的狄利克雷边界条件
        DF(m,:)=[zeros(1,m-1) 1];
        F(1)=w1(1)-l(j);F(m)=w1(m)-r(j); % 对于F的狄利克雷边界条件
        w1=w1-DF\F;
    end
    w(:,j+1)=w1;
end
x=xl+(0:M)*h;t=tb+(0:n)*k;
mesh(x,t,w')                             % 解w的三维图
```

这个代码是对(8.65)的牛顿迭代, 以及对于同质多项式的事实的直接实现. 例如, 考虑多项式 $P(x_1,x_2,x_3)=x_1x_2x_3^2+x_1^4$, 这被称为 4 阶同质多项式, 这是由于它完全由关于 x_1, x_2, x_3 的 4 阶项构成. P 关于三个变量的偏导数包含在如下梯度中

$$\nabla P = (x_2x_3^2+4x_1^3, x_1x_3^2, 2x_1x_2x_3)$$

惊人的事实是, 我们可以通过对变量的向量乘上梯度, 再额外地乘上 4, 来重建 P.

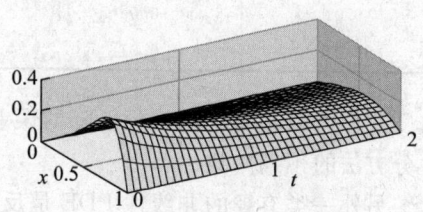

图 8.19 Burgers 方程(8.66)的近似解. 假设具有同质的狄利克雷边界条件, 步长 $h=k=0.05$

$$\nabla P \cdot \begin{bmatrix} x_1 \\ x_2 \\ x_3 \end{bmatrix} = (x_2x_3^2+4x_1^3)x_1 + x_1x_3^2x_2 + 2x_1x_2x_3x_3 = 4x_1x_2x_3^2+4x_1^4 = 4P$$

一般地, 对于所有 c,

$$P(cx_1,\cdots,cx_m) = c^d P(x_1,\cdots,x_m) \tag{8.67}$$

定义多项式 $P(x_1,\cdots,x_m)$ 为 d 阶同质多项式.

引理 8.11 令 $P(x_1,\cdots,x_m)$ 是 d 阶同质多项式, 则

$$\nabla P \cdot \begin{bmatrix} x_1 \\ \vdots \\ x_m \end{bmatrix} = dP$$

证明 将(8.67)相对于 c 微分, 使用多变量链式法则得到

$$x_1 P_{x_1}(cx_1,\cdots,cx_m) + \cdots + x_m P_{x_m}(cx_1,\cdots,cx_m) = dc^{d-1} P(x_1,\cdots,x_m)$$

在 $c=1$ 处求值得到想要的结果. ∎

使用这个事实允许我们写出更加简洁的代码, 求解具有多项式项的偏微分方程, 其中只要将相同阶数的项放在一起. 注意到程序 8.7 中的矩阵 DF1 如何收集关于 F 的一阶导数项; DF2 收集 2 阶导数项. 然后可以定义雅可比矩阵 DF, 即 1 阶和 2 阶导数的和, 并把函数 F 定义为 0、1 和 2 阶项的和, 这个过程从本质上看没有代价. 引理 8.11 可用于找出 F

的 d 阶项，这对应于梯度和变量的乘积除以 d. 这种简化带来的额外便利，在处理复杂问题时更为有效.

对于特定的边界条件，Burgers 方程的显式解已知. 狄利克雷问题(8.66)的解为

$$u(x,t) = \frac{2D\beta\pi e^{-D\pi^2 t}\sin\pi x}{\alpha + \beta e^{-D\pi^2 t}\cos\pi x} \tag{8.68}$$

可以使用精确解度量近似方法的精度，该精度是步长 h 和 k 的函数. 使用参数 $\alpha=5$，$\beta=4$，扩散系数 $D=0.05$，我们找出当 $x=1/2$，一个时间单元后的误差如下：

h	k	$u(0.5, 1)$	$w(0.5, 1)$	误差
0.01	0.04	0.153 435	0.154 624	0.001 189
0.01	0.02	0.153 435	0.154 044	0.000 609
0.01	0.01	0.153 435	0.153 749	0.000 314

我们可以粗略看到一阶下降的误差，误差是关于步长 k 的函数，这和我们对隐式后向差分方法的预期一致.

另外一类有趣的非线性 PDE 是 **反应-扩散方程**. 非线性反应-扩散方程的一个基本例子是由进化生物学家和遗传学家 R. A. Fisher(1890—1962)提出，他是达尔文的继承者，达尔文帮助建立了现代统计学的基础. 该方程最初是用于对基因传播进行建模. **Fisher 方程** 的一般形式如下

$$u_t = Du_{xx} + f(u) \tag{8.69}$$

其中 $f(u)$ 是 u 的多项式. 方程的反应部分是函数 f，扩散部分是 Du_{xx}. 如果使用同质诺依曼边界条件，只要 $f(C)=0$，常数或者平衡状态 $u(x, t)\equiv C$ 就是解. 当 $f'(c)<0$ 时，平衡状态会变为稳定，意味着附近的解倾向于平衡状态.

例 8.13 使用后向差分方程和牛顿迭代求解 Fisher 方程，其中使用同质诺依曼边界条件

$$\begin{cases} u_t = Du_{xx} + u(1-u) \\ u(x,0) = \sin\pi x \text{ 其中 } 0 \leqslant x \leqslant 1 \\ u_x(0,t) = 0 \text{ 对于所有 } t \geqslant 0 \\ u_x(1,t) = 0 \text{ 对于所有 } t \geqslant 0 \end{cases} \tag{8.70}$$

注意到 $f(u)=u(1-u)$，意味着 $f'(u)=1-2u$，平衡解 $u=0$ 满足 $f'(0)=1$，另一个平衡解 $u=1$ 满足 $f'(1)=-1$. 因而，解更可能倾向于平衡 $u=1$.

离散化过程类似于用于实现 Burgers 方程的推导过程：

$$\frac{w_{ij} - w_{i,j-1}}{k} = \frac{D}{h^2}(w_{i+1,j} - 2w_{ij} + w_{i-1,j}) + w_{ij}(1 - w_{ij})$$

或者

$$(1 + 2\sigma - k(1-w_{ij}))w_{ij} - \sigma(w_{i+1,j} + w_{i-1,j}) - w_{i,j-1} = 0 \tag{8.71}$$

这得到如下的非线性方程，用于求解在第 j 个时间步时的 $z_i = w_{ij}$.

偏微分方程

$$F_i(z_1,\cdots,z_m) = (1+2\sigma - k(1-z_i))z_i - \sigma(z_{i+1}+z_{i-1}) - w_{i,j-1} = 0 \quad (8.72)$$

第一个和最后一个方程是诺依曼边界条件:

$$F_1(z_1,\cdots,z_m) = (-3z_0 + 4z_1 - z_2)/(2h) = 0$$

$$F_m(z_1,\cdots,z_m) = (-z_{m-2} + 4z_{m-1} - 3z_m)/(-2h) = 0$$

雅可比矩阵 DF 具有如下形式

$$\begin{bmatrix} -3 & 4 & & & & -1 & \\ -\sigma & 1+2\sigma-k+2kz_2 & -\sigma & & & & \\ & -\sigma & 1+2\sigma-k+2kz_3 & -\sigma & & & \\ & & \ddots & \ddots & \ddots & & \\ & & & -\sigma & 1+2\sigma-k+2kz_{m-1} & -\sigma \\ & & & -1 & 4 & -3 \end{bmatrix}$$

在变更函数 F 和雅可比矩阵 DF 后,在程序 8.7 中进行牛顿迭代,可用于求解 Fisher 方程. 可以使用引理 8.11 用于分离 DF 中的 1 阶和 2 阶部分. 如下面的程序片段所示,这里仍然使用诺依曼边界条件:

```
DF1=diag(1-k+2*sigma*ones(m,1))+diag(-sigma*ones(m-1,1),1);
DF1=DF1+diag(-sigma*ones(m-1,1),-1);
DF2=diag(2*k*w1);
DF=DF1+DF2;
F=-w(:,j)+(DF1+DF2/2)*w1;
DF(1,:)=[-3 4 -1 zeros(1,m-3)];F(1)=DF(1,:)*w1;
DF(m,:)=[zeros(1,m-3) -1 4 -3];F(m)=DF(m,:)*w1;
```

图 8.20 显示了 $D=1$ 时的 Fisher 方程的近似解,显示了向吸引平衡 $u(x,t)\equiv 1$ 的松弛趋势. 当然,$u(x,t)\equiv 0$ 也是 (8.69) 的解,其中 $f(u)=u(1-u)$,这个解使用初值 $u(x,0)=0$ 可以得到. 但是其他任意的初始数据,随着 t 增长最后都会到达 $u=1$.

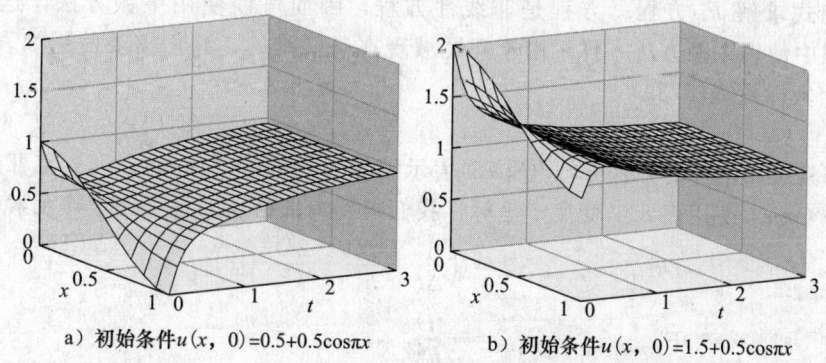

a) 初始条件 $u(x,0)=0.5+0.5\cos\pi x$ b) 初始条件 $u(x,0)=1.5+0.5\cos\pi x$

图 8.20 Fisher 方程的两个解. 当 t 增加时,两个解趋向于平衡解 $u(x,t)=1$. 假设具有同质诺依曼边界条件,步长 $h=k=0.1$

尽管例 8.13 覆盖了 Fisher 的原始方程,对于其他选择的多项式 $f(u)$ 还有很多推广的版本. 可以参看编程问题得到关于反应-扩散方程的更多的讨论. 下面,我们将讨论 Fisher 方程的高维版本.

8.4.2 二维空间中的非线性方程

要求结合前面章节的技术求解二维域的非线性方程. 隐式后向差分方法和牛顿迭代将用来处理非线性方程, 我们将需要使用表 8.1 中可折叠风格的坐标进行二维域中的记录.

我们首先将 Fisher 方程从一维扩展到二维.

例 8.14 使用牛顿迭代的后向差分方法, 在单位正方形 $[0,1]\times[0,1]$ 上求解 Fisher 方程:

$$\begin{cases} u_t = D\Delta u + u(1-u) \\ u(x,y,0) = 2+\cos\pi x\cos\pi y \text{ 其中 } 0\leqslant x,y \leqslant 1 \\ u_{\vec{n}}(x,y,t) = 0 \text{ 在矩形边界上, 对于所有 } t\geqslant 0 \end{cases} \quad (8.73)$$

D 为扩散系数, $u_{\vec{n}}$ 表示向外方向的导数. 我们假设在矩形边界上为诺依曼条件, 即无流边界条件.

在本节中, 两个离散下标表示空间坐标 x 和 y, 并且我们将使用下标表示时间步. 假设在 x 方向为 M 步, 在 y 方向为 N 步, 我们定义步长 $h(x_r-x_l)/M$ 以及 $k=(y_t-y_b)/N$. 在非边界格点上的离散方程如下,

$$\frac{w_{ij}^t - w_{ij}^{t-\Delta t}}{\Delta t} = \frac{D}{h^2}(w_{i+1,j}^t - 2w_{ij}^t + w_{i-1,j}^t) + \frac{D}{k^2}(w_{i,j+1}^t - 2w_{ij}^t + w_{i,j-1}^t) + w_{ij}^t(1 - w_{ij}^t) \quad (8.74)$$

其中 $1<i<m=M+1$, $1<j<n=N+1$, 并可组织为 $F_{ij}(w^t)=0$ 的形式, 或者

$$\left(\frac{1}{\Delta t} + \frac{2D}{h^2} + \frac{2D}{k^2} - 1\right)w_{ij}^t - \frac{D}{h^2}w_{i+1,j}^t - \frac{D}{h^2}w_{i-1,j}^t - \frac{D}{k^2}w_{i,j+1}^t - \frac{D}{k^2}w_{i,j-1}^t + (w_{ij}^t)^2 - \frac{w_{ij}^{t-\Delta t}}{\Delta t} = 0 \quad (8.75)$$

我们需要隐式求解 F_{ij} 方程. 方程是非线性方程, 因而可以使用牛顿方法, 这与在一维 Fisher 方程中使用牛顿方法一样. 由于问题域现在是二维的, 我们需要使用如表 8.1 所示的另外一个坐标系统 (8.39)

$$v_{i+(j-1)m} = w_{ij}$$

将有 mn 个具有 v 坐标的方程 F_{ij}, (8.75) 表示编号为 $i+(j-1)m$ 的方程. 雅可比矩阵 DF 大小为 $mn\times mn$. 使用表 8.1 变换 v 坐标, 我们得到内部格点的雅可比矩阵元素为

$$DF_{i+(j-1)m, i+(j-1)m} = \left(\frac{1}{\Delta t} + \frac{2D}{h^2} + \frac{2D}{k^2} - 1\right) + 2w_{ij}$$

$$DF_{i+(j-1)m, i+1+(j-1)m} = -\frac{D}{h^2}$$

$$DF_{i+(j-1)m, i-1+(j-1)m} = -\frac{D}{h^2}$$

$$DF_{i+(j-1)m, i+jm} = -\frac{D}{k^2}$$

$$DF_{i+(j-1)m, i+(j-2)m} = -\frac{D}{k^2}$$

同质诺依曼边界条件控制外部格点

底部 $(3w_{ij} - 4w_{i,j+1} + w_{i,j+2})/(2k) = 0$ 其中 $j = 1, 1 \leqslant i \leqslant m$

顶部 $(3w_{ij} - 4w_{i,j-1} + w_{i,j-2})/(2k) = 0$ 其中 $j = n, 1 \leqslant i \leqslant m$

左侧 $(3w_{ij} - 4w_{i+1,j} + w_{i+2,j})/(2h) = 0$ 其中 $i = 1, 1 < j < n$

右侧 $(3w_{ij} - 4w_{i-1,j} + w_{i-2,j})/(2h) = 0$ 其中 $i = m, 1 < j < n$

诺依曼边界条件由表 8.1 变换为

底部 $DF_{i+(j-1)m, i+(j-1)m} = 3$, $DF_{i+(j-1)m, i+jm} = -4$, $DF_{i+(j-1)m, i+(j+1)m} = 1$,
$b_{i+(j-1)m} = 0$ 其中 $j = 1, 1 \leqslant i \leqslant m$

顶部 $DF_{i+(j-1)m, i+(j-1)m} = 3$, $DF_{i+(j-1)m, i+(j-2)m} = -4$, $DF_{i+(j-1)m, i+(j-3)m} = 1$,
$b_{i+(j-1)m} = 0$ 其中 $j = n, 1 \leqslant i \leqslant m$

左侧 $DF_{i+(j-1)m, i+(j-1)m} = 3$, $DF_{i+(j-1)m, i+1+(j-1)m} = -4$, $DF_{i+(j-1)m, i+2+(j-1)m} = 1$,
$b_{i+(j-1)m} = 0$ 其中 $i = 1, 1 < j < n$

右侧 $DF_{i+(j-1)m, i+(j-1)m} = 3$, $DF_{i+(j-1)m, l-1+(j-1)m} = -4$, $DF_{i+(j-1)m, i-2+(j-1)m} = 1$,
$b_{i+(j-1)m} = 0$ 其中 $i = m, 1 < j < n$

下面的程序实现了牛顿迭代. 注意到引理 8.11 用于将 DF 的影响分离为一阶项和二阶项.

```
% 程序8.8 牛顿迭代后向差分方法
%     求解二维域上的Fisher方程
% 输入:空间区间[xl xr]×[yb yt],时间间隔[tb te],
%     M,N在x和y方向的空间步,tsteps时间步
% 输出:解网格[x,y,w]
% 使用示例: [x,y,w]=fisher2d(0,1,0,1,0,5,20,20,100);
function [x,y,w]=fisher2d(xl,xr,yb,yt,tb,te,M,N,tsteps)
f=@(x,y) 2+cos(pi*x).*cos(pi*y)
delt=(te-tb)/tsteps;
D=1;
m=M+1;n=N+1;mn=m*n;
h=(xr-xl)/M;k=(yt-yb)/N;
x=linspace(xl,xr,m);y=linspace(yb,yt,n);
for i=1:m              % 定义初始值u
  for j=1:n
      w(i,j)=f(x(i),y(j));
  end
end
for tstep=1:tsteps
 v=[reshape(w,mn,1)];
 wold=w;
 for it=1:3
 b=zeros(mn,1);DF1=zeros(mn,mn);DF2=zeros(mn,mn);
 for i=2:m-1
for j=2:n-1
 DF1(i+(j-1)*m,i-1+(j-1)*m)=-D/h^2;
 DF1(i+(j-1)*m,i+1+(j-1)*m)=-D/h^2;
 DF1(i+(j-1)*m,i+(j-1)*m)= 2*D/h^2+2*D/k^2-1+1/(1*delt);
 DF1(i+(j-1)*m,i+(j-2)*m)=-D/k^2;DF1(i+(j-1)*m,i+j*m)=-D/k^2;
 b(i+(j-1)*m)=-wold(i,j)/(1*delt);
 DF2(i+(j-1)*m,i+(j-1)*m)=2*w(i,j);
```

```
      end
    end
    for i=1:m      % 底部和顶部
      j=1; DF1(i+(j-1)*m,i+(j-1)*m)=3;
      DF1(i+(j-1)*m,i+j*m)=-4;DF1(i+(j-1)*m,i+(j+1)*m)=1;
      j=n; DF1(i+(j-1)*m,i+(j-1)*m)=3;
      DF1(i+(j-1)*m,i+(j-2)*m)=-4;DF1(i+(j-1)*m,i+(j-3)*m)=1;
    end
    for j=2:n-1    % 左侧和右侧
      i=1; DF1(i+(j-1)*m,i+(j-1)*m)=3;
      DF1(i+(j-1)*m,i+1+(j-1)*m)=-4;DF1(i+(j-1)*m,i+2+(j-1)*m)=1;
      i=m; DF1(i+(j-1)*m,i+(j-1)*m)=3;
      DF1(i+(j-1)*m,i-1+(j-1)*m)=-4;DF1(i+(j-1)*m,i-2+(j-1)*m)=1;
    end
    DF=DF1+DF2;
    F=(DF1+DF2/2)*v+b;
    v=v-DF\F;
    w=reshape(v(1:mn),m,n);
  end
  mesh(x,y,w');axis([xl xr yb yt tb te]);
  xlabel('x');ylabel('y');drawnow
end
```

二维 Fisher 方程的动态行为与图 8.20 中的一维版本相似,其中我们可以看到收敛到 $u(x,t)=1$ 处的平衡解. 图 8.21a 显示了初始数据 $f(x,y)=2+\cos\pi x\cos\pi y$. $t=5$ 个时间单元后的解如图 8.21b 所示. 解很快松弛到 $u(x,y,t)=1$ 处的稳定解.

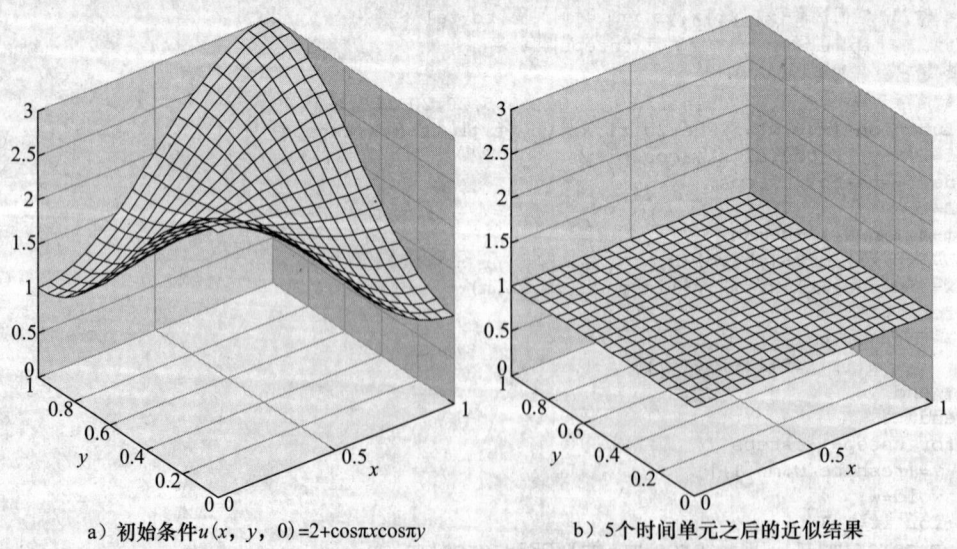

a) 初始条件 $u(x,y,0)=2+\cos\pi x\cos\pi y$ b) 5 个时间单元之后的近似结果

图 8.21　在二维域具有诺依曼边界条件的 Fisher 方程. 随着 t 的增加,
解趋近于平衡解 $u(x,y,t)=1$. 步长 $h=k=\Delta t=0.05$

数学家阿兰·图灵(Alan Turing)(1912—1954)在一篇标志性论文(Turing[1952])中提出对于生物中发现的许多形状和结构的一种可能的解释. 特定的反应-扩散方程对化学浓度建模从而生成了有趣的空间模式,其中包含条纹和六边形. 这被看做自然界初始阶段令人

惊讶的例子,现在被称为**图灵模式**.

图灵发现对于一个稳定的化学模型,仅仅添加扩散项,就可以导致稳定的平衡,例如图 8.21b 所看到的例子,变为不稳定. 这种**图灵不稳定**导致一个变革,其中的模式演化为一个新的空间变化的稳定解. 当然,这与我们目前看到的随着时间平均或者平滑初始条件扩散对立.

图灵不稳定的一个有趣例子可以在 **Brusselator 模型**中看到,这个模型由比利时化学家 I. Prigogine 在 20 世纪 60 年代后期提出. 该模型包含两个耦合的 PDE,每个表示两种化学反应中的一种.

例 8.15 使用牛顿迭代的后向差分方法求解 Brusselator 方程,在正方形$[0,40] \times [0,40]$上使用同质诺依曼边界条件:

$$\begin{cases} p_t = D_p \Delta p + p^2 q + C - (K+1)p \\ q_t = D_q \Delta q - p^2 q + Kp \\ p(x,y,0) = C + 0.1 \text{ 其中 } 0 \leqslant x,y \leqslant 40 \\ q(x,y,0) = K/C + 0.2 \text{ 其中 } 0 \leqslant x,y \leqslant 40 \\ u_{\vec{n}}(x,y,t) = 0 \text{ 定义在矩形边界上,对于所有 } t \geqslant 0 \end{cases} \tag{8.76}$$

两个耦合方程的变量为 p,q,两组扩散系数 D_p,$D_q > 0$,其他参数 C,$K > 0$. 根据习题 5,Brusselator 方程当 $p \equiv C$,$q \equiv K/C$ 时,具有平衡解. 对于小的参数 K,该平衡解稳定,并在如下情况会遇到图灵不稳定

$$K > \left(1 + C\sqrt{\frac{D_p}{D_q}}\right)^2 \tag{8.77}$$

在内部格点的离散方程如下,其中 $1 < i < m$,$1 < j < n$,

$$\frac{p_{ij}^t - p_{ij}^{t-\Delta t}}{\Delta t} - \frac{D_p}{h^2}(p_{i+1,j}^t - 2p_{ij}^t + p_{i-1,j}^t) - \frac{D_p}{k^2}(p_{i,j+1}^t - 2p_{ij}^t + p_{i,j-1}^t)$$

$$- (p_{ij}^t)^2 q_{ij}^t - C + (K+1)p_{ij}^t = 0$$

$$\frac{q_{ij}^t - q_{ij}^{t-\Delta t}}{\Delta t} - \frac{D_q}{h^2}(q_{i+1,j}^t - 2q_{ij}^t + q_{i-1,j}^t) - \frac{D_q}{k^2}(q_{i,j+1}^t - 2q_{ij}^t + q_{i,j-1}^t)$$

$$+ (p_{ij}^t)^2 q_{ij}^t - Kp_{ij}^t = 0$$

这是我们遇到的两个耦合变量 p 和 q 的第一个例子. 另一坐标向量 v 的长度为 $2mn$,(8.39)可以扩展为

$$v_{i+(j-1)m} = p_{ij} \text{ 其中 } 1 \leqslant i \leqslant m, 1 \leqslant j \leqslant n$$

$$v_{mn+i+(j-1)m} = q_{ij} \text{ 其中 } 1 \leqslant i \leqslant m, 1 \leqslant j \leqslant n \tag{8.78}$$

诺依曼边界条件本质上和例 8.14 相同,现在对每个变量 p 和 q 分别处理. 注意到有 1 阶和 3 阶项需要微分,才能得到雅可比矩阵 DF. 使用表 8.1 以直接的方式进行扩展,就可以处理两个变量,并利用引理 8.11 我们得到下面的 MATLAB 代码:

```
% 程序8.9 牛顿迭代后向差分方法
% 求解Brusselator
% 输入: 空间区间[xl xr]×[yb yt], 时间区域[tb te],
% M,N为x和y方向的空间步, tsteps为时间步
% 输出: 解网格[x,y,w]
% 使用示例: [x,y,p,q]=brusselator(0,40,0,40,0,20,40,40,20);
function [x,y,p,q]=brusselator(xl,xr,yb,yt,tb,te,M,N,tsteps)
Dp=1;Dq=8;C=4.5;K=9;
fp=@(x,y)  C+0.1;
fq=@(x,y)  K/C+0.2;
delt=(te-tb)/tsteps;
m=M+1;n=N+1;mn=m*n;mn2=2*mn;
h=(xr-xl)/M;k=(yt-yb)/N;
x=linspace(xl,xr,m);y=linspace(yb,yt,n);
for i=1:m                %定义初始条件
  for j=1:n
    p(i,j)=fp(x(i),y(j));
    q(i,j)=fq(x(i),y(j));
  end
end
for tstep=1:tsteps
  v=[reshape(p,mn,1);reshape(q,mn,1)];
  pold=p;qold=q;
  for it=1:3
    DF1=zeros(mn2,mn2);DF3=zeros(mn2,mn2);
    b=zeros(mn2,1);
    for i=2:m-1
      for j=2:n-1
        DF1(i+(j-1)*m,i-1+(j-1)*m)=-Dp/h^2;
        DF1(i+(j-1)*m,i+(j-1)*m)= Dp*(2/h^2+2/k^2)+K+1+1/(1*delt);
        DF1(i+(j-1)*m,i+1+(j-1)*m)=-Dp/h^2;
        DF1(i+(j-1)*m,i+(j-2)*m)=-Dp/k^2;
        DF1(i+(j-1)*m,i+j*m)=-Dp/k^2;
        b(i+(j-1)*m)=-pold(i,j)/(1*delt)-C;
        DF1(mn+i+(j-1)*m,mn+i-1+(j-1)*m)=-Dq/h^2;
        DF1(mn+i+(j-1)*m,mn+i+(j-1)*m)= Dq*(2/h^2+2/k^2)+1/(1*delt);
        DF1(mn+i+(j-1)*m,mn+i+1+(j-1)*m)=-Dq/h^2;
        DF1(mn+i+(j-1)*m,mn+i+(j-2)*m)=-Dq/k^2;
        DF1(mn+i+(j-1)*m,mn+i+j*m)=-Dq/k^2;
        DF1(mn+i+(j-1)*m,i+(j-1)*m)=-K;
        DF3(i+(j-1)*m,i+(j-1)*m)=-2*p(i,j)*q(i,j);
        DF3(i+(j-1)*m,mn+i+(j-1)*m)=-p(i,j)^2;
        DF3(mn+i+(j-1)*m,i+(j-1)*m)=2*p(i,j)*q(i,j);
        DF3(mn+i+(j-1)*m,mn+i+(j-1)*m)=p(i,j)^2;
        b(mn+i+(j-1)*m)=-qold(i,j)/(1*delt);
      end
    end
    for i=1:m     %条件的底部和顶部
      j=1;DF1(i+(j-1)*m,i+(j-1)*m)=3;
      DF1(i+(j-1)*m,i+j*m)=-4;
      DF1(i+(j-1)*m,i+(j+1)*m)=1;
      j=n;DF1(i+(j-1)*m,i+(j-1)*m)=3;
      DF1(i+(j-1)*m,i+(j-2)*m)=-4;
      DF1(i+(j-1)*m,i+(j-3)*m)=1;
      j=1;DF1(mn+i+(j-1)*m,mn+i+(j-1)*m)=3;
      DF1(mn+i+(j-1)*m,mn+i+j*m)=-4;
```

```
        DF1(mn+i+(j-1)*m,mn+i+(j+1)*m)=1;
        j=n;DF1(mn+i+(j-1)*m,mn+i+(j-1)*m)=3;
        DF1(mn+i+(j-1)*m,mn+i+(j-2)*m)=-4;
        DF1(mn+i+(j-1)*m,mn+i+(j-3)*m)=1;
    end
    for j=2:n-1    % 条件的左侧与右侧
        i=1;DF1(i+(j-1)*m,i+(j-1)*m)=3;
        DF1(i+(j-1)*m,i+1+(j-1)*m)=-4;
        DF1(i+(j-1)*m,i+2+(j-1)*m)=1;
        i=m;DF1(i+(j-1)*m,i+(j-1)*m)=3;
        DF1(i+(j-1)*m,i-1+(j-1)*m)=-4;
        DF1(i+(j-1)*m,i-2+(j-1)*m)=1;
        i=1;DF1(mn+i+(j-1)*m,mn+i+(j-1)*m)=3;
        DF1(mn+i+(j-1)*m,mn+i+1+(j-1)*m)=-4;
        DF1(mn+i+(j-1)*m,mn+i+2+(j-1)*m)=1;
        i=m;DF1(mn+i+(j-1)*m,mn+i+(j-1)*m)=3;
        DF1(mn+i+(j-1)*m,mn+i-1+(j-1)*m)=-4;
        DF1(mn+i+(j-1)*m,mn+i-2+(j-1)*m)=1;
    end
    DF=DF1+DF3;
    F=(DF1+DF3/3)*v+b;
    v=v-DF\F;
    p=reshape(v(1:mn),m,n);q=reshape(v(mn+1:mn2),m,n);
    end
    contour(x,y,p');drawnow;
end
```

图 8.22 是 Brusselator 解的轮廓图. 在轮廓图中，闭合曲线跟踪了 $p(x,y)$ 变化的水平集. 在模型中，p 和 q 表示化学浓度，该浓度可以自组织为图中所示的变化模式.

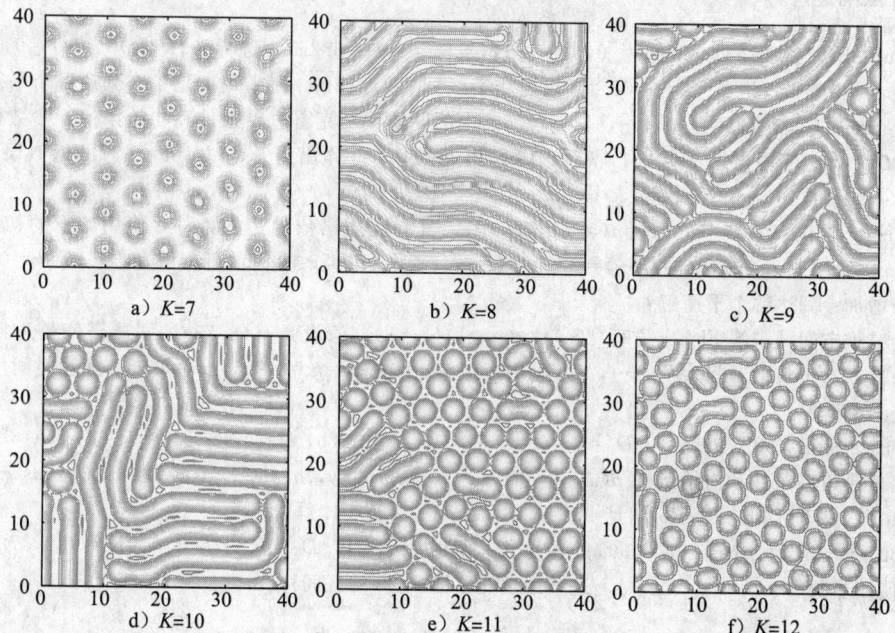

图 8.22　Brusselator 的模式形成. 当 $t=2000$ 时的解 $p(x,y)$ 的轮廓图显示了图灵模式. 参数为 $D_p=1$, $D_q=8$, $C=4.5$. 对于有限差分的设置 $h=k=0.5\Delta t=1$

反应-扩散方程和图灵不稳定通常用于对生物模式建模,包括蝴蝶翅膀模型、动物毛皮花纹、鱼和贝壳色素,以及许多其他例子. 图灵模式已经在化学实验中被发现,例如 CIMA(氟-硼-丙二酸)淀粉反应. 用于化学反应的酶解模型与 Gray-Scott 方程与 Brusselator 紧密相关.

使用反应-扩散方程研究模式生成,这仅是当前重大感兴趣研究兴趣中的一个. 非线性偏微分方程可用于对工程和科学领域中的大量时空现象进行建模. 另外一类重要问题由 Navier-Stokes 方程描述,该方程表示不可压缩液体流. Navier-Stokes 方程用于对大量不同现象包括膜、润滑、动脉血流动力学、机翼气流,以及恒星大气涡流进行建模. 改进的有限差分与有限元求解了线性和非线性微分方程,这是计算科学中最活跃的研究领域之一.

8.4 节习题

1. 证明对于任何常数 c,函数 $u(x, t)=c$ 是 Burgers 方程 $u_t+uu_x=Du_{xx}$ 的平衡解.
2. 证明在所有的不包含 0 的区间 $[x_l, x_r]$,函数 $u(x, t)=x^{-1}$ 是 Burgers 方程 $u_t+uu_x=-\frac{1}{2}u_{xx}$ 的时间无关解.
3. 证明(8.68)中的函数 $u(x, t)$ 是具有狄利克雷边界条件(8.66)的 Burgers 方程的解.
4. 当 $f(u)=u(u-1)(2-u)$ 时,找出 Fisher 方程(8.69)的所有稳定平衡解.
5. 证明当 $p\equiv C$, $q\equiv K/C$ 时, Brusselator 具有平衡解.
6. 对于 Brusselator 的参数设置 $D_p=1$, $D_q=8$, $C=4.5$, K 取哪些值平衡解 $p\equiv C$, $q\equiv K/C$ 稳定? 见编程问题 5 和 6.

8.4 节编程问题

1. 求解 Burgers 方程(8.63),区间为 $[0, 1]$,初始条件 $f(x)=\sin 2\pi x$,边界条件 $l(t)=r(t)=0$,使用步长 (a) $h=k=0.1$, (b) $h=k=0.02$. 画出当 $0\leqslant t\leqslant 1$ 时的近似解. 随着时间增加会到达哪个平衡解?
2. 求解 Burgers 方程,区间为 $[0, 1]$,具有(8.66)中的同质狄利克雷边界条件和初始条件,参数为 $\alpha=4$, $\beta=3$, $D=0.2$. 使用步长 $h=0.01$, $k=1/16$ 画出近似解,并作出当 $x=1/2$, $t=1$ 时的近似误差的图,误差为 k 的函数, $k=2^{-p}$, $p=4, \cdots, 8$.
3. 求解 Fisher 方程(8.69), $f(u)=u(u-1)(2-u)$,具有同质诺依曼边界条件,使用如下的初始条件:(a) $f(x)=1/2+\cos 2\pi x$, (b) $f(x)=3/2-\cos 2\pi x$. 画出当 $0\leqslant t\leqslant 2$ 时的近似解,步长 $h=k=0.05$. 随着时间增加会到达哪个平衡解?
4. 在一个二维空间域求解 Fisher 方程 $f(u)=u(u-1)(2-u)$. 假设具有(8.73)的同质诺依曼边界条件与初始条件. 对于整数时间 $t=0, \cdots, 5$,画出近似解,步长 $h=k=0.05$, $\Delta t=0.05$. 随着时间增加会到达哪个平衡解?
5. 求解 Brusselator 方程, $D_p=1$, $D_q=8$, $C=4.5$, (a) $K=4$ (b) $K=5$ (c) $K=6$ (d) $K=6.5$. 使用同质诺依曼边界条件和初始条件 $p(x, y, 0)=1+\cos\pi x\cos\pi y$, $q(x, y, 0)=2+\cos 2\pi x\cos 2\pi y$,估计最小值 T,对于所有的 $t>T$,满足 $|p(x, y, t)-C|<0.01$.
6. 画出 Brusselator 解 $p(x, y, 2000)$ 的轮廓图,其中 $D_p=1$, $D_q=8$, $C=4.5$, $K=7.2$, 7.4, 7.6, 7.8. 使用步长 $h=k=0.5$, $\Delta t=1$. 这些图填充了图 8.22 的区间.

软件与进一步阅读

关于偏微分方程及其在科学与工程中的应用有大量文献. 最近从应用观点出发的教科书包括 Haberman[2004]，Logan[1994]，Evans[2002]，Strauss[1992]，以及 Gockenbach[2002]．许多教科书对于 PDE 数值方法，例如有限差分和有限元方法提供更加深入的信息，这包括 Strikwerda[1989]，Lapidus 与 Pinder[1982]，Hall 与 Porsching[1990]，以及 Morton 与 Mayers[1996]的论著．Brenner 与 Scott[1994]，Ames[1992]，Strang 与 Fix[1973]主要关注有限元方法．

大力推荐 MATLAB 的 PDE 工具包．它在 PDE 以及工程数学中可能已经变得极为普遍．Maple 具有一个类似的工具包，称为 PDEtools．还有一些独立的工具包被开发并用于数值 PDE 中的一般应用或者特定问题．ELLPACK(Rice 与 Boisvert[1984])以及 PLTMG(Bank[1998])是可以自由获取的工具，可用于在平面一般区域中求解椭圆抛物线方程．二者都可以从 Netlib 获取．

有限元方法软件包含自由软件 FEAST(有限元与求解工具)、FreeFEM，以及 PETSc(科学计算可移植扩展工具包)与商业软件 COMSOL、NASTRAN、DIFFPACK，以及其他一些软件．IMSL 包含 DFPS2H 程序用于求解矩形上的泊松方程，以及三维盒子上的 DFPS3H．这些方法都基于有限差分．

NAG 库包含一些有限差分和有限元方法程序．D03EAF 程序使用积分方程方法求解了二维的拉普拉斯方程；D03EEF 使用一个七点有限差分方法处理多类边界条件．程序 D03PCF 与 D03PFF 分别处理抛物线和双曲线方程．

第 9 章 随机数和应用

> 布朗运动是罗伯特·布朗(Robert Brown)在 1827 年提出的一种随机行为模型. 他的研究初衷是为了理解漂浮在水面上的花粉粒子在周围分子的作用下而产生的古怪运动. 但是后来这个模型的应用远远超出了当初的背景.
>
> 经济学家使用类似的方法分析资产的价格, 因为大量投资者的操作都会影响到资产的价格波动. 1973 年, Fischer Black 和 Myron Scholes 提出了一种指数布朗运动模型, 用来精确衡量股票期权的价值. 华尔街的经济学家们马上认识到了这项研究的重要性, 很快就把 Black-Scholes 公式加进了证券交易所使用的计算器中. 这项工作获得了 1997 年的诺贝尔经济学奖, 并且在经济学理论和实践中仍然在广泛应用.
>
> **事实验证 9** 介绍蒙特卡罗(Monte Carlo)模拟和著名的 Black-Scholes 公式.

前面 3 章的主要内容都是关于微分方程控制的确定性模型. 在这些模型中, 给出恰当的初始值和边界条件, 方程的解是唯一确定的. 并且对任意预期的精度, 都可以通过适当的数值方法求解. 而对于随机模型而言, 它本身的定义中就包含了噪声和不确定性.

随机系统的计算模拟中需要产生随机数来模拟噪声. 9.1 节介绍随机数的基本概念和它们在模拟中的应用. 9.2 节主要介绍随机数的一种重要应用——蒙特卡罗模拟(Monte Carlo simulation). 9.3 节介绍随机微积分方法, 包括一些在物理学、生物学和经济中常用的随机微分方程(SDE). SDE 的求解需要用到第 7 章介绍的 ODE 求解器, 但是需要再引入一个噪声项.

本章中会用到一些概率论的基本概念. 例如期望、方差、独立随机变量等概念会在 9.2~9.4 节中用到.

9.1 随机数

直观上随机数的概念很容易理解, 但是要想在数学上给出精确的定义却是异常困难的. 而且找到一种生成随机数的方法也不是想象中那么容易. 由于计算机只能按照程序员预先设定的程序运行, 因此不可能有一个程序能产生出真正的随机数. 我们只能勉强生成一种伪随机数, 这种程序只能按固定的方式运行, 但是可以生成看上去尽可能随机的一串数.

随机数生成器的目的是使输出的数字满足独立同分布. "独立"是指每个新生成的数 x_n 不应依赖(但是实际上多少总会有关)于上一个输出 x_{n-1}, 或者更早的输出 $x_{n-1}, x_{n-2}, \cdots$. "同分布"是指, 如果我们用 x_n 的多次生成结果画出一张直方图, 它应该和 x_{n-1} 的直方图看上去是一样的. 换句话说, "独立"是指 x_n 独立于 x_{n-1}, x_{n-2}, 等等. "同分布"是指 x_n 的分布与 n 的取值无关. 随机数的直方图, 或者说分布, 可以是 0 到 1 之间所有实数上的均匀分布, 或者其他更复杂的分布, 例如正态分布.

显然，随机数定义中的独立条款与基于计算机的随机数生成方法是冲突的，因为在计算机程序中，输出的结果是完全可预知和可重复的．实际上，程序的可重复性对一些模拟应用是非常有用的．用程序生成随机数的技巧是让结果看上去相互独立，虽然它们肯定是不独立的．**伪随机数**的概念就是由此而来——用确定方法生成尽量独立同分布的随机数．

由于高度不独立的生成方法和对数据独立性的要求，因此还不存在完美的随机数生成算法．正如冯·诺依曼在 1951 年曾说的，"任何想用数学方法生成随机数的想法都是有罪的．"用户只能针对他们要测试的具体问题选择合适的随机数生成器，然后希望生成器的相关性和缺陷不会影响到问题的求解．

随机数是符合某个概率分布的一组数．由于分布的种类实在太多，为了降低理论要求，我们只关注两种分布：均匀分布和正态分布．

9.1.1 伪随机数

最简单的随机数集合是 $[0，1]$ 区间上的均匀分布．这种随机数类似于蒙上眼睛在这个区间上选一个数．区间上每一个数被选中的可能性都是一样的．我们怎样才能用计算机程序生成这样的一串数字？

先尝试一种在 $[0，1]$ 区间上产生均匀分布（伪）随机数的方法．选一个初始整数 $x_0 \neq 0$，称为**种子**．然后按照迭代的方法生成序列 u_i：

$$x_i = 13 x_{i-1} (\bmod\ 31)$$
$$u_i = \frac{x_i}{31} \tag{9.1}$$

先用 x_{i-1} 乘 13，按 31 取模，然后再除以 31 生成下一个伪随机数．产生的序列只有在遍历了所有 30 个非零数（1/31，…，30/31）后才会重复．随机数生成器的**周期**是 30．这样生成的实数序列完全不是随机的．当种子选好后，生成的 30 个数字的顺序就已经确定了．最早的随机数生成器采用类似的逻辑，只不过周期会更长一些．

当随机种子 $x_0 = 3$ 时，用这种方法生成如下的前 10 个数字：

x	u	x	u	x	u
8	0.2581	18	0.5806	21	0.6774
11	0.3548	17	0.5484	25	0.8065
19	0.6129	4	0.1290	15	0.4839
30	0.9677				

最初，$3 * 13 = 39 \to 8 (\bmod\ 31)$，则随机数为 $8/31 \approx 0.2581$．第二个随机数是 $8 * 13 = 104 \to 11 (\bmod\ 31)$，产生 $11/31 \approx 0.3548$，继续这种操作，直到生成所有 30 个可能的随机数．

这就是一种最基本的随机数生成器．

定义 9.1 线性同余生成器（LCG）表示为以下形式

$$x_i = a x_{i-1} + b (\bmod\ m)$$

$$u_i = \frac{x_i}{m} \tag{9.2}$$

其中 a 为**乘子**，b 为**偏移**，m 为**模数**。

在之前的例子里，$a=13$，$b=0$，$m=31$。在下两个例子里，我们仍然让 $b=0$。这是因为 b 取非零值对随机数生成器的性能并没有多大影响。

随机数的一个应用是近似函数的均值，需要对函数参数多次随机赋值，再代入函数求出输出的平均值。这是一种最简单的蒙特卡罗方法，详细过程我们会在下一节中介绍。

例 9.1　近似曲线 $y=x^2$ 在 $[0, 1]$ 区间上曲线下面的面积。

由定义可知，函数在区间 $[a, b]$ 上的均值为

$$\frac{1}{b-a}\int_a^b f(x)\,\mathrm{d}x$$

则题目中要求的面积恰好是函数 $f(x)=x^2$ 在 $[0,1]$ 上的均值。可以通过在定义域上多次随机选点，然后计算函数输出的均值来近似，见图 9.1。函数均值为

$$\frac{1}{10}\sum_{i=1}^{10} f(u_i)$$

用我们之前给出的随机数算法生成的前 10 个随机数进行近似，得到的结果是 0.350，与正确解 $1/3$ 误差不大。如果用所有 30 个随机数进行计算，则得到的结果为 0.328，与实际值更接近一些。

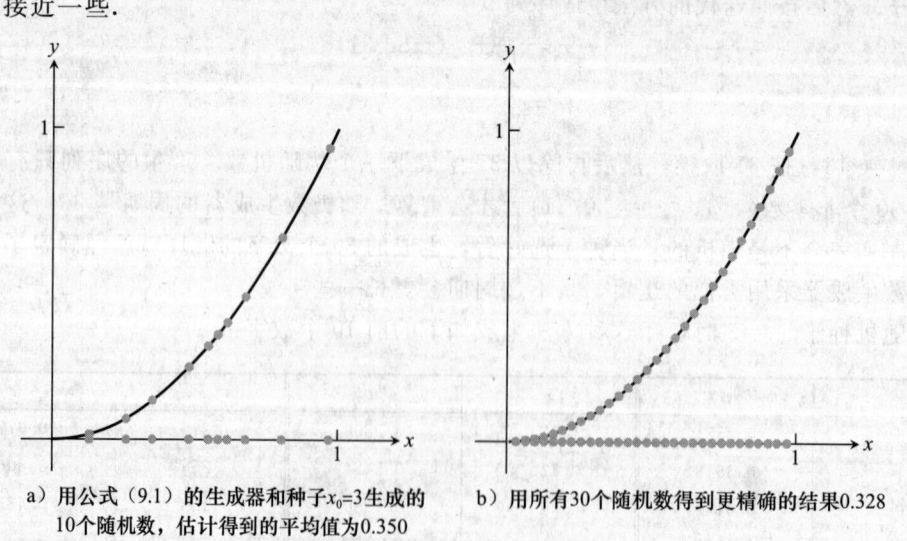

a) 用公式（9.1）的生成器和种子 $x_0=3$ 生成的 10 个随机数，估计得到的平均值为 0.350　　b) 用所有 30 个随机数得到更精确的结果 0.328

图 9.1　用随机数计算函数均值

例 9.1 中的应用被称为蒙特卡罗 1 型问题，它是用来解决函数均值问题的。请注意，我们已经用光了公式（9.1）所描述的生成器生成的所有 30 个随机数。如果精度要求提高，就需要更多的随机数。可以沿用 LCG 模型，只需增大 a 和 m 的值即可。

Park 和 Miller[1998]提出了一种线性同余生成器，称为"最小标准"生成器，因为它不但代码简单，而且也能达到较高的精度。1990 年的 MATLAB 第 4 版中，使用了这种随机

数生成器.

最小标准随机数生成器

$$x_i = ax_{i-1} \pmod{m}$$

$$u_i = \frac{x_i}{m} \tag{9.3}$$

其中 $m = 2^{31} - 1$,$a = 7^5 = 16\,807$,$b = 0$.

形式为 $2^p - 1$ 的素数(其中 p 为整数),又称作**梅森**(Mersenne)**素数**. 1772 年,欧拉首次发现了梅森素数. 最小标准随机数生成器的重复周期达到了理论最大值 $2^{31} - 2$,这说明只要随机种子非零,它就能遍历小于最大值的所有非零整数. 这包括了大约 2×10^9 个数,在 20 世纪可能已经够用了,但是随着计算机每秒指令数的增加,现在看来这个数目又显得太少了.

例 9.2 计算满足以下不等式的点 (x, y) 的面积

$$4(2x-1)^4 + 8(2y-1)^8 < 1 + 2(2y-1)^3(3x-2)^2$$

我们称之为蒙特卡罗 2 型问题. 这个问题是无法转换为计算函数平均值的问题的,因为在不等式中 x,y 都是隐式表示. 但是,给定 (x, y) 的值以后,我们可以很容易地计算出这个点是不是属于该集合. 这样,计算面积就等价于随机点 $(x, y) = (u_i, u_{i+1})$ 属于该集合的概率.

图 9.2 显示了用这种方法的计算结果,这里使用的是最小标准生成器生成了 10 000 个点. 在单位矩形 $0 \leqslant x, y \leqslant 1$ 上满足不等式的点都在图中显示了出来,它们占的比例为 0.547,这就是所求面积的近似值. ◀

虽然我们定义了两种蒙特卡罗问题,实际上它们之间并没有显著的区别. 它们实际上都是计算了某个函数的均值. 显然 1 型问题是这样的. 对于 2 型问题,需要计算均值的函数是集合的**特征函数**,这个函数对集合内的点取值为 1,对集合外的点取值为 0. 与例 9.1 中的函数 $f(x) = x^2$ 不同,特征函数是不连续的——在集合边缘函数值会出现跳变. 另外也存在 1 型和 2 型的混合问题(见编程问题 8).

有一个非著名的随机数生成器叫做 randu 生成器,用在早期的 IBM 计算机并被推广到了很多其他产品中. 用搜索引擎查找的话,能找到很多有关条目,说明它至今仍在被广泛使用.

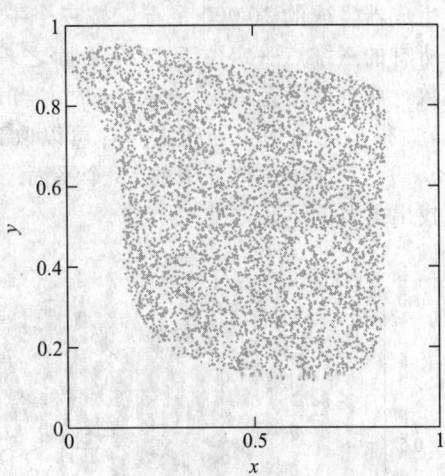

图 9.2 用蒙特卡罗方法计算面积. 在 $[0, 1] \times [0, 1]$ 上随机生成的 10 000 个二维点中,满足例 9.2 的不等式的点已经在图中标出. 这些点占所有点的比例就是面积的一个近似值

randu 生成器

$$x_i = ax_{i-1} \pmod{m}$$

$$u_i = \frac{x_i}{m} \tag{9.4}$$

其中 $a = 65\,539 = 2^{16} + 3$, $m = 2^{31}$.

随机种子 $x_0 \neq 0$ 可以任意选取. 非素模数 m 的选取是为了提高取模运算的速度, 乘数 a 的选取是因为它的二进制表示非常简单. 但是一个严重的问题是它不满足随机数的独立性要求. 注意, 由于

$$a^2 - 6a = (2^{16} + 3)^2 - 6(2^{16} + 3) = 2^{32} + 6 \cdot 2^{16} + 9 - 6 \cdot 2^{16} - 18 = 2^{32} - 9$$

故有

$$a^2 - 6a + 9 \equiv 0 \pmod{m}$$

因此

$$x_{i+2} - 6x_{i+1} + 9x_i = a^2 x_i - 6a x_i + 9x_i \pmod{m} = 0 \pmod{m}$$

除以 m, 得到

$$u_{i+2} = 6u_{i+1} - 9u_i \pmod{1} \tag{9.5}$$

问题的关键并不是说 u_{i+2} 可以由它的前两个数预测出来. 由于生成器本身是确定的公式, 因此实际上只要知道上一个数就能够预测出当前的数. 这个随机数生成器的问题是公式 (9.5) 中的系数实在太小了, 使得随机数之间的关系很容易被察觉. 图 9.3a 画出了 randu 生成器生成的 10 000 个点, 按三个一组 (u_i, u_{i+1}, u_{i+2}) 显示. 公式 (9.5) 导致的结果就是所有的三维点一定位于 15 个平面之一, 如图所示. 实际上, $u_{i+2} - 6u_{i+1} + 9u_i$ 一定是个整数, 而且取值范围为 $[-5, +9]$. 当 u_{i+1} 很大且 u_i 和 u_{i+2} 很小时, 可以取到最小值 -5; 当 u_{i+1} 很小且 u_i 和 u_{i+2} 很大时, 可以取到最大值 $+9$. 平面方程 $u_{i+2} - 6u_{i+1} + 9u_i = k$, $-5 \leqslant k \leqslant 9$, 对应了图 9.3 中的 15 个平面. 习题 5 中要读者分析另外一种知名的随机数生成器, 找出类似的不足之处.

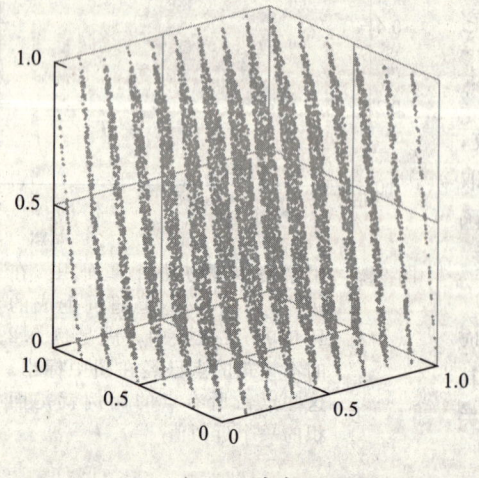
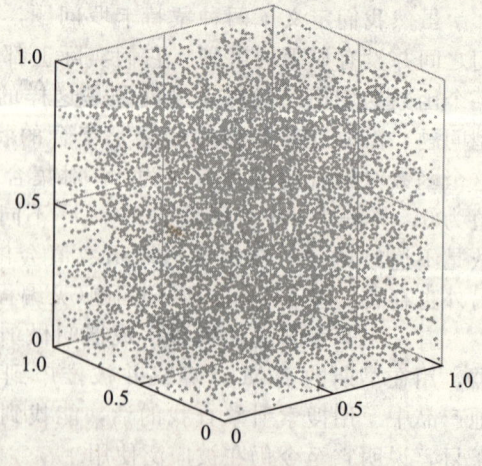

a) randu 生成器　　　　　　　　　　　　b) 最小标准生成器

图 9.3　两种随机数生成器的比较. 图中包含 10 000 个三元数 (u_i, u_{i+1}, u_{i+2})

最小标准生成器没有这种问题, 至少程度上没有这么明显. 由于公式 (9.3) 中的 m 和 a 都是素数, 相邻元素 u_i 之间的关系不太可能是像 (9.5) 中那么小的系数, 而且三个相邻元

素之间的关系也会复杂得多. 从图 9.3b 中可以看出, 用最小标准生成的随机数画出的点云图比 randu 方法更随机.

例 9.3 用 randu 方法近似小球体积, 球心位于 $(1/3, 1/3, 1/2)$, 半径为 0.04.

虽然小球体积非零, 但是用 randu 方法近似得到的结果却是 0. 蒙特卡罗方法需要在单位立方体内随机生成三维点, 再计算落在小球内的点所占的比例.

球心 $(1/3, 1/3, 1/2)$ 正好位于两个平面 $9x-6y+z=1$ 和 $9x-6y+z=2$ 的中间, 到两个平面的距离都是 $1/(2\sqrt{118}) \approx 0.046$. 因此, 用 randu 方法生成的点都不会落在小球内. 由于随机数生成器的问题, 蒙特卡罗方法近似得到了错误的结果. 令人惊讶的是, 这个问题在 20 世纪 60 到 70 年代完全被忽视了, 以至于 randu 方法当时被广泛应用在模拟计算中.

最新版的 MATLAB 中已经不再使用 LCG 作为随机数生成器了. 从 MATLAB 5 中的 rand 函数, 使用的是"延迟斐波那契(Fibonacci)"生成器, 这种方法是 G. Marsaglia 等人 [1991] 提出的. 它可以生成 0 到 1 之间的所有浮点数. MATLAB 生成这种方法的重复周期超过了 2^{1400}, 这个数字比 MATLAB 自运行以来处理的所有指令数目还要多得多.

至此, 我们主要关注的是如何生成 $[0, 1]$ 区间上的伪随机数. 为了生成任意区间 $[a, b]$ 上的均匀分布的随机数, 只需做一个大小为 $b-a$ 的拉伸变化. 这样, 每个在 $[0, 1]$ 区间上生成的随机数 r 都会变成 $(b-a)r+a$.

我们可以对高维数据的每一维单独处理. 例如, 要生成 $[1, 3] \times [2, 8]$ 范围内的随机点, 可以先生成 $[0, 1] \times [0, 1]$ 区间内的随机数 r_1, r_2, 然后变换得到 $(2r_1+1, 6r_2+2)$ 就是满足条件的随机点.

9.1.2 指数和正态随机数

指数随机变量的取值满足**概率分布函数** $p(x) = ae^{-ax}$, $a > 0$, 即指数随机数 $r_1, \cdots, r_n$ 的直方图随着 $n \to \infty$ 会收敛到 $p(x)$.

使用上一节中的均匀分布随机数, 可以很容易地生成指数随机数. **累积分布函数**为

$$P(x) = \text{Prob}(V \leqslant x) = \int_0^x p(x)dx = 1 - e^{-ax}$$

算法的核心思想是要找到指数随机变量的值, 使得概率 $\text{Prob}(V \leqslant x)$ 是 $[0, 1]$ 区间上的均匀分布. 即给定一个满足均匀分布的变量 u 之后, 要使得

$$u = \text{Prob}(V \leqslant x) = 1 - e^{-ax}$$

通过求解 x, 得到

$$x = \frac{-\ln(1-u)}{a} \tag{9.6}$$

公式 (9.6) 的作用就是把输入的均匀随机数 u 转换为指数随机数.

对于一般的概率分布, 也可以用这种方法处理. 假设 $P(x)$ 是需要生成的随机变量对应的概率分布函数. $Q(x) = P^{-1}(x)$ 是对应的反函数. 若 $U[0, 1]$ 是 $[0, 1]$ 区间上的均匀分布的随机数, 则 $Q(U[0, 1])$ 就是满足分布 P 的随机数. 剩下的问题就是如何高效地计算函数 Q.

标准**正态**分布, 又称为**高斯**随机变量 $N(0, 1)$, 是符合以下概率密度函数的随机变量

$$P(x) = \frac{1}{\sqrt{2\pi}} e^{-\frac{x^2}{2}}$$

它的形状是著名的钟形曲线. 变量 $N(0, 1)$ 的均值为 0, 方差为 1. 推广的一般正态分布 $N(\mu, \sigma^2) = \mu + \sigma N(0, 1)$, 均值为 μ, 方差为 σ^2. 由于这只是标准正态分布的一个线性拉伸, 所以只要解决标准正态分布问题就可以了.

虽然可以直接使用之前描述的概率分布函数求逆的方法来求解, 但是还有一种更有效的方法, 可以同时生成两个正态分布随机数. 二维标准正态分布的概率密度函数为 $p(x, y) = (1/2\pi)e^{-(x^2+y^2)/2}$, 在极坐标系下又可写成 $p(r) = (1/2\pi)e^{-r^2/2}$ 的形式. 由于 $p(r)$ 是对极坐标轴对称的, 我们只需要考虑半径 r, 而角度 θ 可以用 $[0, 2\pi]$ 区间上的均匀分布. 由于 $p(r)$ 是对于变量 r^2 的指数分布, 其中参数 $a = 1/2$, r 可以通过公式 (9.6) 生成

$$r^2 = \frac{-\ln(1-u_1)}{1/2}$$

其中 u_1 是均匀分布随机数. 进而生成两个满足标准正态分布且完全独立的随机数

$$n_1 = r\cos 2\pi u_2 = \sqrt{-2\ln(1-u_1)} \cos 2\pi u_2$$
$$n_2 = r\sin 2\pi u_2 = \sqrt{-2\ln(1-u_1)} \sin 2\pi u_2 \tag{9.7}$$

其中 u_2 是另一个满足均匀分布的随机数. 我们还注意到, $(1-u_1)$ 可以用 u_1 代替, 因为它们都是在 $[0, 1]$ 区间上的均匀分布. 这种生成正态分布随机数的方法又称为 **Box-Muller 方法** (Box 与 Muller [1985]). 在计算过程中需要用到开方、对数、正弦和余弦运算.

另有一种更高效的 Box-Muller 改进算法, 其中 u_1 的生成方法略有不同. 从分布 $U[0, 1]$ 中选择变量 x_1, x_2, 定义 $u_1 = x_1^2 + x_2^2$. 如果 $u_1 < 1$, 则接受这个值, 否则重新选取. 这样选择的变量 u_1 也是满足分布 $U[0, 1]$ 的. 这样做的好处是, 我们可以计算 $u_2 = \arctan(x_2/x_1)$, 即从原点到 (x_1, x_2) 点的线段的角度. 显然 u_2 是 $[0, 2\pi]$ 区间上的正态分布. 由于 $\cos 2\pi u_2 = x_1/u_1$ 且 $\sin 2\pi u_2 = x_2/u_1$. 则公式 (9.7) 可以写为

$$n_1 = x_1 \sqrt{\frac{-2\ln(u_1)}{u_1}}$$
$$n_2 = x_2 \sqrt{\frac{-2\ln(u_1)}{u_1}} \tag{9.8}$$

其中 $u_1 = x_1^2 + x_2^2$. 这个公式的计算中不需要使用 (9.7) 的三角函数.

修正的 Box-Muller 方法是一种**拒绝方法**, 因为一部分输入被拒绝掉了. 比较单位矩形 $[-1, 1] \times [-1, 1]$ 和单位圆的面积, 可以得到拒绝率为 $(4-\pi)/4 \approx 21\%$. 为了避免使用三角函数运算, 这点损失是可以接受的.

参考 Knuth [1997], 还有更复杂的一些生成标准正态分布随机数的方法. 例如 MATLAB 中的 randn 命令, 使用了 ziggurat 方法, 参考文献 Marsaglia 与 Tsang [2000], 它是通过一种更加有效的方法解决了概率分布函数求逆的问题.

9.1 节习题

1. 计算以下线性同余生成器的周期. (a) $a=2$, $b=0$, $m=5$, (b) $a=4$, $b=1$, $m=9$.

2. 计算以下 LCG 的周期，$a=4, b=0, m=9$. 周期是否依赖于种子?
3. 近似函数 $y=x^2$ 在曲线下面的面积，区间为 $0 \leqslant x \leqslant 1$，使用以下的 LCG. (a) $a=2, b=0, m=5$, (b) $a=4, b=1, m=9$.
4. 近似函数 $y=1-x$ 在曲线下面的面积，区间为 $0 \leqslant x \leqslant 1$，使用以下的 LCG. (a) $a=2, b=0, m=5$, (b) $a=4, b=1, m=9$.
5. 分析 RANDNUM-CRAY 随机数生成器，它使用在 Cray X-MP 超级计算机中. 这个 LCG 的参数为 $m=2^{48}$, $a=2^{24}+3, b=0$. 证明 $u_{i+2}=6u_{i+1}-9u_i \pmod 1$. 这会引起什么问题? 见编程问题 9 和 10.

9.1 节编程问题

1. 实现最小标准随机数生成器，用蒙特卡罗法近似例 9.3 中的体积. 种子点取 $x_0=1$，生成 10^6 个三维点. 你的结果与真实值有多大误差?
2. 实现 randu 算法，并用蒙特卡罗法近似例 9.3 中的体积，如同编程问题 1. 看看是不是有三维点 (u_i, u_{i+1}, u_{i+2}) 落在球体内部.
3. (a) 用积分方法，计算两条抛物线 $P_1(x)=x^2-x+1/2$ 和 $P_2(x)=-x^2+x+1/2$ 围成的面积. (b) 用 1 型蒙特卡罗方法计算函数 $P_2(x)-P_1(x)$ 在区间 $[0, 1]$ 上的均值. 使用 5 种不同的样本数目，$n=10^i$, $2 \leqslant i \leqslant 6$. (c) 与 (b) 相同，用 2 型蒙特卡罗方法进行计算：计算在区域 $[0,1] \times [0,1]$ 内落在两条抛物线之间的点的比例. 比较两种蒙特卡罗方法的效率.
4. 用编程问题 3 中的 3 种方法，计算两个多项式 $P_1(x)=x^3$ 和 $P_2(x)=2x-x^2$ 之间，且在第一象限内的面积.
5. 用 $n=10^4$ 个伪随机数点计算以下椭圆的面积：
   (a) $13x^2+34xy+25y^2 \leqslant 1, -1 \leqslant x,y \leqslant 1$ (b) $40x^2+25y^2+y+9/8 \leqslant 52xy+14x, 0 \leqslant x,y \leqslant 1$
   比较你的估计结果与正确结果 ((a) $\pi/6$, (b) $\pi/18$) 的误差. 用 $n=10^6$ 再次计算并比较误差.
6. 用 $n=10^4$ 个随机点估计椭球的体积，椭球定位为 $2+4x^2+4z^2+y^2 \leqslant 4x+4z+y$. 椭球位于单位立方体内部 $0 \leqslant x, y, z \leqslant 1$. 与正确结果 $\pi/24$ 进行比较. 用 $n=10^6$ 重复试验并比较.
7. (a) 用积分方法计算 $\int_0^1 \int_{x^2}^{\sqrt{x}} xy \, dy \, dx$. (b) 用 $[0,1] \times [0,1]$ 中的 10^6 个点和 1 型蒙特卡罗方法计算以上结果. (要计算均值的函数定义为，在积分范围内取值为 xy，在积分范围外取为 0.)
8. 用 10^6 个单位矩形内的随机点估计积分值 $\int_A xy \, dx \, dy$，其中 A 是例 9.2 中定义的区域.
9. 实现习题 5 中有问题的随机数生成器，并画出类似图 9.3 的模拟图.
10. 设计一个类似例 9.3 的近似问题，使得习题 5 中描述的 RANDNUM-CRAY 算法不能输出正确结果.

9.2 蒙特卡罗模拟

我们已经见识了两种类型的蒙特卡罗模拟方法. 在这一节中，我们要进一步了解蒙特卡罗方法能够解决的问题，以及一些改进策略，例如准随机数方法. 在这一节中，会用到随机变量和期望值.

9.2.1 幂律和蒙特卡罗模拟

我们希望能了解蒙特卡罗模拟的收敛速度. 当点数 n 增加时，测量误差会以什么样的速度减小? 这个问题类似于第 6 章中的最小二乘法和第 7、8、9 章中的微分方程求解的收敛问题. 在前面的例子中，需要分析的问题是误差与迭代步长之间的关系. 在蒙特卡罗模拟中，减少步长等价于增加随机点数目．

1 型蒙特卡罗问题是用随机采样点计算方程的均值，再乘以积分区间的体积．计算函数均值可以看成是计算一个符合同样分布函数的概率的均值．我们用 $E(X)$ 表示随机变量 X 的期望．随机变量 X 的**方差**为 $E[(X-E(X))^2]$，而 X **标准差**为方差的平方根．在测量过程中，误差的期望会随着 n 的增加而下降，并且符合如下的规律：

1 型或 2 型蒙特卡罗模拟具有伪随机数字．

$$\text{Error} \propto n^{-\frac{1}{2}} \tag{9.9}$$

为了理解这个公式，需要把积分看成是函数在积分范围内的均值 A 与积分区域体积的乘积．假设独立的随机变量 X_i 是函数在随机点的取值，则函数的均值为 $Y=(X_1+\cdots+X_n)/n$ 的期望，或者

$$E\left[\frac{X_1+\cdots+X_n}{n}\right] = nA/n = A$$

> **收敛** 1 型蒙特卡罗模拟算法与第 5 章中的中点法很相似．我们发现误差与步长 h 成线性比例关系，比例系数约为 $1/n$，其中 n 为函数值被计算的次数．这比蒙特卡罗幂律的平方根要更高效一些．
>
> 但是蒙特卡罗方法还有另外一些问题，例如例 9.2．即使收敛到正确结果的速度很慢，还是不能把这个问题转为 1 型问题，再用第 5 章中的方法求解．

Y 的方差为

$$E\left[\left(\frac{X_1+\cdots+X_n}{n}-A\right)^2\right] = \frac{1}{n^2}\sum E[(X_i-A)^2] = \frac{1}{n^2}n\sigma^2 = \frac{\sigma^2}{n}$$

其中 σ 为变量 X_i 的方差．由此可知，Y 的标准差减小为 $\sigma/\sqrt{n}$．这个结论对 1 型和 2 型蒙特卡罗模拟都适用．

例 9.4 用蒙特卡罗 1 型和 2 型方法，计算曲线 $y=x^2$ 在区间 $[0,1]$ 内曲线下的面积．

这是例 9.1 中蒙特卡罗 1 型问题的一个扩展，我们要把误差看做关于随机点数目 n 的函数．每次试验中，我们都要在 $[0,1]$ 区间内生成 n 个均匀分布的样本点 x，并估计函数 $y=x^2$ 的平均值．误差是平均值与正确解 $1/3$ 之间差异的绝对值．我们一共用不同的 n 进行了 500 次试验，并把结果画在了图 9.4 中．

对于 2 型蒙特卡罗问题，我们在单位矩形 $[0,1]\times[0,1]$ 内生成均匀分布的随机点 (x,y)，然后计算满足条件 $y<x^2$ 的比例．用同样的方法，进

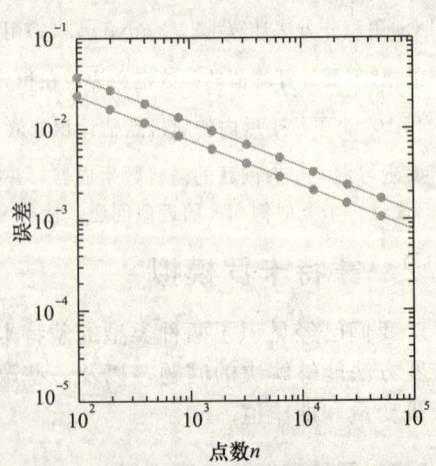

图 9.4　蒙特卡罗方法的平均误差．例 9.4 的估计误差，1 型解法（下面的曲线）和 2 型解法（上面的曲线），使用伪随机数蒙特卡罗方法．对两种方法，幂律的指数都是 $-1/2$

行 500 次计算，计算误差在图 9.4 的上边一条曲线中显示．虽然 2 型方法的误差比 1 型方法稍大一点，但是两个误差都满足平方根幂律(9.9)．

在 2 型蒙特卡罗方法中是否必须使用随机采样点呢？为什么不能像例 9.2 那样使用均匀的矩形网格点呢？这是因为均匀网格点会带来一个问题，就是整个计算必须在遍历所有网格点后才能完成，而不是像随机方法那样，对任意的随机点数 n，都可以输出一个距离真实值不太远的估计结果．实际上，还存在一种中间方法，既保留均匀网格点的优点，又能通过对样本点的排序使得它们看上去是随机的．我们将在下一节中详细介绍这种方法．

9.2.2 拟随机数

拟随机数的理念是在条件允许的情况下，放弃对随机数独立性的要求．放弃独立性意味着拟随机数不再是随机的，而且也不是像伪随机数那样看上去是随机的．通过这种方式，可以使得蒙特卡罗方法能很快地收敛到正确解．拟随机数的设计是要使得生成的序列是自避(Self-avoiding)的，而不一定要保证独立性．自避定义为，在生成随机数序列的过程中，新的数会填充到比较稀疏的区域，而不会聚集到一起．图 9.5 是伪随机数和拟随机数的对比图．

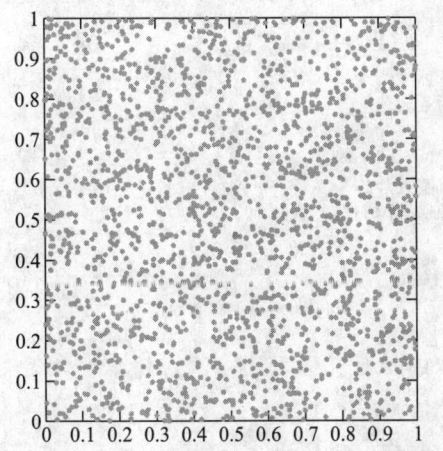

a) MATLAB 的 rand 伪函数生成的 2000 个二维随机点

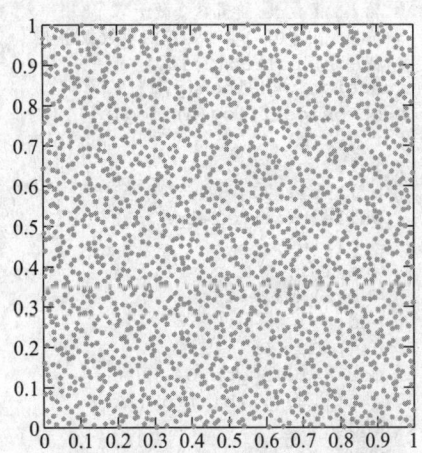

b) 用 Halton 算法生成的 2000 个拟随机数点，其中 x 坐标采用二进制，y 坐标采用三进制

图 9.5 拟随机数和伪随机数的对比图

有很多种方法可以生成拟随机数．一种最流行的方法是 Van der Corput 在 1935 年提出的 p 进制下的低差异序列算法．Halton[1960] 中描述了一种该算法的实现．设 p 为一个素数，例如 $p=2$．按 p 进制表示写出 $1 \sim n$ 的自然数．假设第 i 个数字的 p 进制表示为 $b_k b_{k-1} \cdots b_2 b_1$，则我们要生成的随机数就是 $0.b_1 b_2 \cdots b_{k-1} b_k$．换句话说，整个生成过程就是先写出第 i 个整数，然后把位数反过来写，再放到小数点的另一侧，最后输出 $[0,1]$ 区间上

均匀分布的第 i 个随机数. 设 $p=2$ 会生成下表列出的前 8 个随机数:

i	$(i)_2$	$(u_i)_2$	u_i	i	$(i)_2$	$(u_i)_2$	u_i
1	1	0.1	0.5	5	101	0.101	0.625
2	10	0.01	0.25	6	110	0.011	0.375
3	11	0.11	0.75	7	111	0.111	0.875
4	100	0.001	0.125	8	1000	0.0001	0.0625

设 $p=3$ 会生成如下的随机数序列:

i	$(i)_3$	$(u_i)_3$	u_i	i	$(i)_3$	$(u_i)_3$	u_i
1	1	0.1	$0.\overline{3}$	5	12	0.21	$0.\overline{7}$
2	2	0.2	$0.\overline{6}$	6	20	0.02	$0.\overline{2}$
3	10	0.01	$0.\overline{1}$	7	21	0.12	$0.\overline{5}$
4	11	0.11	$0.\overline{4}$	8	22	0.22	$0.\overline{8}$

下面是用 MATLAB 生成 Halton 随机数序列的代码. 这只是一种最直接、最容易理解的实现版本. 还有一些更高效的实现方法, 例如使用位运算进行优化.

```matlab
% 程序9.1 拟随机数生成器
% 基为p的Halton序列
% 输入: 素数p, 随机数个数n
% 输出: 在 [0, 1] 中的拟随机数组上
% 使用示例halton(2,100)
function u=halton(p,n)
b=zeros(ceil(log(n)/log(p)),1);   % 数字的最大值
for j=1:n
  i=1;
  b(1)=b(1)+1;                    % 对当前整数加1
  while b(i)>p-1+eps              % 该循环以基p运行
    b(i)=0;
    i=i+1;
    b(i)=b(i)+1;
  end
  u(j)=0;
  for k=1:length(b(:))            % 数字颠倒再求和
    u(j)=u(j)+b(k)*p^(-k);
  end
end
```

对任意素数, Halton 序列都能生成一种拟随机数集合. 要生成 d 维随机数, 可以对每一维数据用不同的素数来生成. 需要注意的是, 拟随机数是不独立的; 但是它又有自避的优点. 对于蒙特卡罗问题, 拟随机数要比伪随机数效率更高.

拟随机数的优势在于它的收敛速度更快. 如果把估计误差写成计算次数 n 的函数的话, 使用拟随机数会以更高阶的速度收敛. 以下是采用拟随机数的误差收敛函数, 可以与拟随机数的收敛公式(9.9)进行比较(令 d 表示将要生成的随机数的维度):

1 型蒙特卡罗问题(拟随机数)

$$\text{Error} \propto (\ln n)^d n^{-1} \tag{9.10}$$

2 型蒙特卡罗问题（拟随机数）

$$\text{Error} \propto n^{-\frac{1}{2}-\frac{1}{2d}} \tag{9.11}$$

误差的主要来源是函数的不连续性。在下面的证明中，我们针对 2 型蒙特卡罗问题进行分析，其中要进行估计的函数是 d 维空间上的二值函数，它有一个 $d-1$ 维的跳变轮廓。在这种情况下，在集合边界上的不连续点的数目，应该正比于 $(n^{1/d})^{d-1}$。这是由于边界是 $d-1$ 维的，而在空间上的每一维都被分成了 $n^{1/d}$ 个网格。根据采样点是否处于区域的内部，它们对应的取值为 0 或者 1。由于在其他点的误差都很小，因此函数估计值的方差为：

$$\frac{n^{\frac{d-1}{d}}}{n} = n^{-\frac{1}{d}}$$

标准差为 $n^{-1/2d}$。和在伪随机数蒙特卡罗中讲到的一样，如果我们对 n 个点取平均，则标准差会减小为 $\sqrt{n}$。这样，得到了使用拟随机数的标准差

$$\frac{n^{-1/2d}}{n^{1/2}} = n^{-\frac{1}{2}-\frac{1}{2d}}$$

例 9.5 使用拟随机数蒙特卡罗方法估计函数 $y=x^2$ 在 $[0,1]$ 区间内曲线以下的面积。

这是一个标准的 1 型蒙特卡罗问题，x 坐标可以用 $[0,1]$ 区间上的随机数生成，然后再计算这些点上的函数平均值得到所求的面积。我们使用二进制 Halton 序列生成 10^5 个拟随机数。图 9.6 中显示了这种方法的结果，以及使用伪随机数得到的结果进行比较。拟随机数的结果显然更好一些。

例 9.6 用拟随机数蒙特卡罗方法计算例 9.2 中的面积。

我们用 Halton 序列生成了在单位矩形区域内长度为 n 的伪随机数序列。对于多维应用，对每一维数据使用不同的素数 p 作为 Halton 序列生成时的参数。所求区域在二维空间中有一个一维边界，所以 $d=2$。首先确定满足例 9.2 中的条件样本所占的比例，再计算估计误差。对于每个 n 的取值，都要重复计算 50 次求误差的平均值，见图 9.7a。蒙特卡罗 2 型问题在二维空间中满足

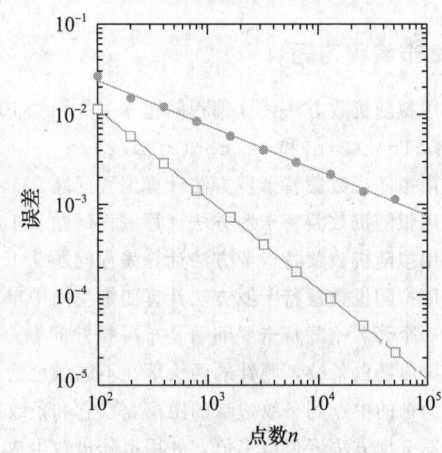

图 9.6 1 型蒙特卡罗问题的平均误差。例 9.1 中的积分值的估计。圆圈表示用伪随机数得到的误差，方块表示拟随机数得到的误差。注意两种方法对应的幂律指数分别为 $-1/2$ 和 -1

的幂律指数为 $-1/2-1/(2d)=-1/2-1/4=-3/4$，即图中下面那条曲线的斜率。在图中同样画出了用伪随机数方法得到的结果以示比较。

例 9.7 用拟随机数蒙特卡罗方法估计三维空间中单位球体的体积。

我们采用和例 9.6 中类似的过程。由于这个 2 型问题的参数空间为三维，所以得到的幂律指数为 $-1/2-1/6=-2/3$，即图 9.7b 中较低的那条曲线的斜率。

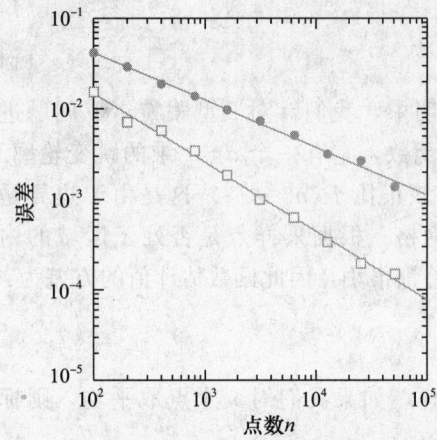 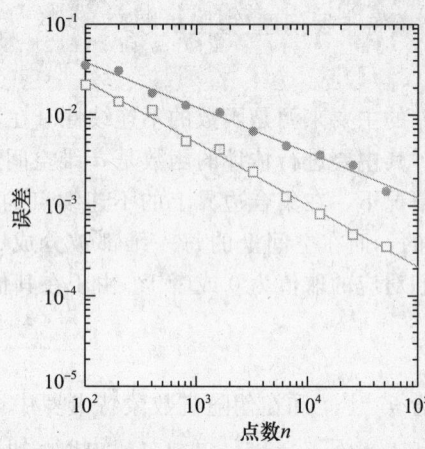

a) 估计例9.2中的面积，使用2型蒙特卡罗问题，维数 $d=2$. 两种方法对应的误差的幂律系数为 $-1/2$ 和 $-3/4$
b) 估计三维空间中单位球体的体积，这个蒙特卡罗2型问题中维数 $d=3$. 对应的误差的幂律系数分别为 $-1/2$ 和 $-2/3$

图 9.7 蒙特卡罗 2 型问题的平均误差. 圆圈表示用伪随机数法得到的误差，方块表示用拟随机数法得到的误差

9.2 节编程习题

1. 用拟随机数方法计算编程问题 9.1.3, $n=10^k$, 其中 $k=2,3,4,5$. 对(c)部分，x 和 y 坐标分别使用 halton(2,n) 和 halton(3,n).
2. 用拟随机数蒙特卡罗方法计算编程问题 9.1.4.
3. 用拟随机数蒙特卡罗方法计算编程问题 9.1.5, 其中 $n=10^4$ 和 $n=10^5$.
4. 用拟随机数蒙特卡罗方法计算编程问题 9.1.6, 其中 $n=10^4$ 和 $n=10^5$.
5. 用拟随机数蒙特卡罗方法计算四维空间中单位球体的体积, $n=10^5$. 与正确值 $\pi^2/2$ 比较.
6. 一个著名的蒙特卡罗问题是布冯投针问题. 试验中需要把长度为 1 的针扔到地板上，地板按宽度为 1 染成黑白条纹，则针的两头落在不同颜色的条纹内的概率为 $2/\pi$. (a) 从理论上证明这个结论. 假设 d 为针的中点到条纹边缘的距离，且它和条纹方向的夹角为 θ. 用积分计算概率值. (b) 设计一种蒙特卡罗 2 型方法近似概率值，并用拟随机数生成 $n=10^6$ 的 (d, θ) 值进行近似.
7. (a) 在 $[0,1]$ 区间上的 2×2 矩阵，其中特征值为正的有多大比例? 解出精确值，并用蒙特卡罗方法进行近似. (b) 在 $[0,1]$ 区间上的 2×2 对称矩阵，其中特征值为正的有多大比例? 解出精确值，并用蒙特卡罗方法进行近似.
8. 用蒙特卡罗方法计算在 $[-1,1]$ 区间上，2×2 矩阵的特征值都是实数的比例.
9. 在 $[0,1]$ 区间上的 4×4 矩阵在用主元消去法求逆时不需要经过行交换，这样的矩阵的比例有多大? 用 MATLAB 中的 lu 命令和蒙特卡罗模拟法进行估计.

9.3 离散和连续布朗运动

在前几节中，我们主要研究的是确定模型，但其实它们只是现代数值分析方法中的一部分. 随机数的一个重要作用就是使概率模型的分析成为了可能.

我们将从一个最简单的随机模型开始,即随机游走模型,又称离散布朗运动.实际上,这个最简单的离散模型和其他一些更复杂的模型的核心原理在本质上都是一样的,都基于连续布朗运动.

9.3.1 随机游走

随机游走 W_t 定义在实数轴上,起始位置 $W_0 = 0$,在每个整数时刻 i,都会移动一个距离 s_i,其中 s_i 是独立同分布的随机变量.这里,我们假设每个 s_i 只能是 $+1$ 或 -1,且概率均为 $1/2$.**离散布朗运动**定位为按如下公式生成的随机游走序列

$$W_t = W_0 + s_1 + s_2 + \cdots + s_t$$

其中 $t = 0, 1, 2 \cdots$. 图 9.8 表示了一次离散布朗运动的过程.

以下代码生成了 10 步的随机游走过程:

```
t=10;
w=0;
for i=1:t
    if rand>1/2
        w=w+1;
    else
        w=w-1;
    end
end
```

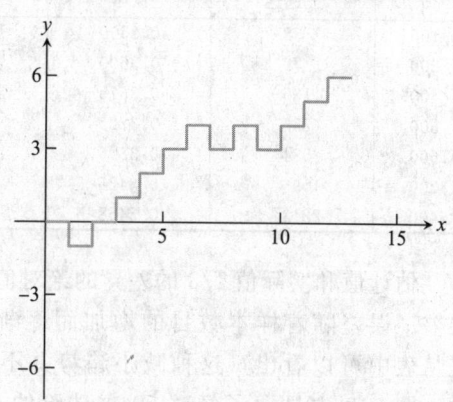

图 9.8 一次随机游走过程. 路径在第 12 步碰到了(垂直)区间 $[-3, 6]$ 的边界. 随机游走有 $1/3$ 的概率会超过区间的上界

由于随机游走是一种概率过程,我们需要用到一些概率论的基础知识. 在每个时刻 t,W_t 是一个随机变量. 把这些随机变量连起来得到的 $\{W_0, W_1, W_2, \cdots\}$ 就称为**随机过程**. 每次的步长 s_i 的期望为 $(0.5)(1)+(0.5)(-1)=0$,方差为 $E[(s_i-0)^2]=(0.5)(1)^2+(0.5)(-1)^2=1$. t 步之后随机游走的位置 W_t 的期望为 $E(W_t)=E(s_1+\cdots+s_t)=E(s_1)+\cdots+E(s_t)=0$,方差为 $V(W_t)=V(s_1+\cdots+s_t)=V(s_1)+\cdots+V(S_t)=t$,因为独立变量的方差是可加的.

均值和方差可以作为概率分布的统计特征. 由于 W_t 的均值为 0,方差为 t,如果我们计算 n 次随机变量 W_t 的话,就会有

$$\text{样本均值} = E_{\text{sample}}(W_t) = \frac{W_t^1 + \cdots + W_t^n}{n}$$

以及

$$\text{样本方差} = V_{\text{sample}}(W_t) = \frac{(W_t^1 - E_s)^2 + \cdots + (W_t^n - E_s)^2}{n-1}$$

应该分别为 0 和 t. 样本的**标准差**又称为**标准误差**,定义为方差的平方根.

很多随机游走模型的应用都是关于逃逸时间,又称为首次到达时间. 设 a, b 为正整数,一个初始位置为 0 的随机游走序列,首次达到 $[-b, a]$ 区间边缘的时刻,就称为**逃逸时间**. 理论证明(Steele[2001])在 a 处(而不是 $-b$ 处)逃逸的概率为 $b/(a+b)$.

例9.8 用蒙特卡罗方法近似随机游走过程从区间$[-3, 6]$的上边界点6处逃逸的概率.

这个事件发生的概率为$1/3$. 我们要用蒙特卡罗2型问题计算样本均值和从$a=6$处逃逸的概率和估计误差. 首先生成n次随机游走序列,并计算首先到达6的序列所占的比例. 对不同的n,我们得到如下表的结果.

n	上逃逸	概率	误差
100	35	0.3500	0.0167
200	72	0.3600	0.0267
400	135	0.3375	0.0042
800	258	0.3225	0.0108
1600	534	0.3306	0.0027
3200	1096	0.3425	0.0092
6400	2213	0.3458	0.0124

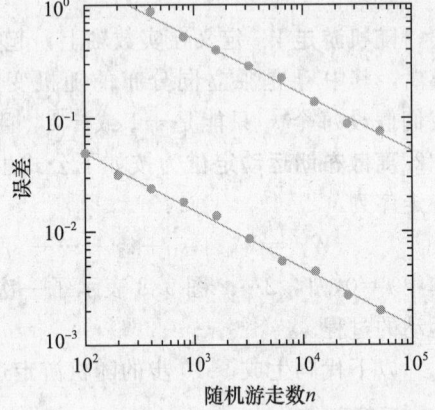

图9.9 用蒙特卡罗法估计逃逸问题的误差. 对于$[-3, 6]$区间上的随机游走,用蒙特卡罗法计算从上边界6处逃逸的概率. 估计误差相对于随机游走过程的数目的变化图. 概率的期望值为$1/3$. 上边的曲线表示同一个问题中逃逸时间的估计误差. 期望值为18. 误差都是按50次试验取平均得到的

估计值和实际值$1/3$的差异的绝对值就是估计误差. 误差随着样本数目的增加而逐渐减小,但是从表中可以看出,这种减小趋势并不是很规律的. 图9.9中显示了经过50次试验的平均结果. 在取平均之后,可以看出误差的结果是满足蒙特卡罗模拟算法的平方根幂律的. ◀

对于从区间$[-b, a]$逃逸所需的时间,Steel [2001]中证明其期望值为ab. 我们可以用同样的方法分析蒙特卡罗模拟的收敛速度.

例9.9 用蒙特卡罗模拟法估计随机游走过程从区间$[-3, 6]$中逃逸所需的时间.

逃逸时间的期望为$ab=18$. 下表列出了一次试验的结果:

n	平均逃逸时间	误差	n	平均逃逸时间	误差
100	18.84	0.84	1600	18.27	0.27
200	17.47	0.53	3200	18.16	0.16
400	19.64	1.64	6400	18.05	0.05
800	18.53	0.53			

同之前一样,误差是呈下降趋势的. 为了能体现出平方根幂律,我们必须对同一个n多次试验求平均. 图9.9中显示了50次试验得到的平均结果. ◀

9.3.2 连续布朗运动

在上一节中,我们发现标准随机游走过程在时刻t的期望为0,方差为t. 假设在每个单位时间内都可以进行两次位移,且每次位移的时间为$1/2$个单位时间. 则在时刻t的期望仍然会是0,但是方差会变为

$$V(W_t) = V(s_1 + \cdots + s_{2t}) = V(s_1) + \cdots + V(s_{2t}) = 2t$$

这是因为一共进行了 $2t$ 次位移操作. 为了能像微分方程那样用连续模型来表示噪声, 我们需要一个连续的随机游走模型. 对单位时间内的移动次数加倍是一个好的开端, 我们还需要减小每次移动 (y 轴方向上) 的距离. 如果我们把移动次数增加到原来的 k 倍, 我们就必须把每次移动的距离缩小到原来的 $1/\sqrt{k}$, 这样才能保证方差不变. 这是因为对随机变量的缩放反映到方差上会按平方比例变化.

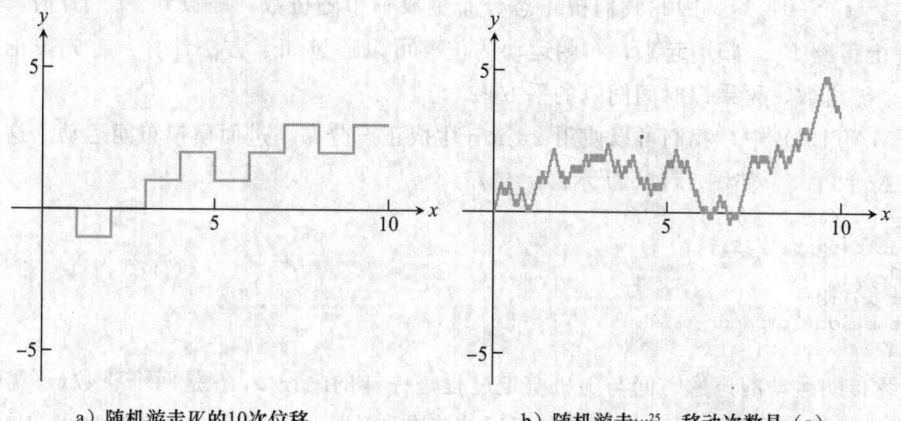

a) 随机游走 W_t 的 10 次位移

b) 随机游走 w_t^{25}, 移动次数是 (a) 的 25 倍, 但移动距离变为 $1/\sqrt{25}$

图 9.10 离散布朗运动. 对于 a) 和 b), 在时刻 $t=10$ 处的均值和方差都是一样的 (分别为 0 和 10)

因此, W_t^k 表示的随机游走过程, 其在水平方向上的步长为原来的 $1/k$, 在垂直方向上的步长为 $\pm 1/\sqrt{k}$ 的等概率分布. 则在时刻 t 的期望仍然为

$$E(W_t^k) = \sum_{i=1}^{kt} E(s_i^k) = \sum_{i=1}^{kt} 0 = 0$$

方差为

$$V(W_t^k) = \sum_{i=1}^{kt} V(s_i^k) = \sum_{i=1}^{kt}\left[\left(\frac{1}{\sqrt{k}}\right)^2 (0.5) + \left(-\frac{1}{\sqrt{k}}\right)^2 (0.5)\right] = kt\frac{1}{k} = t \quad (9.12)$$

假如我们继续增加 k, 并按上边这种方式减小水平和垂直方向上的步长, 系统的方差和标准差并不会随着 k 变化. 图 9.10b 显示了 $k=25$ 的一次随机游走过程 W_t^k, 在 10 个单位时间内, 一共进行了 250 次位移. 在 $t=10$ 时刻的均值与方差与图 9.10a 是一样的.

当 $k\to\infty$ 时, 极限 W_t^∞ 就成为了**连续布朗运动**. 此刻时间 t 是一个实数, $B_t = W_t^\infty$ 是在 $t\geqslant 0$ 上的随机变量. 连续布朗运动 B_t 有三个重要特性:

性质 1 对任意 t, 随机变量 B_t 的均值为 0, 方差为 t.

性质 2 对任意 $t_1 < t_2$, 随机变量 $B_{t_2} - B_{t_1}$ 是正态分布, 且独立于 B_{t_1} 的取值, 实际上其独立于所有 B_s, $0 \leqslant s \leqslant t_1$.

性质 3 布朗运动 B_t 是一条连续路径.

布朗运动的正态分布是源于中心极限定理, 这是概率论中的一个重要事实.

布朗运动的计算机模拟是基于以上三个特性的. 在时间轴 t 上选取网格点

$$0 = t_0 \leqslant t_1 \leqslant \cdots \leqslant t_n$$

并设定初始位置 $B_0 = 0$. 特性 2 说明每次的移动距离 $B_{t_1} - B_{t_0}$ 是一个正态分布, 均值为 0, 方差为 t_1. 因此随机变量 B_{t_1} 可以从正态分布 $N(0, t_1) = \sqrt{t_1 - t_0} N(0, 1)$ 中生成, 即把一个标准正态分布变量缩放到 $\sqrt{t_1 - t_0}$ 倍. 同理可以得到 B_{t_2}. $B_{t_2} - B_{t_1}$ 是正态分布 $N(0, t_2 - t_1) = \sqrt{t_2 - t_1} N(0, 1)$, 因此我们按正态分布生成一个随机数, 缩放到 $\sqrt{t_2 - t_1}$ 倍, 然后再加到 B_{t_1} 上得到 B_{t_2}. 归纳起来, 布朗运动的位移可以通过如下方法计算: 首先按正态分布选取一个随机数, 再乘以时间间隔的平方根.

在 MATLAB 中, 我们可以使用 randn 生成正态分布, 进而模拟布朗运动. 这里我们设步长 $\Delta t = 1/25$, 如图 9.10b 所示.

```
k=250;
sqdelt=sqrt(1/25);
b=0;
for i=1:k
   b=b+sqdelt*randn;
end
```

连续布朗运动的逃逸时间与随机游走过程是一样的. 设 a, b 是两个正数(不需要是整数), 逃逸时间是指从 0 开始的连续布朗运动首次到达区间 $[-b, a]$ 边界的时间. 这称为布朗运动在区间上的逃逸时间. 可以证明, 从 a 处逃逸的概率为 $b/(a+b)$. 并且逃逸时间的期望为 ab. 编程问题 5 中, 要求读者用蒙特卡罗模拟方法验证这个结论.

9.3 节编程问题

1. 设计蒙特卡罗模拟过程, 来估计随机游走到达区间 $[-b, a]$ 中的 a 点的概率. 步数 $n = 10\,000$. 与正确解进行比较, 估计误差. (a) $[-2, 5]$, (b) $[-5, 3]$, (c) $[-8, 3]$.
2. 计算编程问题 1 中的平均逃逸时间. $n = 10\,000$. 与正确解进行比较, 估计误差.
3. 在有偏随机游走过程中, 向上走的概率为 $0 < p < 1$, 向下走的概率为 $q = 1 - p$. 设计蒙特卡罗模拟, 求解编程问题 1 中的各个问题, 取 $p = 0.7, n = 10\,000$. 与正确解比较, 当 $p \neq q$ 时, 正确解为 $[(q/p)^b - 1]/[(q/p)^{a+b} - 1]$.
4. 计算编程问题 3 中的逃逸时间. 当 $p \neq q$ 时, 平均逃逸时间为 $[b - (a+b)(1 - (q/p)^b)/(1 - (q/p)^{a+b})]/[q - p]$.
5. 用蒙特卡罗方法估计布朗运动从区间 $[-b, a]$ 的上方逃逸的概率. 用 $n = 1000$ 次采样, 单步步长为 $\Delta t = 0.01$. 与精确解 $b/(a+b)$ 比较并计算误差. (a) $[-2, 5]$, (b) $[-2, \pi]$, (c) $[-8/3, 3]$.
6. 计算编程问题 5 中各个问题的平均逃逸时间. 用 $n = 1000$ 次采样, 单步步长为 $\Delta t = 0.01$. 与精确解进行比较并计算误差.
7. 布朗运动的**反正弦定律**是指, 对于 $0 \leqslant t_1 \leqslant t_2$, 在区间 $[t_1, t_2]$ 范围内路径不经过 0 点的概率为 $(2/\pi) \arcsin \sqrt{t_1/t_2}$. 用蒙特卡罗方法估计这个概率, 试验次数取 $10\,000$, 步长为 $\Delta t = 0.01$. 并与精确解进行比较. 在以下时间区间计算: (a) $3 < t < 5$, (b) $2 < t < 10$, (c) $8 < t < 10$.

9.4 随机微分方程

常微分方程只能分析确定模型. 对于一个 ODE(常微分方程)，给定初始条件后，就可以得到唯一的解. 但是对于很多系统来说，我们无法建立出面面俱到的确定模型. 系统的一些部分可能很好建模，但是另外一些部分可能更具随机性——变化独立于系统的当前状态. 在这种情况下，常用的方法是在微分方程中加入一个噪声项来表示随机影响. 这样就得到了一个随机微分方程(SDE).

在这一节中，我们将要讨论基本的随机微分方程和它的数值解法. 随机微分方程的解应该是类似布朗运动的连续随机过程. 我们首先要简要介绍一下 Ito 微积分的基本原理. 如果读者想了解更详细的内容，可以参考 Klebaner[1998]，Oksendal[1998] 和 Steele[2001].

9.4.1 有噪声的微分方程

常微分方程的解都是函数. 而对随机微分方程而言，它的解是一个概率过程.

定义 9.2 以实数 $t \geqslant 0$ 为索引的随机变量集合 x_t 称为**时域连续随机过程**.

每个实例，或者说是随机过程的一次**实现**，是指随机变量 x_t 在每个时刻 t 的一次取值，即参数为 t 的函数.

布朗运动 B_t 是一个随机过程. 任何一个(确定的)函数 $f(t)$ 都可以当成是一个方差为 0 的随机过程，$V(f(t))=0$. 考虑以下的 SDE 初值问题：

$$\begin{cases} \mathrm{d}y = r\mathrm{d}t + \sigma \mathrm{d}B_t \\ y(0) = 0 \end{cases} \quad (9.13)$$

其中 r 和 σ 为常数. 这个概率过程为 $y(t)=rt+\sigma B_t$.

注意在(9.13)中，SDE 是以微分的形式给出的，而在 ODE 中使用的是导数形式. 这是因为像包括布朗运动在内的很多随机过程，它们是连续但不可微的，因此，SDE

$$\mathrm{d}y = f(t,y)\mathrm{d}t + g(t,y)\mathrm{d}B_t$$

等价于积分形式的表示

$$y(t) = y(0) + \int_0^t f(s,y)\mathrm{d}s + \int_0^t g(s,y)\mathrm{d}B_s$$

公式中的第二个积分项，就称作 Ito 积分.

设 $a=t_0 < t_1 < \cdots < t_{n-1} < t_n = b$ 是在区间 $[a,b]$ 上的网格点. 黎曼积分定义为如下的极限：

$$\int_a^b f(t)\mathrm{d}t = \lim_{\Delta t \to 0} \sum_{i=1}^n f(t_i')\Delta t_i$$

其中 $\Delta t_i = t_i - t_{i-1}$，$t_{i-1} \leqslant t_i' \leqslant t_i$. 类似地，**Ito 积分**定义为如下的极限：

$$\int_a^b f(t)\mathrm{d}B_t = \lim_{\Delta t \to 0} \sum_{i=1}^n f(t_{i-1})\Delta B_i$$

其中 $\Delta B_i = B_{t_i} - B_{t_{i-1}}$，是布朗运动中单次位移的距离. 在黎曼积分中 t_i' 可以取区间 (t_{i-1}, t_i) 中的任意一点，而在 Ito 积分中 t_i' 要取区间的左端点.

因为 f 和 B_t 都是随机函数,所以 Ito 积分为 $I = \int_a^b f(t) \mathrm{d}B_t$. 其**微分**记做 $\mathrm{d}I$. 因此

$$I = \int_a^b f \mathrm{d}B_t$$

等价于以下定义

$$\mathrm{d}I = f \mathrm{d}B_t$$

布朗运动 B_t 的微分 $\mathrm{d}B_t$ 称为白噪声.

例 9.10 求解随机微分方程 $\mathrm{d}y(t) = r\mathrm{d}t + \sigma \mathrm{d}B_t$,初始条件为 $y(0) = y_0$.

我们假设 r 和 σ 为实数常量. 对应的(确定的)常微分方程为

$$y'(t) = r \tag{9.14}$$

它的解为 $y(t) = y_0 + rt$,是关于时间 t 的一条直线. 若 r 为正数,则 y 沿着固定的斜率上升;若 r 为负数,则 y 逐渐下降.

在实数常量 σ 右侧增加了白噪声项 $\sigma \mathrm{d}B_t$ 后,随机微分方程变为

$$\mathrm{d}y(t) = r\mathrm{d}t + \sigma \mathrm{d}B_t \tag{9.15}$$

对两边分别求积分,得到

$$y(t) - y(0) = \int_0^t \mathrm{d}y = \int_0^t r\mathrm{d}s + \int_0^t \sigma \mathrm{d}B_s = rt + \sigma B_t$$

更加确定了方程的解是随机过程

$$y(t) = y_0 + rt + \sigma B_t \tag{9.16}$$

是一个漂移(rt 项)和布朗运动的组合.

图 9.11 表示了 SDE(9.15)的两个解,以及对应的 ODE(9.14)的唯一解. 严格讲,后者也是(9.15)的一个解,对应的所有噪声项 $z_i = 0$. 随机过程的这个特殊实现,在理论上是有可能的,但是实际中出现的概率非常小.

为了得到 SDE 方程的解析解,我们需要引入概率的微分方法,称为 Ito 公式.

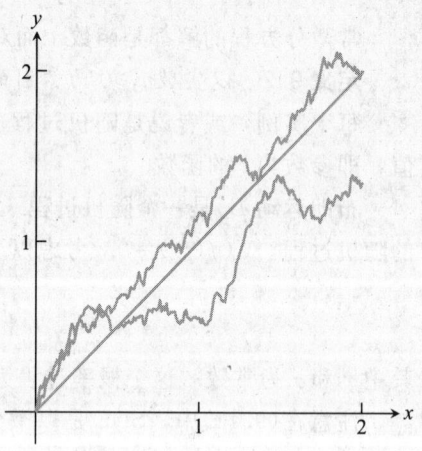

图 9.11 例 9.10 的解. 显示了 ODE $y'(t) = r$ 的解 $y(t) = rt$,同时显示了求解过程 $y(t) = rt + \sigma B(t)$ (9.15)的两个不同的实现. 参数分别为 $r = 1$, $\sigma = 0.3$

> **Ito 公式**
>
> 若 $y = f(t, x)$,则
>
> $$\mathrm{d}y = \frac{\partial f}{\partial t}(t,x)\mathrm{d}t + \frac{\partial f}{\partial x}(t,x)\mathrm{d}x + \frac{1}{2}\frac{\partial^2 f}{\partial x^2}(t,x)\mathrm{d}x\mathrm{d}x \tag{9.17}$$
>
> 其中 $\mathrm{d}x\,\mathrm{d}x$ 项可以通过恒等式 $\mathrm{d}t\mathrm{d}t = 0$,$\mathrm{d}t\mathrm{d}B_t = \mathrm{d}B_t\mathrm{d}t = 0$,以及 $\mathrm{d}B_t\mathrm{d}B_t = \mathrm{d}t$ 推导得到.

Ito 公式是对原始微积分中的链式法则的概率扩展. 虽然为了便于理解,它被写成了微分的形式,但实际上它的含义等价于对方程的两侧分别求 Ito 积分. 在 Oksendal[1998]中有这个结论的详细证明.

例 9.11 证明 $y(t)=B_t^2$ 是 SDE $dy=dt+2B_t dB_t$ 的解.

为了应用 Ito 公式,把函数写成 $y=f(t,x)$ 的形式,其中 $x=B_t$,$f(t,x)=x^2$. 根据公式(9.17),

$$dy=f_t dt+f_x dx+\frac{1}{2}f_{xx}dxdx = 0dt+2xdx+\frac{1}{2}2dxdx = 2B_t dB_t + dB_t dB_t = 2B_t dB_t + dt \quad \blacktriangleleft$$

例 9.12 验证几何级数布朗运动

$$y(t)=y_0 e^{(r-\frac{1}{2}\sigma^2)t+\sigma B_t} \tag{9.18}$$

满足随机微分方程

$$dy = rydt+\sigma y dB_t \tag{9.19}$$

函数 y 可以写成 $y=f(t,x)=y_0 e^x$,其中 $x=\left(r-\frac{1}{2}\sigma^2\right)t+\sigma B_t$. 根据 Ito 公式,

$$dy = y_0 e^x dx + \frac{1}{2}y_0 e^x dxdx$$

其中 $dx=(r-1/2\sigma^2)dt+\sigma dB_t$. 根据 Ito 公式中的微分恒等式,可以得到

$$dxdx = \sigma^2 dt$$

因此有

$$dy = y_0 e^x \left(r-\frac{1}{2}\sigma^2\right)dt + y_0 e^x \sigma dB_t + \frac{1}{2}y_0 \sigma^2 e^x dt$$
$$= y_0 e^x r dt + y_0 e^x \sigma dB_t$$
$$= ry dt + \sigma y dB_t \quad \blacktriangleleft$$

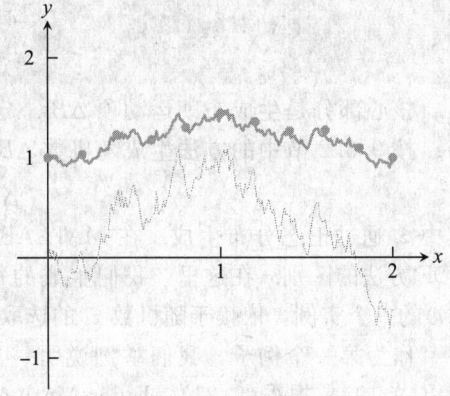

图 9.12 指数布朗运动 SDE(9.19)的解. (9.18)的解用实线表示,同时用圆点表示用 Eular-Maruyama 方法得到的近似值. 虚线表示了对应的布朗运动轨迹. 参数为 $r=0.1$,$\sigma=0.3$,$\Delta t=0.2$

图 9.12 显示了几何级数布朗运动的一个实例,其中**漂移系数** r 和**扩散系数** σ 都作为常数给出. 这个模型在经济学建模中经常用到. 特别指出,Black-Scholes 方程就是用几何级数布朗运动进行建模的,前者通常用来计算金融衍生物的价格.

例 9.11 和例 9.12 是两个特例. 就像 ODE 方程一样,只有很少的 SDE 方程存在解析解. 对大多数情况,必须用数值近似的方法进行求解.

9.4.2 数值方法求解 SDE

我们可以用类似第 6 章的欧拉方法近似 SDE 的解. 与欧拉方法类似,Euler-Maruyama 方法需要把时间轴离散化. 我们要在离散的时间点上近似路径,这些时间点为

$$a = t_0 < t_1 < t_2 < \cdots < t_n = b$$

需要确定对应的 y 值为

$$w_0 < w_1 < w_2 < \cdots < w_n$$

给出 SDE 初值问题

$$\begin{cases} dy(t) = f(t,y)dt + g(t,y)dB_t \\ y(a) = y_a \end{cases} \tag{9.20}$$

我们可以按以下方法对解进行近似：

> **Euler-Maruyama 方法**
> $$w_0 = y_0$$
> **for** $i = 0, 1, 2, \cdots$
> $$w_{i+1} = w_i + f(t_i, w_i)(\Delta t_i) + g(t_i, w_i)(\Delta B_i)$$
> **end** (9.21)
>
> 其中
> $$\Delta t_i = t_{i+1} - t_i$$
> $$\Delta B_i = \Delta B_{t_{i+1}} - B_{t_i}$$ (9.22)

核心部分是生成布朗运动项 ΔB_i. 定义 $N(0, 1)$ 为均值为 0，方差为 1 的标准正态分布. 按 9.3.2 节中的方法生成随机数 ΔB_i

$$\Delta B_i = z_i \sqrt{\Delta t_i} \tag{9.23}$$

其中 z_i 通过正态分布生成. 在 MATLAB 中，z_i 可以通过命令 randn 生成. 注意与确定的 ODE 方法的区别. 在这里，我们生成的每个集合 $\{\omega_0, \cdots, \omega_n\}$，都是需要求解的随机过程 $y(t)$ 的一个实例，依赖于随机数 z_i 的选取. 由于 B_t 是随机过程，每次的实现结果都会不同.

作为第一个例子，我们举例说明一下怎么通过 Euler-Maruyama 方法解指数布朗运动 SDE(9.19). 根据(9.21)，Euler-Maruyama 的形式为

$$w_0 = y_0$$
$$w_{i+1} = w_i + rw_i(\Delta t_i) + \sigma w_i(\Delta B_i) \tag{9.24}$$

在图 9.12 中显示了一次实现(用公式(9.18)生成)以及对应的 Euler-Maruyama 方法产生的近似解. 这里"对应"的意思是指，两者使用了同样的布朗运动轨迹(同样显示在图 9.12 中). 可以看出，精确解和近似点非常接近.

例 9.13 用数值方法解 Langevin 方程
$$dy = -ry\, dt + \sigma dB_t \tag{9.25}$$

其中 r 和 σ 为正常数.

和以前的例子不同，这个方程无法通过简单推导得到解析解. Langevin 方程的解是称为 **Ornstein-Uhlenbeck 过程** 的随机过程. 图 9.13 显示了一次数值模拟方法的实现. 我们使用了 Euler-Maruyama 方法，每一步的取值为

$$w_0 = y_0$$
$$w_{i+1} = w_i - rw_i(\Delta t_i) + \sigma(\Delta B_i) \tag{9.26}$$

其中 $i = 1, \cdots, n$.

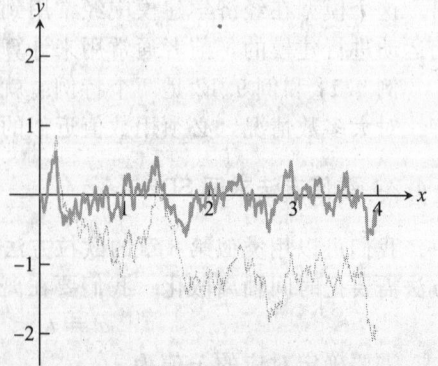

图 9.13 Langevin 方程(9.25)的解. 上方路径是参数取 $r = 10$，$\sigma = 1$ 时，用 Euler-Maruyama 得到的近似解. 虚线路径为对应的布朗运动轨迹

这个 SDE 方程经常被用来从噪声背景中恢复信息. 想象一辆行驶在崎岖路面上的汽车中，一个碗里放了一个乒乓球. 乒乓球距离碗中心的距

离可以通过 Langevin 方程来建模.

下面我们来分析 SDE 解法的阶数. 方法和分析 ODE 解法时类似, 唯一的区别就是在 SDE 中, 解是一个随机过程, 而且每一次计算得到的路径都只是这个过程的一次实例. 每次布朗运动的实现都会生成不同的解 $y(t)$. 对时间轴上的一个固定点 $T>0$, 从 $t=0$ 时刻开始的随机过程在 T 时刻的值是一个随机变量 $y(T)$. 同时, 每次 Euler-Maruyama 方法计算得到的路径 $w(t)$, 也会在 T 时刻生成一个随机数 $w(T)$. 这两个数的差, $e(T)=y(T)-w(T)$, 同样是一个随机变量. 用类似 ODE 的方法分析误差的期望值, 就可以知道阶数的大小.

定义 9.3 如果误差的期望值是步长的 m 次方, 则 SDE 解法的**阶数**为 m, 即对任意时刻 T, 当步长 $\Delta t \to 0$ 时, $E\{|y(T)-w(T)|\}=O((\Delta t)^m)$.

在 ODE 解法中, 欧拉方法的阶数为 1, 而对于 SDE 中用到的 Euler-Maruyama 方法, 它的阶数为 $m=1/2$. 为了构造阶数为 1 的 SDE 方法, 我们需要加入另外一个"随机泰勒序列". 设

$$\begin{cases} dy(t) = f(t,y)dt + g(t,y)dB_t \\ y(0) = y_0 \end{cases}$$

是需要求解的 SDE.

Milstein 方法

$w_0 = y_0$

for $i = 0, 1, 2, \ldots$

$$w_{i+1} = w_i + f(t_i, w_i)(\Delta t_i) + g(t_i, w_i)(\Delta B_i) + \frac{1}{2} g(t_i, w_i) \frac{\partial g}{\partial y}(t_i, w_i)((\Delta B_i)^2 - \Delta t_i) \quad (9.27)$$

end

Milstein 方法的阶数为 1. 除了在扩散部分 $g(y,t)$ 中一个额外的 y 项, Milstein 方法和 Euler-Maruyama 方法完全一样. 当增加了这一项之后, Milstein 方法会比 Euler-Maruyama 方法更快地收敛到精确解, 同时步长 h 变为 0.

例 9.14 用 Milstein 方法求解几何级数布朗运动.

方程为

$$dy = ry\,dt + \sigma y\,dB_t \quad (9.28)$$

解为

$$y = y_0 e^{(r-\frac{1}{2}\sigma^2)t + \sigma B_t} \quad (9.29)$$

我们之前已经用 Euler-Maruyama 方法分析过这个问题. 假设时间间隔 Δt 为常数, Milstein 方法过程为

$w_0 = y_0$

$$w_{i+1} = w_i + rw_i \Delta t + \sigma w_i \Delta B_i + \frac{1}{2}\sigma^2 w_i ((\Delta B_i)^2 - \Delta t) \quad (9.30)$$

逐渐减小步长 Δt, 用 Euler-Maruyama 方法和 Milstein 方法的精度都逐渐升高, 它们的结果在下表中显示:

Δt	Euler-Maruyama	Milstein	Δt	Euler-Maruyama	Milstein
2^{-1}	0.169 369	0.063 864	2^{-6}	0.035 690	0.002 058
2^{-2}	0.136 665	0.035 890	2^{-7}	0.024 277	0.000 981
2^{-3}	0.086 185	0.017 960	2^{-8}	0.016 399	0.000 471
2^{-4}	0.060 615	0.008 360	2^{-9}	0.011 897	0.000 242
2^{-5}	0.048 823	0.004 158	2^{-10}	0.007 913	0.000 122

收敛 这里介绍的两种 SDE 解法中，Euler-Maruyama 方法的阶数为 $1/2$，Milstein 方法的阶数为 1，都比 ODE 解法的阶数要小。我们可以构造更高阶的 SDE 解法，但是随着阶数增加，公式会变得相当复杂。对 ODE，只需假设初始条件和方程的精度都很高。使用一些非常简单的高阶方法就可以得到同样精度的近似解。在很多情况下，高阶 SDE 解法并没有明显的优势；而且由于它们的计算复杂度很高，因此不常被采用。

这两列数据都是通过 100 次实验平均得到的，对应在 $T=8$ 时刻的误差 $|w(T)-y(T)|$。注意，$w(t)$ 和 $y(t)$ 的实现中使用的是相同的布朗运动增益 ΔB_i。从表中可以清楚地看出 Euler-Maruyama 方法和 Milstein 方法的阶数分别为 $1/2$ 和 1。对于 Euler-Maruyama 方法，必须把步长减小 4 倍才能使误差缩小一半。对于 Milstein 方法，只要把步长缩小一半就能达到同样的效果。上表中的数据取 log 后画在了图 9.14 中。◂

Milstein 方法的一个缺点是，其中的偏导数必须由用户提供。这和用泰勒方法解 ODE 方程的情况类似。由于这个原因，才有了后来的龙格-库塔方法，通过计算函数在邻近位置的值来近似偏导数。

在 SDE 情形下，Milstern 方法也可以用类似的策略，通过在两个位置计算函数 $g(t, y)$ 的值可以得到一个一阶解法。通过替换 Milstein 中的偏导项，

$$\frac{\partial g}{\partial y}(t_i, w_i) \approx \frac{g(t_i, w_i + g(t_i, w_i)\sqrt{\Delta t_i}) - g(t_i, w_i)}{g(t_i, w_i)\sqrt{\Delta t_i}}$$

可以得到以下的方法。

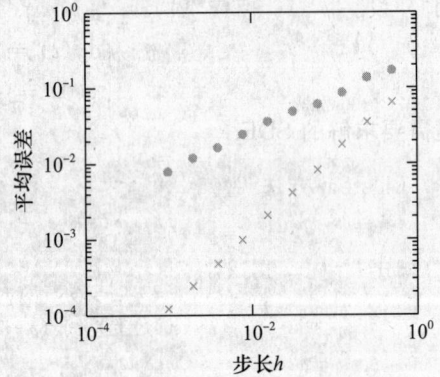

图 9.14 Euler-Maruyama 和 Milstein 方法中的误差。通过两种方法估计几何级数布朗运动方程 (9.28) 的解，并与精确解 (9.29) 进行比较。图中画出了误差的绝对值相对于步长 h 的变化。Euler-Maruyama 方法的误差用圆表示，Milstein 方法的误差用叉表示。如图所示，在对数坐标系中，两条线的斜率约为 $1/2$ 和 1

一阶随机龙格-库塔方法

$w_0 = y_0$

for $i = 0, 1, 2, \cdots$

$$w_{i+1} = w_i + f(t_i, w_i)\Delta t_i + g(t_i, w_i)\Delta B_i$$
$$+ \frac{1}{2\sqrt{\Delta t_i}}\Big[g(t_i, w_i + g(t_i, w_i)\sqrt{\Delta t_i}) - g(t_i, w_i)\Big]\big[(\Delta B_i)^2 - \Delta t_i\big]$$

end

例 9.15 用 Euler-Maruyama 方法、Milstein 方法和一阶随机龙格-库塔法求解 SDE
$$dy = -2e^{-2y}dt + 2e^{-y}dB_t \tag{9.31}$$
这个例子有一个值得注意的性质. 我们可以求出解析解, 但是只在一定的时间段内有效. 使用 Ito 公式(9.17), 可以验证解为 $y(t) = \ln(2B_t + e^{y_0})$, 条件是对数运算里的值为正. 当在时刻 t, 布朗运动的过程使得 $2B_t + e^{y_0}$ 变为负数后, 这个公式就不再是解了.

Euler-Maruyama 方法为
$$w_0 = y_0$$
$$w_{i+1} = w_i - 2e^{-2w_i}(\Delta t_i) + 2e^{-w_i}(\Delta B_i)$$

Milstein 方法为
$$w_0 = y_0$$
$$w_{i+1} = w_i - 2e^{-2w_i}(\Delta t_i) + 2e^{-w_i}(\Delta B_i) - 2e^{-2w_i}[(\Delta B_i)^2 - \Delta t_i]$$

一阶随机龙格-库塔法为
$$w_0 = y_0$$
$$w_{i+1} = w_i - 2e^{-2w_i}(\Delta t_i) + 2e^{-w_i}(\Delta B_i) + \frac{1}{2\sqrt{\Delta t_i}}\left[2e^{-(w_i + 2e^{-w_i}\sqrt{\Delta t_i})} - 2e^{-w_i}\right][(\Delta B_i)^2 - \Delta t_i]$$

用 Milstein 方法求得的在 $0 \leqslant t \leqslant 4$ 区间上的解显示在图 9.15 中.

之前我们讲到的随机过程中, 方差都是随着 t 的增加变大. 例如布朗运动的方差为 $V(B_t) = t$. 下面的一个例子中, 过程结束时和开始时的不确定性是一样的.

例 9.16 用数值方法解**布朗桥** SDE
$$\begin{cases} dy = \dfrac{y_1 - y}{t_1 - t} dt + dB_t \\ y(t_0) = y_0 \end{cases} \tag{9.32}$$
其中 y_1 和 $t_1 > t_0$ 为已知参数.

图 9.16 显示了布朗桥问题(9.32)的解. 由于斜率是随着 y 的取值自适应变化的, 因此所有的实例最终都会到达点 (t_1, y_1). 每条轨迹都可以看成是连接两个特定点 (t_0, y_0) 和 (t_1, y_1) 的随机桥.

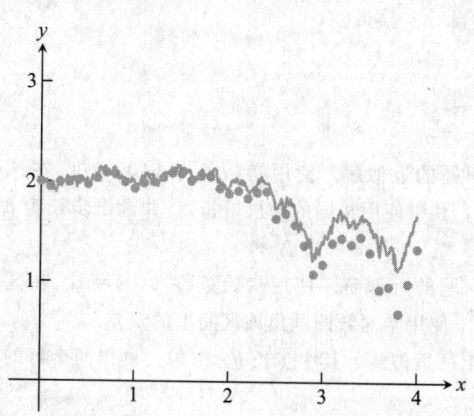

图 9.15 方程(9.31)的解. 精确解用实线表示, Milstein 近似结果用圆点表示

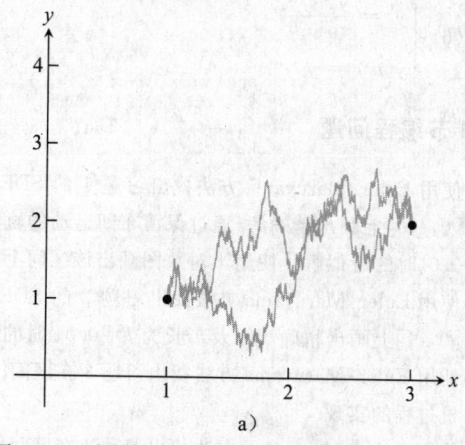

图 9.16 布朗桥. (9.32)的解的两次实现. 两个断点为 $(t_0, y_0) = (1, 1)$ 以及 $(t_1, y_1) = (3, 2)$

9.4 节习题

1. 用 Ito 公式验证以下 SDE 初值问题

    (a) $\begin{cases} \mathrm{d}y = B_t \mathrm{d}t + t \mathrm{d}B_t \\ y(0) = c \end{cases}$
    (b) $\begin{cases} \mathrm{d}y = 2B_t \mathrm{d}B_t \\ y(0) = c \end{cases}$

    的解为 (a) $y(t) = tB_t + c$, (b) $y(t) = B_t^2 - t + c$.

2. 用 Ito 公式验证以下 SDE 初值问题

    (a) $\begin{cases} \mathrm{d}y = (1 - B_t^2) \mathrm{e}^{-2y} \mathrm{d}t + 2B_t \mathrm{e}^{-y} \mathrm{d}B_t \\ y(0) = 0 \end{cases}$
    (b) $\begin{cases} \mathrm{d}y = B_t \mathrm{d}t + \sqrt[3]{9y^2} \mathrm{d}B_t \\ y(0) = 0 \end{cases}$

    的解为 (a) $y(t) = \ln(1 + B_t^2)$, (b) $y(t) = \frac{1}{3} B_t^3$.

3. 用 Ito 公式验证以下 SDE 初值问题

    (a) $\begin{cases} \mathrm{d}y = ty \mathrm{d}t + \mathrm{e}^{t^2/2} \mathrm{d}B_t \\ y(0) = 1 \end{cases}$
    (b) $\begin{cases} \mathrm{d}y = 3(B_t^2 - t) \mathrm{d}B_t \\ y(0) = 0 \end{cases}$

    的解为 (a) $y(t) = (1 + B_t) \mathrm{e}^{t^2/2}$, (b) $y(t) = B_t^3 - 3tB_t$.

4. 用 Ito 公式验证以下 SDE 初值问题

    (a) $\begin{cases} \mathrm{d}y = -\frac{1}{2} y \mathrm{d}t + \sqrt{1 - y^2} \mathrm{d}B_t \\ y(0) = 0 \end{cases}$
    (b) $\begin{cases} \mathrm{d}y = y(1 + 2\ln y) \mathrm{d}t + 2yB_t \mathrm{d}B_t \\ y(0) = 1 \end{cases}$

    的解为 (a) $y(t) = \sin B_t$, (b) $y(t) = \mathrm{e}^{B_t^2}$.

5. 用 Ito 公式验证(9.31)方程的解是 $\ln(2B_t + \mathrm{e}^{y_0})$.

6. (a) 求解如下布朗桥问题的 ODE 近似问题:

    $$\begin{cases} y' = \dfrac{y_1 - y}{t_1 - t} \\ y(t_0) = y_0 \end{cases} \tag{9.33}$$

    得到的解是否和布朗桥问题一样到达 (t_1, y_1)? 对于如下的 ODE 变体问题回答相同的问题.

    (b) $\begin{cases} y' = \dfrac{y_1 - y_0}{t_1 - t_0} \\ y(t_0) = y_0 \end{cases}$
    (c) $\begin{cases} \mathrm{d}y = \dfrac{y_1 - y_0}{t_1 - t_0} \mathrm{d}t + \mathrm{d}B_t \\ y(t_0) = y_0 \end{cases}$

9.4 节编程问题

1. 使用 Euler-Maruyama 方法找出习题 1 的 SDE 初值问题的近似解. 使用初始条件 $y(0) = 0$. 在区间 $[0, 10]$ 上画出精确解(通过保留布朗运动的轨迹得到, 其中使用相同的随机增长), 并画出步长为 $h = 0.01$ 时的近似解. 使用半对数图画出该区间上的误差.

2. 使用 Euler-Maruyama 方法找出习题 2 的 SDE 初值问题的近似解. 使用初始条件 $y(0) = 1$. 在区间 $[0, 1]$ 上画出精确解以及步长为 $h = 0.01$ 时的近似解. 使用半对数图画出该区间上的误差.

3. 使用 Euler-Maruyama 方法找出习题 3 在区间 $[0, 2]$ 上的近似解, 其中步长 $h = 0.01$. 画出两个解的随机过程的实现.

4. 使用 Euler-Maruyama 方法找出习题 4 在区间 $[0, 1]$ 上的近似解, 其中步长 $h = 0.01$. 画出两个解的随机过程的实现.

5. 用 Euler-Maruyama 方法求解
$$\begin{cases} dy = B_t dt + \sqrt[3]{9y^2} dB_t \\ y(0) = 0 \end{cases}$$
区间为 $[0,1]$，步长分别取 $0.1, 0.01$ 和 0.001. 对每种步长，计算 5000 次实例，并计算在 $t=1$ 时刻的平均误差. 用表格形式显示 $t=1$ 时刻的误差与步长的关系. 平均误差是否与理论吻合？

6. 用 Euler-Maruyama 方法求解 SDE
$$dy = ydt + ydB_t, y(0) = 1$$
把估计结果和精确解 $y(t) = e^{\frac{1}{2}t + B_t}$ 一同显示在图中. 步长取 $h=0.1$，区间为 $0 \leqslant t \leqslant 2$.

7. 用 Milstein 方法近似习题 2(b) 中的 SDE 初值问题. 把近似结果和精确解一同画在图中，区间为 $[0,5]$，步长为 $h=0.1$. 并把误差取对数后一同画在图上.

8. 用 Milstein 方法计算习题 4(a) 中的 SDE 初值问题. 把近似结果和精确解一同画在图中，区间为 $[0,5]$，步长为 $h=0.1$. 并把误差取对数后一同画在图上.

9. 用一阶随机龙格-库塔方法近似习题 2(b) 中的 SDE 初值问题. 把近似结果和精确解一同画在图中，区间为 $[0,5]$，步长为 $h=0.1$. 并把误差取对数后一同画在图上.

10. 用一阶随机龙格-库塔方法计算习题 4(a) 中的 SDE 初值问题. 把近似结果和精确解一同画在图中，区间为 $[0,5]$，步长为 $h=0.1$. 并把误差取对数后一同画在图上.

11. 用 Milstein 方法近似
$$\begin{cases} dy = B_t dt + \sqrt[3]{9y^2} dB_t \\ y(0) = 0 \end{cases}$$
区间为 $[0,1]$，步长为 $h=0.1, 0.01$，以及 0.001. 对每种步长，计算 5000 次实现，并计算在 $t=1$ 时刻的平均误差. 用表格形式显示 $t=1$ 时刻的误差与步长的关系. 平均误差是否与理论吻合？

12. 用蒙特卡罗法估计 $y(1)$，其中 $y(t)$ 是对 Langevin 方程
$$\begin{cases} dy = -ydt + dB_t \\ y(0) = e \end{cases}$$
用 Euler-Maruyama 方法求得的解. 步长为 $h=0.01$，用 $n=1000$ 次实现进行平均. 与 $y(1)$ 的期望值 1 进行比较.

事实验证 9 Black-Scholes 公式

在经济学计算中经常会用到蒙特卡罗模拟和随机微分方程模型. **金融衍生工具**是一种金融产品，它的价值是由另一种金融产品的价值来确定的. 例如，**期权**是指客户可以（而非必须）要求完成一项金融交易.

看涨期权是指在未来的某个时刻，称为**行使日**，可以以事先约定的价格，称为**合约价格**，购买一份有价证券. 企业通过买卖看涨期权来控制风险，个人和共同基金则以之作为投资手段. 我们的目标是计算这种看涨期权的价值.

例如，行使日为 12 月，合约价格为 15 美元的 ABC 公司期权，表示可以在 12 月以 15 美元的价格购买一股股票. 假设在 6 月 1 日 ABC 公司的价格为 12 美元. 那么这个期权的价值是多少？在行使日，K 美元的期权的价值是确定的. 应该为 $\max(X-K, 0)$，其中 X 是股票当时的市场价格. 这是因为，如果 $X > K$，以价格 K 购买股票的权力的价值为 $X-K$；而若 $X < K$，以价格 K 购买股票的权力变得一文不值，因为我们总能以更低的价格购买到这些股票. 在行使日，期权的价值是很好计算的，但是困难的是如何在

行使日之前估计期权的价值.

在 20 世纪 60 年代，Fisher Black 和 Myron Scholes 使用几何级数布朗运动

$$dX = mX\,dt + \sigma X\,dB_t \tag{9.34}$$

对股票进行建模，其中 m 为漂移，亦称股票的**涨幅**，σ 为扩散常数，亦称**波动率**. m 和 σ 都可以从以往的股票价格数据中估计得到. Black 和 Scholes 的目的是建立一种理论体系，通过比较股票持有收益与借款利率 r，来重现期权买卖过程. 他们得到结论是，在 T 年后到期的期权的价值，应为到达执行时间时期权的期望价值. 而股票的价格 $X(t)$ 满足 SDE 方程

$$dX = rX\,dt + \sigma X\,dB_t \tag{9.35}$$

即对于在时刻 $t=0$ 价格为 $X=X_0$ 的股票，它在 $t=T$ 时刻的期望价值为

$$C(X,T) = e^{-rT} E(\max(X(T)-K, 0)) \tag{9.36}$$

其中 $X(t)$ 在公式(9.35)中给出. 他们同时得到的一个惊讶的结论是，公式(9.34)中的漂移系数 m 可以用(9.35)中的利率 r 代替. 事实上，股票的预期增长率是与股票价格无关的！这是基于 Black-Scholes 理论中的一个基本原理——无套利假设，其核心内容是，在有效市场中，不存在无风险的收益.

公式(9.36)依赖于随机变量 $X(T)$ 的期望，只能通过模拟的方法获得. 因此，Black 和 Scholes [1973] 又给出了期权价值的解析解.

$$C(X,T) = XN(d_1) - Ke^{-rT} N(d_2) \tag{9.37}$$

其中 $N(x) = \dfrac{1}{\sqrt{2\pi}} \displaystyle\int_{-\infty}^{x} e^{-s^2/2}\,ds$ 是正态概率分布函数，且

$$d_1 = \frac{\ln(X/K) + \left(r + \frac{1}{2}\sigma^2\right)T}{\sigma\sqrt{T}},\quad d_2 = \frac{\ln(X/K) + \left(r - \frac{1}{2}\sigma^2\right)T}{\sigma\sqrt{T}}$$

公式(9.37)又称为 **Black-Scholes 公式**.

建议活动

假设 ABC 股票的价格为每股 12 美元. 设一种看涨期权的合约价格为 15 美元，行使日为从今天起 6 个月内，则 $T=0.5$ 年. 设利率固定为 $r=0.05$，且股票的波动系数为 0.25(每年 25%).

1. 用蒙特卡罗方法计算(9.36)中的期望值. 用 Euler-Maruyma 方法估计(9.35)的解，步长 $h=0.01$，初值 $X_0=12$. 注意 SDE(9.34)与这里的计算无关. 重复至少 10 000 次模拟过程.
2. 把在第一步得到的结果与 Black-Scholes 公式(9.37)的精确解进行比较. 函数 $N(x)$ 可以用 MATLAB 误差函数 `erf` 计算，$N(x) = (1+\mathrm{erf}(x/\sqrt{2}))/2$.
3. 换成 Milstein 方法再次计算. 比较两种方法的误差.
4. **看跌期权**是代表有权利以约定价格卖出. 看跌期权的价值为

$$P(X,T) = e^{-rT} E(\max(K - X(T), 0)) \tag{9.38}$$

$X(T)$ 的含义与(9.35)中相同. 同样用蒙特卡罗方法进行模拟，参数与第一步中相同，分别用 Euler-Maruyama 方法和 Milstein 方法进行估计.
5. 把在第 4 步中得到的结果与看跌期权的 Black-Scholes 公式

$$P(X,T) = Ke^{-rT} N(-d_2) - XN(-d_1) \tag{9.39}$$

进行比较.
6. **下跌即撤销期权(障碍期权)**是指，如果股票价格下降到一定水平就取消交易. 假设一个障碍期权的约定价格为 $K=\$15$，撤销门槛为 $L=\$10$. 则回报为：$X(t)>L$ 且 $0<t<T$ 时为 $\max(X-K, 0)$；否

则为 0. 设计和实现蒙特卡罗模拟方法, 通过修改几何级数布朗运动(9.35)以及(9.36)对障碍期权进行模拟. 与精确解进行比较

$$V(X,T) = C(X,T) - \left(\frac{X}{L}\right)^{1-2r/\sigma^2} C(L^2/X, T)$$

其中 $C(X, T)$ 是标准看涨期权的价值, 合约价格为 K. 参考 Wilmott 等人[1995], McDonald [2005], 以及 Hull[2008]中的详细推导过程, 包括他们提出的定价公式, 以及蒙特卡罗模拟在经济学中的应用.

软件与进一步阅读

Gentle[2003]一书中介绍了随机数生成问题. 其他一些经典文章还包括 Knuth[1997]和 Neiderreiter[1992]. 在 Hellekalek[1998]中比较了多种随机数生成方法以及一些常用的评价标准.

Marsaglia[1968]提出了 randu 方法. Park 与 Miller [1988]首先提出了最小标准随机数生成器. MATLAB 中的随机数生成算法是基于 Marsaglia 与 Zaman[1991]提出的带借位减法. Fishman[1996]和 Rubenstein[1981]详细描述蒙特卡罗方法及相关应用.

随机微分方程的相关书籍有 Oksendal[1998]和 Klebaner[1998]. 如果要系统学习 SDE 领域的话, 需要扎实的概率论基础. 从数值方法分析 SDE 可以参考 Kloeden 与 Platen[1992], Kloeden 等人[1994]从应用的角度分析了许多 SDE 问题. Higham[2001]一文中详细介绍了用 MATLAB 实现基本算法. Steele[2001]介绍了随机微分方法在经济学中的一些应用.

第 10 章 三角插值和 FFT

> 数字信号处理（DSP）芯片是现代消费电子产品的核心．手机、CD 和 DVD 控制器、汽车控制电路、PDA、调制解调器、相机，以及电视机中都使用了这种芯片．DSP 的优点是它能快速地完成数字计算，例如快速傅里叶变换（FFT）．
>
> DSP 能够完成的一个功能就是从噪声信号中过滤出有用的信息．为了实现可靠的语音识别软件，非常需要这种从嘈杂背景中提取有用信号的功能．它同时也是模式识别设备中的关键器件．用在踢足球的机器狗上，它可以把传感器的输入转换成有用的数据．
>
> **事实验证 10** 描述维纳（Wiener）滤波器，这是一种基本的 DSP 降噪模块．

在半个世纪前，即使是最优秀的三角函数老师，也预见不到正弦和余弦函数能对今天的科技产生如此巨大的影响．我们在第 4 章中了解到，对周期性数据，多种频率的三角函数直接就可以用来作为插值函数．用傅里叶变换进行插值效率极高，在数据强度极高的现代信号处理中，有着不可替代的位置．

三角插值的效率与正交的概念密切相关．正交基函数可以使插值和最小二乘拟合变得非常容易和准确．傅里叶变换利用了这种正交概念，并且给出了一种用正弦和余弦进行插值的方法．在数值计算方面，Cooley 和 Tukey 突破性地提出了快速傅里叶变换（FFT），可以非常简单地计算 DFT．

这一章将介绍离散傅里叶变换（DFT）的基本原理，包括复数的简短介绍．在三角插值和最小二乘近似中，DFT 变换实际上是正交函数拟合的一个特例．它是数字滤波以及信号处理的基础．

10.1 傅里叶变换

Jean Baptiste Joseph Fourier 是一名法国数学家，他经历了法国大革命，曾经跟随拿破仑四处征战．在拿破仑失败后，他潜心研究热传导理论．在理论推导中，他发现需要对函数进行展开——不是像泰勒公式那样的多项式展开，而是一种更具革新性的方法．这种新方法是欧拉和伯努利首先建立的——用正弦和余弦函数进行展开．虽然论文被当时的数学家以不够严谨为理由拒掉了，但是在今天，傅里叶方法已经被广泛应用到了应用数学、物理学和工程实践中．在这一节中，我们要介绍离散傅里叶变换，以及一种快速计算方法，称为快速傅里叶变换．

10.1.1 复数算术

通过引入复数，三角函数公式的书写可以大大简化．复数可以写成 $z=a+bi$，其中 $i=$

$\sqrt{-1}$. 在二维空间中，z 可以用一个向量表示，在实轴（横轴）上的坐标为 a，在虚轴（纵轴）上的坐标为 b，如图 10.1 所示. 复数 $z=a+bi$ 的**模**定义为 $|z|=\sqrt{a^2+b^2}$，是在复平面上复数到原点的距离. 复数 $z=a+bi$ 的**共轭**为 $\overline{z}=a-bi$.

著名的**欧拉公式**可以用另一种方法表示复数 $e^{i\theta}=\cos\theta+i\sin\theta$. 这个复数 $z=e^{i\theta}$ 的模为 1，因此满足以上形式的复数都在单位圆上，如图 10.2 所示. 任何一个复数 $a+bi$ 都可以用**极坐标形式**表示

$$z = a + bi = re^{i\theta} \tag{10.1}$$

其中 r 等于复数的模 $|z|=\sqrt{a^2+b^2}$，$\theta=\arctan b/a$.

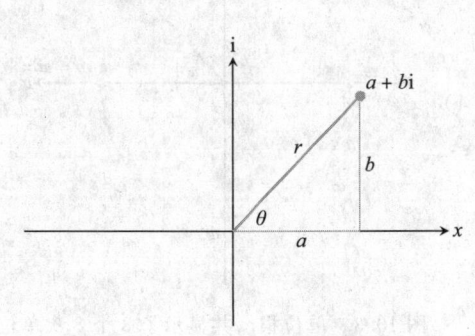 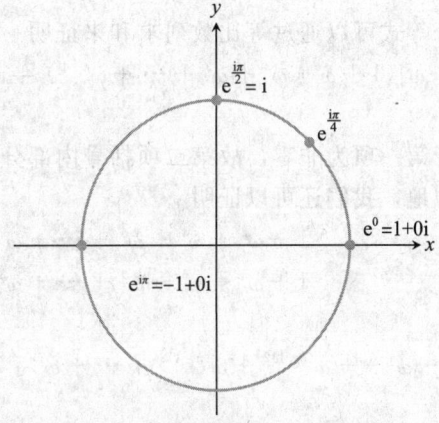

图 10.1　复数的表示. 实部和虚部分别为 a 和 b. 极坐标表示为 $a+bi=re^{i\theta}$

图 10.2　复平面上的单位圆. 形式为 $e^{i\theta}$ 的复数位于单位圆上角度为 θ 的位置

复平面上的单位圆对应于模为 $r=1$ 的复数. 在单位圆上的两个点 $e^{i\theta}$ 和 $e^{i\gamma}$ 相乘，可以先转为三角函数再进行乘法操作：

$$e^{i\theta}e^{i\gamma} = (\cos\theta + i\sin\theta)(\cos\gamma + i\sin\gamma)$$
$$= \cos\theta\cos\gamma - \sin\theta\sin\gamma + i(\sin\theta\cos\gamma + \sin\gamma\cos\theta)$$

我们发现公式中的实部和虚部正好是三角函数中的和角公式，因此可以改写为

$$\cos(\theta+\gamma) + i\sin(\theta+\gamma) = e^{i(\theta+\gamma)}$$

因此，复数的乘法等价于指数的求和

$$e^{i\theta}e^{i\gamma} = e^{i(\theta+\gamma)} \tag{10.2}$$

公式 (10.2) 表明单位圆上两个复数的乘积还是单位圆上的点，且结果的角度为两个乘数的角度之和. 使用欧拉公式可以简化复数运算的书写，而不需要用复杂三角函数和角公式. 基于这个原因，我们在三角插值中采用复数算术运算. 虽然同样的计算完全可以用实数来完成，但是使用欧拉公式能带来巨大的简化.

在模为 1 的复数中，有一个特殊的子集. 若复数 z 满足 $z^n=1$，则称其为 n 次**单位根**. 在实数轴上，只有两个单位根 -1 和 1. 而在复平面上，有很多这样的点. 例如，i 就是一个 4 次单位根，因为 $i^4=(-1)^2=1$.

如果一个 n 次单位根对任何 $k<n$ 都不是 k 次单位根，则称它为**本原单位根**。根据这个定义，-1 是基础 2 次单位根，而不是基础 4 次单位根。对于任意整数 n，复数 $\omega_n = e^{-i2\pi/n}$ 是 n 次本原单位根。$e^{i2\pi/n}$ 也是 n 次本原单位根，但是一般习惯采用第一种单位根作为傅里叶变换中的基函数。图 10.3 显示了 8 次本原单位根 $\omega_8 = e^{-i2\pi/8}$，以及其他 7 个 8 次单位根，这 7 个根都是本原单位根的幂。

在计算离散傅里叶变换时，需要用到一个重要的特性。设 ω 表示 n 次单位根 $\omega = e^{-i2\pi/n}$，其中 $n > 1$。则有

$$1 + \omega + \omega^2 + \omega^3 + \cdots + \omega^{n-1} = 0 \quad (10.3)$$

这个等式可以通过等比数列求和来证明

$$(1-\omega)(1+\omega+\omega^2+\omega^3+\cdots+\omega^{n-1}) = 1 - \omega^n = 0 \quad (10.4)$$

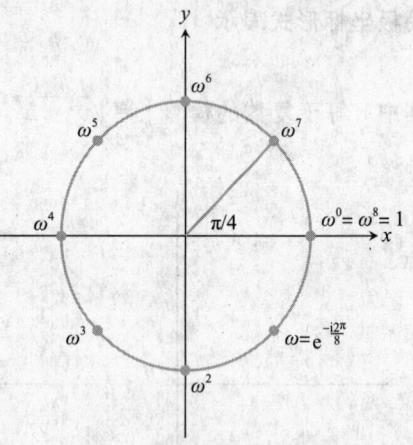

由于第一项为非零，故第二项括号内部分一定为零。类似地，我们还可以证明

$$1 + \omega^2 + \omega^4 + \omega^6 + \cdots + \omega^{2(n-1)} = 0$$
$$1 + \omega^3 + \omega^6 + \omega^9 + \cdots + \omega^{3(n-1)} = 0$$
$$\vdots$$
$$1 + \omega^{n-1} + \omega^{(n-1)2} + \omega^{(n-1)3} + \cdots + \omega^{(n-1)(n-1)} = 0 \quad (10.5)$$

而 n 次方后求和，有

$$1 + \omega^n + \omega^{2n} + \omega^{3n} + \cdots + \omega^{n(n-1)}$$
$$= 1 + 1 + 1 + 1 + \cdots + 1 = n \quad (10.6)$$

图 10.3 单位根。共显示了 8 个 8 次单位根。它们都是通过一个本原单位根 $\omega = e^{-2\pi/8}$ 生成出来的，每个根都可以写成 ω^k 的形式，其中 k 为整数。ω^3 和 ω 都是本原单位根，而 ω^2 是非基础的，因为它还是 4 次单位根

综合起来，有以下引理。

引理 10.1（本原单位根） 设 ω 为 n 次本原单位根，k 为整数。则有

$$\sum_{j=0}^{n-1} \omega^{jk} = \begin{cases} n & \text{如果 } k/n \text{ 是整数} \\ 0 & \text{其他} \end{cases}$$

习题 6 中需要读者自己证明这个结论。

10.1.2 离散傅里叶变换

设 $x = [x_0, \cdots, x_{n-1}]^T$ 为 n 维实数向量，$\omega = e^{-i2\pi/n}$ 下面是本章的一些基本定义。

定义 10.2 $x = [x_0, \cdots, x_{n-1}]^T$ 的**离散傅里叶变换**（DFT）为 n 维向量 $y = [y_0, \cdots, y_{n-1}]^T$。其中 $\omega = e^{-i2\pi/n}$

$$y_k = \frac{1}{\sqrt{n}} \sum_{j=0}^{n-1} x_j \omega^{jk} \quad (10.7)$$

引理 10.1 表明，$x = [1, 1, \cdots, 1]$ 的 DFT 为 $y = [\sqrt{n}, 0, \cdots, 0]$。用矩阵形式表示，有

$$\begin{bmatrix} y_0 \\ y_1 \\ y_2 \\ \vdots \\ y_{n-1} \end{bmatrix} = \begin{bmatrix} a_0 + ib_0 \\ a_1 + ib_1 \\ a_2 + ib_2 \\ \vdots \\ a_{n-1} + ib_{n-1} \end{bmatrix} = \frac{1}{\sqrt{n}} \begin{bmatrix} \omega^0 & \omega^0 & \omega^0 & \cdots & \omega^0 \\ \omega^0 & \omega^1 & \omega^2 & \cdots & \omega^{n-1} \\ \omega^0 & \omega^2 & \omega^4 & \cdots & \omega^{2(n-1)} \\ \omega^0 & \omega^3 & \omega^6 & \cdots & \omega^{3(n-1)} \\ \vdots & \vdots & \vdots & & \vdots \\ \omega^0 & \omega^{n-1} & \omega^{2(n-1)} & \cdots & \omega^{(n-1)^2} \end{bmatrix} \begin{bmatrix} x_0 \\ x_1 \\ x_2 \\ \vdots \\ x_{n-1} \end{bmatrix} \quad (10.8)$$

其中每个 $y_k = a_k + ib_k$ 都是一个复数. 上式中的 $n \times n$ 矩阵又称为**傅里叶矩阵**.

$$F_n = \frac{1}{\sqrt{n}} \begin{bmatrix} \omega^0 & \omega^0 & \omega^0 & \cdots & \omega^0 \\ \omega^0 & \omega^1 & \omega^2 & \cdots & \omega^{n-1} \\ \omega^0 & \omega^2 & \omega^4 & \cdots & \omega^{2(n-1)} \\ \omega^0 & \omega^3 & \omega^6 & \cdots & \omega^{3(n-1)} \\ \vdots & \vdots & \vdots & & \vdots \\ \omega^0 & \omega^{n-1} & \omega^{2(n-1)} & \cdots & \omega^{(n-1)^2} \end{bmatrix} \quad (10.9)$$

除了第一行外, 其他各行的元素和都为 0. 因为 F_n 是对称矩阵, 因此对每一列也是如此. 傅里叶矩阵的逆矩阵为

$$F_n^{-1} = \frac{1}{\sqrt{n}} \begin{bmatrix} \omega^0 & \omega^0 & \omega^0 & \cdots & \omega^0 \\ \omega^0 & \omega^{-1} & \omega^{-2} & \cdots & \omega^{-(n-1)} \\ \omega^0 & \omega^{-2} & \omega^{-4} & \cdots & \omega^{-2(n-1)} \\ \omega^0 & \omega^{-3} & \omega^{-6} & \cdots & \omega^{-3(n-1)} \\ \vdots & \vdots & \vdots & & \vdots \\ \omega^0 & \omega^{-(n-1)} & \omega^{-2(n-1)} & \cdots & \omega^{-(n-1)^2} \end{bmatrix} \quad (10.10)$$

且有 y 的**离散傅里叶逆变换**为 $x = F_n^{-1} y$. 要证明公式 (10.10) 是 F_n 的逆矩阵, 需要用到引理 11.1. 见习题 8.

设 $z = e^{i\theta} = \cos\theta + i\sin\theta$ 是单位圆上的一点. 它的倒数 $e^{-i\theta} = \cos\theta - i\sin\theta$ 也是它的共轭. 因此, 逆 DFT 变换矩阵也就是 F_n 的共轭矩阵:

$$F_n^{-1} = \overline{F_n} \quad (10.11)$$

定义 10.3 复向量 v 的**模**为实数 $\|v\| = \sqrt{\overline{v}^T v}$. 若方阵 F 满足 $\overline{F}^T F = I$, 则称 F 为**酉阵**.

像傅里叶矩阵这样的酉阵, 可以看做是实数域上正交阵的复数扩展. 若 F 为酉阵, 则有 $\|Fv\|^2 = \overline{v}^T \overline{F}^T F v = \overline{v}^T v = \|v\|^2$. 故 F 和 F^{-1} 不会影响向量的模.

应用 DFT 实质上是与 $n \times n$ 矩阵 F_n 相乘, 因此复杂度为 $O(n^2)$ (确切地说是 n^2 个乘法和 $n(n-1)$ 个加法). 傅里叶逆变换, 即乘以 F_n^{-1}, 也是 $O(n^2)$ 复杂度. 在 10.1.3 节中, 我们会介绍快速傅里叶变换 (FFT), 可以用非常少的运算实现同样的功能.

例 10.1 计算向量 $x = [1, 0, -1, 0]^T$ 的 DFT.

设 w 为 4 次单位根, $\omega = e^{-i\pi/2} = \cos(\pi/2) - i\sin(\pi/2) = -i$. 应用 DFT 矩阵, 得到

$$\begin{bmatrix} y_0 \\ y_1 \\ y_2 \\ y_3 \end{bmatrix} = \frac{1}{\sqrt{4}} \begin{bmatrix} 1 & 1 & 1 & 1 \\ 1 & \omega & \omega^2 & \omega^3 \\ 1 & \omega^2 & \omega^4 & \omega^6 \\ 1 & \omega^3 & \omega^6 & \omega^9 \end{bmatrix} \begin{bmatrix} 1 \\ 0 \\ -1 \\ 0 \end{bmatrix} = \frac{1}{2} \begin{bmatrix} 1 & 1 & 1 & 1 \\ 1 & -i & -1 & i \\ 1 & -1 & 1 & -1 \\ 1 & i & -1 & -i \end{bmatrix} \begin{bmatrix} 1 \\ 0 \\ -1 \\ 0 \end{bmatrix} = \begin{bmatrix} 0 \\ 1 \\ 0 \\ 1 \end{bmatrix}$$

(10.12)

MATLAB 的 fft 函数同样可以计算 DFT,只是增加了归一化的步骤,因此 $F_n x$ 的结果是 fft(x)/sqrt(x). 而函数 ifft 是 fft 的反函数. $F_n^{-1} y$ 可以通过 MATLAB 命令 ifft(y)* sqrt(n) 得到. MATLAB 函数 fft 和 ifft 互为反函数. 与我们的定义方法不同,MATLAB 的 fft 函数中还要进行一次归一化,但是我们采用的定义方法有一个好处,就是 F_n 和 F_n^{-1} 都是酉阵.

即使输入向量 x 为实数向量,但是经过变换后的结果 y 也可能有复数项. 但是如果 x_j 为实数,则复数 y_k 有如下的性质:

引理 10.4 设 $\{y_k\}$ 是 $\{x_j\}$ 的 DFT, 其中 x_j 是实数. 则有(a) y_0 为实数;(b) $y_{n-k} = \overline{y_k}$, $k=1, \cdots, n-1$.

证明 由公式(10.7), y_0 是 x_j 的和再除以 $\sqrt{n}$, 因此结论(a)是显而易见的.

为了证明结论(b), 首先我们有

$$\omega^{n-k} = e^{-i2\pi(n-k)/n} = e^{-i2\pi} e^{i2\pi k/n} = \cos(2\pi k/n) + i\sin(2\pi k/n)$$

而

$$\omega^k = e^{-i2\pi k/n} = \cos(2\pi k/n) - i\sin(2\pi k/n)$$

可以得出 $\omega^{n-k} = \overline{\omega^k}$. 根据傅里叶变换的定义,

$$y_{n-k} = \frac{1}{\sqrt{n}} \sum_{j=0}^{n-1} x_j (\omega^{n-k})^j = \frac{1}{\sqrt{n}} \sum_{j=0}^{n-1} x_j (\overline{\omega^k})^j = \frac{1}{\sqrt{n}} \sum_{j=0}^{n-1} \overline{x_j (\omega^k)^j} = \overline{y_k}$$

这里我们用到的性质是,复数共轭和乘积运算是可交换的,即先共轭再相乘等于先相乘再共轭. ∎

从引理 10.4 可以进一步推出以下结论. 设 n 为偶数,且有 n 个实数 $x_0, \cdots, x_{n-1}$. 则经过 DFT 变换后的结果 $y_0, \cdots, y_{n-1}$ 可以写成如下的形式(例如 $n=8$), 其中 $a_0, a_1, b_1, a_2, b_2, \cdots, a_{n/2}$ 为实数.

$$F_8 \begin{bmatrix} x_0 \\ x_1 \\ x_2 \\ x_3 \\ x_4 \\ x_5 \\ x_6 \\ x_7 \end{bmatrix} = \begin{bmatrix} a_0 \\ a_1 + ib_1 \\ a_2 + ib_2 \\ a_3 + ib_3 \\ a_4 \\ a_3 - ib_3 \\ a_2 - ib_2 \\ a_1 - ib_1 \end{bmatrix} = \begin{bmatrix} y_0 \\ \vdots \\ y_{\frac{n}{2}-1} \\ y_{\frac{n}{2}} \\ \overline{y_{\frac{n}{2}-1}} \\ \vdots \\ \overline{y_1} \end{bmatrix}$$

(10.13)

10.1.3 快速傅里叶变换

上一节中曾经提到，n 维向量 DFT 变换的复杂度为 $O(n^2)$. Cooley 与 Tukey [1965] 设计了一种方法可以在 $O(n\log n)$ 时间复杂度内完成 DFT 运算，他们称这个方法为**快速傅里叶变换**(FFT). 很快，用 FFT 方法进行数据分析就流行了起来. FFT 算法促成了信号处理从模拟信号到数字信号的转变. 在这一节中，我们要介绍 FFT 方法的原理，并比较 FFT 与 DFT(10.8)所需的运算次数.

DFT 运算 $F_n x$ 可以写成

$$\begin{bmatrix} y_0 \\ \vdots \\ y_{n-1} \end{bmatrix} = \frac{1}{\sqrt{n}} M_n \begin{bmatrix} x_0 \\ \vdots \\ x_{n-1} \end{bmatrix}$$

其中

$$M_n = \begin{bmatrix} \omega^0 & \omega^0 & \omega^0 & \cdots & \omega^0 \\ \omega^0 & \omega^1 & \omega^2 & \cdots & \omega^{n-1} \\ \omega^0 & \omega^2 & \omega^4 & \cdots & \omega^{2(n-1)} \\ \omega^0 & \omega^3 & \omega^6 & \cdots & \omega^{3(n-1)} \\ \vdots & \vdots & \vdots & & \vdots \\ \omega^0 & \omega^{n-1} & \omega^{2(n-1)} & \cdots & \omega^{(n-1)^2} \end{bmatrix}$$

> **复杂度**　　Cooley 和 Tukey 的主要贡献是把 DFT 的复杂度从 $O(n^2)$ 降到了 $O(n\log n)$，使得傅里叶变换更为实用. 如果一个算法的复杂度是随着问题的规模呈线性增长的，那它的实用价值会很高. 例如，对于实时数据的处理，一个线性方法处理数据的时间与获取数据的时间是成比例的. 不久就出现了专门处理 FFT 运算的电路. 到今天，专门实现 FFT 的 DSP 芯片已经被应用在了很多分析和控制用的电子系统中.

首先我们来看一下如何计算 $z = M_n x$. 计算 DFT 变换需要除以 $\sqrt{n}$ 进行归一化，$y = F_n x = z/\sqrt{n}$.

首先以 $n = 4$ 为例演示一下 FFT 是如何计算的. 对一般的 n，过程类似. 设 $\omega = e^{-i2\pi/4} = -i$. DFT 变换为

$$\begin{bmatrix} z_0 \\ z_1 \\ z_2 \\ z_3 \end{bmatrix} = \begin{bmatrix} \omega^0 & \omega^0 & \omega^0 & \omega^0 \\ \omega^0 & \omega^1 & \omega^2 & \omega^3 \\ \omega^0 & \omega^2 & \omega^4 & \omega^6 \\ \omega^0 & \omega^3 & \omega^6 & \omega^9 \end{bmatrix} \begin{bmatrix} x_0 \\ x_1 \\ x_2 \\ x_3 \end{bmatrix} \qquad (10.14)$$

把矩阵乘积计算出来，但是把偶数项写在前面

$$z_0 = \omega^0 x_0 + \omega^0 x_2 + \omega^0 (\omega^0 x_1 + \omega^0 x_3)$$
$$z_1 = \omega^0 x_0 + \omega^2 x_2 + \omega^1 (\omega^0 x_1 + \omega^2 x_3)$$
$$z_2 = \omega^0 x_0 + \omega^4 x_2 + \omega^2 (\omega^0 x_1 + \omega^4 x_3)$$

$$z_3 = \omega^0 x_0 + \omega^6 x_2 + \omega^3(\omega^0 x_1 + \omega^6 x_3)$$

由于 $w^4=1$，可以得到

$$z_0 = (\omega^0 x_0 + \omega^0 x_2) + \omega^0(\omega^0 x_1 + \omega^0 x_3)$$
$$z_1 = (\omega^0 x_0 + \omega^2 x_2) + \omega^1(\omega^0 x_1 + \omega^2 x_3)$$
$$z_2 = (\omega^0 x_0 + \omega^0 x_2) + \omega^2(\omega^0 x_1 + \omega^0 x_3)$$
$$z_3 = (\omega^0 x_0 + \omega^2 x_2) + \omega^3(\omega^0 x_1 + \omega^2 x_3)$$

注意在前两行与后两行中，括号内的项是重复的. 若定义

$$u_0 = \mu^0 x_0 + \mu^0 x_2$$
$$u_1 = \mu^0 x_0 + \mu^1 x_2$$

以及

$$v_0 = \mu^0 x_1 + \mu^0 x_3$$
$$v_1 = \mu^0 x_1 + \mu^1 x_3$$

其中 $\mu=\omega^2$ 是 2 次单位根. 则 $u=(u_0, u_1)^T$ 和 $v=(v_0, v_1)^T$ 是 $n=2$ 的 DFT 变换的输出. 确切讲，

$$u = M_2 \begin{bmatrix} x_0 \\ x_2 \end{bmatrix}$$

$$v = M_2 \begin{bmatrix} x_1 \\ x_3 \end{bmatrix}$$

我们可以把 $M_4 x$ 写为

$$z_0 = u_0 + \omega^0 v_0$$
$$z_1 = u_1 + \omega^1 v_1$$
$$z_2 = u_0 + \omega^2 v_0$$
$$z_3 = u_1 + \omega^3 v_1$$

综上所述，DFT(4) 的计算可以写成两个 DFT(2) 和一些加乘运算.

忽略归一化系数 $1/\sqrt{n}$，DFT(n) 可以简化为两次 DFT($n/2$) 和 $2n-1$ 次运算（$n-1$ 次乘法和 n 次加法）. 加法和乘法运算的详细计数产生了定理 10.5.

定理 10.5（FFT 计算次数） 设 n 是 2 的幂，则大小为 n 的 FFT 变换需要 $n(2\log_2 n - 1)+1$ 次加法和乘法运算，以及一次除以 $\sqrt{n}$ 的运算.

证明 忽略最后的除以平方根项的操作. 上述定理等价于，DFT(2^m) 可以用 $2^m(2m-1)+1$ 次加法和乘法完成. 我们已经看到，对于偶数 n，DFT(n) 可以分解为两个 DFT($n/2$) 来完成. 若 n 是 2 的幂（$n=2^m$），则可以通过迭代的方法分解为 DFT(1)，只需乘以一个 1×1 单位矩阵，需要 0 次运算. 自底向上，DFT(1) 需要 0 次运算，DFT(2) 需要 2 个加法 1 个乘法：$y_0 = u_0 + 1 v_0$，$y_1 = u_0 + \omega v_0$，其中 u_0 和 v_0 是 DFT(1)（$u_0=y_0$，$v_0=y_1$）.

DFT(4) 需要两个 DFT(2) 和 $2\times 4-1=7$ 次运算，则共用 $2(3)+7=2^m(2m-1)+1$ 次运算，其中 $m=2$. 下面我们使用数学归纳法. 假设公式对 m 成立，则将 DFT(2^{m+1}) 分解为两个 DFT(2^m)，需要 $2(2^m(2m-1)+1)$ 次运算，以及额外的 $2\times 2^{m+1}-1$ 次运算（类似 (10.15)），总运算次数为

$$2(2^m(2m-1)+1)+2^{m+2}-1 = 2^{m+1}(2m-1+2)+2-1$$
$$= 2^{m+1}(2(m+1)-1)+1$$

至此,我们证明了 FFT(2^m) 的总运算次数为 $2^m(2m-1)+1$.

DFT 的快速算法可以直接用来计算逆 DFT 变换. 逆 DFT 变换对应的矩阵是原矩阵的共轭 $\overline{F_n}$. 要计算 y 的 DFT 逆变换,我们只需先求共轭,再进行 FFT,再求一次共轭就能得到结果了. 这是因为

$$F_n^{-1}y = \overline{F_n y} = \overline{F_n \overline{y}} \tag{10.15}$$

10.1 节习题

1. 计算以下向量的 DFT:(a) $[0, 1, 0, -1]$,(b) $[1, 1, 1, 1]$,(c) $[0, -1, 0, 1]$,(d) $[0, 1, 0, -1, 0, 1, 0, -1]$.

2. 计算以下向量的 DFT:(a) $[3/4, 1/4, -1/4, 1/4]$,(b) $[9/4, 1/4, -3/4, 1/4]$,(c) $[1, 0, -1/2, 0]$,(d) $[1, 0, -1/2, 0, 1, 0, -1/2, 0]$.

3. 计算以下向量的逆 DFT 变换:(a) $[1, 0, 0, 0]$,(b) $[1, 1, -1, 1]$,(c) $[1, -i, 1, i]$,(d) $[1, 0, 0, 0, 3, 0, 0, 0]$.

4. 计算以下向量的逆 DFT 变换:(a) $[0, -i, 0, i]$,(b) $[2, 0, 0, 0]$,(c) $[1/2, 1/2, 0, 1/2]$,(d) $[1, 3/2, 1/2, 3/2]$.

5. (a) 写出所有的 4 次单位根和所有的本原 4 次单位根. (b) 写出所有的 7 次本原单位根. (c) 对于素数 p,有多少个 p 次本原单位根?

6. 证明引理 10.1.

7. 对习题 1 的傅里叶变换,找出公式(10.13)对应的实数 $a_0, a_1, b_1, a_2, b_2, \cdots a_{n/2}$.

8. 证明公式(10.10)中的矩阵为傅里叶矩阵 F_n 的逆.

10.2 三角插值

DFT 究竟有什么用呢?在这一节中,我们要介绍一种插值方法,它的输入是均匀分布的样本点,而通过 DFT 变换得到的输出向量 y 就是插值的系数.

10.2.1 DFT 插值定理

设 $[c, d]$ 为参数区间,n 为正整数. 定义 $\Delta t = (d-c)/n$,$t_j = c + j\Delta t$,其中 $j = 0, \cdots, n-1$. 这是在区间 $[c, d]$ 上均匀分布的采样点. 向量 x 为傅里叶变换的输入,x_j 可以理解为一个信号的第 j 个分量. 例如,我们可以把 x 想象成为一系列的测量,每个 x_j 都测量一个离散的采样点 t_j,如图 10.4 所示.

设 $y = F_n x$ 是 x 的傅里叶变换. 由于 x 是 y 的逆傅里叶变换,根据公式(10.10),x 可以用显式

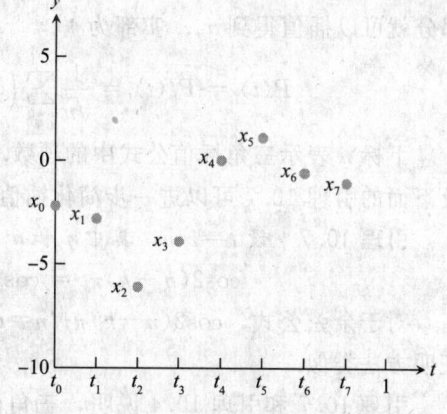

图 10.4 向量 x 看成时间序列. 通过傅里叶变换可以用三角函数多项式对其进行插值

公式表示

$$x_j = \frac{1}{\sqrt{n}}\sum_{k=0}^{n-1} y_k(\omega^{-k})^j = \frac{1}{\sqrt{n}}\sum_{k=0}^{n-1} y_k e^{i2\pi kj/n}$$

$$= \sum_{k=0}^{n-1} y_k \frac{e^{\frac{i2\pi k(t_j-c)}{d-c}}}{\sqrt{n}} \tag{10.16}$$

公式中 $\omega = e^{-i2\pi/n}$.

以上公式可以看做是对采样点(t_j, x_j)的插值,其中使用的是三角函数作为基函数,而插值系数为 y_k. 定理 10.6 是公式(10.16)的复述,其指数数据点(t_j, x_j)可以用基函数 $e^{i2\pi k(t-c)/(d-c)}/\sqrt{n}$,其中 $k=0, \cdots, n-1$ 进行插值,而插值系数为 $F_n x$.

定理 10.6(DFT 插值定理) 给定区间$[c, d]$和正整数 n,令 $t_j = c+j(d-c)/n$, $j=0, \cdots, n-1$,令 $x=(x_0, \cdots, x_{n-1})$是一个 n 维向量. 定义 $\vec{a}+\vec{b}i = F_n x$,其中 F_n 是离散傅里叶变换矩阵. 则复函数

$$Q(t) = \frac{1}{\sqrt{n}}\sum_{k=0}^{n-1}(a_k + ib_k)e^{i2\pi k(t-c)/(d-c)}$$

满足 $Q(t_j) = x_j$, $j=0, \cdots, n-1$. 并且若 x_j 为实数,则实数函数

$$P(t) = \frac{1}{\sqrt{n}}\sum_{k=0}^{n-1}\left(a_k \cos\frac{2\pi k(t-c)}{d-c} - b_k \sin\frac{2\pi k(t-c)}{d-c}\right)$$

满足 $P(t_j) = x_j$, $j=0, \cdots, n-1$.

换句话说,傅里叶变换 F_n 可以把数据$\{x_j\}$变换为插值系数.

定理的后半段说明,使用欧拉公式,可以把插值函数(10.16)写成

$$Q(t) = \frac{1}{\sqrt{n}}\sum_{k=0}^{n-1}(a_k+ib_k)\left(\cos\frac{2\pi k(t-c)}{d-c} + i\sin\frac{2\pi k(t-c)}{d-c}\right)$$

把插值函数 $Q(t) = P(t) + I(t)$ 分成实部和虚部两个部分. 由于 x_j 是实数,故只需用到实数部分就可以插值得到 x_j. 实部为

$$P(t) = P_n(t) = \frac{1}{\sqrt{n}}\sum_{k=0}^{n-1}\left(a_k\cos\frac{2\pi k(t-c)}{d-c} - b_k\sin\frac{2\pi k(t-c)}{d-c}\right) \tag{10.17}$$

下标 n 表示三角插值公式中的项数. 有时可以把 P_n 称为 **n 阶三角函数**. 引理 10.4 以及下面的引理 10.7 可以进一步简化插值函数 $P_n(t)$.

引理 10.7 设 $t=j/n$,其中 j 和 n 为整数. 另取一整数 k,则有

$$\cos 2(n-k)\pi t = \cos 2k\pi t, \quad \sin 2(n-k)\pi t = -\sin 2k\pi t \tag{10.18}$$

对于余弦公式,$\cos 2(n-k)\pi j/n = \cos(2\pi j - 2jk\pi/n) = \cos(-2jk\pi/n)$,对正弦函数,证明方法类似.

引理 10.7 和引理 10.4 说明,三角函数展开公式(10.17)中的后半部分系数不需要计算. 我们只需要计算前半部分的系数(对正弦项需把符号取反). 根据引理 10.4,后半部分的系数与前半部分相同(除了符号不一样). 因此,可以得到简化后的 P_n 为

三角插值和FFT

$$P_n(t) = \frac{a_0}{\sqrt{n}} + \frac{2}{\sqrt{n}}\sum_{k=1}^{n/2-1}\left(a_k\cos\frac{2k\pi(t-c)}{d-c} - b_k\sin\frac{2k\pi(t-c)}{d-c}\right) + \frac{a_{n/2}}{\sqrt{n}}\cos\frac{n\pi(t-c)}{d-c}$$

这里的 n 都是偶数. 对奇数 n, 公式稍有不同, 见习题 5.

推论 10.8 对偶数 n, 令 $t_j = c + j(d-c)/n$, $j=0, \cdots, n-1$, 令 $x=(x_0, \cdots, x_{n-1})$ 是 n 维实数向量. 定义 $\vec{a} + \vec{b}\mathrm{i} = F_n x$, 其中 F_n 为 DFT, 则以下方程

$$P_n(t) = \frac{a_0}{\sqrt{n}} + \frac{2}{\sqrt{n}}\sum_{k=1}^{n/2-1}\left(a_k\cos\frac{2k\pi(t-c)}{d-c} - b_k\sin\frac{2k\pi(t-c)}{d-c}\right) + \frac{a_{n/2}}{\sqrt{n}}\cos\frac{n\pi(t-c)}{d-c} \tag{10.19}$$

满足 $P_n(t_j) = x_j$, $j=0, \cdots, n-1$.

例 10.2 求例 10.1 的三角插值.

区间为 $[c, d] = [0, 1]$. 设 $x=[1, 0, -1, 0]^T$, 它的 DFT 为 $y=[0, 1, 0, 1]^T$. 插值系数为 $a_k + \mathrm{i}b_k = y_k$. 因此, $a_0 = a_2 = 0$, $a_1 = a_3 = 1$, $b_0 = b_1 = b_2 = b_3 = 0$. 根据 (10.19), 我们只需知道 a_0, a_1, a_2 和 b_1. 则三角插值为

$$P_4(t) = \frac{a_0}{2} + (a_1\cos 2\pi t - b_1\sin 2\pi t) + \frac{a_2}{2}\cos 4\pi t = \cos 2\pi t$$

经过采样点 (t, x) (其中 $t=[0, 1/4, 1/2, 3/4]$, $x=[1, 0, -1, 0]$) 的插值结果显示在图 10.5 中.

例 10.3 计算例 4.6 中温度数据的三角插值
结果: $x=[-2.2, -2.8, -6.1, -3.9, 0.0, 1.1, -0.6, 1.1]$, 区间为 $[0, 1]$.

傅里叶变换的输出, 精确到小数点后 4 位, 为

$$y = \begin{bmatrix} -5.5154 \\ -1.0528 + 3.6195\mathrm{i} \\ 1.5910 - 1.1667\mathrm{i} \\ -0.5028 - 0.2695\mathrm{i} \\ -0.7778 \\ -0.5028 + 0.2695\mathrm{i} \\ 1.5910 + 1.1667\mathrm{i} \\ -1.0528 - 3.6195\mathrm{i} \end{bmatrix}$$

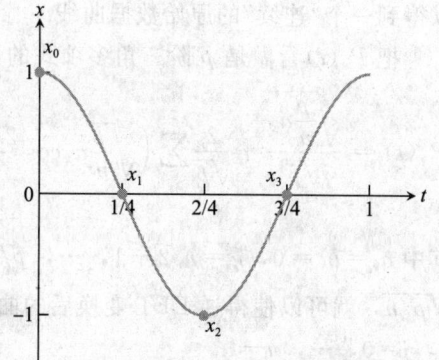

图 10.5 三角插值. 输入向量 x 为 $[1, 0, -1, 0]^T$. 公式 (10.19) 给出插值函数为 $P_4(t) = \cos 2\pi t$

根据公式 (10.19), 插值函数为

$$\begin{aligned}P_8(t) =& \frac{5.5154}{\sqrt{8}} - \frac{1.0528}{\sqrt{2}}\cos 2\pi t - \frac{3.6195}{\sqrt{2}}\sin 2\pi t + \frac{1.5910}{\sqrt{2}}\cos 4\pi t + \frac{1.1667}{\sqrt{2}}\sin 4\pi t \\ & - \frac{0.5028}{\sqrt{2}}\cos 6\pi t + \frac{0.2695}{\sqrt{2}}\sin 6\pi t - \frac{0.7778}{\sqrt{8}}\cos 8\pi t \\ =& -1.95 - 0.7445\cos 2\pi t - 2.5594\sin 2\pi t + 1.125\cos 4\pi t + 0.825\sin 4\pi t \\ & - 0.3555\cos 6\pi t + 0.1906\sin 6\pi t - 0.2750\cos 8\pi t \end{aligned} \tag{10.20}$$

图 10.16 显示了数据点和三角插值函数.

10.2.2 三角插值函数的效率

推论 10.8 中明确给出了三角插值的公式. 虽然它看上去比较复杂, 但是实际上可以用 DFT 变换替代 (10.19) 中的正弦和余弦函数, 例如图 10.5 和图 10.6. 通过定理 10.6 可知, 向量 x 乘以变换矩阵 F_n 之后, 就可以得到插值系数. 反过来, 也可以把插值系数还原为数据采样点. 在还原过程中, 不需要按公式 (10.19) 计算每个采样点, 而只需进行一次逆 DFT 变换: 将插值系数 $\{a_k + \mathrm{i}b_k\}$ 乘以 F_n^{-1}.

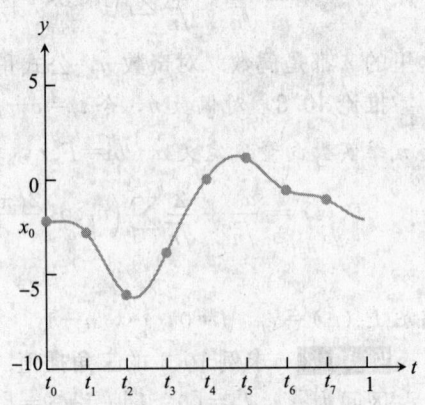

图 10.6 例 4.6 的三角插值结果. 输入数据 $t = [0, 1/8, 2/8, 3/8, 4/8, 5/8, 6/8, 7/8]$, $x = [-2.2, -2.8, -6.1, -3.9, 0.0, 1.1, -0.6, -1.1]$, 傅里叶变换中 $n=8$. 图中曲线是用程序 10.1 生成的, 其中 $p=100$

如果先进行 F_n 运算, 再应用 F_n^{-1}, 我们会得到原始的输入数据. 实际上, 我们在逆变换时可以用一个较大的尺寸 $p \geqslant n$. 我们可以把 (10.19) 当成一个 p 阶三角插值函数, 再用反变换得到曲线在 p 个时间点的采样值. 如果 p 足够大, 就可以得到一个 "连续" 的原始数据曲线.

把 $P_n(t)$ 看做是 p 阶三角多项式的话, 可以把 (10.19) 写成

$$P_p(t) = \frac{\sqrt{\frac{p}{n}}a_0}{\sqrt{p}} + \frac{2}{\sqrt{p}}\sum_{k=1}^{p/2-1}\left(\sqrt{\frac{p}{n}}a_k\cos\frac{2k\pi(t-c)}{d-c} - \sqrt{\frac{p}{n}}b_k\sin\frac{2k\pi(t-c)}{d-c}\right) + \frac{\sqrt{\frac{p}{n}}a_{n/2}}{\sqrt{p}}\cos n\pi t \tag{10.21}$$

其中 $a_k = b_k = 0$, $k = n/2 + 1, \cdots, p/2$. 从 (10.21) 可知, 只需对傅里叶插值系数乘以 $\sqrt{p/n}$, 就可以使得逆 DFT 变换后的曲线还经过公式 (10.19) 中的采样点 $t_j = c + j(d-c)/n$, $j = 0, \cdots, n-1$.

通过 MATLAB 代码实现这种方法. 简单来说, 我们希望实现

$$F_p^{-1}\sqrt{\frac{p}{n}}F_n x$$

通过使用 MATLAB 的 fft 和 ifft 函数,

$$F_p^{-1} = \sqrt{p} \times \mathtt{ifft}, \quad F_n = \frac{1}{\sqrt{n}} \times \mathtt{fft}$$

可以得到

$$\sqrt{p} \times \mathtt{ifft}_{[p]}\sqrt{\frac{p}{n}}\frac{1}{\sqrt{n}} \times \mathtt{fft}_{[n]} = \frac{p}{n} \times \mathtt{fft}_{[p]} \times \mathtt{fft}_{[n]} \tag{10.22}$$

当然, 由于 F_p^{-1} 只能应用到 p 维向量上, 因此需要把 n 阶的傅里叶系数转换为 p 维向量.

下面这个简单的 dftinterp.m 函数可以完成这个功能.

```
% 程序10.1 傅里叶插值
% 使用三角函数pltr在[c,d]区间上插值几个点
% 并画出在p(>=n)个均匀分布的点上的插值
% 输入: 区间[c,d]数据点x,
%       数据个数n, 偶数p>=n
% 输出: 插值得到的数据点xp
function xp=dftinterp(inter,x,n,p)
c=inter(1);d=inter(2);t=c+(d-c)*(0:n-1)/n; tp=c+(d-c)*(0:p-1)/p;
y=fft(x);                      % 应用DET
yp=zeros(p,1);                 % yp保存ifft的系数
yp(1:n/2+1)=y(1:n/2+1);        % 将频率n由n改为P
yp(p-n/2+2:p)=y(n/2+2:n);      % 对上半部分做同样的处理
xp=real(ifft(yp))*(p/n);       % 求逆以重建数据
plot(t,x,'o',tp,xp)            % 画出数据点以及对应插值
```

运行函数 dftinterp([0,1], [- 2.2   - 2.8   - 6.1   - 3.9   0.0   1.1   - 0.6   - 1.1], 8, 100) 可以产生 $p=100$ 个点, 如图 10.6 所示, 且不需要显式地调用 sin 和 cos 函数. 代码中已有清楚的注释. 我们的目的是先应用 $fft_{[n]}$, 再应用 $ifft_{[p]}$, 最后再乘以 p/n. 在对 n 维数组 x 应用 fft 后, 系数向量 y 保持了 n 个频率的系数, 经过变换后得到 y_p, 对应了 p 个频率, 其中 $p \geqslant n$. 在 p 个频率中, 有很多高频分量是在 P_n 中没有的, 故从 $n/2+2$ 到 $p/2+1$ 位置的高频分量的系数应设为 0. y_p 的上半部分是下半部分的重复, 只需按照公式(10.13)调换顺序和取对偶. 在经过 ifft 反变换后, 虽然理论上结果应该为实数, 但是计算结果会有很小的虚部, 这是由于计算过程中的舍入误差引起的. 可以通过 real 命令去掉虚数部分.

考虑一个特例, $c=0$, $d=n$. 采样点为整数位置 $s_j=j$, $j=0,\cdots,n-1$. 采样点 (j, x_j) 通过三角插值函数得到

$$P_n(s) = \frac{a_0}{\sqrt{n}} + \frac{2}{\sqrt{n}} \sum_{k=1}^{n/2-1} \left(a_k \cos \frac{2k\pi}{n} s - b_k \sin \frac{2k\pi}{n} s \right) + \frac{a_{n/2}}{\sqrt{n}} \cos \pi s \qquad (10.23)$$

在第 11 章中, 我们会特别分析整数插值点, 在标准的音频和图像压缩算法中, 采用的都是这种采样方法.

10.2 节习题

1. 用 DFT 和推论 10.8 计算以下数据的三角插值函数:

(a)	t	x	(b)	t	x	(c)	t	x	(d)	t	x
	0	0		0	1		0	-1		0	1
	$\frac{1}{4}$	1		$\frac{1}{4}$	1		$\frac{1}{4}$	1		$\frac{1}{4}$	1
	$\frac{1}{2}$	0		$\frac{1}{2}$	-1		$\frac{1}{2}$	-1		$\frac{1}{2}$	1
	$\frac{3}{4}$	-1		$\frac{3}{4}$	-1		$\frac{3}{4}$	1		$\frac{3}{4}$	1

2. 用(10.23)计算以下数据的三角插值函数：

(a)

t	x
0	0
1	1
2	0
3	-1

(b)

t	x
0	1
1	1
2	-1
3	-1

(c)

t	x
0	1
1	2
2	4
3	1

(d)

t	x
0	1
1	0
2	1
3	0

3. 计算以下数据的三角插值函数：

(a)

t	x
0	0
$\frac{1}{8}$	1
$\frac{1}{4}$	0
$\frac{3}{8}$	-1
$\frac{1}{2}$	0
$\frac{5}{8}$	1
$\frac{3}{4}$	0
$\frac{7}{8}$	-1

(b)

t	x
0	1
$\frac{1}{8}$	2
$\frac{1}{4}$	1
$\frac{3}{8}$	0
$\frac{1}{2}$	1
$\frac{5}{8}$	2
$\frac{3}{4}$	1
$\frac{7}{8}$	0

(c)

t	x
0	1
$\frac{1}{8}$	1
$\frac{1}{4}$	1
$\frac{3}{8}$	1
$\frac{1}{2}$	0
$\frac{5}{8}$	0
$\frac{3}{4}$	0
$\frac{7}{8}$	0

(d)

t	x
0	1
$\frac{1}{8}$	-1
$\frac{1}{4}$	1
$\frac{3}{8}$	-1
$\frac{1}{2}$	1
$\frac{5}{8}$	-1
$\frac{3}{4}$	1
$\frac{7}{8}$	-1

4. 计算以下数据的三角插值函数：

(a)

t	x
0	0
1	1
2	0
3	-1
4	0
5	1
6	0
7	-1

(b)

t	x
0	1
1	2
2	1
3	0
4	1
5	2
6	1
7	0

(c)

t	x
0	1
1	0
2	1
3	0
4	1
5	0
6	1
7	0

(d)

t	x
0	-1
1	0
2	0
3	0
4	1
5	0
6	0
7	0

5. 对 n 为奇数的情况，推导出类似(10.19)的计算公式.

10.2 节编程问题

1. 计算以下数据的 8 阶三角插值函数 $P_8(t)$：

(a)

t	x
0	0
$\frac{1}{8}$	1
$\frac{1}{4}$	2
$\frac{3}{8}$	3
$\frac{1}{2}$	4
$\frac{5}{8}$	5
$\frac{3}{4}$	6
$\frac{7}{8}$	7

(b)

t	x
0	2
$\frac{1}{8}$	-1
$\frac{1}{4}$	0
$\frac{3}{8}$	1
$\frac{1}{2}$	0
$\frac{5}{8}$	0
$\frac{3}{4}$	-1
$\frac{7}{8}$	-1

(c)

t	x
0	3
1	1
2	4
3	2
4	3
5	1
6	4
7	2

(d)

t	x
1	1
2	-2
3	5
4	3
5	-2
6	-3
7	1
8	2

画图显示采样点和函数 $P_8(t)$.

2. 计算以下数据的 8 阶三角插值函数 $P_8(t)$：

(a)

t	x
0	6
$\frac{1}{8}$	5
$\frac{1}{4}$	4
$\frac{3}{8}$	3
$\frac{1}{2}$	2
$\frac{5}{8}$	1
$\frac{3}{4}$	0
$\frac{7}{8}$	-1

(b)

t	x
0	3
$\frac{1}{8}$	1
$\frac{1}{4}$	2
$\frac{3}{8}$	-1
$\frac{1}{2}$	-1
$\frac{5}{8}$	-2
$\frac{3}{4}$	3
$\frac{7}{8}$	0

(c)

t	x
0	1
2	2
4	4
6	-1
8	0
10	1
12	0
14	2

(d)

t	x
-7	2
-5	1
-3	0
-1	5
1	7
3	2
5	1
7	-4

画图显示采样点和函数 $P_8(t)$.

3. 计算函数 $f(t)=e^t$ 的 8 阶三角插值函数，采样点为 $(j/8, f(j/8))$，$j=0,\cdots,7$. 画图显示采样点和插值函数.

4. 对编程问题 3，在区间 $[0,1]$ 上计算插值函数 $P_n(t)$，(a) $n=16$，(b) $n=32$. 并显示计算结果.

5. 计算函数 $f(t)=\ln t$ 的 8 阶三角插值函数，采样点为 $(1+j/8, f(1+j/8))$，$j=0,\cdots,7$. 画图显示采样点和插值函数.

6. 对编程问题 5，在区间 $[0,1]$ 上画出插值函数 $P_n(t)$，同时画出数据点和函数 $f(t)=\ln t$，(a) $n=16$，(b) $n=32$.

10.3 FFT 和信号处理

DFT 插值定理 10.6 只是傅里叶变换的一个应用. 在这一节中，我们会用三角函数计算最小二乘近似问题. 这是现代信号处理的基础. 第 11 章还会回顾这个问题，但是会采用离散余弦变换方法.

10.3.1 正交性和插值

定理 10.6 的简化版插值方法，是由于 $F_n^{-1}=\overline{F}_n^T=\overline{F}_n$，即 F_n 是酉阵. 在第 4 章中，我们介绍过实数域上的类似定义，若方阵 U 满足 $U^{-1}=U^T$，则称 U 为正交阵. 下面我们给出一种特殊形式的正交阵，可以用来进行插值计算.

定理 10.9（正交函数插值定理） 令 $f_0(t),\cdots,f_{n-1}(t)$ 为关于时间 t 的函数，$t_0,\cdots,t_{n-1}$ 为实数. 设 $n\times n$ 矩阵

$$A = \begin{bmatrix} f_0(t_0) & f_0(t_1) & \cdots & f_0(t_{n-1}) \\ f_1(t_0) & f_1(t_1) & \cdots & f_1(t_{n-1}) \\ \vdots & \vdots & & \vdots \\ f_{n-1}(t_0) & f_{n-1}(t_1) & \cdots & f_{n-1}(t_{n-1}) \end{bmatrix} \quad (10.24)$$

为实数正交阵. 对 $y=Ax$, 以下函数

$$F(t) = \sum_{k=0}^{n-1} y_k f_k(t)$$

是经过采样点 $(t_0, x_0), \cdots, (t_{n-1}, x_{n-1})$ 的插值函数, 即 $F(t_j)=x_j$, $j=0, \cdots, n-1$.

证明 由于 $y=Ax$, 可以推出

$$x = A^{-1}y = A^{\mathrm{T}}y$$

则对于 $j=0, \cdots, n-1$, 有

$$x_j = \sum_{k=0}^{n-1} a_{kj} y_k = \sum_{k=0}^{n-1} y_k f_k(t_j)$$

结论得证. ∎

例 10.4 设 $[c, d]$ 为区间, n 为正偶数. 验证定理 10.9 的正确性, 采样点 $t_j = c + j(d-c)/n$, $j=0, \cdots, n-1$, 且

$$f_0(t) = \sqrt{\frac{1}{n}}$$

$$f_1(t) = \sqrt{\frac{2}{n}} \cos \frac{2\pi(t-c)}{d-c}$$

$$f_2(t) = \sqrt{\frac{2}{n}} \sin \frac{2\pi(t-c)}{d-c}$$

$$f_3(t) = \sqrt{\frac{2}{n}} \cos \frac{4\pi(t-c)}{d-c}$$

$$f_4(t) = \sqrt{\frac{2}{n}} \sin \frac{4\pi(t-c)}{d-c}$$

$$\vdots$$

$$f_{n-1}(t) = \frac{1}{\sqrt{n}} \cos \frac{n\pi(t-c)}{d-c}$$

矩阵 A 为

$$A = \sqrt{\frac{2}{n}} \begin{bmatrix} \frac{1}{\sqrt{2}} & \frac{1}{\sqrt{2}} & \cdots & \frac{1}{\sqrt{2}} \\ 1 & \cos\frac{2\pi}{n} & \cdots & \cos\frac{2\pi(n-1)}{n} \\ 0 & \sin\frac{2\pi}{n} & \cdots & \sin\frac{2\pi(n-1)}{n} \\ \vdots & \vdots & & \vdots \\ \frac{1}{\sqrt{2}} & \frac{1}{\sqrt{2}}\cos\pi & \cdots & \frac{1}{\sqrt{2}}\cos(n-1)\pi \end{bmatrix} \quad (10.25)$$

引理 10.10 说明, A 的各行是相互正交的.

引理 10.10 令 $n \geqslant 1$，k 和 l 为整数. 则

$$\sum_{j=0}^{n-1} \cos\frac{2\pi jk}{n} \cos\frac{2\pi jl}{n} = \begin{cases} n & \text{如果 } (k-l)/n \text{ 和 } (k+l)/n \text{ 都为整数} \\ \dfrac{n}{2} & \text{如果 } (k-l)/n \text{ 和 } (k+l)/n \text{ 只有一个为整数} \\ 0 & \text{如果二者都不是整数} \end{cases}$$

$$\sum_{j=0}^{n-1} \cos\frac{2\pi jk}{n} \cos\frac{2\pi jl}{n} = 0$$

$$\sum_{j=0}^{n-1} \sin\frac{2\pi jk}{n} \sin\frac{2\pi jl}{n} = \begin{cases} 0 & \text{如果 } (k-l)/n \text{ 和 } (k+l)/n \text{ 都是整数} \\ \dfrac{n}{2} & \text{如果 } (k-l)/n \text{ 是整数而 } (k+l)/n \text{ 不是} \\ -\dfrac{n}{2} & \text{如果 } (k+l)/n \text{ 是整数而 } (k-l)/n \text{ 不是} \\ 0 & \text{如果二者都不是整数} \end{cases}$$

这个引理的证明可以通过引理 10.1 得到，见习题 5.

回到例 10.4，令 $y = Ax$. 定理 10.9 可以直接给出插值函数

$$F(t) = \frac{1}{\sqrt{n}} y_0 + \sqrt{\frac{2}{n}} y_1 \cos\frac{2\pi(t-c)}{d-c} + \sqrt{\frac{2}{n}} y_2 \sin\frac{2\pi(t-c)}{d-c} + \sqrt{\frac{2}{n}} y_3 \cos\frac{4\pi(t-c)}{d-c}$$

$$+ \sqrt{\frac{2}{n}} y_4 \sin\frac{4\pi(t-c)}{d-c} + \cdots + \frac{1}{\sqrt{n}} y_{n-1} \cos\frac{n\pi(t-c)}{d-c} \tag{10.26}$$

例 10.5 用例 10.4 的基函数对采样点 $x = [-2.2, -2.8, -6.1, -3.9, 0.0, 1.1, -0.6, -1.1]$ 进行插值.

计算 8×8 矩阵 A 和 x 的乘积

$$Ax = \sqrt{\frac{2}{8}} \begin{bmatrix} \frac{1}{\sqrt{2}} & \frac{1}{\sqrt{2}} & \frac{1}{\sqrt{2}} & \cdots & \frac{1}{\sqrt{2}} \\ 1 & \cos 2\pi \frac{1}{8} & \cos 2\pi \frac{2}{8} & \cdots & \cos 2\pi \frac{7}{8} \\ 0 & \sin 2\pi \frac{1}{8} & \sin 2\pi \frac{2}{8} & \cdots & \sin 2\pi \frac{7}{8} \\ 1 & \cos 4\pi \frac{1}{8} & \cos 4\pi \frac{2}{8} & \cdots & \cos 4\pi \frac{7}{8} \\ 0 & \sin 4\pi \frac{1}{8} & \sin 4\pi \frac{2}{8} & \cdots & \sin 4\pi \frac{7}{8} \\ 1 & \cos 6\pi \frac{1}{8} & \cos 6\pi \frac{2}{8} & \cdots & \cos 6\pi \frac{7}{8} \\ 0 & \sin 6\pi \frac{1}{8} & \sin 6\pi \frac{2}{8} & \cdots & \sin 6\pi \frac{7}{8} \\ \frac{1}{\sqrt{2}} & \frac{1}{\sqrt{2}} \cos\pi & \frac{1}{\sqrt{2}} \cos 2\pi & \cdots & \frac{1}{\sqrt{2}} \cos 7\pi \end{bmatrix} \begin{bmatrix} -2.2 \\ -2.8 \\ -6.1 \\ -3.9 \\ 0.0 \\ 1.1 \\ -0.6 \\ -1.1 \end{bmatrix} = \begin{bmatrix} -5.5154 \\ -1.4889 \\ -5.1188 \\ 2.2500 \\ 1.6500 \\ -0.7111 \\ 0.3812 \\ -0.7778 \end{bmatrix}$$

公式(10.26)给出如下插值函数
$$P(t) = -1.95 - 0.7445\cos2\pi t - 2.5594\sin2\pi t + 1.125\cos4\pi t + 0.825\sin4\pi t$$
$$-0.3555\cos6\pi t + 0.1906\sin6\pi t - 0.2750\cos8\pi t$$

与例 10.3 相同.

10.3.2 用三角函数进行最小二乘拟合

推论 10.8 说明，DFT 方法可以对区间[0，1]上的均匀采样点进行三角插值

$$P_n(t) = \frac{a_0}{\sqrt{n}} + \frac{2}{\sqrt{n}}\sum_{k=1}^{n/2-1}(a_k\cos2k\pi t - b_k\sin2k\pi t) + \frac{a_{n/2}}{\sqrt{n}}\cos n\pi t \tag{10.27}$$

注意，公式中的项数为 n，等于采样点的数目.（在本章中，我们假设 n 为偶数.）采样点越多，需要用到的 sin 和 cos 函数项就越多.

> **正交**　在第 4 章中，为了用基函数求解最小二乘问题，我们建立了法线方程 $A^TA\overline{X} = A^Tb$. 定理 10.9 使得我们可以忽略法线方程，从而简化最小二乘法的过程. 我们能得到一个非常有用的理论，称为正交函数理论. 本章中介绍的傅里叶变换和 11 章中的余弦变换都是一种正交函数理论的实现.

在第 3 章中，我们指出，当样本点数目 n 很大时，一般不会去精确地拟合模型函数. 实际上，在一般应用中，需要丢失一些信息（有损压缩）而使得模型比较简单. 第二个原因在第 4 章中有讨论，由于采样点本身就是不准确的，因此强制要求插值函数经过所有点是不恰当的.

针对这两种情况，我们需要用形如(10.27)的函数进行最小二乘拟合. 由于在这个模型中，a_k 和 b_k 是线性的，因此可以用第 4 章中介绍的法线方程求解. 这时我们会得到一个令人惊讶的结果，使我们又回到 DFT 方法.

回到定理 10.9. 为简化起见，令 n 表示样本点 x_j 的数目，x_j 是[0，1]区间上的均匀时刻 $t_j = j/n$ 的采样点. 我们要引入正偶数 m，表示在最小二乘拟合中要用到的基函数个数. 即要拟合到前 m 个基函数，$f_0(t), \cdots, f_{m-1}(t)$. 拟合的结果应为如下的形式

$$P_m(t) = \sum_{k=0}^{m-1} c_k f_k(t) \tag{10.28}$$

其中 c_k 是需要确定的系数. 当 $m=n$ 时，这仍是一个插值问题. 当 $m<n$ 时，就变成了一个压缩问题. 在这里，我们希望用 P_m 在最小平方误差的标准下拟合采样点.

最小二乘问题需要找到系数 $c_0, \cdots, c_{m-1}$，使得方程

$$\sum_{k=0}^{m-1} c_k f_k(t_j) = x_j$$

的误差尽可能小. 用矩阵形式表示，为

$$A_m^T c = x \tag{10.29}$$

其中 A_m 是矩阵 A 的前 m 行. 在定理 10.9 的假设下，A_m^T 的各列是相互正交的. 对于变量 c 的法线方程

$$A_m A_m^T c = A_m x$$

$A_m A_m^T$ 是单位阵. 因此，最小二乘的解为

$$c = A_m x \tag{10.30}$$

可以直接计算得到. 我们证明了如下的结论，它是定理 10.9 的推广.

定理 10.11（正交函数最小二乘近似定理） 令 $m \leq n$ 为整数，且已知样本点 $(t_0, x_0), \cdots, (t_{n-1}, x_{n-1})$. 令 $y = Ax$，其中 A 为形如(10.24)的正交矩阵. 则在基函数 $f_0(t), \cdots, f_{n-1}(t)$ 上的插值多项式为

$$F_n(t) = \sum_{k=0}^{n-1} y_k f_k(t) \tag{10.31}$$

且用函数 $f_0, \cdots, f_{m-1}$ 进行最小二乘拟合的结果为

$$F_m(t) = \sum_{k=0}^{m-1} y_k f_k(t) \tag{10.32}$$

这个结论不但很漂亮而且也很实用. 它说明，对给定的 n 个数据点，用 $m < n$ 个三角函数进行最小二乘拟合，只需计算 n 阶插值，再取前 m 个项即可. 即 x 的插值系数 Ax，在丢弃高频分量后，仍然是 x 的最佳拟合函数. n 阶展开里的前 m 项，就是使用 m 个低阶频率可以达到的最佳拟合. 这个性质反映了基函数的"正交性".

定理 10.11 的推导过程可以用来证明更一般的结论. 我们只是证明了用前 m 个基函数做最小二乘的结果. 实际上，基函数的顺序并不重要，可以任意选择基函数的子集. 只需丢弃(10.31)中不在这个子集中的项，就能得到最小二乘的解. (10.32)是一个"低通"滤波器，前提条件是前面的函数对应较小的"频率"；但是如果改变要保留的子集，我们可以让任意频率通过，只需过滤掉不想要的项.

回到三角函数多项式(10.27)，我们要演示如何找到 n 个数据点的 m 阶拟合，其中 $m < n$. 要使用的基函数为例 10.4 中的函数，它们是满足定理 10.9 的假设的. 定理 10.11 说明，不论插值系数为多少，m 阶最小二乘都是多项式的前 m 项. 我们得到了以下的推论

推论 10.12 令 $[c, d]$ 为一区间，$m < n$ 为正偶数，$x = (x_0, \cdots, x_{n-1})$ 为 n 维实数向量，$t_j = c + j(d-c)/n$，$j = 0, \cdots, n-1$. 令 $\{a_0, a_1, b_1, a_2, b_2, \cdots, a_{n/2-1}, b_{n/2-1}, a_{n/2}\} = F_n x$ 为 x 的插值系数，且

$$x_j = P_n(t_j) = \frac{a_0}{\sqrt{n}} + \frac{2}{\sqrt{n}} \sum_{k=1}^{\frac{n}{2}-1} \left(a_k \cos \frac{2k\pi(t_j - c)}{d-c} - b_k \sin \frac{2k\pi(t_j - c)}{d-c} \right) + \frac{a_{\frac{n}{2}}}{\sqrt{n}} \cos \frac{n\pi(t_j - c)}{d-c}$$

其中 $j = 0, \cdots, n-1$. 则有

$$P_m(t) = \frac{a_0}{\sqrt{n}} + \frac{2}{\sqrt{n}} \sum_{k=1}^{\frac{m}{2}-1} \left(a_k \cos \frac{2k\pi(t-c)}{d-c} - b_k \sin \frac{2k\pi(t-c)}{d-c} \right) + \frac{2 a_{\frac{m}{2}}}{\sqrt{n}} \cos \frac{n\pi(t-c)}{d-c}$$

是数据 (t_j, x_j), $j=0, \cdots, n-1$, 的 m 阶最优最小二乘拟合.

我们也可以将定理 10.11 与单项式基函数进行比较. 样本点 $(0, 3)$, $(1, 3)$, $(2, 5)$ 的最小二乘抛物线拟合为 $y=x^2-x+3$. 即对这个数据的形如 $y=a+bx+cx^2$ 的最佳拟合系数为 $a=3$, $b=-1$, $c=1$(在这个例子里平方误差为 0, 因此它是插值多项式). 下面我们用基函数的子集进行拟合——将模型变为 $y=a+bx$. 我们得到的最佳线性拟合为 $a=8/3$, $b=1$. 发现 1 阶拟合与 2 阶的系数没有明显的关系. 在三角函数基函数的情况下不会出现这种问题. 插值结果, 或者任意形如 (10.28) 的最小二乘拟合, 就显式包括了所有低阶最小二乘的信息.

由于 DFT 可以很容易地求解最小二乘法, 可以用非常简单的计算机程序实现求解过程. 设 $m<n<p$ 为整数, 其中 n 为数据点个数, m 为最小二乘三角模型的阶数, p 为显示结果模型的分辨率. 可以把最小二乘理解为"滤掉" n 阶插值中的高频部分, 而只保留 m 个低频分量. 这就是以下 MATLAB 函数命名的由来:

```
% 程序10.2 最小二乘三角拟合
% [0,1] 区间上使用三角函数对n个点进行最小二乘拟合
% 其中2<=m<=n.画出在p(>=n)个点上的最优拟合
% 输入: 区间 [c, d], 数据点x, 偶数m
%       偶数个数据点n,偶数p>=n
% 输出: 滤掉的点xp
function xp=dftfilter(inter,x,m,n,p)
c=inter(1); d=inter(2);
t=c+(d-c)*(0:n-1)/n;        % 数据的时间点(n)
tp=c+(d-c)*(0:p-1)/p;       % 插值的时间点(p)
y=fft(x);                   % 计算插值系数
yp=zeros(p,1);              % 用于保存ifft的系数
yp(1:m/2)=y(1:m/2);         % 仅保留前m个频率
yp(m/2+1)=real(y(m/2+1));   % 由于m是偶数,仅保留cos项
if (m<n)                    % 若非最大频率
    yp(p-m/2+1)=yp(m/2+1);  % 则在对应位置加上复共轭
end
yp(p-m/2+2:p)=y(n-m/2+2:n); % 其他位置的复共轭
xp=real(ifft(yp))*(p/n);    % fft求逆重建数据
plot(t,x,'o',tp,xp)         % 画出数据和最小二乘拟合
```

例 10.6 拟合例 10.3 中的温度数据, 使用 4 阶和 6 阶三角函数进行插值.

推论 10.12 指出, 我们只需用 F_n 进行插值, 再取低阶项就能得到插值结果. 例 10.3 得到的结果为

$$P_8(t)=-1.95-0.7445\cos 2\pi t-2.5594\sin 2\pi t+1.125\cos 4\pi t+0.825\sin 4\pi t$$
$$-0.3555\cos 6\pi t+0.1906\sin 6\pi t-0.2750\cos 8\pi t \tag{10.33}$$

因此, 4 阶和 6 阶最小二乘模型为

$$P_4(t)=-1.95-0.7445\cos 2\pi t-2.5594\sin 2\pi t+1.125\cos 4\pi t$$
$$P_6(t)=-1.95-0.7445\cos 2\pi t-2.5594\sin 2\pi t+1.125\cos 4\pi t+0.825\sin 4\pi t-0.3555\cos 6\pi t$$

图 10.7 显示了最小二乘拟合的结果, 生成函数为

```
dftfilter([0,1],[-2.2,-2.8,-6.1,-3.9,0.0,1.1,-0.6,-1.1],m,8,200)
```

$m=4$ 的拟合结果与例 4.6 中用基函数 1, $\cos 2\pi t$, $\sin 2\pi t$, $\cos 4\pi t$ 的最小二乘拟合结果是一

致的,并在图 4.5b 中画出.

程序 dftfilter.m 的效率可以继续提高. 它先计算了 n 阶插值,再忽略其中的 $n-m$ 个系数. 显然,如果我们只需要知道前 m 个傅里叶系数,只需把 x 乘以 F_n 的前 m 行,即可以把 $n\times n$ 的矩阵 F_n 替换为 $m\times n$ 的子矩阵. 可以用这种方法改进 dftfilter.m 函数.

10.3.3 声音、噪声和滤波

dftfilter.m 的代码是一种数字信号处理方法. 傅里叶变换可以把信号 $\{x_0, \cdots, x_{n-1}\}$ 从"时域"转换为"频域",而使处理比较简单. 当完成了必要的运算后,再通过逆 FFT 把信号变回到时域上.

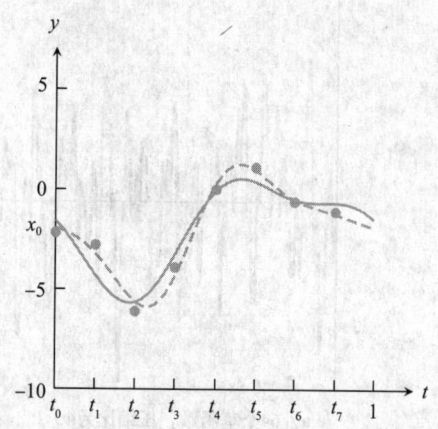

图 10.7 例 10.6 的三角函数最小二乘拟合. $m=4$(实线)和 $m=6$(虚线)的拟合结果. 输入向量 x 为 $[-2.2, -2.8, -6.1, -3.9, 0.0, 1.1, -0.6, -1.1]^T$. $m=8$ 的三角插值显示在图 10.6 中.

对于音频信号 x,这种方法十分有效,因为人的听觉系统也是按类似的原理工作的. 人耳中有特殊的结构感知不同的频率,因此按频域处理有直接意义. 下面我们会通过一些音频和信号处理的基本概念,以及一些简便的 MATLAB 命令,进行举例说明.

音频信号包括按时序排列的实数序列. 每个实数代表一个声音强度. 在播放音频信号时,需要震动扬声器使其振幅与信号匹配,进而使周围的空气按同样的频率震动. 当声波传到耳朵后,人就能听到声音了.

MATLAB 中提供了 Handel 版的《哈利路亚赞歌》的前 9 秒音频信号. 图 10.8 中的曲线显示了文件中的前 $2^8=256$ 个值,表示声音的强度. 音乐的采样频率为 $2^{13}=8192\text{Hz}$,说明强度在每秒钟内有 2^{13} 个均匀分布的采样. 可以通过如下命令访问信号,输入

```
>> load handel
```

它会把变量 Fs 和 y 加入工作空间. 前一个变量为采样频率 $Fs=8192$. 变量 y 是长度为 73 113 的向量,其中保存着音频信号. MATLAB 命令

```
>> sound(y,Fs)
```

可以通过计算机的扬声器播放声音信号 y,采样频率为 Fs.

《哈利路亚赞歌》的数据可以用来实现推论 10.12 的滤波器. 应用 dftfilter.m 函数,令 $n=256$,使用信号中的前 256 个样本点,并用 $m=64$ 和 $m=32$ 分别进行拟合,图 10.8 中的蓝色曲线显示了拟合结果. 读者可以试着处理其他的音频文件.

.wav 是一种通用的音频文件格式. 立体声的 .wav 文件包括成对的信号,可以从左右扬声器分别输出. 例如使用以下 MATLAB 命令

```
>> [y,Fs]=wavread('castanets')
```

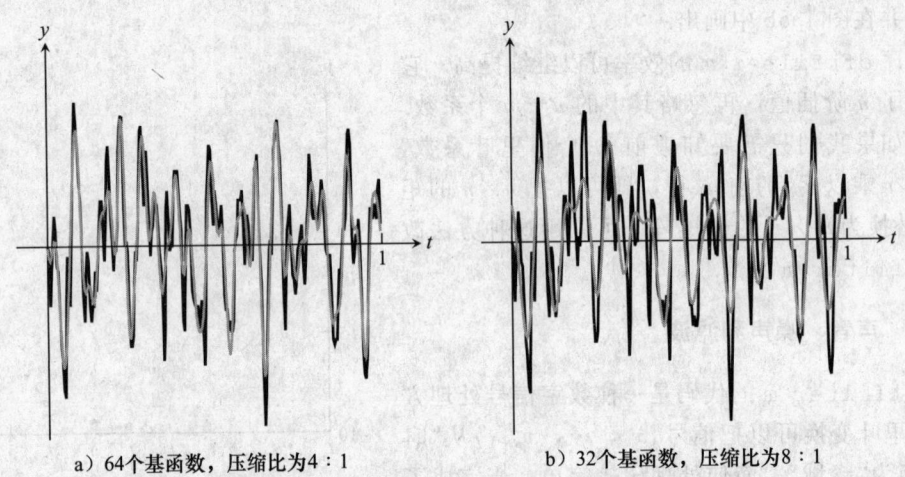

图 10.8 音频曲线和滤波后的结果. 哈利路亚赞歌的前 1/32 秒(黑色曲线上的 256 个采样点), 以及滤波后的结果(蓝色曲线)

可以从 castanets.wav 文件中的立体声信号通过 MATLAB 读入一个 $n\times 2$ 的矩阵 y, 其每一列是一个独立的音频信号. (文件 castanets.wav 是一个常用的音频测试文件, 可以很容易地在网上找到.)MATLAB 命令 wavwrite 可以把音频信号写回到 .wav 文件.

滤波的用法有两种. 第一种是用另一个简单的函数尽可能地拟合原始音频. 这是信号的压缩. 我们可以只储存 m 个低频分量, 在需要时, 就可以用推论 10.12 重建原始音频. 在图 10.8a 中, 我们用 $m=64$ 个实数来表示原始的 256 个数, 压缩比为 $4:1$. 这个压缩是有损的, 因为重建出来的信号与原始信号并不完全一致.

> **压缩** 滤波是一种有损压缩. 对于音频信号, 压缩的目的是减少存储和传输声音所需的数据量, 而不影响音乐和语音的效果. 最好的方法是通过频域处理, 先进行 DFT 变换, 处理频域分量, 再进行逆 DFT 变换.

滤波的另一个重要应用是去噪. 在一个音乐文件里, 音乐和语音中可能会混有高频噪声(咝咝声), 需要消除这些高频分量来提高音频的质量. 显然, 低通滤波器不能完全满足要求——一些希望保留的高频分量, 例如高音部分, 也可能被消除掉. 滤波是信号处理中的一个重要课题, 读者可以参考 Oppenheim 与 Schafer [2009] 进行深入学习. 在事实验证 10 中, 我们探讨了一种被广泛使用的滤波器——维纳滤波器.

10.3 节习题

1. 对习题 10.2.1, 使用基函数 1 和 $\cos 2\pi t$, 计算 2 阶最优最小二乘近似.
2. 对习题 10.2.1, 使用基函数 1, $\cos 2\pi t$ 和 $\sin 2\pi t$, 计算 3 阶最优最小二乘近似.
3. 对习题 10.2.3, 使用基函数 1, $\cos 2\pi t$, $\sin 2\pi t$ 和 $\cos 4\pi t$, 计算 4 阶最优最小二乘近似.

4. 对习题 10.2.4，使用基函数 $1, \cos\frac{\pi}{4}t, \sin\frac{\pi}{4}t$ 和 $\cos\frac{\pi}{2}t$，计算 4 阶最优最小二乘近似.

5. 证明引理 10.10. (提示：把 $\cos 2\pi jk/n$ 写成 $(e^{i2\pi jk/n}+e^{-i2\pi jk/n})/2$，其他项也类似地用 $w=e^{-i2\pi/n}$ 表示，然后应用引理 10.1.)

10.3 节编程问题

1. 对以下数据，计算 $m=2$ 和 $m=4$ 阶的三角函数最小二乘近似：

(a)
t	y
0	3
1/4	1
1/2	−3
3/4	0

(b)
t	y
0	2
1/4	0
1/2	5
3/4	1

(c)
t	y
0	5
1	2
2	6
3	1

(d)
t	y
1	−1
2	1
3	4
4	3
5	3
6	2

使用 `dftfilter.m` 程序，画出如图 10.7 那样的数据点和近似函数.

2. 对以下数据，计算 $m=4, 6$ 和 8 阶的三角函数最小二乘近似：

(a)
t	y
0	3
1/8	1
1/4	−3
3/8	1
1/2	3
5/8	1
3/4	−6
7/8	1

(b)
t	y
0	1
1/8	1
1/4	−2
3/8	1
1/2	3
5/8	1
3/4	−2
7/8	1

(c)
t	y
0	1
1/8	2
1/4	3
3/8	1
1/2	−1
5/8	−1
3/4	−3
7/8	0

(b)
t	y
0	4.2
1/8	5.0
1/4	3.8
3/8	1.6
1/2	2.0
5/8	1.4
3/4	0.0
7/8	1.0

画出如图 10.7 那样的数据点和近似函数.

3. 处理 MATLAB 中的 `handel` 声音文件. 采用前 $n=2^{14}$ 个声音强度数据，用 $m=n/2, n/4$ 和 $n/8$ 进行三角函数最小二乘近似. (包含大约 2 秒的音频信息. 可以使用 MATLAB 代码 `dftfilter`，设 $p=n$. 分别画出三个函数曲线.) 使用 MATLAB 的 `sound` 命令比较原始数据和近似结果. 有什么区别？

4. 下载 `castanets.wav` 文件，把前 2^{14} 个采样点读入向量 x. 按编程问题 3 中的步骤分别处理两个声道.

5. 从报纸或网站上收集连续 24 小时的温度数据. 计算：(a)三角插值函数，(b)$m=6$ 阶的最小二乘拟合函数，(c)$m=12$ 阶的最小二乘拟合函数的数据点，并把结果画图显示.

事实验证 10　维纳滤波

设 c 为一个没有噪声的音频信号，与一个同样长度的向量 r 相加. 得到的结果 $x=c+r$ 是否是有噪声的？若 $r=c$，我们认为 r 不是噪声，因为相加的结果只是增大 c 的音量，但信号是同样干净的. 根据定义，噪声是与信号无关的. 即若 r 为噪声，则内积 $c^T r$ 的期望应为 0. 下面我们来分析这种无关性.

在一个典型应用中,我们需要从含噪声的信号 x 中恢复出 c. 信号 c 可能一个重要的系统变量,但是在噪声环境下进行测量. 或者如下面例子中, c 可能是音频采样,我们想从中去除噪声. 在 20 世纪中期,Norbert Wiener 建议,以最小平方误差为目标,寻找一种最优滤波器来去掉 x 中的噪声. 他建议寻找一个对角阵 Φ,使得公式

$$F^{-1}\Phi Fx - c$$

的模尽可能小,其中 F 表示 DFT 变换. 它的核心思想是通过傅里叶变换后,在频域进行乘以 Φ,再进行逆傅里叶变换. 这又称为频域滤波,因为我们处理的是经过傅里叶变换的信号 x 而不是 x 本身.

为了找到最佳的对角阵 Φ,注意到

$$\| F^{-1}\Phi Fx - c \|_2 = \| \Phi Fx - Fc \|_2 = \| \Phi F(c+r) - Fc \|_2 = \| (\Phi - I)C + \Phi R \|_2 \quad (10.34)$$

其中令 $C = Fc$ 和 $R = Fr$ 为傅里叶变换. 同时注意到根据噪声的定义

$$\overline{C}^T R = \overline{Fc}^T Fr = c^T \overline{F}^T Fr = c^T r = 0$$

根据这个定义,我们可以忽略模中的交叉项,因此(10.34)这个模可以写成

$$(\overline{(\Phi - I)C + \Phi R})^T((\Phi - I)C + \Phi R) = (\overline{C}^T(\Phi - I) + \overline{R}^T\Phi)((\Phi - I)C + \Phi R)$$
$$\approx \overline{C}^T(\Phi - I)^2 C + \overline{R}^T\Phi^2 R$$
$$= \sum_{i=1}^{n}(\phi_i - 1)^2 |C_i|^2 + \phi_i^2 |R_i|^2 \quad (10.35)$$

为了确定对角元素 ϕ_i 能使上式最小,对每个 ϕ_i 求导,得到

$$2(\phi_i - 1)|C_i|^2 + 2\phi_i |R_i|^2 = 0$$

对每个 i,解得 ϕ_i

$$\phi_i = \frac{|C_i|^2}{|C_i|^2 + |R_i|^2} \quad (10.36)$$

对对角阵 Φ,维纳通过这个公式给出了对角元素的值,使得经过 $F^{-1}\Phi Fx$ 滤波的信号与干净信号 c 最为接近. 但是还剩下一个问题,就是在一般情况下,我们不知道 C 或 R,因此必须在公式中使用某种近似方法.

下面的工作就把近似方法整合进来. 令 $X = Fx$ 为傅里叶变换. 沿用关于信号与噪声的独立性假设. 近似地有

$$|X_i|^2 \approx |C_i|^2 + |R_i|^2$$

则我们可以把最优参数选为

$$\phi_i \approx \frac{|X_i|^2 - |R_i|^2}{|X_i|^2} \quad (10.37)$$

这里需要用到对噪声等级的先验知识. 例如,如果噪声是无关的高斯噪声(独立于信号的正态高斯分布随机数,与信号值相加),可以把(10.37)中的 $|R_i|^2$ 项替换为常数 $(p\sigma)^2$,其中 σ 为噪声的标准差,p 为可调节的接近 1 的参数. 注意到

$$\sum_{i=1}^{n}|R_i|^2 = \overline{R}^T R = r\overline{F}^T Fr = r^T r = \sum_{i=1}^{n} r_i^2$$

在下面的代码中,我们在 Handel 信号上添加了 50% 的噪声,用 $p=1.3$ 来近似 R_i:

```
load handel                         % y为干净信号
c=y(1:40000);                       % 使用前40K样本
p=1.3;                              % 用于截断的参数
noise=std(c)*.50;                   % 50%噪声
n=length(c);                        % n是信号的长度
r=noise*randn(n,1);                 % 纯噪声
x=c+r;                              % 噪声信号
fx=fft(x);sfx=conj(fx).*fx;         % 对信号使用fft
sfcapprox=max(sfx-n*(p*noise)^2,0); % 应用截断
phi=sfcapprox./sfx;                 % 定义phi
xout=real(ifft(phi.*fx));           % fft取逆
% then compare sound(x) and sound(xout)
```

建议活动

1. 运行代码获得滤波后的信号 yf，用 MATLAB 的 `sound` 命令播放并比较输入和输出信号．
2. 计算输入 (ys) 和 (yf) 与干净信号 (yc) 之间的均方误差(MSE)．
3. 对 50% 的噪声信号，找到最优的参数 p．比较使 MSE 最小的结果和听上去最好的结果．
4. 把噪声等级变为 10%，25%，100% 和 200%，重复第 3 步．总结你的结论．
5. 设计一种公平的比较方法，比较维纳滤波器和 10.2 节中介绍的低通滤波器．
6. 下载你喜欢的一个 .wav 文件，添加噪声，并按之前的步骤处理．

软件与进一步阅读

  需要进一步深入了解 DFT 可以参考 Briggs [1995]，Brigham [1988]，Briggs 与 Henson [1995]．Cooley 和 Tukey 的原创工作参考 Cooley 与 Tukey [1965]，在现代信号处理中，关于 FFT 计算方法的改进可以参考 Winograd [1978]，Van loan [1992]，Chu 与 George [1999]．FFT 不但本身就是一种重要的算法，而且由于其实现效率高，也经常被用在其他算法中．例如在 MATLAB 中，用来计算离散余弦变换 DCT，见第 11 章．Cooley 和 Turkey 采用的分治策略也成功应用在了其他很多计算问题中．

  MATLAB 的 `fft` 命令基于"Fastest Fourier Transform in the West"(FFTW)，是 20 世纪 90 年代在 MIT 提出的(Frigo 与 Johnson [1998])．对于 n 不是 2 的幂的情况，程序用 n 的素因子把问题分解，得到在小尺寸上已经优化过的代码段．关于 FFTW 的更多信息，包括代码下载，可以参考 http://www.fftw.org．IMSL 提出了正变换 FFTCF 和逆变换 FFTCB，基于 Netlib 中的 FFTPACK 函数(Swarztrauber [1982])，这是一个 Fortran 函数包，是针对并行实现进行优化的 FFT 函数．

第11章 压 缩

> 每天世界中需要传输的信息量都在迅速增长,这都依赖于数据的压缩方法,而正交变换就是其中最常用的方法之一. 本章介绍的离散余弦变换(DCT)方法,就是一种常见的图像压缩方法(JPEG 格式)的基础. 电视和视频信号的 MPEG-1 和 MPEG-2 压缩格式,以及视频电话中的 H.263 编码,也是基于 DCT 变换,只不过它们更着重于在时间维度上的信号压缩.
>
> 音频信号可以压缩为很多不同的格式,包括 MP3、高级音频编码(Advanced Audio Coding,在苹果公司的 iTunes 和 XM 卫星收音中使用)、微软的视窗媒体音频(Windows Media Audio,WMA)以及其他很多方法. 这些格式都有一个共同点,就是它们的核心压缩算法属于 DCT 方法的变形,称为修正的离散余弦变换(MDCT).
>
> **事实验证 11** 介绍了基于 MDCT 方法实现的音频压缩方法.

在第 4 章和第 10 章中,我们已经看到了正交基在数据表示和压缩中的重要作用. 本章中,我们要介绍一种离散余弦变换(DCT)方法,它是傅里叶变换的一种变形,而且可以通过实数运算完成. 在音频和图像压缩中,DCT 是经常被选用的一种方法.

傅里叶变换的简单性源于其正交性. DFT 变换可以由一个酉阵表示. DCT 变换对应的矩阵是一个实数正交阵,同样的正交性使得 DCT 的正变换和反变换都很容易计算. DCT 变换与 DFT 变换非常相似,因此,类似于 FFT 变换,也存在对应的快速 DCT 变换.

在本章中,首先会介绍 DCT 的基本性质,及其与数据压缩的关系. 例如,对于 JPEG 格式,就是应用二维 DCT 变换处理图像中的每个 8×8 小块,然后把结果进行霍夫曼编码. JPEG 压缩的细节会在 11.2~11.3 节中详细介绍.

一种 DCT 变换的变形(MDCT)是现代音频压缩的基础. MDCT 是目前音频文件压缩的黄金标准. 我们会介绍 MDCT 算法,以及它在编解码中的应用,例如 MP3 和 AAC(Advanced Audio Coding)文件格式.

11.1 离散余弦变换

在这一节中,会介绍离散余弦变换(DCT). 这个变换用来进行插值的话,所使用的基函数都是余弦函数,而且只包括实数计算. 与 DFT 变换类似,DCT 的正交性使得最小二乘近似十分简单.

11.1.1 一维 DCT

设 n 为正整数,一维的 n 阶 DCT 变换定义为 $n \times n$ 矩阵 C,其元素为

$$C_{ij} = \frac{\sqrt{2}}{\sqrt{n}} a_i \cos \frac{i(2j+1)\pi}{2n} \tag{11.1}$$

其中 $i, j = 0, \cdots, n-1$,

$$a_i = \begin{cases} 1/\sqrt{2} & \text{如果 } i = 0 \\ 1 & \text{如果 } i = 1, \cdots, n-1 \end{cases}$$

即

$$C = \sqrt{\frac{2}{n}} \begin{bmatrix} \frac{1}{\sqrt{2}} & \frac{1}{\sqrt{2}} & \cdots & \frac{1}{\sqrt{2}} \\ \cos\frac{\pi}{2n} & \cos\frac{3\pi}{2n} & \cdots & \cos\frac{(2n-1)\pi}{2n} \\ \cos\frac{2\pi}{2n} & \cos\frac{6\pi}{2n} & \cdots & \cos\frac{2(2n-1)\pi}{2n} \\ \vdots & \vdots & & \vdots \\ \cos\frac{(n-1)\pi}{2n} & \cos\frac{(n-1)3\pi}{2n} & \cdots & \cos\frac{(n-1)(2n-1)\pi}{2n} \end{bmatrix} \quad (11.2)$$

对二维图像,起始位置需要从 1 改为 0. 相比之下,用公式(11.1)的描述方式会比较简单. 在这一章中,我们设 $n \times n$ 矩阵的下标为 $0 \sim n-1$. 为简单起见,我们只考虑 n 为偶数的情况.

定义 11.1 设 C 为公式(11.2)定义的矩阵. 向量 $x = [x_0, \cdots, x_{n-1}]^T$ 的**离散余弦变换**(DCT)是 n 维向量 $y = [y_0, \cdots, y_{n-1}]^T$,其中

$$y = Cx \quad (11.3)$$

注意,C 为实数正交矩阵,即它的转置与逆矩阵相同:

$$C^{-1} = C^T = \sqrt{\frac{2}{n}} \begin{bmatrix} \frac{1}{\sqrt{2}} & \cos\frac{\pi}{2n} & \cdots & \cos\frac{(n-1)\pi}{2n} \\ \frac{1}{\sqrt{2}} & \cos\frac{3\pi}{2n} & \cdots & \cos\frac{(n-1)3\pi}{2n} \\ \vdots & \vdots & & \vdots \\ \frac{1}{\sqrt{2}} & \cos\frac{(2n-1)\pi}{2n} & \cdots & \cos\frac{(n-1)(2n-1)\pi}{2n} \end{bmatrix} \quad (11.4)$$

正交矩阵的各行是两两相对正交的单位. 矩阵 C^T 的各列是以下 $n \times n$ 实数对称矩阵

$$\begin{bmatrix} 1 & -1 & & & & \\ -1 & 2 & -1 & & & \\ & -1 & 2 & -1 & & \\ & & \ddots & \ddots & \ddots & \\ & & & -1 & 2 & -1 \\ & & & & -1 & 1 \end{bmatrix} \quad (11.5)$$

的单位特征向量,因此 C 是一个正交阵. 习题 6 要求读者证明这个结论.

由于 C 是一个实正交阵,这使得 DCT 变得非常实用. 从正交函数插值定理 10.9 可以进一步导出定理 11.2.

定理 11.2(DCT 插值定理) 令 $x = [x_0, \cdots, x_{n-1}]^T$ 为 n 维实数向量. 定义 $y = [y_0, \cdots, y_{n-1}]^T = Cx$,其中 C 是 n 阶 DCT 变换矩阵,则实数函数

$$P_n(t) = \frac{1}{\sqrt{n}} y_0 + \frac{\sqrt{2}}{\sqrt{n}} \sum_{k=1}^{n-1} y_k \cos \frac{k(2t+1)\pi}{2n}$$

满足 $P_n(j) = x_j$, $j = 0, \cdots, n-1$.

证明 由定理 10.9 直接得证. ∎

定理 11.2 表明 $n \times n$ 的矩阵 C 将几个数据点变为 n 个插值系数和离散傅里叶变换相似，离散余弦变换给出了三角插值函数的系数. 但是和 DFT 不同的是，DCT 仅使用余弦项，并完全使用实数算术定义.

例 11.1 用 DCT 变换计算以下点的插值，$(0, 1)$，$(1, 0)$，$(2, -1)$，$(3, 0)$.

根据基本的三角函数公式，可以验证，4×4 的 DCT 变换矩阵为

$$C = \frac{1}{\sqrt{2}} \begin{bmatrix} \frac{1}{\sqrt{2}} & \frac{1}{\sqrt{2}} & \frac{1}{\sqrt{2}} & \frac{1}{\sqrt{2}} \\ \cos\frac{\pi}{8} & \cos\frac{3\pi}{8} & \cos\frac{5\pi}{8} & \cos\frac{7\pi}{8} \\ \cos\frac{2\pi}{8} & \cos\frac{6\pi}{8} & \cos\frac{10\pi}{8} & \cos\frac{14\pi}{8} \\ \cos\frac{3\pi}{8} & \cos\frac{9\pi}{8} & \cos\frac{15\pi}{8} & \cos\frac{21\pi}{8} \end{bmatrix} = \begin{bmatrix} a & a & a & a \\ b & c & -c & -b \\ a & -a & -a & a \\ c & -b & b & -c \end{bmatrix} \quad (11.6)$$

其中

$$a = \frac{1}{2}, \quad b = \frac{1}{\sqrt{2}} \cos \frac{\pi}{8} = \frac{\sqrt{2+\sqrt{2}}}{2\sqrt{2}}, \quad c = \frac{1}{\sqrt{2}} \cos \frac{3\pi}{8} = \frac{\sqrt{2-\sqrt{2}}}{2\sqrt{2}} \quad (11.7)$$

则 $x = (1, 0, -1, 0)^T$ 的 4 阶 DCT 变换为

$$\begin{bmatrix} a & a & a & a \\ b & c & -c & -b \\ a & -a & -a & a \\ c & -b & b & -c \end{bmatrix} \begin{bmatrix} 1 \\ 0 \\ -1 \\ 0 \end{bmatrix} = \begin{bmatrix} 0 \\ a+b \\ 2a \\ c-b \end{bmatrix}$$

$$= \begin{bmatrix} 0 \\ \dfrac{\sqrt{2-\sqrt{2}} + \sqrt{2+\sqrt{2}}}{2\sqrt{2}} \\ 1 \\ \dfrac{\sqrt{2-\sqrt{2}} - \sqrt{2+\sqrt{2}}}{2\sqrt{2}} \end{bmatrix} \approx \begin{bmatrix} 0.0000 \\ 0.9239 \\ 1.0000 \\ -0.3827 \end{bmatrix}$$

根据定理 11.2，$n = 4$ 的情况得到的插值函数为

$$P_4(t) = \frac{1}{\sqrt{2}} \left[0.9239 \cos \frac{(2t+1)\pi}{8} + \cos \frac{2(2t+1)\pi}{8} - 0.3827 \cos \frac{3(2t+1)\pi}{8} \right] \quad (11.8)$$

函数 $P_4(t)$ 在图 11.1 中用实线表示. ◀

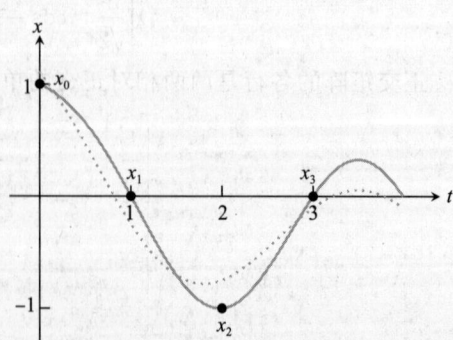

图 11.1 DCT 插值和最小二乘近似. 数据点为 (j, x_j), 其中 $x = [1, 0, -1, 0]$. 公式 (11.8) 表示的 DCT 插值函数 $P_4(t)$ 在图中用实线表示，公式 (11.9) 中的 3 阶插值函数 $P_3(t)$ 用虚线表示

11.1.2 DCT 变换和最小二乘近似

定理 11.2 是定理 10.9 的直接推广，通过定理 10.11 的推广，也可以得到如何用 DCT 函数进行最小二乘近似，即只选取部分基函数。根据基函数的正交性，只需去掉高频分量即可。

> **正交** 最小二乘近似的本质可以看成是寻找点到平面（可以推广为子空间）的最短距离，即从该点向平面做垂线。在第 4 章中讲到，这可以通过法线方程实现。在第 10 和 11 章中，使用基函数集合来进行数据拟合和压缩，也是基于同样的原理。基本思路就是选择正交函数作为基函数，如 DCT 变换矩阵中的各行，则法线方程的计算就能变得非常简单（见定理 10.11）。

定理 11.3（DCT 最小二乘近似定理） 设 $x=[x_0,\cdots,x_{n-1}]^T$ 为 n 维实数向量。令 $y=[y_0,\cdots,y_{n-1}]^T=Cx$，其中 C 为 DCT 变换矩阵，则对于任意正整数 $m\leqslant n$，通过选择系数 $y_0,\cdots,y_{m-1}$，得到的函数

$$P_m(t)=\frac{1}{\sqrt{n}}y_0+\frac{\sqrt{2}}{\sqrt{n}}\sum_{k=1}^{m-1}y_k\cos\frac{k(2t+1)\pi}{2n}$$

可以使平方误差 $\sum_{j=0}^{n-1}(P_m(j)-x_j)^2$ 最小化。

证明 由定理 10.11 直接得证。

参考例 11.1，若需要对同样的 4 个数据点进行最小二乘近似，而只使用三个基函数

$$1,\cos\frac{(2t+1)\pi}{8},\cos\frac{2(2t+1)\pi}{8}$$

得到的解为

$$P_3(t)=\frac{1}{2}\times 0+\frac{1}{\sqrt{2}}\left[0.9239\cos\frac{(2t+1)\pi}{8}+\cos\frac{2(2t+1)\pi}{8}\right] \quad (11.9)$$

在图 11.1 中画出了最小二乘结果 P_3，可以与插值函数 P_4 进行比较。

例 11.2 利用 DCT 和定理 11.3，对以下数据进行最小二乘拟合，$t=0,\cdots,7$，$x=[-2.2,-2.8,-6.1,-3.9,0.0,1.1,-0.6,-1.1]^T$，$m$ 分别取 4, 6, 8。

令 $n=8$，可以求得原数据的 DCT 变换为

$$y=Cx=\begin{bmatrix}-5.5154\\-3.8345\\0.5833\\4.3715\\0.4243\\-1.5504\\-0.6243\\-0.5769\end{bmatrix}$$

根据定理 11.2，这 8 个数据点的离散余弦插值为

$$P_8(t) = \frac{1}{\sqrt{8}}(-5.5154) + \frac{1}{2}\Big[-3.8345\cos\frac{(2t+1)\pi}{16} + 0.5833\cos\frac{2(2t+1)\pi}{16}$$
$$+ 4.3715\cos\frac{3(2t+1)\pi}{16} + 0.4243\cos\frac{4(2t+1)\pi}{16}$$
$$- 1.5504\cos\frac{5(2t+1)\pi}{16} - 0.6243\cos\frac{6(2t+1)\pi}{16} - 0.5769\cos\frac{7(2t+1)\pi}{16}\Big]$$

插值函数 P_8 以及最小二乘拟合结果 P_6 和 P_4 都在图 11.2 中显示。后两个插值结果是根据定理 11.3 得到的，即分别保留函数 P_8 前 6 项和前 4 项。

11.1 节习题

1. 用 2×2 的 DCT 矩阵和定理 11.2，计算以下数据点的 DCT 插值。

   (a)
t	x
0	3
1	3

   (b)
t	x
0	2
1	-2

   (c)
t	x
0	3
1	1

   (d)
t	x
0	4
1	-1

2. 描述对数据点 $(0, x_0), (1, x_1)$ 用 $m=1$ 进行 DCT 最小二乘近似的结果。

3. 对以下数据计算 DCT 变换，并计算对应的插值函数 $P_n(t)$（可以像公式(11.7)那样用 b 和 c 的值来表示计算结果）。

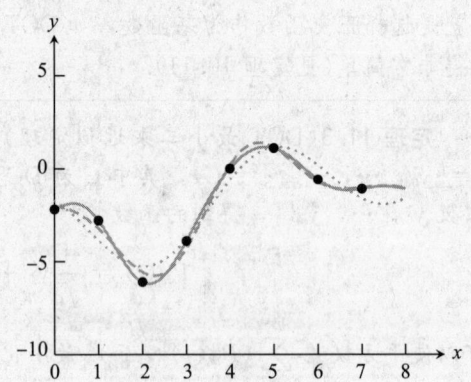

图 11.2　DCT 插值和最小二乘近似。实线表示例 11.2 中用 DCT 插值得到的结果。长虚线表示用 6 项进行最小二乘拟合的结果，点虚线表示只用 4 项拟合的结果

   (a)
t	x
0	1
1	0
2	1
3	0

   (b)
t	x
0	1
1	1
2	1
3	1

   (c)
t	x
0	1
1	0
2	0
3	0

   (d)
t	x
0	1
1	2
2	3
3	4

4. 对习题 3 的数据，计算 $m=2$ 的 DCT 最小二乘近似结果。

5. 用三角函数公式表示等式(11.6)和(11.7)。

6. (a)证明三角函数公式 $\cos(x+y) + \cos(x-y) = 2\cos x \cos y$。(b)验证矩阵 C^T 的各列是(11.5)中矩阵 T 的特征向量，并计算对应特征值。(c)验证 C^T 的各列为单位向量。

7. 把 DCT 插值定理 11.2 推广到任意区间 $[c, d]$。令 n 为正整数，$\Delta_t = (d-c)/n$。用 DCT 插值得到多项式 $P_n(t)$，满足 $P_n(c + j\Delta_t) = x_j, j = 0, \cdots, n-1$。

11.1 节编程问题

1. 对习题 3，画出原始数据、DCT 插值结果，以及 $m=2$ 的 DCT 最小二乘近似结果。

2. 对以下数据，画出 $m=4, 6, 8$ 的 DCT 最小二乘近似结果。

	t	x			t	x			t	x			t	x
	0	3			0	4			0	3			0	4
	1	5			1	1			1	−1			1	2
	2	−1			2	−3			2	−1			2	−4
(a)	3	3	(b)	3	0	(c)	3	3	(d)	3	2
	4	1			4	0			4	3			4	4
	5	3			5	2			5	−1			5	2
	6	−2			6	−4			6	−1			6	−4
	7	4			7	0			7	3			7	2

3. 画出函数 $f(t)$、数据点 $(j, f(j))$ ($j=0, \cdots, 7$) 以及 DCT 插值的结果. (a) $f(t)=e^{-t/4}$, (b) $f(t)=\cos\frac{\pi}{2}t$.

11.2 二维 DCT 和图像压缩

二维 DCT 变换通常用于压缩小图像块, 例如 8×8 的图像块. 这是个有损压缩, 因为图像块中的一些信息在压缩过程中丢失了. DCT 的一个重要特性是, 通过它重新组织的信息只去掉了对人眼最不重要的信息. 而 DCT 插值的过程中, 基函数的排列顺序, 是按照人眼视觉系统对信号的敏感程度进行排序的. 不太重要的插值项可以直接去掉, 就像报纸编辑在截稿之前把长文章截短一样.

下面我们会介绍如何用 DCT 压缩图像. 并进一步使用量化和霍夫曼编码方法, 把 8×8 的图像块压缩为位流, 并嵌入整个图像的位流当中. 当需要对图像进行解压和显示时, 就对整个位流进行解码, 这个过程与压缩过程相反. 我们会介绍这种基本的 JPEG 图像存储方法, 称为基本 JPEG.

11.2.1 二维 DCT

二维 DCT 变换实际上只是把一维 DCT 先后应用到二维数据的各个维度上. 二维 DCT 可以用来进行二维网格数据的插值和拟合, 计算过程与一维的情形类似. 在图像处理过程中, 二维网格数据表示图像块内的像素值——即灰度值或颜色值.

在本章中, 我们把纵坐标作为第一维, 横坐标作为第二维, 如图 11.3 所示. 这么做的目的是与矩阵的记录方式一致, 在矩阵元素 x_{ij} 的记录中, i 表示纵向的序号, j 表示横向的序号. 本节中的一个重要应用场合是图像的像素方法表示, 显然用矩阵方式来表示非常合适.

图 11.3 显示了二维平面上的网格数据点 (s, t), 对每个数据点 (s_i, t_j) 的赋值为 x_{ij}. 我们使用整数网格点 $s_i=\{0, 1, \cdots, n-1\}$ (沿纵轴方向) 和 $t_j=\{0, 1, \cdots, n-1\}$ (沿横轴方向). 二维 DCT 的目的是构造插值函数 $F(s, t)$ 拟合 n^2 个点 (s_i, t_j, x_{ij}), 其中 $i, j=0, \cdots, n-1$. 从最小二乘的观点来看, 二维 DCT 用最优的方法实现了以上的拟合, 即随着基函数的减少, 这种拟合的误差总是最小的.

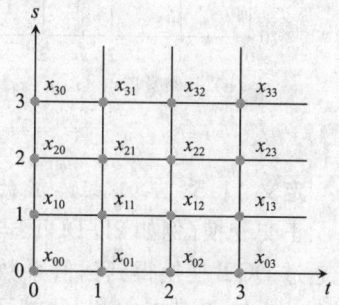

图 11.3 二维网格数据点. 二维 DCT 变换可以用来对矩形网格上的函数值 (如图像的像素值) 进行采样

二维 DCT 是将一维 DCT 变换先后应用到水平和竖直方向上. 考虑图 11.3 中的数据 x_{ij} 组成的矩阵 X. 先在水平 s 方向上应用一维 DCT 变换,首先需要把 X 转置,再乘以变换矩阵 C. 结果中的每一列就是 X 中每行的一维 DCT 结果. CX^T 的每一列对应固定的 t_i. 对 t 方向进行一维 DCT 变换需要按每行来进行;因此再次转置并乘以 C,得到

$$C(CX^T)^T = CXC^T \tag{11.10}$$

定义 11.4 $n \times n$ 矩阵 X 的**二维 DCT 变换**(2D-DCT)定义为 $Y = CXC^T$,其中矩阵 C 同(11.1).

例 11.3 计算图 11.4a 中数据的 2D-DCT 变换.

根据(11.6)式的定义,2D-DCT 变换的结果为矩阵

$$Y = CXC^T = \begin{bmatrix} a & a & a & a \\ b & c & -c & -b \\ a & -a & -a & a \\ c & -b & b & -c \end{bmatrix} \begin{bmatrix} 1 & 1 & 1 & 1 \\ 1 & 0 & 0 & 1 \\ 1 & 0 & 0 & 1 \\ 1 & 1 & 1 & 1 \end{bmatrix} \begin{bmatrix} a & b & a & c \\ a & c & -a & -b \\ a & -c & -a & b \\ a & -b & a & -c \end{bmatrix}$$

$$= \begin{bmatrix} 3 & 0 & 1 & 0 \\ 0 & 0 & 0 & 0 \\ 1 & 0 & -1 & 0 \\ 0 & 0 & 0 & 0 \end{bmatrix} \tag{11.11}$$

2D-DCT 的逆变换也可以很容易地用 DCT 矩阵 C 表示出来. 由于 $Y = CXC^T$,且 C 是正交阵,则 X 可以由 $X = C^T YC$ 得到.

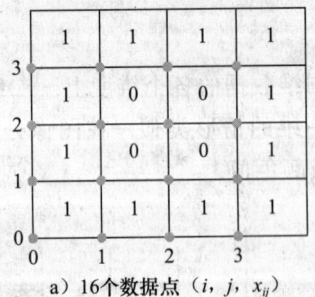

a) 16个数据点 (i, j, x_{ij}) b) 公式(11.14)得到的最小二乘近似在网格点上的取值

图 11.4 例 11.3 中的二维数据

定义 11.5 $n \times n$ 矩阵 Y 的**二维 DCT 逆变换**是矩阵 $X = C^T YC$.

正交变换(例如 2D-DCT)与插值有密切的关系. 插值的过程是为了恢复原始数据点,先通过 DCT 变换得到插值系数,然后用这些系数构造插值函数,再在函数上采样得到数据点. 由于 C 是正交阵,$C^{-1} = C^T$. 2D-DCT 的逆变换可以写成插值的形式,$X = C^T YC$. 因为在这个方程中的 x_{ij} 实际上是余弦函数的乘积.

为了把插值函数写成插值的形式,首先考虑公式(11.1)中 C 的定义,

$$C_{ij} = \frac{\sqrt{2}}{\sqrt{n}} a_i \cos \frac{i(2j+1)\pi}{2n} \tag{11.12}$$

$i, j = 0, \cdots, n-1$，其中

$$a_i = \begin{cases} 1/\sqrt{2} & \text{如果 } i = 0 \\ 1 & \text{如果 } i = 1\cdots n-1 \end{cases}$$

根据矩阵乘法法则，等式 $X = C^T Y C$ 等价于

$$x_{ij} = \sum_{k=0}^{n-1}\sum_{l=0}^{n-1} C^T_{ik} y_{kl} C_{lj} = \sum_{k=0}^{n-1}\sum_{l=0}^{n-1} C_{ki} y_{kl} C_{lj}$$

$$= \frac{2}{n}\sum_{k=0}^{n-1}\sum_{l=0}^{n-1} y_{kl} a_k a_l \cos\frac{k(2i+1)\pi}{2n}\cos\frac{l(2j+1)\pi}{2n} \tag{11.13}$$

这正是我们希望得到的插值形式描述.

定理 11.6(2D-DCT 插值定理) 令 $X = (x_{ij})$ 是由 n^2 个实数构成的矩阵. 令 $Y = (y_{kl})$ 是 X 经过二维 DCT 变换的结果. 定义 $a_0 = 1/\sqrt{2}$ 以及 $a_k = 1 (k > 0)$，则实函数

$$P_n(s,t) = \frac{2}{n}\sum_{k=0}^{n-1}\sum_{l=0}^{n-1} y_{kl} a_k a_l \cos\frac{k(2s+1)\pi}{2n}\cos\frac{l(2t+1)\pi}{2n}$$

满足 $P_n(i, j) = x_{ij}$，其中 $i, j = 0, \cdots, n-1$.

回到例 11.3，非零的插值系数包括 $y_{00} = 3$，$y_{02} = y_{20} = 1$，以及 $y_{22} = -1$. 按定理 11.6 写出的插值函数为

$$P_4(s,t) = \frac{2}{4}\left[\frac{1}{2}y_{00} + \frac{1}{\sqrt{2}}y_{02}\cos\frac{2(2t+1)\pi}{8} + \frac{1}{\sqrt{2}}y_{20}\cos\frac{2(2s+1)\pi}{8} + y_{22}\cos\frac{2(2s+1)\pi}{8}\cos\frac{2(2t+1)\pi}{8}\right]$$

$$= \frac{1}{2}\left[\frac{1}{2}(3) + \frac{1}{\sqrt{2}}(1)\cos\frac{2(2t+1)\pi}{8} + \frac{1}{\sqrt{2}}(1)\cos\frac{2(2s+1)\pi}{8} + (-1)\cos\frac{2(2s+1)\pi}{8}\cos\frac{2(2t+1)\pi}{8}\right]$$

$$= \frac{3}{4} + \frac{1}{2\sqrt{2}}\cos\frac{(2t+1)\pi}{4} + \frac{1}{2\sqrt{2}}\cos\frac{(2s+1)\pi}{4} - \frac{1}{2}\cos\frac{(2s+1)\pi}{4}\cos\frac{(2t+1)\pi}{4}$$

根据这个插值函数，我们可以得到一些离散数据点，例如

$$P_4(0,0) = \frac{3}{4} + \frac{1}{4} + \frac{1}{4} + \frac{1}{4} = 1$$

以及

$$P_4(1,2) = \frac{3}{4} - \frac{1}{4} - \frac{1}{4} - \frac{1}{4} = 0$$

与图 11.4 中的数据一致. 插值函数中的常数项 y_{00}/n 称为直流("DC")分量. 直流分量等于数据的平均值；非常数项记录了数据在平均值基础上的扰动. 在本例中，数据中含有 12 个 1 和 4 个 0，则常数项 $y_{00}/4 = 3/4$.

2D-DCT 实现的最小二乘近似与 1D-DCT 的方法是一样的. 例如，实现一个低通滤波器意味着删除"高频"分量，即插值函数中编号比较大的那些系数. 在例 11.3 中，在基函数

$$\cos\frac{i(2s+1)\pi}{8}\cos\frac{j(2t+1)\pi}{8}, \quad i+j \leq 2$$

上计算最小二乘近似时，需要删除所有不满足 $i+j \leq 2$ 的项. 而剩下的非零"高频"项只有 $i = j = 2$，因此

$$P_2(s,t) = \frac{3}{4} + \frac{1}{2\sqrt{2}}\cos\frac{(2t+1)\pi}{4} + \frac{1}{2\sqrt{2}}\cos\frac{(2s+1)\pi}{4} \tag{11.14}$$

图 11.4b 显示了这个最小二乘近似的结果.

通过如下的 MATLAB 代码可以得到 DCT 矩阵 C.

```
for i=1:n
  for j=1:n
    C(i,j)=cos((i-1)*(2*j-1)*pi/(2*n));
  end
end
C=sqrt(2/n)*C;
C(1,:)=C(1,:)/sqrt(2);
```

或者,如果能使用 MATLAB 的信号处理工具包,那么也可以用下面的代码来计算向量 x 的 DCT 变换.

```
>> y=dct(x);
```

计算向量 X 的 2D-DCT 变换,可以按照公式(11.10)进行,或

```
>> Y=C*X*C'
```

如果 MATLAB 的 dct 函数可用,如下的命令

```
>> Y=dct(dct(X')')
```

用两个 1D-DCT 变换实现了 2D-DCT 变换.

11.2.2 图像压缩

离散余弦变换表现出的这种正交性质,是图像压缩的一项重要要求. 图像由像素组成,每个像素表示为一个数(彩色图像为三个数). 通过 DCT 实现的最小二乘近似方法,可以很容易地减少表示像素值所需要的字节数,而图像质量只会产生人眼无法查看到的略微下降.

图 11.5a 显示了一幅 256×256 个像素的灰度图像. 每个像素的灰度由一个字节表示,即 8 个二进制位, 0=00000000(黑色)至 255=11111111(白色). 我们可以把这幅图像看成是 256×256 维的整数数组. 通过这种表示方法,一个图像包含了 $(256)^2 = 2^{16} = 64K$ 字节的信息.

 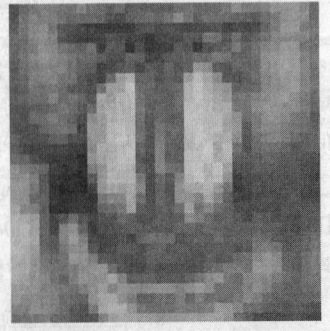

a) 256×256 网格上的每个像素由一个 0~255 的整数表示

b) 一种原始的压缩方法,把每个 8×8 小格中像素颜色的平均值设为其颜色

图 11.5 灰度图像

MATLAB 可以读取标准格式的灰度或 RGB(红绿蓝)彩色图像. 例如, 读取一个名为 picture.jpg 的灰度图像的命令为:

```
>> x = imread('picture.jpg');
```

这个命令把矩阵中的灰度值读入了一个双精度变量 x. 若 JPEG 文件为一个彩色图像, 则序列变量 x 还会有第三个维度对应三个彩色通道. 在这里我们只讨论灰度图像; 因为彩色图像中的每个通道都可以作为灰度图像来处理.

一个 $m \times n$ 的灰度值矩阵, 在 MATLAB 中可以用以下命令显示出来:

```
>> imagesc(x);colormap(gray)
```

而一个 $m \times n \times 3$ 的彩色图矩阵, 可以直接用 imagesc(x)命令显示. 一般常用的彩色图转灰度图公式为:

$$X_{\text{gray}} = 0.2126R + 0.7152G + 0.0722B \tag{11.15}$$

或者用 MATLAB 代码

```
>> x=double(x);
>> r=x(:,:,1);g=x(:,:,2);b=x(:,:,3);
>> xgray=0.2126*r+0.7152*g+0.0722*b;
>> xgray=uint8(xgray);
>> imagesc(xgray);colormap(gray)
```

注意在计算之前, 我们首先把默认的 MATLAB 数据类型 unit8(又称无符号整数)转为了双精度实数. 因此在用 imagesc 函数显示图像前, 最好还是将其转回 unit8 类型.

图 11.5b 显示了一种原始的压缩方法, 把每个 8×8 图像块中的所有像素值替换为平均像素值. 这种方法的数据压缩率非常可观——一共有 $(32)^2 = 2^{10}$ 个图像块, 每块用一个整数表示——但是得到的图像质量非常差. 我们希望找到一种更温和的压缩方法, 每个 8×8 图像块用几个整数来表示, 更好地保留原始图像的信息.

首先, 把问题简化为单个的 8×8 图像块中的像素, 如图 11.6a 所示. 这个块是图 11.5 中的左眼中心区域. 图 11.6b 是这 64 个像素分别对应的灰度值, 用一个字节的整数表示. 图 11.6c 是把每个像素的灰度值减去 $256/2 = 128$, 使得灰度值的中心更靠近 0. 这个步骤不是必须的, 但经过中心化后, DCT 会得到更好的结果.

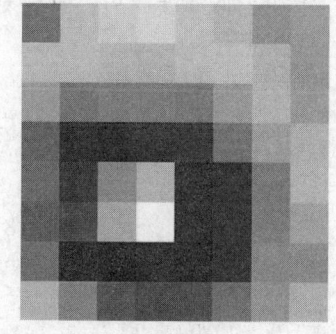

110	168	176	182	170	159	134	145
166	168	164	161	165	171	159	141
146	118	124	122	119	145	162	144
102	34	22	25	38	111	146	159
107	49	130	159	2	29	117	164
95	71	153	207	15	30	122	150
112	21	0	15	22	137	132	135
163	129	83	67	69	107	139	159

-18	40	48	54	42	31	6	17
38	40	36	33	37	43	31	13
18	-10	-4	-6	-9	17	34	16
-26	-94	-106	-103	-90	-17	18	31
-21	-79	2	31	-126	-99	-11	36
-33	-57	25	79	-113	-98	-6	22
-16	107	-128	-109	-128	-98	4	7
35	1	-45	-61	-59	-21	11	31

　　a) 灰度图像　　　　　　b) 像素灰度值　　　　　c) 减128后的像素灰度值

图 11.6　一个 8×8 图像块

为了压缩 8×8 图像块，我们需要对像素灰度值矩阵进行变换

$$X=\begin{bmatrix} -18 & 40 & 48 & 54 & 42 & 31 & 6 & 17 \\ 38 & 40 & 36 & 33 & 37 & 43 & 31 & 13 \\ 18 & -10 & -4 & -6 & -9 & 17 & 34 & 16 \\ -26 & -94 & -106 & -103 & -90 & -17 & 18 & 31 \\ -21 & -79 & 2 & 31 & -126 & -99 & -11 & 36 \\ -33 & -57 & 25 & 79 & -113 & -98 & -6 & 22 \\ -16 & -107 & -128 & -109 & -128 & -98 & 4 & 7 \\ 35 & 1 & -45 & -61 & -59 & -21 & 11 & 31 \end{bmatrix} \qquad (11.16)$$

2D-DCT 会根据人眼视觉系统的特性，按照重要程度的不同来对信息排序. 计算 X 的 2D-DCT 变换，并进行四舍五入取整后得到

$$Y=C_8 X C_8^{\mathrm{T}}=\begin{bmatrix} -121 & -66 & 127 & -65 & 27 & 98 & 7 & -25 \\ 200 & 22 & -124 & 34 & -36 & -62 & 5 & 6 \\ 113 & 43 & -32 & 55 & -25 & -75 & -21 & 12 \\ -10 & 35 & -69 & -131 & 28 & 54 & -4 & -24 \\ -14 & -18 & 16 & 1 & -5 & -27 & 14 & -6 \\ -124 & -74 & 47 & 60 & -1 & -16 & -8 & 13 \\ 81 & 35 & -57 & -54 & -7 & 6 & 1 & -16 \\ -16 & 11 & 5 & -15 & 11 & 12 & -1 & 9 \end{bmatrix} \qquad (11.17)$$

取整过程不是必须的，而且会引入少量误差，但是它是有助于压缩的. 由于图像中的振幅很大，因此变换后的矩阵 Y 的左上角相对于右下角包含了较多的信息. 右下角代表的高频基函数对人眼视觉系统来说是不太重要的. 而且，由于 2D-DCT 是可逆变换，在不计取整误差的前提下，Y 中的信息可以直接用来重建原图像.

我们采用的第一种压缩策略是低通滤波. 在上一节中介绍过，使用 2D-DCT 的最小二乘拟合方法直接丢弃了插值函数 $P_8(s,t)$ 中的某些项. 例如，我们可以去掉函数中的高频部分，令 $y_{kl}=0, k+l\geqslant 7$（矩阵元素的下标取值范围为 $0\leqslant k,l\leqslant 7$）. 低通滤波后，变换系数为

$$Y_{\text{low}}=\begin{bmatrix} -121 & -66 & 127 & -65 & 27 & 98 & 7 & 0 \\ 200 & 22 & -124 & 34 & -36 & -62 & 0 & 0 \\ 113 & 43 & -32 & 55 & -25 & 0 & 0 & 0 \\ -10 & 35 & -69 & -131 & 0 & 0 & 0 & 0 \\ -14 & -18 & 16 & 0 & 0 & 0 & 0 & 0 \\ -124 & -74 & 0 & 0 & 0 & 0 & 0 & 0 \\ 81 & 0 & 0 & 0 & 0 & 0 & 0 & 0 \\ 0 & 0 & 0 & 0 & 0 & 0 & 0 & 0 \end{bmatrix} \qquad (11.18)$$

为了重建图像，需要应用 2D-DCT 逆变换 $C_8^{\mathrm{T}} Y_{\text{low}} C_8$，得到如图 11.7 所示的像素灰度

值. 图 11.7a 中的图像与图 11.6a 中的原始图像很相似，但在细节上还有一些差异.

109	151	191	185	162	158	152	141
177	169	170	165	159	164	152	127
160	113	98	110	126	158	174	160
78	34	41	55	43	75	133	156
103	83	123	119	39	35	115	164
100	84	143	141	39	31	120	167
77	18	48	59	-3	26	111	126
206	89	68	76	47	103	173	150

-19	23	63	57	34	30	24	13
49	41	42	37	31	36	6	-1
32	-15	-30	-18	-2	30	46	32
-50	-94	-87	-73	-85	7	53	28
-25	-45	-5	-9	-89	-93	-13	36
-28	-44	15	13	-89	-97	-8	39
-51	-110	-80	-69	-131	-102	-17	-2
78	-39	-60	-52	-81	-25	45	22

a）滤波后的图像　　　b）经过变换并加128后的像素灰度值　　　c）逆变换后的数据

图 11.7　低通滤波的结果

我们把 8×8 的图像块压缩了多少？通过 2D-DCT 逆变换 (11.17)，可以重建原始图像（除了取整误差外是无损的）. 在低通滤波的过程中，存储的数据大约减少了一半，而保留了图像块的大部分可视质量.

11.2.3　量化

量化的目的是用一种更有选择性的方法进行低通滤波. 我们会用低精度的方法保留某些系数，而不是完全忽略它们. 这个想法与人眼视觉系统也很类似——人眼对高频分量更加不敏感. 主要思想就是用更少的位数表示变换后矩阵 Y 的右下部分，而不是直接丢弃它们.

模 q 量化

量化：$z = \text{round}\left(\dfrac{y}{q}\right)$

反量化：$\bar{y} = qz$ 　　　　　　　　　　　　　　　　　　　　　(11.19)

这里，round 的意思是"最近的整数". 量化误差是指经过量化与反量化后，输入 y 与输出 $\bar{y}$ 之间的差异. 模 q 量化的最大误差为 $q/2$.

例 11.4　求 $-10, 3, 65$ 的模 8 量化.

量化结果为 $-1, 0$ 和 8. 经过反量化，结果为 $-8, 0, 64$. 误差为 $|-2|, |3|, |1|$，每个都小于 $q/2 = 4$.

回到图像例子，对每个频率，所用的位数都可以任意选取. 令 Q 为 8×8 矩阵，又称**量化矩阵**. 其中的每个元素 $q_{kl}(0 \leqslant k, l \leqslant 7)$ 表示我们将用多少位来表示变换后矩阵 Y 的对应元素. 把 Y 压缩为

$$Y_Q = \left[\text{round}\left(\frac{y_{kl}}{q_{kl}}\right)\right], 0 \leqslant k, l \leqslant 7 \qquad (11.20)$$

矩阵 Y 中的每一个元素都除以量化矩阵中的对应元素. 由于后续的取整操作会产生误差，

因此这个方法是一种有损压缩。Q 中元素的值越大，越可能产生更大的量化误差。

在第一个例子里，**线性量化**定义为矩阵
$$q_{kl} = 8p(k+l+1), \quad \text{其中 } 0 \leqslant k, l \leqslant 7 \tag{11.21}$$
其中的常量 p 称为**损失参数**。这样计算得到

$$Q = p \begin{bmatrix} 8 & 16 & 24 & 32 & 40 & 48 & 56 & 64 \\ 16 & 24 & 32 & 40 & 48 & 56 & 64 & 72 \\ 24 & 32 & 40 & 48 & 56 & 64 & 72 & 80 \\ 32 & 40 & 48 & 56 & 64 & 72 & 80 & 88 \\ 40 & 48 & 56 & 64 & 72 & 80 & 88 & 96 \\ 48 & 56 & 64 & 72 & 80 & 88 & 96 & 104 \\ 56 & 64 & 72 & 80 & 88 & 96 & 104 & 112 \\ 64 & 72 & 80 & 88 & 96 & 104 & 112 & 120 \end{bmatrix}$$

在 MATLAB 中，线性量化矩阵定义为"Q= p* 8./hilb(8);"。

通过调整损失参数 p，可以控制用字节来换取可视精度。损失参数越小，重建越精确。矩阵 Y_Q 就是经过量化得到的新图像。

解压文件，就需要反转过程，通过与 Q 按元素相乘，把 Y_Q 矩阵反量化。这是图像编码中的有损部分。把元素 y_{kl} 除以 q_{kl} 再取整，然后在重建时再乘以 q_{kl}，y_{kl} 有可能会产生 $q_{kl}/2$ 的潜在误差。这就是量化误差。q_{kl} 越大，则重建原图像的潜在误差越大。另一方面，q_{kl} 越大，Y_Q 中元素的值越小，就可以用更少的位数保存它们。这就是图像精度与文件大小间的权衡。

实际上，量化达到了两个目的：高频部分的小系数通过 (11.20) 直接被置为 0；同时那些仍然非 0 的系数的值也减小了，就可以用很少的位数来传输和保存。量化的结果还要用霍夫曼编码转为位流，这在下一节中讨论。

下面我们演示一下用 MATLAB 进行图像压缩的整个流程。MATLAB 的 imread 命令读取灰度图，输出是一个 $m \times n$ 的 8 位整数矩阵；对彩色图是三个这样的矩阵。（三个矩阵分别保持红、绿、蓝通道的数据；以后我们会详细讨论彩色图的情况）8 位整数称为 uint8，区别于 double 类型表示的 64 位浮点数（见第 1 章）。double(x) 命令可以把 uint8 矩阵转为 double 类型，且命令 uint8(x) 可以把浮点数经过取整转回 0~255 之间的整数。

以下 4 个命令完成了对一个 $n \times n$ 的 unit8 矩阵（例如之前讨论的 8×8 矩阵）进行转换、中心化、变换以及量化。C 表示 $n \times n$ 的 DCT 矩阵。

```
>> Xd=double(X);
>> Xc=Xd-128;
>> Y=C*Xc*C';
>> Yq=round(Y./Q);
```

这时就可以保持或者传输 Y_q 了。恢复图像需要以相反的顺序撤销这 4 步操作：

```
>> Ydq=Yq.*Q;
>> Xdq=C'*Ydq*C;
>> Xe=Xdq+128;
>> Xf=uint8(Xe)
```

经过反量化后,应用了 DCT 逆变换,然后把偏移量 128 加了回去,最后把 double 型的矩阵转为 uint8 型的整数矩阵.

若用 $p=1$ 的线性量化矩阵(11.17),得到的结果系数为

$$Y_Q = \begin{bmatrix} -15 & -4 & 5 & -2 & 1 & 2 & 0 & 0 \\ 13 & 1 & -4 & 1 & -1 & -1 & 0 & 0 \\ 5 & 1 & -1 & 1 & 0 & -1 & 0 & 0 \\ 0 & 1 & -1 & -2 & 0 & 1 & 0 & 0 \\ 0 & 0 & 0 & 0 & 0 & 0 & 0 & 0 \\ -3 & -1 & 1 & 0 & 0 & 0 & 0 & 0 \\ 1 & 1 & -1 & -1 & 0 & 0 & 0 & 0 \\ 0 & 0 & 0 & 0 & 0 & 0 & 0 & 0 \end{bmatrix} \quad (11.22)$$

经过对 Y_Q 反量化和逆变换,重建的图像块显示在图 11.8a 中. 与原图像相比有细微的差别,但是与低通滤波的结果相比要好一些.

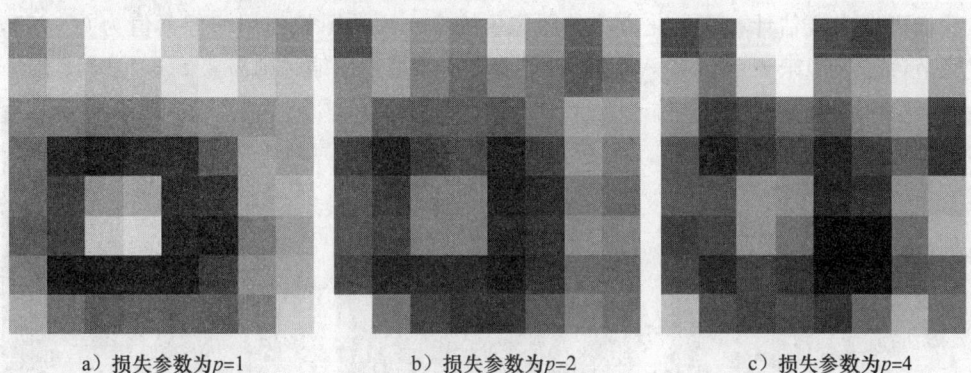

a) 损失参数为 $p=1$ b) 损失参数为 $p=2$ c) 损失参数为 $p=4$

图 11.8 线性量化的结果

经过 $p=2$ 的线性量化后,量化的变换系数为

$$Y_Q = \begin{bmatrix} -8 & -2 & 3 & -1 & 0 & 1 & 0 & 0 \\ 6 & 0 & -2 & 0 & 0 & -1 & 0 & 0 \\ 2 & 1 & 0 & 1 & 0 & -1 & 0 & 0 \\ 0 & 0 & -1 & -1 & 0 & 0 & 0 & 0 \\ 0 & 0 & 0 & 0 & 0 & 0 & 0 & 0 \\ -1 & -1 & 0 & 0 & 0 & 0 & 0 & 0 \\ 1 & 0 & 0 & 0 & 0 & 0 & 0 & 0 \\ 0 & 0 & 0 & 0 & 0 & 0 & 0 & 0 \end{bmatrix} \quad (11.23)$$

经过 $p=4$ 的线性量化后,量化的变换系数为

$$Y_Q = \begin{bmatrix} -4 & -1 & 1 & -1 & 0 & 1 & 0 & 0 \\ 3 & 0 & -1 & 0 & 0 & 0 & 0 & 0 \\ 1 & 0 & 0 & 0 & 0 & 0 & 0 & 0 \\ 0 & 0 & 0 & -1 & 0 & 0 & 0 & 0 \\ 0 & 0 & 0 & 0 & 0 & 0 & 0 & 0 \\ -1 & 0 & 0 & 0 & 0 & 0 & 0 & 0 \\ 1 & 0 & 0 & 0 & 0 & 0 & 0 & 0 \\ 0 & 0 & 0 & 0 & 0 & 0 & 0 & 0 \end{bmatrix} \tag{11.24}$$

图 11.8 中显示了三种线性量化参数 p 得到的结果. 注意, 损失参数 p 越大, 量化后 Y_Q 中的 0 越多, 就需要更少的数据来表示图像, 而重建的结果与原始图像的差异就越大.

下面我们将量化图 11.5 中的所有 $32 \times 32 = 1024$ 个图像块. 即我们要用上面的方法分别处理每一个图像块, 一共进行 1024 次. 图 11.9 中显示了损失参数 $p=1, 2$ 和 4 的重建结果. 在 $p=4$ 时, 图像质量已经有了明显的衰退.

我们可以大概估计一下量化方法的图像压缩率. 原始图像使用的像素值为 0~255, 需要 1 字节(或 8 位)来表示. 对一个 8×8 图像块, 如果不压缩, 则需要 $8(8)^2 = 512$ 位.

a) 损失参数为$p=1$

b) 损失参数为$p=2$

c) 损失参数为$p=4$

图 11.9 对所有 1024 个 8×8 图像块进行线性量化的结果

现在, 假设使用损失参数为 $p=1$ 的线性量化. 假设变换结果 Y 中的最大元素为 255, 则经过 Q 量化后, Y_Q 中的最大元素为

$$\begin{bmatrix} 32 & 16 & 11 & 8 & 6 & 5 & 5 & 4 \\ 16 & 11 & 8 & 6 & 5 & 5 & 4 & 4 \\ 11 & 8 & 6 & 5 & 5 & 4 & 4 & 3 \\ 8 & 6 & 5 & 5 & 4 & 4 & 3 & 3 \\ 6 & 5 & 5 & 4 & 4 & 3 & 3 & 3 \\ 5 & 5 & 4 & 4 & 3 & 3 & 3 & 2 \\ 5 & 4 & 4 & 3 & 3 & 3 & 2 & 2 \\ 4 & 4 & 3 & 3 & 3 & 2 & 2 & 2 \end{bmatrix}$$

因为每个元素的符号可正可负，则储存每个元素所需的位数为

$$\begin{bmatrix} 7 & 6 & 5 & 5 & 4 & 4 & 4 & 4 \\ 6 & 5 & 5 & 4 & 4 & 4 & 4 & 4 \\ 5 & 5 & 4 & 4 & 4 & 4 & 4 & 3 \\ 5 & 4 & 4 & 4 & 4 & 4 & 3 & 3 \\ 4 & 4 & 4 & 4 & 4 & 3 & 3 & 3 \\ 4 & 4 & 4 & 4 & 3 & 3 & 3 & 3 \\ 4 & 4 & 4 & 3 & 3 & 3 & 3 & 3 \\ 4 & 4 & 3 & 3 & 3 & 3 & 3 & 3 \end{bmatrix}$$

这 64 个数的和为 249，或 249/64 ≈ 3.89 位/像素，比原来的表示方法需要的位数(512，或 8 位/像素)要低一多半。其他 p 的取值对应的统计结果显示在下表中。

p	总位数	位/像素
1	249	3.89
2	191	2.98
4	147	2.30

如表中所见，当 $p=1$ 时，表示一幅图像所需的位数减少一半，并不会对图像质量产生影响。压缩是源于量化表示。为了进一步压缩，我们可以利用一个事实，即经过量化后很多高频分量都变为 0 了。下一章将介绍的霍夫曼和行程编码方法可以有效地达到这个目标。

$p=1$ 的线性量化方法与缺省 JPEG 中的量化方法类似。许多研究和讨论都是关于什么样的量化矩阵可以达到最大的压缩，而使图像失真最小。在 JPEG 标准中包括一个附录称为"附录 K：例子和指导"，其中包括了根据人眼视觉系统得到的 Q 矩阵的经验估计。矩阵

$$Q_Y = p \begin{bmatrix} 16 & 11 & 10 & 16 & 24 & 40 & 51 & 61 \\ 12 & 12 & 14 & 19 & 26 & 58 & 60 & 55 \\ 14 & 13 & 16 & 24 & 40 & 57 & 69 & 56 \\ 14 & 17 & 22 & 29 & 51 & 87 & 80 & 62 \\ 18 & 22 & 37 & 56 & 68 & 109 & 103 & 77 \\ 24 & 35 & 55 & 64 & 81 & 104 & 113 & 92 \\ 49 & 64 & 78 & 87 & 103 & 121 & 120 & 101 \\ 72 & 92 & 95 & 98 & 112 & 100 & 103 & 99 \end{bmatrix} \quad (11.25)$$

被广泛应用到了 JPEG 编码方案中。损失参数 $p=1$ 给出的重建结果，在人眼看来是基本完美，而 $p=4$ 的结果有明显的缺陷。在某种程度上，视觉质量依赖于像素大小：若像素很小，即使有误差也不会太明显。

至此，我们只讨论了灰度图像。可以很容易地扩展到彩色图像，例如用 RGB 彩色空

间表示的彩色图像. 一种图像压缩方法是对三个颜色通道中的每一个颜色分别进行压缩操作, 把每种颜色看成是一个灰度图像. 重建时再把三个分别的颜色合成到一个彩色图像中.

虽然 JPEG 标准量没有规定处理彩色图像的方法, 但是在基准 JPEG 中实现了一种更细致的处理方法. **亮度**定义为 $Y=0.299R+0.587G+0.114B$; **彩色差异**定义为 $U=B-Y$ 以及 $V=R-Y$. 这样把 RGB 彩色数据变到了 YUV 系统中. 这是一个可逆变换, RGB 值可以通过 $B=U+Y, R=V+Y$, 以及 $G=(Y-0.299R-0.114B)/(0.587)$ 得到. 基准 JPEG 使用之前描述的 DCT 分别对 Y、U 和 V 进行滤波, 用附录 K 中的量化矩阵 Q_Y 对亮度变量 Y 进行量化. 对 U 和 V 通道的量化矩阵为

$$Q_c = \begin{bmatrix} 17 & 18 & 24 & 47 & 99 & 99 & 99 & 99 \\ 18 & 21 & 26 & 66 & 99 & 99 & 99 & 99 \\ 24 & 26 & 56 & 99 & 99 & 99 & 99 & 99 \\ 47 & 66 & 99 & 99 & 99 & 99 & 99 & 99 \\ 99 & 99 & 99 & 99 & 99 & 99 & 99 & 99 \\ 99 & 99 & 99 & 99 & 99 & 99 & 99 & 99 \\ 99 & 99 & 99 & 99 & 99 & 99 & 99 & 99 \\ 99 & 99 & 99 & 99 & 99 & 99 & 99 & 99 \end{bmatrix} \tag{11.26}$$

重建得到 Y、U 和 V 后, 还需要再把它们转回 RGB 彩色空间以得到原始图像.

由于 U 和 V 在人眼视觉系统中的重要性相对较低, 可以用更强的量化矩阵进行量化, 例如公式(11.26). 还有其他一些特定的技巧可以进一步压缩图像——例如, 对颜色差异求平均, 在更大尺度上进行处理.

11.2 节习题

1. 对如下数据矩阵 X, 求 2D-DCT 变换, 并求对应的插值函数 $P_2(s, t)$, 数据点为 (i, j, x_{ij}), $i, j = 0, 1$.

   (a) $\begin{bmatrix} 1 & 0 \\ 0 & 0 \end{bmatrix}$ (b) $\begin{bmatrix} 1 & 0 \\ 1 & 0 \end{bmatrix}$ (c) $\begin{bmatrix} 1 & 1 \\ 1 & 1 \end{bmatrix}$ (d) $\begin{bmatrix} 1 & 0 \\ 0 & 1 \end{bmatrix}$

2. 对如下数据矩阵 X, 求 2D-DCT 变换, 并求对应的插值函数 $P_n(s, t)$, 数据点为 (i, j, x_{ij}), $i, j = 0, \ldots, n-1$.

   (a) $\begin{bmatrix} 1 & 0 & -1 & 0 \\ 1 & 0 & -1 & 0 \\ 1 & 0 & -1 & 0 \\ 1 & 0 & -1 & 0 \end{bmatrix}$ (b) $\begin{bmatrix} 1 & 0 & 0 & 0 \\ 0 & 1 & 1 & 0 \\ 0 & 0 & 1 & 0 \\ 0 & 0 & 0 & 1 \end{bmatrix}$ (c) $\begin{bmatrix} 0 & 0 & 0 & 0 \\ 0 & 1 & 1 & 0 \\ 0 & 1 & 1 & 0 \\ 0 & 0 & 0 & 0 \end{bmatrix}$ (d) $\begin{bmatrix} 3 & 3 & 3 & 3 \\ 3 & -1 & -1 & 3 \\ 3 & -1 & -1 & 3 \\ 3 & 3 & 3 & 3 \end{bmatrix}$

3. 用基函数 $1, \cos\dfrac{(2s+1)\pi}{8}, \cos\dfrac{(2t+1)\pi}{8}$, 对习题 2 中的数据计算最小二乘近似.

4. 用量化矩阵 $Q = \begin{bmatrix} 10 & 20 \\ 20 & 100 \end{bmatrix}$ 对以下矩阵进行量化. 计算量化后的矩阵, (有损)反量化矩阵, 以及量化误差矩阵.

(a) $\begin{bmatrix} 24 & 24 \\ 24 & 24 \end{bmatrix}$ (b) $\begin{bmatrix} 32 & 28 \\ 28 & 45 \end{bmatrix}$ (c) $\begin{bmatrix} 54 & 54 \\ 54 & 54 \end{bmatrix}$

11.2 节编程问题

1. 计算以下矩阵 X 的 2D-DCT 变换.

    (a) $\begin{bmatrix} -1 & 1 & -1 & 1 \\ -2 & 2 & -2 & 2 \\ -3 & 3 & -3 & 3 \\ -4 & 4 & -4 & 4 \end{bmatrix}$ (b) $\begin{bmatrix} 1 & 2 & -1 & -2 \\ -1 & 2 & 1 & 2 \\ 1 & 2 & -1 & -2 \\ -1 & -2 & 1 & 2 \end{bmatrix}$ (c) $\begin{bmatrix} 1 & 3 & 1 & -1 \\ 2 & 1 & 0 & 1 \\ 1 & -1 & 2 & 3 \\ 3 & 2 & 1 & 0 \end{bmatrix}$ (d) $\begin{bmatrix} -3 & -2 & -1 & 0 \\ -2 & -1 & 0 & 1 \\ -1 & 0 & 1 & 2 \\ 0 & 1 & 2 & 3 \end{bmatrix}$

2. 在编程问题 1 中 2D-DCT 变换的基础上,进行低通滤波,令 $k+l \geqslant 4$ 的所有变换值 $Y_{kl}=0$.

3. 自己找一张灰度图,用 imread 命令读入 MATLAB. 剪裁矩阵的部分区域使其长宽尺寸都是 8 的倍数. 有必要的话,按照标准公式(11.15)把彩色图转为灰度图.

    (a) 取出一个 8×8 像素块,例如,使用 MATLAB 命令 xb= x(81:88,81:88). 用 imagesc 命令显示这个像素块.

    (b) 应用 2D-DCT 变换.

    (c) 用 $p=1$,2 以及 4 的线性量化方法进行量化. 显示量化结果 Y_Q.

    (d) 用 2D-DCT 逆变换重建图像块,并与原图像进行比较. 调用 MATLAB 命令 colormap(gray) 和 imagesc(X,[0 255]).

    (e) 对所有 8×8 图像块,进行(a)~(d)的操作. 并重建出原图像.

4. 用 JPEG 标准中建议的量化矩阵(11.25)(参数 $p=1$),重复编程问题 3 中的过程.

5. 自己找一张彩色图像. 对 R、G、B 三个通道,分别按编程问题 3 中的步骤进行处理,使用线性量化方法,并重建合成彩色图像.

6. 自己找一张彩色图像,把 RGB 数据转换为亮度/颜色差异色彩空间. 对 Y、U、V 三个通道,分别按编程问题 3 中的步骤进行处理,用 JPEG 中的量化矩阵进行量化,并重建合成彩色图像.

11.3 霍夫曼编码

有损压缩牺牲了精度以换取文件的大小. 如果精度的损失小到了察觉不到的程度,那么这种牺牲是完全值得的. 在把图像变换到频域后,量化阶段引入了精度损失. 对于 DCT 变换并量化后的图像,可以进一步应用无损压缩,在不丢失精度的情况下进一步对图像进行压缩.

在这一节中,我们将讨论无损压缩算法. 我们还将介绍一种简单有效的方法,可以把上一节中量化后的 DCT 变换矩阵转为 JPEG 位流. 这个过程中我们会用到一些信息论的基本知识.

11.3.1 信息论和编码

考虑由一串符号表示的一个信息. 符号是任意的,假设它们来自一个有限的集合. 在这一节中,我们要找到一种高效的表示方法,把这个符号串用二进制数字(位)来表示. 位数越少,存储和传输信息越容易.

例 11.5 把消息 ABAACDAB 编码为二进制串.

由于总共有 4 个符号,一种简单的编码方式为,每个字母用两位来表示. 例如,我们可以用如下的对应关系:

| A | 00 | C | 10 |
| B | 01 | D | 11 |

则编码后的消息为

$$(00)(01)(00)(00)(10)(11)(00)(01)$$

用这种编码方式,一共需要 16 位来存储或传输这个消息. ◀

其实还有更简洁的编码方法. 为了便于理解,我们先要介绍信息的概念. 假设一共有 k 种不同的符号,设 p_i 为符号 i 在字符串中出现的概率. 这个概率可以是事先就知道的先验知识,或者是把符号 i 出现的次数除以串的长度估计出的经验值.

定义 11.7 一个符号串的**香农信息量**或**香农熵**定义为: $I = -\sum_{i=1}^{k} p_i \log_2 p_i$.

这个定义是以贝尔实验室的研究员 C. 香农命名的. 其在 20 世纪中期的独创性工作一般被认为是现代信息论的开端. 一个消息串的香农信息量是,编码中每个符号所需的平均位数的最小值. 逻辑上是这样的: 若一个符号出现了 p_i 次,则需要用 $-\log_2 p_i$ 位来表示它. 例如,若一个符号出现的概率为 1/8,则需要用 $-\log_2(1/8) = 3$ 位的符号来表示,如 000, 001, ⋯, 111,一共 8 组这样的 3 位数. 为了确定每个符号所需的平均位数,需要把每个符号的位数按概率 p_i 加权求和. 定义中的 I 即是整个消息的单位符号需要的平均位数.

例 11.6 计算字符串 ABAACDAB 的香农信息量.

符号 A、B、C、D 的经验概率分别为 $p_1 = 4/8 = 2^{-1}$, $p_2 = 2/8 = 2^{-2}$, $p_3 = 1/8 = 2^{-3}$, $p_4 = 2^{-3}$. 香农信息量为

$$-\sum_{i=1}^{4} p_i \log_2 p_i = \frac{1}{2} 1 + \frac{1}{4} 2 + \frac{1}{8} 3 + \frac{1}{8} 3 = \frac{7}{4}$$

◀

通过香农信息量估计得到,对这个符号串进行编码所需的单位符号位数为 1.75. 由于符号串的长度为 8,则最短编码长度为 (1.75)(8) = 14,而不是最早的编码方式得到的 16.

实际上,这个消息确实可以用 14 位来发送,可以使用一种称为**霍夫曼编码**的方法来实现. 该方法是给每一个符号分配一个唯一的二进制编码,并能体现这个符号的出现概率,越常出现的符号用的编码越短.

霍夫曼编码算法构造了一棵树,树上的每个节点都是一个二进制编码. 首先找到两个概率最小的符号,把它们"组合"起来看做是一个新的符号,并计算组合后的概率. 这两个符号构成了树的一个分支. 重复以上的步骤,继续组合符号,向上生成树的分支,直到最后只剩下一个符号集合,对应树的最上层分支. 在上边的例子里,我们首先组合概率最小的符号 C 和 D,得到符号 CD,其概率为 1/4. 这时符号的概率分别为 A(1/2), B(1/4) 以及 CD(1/4). 因此需要组合概率最小的两个符号,得到 A(1/2), BCD(1/2). 最后,组合

仅有的两个符号，得到 ABCD(1). 每个组合对应霍夫曼树上的一个分支：

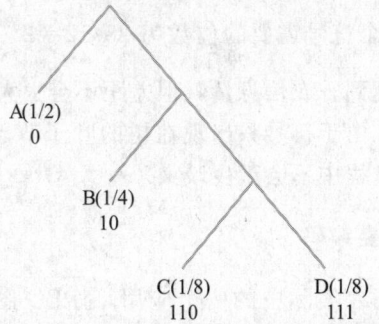

当树构造完成后，每个符号的霍夫曼编码就是它位于树上的路径，用 0 表示左分支，1 表示右分支，如上图所示. 例如，A 用 0 表示，C 的路径为两次右一次左，用 110 表示. 则字符串 ABAACDAB 可以编码为长度是 14 的位流：

$$(0)(10)(0)(0)(110)(111)(0)(10)$$

香农信息量给出了表示一个消息所需的单位位数的下界. 在这个例子中，霍夫曼编码达到了香农信息量给出的理论下界值，14/8=1.75. 但是，这个下界不是总能达到的，例如下面这个例子.

例 11.7 计算消息 ABRA CADABRA 的香农信息量以及霍夫曼编码.

6 个符号的经验概率为

| A | 5/12 | R | 2/12 | D | 1/12 |
| B | 2/12 | C | 1/12 | _ | 1/12 |

注意，这里空格也看做是一个符号，香农信息量为

$$-\sum_{i=1}^{6} p_i \log_2 p_i = -\frac{5}{12}\log_2 \frac{5}{12} - 2\frac{1}{6}\log_2 \frac{1}{6} - 3\frac{1}{12}\log_2 \frac{1}{12} \approx 2.28 \text{ 位 / 符号}$$

这是对消息 ABRA CADABRA 编码所需的单位符号位数的理论最小值. 下面通过之前介绍的步骤求霍夫曼编码. 首先组合符号 D 和 _，或者也可以从三个概率为 1/12 的符号中任选两个作为树的最下层分支. 符号 A 的概率最大，因此是最后选取的. 下图表示了一种霍夫曼编码方法.

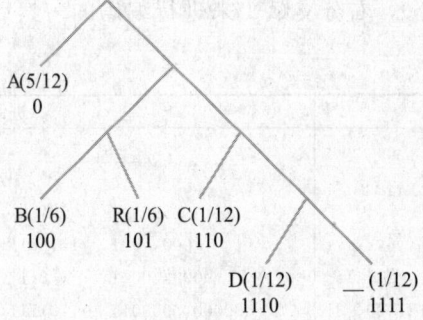

注意，A 是最常出现的符号，因此它的码长最短. 符号串 ABRA CADABRA 经过编码后的二进制序列为

$$(0)(100)(101)(0)(1111)(110)(0)(1110)(0)(100)(101)(0)$$

总长度为 28 位. 平均下来每个符号需要的位数为 $28/12 = 2\frac{1}{3}$, 略高于之前计算的理论最小值. 霍夫曼编码不是总能达到香农信息量, 但差距不会太大.

霍夫曼编码的核心在于: 由于符号只出现在树的叶子节点, 故不会有一个编码是另一个编码的前缀. 因此在解码过程中不会产生歧义.

11.3.2 JPEG 格式中的霍夫曼编码

本节主要讨论霍夫曼编码在实际中的一个应用. JPEG 图像压缩已经广泛应用于现代的数码成像系统. 其在数学理论和工程实践中都有值得称道的亮点.

在 JPEG 图像文件中, 使用了两种不同的霍夫曼编码方式, 一个是对 DC 分量(变换矩阵的(0, 0)项), 另一个是对 8×8 矩阵中的其他 63 项, 即 AC 分量.

定义 11.8 设 y 是一个整数, y 的**尺寸**定义为
$$L = \begin{cases} \text{floor}(\log_2 |y|) + 1 & \text{如果 } y \neq 0 \\ 0 & \text{如果 } y = 0 \end{cases}$$

JPEG 的霍夫曼编码包括 3 个部分: DC 分量对应的霍夫曼树, AC 分量对应的霍夫曼树, 以及一个整数编码表. $y = y_{00}$ 的编码的第一部分是 y 的尺寸的二进制编码, 这里使用的是 DC 分量的霍夫曼树, 又称为 **DPCM**(Differential Pulse Code Modulation, 微分脉冲编码调制)**树**.

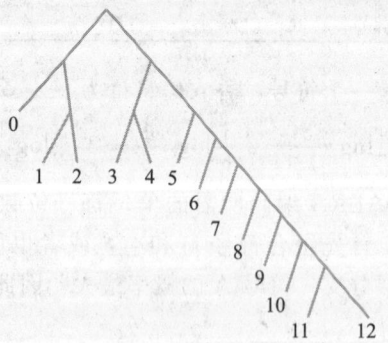

这个树也是对左分支赋 0, 右分支赋 1 来进行编码的. 然后再用下边的整数编码表对具体值进行编码.

L	项	二进制编码
0	0	- -
1	$-1, 1$	$0, 1$
2	$-3, -2, 2, 3$	$00, 01, 10, 11$
3	$-7, -6, -5, -4, 4, 5, 6, 7$	$000, 001, 010, 011, 100, 101, 110, 111$
4	$-15, -14, \cdots, -8, 8, \cdots, 14, 15$	$0000, 0001, \cdots, 0111, 1000, \cdots, 1110, 1111$
5	$-31, -30, \cdots, -16, 16, \cdots, 30, 31$	$00000, 00001, \cdots, 01111, 10000, \cdots, 11110, 11111$
6	$-63, -62, \cdots, -32, 32, \cdots, 62, 63$	$000000, 000001, \cdots, 011111, 100000, \cdots, 111110, 111111$
⋮	⋮	⋮

例如，对于 $y_{00}=13$，其尺寸为 $L=4$. 根据 DPCM 树，4 的霍夫曼编码为 (101). 在表中查出数字 13 对应编码为 (1101)，把两部分连起来得到 DC 分量的最终编码，为 1011101.

由于相邻的 8×8 图像块间有很大的相关性，因此只需保存块与块之间的差异. 使用 DPCM 数，按从左到右的顺序，记录块之间的差异.

对于 8×8 图像块剩下的 63 个 AC 分量，行程编码 (Run Length Encoding, RLE) 可以有效地表示一长串 0. 保持 63 个分量的传统顺序为之字形顺序

$$\begin{bmatrix} 0 & 1 & 5 & 6 & 14 & 15 & 27 & 28 \\ 2 & 4 & 7 & 13 & 16 & 26 & 29 & 42 \\ 3 & 8 & 12 & 17 & 25 & 30 & 41 & 43 \\ 9 & 11 & 18 & 24 & 31 & 40 & 44 & 53 \\ 10 & 19 & 23 & 32 & 39 & 45 & 52 & 54 \\ 20 & 22 & 33 & 38 & 46 & 51 & 55 & 60 \\ 21 & 34 & 37 & 47 & 50 & 56 & 59 & 61 \\ 35 & 36 & 48 & 49 & 57 & 58 & 62 & 63 \end{bmatrix} \tag{11.27}$$

我们不需要对 63 个数字分别编码，而只需要记录 0 行程对 (n, L)，其中 n 表示一串 0 的长度，L 表示下一个非零元素的尺寸. 下面是 JPEG 标准中对 AC 分量进行编码所使用的默认编码方式，其霍夫曼树为

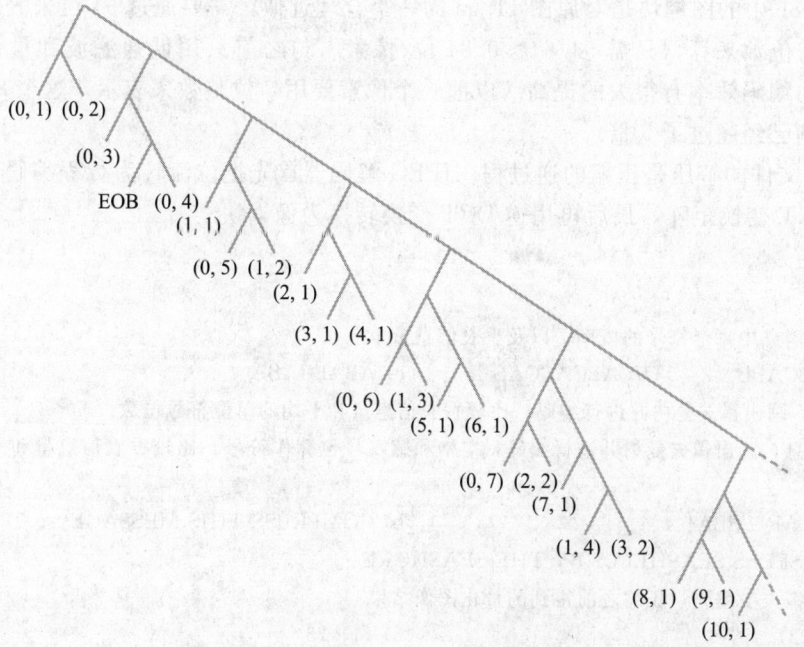

在位流中，先记录树中的霍夫曼编码（只记录了元素的尺寸），跟着是从之前的表里查到的整数的二进制编码. 例如，对元素序列 −5, 0, 0, 0, 2，其表示为 (0, 3) −5 (3, 2) 2，其中 (0, 3) 表示 0 个 0 后是一个尺寸为 3 的整数，(3, 2) 表示 3 个 0 之后是一个尺寸为

2 的整数. 根据霍夫曼树, 找到 (0, 3) 的编码为 (100), (3, 2) 的编码为 (111110111). 从整数编码表中查到, -5 的编码为 (010), 2 的编码为 (10). 因此, 这个序列 $-5, 0, 0, 0, 2$ 的编码为 (100)(010)(111110111)(10).

以上的霍夫曼树中只显示了最常见的一些 JPEG 行程编码. 其他编码还有 $(11, 1) = 1111111001$, $(12, 1) = 1111111010$, 以及 $(13, 1) = 11111111000$.

例 11.8 对 (11.24) 中的量化后的 DCT 变换矩阵编码为 JPEG 图像文件.

DC 分量 $y_{00} = -4$, 尺寸为 3, 根据 DPCM 树, 编码为 (100), 从整数编码表中查到附加位为 (011). 下面考虑 AC 部分. 根据 (11.27), AC 系数排列后为 $-1, 3, 1, 0, 1, -1, -1, 7$ 个 $0, 1, 4$ 个 $0, -1, 3$ 个 $0, -1$, 剩下都是 0. 行程编码始于 -1, 它的尺寸为 1, 则编码为 $(0, 1)$. 下一个数是 3, 尺寸为 2, 编码为 $(0, 2)$. 得到的 0 行程编码对为

$(0,1) -1\ (0,2)\ 3\ (0,1)\ 1\ (1,1)\ 1\ (0,1) -1\ (0,1) -1\ (7,1)\ 1\ (4,1) -1\ (3,1) -1$ EOB

这里, EOB 是 end-of-block, 表示图像块结束, 剩下的元素都为 0. 下面按照上面的霍夫曼树和整数编码表对其进行编码. 图 11.8c 中的 8×8 图像块的编码结果如下所示, 其中的括号只是为了便于读者理解:

(100)(011)

(00)(0)(01)(11)(00)(1)(1100)(1)(00)(0)(00)(0)

(11111010)(1)(111011)(0)(111010)(0)(1010)

图 11.8c 中的图像块是对原图 11.6a 的一个合理近似, 需要通过 54 位来表示. 如果按每像素所需位数来算, 只需 $54/64 \approx 0.84$ 位/像素. 与之前只用低通滤波和量化的方式相比, 现在的编码效率有很大的提高. 以前一个像素要用 8 位整数来表示, 这个 8×8 图像块的压缩比例已经超过了 9 倍.

JPEG 文件的解压是压缩的逆过程. JPEG 解码器首先把位流转为行程编码, 再重建出 8×8 的 DCT 变换矩阵, 最后再用逆 DCT 变换转换为像素块.

11.3 节习题

1. 求出以下消息中每个符号的概率, 以及香农信息量.
   (a) BABBCABB (b) ABCACCAB (c) ABABCABA
2. 对习题 1, 画出霍夫曼树并进行编码. 比较香农信息量和平均的单位符号位数.
3. 对以下消息, 画出霍夫曼树并进行编码, 空格和感叹号也算作符号. 比较香农信息量和平均的单位符号位数.
   (a) AY CARUMBA! (b) COMPRESS THIS MESSAGE
   (c) SHE SELLS SEASHELLS BY THE SEASHORE
4. 用 JPEG 霍夫曼编码, 压缩之前得到的量化图像结果.
   (a) (11.22) (b) (11.23)

11.4 改进的 DCT 和音频压缩

回到一维信号的处理问题, 我们来讨论现在流行的音频信号压缩策略. 可能有人会觉

得一维信号比二维信号更好处理,但实际上人的听觉系统对频率非常敏感,在压缩和解压过程中产生的任何瑕疵都能被听出来. 基于这个原因,音频压缩中通常会用到一些复杂的技巧来掩盖压缩带来的影响.

首先我们来介绍 DCT4,一种新的 DCT 变换方法,以及一种称为改进 DCT(MDCT) 的变换. MDCT 对应的变换矩阵不是方阵,而且与 DCT 和 DCT4 不同,它是不可逆的. 但是,如果每次变换的窗口有重叠的话,还是可以重建原始数据流. 更重要的是,基于 MDCT 和量化的有损压缩方法,对声音质量的影响是最小的. MDCT 是目前大多数音频压缩算法的核心,包括 MP3、AAC 和 WMA.

11.4.1 改进的 DCT

我们先来介绍一种稍稍变形的 DCT 方法. 存在 4 种不同版本的 DCT 变换——在上一节的图像压缩中,我们使用的版本是 DCT1. 而 DCT4 是在音频压缩中使用最多的.

定义 11.9 **离散余弦变换版本 4**(DCT4)是指对 n 维向量 $x=(x_0,\cdots,x_{n-1})^T$,其变换为

$$y = Ex$$

其中 E 为 $n \times n$ 矩阵

$$E_{ij} = \sqrt{\frac{2}{n}} \cos \frac{\left(i+\frac{1}{2}\right)\left(j+\frac{1}{2}\right)\pi}{n} \tag{11.28}$$

与 DCT1 一样,DCT4 的矩阵 E 也是实正交阵:它是方阵且各列是相互正交的单位向量. 这是由于 E 的各列是以下实对称阵的单位特征向量.

$$\begin{bmatrix} 1 & -1 & & & & \\ -1 & 2 & -1 & & & \\ & -1 & 2 & -1 & & \\ & & \ddots & \ddots & \ddots & \\ & & & -1 & 2 & -1 \\ & & & & -1 & 3 \end{bmatrix} \tag{11.29}$$

习题 6 要求读者证明这个结论.

下面,我们介绍 DCT4 变换矩阵的两个重要特性. 对固定的 n,不光考虑 DCT4 中的 n 列向量,而且按 (11.28) 对所有正整数和负整数 j 计算出对应的列向量.

引理 11.10 设 c_j 为(扩展的)DCT4 矩阵的第 j 列 (11.28),则有 (a) $c_j = c_{-1-j}$(各列关于 $j = -1/2$ 对称),(b) $c_j = -c_{2n-1-j}$(各列关于 $j = n-1/2$ 反对称).

证明 首先证明引理的 (a) 部分,由于 $j = -\frac{1}{2} + \left(j+\frac{1}{2}\right)$,以及 $-1-j = -\frac{1}{2} - \left(j+\frac{1}{2}\right)$. 根据等式 (11.28),得到

$$c_j = c_{-\frac{1}{2}+(j+\frac{1}{2})} = \sqrt{\frac{2}{n}}\cos\frac{\left(i+\frac{1}{2}\right)\left(j+\frac{1}{2}\right)\pi}{n} = \sqrt{\frac{2}{n}}\cos\frac{\left(i+\frac{1}{2}\right)\left(-j-\frac{1}{2}\right)\pi}{n}$$
$$= c_{-\frac{1}{2}-(j+\frac{1}{2})} = c_{-1-j}, i=0,\cdots,n-1$$

对引理的(b)部分,设 $r = n - \frac{1}{2} - j$,则有 $j = n - \frac{1}{2} - r$,以及 $2n-1-j = n - \frac{1}{2} + r$,结论转为要证明 $c_{n-\frac{1}{2}-r} + c_{n-\frac{1}{2}+r} = 0$. 根据余弦加法公式,有

$$c_{n-\frac{1}{2}-r} = \sqrt{\frac{2}{n}}\cos\frac{(2i+1)(n-r)\pi}{2n} = \sqrt{\frac{2}{n}}\cos\frac{2i+1}{2}\pi\cos\frac{(2i+1)r\pi}{2n} + \sqrt{\frac{2}{n}}\sin\frac{2i+1}{2}\pi\sin\frac{(2i+1)r\pi}{2n}$$

$$c_{n-\frac{1}{2}+r} = \sqrt{\frac{2}{n}}\cos\frac{(2i+1)(n+r)\pi}{2n} = \sqrt{\frac{2}{n}}\cos\frac{2i+1}{2}\pi\cos\frac{(2i+1)r\pi}{2n} - \sqrt{\frac{2}{n}}\sin\frac{2i+1}{2}\pi\sin\frac{(2i+1)r\pi}{2n}$$

其中, $i = 0, \cdots, n-1$. 由于对任何整数 i,都有 $\cos\frac{1}{2}(2i+1)\pi = 0$,则 $c_{n-\frac{1}{2}-r} + c_{n-\frac{1}{2}+r} = 0$,结论得证.

我们将用 DCT4 对应的矩阵 E 来构造 MDCT 变换. 设 n 为偶数,我们要用列 $c_{\frac{n}{2}}, \cdots, c_{\frac{5}{2}n-1}$ 构造一个新的矩阵. 引理 11.10 说明,对任意整数 j, c_j 都可以用 DCT4 中的某一列来表示,即 $0 \leq i \leq n-1$ 中的某个 c_i,如图 11.10 所示.

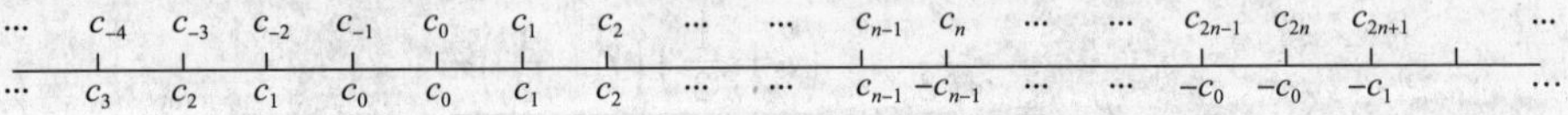

…	c_{-4}	c_{-3}	c_{-2}	c_{-1}	c_0	c_1	c_2	…	…	c_{n-1}	c_n	…	…	c_{2n-1}	c_{2n}	c_{2n+1}	…
		c_3	c_2	c_1	c_0	c_0	c_1	c_2	…	…	c_{n-1}	$-c_{n-1}$	…	…	$-c_0$	$-c_0$	$-c_1$	…

图 11.10 引理 11.10 图示. 列 $c_0, \cdots, c_{n-1}$ 构成了 $n \times n$ 的 DCT4 矩阵. 对于这个范围外的整数 j,根据公式(11.28)计算得到的 c_j 仍然对应 DCT4 中的某一列,显示在图中的下面一行. 图中数字的对应关系就是引理 11.10 的结论

定义 11.11 令 n 为正偶数. 向量 $x = (x_0, \cdots, x_{2n-1})^T$ 的修正的 **DCT**(MDCT)为 n 维向量

$$y = Mx \tag{11.30}$$

其中 M 是 $n \times 2n$ 矩阵

$$M_{ij} = \sqrt{\frac{2}{n}}\cos\frac{\left(i+\frac{1}{2}\right)\left(j+\frac{n}{2}+\frac{1}{2}\right)\pi}{n} \tag{11.31}$$

其中, $0 \leq i \leq n-1$, $0 \leq j \leq 2n-1$.

与前面讲到的 DCT 变换的最大区别是:MDCT 把 $2n$ 维的向量转换为了 n 维的向量. 基于这个原因,MDCT 不是可逆的,但是以后我们会看到,通过重叠这些长度为 $2n$ 的向量,也可以达到可逆的目的.

与定义 11.9 对比,我们可以把 MDCT 的变换矩阵 M 用 DCT4 的列来表示,然后用引理 11.10 进行简化,得到:

$$M = \left[c_{\frac{n}{2}} \cdots c_{\frac{5}{2}n-1}\right] = \left[c_{\frac{n}{2}} \cdots c_{n-1} \mid c_n \cdots c_{\frac{3}{2}n-1} \mid c_{\frac{3}{2}n} \cdots c_{2n-1} \mid c_{2n} \cdots c_{\frac{5}{2}n-1}\right]$$

$$= \left[c_{\frac{n}{2}} \cdots c_{n-1} \mid -c_{n-1} \cdots -c_{\frac{n}{2}} \mid -c_{\frac{n}{2}-1} \cdots -c_0 \mid -c_0 \cdots -c_{\frac{n}{2}-1}\right] \tag{11.32}$$

例如，对 $n=4$ 的 MDCT 矩阵
$$M = [c_2 c_3 \mid c_4 c_5 \mid c_6 c_7 \mid c_8 c_9] = [c_2 c_3 \mid -c_3 -c_2 \mid -c_1 -c_0 \mid -c_0 -c_1]$$
为了简化起见，令 A 和 B 表示 DCT4 矩阵的左半部分和右半部分，则 $E=[A \mid B]$. 定义一个置换矩阵，可以把矩阵的各列顺序颠倒：
$$R = \begin{bmatrix} & & 1 \\ & \iddots & \\ 1 & & \end{bmatrix}$$

当一个矩阵右乘以矩阵 R，则它的各列的顺序会颠倒. 若矩阵左乘以 R，则其各行的顺序会颠倒. 由于 $R^{-1}=R^T=R$，故 R 是一个正交对称阵. 现在公式(11.32)可以进一步简化为
$$M = (B \mid -BR \mid -AR \mid -A) \tag{11.33}$$
其中 AR 和 BR 是列序颠倒后的 A 和 B 矩阵.

MDCT 变换可以用 DCT4 来表示. 令
$$x = \begin{bmatrix} x_1 \\ x_2 \\ x_3 \\ x_4 \end{bmatrix}$$
为一个 $2n$ 维的向量，其中 x_i 是一个 $n/2$ 维的向量(注意 n 为偶数). 则根据(11.33)中所述 M 的特性，
$$Mx = Bx_1 - BRx_2 - ARx_3 - Ax_4 = [A \mid B] \begin{bmatrix} -Rx_3 - x_4 \\ x_1 - Rx_2 \end{bmatrix} = E \begin{bmatrix} -Rx_3 - x_4 \\ x_1 - Rx_2 \end{bmatrix} \tag{11.34}$$
其中 E 是一个 $n \times n$ 的 DCT4 变换矩阵，Rx_2 和 Rx_3 表示把 x_2 和 x_3 的元素顺序颠倒. 这样我们就可以用正交矩阵 E 来表示 M.

由于 MDCT 变换的矩阵 M 是一个 $n \times 2n$ 矩阵，而不是方阵，因此它是不可逆的. 但是，两个相邻的 MDCT 的总阶数为 $2n$，因此若把它们组合起来，就可以完美地重建出输入数据 x. 如下所示.

MDCT 的"逆"表示为一个 $2n \times n$ 矩阵 $N=M^T$，是 M 的转置
$$N_{ij} = \sqrt{\frac{2}{n}} \cos \frac{\left(j+\frac{1}{2}\right)\left(i+\frac{n}{2}+\frac{1}{2}\right)\pi}{n} \tag{11.35}$$
它并不是真正的逆矩阵. 通过对(11.33)求转置，我们有
$$N = \begin{bmatrix} B^T \\ -RB^T \\ -RA^T \\ -A^T \end{bmatrix} \tag{11.36}$$
这里沿用了之前 DCT4 变换的表示方法 $E=[A \mid B]$. 由于 E 是正交阵，可以得到

$$A^\mathrm{T}A = I$$
$$B^\mathrm{T}B = I$$
$$A^\mathrm{T}B = B^\mathrm{T}A = 0$$

其中 I 是 $n \times n$ 的单位阵.

现在再计算 NM,来看看 N 是否可以逆转 MDCT 矩阵 M. 跟之前一样,把 x 分为 4 部分. 根据(11.34)和(11.36),A 和 B 的正交性,以及 $R^2 = I$,可以得到

$$NM\begin{bmatrix} x_1 \\ x_2 \\ x_3 \\ x_4 \end{bmatrix} = \begin{bmatrix} B^\mathrm{T} \\ -RB^\mathrm{T} \\ -RA^\mathrm{T} \\ -A^\mathrm{T} \end{bmatrix}[A(-Rx_3 - x_4) + B(x_1 - Rx_2)] = \begin{bmatrix} x_1 - Rx_2 \\ -Rx_1 + x_2 \\ x_3 + Rx_4 \\ Rx_3 + x_4 \end{bmatrix} \quad (11.37)$$

在音频压缩中,MDCT 变换的向量对应于重叠的数据段. 压缩误差会使每段向量之间的连接处产生不连续,而由于向量的长度是固定的,因此这种误差会带来固定频率的噪声. 而听觉系统对周期性错误的敏感度要高于视觉系统;实际上,固定周期的错误就是那个频率上的一个声调,而人耳正是感知的各种声调的. 如果数据表示采用重叠的方式. 令 n 为正偶数,

$$Z_1 = \begin{bmatrix} x_1 \\ x_2 \\ x_3 \\ x_4 \end{bmatrix}, \quad Z_2 = \begin{bmatrix} x_3 \\ x_4 \\ x_5 \\ x_6 \end{bmatrix}$$

为两个 $2n$ 维的向量,其中每个 x_i 是一个长度为 $n/2$ 的向量. 向量 Z_1 和 Z_2 有一半长度是重叠的. 根据(11.37)得到

$$NMZ_1 = \begin{bmatrix} x_1 - Rx_2 \\ -Rx_1 + x_2 \\ x_3 + Rx_4 \\ Rx_3 + x_4 \end{bmatrix}, \quad NMZ_2 = \begin{bmatrix} x_3 - Rx_4 \\ -Rx_3 + x_4 \\ x_5 + Rx_6 \\ Rx_5 + x_6 \end{bmatrix} \quad (11.38)$$

把 NMZ_1 的下半部分和 NMZ_2 的上半部分求和,可以重建出 n 维向量 $[x_3, x_4]$:

$$\begin{bmatrix} x_3 \\ x_4 \end{bmatrix} = \frac{1}{2}(NMZ_1)_{n\cdots 2n-1} + \frac{1}{2}(NMZ_2)_{0\cdots n-1} \quad (11.39)$$

经过 M 编码的信号在这个等式里用 N 进行了解码.

以上过程可以总结为定理 11.12.

定理 11.12(通过重叠方式计算 MDCT 逆变换) 令 M 为 $n \times 2n$ 的 MDCT 矩阵,$N = M^\mathrm{T}$. 令 u_1, u_2, u_3 为 n 维向量,且令

$$v_1 = M\begin{bmatrix} u_1 \\ u_2 \end{bmatrix}, \quad v_2 = M\begin{bmatrix} u_2 \\ u_3 \end{bmatrix}$$

则按照下面公式求得的 w_1, w_2, w_3, w_4

压 缩

$$\begin{bmatrix} w_1 \\ w_2 \end{bmatrix} = Nv_1, \quad \begin{bmatrix} w_3 \\ w_4 \end{bmatrix} = Nv_2$$

满足 $u_2 = \frac{1}{2}(w_2 + w_3)$.

这就是解码重建的过程. 定理 11.12 中用多个 n 维向量连起来表示较长的信号序列 $[u_1, u_2, \cdots, u_m]$. 对相邻的一对向量应用 MDCT 变换，得到变换后的信号 $(v_1, v_2, \cdots, v_{m-1})$. 然后再使用有损压缩. v_i 是频域分量，则我们可以保留特定的频率，而忽视其他不重要的部分频率. 我们将在下一节讨论这个问题.

通过量化或者其他方法把 v_i 进行压缩后，还可以按定理 11.12 进行解压. 注意我们无法恢复 u_1 和 u_m；这两部分不是信号中的关键部分，或者也可以事先补上两块空白信号.

例 11.9 用重叠 MDCT 方法求信号 $x = [1, 2, 3, 4, 5, 6]$ 的变换，再通过逆变换重建中间的 $[3, 4]$ 部分信号.

两个重叠的向量为 $[1, 2, 3, 4]$ 和 $[3, 4, 5, 6]$. 令 $n = 2$，并设

$$E_2 = \begin{bmatrix} \cos\frac{\pi}{8} & \cos\frac{3\pi}{8} \\ \cos\frac{3\pi}{8} & \cos\frac{9\pi}{8} \end{bmatrix} = \begin{bmatrix} b & c \\ c & -b \end{bmatrix}$$

注意，我们定义的 b 和 c 与 (11.7) 式稍有不同，这是为了与 MDCT 统一. 应用 2×4 MDCT 变换得到

$$v_1 = M \begin{bmatrix} 1 \\ 2 \\ 3 \\ 4 \end{bmatrix} = E_2 \begin{bmatrix} -R(3) - 4 \\ 1 - R(2) \end{bmatrix} = E_2 \begin{bmatrix} -7 \\ -1 \end{bmatrix} = \begin{bmatrix} -7b - c \\ b - 7c \end{bmatrix} = \begin{bmatrix} -6.8498 \\ -1.7549 \end{bmatrix}$$

$$v_2 = M \begin{bmatrix} 3 \\ 4 \\ 5 \\ 6 \end{bmatrix} = E_2 \begin{bmatrix} -R(5) - 6 \\ 3 - R(4) \end{bmatrix} = E_2 \begin{bmatrix} -11 \\ -1 \end{bmatrix} = \begin{bmatrix} -11b - c \\ b - 11c \end{bmatrix} = \begin{bmatrix} -10.5454 \\ -3.2856 \end{bmatrix}$$

变换后的信号表示为

$$[v_1 | v_2] = \begin{bmatrix} -6.8498 & -10.5454 \\ -1.7549 & -3.2856 \end{bmatrix}$$

为了计算逆 MDCT 变换，定义 A 和 B 为

$$E_2 = [A \mid B] = \begin{bmatrix} b & c \\ c & -b \end{bmatrix}$$

并计算

$$\begin{bmatrix} w_1 \\ w_2 \end{bmatrix} = Nv_1 = \begin{bmatrix} B^T v_1 \\ -RB^T v_1 \\ -RA^T v_1 \\ -A^T v_1 \end{bmatrix} = \begin{bmatrix} c & -b \\ -c & b \\ -b & -c \\ -b & -c \end{bmatrix} \begin{bmatrix} -7b-c \\ b-7c \end{bmatrix} = \begin{bmatrix} -1 \\ 1 \\ 7 \\ 7 \end{bmatrix}$$

$$\begin{bmatrix} w_3 \\ w_4 \end{bmatrix} = Nv_2 = \begin{bmatrix} B^T v_2 \\ -RB^T v_2 \\ -RA^T v_2 \\ -A^T v_2 \end{bmatrix} = \begin{bmatrix} c & -b \\ -c & b \\ -b & -c \\ -b & -c \end{bmatrix} \begin{bmatrix} -11b-c \\ b-11c \end{bmatrix} = \begin{bmatrix} -1 \\ 1 \\ 11 \\ 11 \end{bmatrix}$$

其中 $b^2 + c^2 = 1$. 定理 11.12 说明,我们可以通过以下的方法解码得到重叠部分[3,4]

$$u_2 = \frac{1}{2}(w_2 + w_3) = \frac{1}{2}\left(\begin{bmatrix} 7 \\ 7 \end{bmatrix} + \begin{bmatrix} -1 \\ 1 \end{bmatrix}\right) = \begin{bmatrix} 3 \\ 4 \end{bmatrix}$$

MDCT 的定义和用法不如前一章中的 DCT 那么直接. 但是它的优点是可以有效地重叠相邻向量. 这样带来的好处是, 通过对两个向量求平均, 可以减小边界位置的跳变带来的瑕疵. 对于 DCT, 我们可以用滤波或量化的方法实现信号的压缩. 下一节中, 我们会讲到, 对于 MDCT, 也可以用量化方法进行压缩.

11.4.2 位量化

通过对信号的 MDCT 进行量化, 可以实现音频信号的有损压缩. 在这一节里, 我们将推广图像压缩中使用的量化方法, 可以更好地控制信号表示所需的位数.

首先确定一个实数开区间 $(-L, L)$. 假设我们要用 b 位来表示 $(-L, L)$ 上的一个数, 而且可以接受一定程度的误差. 我们可以用一个位来表示符号, 并用 $b-1$ 位来对数值进行量化. 公式为:

> **$(-L, L)$ 的 b 位量化**
>
> 量化: $z = \text{round}\left(\dfrac{y}{q}\right)$, 其中 $q = \dfrac{2L}{2^b - 1}$
>
> 反量化: $\overline{y} = qz$
>
> (11.40)

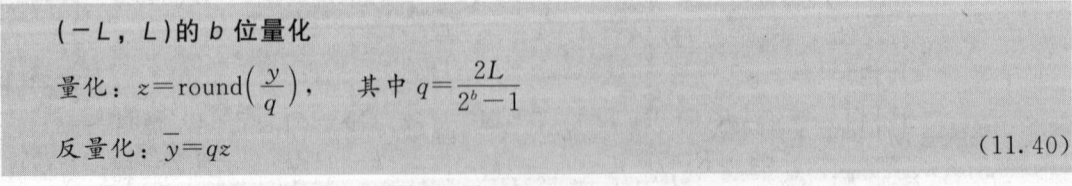

a) 2位 b) 3位

图 11.11 位量化. (11.39) 的图解表示

作为一个例子, 我们看一下如何用 4 位来表示区间 $(-1, 1)$ 上的数. 令 $q = 2(1)/(2^4 - 1) = 2/15$, 并以 q 进行量化. 数据 $y = -0.3$ 表示为

$$\frac{-0.3}{2/15} = -\frac{9}{4} \rightarrow -2 \rightarrow -010$$

数据 $y = 0.9$ 表示为

$$\frac{0.9}{2/15} = \frac{27}{4} = 6.75 \to 7 \to +111$$

反量化是量化的逆过程. -0.3 的量化结果经过反量化变为:
$$(-2)q = (-2)(2/15) = -4/15 \approx -0.2667$$

0.9 的量化结果经过反量化变为
$$(7)q = (7)(2/15) = 14/15 \approx 0.9333$$

这两个例子的量化误差都是 $1/30$.

例 11.10 把例 11.9 中 MDCT 变换的结果量化为 4 位整数. 反量化后, 应用 MDCT 逆变换, 并计算量化误差.

所有的系数都位于区间 $(-12, 12)$ 上. 令 $L=12$, 4 位量化需要令 $q = 2(12)/(2^4-1) = 1.6$, 则

$$v_1 = \begin{bmatrix} -6.8498 \\ -1.7549 \end{bmatrix} \to \begin{bmatrix} \text{round}\left(\frac{-6.8948}{1.6}\right) \\ \text{round}\left(\frac{-1.7549}{1.6}\right) \end{bmatrix} \to \begin{bmatrix} -4 \\ -1 \end{bmatrix} \to \begin{matrix} -100 \\ -001 \end{matrix}$$

$$v_2 = \begin{bmatrix} -10.5454 \\ -3.2856 \end{bmatrix} \to \begin{bmatrix} \text{round}\left(\frac{-10.5454}{1.6}\right) \\ \text{round}\left(\frac{-3.2856}{1.6}\right) \end{bmatrix} \to \begin{bmatrix} -7 \\ -2 \end{bmatrix} \to \begin{matrix} -111 \\ -010 \end{matrix}$$

变换后的变量 v_1, v_2 可以用 4 位的整数表示, 总共需要 16 位.

用 $q=1.6$ 进行反量化, 得到

$$\begin{bmatrix} -4 \\ -1 \end{bmatrix} \to \begin{bmatrix} -6.4 \\ -1.6 \end{bmatrix} = \overline{v}_1$$

$$\begin{bmatrix} -7 \\ -2 \end{bmatrix} \to \begin{bmatrix} -11.2 \\ -3.2 \end{bmatrix} = \overline{v}_0$$

应用 MDCT 逆变换, 得到

$$\begin{bmatrix} w_1 \\ w_2 \end{bmatrix} = N\overline{v}_1 = \begin{bmatrix} -0.9710 \\ 0.9710 \\ 6.5251 \\ 6.5251 \end{bmatrix}$$

$$\begin{bmatrix} w_3 \\ w_4 \end{bmatrix} = N\overline{v}_2 = \begin{bmatrix} -1.3296 \\ 1.3296 \\ 11.5720 \\ 11.5720 \end{bmatrix}$$

重建的信号为

$$u_2 = \frac{1}{2}(w_2 + w_3) = \frac{1}{2}\left(\begin{bmatrix} 6.5251 \\ 6.5251 \end{bmatrix} + \begin{bmatrix} -1.3296 \\ 1.3296 \end{bmatrix}\right) = \begin{bmatrix} 2.5977 \\ 3.9274 \end{bmatrix}$$

量化误差为重建信号和原始信号的差异

$$\left|\begin{bmatrix}2.5977\\3.9274\end{bmatrix}-\begin{bmatrix}3\\4\end{bmatrix}\right|=\begin{bmatrix}0.4023\\0.0726\end{bmatrix}$$

在对音频文件编码时，通常需要对不同的频率预先指定所需的位数. 事实验证 11 向读者描述了一个完整的**编解码器**(编码解码协议)的构造过程，其中就使用了 MDCT 和位量化方法.

11.4 节习题

1. 计算以下输入数据的 MDCT 结果. 结果用 $b=\cos\pi/8$ 和 $c=\cos3\pi/8$ 表示.
   (a) [1, 3, 5, 7]　　　　　　　　(b) [-2, -1, 1, 2]
   (c) [4, -1, 3, 5]
2. 计算以下输入数据的 MDCT 结果，使用两个长度为 4 的重叠窗口，参考例 11.9 的方法. 然后再用逆 MDCT 重建中间的重叠区域.
   (a) [-3, -2, -1, 1, 2, 3]　　　　(b) [1, -2, 2, -1, 3, 0]
   (c) [4, 1, -2, -3, 0, 3]
3. 将以下实数用 4 位量化到 (-1, 1) 区间，然后反量化并计算量化误差. (a) 2/3, (b) 0.6, (c) 3/7.
4. 重复习题 3，使用 8 位量化.
5. 将以下实数用 8 位量化到 (-4, 4) 区间，然后反量化并计算量化误差. (a) 3/2, (b) -7/5, (c) 2.9, (d) π.
6. 验证对于每个偶整数 n，$n\times n$ 的 DCT4 矩阵是一个正交阵.
7. 对习题 2 的数据，先用 4 位在 (-6, 6) 区间上进行量化再重建中间重叠段的数据，并与正确结果进行比较.
8. 对习题 2 的数据，先用 8 位在 (-6, 6) 区间上进行量化再重建中间重叠段的数据，并与正确结果进行比较.
9. 以 c_{5n} 和 c_{6n} 为例，说明为什么 (11.28) 中的 n 维列向量 c_k 都可以用 $c_{k'}$ 表示，其中 $0\leqslant k'\leqslant n-1$.
10. 当用 b 位对实数在 $(-L, L)$ 区间上进行量化时，计算量化误差的上界 (由量化和反量化引起的误差).

11.4 节编程问题

1. 用 MATLAB 编程实现以下功能，输入一个向量，使用 MDCT 方法对每个长度为 $2n$ 的窗口进行变换，然后重建长度为 n 的重叠区域，参考例 11.9 的方法. 用以下数据进行测试.
   (a) $n=4$, $x=[1\ 2\ 3\ 4\ 5\ 6\ 7\ 8\ 9\ 10\ 11\ 12]$　　(b) $n=4$, $x_i=\cos(i\pi/6)$, $i=0, \cdots, 11$
   (c) $n=8$, $x_i=\cos(i\pi/10)$, $i=0, \cdots, 63$
2. 在编程问题 1 的程序中，在重建重叠部分前，先应用 b 位量化. 然后再对习题 1 中的数据进行重建，并与原始输入进行比较.

事实验证 11　一个简单的音频编解码器

高效的音频传输和存储是现代通信系统的一个重要组成部分，而其中压缩占了决定性的地位. 在这个事实验证中，我们要构造一个基本的编解码协议，其中需要用到 MDCT 把音频信号在频域上进行分割，以及 11.4.2 节中的位量化方法.

在一个 $2n$ 维的信号序列上应用 MDCT 变换，会输出一个 n 维频域数据会对输入窗口中的 $2n$ 个信号值进行处理，得到含有 n 个频率分量的近似 (以及下一个窗口，插值后边的 n 个输入数据点). 算法中的压缩是通过对量化后的频率分量进行编码来实现的，如例 11.10 所示.

在一般的音频存储格式中，需要根据心理声学的研究来对不同的频率分配不同的位数进行量化. 心理声学是一门研究人的听觉感知的科学. 例如一种称为**频率屏蔽**特性的技术,是指人耳在一个时刻,只能感知每个频率范围内的一个主要声音,这个技术可以用来确定哪些频率是最重要的需要保留的,而哪些是不重要的. 对重要的频率,可以使用更多的位进行量化. 大多数有竞争力的方法都是基于 MDCT 算法的,而主要区别只是如何处理心理声学系数. 在本文的描述中,我们将用一种最简化的方法——使用**重要性滤波**去掉大部分心理声学系数,它会分配更多的位给强度较大的分量.

首先我们来重建一个纯净的音调. 令 $n=32$,MDCT 能够描述的最低频率为 64Hz,这是人耳能听到的最低频率. 64Hz 的音调可以表示为 $x(t)=\cos 2\pi(64)t$,其中 t 以秒来衡量. 如果用 F_S 表示每秒的采样数目,则 $1/F_S, 2/F_S, \cdots, F_S/F_S$ 表示一秒钟内的采样点. MATLAB 命令

```
Fs=8192;
x=cos(2*pi*64*(1:Fs)/Fs);
sound(x,Fs)
```

可以播放一秒钟的 64Hz 音调. 采样频率 F_S 为 $8192=2^{13}$ 字节/秒是一个常用值,对应 $2^{16}=65\,536$ 位/秒,则这个音频文件的采样率为 64Kb/s. (另一些常用的采样速率是这个值的 2 或 3 倍,即 128 或 192Kb.)

把 64 替换为其倍数 $64f$,可以获得更高的音调. $f=2$ 或 4 会产生高出一个八度的音调. 令 $f=7$ 会得到 448Hz 的音调,这与标准音 A(440Hz)非常接近. 对着你的朋友播放这个声音,他很快就会唱跑调.

下面的 MATLAB 代码是按照 11.4 节中的方法,先进行 MDCT 变换和量化,然后再进行反量化和 MDCT 逆变换. 最后再估计这个有损压缩中由量化带来的误差.

```
n=32;                              % 窗口大小
nb=127;                            % 窗口数目,必须大于1
b=4; L=5;                          % 量化信息
q=2*L/(2^b-1);                     % b位量化区间[-L,L]
for i=1:n                          % 形成MDCT矩阵
  for j=1:2*n
    M(i,j)= cos((i-1+1/2)*(j-1+1/2+n/2)*pi/n);
  end
end
M=sqrt(2/n)*M;
N=M';                              % 逆MDCT
Fs=8192;f=7;                       % Fs=采样率
x=cos((1:4096)*pi*64*f/4096);      % 测试信号
sound(x,Fs)                        % Matlab播放声音命令
out=[];
for k=1:nb                         % 对窗口循环
  x0=x(1+(k-1)*n:2*n+(k-1)*n)';
  y0=M*x0;
  y1=round(y0/q);                  % 量化变换结果
  y2=y1*q;                         % 反量化
  w(:,k)=N*y2;                     % 逆MDCT变换
  if(k>1)
    w2=w(n+1:2*n,k-1);w3=w(1:n,k);
    out=[out;(w2+w3)/2];           % 重建信号
  end
end
pause(1)
sound(out,Fs)                      % 播放重建信号
```

这个代码播放的是半秒钟原始信号(448Hz),接着是半秒的重建新号. 通过改变代码中的变量 b,可以改变量化的位数,比较重建的声音信号.

建议活动

1. 对于奇数 f,MDCT 的结果与偶数时有什么不同?解释一下为什么对于奇数和偶数 f,重建相同精度的信号所需的位数会不同.

2. 在代码中添加"窗口函数". 窗口函数在窗口两端把信号平滑地压缩到 0,以抵消信号不完全满足周期性的问题. 对于长度为 $2n$ 的窗口,可以把 x_i 替换为 $x_i h_i$,其中

$$h_i = \sqrt{2} \sin \frac{\left(i - \frac{1}{2}\right) \pi}{2n}$$

为了复原窗口函数,把 MDCT 逆变换输出的 w_2 和 w_3 乘以同样的 h_i;这里利用了正弦函数的正交性,因为现在窗口函数偏移了 1/4 个周期. 对于不同的量化位数,比较使用窗口函数后的效果.

3. 引入重要性采样. 用多个纯净音调合成一个新的测试音调. 修改代码使得 y 中 32 个频率中的每一个分量对应不同的量化位数 b_k. 设计一个方法,对较大的 $|y_k|$ 使其 b_k 也较大. 计算保存信号所需的位数,并优化你的方案.

4. 实现两个子程序,一个是编码器,另一个是解码器. 编码器通过 MDCT 和量化把信号保存到文件(或 MATLAB 变量),并输出所需的位数. 解码器读取储存的文件并重建信号.

5. 用 MATLAB 的 `wavread` 命令读入一个 .wav 文件,或者下载任意一个音频文件. (可以使用 `handel`. 如果你用的是立体声文件,则需要对每个声道分别处理.)设计并实现一种位分配算法以确定 b_k. 用编码器进行压缩,再用解码器解压. 对不同的压缩率,比较还原后的音频质量.

6. 调研在业界使用的其他音频压缩技巧. 例如,对于立体声音频文件,是否有比分别处理两个声道 s_1, s_2 更好的方法?为什么压缩 $(s_1 + s_2)/2$ 和 $(s_1 - s_2)/2$ 能取得更好的效果?

软件与进一步阅读

要对数据压缩的实际应用有进一步了解,可以参考 Nelson 与 Gailly[1995], Storer[1988], Sayood[1996]. 关于图像和音频压缩,可以参考 Bhaskaran 与 Konstandtinides[1995]. Rao 与 Yip[1990] 详细介绍了离散傅里叶变换. 关于霍夫曼编码可以参考霍夫曼[1952].

我们已经介绍过基本的 JPEG 图像压缩标准(Wallace[1991]). 完整的标准可以参考 Pennebaker 与 Mitchell[1993]. 最近提出的 JPEG-2000 标准(Taubman 与 Marcellin[2002])中用小波压缩代替了 DCT 变换.

大部分音频压缩协议都是基于 MDCT 变换(Wang 与 Vilermo[2003], Malvar[1992]). 针对每种特定格式,都可以找到详细的说明,例如 MP3(MPEG audio layer 3,参考 Hacker[2000]),AAC(高级音频编码用于 Apple iTunes 和 QuickTime video,以及 XM 卫星广播),以及开源音频格式 Ogg-Vorbis.

第 12 章 特征值与奇异值

> 万维网生成的大量信息可以轻易地被一般用户获取. 信息量如此巨大, 使得通过一个功能强大的搜索引擎进行导航非常必要. 技术发展也提供了微型廉价的传感器, 为研究者提供大量数据. 对于大量信息的访问, 如何以一种高效的方式进行?
>
> 搜索技术的很多方面的知识发现都依赖于特征值或奇异值问题. 求解高维问题的数值方法会构造投影, 并在低维空间上区分信息. 这是复杂数据环境中极需要的简化.
>
> **事实验证 12** 探索当前世界上最大的特征值计算问题, 该计算被一个广为人知的网络搜索供应商使用.

定位特征值的计算方法基于幂迭代的基本思想, 这是求解特征值的一类迭代方法. 该思想的一个复杂版本被称为 QR 算法, 是确定典型矩阵所有特征值的一般方法.

奇异值分解揭示了矩阵的基本结构, 在大量统计应用中可以找出数据之间的关系. 在本章中, 我们概述了找出方阵的特征值和特征向量的方法, 以及一般矩阵的奇异值和奇异向量的方法.

12.1 幂迭代方法

计算特征值没有直接的方法. 这种情况和求解根的问题类似, 在第 1 章中求解根 (root finding) 中所有有效的方法都依赖于某种形式的迭代. 在本节开始, 我们考虑当前特征值问题是否可以消减为求解根的问题.

附录 A 描述了计算一个 $m \times m$ 矩阵的 m 个特征值和特征向量的方法. 该方法基于求解 m 阶特征多项式的根, 对于 2×2 矩阵特征值求解效果很好. 对于更大的矩阵, 需要第 1 章中学过的根求解方法.

我们回忆第 1 章中威尔金森多项式的例子, 这种寻找特征值的难点变得更加清晰. 在第 1 章中我们知道, 对于多项式系数非常小的改变可能对多项式的根带来任意大的改动. 换句话说, 将系数变为根的输入/输出问题对应的条件数可能性极大. 由于特征多项式系数的计算受制于机器舍入误差的阶, 使用这种方法计算得到的特征值也有可能产生大量的误差. 这个问题非常严重, 并足以证明不能使用特征多项式的根作为精确计算特征值的方式.

可以从威尔金森多项式的例子中看到, 这种方法有非常差的精度. 如果我们想找到如下矩阵的特征值

$$A = \begin{bmatrix} 1 & 0 & \cdots & 0 \\ 0 & 2 & & \vdots \\ \vdots & & \ddots & \vdots \\ 0 & 0 & \cdots & 20 \end{bmatrix} \qquad (12.1)$$

需要计算特征多项式 $P(x)=(x-1)(x-2)\cdots(x-20)$ 的系数，并使用一个根求解器找出根。$P(x)$ 的根就是矩阵 A 的特征值。但是如同第 1 章所示，机器版的 $P(x)$ 的一些根和真正 $P(x)$ 的根相差很远。

本节介绍的方法基于对矢量乘上矩阵的高阶幂，这个向量随着幂的升高会变成特征向量，在后面我们将对这个方法进行精化，但是这就是最复杂方法的主要思想。

12.1.1 幂迭代

幂迭代的动机是与矩阵相乘可以将向量推向主特征向量的方向。

> **条件** "特征多项式方法"中的巨大误差并不是根求解器的问题。一个足够精确的根求解器可能也不会带来什么改善。当多项式相乘以确定系数并进行求解时，系数一般会具有机器精度级别的误差。要在这个有稍许误差的多项式上用根求解器求根，而这个过程正如我们已经见到的情况，可能带来灾难性的后果。对于这种问题没有一般的修正方式。一种解决这种问题的方法是提高浮点数字表达中的尾数的位数，这会使得机器精度变小。如果可以使得机器精度的值小于 $1/\mathrm{cond}(P)$，对特征值的精度就可以保证。当然这并不是真正的解决方案，仅仅是另外一场不可能战胜的竞赛中的一步。如果使用更高精度的计算，我们可以不断扩展威尔金森多项式，以得到更高阶的多项式以及更高的条件数。

定义 12.1 令 A 是一个 $m\times m$ 矩阵。A 的**占优特征值**是量级比矩阵 A 所有其他特征值都大的特征值 λ，如果这样的特征值存在，与 λ 相关特征向量被称为**占优特征向量**。

矩阵

$$A=\begin{bmatrix}1&3\\2&2\end{bmatrix}$$

具有占优特征值 4，对应的占优特征向量为 $[1,1]^T$，一个较小的特征值 -1 对应的特征向量为 $[-3,2]^T$。让我们观察对于一个"随机"向量，例如 $[-5,5]^T$，乘上矩阵 A 的结果：

$$x_1=Ax_0=\begin{bmatrix}1&3\\2&2\end{bmatrix}\begin{bmatrix}-5\\5\end{bmatrix}=\begin{bmatrix}10\\0\end{bmatrix}$$

$$x_2=A^2x_0=\begin{bmatrix}1&3\\2&2\end{bmatrix}\begin{bmatrix}10\\0\end{bmatrix}=\begin{bmatrix}10\\20\end{bmatrix}$$

$$x_3=A^3x_0=\begin{bmatrix}1&3\\2&2\end{bmatrix}\begin{bmatrix}10\\20\end{bmatrix}=\begin{bmatrix}70\\60\end{bmatrix}$$

$$x_4=A^4x_0=\begin{bmatrix}1&3\\2&2\end{bmatrix}\begin{bmatrix}70\\60\end{bmatrix}=\begin{bmatrix}250\\260\end{bmatrix}=260\begin{bmatrix}\frac{25}{26}\\1\end{bmatrix}$$

对于初始的随机向量重复地乘上矩阵 A，可以不断将向量移动到矩阵 A 的占优特征向量。这不是一个巧合，x_0 可以表示为特征向量的线性组合

特征值与奇异值

$$x_0 = 1\begin{bmatrix}1\\1\end{bmatrix} + 2\begin{bmatrix}-3\\2\end{bmatrix}$$

在这个角度重新来看计算过程:

$$x_1 = Ax_0 = 4\begin{bmatrix}1\\1\end{bmatrix} - 2\begin{bmatrix}-3\\2\end{bmatrix}$$

$$x_2 = A^2 x_0 = 4^2\begin{bmatrix}1\\1\end{bmatrix} + 2\begin{bmatrix}-3\\2\end{bmatrix}$$

$$x_3 = A^3 x_0 = 4^3\begin{bmatrix}1\\1\end{bmatrix} - 2\begin{bmatrix}-3\\2\end{bmatrix}$$

$$x_4 = A^4 x_0 = 4^4\begin{bmatrix}1\\1\end{bmatrix} + 2\begin{bmatrix}-3\\2\end{bmatrix} = 256\begin{bmatrix}1\\1\end{bmatrix} + 2\begin{bmatrix}-3\\2\end{bmatrix}$$

要点是和占优特征值对应的特征向量在多次计算后会在计算过程中占优. 在这种情况下, 4 是最大的特征值, 因而计算越来越接近特征向量 $[1, 1]^T$ 的方向.

为了让数字不失去控制, 必须在每步中对向量进行归一化. 一种方式是在每步之前用当前向量去除它的长度. 这两个操作, 即归一化和与 A 相乘组成了幂迭代方法.

随着迭代不断改进了近似的特征向量, 我们如何找到近似特征值? 为了更一般地定义问题, 假设已知矩阵 A 和近似特征向量. 对于相关的特征值的最优的估计是什么?

> **收敛** 幂迭代本质上是一个在每步上进行归一化的不动点迭代. 和 FPI 一样, 该方法线性收敛, 意味着在收敛过程中, 在每个迭代步骤中误差以常数因子降低. 在本节的随后部分, 我们将讨论幂迭代具有二阶收敛的变种, 该方法称为瑞利商迭代.

我们将使用最小二乘. 考虑特征值方程 $x\lambda = Ax$, 其中 x 是特征向量的近似, λ 未知. 在这种情况下, 系数矩阵是 $n \times 1$ 矩阵 x. 法线方程指出最小二乘解是 $x^T x \lambda = x^T Ax$ 的解, 或者

$$\lambda = \frac{x^T Ax}{x^T x} \tag{12.2}$$

这就是瑞利(Rayleigh)商. 给定特征向量近似, 瑞利商是特征值的最优近似. 在幂迭代中, 对归一化的特征向量使用瑞利商可以得到特征值近似.

幂迭代

给定初始向量 x_0.
for $j = 1, 2, 3, \cdots$
$\quad u_{j-1} = x_{j-1}/\|x_{j-1}\|_2$
$\quad x_j = Au_{j-1}$
$\quad \lambda_j = u_{j-1}^T Au_{j-1}$
end
$u_j = x_j/\|x_j\|_2$

从一个初始向量开始, 找出矩阵 A 占优的特征向量. 每步迭代包含对当前向量的归一

化并和矩阵 A 相乘. 瑞利商用于近似特征值. 如下面的代码, 使用 MATLAB 的 norm 命令可以简单实现该过程:

```
% 程序12.1 幂迭代
% 计算方阵占优特征向量
% 输入:矩阵A,初始(非零)向量x,步数k
% 输出:占优特征值lam,特征向量u
function [lam,u]=powerit(A,x,k)
for j=1:k
    u=x/norm(x);          % 向量归一化
    x=A*u;                % 幂步骤
    lam=u'*x;             % 瑞利商
end
u=x/norm(x);
```

12.1.2 幂迭代的收敛

我们将证明特定条件下的幂迭代会收敛到特征值. 尽管这些条件并不是完全一般的条件, 但是它们可用于表明为什么这些方法在最简单的情况下能够成功. 然后我们将构造更加复杂的特征值方法, 这些方法也基于幂迭代的基本思想, 并覆盖更加一般的矩阵.

定理 12.2 令 A 是一个 $m \times m$ 矩阵, 特征值为 $\lambda_1, \cdots, \lambda_m$, 并满足 $|\lambda_1| > |\lambda_2| \geq |\lambda_3| \geq \cdots \geq |\lambda_m|$. 假设矩阵 A 的特征向量张成 R^m 空间. 对于几乎所有的初始向量, 幂迭代线性收敛到和 λ_1 相关的特征向量, 收敛常数为 $S = |\lambda_2/\lambda_1|$.

证明 令 $v_1, \cdots, v_n$ 是构成 R^n 基的特征向量, 对应的特征值分别为 $\lambda_1, \cdots, \lambda_n$. 使用这个基和某些系数将初始的向量表示为 $x_0 = c_1 v_1 + \cdots + c_n v_n$. "对于几乎所有初始向量" 意味着我们可以假设 $c_1, c_2 \neq 0$, 应用幂迭代得到

$$Ax_0 = c_1 \lambda_1 v_1 + c_2 \lambda_2 v_2 + \cdots + c_n \lambda_n v_n$$
$$A^2 x_0 = c_1 \lambda_1^2 v_1 + c_2 \lambda_2^2 v_2 + \cdots + c_n \lambda_n^2 v_n$$
$$A^3 x_0 = c_1 \lambda_1^3 v_1 + c_2 \lambda_2^3 v_2 + \cdots + c_n \lambda_n^3 v_n$$
$$\vdots$$

在每步中使用归一化. 当步数 $k \to \infty$, 不管如何进行归一化, 右侧的第一项将占优, 这是因为

$$\frac{A^k x_0}{\lambda_1^k} = c_1 v_1 + c_2 \left(\frac{\lambda_2}{\lambda_1}\right)^k v_2 + \cdots + c_n \left(\frac{\lambda_n}{\lambda_1}\right)^k v_n$$

假设 $|\lambda_1| > |\lambda_i|$, 其中 $i > 1$, 意味着右侧除了第一项之外的所有项将会收敛到 0, 收敛率 $S \leq |\lambda_2/\lambda_1|$, 如果 $c_2 \neq 0$, 收敛率就是 S. 因而, 该方法会收敛到 v_1 的某个倍数. 对应的特征值为 λ_1. ∎

定理结论中的"几乎所有"项意味着迭代失败对应的初始向量集 x_0 是低维空间 R^m 中的向量. 特别地, 如果 x_0 没有被包含在 $m-1$ 维由 $\{v_1, v_3, \cdots, v_m\}$ 以及 $\{v_2, v_3, \cdots, v_m\}$ 所张的平面上, 迭代将以特定速率成功收敛.

12.1.3 幂迭代的逆

幂迭代局限于求解最大(绝对值最大)的特征值. 如果幂迭代用于矩阵的逆矩阵, 可以找到最小的特征值.

引理 12.3 令 $m \times m$ 矩阵 A 的特征值表示为 $\lambda_1, \lambda_2, \cdots, \lambda_m$. (a) 假设逆矩阵存在, 逆矩阵的 A^{-1} 的特征值 λ 为 $\lambda_1^{-1}, \lambda_2^{-1}, \cdots, \lambda_m^{-1}$. 特征向量和矩阵 A 的相同. (b) 转移矩阵 $A - sI$ 的特征值为 $\lambda_1 - s, \lambda_2 - s, \cdots, \lambda_m - s$, 特征向量和矩阵 A 的特征向量相同.

证明 (a) $Av = \lambda v$ 蕴含着 $v = \lambda A^{-1} v$, 因而 $A^{-1} v = (1/\lambda) v$, 注意到特征向量没有改变. (b) 从 $Av = \lambda v$ 两侧减去 sIv, 则 $(A - sI)v = (\lambda - s)v$ 是矩阵 $(A - sI)$ 的特征值问题的定义, 同样可以使用相同的特征向量.

根据引理 12.3, 矩阵 A^{-1} 的最大特征值是矩阵 A 最小特征值的倒数. 对逆矩阵使用幂迭代, 并对所得到的 A^{-1} 的特征值计算倒数, 就得到矩阵 A 的最小特征值.

为了避免对矩阵 A 的逆矩阵的显式求解, 我们对 A^{-1} 的幂迭代过程进行修改, 即

$$x_{k+1} = A^{-1} x_k \tag{12.3}$$

等价为

$$A x_{k+1} = x_k \tag{12.4}$$

并使用高斯消去求解.

现在我们知道如何找出矩阵的最大和最小特征值. 换句话说, 对于 100×100 矩阵, 我们已经完成了 2%. 我们如何找到其他的 98% 呢?

一种方式是如同引理 12.3(b) 中所提到的. 我们可以对矩阵 A 做出接近特征值的移动. 如果我们恰好知道在 10 附近(例如 10.05)有一个特征值, 则 $A - 10I$ 具有特征值 $\lambda = 0.05$. 如果这是矩阵 $A - 10I$ 的最小特征值, 则逆向幂迭代 $x_{k+1} = (A - 10I)^{-1} x_k$ 可对该特征值进行定位. 即逆向幂迭代会收敛到倒数 $1/(0.05) = 20$, 随后我们将对 0.05 求倒数, 并加上移动量得到 10.05. 使用这个技巧可以定位平移后的最小特征值, 这是另外一种对平移最近特征值的说法. 总结一下, 我们可以写出

逆向幂迭代

给定初始向量 x_0 以及平移 s
for $j = 1, 2, 3, \cdots$
     $u_{j-1} = x_{j-1} / \|x_{j-1}\|_2$
     求解 $(A - sI) x_j = u_{j-1}$
     $\lambda_j = u_{j-1}^T x_j$
end
$u_j = x_j / \|x_j\|_2$

为了找出矩阵 A 在实数 s 附近的特征值, 对 $(A - sI)^{-1}$ 使用幂迭代得到 $(A - sI)^{-1}$ 的最大特征值 b. 幂迭代可以通过对 $(A - sI) y_{k+1} = x_k$ 进行高斯消去得到. 则 $\lambda = b^{-1} + s$ 为矩阵 A 在 s 附近的特征值. 和 λ 相关的特征向量可由计算直接给出.

```
% 程序12.2 逆向幂迭代
% 计算输入s附近方阵的特征值
% 输入:矩阵A,(非0)向量x,平移s,步数k
% 输出:占优特征值lam,inv(A-sI)的特征向量
function [lam,u]=invpowerit(A,x,s,k)
As=A-s*eye(size(A));
for j=1:k
    u=x/norm(x);            % 向量归一化
    x=As\u;                 % 幂步骤
    lam=u'*x;               % 瑞利商
end
lam=1/lam+s; u=x/norm(x);
```

例 12.1 假设矩阵 A 是一个 5×5 矩阵,对应特征值为 -5,-2,$1/2$,$3/2$,4. 找出期望特征值和收敛率,(a)使用幂迭代,(b)使用逆向幂迭代,平移 $s=0$,(c)使用逆向幂迭代,平移 $s=2$.

(a)使用随机的初始向量进行幂迭代将会收敛到最大的特征值 -5,收敛率 $S=|\lambda_2|/|\lambda_1|=4/5$. (b)逆向幂迭代(没有平移)将会收敛到最小的 $1/2$,由于它的倒数 2 大于其他的倒数 $-1/5$,$-1/2$,$2/3$ 以及 $1/4$. 收敛率是逆矩阵的两个最大特征值的比率,即 $S=(2/3)/2=1/3$. (c)逆向幂迭代,平移 $s=2$,定位 2 附近的特征值,即 $3/2$. 因是在平移后得到特征值为 -7,-4,$-3/2$,$-1/2$ 以及 2,最大的倒数是 -2. 求逆后得到 $-1/2$,并加回平移 $s=2$,我们得到 $3/2$. 收敛率仍然对应比率,即 $(2/3)/2=1/3$. ◂

12.1.4 瑞利商迭代

瑞利商可以同逆向幂迭代同时使用,我们知道它会收敛到和 s 最接近的特征值对应的特征向量,如果这个距离很小则收敛速度很快. 如果在这个过程中任何步骤里,近似的特征值已知,可以使用该特征值作为 s,以加速收敛.

使用瑞利商作为逆向幂迭代中更新的平移会得到瑞利商迭代(RQI)方法.

瑞利商迭代

给定初值 x_0.

for $j=1,2,3,\cdots$
$$u_{j-1}=x_{j-1}/\|x_{j-1}\|$$
$$\lambda_{j-1}=u_{j-1}^{\mathrm{T}}Au_{j-1}$$
求解 $(A-\lambda_{j-1}I)x_j=u_{j-1}$

end
$$u_j=x_j/\|x_j\|_2$$

```
% 程序12.3 瑞利商迭代
% 输入:矩阵x A,初始(非零)向量x,步数k
% 输出:特征值lam和特征向量u
function [lam,u]=rqi(A,x,k)
for j=1:k
    u=x/norm(x);                    % 归一化
    lam=u'*A*u;                     % 瑞利商
    x=(A-lam*eye(size(A)))\u;       % 逆向幂迭代
end
```

```
u=x/norm(x);
lam=u'*A*u;                    % 瑞利商
```

逆向幂迭代线性收敛，瑞利商迭代则二次收敛到单特征值(非重复)，如果矩阵对称则可以得到三次收敛. 这意味着对于这种方法仅需要较少的步骤就可以收敛到机器精度. 收敛后矩阵 $A-\lambda_{j-1}I$ 为奇异矩阵，不能继续迭代. 因而，在程序 12.3 中可以通过误差测试使得在这种情况出现之前终止迭代. 注意，RQI 复杂度提高了. 逆向幂迭代仅仅需要一次 LU 分解；但是对于 RQI，每步还需要一次分解，这是由于平移量的改变. 即便如此，瑞利商迭代是本节中我们所讲述的可以一次找到一个特征值的最快收敛方法. 在下节中，我们讨论使用相同计算找到矩阵所有特征值的方式. 基本思想仍然是幂迭代，仅仅是细节会变得更加复杂.

12.1 节习题

1. 找出下列对称矩阵的特征多项式以及对应的特征值和特征向量：
   (a) $\begin{bmatrix} 3.5 & -1.5 \\ -1.5 & 3.5 \end{bmatrix}$ (b) $\begin{bmatrix} 0 & 2 \\ 2 & 0 \end{bmatrix}$ (c) $\begin{bmatrix} -0.2 & -2.4 \\ -2.4 & 1.2 \end{bmatrix}$ (d) $\begin{bmatrix} 136 & -48 \\ -48 & 164 \end{bmatrix}$

2. 找出下列矩阵的特征多项式以及对应的特征值和特征向量：
   (a) $\begin{bmatrix} 7 & 9 \\ -6 & 8 \end{bmatrix}$ (b) $\begin{bmatrix} 2 & 6 \\ 1 & 3 \end{bmatrix}$ (c) $\begin{bmatrix} 2.2 & 0.6 \\ -0.4 & 0.8 \end{bmatrix}$ (d) $\begin{bmatrix} 32 & 45 \\ -18 & -25 \end{bmatrix}$

3. 找出下列矩阵的特征多项式以及对应的特征值和特征向量：
   (a) $\begin{bmatrix} 1 & 0 & 1 \\ 0 & 3 & -2 \\ 0 & 0 & 2 \end{bmatrix}$ (b) $\begin{bmatrix} 1 & 0 & -\frac{1}{3} \\ 0 & 1 & \frac{2}{3} \\ -1 & 1 & 1 \end{bmatrix}$ (c) $\begin{bmatrix} -\frac{1}{2} & -\frac{1}{2} & -\frac{1}{6} \\ -1 & 0 & \frac{1}{3} \\ -\frac{1}{2} & \frac{1}{2} & \frac{1}{2} \end{bmatrix}$

4. 证明方阵与其转置具有相同的特征多项式，因而具有相同的特征值.

5. 假设 A 是具有如下给定特征值的 3×3 矩阵. 对于哪个特征值幂迭代会收敛，并确定收敛率常数 S.
   (a) $\{3, 1, 4\}$ (b) $\{3, 1, -4\}$ (c) $\{-1, 2, 4\}$ (d) $\{1, 9, 10\}$

6. 假设 A 是具有如下给定特征值的 3×3 矩阵. 对于哪个特征值幂迭代会收敛，并确定收敛率常数 S.
   (a) $\{1, 2, 7\}$ (b) $\{1, 1, -4\}$ (c) $\{0, -2, 5\}$ (d) $\{8, -9, 10\}$

7. 假设 A 是具有如下给定特征值的 3×3 矩阵，对于哪个特征值具有平移 s 的逆向幂迭代会收敛，并确定收敛率常数 S.
   (a) $\{3, 1, 4\}, s=0$ (b) $\{3, 1, -4\}, s=0$ (c) $\{-1, 2, 4\}, s=0$ (d) $\{1, 9, 10\}, s=6$

8. 假设 A 是具有给定特征值的 3×3 矩阵，对于哪个特征值具有平移 s 的逆向幂迭代会收敛，并确定收敛率常数 S.
   (a) $\{3, 1, 4\}, s=5$ (b) $\{3, 1, -4\}, s=4$ (c) $(-1, 2, 4), s=1$ (d) $\{1, 9, 10\}, s=8$

9. 令 $A=\begin{bmatrix} 1 & 2 \\ 4 & 3 \end{bmatrix}$. (a) 找出 A 的所有特征值和特征向量. (b) 使用初始向量为 $x_0=(1, 0)$ 的幂迭代. 在每步中，使用当前的瑞利商计算特征值. 使用如下平移的逆向幂迭代预测结果，(c) $s=0$, (d) $s=3$.

10. 令 $A=\begin{bmatrix} -2 & 1 \\ 3 & 0 \end{bmatrix}$. 对于矩阵完成习题9的步骤.

11. 如果 A 是一个 6×6 矩阵，对应的特征值为 $-6,-3,1,2,5,7$，如下算法可以找出 A 的哪个特征值？(a) 幂迭代，(b) 逆向幂迭代，平移为 $s=4$. (c) 找出两种计算的线性收敛率. 哪种收敛会更快？

12.1 节编程问题

1. 使用提供的幂迭代方法代码（或者你自己的代码）找出 A 的占优特征向量，并通过计算瑞利商找出占优特征值. 比较你的结论和习题5的对应部分.

   (a) $\begin{bmatrix} 10 & -12 & -6 \\ 5 & -5 & -4 \\ -1 & 0 & 3 \end{bmatrix}$ (b) $\begin{bmatrix} -14 & 20 & 10 \\ -19 & 27 & 12 \\ 23 & -32 & -13 \end{bmatrix}$ (c) $\begin{bmatrix} 8 & -8 & -4 \\ 12 & -15 & -7 \\ -18 & 26 & 12 \end{bmatrix}$ (d) $\begin{bmatrix} 12 & -4 & -2 \\ 19 & -19 & -10 \\ -35 & 52 & 27 \end{bmatrix}$

2. 使用提供的逆向幂迭代方法代码（或者你自己的代码）验证习题7中的结论，使用编程问题1中的合适矩阵.

3. 对于逆向幂迭代方法，验证你在习题8中的结论，使用习题1中的适当矩阵.

4. 对于编程问题1中的合适矩阵使用瑞利商迭代. 使用不同的初始向量直到找出三个特征值.

12.2 QR 算法

本节的目标是推导可以一次找出所有特征值的方法. 我们从一个用于对称矩阵的方法开始，然后对该方法进行补充，并用于一般矩阵的特征值求解. 对称矩阵容易处理是因为它的特征值为实数，其特征向量构成 R^m 空间（见附录 A）的一组单位正交基. 这激发了同时对 m 个向量使用幂迭代，其中我们需要保持每个向量都与其他向量正交.

12.2.1 同时迭代

假设开始有 m 个两两正交的初始向量，$v_1,\cdots,v_m$. 对每个向量使用幂方法一步后 $Av_1,\cdots,Av_m$ 不再保证彼此正交. 事实上根据定理12.2，与 A 相乘，都会倾向于收敛到占优特征向量.

为了避免这样的情况，在每步中我们重新对 m 个向量正交化. 同时对 m 个向量计算与 A 的乘积，这可以写成矩阵乘法

$$A[v_1|\cdots|v_m]$$

正如我们在第4章所看到的，正交步骤可以看做对结果进行 QR 分解. 如果使用初等基向量作为初始向量，则重新正交化后幂迭代的第一步是 $AI=\overline{Q}_1 R_1$ 或者

$$A\begin{bmatrix} 1 \\ 0 \\ \vdots \\ 0 \end{bmatrix} \Big| A\begin{bmatrix} 0 \\ 1 \\ \vdots \\ 0 \end{bmatrix} \Big| \cdots \Big| A\begin{bmatrix} 0 \\ 0 \\ \vdots \\ 1 \end{bmatrix} = [\overline{q}_1^1|\cdots|\overline{q}_m^1] \begin{bmatrix} r_{11}^1 & r_{12}^1 & \cdots & r_{1m}^1 \\ & r_{22}^1 & & \vdots \\ & & \ddots & \\ & & & r_{mm}^1 \end{bmatrix} \quad (12.5)$$

$\overline{q}_i^1$ 是幂迭代过程中新的正交单位向量集，其中 $i=1,\cdots,m$. 然后我们重复这个步骤：

特征值与奇异值

$$A\overline{Q}_1 = [A\overline{q}_1^1 | A\overline{q}_2^1 | \cdots | A\overline{q}_m^1] = [\overline{q}_1^2 | \overline{q}_2^2 | \cdots | \overline{q}_m^2] \begin{bmatrix} r_{11}^2 & r_{12}^2 & \cdots & r_{1m}^2 \\ & r_{22}^2 & & \vdots \\ & & \ddots & \\ & & & r_{mm}^2 \end{bmatrix} = \overline{Q}_2 R_2 \quad (12.6)$$

换句话说,我们推出了幂迭代的形式,可以同时搜索对称矩阵所有 m 个特征向量.

归一化同时迭代

设 $\overline{Q}_0 = I$
for $j = 1, 2, 3, \cdots$
$A\overline{Q}_j = \overline{Q}_{j+1} R_{j+1}$
end

在第 j 步,$\overline{Q}_j$ 的列是 A 的特征向量的近似,对角线元素 $r_{11}^j, \cdots r_{mm}^j$ 是近似的特征值. 在 MATLAB 代码中,我们称为归一化同时迭代算法(NSI),可以写做如下紧致的形式.

```
% 程序12.4 归一化同时迭代
% 计算对称矩阵特征值/特征向量
% 输入:矩阵A,步数k
% 输出:特征值lam和特征向量Q
function [lam,Q]=nsi(A,k)
[m,n]=size(A);
Q=eye(m,m);
for j=1:k
    [Q,R]=qr(A*Q);                % QR分解
end
lam=diag(Q'*A*Q);                 % 瑞利商
```

一种实现归一化同时迭代更紧致的方法如下. 令 $\overline{Q}_0 = I$. 然后 NSI 过程如下:

$$A\overline{Q}_0 = \overline{Q}_1 R_1$$
$$A\overline{Q}_1 = \overline{Q}_2 R_2$$
$$A\overline{Q}_2 = \overline{Q}_3 R_3$$
$$\vdots$$
$$(12.7)$$

考虑相似的迭代 $Q_0 = I$,

$$A_0 \equiv AQ_0 = Q_1 R'_1$$
$$A_1 \equiv R'_1 Q_1 = Q_2 R'_2$$
$$A_2 \equiv R'_2 Q_2 = Q_3 R'_3$$
$$\vdots$$
$$(12.8)$$

我们称之为**非移动 QR 算法**. 唯一的差别是在第一步后不再需要 A;这被当前的 R_k 所替代. 比较(12.7)和(12.8)表明我们可以在(12.7)中选择 $Q_1 = \overline{Q}_1$ 与 $R_1 = R'_1$. 进一步,由于

$$\overline{Q}_2 R_2 = A\overline{Q}_1 = Q_1 R'_1 \overline{Q}_1 = Q_1 R'_1 Q_1 = Q_1 Q_2 R'_2 \quad (12.9)$$

我们可以在(12.7)中选择 $\overline{Q}_2 = Q_1 Q_2$,$R_2 = R'_2$. 事实上,如果我们选择 $\overline{Q}_{k-1} = Q_1 \cdots Q_{k-1}$ 以

及 $R_{j-1} = R'_{j-1}$，则

$$\overline{Q}_j R_j = A\overline{Q}_{j-1} = AQ_1\cdots Q_{j-1} = \overline{Q}_2 R_2 Q_2 \cdots Q_{j-1} = \overline{Q}_2 Q_3 R_3 Q_3 \cdots Q_{j-1}$$
$$= Q_1 Q_2 Q_3 Q_4 R_4 Q_4 \cdots Q_{j-1} = \cdots = Q_1 \cdots Q_j R_j \tag{12.10}$$

我们可以在(12.7)中定义 $\overline{Q}_j = Q_1 \cdots Q_j$ 以及 $R_j = R'_j$。

因而，无移动的 QR 算法和归一化同时迭代所进行的计算相同，只是在标记上略有不同。但是同时也注意到

$$A_{j-1} = Q_j R_j = Q_j R_j Q_j Q_j^{\mathrm{T}} = Q_j A_j Q_j^{\mathrm{T}} \tag{12.11}$$

因而 A_j 是相似矩阵，并具有相同的特征向量。

```
% 程序12.5 无移动的QR算法
% 计算对称矩阵的特征值和特征向量
% 输入:矩阵A,步数k
% 输出:特征值lam以及特征向量矩阵Qbar
function [lam,Qbar]=unshiftedqr(A,k)
[m,n]=size(A);
Q=eye(m,m);
Qbar=Q; R=A;
for j=1:k
    [Q,R]=qr(R*Q);         % QR分解
    Qbar=Qbar*Q;           % 累计Q
end
lam=diag(R*Q);             % 对角线收敛到特征值
```

定理 12.4 假设 A 是对称 $m \times m$ 矩阵，特征值为 λ_i，满足 $|\lambda_1| > |\lambda_2| > \cdots > |\lambda_m|$。无移动的 QR 算法可以线性收敛到 A 的特征值和特征向量。当 $j \to \infty$ 时，A_j 收敛到对角线矩阵，主对角线上包含所有的特征值，$\overline{Q}_j = Q_1 \cdots Q_j$ 收敛到正交矩阵，对应的列是特征向量。

定理 12.4 的证明可以在 Golub 与 Van Loan[1996]的论证中看到。归一化同时迭代，本质上是相同的算法，在相同的条件下收敛。注意到，无移动的 QR 算法对于对称矩阵当定理的假设不满足时，也可能失败。参见习题 5。

尽管无移动 QR 是幂迭代的改进算法，定理 12.4 所要求的条件很严格，我们需要做出一组改进使得特征值计算更加一般化。例如，求解非对称矩阵的特征值。对于对称矩阵也有的问题，当出现一组占优特征向量，无移动的 QR 方法也不保证工作。一个例子为

$$A = \begin{bmatrix} 0 & 1 \\ 1 & 0 \end{bmatrix}$$

其中特征值为 1 与 −1。当特征值为复数的时候，另外一种难以求解特征值的问题也会发生。非对称矩阵的特征值

$$A = \begin{bmatrix} 0 & 1 \\ -1 & 0 \end{bmatrix}$$

为 i 与 $-i$，两个复数的量级都为 1。在无移动 QR 算法中难以做出修改以计算复数特征值。进一步，非移动的 QR 没有利用逆向幂迭代的技巧。而我们发现幂迭代使用这种技巧可以

大大加快收敛速度. 我们希望找到一种方式，可以对于新的实现应用这种加速收敛的思想. 随后，再引入 QR 算法的目标，即将矩阵 A 消减为它的实数舒尔(Schur)形式后，将使用这种精化.

12.2.2 实数舒尔形式和 QR 算法

QR 算法找到矩阵 A 的特征值的方式是寻找相似矩阵，该相似矩阵对应的特征值更明显. 后者的一个例子是实数舒尔形式.

定义 12.5　如果矩阵 T 为上三角矩阵，且在主对角线上可以出现 2×2 的块，该矩阵具有**实数舒尔形式**.

例如，矩阵形式

$$\begin{bmatrix} x & x & x & x & x \\ & x & x & x & x \\ & & x & x & x \\ & & & x & x \\ & & & & x \end{bmatrix}$$

是实舒尔形式. 根据习题 6，这种形式的矩阵特征值为对角块矩阵的特征值，这对应对角线元素(其对应的块为 1×1)，或者 2×2 块矩阵的特征值. 不管是哪种形式，都可以快速计算矩阵的特征值.

定义的价值是每一个实数元素的方阵与这种形式的矩阵相似. 这是下面 Golub 与 VanLoan[1996]所提出定理的结论：

定理 12.6　令 A 是实数元素的方阵，则存在正交矩阵 Q 以及实数舒尔形式的矩阵 T，满足 $A = Q^T T Q$.

矩阵 A 的舒尔分解为"特征值发现分解"，意味着如果我们可以实现这个分解，我们将知道特征值和特征向量.

完整的 QR 算法迭代通过一系列相似变换，将任意矩阵 A 移动到它的舒尔分解. 我们将使用两个步骤. 首先将移动的逆向幂迭代思想植入，并加入收缩技术推出移动 QR 算法. 然后推出改进版本允许处理复数特征值.

平移版本可以非常直观地写出. 每步中都需要使用平移，完成 QR 分解，然后再平移回来. 使用符号表示，

$$A_0 - sI = Q_1 R_1$$
$$A_1 = R_1 Q_1 + sI \tag{12.12}$$

注意到

$$A_1 - sI = R_1 Q_1 = Q_1^T (A_0 - sI) Q_1 = Q_1^T A_0 Q_1 - sI$$

意味着 A_1 和 A_0 相似，因而具有相同的特征值. 重复这个步骤，生成一系列 A_k 矩阵，都与 $A = A_0$ 相似.

什么是最优的平移？这带来了特征值计算中的**收缩**概念. 我们将选择平移量为矩阵 A_k

的右下角元素. 这将导致迭代随着矩阵收敛为实数舒尔形式, 而将矩阵的最下面一行除了最右边元素之外全部变为0. 在这个元素收敛为特征值后, 我们去掉矩阵的最后一行和最后一列进行收缩. 然后继续寻找其他的特征值.

对于移动 QR 算法的首次尝试由程序 12.6 中的 MATLAB 代码给出. 在每一步中我们使用 QR 步骤, 然后检查最下面一行. 如果除了对角线元素 a_m 之外所有元素都很小, 则这个值就是特征值, 并在余下计算中忽略最后一行和最后一列进行收缩. 这个程序在定理 12.4 的假设下可以成功. 复数特征值或者相同量级的实数特征值, 则会带来问题, 随后我们在更加复杂的版本中将解决这个问题. 习题 7 显示了 QR 算法的基本版本中的问题.

```
% 程序12.6 平移QR算法
% 计算矩阵特征值,其中没有大小相同的特征值
% 输入:矩阵a
% 输出:特征值lam
function lam=shiftedqr0(a)
tol=1e-14;
m=size(a,1);lam=zeros(m,1);
n=m;
while n>1
    while max(abs(a(n,1:n-1)))>tol
        mu=a(n,n);           % 定义平移mu
        [q,r]=qr(a-mu*eye(n));
        a=r*q+mu*eye(n);
    end
    lam(n)=a(n,n);           % 声明特征值
    n=n-1;                   % 降低n
    a=a(1:n,1:n);            % 收缩
end
lam(1)=a(1,1);               % 余下的1x1矩阵
```

最后, 为了允许计算复数特征值, 必须允许在实数舒尔形式的对角线上存在 2×2 的块. 程序 12.7 中给出的这种移动 QR 算法的改进版本, 试图通过迭代在矩阵的右下角得到 1×1 块, 如果失败(经过用户指定次数的尝试后), 则声称存在 2×2 块, 找出一对特征值, 然后以因子 2 进行收缩. 这种改进版本将会对几乎所有输入的矩阵收敛到舒尔形式. 为了处理最后少数难以处理的矩阵, 同时也让算法更加有效, 我们将在下节中推出海森伯格(Hessenberg)形式.

```
% 程序12.7 平移QR算法
% 计算方阵的实数和复数特征值
% 输入:矩阵a
% 输出:特征值lam
function lam=shiftedqr(a)
tol=1e-14;kounttol=500;
m=size(a,1);lam=zeros(m,1);
n=m;
while n>1
    kount=0;
    while max(abs(a(n,1:n-1)))>tol & kount<kounttol
        kount=kount+1;       % 记录qr的个数
```

```
            mu=a(n,n);              % 平移为mu
            [q,r]=qr(a-mu*eye(n));
            a=r*q+mu*eye(n);
        end
        if kount<kounttol          % 具有分离的1×1块
            lam(n)=a(n,n);         % 声明特征值
            n=n-1;
            a=a(1:n,1:n);          % 缩小1
        else                        % 具有分离的2×2块
            disc=(a(n-1,n-1)-a(n,n))^2+4*a(n,n-1)*a(n-1,n);
            lam(n)=(a(n-1,n-1)+a(n,n)+sqrt(disc))/2;
            lam(n-1)=(a(n-1,n-1)+a(n,n)-sqrt(disc))/2;
            n=n-2;
            a=a(1:n,1:n);          % 以2收缩
        end
end
if n>0;lam(1)=a(1,1);end           % 只留下一个1×1块
```

即使在一般形式中,平移 QR 算法对于下面的例子也会失败:

$$A = \begin{bmatrix} 0 & 0 & 0 & 1 \\ 0 & 0 & -1 & 0 \\ 0 & 1 & 0 & 0 \\ -1 & 0 & 0 & 0 \end{bmatrix} \tag{12.13}$$

像这样的矩阵,具有重复的复数特征值,通过移动 QR 算法可能不会移动到舒尔形式. 对于更加复杂的例子需要额外的帮助,就是使用上海森伯格形式的相似矩阵替换 A,这是下节中讨论的重点.

12.2.3 上海森伯格形式

如果首先将 A 变换为上海森伯格形式,QR 算法的效率可以大大提高. 这种思想是在 QR 迭代之前应用相似变换,在 A 中放置尽可能多的 0,而同时保持特征值. 此外上海森伯格形式将消去我们已经推导的 QR 算法形式中最后的难点,可以收敛到重复的复数特征值,这是通过保证 QR 迭代总能收敛到 1×1 或者 2×2 的块.

定义 12.7 如果 $a_{ij}=0$,$i>j+1$,$m\times n$ 矩阵 A 是**上海森伯格形式**.

如下形式矩阵

$$\begin{bmatrix} x & x & x & x & x \\ x & x & x & x & x \\ & x & x & x & x \\ & & x & x & x \\ & & & x & x \end{bmatrix}$$

是上海森伯格矩阵. 存在一个有限算法,通过相似变换可以将矩阵变换为上海森伯格形式.

定理 12.8 令 A 是一个方阵,存在正交矩阵 Q,满足 $A=QBQ^T$,并且 B 是上海森伯

格形式.

我们将使用 4.3.3 节中用于构造 QR 分解的豪斯霍尔德反射构造 B,但是在这里有一个主要的差别:现在我们关注在矩阵的左侧和右侧乘上反射子 H,这是由于最后想得到一个具有相同的特征值的相似矩阵. 正因为如此,我们必须逐步地将 0 放入矩阵 A 中.

定义 x 是 $n-1$ 维向量,包含 A 中第一列中除了第一个元素之外的所有元素. 令 $\hat{H}_1$ 是豪斯霍尔德反射子,将 x 移动到 $(\pm\|x\|, 0, \cdots, 0)$. (如第 4 章中所指出,我们应该选择符号为 $-\mathrm{sign}(x_1)$,以避免实际中的消去问题,但是理论对于哪种选择都成立). 令 H_1 是正交矩阵,是在 $n\times n$ 单位矩阵的 $(n-1)\times(n-1)$ 右下角中插入 $\hat{H}_1$ 得到的结果. 我们得到

$$H_1 A = \begin{bmatrix} 1 & 0 & 0 & 0 & 0 \\ 0 & & & & \\ 0 & & \hat{H}_1 & & \\ 0 & & & & \\ 0 & & & & \end{bmatrix} \begin{bmatrix} x & x & x & x & x \\ x & x & x & x & x \\ x & x & x & x & x \\ x & x & x & x & x \\ x & x & x & x & x \end{bmatrix} = \begin{bmatrix} x & x & x & x & x \\ x & x & x & x & x \\ x & x & x & x & x \\ x & x & x & x & x \\ x & x & x & x & x \end{bmatrix}$$

在评价是否能够将 0 成功地放入矩阵之前,需要在右侧乘上 H_1^{-1} 完成相似变换. 回忆豪斯霍尔德反射是对称正交矩阵,因而

$$H_1 A H_1 = \begin{bmatrix} x & x & x & x & x \\ x & x & x & x & x \\ 0 & x & x & x & x \\ 0 & x & x & x & x \\ 0 & x & x & x & x \end{bmatrix} \begin{bmatrix} 1 & 0 & 0 & 0 & 0 \\ 0 & & & & \\ 0 & & \hat{H}_1 & & \\ 0 & & & & \\ 0 & & & & \end{bmatrix} = \begin{bmatrix} x & x & x & x & x \\ x & x & x & x & x \\ 0 & x & x & x & x \\ 0 & x & x & x & x \\ 0 & x & x & x & x \end{bmatrix}$$

在 $H_1 A$ 中生成的 0 并没有被矩阵 $H_1 A H_1$ 所改变. 但是注意到如果我们试图消去第一列中的所有非 0 元素,正如我们上节最后在 QR 分解中所做的那样,我们进行右乘时将不能保持所有 0. 事实上,不存在有限算法可以计算在一个任意矩阵和一个上三角矩阵之间的相似变换. 如果有这样的矩阵,本章将变得更简短,这是由于我们可以从一个相似的上三角矩阵的对角线中读出对应的任意矩阵的特征值.

在获取上海森伯格形式的下一步中要重复前面的步骤,x 为 $(n-2)$ 维向量包含第二列中下面 $n-2$ 个元素. 令为 $\hat{H}_2$ 为 $(n-2)\times(n-2)$ 豪斯霍尔德反射子,用以得到新的 x,并定义 H_2 为单位矩阵,其中 $\hat{H}_2$ 在右下角. 则

$$H_2(H_1 A H_1) = \begin{bmatrix} 1 & 0 & 0 & 0 & 0 \\ 0 & 1 & 0 & 0 & 0 \\ 0 & 0 & & & \\ 0 & 0 & & \hat{H}_2 & \\ 0 & 0 & & & \end{bmatrix} \begin{bmatrix} x & x & x & x & x \\ x & x & x & x & x \\ 0 & x & x & x & x \\ 0 & x & x & x & x \\ 0 & x & x & x & x \end{bmatrix} = \begin{bmatrix} x & x & x & x & x \\ x & x & x & x & x \\ 0 & x & x & x & x \\ 0 & 0 & x & x & x \\ 0 & 0 & x & x & x \end{bmatrix}$$

然后用对 H_1 类似的方法检查一致性,在右边乘上 H_2 对已经获取的 0 并没有负面的影响. 如果 $n=5$,再做一步后,我们得到上海森伯格形式的 5×5 矩阵

$$H_3H_2H_1AH_1^TH_2^TH_3^T = H_3H_2H_1A(H_3H_2H_1)^T = QAQ^T$$

由于该矩阵和 A 相似,它和 A 具有相同的特征值以及特征值的重数. 一般地,对于一个 $n\times n$ 矩阵 A,需要 $n-2$ 个豪斯霍尔德步将 A 变为上海森伯格形式.

例 12.2 将 $\begin{bmatrix} 2 & 1 & 0 \\ 3 & 5 & -5 \\ 4 & 0 & 0 \end{bmatrix}$ 变换为上海森伯格形式.

令 $x=[3,4]$. 在前面,我们发现豪斯霍尔德反射子

$$\hat{H}_1 x = \begin{bmatrix} 0.6 & 0.8 \\ 0.8 & -0.6 \end{bmatrix} \begin{bmatrix} 3 \\ 4 \end{bmatrix} = \begin{bmatrix} 5 \\ 0 \end{bmatrix}$$

因而,

$$H_1 A = \begin{bmatrix} 1 & 0 & 0 \\ 0 & 0.6 & 0.8 \\ 0 & 0.8 & -0.6 \end{bmatrix} \begin{bmatrix} 2 & 1 & 0 \\ 3 & 5 & -5 \\ 4 & 0 & 0 \end{bmatrix} = \begin{bmatrix} 2 & 1 & 0 \\ 5 & 3 & -3 \\ 0 & 4 & -4 \end{bmatrix}$$

以及

$$A' \equiv H_1 A H_1 = \begin{bmatrix} 2 & 1 & 0 \\ 5 & 3 & -3 \\ 0 & 4 & -4 \end{bmatrix} \begin{bmatrix} 1 & 0 & 0 \\ 0 & 0.6 & 0.8 \\ 0 & 0.8 & -0.6 \end{bmatrix} = \begin{bmatrix} 2.0 & 0.6 & 0.8 \\ 5.0 & -0.6 & 4.2 \\ 0 & -0.8 & 5.6 \end{bmatrix}$$

结果为矩阵 A',即 A 的上海森伯格形式并和 A 相似.

随后我们将实现前面的策略构造算法找出 Q,其中使用豪斯霍尔德反射:

```
% 程序12.8 上海森伯格形式
% 输入:矩阵a
% 输出:海森伯格形式矩阵a和反射子v
% 用法:[a,v]=hessen(a)得到相似矩阵a,
%   具有海森伯格形式,以及矩阵v其列中存有
% v'定义的豪斯霍尔德反射.
function [a,v]=hessen(a)
[m,n]=size(a);
v=zeros(m,m);
for k=1:m-2
  x=a(k+1:m,k);
  v(1:m-k,k)=-sign(x(1)+eps)*norm(x)*eye(m-k,1)-x;
  v(1:m-k,k)=v(1:m-k,k)/norm(v(1:m-k,k));
  a(k+1:m,k:m)=a(k+1:m,k:m)-2*v(1:m-k,k)*v(1:m-k,k)'*a(k+1:m,k:m);
  a(1:m,k+1:m)=a(1:m,k+1:m)-2*a(:,k+1:m)*v(1:m-k,k)*v(1:m-k,k)';
end
```

上海森伯格形式对于特征值计算的优势是,仅有 2×2 的块可以出现在 QR 算法中的对角线上,这避免了前面章节中重复的复数特征值所带来的计算困难.

例 12.3 找出矩阵(12.13)的特征值.

对于

$$A = \begin{bmatrix} 0 & 0 & 0 & 1 \\ 0 & 0 & -1 & 0 \\ 0 & 1 & 0 & 0 \\ -1 & 0 & 0 & 0 \end{bmatrix}$$

由豪斯霍尔德反射所得到的具有上海森伯格形式的相似矩阵如下：

$$A' = \begin{bmatrix} 0 & 1 & 0 & 0 \\ -1 & 0 & 0 & 0 \\ 0 & 0 & 0 & -1 \\ 0 & 0 & 1 & 0 \end{bmatrix}$$

其中 $A' = QAQ^\mathrm{T}$ 以及

$$Q = \begin{bmatrix} 1 & 0 & 0 & 0 \\ 0 & 0 & 0 & 1 \\ 0 & 0 & -1 & 0 \\ 0 & 1 & 0 & 0 \end{bmatrix}$$

矩阵 A' 已经是实数舒尔形式。在主对角线上两个 2×2 矩阵的特征值为重复的 $\{i, -i\}$，这也是 A' 的特征值。

因而，最后我们得到一个找出任意方阵 A 的所有特征值的方法。首先使用相似变换（程序 12.8）将矩阵放到上海森伯格形式中，然后使用移动 QR 算法（程序 12.7）。MATLAB 的 eig 命令基于这种改进的计算，可以提供精确的特征值。

有很多不同方法可以加速 QR 算法的收敛，这里不会讨论这些算法。QR 方法可用于所有矩阵。对于大的稀疏系统，另一种方法一般会更加有效，参看 Saad[2003] 的论著。

12.2 节习题

1. 将下面的矩阵变换为上海森伯格形式：

   (a) $\begin{bmatrix} 1 & 0 & 1 \\ 1 & 1 & 0 \\ 1 & 0 & 0 \end{bmatrix}$ (b) $\begin{bmatrix} 0 & 0 & 1 \\ 0 & 1 & 0 \\ 1 & 0 & 0 \end{bmatrix}$ (c) $\begin{bmatrix} 2 & 1 & 0 \\ 4 & 1 & 1 \\ 3 & 0 & 1 \end{bmatrix}$ (d) $\begin{bmatrix} 1 & 1 & 0 \\ 2 & 3 & 1 \\ 2 & 1 & 0 \end{bmatrix}$

2. 将矩阵 $\begin{bmatrix} 1 & 0 & 2 & 3 \\ -1 & 0 & 5 & 2 \\ 2 & -2 & 0 & 0 \\ 2 & -1 & 2 & 0 \end{bmatrix}$ 变换为上海森伯格形式。

3. 证明一个海森伯格形式的对称矩阵是三对角线矩阵。

4. 如果每列中的元素求和为 1，我们将矩阵称为**随机**(stochastic)矩阵。证明随机矩阵(a)具有一个等于 1 的特征值，(b) 所有特征值的绝对值至多为 1。

5. 对下面的矩阵完成归一化同时迭代，并解释它们为什么失败：

   (a) $\begin{bmatrix} 0 & 1 \\ 1 & 0 \end{bmatrix}$ (b) $\begin{bmatrix} 0 & 1 \\ -1 & 0 \end{bmatrix}$

6. (a) 证明具有实数舒尔形式的矩阵的值是其在主对角线上 1×1 以及 2×2 块的值的乘积。(b) 证明实数舒尔形式矩阵的特征值是主对角线上的 1×1 以及 2×2 块的特征值。

特征值与奇异值

7. 确定 QR 算法的初级版本是否可以找到正确解, 包括在变换为海森伯格形式之前与之后.

(a) $\begin{bmatrix} 1 & 0 & 0 \\ 0 & 0 & 1 \\ 0 & 1 & 0 \end{bmatrix}$ (b) $\begin{bmatrix} 0 & 0 & 1 \\ 0 & 1 & 0 \\ 1 & 0 & 0 \end{bmatrix}$

8. 对于习题 7 中的矩阵, 确定 QR 算法的推广形式是否可以找出正确的特征值, 包括在变换为海森伯格形式之前与之后.

12.2 节编程问题

1. 使用平移 QR 算法(初等版本为 shiftedqr0), 容差 10^{-14}, 直接用于下面的矩阵:

(a) $\begin{bmatrix} -3 & 3 & 5 \\ 1 & -5 & -5 \\ 6 & 6 & 4 \end{bmatrix}$ (b) $\begin{bmatrix} 3 & 1 & 2 \\ 1 & 3 & -2 \\ 2 & 2 & 6 \end{bmatrix}$ (c) $\begin{bmatrix} 17 & 1 & 2 \\ 1 & 17 & -2 \\ 2 & 2 & 20 \end{bmatrix}$ (d) $\begin{bmatrix} -7 & -8 & 1 \\ 17 & 18 & -1 \\ -8 & -8 & 2 \end{bmatrix}$

2. 使用平移 QR 算法, 直接找出下面矩阵的所有特征值:

(a) $\begin{bmatrix} 3 & 1 & -2 \\ 4 & 1 & 1 \\ -3 & 0 & -3 \end{bmatrix}$ (b) $\begin{bmatrix} 1 & 5 & 4 \\ 2 & -4 & -3 \\ 0 & -2 & 0 \end{bmatrix}$ (c) $\begin{bmatrix} 1 & 1 & -2 \\ 4 & 2 & -3 \\ 0 & -2 & 2 \end{bmatrix}$ (d) $\begin{bmatrix} 5 & -1 & 3 \\ 0 & 6 & 1 \\ 3 & 3 & -3 \end{bmatrix}$

3. 使用平移 QR 算法, 直接找出下面矩阵的所有特征值:

(a) $\begin{bmatrix} -1 & 1 & 3 \\ 3 & 3 & 1 \\ -5 & 2 & 7 \end{bmatrix}$ (b) $\begin{bmatrix} 7 & -33 & -15 \\ 2 & 26 & 7 \\ -4 & -50 & -13 \end{bmatrix}$ (c) $\begin{bmatrix} 8 & 0 & 7 \\ -5 & 3 & -5 \\ 10 & 0 & 13 \end{bmatrix}$ (d) $\begin{bmatrix} -3 & -3 & 5 \\ 5 & 3 & -1 \\ -2 & -2 & 0 \end{bmatrix}$

4. 重复编程问题 3, 但是应用 QR 迭代, 其中消减为上海森伯格形式. 打印海森伯格形式以及特征值.

5. 使用 QR 算法, 直接找出下面矩阵的所有的实数和复数特征值:

(a) $\begin{bmatrix} 4 & 3 & 1 \\ -5 & -3 & 0 \\ 3 & 2 & 1 \end{bmatrix}$ (b) $\begin{bmatrix} 3 & 2 & 0 \\ -4 & -2 & 1 \\ 2 & 1 & 0 \end{bmatrix}$ (c) $\begin{bmatrix} 7 & 2 & -4 \\ -8 & 4 & 7 \\ 2 & -1 & -2 \end{bmatrix}$ (d) $\begin{bmatrix} 11 & 4 & -2 \\ -10 & 0 & 5 \\ 4 & 1 & 2 \end{bmatrix}$

6. 使用 QR 算法计算特征值. 每个矩阵中, 所有特征值具有相同的量级, 因而可能需要海森伯格形式. 比较 QR 算法在消减为海森伯格形式之前和之后的结果.

(a) $\begin{bmatrix} -5 & -10 & -10 & 5 \\ 4 & 16 & 11 & -8 \\ 12 & 13 & 8 & -4 \\ 22 & 48 & 28 & -19 \end{bmatrix}$ (b) $\begin{bmatrix} 7 & 6 & 6 & -3 \\ -26 & -20 & -19 & 10 \\ 0 & -1 & 0 & 0 \\ -36 & -28 & -24 & 13 \end{bmatrix}$ (c) $\begin{bmatrix} 13 & 10 & 10 & -5 \\ -20 & -16 & -15 & 8 \\ -12 & -9 & -8 & 4 \\ -30 & -24 & -20 & 11 \end{bmatrix}$

事实验证 12 搜索引擎如何评价页面质量

网络搜索引擎, 例如 Google.com, 在搜索查询返回结果的质量上令人刮目相看. 我们将讨论 Google 方法的一个粗略近似, 该方法使用网络上存在的连接, 判断网页的质量.

当开始一个网络搜索时, 在搜索引擎上有一个复杂的任务序列. 一个显然的任务是进行单词匹配, 在页面的标题或者主体中, 找出包含查询词的页面. 另外一个关键任务是对第一个任务中找出的页面进行打分, 来帮助用户处理大量的选择. 对于特定的查询, 可能只有非常少的文本匹配, 匹配的所有结果都可以返回给用户. (在网络发展的早期, 曾经有游戏试图找出那些仅仅返回一个结果的查询.) 对于非常特定的查询，返回的页面质量不那么重要，因为不必要进行排序．对于一般的查询，对结果进行排序显得更加重要．例如，Google 搜索"新汽车"返回上百万的页面，如果汽车销售服务商排在前面，则看起来是合理有用的结果．这样的打分排序是如何确定的？

对这个问题的答案是 Google.com 对每个它索引的页面分配一个非负的页面分数，称为**页面等级**．Google 通过运行当前世界上最大的幂迭代确定特征值以对页面给出分数．考虑图 12.1，其中每个节点表示一个页面，从节点 i 到节点 j 直接连接的边表示页面 i 包含到页面 j 的网络连接．令 A 表示**相邻矩阵**，这是一个 $n \times n$ 矩阵，当存在从节点 i 到节点 j 的连接，第 ij 个元素为 1，在其他情况下取 0．对于图 12.1 中的网络，相邻矩阵如下：

$$A = \begin{bmatrix} 0 & 1 & 0 & 0 & 0 & 0 & 0 & 0 & 1 & 0 & 0 & 0 & 0 & 0 & 0 \\ 0 & 0 & 1 & 0 & 1 & 0 & 1 & 0 & 0 & 0 & 0 & 0 & 0 & 0 & 0 \\ 0 & 1 & 0 & 0 & 0 & 1 & 0 & 1 & 0 & 0 & 0 & 0 & 0 & 0 & 0 \\ 0 & 0 & 1 & 0 & 0 & 0 & 0 & 0 & 0 & 0 & 1 & 0 & 0 & 0 & 0 \\ 1 & 0 & 0 & 0 & 0 & 0 & 0 & 0 & 1 & 0 & 0 & 0 & 0 & 0 & 0 \\ 0 & 0 & 0 & 0 & 0 & 0 & 0 & 0 & 1 & 1 & 0 & 0 & 0 & 0 & 0 \\ 0 & 0 & 0 & 0 & 0 & 0 & 0 & 0 & 0 & 1 & 1 & 0 & 0 & 0 & 0 \\ 0 & 0 & 0 & 1 & 0 & 0 & 0 & 0 & 0 & 0 & 1 & 0 & 0 & 0 & 0 \\ 0 & 0 & 0 & 0 & 1 & 1 & 0 & 0 & 0 & 1 & 0 & 0 & 0 & 0 & 0 \\ 0 & 0 & 0 & 0 & 0 & 0 & 0 & 0 & 0 & 0 & 0 & 0 & 1 & 0 & 0 \\ 0 & 0 & 0 & 0 & 0 & 0 & 0 & 0 & 0 & 0 & 0 & 0 & 0 & 0 & 1 \\ 0 & 0 & 0 & 0 & 0 & 0 & 1 & 1 & 0 & 0 & 1 & 0 & 0 & 0 & 0 \\ 0 & 0 & 0 & 0 & 0 & 0 & 0 & 0 & 1 & 0 & 0 & 0 & 0 & 1 & 0 \\ 0 & 0 & 0 & 0 & 0 & 0 & 0 & 0 & 0 & 1 & 1 & 0 & 1 & 0 & 1 \\ 0 & 0 & 0 & 0 & 0 & 0 & 0 & 0 & 0 & 0 & 1 & 0 & 1 & 0 \end{bmatrix}$$

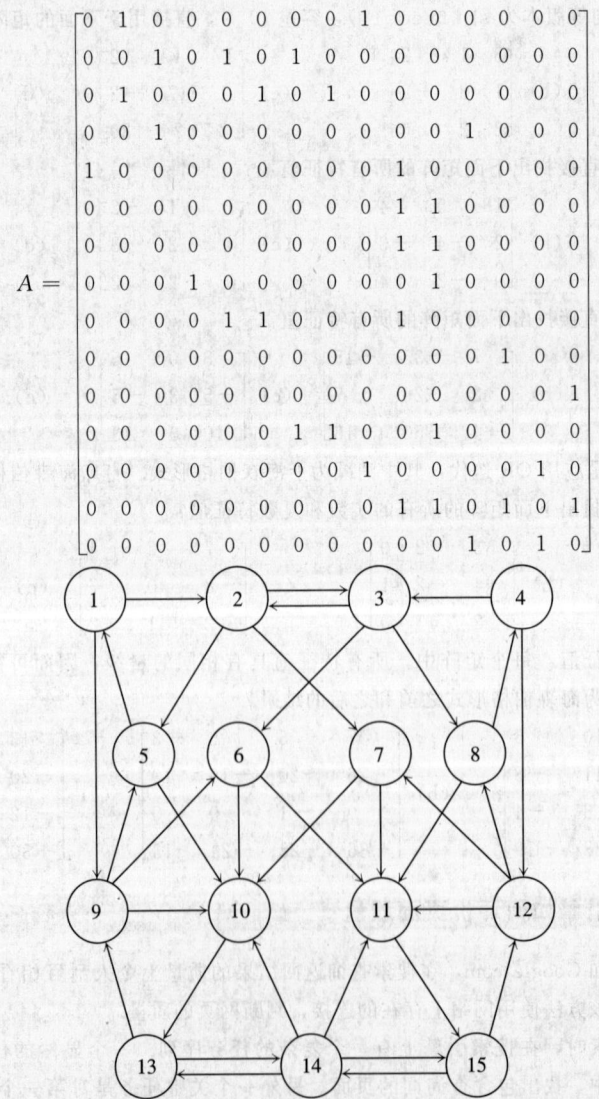

图 12.1 一个互联网页面和连接的网络．从一个页面到另外一个页面的直接边意味着第一个页面至少包含到第二个页面的一个网络链接

特征值与奇异值

Google 的发明人想象 n 个页面是网络上的一个平面，其当前以概率 p_i 待在页面 i 上．随后，上网者可能会移动到一个随机的页面（具有固定概率 q，通常近似为 0.15）或者以概率 $1-q$ 点击在当前页面 i 上的一个链接．上网者在点击后从页面 i 移动到页面 j 的概率为 $q/n+(1-q)A_{ij}/n_i$，其中 A_{ij} 是相邻矩阵 A 中一个元素的值，n_i 是 A 的第 i 行元素的和（实际上这就是页面 i 上所有链接的个数）．

由于时间是任意的，在节点 j 的概率是式子中所有和 i 相关的项的和，这与时间无关，即

$$p_j = \sum_i \left(\frac{qp_i}{n} + (1-q)\frac{p_i}{n_i}A_{ij} \right)$$

这与特征值方程的矩阵项一致

$$p = Gp \qquad (12.14)$$

其中 $p=(p_i)$ 是待在页面 n 上的 n 个概率的向量，G 为矩阵，其中第 ij 个元素为 $q/n+A_{ij}(1-q)/n_j$．我们将 G 称为 **google 矩阵**．矩阵 G 的每一列求和都为 1，因而根据习题 12.2.4，这是一个随机矩阵，其最大特征值为 1．与特征值 1 对应的特征向量是一组页面的稳态概率，根据定义这就是 n 个页面的等级．（这是 G^T 定义的马尔可夫过程的稳态解．度量稳态概率影响的原始想法可以追溯到 Pinski 和 Narin[1976]．跳跃概率 q 由 Google 的创始人 Brin 和 Page[1998]添加．）

我们将使用如图 12.1 的例子展示页面等级（rank）．令 $q=0.15$．对应 google 矩阵 G 的主特征向量（对应占优特征值 1)是

$$p = \begin{bmatrix} 0.0268 \\ 0.0299 \\ 0.0299 \\ 0.0268 \\ 0.0396 \\ 0.0396 \\ 0.0396 \\ 0.0396 \\ 0.0746 \\ 0.1063 \\ 0.1063 \\ 0.0746 \\ 0.1251 \\ 0.1163 \\ 0.1251 \end{bmatrix}$$

对特征向量进行归一化，除以所有元素的和，如同概率一样使得元素求和为 1．归一化后的特征向量包含页面等级．节点 13 和 15 的页面等级最高，随后是节点 14、10 与 11．注意到页面等级并不简单地依赖"进入-等级"，或者页面的进入点连接的个数，分配页面重要度等级过程实际上更加复杂．尽管节点 10 和 11 具有最多的进入节点连接，它们指向节点 13 和 15 的事实则降低了它们的重要度．这就是"google-爆炸"背后的思想，即通过说服其他大流量的网站加入链接，人工抬高站点的重要性．

注意到以这种方式定义页面分数，我们使用了"重要度"这个词，尽管大家都不知道这实际意味着什么．页面分数是一种分配重要度的自我参照方式，在更好的方式找到之前，它足以描述页面的重要度．

建议活动

1. 证明 google 矩阵 G 是随机矩阵．

2. 对显示的网络构造矩阵 G，并验证给定的占优特征向量 p。
3. 将跳变概率 q 转变为(a) 0 和(b) 0.5。描述对于页面等级产生的变化。跳变概率的作用是什么？
4. 假设网络中的页面 7 希望相对于其的竞争者页面 6，提高其页面等级，即说服页面 2 和 12 更加醒目地显示到页面 7 的链接。通过将 A_{27} 和 $A_{12,7}$ 在相邻矩阵中替换为 2 来建模。这种策略总会成功吗？你还看到在相关页面等级中发生什么变化？
5. 研究从网络中移除页面 10 的结果（所有进入和离开页面 10 的链接都删去）。哪一个页面等级上升，哪一个页面等级下降？
6. 设计自己的网络，计算页面等级，并根据前面的问题进行分析。

12.3 奇异值分解

在 R^m 中对单位球施加 $m \times m$ 矩阵变换得到一个椭球。这个有趣的事实是奇异值分解的基础，这在矩阵分析中有大量应用，特别是用于压缩目的的矩阵分析。图 12.2 中的椭圆对应的矩阵如下

$$A = \begin{bmatrix} 3 & 0 \\ 0 & \frac{1}{2} \end{bmatrix} \tag{12.15}$$

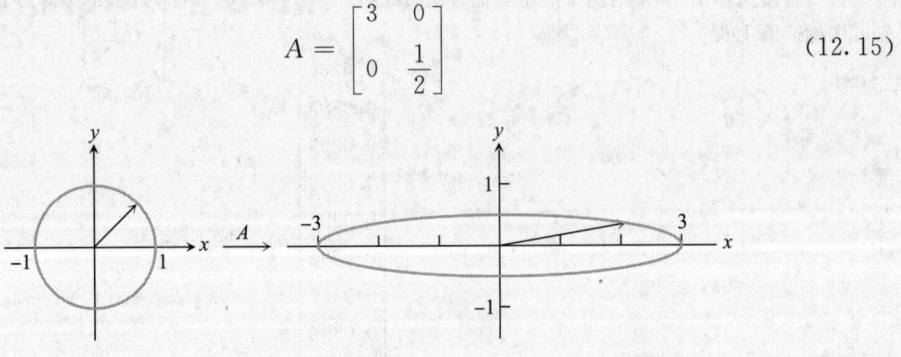

图 12.2 一个 2×2 矩阵对应的单位圆。R^2 中的单位圆可以映射为椭圆，半主轴为 $(3, 0)$ 和 $(0, 1/2)$ 由 (12.15) 中的矩阵 A 定义

在图 12.2 中，考虑使用向量 v 对应单位圆中的每个点，乘上 A，然后画出结果向量 Av 的端点。结果为如图所示的椭圆。为了描述椭圆，可以使用单位正交向量集定义坐标系统的基。

我们将在定理 12.11 中看到，对于每个 $m \times n$ 的矩阵 A，具有单位正交集 $\{u_1, \cdots, u_m\}$ 和 $\{v_1, \cdots, v_n\}$，以及非负数字 $s_1 \geq \cdots \geq s_n \geq 0$，满足

$$Av_1 = s_1 u_1$$
$$Av_2 = s_2 u_2$$
$$\vdots$$
$$Av_n = s_n u_n \tag{12.16}$$

向量在图 12.3 中显示。v_i 被称为矩阵 A 的**右奇异向量**，u_i 是矩阵 A 的**左奇异向量**，s_i 是矩阵 A 的**奇异值**。（这些向量的定义看起来有些奇怪，但是很快这些命名的原因就可以清楚看到。）

这些有用的事实立刻解释了一个 2×2 矩阵将一个单位圆映射为椭圆. 我们可以将 v_i 看做矩形坐标系统的基, 其中 A 以一种简单的方式起作用: 它使用标量 s_i 定义的伸展生成新的坐标系的基, 即 u_i, 延展的基向量 s_iu_i 是椭圆的半主轴, 如图 12.3 所示.

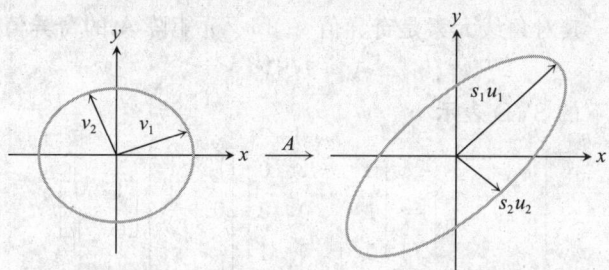

图 12.3 矩阵相关的椭圆. 每个 2×2 矩阵 A 可以从下面简单的方式来看: 有一个坐标系统 $\{v_1,\ v_2\}$, 其中 A 导致 $v_1\to s_1u_1$ 以及 $v_2\to s_2u_2$, $\{u_1,\ u_2\}$ 是另外一个坐标系, s_1, s_2 是非负数. 这个情况对于 $m\times m$ 矩阵可以扩展到 R^m 空间

例 12.4 找出矩阵 (12.15) 的奇异值和奇异向量, 矩阵表示见图 12.2.

很清楚, 矩阵在 x 方向以 3 拉伸, 在 y 方向以因子 $1/2$ 收缩. 矩阵 A 的奇异值和奇异向量为

$$A\begin{bmatrix}1\\0\end{bmatrix}=3\begin{bmatrix}1\\0\end{bmatrix}$$

$$A\begin{bmatrix}0\\1\end{bmatrix}=\frac{1}{2}\begin{bmatrix}0\\1\end{bmatrix} \quad (12.17)$$

向量 $3(1,\ 0)$ 与 $\frac{1}{2}(0,\ 1)$ 形成椭圆的半主轴. 右奇异向量为 $[1,\ 0]$, $[0,\ 1]$, 左奇异向量为 $[1,\ 0]$, $[0,\ 1]$. 奇异值为 3 和 $1/2$.

例 12.5 找出矩阵 A 的奇异值和奇异向量.

$$A=\begin{bmatrix}0 & -\frac{1}{2}\\3 & 0\\0 & 0\end{bmatrix} \quad (12.18)$$

这是例题 12.4 的一个小的改动. 矩阵交换了 x 轴和 y 轴, 并改变了尺度, 增加了 z 轴, 在 z 轴方向什么也没有发生. A 的奇异值和奇异向量为

$$Av_1=A\begin{bmatrix}1\\0\end{bmatrix}=3\begin{bmatrix}0\\1\\0\end{bmatrix}=s_1u_1$$

$$Av_2=A\begin{bmatrix}0\\1\end{bmatrix}=\frac{1}{2}\begin{bmatrix}-1\\0\\0\end{bmatrix}=s_2u_2 \quad (12.19)$$

右奇异向量为 $[1,\ 0]$, $[0,\ 1]$, 左奇异向量为 $[0,\ 1,\ 0]$, $[-1,\ 0,\ 0]$. 奇异值为 3,

1/2. 注意到我们一直要求 s_i 是一个非负数, 并且任何必要的负号可以被 u_i 和 v_i 吸收.

在对 $m \times n$ 矩阵 A 分解的过程中, 有一个标准的方式来记录所有的信息. 生成一个 $m \times m$ 矩阵 U, 它的列为左奇异向量 u_i, 一个 $n \times n$ 矩阵 V 的列为右奇异向量 v_i, 以及一个 $m \times n$ 对角线矩阵 S, 其对角线元素是奇异值 s_i. $m \times n$ 矩阵 A 的**奇异值分解**(SVD)为

$$A = USV^T \tag{12.20}$$

例 12.5 具有如下的 SVD 表示

$$\begin{bmatrix} 0 & -\frac{1}{2} \\ 3 & 0 \\ 0 & 0 \end{bmatrix} = \begin{bmatrix} 0 & -1 & 0 \\ 1 & 0 & 0 \\ 0 & 0 & 1 \end{bmatrix} \begin{bmatrix} 3 & 0 \\ 0 & \frac{1}{2} \\ 0 & 0 \end{bmatrix} \begin{bmatrix} 1 & 0 \\ 0 & 1 \end{bmatrix} \tag{12.21}$$

由于 U 和 V 都是方阵, 具有单位正交列, 所以它们是正交矩阵. 注意, 我们需要给 U 加上第三列 u_3 去构造 R^3 的基. 最后, 我们可以解释左(右)奇异向量的术语. $u_i(v_i)$ 被称为左(右)奇异向量, 这是由于它们出现在矩阵表示(12.20)中 S 矩阵的不同侧.

12.3.1 找出一般的 SVD

我们已经显示两个 SVD 的例子. 为了显示 SVD 对于一般矩阵 A 成立, 我们需要下面的引理.

引理 12.10 令 A 是一个 $m \times n$ 矩阵, A^TA 的特征值非负.

证明 令 v 是 A^TA 的单位特征向量, $A^TAv = \lambda v$, 则

$$0 \leqslant \|Av\|^2 = v^T A^T A v = \lambda v^T v = \lambda \qquad \blacksquare$$

对于一个 $m \times n$ 矩阵 A, $n \times n$ 矩阵 A^TA 对称, 因而它的特征向量正交, 特征值是实数. 引理 12.10 显示了特征值是非负实数, 因而可以表达为 $s_1^2 \geqslant \cdots \geqslant s_n^2$, 其对应的正交特征向量集为 $\{v_1, \cdots, v_n\}$. 这已经给出了 SVD 的三分之二. 使用下面的方向找出 u_i, 其中 $1 \leqslant i \leqslant m$:

如果 $s_i \neq 0$, 使用方程 $s_i u_i = Av_i$ 定义 u_i.

如果 $s_i = 0$, 选择一个任意的单位向量 u_i, 与 $u_1, \cdots, u_{i-1}$ 正交.

读者应该检查这个选择意味着 $u_1, \cdots, u_m$ 为两两正交的单位向量, 因而是 R^m 的另外一个正交基. 事实上, $u_1, \cdots, u_m$ 构成 AA^T 的正交特征向量. (见习题 4.) 概括来说, 我们已经证明了下面的定理.

定理 12.11 令 A 是 $m \times n$ 矩阵, 则存在两个正交基: R^n 的 $\{v_1, \cdots, v_n\}$, 与 R^m 的 $\{u_1, \cdots, u_m\}$, 以及实数 $s_1 \geqslant \cdots \geqslant s_n \geqslant 0$, 满足 $Av_i = s_i u_i$, $1 \leqslant i \leqslant \min\{m, n\}$. $V = [v_1 | \cdots | v_n]$ 的列是右奇异向量, 并构成 A^TA 的单位正交向量; $U = [u_1 | \cdots | u_m]$ 的列是左奇异向量, 构成了 AA^T 的单位正交向量.

SVD 对于给定的矩阵 A 并不唯一. 当定义矩阵 $Av_1 = s_1 u_1$ 时, 例如, 用 $-v_1$ 替换 v_1, $-u_1$ 替换 u_1, 并没有改变等式, 但是改变了矩阵 U 和 V.

从这个定理我们得出结论, 单位球上的向量映射为椭球上的向量, 中心为原点, 半轴

为 s_iu_i。图 12.3 表明向量的单位圆被映射为椭圆,轴为 $\{s_1u_1, s_2u_2\}$。为了找出对于一个向量 x,Ax 在什么地方,我们可以写出 $x = a_1v_1 + a_2v_2$(其中 $a_1v_1(a_2v_2)$ 就是 x 在 $v_1(v_2)$ 方向上的投影),然后 $Ax = a_1s_1u_1 + a_2s_2u_2$。

矩阵表示(12.20)可以从定理 12.11 直接得到。定义 S 为一个 $m \times n$ 对角线矩阵,其对应元素为 $s_1 \geqslant \cdots \geqslant s_{\min\{m,n\}} \geqslant 0$。定义矩阵 U 其对应列为 u_1,…,u_m,矩阵 V 的对应列为 v_1,…,v_n。注意到 $USV^T v_i = s_iu_i$,其中 $i = 1$,…,m。由于矩阵 A 和 USV^T 在基 v_1,…,v_n 上一致,它们是相同的 $m \times n$ 矩阵。

例 12.6 找出 2×2 矩阵 A 的奇异值和奇异向量

$$A = \begin{bmatrix} 0 & 1 \\ 0 & -1 \end{bmatrix} \quad (12.22)$$

矩阵

$$A^T A = \begin{bmatrix} 0 & 0 \\ 0 & 2 \end{bmatrix}$$

的奇异值以降序排列为 $v_1 = [0, 1]$,$s_1^2 = 2$;$v_2 = [1, 0]$,$s_2^2 = 0$。奇异值为 $\sqrt{2}$ 与 0。根据前面的方向,u_1 定义为

$$\sqrt{2}u_1 = Av_1 = \begin{bmatrix} 1 \\ -1 \end{bmatrix}$$

$$u_1 = \begin{bmatrix} 1/\sqrt{2} \\ -1/\sqrt{2} \end{bmatrix}$$

选择 $u_2 = [1/\sqrt{2}, 1/\sqrt{2}]$ 与 u_1 正交。SVD 为

$$\begin{bmatrix} 0 & 1 \\ 0 & -1 \end{bmatrix} = \begin{bmatrix} \sqrt{2}/2 & \sqrt{2}/2 \\ -\sqrt{2}/2 & \sqrt{2}/2 \end{bmatrix} \begin{bmatrix} \sqrt{2} & 0 \\ 0 & 0 \end{bmatrix} \begin{bmatrix} 0 & 1 \\ 1 & 0 \end{bmatrix} \quad (12.23)$$

依据定理 12.11 后面的非唯一论述,矩阵的另一个完美的 SVD 为

$$\begin{bmatrix} 0 & 1 \\ 0 & -1 \end{bmatrix} = \begin{bmatrix} -\sqrt{2}/2 & \sqrt{2}/2 \\ \sqrt{2}/2 & \sqrt{2}/2 \end{bmatrix} \begin{bmatrix} \sqrt{2} & 0 \\ 0 & 0 \end{bmatrix} \begin{bmatrix} 0 & -1 \\ 1 & 0 \end{bmatrix} \quad (12.24)$$

A 作用下的单位圆图像是线段 $y[1, -1]$,其中 y 从 -1 到 1 变化。因而 A 的作用是使得单位圆变平为一维的椭圆,半主轴为 $\sqrt{2}[\sqrt{2}/2, -\sqrt{2}/2]$ 以及 0。◄

MATLAB 的奇异值分解命令为 svd,

```
>>[u,s,v]=svd(a)
```

将返回分解得到的三个矩阵。

12.3.2 特例:对称矩阵

找出对称 $m \times m$ 矩阵的 SVD 的问题被简化为计算特征值和特征向量。附录 A 中的定理 A.5 保证存在特征向量的正交集。由于特征向量映射为自身(具有缩放因子 λ,即特征值)满足方程(12.16)很简单:仅仅将特征值按照大小降序排列

$$|\lambda_1| \geqslant |\lambda_2| \geqslant |\lambda_3| \geqslant \cdots \geqslant |\lambda_m| \qquad (12.25)$$

并使用它们作为奇异值 $s_1 \geqslant s_2 \geqslant \cdots$，对于 v_i，使用和(12.25)对应的单位特征向量，并使用

$$u_i = \begin{cases} +v_i & \text{如果 } \lambda_i \geqslant 0 \\ -v_i & \text{如果 } \lambda_i < 0 \end{cases} \qquad (12.26)$$

(12.26)中的符号补偿了任何对(12.25)取绝对值造成的负号的丢失.

例 12.7 找出矩阵 A 的奇异值和奇异向量.

$$A = \begin{bmatrix} 0 & 1 \\ 1 & \frac{3}{2} \end{bmatrix} \qquad (12.27)$$

特征值/特征向量对为 2，$[1, 2]^T$，以及 $-\frac{1}{2}$，$[-2, 1]^T$. 我们从(12.26)中的单位正交向量中定义 v_i 和 u_i：

$$Av_1 = A \begin{bmatrix} \frac{1}{\sqrt{5}} \\ \frac{2}{\sqrt{5}} \end{bmatrix} = 2 \begin{bmatrix} \frac{1}{\sqrt{5}} \\ \frac{2}{\sqrt{5}} \end{bmatrix} = s_1 u_1$$

$$Av_2 = A \begin{bmatrix} \frac{2}{\sqrt{5}} \\ -\frac{1}{\sqrt{5}} \end{bmatrix} = \frac{1}{2} \begin{bmatrix} -\frac{2}{\sqrt{5}} \\ \frac{1}{\sqrt{5}} \end{bmatrix} = s_2 u_2 \qquad (12.28)$$

SVD 如下

$$\begin{bmatrix} 0 & 1 \\ 1 & \frac{3}{2} \end{bmatrix} = \begin{bmatrix} \frac{1}{\sqrt{5}} & -\frac{2}{\sqrt{5}} \\ \frac{2}{\sqrt{5}} & \frac{1}{\sqrt{5}} \end{bmatrix} \begin{bmatrix} 2 & 0 \\ 0 & \frac{1}{2} \end{bmatrix} \begin{bmatrix} \frac{1}{\sqrt{5}} & \frac{2}{\sqrt{5}} \\ \frac{2}{\sqrt{5}} & -\frac{1}{\sqrt{5}} \end{bmatrix} \qquad (12.29)$$

注意，正如(12.26)中所规定的，我们需要改变符号以定义 u_2.

12.3 节习题

1. 使用手工计算，找出下面对称矩阵的 SVD，并从几何上描述对于单位圆造成的影响：

(a) $\begin{bmatrix} -3 & 0 \\ 0 & 2 \end{bmatrix}$ (b) $\begin{bmatrix} 0 & 0 \\ 0 & 3 \end{bmatrix}$ (c) $\begin{bmatrix} \frac{3}{2} & -\frac{1}{2} \\ -\frac{1}{2} & \frac{3}{2} \end{bmatrix}$ (d) $\begin{bmatrix} -\frac{3}{2} & \frac{1}{2} \\ \frac{1}{2} & -\frac{3}{2} \end{bmatrix}$ (e) $\begin{bmatrix} 0.75 & 1.25 \\ 1.25 & 0.75 \end{bmatrix}$

2. 使用手工计算，找出下面矩阵的 SVD：

(a) $\begin{bmatrix} 3 & 0 \\ 4 & 0 \end{bmatrix}$ (b) $\begin{bmatrix} 6 & -2 \\ 8 & \frac{3}{2} \end{bmatrix}$ (c) $\begin{bmatrix} 0 & 1 \\ 0 & 0 \end{bmatrix}$ (d) $\begin{bmatrix} -4 & -12 \\ 12 & 11 \end{bmatrix}$ (e) $\begin{bmatrix} 0 & -2 \\ -1 & 0 \end{bmatrix}$

3. SVD 不唯一. 对于例 12.4 存在多少不同的 SVD? 列出它们.

4. (a) 证明定理 12.11 中定义的 u_i 是 AA^T 的特征向量. (b) 证明 u_i 为单位向量. (c) 证明其构成 R^m 的正交基.

12.4 SVD 的应用

在本节中，我们收集关于 SVD 有用的性质并揭示它们广泛的用途. 例如，SVD 是获取矩阵秩的最好的方法. 方阵的逆矩阵如果存在，其对应的值可以通过 SVD 得到. 可能 SVD 最有用的用途来自于低秩近似性质.

12.4.1 SVD 的性质

假设 $A = USV^T$ 是奇异值分解. $m \times n$ 矩阵 A 的**秩**是线性无关行的个数(等价地，也可以是线性无关列的个数).

性质 1 矩阵 $A = USV^T$ 的秩是 S 中非 0 元素的个数.

证明 由于 U 和 V^T 为可逆矩阵，$\text{rank}(A) = \text{rank}(S)$，后者为非零对角线元素的个数. ∎

性质 2 如果 A 为 $n \times n$ 矩阵，则 $|\det(A)| = s_1 \cdots s_n$.

证明 由于 $U^T U = I$，$V^T V = I$，U 和 V^T 的值为 1 或者 -1，这是根据矩阵乘积的值等于矩阵值的乘积得到的. 性质 2 可以从分解 $A = USV^T$ 中得到. ∎

性质 3 如果 A 为可逆的 $m \times m$ 矩阵，则 $A^{-1} = VS^{-1}U^T$.

证明 由性质 1 知，S 可逆，意味着所有 $s_i > 0$. 现在性质 3 可从如下事实得到：如果 A_1，A_2，A_3 为可逆矩阵，则 $(A_1 A_2 A_3)^{-1} = A_3^{-1} A_2^{-1} A_1^{-1}$. ∎

例如，(12.29)中的 SVD

$$\begin{bmatrix} 0 & 1 \\ 1 & \frac{3}{2} \end{bmatrix} = \begin{bmatrix} \frac{1}{\sqrt{5}} & -\frac{2}{\sqrt{5}} \\ \frac{2}{\sqrt{5}} & \frac{1}{\sqrt{5}} \end{bmatrix} \begin{bmatrix} 2 & 0 \\ 0 & \frac{1}{2} \end{bmatrix} \begin{bmatrix} \frac{1}{\sqrt{5}} & \frac{2}{\sqrt{5}} \\ \frac{2}{\sqrt{5}} & -\frac{1}{\sqrt{5}} \end{bmatrix}$$

显示可逆矩阵为

$$\begin{bmatrix} 0 & 1 \\ 1 & \frac{3}{2} \end{bmatrix}^{-1} = \begin{bmatrix} \frac{1}{\sqrt{5}} & \frac{2}{\sqrt{5}} \\ \frac{2}{\sqrt{5}} & -\frac{1}{\sqrt{5}} \end{bmatrix} \begin{bmatrix} \frac{1}{2} & 0 \\ 0 & 2 \end{bmatrix} \begin{bmatrix} \frac{1}{\sqrt{5}} & \frac{2}{\sqrt{5}} \\ -\frac{2}{\sqrt{5}} & \frac{1}{\sqrt{5}} \end{bmatrix} = \begin{bmatrix} \frac{3}{2} & 1 \\ 1 & 0 \end{bmatrix} \quad (12.30)$$

性质 4 $m \times n$ 矩阵 A 可以写成秩为 1 的矩阵的和

$$A = \sum_{i=1}^{r} s_i u_i v_i^T \quad (12.31)$$

其中 r 为 A 的秩，u_i 与 v_i 分别是 U 和 V 的第 i 列.

证明

$$A = USV^T = U \begin{bmatrix} s_1 & & \\ & \ddots & \\ & & s_r \end{bmatrix} V^T = U \left(\begin{bmatrix} s_1 & & \\ & & \\ & & \end{bmatrix} + \begin{bmatrix} & & \\ & s_2 & \\ & & \end{bmatrix} + \cdots + \begin{bmatrix} & & \\ & & \\ & & s_r \end{bmatrix} \right) V^T$$

$$= s_1 u_1 v_1^T + s_1 u_2 v_2^T + \cdots + s_r u_r v_r^T$$

性质 4 是 SVD 的低秩近似性质. 对于 A 的最优最小二乘近似为保留 (12.31) 的前 p 项, p 为矩阵 A 的秩, $p \leqslant r$.

例 12.8 找出矩阵 $\begin{bmatrix} 0 & 1 \\ 1 & \frac{3}{2} \end{bmatrix}$ 的最优秩 1 近似.

写出 (12.31) 得到

$$\begin{bmatrix} 0 & 1 \\ 1 & \frac{3}{2} \end{bmatrix} = \begin{bmatrix} \frac{1}{\sqrt{5}} & -\frac{2}{\sqrt{5}} \\ \frac{2}{\sqrt{5}} & \frac{1}{\sqrt{5}} \end{bmatrix} \begin{bmatrix} 2 & 0 \\ 0 & \frac{1}{2} \end{bmatrix} \begin{bmatrix} \frac{1}{\sqrt{5}} & \frac{2}{\sqrt{5}} \\ \frac{2}{\sqrt{5}} & -\frac{1}{\sqrt{5}} \end{bmatrix} = \begin{bmatrix} \frac{1}{\sqrt{5}} & -\frac{2}{\sqrt{5}} \\ \frac{2}{\sqrt{5}} & \frac{1}{\sqrt{5}} \end{bmatrix} \left(\begin{bmatrix} 2 & 0 \\ 0 & 0 \end{bmatrix} + \begin{bmatrix} 0 & 0 \\ 0 & \frac{1}{2} \end{bmatrix} \right) \begin{bmatrix} \frac{1}{\sqrt{5}} & \frac{2}{\sqrt{5}} \\ \frac{2}{\sqrt{5}} & -\frac{1}{\sqrt{5}} \end{bmatrix}$$

$$= 2 \begin{bmatrix} \frac{1}{\sqrt{5}} \\ \frac{2}{\sqrt{5}} \end{bmatrix} \begin{bmatrix} \frac{1}{\sqrt{5}} & \frac{2}{\sqrt{5}} \end{bmatrix} + \frac{1}{2} \begin{bmatrix} -\frac{2}{\sqrt{5}} \\ \frac{1}{\sqrt{5}} \end{bmatrix} \begin{bmatrix} \frac{2}{\sqrt{5}} & -\frac{1}{\sqrt{5}} \end{bmatrix} = \begin{bmatrix} \frac{2}{5} & \frac{4}{5} \\ \frac{4}{5} & \frac{8}{5} \end{bmatrix} + \begin{bmatrix} -\frac{2}{5} & \frac{1}{5} \\ \frac{1}{5} & -\frac{1}{10} \end{bmatrix} \quad (12.32)$$

注意到原始矩阵如何分为一个大的贡献加上一个较小的贡献, 这是由于奇异值的不同大小. 矩阵的最优秩 1 近似由第一个秩 1 矩阵给出

$$\begin{bmatrix} \frac{2}{5} & \frac{4}{5} \\ \frac{4}{5} & \frac{8}{5} \end{bmatrix}$$

而第二个矩阵仅仅提供较小的修正. 这是 SVD 在降维和压缩应用中的主要思想.

后面两小节介绍 SVD 的两个紧密相关的应用. 在降维中关注的焦点是使用维数较低的一组向量近似原始大量高维数据. 另外一个应用是有损压缩. 降低了近似表示矩阵所需要的信息量. 两个应用都依赖于关于低秩近似的性质 4.

12.4.2 降维

降维思想是将数据投影到低维空间. 假设 $a_1, \cdots, a_n$ 包含一组 m 维的向量. 在富含数据的应用中, m 远小于 n. 降维的目标是使用 n 个向量替换 $a_1, \cdots, a_n$, 其中新向量的维数 $p < m$, 同时最小化该过程中引入的误差. 通常我们从一组均值为 0 的向量开始. 如果向量的均值不为 0, 我们可以减去均值实现, 并在后面的阶段再把均值加回去.

SVD 给出一种直接完成降维的方式. 考虑数据向量为 $m \times n$ 矩阵 $A = [a_1 | \cdots | a_n]$. 计算奇异值分解 $A = USV^T$. 令 e_j 表示第 j 个初等基向量 (除了第 j 个元素为 1, 其他元素都为 0), 则 $Ae_j = a_j$. 使用性质 4 的秩 p 近似

$$A \approx A_p = \sum_{i=1}^{p} s_i u_i v_i^T$$

我们可以将 a_j 投影到 p 维空间, 该空间由 U 的列向量 $u_1, \cdots, u_p$ 张成

特征值与奇异值

$$a_j = Ae_j \approx A_p e_j \tag{12.33}$$

由于矩阵与 e_j 相乘仅拣出第 j 列，我们可以更加有效地描述我们的发现，如下：

空间 $\langle u_1, \cdots, u_p \rangle$ 由左奇异向量 $u_1, \cdots, u_p$ 张成，这是对于 $a_1, \cdots, a_n$ 的 p 维子空间在最小二乘意义上的最优近似，A 的列 a_i 在该空间上的正交投影对应 A_p 的列. 换句话讲，一组向量 $a_1, \cdots, a_n$ 到其最优的最小二乘 p 维子空间的投影就是矩阵最优的秩 p 近似矩阵 A_p.

例 12.9 找出最优的一维子空间拟合数据向量 $[3, 2], [2, 4], [-2, -1], [-3, -5]$.

4 个向量（如图 12.4a 所示）近似指向相同的一维子空间. 我们希望找出这个子空间，该空间能够使向量投影到子空间的平方误差和最小，然后找出投影向量.

使用数据向量作为数据矩阵

$$A = \begin{bmatrix} 3 & 2 & -2 & -3 \\ 2 & 4 & -1 & -5 \end{bmatrix}$$

的列，并找出它的 SVD，即

$$\begin{bmatrix} 0.5886 & -0.8084 \\ 0.8084 & 0.5886 \end{bmatrix} \begin{bmatrix} 8.2809 & 0 & 0 & 0 \\ 0 & 1.8512 & 0 & 0 \end{bmatrix} \begin{bmatrix} 0.4085 & 0.5327 & -0.2398 & -0.7014 \\ -0.6741 & 0.3985 & 0.5554 & -0.2798 \\ 0.5743 & -0.1892 & 0.7924 & -0.0801 \\ 0.2212 & 0.7223 & 0.0780 & 0.6507 \end{bmatrix}$$

精确到小数点后 4 位. 最优的一维子空间如图 12.4b 中虚线所示，由 $u_1 = [0.5886, 0.8084]$ 所张成. 消减为 $p=1$ 维的子空间，意味着设置 $s_2 = 0$ 并重组矩阵. 换句话讲，$A_1 = US_1V^T$，其中

$$S_1 = \begin{bmatrix} 8.2809 & 0 & 0 & 0 \\ 0 & 0 & 0 & 0 \end{bmatrix}$$

因而，矩阵的列

$$A_1 = \begin{bmatrix} 1.9912 & 2.5964 & -1.1689 & -3.4188 \\ 2.7346 & 3.5657 & -1.6052 & -4.6951 \end{bmatrix} \tag{12.34}$$

是对应原始 4 个数据向量的投影向量，如图 12.4b 所示.

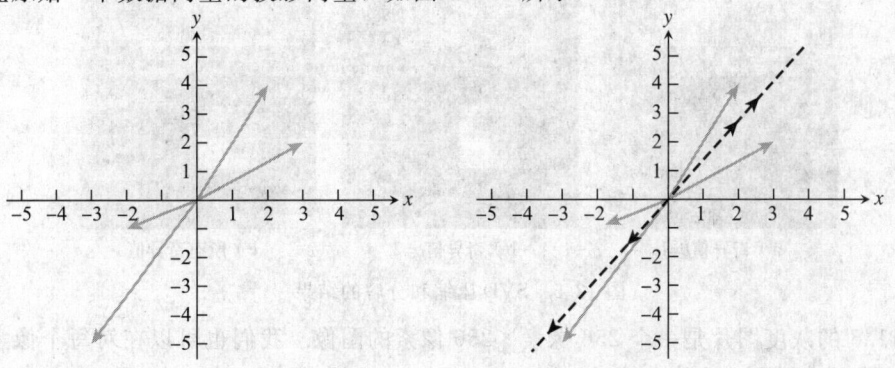

a) 4 个数据向量投影到最优的一维子空间　　b) 虚线表示最优子空间，箭头显示到了空间的正交投影

图 12.4　SVD 降维

12.4.3 压缩

性质 4 也可以用于压缩矩阵信息。注意到在性质 4 中的秩 1 展开中的每一项使用两个向量 u_i, v_i, 以及另一个数字 s_i 定义。如果 A 是一个 $n\times n$ 矩阵，我们可以尝试矩阵 A 的有损压缩，其中扔掉性质 4 求和后面的几项，它们具有较小的 s_i。每一项在展开中需要 $2n+1$ 个数字保存或者传输。

例如，当 $n=8$ 时，矩阵由 64 个数字定义，但是我们可以传输或者保存矩阵的第一项展开，仅仅使用 $2n+1=17$ 个数字。如果大量信息可以由第一项捕捉，例如，当第一个奇异值比其他的奇异值大得多的时候，以这种方式处理可能节省 75% 的空间。

例如，回到如图 11.6 所示的 8×8 的像素块。在减去 128 后，使得中心在零附近，矩阵由方程(11.16)给出。8×8 矩阵的奇异值如下：

$$387.78$$
$$216.74$$
$$83.77$$
$$62.69$$
$$34.75$$
$$21.47$$
$$10.50$$
$$4.35$$

原始的块如图 12.5c 所示，压缩版本分别在图 12.5a 和图 12.5b 中显示。图 12.5a 对应使用性质 4 中展开的第一项替换矩阵的结果，这是像素值矩阵的最优的秩 1 近似。如同前面所讲的，这大约得到 4∶1 的压缩。在图 12.5b 中，使用两项近似的压缩率为 2∶1。（当然我们在这里简化讨论，没有使用量化技巧。对较小奇异值的系数只使用较低的精度将有助于表示，这和第 11 章中的情况相同。）

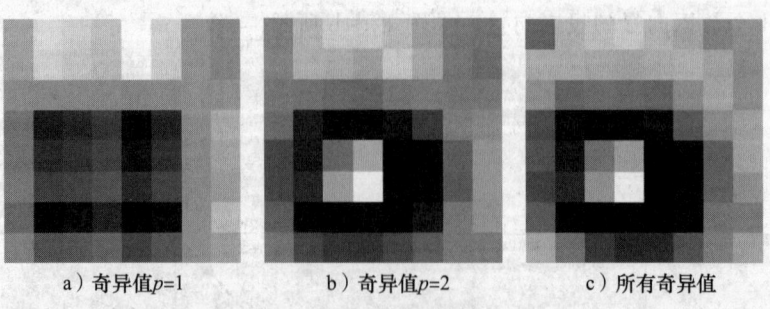

a）奇异值 $p=1$ b）奇异值 $p=2$ c）所有奇异值

图 12.5 SVD 压缩和分解的结果

图 11.5 的灰度图片是一个 256 像素×256 像素的图像。我们也可以在对每个像素元素减去 128 后，对整个矩阵使用性质 4。矩阵的 256 个奇异值在大小上从 8108 变化到 0.46。图 12.6 显示了重建的图像，这可以从保持性质 4 中的秩 1 展开项中的 p 得到。当 $p=8$ 时，

仅仅需要保存 $8(2(256)+1)=4104$ 个数字,和原始的 $(256)^2=65\,536$ 像素数值相比,大约有 16:1 的压缩率. 在图 12.6c 中,保留了 32 项,压缩率大约是 4:1.

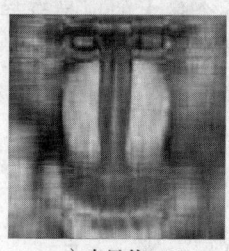
a) 奇异值 $p=8$

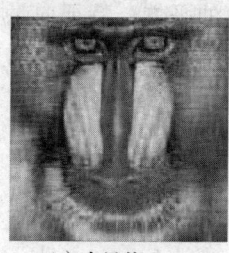
b) 奇异值 $p=16$

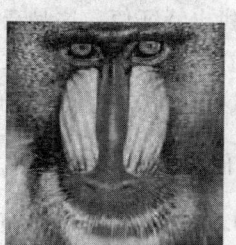
c) 奇异值 $p=32$

图 12.6 SVD 压缩和分解的结果

12.4.4 计算 SVD

如果 A 是一个实数对称矩阵,SVD 可以消减为本章前面讨论的特征值计算问题. 在这种情况下单位特征向量构成正交基. 如果我们定义矩阵 V 将单位特征向量保存在列上,则 $AV=US$ 表示特征向量方程,其中 S 是对角线矩阵,保存特征值的绝对值. 对于 U 的操作和 V 一样,但是如果特征值是负,则要变换列的符号,和(12.26)中的讨论相同. 由于 U 和 V 是正交矩阵,

$$A = USV^T$$

是矩阵 A 的奇异值分解.

对于一个一般的非对称 $m\times n$ 矩阵 A,确定 SVD 有两种不同的方法. 最明显的方法是构造 A^TA,并找出它的特征值. 根据定理 12.11,找出 V 的列 v_i,通过对向量 $Av_i=s_iu_i$ 归一化,我们同时得到奇异值和 U 的列.

但是除了简单的例子之外,并不推荐这种方法. 如果 A 的条件数很大,则 A^TA 的条件数常常是矩阵 A 的条件数的平方,可能变得极大并丢失数字精度.

幸运的是,有一个不同的方式找出 A^TA 的特征向量,该方法可以避免矩阵乘积. 考虑如下矩阵

$$B = \begin{bmatrix} 0 & A^T \\ A & 0 \end{bmatrix} \tag{12.35}$$

注意,B 是对称的 $(m+n)\times(m+n)$ 矩阵(检查其转置). 因而,它具有实数特征值和作为基的特征向量. 令 $[v,w]$ 表示一个 $(m+n)$ 向量,对应 B 的特征向量,则

$$\begin{bmatrix} A^Tw \\ Av \end{bmatrix} = \begin{bmatrix} 0 & A^T \\ A & 0 \end{bmatrix}\begin{bmatrix} v \\ w \end{bmatrix} = \lambda \begin{bmatrix} v \\ w \end{bmatrix}$$

或者 $Av=\lambda w$. 左侧乘上 A^T 得到

$$A^TAv = \lambda A^Tw = \lambda^2 v \tag{12.36}$$

表明 w 是 A^TA 的特征向量,对应的特征值为 λ^2. 注意到我们可以确定 A^TA 的特征值和特征向量,但是不需要构造 A^TA.

因而，另一种更好的计算奇异值和奇异向量的方法是，将对称矩阵 B 转化为上海森伯格形式．由于对称，上海森伯格形式的矩阵和三对角线矩阵等价，则该方法与平移 QR 算法一样可以找出特征值，这是奇异值的平方，特征向量中 n 个最大的项是奇异向量 v_i．尽管这种方式看起来使得矩阵的大小加倍，但是它避免对条件数的不必要提高，还有更有效的方式实现这种想法(在这里我们不会讨论这种实现)，其避免了对于额外存储空间的需要．

12.4 节编程问题

1. 使用 MATLAB 的 svd 命令找出下面矩阵最优的秩 1 近似：

(a) $\begin{bmatrix} 1 & 2 \\ 2 & 3 \end{bmatrix}$ (b) $\begin{bmatrix} 1 & 4 \\ 2 & 3 \end{bmatrix}$ (c) $\begin{bmatrix} 1 & 2 & 4 \\ 1 & 3 & 3 \\ 0 & 0 & 1 \end{bmatrix}$ (d) $\begin{bmatrix} 1 & 5 & 3 \\ 2 & -3 & 2 \\ -3 & 1 & 1 \end{bmatrix}$

2. 找出下面矩阵最优的秩 2 近似：

(a) $\begin{bmatrix} 1 & 2 & 4 \\ 1 & 3 & 3 \\ 0 & 0 & 1 \end{bmatrix}$ (b) $\begin{bmatrix} 2 & -2 & 4 \\ 1 & -1 & 2 \\ -3 & 3 & -6 \end{bmatrix}$ (c) $\begin{bmatrix} 1 & 5 & 3 \\ 2 & -3 & 2 \\ -3 & 1 & 1 \end{bmatrix}$

3. 找出下面向量的最优最小二乘近似直线，以及向量在一维子空间上的投影：

(a) $\begin{bmatrix} 1 \\ 4 \end{bmatrix}, \begin{bmatrix} 1 \\ 5 \end{bmatrix}, \begin{bmatrix} 2 \\ 4 \end{bmatrix}$ (b) $\begin{bmatrix} 2 \\ 0 \end{bmatrix}, \begin{bmatrix} 4 \\ 1 \end{bmatrix}, \begin{bmatrix} 3 \\ 2 \end{bmatrix}$ (c) $\begin{bmatrix} 1 \\ 2 \\ 4 \end{bmatrix}, \begin{bmatrix} 1 \\ 3 \\ 5 \end{bmatrix}, \begin{bmatrix} 1 \\ 1 \\ 6 \end{bmatrix}, \begin{bmatrix} 1 \\ 1 \\ 3 \end{bmatrix}$

4. 对于下面的三维向量，找出最优的最小二乘近似平面，以及向量在子空间上的投影：

(a) $\begin{bmatrix} 1 \\ 2 \\ 4 \end{bmatrix}, \begin{bmatrix} 2 \\ 3 \\ 5 \end{bmatrix}, \begin{bmatrix} 1 \\ 1 \\ 6 \end{bmatrix}, \begin{bmatrix} 1 \\ 1 \\ 3 \end{bmatrix}$ (b) $\begin{bmatrix} 2 \\ 3 \\ 5 \end{bmatrix}, \begin{bmatrix} -1 \\ 4 \\ 0 \end{bmatrix}, \begin{bmatrix} 7 \\ -2 \\ 1 \end{bmatrix}, \begin{bmatrix} 1 \\ 1 \\ 0 \end{bmatrix}$

5. 写出 MATLAB 程序，使用(12.35)的矩阵计算矩阵的奇异值．使用前面给出的海森伯格代码，使用平移 QR 求解得到的特征值问题．使用你的方法找出下面矩阵的奇异值：

(a) $\begin{bmatrix} 3 & 0 \\ 4 & 0 \end{bmatrix}$ (b) $\begin{bmatrix} 6 & -2 \\ 8 & \frac{3}{2} \end{bmatrix}$ (c) $\begin{bmatrix} 0 & 1 \\ 0 & 0 \end{bmatrix}$ (d) $\begin{bmatrix} -4 & -12 \\ 12 & 11 \end{bmatrix}$ (e) $\begin{bmatrix} 0 & -2 \\ -1 & 0 \end{bmatrix}$

6. 继续编程问题 5，添加代码找出矩阵完整的 SVD.

7. 使用编程问题 6 中的代码找出下面矩阵完整的 SVD，把你的结果和 MATLAB 的 svd 命令比较(你的答案应该在 u_i, v_i 的负号的选择上一致)：

(a) $\begin{bmatrix} 1 & 3 & 0 \\ 4 & 5 & 0 \\ 2 & 5 & 3 \end{bmatrix}$ (b) $\begin{bmatrix} 1 & 0 & 2 & 4 \\ 1 & 1 & 1 & 3 \end{bmatrix}$ (c) $\begin{bmatrix} 0 & 1 & 3 \\ 3 & 1 & 1 \\ 2 & -1 & 3 \\ 0 & 1 & -1 \end{bmatrix}$ (d) $\begin{bmatrix} 0 & 1 & 3 & 1 \\ -1 & 1 & 1 & 0 \\ 0 & 1 & 3 & -1 \\ 2 & -1 & -1 & 2 \end{bmatrix}$

8. 使用 MATLAB 的 imread 命令导入照片．使用 SVD 构造照片的 8:1, 4:1, 2:1 压缩版本．如果照片是彩色图像，分别压缩 RGB 三个通道的颜色．

软件与进一步阅读

威尔金森[1965]开创了近代特征值计算领域，在威尔金森与 Reinsch[1971]的论著中就已经提出了

QR算法以及上海森伯格形式. 其他关于特征值计算比较有影响的文献包括 Stewart[1973], Parlett[1998], Golub 与 Van Loan[1996], 以及 Parlett[2000]与 Watkins[1982].

Lapack(Anderson 等人[1990])提供消减得到上海森伯格形式, 以及对称和非对称形式特征值的程序. 这些程序来自 1960 年左右开发的 Eispack 包(Smith 等人[1970]). Netlib 的 DGEHRD 使用豪斯霍尔德反射子, 将一个实数矩阵消减为上海森伯格形式. DHSEQR 则实现了计算特征值的 QR 算法, 以及实数上海森伯格矩阵的舒尔形式的算法. NAG 提供了 F08NEF 与 F08PEF, 同样用于上述的两种操作. 对于复数矩阵有相似的程序.

Saad[2003]与 Bai 等人[2000]讨论大规模特征值问题的先进技术. Cuppen[1981]介绍了三对角线对称特征值问题的分治方法. Arpack 软件实现了对大型稀疏问题的 Arnoldi 迭代, Parpack 是对于并行处理器上计算的一个扩展.

对于奇异值分解的算法包含 Lapack 最初的 DGESVD, 以及分治方法 DGESDD, 对于大型矩阵更倾向使用后者. 同时也有对于复数形式问题的求解程序.

第13章 最优化

> 1953 年发现的 DNA 的双螺旋结构，使得在半个世纪后发现了几乎所有人类基因的序列．序列保存了氨基酸串折叠生成蛋白质的指令，并运行相关的生命活动，但是这种指令以一种编码语言书写．这种信息现在仍然等待着翻译，翻译后就可直接用于理解生命函数的功能．蛋白质的应用包含基因治疗，以及更合理地设计药物，可能会促进疾病的早期预防、诊断以及治疗．
>
> 氨基酸折叠生成功能蛋白质关键依赖于 Van der Waals 力，这是在无界原子之间的微观吸引和斥力．原子聚类模型中，这些力使用 Lennard-Jones 势能进行建模，并在最小化能量框架下进行研究，这就将问题带到了优化领域．
>
> **事实验证 13** 使用本章中的优化技术求解能量最小问题．

最优化指的是找出实数函数的极大或者极小值，该函数称为**目标函数**．由于定位函数 $f(x)$ 的极大值与找出函数 $-f(x)$ 的极小值等价，在推导计算方式时仅考虑最小化问题就足够了．

一些优化问题在要求目标函数最小化的同时还要求满足一些等式或者不等式的约束．例如，尽管 x_1 是图 13.1 中的函数的全局极小，但是考虑约束 $x \geqslant 0$，则 x_2 为极小值．特别的，在线性规划领域中的问题的目标函数和约束都为线性．在本章中，我们将使问题简单化，并仅仅考虑无约束的最优化问题．

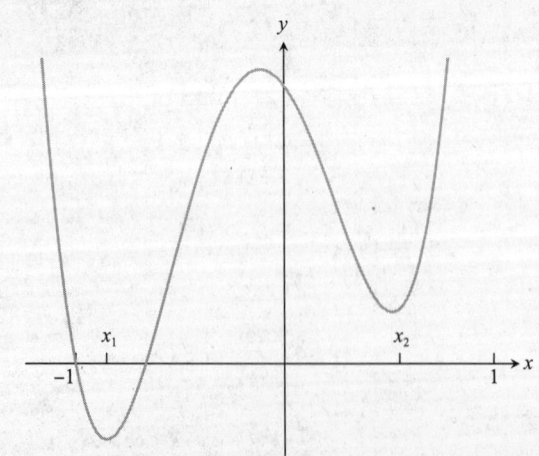

图 13.1 函数 f 的最小化问题，$f(x) = 5x^4 + 3x^3 - 4x^2 - x + 2$
无约束的最小化问题 $\min_x f(x)$ 的解为 x_1

无约束的优化问题分为两类，分类依赖于是否使用目标函数 $f(x)$ 的导数．如果一个

$f(x)$ 的算术表达式已知,在大多数情况下,对应的导数可以通过手工计算或者计算机代数计算得到. 如果可能,应该使用导数信息,但是由于一些原因,有时候没有导数信息. 特别是当目标函数过于复杂、函数维数过高,或者不是我们已知的可以微分的形式.

13.1 不使用导数的无约束优化

在本节中,假设对于目标函数 $f(x)$ 可以在任何输入的 x 上求值,但是没有导数 $f'(x)$ 的信息(或者包含多个变量的函数 f 的偏导数). 我们将讨论不使用导数的三种优化方式:黄金分割搜索,持续抛物线插值,以及 Nelder-Mead 方法. 前两种方法仅用于有一个标量变量的函数 $f(x)$,Nelder-Mead 方法可以在多维空间中进行搜索.

13.1.1 黄金分割搜索

一旦解的范围已知,黄金分割搜索是一种有效找出单变量函数 $f(x)$ 的最小值的方式.

定义 13.1 当区间 $[a,b]$ 上只有一个极大或者极小值,并且 f 在其他点上严格升高或者降低,连续函数 $f(x)$ 被称为区间 $[a,b]$ 上的**单峰函数**.

一个单峰函数在区间 $[a,b]$ 上当 x 从 a 移动到 b,要么升高到一个局部极大然后降低,要么降低到一个局部极小然后升高.

假设 f 是一个单峰函数,在区间 $[a,b]$ 上具有相对极小. 选择区间内的两点 x_1 和 x_2,使得 $a<x_1<x_2<b$. 该情况如图 13.2 所示,$[a,b]=[0,1]$. 我们将使用新的更小的区间替换原始区间,根据如下法则该区间可以继续括住极小值:如果 $f(x_1) \leqslant f(x_2)$,则在下一步中保持区间 $[a,x_2]$. 如果 $f(x_1)>f(x_2)$,保持区间 $[x_1,b]$.

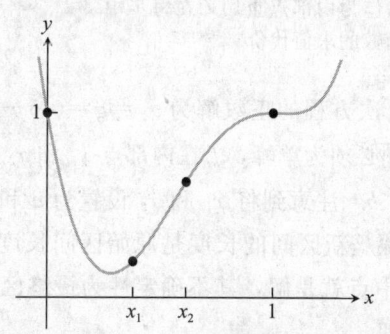 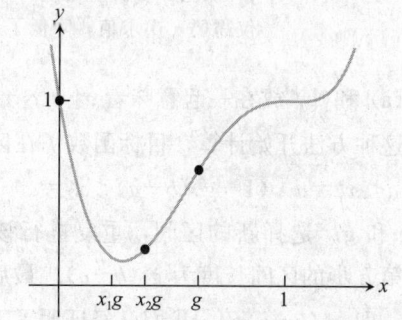

a)在当前区间 [0,1],计算两点 x_1,x_2 上目标函数的值,如果 $f(x_1) \leqslant f(x_2)$,则新的区间为 $[0,x_2]$

b)在下一步中,设 $g=x_2$,并对 $x_1 g$ 和 $x_2 g$ 重复相同的比较

图 13.2 黄金分割搜索

注意,在每种情况下,新的区间包含单峰函数 f 的相对极小. 例如,如图 13.2 所

示如果 $f(x_1) < f(x_2)$，则由于单峰假设，极小必然在 x_2 的左侧。这是由于 f 必须降低到极小的左侧，因而 $f(x_1) < f(x_2)$ 意味着 x_2 必须在极小的右侧。同样，$f(x_1) > f(x_2)$ 意味着 $[x_1, b]$ 包含极小值。由于新区间比原来的区间 $[a, b]$ 小，因而这个过程已经在趋近局部极小。重复这个基本步骤直到包含极小值的区间足够小。这个方法使得我们想起了确定根的二分法。

然后我们讨论如何将 x_1 和 x_2 放置在区间 $[a, b]$ 上。在每步中，我们将使用尽可能少的操作，降低区间的长度。这种方式如图 13.3 所示，其中区间为 $[a, b] = [0, 1]$。在选择 x_1 和 x_2 时有两个标准：(a) 关于区间保持对称（由于我们不知道极小在区间的哪一侧），(b) 选择 x_1 和 x_2 使得不管在下一步中使用哪种选择，x_1 和 x_2 都是下一步中的某个采样点。即要求 (a) $x_1 = 1 - x_2$，(b) $x_1 = x_2^2$。如图 13.3 所示，如果新区间为 $[0, x_2]$，标准 (b) 保证原始的 x_1 将会在下个区间中变为 x_2，因而仅需要进行一次函数求值，即 $f(x_1 g)$。同样，如果新的区间为 $[x_1, 1]$，则 x_2 将变为新的 "x_1"。这种重用函数求值的能力意味着在第一步后，每步中仅需要目标函数的单次求值。

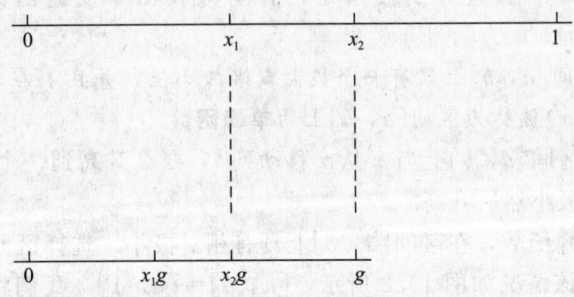

图 13.3 选择黄金分割搜索的比例。顶部区间和底部区间的比例为 $1/g = (1+\sqrt{5})/2$，即**黄金分割**。精确选择点 x_1 和 x_2，使得不管新区间是 $[0, x_2]$ 或者 $[x_1, 1]$，一个点可以作为内部点重用，在每步中仅需要一次求值，降低了新的目标函数的求值代价。

标准 (a) 和 (b) 放在一起意味着 $x_2^2 + x_2 - 1 = 0$。二次方程的正数解为 $x_2 = g = (\sqrt{5} - 1)/2$。为了使用这种方法开始计算，目标函数 f 在区间 $[a, b]$ 必须为单峰，f 在内部点 x_1 和 x_2 上求值，其中 $a < x_1 = a + (1-g)(b-a) < x_2 = a + g(b-a) < b$。注意到将 x_1 和 x_2 设置为 a 和 b 之间的 $1-g$ 和 g。选择新的区间，重复进行该基本步骤。新区间的长度是原始区间长度的 g 倍，因而第 k 步的区间长度为 $g^k(b-a)$。最后区间的中点就是解，其不确定性为最终区间长度的一半，即 $g^k(b-a)/2$。我们已经证明了下面的定理：

定理 13.2 从初始区间 $[a, b]$ 开始，黄金分割搜索 k 步之后，最后区间中点和最小值之间的差异为 $g^k(b-a)/2$，其中 $g = (\sqrt{5} - 1)/2 \approx 0.618$。

黄金分割搜索

给出单峰函数 f，在区间 $[a, b]$ 上具有极小值

最 优 化

```
for i = 1, 2, 3, ···
    g = (√5 − 1)/2
    if f(a + (1 − g)(b − a)) < f(a + g(b − a))
        b = a + g(b − a)
    else
        a = a + (1 − g)(b − a)
    end
end
```
最终区间$[a, b]$中包含极小值.

进行黄金分割搜索的 MATLAB 代码在第一步后, 每步中需要一次函数求值.

```
% 程序13.1 黄金分割搜索f(x)的极小值
% 单峰函数f(x),在区间[a,b]上具有极小值
% 输入:函数f,区间[a,b],步数k
% 输出:近似极小y
function y=gss(f,a,b,k)
g=(sqrt(5)-1)/2;
x1 = a+(1-g)*(b-a);
x2 = a+g*(b-a);
f1=f(x1);f2=f(x2);
for i=1:k
  if f1 < f2              % 如果f(x1) < f(x2),使用x2替换b
    b=x2; x2=x1; x1=a+(1-g)*(b-a);
    f2=f1; f1=f(x1);   % 单次函数求值
  else                    % 否则使用x1替换a
    a=x1; x1=x2; x2=a+g*(b-a);
    f1=f2; f2=f(x2);   % 单次函数求值
  end
end
y=(a+b)/2;
```

收敛 根据定理 13.2, 黄金分割搜索方法线性收敛到极小值, 线性收敛速度为 $g \approx 0.618$. 非常有趣的是, 我们注意到这与第 1 章中的二分法找根非常相似. 尽管它们求解了不同的问题, 二者都是全局收敛方法, 意味着如果从一个正确的条件开始(对于黄金分割搜索要求在$[a, b]$区间上单峰, 对于二分法 $f(a)f(b)<0$), 它们都保证收敛到解. 二者都不需要导数信息. 二者在每步中需要一次函数求值, 都是线性收敛. 二分法的线性收敛率为 $K=0.5<g=0.618$, 二分法稍微快一些. 它们都属于那种"慢但是确定"的方法.

例 13.1 使用黄金分割搜索找出函数 $f(x)=x^6-11x^3+17x^2-7x+1$ 在区间$[0, 1]$上的极小值.

图 13.2 显示了该方法的前两步. 第一步中, $x_1=1-g$, $x_2=g$, 其中 $g=(\sqrt{5}-1)/2$. 由于 $f(x_1)<f(x_2)$, 区间$[0, 1]$替换为$[0, g]$. 新的 x_1, x_2 分别为前面的 x_1g, x_2g. 在第二步中, $f(x_1)<f(x_2)$, 因而区间$[0, g]$替换为$[0, x_2]$. 前 15 步如下表所示:

步数	a	x_1	x_2	b	步数	a	x_1	x_2	b
0	0.0000	0.3820	0.6180	1.0000	8	0.2705	0.2786	0.2837	0.2918
1	0.0000	0.2361	0.3820	0.6180	9	0.2786	0.2837	0.2868	0.2918
2	0.0000	0.1459	0.2361	0.3820	10	0.2786	0.2817	0.2837	0.2868
3	0.1459	0.2361	0.2918	0.3820	11	0.2817	0.2837	0.2849	0.2868
4	0.2361	0.2918	0.3262	0.3820	12	0.2817	0.2829	0.2837	0.2849
5	0.2361	0.2705	0.2918	0.3262	13	0.2829	0.2837	0.2841	0.2849
6	0.2705	0.2918	0.3050	0.3262	14	0.2829	0.2834	0.2837	0.2841
7	0.2705	0.2837	0.2918	0.3050	15	0.2834	0.2837	0.2838	0.2841

15 步后，我们可以说最小值在 0.2834 和 0.2838 之间.

13.1.2 持续的抛物线插值

在黄金分割搜索中，除了比较函数值 $f(x_1)$ 和 $f(x_2)$，没有更多地使用它们. 不管其中一个比另外一个大多少，都以相同的方式决定前进方向. 在本节中，我们描述一个新方法，对于函数值的使用更加有效；该方式使用函数值生成函数 f 的一个局部模型.

该局部模型为抛物线，我们从第 3 章知道使用三点可以唯一确定抛物线. 如图 13.4 所示，从极小值附近的三点 r, s, t 开始. 在三点上对目标函数 f 求值，并画出通过它们的抛物线. 差商如下：

$$\begin{array}{c|cc} r & f(r) & \\ & & d_1 \\ s & f(s) & d_3 \\ & & d_2 \\ t & f(t) & \end{array}$$

其中 $d_1 = (f(s)-f(r))/(s-r)$，$d_2 = (f(t)-f(s))/(t-s)$，$d_3 = (d_2-d_1)/(t-r)$. 因而，我们可以将抛物线表示为

$$P(x) = f(r) + d_1(x-r) + d_3(x-r)(x-s) \tag{13.1}$$

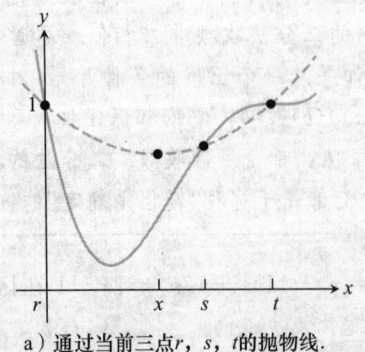 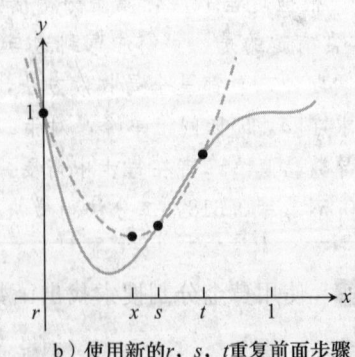

a) 通过当前三点 r, s, t 的抛物线. 抛物线的极小值 x 用于替换当前的 s

b) 使用新的 r, s, t 重复前面步骤

图 13.4 持续抛物线插值

令 $P(x)$ 的导数等于 0，找出抛物线的极小值，得到公式

$$x = \frac{r+s}{2} - \frac{(f(s)-f(r))(t-r)(t-s)}{2[(s-r)(f(t)-f(s))-(f(s)-f(r))(t-s)]} \tag{13.2}$$

这是对极小值的新的近似。在 SPI 中，新的 x 可以替换 r, s, t 中离当前最远，或者最差的一个点，并重复进行该步骤。对于 SPI 不能保证收敛，这与黄金分割搜索不同。但是，如果收敛，速度更快，这是由于该方法更好地使用了函数求值的信息。

持续抛物线插值

从近似极小值 r, s, t 开始
for $i=1, 2, 3, \cdots$

$$x = \frac{r+s}{2} - \frac{(f(s)-f(r))(t-r)(t-s)}{2[(s-r)(f(t)-f(s))-(f(s)-f(r))(t-s)]}$$

$t = s$
$s = r$
$r = x$

end

在下面的 MATLAB 代码中，抛物线的极小值替换了三个点中距离当前最远的一个点：

```
% 程序13.2 持续抛物线插值
% 输入:函数f,最初猜测r,s,t,步数k
% 输出:近似最小值x
function x=spi(f,r,s,t,k)
x(1)=r;x(2)=s;x(3)=t;
fr=f(r);fs=f(s);ft=f(t);
for i=4:k+3
 x(i)=(r+s)/2-(fs-fr)*(t-r)*(t-s)/(2*((s-r)*(ft-fs)
    -(fs-fr)*(t-s)));
 t=s;s=r;r=x(i);
 ft=fs;fs=fr;fr=f(r);           % 单个函数求值
end
```

例 13.2 使用持续抛物线插值找出函数 $f(x) = x^6 - 11x^3 + 17x^2 - 7x + 1$ 在区间 $[0, 1]$ 上的极小值。

使用开始点 $r=0$, $s=0.7$, $t=1$，计算如下：

步数	x	$f(x)$	步数	x	$f(x)$
0	1.000 000 000 000 00	1.000 000 000 000 00	6	0.285 169 421 616 39	0.131 724 261 362 34
0	0.700 000 000 000 00	0.774 649 000 000 00	7	0.283 740 694 642 18	0.131 706 464 517 92
0	0.000 000 000 000 00	1.000 000 000 000 00	8	0.283 646 476 311 23	0.131 706 398 590 35
1	0.500 000 000 000 00	0.390 625 000 000 00	9	0.283 648 264 375 69	0.131 706 398 563 01
2	0.385 896 835 485 38	0.201 472 878 145 00	10	0.283 648 358 329 62	0.131 706 398 562 95
3	0.331 751 296 025 24	0.148 441 657 246 73	11	0.283 648 358 083 77	0.131 706 398 562 95
4	0.237 355 733 167 21	0.149 337 377 644 02	12	0.283 648 332 187 29	0.131 706 398 562 95
5	0.285 266 172 693 72	0.131 726 603 381 64			

我们得出结论，极小值在 $x_{\min} = 0.283\,648\,3$ 附近。注意到在 12 步后，在使用更少的函数求值的情况下，相对于黄金分割搜索算法大大改善了精度。尽管我们使用了函数 f 的精确值，但没有使用目标函数的导数信息，而 GSS 仅仅需对这些值进行比较。

同时注意到，在表的末端的结果令人诧异．如同第 1 章所讨论的，函数在相对极大和极小附近非常平缓．由于在 $x_{\min}$ 的 10^{-7} 范围中数字给出相同的局部极小函数值，不管我们运行多少步，我们都不能使用 IEEE 双精度超越这个精度．由于极小一般发生在函数导数为 0 的地方，这个困难一般不是优化方法造成的问题，而是由于浮点数计算造成的．

从 GSS 到 SPI，与从二分法到割线法以及逆向二次插值方法相似．对于函数构造局部模型并假设其为目标函数，有助于加速收敛．

13.1.3 Nelder-Mead 搜索

对于多于一个未知变量的函数，方法变得更加复杂．Nelder-Mead 搜索试图将一个多面体滚到一个尽可能低的水平．由于这个原因，它也被称为**单纯型下山法**．它没有使用目标函数的导数信息．

假设需要最小化的函数 f 具有 n 个变量．方法首先需要 $n+1$ 个属于 R^n 的初始估计向量 $x_1,\cdots,x_{n+1}$，这些点构成 n 维的单纯型．例如，如果 $n=2$，三个初始估计构成平面上三角形的三个顶点．

测试单纯型的顶点，并根据它们的值以升序排列 $y_1<y_2<\cdots<y_{n+1}=y_h$．最差的单纯型向量 $x_h=x_{n+1}$ 根据图 13.5 中的流程图进行替换．首先我们定义略去 x_h 的单纯型平面的重心 $\bar{x}$．然后我们测试在反射点 $x_r=2\bar{x}-x_h$ 上的函数值 $y_r=f(x_r)$，如图 13.5a 所示．如果新的值 y_r 在 $y_1<y_r<y_n$ 范围中，我们使用 x_r 替换最差的点 x_n，使用函数值对顶点排序，并重复前面的步骤．

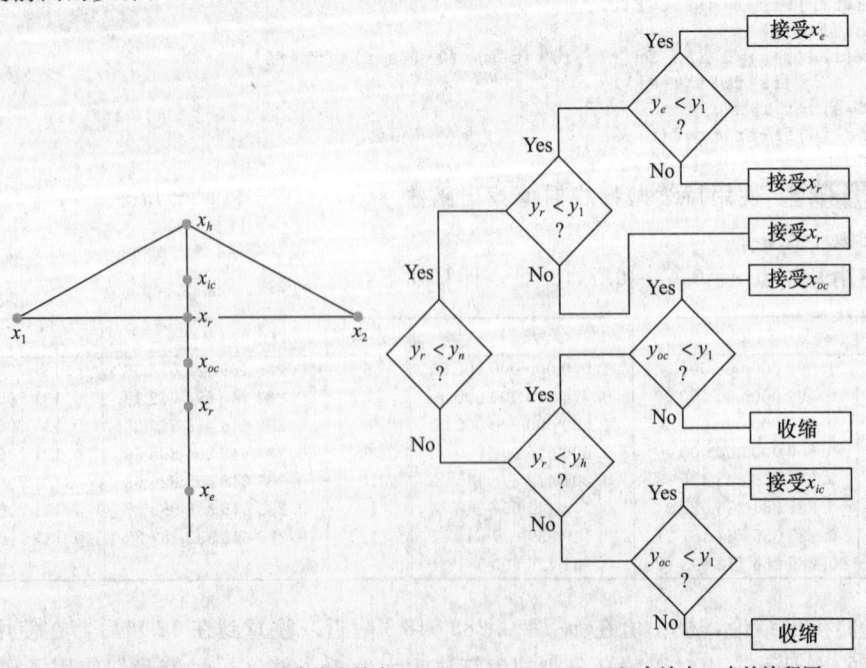

a) 测试连接最高函数点 x_h 和重心 $\bar{x}$ 的直线上的点　　b) 方法中一步的流程图

图 13.5　Nelder-Mead 搜索

当 y_r 比当前极小值 y_1 小，尝试进行外推，使用 $x_e = 3\bar{x} - 2x_h$ 来观察我们是否应该在该方向继续前进。在当前步中接受更好的 x_e 和 x_r. 另一方面，当 y_r 比 y_n 大（一旦忽略 x_{n+1}，就是极大），进行更进一步的测试，如图所示，或者在收缩点 $x_{oc} = 1.5\bar{x} - 0.5x_h$ 外侧，或者在收缩点 $x_{ic} = 1.5\bar{x} + 0.5x_h$ 的内测。如果在这两点中任何一点都没有改进，意味着使用分支没有改进，应该更加局部地使用该方法以找出最优。这可以通过对单纯型在当前极小 x_1 的方向上，以因子 2 收缩单纯型，然后再做下一步。MATLAB 代码如下。函数 f 使用变量 $x(1), x(2), \cdots, x(n)$ 进行定义。

```
% 程序13.3 Nelder-Mead搜索
% 输入:函数f,最优估计xbar(列向量),
%     初始搜索半径rad和步数k
% 输出:矩阵x其对应列为单纯型的顶点
%     这些顶点的函数值y
function [x,y]=neldermead(f,xbar,rad,k)
n=length(xbar);
x(:,1)=xbar;              % x的每一列是单纯型顶点
x(:,2:n+1)=xbar*ones(1,n)+rad*eye(n,n);
for j=1:n+1
  y(j)=f(x(:,j));         % 在每个点上计算obj函数f
end
[y,r]=sort(y);            % 以升序对函数值排序
x=x(:,r);                 % 以相同方式对顶点排序
for i=1:k
  xbar=mean(x(:,1:n)')';  % xbar是平面的重心
  xh=x(:,n+1);            % 忽略最差的点xh
  xr = 2*xbar - xh; yr = f(xr);
  if yr < y(n)
    if yr < y(1)          % 尝试扩展xe
      xe = 3*xbar - 2*xh; ye = f(xe);
      if ye < yr          % 接受扩展
        x(:,n+1) = xe; y(n+1) = f(xe);
      else                % 接受反射
        x(:,n+1) = xr; y(n+1) = f(xr);
      end
    else                  % xr是包的中点,接受反射
      x(:,n+1) = xr; y(n+1) = f(xr);
    end
  else                    % xr仍然是最坏的点,收缩
    if yr < y(n+1)        % 尝试外部收缩xoc
      xoc = 1.5*xbar - 0.5*xh; yoc = f(xoc);
      if yoc < yr         % 接受外部收缩
        x(:,n+1) = xoc; y(n+1) = f(xoc);
      else                % 将单纯型收缩到最优点
        for j=2:n+1
          x(:,j) = 0.5*x(:,1)+0.5*x(:,j); y(j) = f(x(:,j));
        end
      end
    else                  % xr比前面最差的点还要差
      xic = 0.5*xbar+0.5*xh; yic = f(xic);
      if yic < y(n+1)     % 接受内部收缩
        x(:,n+1) = xic; y(n+1) = f(xic);
      else                % 将单纯型收缩到最优点
        for j=2:n+1
```

```
                x(:,j) = 0.5*x(:,1)+0.5*x(:,j); y(j) = f(x(:,j));
            end
        end
    end
end
[y,r] = sort(y);        % 对obj函数值排序
x=x(:,r);               % 以相同方式对顶点排序
end
```

该代码实现了图 13.5b 中的流程图. 程序要求输入迭代的步数. 编程问题 8 要求读者重写代码, 其中要求具有用户指定容差的终止条件. 一个一般的终止条件同时要求单纯型的大小已经在小的距离容差中, 并且在这些点上的函数值的最大范围在一个小的容差内. MATLAB 在 `fminsearch` 命令中实现了 Nelder-Mead 方法.

例 13.3 使用 Nelder-Mead 方法, 确定函数 $f(x, y) = 5x^4 + 4x^2 y - xy^3 + 4y^4 - x$ 的极小值.

函数如图 13.6 所示. 我们定义两个变量的函数 f

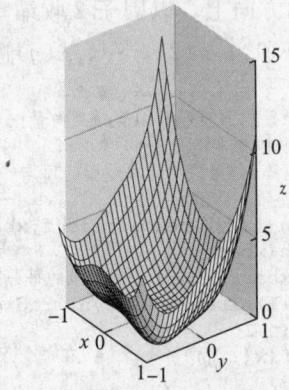

图 13.6 二维函数的表面. $z = 5x^4 + 4x^2 y - xy^3 + 4y^4 - x$ 的图. 通过 Nelder-Mead 找出极小值 $\approx (0.4923, -0.3643)$

```
>> f=@(x) 5*x(1)^4+4*x(1)^2*x(2)-x(1)*x(2)^3+4*x(2)^4-x(1)
```

运行程序 13.3 中 60 步的 Nelder-Mead 方法, 命令如下

```
>> [x,y]=neldermead(f,[1;1],1,60)

x =

   0.492307778751573   0.492307773822840   0.492307807617628
  -0.364285558245531  -0.364285542189284  -0.364285562179872

y =

  -0.457521622634071  -0.457521622634070  -0.457521622634069
```

我们使用向量 $[x, y] = [1, 1]$ 作为初始估计, 初始半径为 1, 但是大量的选择都可以工作. 在 60 步后, 单纯型收缩为一个三角形, 对应顶点是输出向量 x 的三列. 精确到小数点后 4 位, 最小值 -0.4575 出现在点 $[x, y] = [0.4923, -0.3643]$ 的位置上.

13.1 节习题

1. 找出函数的单峰区间, 找出绝对最小值, 以及对应的位置.

    (a) $f(x) = e^x + e^{-x}$ (b) $f(x) = x^6$ (c) $f(x) = 2x^4 + x$ (d) $f(x) = x - \ln x$

2. 在给定区间中找出绝对极小值, 以及发生的位置 x.

    (a) $f(x) = \cos x$, $[3, 4]$ (b) $f(x) = 2x^3 + 3x^2 - 12x + 3$, $[0, 2]$

    (c) $f(x) = x^3 + 6x^2 + 5$, $[-5, 5]$ (d) $f(x) = 2x + e^{-x}$, $[-5, 5]$

13.1节编程问题

1. 画出函数 $y=f(x)$，找出一个长度为 1 的开始区间，其中 f 在每个相对极小值附近为单峰函数．然后使用黄金分割搜索定位每个函数的相对极小值，精确到小数点后 5 位．
   (a) $f(x)=2x^4+3x^2-4x+5$　　(b) $f(x)=3x^4+4x^3-12x^2+5$
   (c) $f(x)=x^6+3x^4-2x^3+x^2-x-7$　　(d) $f(x)=x^6+3x^4-12x^3+x^2-x-7$
2. 对编程问题 1 中的函数使用持续的抛物线插值，定位极小值，精确到小数点后 5 位．
3. 找出双曲线 $y=1/x$ 上和 $(2,3)$ 最接近的一点，使用如下两种方式：(a) 使用牛顿方法找出关键点，(b) 在二次曲线上一点和点 $(2,3)$ 的平方距离意义上使用黄金分割搜索找出该点．
4. 找出椭圆 $4x^2+9y^2=4$ 上到 $(1,5)$ 距离最远的一段，使用编程问题 3 中的(a)和(b) 方法．
5. 使用 Nelder-Mead 方法找出函数 $f(x,y)=e^{-x^2y^2}+(x-1)^2+(y-1)^2$ 的极小值，尝试不同的初始条件，并比较结果．使用这个方法可以得到多少正确数位？
6. 使用 Nelder-Mead 方法找出下面函数的极小值，精确到小数点后 6 位（每个函数有两个极小值）：
   (a) $f(x,y)=x^4+y^4+2x^2y^2+6xy-4x-4y+1$
   (b) $f(x,y)=x^6+y^6+3x^2y^2-x^2-y^2-2xy$
7. 使用 Nelder-Mead 方法找出 Rosenbrock 函数的极小值，$f(x,y)=100(y-x^2)^2+(x-1)^2$．
8. 重写程序 13.3 以包含 Nelder-Mead 方法中在用户指定容差上的终止条件．通过找出编程问题 6 中函数的局部极小值进行验证，精确到小数点后 6 位．

13.2　使用导数的无约束优化

导数包含一个函数升高或者降低速率的信息．在偏导数的情况下，也对应最快升高和降低的方向．如果可以得到目标函数的这些信息，则可以探索更有效的方式以找出最优解．

13.2.1　牛顿方法

如果函数连续可微，可以对导数求值，则优化问题可以表示为求解根的问题．让我们从最简单的一维问题开始．

在一个连续可微函数 $f(x)$ 的局部极小值点 x^* 处，一阶导数必然为 0．可以使用第 1 章中的方法求解方程 $f'(x)=0$．如果目标函数单峰，在区间中具有极小值，则使用最小值 x^* 附近的初始估计开始牛顿方法的计算，这将会收敛到 x^*．对 $f'(x)=0$ 应用牛顿方法得到如下迭代

$$x_{k+1} = x_k - \frac{f'(x_k)}{f''(x_k)} \tag{13.3}$$

牛顿方法(13.3)将找出一点，在该点上 $f'(x)=0$，一般来说，这些点并不需要为极小值．找到一个合理接近的初始估计开始计算最优，这非常重要．一旦找到这些极值点，则检查这些点是否最优．

使用这个方法优化函数 $f(x_1,\cdots,x_n)$，我们需要用到多变量的牛顿方法．如同一维

的情况，我们希望设置导数为 0 并求解，因而我们有
$$\nabla f = 0 \tag{13.4}$$
其中
$$\nabla f = \left[\frac{\partial f}{\partial x_1}(x_1,\cdots,x_n),\cdots,\frac{\partial f}{\partial x_n}(x_1,\cdots,x_n)\right]$$
表示 f 的梯度.

对于第 2 章中的向量值函数的牛顿方法允许求解(13.4). 设 $F(x)=\nabla f(x)$，牛顿方法的迭代步中将设置 $x_{k+1}=x_k+v$，其中 v 是 $DF(x_k)v=-F(x_k)$ 的解. 梯度的雅可比矩阵 DF 为

$$H_f = DF = \begin{bmatrix} \frac{\partial^2 f}{\partial x_1 \partial x_1} & \cdots & \frac{\partial^2 f}{\partial x_1 \partial x_n} \\ \vdots & & \vdots \\ \frac{\partial^2 f}{\partial x_n \partial x_1} & \cdots & \frac{\partial^2 f}{\partial x_n \partial x_n} \end{bmatrix} \tag{13.5}$$

这是函数 f 的海森矩阵，因而牛顿步骤为
$$\begin{cases} H_f(x_k)v = -\nabla f(x_k) \\ x_{k+1} = x_k + v \end{cases} \tag{13.6}$$

例 13.4 使用牛顿方法定位函数 $f(x,y)=5x^4+4x^2y-xy^3+4y^4-x$ 的极小值.

函数如图 13.6 所示. 梯度为 $\nabla f=(20x^3+8xy-y^3-1,\ 4x^2-3xy^2+16y^3)$，海森矩阵为

$$H_f(x,y) = \begin{bmatrix} 60x^2+8y & 8x-3y^2 \\ 8x-3y^2 & -6xy+48y^2 \end{bmatrix}$$

使用牛顿方法(13.6)10 步后得到如下结果：

步数	x	y	$f(x,y)$
0	1.000 000 000 000 00	1.000 000 000 000 00	11.000 000 000 000 00
1	0.644 295 302 013 42	0.637 583 892 617 45	1.770 018 678 274 22
2	0.430 640 345 429 56	0.392 332 987 022 31	0.101 120 065 375 34
3	0.338 779 714 333 52	0.198 577 141 607 17	-0.178 185 859 772 25
4	0.500 097 336 967 80	-0.447 719 295 197 63	-0.429 640 650 539 18
5	0.497 373 505 714 30	-0.379 726 457 286 44	-0.456 737 196 647 08
6	0.492 550 006 518 77	-0.364 977 537 465 14	-0.457 520 090 077 57
7	0.492 308 317 591 06	-0.364 287 045 691 73	-0.457 521 622 627 01
8	0.492 307 786 726 81	-0.364 285 559 933 21	-0.457 521 622 634 07
9	0.492 307 786 724 34	-0.364 285 559 926 34	-0.457 521 622 634 07
10	0.492 307 786 724 34	-0.364 285 559 926 34	-0.457 521 622 634 07

牛顿方法以计算机精度收敛到 -0.4575 附近的极小值. 注意到使用牛顿方法的另外一个特征：我们得到了机器分辨率的精度，这不同于一维持续抛物线插值. 原因是我们再也不需要对目标函数操作，我们将该问题重新定义为包含梯度的求解根的问题. 由于 ∇f 在

最优点具有单根，可以没有任何困难地得到接近机器精度的前向误差．

如果可以计算海森矩阵，通常选择使用牛顿方法．在二维问题中，一般可以得到海森矩阵．对于高维空间可能仅仅可以在每个点上计算 n 维向量的梯度，其中 n 是空间的维数但是不能计算 $n\times n$ 的海森矩阵．下面两种方法一般比牛顿方法要慢，但是仅仅需要在不同点上计算梯度．

13.2.2 最速下降

最速下降，也称为**梯度搜索**，背后的基本想法是将当前点在在最速下降的方向上移动以找出函数最小值．由于 ∇f 指向 f 的最速生长方向，反方向 $-\nabla f$ 就是最速下降方向．在这个方向上我们应该前进多远？既然我们已经将问题简化为在直线上的最小化，可以用一个一维的方法决定应该前进多远．在最速下降方向找出一个新的最小值，从新点开始重复这个过程．即找出在新点上的方向，在新方向上进行一维最小化．

最速下降算法是迭代循环．

最速下降
for $i=0, 1, 2, \cdots$
　　$v=\nabla f(x_i)$
　　对于标量 $s=s^*$ 最小化 $f(x-sv)$
　　$x_{i+1}=x_i-s^*v$
end

我们将对例 13.3 中目标函数使用最速下降方法．

例 13.5　使用最速下降方法确定函数 f 的极小值，$f(x, y)=5x^4+4x^2y-xy^3+4y^4-x$．我们使用前面的步骤，用持续抛物线插值计算一维最小化．25 步迭代的结果如下：

步数	x	y	$f(x, y)$
0	1.000 000 000 000 00	$-1.000\,000\,000\,000\,00$	11.000 000 000 000 00
5	0.403 145 795 181 13	$-0.279\,920\,882\,717\,56$	$-0.419\,648\,888\,306\,51$
10	0.491 968 950 851 12	$-0.362\,164\,043\,742\,06$	$-0.457\,506\,805\,237\,54$
15	0.492 282 844 337 76	$-0.364\,266\,356\,861\,72$	$-0.457\,521\,619\,340\,16$
20	0.492 307 864 175 32	$-0.364\,285\,395\,672\,77$	$-0.457\,521\,622\,633\,89$
25	0.492 307 782 621 42	$-0.364\,285\,565\,780\,33$	$-0.457\,521\,622\,634\,07$

由于下面的理由，最速下降法收敛速度比牛顿方法要慢．牛顿方法求解方程时，使用 1 阶和 2 阶导数(包含海森矩阵)．而最速下降实际上是使用下山方向，并仅使用一阶导数信息进行最小化．

13.2.3 共轭梯度搜索

在第 2 章中，使用共轭梯度法求解正定对称矩阵方程．现在我们将以一种不同的视角来看这种方法.

当 A 为对称正定矩阵时，求解 $Ax=w$ 等价于找出抛物面的极小值. 例如在二维中，线性方程组

$$\begin{bmatrix} a & b \\ b & c \end{bmatrix} \begin{bmatrix} x_1 \\ x_2 \end{bmatrix} = \begin{bmatrix} e \\ f \end{bmatrix} \tag{13.7}$$

的解是如下抛物面的极小值

$$f(x_1, x_2) = \frac{1}{2} a x_1^2 + b x_1 x_2 + \frac{1}{2} c x_2^2 - e x_1 - f x_2 \tag{13.8}$$

原因是 f 的梯度为

$$\nabla f = [a x_1 + b x_2 - e, b x_1 + c x_2 - f]$$

在极小值处的梯度为 0，这给出了前面的矩阵方程. 正定意味着抛物面凹面向上.

一个关键的观测是线性方程组(13.7)的余项 $r = w - Ax$ 为 $-\nabla f(x)$，这是函数 f 在 x 点的最速下降方向. 假设我们已经选择了一个搜索方向，使用向量 d 标记. 为了在那个方向上最小化(13.8)中的函数 f，找出 α 使得函数 $h(\alpha) = f(x + \alpha d)$ 最小. 我们将导数设置为 0 以找出最小：

$$0 = \nabla f \cdot d = (A(x + \alpha d) - (e, f)^{\mathrm{T}}) \cdot d = (\alpha A d - r)^{\mathrm{T}} d$$

这意味着

$$\alpha = \frac{r^{\mathrm{T}} d}{d^{\mathrm{T}} A d} = \frac{r^{\mathrm{T}} r}{d^{\mathrm{T}} A d}$$

其中最后一个等式从关于共轭梯度方法的定理 2.16 中可以得到.

从这个计算中我们得出结论：可以使用共轭梯度方法求解抛物面的极小值，但是不同于前面的方法，我们替换

$$r_i = -\nabla f$$

以及 $\alpha_i = \alpha$，α 使得 $f(x_{i-1} + \alpha d_{i-1})$ 极小.

事实上，以这种方式来看，注意到我们已经使用 f 完全表示共轭梯度，而没有用到矩阵 A. 对于一般的函数 f 可以这种方式运行算法. 在 f 具有抛物形状附近，该方法非常快地移动到了抛物面的底部. 新算法的步骤如下：

共轭梯度搜索

令 x_0 为初始估计，设 $d_0 = r_0 = -\nabla f$.

for $i = 1, 2, 3, \cdots$

$\quad \alpha_i = \alpha$ 使得 $f(x_{i-1} + \alpha d_{i-1})$ 最小

$\quad x_i = x_{i-1} + \alpha_i d_{i-1}$

$\quad r_i = -\nabla f(x_i)$

$\quad \beta_i = \dfrac{r_i^{\mathrm{T}} r_i}{r_{i-1}^{\mathrm{T}} r_{i-1}}$

$\quad d_i = r_i + \beta_i d_{i-1}$

end

我们将对前面熟悉的例子用新方法求解.

例 13.6 使用共轭梯度搜索定位函数 $f(x,y)=5x^4+4x^2y-xy^3+4y^4-x$ 的极小值. 我们使用前面的步骤,其中用持续抛物线插值计算一维最小值. 20 步之后的结果如下:

步数	x	y	$f(x,y)$
0	1.000 000 000 000 00	−1.000 000 000 000 00	11.000 000 000 000 00
5	0.460 386 575 999 35	−0.383 161 140 298 60	−0.448 499 534 206 21
10	0.490 488 928 071 81	−0.361 065 611 278 30	−0.457 484 771 714 84
15	0.492 437 149 561 28	−0.364 216 614 735 26	−0.457 521 476 043 12
20	0.492 314 777 515 83	−0.364 298 172 753 71	−0.457 521 622 069 84

非约束优化的主题很广,本章中的方法仅仅是冰山一角. **置信域方法**是局部方法,和持续抛物线插值或者共轭梯度搜索一样,但是仅允许在一个特定的区域中使用,区域随着搜索的进行会逐步变小. MATLAB 优化工具包中的函数 fminunc 是使用置信域方法的一个例子. **模拟退火**是一个随机方法,可以使得目标函数更小,但是会接受具有较小的正概率的上升的步进,这可以避免收敛到局部极小. 一般来说,**遗传算法**和进化计算提出了全新的优化方法,这个领域目前仍然是活跃的研究领域.

有约束优化在最小化目标函数的同时,需要满足一组优化条件. 有约束优化中最常见的问题是线性规划,自从该问题在 20 世纪中期出现后,就使用单纯型方法进行求解,尽管最近出现了更快的基于内点的新方法. 二次非线性编程问题需要更加复杂的方法. 可以从参考文献中找到对应的内容.

13.1 节编程问题

1. 使用牛顿方法找出函数 $f(x,y)=e^{-x^2y^2}+(x-1)^2+(y-1)^2$ 的极小值,尝试不同的初始条件并比较结果. 使用这种方法可以精确到小数点后几位?
2. 使用牛顿方法找出下面函数的极小值,精确到小数点后 6 位(每个函数具有两个极小值):
   (a) $f(x,y)=x^4+y^4+2x^2y^2+6xy-4x-4y+1$
   (b) $f(x,y)=x^6+y^6+3x^2y^2-x^2-y^2-2xy$
3. 找出 Rosenbrock 函数 $f(x,y)=100(y-x^2)^2+(x-1)^2$ 的极小值:(a) 利用牛顿方法,(b) 利用最速下降方法. 使用初始估计 (2, 2). 多少步后解停止改善?解释得到解在精度上的差异.
4. 使用最速下降方法找出编程问题 2 中函数的极小值.
5. 使用共轭梯度方法找出编程问题 2 中函数的极小值.
6. 使用共轭梯度搜索,找出 5 位有效数字:
   (a) $f(x,y)=x^4+2y^4+3x^2y^2+6x^2y-3xy^2+4x-2y$
   (b) $f(x,y)=x^6+x^2y^4+y^6+3x+2y$

事实验证 13 分子形态和数值优化

蛋白质分子的功能和形态一致:分子形状的突起和折痕允许进行组合和阻隔,这些都是它们功能的重要部分. 控制氨基酸分子**形态**或者折叠,并形成蛋白质的力来自个体原子键,以及无界原子之间的较弱分子间交互作用的静电力和 Van der Waals 力。对于稠密聚集的分子，例如蛋白质，后者的 Van der Waals 力更加重要。

当前预测蛋白质分子的形态是找出整个氨基酸配置中蛋白质分子的最小能量。Van der Waals 使用 Lennard-Jones 势能进行建模

$$U(r) = \frac{1}{r^{12}} - \frac{2}{r^6}$$

其中 r 表示两个原子之间的距离。图 13.7 显示了势能定义的能量。对于距离 $r > 1$，力为吸引力，但是当原子试图变得更近到 $r = 1$ 时力变为斥力。对于位置为 $(x_1, y_1, z_1), \cdots, (x_n, y_n, z_n)$ 的原子聚类，需要最小化的目标函数是所有原子两两之间的 Lennard-Jones 势能的和

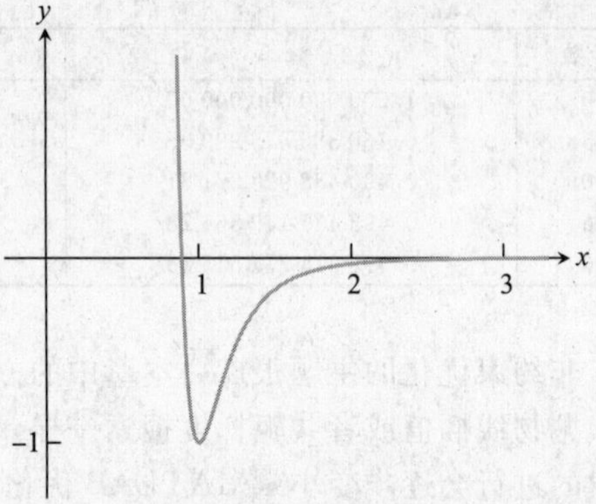

$$U = \sum_{i<j} \left(\frac{1}{r_{ij}^{12}} - \frac{2}{r_{ij}^6} \right)$$

图 13.7 Lennard-Jones 势能 $U(r) = r^{-12} - 2r^{-6}$ 在 $r = 1$ 处最小能量为 -1

其中

$$r_{ij} = \sqrt{(x_i - x_j)^2 + (y_i - y_j)^2 + (z_i - z_j)^2}$$

表示原子 i 和 j 之间的距离。优化问题中的变量是原子的直角坐标。

需要考虑平移和旋转对称：当聚类直线移动或者旋转时能量不变。为了处理对称，我们将限制可能的配置情况，将第一个原子固定在原点 $v_1 = (0, 0, 0)$ 上，并将第二个原子放在 z 轴上，$v_2 = (0, 0, z_2)$。然后配置余下原子位置变量 $(x_3, y_3, z_3), \cdots, (x_n, y_n, z_n)$，以最小化势能 U。

由图 13.7 可知，排列 4 个或者更少的原子，使得具有尽可能小的 Lennard-Jones 能量很简单。注意到单一势能的最小化值为 -1，此时 $r = 1$。因而，两个原子可以彼此挨着，因而能量就在底部。三个原子可以在一个三角形上，对应边长度相同，第 4 个原子可以放在三角形上到三个原子距离相等的地方，构成一个等边四面体。对于 $n = 2, 3, 4$ 的情况下的全部能量 U 都是 -1 乘上交互的数量，分别为 -1，-3 和 -6。

但是放置第 5 个原子的位置就不那么显而易见。没有到四面体 $n = 4$ 情况下的 4 个原子距离相等的点，这就需要一种新的技术，即数值优化。

建议活动

1. 写出返回势能的函数文件。使用 Nelder-Mead 方法找出 $n = 5$ 时的最小能量。尝试多个初始估计，直到你相信已经找出绝对极小值。这需要多少步？
2. 使用 MATLAB 命令 `plot3` 画出具有最小能量配置的 5 个原子，并使用线段连接所有的点观察分子形态。
3. 扩展步骤 1 中的函数使得它返回 f 以及梯度向量 ∇f。在 $n = 5$ 的情况下，使用梯度搜索，和前面一样找出最小能量。
4. 如果有 MATLAB 优化工具箱，使用命令 `fminunc`，仅仅用目标函数 f。
5. 使用 `fminunc`，用 f 以及 ∇f。
6. 当 $n = 6$ 时，使用前面的方法。根据可靠性和效率对前面的方法排序。
7. 对于更大的 n 确定并画出最小能量形态。对于大到几百的 n，Lennard-Jones 聚类的最小能量信息在一

些互联网站中已经公布，因而可以很方便地检查你的答案．

蛋白质折叠问题已经成为多领域优化研究的温床．模拟退火以及强大的拟牛顿方法通常用于预测复杂分子的形态，使用更加真实的分子间力模型．蛋白质数据银行 http://www.rcsb.org/pdb 是生物大分子结构数据在世界范围内非常有用的档案．那里有大量实验度量的原子位置，可用于测试并验证关于力和能量最小的假设．

软件与进一步阅读

优化的入门教科书包含 Dennis 与 Schnabel[1987]，Nocedal 与 Wright[1999]，以及 Griva 等人[2008]．有用的指南 Moré 与 Wright[1987]中包含的很多特定于优化的软件包的参考．不同类型的大量测试问题可以从 Floudas 等人[1999]的论著中找到．由美国西北大学和 Argonne 国家实验室运行的最优化技术中心 http://www.ece.northwestern.edu/OTC 包含许多有用软件的链接．

Netlib 的 opt 路径包含大量免费优化程序，包含：hooke(不需要导数的无约束优化，其中利用 Hooke 和 Jeeves 方法)，praxis(非约束优化，不需要导数)，以及 tn(无约束，简单边界的牛顿方法)．Chapman 与 Naylor 的 WNLIB 包含基于共轭梯度和共轭方向算法的无约束和约束非线性优化的程序(以及一个一般的模拟退火程序)．

MATLAB 优化工具包含大量约束和无约束的非线性优化程序．TOMLAB 优化环境提供大量基于 MATLAB 工具包的非线性优化程序．它具有一致的输入和输出界面，一个可选的 GUI，以及对导数的自动处理．在 mathtools.net 的最优化列表中包含多个以 MATLAB 和其他语言写的求解器．

附录A 矩阵代数

首先我们回顾矩阵代数的定义.

A.1 矩阵基础

向量为一组数字

$$u = \begin{bmatrix} u_1 \\ u_2 \\ \vdots \\ u_n \end{bmatrix}$$

如果列表中包含 n 个数字,它被称为 n 维向量. 我们一般把这种竖直排列的数组称为**列向量**,以区别于水平方向排列的数组(行向量)$u = [u_1, \cdots, u_n]$. 一个 $m \times n$ **矩阵**是 $m \times n$ 的数组,形式如下:

$$A = \begin{bmatrix} a_{11} & \cdots & a_{1n} \\ \vdots & & \vdots \\ a_{m1} & \cdots & a_{mn} \end{bmatrix}$$

A 的每个(水平)行可以看做 A 的行向量,每个(竖直)列可以看做列向量.

矩阵-向量乘法从矩阵和向量中构造出一个新的向量. 矩阵-向量乘积定义为

$$Au = \begin{bmatrix} a_{11} & \cdots & a_{1n} \\ \vdots & & \vdots \\ a_{m1} & \cdots & a_{mn} \end{bmatrix} \begin{bmatrix} u_1 \\ u_2 \\ \vdots \\ u_n \end{bmatrix} = \begin{bmatrix} a_{11}u_1 + a_{12}u_2 + \cdots + a_{1n}u_n \\ a_{m1}u_1 + a_{m2}u_2 + \cdots + a_{mn}u_n \end{bmatrix} \tag{A.1}$$

注意,为了使 $m \times n$ 矩阵和一个 d 维向量相乘,要求 $n = d$.

在矩阵-矩阵乘法中,一个 $m \times n$ 矩阵与 $n \times p$ 矩阵相乘得到 $m \times p$ 矩阵作为乘积. 矩阵乘法可以使用矩阵-向量乘法表示. 令 C 是一个 $n \times p$ 矩阵,用其列向量表示为

$$C = [c_1 | \cdots | c_p]$$

则矩阵 A 和矩阵 C 的乘积表示为

$$AC = A[c_1 | \cdots | c_p] = [Ac_1 | \cdots | Ac_p]$$

n 个未知变量的 m 个线性方程组可以写成矩阵形式

$$\begin{bmatrix} a_{11} & \cdots & a_{1n} \\ \vdots & & \vdots \\ a_{m1} & \cdots & a_{mn} \end{bmatrix} \begin{bmatrix} x_1 \\ x_2 \\ \vdots \\ x_n \end{bmatrix} = \begin{bmatrix} b_1 \\ b_2 \\ \vdots \\ b_n \end{bmatrix}$$

我们将其称为**矩阵方程**.

矩阵代数

$n \times n$ **单位矩阵** I_n,其中 $I_{ii} = 1$, $1 \leqslant i \leqslant n$ 以及 $I_{ij} = 0$, $i \neq j$. 单位矩阵是矩阵乘法中的单位元素,对于每个 $n \times n$ 矩阵 A,都满足 $AI_n = I_n A = A$. 对于一个 $n \times n$ 矩阵 A, A 的**逆矩阵** A^{-1} 为一个 $n \times n$ 矩阵,满足 $AA^{-1} = A^{-1}A = I_n$. 如果 A 具有逆矩阵,则称 A **可逆**; 一个非可逆矩阵称为**奇异矩阵**.

$m \times n$ 矩阵 A 的**转置**是矩阵 A^T,其中的元素为 $A_{ij}^T = A_{ji}$. 乘积转置的法则为 $(AB)^T = B^T A^T$.

两个向量相乘有两种方法. 令

$$u = \begin{bmatrix} u_1 \\ \vdots \\ u_n \end{bmatrix}, \quad v = \begin{bmatrix} v_1 \\ \vdots \\ v_n \end{bmatrix}$$

内积 $u^T v$ 将 u 转置为一个行向量;然后应用一般的矩阵乘法得到

$$u^T v = u_1 v_1 + \cdots + u_n v_n$$

因而 $1 \times n$ 和 $n \times 1$ 矩阵乘积结果得到 1×1 矩阵,即一个实数. 若 $u^T v = 0$,则两个列向量为**正交向量**. **外积** uv^T 计算 $n \times 1$ 列矩阵和 $1 \times n$ 行矩阵相乘. 矩阵乘法得到一个 $n \times n$ 矩阵

$$uv^T = \begin{bmatrix} u_1 v_1 & u_1 v_2 & \cdots & u_1 v_n \\ u_2 v_1 & u_2 v_2 & \cdots & u_2 v_n \\ \vdots & & & \vdots \\ u_n v_1 & \cdots & & u_n v_n \end{bmatrix}$$

外积结果是一个秩为 1 的矩阵.

矩阵乘积 AB 可以表示 A 的列向量和 B 的行向量的外积之和. 更准确地讲,

> **外积求和法则**
>
> 令 A 与 B 分别为 $m \times p$ 以及 $p \times n$ 矩阵,则
>
> $$AB = \sum_{i=1}^{p} a_i b_i^T$$
>
> 其中 a_i 是 A 的第 i 列, b_i^T 为 B 的第 i 行.

$n = 1$ 的情况,有时被称为"矩阵向量乘积的替换形式". 例如,

$$\begin{bmatrix} 1 & 2 & 3 \\ 4 & 5 & 6 \\ 7 & 8 & 9 \end{bmatrix} \begin{bmatrix} -3 \\ 1 \\ 2 \end{bmatrix} = \begin{bmatrix} 1 \\ 4 \\ 7 \end{bmatrix}[-3] + \begin{bmatrix} 2 \\ 5 \\ 8 \end{bmatrix}[1] + \begin{bmatrix} 3 \\ 6 \\ 9 \end{bmatrix}[2]$$

这个例子表明,从线性变换的观点,矩阵的范围和它的列向量空间一致.

由于矩阵求逆的复杂度很高,但凡可能都要避免矩阵求逆计算. 一种求解矩阵逆的技巧是 Sherman-Morrison 公式. 假设 $n \times n$ 的矩阵 A 已知,需要求解变换矩阵 $A + uv^T$ 的逆矩阵,其中 u 和 v 都是 n 维向量.

定理 A.1(Sherman-Morrison 公式) 如果 $v^T A^{-1} u \neq -1$,则 $A + uv^T$ 可逆,并且

$$(A + uv^T)^{-1} = A^{-1} - \frac{A^{-1} uv^T A^{-1}}{1 + v^T A^{-1} u}$$

通过对公式乘上 $A+uv^T$ 可以证明 Sherman-Morrison 公式. 由于 uv^T 是秩 1 矩阵, 矩阵 $A+uv^T$ 被称为 A 的**秩 1 更新**. (第 2 章中的 Broyden 方法是 Sherman-Morrison 公式的一个重要应用. 关于矩阵基本知识可以从线性代数的教科书, 诸如 Strang[2005]以及 Lay[2005]中找到.)

A.2 分块乘法

矩阵乘法可以分块进行, 这个性质在第 12 章中非常有用. 如果把两个矩阵分别分块, 且在矩阵乘法中对应块的大小是相容的, 则可以通过块的乘积进行矩阵乘积. 例如, 两个 3×3 矩阵的乘法可以下面的块计算进行:

$$AB = \begin{bmatrix} x & x & x \\ x & x & x \\ x & x & x \end{bmatrix} \begin{bmatrix} x & x & x \\ x & x & x \\ x & x & x \end{bmatrix} = \begin{bmatrix} A_{11} & A_{12} \\ A_{21} & A_{22} \end{bmatrix} \begin{bmatrix} B_{11} & B_{12} \\ B_{21} & B_{22} \end{bmatrix}$$

$$= \begin{bmatrix} A_{11}B_{11}+A_{12}B_{21} & A_{11}B_{12}+A_{12}B_{22} \\ A_{21}B_{11}+A_{22}B_{21} & A_{21}B_{12}+A_{22}B_{22} \end{bmatrix}$$

这里 A_{11} 和 B_{11} 为 1×1 矩阵, A_{12} 和 B_{12} 为 1×2 矩阵, 其他以此类推, 例如,

$$\begin{bmatrix} 1 & 2 & 3 \\ 0 & 1 & 3 \\ 2 & 2 & 4 \end{bmatrix} \begin{bmatrix} 2 & 4 & 1 \\ 1 & 0 & 1 \\ 3 & 1 & 2 \end{bmatrix} = \begin{bmatrix} 1\cdot 2 + \begin{bmatrix} 2 & 3 \end{bmatrix}\begin{bmatrix} 1 \\ 3 \end{bmatrix} & 1\begin{bmatrix} 4 & 1 \end{bmatrix} + \begin{bmatrix} 2 & 3 \end{bmatrix}\begin{bmatrix} 0 & 1 \\ 1 & 2 \end{bmatrix} \\ \begin{bmatrix} 0 \\ 2 \end{bmatrix}2 + \begin{bmatrix} 1 & 3 \\ 2 & 4 \end{bmatrix}\begin{bmatrix} 1 \\ 3 \end{bmatrix} & \begin{bmatrix} 0 \\ 2 \end{bmatrix}\begin{bmatrix} 4 & 1 \end{bmatrix} + \begin{bmatrix} 1 & 3 \\ 2 & 4 \end{bmatrix}\begin{bmatrix} 0 & 1 \\ 1 & 2 \end{bmatrix} \end{bmatrix}$$

$$= \begin{bmatrix} 13 & 7 & 9 \\ 10 & 3 & 7 \\ 18 & 12 & 12 \end{bmatrix}$$

使用块方法进行乘法和不使用块的结果相同. 这是另一种计算矩阵乘法的方式, 它并不会降低计算复杂度, 但是能使公式的记录更加简单, 特别对于第 12 章中的特征值计算很有用.

分块的唯一要求是: 对 A 矩阵的各列的分组方法要与 B 矩阵各行的分组方法一致. 在前面的例子中, A 的第 1 列是一组, 后两列是另外一组. 对于矩阵 B, 第一行是一组, 后两行是另外一组. 另外一个例子中, 我们可以计算 3×5 的矩阵 A 和 5×2 的矩阵 B 的矩阵乘法, 分块方法如下:

$$\begin{bmatrix} x & x & x & x & x \\ x & x & x & x & x \\ x & x & x & x & x \end{bmatrix} \begin{bmatrix} x & x \\ x & x \\ x & x \\ x & x \\ x & x \end{bmatrix} = \begin{bmatrix} A_{11} & A_{12} & A_{13} \\ A_{21} & A_{22} & A_{23} \end{bmatrix} \begin{bmatrix} B_{11} & B_{12} \\ B_{21} & B_{22} \\ B_{31} & B_{32} \end{bmatrix}$$

$$= \begin{bmatrix} A_{11}B_{11}+A_{12}B_{21}+A_{13}B_{31} & A_{11}B_{12}+A_{12}B_{22}+A_{13}B_{32} \\ A_{21}B_{11}+A_{22}B_{21}+A_{23}B_{31} & A_{21}B_{12}+A_{22}B_{22}+A_{23}B_{32} \end{bmatrix}$$

在这个例子中，A 的三组列向量和 B 的三组行向量匹配. 另一方面，A 的行分组和 B 的列分组不需要匹配，可以任意进行分组.

A.3 特征值和特征向量

我们首先对特征值和特征向量的概念进行简单的回顾.

定义 A.2 令 A 为一个 $m \times m$ 矩阵，x 是非 0 的 m 维实数或者复数向量. 如果对于某个实数或者复数 λ，$Ax = \lambda x$，则 λ 被称为矩阵 A 的**特征值**，x 为对应的**特征向量**.

例如，矩阵 $A = \begin{bmatrix} 1 & 3 \\ 2 & 2 \end{bmatrix}$ 具有特征向量 $\begin{bmatrix} 1 \\ 1 \end{bmatrix}$，其对应的特征值为 4.

特征值为**特征多项式** $\det(A - \lambda I)$ 的根 λ. 如果 λ 是 A 的特征值，则 $A - \lambda I$ 的零空间中的任何一个非零向量都是 λ 对应的特征向量. 在下面的例子中，

$$\det(A - \lambda I) = \det \begin{bmatrix} 1-\lambda & 3 \\ 2 & 2-\lambda \end{bmatrix} = (\lambda-1)(\lambda-2) - 6 = (\lambda-4)(\lambda+1) \quad (A.2)$$

因而特征值为 $\lambda = 4, -1$. $\lambda = 4$ 对应的特征向量在以下的零空间中，

$$A - 4I = \begin{bmatrix} -3 & 3 \\ 2 & -2 \end{bmatrix} \quad (A.3)$$

包含 $\begin{bmatrix} 1 \\ 1 \end{bmatrix}$ 的所有非零乘积. 同样，对应特征值 $\lambda = -1$ 的特征向量是 $\begin{bmatrix} 3 \\ -2 \end{bmatrix}$ 的所有非零乘积.

定义 A.3 如果存在可逆 $m \times m$ 矩阵 S，满足 $A_1 = SA_2S^{-1}$，则称 $m \times m$ 矩阵 A_1 和 A_2 **相似**，记做 $A_1 \sim A_2$.

相似矩阵具有相同的特征值，这是由于它们的特征多项式相同：

$$A_1 - \lambda I = SA_2S^{-1} - \lambda I = S(A_2 - \lambda I)S^{-1} \quad (A.4)$$

可以推出

$$\det(A_1 - \lambda I) = (\det S)\det(A_2 - \lambda I)\det S^{-1} = \det(A_2 - \lambda I) \quad (A.5)$$

如果矩阵 A 的特征向量构成 R^m 的基，则 A 与对角阵相似，A 称为**可对角化**. 事实上，假设 $Ax_i = \lambda_i x_i$，$i = 1, \cdots, m$，并定义矩阵

$$S = [x_1 \cdots x_m]$$

则可以验证以下矩阵方程

$$AS = S \begin{bmatrix} \lambda_1 & & \\ & \ddots & \\ & & \lambda_m \end{bmatrix} \quad (A.6)$$

成立. 矩阵 S 是可逆的，因为它的列张成 R^m. 因此，A 和其特征值构成的对角阵相似.

并不是所有矩阵都是可对角化的，即使对于 2×2 矩阵. 事实上，所有 2×2 矩阵和下面的三种类型之一的矩阵相似：

$$A_1 = \begin{bmatrix} a & 0 \\ 0 & b \end{bmatrix}$$

$$A_2 = \begin{bmatrix} a & 1 \\ 0 & a \end{bmatrix}$$

$$A_3 = \begin{bmatrix} a & -b \\ b & a \end{bmatrix}$$

记住相似矩阵的特征值是相同的。如果矩阵的两个特征向量张成 R^2,则它和 A_1 形式的矩阵相似;如果矩阵具有重复的特征值,只有一个特征向量张成的一维空间,则矩阵和 A_2 形式的矩阵相似;如果具有复数形式的特征值,则和 A_3 形式的矩阵相似。

A.4 对称矩阵

对于一个对称矩阵,所有特征向量彼此正交,放在一起,它们可以张成一个低维空间。换句话说,对称阵的特征值是一组正交基。

定义 A.4 一组向量单位正交定义为:一组两两相互正交的单位向量。

从内积的角度看,集合 $\{w_1, \cdots, w_m\}$ 单位正交,意味着 $w_i^T w_j = 0$, $i \neq j$, 且 $w_i^T w_i = 1$, $1 \leqslant i, j \leqslant m$。例如,集合 $\{(1, 0, 0), (0, 1, 0), (0, 0, 1)\}$ 以及 $\{(\sqrt{2}/2, \sqrt{2}/2), (\sqrt{2}/2, -\sqrt{2}/2)\}$ 为单位正交集合。

定理 A.5 假设矩阵 A 为 $m \times m$ 实对称矩阵,则它的特征值为实数,A 的特征向量为单位正交集 $\{w_1, \cdots, w_m\}$,并构成 R^m 的基。

例 A.1 找出矩阵 A 的特征值和特征向量。

$$A = \begin{bmatrix} 0 & 1 \\ 1 & \frac{3}{2} \end{bmatrix} \tag{A.7}$$

同前计算,特征值/特征向量对为 2, $(1, 2)^T$ 以及 $-1/2$, $(-2, 1)^T$。注意,之前的定理可以保证特征向量正交。特征向量对应的单位正交基为

$$\left\{ \begin{bmatrix} \frac{1}{\sqrt{5}} \\ \frac{2}{\sqrt{5}} \end{bmatrix}, \begin{bmatrix} -\frac{2}{\sqrt{5}} \\ \frac{1}{\sqrt{5}} \end{bmatrix} \right\}$$

下面的定理有助于研究第 2 章中的迭代方法:

定义 A.6 方阵 A 的谱半径 $\rho(A)$ 为 A 的最大特征值。

定理 A.7 如果 $n \times n$ 矩阵 A 具有谱半径 $\rho(A) < 1$,b 为任意向量,则对于任意向量 x_0,迭代过程 $x_{k+1} = A x_k + b$ 收敛。事实上,存在唯一的 x_* 满足 $\lim_{k \to \infty} x_k = x_*$ 以及 $x_* = A x_* + b$。

而且,当 $b = 0$ 时,x_* 或者为 0 向量,或者是 A 的特征值 1 对应的特征向量。由于谱半径的关系,后者会被排除。这带来了下面用于第 8 章的事实。

推论 A.8 如果 $n \times n$ 矩阵 A 具有谱半径 $\rho(A) < 1$,则对于任意初始向量 x_0,迭代 $x_{k+1} = A x_k$ 收敛到 0。

A.5 向量微积分

在本节中,首先定义了标量和向量函数的导数,随后整理了关于它们的乘法法则.

令 $f(x_1, \cdots, x_n)$ 是包含 n 个变量的标量函数. f 的**梯度**是向量函数

$$\nabla f(x_1, \cdots, x_n) = [f_{x_1}, \cdots, f_{x_n}]$$

其中下标表示 f 对应变量的偏导数.

令

$$F(x_1, \cdots, x_n) = \begin{bmatrix} f_1(x_1, \cdots, x_n) \\ \vdots \\ f_n(x_1, \cdots, x_n) \end{bmatrix}$$

为 n 个变量的向量函数. F 的**雅可比矩阵**为

$$DF(x_1, \cdots, x_n) = \begin{bmatrix} \nabla f_1 \\ \vdots \\ \nabla f_n \end{bmatrix}$$

现在我们可以开始描述对于矩阵代数中两种典型乘法对应的乘法法则. 二者的证明都很简单,只需将它们写成分量的形式,并使用单一变量的乘法法则. 令 $u(x_1, \cdots, x_n)$ 以及 $v(x_1, \cdots, x_n)$ 为向量函数,令 $A(x_1, \cdots, x_n)$ 为一个 $n \times n$ 矩阵函数. 点积 $u^T v$ 为标量函数. 第一个公式表示如何计算梯度. 矩阵向量乘积 Av 是一个向量,它的雅可比矩阵使用第二个法则表示.

向量点积法则

$$\nabla(u^T v) = v^T Du + u^T Dv$$

矩阵/向量乘积法则

$$D(Av) = A \cdot Dv + \sum_{i=1}^{n} v_i D a_i$$

其中 a_i 表示 A 的第 i 列.

附录 B　MATLAB 介绍

MATLAB 是一个通用计算环境，很适合实现数学和数值计算方法。对于小型问题，MATLAB 是一个高性能的计算器，对于大型问题，它又是一个功能完善的编程语言。MATLAB 包含了很多高质量的库函数，可以使复杂计算短小、精确、容易书写。

本节包含对 MATLAB 命令和特性的简单介绍。更详细的说明可以参考 MATLAB 的帮助文档(《MATLAB 用户指南》)、书籍(如 Sigmon[2002]、Hahn[2002])和工具包的专门网站。

B.1　启动 MATLAB

在基于 PC 的系统上，通过点击对应的图标可以打开 MATLAB，并通过点击 File/Exit 关闭 MATLAB. 在基于 Unix 的系统上，在系统快捷命令中输入 MATLAB：

```
$ matlab
```

然后输入

```
>> exit
```

退出。

输入命令

```
>> a=5
```

然后按回车键。MATLAB 将打出回应信息。输入更多的命令

```
>> b=3
>> c=a+b
>> c=a*b
>> d=log(c)
>> who
```

进一步理解 MATLAB 如何运行。你可以在命令后加上分号以避免输出计算结果。who 命令会给出你定义的所有变量的列表。

MATLAB 具有大量在线帮助服务。输入 help log 显示 log 命令的帮助信息。PC 版的 MATLAB 的帮助菜单中包含对所有命令的描述以及使用建议。

为了消除变量 a，输入 clear a. 输入 clear 将消除所有前面定义的变量。为了重现之前的命令，可以按"上箭头"键。如果一行的长度不够写完整个命令，使用三个句点和回车结束该行；并在下一行中接着输入命令。

要想保存变量的值以备下次继续使用，可以使用 save 命令，并在下次登录 MATLAB 后输入 load 命令。为了得到 MATLAB 部分或者全部运行记录，输入 diary filename 开始记录，输入 diary off 结束记录。使用你选择的文件名作为 filename. 需要提交分配到的工作时可以使用这个命令。一旦当前的 MATLAB 进程结束，diary 命令会生成一

个文件供阅读或者打印.

MATLAB 一般以 IEEE 双精度进行所有计算,大约精确到小数点后 16 位. 数值显示格式可以使用 format 命令进行修改. 输入 format long 将会改变数字显示的格式,直到以后使用其他命令再次改变格式. 例如,数字 1/3 将根据不同的格式命令而有不同的显示:

```
format short       0.3333
format short e     3.3333E-001
format long        0.33333333333333
format long e      3.333333333333333E-001
format bank        0.33
format hex         3fd5555555555555
```

通过 fprintf 命令可以进一步控制输出格式. 如下命令

```
>> x=0:0.1:1;
>> y=x.^2;
>> fprintf('%8.5f %8.5f \n',[x;y])
```

打印如下表格

```
0.00000   0.00000
0.10000   0.01000
0.20000   0.04000
0.30000   0.09000
0.40000   0.16000
0.50000   0.25000
0.60000   0.36000
0.70000   0.49000
0.80000   0.64000
0.90000   0.81000
1.00000   1.00000
```

B.2 图形绘制

为了绘制数据,需要用 X 和 Y 方向的向量表示数据. 例如,命令

```
>> a=[0 0 0.4 0.8 1.2 1.6 2.0];
>> b=sin(a);
>> plot(a,b)
```

将会画出 $y=\sin x$, $0 \leqslant x \leqslant 2$, 对应的曲线(用分段线性近似),如图 B.1a 所示. 在这个例子中, a 和 b 是 6 维向量,或者 6 元素数组. 坐标轴上数字的字体可以设置为 16 号,例如使用命令 set(gca,'FontSize',16).可以用更简短的方式定义向量 a:

```
>> a=0:0.4:2;
```

这个命令定义 a 为向量,从 0 开始,以 0.4 递增,并在 2 结束,结果和前面的长命令是一样的. 可以用更加精确的方式画出一个周期的正弦曲线,命令如下:

```
>> a=0:0.02:2*pi;
>> b=sin(a);
>> plot(a,b)
```

如图 B.1b 所示.

为了画出 $y=x^2$, $0 \leqslant x \leqslant 2$ 的图像,可以使用

```
>> a=0:0.02:2;
>> b=a.^2;
>> plot(a,b)
```

在幂操作前的"."字符可能读者是初次见到. 它能使幂操作变为矢量化,即对向量 a 的每个元素进行幂操作. 正如我们将在下节中看到,MATLAB 将每个变量当做矩阵. 忽略"."字符意味着自身乘上 $101×1$ 的矩阵,而这是违反矩阵乘法的尺寸要求的. 如果你要求 MATLAB 这样做,它将会报错. 一般来讲,MATLAB 会认为"."号后边的操作是对矩阵中的每个元素进行的,而不是像矩阵乘法那样对矩阵进行.

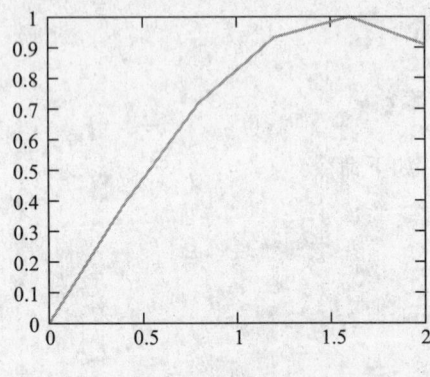 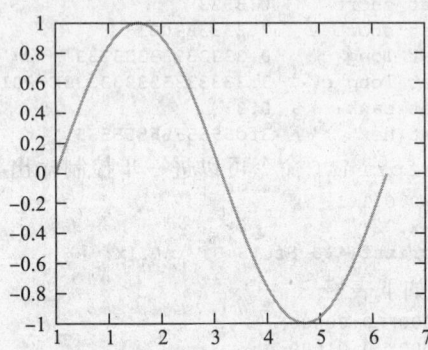

a) $f(x)=\sin x$ 的分段线性图,x 以0.4递增　　b) 另外一个看起来更加平滑的分段图,因为 x 以0.02递增

图 B.1　MATLAB 图

还有一些更加先进的画图方法. 当没有定义尺度的情况,MATLAB 将自动选择坐标轴的尺度,如图 B.1 所示. 为了手动选择坐标轴尺度,可以使用 `axis` 命令. 例如,在画图命令后使用

```
>> v=[-1 1 0 10]; axis(v)
```

将设置图形窗口范围为 $[-1, 1]×[0, 10]$. `grid` 命令会在曲线后边显示网格点.

使用命令 `plot(x1,y1,x2,y2,x3,y3)` 可以在一个图形窗口画出三条曲线,其中 xi,yi 为相同长度的向量对. 输入 `help plot` 查看如何设置实线、点、虚线的线型和不同的符号(圆、点、三角形、矩形,等等). 使用 `semilogy` 和 `semilogx` 命令可以画出半对数图.

`subplot` 将图形窗口分为多个部分. 语句 `subplot(a b c)` 将窗口分为 $a×b$ 个格子,并使用第 c 个格子画图. 例如,

```
>> subplot(1 2 1),plot(x,y)
>> subplot(1 2 2),plot(x,z)
```

在屏幕左侧画出第一幅图,在右侧画出第二幅图. 如果你需要同时观看多张图,使用 `figure` 命令打开新的 `plot` 窗口.

可以使用 `mesh` 命令画出三维表面图. 例如,在域 $[-1, 1]×[-2, 2]$ 上的函数 $z=\sin(x^2+y^2)$ 可以使用如下命令进行作图:

```
>> [x,y]=meshgrid(-1:0.1:1,-2:0.1:2);
>> z=sin(x.^2+y.^2);
>> mesh(x,y,z)
```

使用 `meshgrid` 生成变量 x 包含 41 行的 21 维向量 -1:0.1:1,相似地,y 是 21 列的

列向量 -2:0.1:2. 由这个代码生成的图如图 B.2 所示. 使用 `surf` 替换 `mesh` 可以画出彩色的 3D 表面.

B.3 MATLAB 编程

使用 MATLAB 语言编写程序可以完成更加复杂的任务. 一个**脚本文件**可以包含一组 MATLAB 命令. 脚本文件的文件名具有后缀 .m, 因此有时也称为 **m 文件**. 你可以使用喜欢的编辑器, 或者 MATLAB 编辑器生成文件 cubrt.m, 包含如下命令行:

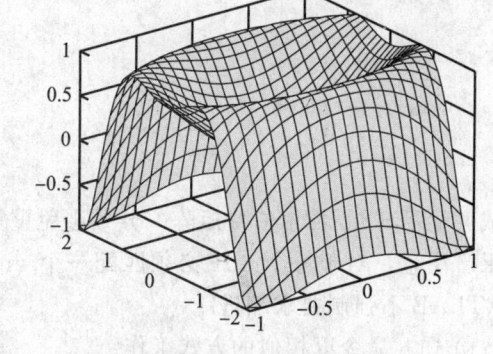

图 B.2 三维 MATLAB 图. 用 `mesh` 命令画出的表面

```
% 程序cubrt.m通过迭代找出立方根
y=1;
n=15;
z=input('Enter z:');
for i = 1:n
  y = 2*y/3 + z/(3*y^2)
end
```

在 MATLAB 命令窗口中输入 cubrt 可以运行这个程序. 通过第 1 章中对牛顿方法的学习, 可以发现这个代码最终会收敛到立方根. 注意, 在迭代过程中, y 的定义命令后没有分号. 这允许我们看到 y 趋近立方根的进程.

利用 MATLAB 的图形功能, 可以分析立方根算法生成的数据. 实现程序 cubrt1.m:

```
% 程序cubrt1.m找出立方根并显示进程
y(1)=1;
n=15;
z=input('Enter z:');
for i = 1:n-1
  y(i+1) = 2*y(i)/3 + z/(3*y(i)^2);
end
plot(1:n,y)
title('Iterative method for cube roots')
xlabel('Iteration number')
ylabel('Approximate cube root')
```

运行前面的程序, 输入 $z=64$. 当运行结束后, 输入命令

```
>> e=y-4;
>> plot(1:n,e)
>> semilogy(1:n,e)
```

第一条命令把向量 y 的每个元素和正确的立方根 4 相减. 结果为迭代中每一步的误差 e. 第二条命令画出这个误差, 第三条命令在 y 方向以对数单位画出误差的半对数图.

在计算过程需要的行数较多时, 倾向于生成脚本文件保存 MATLAB 代码. 一个脚本文件可以调用其他的脚本文件, 包含调用自身. (输入 `<ctrl>-C` 通常可以退出正在运行的 MATLAB 进程.)

B.4 流控制

在前面的立方根计算程序中引入 `for` 循环指令. MATLAB 有很多控制程序流的指令.

这些指令中包含 while 循环和 if 与 break 语句，任何具有高级编程语言知识的人都会很熟悉．例如，

```
n=5;
 for i=1:n
   for j=1:n
     a(i,j)=1/(i+j-1);
   end
 end
 a
```

生成并显示 5×5 希尔伯特矩阵．分号避免重复打印中间结果，最后一个语句 a 会显示最终结果．注意，对于每个 for 必须匹配一个 end．缩进可以使代码具有更好的可读性，尽管 MATLAB 不强制要求缩进．

while 命令以相似的方式工作：

```
n=5;i=1;
while i<=n
  j=1;
  while j<=n
    a(i,j)=1/(i+j-1);
    j=j+1;
  end
  i=i+1;
end
a
```

这与双 for 循环一样生成相同的结果．

if 语句用于做出判断，break 命令会跳出当前的最内层循环．二者的功能如下所示：

```
% 计算 sin(x) 当 x=0 时的 n 阶导数
n=input('Enter n, negative number to quit:')
if n<=0,break,end
r=rem(n,4)    % rem 是余项函数
if r==0
  y=0
elseif r==1
    y=1
elseif r==2
    y=0
else
    y=-1
end
y
```

逻辑运算符 & 以及 | 分别代表 AND 和 OR．error 命令停止执行 m 文件并向用户报告信息．

B.5 函数

除了内建的库函数，例如 sin 和 exp，MATLAB 允许用户自定义函数．命令

```
>> f=@(x) exp(sin(2*x))
```

生成一个具有输入 x 和输出 $f(x)=e^{\sin 2x}$ 的函数．在进行如上定义 f 后，命令

```
>> f(0)
```

返回 $e^{\sin^2(0)}=1$ 的正确结果. 而且, 定义中的 @ 会赋给函数 f 一个**函数句柄**, 在其他函数中可以直接调用函数 f. 如果我们构造另外一个函数

```
>> firstderiv=@(f,x,h)  (f(x+h)-f(x-h))/(2*h)
```

有三个输入 f,x,h, 命令

```
>> firstderiv(f,0,0.0001)
```

返回的是 f 在 0 点导数的近似值. 这里, 我们使用了用户定义的函数句柄 f 作为自定义函数 firstderiv 的输入.

MATLAB 函数可以具有多个输入以及多个输出. 在下面的例子中, 函数有三个输入和三个输出. 这个函数将矩形坐标转化为球坐标:

```
>> rec2sph=@(x,y,z) [sqrt(x^2+y^2+z^2) acos(z/sqrt(x^2+y^2+z^2))...
   atan2(y,x)]
```

当函数可以在一行内定义完时, 这种定义方法会比较简单. 对于更加复杂的例子, MATLAB 允许第二种方式定义函数, 这通过一个特定的 m 文件. 第一行中的语法必须和文件名一致, 例如下面例子中的 cubrtf.m:

```
function y=cubrtf(x)
% 近似x的立方根
% 输入实数x,输出立方根
y=1;
n=15;
for i = 1:n
  y = 2*y/3 + x/(3*y^2)
end
```

这里, 我们将立方根近似的脚本文件转化为一个 MATLAB 函数, 函数可以通过如下方式使用

```
>> c=cubrtf(8)
```

注意, MATLAB 函数和脚本 m 文件的第一行是不同的. 文件名, 除去 .m, 应该和第一行中的函数名一致. 函数文件中变量是默认为局部变量, 但是可以通过 global 命令将变量变为全局.

结合上面两种方法, 前面定义的 MATLAB 函数, 例如 m 文件函数, 可以使用 @ 符号前缀分配一个函数句柄. 然后函数句柄可以传递给其他函数. 例如,

```
>> firstderiv(@cubrtf,1,0.0001)
```

对于 $x^{1/3}$, 当 $x=1$ 时返回 0.3333.

更加复杂的函数可以使用更多的变量作为输入以及输出. 例如, 下面这个函数调用已有的 MATLAB 函数 mean 和 std 并把结果存为数组:

```
function [m,sigma]=stat(x)
% 返回输入向量x的采样均值和标准差
m=mean(x);
sigma=std(x);
```

如果文件 stat.m 在你的 MATLAB 路径中, 输入 stat(x), 其中 x 是一个向量, 将返回向量元素的均值和方差.

nargin 命令提供输入参数的个数. 使用这个命令, 可以根据参数的个数改变函数的

功能. 嵌套乘法程序 0.1 给出了 nargin 的一个例子.

分段定义函数的一个例子为

$$h(x)=\begin{cases} x+2 & \text{其中 } x\leqslant -1 \\ 1 & \text{其中 } -1<x\leqslant 0 \\ \cos x & \text{其中 } x>0 \end{cases}$$

可以通过函数文件 h.m 实现函数 $h(x)$

```
function y=h(x)
p1=(x<=-1);
p2=(x>-1).*(x<=0);
p3=(x>0);
y=p1.*(x+2)+p2.*1+p3.*cos(x);
```

这里我们使用条件表达式求出布尔值,如果条件表达式为真,值为 1,如果表达式为假,值为 0. 我们还使用"."号使数学运算向量化,使得输入 x 可以为向量. 现在 h 可以通过它的函数句柄 @h 传给其他的 MATLAB 函数,例如

```
>> ezplot(@h,[-3 3])
```

画出函数 h 的分段线性曲线,

```
>> fzero(@h,1)
```

可以找出在 1 附近 $h(x)$ 的根.

```
>> firstderiv(@h,-1,0.0001)
```

这个计算的结果是否是正确的?

B.6 矩阵操作

MATLAB 的强大功能和多面性来自于其复杂的变量数据结构. MATLAB 中的每个变量是 $m\times n$ 双精度浮点数字矩阵. 标量可以看成是 1×1 矩阵. 如下语法

```
>> A=[1 2 3
4 5 6]
```

或

```
>> A=[1 2 3;4 5 6]
```

定义一个 2×3 矩阵 A. 命令 B= A'生成一个 3×2 矩阵 B,对应 A 的转置. 相同大小的矩阵可以使用 + 或者 - 操作进行相加或者相减操作. 命令 size(A) 返回矩阵 A 的维数,length(A) 返回两维中最大的长度.

MATLAB 提供许多命令可以轻易构造矩阵. 例如,zeros(m,n) 提供一个大小为 $m\times n$ 的全是 0 的矩阵. 如果 A 是一个矩阵,则 zeros(size(A)) 生成一个大小与 A 相同全是 0 的矩阵. 命令 ones(m,n) 和 eye(m,n)(用于单位阵)基本以相同方式工作. 例如,

```
>> A=[eye(2) zeros(2,2);zeros(2,2) eye(2)]
```

虽然看起来很复杂,但是它只是构造了一个 4×4 单位矩阵.

冒号操作符可以用于从矩阵生成子矩阵. 例如,

```
>> b=A(1:3,2)
```

将 A 的第 2 列的前 3 个元素赋给 b. 命令

```
>> b=A(:,2)
```
将 A 的第 2 列赋给 b，命令
```
>> B=A(:,1:3)
```
将包含 A 的前三列子矩阵赋给 B.

$m \times n$ 矩阵 A 和 $n \times p$ 矩阵 B 可以使用如下命令 C=A*B 计算乘法. 如果矩阵大小不合适，MATLAB 将拒绝进行操作并返回错误信息.

B.7 动画和视频

微分方程计算领域包含对于动态系统(运动物体)的研究. MATLAB 可以很容易生成动画, 在第 6 章中用到了这个方法来显示动态结果.

下面给出的 MATLAB 程序例子 bounce.m 显示了在一个单位方块中网球在墙面之间反弹的过程. 第一个 set 命令设置当前图(gca)的参数, 包含轴的上下界 $0 \leqslant x, y \leqslant 1$. cla 命令清除图窗口, axis square 使得 x 和 y 方向单位相等.

随后, line 用于定义直线对象 ball, 以及其对应属性. erase 参数设置为 xor, 意味着每次画球时, 它以前的位置会被擦除. 在 while 循环中的 4 个 if 语句可以使球在击中墙的时候变换速度. 循环中还包含 set 命令, 通过设置 xdata 和 ydata, 可以更新当前直线对象 ball 的 x 以及 y. drawnow 命令在当前图像窗口中画出所有定义的对象. 球体移动的速度可以使用 pause 命令, 以及调节步长 hx0 和 hy0 进行调整. while 循环为死循环, 可以使用<ctrl>-C 终止. 所有程序如下:

```
% bounce.m
% 使用drawnow命令显示Matlab动画
% 用法:保存文件为bounce.m,然后输入"bounce"运行
set(gca,'XLim',[0 1],'YLim',[0 1],'Drawmode','fast', ...
    'Visible','on');
cla
axis square
ball = line('color','r','Marker','o','MarkerSize',10, ...
    'LineWidth',2,'erase','xor','xdata',[],'ydata',[]);
hx0=.005;hy0=.0039;hx=hx0;hy=hy0;
xl=.02;xr=.98;yb=xl;yt=xr;x=.1;y=.1;
while 1 == 1
    if x < xl
        hx= hx0;
    end
    if x > xr
        hx = -hx0;
    end
    if y < yb
        hy = hy0;
    end
    if y > yt
        hy = -hy0;
    end
    x=x+hx;y=y+hy;
    set(ball,'xdata',x,'ydata',y);drawnow;pause(0.01)
end
```

使用文件 MakeQTMovie.m，在 MATLAB 中可以很直接地制作 QuickTime 视频. 视频的每一帧为一幅 MATLAB 图像. 在开始制作视频之前，从互联网上找到这个文件 MakeQTMovie.m. 该文件由 Interval Research 的 Malcolm Slaney 所写，并且可以自由下载与传播. 将文件放置在可以被 MATLAB 找到的文件夹，例如当前的路径，或者在搜索路径中. 例子代码片段如下：

```
MakeQTMovie('start','filename.mov')
for i=1:n
  (plot a figure)
  MakeQTMovie('addfigure')
end
MakeQTMovie('finish')
```

将会捕捉 n 个静态图并将其放在 QuickTime 视频文件中，文件名为 filename.mov.

部分习题答案

第 0 章

0.1 节习题

1. (a) $P(x)=1+x(1+x(5+x(1+x(6))))$,$P(1/3)=2$
   (b) $P(x)=1+x(-5+x(5+x(4+x(-3))))$,$P(1/3)=0$
   (c) $P(x)=1+x(0+x(-1+x(1+x(2))))$,$P(1/3)=77/81$

3. $P(x)=1+x^2(2+x^2(-4+x^2(1)))$,$P(1/2)=81/64$

5. (a) 5 (b) 41/4

7. n 次乘法和 $2n$ 次加法

0.1 节编程问题

1. 从 Q 得到的正确解是 51.012 752 082 75,误差 $=4.76\times10^{-12}$

0.2 节习题

1. (a) 1000000 (b) 10001 (c) 1001111 (d) 11100011

3. (a) 1010.1 (b) $0.\overline{01}$ (c) $0.\overline{101}$ (d) $1100.\overline{1100}$ (e) $110111.\overline{0110}$ (f) $0.\overline{00011}$

5. 11.0010010000111

7. (a) 85 (b) 93/8 (c) 70/3 (d) 20/3 (e) 20/7 (f) 48/7 (g) 283/120 (h) 8

0.3 节习题

1. (a) $1.0000\cdots0000\times2^{-2}$ (b) $1.0101\cdots0101\times2^{-2}$
   (c) $1.0101\cdots0101\times2^{-1}$ (d) $1.11001100\cdots11001101\times2^{-1}$

3. $1\leqslant k\leqslant 50$

5. (a) $2\varepsilon_{\text{mach}}$ (b) $4\varepsilon_{\text{mach}}$

7. (a) 4020000000000000 (b) 4035000000000000 (c) 3fc0000000000000 (d) 3fd5555555555555
   (e) 3fe5555555555555 (f) 3fb999999999999a (g) bfb999999999999a (h) bfc999999999999a

9. (a) 注意到 $(7/3-4/3)-1=\varepsilon_{\text{mach}}$,为双精度. (b) 不能,$(4/3-1/3)-1=0$.

11. 结合律不成立

13. (a) 2 表示为 $010\cdots0$. (b) 2^{-511} 表示为 $0010\cdots0$. (c) 0 表示为 $10\cdots0$.

15. (a) 2^{-50} (b) 0 (c) 2^{-50}

0.4 节习题

1. (a) 在 $x=2\pi n$ 附近丢失有效数字,n 为整数. 重写为 $-1/(1+\sec x)$.
   (b) 在 $x=0$ 附近丢失有效数字,重写为 $3-3x+x^2$.

(c) 在 $x=0$ 附近丢失有效数字,重写为 $2x/(x^2-1)$.

3. $x_1 = -(b+\sqrt{b^2+4\times 10^{-12}})/2$, $x_2 = (2\times 10^{-12})/(b+\sqrt{b^2+4\times 10^{-12}})$

0.4 节编程问题

1. (a)

x	原始的	修正的
0.100 000 000 000 00	−0.498 747 913 711 43	−0.498 747 913 711 43
0.010 000 000 000 00	−0.499 987 499 790 96	−0.499 987 499 791 66
0.001 000 000 000 00	−0.499 999 875 014 29	−0.499 999 874 999 98
0.000 100 000 000 00	−0.499 999 993 627 93	−0.499 999 998 750 00
0.000 010 000 000 00	−0.500 000 041 336 85	−0.499 999 999 987 50
0.000 001 000 000 00	−0.500 044 450 290 84	−0.499 999 999 999 87
0.000 000 100 000 00	−0.510 702 591 327 57	−0.500 000 000 000 00
0.000 000 010 000 00	0	−0.500 000 000 000 00
0.000 000 001 000 00	0	−0.500 000 000 000 00
0.000 000 000 100 00	0	−0.500 000 000 000 00
0.000 000 000 010 00	0	−0.500 000 000 000 00
0.000 000 000 001 00	0	−0.500 000 000 000 00
0.000 000 000 000 10	0	−0.500 000 000 000 00
0.000 000 000 000 01	0	−0.500 000 000 000 00

(b)

x	原始的	修正的
0.100 000 000 000 00	2.710 000 000 000 00	2.710 000 000 000 00
0.010 000 000 000 00	2.970 100 000 000 01	2.970 100 000 000 00
0.001 000 000 000 00	2.997 001 000 000 00	2.997 001 000 000 00
0.000 100 000 000 00	2.999 700 009 999 05	2.999 700 010 000 00
0.000 010 000 000 00	2.999 970 000 083 79	2.999 970 000 100 00
0.000 001 000 000 00	2.999 997 000 152 63	2.999 997 000 001 00
0.000 000 100 000 00	2.999 999 698 660 72	2.999 999 700 000 01
0.000 000 010 000 00	2.999 999 981 767 59	2.999 999 970 000 00
0.000 000 001 000 00	2.999 999 915 154 21	2.999 999 997 000 00
0.000 000 000 100 00	3.000 000 248 221 11	2.999 999 999 700 00

x	原始的	修正的
0.000 000 000 010 00	3.000 000 248 221 11	2.999 999 999 970 00
0.000 000 000 001 00	2.999 933 634 839 64	2.999 999 999 997 00
0.000 000 000 000 10	3.000 932 835 561 80	2.999 999 999 999 70
0.000 000 000 000 01	2.997 602 166 487 92	2.999 999 999 999 97

3. 6.127×10^{-13}

5. $2.233\ 22\times 10^{-10}$

0.5 节习题

1. (a) 根据中值定理,$f(0)f(1)=-2<0$ 意味着在 $(0,1)$ 区间中存在 c 使得 $f(c)=0$.

部分习题答案

(b) $f(0)f(1)=-9<0$ 意味着在$(0, 1)$区间中存在c使得$f(c)=0$.

(c) $f(0)f(1/2)=-1/2<0$ 意味着在$(0, 1/2)$区间中存在c使得$f(c)=0$.

3. (a) $c=2/3$ (b) $c=1/\sqrt{2}$ (c) $c=1/(e-1)$

5. (a) $P(x)=1+x^2+1/2x^4$ (b) $P(x)=1-2x^2+2/3x^4$ (c) $P(x)=x-x^2/2+x^3/3-x^4/4+x^5/5$
   (d) $P(x)=x^2-x^4/3$

7. (a) $P(x)=(x-1)-(x-1)^2/2+(x-1)^3/3-(x-1)^4/4$ (b) $P(0.9)=-0.105\,358\,\overline{3}$, $P(1.1)=0.095\,308\,\overline{3}$ (c) 当 $x=0.9$ 时，误差界$=0.000\,003\,387$，当 $x=1.1$ 时，误差界$=0.000\,002$ (d) 当 $x=0.9$ 时，实际误差$\approx 0.000\,002\,18$，当 $x=1.1$ 时，实际误差$\approx 0.000\,001\,85$

9. $\sqrt{1+x}=1+x/2\pm x^2/8$. 当 $x=1.02$ 时，$\sqrt{1.02}\approx 1.01\pm 0.000\,05$. 真实值为 $\sqrt{1.02}=1.009\,950\,5$，误差$=0.000\,049\,5$

第1章

1.1 节习题

1. (a) $[2, 3]$ (b) $[1, 2]$ (c) $[6, 7]$

3. (a) 2.125 (b) 1.125 (c) 6.875

5. (a) $[2, 3]$ (b) 33 步

1.1 节编程问题

1. (a) 2.080 084 (b) 1.169 726 (c) 6.776 092

3. (a) 区间$[-2, -1]$, $[-1, 0]$, $[1, 2]$，根$-1.641\,784$, $-0.168\,254$, $1.810\,038$
   (b) 区间$[-2, -1]$, $[-0.5, 0.5]$, $[0.5, 1.5]$，根$-1.023\,482$, $0.163\,822$, $0.788\,941$
   (c) 区间$[-1.7, -0.7]$, $[-0.7, 0.3]$, $[0.3, 1.3]$，根$-0.818\,094$, 0, $0.506\,308$

5. (a) $[1, 2]$，27 步，$1.259\,921\,05$ (b) $[1, 2]$，27 步，$1.442\,249\,57$
   (c) $[1, 2]$，27 步，$1.709\,975\,95$

7. 第一个根是 $-17.188\,498$，矩阵的值精确到小数点后 2 位；第二个根是 $9.708\,299$，矩阵的值精确到小数点后 3 位.

9. $H=635.5$mm

1.2 节习题

1. (a) $-\sqrt{3}, \sqrt{3}$ (b) 1, 2 (c) $(5\pm\sqrt{17})/2$

3. 通过替代进行检验.

5. B, D

7. (a) 局部收敛 (b) 发散 (c) 发散

9. (a) 0 为局部收敛，1 为发散 (b) 1/2 为局部收敛，3/4 为发散

11. (a) 例如，$x=x^3+e^x$, $x=(x-e^x)^{1/3}$, $x=\ln(x-x^3)$; (b) 例如，$x=9x^2+3/x^3$, $x=1/9-1/(3x^4)$, $x=(x^5-9x^6)/3$

13. (a) 0.3, -1.3 (b) 0.3 (c) 更慢

15. 全部收敛到 $\sqrt{5}$. 从最快到最慢排序：(B), (C), (A).

17. $g(x)=\sqrt{(1-x)/2}$ 局部收敛到 $1/2$，$g(x)=-\sqrt{(1-x)/2}$ 局部收敛到 -1.

19. $g(x)=(x+A/x^2)/2$ 收敛到 $A^{1/3}$.

21. (a) 替代进行检验 (b) 对于三个不动点 r，$|g'(r)|>1$

23. $g'(r_2)>1$

27. (a) $x=x-x^3$ 意味着 $x=0$ (b) 当 $0<x_i<1$，$x_{i+1}=x_i-x_i^3=x_i(1-x_i^2)<x_i$，$0<x_{i+1}<x_i<1$.
    (c) 有界单调序列 x_i 收敛到 L，L 必然为一个不动点. 因而 $L=0$.

29. (a) $c<-2$ (b) $c=-4$

31. 初始估计的开区间 $(-5/4, 5/4)$ 收敛到不动点 $1/4$；两个初始估计 $-5/4$，$5/4$ 得到不动点 $-5/4$.

33. (a) 选择 $a=0$，$|b|<1$，c 为任意值. (b) 选择 $a=0$，$|b|>1$，c 为任意值.

1.2 节编程问题

1. (a) 1.769 292 35 (b) 1.672 821 70 (c) 1.129 980 50

3. (a) 1.732 050 81 (b) 2.236 067 98

5. 不动点 $r=0.641\,714$，$S=|g'(r)|\approx 0.959$

7. (a) $0<x_0<1$ (b) $1<x_0<2$ (c) 例如当 $x_0>2.2$

1.3 节习题

1. (a) FE$=0.01$，BE$=0.04$ (b) FE$=0.01$ BE$=0.0016$ (c) FE$=0.01$，BE$=0.000\,064$ (d) FE$=0.01$，BE$=0.342$

3. (a) 2 (b) FE$=0.0001$，BE$=5\times 10^{-9}$

5. BE$=|a|$FE

7. (b) $(-1)^j(j-1)!(20-j)!$

1.3 节编程问题

1. (a) $m=3$ (b) $x_a=-2.0735\times 10^{-8}$，FE$=2.0735\times 10^{-8}$，BE$=0$

3. (a) $x_a=$FE$=0.000\,169$，BE$=0$ (b) 13 步后终止，$x_a=-0.000\,061\,03$

5. 预测根$=r+\Delta r=4+4^6 10^{-6}/6=4.000\,682\,\bar{6}$，实际根$=4.000\,682\,5$

1.4 节习题

1. (a) $x_1=2$，$x_2=18/13$ (b) $x_1=1$，$x_2=1$ (c) $x_1=-1$，$x_2=-2/3$

3. (a) $r=-1$，$e_{i+1}=\dfrac{5}{2}e_i^2$；$r=0$，$e_{i+1}=2e_i^2$；$r=1$，$e_{i+1}=\dfrac{2}{3}e_i$
   (b) $r=-1/2$，$e_{i+1}=2e_i^2$；$r=1$，$e_{i+1}=2/3e_i$

5. $r=0$，牛顿法；$r=1/2$，二分法

7. 不能，2/3

9. $x_{i+1}=(x_i+A/x_i)/2$

11. $x_{i+1}=(n-1)x_i/n+A/(nx_i^{n-1})$

13. (a) 0.75×10^{-12} (b) 0.5×10^{-18}

1.4 节编程问题

1. (a) 1.769 292 35　(b) 1.672 821 70　(c) 1.129 980 50
3. (a) $r=-2/3$, $m=3$　(b) $r=1/6$, $m=2$
5. $r=3.2362$m
7. $-1.197\ 624$, 二次收敛.；0, 线性收敛, $m=4$；1.530 134, 二次收敛.
9. 0.857 143, 二次收敛., $M=2.414$；2 线性收敛, $m=3$, $S=2/3$
11. 初始估计$=1.75$, 解 $V=1.70L$
13. (a) 3/4　(c) $f(x)$ 在 $x=3/4$ 处不可微.

1.5 节习题

1. (a) $x_2=8/5$, $x_3=1.742\ 268$　(b) $x_2=1.578\ 707$, $x_3=1.660\ 16$　(c) $x_2=1.092\ 907$, $x_3=1.119\ 357$
3. (a) $x_3=-1/5$, $x_4=-0.119\ 960\ 18$　(b) $x_3=1.757\ 713$, $x_4=1.662\ 531$　(c) $x_3=1.139\ 481$, $x_4=1.129\ 272$
7. 从最快到最慢排序为(B), (D), (A), (C), 其中(C)不收敛, (b)牛顿方法会收敛得更快.

1.5 节编程问题

1. (a) 1.769 292 35　(b) 1.672 821 70　(c) 1.129 980 50
3. (a) 1.769 292 35　(b) 1.672 821 70　(c) 1.129 980 50
5. fzero 和二分法一样都收敛到非根的 0

第 2 章

2.1 节习题

1. (a) [4, 2]　(b) [5, −3]　(c) [1, 3]
3. (a) [1/3, 1, 1]　(b) [2, −1/2, −1]
5. 大约 27 倍更长的时间.
7. 大约 61 秒.

2.1 节编程问题

1. (a) [1, 1, 2]　(b) [1, 1, 1]　(c) [−1, 3, 2]

2.2 节习题

1. (a) $\begin{bmatrix}1 & 0\\3 & 1\end{bmatrix}\begin{bmatrix}1 & 2\\0 & -2\end{bmatrix}$　(b) $\begin{bmatrix}1 & 0\\2 & 1\end{bmatrix}\begin{bmatrix}1 & 3\\0 & -4\end{bmatrix}$　(c) $\begin{bmatrix}1 & 0\\-5/3 & 1\end{bmatrix}\begin{bmatrix}3 & -4\\0 & -14/3\end{bmatrix}$
3. (a) [−2, 1]　(b) [−1, 1]
5. [1, −1, 1, −1]
7. 5 分钟, 33 秒.
9. 300

2.3 节习题

1. (a) 7 (b) 8

3. (a) FE=2, BE=0.0002, EMF=20 001 (b) FE=1, BE=0.0001, EMF=20 001 (c) FE=1, BE=2.0001, EMF=1 (d) FE=3, BE=0.0003, EMF=20001 (e) FE=3.0001, BE=0.0002, EMF=30 002.5

5. (a) RFE=3, RBE=3/7, EMF=7 (b) RFE=3, RBE=1/7, EMF=21 (c) RFE=1, RBE=1/7, EMF=7 (d) RFE=2, RBE=6/7, EMF=7/3 (e) 21

7. 137/60

13. (a) $\begin{bmatrix} 1 \\ 1 \\ 1 \end{bmatrix}$ (b) $\begin{bmatrix} 1 \\ -1 \\ 1 \end{bmatrix}$

15. $LU = \begin{bmatrix} 1 & 0 & 0 \\ 0.1 & 1 & 0 \\ 0 & -5000 & 1 \end{bmatrix} \begin{bmatrix} 10 & 20 & 1 \\ 0 & -0.01 & 5.9 \\ 0 & 0 & 29\,501 \end{bmatrix}$,最大的乘子=5000

2.3 节编程问题

本节编程问题的解答仅仅是示例性的，由于实现细节的差异，结果会有略微差异.

1.

	n	FE	EMF	cond(A)
(a)	6	5.35×10^{-10}	3.69×10^6	7.03×10^7
(b)	10	1.10×10^{-3}	9.05×10^{12}	1.31×10^{14}

3.

n	FE	EMF	cond(A)
100	4.62×10^{-12}	3590	9900
200	4.21×10^{-11}	23 010	39 800
300	7.37×10^{-11}	50 447	89 700
400	1.20×10^{-10}	55 019	159 600
500	2.56×10^{-10}	91 495	249 500

5. $n \geq 13$

2.4 节习题

1. (a) $\begin{bmatrix} 0 & 1 \\ 1 & 0 \end{bmatrix} \begin{bmatrix} 1 & 3 \\ 2 & 3 \end{bmatrix} = \begin{bmatrix} 1 & 0 \\ \frac{1}{2} & 1 \end{bmatrix} \begin{bmatrix} 2 & 3 \\ 0 & \frac{3}{2} \end{bmatrix}$ (b) $\begin{bmatrix} 1 & 0 \\ 0 & 1 \end{bmatrix} \begin{bmatrix} 2 & 4 \\ 1 & 3 \end{bmatrix} = \begin{bmatrix} 1 & 0 \\ \frac{1}{2} & 1 \end{bmatrix} \begin{bmatrix} 2 & 4 \\ 0 & 1 \end{bmatrix}$

(c) $\begin{bmatrix} 0 & 1 \\ 1 & 0 \end{bmatrix} \begin{bmatrix} 1 & 5 \\ 5 & 12 \end{bmatrix} = \begin{bmatrix} 1 & 0 \\ \frac{1}{5} & 1 \end{bmatrix} \begin{bmatrix} 5 & 12 \\ 0 & \frac{13}{5} \end{bmatrix}$ (d) $\begin{bmatrix} 0 & 1 \\ 1 & 0 \end{bmatrix} \begin{bmatrix} 0 & 1 \\ 1 & 0 \end{bmatrix} = \begin{bmatrix} 1 & 0 \\ 0 & 1 \end{bmatrix} \begin{bmatrix} 1 & 0 \\ 0 & 1 \end{bmatrix}$

3. (a) [−2, 1] (b) [−1, 1, 1]

5. $\begin{bmatrix} 1 & 0 & 0 & 0 & 0 \\ 0 & 0 & 0 & 0 & 1 \\ 0 & 0 & 1 & 0 & 0 \\ 0 & 0 & 0 & 1 & 0 \\ 0 & 1 & 0 & 0 & 0 \end{bmatrix}$

部分习题答案   533

7. $\begin{bmatrix} 0 & 0 & 1 & 0 \\ 0 & 1 & 0 & 0 \\ 0 & 0 & 0 & 1 \\ 1 & 0 & 0 & 0 \end{bmatrix}$

9. (a) $\begin{bmatrix} 1 & 0 & 0 & 0 \\ 0 & 1 & 0 & 0 \\ 0 & 0 & 1 & 0 \\ 0 & 0 & 0 & 1 \end{bmatrix} \begin{bmatrix} 1 & 0 & 0 & 1 \\ -1 & 1 & 0 & 1 \\ -1 & -1 & 1 & 1 \\ -1 & -1 & -1 & 1 \end{bmatrix} = \begin{bmatrix} 1 & 0 & 0 & 0 \\ -1 & 1 & 0 & 0 \\ -1 & -1 & 1 & 0 \\ -1 & -1 & -1 & 1 \end{bmatrix} \begin{bmatrix} 1 & 0 & 0 & 1 \\ 0 & 1 & 0 & 2 \\ 0 & 0 & 1 & 4 \\ 0 & 0 & 0 & 8 \end{bmatrix}$

(b) $P=I$, L 是下三角矩阵，所有的非对角线元素都是 -1，U 的非零元素 $u_{ii}=1$，其中 $1 \leqslant i \leqslant n-1$，$u_{in}=2^{i-1}$，其中 $1 \leqslant i \leqslant n$.

2.5 节习题

1. (a) 雅可比 $[u_2, v_2]=[7/3, 17/6]$ 高斯-塞德尔 $[u_2, v_2]=[47/18, 119/36]$ (b) 雅可比 $[u_2, v_2, w_2]=[1/2, 1, 1/2]$ 高斯-塞德尔 $[u_2, v_2, w_2]=[1/2, 3/2, 3/4]$ (c) 雅可比 $[u_2, v_2, w_2]=[10/9, -2/9, 2/3]$ 高斯-塞德尔 $[u_2, v_2, w_2]=[43/27, 14/81, 262/243]$

3. (a) $[u_2, v_2]=[59/16, 213/64]$ (b) $[u_2, v_2, w_2]=[9/8, 39/16, 81/64]$ (c) $[u_2, v_2, w_2]=[1, 1/2, 5/4]$

2.5 节编程问题

1. $n=100$，36 步，BE$=4.58 \times 10^{-7}$；$n=100\,000$，48 步，BE$=2.70 \times 10^{-6}$

5. (a) 21 步，BE$=4.78 \times 10^{-7}$ (b) 16 步，BE$=1.55 \times 10^{-6}$

2.6 节习题

1. (a) $x^T A x = x_1^2 + 3x_2^2 > 0$，其中 $x \neq 0$
   (b) $x^T A x = (x_1 + 3x_2)^2 + x_2^2 > 0$，其中 $x \neq 0$
   (c) $x_1^2 + 2x_2^2 + 3x_3^2 > 0$，其中 $x \neq 0$

3. (a) $R = \begin{bmatrix} 1 & 0 \\ 0 & \sqrt{3} \end{bmatrix}$ (b) $R = \begin{bmatrix} 1 & 3 \\ 0 & 1 \end{bmatrix}$ (c) $R = \begin{bmatrix} 1 & 0 & 0 \\ 0 & \sqrt{2} & 0 \\ 0 & 0 & \sqrt{3} \end{bmatrix}$

5. (a) $R = \begin{bmatrix} 1 & 2 \\ 0 & 2 \end{bmatrix}$ (b) $R = \begin{bmatrix} 2 & -1 \\ 0 & 1/2 \end{bmatrix}$ (c) $R = \begin{bmatrix} 5 & 1 \\ 0 & 5 \end{bmatrix}$ (d) $R = \begin{bmatrix} 1 & -2 \\ 0 & 1 \end{bmatrix}$

7. (a) $[2, -1]$ (b) $[3, 1]$

9. $x^T A x = (x_1 + 2x_2)^2 + (d-4)x_2^2$. 当 $d > 4$ 时，该式子仅当 $0 = x_2 = x_1 + 2x_2$ 时可以为 0，这意味着 $x_1 = x_2 = 0$.

11. $d > 1$

13. (a) $[3, -1]$ (b) $[-1, 1]$

15. $\alpha_1 = 1/A$，$x_1 = b/A$，$r_1 = b - Ab/A = 0$

2.6 节编程问题

1. (a) $[2, 2]$ (b) $[3, -1]$

3. (a) $[-4, 60, -180, 140]$

   (b) $[-8, 504, -7560, 46\,200, -138\,600, 216\,216, -168\,168, 51\,480]$

2.7 节习题

1. (a) $\begin{bmatrix} 3u^2 & 0 \\ v^3 & 3uv^2 \end{bmatrix}$ (b) $\begin{bmatrix} v\cos uv & u\cos uv \\ ve^{uv} & ue^{uv} \end{bmatrix}$ (c) $\begin{bmatrix} 2u & 2v \\ 2(u-1) & 2v \end{bmatrix}$

   (d) $\begin{bmatrix} 2u & 1 & -2w \\ vw\cos uvw & uw\cos uvw & uv\cos uvw \\ vw^4 & uw^4 & 4uvw^3 \end{bmatrix}$

3. (a) $(1/2, \pm\sqrt{3}/2)$ (b) $(\pm 2/\sqrt{5}, \pm 2/\sqrt{5})$ (c) $(4(1+\sqrt{6})/5, \pm\sqrt{3+8\sqrt{6}}/5)$

5. (a) $x_1 = [0, 1]$, $x_2 = [0, 0]$ (b) $x_1 = [0, 0]$, $x_2 = [0.8, 0.8]$ (c) $x_1 = [8, 4]$, $x_2 = [9.0892, -12.6103]$

2.7 节编程问题

1. (a) $(1/2, \pm\sqrt{3}/2)$ (b) $(\pm 2/\sqrt{5}, \pm 2/\sqrt{5})$ (c) $(4(1+\sqrt{6})/5, \pm\sqrt{3+8\sqrt{6}}/5)$

3. $\pm[0.507\,992\,000\,407\,95, 0.861\,361\,786\,661\,99]$

5. (a) $[1, 1, 1]$, $[1/3, 1/3, 1/3]$ (b) $[1, 2, 3]$, $[17/9, 22/9, 19/9]$

7. (a) 对于根 $(1/2, \sqrt{3}/2)$ 需要 11 步精确到小数点后 15 位

   (b) 对于根 $(2/\sqrt{5}, 2/\sqrt{5})$ 需要 13 步精确到小数点后 15 位

   (c) 对于根 $(4(1+\sqrt{6})/5, \sqrt{3+8\sqrt{6}}/5)$ 需要 14 步精确到小数点后 15 位

9. 和编程问题 5 的答案相同

11. 和编程问题 5 的答案相同

第 3 章

3.1 节习题

1. (a) $P(x) = \dfrac{(x-2)(x-3)}{(0-2)(0-3)} + 3\dfrac{x(x-3)}{(2-0)(2-3)}$

   (b) $P(x) = \dfrac{(x+1)(x-3)(x-5)}{(2+1)(2-3)(2-5)} + \dfrac{(x+1)(x-2)(x-5)}{(3+1)(3-2)(3-5)} + 2\dfrac{(x+1)(x-2)(x-3)}{(5+1)(5-2)(5-3)}$

   (c) $P(x) = -2\dfrac{(x-2)(x-4)}{(0-2)(0-4)} + \dfrac{x(x-4)}{(2-0)(2-4)} + 4\dfrac{x(x-2)}{4(4-2)}$

3. (a) 1个，$P(x) = 3 + (x+1)(x-2)$ (b) 无 (c) 无穷多，例如 $P(x) = 3 + (x+1)(x-2) + C(x+1) \times (x-1)(x-2)(x-3)^3$，其中 C 是一个非零常数

5. (a) $P(x) = 4 - 2x$ (b) $P(x) = 4 - 2x + A(x+2)x(x-1)(x-3)$，其中 $A \neq 0$

7. 4

9. (a) $P(x) = 10(x-1)\cdots(x-6)/6!$ (b) 与 (a) 相同

11. 无

部分习题答案

13. 4/2

15. $P(x) = -x - (x-1)(x-2)\cdots(x-25)/24!$

17. (a) 316   (b) 465

3.1 节编程问题

1. (a) 4 494 564 854   (b) 4 454 831 984   (c) 4 472 888 288

3.2 节习题

1. (a) $P_2(x) = \frac{2}{\pi}x - \frac{4}{\pi^2}x(x-\pi/2)$ (b) $P_2(\pi/4) = 3/4$ (c) $\pi^3/128 \approx 0.242$ (d) $|\sqrt{2}/2 - 3/4| \approx 0.043$

3. (a) 7.06×10^{-11} (b) 由于 $7.06 \times 10^{-11} < 0.5 \times 10^{-9}$，精确到小数点后至少 9 位

5. 在 $x = 0.35$ 处的期望误差较小；大约是在 $x = 0.55$ 处的误差的 5/21。

3.2 节编程问题

1. (a) $P_4(x) = 1.433\,329 + (x-0.6)(1.989\,87 + (x-0.7)(3.2589 + (x-0.8)(3.680\,667 + (x-0.9)(4.000\,417))))$ (b) $P_4(0.82) = 1.958\,91$, $P_4(0.98) = 2.612\,848$ (c) 在 $x = 0.82$ 处的误差上界是 $0.000\,053\,7$，实际误差是 $0.000\,023\,4$。在 $x = 0.98$ 处的误差上界是 $0.000\,217$，实际误差是 $0.000\,107$。

3. -1.952×10^{12} bbl/天。由于龙格现象，这个估计没有意义

3.3 节习题

1. (a) $\cos\pi/12$, $\cos\pi/4$, $\cos5\pi/12$, $\cos7\pi/12$, $\cos3\pi/4$, $\cos11\pi/12$

   (b) $2\cos\pi/8$, $2\cos3\pi/8$, $2\cos5\pi/8$, $2\cos7\pi/8$

   (c) $8 + 4\cos\pi/12$, $8 + 4\cos\pi/4$, $8 + 4\cos5\pi/12$, $8 + 4\cos7\pi/12$, $8 + 4\cos3\pi/4$, $8 + 4\cos11\pi/12$

   (d) $1/5 + 1/2\cos\pi/10$, $1/5 + 1/2\cos3\pi/10$, $1/5$, $1/5 + 1/2\cos7\pi/10$, $1/5 + 1/2\cos9\pi/10$

3. $0.000\,118$, 3 correct digits

5. $0.005\,21$

7. $d = 14$

9. (a) -1 (b) 1   (c) 0   (d) 1   (e) 1   (f) $-1/2$

3.4 节习题

1. (a) 不是三次样条   (b) 三次样条

3. (a) $c = 9/4$, 自然样条   (b) $c = 4$, 抛物线端点的三次样条，非纽结三次样条   (c) $c = 5/2$, 非纽结三次样条

5. 一个, $S_1(x) = S_2(x) = x$

7. (a) $\begin{cases} \frac{1}{2}x + \frac{1}{2}x^3 & [0, 1] \\ 1 + 2(x-1) + \frac{3}{2}(x-1)^2 - \frac{1}{2}(x-1)^3 & [1, 2] \end{cases}$

(b) $\begin{cases} 1-(x+1)+\dfrac{1}{4}(x+1)^3 & [-1,\ 1] \\ 1+2(x-1)+\dfrac{3}{2}(x-1)^2-\dfrac{1}{2}(x-1)^3 & [1,\ 2] \end{cases}$

9. $-3,\ -12$

11. (a) 1个，$S_1(x)=S_2(x)=2-4x+2x^2$ (b) 无穷多，对于任意 c，$S_1(x)=S_2(x)=2-4x+2x^2+cx(x-1)(x-2)$.

13. (a) $b_1=1$，$c_3=-8/9$. (b) 不是. (c) 钳制条件是 $S'(0)=1$ 和 $S'(3)=-1/3$.

15. 可以，样条的最左和最右段必须为线性.

17. 对于任意 d，$S_2(x)=1+dx^3$

19. 有无穷多抛物线通过任意两点，其中要求 $x_1\neq x_2$ 每条曲线都是抛物线终止的三次样条.

21. (a) 无穷多 (b) $S_1(x)=S_2(x)=x^2+dx(x-1)(x-2)$，其中 $d\neq 0$.

3.4 节编程问题

1. (a) $S(x)=\begin{cases} 3+\dfrac{8}{3}x-\dfrac{2}{3}x^3 & [0,\ 1] \\ 5+\dfrac{2}{3}(x-1)-2(x-1)^2+\dfrac{1}{3}(x-1)^3 & [1,\ 2] \\ 4-\dfrac{7}{3}(x-2)-(x-2)^2+\dfrac{1}{3}(x-2)^3 & [2,\ 3] \end{cases}$

(b) $S(x)=\begin{cases} 3+2.5629(x+1)-0.5629(x+1)^3 & [-1,\ 0] \\ 5+0.8742x-1.6887x^2+0.3176x^3 & [0,\ 3] \\ 1-0.6824(x-3)+1.1698(x-3)^2-0.4874(x-3)^3 & [3,\ 4] \\ 1+0.1950(x-4)-0.2925(x-4)^2+0.0975(x-4)^3 & [4,\ 5] \end{cases}$

3. $S(x)=\begin{cases} 1+\dfrac{149}{56}x-\dfrac{37}{56}x^3 & [0,\ 1] \\ 3+\dfrac{19}{28}(x-1)-\dfrac{111}{56}(x-1)^2+\dfrac{73}{56}(x-1)^3 & [1,\ 2] \\ 3+\dfrac{5}{8}(x-2)+\dfrac{27}{14}(x-2)^2-\dfrac{87}{56}(x-2)^3 & [2,\ 3] \\ 4-\dfrac{5}{28}(x-3)-\dfrac{153}{56}(x-3)^2+\dfrac{51}{56}(x-3)^3 & [4,\ 5] \end{cases}$

1. $S(x)=\begin{cases} 1+1.8006x+\dfrac{3}{2}x^2-1.3006x^3 & [0,\ 1] \\ 3+0.8988(x-1)-2.4018(x-1)^2+1.5030(x-1)^3 & [1,\ 2] \\ 3+0.6042(x-2)+2.1071(x-2)^2-1.7113(x-2)^3 & [2,\ 3] \\ 4-0.3155(x-3)-3.0268(x-3)^2+1.3423(x-3)^3 & [4,\ 5] \end{cases}$

3. $S(x)=\begin{cases} 1-2x+\dfrac{57}{7}x^2-\dfrac{29}{7}x^3 & [0,\ 1] \\ 3+\dfrac{13}{7}(x-1)-\dfrac{30}{7}(x-1)^2+\dfrac{17}{7}(x-1)^3 & [1,\ 2] \\ 3+\dfrac{4}{7}(x-2)+3(x-2)^2-\dfrac{18}{7}(x-2)^3 & [2,\ 3] \\ 4-\dfrac{8}{7}(x-3)-\dfrac{33}{7}(x-3)^2+\dfrac{27}{7}(x-3)^3 & [4,\ 5] \end{cases}$

5. $S(x) = \begin{cases} x - 0.0006x^2 - 0.1639x^3 & \left[0, \frac{\pi}{8}\right] \\ \sin\frac{\pi}{8} + 0.9237\left(x - \frac{\pi}{8}\right) - 0.1937\left(x - \frac{\pi}{8}\right)^2 - 0.1396\left(x - \frac{\pi}{8}\right)^3 & \left[\frac{\pi}{8}, \frac{\pi}{4}\right] \\ \frac{\sqrt{2}}{2} + 0.7070\left(x - \frac{\pi}{4}\right) - 0.3582\left(x - \frac{\pi}{4}\right)^2 - 0.0931\left(x - \frac{\pi}{4}\right)^3 & \left[\frac{\pi}{4}, \frac{3\pi}{8}\right] \\ \sin\frac{3\pi}{8} + 0.3826\left(x - \frac{3\pi}{8}\right) - 0.4679\left(x - \frac{3\pi}{8}\right)^2 - 0.0327\left(x - \frac{3\pi}{8}\right)^3 & \left[\frac{3\pi}{8}, \frac{\pi}{2}\right] \end{cases}$

7. $n = 48$

9. (a) 322.6 (b) 318.8 (c) 非纽结三次样条和习题 3.1.13 相同

3.5 节习题

1. (a) $\begin{cases} x(t) = 6t^2 - 5t^3 \\ y(t) = 6t - 12t^2 + 6t^3 \end{cases}$ (b) $\begin{cases} x(t) = 1 - 3t - 3t^2 + 3t^3 \\ y(t) = 1 - 3t + 3t^2 \end{cases}$ (c) $\begin{cases} x(t) = 1 + 3t^2 - 2t^3 \\ y(t) = 2 + 3t - 3t^2 \end{cases}$

3. $\begin{cases} x(t) = 1 + 6t^2 - 4t^3 \\ y(t) = 2 + 6t^2 - 4t^3 \end{cases}$ $\begin{cases} x(t) = 3 + 6t^2 - 4t^3 \\ y(t) = 4 - 9t^2 + 6t^3 \end{cases}$ $\begin{cases} x(t) = 5 - 12t^2 + 8t^3 \\ y(t) = 1 + 3t^2 - 2t^3 \end{cases}$

5. 数字 3.

7. $\begin{cases} x(t) = -1 + 6t^2 - 4t^3 \\ y(t) = 4t - 4t^2 \end{cases}$

9. (a) $\begin{cases} x(t) = 1 + 3t - 9t^2 + 5t^3 \\ y(t) = 6t^2 - 5t^3 \\ z(t) = 3t^2 - 3t^3 \end{cases}$ (b) $\begin{cases} x(t) = 1 - 6t^2 + 6t^3 \\ y(t) = 1 + 3t - 9t^2 + 6t^3 \\ z(t) = 2 + 3t - 12t^2 + 8t^3 \end{cases}$ (c) $\begin{cases} x(t) = 2 + 3t - 12t^2 + 10t^3 \\ y(t) = 1 \\ z(t) = 1 + 6t^2 - 4t^3 \end{cases}$

第 4 章

4.1 节习题

1. (a) $\bar{x} = [-1/7, 10/7]$, $\|e\|_2 = \sqrt{14}/7$ (b) $\bar{x} = [-1/2, 2]$, $\|e\|_2 = \sqrt{6}/2$
   (c) $\bar{x} = [16/19, 16/19]$, $\|e\|_2 = 2.013$

3. 对于任意 x_2, $\bar{x} = [4, x_2]$

7. (a) $y = 1/5 - 6/5t$, RMSE $= \sqrt{2/5} \approx 0.6325$ (b) $y = 6/5 + 1/2t$, RMSE $= \sqrt{26}/10 \approx 0.5099$

9. (a) $y = 0.3481 + 1.9475t - 0.1657t^2$, RMSE $= 0.5519$ (b) $y = 2.9615 - 1.0128t + 0.1667t^2$, RMSE $= 0.4160$ (c) $y = 4.8 - 1.2t$, RMSE $= 0.4472$

11. $h(t) = 0.475 + 141.525t - 4.905t^2$, 最大高度 $= 1021.3$m, 着陆时间 $= 28.86$sec.

4.1 节编程问题

1. (a) $\bar{x} = [2.5246, 0.6616, 2.0934]$, $\|e\|_2 = 2.4135$ (b) $\bar{x} = [1.2739, 0.6885, 1.2124, 1.7497]$, $\|e\|_2 = 0.8256$

3. (a) $2\,996\,236\,899 + 76\,542\,140(t - 1960)$, RMSE $= 36\,751\,088$
   (b) $3\,028\,751\,748 + 67\,871\,514(t - 1960) + 216\,766(t - 1960)^2$, RMSE $= 17\,129\,714$; 1980 的估计:
       (a) $4\,527\,079\,702$
   (b) $4\,472\,888\,288$; 抛物线会给出更好的估计.

5. (a) $c_1=9510.1$, $c_2=-8314.36$, RMSE=518.3 (b) 当出售价格=68.7 分时，可以最大化收益.
7. (a) $y=0.0769$, RMSE=0.2665 (b) $y=0.1748-0.02797t^2$, RMSE=0.2519
9. (a) 精确到小数点后 4 位，$P_5(t)=1.000009+0.999983t+1.000012t^2+0.999996t^3+1.000000t^4+1.000000t^5$; cond($A^T A$)=$2.72\times 10^{13}$ (b) 精确到小数点后 1 位，$P_6(t)=0.99+1.02t+0.98t^2+1.01t^3+t^4+t^5+t^6$; cond($A^T A$)=$2.55\times 10^{16}$ (c) $P_8(t)$ 没有精确的位数，cond($A^T A$)=1.41×10^{19}

4.2 节习题

1. (a) $y=3/2-1/2\cos2\pi t+3/2\sin2\pi t$, $\|e\|_2=0$, RMSE=0 (b) $y=7/4-1/2\cos2\pi t+\sin2\pi t$, $\|e\|_2=1/2$, RMSE=1/4 (c) $y=9/4+3/4\cos2\pi t$, $\|e\|_2=1/\sqrt{2}$, RMSE=$1/(2\sqrt{2})$
3. (a) $y=1.932e^{0.3615t}$, $\|e\|_2=1.2825$, (b) $y=2^{t-1/4}$, $\|e\|_2=0.9982$
5. (a) $y=5.5618t^{-1.3778}$, RMSE=0.2707 (b) $y=2.8256t^{0.7614}$, RMSE=0.7099

4.2 节编程问题

1. $y=5.5837+0.7541\cos2\pi t+0.1220\sin2\pi t+0.1935\cos4\pi t$ M bbls/day, RMSE=0.1836
3. $P(t)=3\,079\,440\,361e^{0.0174(t-1960)}$，1980 年的估计为 $P(20)=4\,361\,485\,000$，估计误差 $\approx 91\times 10^6$
5. (a) $t_{\max}=-1/c_2$ (b) 半衰期 ≈ 7.81 小时.

4.3 节习题

1. (a) $\begin{bmatrix} 0.8 & -0.6 \\ 0.6 & 0.8 \end{bmatrix}\begin{bmatrix} 5 & 0.6 \\ 0 & 0.8 \end{bmatrix}$ (b) $\dfrac{1}{\sqrt{2}}\begin{bmatrix} 1 & 1 \\ 1 & -1 \end{bmatrix}\begin{bmatrix} \sqrt{2} & \dfrac{3\sqrt{2}}{2} \\ 0 & \dfrac{\sqrt{2}}{2} \end{bmatrix}$

(c) $\begin{bmatrix} \dfrac{2}{3} & \dfrac{\sqrt{2}}{6} & \dfrac{\sqrt{2}}{2} \\ \dfrac{1}{3} & -\dfrac{2\sqrt{2}}{3} & 0 \\ \dfrac{2}{3} & \dfrac{\sqrt{2}}{6} & -\dfrac{\sqrt{2}}{2} \end{bmatrix}\begin{bmatrix} 3 & 1 \\ 0 & \sqrt{2} \\ 0 & 0 \end{bmatrix}$ (d) $\begin{bmatrix} \dfrac{4}{5} & 0 & -\dfrac{3}{5} \\ 0 & 1 & 0 \\ \dfrac{3}{5} & 0 & \dfrac{4}{5} \end{bmatrix}\begin{bmatrix} 5 & 10 & 5 \\ 0 & 2 & -2 \\ 0 & 0 & 0 \end{bmatrix}$

3. (a)-(d) 与习题 1 相同
5. (a)-(d) 与习题 1 相同
7. (a) $\bar{x}=[4,-1]$ (b) $\bar{x}=[-11/18, 4/9]$

4.3 节编程问题

5. (a) $\bar{x}=[1.6154, 1.6615]$, $\|e\|_2=0.3038$ (b) $\bar{x}=[2.0588, 2.3725, 1.5784]$, $\|e\|_2=0.2214$
7. (a) $\bar{x}=[1,\cdots,1]$ 精确到小数点后 10 位 (b) $\bar{x}=[1,\cdots,1]$ 精确到小数点后 6 位

4.4 节习题

1. (a) $x_1=[0.5834,-0.0050,-0.5812]$, $x_2=[1.0753,-0.1039,-0.9417]$, $x_3=[1, 0, -1]$
(b) $x_1=[0.3896, 0.1674, 0.3045]$, $x_2=[0.7650, 0.2107, 0.2502]$, $x_3=[1/2, 1/2, 0]$

(c) $x_1 = [0.0332, 0.8505, 0.9668]$, $x_2 = [0.0672, 0.8479, 0.9696]$, $x_3 = [0, 0, 1]$

4.5节习题

1. (a) $(x_1, y_1) = (2-\sqrt{2}, 0)$ (b) $(x_1, y_1) = (1-\sqrt{2}/2, 0)$

5. (a) $\begin{bmatrix} t_1^{c_2} & c_1 t_1^{c_2} \ln t_1 \\ t_2^{c_2} & c_1 t_2^{c_2} \ln t_2 \\ t_3^{c_2} & c_1 t_3^{c_2} \ln t_3 \end{bmatrix}$ (b) $\begin{bmatrix} t_1 e^{c_2 t_1} & c_1 t_1^2 e^{c_2 t_1} \\ t_2 e^{c_2 t_2} & c_1 t_2^2 e^{c_2 t_2} \\ t_3 e^{c_2 t_3} & c_1 t_3^2 e^{c_2 t_3} \end{bmatrix}$

4.5节编程问题

1. (a) $(\bar{x}, \bar{y}) = (0.410\,623, 0.055\,501)$ (b) $(\bar{x}, \bar{y}) = (0.275\,549, 0)$

3. (a) $(x, y) = (0, -0.586\,187)$, $K = 0.329\,572$ (b) $(x, y) = (0.556\,853, 0)$, $K = 1.288\,037$

5. $c_1 = 15.9$, $c_2 = 2.53$, RMSE $= 0.755$

7. 与编程问题5相同

9. (a) $c_1 = 11.993\,468$, $c_2 = 0.279\,608$, $c_3 = 1.802\,342$, RMSE $= 0.441\,305$
   (b) $c_1 = 12.702\,778$, $c_2 = 0.159\,591$, $c_3 = 5.682\,764$, RMSE $= 0.802\,834$

11. (a) $c_1 = 8.670\,956$, $c_2 = 0.274\,184$, $c_3 = 0.981\,070$, $c_4 = 1.232\,813$, RMSE $= 0.102\,660$
    (b) $c_1 = 8.683\,823$, $c_2 = 0.131\,945$, $c_3 = 0.620\,292$, $c_4 = -1.921\,257$, RMSE $= 0.199\,789$

第5章

5.1节习题

1. (a) 0.9531，误差 $= 0.0469$ (b) 0.9950，误差 $= 0.0050$ (c) 0.9995，误差 $= 0.0005$

3. (a) 0.455 902，误差 $= 0.044\,098$；误差必须满足 $0.0433 \leqslant$ 误差 $\leqslant 0.0456$
   (b) 0.495 662，误差 $= 0.004\,338$；误差必须满足 $0.004\,330 \leqslant$ 误差 $\leqslant 0.004\,355$
   (c) 0.499 567，误差 $= 0.000\,433$；误差必须满足 $0.000\,433\,0 \leqslant$ 误差 $\leqslant 0.000\,433\,3$

5. (a) 2.020 202 02，误差 $= 0.020\,202\,02$ (b) 2.000 200 02，误差 $= 0.000\,200\,02$ (c) 2.000 002 00，误差 $= 0.000\,002\,00$

7. $f'(x) = [(f(x) - f(x-h)]/h + hf''(c)/2$

9. $f'(x) = [3f(x) - 4f(x-h) + f(x-2h)]/(2h) + O(h^2)$

11. $f'(x) \approx [4f(x+h/2) - 3f(x) - f(x+h)]/h$

13. $f'(x) = [f(x+3h) + 8f(x) - 9f(x-h)]/(12h) - h^2 f'''(c)/2$，其中 $x-h < c < x+3h$

15. $f''(x) = [f(x+3h) - 4f(x) + 3f(x-h)]/(6h^2) - 2hf'''(c)/3$，其中 $x-h < c < x+3h$

17. $f'(x) = [4f(x+3h) + 5f(x) - 9f(x-2h)]/(30h) - h^2 f'''(c)$，其中 $x-2h < c < x+3h$

5.1节编程问题

1. 最小误差出现在 $h = 10^{-5} \approx \varepsilon_{\text{mach}}^{1/3}$

3. 最小误差出现在 $h = 10^{-8} \approx \varepsilon_{\text{mach}}^{1/2}$

5. (a) 最小误差出现在 $h = 10^{-4} \approx \varepsilon_{\text{mach}}^{1/4}$ (b) 与(a)相同

5.2 节习题

1. (a) $m=1$：0.500 000，err＝0.166 667；$m=2$：0.375 000，err＝0.041 667；$m=4$：0.343 750，err＝0.010 417

   (b) $m=1$：0.785 398，err＝0.214 602；$m=2$：0.948 059，err＝0.051 941；$m=4$：0.987 116，err＝0.012 884

   (c) $m=1$：1.859 141，err＝0.140 859；$m=2$：1.753 931，err＝0.035 649；$m=4$：1.727 222，err＝0.008 940

3. (a) $m=1$：1/3，err＝0；$m=2$：1/3，err＝0；$m=4$：1/3，err＝0

   (b) $m=1$：1.002 280，err＝0.002 280；$m=2$：1.000 135，err＝0.000 135；$m=4$：1.000 008，err＝0.000 008

   (c) $m=1$：1.718 861，err＝0.000 579；$m=2$：1.718 319，err＝0.000 037；$m=4$：1.718 284，err＝0.000 002

5. (a) $m=1$：1.414 214，err＝0.585 786；$m=2$：1.577 350，err＝0.422 650；$m=4$：1.698 844；err＝0.301 156

   (b) $m=1$：1.259 921，err＝0.240 079；$m=2$：1.344 022，err＝0.155 978；$m=4$：1.400 461，err＝0.099 539

   (c) $m=1$：2.000 000，err＝0.828 427；$m=2$：2.230 710，err＝0.597 717；$m=4$：2.402 528，err＝0.425 899

7. (a) 1.631 729，err＝0.368 271 (b) 1.372 055，err＝0.127 945 (c) 2.307 614，err＝0.520 814

11. (a) 1 (b) 1 (c) 3

13. $\dfrac{4h}{3}\sum_{i=1}^{m}[2f(u_i)+2f(v_i)-f(w_i)]+\dfrac{7(b-a)h^4}{90}f^{(iv)}(c)$

15. 5

5.2 节编程问题

1. (a) 精确值＝2；$m=16$ 近似值＝1.998 638，误差＝1.36×10^{-3}；$m=32$ 近似值＝1.999 660，误差＝3.40×10^{-4}

   (b) 精确值＝1/2(1－ln2)；$m=16$ 近似值＝0.153 752，误差＝3.26×10^{-4}；$m=32$ 近似值＝0.153 508，误差＝8.14×10^{-5}

   (c) 精确值＝1；$m=16$ 近似值＝1.001 444，误差＝1.44×10^{-3}；$m=32$ 近似值＝1.000 361，误差＝3.61×10^{-4}

   (d) 精确值＝9ln3－26/9；$m=16$ 近似值＝7.009 809，误差＝1.12×10^{-2}；$m=32$ 近似值＝7.001 419，误差＝2.80×10^{-3}

   (e) 精确值＝π^2-4；$m=16$ 近似值＝5.837 900，误差＝3.17×10^{-2}；$m=32$ 近似值＝5.861 678，误差＝7.93×10^{-3}

   (f) 精确值＝$2\sqrt{5}-\sqrt{15}/2$；$m=16$ 近似值＝2.535 672，误差＝2.80×10^{-5}；$m=32$ 近似值＝2.535 651，误差＝7.00×10^{-6}

   (g) 精确值＝$\ln(\sqrt{3}+2)$；$m=16$ 近似值＝1.316 746，误差＝2.11×10^{-4}；$m=32$ 近似值＝1.316 905，

误差 $=5.29\times 10^{-5}$

(h) 精确值 $=\ln(\sqrt{2}+1)/2$；$m=16$ 近似值 $=0.440\,361$，误差 $=3.26\times 10^{-4}$；$m=32$ 近似值 $=0.440\,605$，误差 $=8.14\times 10^{-5}$

3. (a) $m=16$ 近似值 $=1.464\,420$；$m=32$ 近似值 $=1.463\,094$

(b) $m=16$ 近似值 $=0.891\,197$；$m=32$ 近似值 $=0.893\,925$

(c) $m=16$ 近似值 $=3.977\,463$；$m=32$ 近似值 $=3.977\,463$

(d) $m=16$ 近似值 $=0.264\,269$；$m=32$ 近似值 $=0.264\,025$

(e) $m=16$ 近似值 $=0.160\,686$；$m=32$ 近似值 $=0.160\,936$

(f) $m=16$ 近似值 $=-0.278\,013$；$m=32$ 近似值 $=-0.356\,790$

(g) $m=16$ 近似值 $=0.785\,276$；$m=32$ 近似值 $=0.783\,951$

(h) $m=16$ 近似值 $=0.369\,964$；$m=32$ 近似值 $=0.371\,168$

5. (a) $m=10$：$1.808\,922$，误差 $=0.191\,078$ 近似值；$m=100$：$1.939\,512$，误差 $=0.060\,488$；$m=1000$：$1.980\,871$，误差 $=0.019\,129$

(b) $m=10$：$1.445\,632$，误差 $=0.054\,368$；$m=100$：$1.488\,258$，误差 $=0.011\,742$；$m=1000$：$1.497\,470$，误差 $=0.002\,530$

(c) $m=10$：$2.558\,203$，误差 $=0.270\,225$；$m=100$：$2.742\,884$，误差 $=0.085\,543$；$m=1000$：$2.801\,375$，误差 $=0.027\,052$

7. (a) $m=16$ 近似值 $=1.831\,529\,9$；$m=32$ 近似值 $=1.831\,830\,81$

(b) $m=16$ 近似值 $=2.999\,866\,58$；$m=32$ 近似值 $=3.001\,162\,93$

(c) $m=16$ 近似值 $=0.916\,012\,05$；$m=32$ 近似值 $=0.915\,977\,21$

5.3 节习题

1. (a) $1/3$ (b) $0.999\,991\,57$ (c) $1.718\,282\,69$

5.3 节编程问题

1. (a) 精确值 $=2$，近似值 $=2.000\,000\,10$，误差 $=1.0\times 10^{-7}$

(b) 精确值 $1/2(1-\ln 2)$，近似值 $=0.153\,426\,40$，误差 $=1.23\times 10^{-8}$

(c) 精确值 1，近似值 $=1.000\,000\,00$，误差 $=3.5\times 10^{-13}$

(d) 精确值 $9\ln 3-26/9$，近似值 $=6.998\,621\,71$，误差 $=3.00\times 10^{-9}$

(e) 精确值 π^2-4，近似值 $=5.869\,604\,86$，误差 $=4.56\times 10^{-7}$

(f) 精确值 $2\sqrt{5}-\sqrt{15}/2$，近似值 $=2.535\,644\,28$，误差 $=1.21\times 10^{-10}$

(g) 精确值 $\ln(\sqrt{3}+2)$，近似值 $=1.316\,957\,65$，误差 $=2.46\times 10^{-7}$

(h) 精确值 $\ln(\sqrt{2}+1)/2$，近似值 $=0.440\,686\,86$，误差 $=6.98\times 10^{-8}$

5.4 节习题

1. (a) 0.3750，误差 $=0.0417$ (b) 0.9871，误差 $=0.0129$ (c) 1.7539，误差 $=0.0356$

3. 与利用梯形法则的自适应积分使用相同容差测试，用中点法则替换梯形法则.

5.4 节编程问题

1. (a) 2.000 000 00，12606 个子区间　(b) 0.153 426 41，6204 个子区间　(c) 1.000 000 00，124 24 个子区间
   (d) 6.998 621 71，32 768 个子区间　(e) 5.869 604 40，73 322 个子区间　(f) 2.535 644 28，1568 个子区间
   (g) 1.316 957 90，7146 个子区间　(h) 0.440 686 79，5308 个子区间

3. 小数点后前 8 位和编程问题 1 相同
   (a) 56 个子区间　(b) 46 个子区间　(c) 40 个子区间　(d) 56 个子区间　(e) 206 个子区间
   (f) 22 个子区间　(g) 54 个子区间　(h) 52 个子区间

5. 小数点后前 8 位和编程问题 1 相同
   (a) 50 个子区间　(b) 44 个子区间　(c) 36 个子区间　(d) 54 个子区间　(e) 198 个子区间
   (f) 22 个子区间　(g) 50 个子区间　(h) 52 个子区间

7. 和编程问题 6 相同

9. erf(1) = 0.842 700 79，erf(3) = 0.999 977 91

5.5 节习题

1. (a) 0，误差 = 0　(b) 0.222 222，误差 = 0.177 777 8　(c) 2.342 696，误差 = 0.007 706
   (d) −0.481 237，误差 = 0.481 237

3. (a) 0，误差 = 0　(b) 0.4，误差 = 0　(c) 2.350 402，误差 = 2.95×10^{-7}　(d) −0.002 136，误差 = 0.002 136

5. (a) 1.999 825　(b) 0.153 407 00　(c) 0.999 994 63　(d) 6.998 677 82

第 6 章

6.1 节习题

3. (a) $y(t) = 1 + t^2/2$ (b) $y(t) = e^{t^3/3}$ (c) $y(t) = e^{t^2+2t}$ (d) $y = e^{t^5}$ (e) $y(t) = (3t+1)^{1/3}$ (f) $y(t) = (3t^4/4+1)^{1/3}$

5. (a) $w = [1.0000, 1.0000, 1.0625, 1.1875, 1.3750]$，误差 = 0.1250
   (b) $w = [1.0000, 1.0000, 1.0156, 1.0791, 1.2309]$，误差 = 0.1648
   (c) $w = [1.0000, 1.5000, 2.4375, 4.2656, 7.9980]$，误差 = 12.0875
   (d) $w = [1.0000, 1.0000, 1.0049, 1.0834, 1.5119]$，误差 = 1.2064
   (e) $w = [1.0000, 1.2500, 1.4100, 1.5357, 1.6417]$，误差 = 0.0543
   (f) $w = [1.0000, 1.0000, 1.0039, 1.0349, 1.1334]$，误差 = 0.0717

7. (b) $c = \arctan y_0$

9. (a) $L = 0$，有唯一解 (b) $L = 1$，有唯一解　(a) $L = 1$，有唯一解
   (d) 没有利普希茨常数

11. (a) 解为 $Y(t) = t^2/2$, $Z(t) = t^2/2 + 1$. $|Y(t) - Z(t)| = 1 \leqslant e^0 |1| = 1$
    (b) 解为 $Y(t) = 0$, $Z(t) = e^t$. $|Y(t) - Z(t)| = e^t \leqslant e^{1(t-0)} |1|$
    (c) 解为 $Y(t) = 0$, $Z(t) = e^{-t}$. $|Y(t) - Z(t)| = e^{-t} \leqslant e^{1(t-0)} |1| = 1$
    (d) 不满足利普希茨条件

13. $y(t) = 1/(1-t)$

15. (a) $[a, b]$

6.1 节编程问题

1.

(a)

t_i	w_i	误差
0.0	1.0000	0.0000
0.1	1.0000	0.0050
0.2	1.0100	0.0100
0.3	1.0300	0.0150
0.4	1.0600	0.0200
0.5	1.1000	0.0250
0.6	1.1500	0.0300
0.7	1.2100	0.0350
0.8	1.2800	0.0400
0.9	1.3600	0.0450
1.0	1.4500	0.0500

(b)

t_i	w_i	误差
0.0	1.0000	0.0000
0.1	1.0000	0.0003
0.2	1.0010	0.0017
0.3	1.0050	0.0040
0.4	1.0140	0.0075
0.5	1.0303	0.0123
0.6	1.0560	0.0186
0.7	1.0940	0.0271
0.8	1.1477	0.0384
0.9	1.2211	0.0540
1.0	1.3200	0.0756

(c)

t_i	w_i	误差
0.0	1.0000	0.0000
0.1	1.2000	0.0337
0.2	1.4640	0.0887
0.3	1.8154	0.1784
0.4	2.2874	0.3243
0.5	2.9278	0.5625
0.6	3.8062	0.9527
0.7	5.0241	1.5952
0.8	6.7323	2.6610
0.9	9.1560	4.4431
1.0	12.6352	7.4503

(d)

t_i	w_i	误差
0.0	1.0000	0.0000
0.1	1.0000	0.0000
0.2	1.0001	0.0003
0.3	1.0009	0.0016
0.4	1.0049	0.0054
0.5	1.0178	0.0140
0.6	1.0496	0.0313
0.7	1.1176	0.0654
0.8	1.2517	0.1360
0.9	1.5081	0.2968
1.0	2.0028	0.7154

(e)

t_i	w_i	误差
0.0	1.0000	0.0000
0.1	1.1000	0.0086
0.2	1.1826	0.0130
0.3	1.2541	0.0156
0.4	1.3177	0.0171
0.5	1.3753	0.0181
0.6	1.4282	0.0187
0.7	1.4772	0.0191
0.8	1.5230	0.0193
0.9	1.5661	0.0195
1.0	1.6069	0.0195

(f)

t_i	w_i	误差
0.0	1.0000	0.0000
0.1	1.0000	0.0000
0.2	1.0001	0.0003
0.3	1.0009	0.0011
0.4	1.0036	0.0028
0.5	1.0099	0.0054
0.6	1.0222	0.0092
0.7	1.0429	0.0139
0.8	1.0744	0.0190
0.9	1.1188	0.0239
1.0	1.1770	0.0281

6.2 节习题

1. (a) $w=[1.0000, 1.0313, 1.1250, 1.2813, 1.5000]$,误差$=0$
   (b) $w=[1.0000, 1.0078, 1.0477, 1.1587, 1.4054]$,误差$=0.0097$ (c) $w=[1.0000, 1.7188, 3.3032, 7.0710, 16.7935]$,误差$=3.2920$
   (d) $w=[1.0000, 1.0024, 1.0442, 1.3077, 2.7068]$,误差$=0.0115$
   (e) $w=[1.0000, 1.2050, 1.3570, 1.4810, 1.5871]$,误差$=0.0003$
   (f) $w=[1.0000, 1.0020, 1.0193, 1.0823, 1.2182]$,误差$=0.0132$

3. (a) $w_{i+1}=w_i+ht_iw_i+1/2h^2(w_i+t_i^2w_i)$
   (b) $w_{i+1}=w_i+h(t_iw_i^2+w_i^3)+1/2h^2(w_i^2+(2t_iw_i+3w_i^2)(t_iw_i^2+w_i^3))$
   (c) $w_{i+1}=w_i+hw_i\sin w_i+1/2h^2(\sin w_i+w_i\cos w_i)w_i\sin w_i$
   (d) $w_{i+1}=w_i+he^{w_it_i^2}+1/2h^2e^{w_it_i^2}(2t_iw_i+t_i^2e^{w_it_i^2})$

6.2 节编程问题

1.

(a)

t_i	w_i	误差
0.0	1.0000	0
0.1	1.0050	0
0.2	1.0200	0
0.3	1.0450	0
0.4	1.0800	0
0.5	1.1250	0
0.6	1.1800	0
0.7	1.2450	0
0.8	1.3200	0
0.9	1.4050	0
1.0	1.5000	0

(b)

t_i	w_i	误差
0.0	1.0000	0.0000
0.1	1.0005	0.0002
0.2	1.0030	0.0003
0.3	1.0095	0.0005
0.4	1.0222	0.0007
0.5	1.0434	0.0008
0.6	1.0757	0.0010
0.7	1.1224	0.0012
0.8	1.1875	0.0014
0.9	1.2767	0.0016
1.0	1.3974	0.0018

(c)

t_i	w_i	误差
0.0	1.0000	0.0000
0.1	1.2320	0.0017
0.2	1.5479	0.0048
0.3	1.9832	0.0106
0.4	2.5908	0.0209
0.5	3.4509	0.0394
0.6	4.6864	0.0725
0.7	6.4878	0.1316
0.8	9.1556	0.2378
0.9	13.1694	0.4297
1.0	19.3063	0.7792

(d)

t_i	w_i	误差
0.0	1.0000	0.0000
0.1	1.0000	0.0000
0.2	1.0005	0.0001
0.3	1.0029	0.0004
0.4	1.0114	0.0011
0.5	1.0338	0.0021
0.6	1.0845	0.0037
0.7	1.1890	0.0060
0.8	1.3967	0.0090
0.9	1.8158	0.0109
1.0	2.7164	0.0018

(e)

t_i	w_i	误差
0.0	1.0000	0.0000
0.1	1.0913	0.0001
0.2	1.1695	0.0001
0.3	1.2384	0.0001
0.4	1.3005	0.0001
0.5	1.3571	0.0001
0.6	1.4093	0.0001
0.7	1.4580	0.0001
0.8	1.5036	0.0001
0.9	1.5466	0.0001
1.0	1.5873	0.0001

(f)

t_i	w_i	误差
0.0	1.0000	0.0000
0.1	1.0001	0.0000
0.2	1.0005	0.0001
0.3	1.0022	0.0002
0.4	1.0068	0.0004
0.5	1.0160	0.0006
0.6	1.0323	0.0009
0.7	1.0579	0.0011
0.8	1.0948	0.0014
0.9	1.1443	0.0017
1.0	1.2069	0.0018

6.3 节习题

1. (a) $\begin{bmatrix} w_1 \\ w_2 \end{bmatrix} = \begin{bmatrix} 1 & 1.25 & 1.5 & 1.7188 & 1.8594 \\ 0 & -0.25 & -0.625 & -1.1563 & -1.875 \end{bmatrix}$, 误差 $= \begin{bmatrix} 0.3907 \\ 0.4124 \end{bmatrix}$

(b) $\begin{bmatrix} w_1 \\ w_2 \end{bmatrix} = \begin{bmatrix} 1 & 0.7500 & 0.5000 & 0.2813 & 0.1094 \\ 0 & 0.2500 & 0.3750 & 0.4063 & 0.3750 \end{bmatrix}$, 误差 $= \begin{bmatrix} 0.0894 \\ 0.0654 \end{bmatrix}$

(c) $\begin{bmatrix} w_1 \\ w_2 \end{bmatrix} = \begin{bmatrix} 1 & 1.0000 & 0.9375 & 0.8125 & 0.6289 \\ 0 & 0.2500 & 0.5000 & 0.7344 & 0.9375 \end{bmatrix}$, 误差 $= \begin{bmatrix} 0.0886 \\ 0.0960 \end{bmatrix}$

(d) $\begin{bmatrix} w_1 \\ w_2 \end{bmatrix} = \begin{bmatrix} 5 & 6.2500 & 9.6875 & 17.2656 & 32.9492 \\ 0 & 2.5000 & 6.8750 & 15.1563 & 31.3672 \end{bmatrix}$, 误差 $= \begin{bmatrix} 77.3507 \\ 77.0934 \end{bmatrix}$

2. (a) $\begin{bmatrix} y_1 \\ y_2 \end{bmatrix} = \begin{bmatrix} 1 & 1.2500 & 1.4648 & 1.5869 & 1.5354 \\ 0 & -0.3125 & -0.7813 & -1.4343 & -2.2888 \end{bmatrix}$, 误差 $= \begin{bmatrix} 0.0667 \\ 0.0015 \end{bmatrix}$

(b) $\begin{bmatrix} y_1 \\ y_2 \end{bmatrix} = \begin{bmatrix} 1 & 0.7500 & 0.5273 & 0.3428 & 0.1990 \\ 0 & 0.1875 & 0.2813 & 0.3098 & 0.2966 \end{bmatrix}$, 误差 $= \begin{bmatrix} 0.0002 \\ 0.0129 \end{bmatrix}$

(c) $\begin{bmatrix} y_1 \\ y_2 \end{bmatrix} = \begin{bmatrix} 1 & 0.9688 & 0.8760 & 0.7275 & 0.5327 \\ 0 & 0.2500 & 0.4844 & 0.6882 & 0.8486 \end{bmatrix}$, 误差 $= \begin{bmatrix} 0.0076 \\ 0.0071 \end{bmatrix}$

(d) $\begin{bmatrix} y_1 \\ y_2 \end{bmatrix} = \begin{bmatrix} 5 & 7.3438 & 14.3311 & 32.6805 & 79.2426 \\ 0 & 3.4375 & 11.2793 & 30.2963 & 77.3799 \end{bmatrix}$, 误差 = $\begin{bmatrix} 31.0574 \\ 31.0806 \end{bmatrix}$

3. (a) $y_1 = [1.0000, 1.2500, 1.5195, 1.8364, 2.2388]$
   (b) $[1, 1.1875, 1.2378, 1.1229, 0.7832]$
   (c) $[1, 1.2813, 1.6617, 2.1999, 2.9933]$

6.3 节编程问题

1. $[y_1, y_2]$ 的误差：(a) 当 $h=0.1$ 时为 $[0.1973, 0.1592]$，当 $h=0.01$ 时为 $[0.0226, 0.0149]$；(b) 当 $h=0.1$ 时为 $[0.0328, 0.0219]$，当 $h=0.01$ 时为 $[0.0031, 0.0020]$；(c) 当 $h=0.1$ 时为 $[0.0305, 0.0410]$，当 $h=0.01$ 时为 $[0.0027, 0.0042]$；(d) 当 $h=0.1$ 时为 $[51.4030, 51.3070]$，当 $h=0.01$ 时为 $[8.1919, 8.1827]$. 注意到对于一阶方法误差降低因子近似为 10.

5. (a) 粗略地讲，这个周期性轨迹包含 $3\frac{1}{2}$ 个顺时针旋转，$2\frac{1}{2}$ 个逆时针旋转，$3\frac{1}{2}$ 个顺时针旋转，$2\frac{1}{2}$ 个逆时针旋转. 另一个周期性轨迹和前面的相同，只是其中的顺时针部分被逆时针旋转替换.

6.4 节习题

1. (a) $w = [1.0000, 1.0313, 1.1250, 1.2813, 1.5000]$，误差 $= 0$
   (b) $w = [1.0000, 1.0039, 1.0395, 1.1442, 1.3786]$，误差 $= 0.0171$
   (c) $w = [1.0000, 1.7031, 3.2399, 6.8595, 16.1038]$，误差 $= 3.9817$
   (d) $w = [1.0000, 1.0003, 1.0251, 1.2283, 2.3062]$，误差 $= 0.4121$
   (e) $w = [1.0000, 1.1975, 1.3490, 1.4734, 1.5801]$，误差 $= 0.0073$
   (f) $w = [1.0000, 1.0005, 1.0136, 1.0713, 1.2055]$，误差 $= 0.0004$

3. (a) $w = [1, 1.0313, 1.1250, 1.2813, 1.5000]$，误差 $= 0$
   (b) $w = [1, 1.0052, 1.0425, 1.1510, 1.3956]$，误差 $= 1.2476 \times 10^{-5}$
   (c) $w = [1, 1.7545, 3.4865, 7.8448, 19.975]$，误差 $= 0.11007$
   (d) $w = [1, 1.001, 1.0318, 1.2678, 2.7103]$，误差 $= 7.9505 \times 10^{-3}$
   (e) $w = [1, 1.2051, 1.3573, 1.4813, 1.5874]$，误差 $= 4.1996 \times 10^{-5}$
   (f) $w = [1, 1.0010, 1.0154, 1.0736, 1.2051]$，误差 $= 6.0464 \times 10^{-5}$

6.4 节编程问题

1.

(a)

t_i	w_i	误差
0.0	1.0000	0
0.1	1.0050	0
0.2	1.0200	0
0.3	1.0450	0
0.4	1.0800	0
0.5	1.1250	0
0.6	1.1800	0
0.7	1.2450	0
0.8	1.3200	0
0.9	1.4050	0
1.0	1.5000	0

(b)

t_i	w_i	误差
0.0	1.0000	0.0000
0.1	1.0003	0.0001
0.2	1.0025	0.0002
0.3	1.0088	0.0003
0.4	1.0212	0.0004
0.5	1.0420	0.0005
0.6	1.0740	0.0007
0.7	1.1201	0.0010
0.8	1.1847	0.0014
0.9	1.2730	0.0020
1.0	1.3926	0.0030

(c)

t_i	w_i	误差
0.0	1.0000	0.0000
0.1	1.2310	0.0027
0.2	1.5453	0.0074
0.3	1.9780	0.0158
0.4	2.5814	0.0303
0.5	3.4348	0.0555
0.6	4.6594	0.0995
0.7	6.4430	0.1764
0.8	9.0814	0.3120
0.9	13.0463	0.5528
1.0	19.1011	0.9845

	t_i	w_i	误差		t_i	w_i	误差		t_i	w_i	误差
	0.0	1.0000	0.0000		0.0	1.0000	0.0000		0.0	1.0000	0.0000
	0.1	1.0000	0.0000		0.1	1.0907	0.0007		0.1	1.0000	0.0000
	0.2	1.0003	0.0001		0.2	1.1686	0.0010		0.2	1.0003	0.0000
	0.3	1.0022	0.0002		0.3	1.2375	0.0011		0.3	1.0019	0.0001
(d)	0.4	1.0097	0.0005	(e)	0.4	1.2995	0.0011	(f)	0.4	1.0062	0.0002
	0.5	1.0306	0.0012		0.5	1.3561	0.0011		0.5	1.0151	0.0003
	0.6	1.0785	0.0024		0.6	1.4083	0.0011		0.6	1.0311	0.0003
	0.7	1.1778	0.0052		0.7	1.4570	0.0011		0.7	1.0564	0.0003
	0.8	1.3754	0.0124		0.8	1.5026	0.0011		0.8	1.0931	0.0003
	0.9	1.7711	0.0338		0.9	1.5456	0.0010		0.9	1.1426	0.0001
	1.0	2.6107	0.1076		1.0	1.5864	0.0010		1.0	1.2051	0.0001

6.6 节习题

1. (a) $w=[0, 0.0833, 0.2778, 0.6204, 1.1605]$, 误差$=0.4422$
   (b) $w=[0, 0.0500, 0.1400, 0.2620, 0.4096]$, 误差$=0.0417$
   (c) $w=[0, 0.1667, 0.4444, 0.7963, 1.1975]$, 误差$=0.0622$

6.6 节编程问题

1. (a) $y=1$, 欧拉方法步长 $\leqslant 1.8$ (b) $y=1$, 欧拉方法步长 $\leqslant 1/3$

6.7 节习题

1. (a) $w=[1.0000, 1.0313, 1.1250, 1.2813, 1.5000]$, 误差$=0$
   (b) $w=[1.0000, 1.0078, 1.0314, 1.1203, 1.3243]$, 误差$=0.0713$
   (c) $w=[1.0000, 1.7188, 3.0801, 6.0081, 12.7386]$, 误差$=7.3469$
   (d) $w=[1.0000, 1.0024, 1.0098, 1.1257, 1.7540]$, 误差$=0.9642$
   (e) $w=[1.0000, 1.2050, 1.3383, 1.4616, 1.5673]$, 误差$=0.0201$
   (f) $w=[1.0000, 1.0020, 1.0078, 1.0520, 1.1796]$, 误差$=0.0255$

3. $w_{i+1}=-4w_i+5w_{i-1}+h[4f_i+2f_{i-1}]$；不稳定．

7. (a) $0<a_1<2$ (b) $a_1=0$

9. (a) 二阶不稳定 (b) 二阶强稳定 (c) 三阶强稳定 (d) 三阶不稳定 (e) 三阶不稳定

11. 例如, $a_1=0$, $a_2=1$, $b_1=2-2b_0$, $b_2=b_0$, 其中 $b_0\neq 0$ 是个任意数．

13. (a) $a_1+a_2+a_3=1$, $-a_2-2a_3+b_1+b_2+b_3=1$, $a_2+4a_3-2b_2-4b_3=1$, $-a_2-8a_3+3b_2+12b_3=1$
    (c) $P(x)=x^3-x^2$ 在 0 处具有二重根, 在 1 处为单根. (d) $w_{i+1}=w_{i-1}+h\left[\dfrac{7}{3}f_i-\dfrac{2}{3}f_{i-1}+\dfrac{1}{3}f_{i-2}\right]$

15. (a) $a_1+a_2+a_3=1$, $-a_2-2a_3+b_0+b_1+b_2+b_3=1$, $a_2+4a_3+2b_0-2b_2-4b_3=1$, $-a_2-8a_3-3b_0+$
       $3b_2+12b_3=1$, $a_2+16a_3+4b_0-4b_2-32b_3=1$
    (c) $P(x)=x^3-x^2=x^2(x-1)$ 在 1 处为单根．

6.7 节编程问题

1.

(a)

t_i	w_i	误差
0.0	1.0000	0
0.1	1.0050	0
0.2	1.0200	0
0.3	1.0450	0
0.4	1.0800	0
0.5	1.1250	0
0.6	1.1800	0
0.7	1.2450	0
0.8	1.3200	0
0.9	1.4050	0
1.0	1.5000	0

(b)

t_i	w_i	误差
0.0	1.0000	0.0000
0.1	1.0005	0.0002
0.2	1.0020	0.0007
0.3	1.0075	0.0015
0.4	1.0191	0.0025
0.5	1.0390	0.0035
0.6	1.0698	0.0048
0.7	1.1146	0.0065
0.8	1.1773	0.0088
0.9	1.2630	0.0121
1.0	1.3788	0.0168

(c)

t_i	w_i	误差
0.0	1.0000	0.0000
0.1	1.2320	0.0017
0.2	1.5386	0.0141
0.3	1.9569	0.0368
0.4	2.5355	0.0762
0.5	3.3460	0.1443
0.6	4.4967	0.2621
0.7	6.1533	0.4661
0.8	8.5720	0.8214
0.9	12.1548	1.4443
1.0	17.5400	2.5455

(d)

t_i	w_i	误差
0.0	1.0000	0.0000
0.1	1.0000	0.0000
0.2	1.0001	0.0002
0.3	1.0013	0.0012
0.4	1.0070	0.0033
0.5	1.0243	0.0075
0.6	1.0658	0.0150
0.7	1.1534	0.0296
0.8	1.3266	0.0611
0.9	1.6649	0.1400
1.0	2.3483	0.3700

(e)

t_i	w_i	误差
0.0	1.0000	0.0000
0.1	1.0913	0.0001
0.2	1.1673	0.0023
0.3	1.2354	0.0032
0.4	1.2970	0.0036
0.5	1.3534	0.0038
0.6	1.4055	0.0039
0.7	1.4542	0.0039
0.8	1.4998	0.0039
0.9	1.5428	0.0038
1.0	1.5836	0.0038

(f)

t_i	w_i	误差
0.0	1.0000	0.0000
0.1	1.0001	0.0000
0.2	1.0002	0.0002
0.3	1.0013	0.0007
0.4	1.0050	0.0014
0.5	1.0131	0.0022
0.6	1.0282	0.0032
0.7	1.0528	0.0039
0.8	1.0890	0.0044
0.9	1.1383	0.0044
1.0	1.2011	0.0040

3.

(a)

t_i	w_i	误差
0.0	0.0000	0.0000
0.1	0.0050	0.0002
0.2	0.0213	0.0002
0.3	0.0493	0.0005
0.4	0.0916	0.0002
0.5	0.1474	0.0013
0.6	0.2222	0.0001
0.7	0.3105	0.0032
0.8	0.4276	0.0020
0.9	0.5510	0.0086
1.0	0.7283	0.0100

(b)

t_i	w_i	误差
0.0	0.0000	0.0000
0.1	0.0050	0.0002
0.2	0.0187	0.0000
0.3	0.0413	0.0005
0.4	0.0699	0.0004
0.5	0.1082	0.0016
0.6	0.1462	0.0027
0.7	0.2032	0.0066
0.8	0.2360	0.0134
0.9	0.3363	0.0297
1.0	0.3048	0.0631

(c)

t_i	w_i	误差
0.0	0.0000	0.0000
0.1	0.0200	0.0013
0.2	0.0700	0.0003
0.3	0.1530	0.0042
0.4	0.2435	0.0058
0.5	0.3855	0.0176
0.6	0.4645	0.0367
0.7	0.7356	0.0890
0.8	0.5990	0.2029
0.9	1.4392	0.4739
1.0	0.0394	1.0959

第 7 章

7.1 节习题

3. (a) $\sin 2t$, $\cos 2t$ (b) $y_a - y_b = 0$ (c) $y_a + y_b = 0$ (d) 无条件，解都存在

5. $y(t) = \dfrac{y_1 - e^{-\sqrt{k}} y_0}{e^{\sqrt{k}} - e^{-\sqrt{k}}} e^{\sqrt{k}t} + \dfrac{e^{\sqrt{k}} y_0 - y_1}{e^{\sqrt{k}} - e^{-\sqrt{k}}} e^{-\sqrt{k}t}$

7.1 节编程问题

1. (a) $y(t) = 1/3 \, t e^t$ (b) $y(t) = e^{t^2}$
2. (a) $y(t) = 1/(3t^2)$ (b) $y(t) = \ln(t^2 + 1)$
5. (a) $s = y_2(0) = 1$，精确解为 $y_1(t) = \arctan t$, $y_2 = t^2 + 1$ (b) $s = y_2(0) = 1/3$，精确解为 $y_1(t) = e^{t^3}$, $y_2(t) = 1/3 - t^2$

7.2 节编程问题

5. (a) $y(t) = \dfrac{e^{1+t} - e^{1-t}}{e^2 - 1}$

(c)

n	h	误差
3	1/4	0.000 264 73
7	1/8	0.000 066 57
15	1/16	0.000 016 67
31	1/32	0.000 004 17
63	1/64	0.000 001 04
127	1/128	0.000 000 26

7. 通过 $N_2(h) = (4N(h/2) - N(h))/3$ 与 $N_3(h) = (16N_2(h/2) - N_2(h))/15$ 进行外推得到估计值
$y(1/2) \approx 0.443\,409\,442\,296$，误差 $\approx 3.11 \times 10^{-10}$.

11. 11.786

第 8 章

8.1 节编程问题

1. 在一些代表性的点上的近似解如下：

(a)

	$x = 0.2$	$x = 0.5$	$x = 0.8$
$t = 0.2$	3.0432	3.3640	3.9901
$t = 0.5$	5.5451	6.1296	7.2705
$t = 0.8$	10.1039	11.1688	13.2477

(b)

	$x = 0.2$	$x = 0.5$	$x = 0.8$
$t = 0.2$	1.8219	2.4593	3.3199
$t = 0.5$	3.3198	4.4811	6.0492
$t = 0.8$	6.0490	8.1651	11.0224

当 $h = 0.1$, $K > 0.003$ 时，在两部分上的前向差分方法都不稳定.

3.

(a)

h	k	$u(0.5, 1)$	$w(0.5, 1)$	误差
0.02	0.02	16.6642	16.7023	0.0381
0.02	0.01	16.6642	16.6834	0.0192
0.02	0.005	16.6642	16.6738	0.0097

(b)

h	k	$u(0.5, 1)$	$w(0.5, 1)$	误差
0.02	0.02	12.1825	12.2104	0.0279
0.02	0.01	12.1825	12.1965	0.0140
0.02	0.005	12.1825	12.1896	0.0071

5.

(a)

h	k	u(0.5, 1)	w(0.5, 1)	误差
0.02	0.02	16.664 183	16.664 504	0.000 321
0.01	0.01	16.664 183	16.664 263	0.000 080
0.005	0.005	16.664 183	16.664 203	0.000 020

(b)

h	k	u(0.5, 1)	w(0.5, 1)	误差
0.02	0.02	12.182 494	12.182 728	0.000 235
0.01	0.01	12.182 494	12.182 553	0.000 059
0.005	0.005	12.182 494	12.182 509	0.000 015

7. $C = \pi^2/100$

8.2 节编程问题

1. 在一些代表性的点上的近似解如下：

(a)

	$x=0.2$	$x=0.5$	$x=0.8$
$t=0.2$	-0.4755	-0.8090	-0.4755
$t=0.5$	0.5878	1.0000	0.5878
$t=0.8$	-0.4755	-0.8090	-0.4755

(b)

	$x=0.2$	$x=0.5$	$x=0.8$
$t=0.2$	0.5489	0.4067	0.3012
$t=0.5$	0.3012	0.2231	0.1653
$t=0.8$	0.1652	0.1224	0.0907

(c)

	$x=0.2$	$x=0.5$	$x=0.8$
$t=0.2$	0.3364	0.5306	0.6931
$t=0.5$	0.5306	0.6930	0.8329
$t=0.8$	0.6931	0.8329	0.9554

3.

(a)

h	k	w(1/4, 3/4)	误差
2^{-4}	2^{-6}	$-0.707\ 106\ 78$	0.0
2^{-5}	2^{-7}	$-0.707\ 106\ 78$	0.0
2^{-6}	2^{-8}	$-0.707\ 106\ 78$	0.0
2^{-7}	2^{-9}	$-0.707\ 106\ 78$	0.0
2^{-8}	2^{-10}	$-0.707\ 106\ 78$	0.0

(b)

h	k	w(1/4, 3/4)	误差
2^{-4}	2^{-5}	0.173 674 24	0.000 099 71
2^{-5}	2^{-6}	0.173 749 01	0.000 024 93
2^{-6}	2^{-7}	0.173 767 71	0.000 006 23
2^{-7}	2^{-8}	0.173 772 38	0.000 001 56
2^{-8}	2^{-9}	0.173 773 55	0.000 000 39

(c)

h	k	w(1/4, 3/4)	误差
2^{-4}	2^{-4}	0.693 084 00	0.000 063 18
2^{-5}	2^{-5}	0.693 131 36	0.000 015 82
2^{-6}	2^{-6}	0.693 143 23	0.000 003 96
2^{-7}	2^{-7}	0.693 146 19	0.000 000 99
2^{-8}	2^{-8}	0.693 146 93	0.000 000 25

8.3 节编程问题

1. 在一些代表性的点上的近似解如下：

		$x=0.2$	$x=0.5$	$x=0.8$			$x=0.2$	$x=0.5$	$x=0.8$
(a)	$y=0.2$	0.3151	0.5362	0.3151	(b)	$y=0.2$	0.4006	1.3686	3.6222
	$y=0.5$	0.1236	0.2103	0.1236		$y=0.5$	0.6816	2.3284	6.1624
	$y=0.8$	0.0482	0.0821	0.0482		$y=0.8$	0.4006	1.3686	3.6222

3. 在一些代表性的点上的近似解如下：

		$x=0.2$	$x=0.5$	$x=0.8$			$x=0.2$	$x=0.5$	$x=0.8$
(a)	$y=0.2$	0.0347	0.0590	0.0347	(b)	$y=0.2$	0.4579	0.6752	0.8417
	$y=0.5$	0.1185	0.2016	0.1185		$y=0.5$	0.6752	0.6708	0.6752
	$y=0.8$	0.3136	0.5336	0.3136		$y=0.8$	0.8417	0.6752	0.4579

5. 11.4 米

7.

	h	k	$w(1/4, 3/4)$	误差		h	k	$w(1/4, 3/4)$	误差
(a)	2^{-2}	2^{-2}	0.072 692	0.005 672	(b)	2^{-2}	2^{-2}	0.673 903	0.059 660
	2^{-3}	2^{-3}	0.068 477	0.001 457		2^{-3}	2^{-3}	0.629 543	0.015 300
	2^{-4}	2^{-4}	0.067 387	0.000 367		2^{-4}	2^{-4}	0.618 094	0.003 851
	2^{-5}	2^{-5}	0.067 112	0.000 092		2^{-5}	2^{-5}	0.615 207	0.000 964

11. 在一些代表性的点上的近似解如下：

		$x=0.2$	$x=0.5$	$x=0.8$			$x=0.2$	$x=0.5$	$x=0.8$
(a)	$y=0.2$	0.0631	0.1571	0.2493	(b)	$y=0.2$	1.0405	1.1046	1.1731
	$y=0.5$	0.1571	0.3839	0.5887		$y=0.5$	1.1046	1.2830	1.4910
	$y=0.8$	0.2493	0.5887	0.8448		$y=0.8$	1.1731	1.4910	1.8956

13. 在一些代表性的点上的近似解如下：

		$x=1.25$	$x=1.50$	$x=1.75$			$x=1.25$	$x=1.50$	$x=1.75$
(a)	$y=1.25$	3.1250	3.8125	4.6250	(b)	$y=0.50$	0.1999	0.1666	0.1428
	$y=1.50$	3.8125	4.5000	5.3125		$y=1.00$	0.7999	0.6666	0.5714
	$y=1.75$	4.6250	5.3125	6.1250		$y=1.50$	1.7999	1.4999	1.2857

15.

	h	k	$w(1/4, 3/4)$	误差		h	k	$w(1/4, 3/4)$	误差
(a)	2^{-2}	2^{-2}	0.294 813	0.004 528	(b)	2^{-2}	2^{-2}	1.202 628	0.003 602
	2^{-3}	2^{-3}	0.291 504	0.001 219		2^{-3}	2^{-3}	1.205 310	0.000 920
	2^{-4}	2^{-4}	0.290 596	0.000 311		2^{-4}	2^{-4}	1.205 999	0.000 231
	2^{-5}	2^{-5}	0.290 363	0.000 078		2^{-5}	2^{-5}	1.206 172	0.000 058

8.4 节编程问题

1. 解趋近于 $u=0$.

3. (a) 解趋近于 $u=0$ (b) 解趋近于 $u=2$

第 9 章

9.1 节习题

1. (a) 4   (b) 9

3. (a) 0.3 (b) 0.28

9.1 节编程问题

1. 0.000 273，精确的体积≈0.000 268.

3. (在下面的答案中使用种子为 1 的最小标准 LCG.)

(a) 1/3 (b)

n	类型 1 估计	误差
10^2	0.327 290	0.006 043
10^3	0.342 494	0.009 161
10^4	0.332 705	0.000 628
10^5	0.333 610	0.000 277
10^6	0.333 505	0.000 172

(c)

n	类型 2 估计	误差
10^2	0.28	0.053 333
10^3	0.354	0.020 667
10^4	0.3406	0.007 267
10^5	0.333 82	0.000 487
10^6	0.333 989	0.000 656

5. (a) $n=10^4$：0.5128，误差＝0.010 799；$n=10^6$：0.524 980，误差＝0.001 381

(b) $n=10^4$：0.1744，误差＝0.000 133；$n=10^6$：0.174 851，误差＝0.000 318

7. (a) 1/12 (b) 0.083 566，误差＝0.000 232

9.2 节编程问题

1. (a) 1/3 (b)

n	类型 1 估计	误差
10^2	0.335 414	0.002 080
10^3	0.333 514	0.000 181
10^4	0.333 339	0.000 006
10^5	0.333 334	0.000 001

(c)

n	类型 2 估计	误差
10^2	0.35	0.016 667
10^3	0.333	0.000 333
10^4	0.3339	0.000 567
10^5	0.33338	0.000 047

3. (a) $n=10^4$：0.5232，误差＝0.000 399；$n=10^5$：0.523 96，误差＝0.000 361

(b) $n=10^4$：0.1743，误差＝0.000 233；$n=10^5$：0.174 55，误差＝0.000 017

5. 典型结果：蒙特卡罗估计值为 4.9656，误差＝0.030 798；拟蒙特卡罗估计值为 4.929 28，误差＝0.005 522.

7. (a) 精确值＝1/2；$n=10^6$ 蒙特卡罗估计值为 0.500 313

(b) 精确值＝4/9；$n=10^6$ 蒙特卡罗估计值为 0.444 486

9. 1/24≈4.167%

9.3 节编程问题

本节中的答案使用最小标准 LCG.

1. (a) Monte Carlo＝0.2907，误差＝0.0050 (b) 0.6323，误差 0.0073 (c) 0.7322，误差 0.0049

3. (a) 0.8199，误差＝0.0014 (b) 0.9871，误差＝0.0004 (c) 0.9984，误差＝0.0006

5. (a) 0.2969，误差＝0.0112 (b) 0.3939，误差＝0.0049 (c) 0.4600，误差＝0.0106

7. (a) 0.5848，误差＝0.0207 (b) 0.3106，误差＝0.0154 (c) 0.7155，误差＝0.0107

9.4 节编程问题

5. 典型结果：

Δt	平均误差
10^{-1}	0.2657
10^{-2}	0.0925
10^{-3}	0.0256

结果表明近似阶为 1/2

11.

Δt	平均误差
10^{-1}	0.1394
10^{-2}	0.0202
10^{-3}	0.0026

结果表明近似阶为 1

第 10 章

10.1 节习题

1. (a) $[0, -i, 0,]$ (b) $[2, 0, 0, 0]$ (c) $[0, i, 0, -i]$ (d) $[0, 0, -\sqrt{2}i, 0, 0, 0, \sqrt{2}i, 0]$

3. (a) $[1/2, 1/2, 1/2, 1/2]$ (b) $[1, 1, -1, 1]$
   (c) $[1, 1, 1, -1]$ (d) $[2, -1, 2, -1, 2, -1, 2, -1]/\sqrt{2}$

5. (a) 4 次单位根：$-i, -1, i, 1$；本原单位根：$-i, i$ (b) $\omega, \omega^2, \omega^3, \omega^4, \omega^5, \omega^6$ 其中 $\omega=e^{-2\pi i/7}$
   (c) $p-1$

7. (a) $a_0=a_1=a_2=0, b_1=-1$ (b) $a_0=2, a_1=a_2=0, b_1=0$ (c) $a_0=a_1=a_2=0, b_1=1$
   (d) $b_2=-\sqrt{2}, a_0=a_1=a_2=a_3=a_4=b_1=b_3=0$

10.2 节习题

1. (a) $P_4(t)=\sin 2\pi t$ (b) $P_4(t)=\cos 2\pi t+\sin 2\pi t$ (c) $P_4(t)=-\cos 4\pi t$ (d) $P_4(t)=1$

3. (a) $P_8(t)=\sin 4\pi t$ (b) $P_8(t)=1+\sin 4\pi t$ (c) $P_8(t)=\frac{1}{2}+\frac{1}{4}\cos 2\pi t+\frac{\sqrt{2}+1}{4}\sin 2\pi t+\frac{1}{4}\cos 6\pi t+\frac{\sqrt{2}-1}{4}\sin 6\pi t$
   (d) $P_8(t)=\cos 8\pi t$

10.2 节编程问题

1. (a) $P_8(t)=\frac{7}{2}-\cos 2\pi t-(1+\sqrt{2})\sin 2\pi t-\cos 4\pi t-\sin 4\pi t-\cos 6\pi t+(1-\sqrt{2})\sin 6\pi t-12\cos 8\pi t$

   (b) $P_8(t)=\frac{1}{2}-0.8107\cos 2\pi t-0.1036\sin 2\pi t+\cos 4\pi t+\frac{1}{2}\sin 4\pi t+1.3107\cos 6\pi t-0.6036\sin 6\pi t$

   (c) $P_8(t)=\frac{5}{2}-\frac{1}{2}\cos\frac{\pi}{2}t-\frac{1}{2}\sin\frac{\pi}{2}t+\cos\pi t$

   (d) $P_8(t)=\frac{5}{8}+\frac{3}{4}\cos\frac{\pi}{4}(t-1)+1.3536\sin\frac{\pi}{4}(t-1)-\frac{7}{4}\cos\frac{\pi}{2}(t-1)-\frac{5}{2}\sin\frac{\pi}{2}(t-1)+\frac{3}{4}\cos\frac{3\pi}{4}\times(t-1)-0.6464\sin\frac{3\pi}{4}(t-1)+\frac{5}{8}\cos\pi(t-1)$

3. $P_8(t)=1.6131-0.1253\cos 2\pi t-0.5050\sin 2\pi t-0.1881\cos 4\pi t-0.2131\sin 4\pi t-0.1991\cos 6\pi t-0.0886\sin 6\pi t-0.1007\cos 8\pi t$

5. $P_8(t) = 0.3423 - 0.1115\cos2\pi(t-1) - 0.2040\sin2\pi(t-1) - 0.0943\cos4\pi(t-1) - 0.0859\sin4\pi(t-1) - 0.0912\cos6\pi(t-1) - 0.0357\sin6\pi(t-1) - 0.0453\cos8\pi(t-1)$

10.3 节习题

1. (a) $F_2(t)=0$ (b) $F_2(t)=\cos2\pi t$ (c) $F_2(t)=0$ (d) $F_2(t)=1$

3. (a) $F_4(t)=0$ (b) $F_4(t)=1$ (c) $F_4(t)=\frac{1}{2}+\frac{1}{4}\cos2\pi t+\frac{\sqrt{2}+1}{4}\sin2\pi t$ (d) $F_4(t)=0$

10.3 节编程问题

1. (a) $F_2(t)=F_4(t)=3\cos2\pi t$

(b) $F_2(t)=2-\frac{3}{2}\cos2\pi t$, $F_4(t)=2-\frac{3}{2}\cos2\pi t-\frac{1}{2}\sin2\pi t+\frac{3}{2}\cos4\pi t$

(c) $F_2(t)=\frac{7}{2}-\frac{1}{2}\cos\frac{\pi}{2}t$, $F_4(t)=\frac{7}{2}-\frac{1}{2}\cos\frac{\pi}{2}t+\frac{1}{2}\sin\frac{\pi}{2}t+2\cos\pi t$

(d) $F_2(t)=2-2\cos\frac{\pi}{3}(t-1)$, $F_4(t)=2-2\cos\frac{\pi}{3}(t-1)-\cos\frac{2\pi}{3}(t-1)$

第 11 章

11.1 节习题

1. DCT 矩阵为 $C=\frac{1}{\sqrt{2}}\begin{bmatrix}1 & 1 \\ 1 & -1\end{bmatrix}$, $P_2(t)=\frac{1}{\sqrt{2}}y_0+y_1\cos\frac{(2t+1)\pi}{4}$

(a) $y=[3\sqrt{2}, 0]$, $P_2(t)=3$ (b) $y=[0, 2\sqrt{2}]$, $P_2(t)=2\sqrt{2}\cos\frac{(2t+1)\pi}{4}$

(c) $y=[2\sqrt{2}, \sqrt{2}]$, $P_2(t)=2+\sqrt{2}\cos\frac{(2t+1)\pi}{4}$

(d) $y=[3\sqrt{2}/2, 5\sqrt{2}/2]$, $P_2(t)=3/2+(5\sqrt{2}/2)\cos\frac{(2t+1)\pi}{4}$

3. (a) $y=[1, b-c, 0, b+c]$, $P_4(t)=\frac{1}{2}+\left((b-c)/\sqrt{2}\right)\cos\frac{(2t+1)\pi}{8}+\left((b+c)/\sqrt{2}\right)\cos\frac{3(2t+1)\pi}{8}$

(b) $y=[2, 0, 0, 0]$, $P_4(t)=1$

(c) $y=[1/2, b, 1/2, c]$, $P_4(t)=1/2+\left(b/\sqrt{2}\right)\cos\frac{(2t+1)\pi}{8}+(1/2\sqrt{2})\cos\frac{2(2t+1)\pi}{8}+\left(c/\sqrt{2}\right)\cos\frac{3(2t+1)\pi}{8}$

(d) $y=[5, -(c+3b), 0, (b-3c)]$, $P_4(t)=\frac{5}{2}-\left((c+3b)/\sqrt{2}\right)\cos\frac{(2t+1)\pi}{8}+(b-3c)/\sqrt{2}\cos\frac{3(2t+1)\pi}{8}$

11.2 节习题

1. (a) $Y=\begin{bmatrix}1/2 & 1/2 \\ 1/2 & 1/2\end{bmatrix}$, $P_2(s, t)=\frac{1}{4}+\frac{1}{2\sqrt{2}}\cos\frac{(2s+1)\pi}{4}+\frac{1}{2\sqrt{2}}\cos\frac{(2t+1)\pi}{4}+\frac{1}{2}\cos\frac{(2s+1)\pi}{4}$

$\cos\dfrac{(2t+1)\pi}{4}$

(b) $Y=\begin{bmatrix}1 & 1\\ 0 & 0\end{bmatrix}$, $P_2(s,\ t)=\dfrac{1}{2}+\dfrac{1}{\sqrt{2}}\cos\dfrac{(2t+1)\pi}{4}$

(c) $Y=\begin{bmatrix}2 & 0\\ 0 & 0\end{bmatrix}$, $P_2(s,\ t)=1$.

(d) $Y=\begin{bmatrix}1 & 0\\ 0 & 1\end{bmatrix}$, $P_2(s,\ t)=\dfrac{1}{2}+\cos\dfrac{(2s+1)\pi}{4}\cos\dfrac{(2t+1)\pi}{4}$

3. (a) $P(t)=\left((b+c)/\sqrt{2}\right)\cos\dfrac{(2t+1)\pi}{8}$ (b) $P(t)=1/4$

(c) $P(t)=1/4$ (d) $P(t)=2+\sqrt{2}(b-c)\cos\dfrac{(2s+1)\pi}{8}$

11.2 节编程问题

1. (a) $\begin{bmatrix}0 & -3.8268 & 0 & -9.2388\\ 0 & 1.7071 & 0 & 4.1213\\ 0 & 0 & 0 & 0\\ 0 & 0.1213 & 0 & 0.2929\end{bmatrix}$ (b) $\begin{bmatrix}0 & 0 & 0 & 0\\ 0 & 2.1213 & -0.7654 & -0.8787\\ 0 & 0 & 0 & 0\\ 0 & 5.1213 & -1.8478 & -2.1213\end{bmatrix}$

(c) $\begin{bmatrix}4.7500 & 1.4419 & 0.2500 & 0.2146\\ -0.7886 & 0.5732 & -1.4419 & -1.0910\\ 0.2500 & 2.6363 & -2.2500 & -0.8214\\ 0.0560 & -2.0910 & -0.2146 & 0.9268\end{bmatrix}$ (d) $\begin{bmatrix}0 & -4.4609 & 0 & -0.3170\\ -4.4609 & 0 & 0 & 0\\ 0 & 0 & 0 & 0\\ -0.3170 & 0 & 0 & 0\end{bmatrix}$

11.3 节习题

1. (a) $P(A)=1/4$, $P(B)=5/8$, $P(C)=1/8$, 1.30

(b) $P(A)=3/8$, $P(B)=1/4$, $P(C)=3/8$, 1.56

(c) $P(A)=1/2$, $P(B)=3/8$, $P(C)=1/8$, 1.41

3. (a) 需要 34 位，34/11＝3.09 位/符号＞3.03＝香农信息量

(b) 需要 73 位，73/21＝3.48 位/符号＞3.42＝香农信息量

(c) 需要 108 位，108/35＝3.09 位/符号＞3.04＝香农信息量

11.4 节习题

1. (a) $[-12b-2c,\ 2b-12c]$ (b) $[-3b-c,\ b-3c]$ (c) $[-8b+5c,\ -5b-8c]$

3. (a) +101., 误差＝0   (b) +101., 误差＝1/15 (c) +011., 误差＝1/35

5. (a) +0110 000., 误差＝1/170 (b) −010 110 1., 误差＝1/85 (c) +101 110 0., 误差＝7/510

(d) +110 010 0., 误差≈0.0043

7. (a) $\dfrac{1}{2}(w_2+w_3)=[-1.2246,\ 0.9184]\approx[-1,\ 1]$

(b) $\dfrac{1}{2}(w_2+w_3)=[2.1539,\ -0.9293]\approx[2,\ -1]$

(c) $\frac{1}{2}(w_2+w_3)=[-1.7844, -3.0832]\approx[-2, -3]$

9. $c_{5n}=-c_{n-1}$, $c_{6n}=-c_0$

第 12 章

12.1 节习题

1. (a) $P(\lambda)=(\lambda-5)(\lambda-2)$,特征值和特征向量为 2 和 $[1, 1]$, 5 和 $[1, -1]$

   (b) $P(\lambda)=(\lambda+2)(\lambda-2)$,特征值和特征向量为 -2 和 $[1, -1]$, 2 和 $[1, 1]$

   (c) $P(\lambda)=(\lambda-3)(\lambda+2)$,特征值和特征向量为 3 和 $[-3, 4]$, -2 和 $[4, 3]$

   (d) $P(\lambda)=(\lambda-100)(\lambda-200)$, 200 和 $[-3, 4]$, 100 和 $[4, 3]$

3. (a) $P(\lambda)=-(\lambda-1)(\lambda-2)(\lambda-3)$,特征值和特征向量为 3 和 $[0, 1, 0]$, 2 和 $[1, 2, 1]$, 1 和 $[1, 0, 0]$

   (b) $P(\lambda)=-\lambda(\lambda-1)(\lambda-2)$,特征值和特征向量为 2 和 $[-1, 2, 3]$, 1 和 $[1, 1, 0]$, 0 和 $[1, -2, 3]$

   (c) $P(\lambda)=-\lambda(\lambda-1)(\lambda+1)$,特征值和特征向量为 1 和 $[1, -2, -3]$, 0 和 $[1, -2, 3]$, -1 和 $[1, 1, 0]$

5. (a) $\lambda=4$, $S=3/4$ (b) $\lambda=-4$, $S=3/4$ (c) $\lambda=4$, $S=1/2$ (d) $\lambda=10$, $S=9/10$

7. (a) $\lambda=1$, $S=1/3$ (b) $\lambda=1$, $S=1/3$ (c) $\lambda=-1$, $S=1/2$ (d) $\lambda=9$, $S=3/4$

9. (a) 特征值和特征向量为 5 和 $[1, 2]$, -1 和 $[-1, 1]$. (b) $u_1=[1/\sqrt{17}, 4/\sqrt{17}]$, RQ$=1$; $u_2=[0.4903, 0.8716]$, RQ$=4.29$; $u_3=[0.4386, 0.8987]$, RQ$=5.08$. (c) IPI 收敛到 $\lambda=-1$. (d) IPI 收敛到 $\lambda=5$.

11. (a) 7 (b) 5 (c) $S=6/7$, $S=1/2$;当 $s=4$ 时,IPI 更快

12.1 节编程问题

1. (a) 收敛到 4 和 $[1, 1, -1]$ (b) 收敛到 -4 和 $[1, 1, -1]$

   (c) 收敛到 4 和 $[1, 1, -1]$ (d) 收敛到 10 和 $[1, 1, -1]$

3. (a) $\lambda=4$ (b) $\lambda=3$ (c) $\lambda=2$ (d) $\lambda=9$

12.2 节习题

1. (a) $\begin{bmatrix} 1 & -\frac{1}{\sqrt{2}} & \frac{1}{\sqrt{2}} \\ -\sqrt{2} & \frac{1}{2} & \frac{1}{2} \\ 0 & \frac{1}{2} & \frac{1}{2} \end{bmatrix}$ (b) $\begin{bmatrix} 1 & 0 & 0 \\ 0 & 0 & -1 \\ 0 & -1 & 0 \end{bmatrix}$ (c) $\begin{bmatrix} 2 & \frac{4}{5} & -\frac{3}{5} \\ -5 & \frac{37}{25} & -\frac{16}{25} \\ 0 & \frac{9}{25} & \frac{13}{25} \end{bmatrix}$ (d) $\begin{bmatrix} 1 & -\frac{1}{\sqrt{2}} & -\frac{1}{\sqrt{2}} \\ -\sqrt{8} & \frac{5}{2} & \frac{3}{2} \\ 0 & \frac{3}{2} & \frac{1}{2} \end{bmatrix}$

5. (a) NSI 失败;$\overline{Q}_k$ 不收敛,以 2 为周期交替. (b) NSI 失败;$\overline{Q}_k$ 不收敛,以 2 为周期交替.

7. (a) 之前:不收敛;之后:情况相同(本身已是海森伯格形式) (b) 之前:不收敛;之后:不收敛

12.2 节编程问题

1. (a) $\{-6, 4, -2\}$ (b) $\{6, 4, 2\}$ (c) $\{20, 18, 16\}$ (d) $\{10, 2, 1\}$

3. (a) $\{3, 3, 3\}$ (b) $\{1, 9, 10\}$ (c) $\{3, 3, 18\}$ (d) $\{-2, 2, 0\}$

5. (a) $\{2, i, -i\}$ (b) $\{1, i, -i\}$ (c) $\{2+3i, 2-3i, 1\}$ (d) $\{5, 4+3i, 4-3i\}$

12.3 节习题

1. (a) $\begin{bmatrix} -3 & 0 \\ 0 & 2 \end{bmatrix} = \begin{bmatrix} 1 & 0 \\ 0 & 1 \end{bmatrix} \begin{bmatrix} 3 & 0 \\ 0 & 2 \end{bmatrix} \begin{bmatrix} -1 & 0 \\ 0 & 1 \end{bmatrix}$

以因子 3 沿 x 轴进行放大,并沿 x 轴反转,以因子 2 沿 y 轴进行放大.

(b) $\begin{bmatrix} 0 & 2 \\ 0 & 3 \end{bmatrix} = \begin{bmatrix} 0 & 1 \\ 1 & 0 \end{bmatrix} \begin{bmatrix} 3 & 0 \\ 0 & 0 \end{bmatrix} \begin{bmatrix} 0 & 1 \\ 1 & 0 \end{bmatrix}$

投影在 y 轴上,并沿 y 轴放大 3 倍.

(c) $\begin{bmatrix} \frac{3}{2} & -\frac{1}{2} \\ -\frac{1}{2} & \frac{3}{2} \end{bmatrix} = \begin{bmatrix} -\frac{1}{\sqrt{2}} & \frac{1}{\sqrt{2}} \\ \frac{1}{\sqrt{2}} & \frac{1}{\sqrt{2}} \end{bmatrix} \begin{bmatrix} 2 & 0 \\ 0 & 1 \end{bmatrix} \begin{bmatrix} -\frac{1}{\sqrt{2}} & \frac{1}{\sqrt{2}} \\ \frac{1}{\sqrt{2}} & \frac{1}{\sqrt{2}} \end{bmatrix}$

放大为椭圆,主轴长度为 4,主轴方向沿着直线 $y=-x$.

(d) $\begin{bmatrix} -\frac{3}{2} & \frac{1}{2} \\ \frac{1}{2} & -\frac{3}{2} \end{bmatrix} = \begin{bmatrix} -\frac{1}{\sqrt{2}} & \frac{1}{\sqrt{2}} \\ \frac{1}{\sqrt{2}} & \frac{1}{\sqrt{2}} \end{bmatrix} \begin{bmatrix} 2 & 0 \\ 0 & 1 \end{bmatrix} \begin{bmatrix} \frac{1}{\sqrt{2}} & -\frac{1}{\sqrt{2}} \\ -\frac{1}{\sqrt{2}} & -\frac{1}{\sqrt{2}} \end{bmatrix}$

和(c) 相同,但是旋转 180°.

(e) $\begin{bmatrix} \frac{3}{4} & \frac{5}{4} \\ \frac{5}{4} & \frac{3}{4} \end{bmatrix} = \begin{bmatrix} -\frac{1}{\sqrt{2}} & \frac{1}{\sqrt{2}} \\ -\frac{1}{\sqrt{2}} & -\frac{1}{\sqrt{2}} \end{bmatrix} \begin{bmatrix} 2 & 0 \\ 0 & \frac{1}{2} \end{bmatrix} \begin{bmatrix} -\frac{1}{\sqrt{2}} & -\frac{1}{\sqrt{2}} \\ -\frac{1}{\sqrt{2}} & \frac{1}{\sqrt{2}} \end{bmatrix}$

沿着 $y=x$ 的方向放大 2 倍,沿着 $y=-x$ 的方向缩小 2 倍,并在圆上反转点.

3. 4 个:$\begin{bmatrix} 3 & 0 \\ 0 & \frac{1}{2} \end{bmatrix} = \begin{bmatrix} 1 & 0 \\ 0 & 1 \end{bmatrix} \begin{bmatrix} 3 & 0 \\ 0 & \frac{1}{2} \end{bmatrix} \begin{bmatrix} 1 & 0 \\ 0 & 1 \end{bmatrix} = \begin{bmatrix} -1 & 0 \\ 0 & 1 \end{bmatrix} \begin{bmatrix} 3 & 0 \\ 0 & \frac{1}{2} \end{bmatrix} \begin{bmatrix} -1 & 0 \\ 0 & 1 \end{bmatrix}$

$= \begin{bmatrix} 1 & 0 \\ 0 & -1 \end{bmatrix} \begin{bmatrix} 3 & 0 \\ 0 & \frac{1}{2} \end{bmatrix} \begin{bmatrix} 1 & 0 \\ 0 & -1 \end{bmatrix} = \begin{bmatrix} -1 & 0 \\ 0 & -1 \end{bmatrix} \begin{bmatrix} 3 & 0 \\ 0 & \frac{1}{2} \end{bmatrix} \begin{bmatrix} -1 & 0 \\ 0 & -1 \end{bmatrix}$

12.4 节编程问题

1. (a) $\begin{bmatrix} 1.1708 & 1.8944 \\ 1.8944 & 3.0652 \end{bmatrix}$ (b) $\begin{bmatrix} 1.5607 & 3.7678 \\ 1.3536 & 3.2678 \end{bmatrix}$ (c) $\begin{bmatrix} 1.0107 & 2.5125 & 3.6436 \\ 0.9552 & 2.3746 & 3.4436 \\ 0.1787 & 0.4442 & 0.6441 \end{bmatrix}$

(d) $\begin{bmatrix} -0.5141 & 5.2343 & 1.9952 \\ 0.2070 & -2.1076 & -0.8033 \\ -0.1425 & 1.4510 & 0.5531 \end{bmatrix}$

3. (a) 最优直线为 $y=3.3028x$;投影为 $\begin{bmatrix} 1.1934 \\ 3.9415 \end{bmatrix}, \begin{bmatrix} 1.4707 \\ 4.8575 \end{bmatrix}, \begin{bmatrix} 1.2774 \\ 4.2188 \end{bmatrix}$

(b) 最优直线为 $y=0.3620x$;投影为 $\begin{bmatrix} 1.7682 \\ 0.6402 \end{bmatrix}, \begin{bmatrix} 3.8565 \\ 1.3963 \end{bmatrix}, \begin{bmatrix} 3.2925 \\ 1.1921 \end{bmatrix}$

(c) 最优直线为$(x(t), y(t), z(t)) = [0.3015, 0.3416, 0.8902]t$；投影为 $\begin{bmatrix} 1.3702 \\ 1.5527 \\ 4.0463 \end{bmatrix}$, $\begin{bmatrix} 1.8325 \\ 2.0764 \\ 5.4111 \end{bmatrix}$, $\begin{bmatrix} 1.8949 \\ 2.1471 \\ 5.5954 \end{bmatrix}$, $\begin{bmatrix} 0.9989 \\ 1.1319 \\ 2.9498 \end{bmatrix}$

5. 参看习题 12.3.2 的答案.

第 13 章

13.1 节习题

1. (a) (0, 1) (b) (0, 0) (c) $(-1/2, -3/8)$ (d) (1, 1)

13.1 节编程问题

1. (a) 1/2 (b) $-2, 1$ (c) 0.470 33 (d) 1.437 91
3. (a)和(b)：(0.358 555, 2.788 973)
5. (1.208 817 59, 1.208 817 59)有 8 个正确的数位
7. (1, 1)

13.2 节编程问题

1. 最小值为(1.208 817 6, 1.208 817 6). 不同的初始条件得到的答案的差异大约为 $\varepsilon^{1/2}$.
3. (1, 1). 牛顿方法由于是搜索单根，因而对应的解具有机器精度. 最速下降法的误差≈$\varepsilon^{1/2}$.
5. 和编程问题 2 相同.

参考文献

Y. Achdou and O. Pironneau [2005] *Computational Methods for Options Pricing*. SIAM, Philadelphia, PA.

A. Ackleh, E. J. Allen, R. B. Kearfott, and P. Seshaiyer [2009] *Classical and Modern Numerical Analysis: Theory, Methods, and Practice*. Chapman and Hall, New York.

M. Agoston [2005] *Computer Graphics and Geometric Modeling*. Springer, New York.

K. Alligood, T. Sauer, and J. A. Yorke [1996] *Chaos: An Introduction to Dynamical Systems*. Springer, New York.

W. F. Ames [1992] *Numerical Methods for Partial Differential Equations*, 3rd ed. Academic Press, Boston.

E. Anderson, Z. Bai, C. Bischof, J. W. Demmel, J. J. Dongarra, J. Du Croz, A. Greenbaum, S. Hammarling, A. McKenney, and D. Sorensen [1990] "LAPACK: A Portable Linear Algebra Library for High-performance Computers," Computer Science Dept. Technical Report CS-90–105, University of Tennessee, Knoxville.

U. M. Ascher, R. M. Mattheij, and R. B. Russell [1995] *Numerical Solution of Boundary Value Problems for Ordinary Differential Equations*. SIAM, Philadelphia, PA.

U. M. Ascher and L. Petzold [1998] *Computer Methods for Ordinary Differential Equations and Differential-algebraic Equations*. SIAM, Philadelphia, PA.

R. Ashino, M. Nagase, and R. Vaillancourt [2000] "Behind and Beyond the MATLAB ODE Suite." *Computers and Mathematics with Application* **40**, 491–572.

R. Aster, B. Borchers, and C. Thurber [2005] *Parameter Estimation and Inverse Problems*. Academic Press, New York.

O. Axelsson [1994] *Iterative Solution Methods*. Cambridge University Press, New York.

O. Axelsson and V. A. Barker [1984] *Finite Element Solution of Boundary Value Problems for Ordinary Differential Equations*. Academic Press, Orlando, FL.

Z. Bai, J. Demmel, J. Dongarra, A. Ruhe, and H. Van der Vorst [2000] *Templates for the Solution of Algebraic Eigenvalue Problems: A Practical Guide*. SIAM, Philadelphia, PA.

P. B. Bailey, L. F. Shampine, and P. E. Waltman [1968] *Nonlinear Two-Point Boundary-Value Problems*. Academic Press, New York.

R. Bank [1998] "PLTMG, A Software Package for Solving Elliptic Partial Differential Equations", *Users' Guide 8.0*. SIAM, Philadelphia, PA.

R. Barrett, M. Berry, T. Chan, J. Demmel, J. Donato, J. Dongarra, V. Eijkhout, R. Pozo, C. Romine, and H. van der Vorst [1987] *Templates for the Solution of Linear Systems: Building Blocks for Iterative Methods*. SIAM, Philadelphia, PA.

V. Bhaskaran and K. Konstandtinides [1995] *Image and Video Compression Standards: Algorithms and Architectures*. Kluwer Academic Publishers, Boston, MA.

G. Birkhoff and R. Lynch [1984] *Numerical Solution of Elliptic Problems*. SIAM, Philadelphia, PA.

G. Birkhoff and G. Rota [1989] *Ordinary Differential Equations*, 4th ed. John Wiley & Sons, New York.

F. Black and M. Scholes [1973] "The Pricing of Options and Corporate Liabilities." *Journal of Political Economy* **81**, 637–654.

P. Blanchard, R. Devaney, and G. R. Hall [2002] *Differential Equations*, 2nd ed. Brooks-Cole, Pacitic Grove, CA.

F. Bornemann, D. Laurie, S. Wagon, and J. Waldvogel [2004] *The SIAM 100-Digit Challenge: A Study in High-Accuracy Numerical Computing*. SIAM, Philadelphia.

W. E. Boyce and R. C. DiPrima [2008] *Elementary Differential Equations and Boundary Value Problems*, 9th ed. John Wiley & Sons, New York.

G. E. P. Box and M. Muller [1958] "A Note on the Generation of Random Normal Deviates," *The Annals Mathematical Statistics* **29**, 610–611.

R. Bracewell [2000] *The Fourier Transform and Its Application*, 3rd ed. McGraw-Hill, New York.

J. H. Bramble [1993] *Multigrid Methods*. John Wiley & Sons, New York.

K. Brandenburg and M. Bosi [1997] "Overview of MPEG Audio: Current and Future Standards for Low Bit Rate Audio Coding." *Journal of the Audio Engineering Society* **45**, 4–21.

M. Braun [1993] *Differential Equations and Their Applications*, 4th ed. Springer-Verlag, New York.

S. Brenner and L. R. Scott [2002] *The Mathematical Theory of Finite Element Methods*, 2nd ed. Springer Verlag, New York.

R. P. Brent [1973] *Algorithms for Minimization without Derivatives*. Prentice Hall, Englewood Cliffs, NJ.

W. Briggs [1987] *A Multigrid Tutorial*. SIAM, Philadelphia, PA.

W. Briggs and V. E. Henson [1995] *The DFT: An Owner's Manual for the Discrete Fourier Transform*. SIAM, Philadelphia, PA.

E. O. Brigham [1988] *The Fast Fourier Transform and Its Applications*. Prentice-Hall, Englewood Cliffs, NJ.

S. Brin and L. Page [1998] "The Anatomy of a Large-scale Hypertextual Web Search Engine." *Computer Networks and ISDN systems* **30**, 107–117.

C. G. Broyden [1965] "A Class of Methods for Solving Nonlinear Simultaneous Equations." *Mathematics of Computation* **19**, 577–593.

C. G. Broyden, J. E. Dennis, Jr., and J. J. Moré [1973] "On the Local and Superlinear Convergence of Quasi-Newton Methods." *IMA Journal of Applied Mathematics* **12**, 223–245.

K. Burrage [1995] *Parallel and Sequential Methods for Ordinary Differential Equations*. Oxford University Press, New York.

J. C. Butcher [1987] *Numerical Analysis of Ordinary Differential Equations*. Wiley, London.

E. Cheney [1966] *Introduction to Approximation Theory*. McGraw-Hill, New York.

E. Chu and A. George [1999] *Inside the FFT Black Box*. CRC Press, Boca Raton, FL.

P. G. Ciarlet [1978] *The Finite Element Method for Elliptic Problems*. North-Holland, Amsterdam.

CODEE [1999] *ODE Architect Companion*. John Wiley & Sons, New York.

T. F. Coleman and C. van Loan [1988] *Handbook for Matrix Computations*. SIAM, Philadelphia, PA.

R. D. Cook [1995] *Finite Element Modeling for Stress Analysis*. Wiley, New York.

J. W. Cooley and J. W. Tukey [1965] "An Algorithm for the Machine Calculation of Complex Fourier Series." *Mathematics of Computation* **19**, 297–301.

T. Cormen, C. Leiserson, R. Rivest and C. Stein [2009] *Introduction to Algorithms*, 3rd ed. MIT Press, Cambridge, MA.

R. Courant, K. O. Friedrichs and H. Lewy [1928] "Über die Partiellen Differenzengleichungen der Mathematischen Physik." *Mathematischen Annalen* **100**, 32–74.

J. Crank and P. Nicolson [1947] "A Practical Method for Numerical Evaluation of Solutions of Partial Differential Equations of the Heat Conduction Type." *Proceedings of the Cambridge Philosophical Society* **43**, 1–67.

J. Cuppen [1981] "A Divide and Conquer Method for the Symmetric Tridiagonal Eigenproblem." *Numerische Mathematik* **36**, 177–195.

B. Datta [2010] *Numerical Linear Algebra and Applications*, 2nd ed. SIAM, Philadelphia.

A. Davies and P. Samuels [1996] *An Introduction to Computational Geometry for Curves and Surfaces*. Oxford University Press, Oxford.

P. J. Davis [1975] *Interpolation and Approximation*. Dover, New York.

P. Davis and P. Rabinowitz [1984] *Methods of Numerical Integration*, 2nd ed. Academic Press, New York.

T. Davis [2006] *Direct Methods for Sparse Linear Systems*. SIAM, Philadelphia, PA.

C. de Boor [2001] *A Practical Guide to Splines*, 2nd ed. Springer-Verlag, New York.

J. W. Demmel [1997] *Applied Numerical Linear Algebra*. Society for Industrial and Applied Mathematics, Philadelphia, PA.

J. E. Dennis and Jr., R. B. Schnabel [1987] *Numerical Methods for Unconstrained Optimization and Nonlinear Equations*. SIAM Publications, Philadelphia, PA.

C. S. Desai and T. Kundu [2001] *Introductory Finite Element Method*. CRC Press, Beca Raton, FL.

P. Dierckx [1995] *Curve and Surface Fitting with Splines*. Oxford University Press, New York.

J. R. Dormand [1996] *Numerical Methods for Differential Equations*. CRC Press: Boca Raton, FL.

N. Draper and H. Smith [2001] *Applied Regression Analysis*, 3rd ed. John Wiley and Sons, New York.

T. Driscoll [2009] *Learning MATLAB*. SIAM, Philadelphia, PA.

P. Duhamel and M. Vetterli [1990] "Fast Fourier Transforms: A Tutorial Review and a State of the Art." *Signal Processing* **19**, 259–299.

C. Edwards and D. Penny [2004] *Differential Equations and Boundary Value Problems*, 5th ed. Prentice Hall, Upper Saddle River, NJ.

H. Elman, D. J. Silvester and A. Wathen [2004] *Finite Elements and Fast Iterative Solvers*. Oxford University Press, Oxford, UK.

H. Engels [1980] *Numerical Quadrature and Cubature*. Academic Press, New York.

G. Evans [1993] *Practical Numerical Integration*. John Wiley and Sons, New York.

L. C. Evans [2010] *Partial Differential Equations*, 2nd ed. AMS Publications, Providence, RI.

G. Farin [1990] *Curves and Surfaces for Computer-aided Geometric Design*, 2nd ed. Academic Press, New York.

G. S. Fishman [1996] *Monte Carlo: Concepts, Algorithms, and Applications*. Springer-Verlag, New York.

C. A. Floudas, P. M. Pardalos, C. Adjiman, W. R. Esposito, Z. H. Gms, S. T. Harding, J. L. Klepeis, C. A. Meyer, and C. A. Schweiger [1999] *Handbook of Test Problems in Local and Global Optimization*, Vol. 33, Series titled Nonconvex Optimization and its Applications, Springer, Berlin, Germany.

B. Fornberg [1998] *A Practical Guide to Pseudospectral Methods*. Cambridge University. Press, Cambridge, UK.

J. Fox [1997] *Applied Regression Analysis, Linear Models, and Related Methods*. Sage Publishing, New York.

M. Frigo and S. G. Johnson [1998] "FFTW: An Adaptive Software Architecture for the FFT." *Proceedings ICASSP* **3**, 1381–1384.

C. W. Gear [1971] *Numerical Initial Value Problems in Ordinary Differential Equations*. Prentice-Hall, Englewood Cliffs, NJ.

J. E. Gentle [2003] *Random Number Generation and Monte Carlo Methods*, 2nd ed. Springer-Verlag, New York.

A. George and J. W. Liu [1981] *Computer Solution of Large Sparse Positive Definite Systems*. Prentice Hall, Englewood Cliff, NJ.

M. Gockenbach [2006] *Understanding and Implementing the Finite Element Method*. SIAM, Philadelphia, PA.

M. Gockenbach [2010] *Partial Differential Equations: Analytical and Numerical Methods*, 2nd ed. SIAM, Philadelphia, PA.

D. Goldberg [1991] "What Every Computer Scientist Should Know about Floating Point Arithmetic." *ACM Computing Surveys* **23**, 5–48.

G. H. Golub and C. F. Van Loan [1996] *Matrix Computations*, 3rd ed. Johns Hopkins University Press, Baltimore.

D. Gottlieb and S. Orszag [1977] *Numerical Analysis of Spectral Methods: Theory and Applications*. SIAM, Philadelphia, PA.

T. Gowers, J. Barrow-Green, and I. Leader [2008] *The Princeton Companion to Mathematics*. Princeton University Press, Princeton, NJ.

I. Griva, S. Nash, and A. Sofer [2008] *Linear and Nonlinear Programming*, 2nd ed. SIAM, Philadelphia.

C. Grossmann, H. Roos, and M. Stynes [2007] *Numerical Treatment of Partial Differential Equations*. Springer, Berlin, Germany.

B. Guenter and R. Parent [1990] "Motion Control: Computing the Arc Length of Parametric Curves." *IEEE Computer Graphics and Applications* **10**, 72–78.

S. Haber [1970] "Numerical Evaluation of Multiple Integrals." *SIAM Review* **12**, 481–526.

R. Haberman [2004] *Applied Partial Differential Equations with Fourier Series and Boundary Value Problems*. Prentice Hall, Upper Saddle River, NJ.

W. Hackbush [1994] *Iterative Solution of Large Sparse Systems of Equations*. Springer-Verlag, New York.

S. Hacker [2000] *MP3: The Definitive Guide*. O'Reilly Publishing, Sebastopol, CA.

B. Hahn [2002] *Essential MATLAB for Scientists and Engineers*, 3rd ed. Elsevier, Amsterdam.

E. Hairer, S. P. Norsett, and G. Wanner [1993] *Solving Ordinary Differential Equations I: Nonstiff Problems*, 2nd ed., Springer Verlag, Berlin.

E. Hairer and G. Wanner [1996] *Solving Ordinary Differential Equations II: Stiff and Differential-algebraic Problems*, 2nd ed., Springer Verlag, Berlin.

C. Hall and T. Porsching [1990] *Numerical Analysis of Partial Differential Equations*. Prentice Hall, Englewood Cliffs, NJ.

J. H. Halton [1960] "On the Efficiency of Certain Quasi-Random Sequences of Points in Evaluating Multi-Dimensional Integrals." *Numerische Mathematik* **2**, 84–90.

M. Heath [2002] *Scientific Computing*, 2nd ed. McGraw-Hill, New York.

P. Hellekalek [1998] "Good Random Number Generators Are (Not So) Easy to Find." *Mathematics and Computers in Simulation* **46**, 485–505.

P. Henrici [1962] *Discrete Variable Methods in Ordinary Differential Equations*. New York, John Wiley & Sons, New York.

M. R. Hestenes and E. Steifel [1952] "Methods of Conjugate Gradients for Solving Linear Systems." *Journal of Research National Bureau of Standards* **49**, 409–436.

R. C. Hibbeler [2008] *Structural Analysis*, 7th ed. Prentice Hall, Englewood Cliffs, NJ.

D. J. Higham [2001] "An Algorithmic Introduction to Numerical Simulation of Stochastic Differential Equations." *SIAM Review* **43**, 525–546.

D. J. Higham and N. J. Higham [2005] *MATLAB Guide*, 2nd ed. SIAM, Philadelphia, PA.

N. J. Higham [2002] *Accuracy and Stability of Numerical Algorithms*, 2nd ed. SIAM Publishing, Philadelphia, PA.

B. Hoffmann-Wellenhof, H. Lichtenegger, and J. Collins [2001] *Global Positioning System: Theory and Practice*, 5th ed. Springer-Verlag, New York.

J. Hoffman [2001] *Numerical Methods for Engineers and Scientists*, 2nd ed. CRC Press, New York.

K. Höllig [2003] *Finite Element Methods with B-Splines*. SIAM, Philadelphia, PA.

M. Holmes [2006] *Introduction to Numerical Methods in Differential Equations*. Springer, New York.

M. Holmes [2009] *Introduction to the Foundations of Applied Mathematics*. Springer, New York.

A. S. Householder [1970] *The Numerical Treatment of a Single Nonlinear Equation*. McGraw-Hill, New York.

J. V. Huddleston [2000] *Extensibility and Compressibility in One-dimensional Structures*, 2nd ed. ECS Publishing, Buffalo, NY.

D. A. Huffman [1952] "A Method for the Construction of Minimum-Redundancy Codes." *Proceedings of the IRE* **40**, 1098–1101.

J. C. Hull [2008] *Options, Futures, and Other Derivatives*, 7th ed. Prentice Hall, Upper Saddle River, NJ.

IEEE [1985] Standard for Binary Floating Point Arithmetic, IEEE Std. 754-1985, IEEE, New York.

I. Ipsen [2009] *Numerical Matrix Analysis: Linear Systems and Least Squares*. SIAM, Philadelphia, PA.

A. Iserles [1996] *A First Course in the Numerical Analysis of Differential Equations*, Cambridge University Press, Cambridge, UK.

C. Johnson [2009] *Numerical Solution of Partial Differential Equations by the Finite Element Method*. Dover Publications, New York.

P. Kattan [2007] *MATLAB Guide to Finite Elements*, 2nd ed. Springer, New York.

H. B. Keller [1968] *Numerical Methods of Two-Point Boundary-Value Problems*. Blaisdell, Waltham, MA.

C. T. Kelley [1995] *Iterative Methods for Linear and Nonlinear Problems*. SIAM Publications, Philadelphia, PA.

J. Kepner [2009] *Parallel MATLAB for Multicore and Multinode Computers*. SIAM, Philadelphia, PA.

F. Klebaner [1998] *Introduction to Stochastic Calculus with Applications*. Imperial College Press, London.

P. Kloeden and E. Platen [1992] *Numerical Solution of Stochastic Differential Equations*. Springer-Verlag, Berlin, Germany.

P. Kloeden, E. Platen, and H. Schurz [1994] *Numerical Solution of SDE through Computer Experiments*. Springer-Verlag, Berlin, Germany.

P. Knaber, and L. Angerman [2003] *Numerical Methods for Elliptic and Parabolic Partial Differential Equations*. Springer, Berlin, Germany.

D. Knuth [1981] *The Art of Computer Programming*. Addison-Wesley, Reading, MA.

D. Knuth [1997] *The Art of Computer Programming, Vol. 2: Seminumerical Algorithms*, 3rd ed. Addison-Wesley, Reading, MA.

E. Kostelich and D. Armbruster [1997] *Introductory Differential Equations: From Linearity to Chaos*. Addison Wesley, Boston, MA.

A. Krommer and C. Ueberhuber [1998] *Computational Integration*. SIAM, Philadelphia, PA.

M. Kutner, C. Nachtsheim, J. Neter, and W. Li [2004] *Applied Linear Statistical Models*, 5th ed. McGraw-Hill, New York.

J. C. Lagarias, J. A. Reeds, M. H. Wright, and P. E. Wright [1998] "Convergence Properties of the Nelder-Mead Simplex Method in Low Dimensions." *SIAM Journal of Optimization* **9**, 112–147.

J. D. Lambert [1991] *Numerical Methods for Ordinary Differential Systems*, John Wiley & Sons, New York.

L. Lapidus and G. F. Pinder [1982] *Numerical Solution of Partial Differential Equations in Science and Engineering*. Wiley-Interscience, New York.

S. Larsson and V. Thomee [2008] *Partial Differential Equations with Numerical Methods*. Springer, Berlin, Germany.

C. L. Lawson and R. J. Hanson [1995] *Solving Least Squares Problems*. SIAM Publications, Philadelphia, PA.

D. Lay [2011] *Linear Algebra and Its Applications*, 4th ed. Pearson Education, Boston, MA.

K. Levenberg [1944] "A Method for the Solution of Certain Nonlinear Problems in Least Squares." *The Quarterly of Applied Mathematics* **2**, 164–168.

R. Leveque [2007] *Finite Difference Methods for Ordinary and Partial Differential Equations*. SIAM, Philadelphia, PA.

J. D. Logan [2004] *Applied Partial Differential Equations*, 2nd ed. Springer, New York.

D. L. Logan [2011] *A First Course in the Finite Element Method*, 5th ed. CL-Engineering, New York.

H. S. Malvar [1992] *Signal Processing with Lapped Transforms*. Artech House, Norwood, MA.

D. Marquardt [1963] "An Algorithm for Least-Squares Estimation of Nonlinear Parameters." *SIAM J. on Applied Mathematics* **11**, 431–441.

G. Marsaglia [1968] "Random Numbers Fall Mainly in the Planes." *Proceedings of the National Academy of Sciences* **61**, 25.

G. Marsaglia and A. Zaman [1991] "A New Class of Random Number Generators." *Annals of Applied Probability* **1**, 462–480.

G. Marsaglia and W. W. Tsang [2000] "The Ziggurat Method for Generating Random Variables," *Journal of Statistical Software* **5**, 1–7.

R. McDonald [2006] *Derivatives Markets*, 2nd ed. Pearson Education, Boston, MA.

P. J. McKenna and C. Tuama [2001] "Large Torsional Oscillations in Suspension Bridges Visited Again: Vertical Forcing Creates Torsional Response." *American Mathematical Monthly* **108**, 738–745.

J.-P. Merlet [2000] *Parallel Robots*. Kluwer Academic Publishers, London.

A. R. Mitchell and D. F. Griffiths [1980] *The Finite Difference Method in Partial Differential Equations*. Wiley, New York.

C. Moler [2004] *Numerical Computing with MATLAB*. SIAM, Philadelphia, PA.

J. Moré and S. Wright [1987] *Optimization Software Guide*. SIAM, Philadelphia, PA.

K. W. Morton and D. F. Mayers [1996] *Numerical Solution of Partial Differential Equations*, Cambridge University Press, Cambridge, UK.

J. A. Nelder and R. Mead [1965] "A Simplex Method for Function Minimization." *Computer Journal* **7**, 308–313.

M. Nelson and J. Gailly [1995] *The Data Compression Book*, 2nd ed. M&T Books, Redwood City, CA.

H. Niederreiter [1992] *Random Number Generation and Quasi-Monte Carlo Methods*. SIAM Publications, Philadelphia, PA.

J. Nocedal and S. Wright [1999] *Numerical Optimization,* Springer Series in Operations Research. Springer, New York.

B. Oksendal [1998] *Stochastic Differential Equations: An Introduction with Applications*, 5th ed. Springer-Verlag, Berlin, Germany.

A. Oppenheim and R. Schafer [2009] *Discrete-time Signal Processing*, 3rd ed. Prentice Hall, Upper Saddle River, NJ.

J. M. Ortega [1972] *Numerical Analysis: A Second Course*. Academic Press, New York.

A. M. Ostrowski [1966] *Solution of Equations and Systems of Equations*, 2nd ed. Academic Press, New York.

M. Overton [2001] *Numerical Computing with IEEE Floating Point Arithmetic*. SIAM Publishing, Philadelphia, PA.

S. Park and K. Miller [1988] "Random Number Generators: Good Ones Are Hard to Find." *Communications of the ACM* **31**, 1192–1201.

B. Parlett [1998] *The Symmetric Eigenvalue Problem*. SIAM, Philadelphia, PA.

B. Parlett [2000] "The QR Algorithm." *Computing in Science and Engineering* **2**, 38–42.

W. Pennebaker and J. Mitchell [1993] *JPEG Still Image Data Compression Standard*. Van Nostrand Reinhold, New York.

R. Piessens, E. de Doncker-Kapenga, C. Ueberhuber, and D. Kahaner [1983] *QUADPACK: A Subroutine Package for Automatic Integration*, Springer, New York.

G. Pinski and F. Narin [1976] "Citation Influence for Journal Aggregates of Scientific Publications: Theory, with Application to the Literature of Physics." *Information Processing and Management* **12**, 297–312.

J. Polking [1999] *Ordinary Differential Equations Using MATLAB*. Prentice Hall, Upper Saddle River NJ.

H. Prautzsch, W. Boehm, and M. Paluszny [2002] *Bézier and B-Spline Techniques*. Springer, Berlin, Germany.

A. Quarteroni, R. Sacco, and F. Saleri [2000] *Numerical Mathematics*. Springer, Berlin, Germany.

K. R. Rao and J. J. Hwang [1996] *Techniques and Standards for Image, Video, and Audio Coding*. Prentice Hall, Upper Saddle River, NJ.

K. R. Rao and P. Yip [1990] *Discrete Cosine Transform: Algorithms, Advantages, Applications*. Academic Press, Boston, MA.

J. R. Rice and R. F. Boisvert [1984] *Solving Elliptic Problems Using ELLPACK*. Springer Verlag, New York.

T. J. Rivlin [1981] *An Introduction to the Approximation of Functions*, 2nd ed. Dover, New York.

T. J. Rivlin [1990] *Chebyshev Polynomials*, 2nd ed. John Wliey and Sons, New York.

S. Roberts and J. Shipman [1972] *Two-Point Boundary Value Problems: Shooting Methods*. Elsevier, New York.

R. Y. Rubinstein [1981] *Simulation and the Monte Carlo Method*. John Wiley, New York.

T. Ryan [1997] *Modern Regression Methods*. John Wiley and Sons.

Y. Saad [2003] *Iterative Methods for Sparse Linear Systems*, 2nd ed. SIAM Publishing, Philadelphia, PA.

D. Salomon [2005] *Curves and Surfaces for Computer Graphics*. Springer, New York.

K. Sayood [1996] *Introduction to Data Compression*. Morgan Kaufmann Publishers, San Francisco.

M. H. Schultz [1973] *Spline Analysis*. Prentice Hall, Englewood Cliffs, NJ.

L. L. Schumaker [1981] *Spline Functions: Basic Theory*. John Wiley, New York.

L. F. Shampine [1994] *Numerical Solution of Ordinary Differential Equations*. Chapman & Hall, New York.

L. F. Shampine, I. Gladwell, and S. Thompson [2003] *Solving ODEs with MATLAB*. Cambridge University Press, Cambridge, UK.

L. F. Shampine and M. W. Reichelt [1997] "The MATLAB ODE Suite." *SIAM Journal on Scientific Computing* **18**, 1–22.

K. Sigmon and T. Davis [2002] *MATLAB Primer*, 6th ed. CRC Press, Boca Raton, FL.

S. Skiena [2008] *The Algorithm Design Manual*, 2nd ed. Springer, New York.

I. Smith and D. Griffiths [2004] *Programming the Finite Element Method*. John Wiley, New York.

B. T. Smith, J. M. Boyle, Y. Ikebe, V. Klema, and C. B. Moler [1970] *Matrix Eigensystem Routines: EISPACK Guide*, 2nd ed. Springer-Verlag, New York.

W. Stallings [2003] *Computer Organization and Architecture*, 6th ed. Prentice Hall, Upper Saddle River, NJ.

J. M. Steele [2001] *Stochastic Calculus and Financial Applications*. Springer-Verlag, New York.

G. W. Stewart [1973] *Introduction to Matrix Computations*. Academic Press, New York.

G. W. Stewart [1998] *Afternotes on Numerical Analysis: Afternotes Goes to Graduate School*. SIAM, Philadelphia, PA.

J. Stoer and R. Bulirsch [2002] *Introduction to Numerical Analysis*, 3rd ed. Springer-Verlag, New York.

J. A. Storer [1988] *Data Compression: Methods and Theory*. Computer Science Press, Rockville, MD.

G. Strang [1988] *Linear Algebra and Its Applications*, 3rd ed. Saunders, Philadelphia.

G. Strang [2007] *Computational Science and Engineering*. Wellesley-Cambridge Press, Cambridge, MA.

G. Strang and K. Borre [1997] *Linear Algebra, Geodesy, and GPS*. Wellesley Cambridge Press, Cambridge, MA.

G. Strang and G. J. Fix [1973] *An Analysis of the Finite Element Method*. Prentice-Hall, Englewood Cliffs, NJ.

J. C. Strikwerda [1989] *Finite Difference Schemes and Partial Differential Equations.* Wadsworth and Brooks-Cole, Pacific Grove, CA.

W. A. Strauss [1992] *Partial Differential Equations: An Introduction.* John Wiley and Sons, New York.

A. Stroud and D. Secrest [1966] *Gaussian Quadrature Formulas*, Prentice Hall, Englewood Cliffs, NJ.

P. N. Swarztrauber [1982] "Vectorizing the FFTs." In: *Parallel Computations*, ed. G. Rodrigue, pp. 51–83. Academic Press, New York.

D. S. Taubman and M. W. Marcellin [2002] *JPEG 2000: Image Compression Fundamentals, Standards and Practice.* Kluwer, Boston, MA.

J. Traub [1964] *Iterative Methods for the Solution of Equations.* Prentice-Hall, Englewood Cliffs, NJ.

N. Trefethen [2000] *Spectral Methods in MATLAB.* SIAM, Philadelphia.

N. Trefethen and D. Bau [1997] *Numerical Linear Algebra.* SIAM, Philadelphia, PA.

A. Turing [1952] "The Chemical Basis of Morphogenesis." *Philosophical Transactions Royal of the Society Lond.* B **237**, 3772.

C. Van Loan [1992] *Computational Frameworks for the Fast Fourier Transform.* SIAM Publications, Philadelphia, PA.

C. Van Loan and K. Fan [2010] *Insight Through Computing: A MATLAB Introduction to Computational Science and Engineering.* SIAM, Philadelphia, PA.

R. S. Varga [2000] *Matrix Iterative Analysis*, 2nd ed. Springer-Verlag, New York.

J. Volder [1959] "The CORDIC Trigonometric Computing Technique." *IRE Transactions on Electronic Computing* **8**, 330–334.

G. K. Wallace [1991] "The JPEG Still Picture Compression Standard." *Communications of the ACM* **34**, 30–44.

H. Wang, J. Kearney, and K. Atkinson [2003] "Arc-length Parameterized Spline Curves for Real-time Simulation." In: *Curve and Surface Design*: Saint Malo 2002, Eds. T. Lyche, M. Mazure, and L. Schumaker. Nashboro Press, Brentwood, TN.

Y. Wang and M. Vilermo [2003] "The Modified Discrete Cosine Transform: Its Implications for Audio Coding and Error Concealment." *Journal of the Audio Engineering Society* **51**, 52–62.

D. S. Watkins [1982] "Understanding the QR Algorithm." *SIAM Review* **24**, 427–440.

D. S. Watkins [2007] *The Matrix Eigenvalue Problem: GR and Krylow Subspace Methods.* SIAM, Philadelphia.

J. Wilkinson [1965] *The Algebraic Eigenvalue Problem.* Clarendon Press, Oxford.

J. Wilkinson [1984] "The Perfidious Polynomial." In: Studies in Numerical Analysis, Ed: G. Golub. MAA, Washington, DC.

J. Wilkinson [1994] *Rounding Errors in Algebraic Processes.* Dover, New York.

J. Wilkinson and C. Reinsch [1971] *Handbook for Automatic Computation, Vol. 2: Linear Algebra.* Springer-Verlag, New York.

P. Wilmott, S. Howison, and J. Dewynne [1995] *The Mathematics of Financial Derivatives.* Cambridge University Press, Oxford and New York.

S. Winograd [1978] "On Computing the Discrete Fourier Transform." *Mathematics of Computation* **32**, 175–199.

F. Yamaguchi [1988] *Curves and Surfaces in Computer-aided Geometric Design*. Springer-Verlag, New York.

D. M. Young [1971] *Iterative Solution of Large Linear Systems*. Academic Press, New York.

索 引

索引中的页码为英文原书页码，与书中页边标注的页码一致.

2-norm(2-范数)，192，198

A

AC component(AC 分量)，517
Adams-Bashforth Method(Adams-Bashforth 方法)，
　　336，339，341
Adams-Moulton Method(Adams-Moulton 方法)，
　　342，345
Adaptive Quadrature(自适应积分)，269，270
Adobe Corp.(Adobe 公司)，138
algorithm(算法)
　　stable(稳定)，50
Apple Corp.(Apple 公司)，138
arbitrage theory(套利理论)，464
arc length integral(弧长积分)，243
arcsine law(反正弦定律)，452
atomic clock(原子钟)，239
audio file(音频文件)
　　aac，495
　　mp3，496
　　wav，490，529

B

B-spline(B 样条)，408
　　piecewise-linear(分段线性)，369
Bézier curve(贝塞尔曲线)，179，279
　　in PDF file(PDF 文件)，183
Bézier, P.(贝塞尔)，138，179
Babylonian mathematics(巴比伦数学)，39
back-substitution(回代)，73，76，77，83
backsolving(后向求解)，见 back-substitution
Backward Difference Method(后向差分方法)，380
Backward Euler Method(后向欧拉方法)，333
barrier option(障碍期权)，465

barycenter(重心)，409
base(基)，60，39
base points(基点)，143
basis(基)
　　orthonormal(单位正交)，539，554
beam(梁)
　　Timoshenko，105
bell curve(钟形曲线)，438
bifurcation(分支)
　　buckling(扭曲)，356
binary number(二进制数)，5
　　infinitely repeating(无穷重复)，7
Bisection Method(二分法)，25，44，46，51，65，
　　69，352，354，364
　　efficiency(效率)，28
　　stopping criterion(终止条件)，29
bit(位)，6
Black, F.，431，464
Black-Scholes formula(Black-Scholes 公式)，431，464
Bogacki-Shampine Method(Bogacki-Shampine 方
　　法)，327
Boole's Rule(布尔法则)，264
boundary conditions(边界条件)
　　convective(对流)，405
　　Dirichlet(狄利克雷)，383，398
　　homogeneous(同质的)，383
　　Neumann(诺依曼)，383，398
　　Robin，405
boundary value problem(边值问题)，348
　　existence and uniqueness of solutions(解的存在和
　　　　唯一性)，350
　　for systems(方程组)，353
　　nonlinear(非线性)，360
Box-Muller method(Box-Muller 方法)，438

bracket(括号)，38，62
bracketing(括住)，25
Brent's Method(Brent 方法)，64，69
Brownian bridge(布朗桥)，461
Brownian motion(布朗运动)，456
    continuous(连续)，450
    discrete(离散)，446
    geometric(几何)，464
Broyden's Method(Broyden 方法)，134，357，585
Brusselator model(Brusselator 模型)，426
buckling(扭曲)
    of circular ring(圆环)，348，355
Buffon needle(布冯投针)，445
bulk temperature(整体温度)，404
Burgers' equation(Burgers 方程)，417，419
BVP(边值问题)，见 boundary value problem
byte(字节)，11

C

call option(看涨期权)，464
cantilever(悬臂)，71
carbon dioxide(二氧化碳)，150，178，211
castanets.wav，490，492
Casteljau, P.，138，179
Cauchy-Schwarz inequality(Cauchy-Schwarz 不等式)，198
centered-difference formula(中心差分公式)，376
Central Limit Theorem(中点极限定理)，450
CFL condition(CFL 条件)，396
chaotic attractor(混沌吸引子)，320
chaotic dynamics(混沌动力学)，43，60
characteristic function(特征函数)，435
characteristic polynomial(特征多项式)，532
Chebyshev interpolation(切比雪夫插值)，162
Cholesky factorization(楚列斯基分解)，121
chopping(截断)，9
cobweb diagram(cobweb 图)，34，42
codec(编解码器)，526
Collocation Method(排列方法)
    for BVP(用于 BVP)，365

color image(彩色图像)
    RGB，505
    YUV，512
column vector(列向量)，583
completing the square(配方法)，117
complex number(复数)，468
    polar representation(极坐标表示)，468
compressibility(压缩)，355
compression(压缩)，194
    image(图像)，561
    lossy(有损)，508，514，559
computational neuroscience(计算神经科学)，317
computer animation(计算机动画)，243
computer arithmetic(计算机算术)，45
computer word(计算机字)，8
computer-aided manufacturing(计算机辅助制造)，243
computer-aided modeling(计算机辅助建模)，278
condition number(条件数)，50，50，88，197，289，532
conditioning(条件)
    normal equations(法线方程)，197
conduction(传导)，403
conic section(圆锥曲线)，311
conjugate(共轭)
    of a complex number(复数)，468
Conjugate Gradient Method(共轭梯度方法)，122，127
    preconditioned(预条件)，127
convection(对流)，403
convective heat transfer(对流传热)，404
convergence(收敛)，33
    linear(线性)，35，37，40，55
    local(局部)，36，53，56，57
    quadratic(二次)，53，57
    superlinear(超线性)，61，135
conversion(转换)
    binary to decimal(二进制到十进制)，7
    decimal to binary(十进制到二进制)，6
convex set(凸集)，288
Cooley, J.，473
cooling fin(散热片)，403

CORDIC, 165
Crank-Nicolson Method(Crank-Nicolson 方法), 254, 385
    stability(稳定), 387
cube root(立方根), 30
cubic spline(三次样条), 167
    clamped(钳制), 174
    curvature-adjusted(曲率适应), 173
    end conditions(端点条件), 169
    MATLAB default(MATLAB 缺省), 175
    natural(自然), 169
    not-a-knot(非纽结), 175
    parabolically-terminated(抛物线终点), 174
cumulative distribution function(累积分布函数), 437
cuneiform(楔形文字), 39

D

Dahlquist criterion(Dahlquist 标准), 341
data(数据)
    automobile supply(汽车供应), 204
    height vs. weight(身高相对体重), 207
    Intel CPU, 205
    Japan oil consumption(日本石油消费), 210
    temperature(温度), 201
data compression(数据压缩), 138
data-fitting(数据拟合), 188
DC component(DC 分量), 504, 517
decimal number(十进制数), 5
decimal places(十进制位)
    correct within(精确到), 28
deflation(扩大), 543
degree of precision(精度), 258, 273
demand curve(需求曲线), 199
derivative(导数), 244
    symbolic(符号), 250
determinant(矩阵的值), 30, 557
differential equation(微分方程), 281
    autonomous(自治的), 282
    first-order linear(一阶线性), 291

    ordinary(常), 282
    partial(偏), 374
    stiff(刚性), 333
    stochastic(随机的), 452
differentiation(微分)
    numerical(数值的), 244
differentiation formula(微分公式)
    centered difference(中心差分), 246, 358
    forward difference(前向差分), 245
diffusion(扩散), 453
diffusion coefficient(扩散系数), 375
dimension reduction(降维), 559
direct kinematics problem(直接运动学问题), 见 forward kinematics problem
direct method(直接方法), 106
direction field(方向场), 282
direction vector(方向向量), 309
Discrete Cosine Transform(离散余弦变换), 495
    one-dimensional(一维), 496
        inverse(逆), 497
    two-dimensional(二维), 502
        inverse(逆), 502
    version(版本)4, 520
Discrete Fourier Transform(离散傅里叶变换), 471
    inverse(逆), 471
discretization(离散化), 71, 102, 357, 375
divided differences(差商), 141
Dormand-Prince Method(Dormand-Prince 方法), 328
dot product(点积), 190
dot product rule(点积法则), 230
double helix(双螺旋), 565
double precision(双精度), 8, 43, 44, 92, 197
downhill simplex method(下山单纯型方法), 571
DPCM tree(DPCM 树), 517
drift(漂移), 453
DSP chip(DSP 芯片), 473

E

eigenvalue(特征值), 30, 531, 586

complex(复数), 542
  dominant(占优), 539, 551
eigenvector(特征向量), 532
  principal(主), 551
electric field(电场), 398
electrostatic potential(静电势能), 415
ellipsoid(椭球), 554
elliptic equation(椭圆方程)
  weak form(弱形式), 407
engineering(工程)
  structural(结构的), 71, 83
equation(方程)
  diffusion(扩散), 375
  reaction-diffusion(反应-扩散), 390, 421
equations(方程)
  inconsistent(不一致), 189
equilibrium solution(平衡解), 334
equipartition(均分), 278
error(误差)
  absolute(绝对), 10, 40
  backward(后向), 45, 50, 86, 93
  forward(前向), 45, 50, 86, 93, 197
  global truncation(全局截断), 293
  input(输入), 88
  interpolation(插值), 151, 155, 159
  local truncation(局部截断), 293, 327, 376
  quantization(量化), 508
  relative(相对), 10, 40
  relative backward(相对后向), 87
  relative forward(相对前向), 87
  root mean squared(均方根), 192
  rounding(舍入), 10, 248
  squared(平方), 192
  standard(标准), 448
  tolerance(容差), 326
  truncation(截断), 248
error magnification factor(误差放大因子), 49, 88, 241
escape time(逃逸时间), 448
Euler formula(欧拉公式), 468, 477
Euler's Method(欧拉方法), 284, 333

  convergence(收敛), 296
  global truncation error(全局截断误差), 296
  local truncation error(局部截断误差), 294
  order(阶), 296
Euler-Bernoulli beam(欧拉-伯努利横梁), 71, 102
Euler-Maruyama Method(Euler-Maruyama 方法), 456
exponent(指数), 8
exponent bias(指数偏移), 11
extended precision(扩展精度), 8
extrapolation(外推), 249, 254, 265, 360, 364

F

factorization(分解)
  Cholesky(楚列斯基), 119
  eigenvalue-revealing(发现特征值), 542
  $PA=LU$, 98
  QR, 215, 539
Fast Fourier Transform(快速傅里叶变换), 473
  operation count(操作次数), 475
Fick's law(Fick 定律), 375
fill-in(填充), 113, 115
filtering(过滤)
  low pass(低通), 507
financial derivative(财务衍生), 464
Finite Difference Method(有限差分方法), 358, 375
  explicit(显式), 395
  unstable(不稳定), 378
Finite Element Method(有限元方法), 367
first passage time(首次到达时间), 448
Fisher's equation(Fisher 方程), 421
fixed point(不动点), 31
Fixed-Point Iteration(不动点迭代), 31, 334
  divergence(发散), 34
  geometry(几何), 33
$fl(x)$, 10
flight simulator(飞行仿真器), 24
floating point number(浮点数), 8
  normalized(归一化), 8
  subnormal(异常), 12

zero(零)，13
forward difference(前向差分)，244
forward difference formula(前向差分公式)，376
Forward Difference Method(前向差分方法)
    conditionally stable(条件稳定)，380
    explicit(显式)，376
    stability analysis(稳定分析)，379
forward kinematics problem(前向运动学问题)，24，67
Fourier(傅里叶)
    first law(第一定律)，404
Fourier, J., 468
FPI，见 Fixed-Point Iteration
freezing temperature(冷凝温度)，24
FSAL，327，329
function(函数)
    orthogonal(正交)，483
    Riemann integrable(黎曼可积分的)，409
    unimodal(单峰的)，566
fundamental domain(基础域)，151
Fundamental Theorem of Algebra(代数基本定理)，141

G

Galerkin Method(Galerkin 方法)，367，407
Gauss, C. F.(高斯)，188
Gauss-Newton Method(高斯-牛顿方法)，231，236，241
Gauss-Seidel(高斯-塞德尔)
    Method(方法)，109
Gaussian elimination(高斯消去)，72，92，358
    matrix form(矩阵形式)，79
    naive(平凡的)，72，95
    operation count(操作次数)，75-77
    tableau form(表格形式)，73
Gaussian Quadrature(高斯积分)，276
Generalized Minimum Residual Method(广义最小余项方法)，226，228
GIS，240
GMRES，226
    preconditioned(预条件)，228
    restarted(重启)，228

Golden Section Search(黄金分割搜索)，566
google-bombing(google-爆炸)，551
Google.com，549
Gough, E., 24
GPS，188，233，238
    conditioning of(条件)，241
gradient(梯度)，230，576
gradient search(梯度搜索)，577
Gram-Schmidt orthogonalization(格拉姆-施密特正交)，214，218
    operation count(操作次数)，215
Green's Theorem(格林定理)，407
Gronwall inequality(Gronwall 不等式)，289
groundwater flow(地下水流)，416

H

half-life(半衰期)，207
Halton sequence(Halton 序列)，443
harmonic function(调和函数)，398
heat equation(热方程)，375，385
heat sink(热槽)，403
heated plate(加热板)，416
Heron of Alexandria(亚历山大数学家海伦)，39
Hessian(海森)，231
Heun Method(Heun 方法)，298
hexadecimal number(十六进制数)，7
Hodgkin, A., 317
Hodgkin-Huxley neuron (Hodgkin Huxley 神经元)，317
Hooke's Law(虎克定律)，322
Horner's method(霍纳方法)，3
Householder reflector(豪斯霍尔德反射子)，220，220，545，546
Huffman coding(霍夫曼编码)，501，515
    in JPEG(在 JPEG 中)，517
Huffman tree(霍夫曼树)，517
Huxley, A., 317
hypotenuse(斜边)，19

I

ice cream(冰淇淋), 60
ideal gas law(理想气体定律), 60
IEEE, 8, 23, 92
ill-conditioned(病态), 50, 90, 367
image compression(图像压缩), 505, 508, 561
image file(图像文件)
    baseline JPEG(基准 JPEG), 512
    grayscale(灰度), 505
    JPEG, 495, 512
importance sampling(重要性采样), 529
Improved Euler Method(改进的欧拉方法), 298
IMSL, 23
incompressible flow(不可压缩流), 399
inflection point(拐点), 169
information(信息)
    Shannon(香农), 515
initial condition(初始条件), 282
initial value problem(初值问题), 282
    existence and uniqueness(存在性和唯一性), 288
initial-boundary conditions(初始边界条件), 375
inner product(内积), 584
integral(积分)
    arc length(弧长), 265
    improper(不合适), 263, 265
integrating factor(积分因子), 290
integration(积分)
    Romberg, 266
Intel Corp.(Intel 公司), 374
Intermediate Value Theorem(中值定理), 20, 25, 29
    Generalized(推广), 245
interpolating polynomial(插值多项式)
    Chebyshev(切比雪夫), 159
interpolation(插值), 139
    by orthogonal functions(用正交函数), 497
    Chebyshev(切比雪夫), 159
    Lagrange(拉格朗日), 64, 140, 255

    Newton's divided difference(牛顿差商), 142, 153
    polynomial(多项式), 254
    trigonometric(三角), 467, 476
interpolation error formula(插值误差公式), 152
inverse kinematics problem(逆向运动学问题), 67
Inverse Quadratic Interpolation(逆二次插值), 64, 65, 69
IQI, 见 Inverse Quadratic Interpolation iterative method
iterative method(迭代方法), 106
Ito integral(Ito 积分), 453

J

Jacobi Method(雅可比方法), 106
Jacobian, 361, 见 matrix Jacobian
JPEG standard(JPEG 标准), 495
    Annex K, 512

K

Keeling, C., 211
knot(纽结)
    cubic spline(三次样条), 167
Krylov methods(Krylov 方法), 226

L

Langevin equation(Langevin 方程), 457
Laplace equation(拉普拉斯方程), 398, 414
Laplacian, 398
least squares(最小二乘), 558
    by QR factorization(用 QR 分解), 217
    from DCT, 499
    nonlinear(非线性), 203
    parabola(抛物线), 488
    trigonometric(三角的), 485
left-justified(左对齐), 8
Legendre polynomial(勒让德多项式), 275
Legendre, A., 188
Lennard-Jones potential(Lennard-Jones 势能), 565, 580
Levenberg-Marquardt Method(Levenberg-Marquardt 方法), 236

line(直线)
　least squares(最小二乘), 193
linear congruential generator(线性同余生成器, (LCG), 433
Lipschitz constant(利普希茨常数), 288
Lipschitz continuous(利普希茨连续), 288
local extrapolation(局部外推), 327
logistic equation(Logistic 方程), 282
long-double precision(长双精度), 见 extended precision
Lorenz equations(Lorenz 方程), 319
Lorenz, E., 319
loss of significance(有效数字缺失), 16, 248
loss parameter(参数缺失), 508
low-discrepancy sequence(低差异序列), 442
LU factorization(LU 分解), 79
luminance(亮度), 512

M

machine epsilon(机器精度), 9, 12, 13, 46, 248, 532
magnitude(量级)
　of a complex number(复数的), 468
　of a complex vector(复数向量的), 471
mantissa(尾数), 8
Maple, 23
Markov process(Markov 过程), 551
Mathematica(算术), 23
matrix(矩阵)
　adjacency(相邻), 550
　banded(带状), 104
　coefficient(系数), 79
　condition number(条件数), 88, 88
　diagonalizable(对角线的), 587
　Fourier(傅里叶), 471
　full(完全), 113
　google, 551
　Hessian(海森), 576
　Hilbert(希尔伯特), 30, 79, 94, 130, 200, 225, 594
　identity(单位), 584
　inverse(逆), 557
　invertible(可逆的), 584
　Jacobian(雅可比), 131, 576
　lower triangular(下三角), 79
　nonsymmetric(非对称), 541
　orthogonal(正交), 215, 483, 495, 520, 542, 554
　permutation(置换), 97, 98
　positive-definite(正定), 117, 578
　projection(投影), 220
　quantization(量化), 508
　rank-one(秩 1), 558, 584
　similar(相似), 542, 587
　singular(奇异的), 584
　sparse(稀疏的), 71, 113
　stochastic(随机的), 547
　structure(结构), 83
　symmetric(对称), 117, 539
　transpose(转置), 190
　tridiagonal(三对角线), 171, 359, 379
　unitary(单一的), 471
　upper Hessenberg(上海森伯格), 544
　upper triangular(上三角), 79, 215, 542
　Van der Monde, 197
matrix multiplication(矩阵乘法)
　blockwise(按块的), 585
Mauna Loa, 150
Maxwell'sequation(麦克斯韦方程), 300
MeanValueTheorem(均值定理), 20, 35
　for Integrals(积分), 22, 256, 262
Mersenne prime(梅森素数), 434
Method of False Position(试位法), 63
　slow convergence(缓慢收敛), 63
midpoint(中点), 26, 27, 62
Midpoint Method(中点方法), 314, 336
Midpoint Rule(中点法则), 262
　Composite(复合), 263
　two-dimensional(二维), 410
Milne-Simpson Method(Milne-Simpson 方法), 344

Milstein Method(Milstein 方法), 458
MKS units(MKS 单位), 102
model(模型)
 drug concentration(药物浓度), 208
 exponential(指数), 203
 linearization(线性), 204
 population(人口), 282
 power law(幂定律), 206
Modified Discrete Cosine(修正的离散余弦)
 Transform(变换), 496, 521
Modified Gram-Schmidt(改进的格拉姆-施密特方法), 218
moment of inertia(惯性矩), 102
Monte Carlo(蒙特卡罗)
 convergence(收敛), 445
 pseudo-random(伪随机), 440
 quasi-random(拟随机), 444
 Type1(类型 1), 434
 Type2(类型 2), 435
Moore's Law(摩尔定律), 206, 374
Moore, G. C., 206
motion of projectile(抛物体运动), 349, 354
Muller's Method(Muller 方法), 63
multiplicity(乘法), 46, 50
multistep methods(多步方法), 336
 consistent(一致), 341
 convergent(收敛), 341
 local truncation error(局部截断误差), 339
 stable(稳定), 340, 341
 strongly stable(强稳定), 340
 weakly stable(弱稳定), 340
MATLAB
 animation in(动画), 279
 Symbolic Toolbox(符号工具箱), 241
MATLAB code(MATLAB 代码)
 ab2step.m, 337, 343
 adapquad.m, 271
 am1step.m, 343
 bezierdraw.m, 181
 bisect.m, 28, 353

broyden2.m, 135
brusselator.m, 427
burgers.m, 419
bvpfem.m, 372
clickinterp.m, 147
crank.m, 387
cubrt.m, 593
dftfilter.m, 488, 492
dftinterp.m, 480
euler.m, 286
euler2.m, 303
eulerstep.m, 286
exmultistep.m, 337
fisher2d.m, 425
fpi.m, 32
gss.m, 568
halton.m, 443
heatbdn.m, 384
heatfd.m, 378, 381
hessen.m, 546
hh.m, 318
invpowerit.m, 536
jacobi.m, 115
nest.m, 3, 146, 148, 165
newtdd.m, 146, 148
nlbvpfd.m, 362
nsi.m, 540
orbit.m, 310
pend.m, 307
poisson.m, 402, 406
poissonfem.m, 412
powerit.m, 534
predcorr.m, 343
rk4step.m, 319
romberg.m, 267
rqi.m, 537
shiftedqr.m, 543
shiftedqr0.m, 543
sin2.m, 165
sparsesetup.m, 115

索引

spi.m, 570
splinecoeff.m, 172
splineplot.m, 173
tacoma.m, 324
trapstep.m, 308, 324, 337
unshiftedqr.m, 541
unstable2step.m, 337
weaklystab2step.m, 337
wilkpoly.m, 47

MATLAB command(MATLAB 命令)
  axis, 592, 597
  backslash, 89, 94, 412
  break, 594
  button, 147
  cla, 597
  clear, 590
  cond, 89
  conj, 494
  dct, 504
  det, 30
  diag, 115, 378
  diary, 590
  diff, 251
  double, 505
  drawnow, 307, 598
  eig, 30, 547
  erf, 273
  error, 75, 595
  fft, 472, 480, 494
  figure, 592
  fminunc, 582
  for, 594
  format, 591
  format hex, 7, 11
  fprintf, 591
  fzero, 44, 47, 51, 65, 69
  ginput, 147, 181
  global, 319, 596
  grid, 592
  handel, 490
  hilb, 30, 90
  ifft, 472, 480, 494
  imagesc, 505
  imread, 505, 513
  int, 251
  interp1, 187
  length, 115, 597
  line, 280, 324
  load, 590
  log, 590
  loglog, 265
  lu, 101, 115, 446
  max, 30, 534
  mean, 596
  mesh, 392, 402, 406, 592
  nargin, 596
  ode23s, 331, 335
  ode45, 329, 331, 353
  odeset, 329
  ones, 90, 115, 597
  pause, 598
  pi, 30
  plot, 30, 591
  plot3, 581
  polyfit, 187, 196
  polyval, 187, 196
  pretty, 251
  qr, 540, 541, 543
  rand, 437
  randn, 439, 456, 494
  rem, 594
  round, 286, 529
  semilogy, 592
  set, 280, 307
  simple, 251
  size, 597
  solve, 241
  sound, 490, 492, 529
  spdiags, 115, 371
  spline, 175, 187

std, 494, 596
subplot, 319, 592
subs, 241
surf, 413, 592
svd, 555, 562
syms, 241, 251
wavread, 490, 529
wavwrite, 490
while, 594
xdata, 598
ydata, 598
zeros, 115, 597

N

NAG, 23
Napoleon, 468
Navier-Stokes equations(Navier-Stokes 方程), 428
Nelder-Mead search(Nelder-Mead 搜索), 571, 581
nested multiplication(嵌套乘法), 2, 139
Newton(牛顿)
 law of cooling(冷却定律), 404
 second law of motion(运动第二定律), 282, 305, 309, 322, 349
Newton's Method(牛顿方法), 52, 69, 334, 576
 convergence(收敛), 53
 Modified(修正的), 57
 Multivariate(多变量), 131, 231, 233, 360
 periodicity(周期性), 58
Newton-Cotes formula(牛顿-科特斯公式), 255
 closed(闭), 259
 open(开), 262
Newton-Raphson Method(Newton-Raphson 方法), 见 Newton's Method
noise(噪声), 492
 Gaussian(高斯), 493
norm(范数)
 Euclidean, 212
 infinity(无穷), 86
 matrix(矩阵), 88, 90
 maximum(极大值), 86
 vector(向量), 90
normal equations(法线方程), 191, 498
Normalized Simultaneous Iteration(归一化同时迭代), 540
numerical integration(数值积分), 254
 composite(复合), 259

O

objective function(目标函数), 565
ODE solver(ODE 求解器)
 multistep(多步), 336
 convergence(收敛), 296
 explicit(显式), 332
 implicit(隐式), 333
 variable step size(可变步长), 325
one-body problem(单体问题), 309
option(期权)
 barrier(障碍), 465
 call(看涨), 464
 put(看跌), 465
order(阶)
 of a differential equation(微分方程的), 303
 of approximation(近似的), 244
 of ODE solver(ODE 求解器的), 296
ordinary differential equation(常微分方程), 349
Ornstein-Uhlenbeck process(Ornstein-Uhlenbeck 过程), 457
orthogonal(正交)
 functions(函数), 368
 matrix(矩阵), 215
orthogonalization(正交), 539
 Gram-Schmidt(格拉姆-施密特), 212
 Modified Gram-Schmidt(改进的格拉姆-施密特方法), 218
orthonormal(单位正交), 552, 587
outer product(外积), 584

P

page rank(页面等级), 549

panel(面板), 259
parabola(抛物线), 64
  interpolating(插值), 139
  least squares(最小二乘), 194
partial derivative(偏导数), 334
partial differential equation(偏微分方程), 374
  elliptic(椭圆的), 398, 404
  hyperbolic(双曲线的), 393
  parabolic(抛物线的), 375
PDF file(PDF 文件), 183
pencil(笔), 44
pendulum(钟摆), 305
  damped(衰减的), 308
  double(双), 309
pivot(主元), 75, 101
pivoting(主元的)
  partial(部分), 95, 100
Poincaré, H., 311
Poincaré-Bendixson Theorem (Poincaré-Bendixson 定理), 308
Poisson equation(泊松方程), 398
polishing(修饰), 113
polynomial(多项式)
  Chebyshev(切比雪夫), 159, 367
  evaluation(求值), 1
  Legendre(勒让德), 275
  monic(首一,), 161
  orthogonal(正交), 274
  Taylor(泰勒), 48
  Wilkinson(威尔金森), 47, 50, 51
PostScript, 138
potential(势能), 398
Power Iteration(幂迭代), 532, 549
  convergence(收敛), 534
  inverse(逆), 535
  shifted(平移的), 536
power law(幂定律), 206, 445
Prandtl number(Prandtl 数字), 320
preconditioner(预条件), 126
  Gauss-Seidel(高斯-塞德尔), 127
  Jacobi(雅可比), 126
  SSOR, 127
preconditioning(预条件的), 125
predictor-corrector method(预测-矫正方法), 342
Prigogine, I., 426
prismatic joint(棱柱关节), 67
probability distribution function(概率分布函数), 437
product rule(乘积法则)
  matrix/vector(矩阵/向量), 589
progress curve(前进曲线), 280
projection(投影)
  orthogonal(正交), 559
psychoacoustics(心理声学), 528

Q

QR Algorithm(QR 算法), 544
  shifted(平移的), 543
  unshifted(非平移的), 541
    convergence(收敛), 541
QR-factorization(QR 分解), 215
  operation count(操作次数), 223
  reduced(消减), 213
quadratic formula(二次公式), 17
quadrature(积分), 254
  Gaussian(高斯), 276
quantization(量化), 508, 561
  JPEG standard(JPEG 标准), 512
  linear(线性), 508

R

radix(基数), 6
random number(随机数)
  exponential(指数), 437
  normal(正态), 438
  pseudo-(伪), 432
  quasi-(拟), 442
  uniform(一致), 432
random number generator(随机数生成器)
  minimal standard(最小标准), 434, 437

period(周期), 433
RANDNUM, 439
randu(随机数), 435
uniform(一致), 432
random seed(随机种子), 432
random variable(随机变量)
standard deviation(标准差), 440
standard normal(标准正态), 438, 456
variance(方差), 440
random walk(随机游走), 447
biased(有偏的), 451
rank(秩), 557
Rayleigh quotient(瑞利商), 534
Rayleigh Quotient Iteration(瑞利商迭代), 537
Rayleigh-Bénard convection(Rayleigh-Bénard 对流), 319
reaction-diffusion equation(反应-扩散方程), 390, 421
recursion relation(递归关系)
Chebyshev polynomials(切比雪夫多项式), 160
Regula Falsi, 见 Method of False Position
rejection method(拒绝方法), 439
relaxation parameter(松弛参数), 110
residual(余项), 86, 125, 234, 368
Reynolds number(Reynolds 数), 320
Richardson extrapolation(Richardson 外推), 249
Riemann integral(Riemann 积分), 453
right-hand side vector(右侧向量), 79
RKF45, 见 Runge-Kutta-Fehlberg Method
RMSE, 192
robot(机器人), 24
Rolle's Theorem(罗尔定理), 20
Romberg Integration(龙贝格积分), 267
root(根), 25
double(双), 46
multiple(多), 46, 56, 59
simple(简单), 46
triple(三), 46
root of unity(单位根), 469
primitive(本原), 469
rounding(舍入), 9
to nearest(最近的), 9, 14, 15

row exchange(行交换), 95
row vector(行向量), 583
run length encoding(行程编码), 518
Runge example(龙格例子), 155
Runge Kutta Method, First-Order Stochastic(龙格-库塔方法，一阶随机的), 460
Runge phenomenon(龙格现象), 155, 157, 158, 367
Runge-Kutta Method(龙格-库塔方法), 314
global truncation error(全局截断误差), 317
embedded pair(嵌入对), 326
order 2/3(2/3 阶), 327
order four(四阶), 316, 339
Runge-Kutta-Fehlberg Method(Runge-Kutta-Fehlberg 方法), 328

S

sample mean(采样均值), 448
sample variance(采样方差), 448
sampling rate(采样率), 490
Scholes, M., 431, 464
Schur form(舒尔形式)
real(实数), 542
Scripps Institute(Scripps 研究所), 211
Secant Method(割线方法), 61, 64, 65
convergence(收敛), 61
slow convergence(缓慢收敛), 63
sensitive dependence(敏感依赖)
on initial conditions(对初始条件), 311, 320
sensitivity(敏感), 48
Sensitivity Formula for Roots(根的敏感公式), 48
separation of variables(变量分离), 287
Shannon, C., 515
Sherman-Morrison formula(Sherman-Morrison 公式), 585
shifted QR algorithm(平移 QR 算法), 562
Shooting Method(打靶法), 352, 357
sign(符号), 8
significant digits(有效数字), 43
loss of(缺失), 248
Simpson's Rule(辛普森法则), 257, 327, 344

adaptive(自适应的), 272
Composite(复合), 261
single precision(单精度), 8
singular value(奇异值), 552
singular value decomposition(奇异值分解), 554
 calculation of(计算), 562
 nonuniqueness(不唯一), 554
singular vector(奇异向量), 552
sinusoid(正弦)
 least squares(最小二乘), 201
size(大小)
 in JPEG code(JPEG 编码), 517
slope field(斜率场), 282
solution(解)
least squares(最小二乘), 189
SOR, 见 Successive Over-Relaxation
spectral method(谱方法), 367
spectral radius(谱半径), 111, 382, 588
spline(样条)
 Bézier(贝塞尔), 138, 179
 cubic(三次), 167
 linear(线性), 166
square root(平方根), 30, 38, 54
squid axon(乌贼轴突), 318
stability(稳定)
 conditional(条件的), 380, 395
 unconditional(非条件的), 382
stage(阶段)
 of ODE solver(ODE 求解器的), 315
steepest descent(最速下降), 577
stencil(模板), 376
step size(步长), 284, 376, 417
Stewart platform(Stewart 平台), 24, 67
 planar(平面), 67
stiffness(刚性), 71
stochastic differential equation(随机微分方程), 452
stochastic process(随机过程), 447
continuous-time(连续时间), 452
stopping criterion(停止标准), 40, 47, 65, 575
stress(压力), 71

strictly diagonally dominant(严格对角占优), 107, 171
strike price(期货价格), 464
strut(支柱), 67
submatrix(子矩阵)
 principal(主), 118
Successive Over-Relaxation(持续过松弛), 109
Successive Parabolic Interpolation(持续抛物线插值), 569
swamping(淹没), 91
synthetic division(综合除法), 3

T

tableau form(表格形式), 92
Tacoma Narrows Bridge(Tacoma Narrows 桥), 281, 322
Taylor formula(泰勒公式), 53
Taylor Method(泰勒方法), 300
Taylor polynomial(泰勒多项式), 21
Taylor remainder(泰勒余项), 21
Taylor's Theorem(泰勒定理), 21, 244, 338
thermal conductivity(热传导), 404
thermal diffusivity(热扩散), 375
three-body problem(三体问题), 311
time series(时间序列), 476
transpose(转置)
 of a matrix(矩阵的), 584
Trapezoid Method(梯形方法)
 explicit(显式), 297, 336
 implicit(隐式), 342
Trapezoid Rule(梯形法则), 257, 298
 adaptive(自适应), 269
 Composite(复合), 260
tridiagonal(三对角线的), 562
trigonometric function(三角函数)
 order n(n 阶), 477
 plotting(画出), 480
Tukey, J., 473
Turing patterns(图灵模式), 426
Turing, A., 426

U

unconstrained optimization(无约束优化), 566

updating(更新)
    interpolating polynomial(插值多项式)，144
upper Hessenberg form(上海森伯格形)，544，562

V

Van der Corput sequence(Van der Corput 序列)，443
Van der Waal's equation(Van der Waal 方程)，60
Van der Waals force(Van der Waals 力)，565，580
vector(向量)
    orthogonal(正交)，190
    residual(余项)，86
vector calculus(向量微积分)，588
volatility，465
Von Neumann stability(冯·诺依曼稳定)，379
Von Neumann，J.，432

W

wave equation(波动方程)，393
wave speed(波速)，393
Weather Underground，210
web search(网络搜索)，549
well-conditioned(良态)，50
Wiener，N.，492
Wilkinson polynomial(威尔金森多项式)，47，50，51，88，532
Wilkinson，J.，47
wind turbine(风扇涡轮)，211
window function(窗口函数)，529
world oil production(世界石油产量)，157
world population(世界人口)，151，178

Y

Young's modulus(杨氏模量)，71，102

Z

zero-padding(零填充)，524
ziggurat algorithm(ziggurat 算法)，439

数学基础推荐阅读

数学分析（原书第2版·典藏版）
ISBN：978-7-111-70616-8

数学分析（英文版·原书第2版·典藏版）
ISBN：978-7-111-70610-6

复分析（英文版·原书第3版·典藏版）
ISBN：978-7-111-70102-6

复分析（原书第3版·典藏版）
ISBN：978-7-111-70336-5

实分析（英文版·原书第4版）
ISBN：978-7-111-64665-5

泛函分析（原书第2版·典藏版）
ISBN：978-7-111-65107-9

概率与优化推荐阅读

最优化模型：线性代数模型、凸优化模型及应用

中文版：978-7-111-70405-8

凸优化：算法与复杂性

中文版：978-7-111-68351-3

凸优化教程（原书第2版）

中文版：978-7-111-65989-1

概率与计算：算法与数据分析中的随机化和概率技术（原书第2版）

中文版：978-7-111-64411-8